中文版 AutoCAD 2012 从入门到精通

李天祥　周秀　张余　编著

中国铁道出版社
CHINA RAILWAY PUBLISHING HOUSE

内 容 简 介

本书是介绍使用 AutoCAD 2012 辅助绘图的书籍，主要内容包括：AutoCAD 2012 的基础知识、绘图前的准备工作、基本图形的绘制、精确绘图的方法、图形对象的简单编辑、图形对象的高级编辑、辅助工具和特殊编辑、图层、图块、图块属性与外部参照、图案填充、创建文字说明、创建表格、尺寸标注、尺寸的高级标注、AutoCAD 2012 的其他功能，以及常见机械图、装配图、建筑图的绘制，三维绘图基础、三维图形的创建、三维模型和三维实体的编辑、三维图形的后期处理、打印与输出图形等知识，全书还通过几个实用的案例，让读者真正达到学以致用。

本书配套光盘中提供了书中实例的 DWG 文件和实例制作的语音视频教学文件。

本书由易到难、内容翔实、条理清晰，适合 AutoCAD 初学者阅读，也可作为工程技术人员的参考资料，还可作为大中专院校相关专业的教材。

图书在版编目（CIP）数据

中文版 AutoCAD 2012 从入门到精通 / 李天祥，周秀，张余编著. --北京:中国铁道出版社，2012.2

ISBN 978-7-113-13924-7

Ⅰ. ①中… Ⅱ. ①李… ②周… ③张… Ⅲ. ①AutoCAD 软件 Ⅳ. ①TP391.72

中国版本图书馆 CIP 数据核字(2011)第 238177 号

书　　名：中文版 AutoCAD 2012 从入门到精通

作　　者：李天祥　周　秀　张　余　编著

责任编辑：于先军　　　**读者热线电话：**010-63560056

特邀编辑：李新承

封面设计：付　巍　　　**封面制作：**郑少云

责任印制：李　佳

出版发行：中国铁道出版社（北京市西城区右安门西街 8 号　　邮政编码：100054）

印　　刷：北京新魏印刷厂

版　　次：2012 年 2 月第 1 版　　2012 年 2 月第 1 次印刷

开　　本：787mm×1092mm　1/16　**印张：**31.75　**字数：**753 千

书　　号：ISBN 978-7-113-13924-7

定　　价：69.00 元（附赠 1DVD）

前言

FOREWORD

设计是当今社会的一个热门职业，随着计算机和各种辅助绘图软件的相继问世，人们不再只依赖手绘图形对象，更多的人发现了计算机绘图快而准的优点，渐渐倾向于使用计算机进行辅助绘图。AutoCAD 2012 在计算机辅助设计领域受到越来越多设计人员的青睐。它功能强大，易学易用，不仅可以绘制二维图形对象，还可以绘制三维图形对象，是一款优秀的辅助设计软件。

本书讲解了 AutoCAD 2012 的基础知识和在室内外建筑与机械设计方面的使用方法与技巧。同时本书还融入了大量实例、注意及提示内容，为读者提供了有力的帮助。

本书内容

本书共分 30 章，各章内容如下：

第 1～3 章主要讲解 AutoCAD 2012 的基础知识。包括启动与退出 AutoCAD 2012、认识 AutoCAD 2012 的工作界面、操作图形文件、设置绘图环境、调用 AutoCAD 命令的基本方法、AutoCAD 2012 的坐标系与坐标点，以及视图操作等知识。

第 4～5 章主要讲解在 AutoCAD 2012 中绘制图形对象的相关知识。

第 6 章主要讲解在 AutoCAD 2012 中精确绘图的知识。

第 7～9 章主要讲解在 AutoCAD 2012 中编辑图形对象的相关知识。

第 10 章主要讲解 AutoCAD 2012 中图层的相关知识。

第 11～12 章主要讲解 AutoCAD 2012 中图块与外部参照的相关知识。

第 13 章主要讲解 AutoCAD 2012 中图案填充的相关知识。

第 14～17 章主要讲解 AutoCAD 2012 中文字说明、表格、尺寸标注的相关知识。

第 18 章主要讲解 AutoCAD 2012 的其他功能，包括查询对象、辅助功能及光栅图像等知识。

第 19～20 章主要讲解在 AutoCAD 2012 中绘制机械图和装配图的相关知识。

第 21～24 章主要讲解在 AutoCAD 2012 中绘制建筑图形的相关知识，包括常见建筑设施图、建筑平面图、建筑立面图及建筑剖面图等。

第 25～27 章主要讲解在 AutoCAD 2012 中绘制与编辑三维图形对象的相关知识。

第 28 章主要讲解在 AutoCAD 2012 中打印图形对象的相关知识。

第 29～30 章通过机械绘图综合实例和建筑绘图综合实例，讲解了两种类型图形的绘制方法。

本书图文并茂、条理清晰、通俗易懂、内容翔实，并在读者难于理解和掌握的地方给出了提示，以强化理解书中所讲内容，从而使读者能够真正理解与掌握知识。

本书特色

1．全实例教学。书中几乎在介绍完每个命令后都通过精心安排的实例来讲解命令的具体使用方法和操作技巧。

2．注重软件应用。本书真正把 AutoCAD 当做辅助绘图的工具来介绍，将重点放在实际应用上，从而让读者掌握最实用的技术。

3．讲解全面。书中不仅介绍了 AutoCAD 2012 几乎所有的常用命令和工具，同时还详细介绍了各种常见建筑图和机械图的绘制。

关于光盘

1．书中实例的 DWG 文件。

2．实例制作的语音视频教学文件。

读者对象

1．AutoCAD 初学者。

2．工程技术人员。

3．大中专院校相关专业的学生。

编　者

2011 年 12 月

CONTENTS

目录

第 1 章 了解 AutoCAD 2012

AutoCAD系列软件是美国Autodesk公司研制开发的计算机辅助设计绘图软件，其全称为Auto Computer Aided Design（自动计算机辅助设计）。

1.1 AutoCAD 2012 概述

AutoCAD 2012 是目前比较流行的绘图软件，它的功能非常强大，受到很多设计者的青睐，下面将详细讲解其应用领域和新增功能。

1.1.1 AutoCAD 2012 的应用领域

AutoCAD 广泛应用于机械、建筑、电子、航天、化工、地理、气象、航海等工程设计领域。该软件简单易行、操作方便，是许多工程技术人员绘图的首选软件，也是目前功能最强大的通用型辅助设计绘图软件。它主要用于二维绘图，也具备三维建模能力。利用 AutoCAD 的辅助设计功能可以方便地查询所绘制图形的长度、面积和体积等。该软件提供了三维空间中的各种绘图和编辑功能，具备三维实体和三维曲面的造型功能，便于用户对设计有直观的了解和认识。

1.1.2 AutoCAD 2012 的新增功能

图 1-1 所示为 AutoCAD 2009 与 AutoCAD 2012 工作界面的对比，相对于更早的版本，其最大的变化在于，将工作界面中的菜单式命令变成了选项卡形式，与 Office 2007 的界面类似，可以非常容易地访问最常用的工具，从而最大化绘图空间。模型空间的背景颜色为黑色（此处为了显示效果更改为白色，本书后面均以白色进行显示），用户可根据实际情况进行调整。

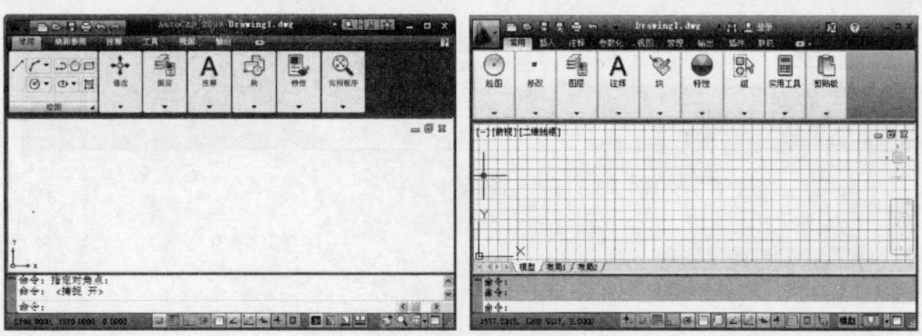

图 1-1

1.2 AutoCAD 2012 的启动与退出

在使用 AutoCAD 2012 软件时，首先要启动该软件；完成操作后，应该退出该软件，这是软件操作的首要步骤。启动和退出 AutoCAD 2012 的方式有多种，下面将详细讲解。

1.2.1 启动 AutoCAD 2012

安装 AutoCAD 2012 后，就可以启动并使用该软件了。启动 AutoCAD 的方法主要有如下几种：

1．通过桌面快捷图标启动

安装 AutoCAD 2012 后，系统会自动在计算机桌面上添加快捷图标，如图 1-2 所示。此时双击该图标即可启动 AutoCAD 2012。这是最直接也是最常用的启动该软件的方法。

2．通过快速启动区启动

在安装 AutoCAD 2012 软件的过程中，软件会提示用户是否创建快速启动方式，如果创建了快速启动方式，那么在任务栏的快速启动区中会显示 AutoCAD 2012 的图标，如图 1-3 所示。此时单击该图标即可启动 AutoCAD 2012。

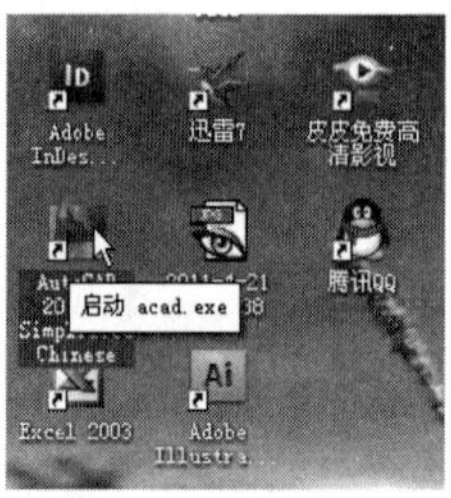

图 1-2

图 1-3

3．通过“开始”菜单启动

与其他多数应用软件类似，安装 AutoCAD 后，系统会自动在“开始”菜单的“所有程序”子菜单中创建一个名为 Autodesk 的程序组，选择该程序组中的 AutoCAD 2012-Simplified Chinese→AutoCAD 2012-Simplified Chinese 命令即可启动 AutoCAD 2012，如图 1-4 所示。

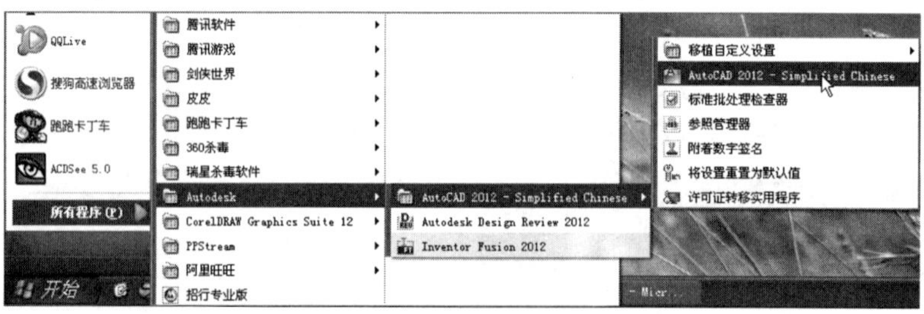

图 1-4

1.2.2 退出 AutoCAD 2012

在 AutoCAD 2012 中完成绘图后，若需退出，可以通过以下几种方式进行：

- 单击 AutoCAD 窗口右上角的“关闭”按钮。
- 单击“菜单浏览器”按钮，在弹出的菜单中单击按钮，如图 1-5 所示。
- 在 AutoCAD 工作界面的标题栏上右击，在弹出的快捷菜单中选择“关闭”命令。
- 直接按【Alt+F4】组合键或【Ctrl+Q】组合键。

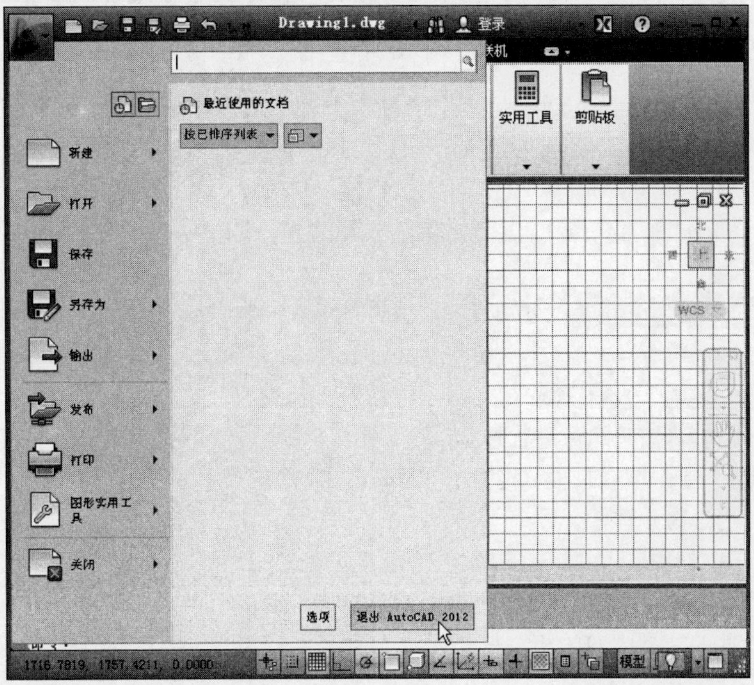

图 1-5

1.3　AutoCAD 2012 的工作界面

启动 AutoCAD 2012 后，将打开其工作界面，并自动新建一个名称为 Drawing1.dwg 的图形文件，如图 1-6 所示。其工作界面主要由标题栏、选项卡、绘图区、十字光标、坐标系图标、命令行和状态栏等部分组成。下面根据 AutoCAD 2012 工作界面各组成部分的位置，依次介绍其功能。

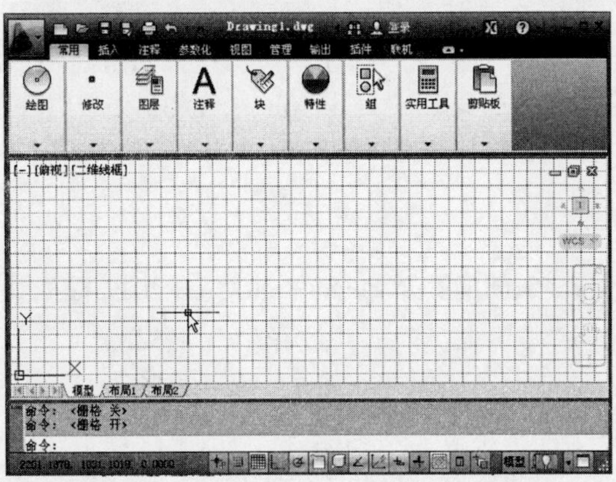

图 1-6

1.3.1 标题栏

标题栏位于工作界面的最上方，如图 1-7 所示。下面分别介绍标题栏中各按钮的作用。

图 1-7

- “菜单浏览器”按钮：单击该按钮可以打开相应的操作菜单，如图 1-8 所示。
- 快速访问区：默认情况下显示 7 个按钮，包括“新建”按钮、“打开”按钮、“保存”按钮、“另存为”按钮、“打印”按钮、“放弃”按钮和“重做”按钮。
- AutoCAD 2012 Drawing1.dwg：分别代表软件的类型和文件名称。
- 搜索栏：在文本框中输入要查找的内容后单击按钮即可进行搜索。
- 登录：单击该登录框，将弹出“AutoCAD 账户”对话框，用于账户登录。
- “交换”按钮：单击该按钮将弹出“AutoCAD Exchange”对话框，用于与用户进行信息交换，默认显示该软件的新增内容的相关信息。

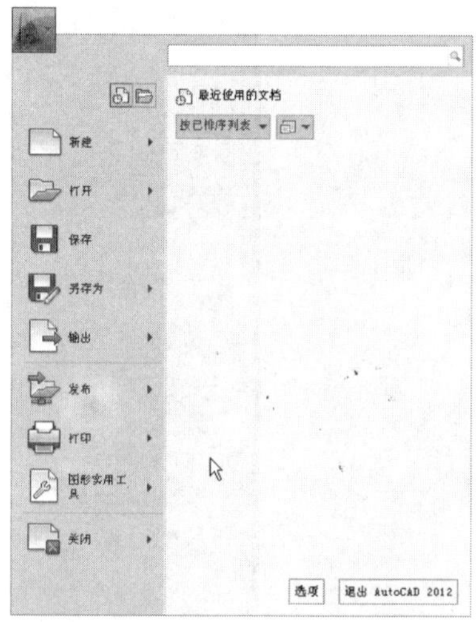

图 1-8

- “帮助”按钮：单击该按钮将弹出“AutoCAD Exchange”对话框，此时默认显示帮助主页，在页面中输入相应的帮助信息并进行搜索后，可查看到相应的帮助信息。
- 控制按钮：分别是“最小化”按钮、“最大化”按钮和“关闭”按钮。各按钮的作用分别如下：
    - “最小化”按钮：单击该按钮可将窗口最小化到 Windows 任务栏中，只显示图形文件的名称。
    - “最大化”按钮：单击该按钮可将窗口放大充满整个屏幕，即全屏显示，同时该控制按钮变为形状，即“还原”按钮，单击该按钮可将窗口还原到原有状态。
    - “关闭”按钮：单击该按钮可退出 AutoCAD 2012 应用程序。

1.3.2 选项卡

选项卡类似于老版本 AutoCAD 的菜单命令，AutoCAD 2012 根据其用途做了规划，在默认情况下，工作界面中包括“常用”、“插入”、“注释”、“参数化”、“视图”、“管理”、“输出”、“插件”和“联机”选项卡，如图 1-9 所示。单击某个选项卡将打开其相应的编辑按钮；单击选项卡右侧的“最小化为面板标题”按钮，可收缩选项卡中的编辑按钮，只显示各组名称，如图 1-10 所示；此时单击按钮可将其收缩为如图 1-11 所示的样式，再次单击按钮将展开选项卡。

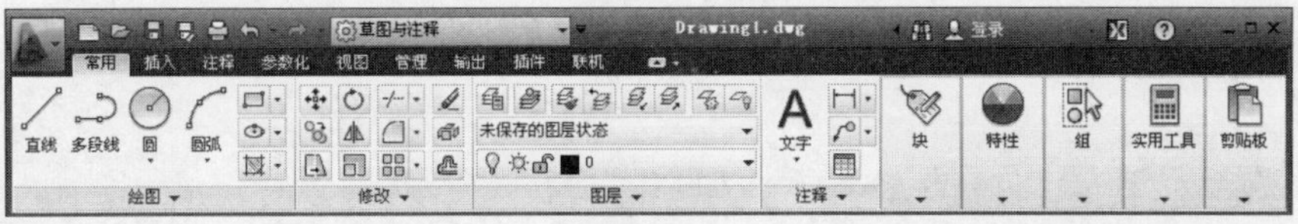

图 1-9

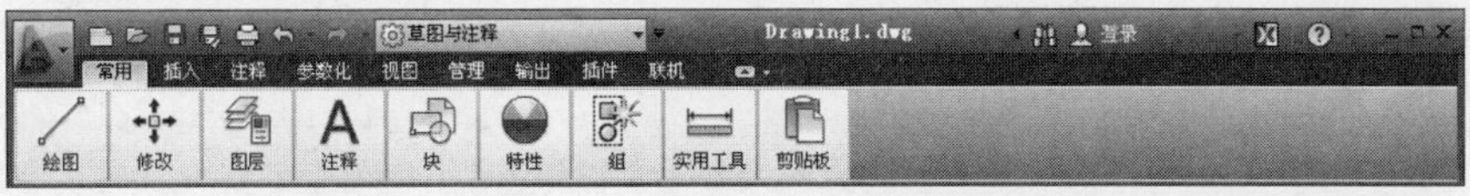

图 1-10

图 1-11

1.3.3　绘图区

AutoCAD 2012 版本的绘图区更大，如图 1-12 所示，可以方便用户更好地绘制图形对象。在默认情况下，绘图区颜色为黑色，其右侧有 3 个控制按钮，同标题栏上的控制按钮功能相同，这里不再赘述。

此外，为了方便更好地操作，在绘图区的右上角还动态显示坐标和常用工具栏，这是该软件人性化的一面，可为绘图节省不少时间。

图 1-12

1.3.4　十字光标

在绘图区中，光标变为十字形状，即十字光标，它的交点显示了当前点在坐标系中的位置，十字光标与当前用户坐标系的 *X*、*Y* 坐标轴平行，如图 1-13 所示。系统默认的十字光标大小为 5，该大小可根据实际情况进行相应的更改。

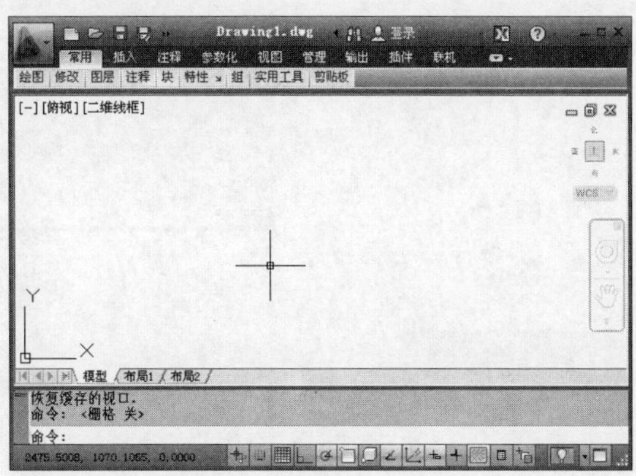

图 1-13

1.3.5 坐标系图标

坐标系图标位于绘图区的左下角，如图 1-14 所示，其主要用于显示当前使用的坐标系以及坐标方向等。在不同的视图模式下，该坐标系所指的方向也不同。

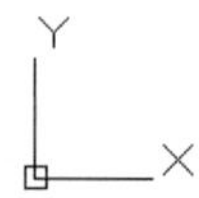

图 1-14

1.3.6 命令行

命令行是 AutoCAD 与用户对话的区域，位于绘图区的下方。在使用软件的过程中应密切关注命令行中出现的信息，然后按照信息提示进行相应的操作。在默认情况下，命令行有 3 行。

在绘图过程中，命令行一般有两种情况，介绍如下：

- 等待命令输入状态：表示系统等待用户输入命令，以绘制或编辑图形，如图 1-15 所示。
- 正在执行命令的状态：在执行命令的过程中，命令行中将显示该命令的操作提示，以方便用户快速确定下一步操作，如图 1-16 所示。

图 1-15

图 1-16

提 示

在当前命令提示行中输入内容后，可以按【F2】键打开文本窗口，如图 1-17 所示，最大化显示命令行的信息，AutoCAD 文本窗口和命令提示行相似。

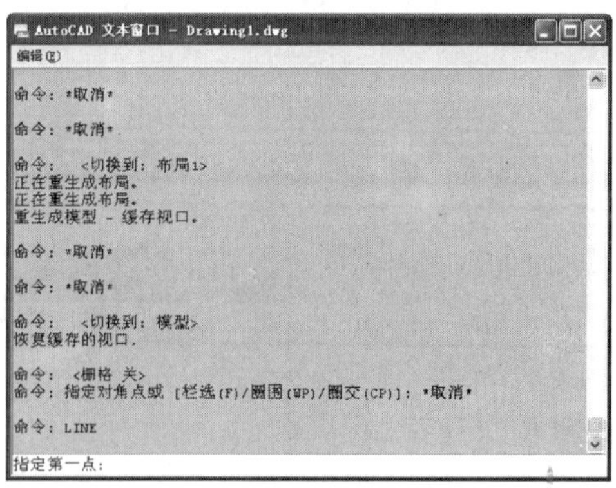

图 1-17

1.3.7 状态栏

状态栏位于 AutoCAD 操作界面的最下方，主要由当前光标的坐标值和辅助工具按钮组两部分组成，如图 1-18 所示。

图 1-18

下面介绍状态栏中各部分的作用。

- 当前光标的坐标值：位于左侧，分别显示（*X*,*Y*,*Z*）坐标值，方便用户快速查看当前光标的位置。移动鼠标光标，坐标值也将随之变化。单击该坐标值区域，可关闭显示该功能。
- 辅助工具按钮组：用于设置 AutoCAD 的辅助绘图功能，均属于开关型按钮，即单击某个按钮，使其呈蓝底显示时表示启用该功能，再次单击该按钮使其呈灰底显示时，则表示关闭该功能。其中各按钮的作用如下：
    - “推断约束”按钮：用于推断几何约束。
    - “捕捉模式”按钮：用于捕捉设定间距倍数点和栅格点。
    - “栅格显示”按钮：用于显示栅格，默认为启用，即绘图区中出现的小方框。
    - “正交模式”按钮：用于绘制二维平面图形的水平和垂直线段以及正等轴测图中的线段。启用该功能后，光标只能在水平或垂直方向上确定位置，从而快速绘制水平线和垂直线。
    - “极轴追踪”按钮：用于捕捉和绘制与起点水平线成一定角度的线段。
    - “对象捕捉”按钮和“三维对象捕捉”按钮：用于捕捉二维对象和三维对象中的特殊点，如圆心、中点等，相关内容将在后面章节中进行详细讲解，这里不再赘述。
    - “对象捕捉追踪”按钮：该功能和对象捕捉功能一起使用，用于追踪捕捉点在线性方向上与其他对象特殊点的交点。
    - “允许/禁止动态 UCS”按钮：用于使用或禁止动态 UCS。
    - “动态输入”按钮：用于使用动态输入。当开启此功能并输入命令时，在十字光标附近将显示线段的长度及角度，按【Tab】键可在长度及角度值间进行切换，并可输入新的长度及角度值。
    - “显示/隐藏线宽”按钮：用于在绘图区显示绘图对象的线宽。
    - “显示/隐藏透明度”按钮：用于显示绘图对象的透明度。
    - “快捷特性”按钮：用于禁止和开启快捷特性选项板。显示对象的快捷特性选项板，能帮助用户快捷地编辑对象的一般特性。
    - “选择循环”按钮：该按钮可以允许用户选择重叠的对象。
    - “模型”按钮：用于转换到模型空间。
    - “快速查看布局”按钮：用于快速转换和查看布局空间。
    - “快速查看图形”按钮：用于快速查看图形和在不同空间下查看图形。
    - “注释比例”按钮：用于更改可注释对象的注释比例，默认为 1:1。
    - “注释可见性”按钮：用于显示所有比例的注释性对象。
    - “自动添加注释”按钮：注释比例更改时自动将比例添加至注释性对象。
    - “切换工作空间”按钮：可以快速切换和设置绘图空间。
    - “锁定”按钮：用于对浮动或固定工具栏、浮动或固定窗口进行锁定，使其不会被用户不小心移到其他地方。当有工具栏或窗口被锁定后，该图标变为。
    - “硬件加速”按钮：用于性能调节，检查图形卡和三维显示驱动程序，并对支持软件实现和硬件实现的功能进行选择。简而言之就是使用该功能可对当前的硬件进行加速，以优化 AutoCAD 在系统中的运行。在该按钮上单击鼠标右键，在弹出的快捷菜单中还可选择相应的命令并进行相应的设置。

- “隔离对象”按钮：可通过隔离或隐藏选择集来控制对象的显示。
- “应用程序状态栏菜单”按钮：用于改变状态栏的相应组成部分。
- “全屏显示”按钮：用于隐藏 AutoCAD 窗口中“功能区”选项板等界面元素，使 AutoCAD 的绘图窗口全屏显示。

1.4 边学边用——启动 AutoCAD 2012 并查看其默认界面

通过前面的学习，读者可以了解启动与退出 AutoCAD 2012 的方法，并认识其工作界面。本节将通过一个简单的实例，来加深读者对相关知识的理解和掌握。

1.4.1 实例目标

本节将详细讲解启动 AutoCAD 2012 的方法，引导读者进一步掌握 AutoCAD 2012 的基本操作，为以后更好地操作该软件打下基础。

具体学习目标如下：

- 了解启动 AutoCAD 2012 的方法。
- 熟悉其工作界面。
- 掌握退出 AutoCAD 2012 的方法。

1.4.2 实例实现

Step 01 单击“开始”按钮，选择“所有程序”→Autodesk→AutoCAD 2012-Simplified Chinese→AutoCAD 2012-Simplified Chinese 命令，如图 1-19 所示，启动 AutoCAD 2012，如图 1-20 所示。

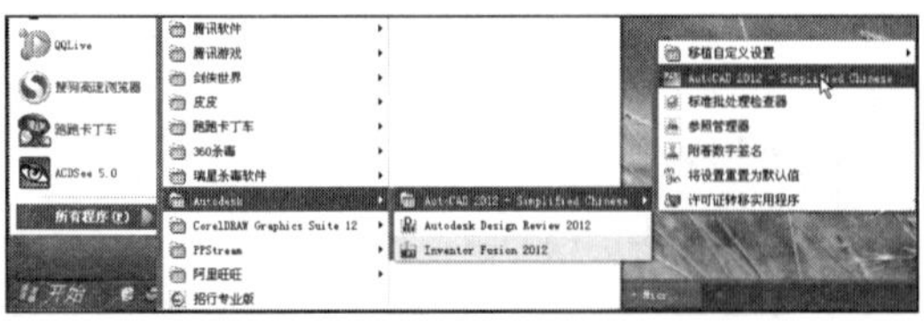

图 1-19

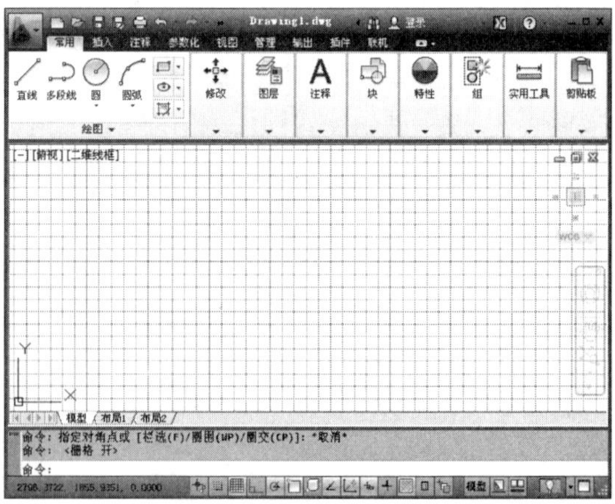

图 1-20

Step 02 单击选项卡右侧的“最小化为面板标题”按钮，收缩选项卡中的编辑按钮，只显示各组名称，如图 1-21 所示。单击“菜单浏览器”按钮，在弹出的菜单中单击 退出 AutoCAD 2012 按钮，如图 1-22 所示，退出该软件。

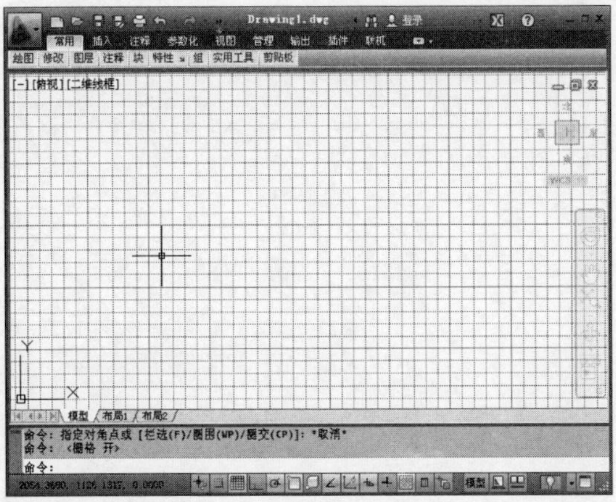

图 1-21

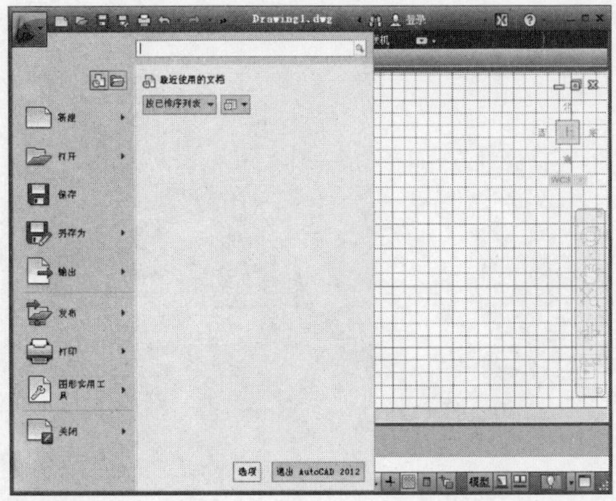

图 1-22

1.4.3　实例拓展和读者思考

该实例介绍了如何启动和退出 AutoCAD 2012，使读者进一步巩固了关于启动与退出 AutoCAD 2012 软件的方法。除此之外，用户还可以通过双击桌面图标进行启动，然后通过单击标题栏的“关闭”按钮退出该软件，如图 1-23 所示。

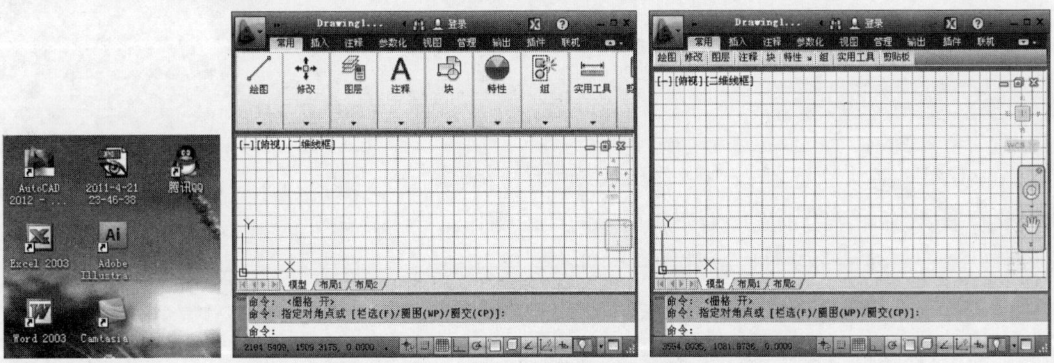

图 1-23

读者思考

通过刚才的实例练习和拓展练习，读者进一步掌握了启动与退出 AutoCAD 2012 软件的方法，读者可以利用前面介绍的方法自行练习启动和退出该软件。

第 2 章 准备绘图（一）

了解了 AutoCAD 2012 的基础知识后，本章将学习一些绘图前的准备知识，由于该方面的知识比较多，因此分两章进行讲解，本章只讲解部分准备知识。

2.1 操作图形文件

在绘制图形之前，首先需要熟练操作图形文件，如新建、打开、保存和关闭等，下面分别进行详细的讲解。

2.1.1 新建图形文件

AutoCAD 默认新建了一个以 acad.dwt 为样板的 Drawing1 图形文件，为了更好地完成更多的绘图操作，用户可以自行新建图形文件。新建图形文件有以下几种方法：

- 单击快速访问区中的“新建”按钮。
- 单击“菜单浏览器”按钮，在弹出的菜单中选择“新建”→“图形”命令，如图 2-1 所示。
- 在命令行中执行 NEW 命令。
- 按【Ctrl+N】组合键。

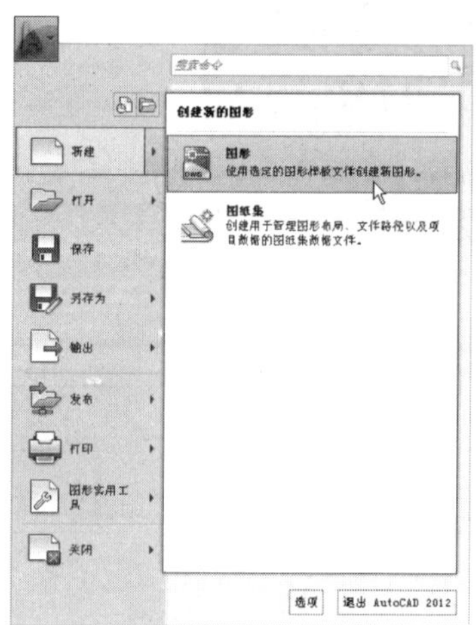

图 2-1

使用以上任意一种新建方式，都将弹出如图 2-2 所示的“选择样板”对话框，若要创建基于默认样板的图形文件，单击打开(O)按钮即可。用户也可以在“名称”列表框中选择其他样板文件。

注　意

在选择样板文件时，要结合该对话框右侧的“预览”栏进行预览，然后选择需要的样板，再单击打开(O)按钮，即可创建基于所选样板基础的图形文件。

单击打开(O)▾按钮右侧的▾按钮，可弹出如图 2-3 所示的菜单，在其中可选择图形文件的绘制单位，若选择“无样板打开–英制”命令，将以英制单位为计量标准绘制图形；若选择“无样板打开–公制”命令，将以公制单位为计量标准绘制图形。

图 2-2

图 2-3

下面以新建 acadiso3D.dwt 样板图形文件为例，来练习新建图形文件的方法，具体操作如下：

启动 AutoCAD 2012，单击快速访问区中的“新建”按钮，弹出“选择样板”对话框，在“名称”列表中选择 acadiso3D.dwt 样板图形文件，然后单击打开(O)▾按钮，如图 2-4 所示。

返回工作界面即可查看新建的 acadiso3D.dwt 图形文件，效果如图 2-5 所示。

图 2-4

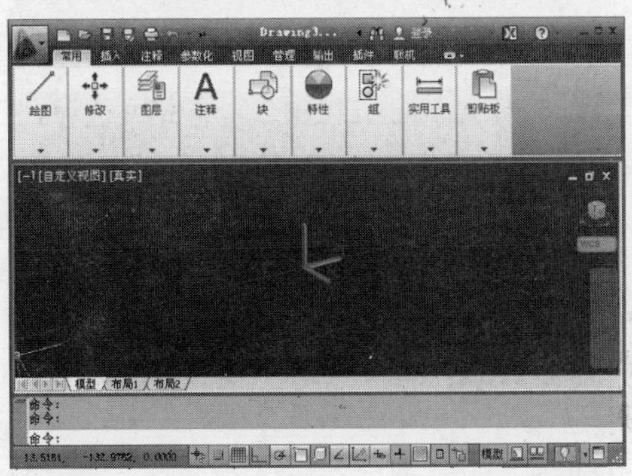

图 2-5

2.1.2 打开图形文件

若计算机中有保存过的 AutoCAD 图形文件，用户可以将其打开进行查看和编辑，方法如下：

- 单击快速访问区中的“打开”按钮。
- 单击“菜单浏览器”按钮，在弹出的菜单中选择“打开”命令。
- 直接在命令行中输入 OPEN 命令。
- 按【Ctrl+O】组合键。

执行以上任意一种操作后，系统都将自动弹出“选择文件”对话框，在“查找范围”下拉列表中选择要打开文件的路径，在中间的列表框中选择要打开的文件，单击打开(O)▾按钮将打开该图形文件，如图 2-6 所示。

单击打开(O)按钮右侧的▾按钮，系统将弹出如图 2-7 所示的菜单，在该菜单中可以选择图形文件的打开方式。

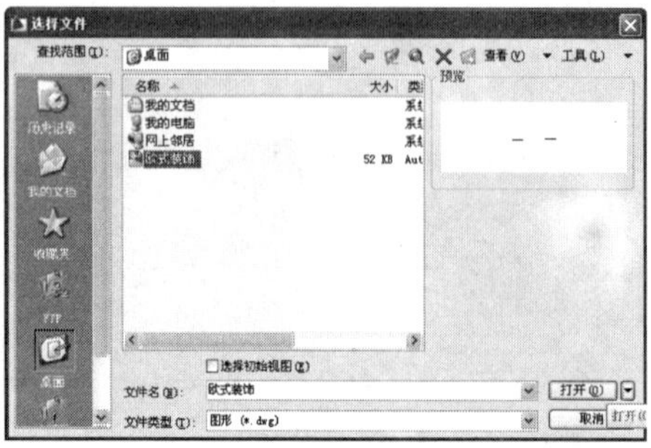

图 2-6

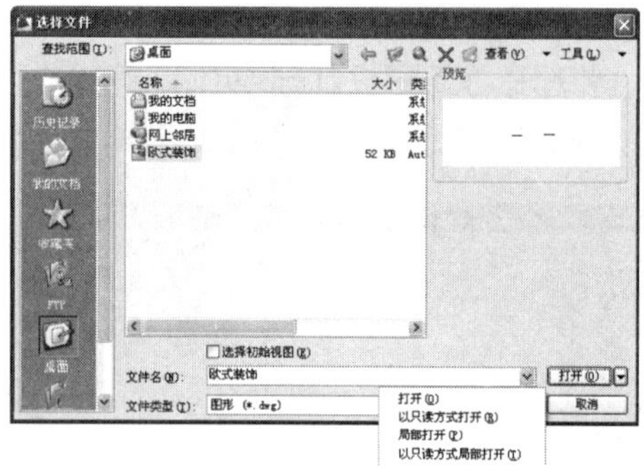

图 2-7

该菜单为用户提供了以下几种打开图形文件的方式。

- 打开：选择该命令将直接打开图形文件。
- 以只读方式打开：选择该命令，文件将以只读方式打开。用户可以对以此方式打开的文件进行编辑操作，但保存时不能覆盖原文件。
- 局部打开：选择该命令，系统将弹出“局部打开”对话框。如果图形中的图层较多，可采用“局部打开”方式只打开其中某些图层。
- 以只读方式局部打开：以只读方式打开图形的部分图层。

下面以打开“矩形”图形文件为例，练习打开图形文件的方法，具体操作如下：

Step 01 启动 AutoCAD 2012，单击快速访问区中的“打开”按钮，弹出“选择文件”对话框，在“名称”文本框中选择“矩形.dwg”图形文件（光盘:\素材\第 2 章\矩形.dwg），然后单击[打开(O)]按钮，如图 2-8 所示。

Step 02 返回工作界面即可看到所选的“矩形.dwg”图形文件已被打开，效果如图 2-9 所示。

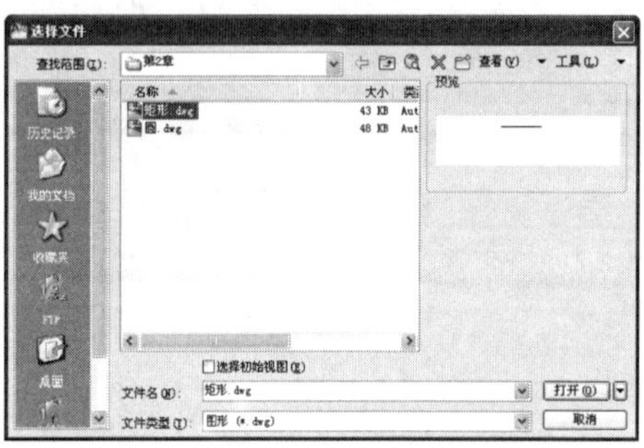

图 2-8

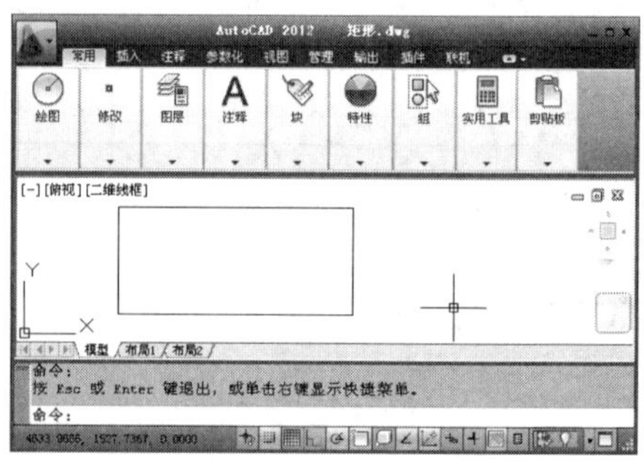

图 2-9

2.1.3 保存图形文件

为防止计算机出现异常情况，丢失图形文件，在绘制图形文件的过程中应随时保存。保存图形文件包括保存新图形文件、另存为其他图形文件和定时保存图形文件 3 种，下面分别进行讲解。

1. 保存新图形文件

保存新图形文件也就是保存从未保存过的图形文件，主要有以下几种方法：

- 单击快速访问区中的“保存”按钮。

- 单击“菜单浏览器”按钮，在弹出的菜单中选择“保存”命令。
- 在命令行中执行 SAVE 命令。
- 按【Ctrl+S】组合键。

执行上述任意操作后，都将弹出如图 2-10 所示的“图形另存为”对话框，在该对话框的“保存于”下拉列表中选择要保存到的位置，在“文件名”文本框中输入文件名，然后单击 保存(S) 按钮，保存文件并关闭对话框。返回到工作界面，即可在标题栏显示文件的保存路径和名称。

在 AutoCAD 2012 中，用户可以将图形文件保存为如图 2-11 所示的几种不同扩展名的图形文件，各扩展名的含义如下：

- DWG：AutoCAD 默认的图形文件类型。
- DXF：包含图形信息的文本文件或二进制文件，可供其他 CAD 程序读取该图形文件的信息。
- DWS：二维矢量文件，使用该种格式可以在网络上发布 AutoCAD 图形。
- DWT：AutoCAD 样板文件，新建图形文件时，可以基于样板文件进行创建。

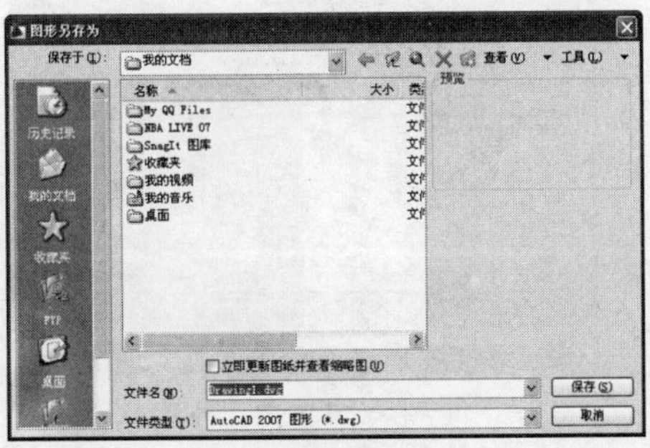

图 2-10

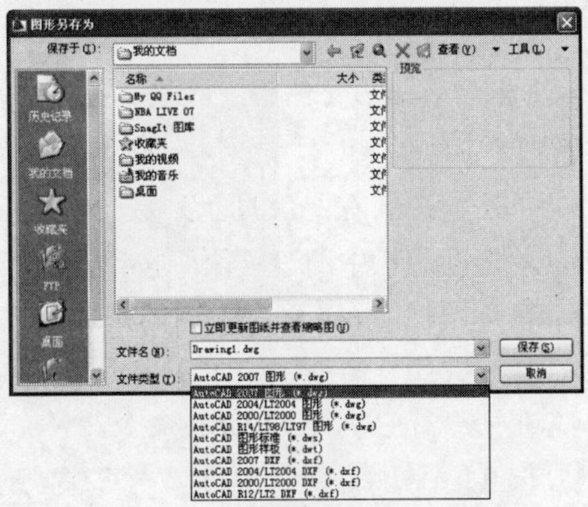

图 2-11

2．另存为其他图形文件

将修改后的文件另存为一个其他名称的图形文件，以便于区别，方法如下：

- 单击“菜单浏览器”按钮，在弹出的菜单中选择“另存为”命令。
- 在命令行中执行 SAVEAS 命令。

执行以上任意一个操作，都将弹出图 2-10 所示的“图形另存为”对话框，然后按照前面学习的保存新图形文件的方法保存即可，用户可在其基础上任意改动，而不影响原文件。

注　意

如果另存为的文件与原文件保存在同一目录中，将不能使用相同的文件名称。

3．定时保存图形文件

定时保存图形文件就是以一定的时间间隔，自动保存图形文件，免去了手动保存的麻烦，具体操作如下：

Step 01 在绘图区中右击，在弹出的快捷菜单中选择“选项”命令，弹出“选项”对话框，切换至“打开和保存”选项卡。

Step 02 在“文件安全措施”选项组中选择☑自动保存(U)复选框，在下面的文本框中输入所需的间隔时间，这里输入 8，如图 2-12 所示，然后单击[确定]按钮，关闭该对话框。

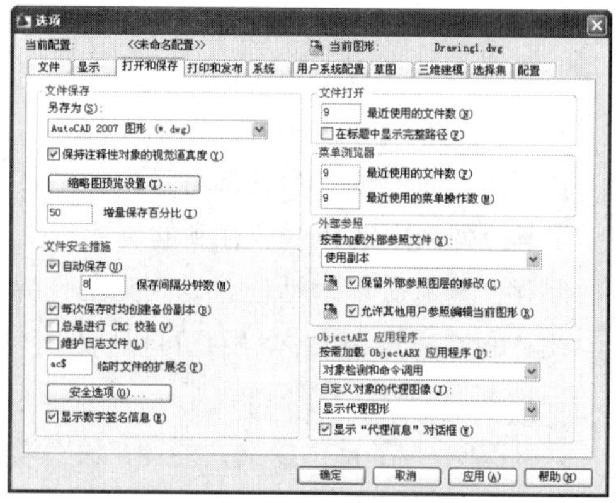

图 2-12

注 意

> 设置的定时保存图形文件的时间不宜过短，因为频繁的保存操作会影响软件的正常使用，也不宜过长，否则不易于实时保存，一般在 8～10 分钟。

2.1.4 关闭图形文件

编辑完当前图形文件后，应将其关闭，主要有以下几种方法：

- 单击绘图区右上角的“关闭”按钮☒。
- 单击标题栏中的“关闭”按钮☒。
- 在标题栏上右击，在弹出的快捷菜单中选择“关闭”命令，如图 2-13 所示。
- 在命令行中执行 CLOSE 命令。
- 按【Ctrl+F4】组合键。

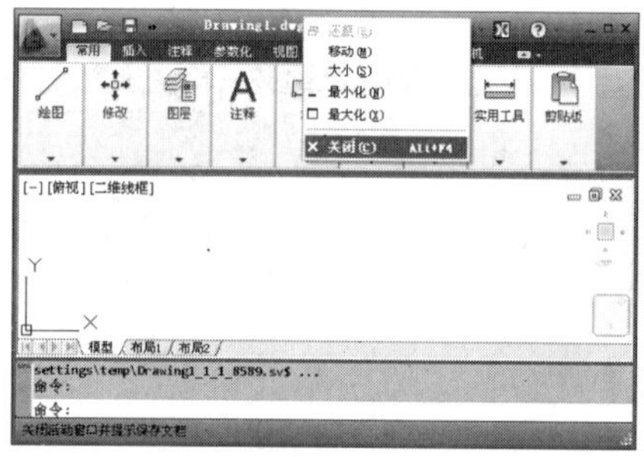

图 2-13

2.1.5 任务 1：新建、保存并关闭图形文件

下面以新建一个图形文件，然后将其保存到桌面上，并命名为“空文件”为例，来综合练习本节的知识。具体操作如下：

Step 01 启动 AutoCAD 2012，查看系统自动新建的名为 Drawing1.dwg 的文件，如图 2-14 所示。

Step 02 单击快速访问区中的“保存”按钮，弹出“图形另存为”对话框，在“保存于”下拉列表中选择“桌面”选项，在“文件名”文本框中输入文本“空文件”，然后单击[保存(S)]按钮，如图 2-15 所示。

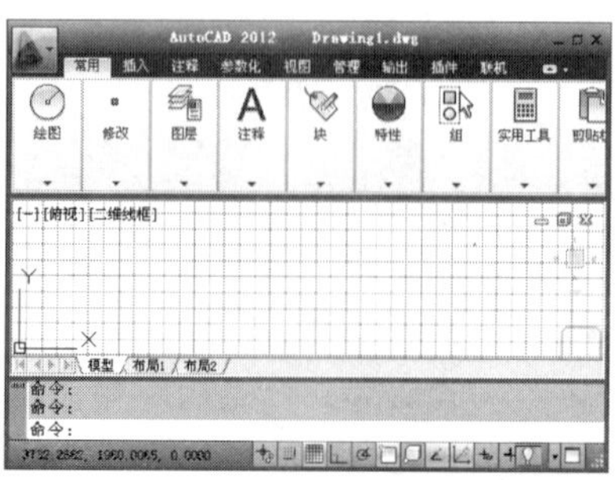

图 2-14

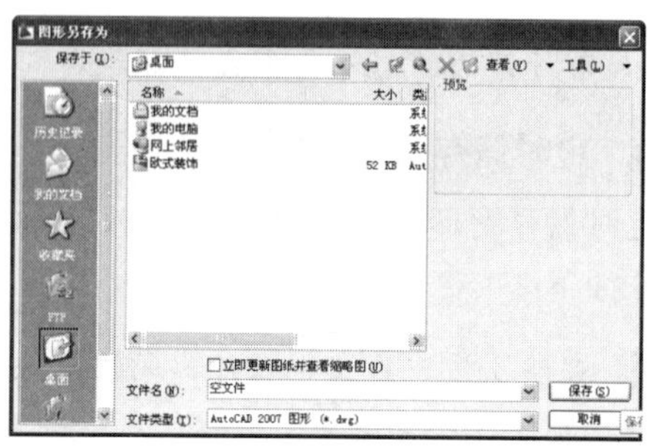

图 2-15

Step 03 返回工作界面，即可看到标题栏上的名称由原来的 Drawing1.dwg 变成了“空文件.dwg”，如图 2-16 所示。

Step 04 单击标题栏上的“关闭”按钮，如图 2-17 所示，关闭 AutoCAD 2012。返回桌面即可看到刚保存的“空文件.dwg”图形文件的快捷方式图标，如图 2-18 所示。

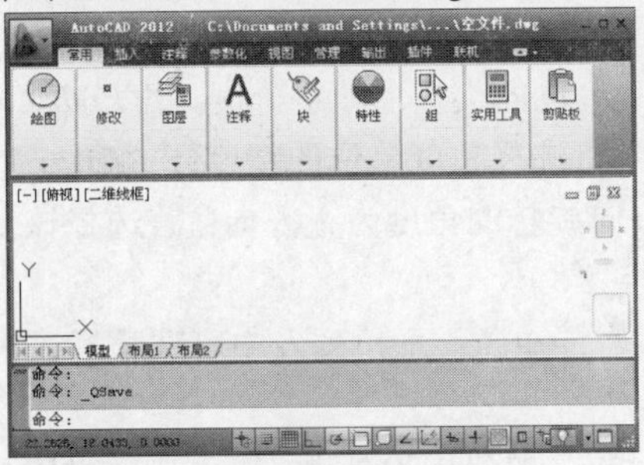

图 2-16

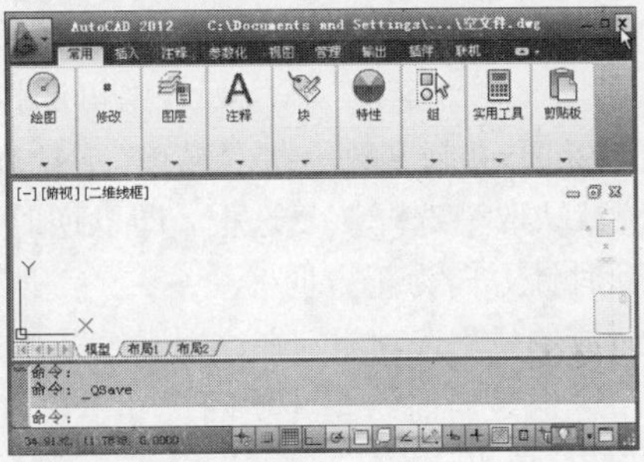

图 2-17

图 2-18

2.2　设置绘图环境

为了方便绘图，可以根据直接绘图的习惯对绘图环境进行设置。设置绘图环境包括设置绘图界限、绘图单位、绘图区颜色、十字光标大小、工具栏的移动、命令行的显示行数与字体，以及保存工作空间和选择工作空间等。

2.2.1　设置绘图界限

绘图界限相当于手工绘图时规定的图纸大小，在 AutoCAD 中默认的绘图界限为无限大，如果开启了绘图界限检查功能，那么输入或拾取的点若超出绘图界限，操作将无法进行。如果关闭了绘图界限检查功能，则绘制图形时将不受绘图范围的限制。设置绘图界限的命令是 LIMITS，具体操作过程如下：

```
命令: LIMITS                                            //执行 LIMITS 命令
重新设置模型空间界限:                                     //系统提示将要进行的操作
指定左下角点或 [开(ON)/关(OFF)] <0.0000,0.0000>:          //设置绘图区域左下角的坐标，这里
保持默认直接按【Enter】键，表示左下角点的坐标位置为 (0,0)
指定右上角点 <420.0000,297.0000>: 297,210                 //设置绘图区域右上角的坐标
```

在执行命令的过程中各选项的含义如下：

- 开（ON）：选择该选项，表示开启图形界限功能。
- 关（OFF）：选择该选项，表示关闭图形界限功能。

注　意

在用户开启或关闭图形界限功能后，执行 REGEN 命令重新生成视图（或在 AutoCAD 2012 的菜单栏中选择“视图”→“重生成”命令），设置才能生效。

2.2.2　设置绘图单位

绘图单位直接影响绘制图形的大小，设置绘图单位的方法如下：

- 显示 AutoCAD 2012 菜单栏，选择“格式”→“单位”命令。

- 在命令行中执行 UNITS、DDUNITS 或 UN 命令。

执行以上操作后，都将弹出如图 2-19 所示的“图形单位”对话框。通过该对话框可以设置长度和角度的单位与精度。其中各选项的含义如下：

- “长度”选项组：在“类型”下拉列表中可选择长度单位的类型，如分数、工程、建筑、科学和小数等；在“精度”下拉列表中可选择长度单位的精度。
- “角度”选项组：在“类型”下拉列表中可选择角度单位的类型，如百分度、度/分/秒、弧度、勘测单位和十进制度数等；在“精度”下拉列表中可选择角度单位的精度；□顺时针(C)复选框，系统默认取消选择该复选框，即以逆时针方向旋转的角度为正方向；若选择该复选框，则以顺时针方向为正方向。
- “插入时的缩放单位”选项组：在“用于缩放插入内容的单位”下拉列表中可选择插入图块时的单位，这也是当前绘图环境的尺寸单位。
- [方向(D)...]按钮：单击该按钮将弹出“方向控制”对话框，如图 2-20 所示。在其中可设置基准角度，例如设置 0° 的角度，若在“基准角度”选项组中选择“北”单选按钮，那么绘图时的 0° 实际在 90° 方向上。

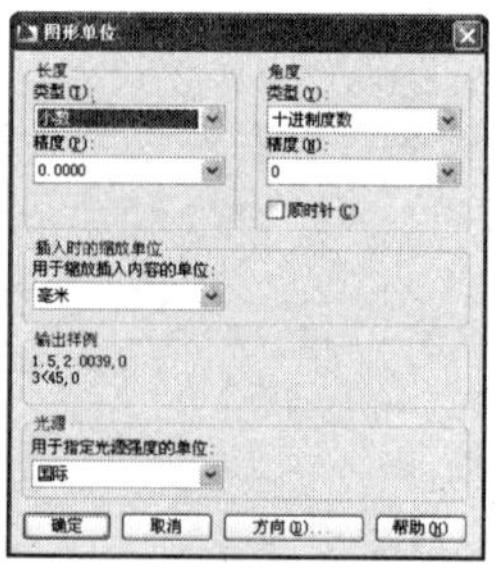

图 2-19

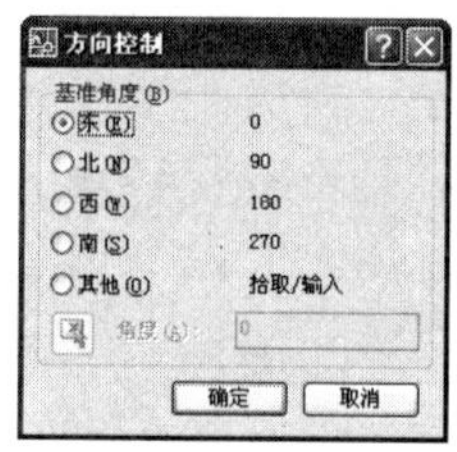

图 2-20

2.2.3 设置绘图区颜色

同以前版本的 AutoCAD 一样，用户可以根据自己的绘图习惯自行更改绘图区的颜色，具体操作如下：

Step 01 在绘图区中右击，在弹出的快捷菜单中选择“选项”命令，如图 2-21 所示。

Step 02 弹出“选项”对话框，切换至“显示”选项卡，在“窗口元素”选项组中单击[颜色(C)...]按钮，如图 2-22 所示。

图 2-21

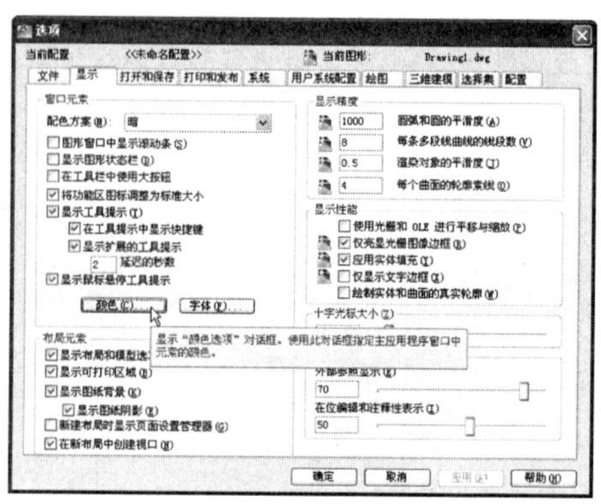

图 2-22

Step 03 弹出“图形窗口颜色”对话框，在“颜色”下拉列表中选择需要的颜色即可。若在软件提供的颜色中没有需要的颜色，可选择“选择颜色”选项，如图 2-23 所示。

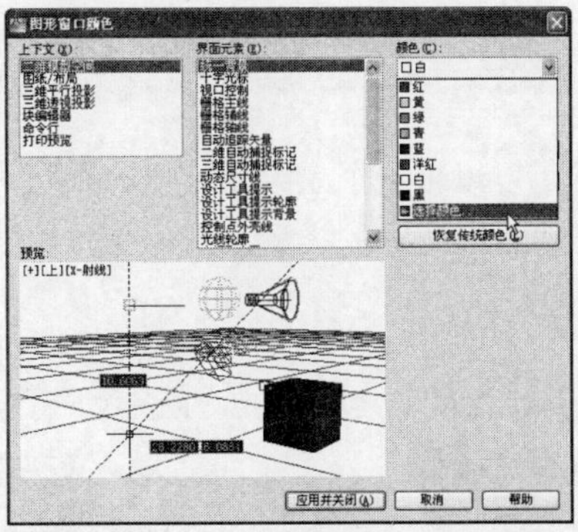

图 2-23

Step 04 弹出“选择颜色”对话框，选择需要的颜色，这里在“颜色”文本框中输入新的数值（249，183，251），如图 2-24 所示，然后单击 确定 按钮。

Step 05 返回“图形窗口颜色”对话框，单击 应用并关闭(A) 按钮，再返回“选项”对话框，单击 确定 按钮，即可看到绘图区的颜色改为了所设置的颜色，如图 2-25 所示。

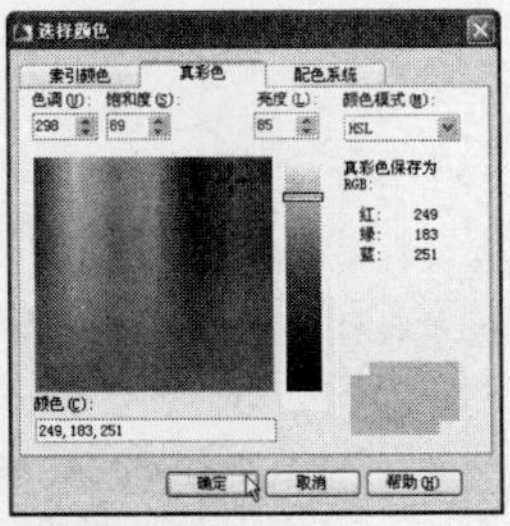

图 2-24

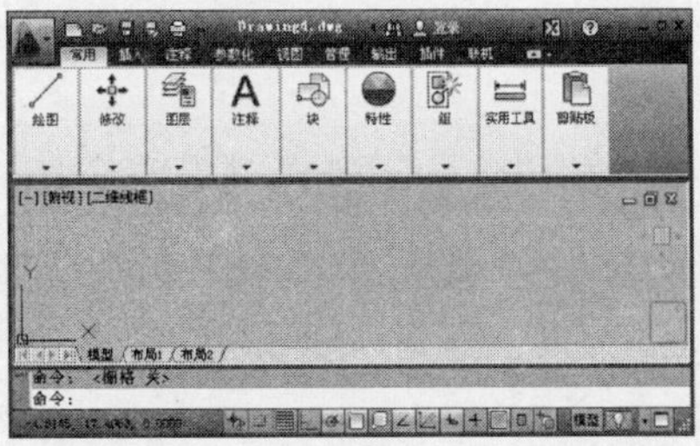

图 2-25

2.2.4　设置十字光标

用户可根据实际需要设置十字光标的大小，具体操作如下：

Step 01 在绘图区中右击，在弹出的快捷菜单中选择“选项”命令，弹出“选项”对话框。

Step 02 切换至“显示”选项卡，在“十字光标大小”文本框中输入需要的大小，或拖动文本框右侧的滑块到合适的位置，这里在文本框中输入 50，如图 2-26 所示。

Step 03 切换至“选择集”选项卡，在“拾取框大小”选项组中向右拖动滑块至如图 2-27 所示的位置。

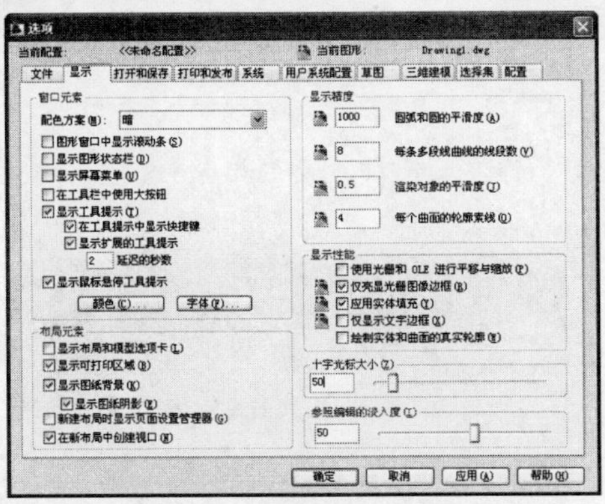

图 2-26

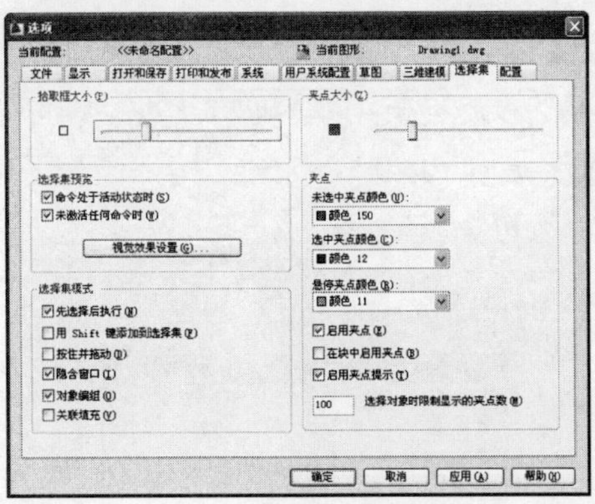

图 2-27

Step 04 单击 确定 按钮，返回 AutoCAD 2012 工作界面，即可看到十字光标与原来相比更长，拾取框更大。

2.2.5 设置工作空间——更改命令行的显示行数与字体

除了可以根据个人绘图习惯的不同，随时缩小和扩展命令行外，用户还可以将命令行中的字体设置为自己喜欢的类型，具体操作如下：

Step 01 将鼠标光标移至命令行边上，等待鼠标光标变成如图 2-28 所示的状态。

Step 02 按住鼠标左键不放，向上或向下推动鼠标即可扩展或缩小命令行，图 2-29 所示为将命令行扩展后的效果。

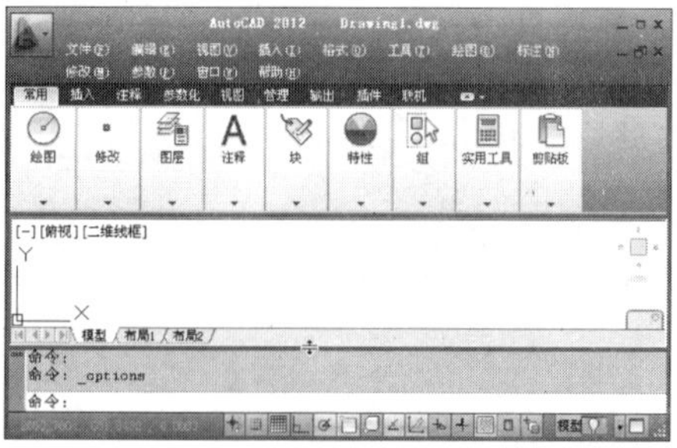

图 2-28

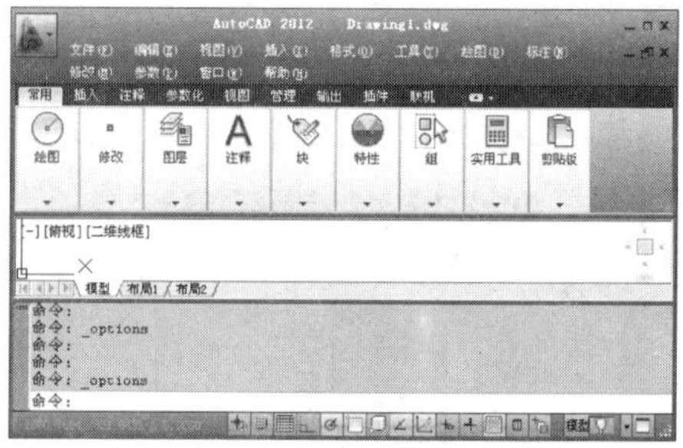

图 2-29

Step 03 在绘图区中右击，在弹出的快捷菜单中选择“选项”命令，弹出“选项”对话框，切换至“显示”选项卡，在“窗口元素”选项组中单击[字体(F)...]按钮，如图 2-30 所示。

Step 04 弹出“命令行窗口字体”对话框，在“字体”文本框中输入需要的字体名称，或在其下拉列表中选择需要的字体，这里选择“新宋体”选项。

Step 05 在“字形”文本框中输入需要的字形名称，或在其下拉列表中选择需要的字形，这里选择“粗斜体”选项。

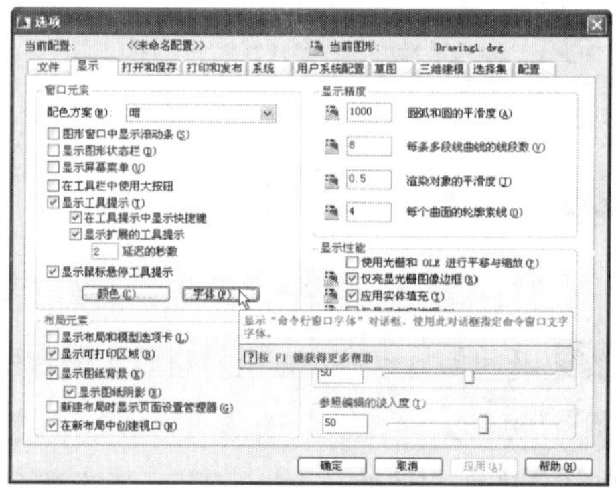

图 2-30

Step 06 在“字号”文本框中输入需要的字号，或在其下拉列表中选择需要的字号，这里选择“四号”选项，然后单击[应用并关闭]按钮，如图 2-31 所示。

Step 07 返回“选项”对话框，单击[确定]按钮，返回工作界面，即可看到命令行的字体发生了变化，如图 2-32 所示。

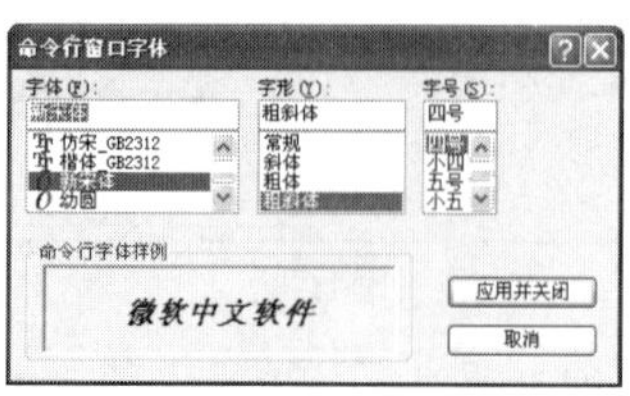

图 2-31

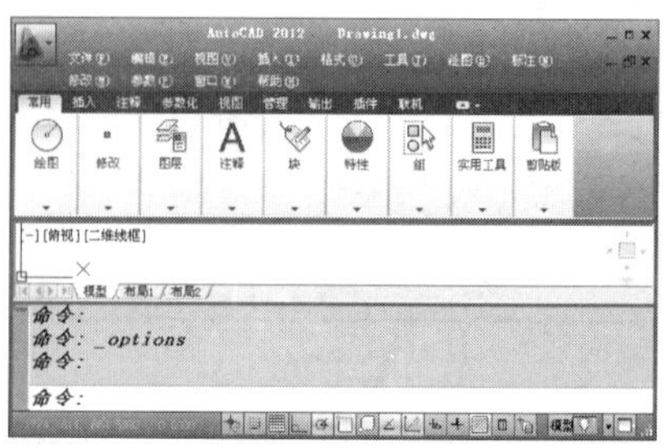

图 2-32

2.2.6　设置工作空间——菜单栏的显示

习惯使用以前版本中菜单栏的用户，也能在 AutoCAD 2012 中将其调出使用，具体操作如下：

Step 01 单击快速访问区右侧的按钮，在弹出的菜单中选择“显示菜单栏”命令，如图 2-33 所示。

Step 02 返回工作界面即可看到菜单栏已显示在选项卡的上方，如图 2-34 所示。再次单击快速访问区右侧的按钮，在弹出的菜单中选择“隐藏菜单栏”命令，可以隐藏菜单栏。

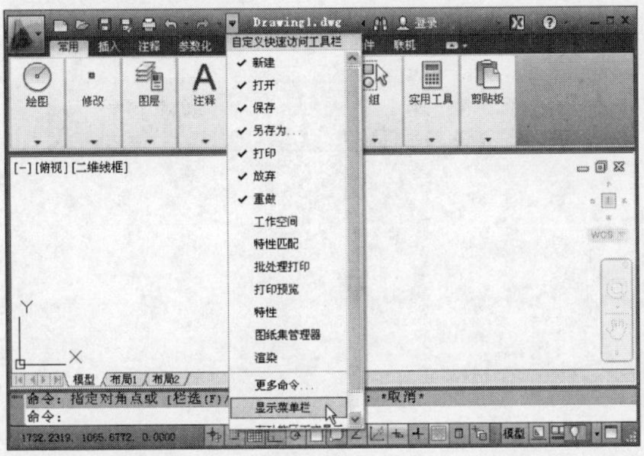

图 2-33

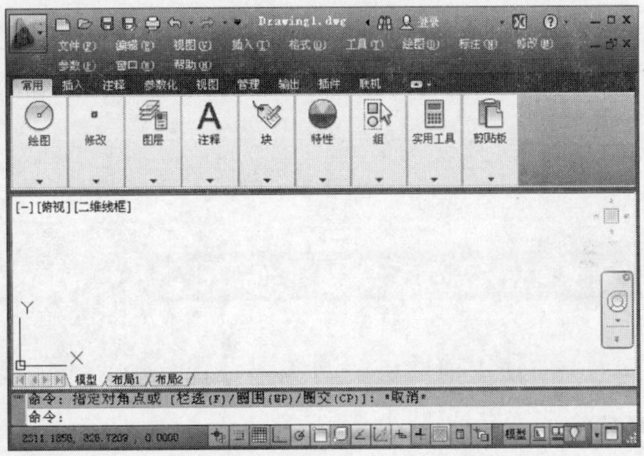

图 2-34

2.2.7　设置工作空间——保存工作空间

用户可以将习惯使用的工作空间进行保存，以方便以后随时调用，具体操作过程如下：

Step 01 单击状态栏中的“切换工作空间”按钮，在弹出的菜单中选择“将当前工作空间另存为”命令，如图 2-35 所示。

Step 02 弹出“保存工作空间”对话框，在“名称”文本框中输入文本“新空间”，然后单击 保存 按钮，保存设置的工作空间，如图 2-36 所示。

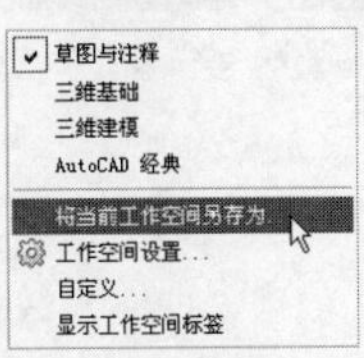

图 2-35

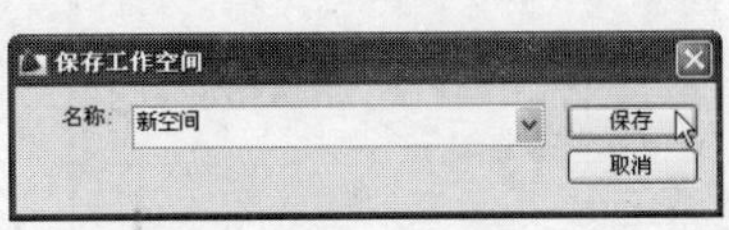

图 2-36

2.2.8　设置工作空间——选择工作空间

AutoCAD 2012 默认的工作空间是“草图与注释”，用户可以根据绘图需要或习惯，选择需要的工作空间，具体操作如下：

Step 01 单击状态栏中的“切换工作空间”按钮，在弹出的菜单中选择需要的工作空间，如选择“AutoCAD 经典”样式，如图 2-37 所示。

Step 02 返回工作界面，即可看到工作空间由原来的“二维草图与注释”变成了“AutoCAD 经典”样式，如图 2-38 所示。

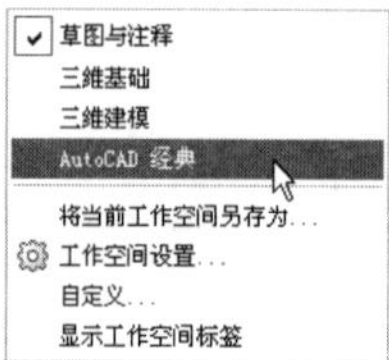

图 2-37

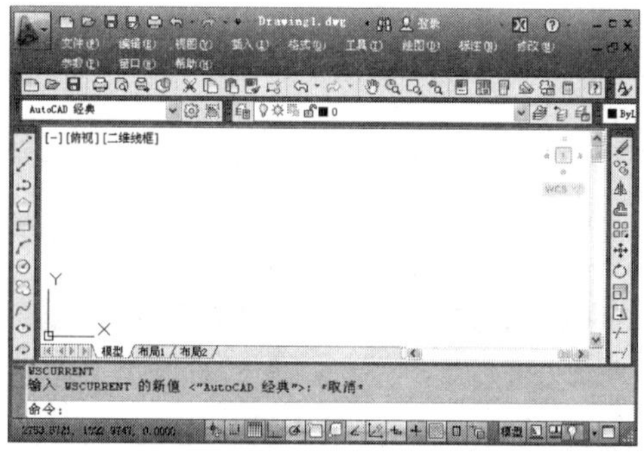

图 2-38

2.2.9 任务 2：设置工作环境

下面使用前面讲解的知识设置一个工作环境，然后将其保存。

Step 01 启动 AutoCAD 2012，在命令行中输入命令 LIMITS，具体操作过程如下：

```
命令：LIMITS                                   //执行 LIMITS 命令
重新设置模型空间界限：                         //系统提示将要进行的操作
指定左下角点或 [开(ON)/关(OFF)] <0.0000,0.0000>： //设置绘图区域左下角的坐标，这里
保持默认直接按【Enter】键，表示左下角点的坐标位置为（0,0）
指定右上角点 <420.0000,297.0000>：             //按【Enter】键设置绘图区域右上角的坐标
```

Step 02 在命令行中输入命令 UN，弹出“图形单位”对话框，在“长度”选项组的“精度”下拉列表中选择 0 选项，如图 2-39 所示，然后单击 确定 按钮。

Step 03 在绘图区中右击，在弹出的快捷菜单中选择“选项”命令，弹出“选项”对话框，切换至“显示”选项卡，在“十字光标大小”文本框中输入 20，如图 2-40 所示。

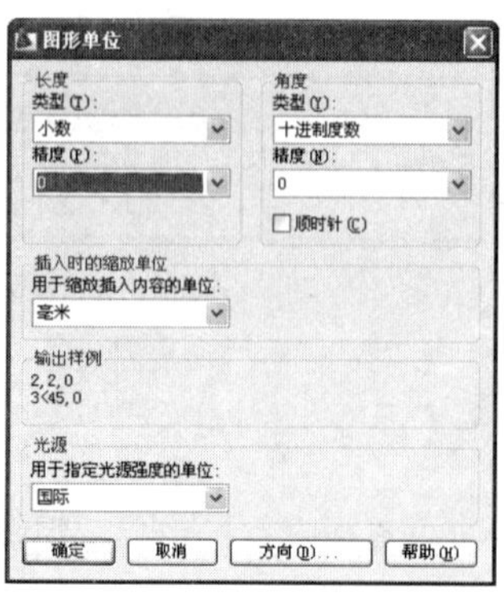

图 2-39

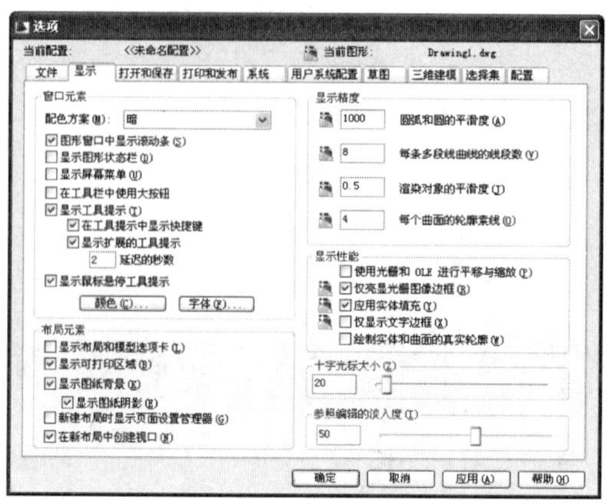

图 2-40

Step 04 切换至“选择集”选项卡，向右拖动“拾取框大小”滑块至如图 2-41 所示的位置，单击 确定 按钮。

Step 05 返回 AutoCAD 2012 的工作界面，将鼠标光标移动到命令行边上，待鼠标光标呈÷状态时，按住鼠标左键不放，向上推动鼠标将命令行扩展至 6 行。

Step 06 单击状态栏中的“切换工作空间”按钮，在弹出的菜单中选择“三维建模”命令，将工作空间切换至“三维建模”模式，效果如图 2-42 所示。

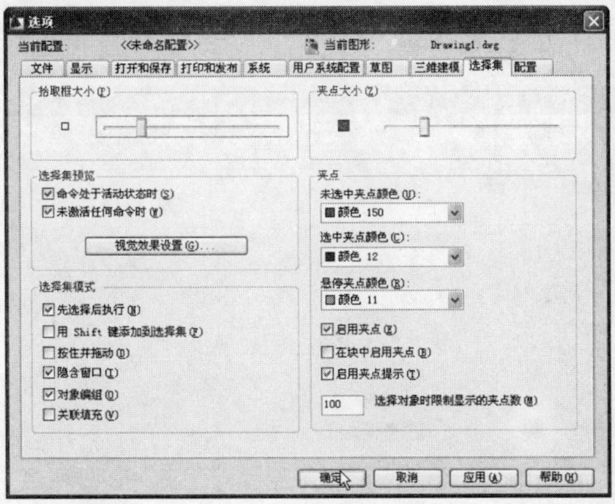

图 2-41

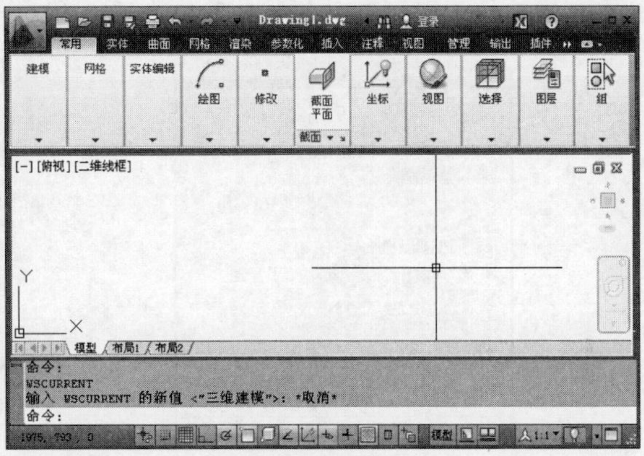

图 2-42

2.3 边学边用——启动 AutoCAD 并设置绘图环境

通过前面的学习，读者了解了图形文件的操作和绘图环境的设置方法，本节将通过一个简单的实例，来加深读者对相关知识的理解和掌握。

2.3.1 实例目标

本节将详细讲解图形文件的操作方法，以及绘图界限和绘图单位的设置，引导读者进一步掌握 AutoCAD 2012 中绘图环境和图形文件的操作方法，从而为以后更好地绘制图形打下基础。

具体学习目标如下：

- 了解设置绘图界限和绘图单位的方法。
- 熟悉打开和另存为图形文件的方法。
- 掌握关闭图形文件的方法。

2.3.2 实例实现

Step 01 启动 AutoCAD 2012，在命令行中输入 LIMITS 命令，具体操作过程如下：

```
命令：LIMITS                        //执行 LIMITS 命令
重新设置模型空间界限：              //系统提示将要进行的操作
```

指定左下角点或 [开(ON)/关(OFF)] <0.0000,0.0000>: //设置绘图区域左下角的坐标，这里保持默认直接按【Enter】键，表示左下角点的坐标位置为（0,0）

指定右上角点 <420.0000,297.0000>: //按【Enter】键设置绘图区域右上角的坐标

Step 02 在命令行中输入 UN 命令，弹出“图形单位”对话框，在“长度”选项组的“精度”下拉列表中选择 0 选项，如图 2-43 所示，然后单击 确定 按钮。

Step 03 打开“圆.dwg”图形文件（光盘:\素材\第 2 章\圆.dwg）。单击快速访问区中的“打开”按钮，弹出“选择文件”对话框，在“查找范围”下拉列表中选择“第 2 章”选项，在“名称”列表框中选择“圆”选项，如图 2-44 所示，然后单击 打开(O) 按钮。

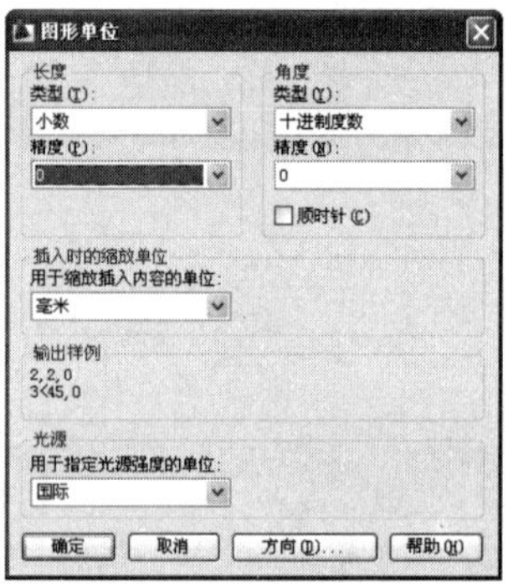

图 2-43

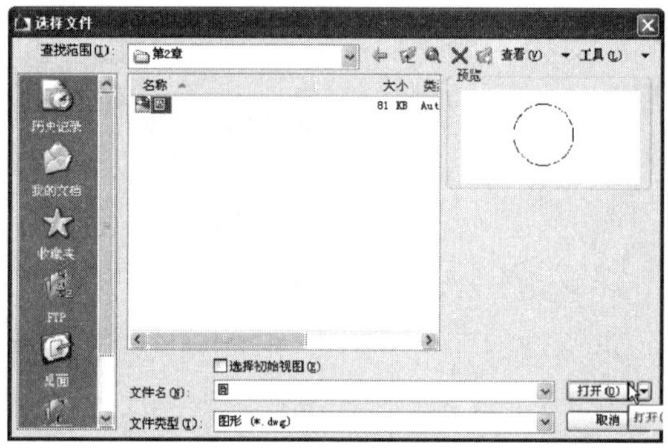

图 2-44

Step 04 单击“菜单浏览器”按钮，在弹出的菜单中选择“另存为”→“AutoCAD 图形”命令，如图 2-45 所示。

Step 05 弹出“图形另存为”对话框，在“保存于”下拉列表中选择“桌面”选项，在“文件名”文本框中输入文本“大圆.dwg”，如图 2-46 所示，然后单击 保存(S) 按钮，最后在命令行中执行 CLOSE 命令，关闭图形文件。

图 2-45

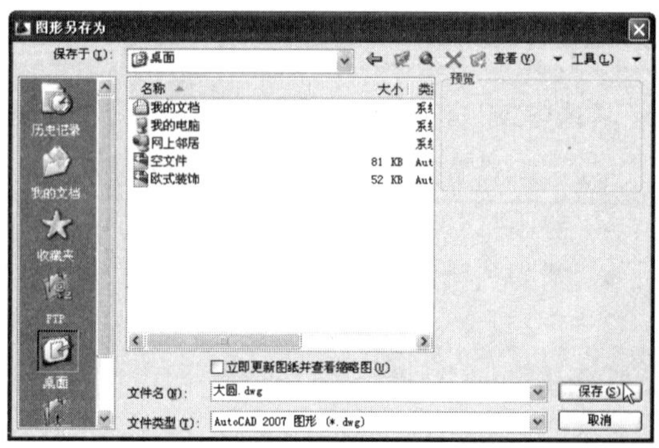

图 2-46

2.3.3　实例拓展和读者思考

在该实例中介绍了在 AutoCAD 2012 中设置绘图环境的方法，以及与图形文件相关的操作，使读者进一步巩固了本章所讲的知识点。除此之外，还可以直接按【Ctrl+N】组合键新建图形文件，如图 2-47 所示，然后按【Ctrl+S】组合键保存图形文件到桌面上，并命名为“练习.dwg”，如图 2-48 所示，最后按【Ctrl+F4】组合键关闭图形文件。

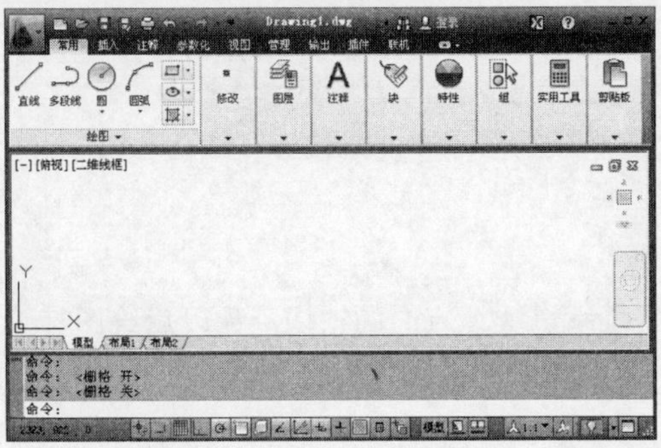

图 2-47

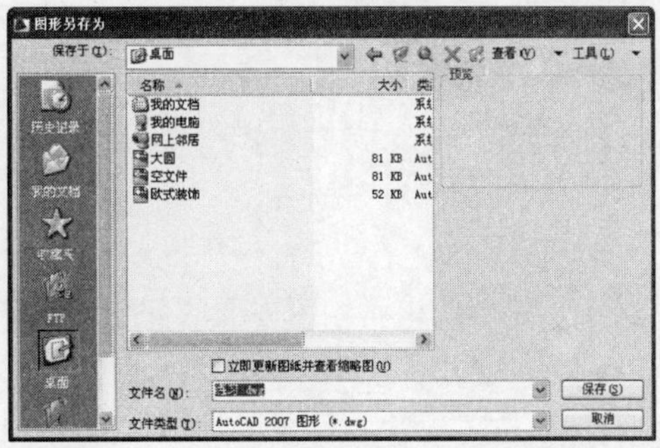

图 2-48

读者思考

通过本章的实例练习和拓展练习，读者可以在掌握 AutoCAD 2012 图形文件的相关操作和设置绘图环境方法的基础上，根据本章所介绍的方法自行练习图形文件的相关操作和设置绘图环境的方法。

第 3 章

准备绘图（二）

第 2 章讲解了准备绘图方面的部分知识，本章将继续讲解该方面的知识，为以后绘图打下坚实的基础。

3.1 AutoCAD 命令的基本调用方法

在 AutoCAD 2012 中命令的基本调用方法有多种，如输入、退出、重复执行和透明等，用户可以根据需要进行调用。下面对 AutoCAD 命令的基本调用方法进行详细讲解。

3.1.1 输入命令

如果要执行某个命令，必须先输入该命令。输入命令的方法有以下几种：

- 菜单和快捷键输入和其他软件的输入方法大致相同，这是所有软件的共同点。
- 在命令行的“命令：”文本后输入命令的全名或简称，并按下【Enter】键或【Space】键。
- 在绘图过程中右击，在弹出的快捷菜单中选择需要的命令。
- 在选项卡中单击需要执行的命令按钮。

注 意

用户在命令行中输入的命令不用区分大小写。

3.1.2 退出命令

在绘图过程中执行某一个命令后，如果发现无须执行此命令，可取消该命令的执行，方法如下：

- 在命令行中执行 U 或 UNDO 命令可撤销前一次命令的执行结果，如图 3-1 所示。
- 按【Esc】键可以退出正在执行的命令。
- 单击快速访问区中的“放弃”按钮，如图 3-2 所示。
- 执行命令后，在绘图区中右击，然后在弹出的快捷菜单中选择“放弃”命令。

图 3-1

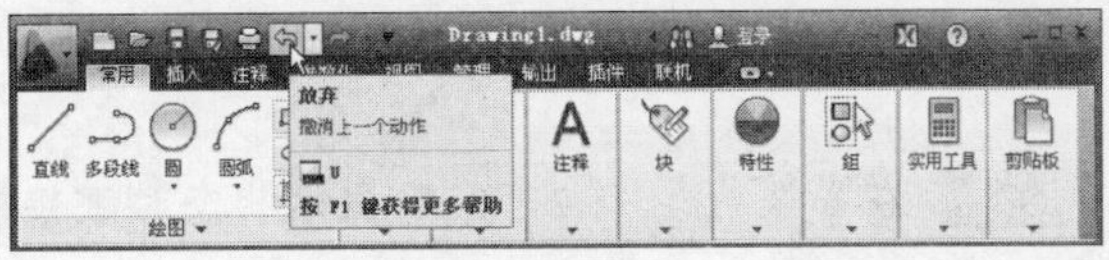

图 3-2

3.1.3 重复执行命令

为了提高绘图效率，可以在命令行中执行重复操作命令，方法如下：

- 在命令行为“命令：”提示状态时，直接按【Space】键或【Enter】键，系统将自动执行前一次的操作。
- 在键盘上连续按【↑】键，将在“命令：”行中依次显示前面输入的命令或参数，当出现需要执行的命令后，按【Enter】或【Space】键即可执行该命令。
- 在绘图区中右击，在弹出的快捷菜单中选择“重复”命令。

3.1.4 透明命令

在执行其他命令的过程中仍可以执行的命令称为透明命令。在执行透明命令之前，需要在输入命令前输入单引号“'”。在执行透明命令时，其命令行中的提示前有一个双折号（>>）。

注　意

当命令处于活动状态时，执行 UNDO 命令可以取消其他任何已执行的透明命令。

3.1.5 任务 3：绘制梯子

下面以绘制梯子侧立面图为例，来综合练习本节所讲的知识。

Step 01 启动 AutoCAD 2012，在命令行中执行 L 命令，具体操作过程如下：

```
命令:L                               //执行 LINE 命令
指定第一点:                          //在绘图区中单击指定起点
指定下一点或[放弃(U)]: 120           //将光标移至起点的右侧，当有极轴追踪显示时，如
图 3-3 所示，输入第 2 点距第 1 点的距离，这里输入 120，按【Space】键确认
指定下一点或[放弃(U)]: 20            //将光标移至第 2 点的下侧，当有极轴追踪显示时，
输入第 3 点距第 2 点的距离，这里输入 20，按【Space】键确认
指定下一点或 [闭合(C)/放弃(U)]: 30   //将光标移至第 3 点的右侧，当有极轴追踪显示时，
输入第 4 点距第 3 点的距离，这里输入 30，按【Space】键确认
指定下一点或 [闭合(C)/放弃(U)]: 20   //将光标移至第 4 点的下侧，当有极轴追踪显示时，
输入第 5 点距第 4 点的距离，这里输入 20，按【Space】键确认
指定下一点或 [闭合(C)/放弃(U)]: 30   //将光标移至第 5 点的右侧，当有极轴追踪显示时，
输入第 6 点距第 5 点的距离，这里输入 30，按【Space】键确认
指定下一点或 [闭合(C)/放弃(U)]: 20   //将光标移至第 6 点的下侧，当有极轴追踪显示时，
输入第 7 点距第 6 点的距离，这里输入 20，按【Space】键确认
指定下一点或 [闭合(C)/放弃(U)]: 60   //将光标移至第 7 点的左侧，当有极轴追踪显示时，
输入第 8 点距第 7 点的距离参数，这里输入 60，按【Space】键确认
```

```
指定下一点或 [闭合(C)/放弃(U)]:          //按【Space】键退出该命令，完成后的效果如图 3-4 所示
```

Step 02 在命令行为“命令:”提示状态时直接按【Space】键，自动执行前一次操作的命令，具体操作过程如下:

```
命令:L                        //执行 LINE 命令
指定第一点:                    //以上一步的第 1 点作为起点
指定下一点或 [放弃(U)]:         //以上一步的第 8 点作为终点
指定下一点或 [放弃(U)]:         //按【Space】键退出该命令，完成后的效果如图 3-5 所示
```

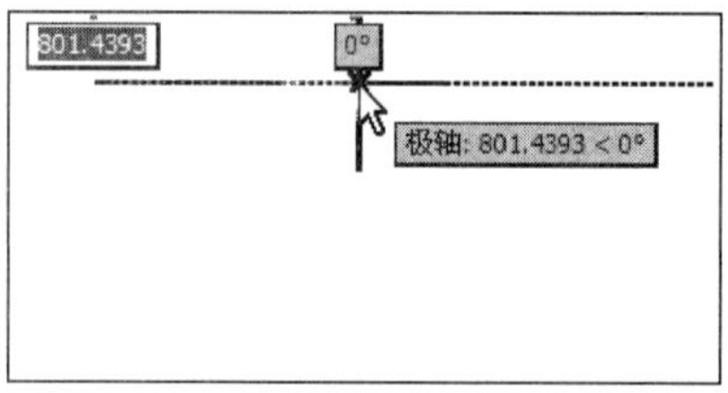

图 3-3

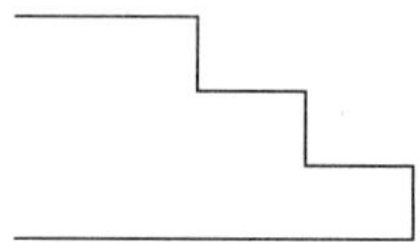
图 3-4

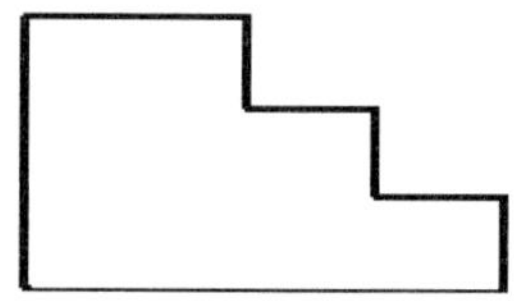
图 3-5

3.2 AutoCAD 2012 的坐标系与坐标点

要在 AutoCAD 2012 中准确、高效地绘制图形对象，必须掌握坐标系的概念、使用方法，以及如何输入坐标系，因为物体在空间中的位置都是通过坐标系来体现的，下面分别进行讲解。

3.2.1 使用坐标系

在 AutoCAD 2012 中进行绘图的过程中，用户可以通过坐标系来定位某个图形对象，以便定位点的位置。坐标系可以分为两种：世界坐标系和用户坐标系。下面分别进行讲解。

1. 世界坐标系

世界坐标系的英文缩写为 WCS，它是进入 AutoCAD 2012 绘图区时系统默认的坐标系。该坐标系是由 X 轴、Y 轴和 Z 轴组成的，WCS 坐标轴的交汇处显示“口”形标记，但坐标原点并不在坐标系的交汇点，而位于图形窗口的左下角，所有的位移都是相对于原点来计算的，并且规定沿 X 轴正向及 Y 轴正向的位移为正方向。世界坐标系分为二维坐标系和三维坐标系，图 3-6 所示为二维坐标系；图 3-7 所示为三维坐标系。

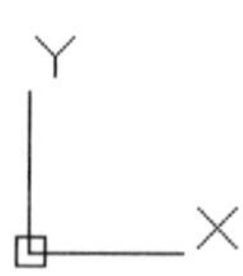

图 3-6

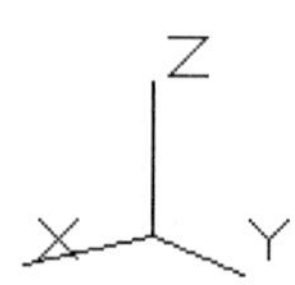

图 3-7

2. 用户坐标系

用户坐标系的英文缩写为 UCS，它指的是在 AutoCAD 2012 中进行绘图时，为了更好地绘制图形对象，经常需要修改坐标系的原点和方向，此时世界坐标系将转变成用户坐标系。它是一种可自定义

的坐标系，*X* 轴、*Y* 轴和 *Z* 轴方向都可以移动及旋转，在绘制三维平面图时非常有用，且在绘制二维平面图时，可不输入 Z 轴，如输入的坐标点与输入的效果不相同，应在英文状态下输入逗号“,”，在输入完一点的坐标参数后，必须按【Enter】键确认输入完毕。其命令的调用方法如下：

- 在“视图”选项卡的“坐标”组中单击 USC 按钮。
- 在命令行中执行 UCS 命令。

执行上述操作后，命令行提示：指定 UCS 的原点或［面（F）/ 命名（NA）/ 对象（OB）/ 上一个（P）/ 视图（V）/ 世界（W）/ X / Y / Z / Z 轴（ZA）］<世界>:”，在该提示下可以选择相应的坐标系进行操作。

用户坐标系包括绝对直角坐标、相对直角坐标、绝对极坐标和相对极坐标 4 种，下面进行详细讲解。

- 绝对直角坐标：绝对直角坐标体现在二维或三维平面中距离两个或三个点彼此相交的垂直坐标轴的距离，它与数学中表示点的方法一样。当系统提示用户输入点的位置时，可输入（10，20，18）。
- 相对直角坐标：相对直角坐标与绝对直角坐标的表示方法大致一样，只是在表示相对直角坐标时，要在坐标点前加上@符号。
- 绝对极坐标：绝对极坐标表现距原点的距离和角度，在距离与角度之间需用“<”符号隔开。
- 相对极坐标：相对极坐标与绝对极坐标的表示方法大致一样，只是在表示相对极坐标时，要在坐标前加上@符号。

在 AutoCAD 2012 中，切换至“视图”选项卡，如图 3-8 所示的“坐标”组，可以帮助用户自定义需要的用户坐标系。

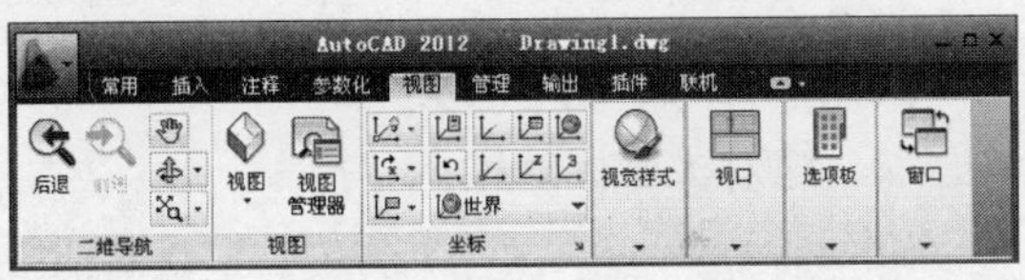

图 3-8

其中各项的含义如下：

- UCS 按钮：启动 UCS 图标。
- “UCS 命名”按钮：管理已定义的用户坐标系。
- “UCS 世界”按钮：将当前用户坐标系设置为世界坐标系。
- “原点”按钮：移动原点来定义新的 UCS。
- X 按钮：绕 *X* 轴旋转用户坐标系。
- Y 按钮：绕 *Y* 轴旋转用户坐标系。
- Z 按钮：绕 *Z* 轴旋转用户坐标系。
- “Z 轴矢量”按钮：将用户坐标系与指定的正向 Z 轴对齐。
- “在原点处显示 UCS 图标”按钮：在原点处显示 UCS 图标。
- “视图”按钮：将用户坐标系的 *XY* 平面与屏幕对齐。
- “对象”按钮：将用户坐标系与选定的对象对齐。
- “面 UCS”按钮：将用户坐标系与三维实体的面对齐。
- “三点”按钮：使用三个点定义新的用户坐标系。
- “UCS 上一个”按钮：恢复上一个用户坐标系。
- “UCS 图标，特征”按钮：控制 UCS 图标的样式、大小和颜色。

3.2.2 输入坐标系

前面已经讲解了坐标系的使用方法，本节将介绍坐标系的输入，包括绝对坐标、绝对极坐标、相对坐标和相对极坐标的输入。

1. 绝对坐标的输入

以坐标原点（0，0，0）为基点来定位其他所有点，就是绝对坐标的输入。

注　意

用户可以通过输入（*X*，*Y*，*Z*）坐标来确定点在坐标系中的位置。其中（*X*，*Y*，*Z*）分别表示输入点在 *X*、*Y*、*Z* 轴方向到原点的距离，若 *Z* 值为 0，则可省略。

下面以绘制一个三角形为例，来详细讲解绝对坐标的输入。在命令行中执行 L 命令，具体操作过程如下：

```
命令：L                                   //执行 LINE 命令
指定第一点：16，9                         //输入 A 点的绝对坐标，并
按【Space】键确认
指定下一点或 [放弃(U)]：22，9             //输入 B 点的绝对坐标并按
【Space】键确认
指定下一点或 [放弃(U)]：22，16            //输入 C 点的绝对坐标并按
【Space】键确认
指定下一点或 [闭合(C)/放弃(U)]：C         //输入闭合命令 C 并按
【Space】键确认，完成后的效果如图 3-9 所示
```

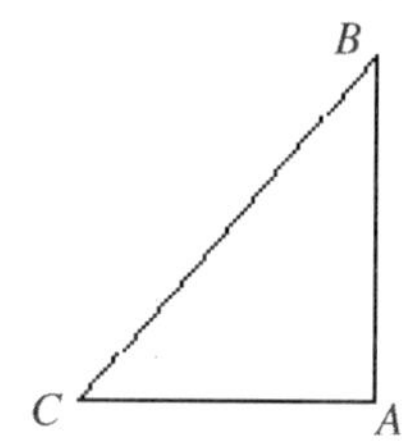

图 3-9

2. 绝对极坐标的输入

以坐标原点（0，0，0）为极点定位其他所有点，就是绝对极坐标的输入，用户可以通过输入相对于极点的距离和角度来定义某个点的位置。它所使用的格式为：距离<角度。例如，要指定距离原点距离为 45、角度为 60° 的点，输入 45<60 即可。

注　意

在 AutoCAD 2012 中，系统的默认角度正方向为逆时针方向，用户输入极线距离后再加一个角度，就可以指明一个点的位置。

3. 相对坐标的输入

相对坐标是以某一特定点为参考点，然后输入相对于该点的位移坐标来确定另一点。相对特定坐标点（*X*，*Y*，*Z*）增量为（$\Delta X, \Delta Y, \Delta Z$）的坐标点的输入格式为：@$\Delta X, \Delta Y, \Delta Z$。

注　意

@字符表示当前为相对坐标输入状态，相当于输入一个相对坐标值@0，0。

下面以绘制一个矩形为例，来详细讲解相对坐标的输入。在命令行中执行 L 命令，具体操作过程如下：

```
命令：L                        //执行 LINE 命令
指定第一点                     //在绘图区中任意指定一点
指定下一点[放弃（U）]：@90,0   //输入第 2 点相对于第 1 点的相对坐标并按【Space】键确认
指定下一点[放弃（U）]：@0,60   //输入第 3 点相对于第 2 点的相对直角坐标并按【Space】键确认
指定下一点[放弃（U）]：@-90,0  //输入第 4 点相对于第 3 点
的相对直角坐标并按【Space】键
指定下一点[放弃（U）]：@0,-60  //输入第5点相对于第4点的
相对坐标，按【Space】键结束命令，完成后的效果如图 3-10 所示
```

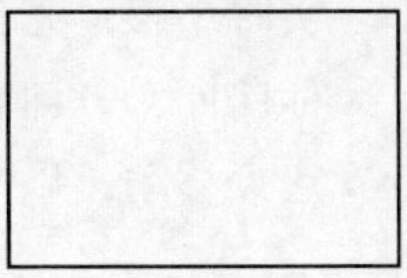

图 3-10

4. 相对极坐标的输入

相对极坐标是以某一特定点为参考极点，输入相对于极点的距离和角度来定义一个点的位置。其使用格式为：@距离<角度，如@30<45°。

注　意

在输入极坐标时，AutoCAD 2012 默认角度按逆时针方向增大，按顺时针方向减小。如果用户需要输入按顺时针方向旋转的角度，应输入负的角度值。

3.2.3　任务 4：绘制三角形

下面通过绘制一个三角形，来综合练习本节所讲的知识。

在命令行中执行 L 命令，具体操作过程如下：

```
命令：L                              //执行 LINE 命令
指定第一点：15,30                    //输入 A 点的绝对坐标，
并按【Space】键确认
指定下一点或 [放弃(U)]：@30,0        //输入 B 点相对于 A 点的
相对坐标，并按【Space】键确认
指定下一点或 [放弃(U)]：@45<60       //输入 C 点相对于 B 点的
相对极坐标，并按【Space】键确认
指定下一点或 [闭合(C)/放弃(U)]：C    //输入闭合命令 C 并按
【Space】键确认，完成后的效果如图 3-11 所示
```

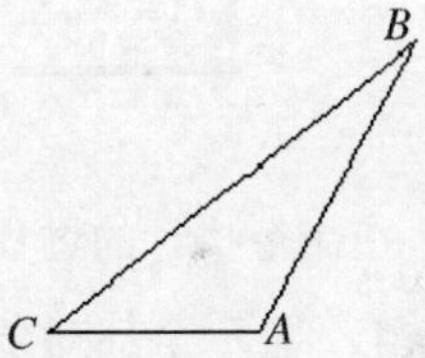

图 3-11

3.3　视图操作

视图操作包括平移、缩放、重画和重生成等，通过视图操作可以全面地观察图形对象，使绘制出的图形对象更加精准。下面分别进行讲解。

3.3.1　平移视图

在 AutoCAD 2012 中绘制图形的过程中，由于某些图形对象不能完全显示在绘图区中，此时用户可以执行“平移视图”操作，查看未在绘图区中显示的图形对象，该操作不会改变图形显示的大小。调用该命令的方法如下：

- 在“视图”选项卡的“二维导航”组中单击平移按钮。
- 在绘图区右侧的常用工具栏中单击“平移”按钮。
- 在命令行中执行 PAN 或 P 命令。

执行上述命令后，鼠标光标变为手形状，在绘图区按住鼠标左键不放，移动鼠标位置可以自由移动当前图形，使其到达最佳观察位置。

平移视图又分为“实时平移”和“定点平移”两种方式，其功能和作用如下：

- 实时平移：光标变为手形状，按住鼠标左键不放并拖动鼠标，可使图形的显示位置随鼠标向同一方向移动。
- 定点移动：以平移起始基点和目标点的方式进行平移。

3.3.2 缩放视图

熟练掌握视图的缩放操作技巧可以大大提高工作效率，有利于图形对象的观察。用户可以通过视图放大或缩小工具调整图形对象的显示方式。视图缩放不会改变图形对象实际尺寸的大小和形状。缩放视图的缩放方式有实时、窗口、图形界限和图形比例等。调用该命令的方法如下：

- 在“视图”选项卡的“导航”组中单击“范围”按钮旁边的按钮▾，然后在弹出的下拉列表中选择相应的选项。
- 在状态栏中单击“缩放”按钮🔍。
- 在命令行中执行 ZOOM 或 Z 命令，然后选择相应的选项。
- 滚动三键鼠标滚轮，可自由缩放图形。

执行前 3 种命令后，其命令行如图 3-12 所示。

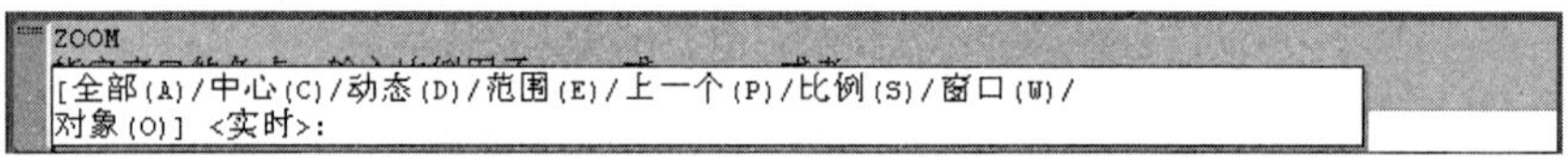
ZOOM
[全部(A)/中心(C)/动态(D)/范围(E)/上一个(P)/比例(S)/窗口(W)/
对象(O)] <实时>:

图 3-12

在命令执行的过程中，有多种缩放视图的方式供用户选择使用，下面进行详细讲解。

1. 显示全部对象

显示全部对象是指在视图窗口中将图形中的所有对象全部显示出来。调用该命令的方法如下：

- 在“视图”选项卡的“二维导航”组中单击“范围”按钮旁边的按钮▾，然后在弹出的下拉列表中选择“全部”选项。
- 在命令行中执行 ZOOM 或 Z 命令，然后选择“全部”选项。

执行上述命令后，具体操作过程如下：

```
命令: Z                              //执行 ZOOM 命令
指定窗口的角点，输入比例因子 (nX 或 nXP)，或者
[全部(A)/中心(C)/动态(D)/范围(E)/上一个(P)/比例(S)/窗口(W)/对象(O)] <实时>: A
//输入缩放方式选项，这里选择“全部”选项，按【Space】键确认
正在重生成模型。                      //系统刷新显示
```

2. 比例缩放视图

比例缩放视图是按照指定的比例将视图进行放大或缩小，对图形的实际大小没有影响。调用该命令的方法如下：

- 在“视图”选项卡的“二维导航”组中单击“范围”按钮旁边的按钮▾，然后在弹出的下拉列表中选择“缩放”选项。
- 在命令行中执行 ZOOM 或 Z 命令，然后选择“比例”选项。

下面通过实例进行讲解，具体操作如下：

Step 01 打开“圆.dwg”图形文件（光盘:\素材\第 3 章\圆.dwg），如图 3-13 所示，从图中可以看出图形显示不完整。

Step 02 在命令行中执行 Z 命令，将其缩放到合适的比例，以便于观察图形，具体操作过程如下：

```
命令:Z                                          //执行 ZOOM 命令
指定窗口的角点，输入比例因子(nX 或 nXP)，或者
[全部(A)/中心点(C)/动态(D)/范围(E)/上一个(P)/比例(S)/窗口(W)/对象(O)] <实时>:S
//选择缩放方式，这里选择“比例”选项，并按【Space】键确认
输入比例因子 (nX 或 nXP): 1                      //指定比例因子为 1，按【Space】键确认。完
成后的效果如图 3-14 所示（光盘:\源文件\第 3 章\圆.dwg）
```

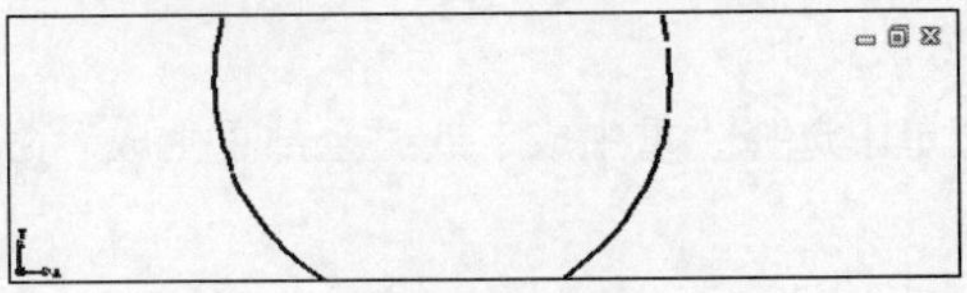

图 3-13

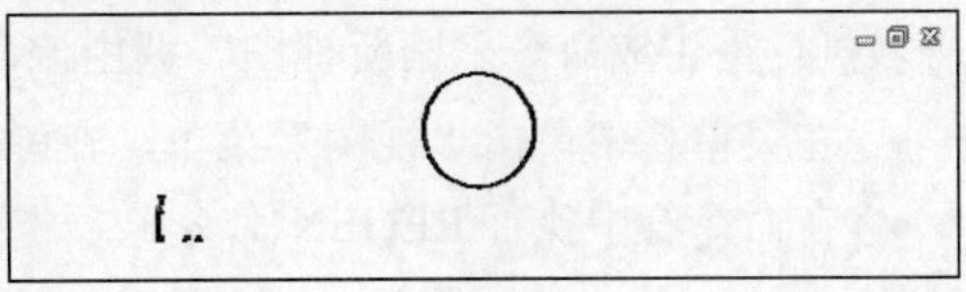

图 3-14

在进行比例缩放时需要指定比例因子，输入方式如下：

- 在输入的比例值后面跟 X：表示相对于当前视图大小进行比例缩放。
- 在输入的比例值后面跟 XP：表示相对于图纸空间单位进行比例缩放。
- 直接输入数值：表示相对于图形界限进行比例缩放。

3. 范围缩放视图

范围缩放是指将当前窗口中的所有图形最大化显示在整个屏幕上，调用该命令的方法如下：

- 在“视图”选项卡的“二维导航”组中单击“范围”按钮。
- 在命令行中执行 ZOOM 或 Z 命令，然后选择“范围”选项。

执行上述命令后，具体操作过程如下：

```
命令:Z                          //执行 ZOOM 命令
指定窗口的角点，输入比例因子 (nX 或 nXP)，或者
[全部(A)/中心(C)/动态(D)/范围(E)/上一个(P)/比例(S)/窗口(W)/对象(O)] <实时>: E
//选择缩放方式，这里选择“范围”选项，并按【Space】键确认
正在重生成模型。                //系统刷新显示
```

4. 以其他方法缩放显示视图

常见的视图缩放显示还有中心点、动态、范围、上一个、窗口、实时等方式，调用方法同上，然后在命令行提示信息中选择相应的选项，这里不再具体讲解。

注　意

按【Ctrl+0】组合键，可以扩展图形的显示区域，仅显示快速访问工具栏、绘图区、命令行和状态栏。再按【Ctrl+0】组合键可切换到原来的工作界面。

3.3.3 重画与重生成

当在 AutoCAD 2012 中绘制较复杂的图形或较大的图形时，可以执行重画与重生成操作，刷

新当前视窗中的图形，清除残留标记点痕迹。

1. 视图重画

将虚拟屏幕上的图形对象传送到实际屏幕中，不需要重新计算图形，即视图重画。调用该命令的方法如下：

- 在菜单栏中单击“视图”菜单，在弹出的菜单中选择“重画”命令。
- 在命令行中执行 REDRAWALL 命令。

2. 图形重生成

图形重生成相当于刷新桌面一样。当视图被放大后，图形的分辨率有所降低，弧形对象可能会显示成直线段，在这种情况下执行重画操作只能去除点的标记，不能使圆弧看起来很连续，此时必须执行重生成命令来刷新视图。调用该命令的方法如下：

- 在菜单栏中单击“视图”菜单，在弹出的菜单中选择“重生成”或“全部重生成”命令。
- 在命令行中执行 REGEN 命令。

注　意

在绘制三维图形时，当对实体进行了消隐或更改线框密度后，需要重生成视图，才能观察到更改后的图形效果。

3.3.4 任务 5：视图操作

下面对图形进行视图操作，以综合练习本节所讲的知识。

Step 01 打开“圆环.dwg”图形文件（光盘:\素材\第 3 章\圆环.dwg），如图 3-15 所示。在命令行中执行 Z 命令，具体操作过程如下：

```
命令:Z                                          //执行 ZOOM 命令
指定窗口的角点，输入比例因子(nX 或 nXP)，或者
[全部(A)/中心点(C)/动态(D)/范围(E)/上一个(P)/比例(S)/窗口(W)/对象(O)] <实时>:S
//选择缩放方式，这里选择“比例”选项，并按【Space】键确认
输入比例因子 (nX 或 nXP): 5                    //指定缩放比例因子为 5，按【Space】键确认。
效果如图 3-16 所示（光盘:\源文件\第 3 章\圆环.dwg）
```

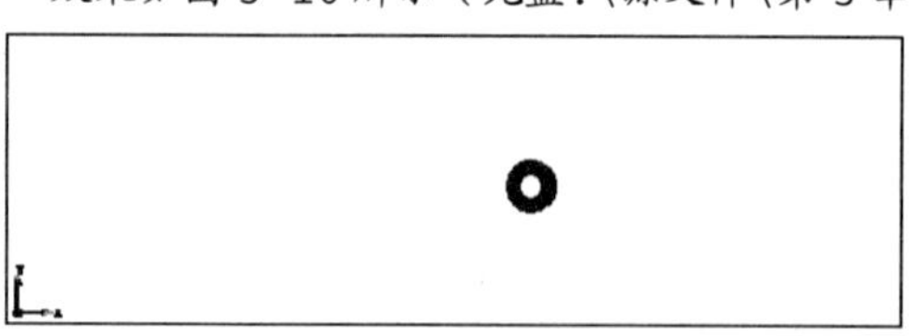

图 3-15

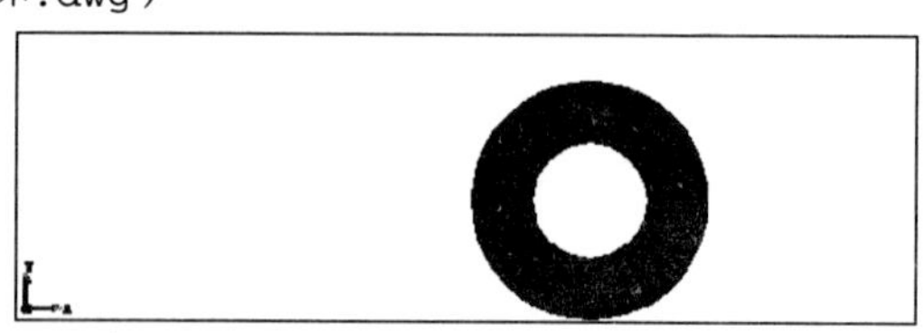

图 3-16

Step 02 执行以上操作后，在命令行中执行 PAN 命令，当鼠标光标变为形状时，在绘图区中按下鼠标左键不放移动鼠标位置可以自由移动当前圆环图形，使其达到最佳观察状态。

3.4 边学边用——绘制正六边形

前面介绍了 AutoCAD 2012 中命令的基本调用方法和使用坐标系与输入坐标点的方法，本节将通过一个简单实例的实现过程来加深读者对相关知识的理解和掌握。

3.4.1 实例目标

本节将详细讲解调用 AutoCAD 2012 中输入、退出、重复执行等命令的方法和进行视图操作绘制图形的方法，引导读者进一步掌握 AutoCAD 2012 中基本命令的调用和视图操作的方法，为以后快速绘图打好基础。

具体学习目标如下：

- 了解 AutoCAD 2012 中基本命令调用的方法。
- 掌握 AutoCAD 2012 中视图操作的方法。

3.4.2 实例实现

Step 01 启动 AutoCAD 2012，在命令行中执行 POLYGON 命令，具体操作过程如下：

```
命令: POLYGON                              //执行 POLYGON 命令
输入边的数目 <4>: 6                        //输入 6，确定正多边形的边数并按【Space】键确认
指定正多边形的中心点或 [边(E)]:            //在绘图区指定一点
输入选项 [内接于圆(I)/外切于圆(C)] <I>:    //按【Space】键确认
指定圆的半径: 100                          //输入半径 100，按【Space】键确认并退出命令，完成后
的效果如图 3-17 所示
```

Step 02 将光标移动到命令行上，在键盘上按【↑】键，当命令行出现 POLYGON 命令后，按【Space】键，具体操作过程如下：

```
命令: POLYGON                              //执行 POLYGON 命令
输入边的数目 <6>: 6                        //输入 6，确定正多边形的边数并按【Space】键确认
指定正多边形的中心点或 [边(E)]:            //以上一个多边形的中心点为中心点
输入选项 [内接于圆(I)/外切于圆(C)] <I>:    //按【Space】键确认
指定圆的半径: 200                          //输入半径 200，按【Space】键确认并退出命令，完成后
的效果如图 3-18 所示
```

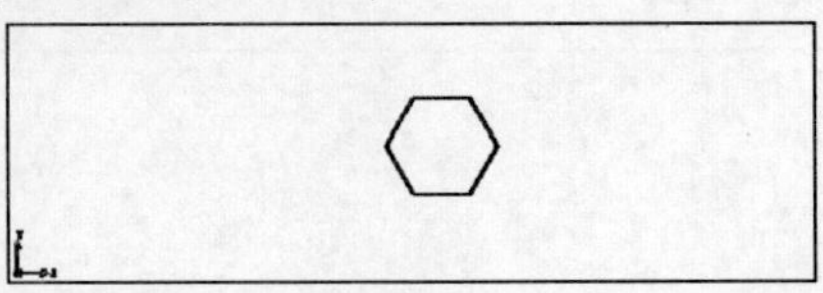

图 3-17

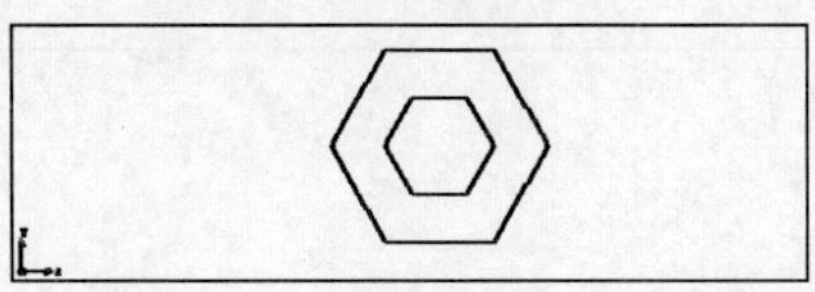

图 3-18

Step 03 绘制完正六边形后，在命令行中执行 Z 命令，对视图进行缩放，具体操作过程如下：

```
命令:Z                                  //执行 ZOOM 命令
指定窗口的角点，输入比例因子 (nX 或 nXP)，或者
```

```
[全部(A)/中心(C)/动态(D)/范围(E)/上一个(P)/比例(S)/窗口(W)/对象(O)] <实时>: a
//选择缩放方式，这里选择“全部”选项，按【Space】键确认并退出命令，完成后的效果如图 3-19
所示
正在重生成模型。                //系统刷新显示
```

Step 04 进行缩放操作后，不便于在视图中观察图形，再次在命令行中执行 Z 命令，具体操作过程如下：

```
命令:Z                          //执行 ZOOM 命令
指定窗口的角点，输入比例因子 (nX 或 nXP)，或者
[全部(A)/中心(C)/动态(D)/范围(E)/上一个(P)/比例(S)/窗口(W)/对象(O)] <实时>: E
//选择缩放方式，这里选择“范围”选项，按【Space】键确认并退出命令，完成后的效果如图 3-20
所示
正在重生成模型。                //系统刷新显示
```

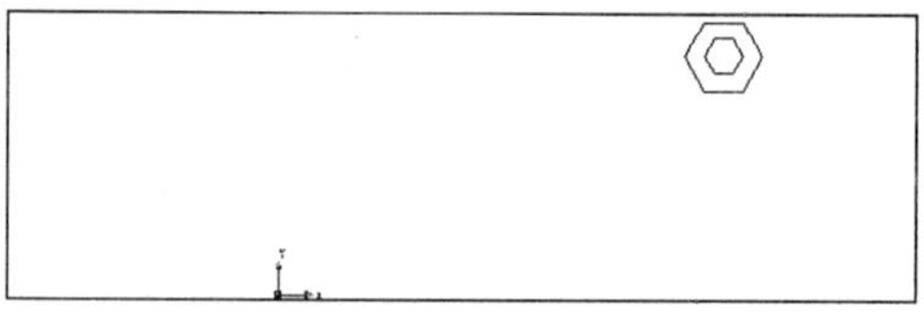

图 3-19

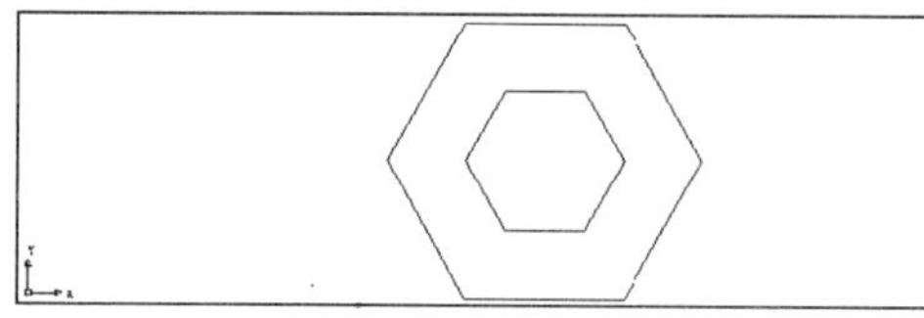

图 3-20

3.4.3 实例拓展和读者思考

在该实例中介绍了基本命令的调用方法和视图操作的方法，通过在命令行中执行 Z 命令，缩放图形使其达到最佳观察状态，使读者进一步巩固了调用基本命令的方法。由此可见，熟记命令在提高绘图速度方面起着重要的作用，在命令行中执行 L 命令，还可绘制出如图 3-21 所示的阶梯图形。

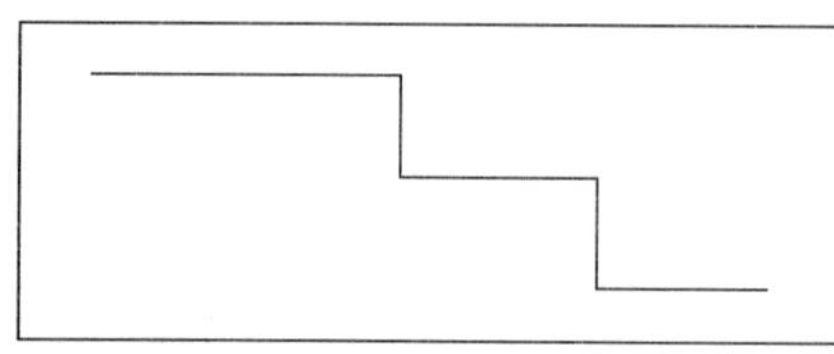

图 3-21

读者思考

通过刚才的实例练习和拓展练习，读者可以了解 AutoCAD 2012 软件基本命令的调用方法与视图操作的方法。除此之外，读者还可以使用本章介绍的方法自行练习调用命令或操作视图。

第 4 章 点和直线的绘制

前面介绍了准备绘图方面的知识，从本章开始将讲解图形的绘制，首先讲解简单图形对象——点、直线及多边形的绘制。

4.1　绘制点

点是 AutoCAD 中组成图形对象最基本的元素，默认情况下点是没有长度和大小的，因此在绘制点之前可以对其样式进行设置，以便更好地显示点。

4.1.1　设置点样式

AutoCAD 提供了多种点样式供用户选择使用，用户可以根据不同需要进行选择，具体操作如下：

Step 01 在命令行中执行 DDPTYPE 命令，弹出“点样式”对话框，选择需要的点样式，这里选择点样式。

Step 02 在“点大小”文本框中输入点的大小，然后单击 确定 按钮，保存设置并关闭该对话框，如图 4-1 所示。

图 4-1

注　意

在“点样式”对话框中，选择 ⊙相对于屏幕设置大小(R) 单选按钮，表示按屏幕尺寸的百分比设置点的大小，当缩放视图时，点的大小并不改变；选择 ⊙按绝对单位设置大小(A) 单选按钮，表示按在“点大小”文本框中指定的实际单位设置点的大小，在进行缩放时，显示的点的大小会随之改变。

4.1.2 绘制单点

绘制单点就是在执行命令后只能绘制一个点。在命令行中执行 POINT 或 PO 命令，具体操作过程如下：

```
命令:PO  //执行 POINT 命令
当前点模式:  PDMODE=0  PDSIZE=0.0000 //系统提示当前的点模式
```

在执行命令的过程中，各选项的含义如下：

- PDMODE：控制点的样式，与“点样式”对话框中的第 1 行与第 4 行点样式相对应，不同的值对应不同的点样式，其数值为 0～4、32～36、64～68、96～100，对应关系如图 4-2 所示。其中值为 0 时，显示为 1 个小圆点；值为 1 时不显示任何图形，但可以捕捉到该点，系统默认为 0。

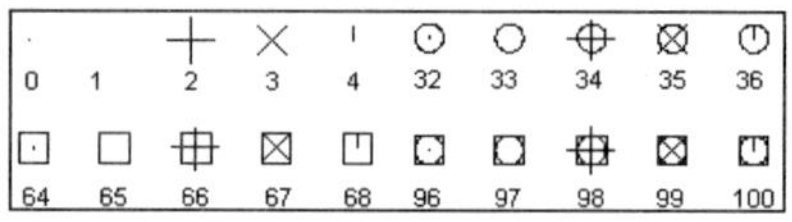

图 4-2

- PDSIZE：控制点的大小，当该值为 0 时，点的大小为系统默认值，即为屏幕大小的 5%；当该值为负值时，表示点的相对尺寸大小，相当于选择“点样式”对话框中的 ⊙相对于屏幕设置大小(R) 单选按钮；当该值为正值时，表示点的绝对尺寸大小，相当于选择“点样式”对话框中的 ⊙按绝对单位设置大小(A) 单选按钮。

注 意

在命令行中分别输入 PDMODE 和 PDSIZE 后，可以重新指定点的样式和大小，这与在“点样式”对话框中设置点的样式效果是一样的。

下面以绘制沙发旁边的台灯平面图为例，来练习绘制单点的方法，具体操作如下：

Step 01 打开“绘制单点.dwg”图形文件（光盘:\素材\第 4 章\绘制单点.dwg），在命令行中执行 PO 命令，具体操作过程如下：

```
命令:PO                                      //执行 POINT 命令
当前点模式:  PDMODE=0  PDSIZE=0.0000         //系统提示当前的点模式
指定点                                        //单击如图 4-3 所示的点，即可绘制点
```

Step 02 返回绘图区即可看到沙发旁边的台灯平面图已绘制完成，效果如图 4-4 所示（光盘:\源文件\第 4 章\绘制单点.dwg）。

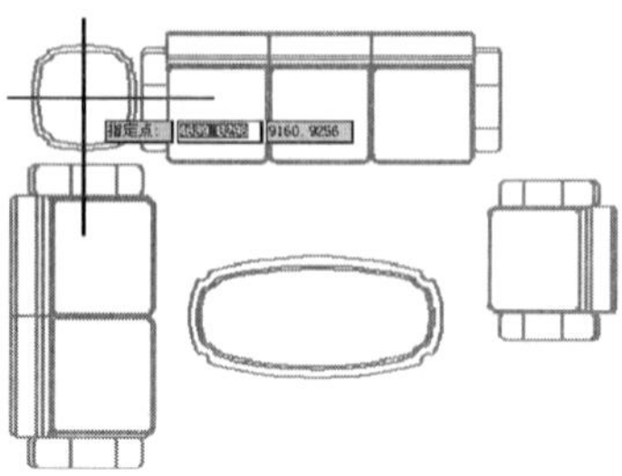

图 4-3

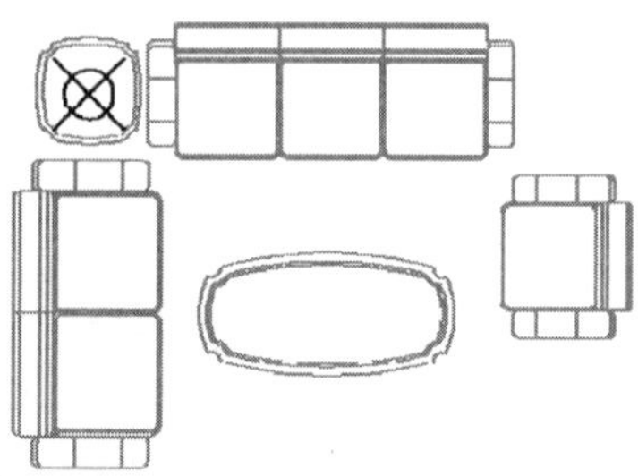

图 4-4

4.1.3　绘制多点

绘制多点就是在输入命令后一次能绘制多个点，直到按【Esc】键手动结束命令为止。绘制多点命令的调用方法如下：

- 在“常用”选项卡的“绘图”组中单击“绘图”按钮 绘图 ▾ 右侧的▾按钮，然后在弹出的下拉列表中单击“多点”按钮。
- 单击“绘图”菜单，在弹出的菜单中选择“点”→“名点”命令。
- 在命令行中执行 POINT 命令，然后按【Enter】键，在绘图区的任意位置单击鼠标，按【Enter】键，再在绘图区的任意位置单击鼠标，以此类推。

下面以绘制床旁边的台灯平面图为例，来练习绘制多点的方法，具体操作如下：

Step 01 打开“绘制多点.dwg”图形文件（光盘:\素材\第 4 章\绘制多点.dwg），在命令行中执行 POINT 命令，具体操作过程如下：

```
命令:POINT                                   //执行 POINT 命令
当前点模式:  PDMODE=0  PDSIZE=0.0000 //系统提示当前的点模式
指定点                                       //单击如图 4-5 所示的点，即可绘制点
命令:                                        //按【Enter】键
POINT
当前点模式:  PDMODE=0  PDSIZE=0.0000 //系统提示当前的点模式
指定点                                       //单击如图 4-6 所示的点，即可绘制点
```

Step 02 返回绘图区即可看到床旁边的台灯平面图已绘制完成，效果如图 4-7 所示（光盘:\源文件\第 4 章\绘制多点.dwg）。

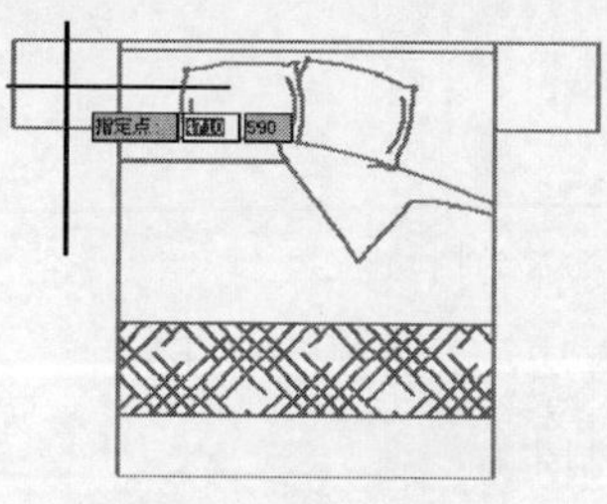

图 4-5

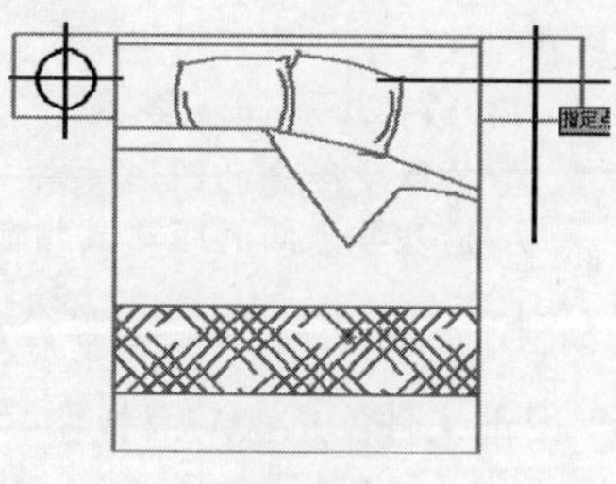

图 4-6

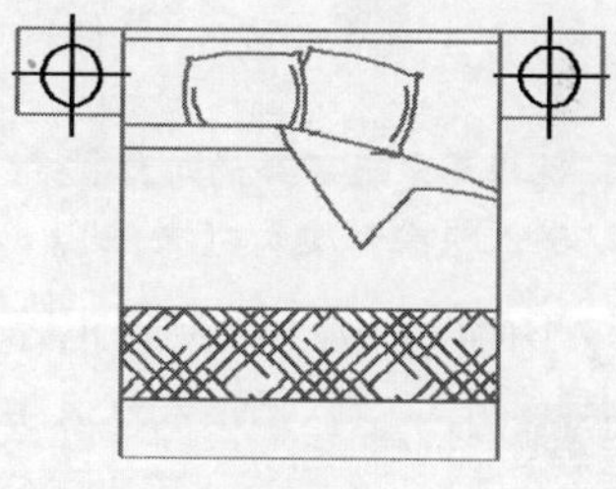

图 4-7

4.1.4　绘制定数等分点

绘制定数等分点即在指定的对象上绘制等分点，调用该命令的方法有以下几种：

- 在“常用”选项卡的“绘图”组中单击“绘图”按钮 绘图 ▾ 右侧的▾按钮，然后在弹出的下拉列表中单击“定数等分点”按钮。
- 在命令行中执行 DIVIDE 命令。

执行上述命令后，具体操作过程如下：

```
命令:DIVIDE                 //执行 DIVIDE 命令
选择要定数等分的对象:       //拾取要等分的图形对象
输入线段数目或 [块(B)]:     //输入要等分的数目
```

注　意

每次只能对一个对象操作，而不能对一组对象操作。输入的是等分数，而不是放置点的个数，如果将所选对象分成 *M* 份，则实际上只生成 *M* - 1 个等分点。

下面以在一条直线上绘制定数等分点为例，来练习绘制定数等分点的方法，具体操作如下：

Step 01 打开“绘制定数等分点.dwg”图形文件（光盘:\素材\第 4 章\绘制定数等分点.dwg），在命令行中执行 DIVIDE 命令，具体操作过程如下：

```
命令:DIVIDE                    //执行 DIVIDE 命令
选择要定数等分的对象:           //选择直线
输入线段数目或 [块(B)]: 5      //输入 5，按【Space】键
```

Step 02 返回绘图区即可看到绘制定数等分点后的效果，如图 4-8 所示（光盘:\源文件\第 4 章\绘制定数等分点.dwg）。

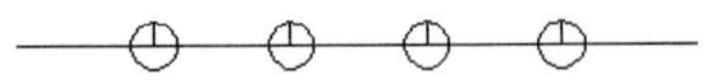

图 4-8

4.1.5　绘制定距等分点

绘制定距等分点是指在选定的对象上按指定的长度绘制多个点对象，即该操作是先指定所要创建的点与点之间的距离，然后系统按照该间距值分割所选对象（并不是将对象断开，而是在相应的位置上放置点对象，以辅助绘制其他图形）。绘制定距等分点有以下两种方法：

- 在“常用”选项卡的“绘图”组中单击“绘图”按钮 绘图 ▾ 右侧的 ▾ 按钮，然后在弹出的下拉列表中单击“测量”按钮。
- 在命令行中执行 MEASURE 或 ME 命令。

执行上述命令后，具体操作过程如下：

```
命令: MEASURE                  //执行 MEASURE 命令
选择要定数等分的对象:           //拾取要等分的图形对象
输入线段长度或 [块(B)]:         //输入各点间的距离或指定需要插入的图块
```

下面以在圆上绘制定距等分点为例，来练习绘制定距等分点的方法，具体操作如下：

Step 01 打开“绘制定距等分点.dwg”图形文件（光盘:\素材\第 4 章\绘制定距等分点.dwg），在命令行中执行 MEASURE 命令，具体操作过程如下：

```
命令: MEASURE                  //执行 MEASURE 命令
选择要定数等分的对象:           //选择圆
输入线段长度或 [块(B)]: 50     //输入 50，按【Space】键
```

Step 02 返回绘图区即可看到绘制定距等分点后的效果，如图 4-9 所示（光盘:\源文件\第 4 章\绘制定距等分点.dwg）。

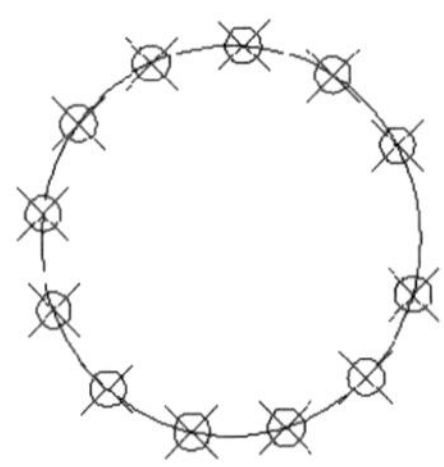

图 4-9

4.1.6　任务 6：绘制灯饰平面图

下面根据已知图形文件绘制灯饰平面图，来练习本节所讲的知识。

Step 01 打开“灯饰平面图.dwg”图形文件（光盘:\素材\第 4 章\灯饰平面图.dwg），在命令行中执行 DDPTYPE 命令，弹出“点样式”对话框，选择⊠点样式。

Step 02 在“点大小”文本框中输入 4，然后单击 确定 按钮，保存设置并关闭该对话框，如图 4-10 所示。

Step 03 在命令行中执行 DIVIDE 命令，具体操作过程如下：

```
命令:DIVIDE                          //执行 DIVIDE 命令
选择要定数等分的对象:                   //选择绘图区的曲线
输入线段数目或 [块(B)]: 6 //输入 6，按【Enter】键，效果如图 4-11 所示（光盘:\源文件\第4章\灯饰平面图.dwg）
```

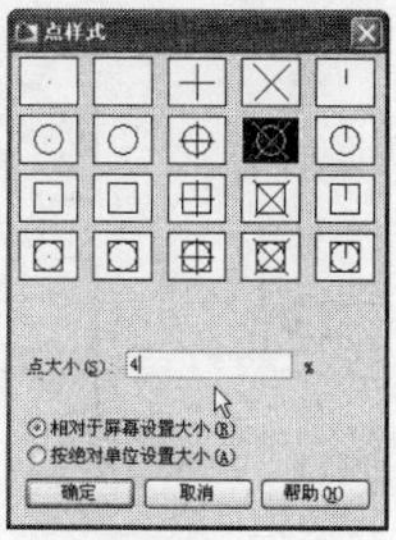

图 4-10

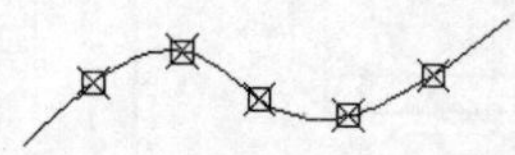

图 4-11

4.2　绘制线

线是 AutoCAD 中最常用的图形对象之一，包括直线、射线、构造线、多线、多段线、样条曲线和修订云线等，下面分别讲解这些线的绘制方法。

4.2.1　绘制直线

直线是 AutoCAD 中比较简单的对象，当绘制一条线段后，可继续以该线段的终点作为起点，然后指定另一终点，从而绘制首尾相连的封闭图形。调用该命令的方法如下：

- 在“常用”选项卡的“绘图”组中单击“直线”按钮。
- 在命令行中执行 LINE 或 L 命令。

执行上述命令后，具体操作过程如下：

```
命令:L                                  //执行 LINE 命令
指定第一点:                               //在绘图区用鼠标拾取一点或直接输入坐标值指定点
指定下一点或 [放弃(U)]:                     //用鼠标拾取下一点或输入下一点的坐标值
指定下一点或 [放弃(U)]:                     //用鼠标拾取下一点或输入下一点的坐标值
指定下一点或 [闭合(C)/放弃(U)]:              //指定下一点或选择“闭合”、“放弃”选项
```

在执行命令的过程中，各选项的含义如下：

- 闭合：如果绘制了多条线段，最后要形成一个封闭的图形时，选择该选项，并按【Enter】键可将最后确定的端点与第 1 个起点重合，形成一个封闭的图形。
- 放弃：选择该选项，将撤销刚才绘制的直线而不退出 LINE 命令。

下面以绘制螺钉的边线为例，来练习绘制直线的方法，具体操作如下：

Step 01 打开“绘制直线.dwg”图形文件（光盘:\素材\第 4 章\绘制直线.dwg），在命令行中执行 L 命令，具体操作过程如下：

```
命令:L                              //执行 LINE 命令
指定第一点:                         //单击如图 4-12 所示的点
指定下一点或 [放弃(U)]:             //按【F8】键开启正交捕捉模式，向上移动鼠标并输入 8.5，
按【Space】键
指定下一点或 [放弃(U)]:             //按【F8】键关闭正交捕捉模式，向右下角移动鼠标，在如
图 4-13 所示的位置单击
指定下一点或 [闭合(C)/放弃(U)]:     //向右移动鼠标在如图 4-14 所示的位置单击
```

Step 02 返回绘图区即可看到绘制的效果，如图 4-15 所示（光盘:\源文件\第 4 章\绘制直线.dwg）。

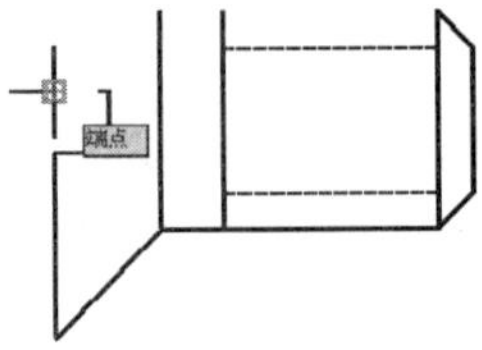
图 4-12

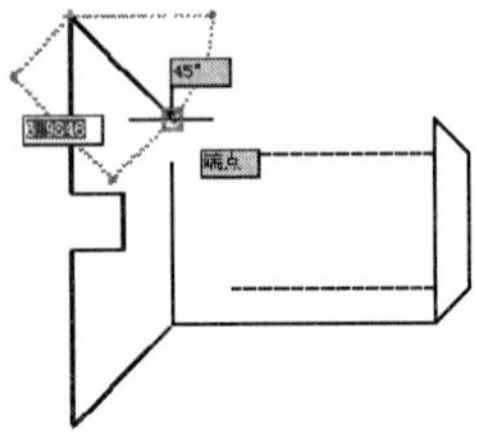
图 4-13

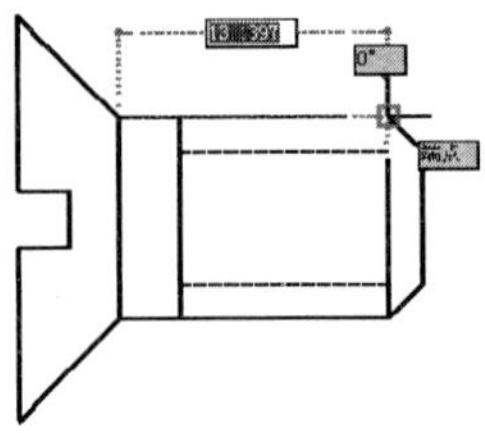
图 4-14

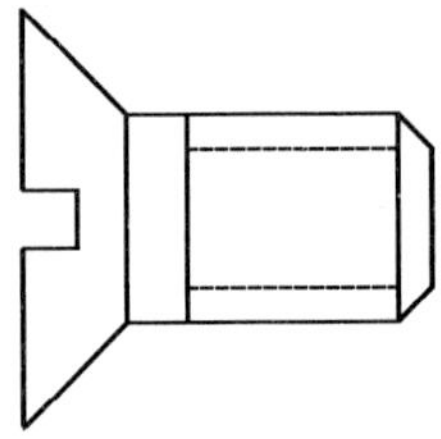
图 4-15

4.2.2 绘制射线

射线是只有起点和方向没有终点的直线，即射线为一端固定，另一端无限延伸的直线。射线一般作为辅助线，绘制射线后按【Esc】键退出绘制状态，如图 4-16 所示。调用该命令的方法如下：

- 在“常用”选项卡的“绘图”组中单击“绘图”按钮 绘图 ▾ 右侧的 ▾ 按钮，然后在弹出的下拉列表中单击“射线”按钮。
- 在命令行中执行 RAY 命令。

执行上述命令后，具体操作过程如下：

```
命令: RAY          //执行 RAY 命令
指定起点:          //指定起点坐标
指定通过点:        //指定通过点坐标确定射线方向
```

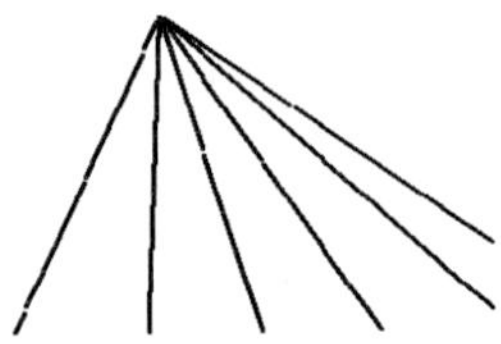
图 4-16

4.2.3 绘制构造线

构造线只有方向，没有起点和终点，一般作为辅助线使用，调用该命令的方法如下：

- 在“常用”选项卡的“绘图”组中单击“绘图”按钮 绘图 ▾ 右侧的 ▾ 按钮，然后在弹出的下拉列表中单击“构造线”按钮。
- 在命令行中执行 XLINE 命令。

执行上述命令后，具体操作过程如下：

```
命令: XLINE                                               //执行 XLINE 命令
指定点或 [水平(H)/垂直(V)/角度(A)/二等分(B)/偏移(O)]:     //指定方向和位置
指定通过点:                                               //指定通过点坐标确定构造线方向
```

在执行命令的过程中，各选项的含义如下：

- 水平：选择该选项即可绘制水平的构造线。
- 垂直：选择该选项即可绘制垂直的构造线。

- 角度：选择该选项即可按指定的角度创建一条构造线，如图 4-17 所示。
- 二等分：选择该选项即可创建已知角的角平分线。使用该选项创建的构造线平分指定的两条线间的夹角，且通过该夹角的顶点，如图 4-18 所示。在绘制角平分线时，系统要求用户依次指定已知角的顶点、起点及终点。
- 偏移：选择该选项即可创建平行于另一个对象的平行线，如图 4-19 所示。这条平行线可以偏移一段距离与对象平行，也可以通过指定的点与对象平行。

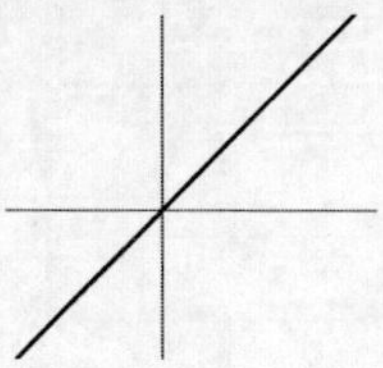
图 4-17

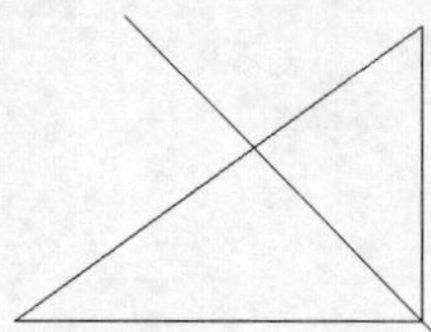
图 4-18

图 4-19

下面以绘制法兰盘为例，来练习绘制构造线的方法，具体操作如下：

Step 01 打开“绘制构造线.dwg”图形文件（光盘:\素材\第 4 章\绘制构造线.dwg），在命令行中执行 XLINE 命令，具体操作过程如下：

```
命令: XLINE                                        //执行 XLINE 命令
指定点或 [水平(H)/垂直(V)/角度(A)/二等分(B)/偏移(O)]:B //选择“二等分”选项，并按【Space】键
指定顶点:                                          //单击两条辅助线的交点
指定角的起点:                                      //单击如图 4-20 所示的 A 点
指定角的端点:                                      //单击如图 4-20 所示的 B 点
指定角的端点:                                      //单击如图 4-20 所示的 C 点
指定角的端点:                                      //按【Space】键，结束命令
```

Step 02 返回绘图区即可看到绘制的效果，如图 4-21 所示（光盘:\源文件\第 4 章\绘制构造线.dwg）。

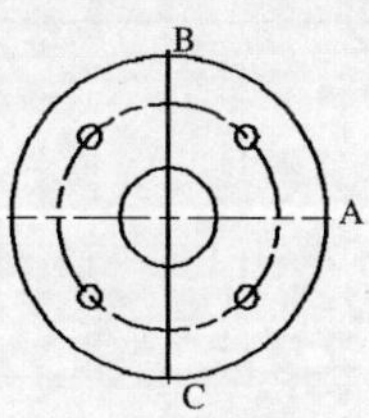

图 4-20

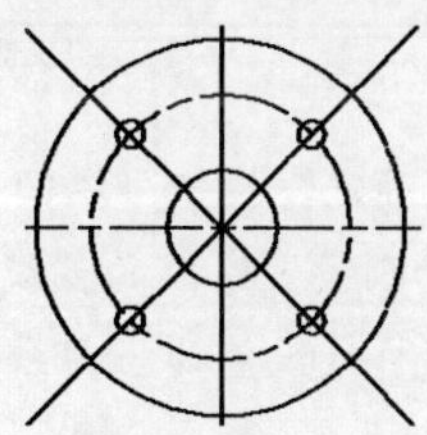
图 4-21

4.2.4 绘制多线

多线是由多条平行线构成的线段，具有起点和终点。多线是 AutoCAD 中最复杂的直线段对象。它同绘制点的方法一样，在绘制多线之前应先设置多线样式。

1. 设置多线样式

设置多线样式包括设置每条单线的偏移距离、颜色、线型及背景填充等特性。

Step 01 在命令行中执行 MLSTYLE 命令，弹出“多线样式”对话框，单击 新建(N)... 按钮，如图 4-22 所示，弹出“创建新的多线样式”对话框。

Step 02 在“新样式名”文本框中输入文本“多线样式”，然后单击 继续 按钮，如图 4-23 所示。

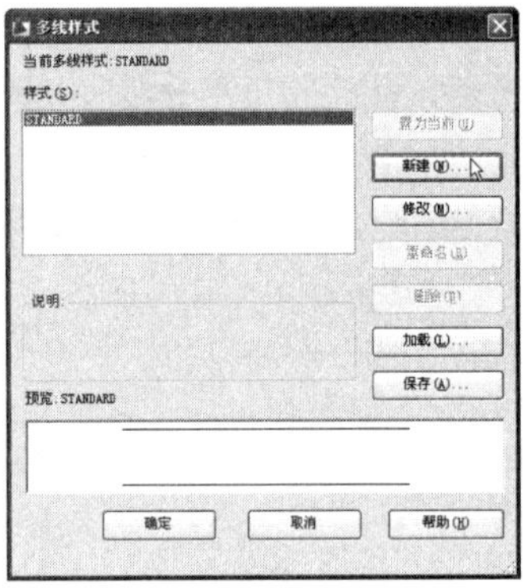

图 4-22

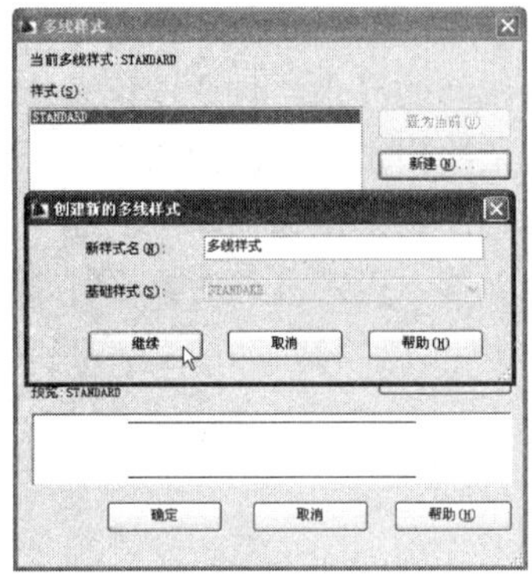

图 4-23

Step 03 弹出“新建多线样式：多线样式”对话框，在“说明”文本框中输入需要的说明文本，这里输入文本“240 墙线”。

Step 04 在“图元”选项组中选择第 1 个线型，在“偏移”文本框中输入 120，如图 4-24 所示。然后在“图元”选项组中选择第 2 个线型，在“偏移”文本框中输入-120，如图 4-25 所示。

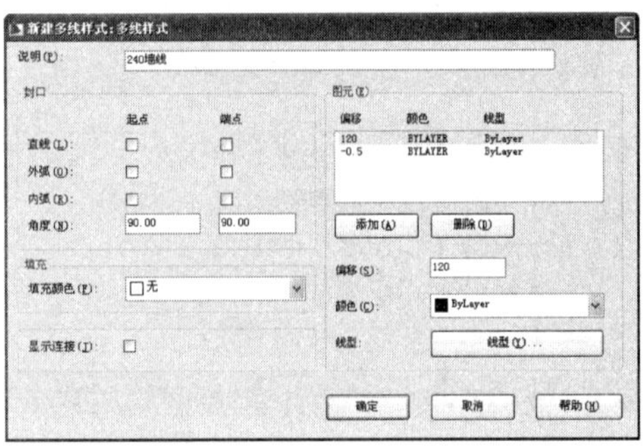

图 4-24

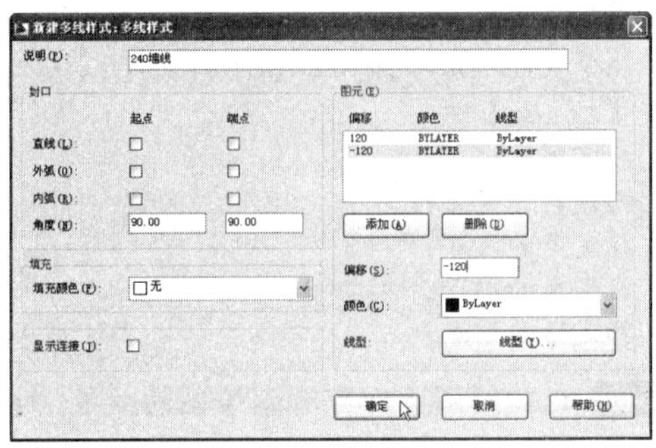

图 4-25

Step 05 单击“确定”按钮，返回“多线样式”对话框。此时，在“多线样式”对话框的“样式”列表框中将显示刚设置完成的多线样式，选择需要使用的多线样式，单击 置为当前(U) 按钮，如图 4-26 所示，将该多线样式设置为当前系统默认的样式。完成多线样式的设置后，单击 确定 按钮即可，如图 4-27 所示。

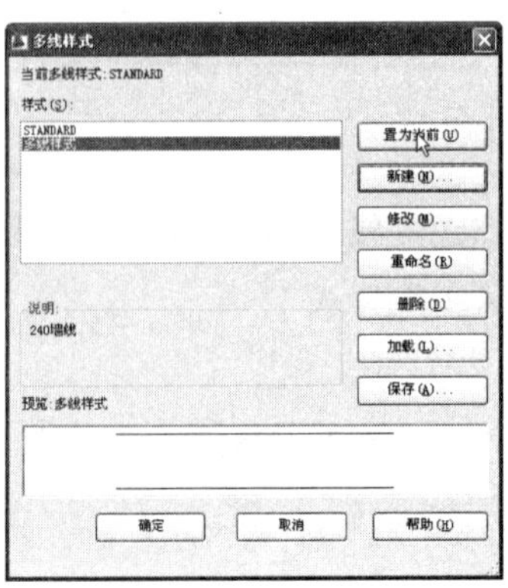

图 4-26

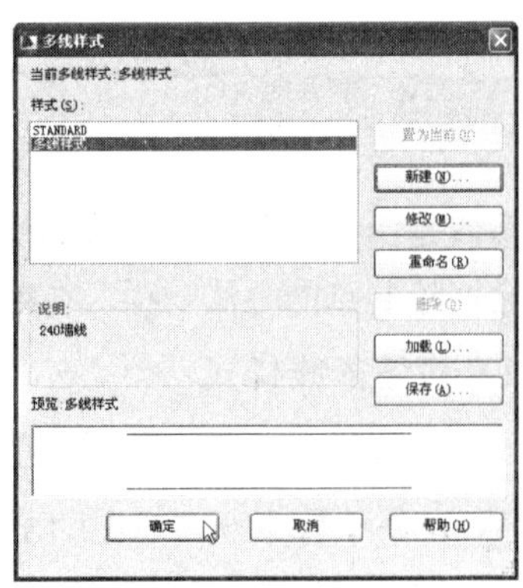

图 4-27

2. 具体绘制多线

多线样式设置完成后，就可以绘制多线了。在绘制建筑墙线时，多线的使用最为频繁。

Step 01 打开“绘制多线.dwg”图形文件（光盘:\素材\第 4 章\绘制多线.dwg），在命令行中执行 MLINE 命令，具体操作过程如下：

```
命令: MLINE                                   //执行 MLINE 命令
当前设置:对正=上，比例=20.00，样式=STANDARD   //系统提示当前的多线样式、对正方法与比例
指定起点或 [对正(J)/比例(S)/样式(ST)]:        //在绘图区的适当位置拾取一点作为多线的起点
指定下一点:1000                               //将十字光标移至起点右侧，输入数值并确认
指定下一点或 [放弃(U)]: 500                   //将十字光标移至上一点的下方，输入 500 并按
【Enter】键确认
指定下一点或 [放弃(U)]: 1000                  //将十字光标移至上一点的右侧，输入数值并按
【Enter】键确认
```

Step 02 绘制完成后的效果如图 4-28 所示（光盘:\源文件\第 4 章\绘制多线.dwg）。

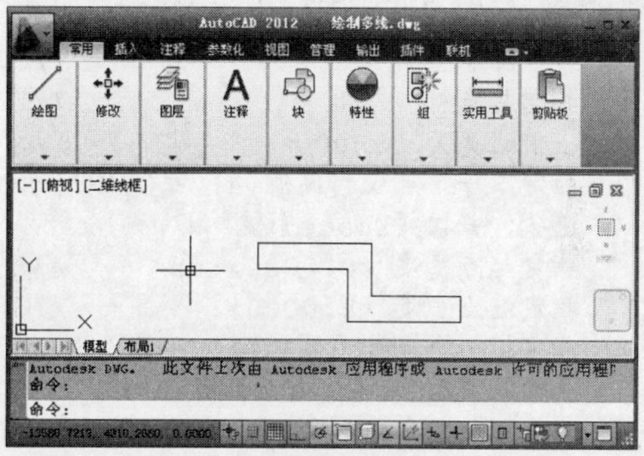

图 4-28

在执行命令的过程中，各选项的含义如下：

- 对正：设置绘制多线时相对于输入点的偏移位置。该选项又有上、无和下 3 个选项，各选项含义如下：
  - 上：多线顶端的线随着光标移动。
  - 无：多线的中心线随着光标移动。
  - 下：多线底端的线随着光标移动。
- 比例：设置多线样式中平行多线的宽度比。例如，一个比例为 2 的比例因子产生的宽度是定义样式中“偏移”值的两倍，而负的比例因子则会将偏移方向反向。
- 样式：设置绘制多线时使用的样式，默认的多线样式为 STANDARD。选择该选项后，可以在提示信息“输入多线样式名或 [?] ”后面输入已定义的样式名，输入“?”则会列出当前图形中所有的多线样式。

4.2.5 绘制多段线

多段线是由等宽或不等宽的直线或圆弧等多条线段构成的特殊线段，所构成的图形是一个整体，用户可对其进行整体编辑。

- 在“常用”选项卡的“绘图”组中单击“多段线”按钮。
- 在命令行中执行 PLINE 或 PL 命令。

执行上述命令后，具体操作过程如下：

```
命令: PLINE                  //执行 PLINE 命令
指定起点:                    //指定一点作为多段线的起点
当前线宽为 0.0000            //显示当前多段线线宽为 0，即没有线宽
指定下一个点或 [圆弧(A)/半宽(H)/长度(L)/放弃(U)/宽度(W)]:        //指定多段线的下一
点的位置或选择一个选项绘制不同的线段
指定下一点或 [圆弧(A)/闭合(C)/半宽(H)/长度(L)/放弃(U)/宽度(W)]: //指定多段线的下一
点的位置或按【Space】键结束命令
```

在执行命令的过程中，各选项的含义如下：

- 圆弧：选择该选项，将以绘制圆弧的方式绘制多段线，其下的“半宽”、“长度”、“放弃”与“宽度”选项与主提示中的各选项含义相同。
- 半宽：选择该选项，将指定多段线的半宽值，AutoCAD 将提示用户输入多段线的起点半宽值与终点半宽值。
- 长度：选择该选项，将定义下一条多段线的长度，AutoCAD 将按照上一条线段的方向绘制这一条多段线。若上一段是圆弧，将绘制与此圆弧相切的线段。
- 放弃：选择该选项，将取消上一次绘制的一段多段线。
- 宽度：选择该选项，接下来可以设置多段线的宽度值。

下面以绘制箭头符号为例，来练习绘制多段线的方法，具体操作如下：

Step 01 启动 AutoCAD 2012，在命令行中执行 PLINE 命令，具体操作过程如下：

```
命令: PLINE                          //执行 PLINE 命令
指定起点:                            //在绘图区中的任意位置单击
当前线宽为 0.0000                    //系统自动显示当前线宽
指定下一个点或 [圆弧(A)/半宽(H)/长度(L)/放弃(U)/宽度(W)]: W        //选择“宽度”选项，并按【Space】键
指定起点宽度 <0.0000>: 5            //输入 5，并按【Space】键
指定端点宽度 <5.0000>:              //按【Space】键
指定下一个点或 [圆弧(A)/半宽(H)/长度(L)/放弃(U)/宽度(W)]: 50       //向右移动鼠标并输入 50，按【Space】键
指定下一点或 [圆弧(A)/闭合(C)/半宽(H)/长度(L)/放弃(U)/宽度(W)]: W    //选择“宽度”选项，并按【Space】键
指定起点宽度 <5.0000>: 50           //输入 50，并按【Space】键
指定端点宽度 <50.0000>: 0           //按【Space】键
指定下一点或 [圆弧(A)/闭合(C)/半宽(H)/长度(L)/放弃(U)/宽度(W)]: 50   //向右移动鼠标并输入 50，按【Space】键
指定下一点或 [圆弧(A)/闭合(C)/半宽(H)/长度(L)/放弃(U)/宽度(W)]:
//按【Space】键，结束命令
```

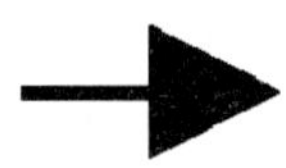

图 4-29

Step 02 绘制完成的效果如图 4-29 所示（光盘:\源文件\第 4 章\绘制多段线.dwg）。

4.2.6 绘制样条曲线

使用样条曲线可以生成拟合光滑曲线，使绘制的曲线更加真实、美观，常用来设计某些曲线型工艺品的轮廓线，调用该命令的方法如下：

- 在“常用”选项卡的“绘图”组中单击“绘图”按钮 绘图 ▾ 右侧的 ▾ 按钮，然后在弹出的下拉列表中单击“样条曲线拟合”按钮。
- 在命令行中执行 SPLINE 命令。

执行上述命令后，具体操作过程如下：

```
命令:SPLINE                          //执行 SPLINE 命令
指定第一个点或 [对象(O)]:            //在绘图区中拾取一点作为样条曲线的起点
指定下一点:                          //指定样条曲线的下一个顶点
指定下一点或 [闭合(C)/拟合公差(F)] <起点切向>:   //再次指定样条曲线的下一个顶点
```

```
指定下一点或 [闭合(C)/拟合公差(F)] <起点切向>:  //结束绘制后，按【Enter】键结束指定样
条曲线的顶点
指定起点切向:                  //指定样条曲线起点的切点方向
指定端点切向:                  //指定样条曲线起点的端点方向
```

在执行命令的过程中，各选项的含义如下：

- 对象：将样条曲线拟合多段线转换为等价的样条曲线。样条曲线拟合多段线是指使用 PEDIT 命令中的“样条曲线”选项，将普通多段线转换成样条曲线对象。
- 闭合：将样条曲线的端点与起点闭合。
- 拟合公差：定义曲线的偏差值。值越大，离控制点越远；值越小，离控制点越近。
- 起点切向：定义样条曲线的起点和结束点的切线方向。

下面练习绘制样条曲线的方法，具体操作如下：

Step 01 打开“绘制样条曲线.dwg”图形文件（光盘:\素材\第 4 章\绘制样条曲线.dwg），在命令行中执行 SPLINE 命令，具体操作过程如下：

```
命令:SPLINE                                          //执行 SPLINE 命令
指定第一个点或 [对象(O)]:                             //单击如图 4-30 所示的 A 点
指定下一点:                                           //单击如图 4-30 所示的 B 点
指定下一点或 [闭合(C)/拟合公差(F)] <起点切向>:        //单击如图 4-30 所示的 C 点
指定下一点或 [闭合(C)/拟合公差(F)] <起点切向>:        //单击如图 4-30 所示的 D 点
指定下一点或 [闭合(C)/拟合公差(F)] <起点切向>:        //按【Space】键确认
指定起点切向:                                         //按【Space】键确认
指定端点切向:                                         //按【Space】键，结束命令
```

Step 02 按照相同的方法绘制其右侧的样条曲线，绘制后的效果如图 4-31 所示（光盘:\源文件\第 4 章\绘制样条曲线.dwg）。

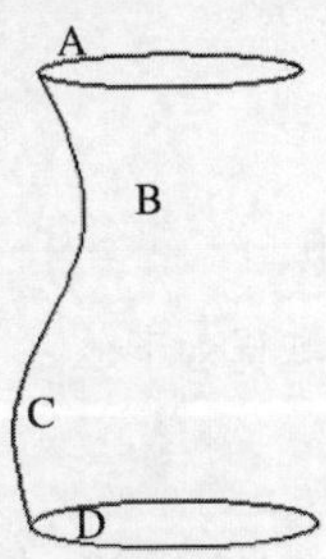

图 4-30

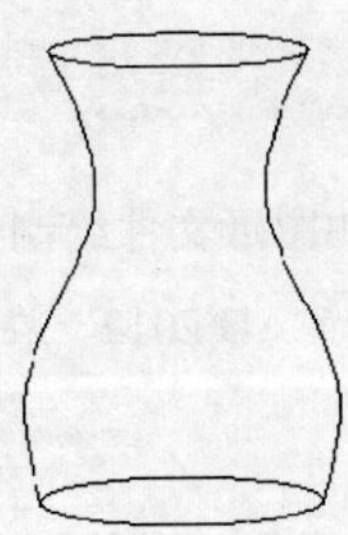

图 4-31

4.2.7 绘制修订云线

修订云线主要用于突出显示图纸中已修改的部分，其形状类似于云朵，如图 4-32 所示。调用该命令的方法如下：

- 在“常用”选项卡的“绘图”组中单击“绘图”按钮 绘图 ▾ 右侧的 ▾ 按钮，然后在弹出的下拉列表中单击“修订云线”按钮。
- 在命令行中执行 REVCLOUD 命令。

执行上述命令后，具体操作过程如下：

```
命令: REVCLOUD                                      //执行 REVCLOUD 命令
```

```
最小弧长:15    最大弧长:15    样式:普通                 //系统自动显示当前弧长设置
指定起点或[弧长(A)/对象(O)/样式(S)] <对象>: A           //选择"弧长"选项，重新指定弧长
指定最小弧长<15>:                                      //输入最小弧长值
指定最大弧长<15>:                                      //输入最大弧长值
指定起点或[对象(O)] <对象>:                             //在绘图区指定一点作为起点
沿云线路径引导十字光标...                                //移动光标，系统按移动路径生成修订云线
修订云线完成          //当光标移至起点位置处时，系统自动闭合云线，完成修订云线的绘制
```

在执行命令的过程中，各选项的含义如下：

- 弧长：指定修订云线中的弧长，选择该选项后需要指定最小弧长与最大弧长，其中最大弧长不能超过最小弧长的 3 倍。
- 对象：指定要转换为修订云线的单个闭合对象。
- 反转方向：选择要转换的对象后，命令行将出现提示信息"反转方向 [是（Y）/否（N）] <否>："，默认为"否（N）"选项，即外凸形的云线，如果选择"是（Y）"选项则可反转圆弧的方向，如图 4-33 所示。
- 样式：选择修订云形的样式，选择该选项后，命令行将出现提示信息"选择圆弧样式 [普通（N）/手绘（C）] <普通>："，默认为"普通"选项。

图 4-32

图 4-33

4.2.8 任务 7：绘制支承座平面图

下面根据已知图形文件绘制支承座图，以练习本节所讲的知识。

Step 01 启动 AutoCAD 2012，在命令行中执行 L 命令，具体操作过程如下：

```
命令:L                          //执行 LINE 命令
指定第一点:                      //在绘图区中单击鼠标拾取一点
指定下一点或 [放弃(U)]: 30       //将鼠标向右移动并输入下一点的坐标值 30，按【Enter】键确认
指定下一点或 [放弃(U)]:          //按【Enter】键，绘制完成后的效果如图 4-34 所示
```

Step 02 按【Enter】键，再次执行 L 命令，具体操作过程如下：

```
命令:L                          //执行 LINE 命令
指定第一点:                      //单击刚绘制的直线的左端点
指定下一点或 [放弃(U)]: 30       //将鼠标向下移动并输入下一点的坐标值 30，按【Enter】键确认
指定下一点或 [放弃(U)]:          //按【Enter】键，绘制完成后的效果如图 4-35 所示
```

图 4-34

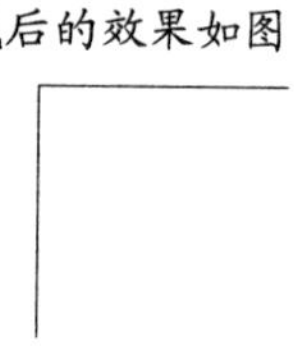

图 4-35

Step 03 使用相同的方法，以第 1 条直线的右端点为起点，向下绘制一条长 30 的直线，绘制完成的效果如图 4-36 所示。

Step 04 以第 2 条直线的下端点为起点，向左绘制一条长 15 的直线，绘制完成的效果如图 4-37 所示。

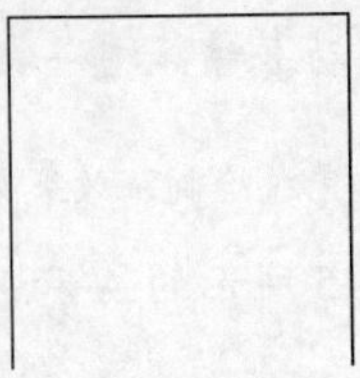

图 4-36

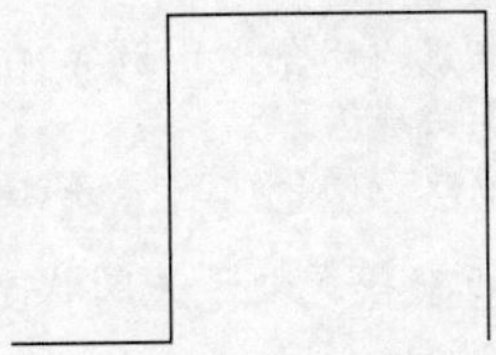

图 4-37

Step 05 以第 4 条直线的右端点为起点，向右绘制一条长 45 的直线，绘制完成的效果如图 4-38 所示。

Step 06 以第 4 条直线的左端点为起点，向下绘制一条长 8 的直线，绘制完成的效果如图 4-39 所示。

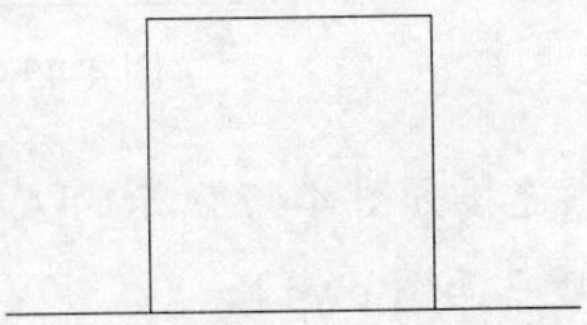

图 4-38

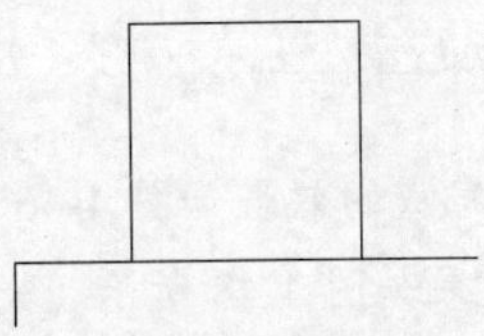

图 4-39

Step 07 执行 L 命令，将第 5 条和第 6 条直线连接，绘制完成的效果如图 4-40 所示。

Step 08 再次使用 L 命令，连续绘制多条直线，具体操作过程如下：

```
命令:L                              //执行 LINE 命令
指定第一点:                          //单击如图 4-41 所示的 A 点
指定下一点或 [放弃(U)]: 3            //将鼠标向右移动并输入下一点坐标值 3，按【Enter】键确认
指定下一点或 [放弃(U)]: 20           //将鼠标向上移动并输入下一点坐标值 20，按【Enter】键确认
指定下一点或 [闭合(C)/放弃(U)]:      //按【Enter】键完成绘制，效果如图 4-42 所示
```

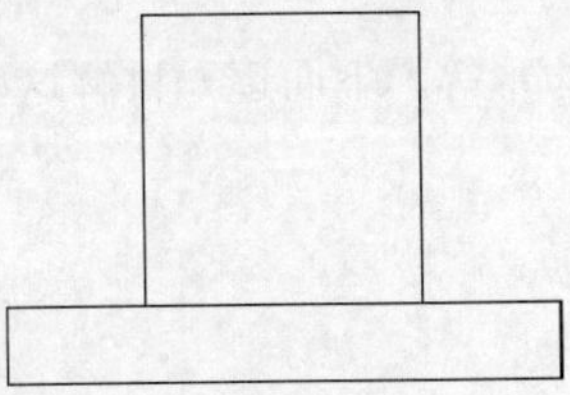

图 4-40

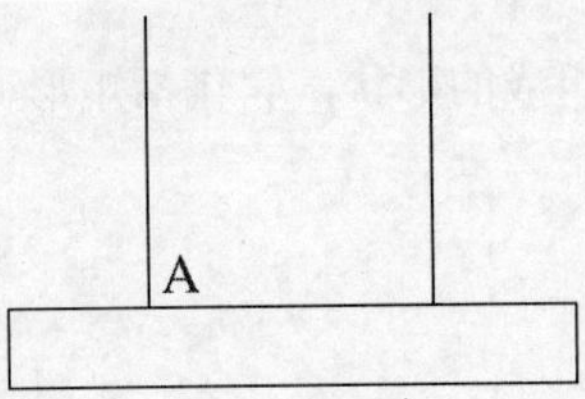

图 4-41

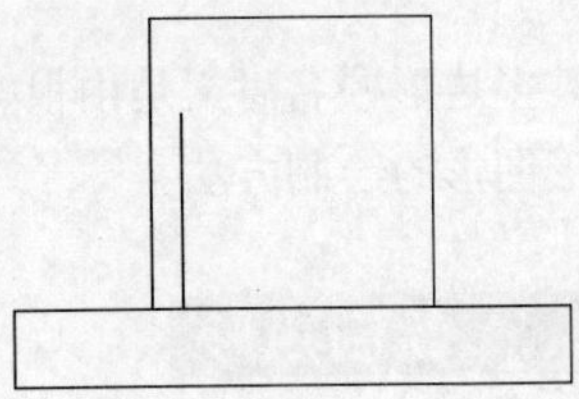

图 4-42

Step 09 继续使用 L 命令连续绘制多条直线，具体操作过程如下：

```
命令:L                              //执行 LINE 命令
指定第一点:                          //单击如图 4-43 所示的 A 点
指定下一点或 [放弃(U)]: 9            //将鼠标向右移动并输入下一点坐标值 9,按【Enter】
键确认
指定下一点或 [放弃(U)]: 20           //将鼠标向上移动并输入下一点坐标值 20，按
【Enter】键确认
```

```
指定下一点或 [闭合(C)/放弃(U)]: 6          //将鼠标向右移动并输入下一点坐标值 6,按【Enter】键确认
指定下一点或 [闭合(C)/放弃(U)]: 20         //将鼠标向下移动并输入下一点坐标值 20，按【Enter】键确认
指定下一点或 [闭合(C)/放弃(U)]: 9          //将鼠标向右移动并输入下一点坐标值 9,按【Enter】键确认
指定下一点或 [闭合(C)/放弃(U)]: 20         //将鼠标向上移动并输入下一点坐标值 20，按【Enter】键确认
指定下一点或 [闭合(C)/放弃(U)]:            //按【Enter】键完成绘制，效果如图 4-44 所示
```

Step 10 确定正交模式处于关闭状态，使用 L 命令，连接如图 4-45 所示的 A 和 B 两点。

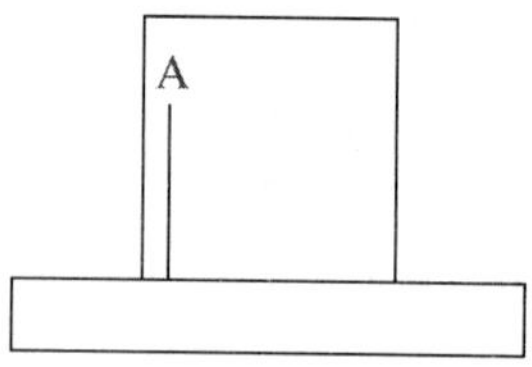

图 4-43

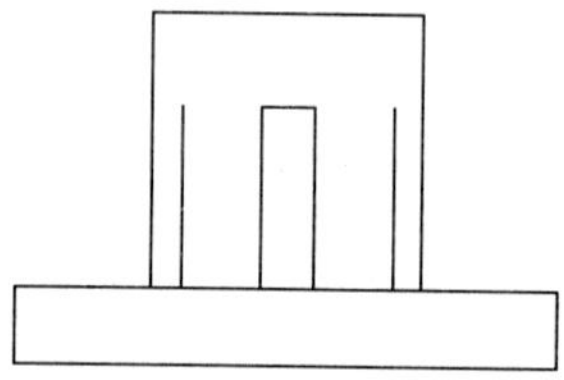

图 4-44

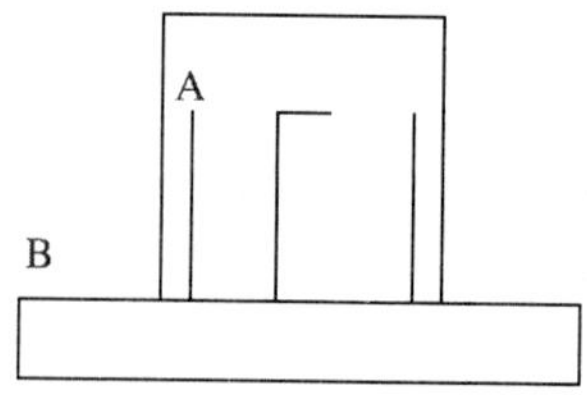

图 4-45

Step 11 绘制完成的效果如图 4-46 所示，再次使用 L 命令，连接如图 4-47 所示的 A 和 B 两点，绘制完成的效果如图 4-48 所示（光盘:\源文件\第 4 章\支承座平面图.dwg）。

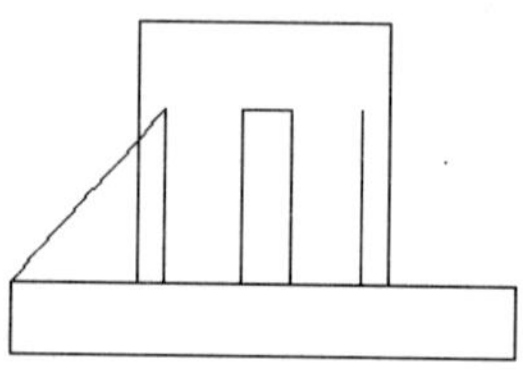

图 4-46

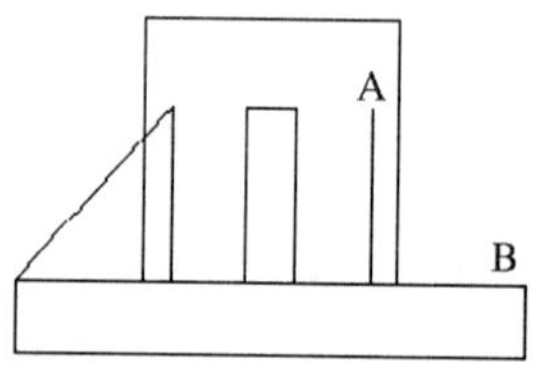

图 4-47

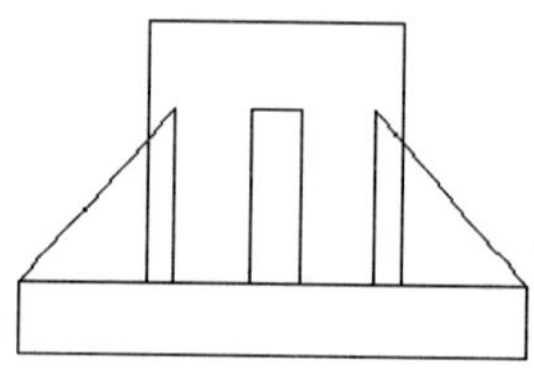

图 4-48

4.3 绘制多边形

多边形顾名思义是由很多条边组成的形状，它包括矩形、正多边形等，下面逐一讲解这些多边形图形的绘制方法。

4.3.1 绘制矩形

矩形也就是长方形，在 AutoCAD 中不仅可以绘制常见的矩形，还可以绘制具有倒角、圆角等特殊效果的矩形，调用该命令的方法如下：

- 在“常用”选项卡的“绘图”组中单击“矩形”按钮。
- 在命令行中执行 RECTANG 或 REC 命令。

执行上述命令后，具体操作过程如下：

```
命令: REC                                                   //执行 REC 命令
指定第一个角点或 [倒角(C)/标高(E)/圆角(F)/厚度(T)/宽度(W)]:  //指定一个角点或选择另一种绘制矩形的方式
```

```
指定另一个角点或 [面积(A)/尺寸(D)/旋转(R)]:                    //直接指定另一个角点位置或坐标值，或选择一种参数来确定另一个角点
```

在执行矩形命令的过程中，各选项的含义如下：

- 倒角：设置矩形的倒角距离，以对矩形的各边进行倒角，倒角后的矩形效果如图 4-49 所示。
- 标高：设置矩形在三维空间中的基面高度，用于三维对象的绘制。
- 圆角：设置矩形的圆角半径，以对矩形进行圆角操作。在设计机械零件时，为了不使其棱角分明，避免给用户带来伤害，在绘制矩形时，一般都会对每条边进行圆角操作。该圆角为工艺倒角，大小依据实际情况而定，进行圆角操作后的效果如图 4-50 所示。
- 厚度：设置矩形的厚度，即三维空间 Z 轴方向的高度。该选项用于绘制三维图形对象。
- 宽度：设置矩形的线条宽度，设置宽度后的效果如图 4-51 所示。
- 面积：指定将要绘制的矩形的面积，在绘制时系统要求指定面积和一个维度（长度或宽度），AutoCAD 将自动计算另一个维度并完成矩形的绘制。
- 尺寸：通过指定矩形的长度、宽度和矩形另一角点的方向来绘制矩形。
- 旋转：指定将要绘制的矩形旋转的角度。

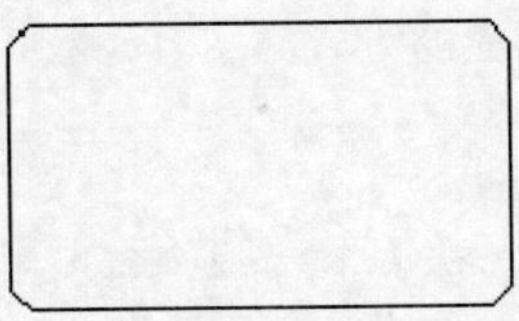

图 4-49

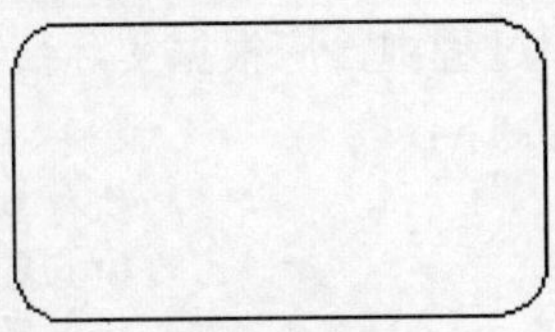

图 4-50

图 4-51

下面以绘制一个书桌为例，来练习绘制矩形的方法，具体操作如下：

Step 01 打开“绘制矩形.dwg”图形文件（光盘:\素材\第 4 章\绘制矩形.dwg），在命令行中执行 REC 命令，具体操作过程如下：

```
命令: REC                                                       //执行 REC 命令
指定第一个角点或 [倒角(C)/标高(E)/圆角(F)/厚度(T)/宽度(W)]:W      //选择“宽度”选项，并按【Space】键
指定矩形的线宽 <0.0000>:5                                        //输入 5，并按【Space】键
指定第一个角点或 [倒角(C)/标高(E)/圆角(F)/厚度(T)/宽度(W)]:        //在绘图区的任意位置单击
指定另一个角点或 [面积(A)/尺寸(D)/旋转(R)]: @500,-200            //输入另一个角点的坐标(@500,-200)，并按【Space】键
命令:                                              //按【Space】键，再次执行 REC 命令
命令: RECTANG
当前矩形模式:  宽度=5.0000                                       //系统自动显示当前宽度
指定第一个角点或 [倒角(C)/标高(E)/圆角(F)/厚度(T)/宽度(W)]:        //单击如图 4-52 所示的 A 点
指定第一个角点或 [倒角(C)/标高(E)/圆角(F)/厚度(T)/宽度(W)]:@800,-200   //输入@800,-200，并按【Space】键
```

Step 02 使用相同的方法，按照如图 4-53 所标注的尺寸进行绘制（光盘:\源文件\第 4 章\绘制矩形.dwg）。

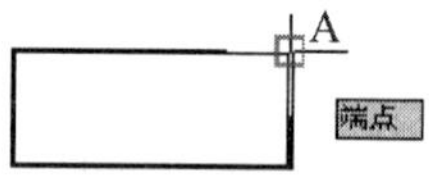

图 4-52

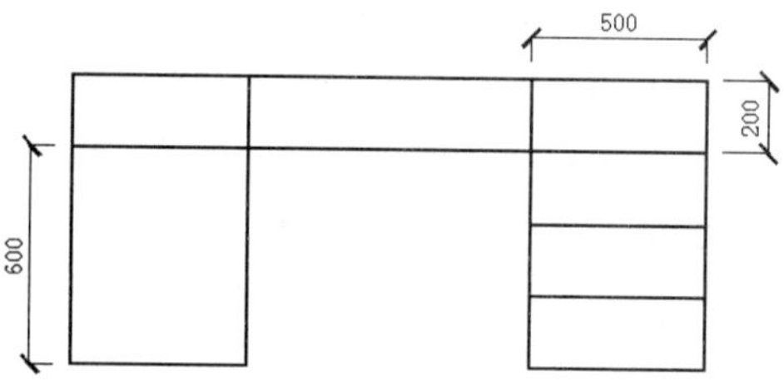

图 4-53

4.3.2 绘制正多边形

在 AutoCAD 中，可以绘制边数为 3～1024 的正多边形，该命令有以下几种调用方法：

- 在“常用”选项卡的“绘图”组中单击“正多边形”按钮。
- 在命令行中执行 POLYGON 或 POL 命令。

在绘制正多边形的过程中，可以通过指定多边形的边长或指定多边形中心点，以及其与圆相切/接等方式来进行绘制。在实际绘图过程中，应根据实际情况选择相应的方式。

执行上述命令后，具体操作过程如下：

```
命令:POL                                      //执行 POLYGON 命令
输入边的数目 <4>:                              //输入需要的边数，按【Space】键确定
指定正多边形的中心点或 [边(E)]:                 //指定中心点
输入选项 [内接于圆(I)/外切于圆(C)] <I>:         //默认选择“内接于圆”选项
指定圆的半径:                                  //输入圆半径，按【Space】键确定
```

在执行命令的过程中，各选项的含义如下：

- 边：通过指定多边形边数的方式来绘制正多边形。该方式将通过边的数量和长度确定正多边形。
- 内接于圆：通过指定多边形内接圆半径的方式来绘制多边形，效果如图 4-54 所示。
- 外切于圆：通过指定多边形外切圆半径的方式来绘制多边形，效果如图 4-55 所示。

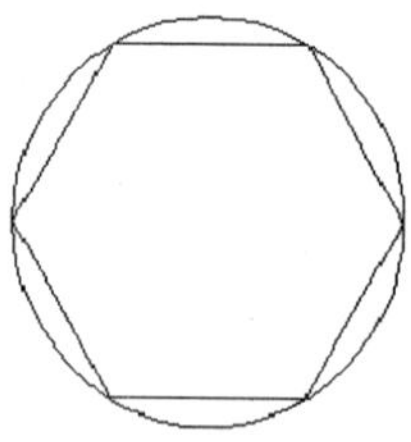

图 4-54

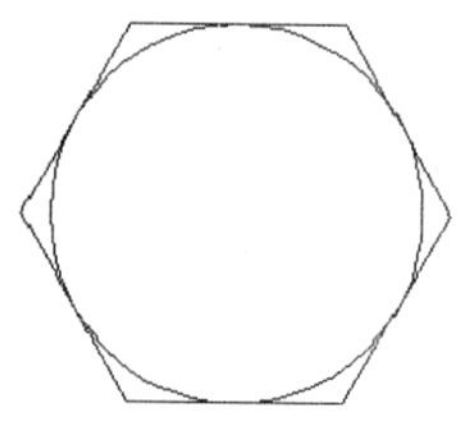

图 4-55

下面练习绘制正多边形的方法，具体操作如下：

Step 01 打开“绘制正多边形.dwg”图形文件（光盘:\素材\第 4 章\绘制正多边形.dwg），在命令行中执行 POL 命令，具体操作过程如下：

```
命令:POL                                      //执行 POLYGON 命令
输入边的数目 <4>: 6                            //输入 6，并按【Space】键确定
指定正多边形的中心点或 [边(E)]:                 //单击如图 4-56 所示的圆心
输入选项 [内接于圆(I)/外切于圆(C)] <I>: C       //选择“外切于圆”选项，并按【Space】键
指定圆的半径: 8.5                              //输入 8.5，按【Space】键确定
```

Step 02 绘制完成的效果如图 4-57 所示（光盘:\源文件\第 4 章\绘制正多边形.dwg）。

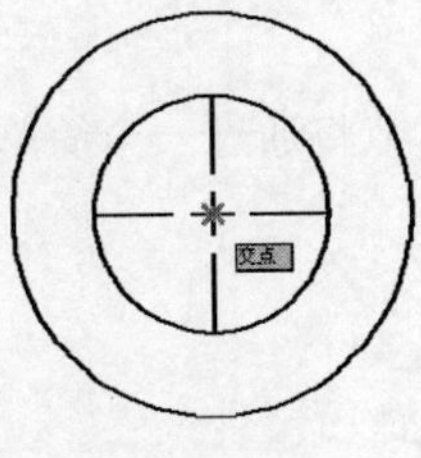

图 4-56

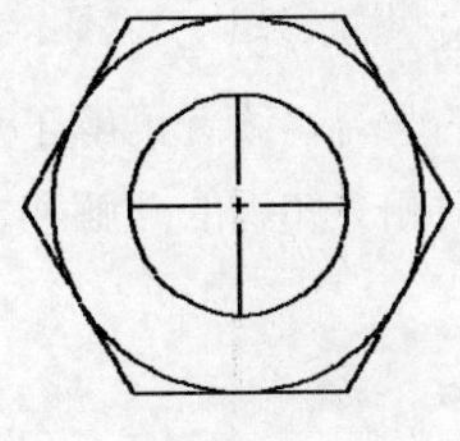

图 4-57

4.3.3 任务 8：绘制餐桌平面图

下面根据已知图形文件绘制餐桌平面图，以练习本节所讲的知识。

Step 01 启动 AutoCAD 2012，在命令行中执行 REC 命令，具体操作过程如下：

```
命令：REC                                                    //执行 REC 命令
指定第一个角点或 [倒角(C)/标高(E)/圆角(F)/厚度(T)/宽度(W)]：   //在绘图区中任意单击一点
指定另一个角点或 [面积(A)/尺寸(D)/旋转(R)]:D                   //选择“尺寸”选项
指定矩形的长度 <10.0000>: 1500                                //输入 1500
指定矩形的宽度 <10.0000>: 800                                 //输入 800
指定另一个角点或 [面积(A)/尺寸(D)/旋转(R)]:                     //在绘图区中任意位置单
击，效果如图 4-58 所示
```

Step 02 在命令行中执行 POLYGON 命令，绘制螺丝钉，具体操作过程如下：

```
命令:POL                                     //执行 POLYGON 命令
POLYGON 输入边的数目 <4>: 6                   //输入 6
指定正多边形的中心点或 [边(E)]:                //在如图 4-59 所示的 A 点位置单击
输入选项 [内接于圆(I)/外切于圆(C)] <I>:        //按【Enter】键确定
指定圆的半径: 25                              //输入 25，按【Enter】键确定，绘制完成的效果
如图 4-60 所示
```

Step 03 按照相同的方法，在矩形的其他三个角的相应位置绘制半径为 25 的正六边形，绘制完成的效果如图 4-61 所示（光盘:\源文件\第 4 章\餐桌平面图.dwg）。

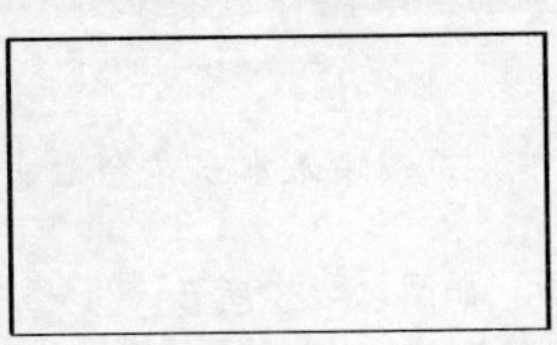

图 4-58

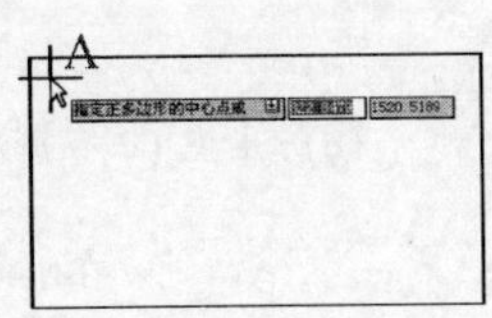

图 4-59

图 4-60

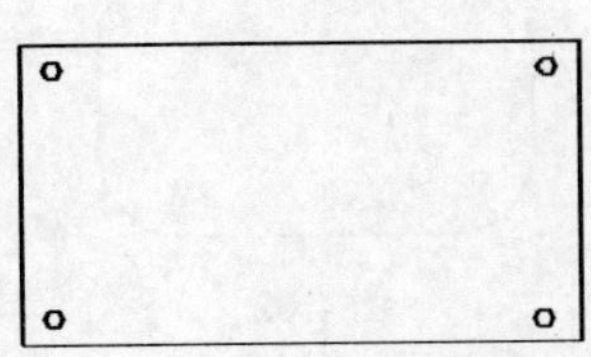

图 4-61

4.4 边学边用——绘制手柄

通过前面的学习，读者了解了点和线等图形对象的绘制，本节将通过一个简单实例的实现过程来加深读者对相关知识的理解和掌握。

4.4.1 实例目标

本节将详细讲解手柄的绘制，引导读者进一步掌握 AutoCAD 2012 中构造线、矩形等图形的绘制方法，为以后更好地绘制复杂图形打下基础。

具体学习目标如下：

- 了解矩形的绘制方法。
- 熟悉构造线绘制的方法。
- 掌握直线的绘制方法。

4.4.2 实例实现

范例：使用矩形绘制手柄后端

Step 01 启动 AutoCAD 2012，在命令行中执行 REC 命令，具体操作过程如下：

```
命令: REC                                                   //执行 REC 命令
指定第一个角点或 [倒角(C)/标高(E)/圆角(F)/厚度(T)/宽度(W)]: F    //选择"圆角"选项
指定矩形的圆角半径 :100                                        //输入 100
指定第一个角点或 [倒角(C)/标高(E)/圆角(F)/厚度(T)/宽度(W)]:       //在绘图区中的任意位置单击以确定第一个角点
指定另一个角点或 [面积(A)/尺寸(D)/旋转(R)]:D                    //选择"尺寸"选项
指定矩形的长度:500                                            //输入 500
指定矩形的宽度:300                                            //输入 300
指定另一个角点或 [面积(A)/尺寸(D)/旋转(R)]:                     //在绘图区中的任意位置单击以指定另一个角点，绘制完成的效果如图 4-62 所示
```

Step 02 在命令行中执行 XLINE 命令，绘制构造线作为辅助线，具体操作过程如下：

```
命令: XLINE              //执行 XLINE 命令
指定点或 [水平(H)/垂直(V)/角度(A)/二等分(B)/偏移(O)]: H //输入水平命令 H 并按【Enter】键
指定通过点:               //在刚绘制的矩形宽度的中点处单击，如图 4-63 所示
指定通过点:               //按【Enter】键结束构造线命令，绘制完成的效果如图 4-64 所示
```

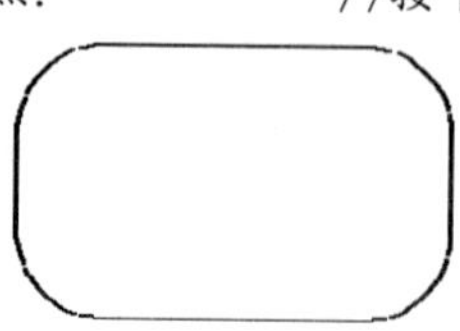

图 4-62

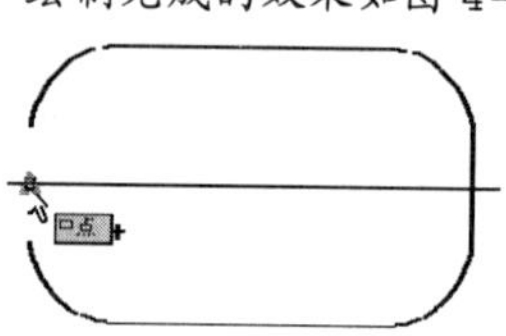

图 4-63

Step 03 在命令行中执行 L 命令，绘制手柄中端，具体操作过程如下：

```
命令:L                                  //执行 LINE 命令
指定第一点:                              //在构造线与矩形的交点处单击
指定下一点或 [放弃(U)]: 120             //向上拖动鼠标，并输入 120
指定下一点或 [放弃(U)]:                  //按【Esc】键结束构造线命令，绘制完成的效果如图 4-65 所示
```

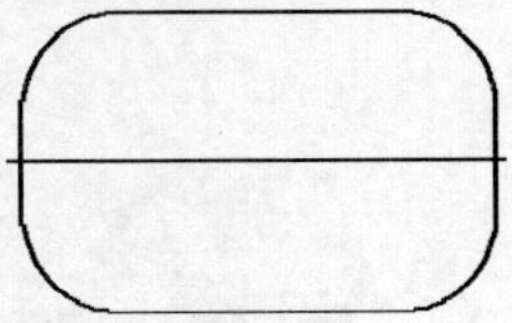
图 4-64

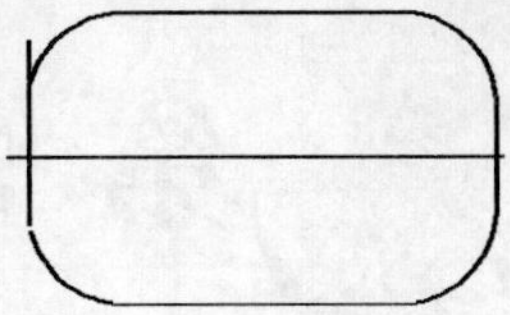
图 4-65

Step 04 在命令行执行中 L 命令，按照如图 4-66 所示的尺寸进行绘制，绘制完成的效果如图 4-67 所示。

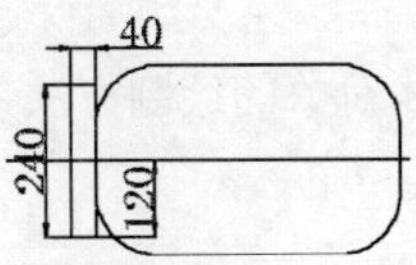

图 4-66

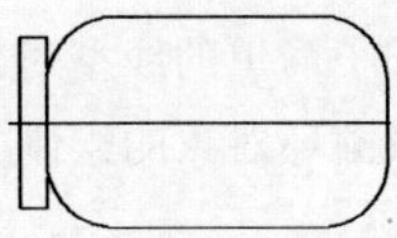
图 4-67

Step 05 在命令行中执行 L 命令，按照如图 4-68 标注的尺寸进行绘制，绘制完成的效果如图 4-69 所示（光盘:\源文件\第 4 章\手柄.dwg）。

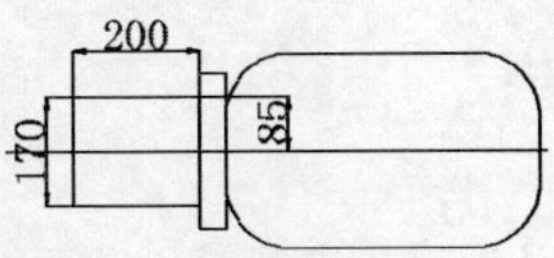

图 4-68

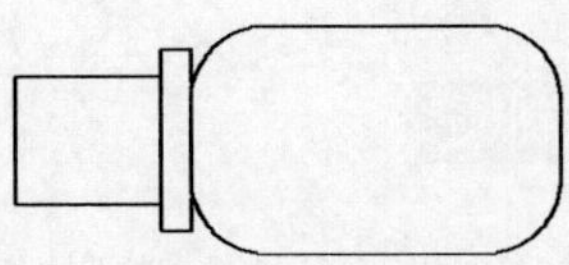
图 4-69

4.4.3 实例拓展和读者思考

在该实例中，介绍了在 AutoCAD 2012 中绘制手柄的方法，使读者进一步巩固了本章所讲的知识点。除此之外，用户还可以通过绘制直线、构造线、矩形等方法，依照如图 4-70 所示的尺寸标准，绘制如图 4-71 所示的螺栓头（光盘:\源文件\第 4 章\螺栓头.dwg）。

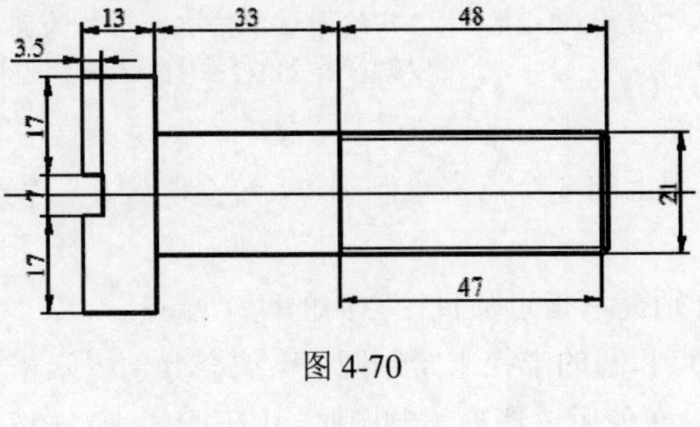

图 4-70

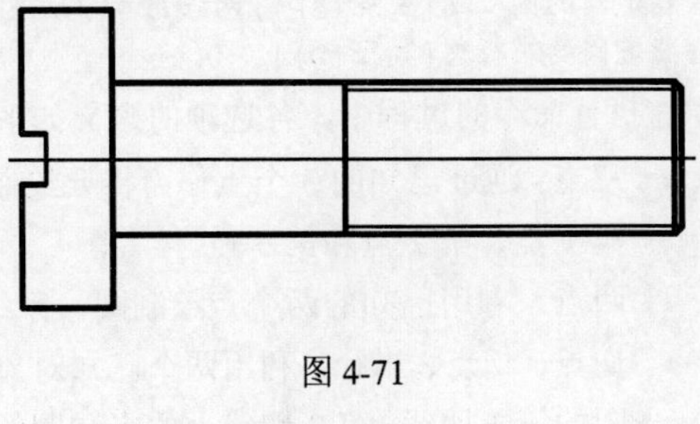
图 4-71

第 5 章

圆和圆弧的绘制

第 4 章学习了简单的线型对象的绘制，本章将学习一些曲线对象的绘制方法，如圆、圆弧、椭圆、椭圆弧及圆环对象的绘制方法。

5.1 绘制圆和圆弧

圆和圆弧是比较常用的图形对象之一，圆主要用来绘制孔、轴、轮、柱等，圆弧主要用来连接图形。下面详细讲解这两种图形对象的绘制方法。

5.1.1 绘制圆

AutoCAD 提供了多种绘制圆的方式供用户选择，系统默认通过指定圆心和半径进行绘制。调用该命令的方法如下：

- 在“常用”选项卡的“绘图”组中单击“圆”按钮⊙。
- 在“常用”选项卡的“绘图”组中单击“圆”按钮⊙下方的▾按钮，然后在弹出的下拉列表中选择相应的命令绘制圆，如图 5-1 所示。
- 在命令行中执行 CIRCLE 或 C 命令。

若在命令行中执行 CIRCLE 命令绘制圆，则可以通过 3 种方式进行绘制，具体操作过程如下：

```
命令: CIRCLE                                            //执行 CIRCLE 命令
指定圆的圆心或[三点(3P)/两点(2P)/切点、切点、半径(T)]:  //在绘图区中拾取一点作为圆心
指定圆的半径或[直径(D)] <0>:                            //输入半径值并按【Space】键确认
```

在执行命令的过程中，各选项的含义如下：

- 三点：通过已知的 3 个点作为将要绘制的圆周上的 3 个点来绘制圆，系统会陆续提示指定第 1 点、第 2 点和第 3 点。
- 两点：利用已知的两个点绘制圆，系统将分别提示指定圆直径方向的两个端点。
- 切点、切点、半径：利用两个已知对象的切点和圆的半径来绘制圆，系统会分别提示指定圆的第 1 切线、第 2 切线上的点和圆的半径。在使用该选项绘制圆时，由于圆的半径限制，绘制的圆可能与已知对象不实际相切，而与其延长线相切；如果输入的圆半径不合适，也可能绘制不出需要的圆。

- 相切、相切、相切：利用 3 个切点绘制圆。
- 直径：通过指定圆心和直径绘制圆。

注　意

在“常用”选项卡的“绘图”组中，单击“圆”按钮下方的按钮，在弹出的下拉列表中选择相应的命令绘制圆，效果如图 5-2 所示。

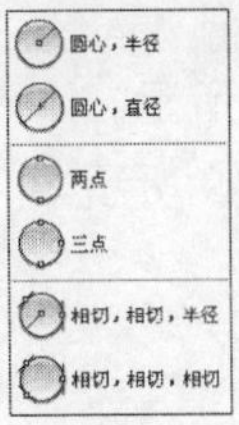

图 5-1

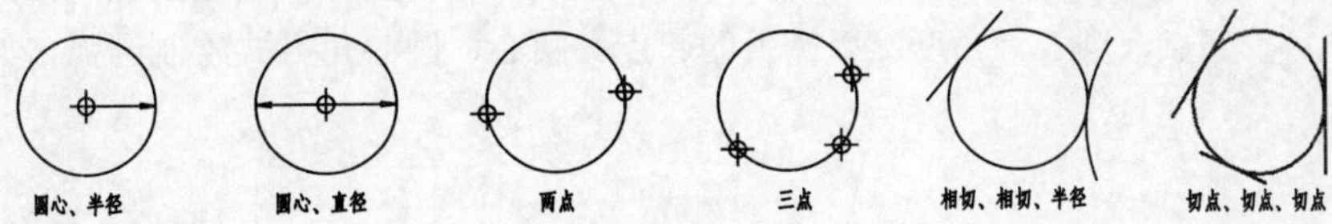

图 5-2

下面以绘制浴霸的灯泡为例，来练习绘制圆的方法，具体操作如下：

Step 01 打开“绘制圆.dwg”图形文件（光盘:\素材\第 5 章\绘制圆.dwg），在命令行中执行 C 命令，具体操作过程如下：

```
命令：CIRCLE                                              //执行 CIRCLE 命令
指定圆的圆心或[三点(3P)/两点(2P)/切点、切点、半径(T)]：  //单击如图 5-3 所示的点
指定圆的半径或[直径(D)] <0>: 30                          //输入 30，并按【Space】键确认
```

Step 02 使用相同的方法，按照图 5-4 所示的尺寸标准绘制其他灯泡，然后删除辅助线，效果如图 5-5 所示（光盘:\源文件\第 5 章\绘制圆.dwg）。

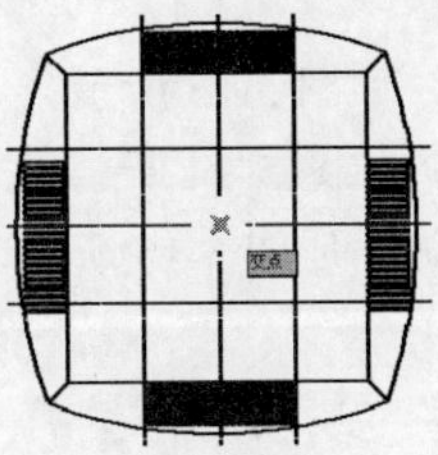

图 5-3

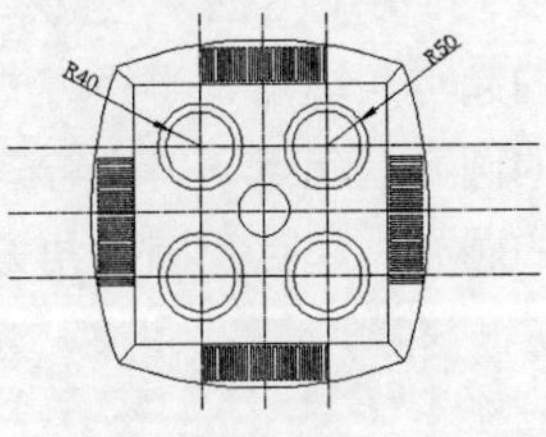

图 5-4

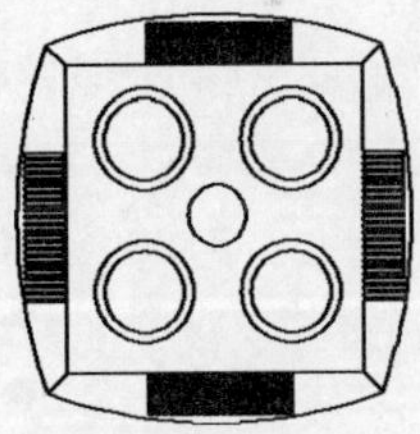

图 5-5

5.1.2　绘制圆弧

圆弧是包含一定角度的圆周线。调用该命令的方法如下：

- 在“常用”选项卡的“绘图”组中单击“圆弧”按钮。
- 在“常用”选项卡的“绘图”组中单击“圆弧”按钮下方的按钮，然后在弹出的下拉列表中选择相应的选项也可以绘制圆弧，如图 5-6 所示。
- 在命令行中执行 ARC 或 A 命令。

执行上述命令后，具体操作过程如下：

图 5-6

```
命令: A                                          //执行 ARC 命令
指定圆弧的起点或 [圆心(C)]:                       //在绘图区的任意位置单击，将该点作为圆弧的起点
指定圆弧的第二个点或 [圆心(C)/端点(E)]: C          //输入圆心命令 C，并按【Space】键
指定圆弧的圆心:                                   //在绘图区的任意位置单击，将该点作为圆弧的
中心
指定圆弧的端点或 [角度(A)/弦长(L)]: A              //输入角度命令 A，并按【Space】键
指定包含角:                                       //输入角度值，并按【Space】键
```

单击“圆弧”按钮右侧的按钮，其下拉列表中各选项的含义如下：

- 三点：以指定 3 个点的方式绘制圆弧，如图 5-7 所示。
- 起点，圆心，端点：以圆弧的起点、圆心、端点方式绘制圆弧，如图 5-8 所示。
- 起点，圆心，角度：以圆弧的起点、圆心、圆心角方式绘制圆弧，如图 5-9 所示。

图 5-7

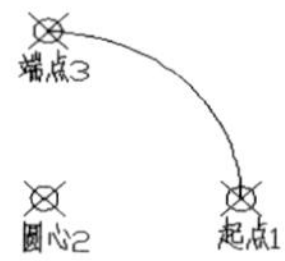

图 5-8

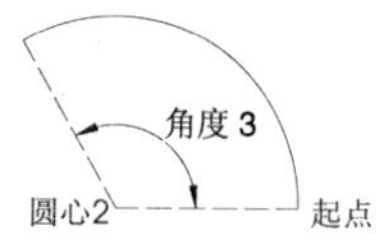

图 5-9

- 起点，圆心，长度：以圆弧的起点、圆心、弦长方式绘制圆弧，如图 5-10 所示。
- 起点，端点，角度：以圆弧的起点、端点、圆心角方式绘制圆弧，如图 5-11 所示。
- 起点，端点，方向：以圆弧的起点、端点、起点的切线方向方式绘制圆弧，如图 5-12 所示。

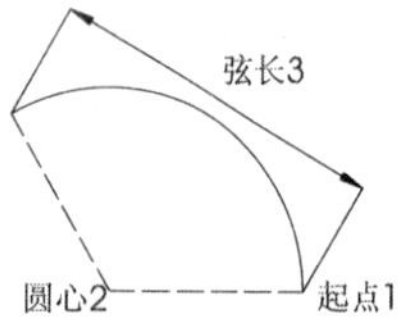

图 5-10

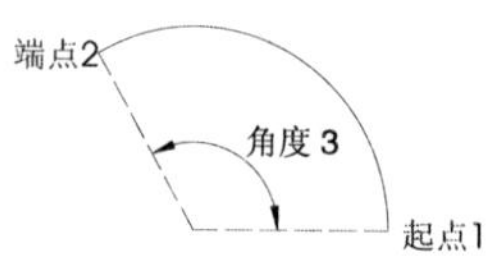

图 5-11

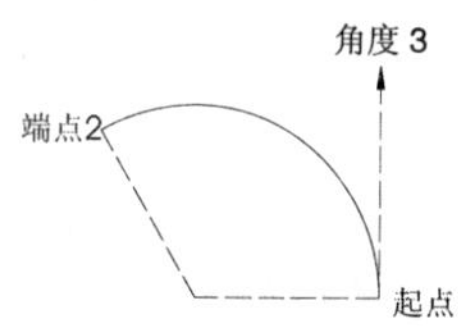

图 5-12

- 起点，端点，半径：以圆弧的起点、端点、半径方式绘制圆弧，如图 5-13 所示。
- 圆心，起点，端点：以圆弧的圆心、起点、终点方式绘制圆弧，如图 5-14 所示。
- 圆心，起点，角度：以圆弧的圆心、起点、圆心角方式绘制圆弧，如图 5-15 所示。

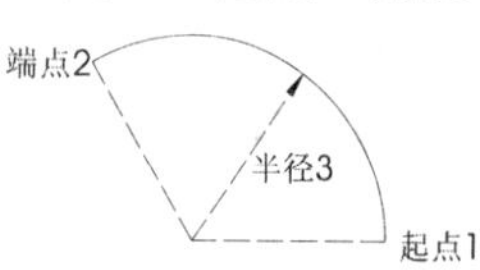

图 5-13

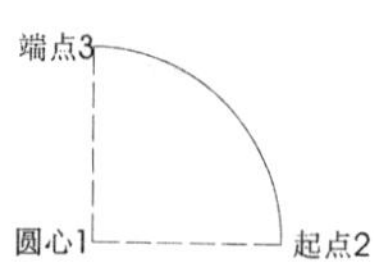

图 5-14

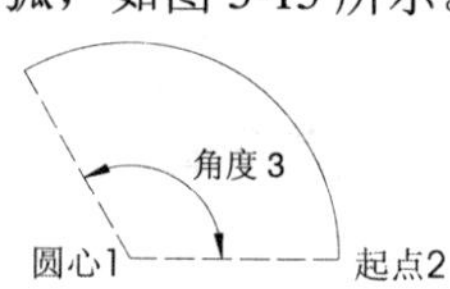

图 5-15

- 圆心、起点，长度：以圆弧的圆心、起点、弦长方式绘制圆弧，如图 5-16 所示。
- 继续：在绘制其他直线或非封闭曲线后，选择“绘图”→“圆弧”→“继续”命令，系统将自动以刚才绘制的对象的终点作为即将绘制的圆弧起点。

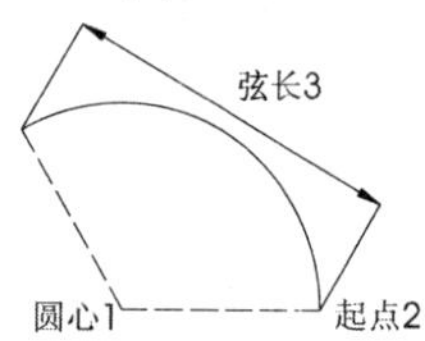

图 5-16

下面以绘制窗户为例，来练习绘制圆弧的方法，具体操作如下：

Step 01 打开“绘制圆弧.dwg”图形文件（光盘:\素材\第 5 章\绘制圆弧.dwg），在命令行中执行 A 命令，具体操作过程如下：

```
命令：A                                    //执行 ARC 命令
指定圆弧的起点或 [圆心(C)]:                //单击如图 5-17 所示的 A 点
指定圆弧的第二个点或 [圆心(C)/端点(E)]:    //单击如图 5-17 所示的 B 点
指定圆弧的端点:                            //单击如图 5-17 所示的 C 点
```

Step 02 使用相同方法绘制圆弧，绘制的效果如图 5-18 所示（光盘:\源文件\第 5 章\绘制圆弧.dwg）。

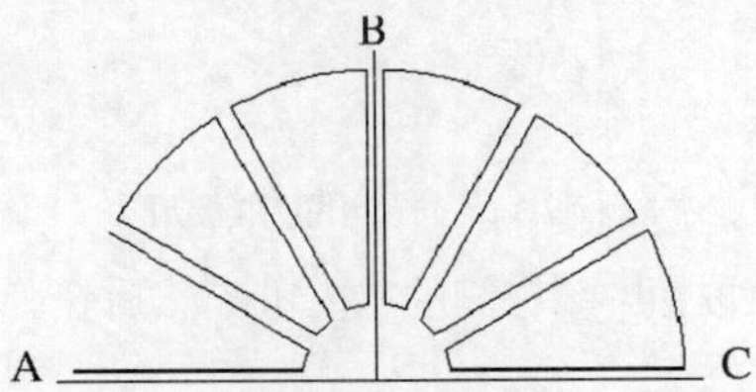

图 5-17

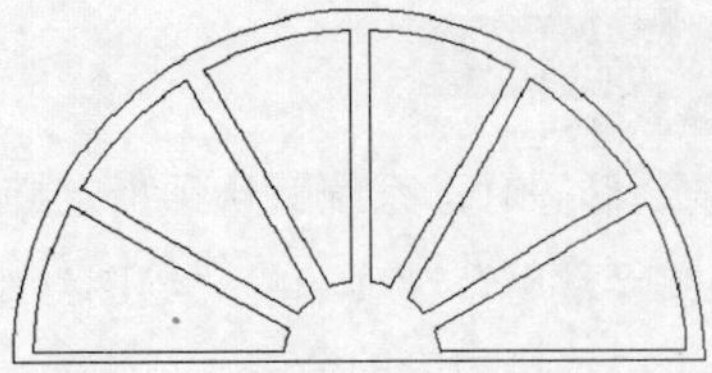

图 5-18

5.1.3 任务 9：绘制螺母

下面根据已知图形文件绘制螺母，以练习本节所讲的知识。

Step 01 打开“螺母.dwg”图形文件（光盘:\素材\第 5 章\螺母.dwg），在命令行中执行 C 命令，绘制圆，具体操作过程如下：

```
命令：CIRCLE                                            //执行 CIRCLE 命令
指定圆的圆心或 [三点(3P)/两点(2P)/相切、相切、半径(T)]: //单击构造线交点作为圆心
指定圆的半径或 [直径(D)]: D                             //输入直径命令 D，并按【Enter】键
指定圆的直径：200                                       //输入直径值 200，并按【Enter】
键，绘制完成的效果如图 5-19 所示
```

Step 02 再次在命令行中执行 C 命令，绘制半径为 100 的圆，具体操作过程如下：

```
命令：CIRCLE                                            //执行 CIRCLE 命令
指定圆的圆心或 [三点(3P)/两点(2P)/相切、相切、半径(T)]: //单击构造线交点为圆心
指定圆的半径或 [直径(D)]: 100                           //输入半径长度 100，并按【Enter】
键，绘制完成的效果如图 5-20 所示
```

Step 03 在命令行中执行 ARC 命令，绘制螺母螺纹，具体操作过程如下：

```
命令：A                                  //执行 ARC 命令
指定圆弧的起点或 [圆心(C)]: C            //输入圆心命令 C 并按【Enter】键
指定圆弧的圆心:                          //拾取中心线交点为圆心
指定圆弧的起点：@-120,0                  //输入圆弧起点值
指定圆弧的端点或 [角度(A)/弦长(L)]: A    //输入角度命令 A 并按【Enter】键
指定包含角：180                          //输入包含角角度值为 180，并按【Enter】键，绘
制完成的效果如图 5-21 所示（光盘:\源文件\第 5 章\螺母.dwg）
```

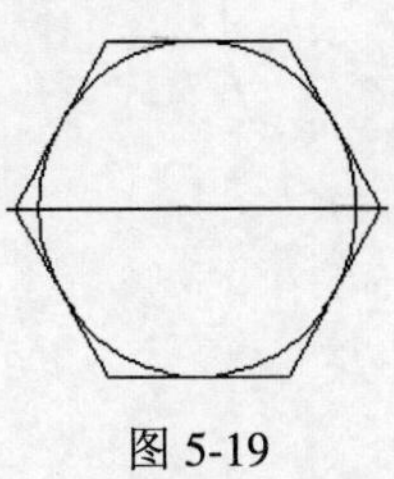

图 5-19

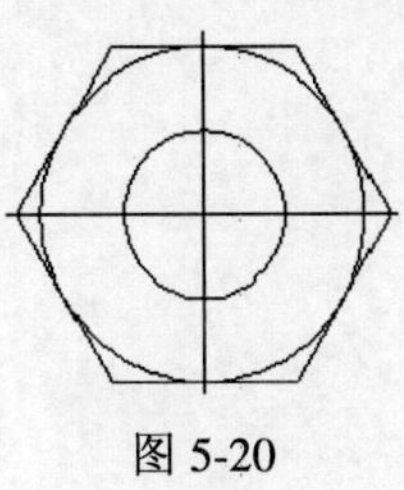

图 5-20

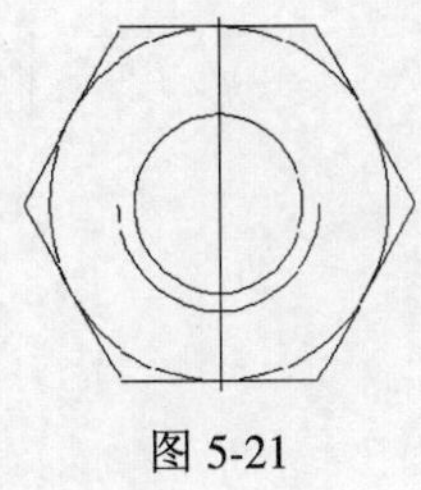

图 5-21

5.2 绘制椭圆和椭圆弧

绘制椭圆和椭圆弧的方法与绘制圆和圆弧的方法类似。下面分别讲解椭圆和椭圆弧的具体绘制方法。

5.2.1 绘制椭圆

在绘制椭圆时，系统默认须指定椭圆长轴与短轴的尺寸，调用该命令的方法如下：

- 在“常用”选项卡的“绘图”组中单击“圆心”按钮右侧的▾按钮，然后在弹出的菜单中选择相应的命令。
- 在命令行中执行 ELLIPSE 或 EL 命令。

执行上述命令后，具体操作过程如下：

```
命令: ELLIPSE                                //执行 ELLIPSE 命令
指定椭圆的轴端点或 [圆弧(A)/中心点(C)]:      //指定端点
指定轴的另一个端点:                          //指定另一个端点
指定另一条半轴长度或 [旋转(R)]:              //指定另一条半轴长度
```

在执行命令的过程中，各选项的含义如下：

- 圆弧：只绘制椭圆上的一段弧线，即椭圆弧。
- 中心点：以指定椭圆圆心和两轴半径长度的方式绘制椭圆或椭圆弧。
- 旋转：通过绕第一条轴旋转的方式绘制椭圆或椭圆弧。输入的值越大，椭圆的离心率越大，当输入 0 时，绘制的图形是正圆。

下面以绘制镜子为例，来练习绘制椭圆的方法，具体操作如下：

Step 01 打开“绘制椭圆.dwg”图形文件（光盘:\素材\第 5 章\绘制椭圆.dwg），在命令行中执行 ELLIPSE 命令，具体操作过程如下：

```
命令: ELLIPSE                                //执行 ELLIPSE 命令
指定椭圆的轴端点或 [圆弧(A)/中心点(C)]:      //单击如图 5-22 所示的 A 点
指定轴的另一个端点:                          //单击如图 5-22 所示的 B 点
指定另一条半轴长度或 [旋转(R)]:              //单击如图 5-22 所示的 C 点
```

Step 02 删除辅助线，绘制完成的效果如图 5-23 所示（光盘:\源文件\第 5 章\绘制椭圆.dwg）。

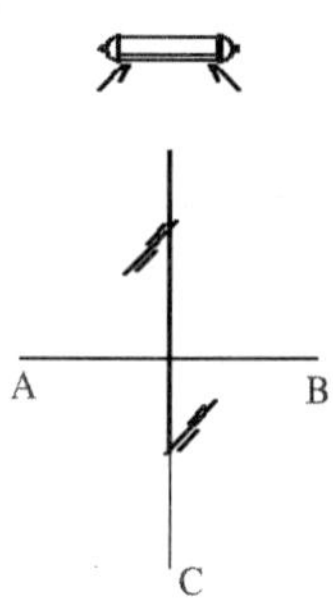

图 5-22

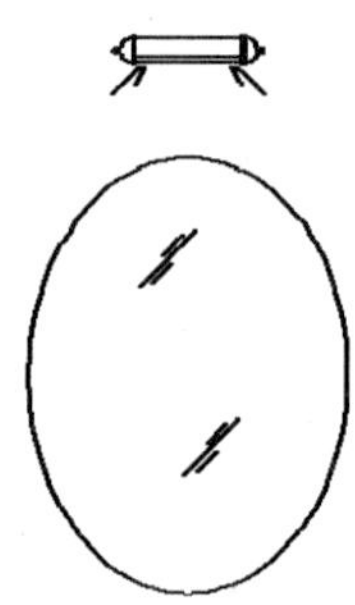

图 5-23

5.2.2　绘制椭圆弧

绘制椭圆弧与绘制椭圆的方法类似，调用该命令的方法如下：

- 在"常用"选项卡的"绘图"组中单击"圆心"按钮右侧的▾按钮，然后在弹出的菜单中选择"椭圆弧"命令。
- 在命令行中执行 ELLIPSE 或 EL 命令。

执行上述操作后，具体操作过程如下：

```
命令：ELLIPSE                                  //执行 ELLIPSE 命令
指定椭圆的轴端点或 [圆弧(A)/中心点(C)]:a        //选择"圆弧"选项
指定椭圆弧的轴端点或 [中心点(C)]:               //在绘图区中拾取一点作为椭圆弧轴的一个端点
指定轴的另一个端点:                             //拾取另一点作为轴的另一个端点
指定另一条半轴长度或 [旋转(R)]:                 //指定椭圆弧另一条轴线的半长
指定起始角度或 [参数(P)]:                       //指定椭圆弧起点角度值，可手动拾取一点来确定
指定终止角度或 [参数(P)/包含角度(I)]:           //指定椭圆弧端点角度值
```

在执行命令的过程中，各选项含义如下：

- 中心点：以指定圆心的方式绘制椭圆弧。选择该选项后指定第一根轴的长度时也只需指定其半长即可。
- 旋转：通过绕第一条轴旋转圆的方式绘制椭圆，再指定起始角度与终止角度绘制出椭圆弧。
- 参数：选择"参数"选项后同样需要输入椭圆弧的起始角度，但系统将通过矢量参数方程式"$p(u) = c+a\cos(u)+b\sin(u)$"来绘制椭圆弧。其中，$c$ 表示椭圆的中心点，a 和 b 分别表示椭圆的长轴和短轴。
- 包含角度：定义从起始角度开始的包含角度。

下面以绘制杯子底部为例，练习绘制椭圆弧的方法，具体操作如下：

Step 01 打开"绘制椭圆弧.dwg"图形文件（光盘:\素材\第 5 章\绘制椭圆弧.dwg），如图 5-24 所示，在命令行中执行 ELLIPSE 命令，具体操作过程如下：

```
命令：ELLIPSE                                  //执行 ELLIPSE 命令
指定椭圆的轴端点或 [圆弧(A)/中心点(C)]:A        //选择"圆弧"选项，并按【Space】键
指定椭圆弧的轴端点或 [中心点(C)]:10，10         //输入端点坐标（10，10），并按【Space】键
指定轴的另一个端点：20，0                       //输入端点坐标（20，0），并按【Space】键
指定另一条半轴长度或 [旋转(R)]:4                //输入 4，并按【Space】键
指定起始角度或 [参数(P)]:0                      //输入 0，并按【Space】键
指定终止角度或 [参数(P)/包含角度(I)]:180        //输入 180，并按【Space】键
```

Step 02 绘制完成的效果如图 5-25 所示（光盘:\源文件\第 5 章\绘制椭圆弧.dwg）。

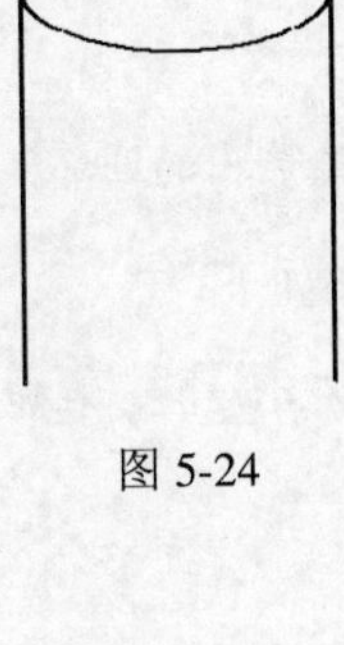

图 5-24

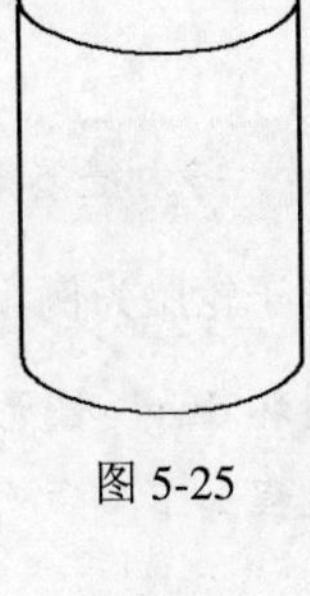

图 5-25

5.2.3 任务 10：绘制餐桌

下面根据已知图形文件绘制椭圆餐桌，以练习本节所讲的知识。

打开“餐桌.dwg”图形文件（光盘:\素材\第 5 章\餐桌.dwg），执行 ELLIPSE 绘制椭圆餐桌，具体操作过程如下：

```
命令：ELLIPSE                                  //执行 ELLIPSE 命令
指定椭圆的轴端点或 [圆弧(A)/中心点(C)]:          //单击如图 5-26 所示的 A 点
指定轴的另一个端点:600                          //向右移动鼠标，并输入 600
指定另一条半轴长度或 [旋转(R)]: 540             //向下移动鼠标，并输入 540，绘制完成的效果
如图 5-27 所示（光盘:\源文件\第 5 章\餐桌.dwg）
```

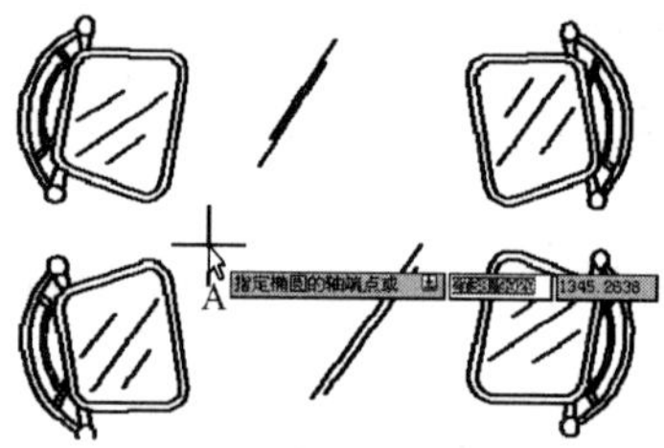

图 5-26

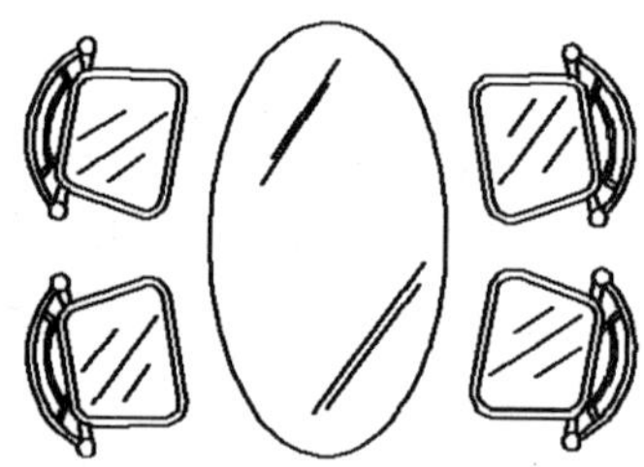

图 5-27

5.3 绘制圆环

在绘制圆环时，需要用户指定圆环的内径和外径。调用该命令的方法如下：

- 在“常用”选项卡的“绘图”组中单击“绘图”按钮 绘图 ▾ 右侧的 ▾ 按钮，然后在弹出的下拉列表中单击“圆环”按钮◎。
- 在命令行中执行 DONUT 或 DO 命令。

执行上述命令后，具体操作过程如下：

```
命令：DO                          //执行 DONUT 命令
指定圆环的内径:                    //输入圆环的内径
指定圆环的外径:                    //输入圆环的外径
指定圆环的中心点或 <退出>:          //此时会出现一个设置好大小的圆环跟随
十字光标移动，在绘图区中拾取一点即可以该点作为圆环的中心点绘制圆环
指定圆环的中心点或 <退出>:          //在绘图区中多次单击可连续绘制多个相
同的圆环，按【Space】键完成绘制，如图 5-28 所示
```

图 5-28

注 意

在绘制圆环时，若内径值为 0，外径值为大于 0 的任意数值，绘制出的圆环就是一个实心圆。

下面以绘制车子轮胎为例，来练习绘制圆环的方法，具体操作如下：

打开“绘制圆环.dwg”图形文件（光盘:\素材\第 5 章\绘制圆环.dwg），在命令行中执行 DO 命令，具体操作过程如下：

```
命令：DO                          //执行 DONUT 命令
```

```
指定圆环的内径: 400                  //输入 400，并按【Space】键
指定圆环的外径: 550                  //输入 550，并按【Space】键
指定圆环的中心点或 <退出>:           //单击如图 5-29 所示的 A 点处的圆心
指定圆环的中心点或 <退出>:           //单击如图 5-29 所示的 B 点处的圆心
指定圆环的中心点或 <退出>:           //按【Space】键结束命令
```

绘制完成的效果如图 5-30 所示（光盘:\源文件\第 5 章\绘制圆环.dwg）。

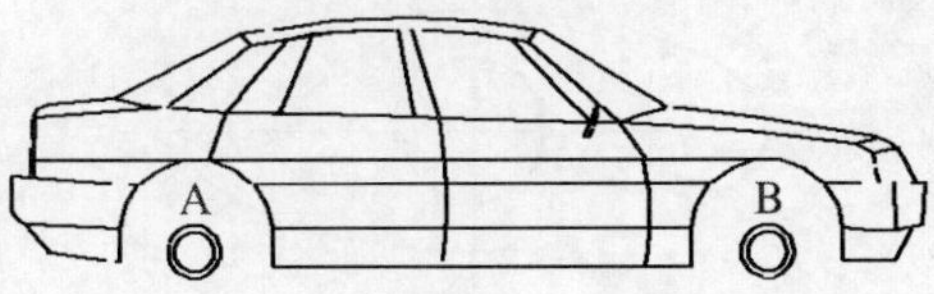

图 5-29

图 5-30

5.4　边学边用——绘制底座图

通过前面的学习，读者了解了圆、圆弧、椭圆、椭圆弧及圆环的绘制方法，本节将通过一个简单实例的实现过程，来加深读者对本章知识的理解和掌握。

5.4.1　实例目标

下面将详细讲解底座的绘制，引导读者进一步掌握 AutoCAD 2012 中椭圆和圆的绘制方法，为以后更好地绘制此类图形打下基础。

具体学习目标如下：

- 了解椭圆的绘制方法。
- 熟悉圆的绘制方法。

5.4.2　实例实现

Step 01 打开“底座.dwg”图形文件（光盘:\素材\第 5 章\底座.dwg），在命令行中执行 ELLIPSE 命令，具体操作过程如下：

```
命令: ELLIPSE                              //执行 ELLIPSE 命令
指定椭圆的轴端点或 [圆弧(A)/中心点(C)]:C   //选择“中心点”选项
指定椭圆的中心点:                          //单击如图 5-31 所示的 A 点
指定轴的端点: @25,0                        //输入端点坐标(@25,0)，按【Space】键确认
指定另一条半轴长度或 [旋转(R)]:10          //输入 10，按【Space】键确认，绘制完成的效
果如图 5-32 所示
```

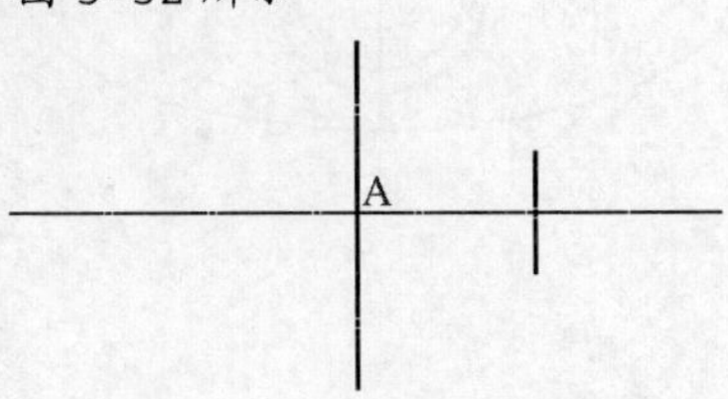

图 5-31

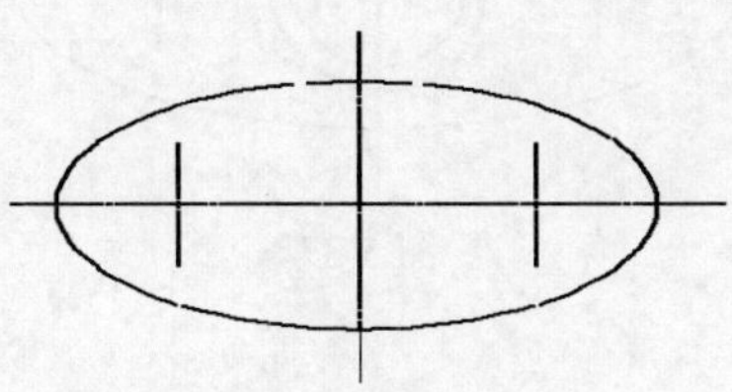

图 5-32

Step 02 执行 C 命令，绘制圆，具体操作过程如下：

```
命令: CIRCLE                                                  //执行 CIRCLE 命令
指定圆的圆心或[三点(3P)/两点(2P)/相切、相切、半径(T)]:       //单击如图 5-33 所示的 A 点
指定圆的半径或[直径(D)]: 6                                    //输入半径 6，并按【Enter】
键确认，绘制完成的效果如图 5-34 所示
```

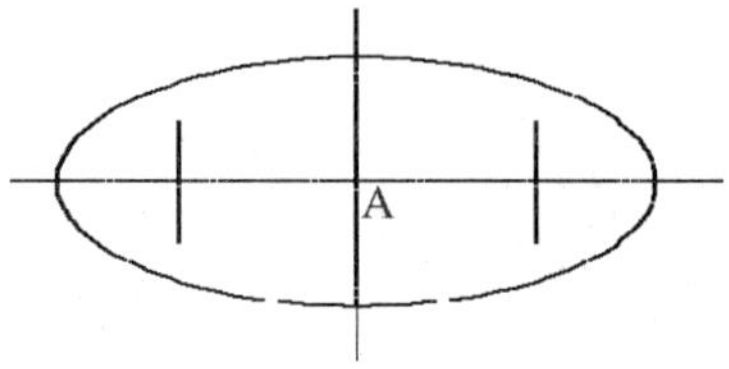

图 5-33

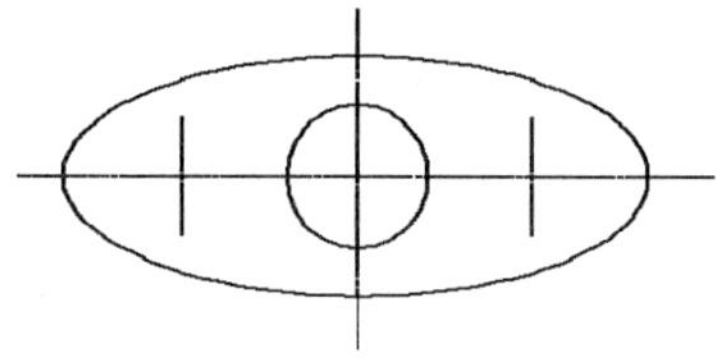

图 5-34

Step 03 再次执行 C 命令，具体操作过程如下：

```
命令: CIRCLE                                                  //执行 CIRCLE 命令
指定圆的圆心或[三点(3P)/两点(2P)/相切、相切、半径(T)]:       //以上一圆的圆心为圆心
指定圆的半径或[直径(D)]: 7.5                                  //输入半径 7.5，并按【Enter】
键确认，绘制完成的效果如图 5-35 所示
```

Step 04 再次执行 C 命令，绘制底座左边的螺孔圆，具体操作过程如下：

```
命令: CIRCLE                                                  //执行 CIRCLE 命令
指定圆的圆心或[三点(3P)/两点(2P)/相切、相切、半径(T)]:       //单击如图 5-36 所示的 A 点
指定圆的半径或[直径(D)]:D                                     //选择“直径”选项
指定圆的直径 <15.0000>: 4                                     //输入 4，并按【Enter】键确
认，绘制完成的效果如图 5-37 所示
```

Step 05 按照相同的方法，绘制底座右边的螺孔圆，绘制完成的效果如图 5-38 所示（光盘:\源文件\第 5 章\底座.dwg）。

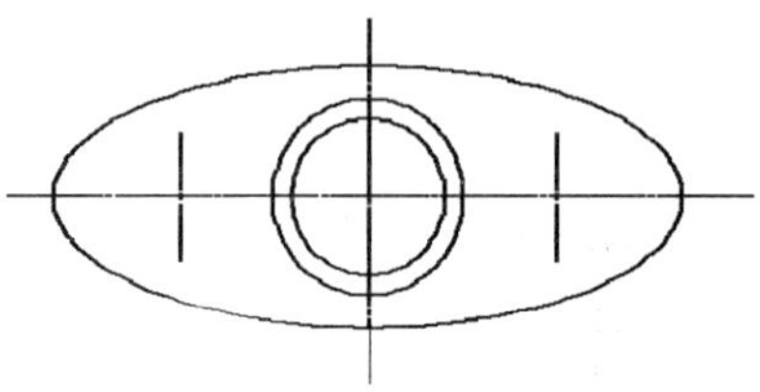

图 5-35

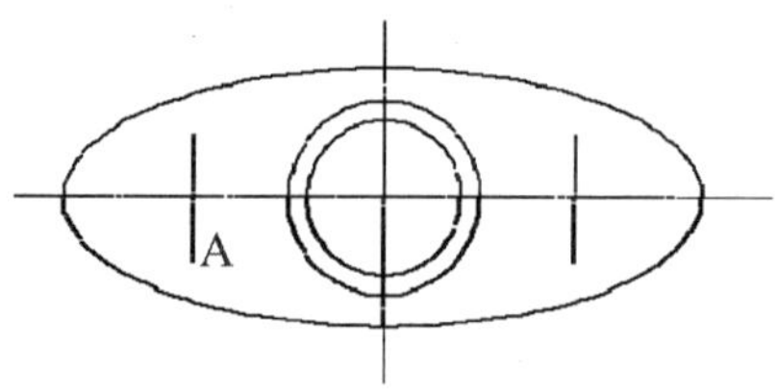

图 5-36

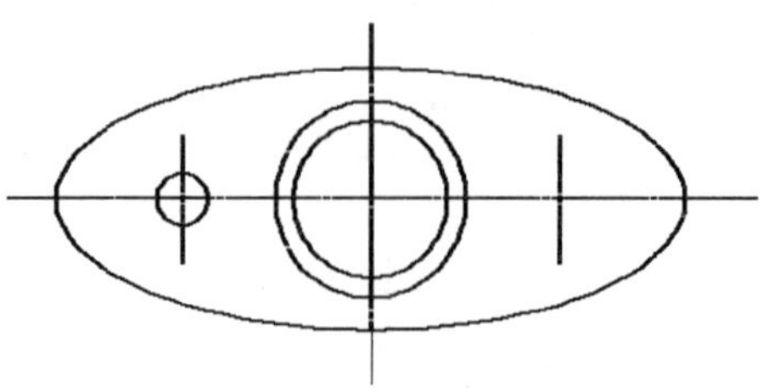

图 5-37

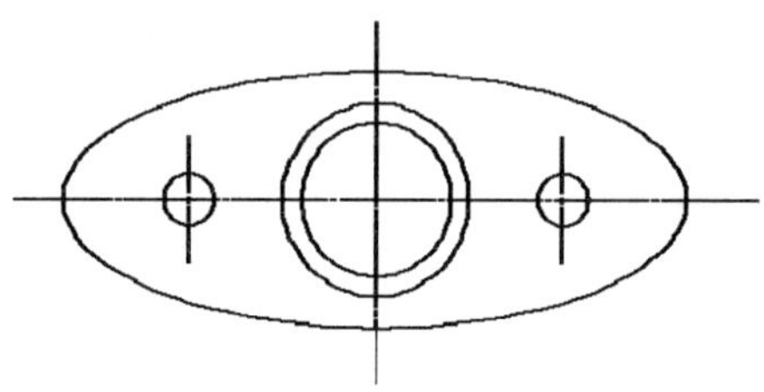

图 5-38

5.4.3 实例拓展和读者思考

在该实例中介绍了在 AutoCAD 2012 中绘制底座图形的方法，使读者进一步巩固了本章所讲的知识点。读者还可以通过绘制直线、圆弧、圆、椭圆等图形，绘制如图 5-39 所示的休闲桌椅（光盘:\源文件\第 5 章\休闲桌椅.dwg），读者可以自行确认图形的尺寸。

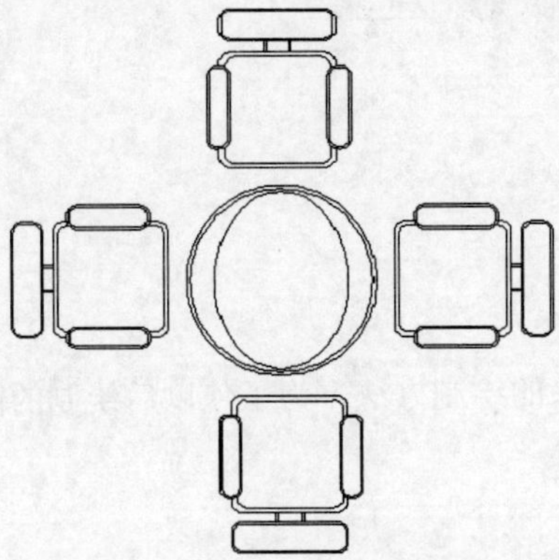

图 5-39

读者思考

通过刚才的实例练习和拓展练习，使读者进一步掌握了 AutoCAD 2012 中圆、圆弧、椭圆、椭圆弧及圆环的绘制方法，读者还可以根据本章介绍的方法绘制自己需要的图形。

第 6 章 精确绘图

第 5 章进述了一些图形对象的绘制方法，为了使以后绘制的图形更加准确，本章将讲解精确绘图的方法。

6.1 使用辅助定位

使用辅助定位功能可以使绘制的图形更加准确，并且可以更有效地提高绘图速度。辅助定位包括捕捉和栅格、极轴追踪、对象捕捉、动态输入和正交模式等，下面分别进行讲解。

6.1.1 捕捉和栅格

在绘图过程中，用户充分使用捕捉和栅格功能，可以更好地定位坐标位置，从而提高绘图质量和速度。

1. 捕捉

捕捉用于设置光标移动间距，调用该命令的方法如下：

- 单击状态栏中的“捕捉模式”按钮。
- 按【F9】键。
- 在命令行中执行 SNAP 命令。

（1）使用命令设置捕捉功能

在命令行中执行 SNAP 命令后，具体操作过程如下：

```
命令:SNAP                                  //执行 SNAP 命令
指定捕捉间距或 [开(ON)/关(OFF)/纵横向间距(A)/样式(S)/类型(T)] <0.5000>: // 输 入 捕捉间距或选择捕捉选项
```

在执行命令的过程中，各选项的含义如下：

- 开：选择该选项，可开启捕捉功能，按当前间距进行捕捉操作。
- 关：选择该选项，可关闭捕捉功能。
- 纵横向间距：选择该选项，可设置捕捉的纵向和横向间距。
- 样式：选择该选项，可设置捕捉样式为标准的矩形捕捉模式或等轴测模式，等轴测模式可在二维空间中仿真三维视图。

- 类型：选择该选项，可设置捕捉类型是默认的直角坐标捕捉类型，还是极坐标捕捉类型。
- <0.5000>：表示默认捕捉间距为 0.5000，可在提示后输入一个新的捕捉间距。

（2）使用对话框设置捕捉功能

若使用命令设置捕捉功能不能满足需要，可以通过对话框设置捕捉功能，具体操作如下：

Step 01 启动 AutoCAD 2012，在状态栏的“捕捉模式”按钮上右击，在弹出的快捷菜单中选择“设置”命令，如图 6-1 所示。

Step 02 弹出“草图设置”对话框，切换至“捕捉和栅格”选项卡，在“捕捉间距”选项组的“捕捉 X 轴间距”文本框中输入 X 坐标方向的捕捉间距；在“捕捉 Y 轴间距”文本框中输入 Y 坐标方向的捕捉间距；选择☑X 轴间距和 Y 轴间距相等(X)复选框，可以使 X 轴和 Y 轴间距相等。

Step 03 在“捕捉类型”选项组中可对捕捉的类型进行设置，一般保持默认设置。完成设置后，单击 确定 按钮，如图 6-2 所示，此时，在绘图区中光标会自动捕捉到相应的栅格点上。

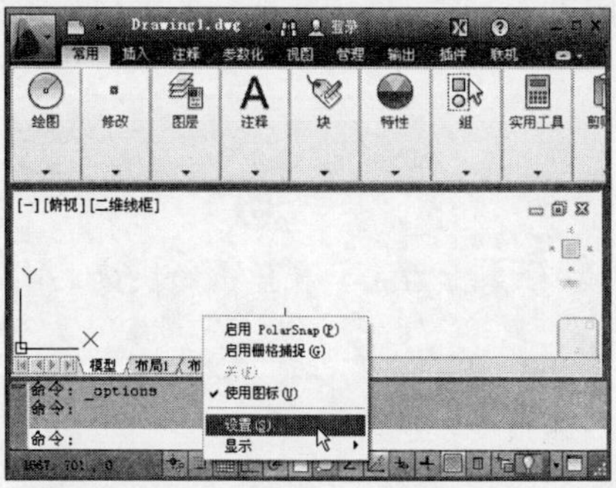

图 6-1

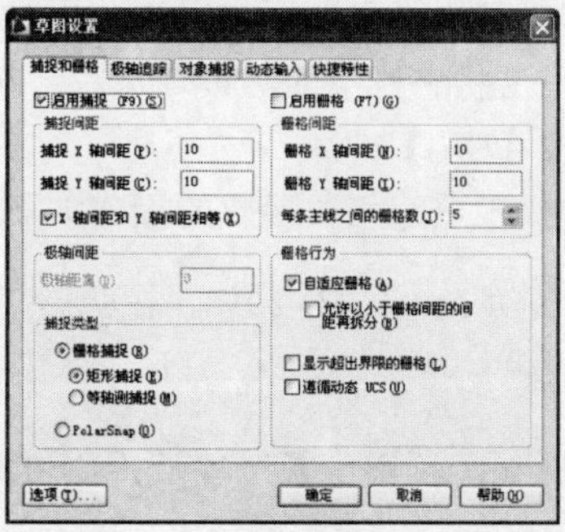

图 6-2

注　意

将“草图设置”对话框切换至“捕捉和栅格”选项卡，选择☑启用捕捉 (F9)(S)复选框，表示开启捕捉模式，反之则关闭捕捉模式。

2．栅格

栅格是由许多可见但不能打印的小点构成的网格。开启该功能后，在绘图区的某块区域中会显示一些小点，如图 6-3 所示，这些小点即栅格。调用“栅格”命令的方法如下：

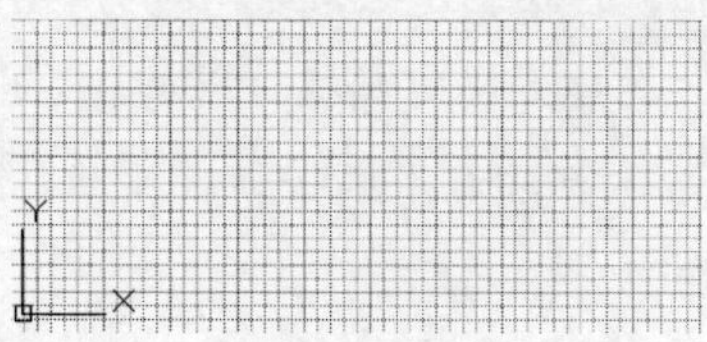

图 6-3

- 单击状态栏中的“栅格显示”按钮。
- 按【F7】键。
- 在命令行中执行 GRID 命令。

在命令行中执行 GRID 命令后，具体操作过程如下：

```
命令:GRID                         //执行 GRID 命令
指定栅格间距(X) 或 [开(ON)/关(OFF)/捕捉(S)/主(M)/自适应(D)/界限(L)/跟随(F)/纵横向
间距(A)] <10.0000>:               //输入栅格间距或选择其他选项
```

在执行命令的过程中，各选项的含义如下：

- 开：选择该选项，将按当前间距显示栅格。
- 关：选择该选项，将关闭栅格显示。
- 捕捉：选择该选项，将栅格间距定义为与 SNAP 命令设置的当前光标移动的间距相同。
- 纵横向间距：选择该选项，将设置栅格的 *X* 向间距和 *Y* 向间距。在输入值后输入 x 可将栅格间距定义为捕捉间距的指定倍数，默认为 10 倍。
- <10.0000>：选择该选项，表示默认栅格间距为 10，可在提示后输入一个新的栅格间距。当栅格过于密集时，屏幕上不显示出栅格，对图形进行局部放大观察才能看到。

6.1.2 极轴追踪

使用极轴追踪的功能可以用指定的角度来绘制对象。用户在极轴追踪模式下确定目标点时，系统会在鼠标光标接近指定角度时显示临时的对齐路径，并自动在对齐路径上捕捉距离光标最近的点，同时给出该点的信息提示，用户可据此准确地确定目标点。调用该命令的方法如下：

- 单击状态栏中的“极轴追踪”按钮。
- 按【F10】键。

设置极轴追踪相关参数的操作如下：

Step 01 启动 AutoCAD 2012，在状态栏的“极轴追踪”按钮上右击，在弹出的快捷菜单中选择“设置”命令。

Step 02 弹出“草图设置”对话框，切换至“极轴追踪”选项卡，选择☑启用极轴追踪 (F10)(P)复选框，开启极轴追踪功能。

Step 03 在“极轴角设置”选项组的“增量角”下拉列表中选择追踪角度，如选择 30，表示以角度为 30° 或 30° 的整数倍进行追踪。选择☑附加角(D)复选框，然后单击新建(N)按钮，可添加极轴追踪角度增量。

Step 04 在“对象捕捉追踪设置”选项组中选择⊙仅正交追踪(L)单选按钮，当极轴追踪角度增量为 90° 时，只能在水平和垂直方向建立临时捕捉追踪线；在“极轴角测量”选项组中选择⊙绝对(A)单选按钮，单击确定按钮完成设置，如图 6-4 所示。

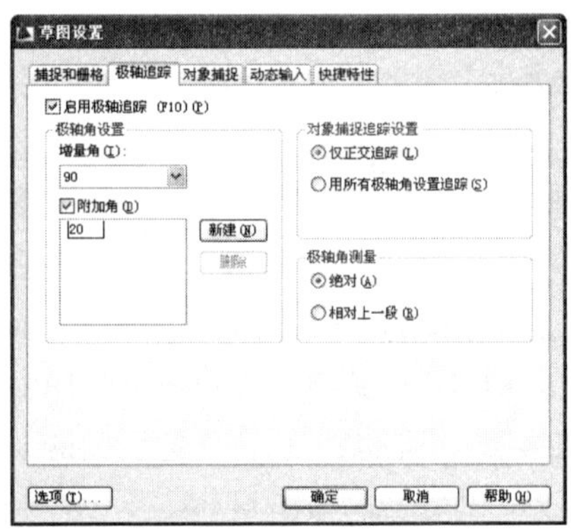

图 6-4

6.1.3 对象捕捉

在绘制图形时，使用对象捕捉功能可以准确地拾取直线的端点、两直线的交点、圆形的圆心等。开启对象捕捉功能的方法如下：

- 单击状态栏中的“对象捕捉”按钮。
- 按【F3】键。

在状态栏中的“对象捕捉”按钮上右击，然后选择快捷菜单中的“设置”命令，弹出“草图设置”对话框，切换至“对象捕捉”选项卡，在该对话框中可以增加或减少对象捕捉模式，如图 6-5 所示。

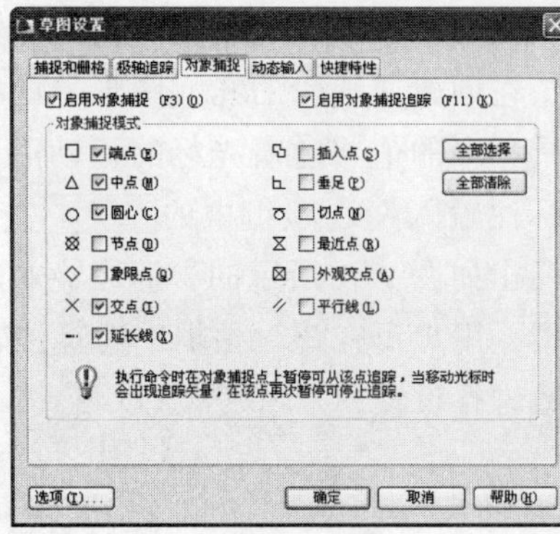

图 6-5

注　意

将在“草图设置”对话框切换至“对象捕捉”选项卡，在“对象捕捉模式”选项组中选择需要捕捉的几何点前的复选框后，在 AutoCAD 绘图区内绘图时，当光标靠近图形的特殊点时将自动捕捉。

6.1.4　动态输入

动态输入包括指针输入和标注输入，开启动态输入功能的方法如下：

- 单击状态栏中的“动态输入”按钮。
- 按【F12】键。

1．指针输入

指针输入用于输入坐标值，设置指针输入相关参数的具体操作如下：

Step 01 启动 AutoCAD 2012，在状态栏的“动态输入”按钮上右击，在弹出的快捷菜单中选择“设置”命令。

Step 02 弹出“草图设置”对话框，切换至“动态输入”选项卡，如图 6-6 所示。选择☑启用指针输入(P)复选框，可开启指针输入功能。此时在绘图区中移动光标时，光标处将显示坐标值，在输入点时，首先在第一个文本框中输入数值，然后按【，】键，可切换到下一个文本框输入下一个坐标值。

Step 03 单击“指针输入”选项组中的 设置(S)... 按钮，弹出“指针输入设置”对话框，如图 6-7 所示，在该对话框中可对指针输入的相关参数进行设置。

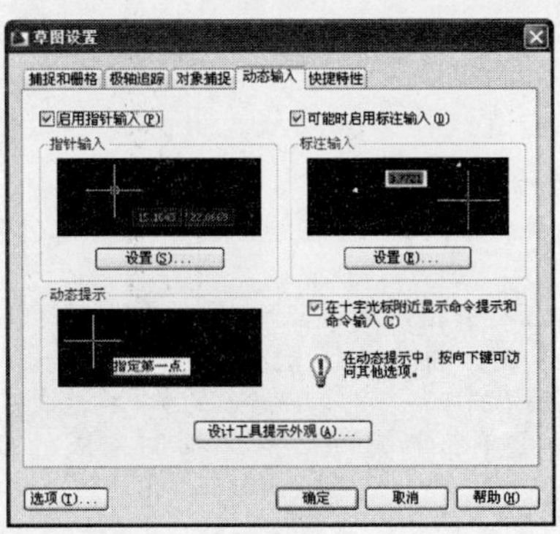

图 6-6

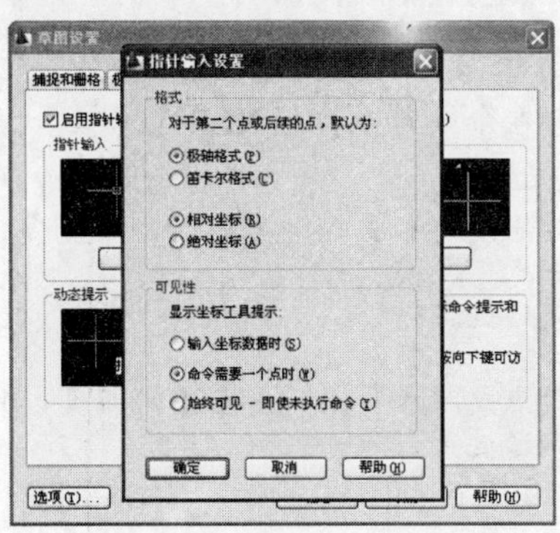

图 6-7

2．标注输入

标注输入用于输入距离和角度，在“草图设置”对话框的“动态输入”选项卡中选择

☑可能时启用标注输入(D)复选框，则坐标输入字段会与正在创建或编辑的几何图形上的标注绑定，工具栏中的值将随着光标的移动而改变。单击“标注输入”选项组中的[设置(S)...]按钮，将弹出如图 6-8 所示的“标注输入的设置”对话框，用户可在该对话框中对标注输入的相关参数进行设置。

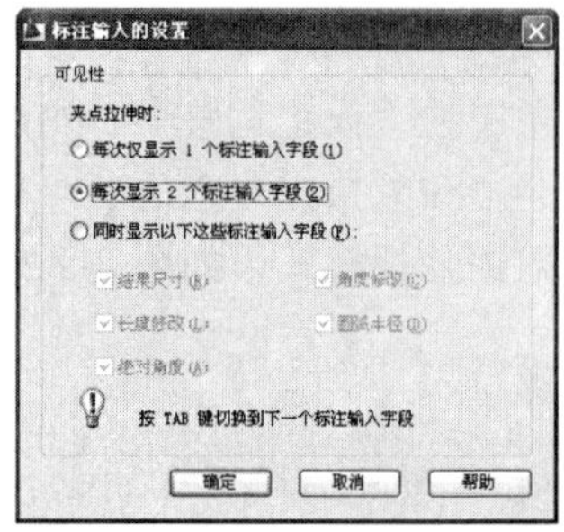

图 6-8

6.1.5 正交模式

使用正交模式可在绘图区中手动绘制水平和垂直的直线或辅助线，开启正交模式的方法如下：

- 单击状态栏中的“正交模式”按钮。
- 按【F8】键。

注 意

开启正交模式后，无论鼠标处于什么位置，绘制直线时始终在水平或垂直方向上移动。但正交模式不能控制键盘输入的坐标点的位置，只能控制鼠标捕捉点的方位。

6.1.6 任务 11：绘制法兰盘

下面以绘制法兰盘为例，来练习本节所讲的知识。

Step 01 启动 AutoCAD 2012，在状态栏中的“对象捕捉”按钮上右击，选择快捷菜单中的“设置”命令，弹出“草图设置”对话框，切换至“对象捕捉”选项卡，选择☑启用对象捕捉 (F3)(O)复选框，开启对象捕捉模式。

Step 02 在“对象捕捉模式”选项组中选择☑圆心(C)、☑中点(M)、☑交点(I)复选框，然后单击[确定]按钮，如图 6-9 所示。

Step 03 在命令行中执行 XLINE 命令，绘制两条相交的构造线作为辅助线，具体操作过程如下：

```
命令: XLINE                                    //执行 XLINE 命令
指定点或 [水平(H)/垂直(V)/角度(A)/二等分(B)/偏移(O)]:   //在绘图区中的任意位置单击指定一点
指定通过点:                                    //在水平方向上单击指定通过点
命令:                                          //按【Space】键，再次执行 XLINE 命令
指定点或 [水平(H)/垂直(V)/角度(A)/二等分(B)/偏移(O)]:   //在刚绘制的水平构造线的上方单击
指定通过点:                                    //在垂直方向上单击指定通过点，绘制完成的效果如图 6-10 所示
```

Step 04 在命令行中执行 C 命令，绘制半径为 15 的圆，具体操作过程如下：

```
命令: CIRCLE                                           //执行 CIRCLE 命令
指定圆的圆心或[三点(3P)/两点(2P)/相切、相切、半径(T)]:     //单击两条构造线的相交点
指定圆的半径或[直径(D)] <0>: 15                          //输入 15 并按【Space】键确认，绘制完成的效果如图 6-11 所示
```

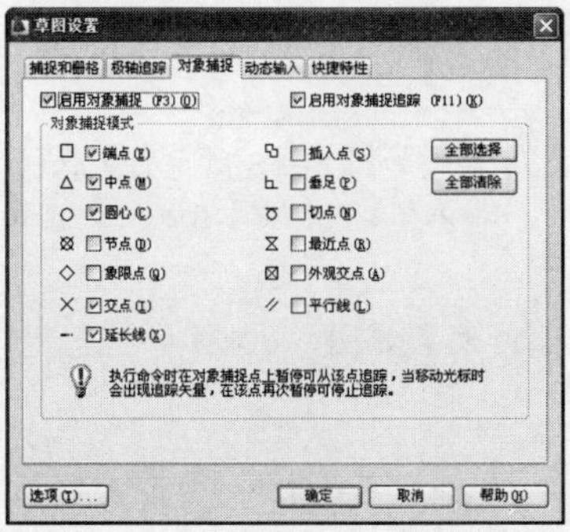

图 6-9

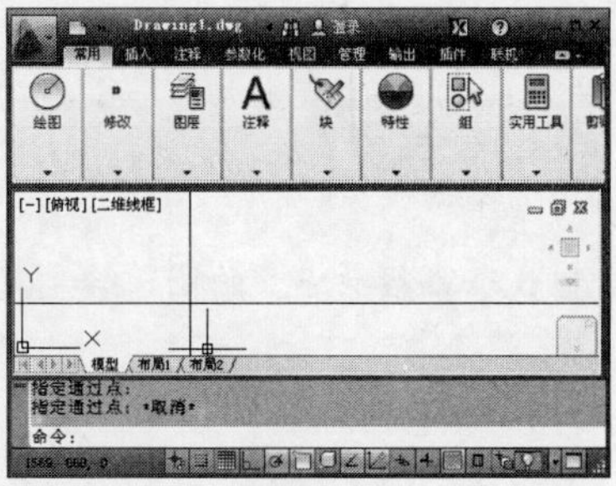

图 6-10

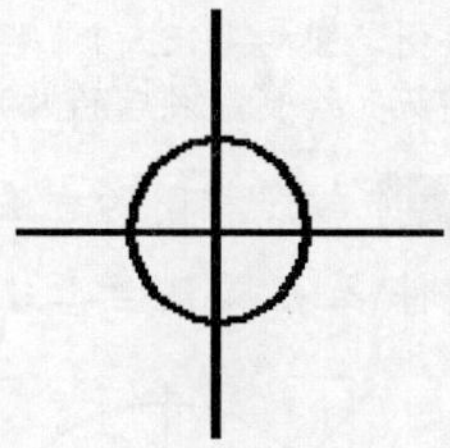

图 6-11

Step 05 按照相同的方法，绘制半径分别为 35 和 50 的同心圆，绘制完成后的效果如图 6-12 所示。

Step 06 再次在命令行中执行 XLINE 命令，具体操作过程如下：

```
命令: XLINE                                             //执行 XLINE 命令
指定点或 [水平(H)/垂直(V)/角度(A)/二等分(B)/偏移(O)]:B   //选择“二等分”选项
指定角的顶点:                                           //捕捉两中心线交点作为角的顶点
指定角的起点:                                           //捕捉如图 6-13 所示的交点
指定角的端点:                                           //捕捉如图 6-14 所示的交点
指定角的端点:                                           //按【Space】键确认，绘制完
成的效果如图 6-15 所示
```

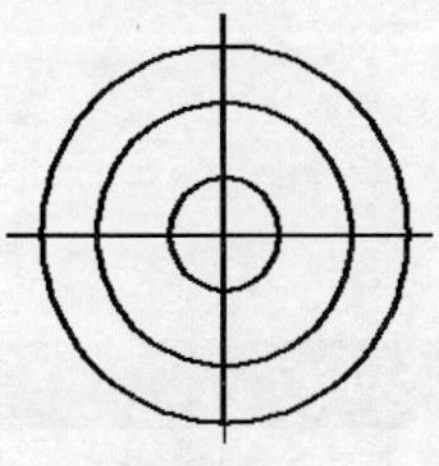

图 6-12

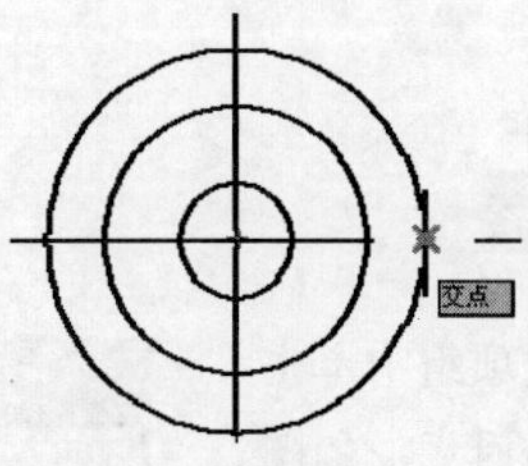

图 6-13

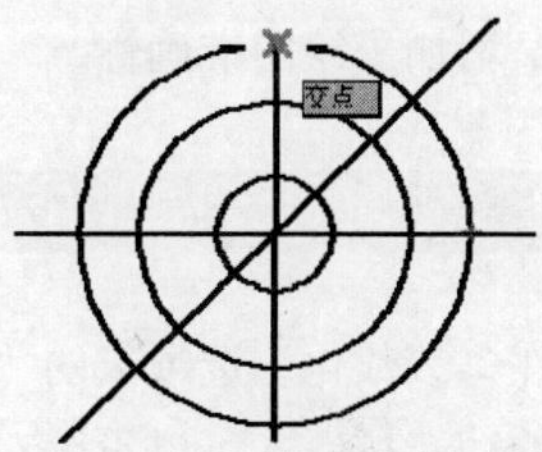

图 6-14

Step 07 按照相同的方法绘制另一条构造线，效果如图 6-16 所示。

Step 08 在状态栏中的“捕捉模式”按钮上右击，在弹出的快捷菜单中选择“设置”命令，弹出“草图设置”对话框，切换至“捕捉和栅格”选项卡，然后在“捕捉间距”选项组的“捕捉 X 轴间距”文本框中输入 5，在“捕捉 Y 轴间距”文本框中输入 5，单击 确定 按钮，如图 6-17 所示。

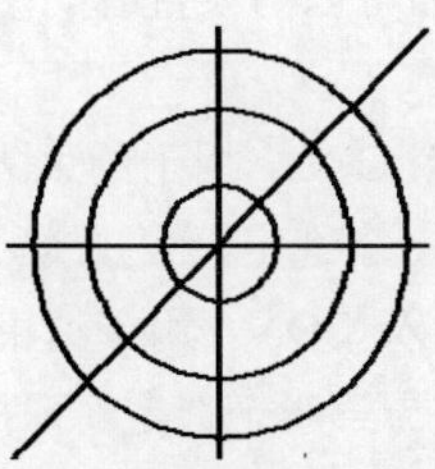

图 6-15

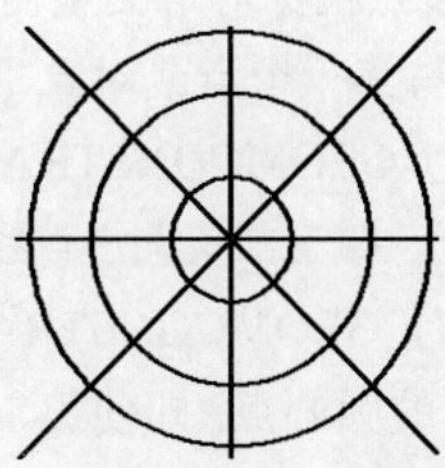

图 6-16

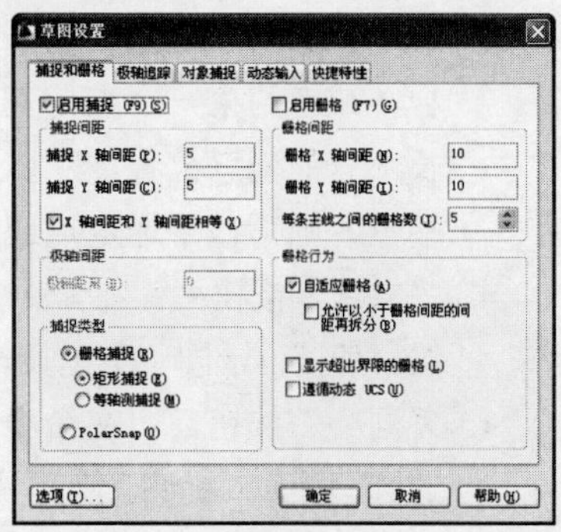

图 6-17

Step 09 在命令行中执行 C 命令，具体操作过程如下：

```
命令: CIRCLE                                              //执行 CIRCLE 命令
指定圆的圆心或[三点(3P)/两点(2P)/相切、相切、半径(T)]:      //单击如图 6-18 所示的交点
指定圆的半径或[直径(D)] <0>: 3.5                           //输入 3.5 并按【Space】键确
认，绘制完成后的效果如图 6-19 所示
```

Step 10 按照相同的方法，再绘制 3 个半径为 3.5 的圆，绘制完成后的效果如图 6-20 所示（光盘:\源文件\第 6 章\法兰盘.dwg）。

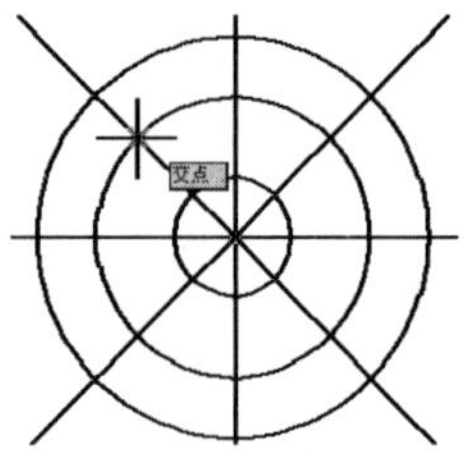

图 6-18

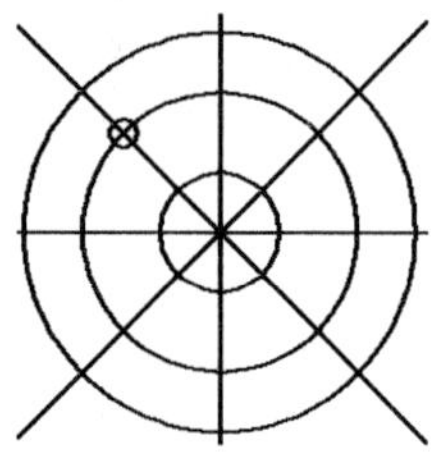

图 6-19

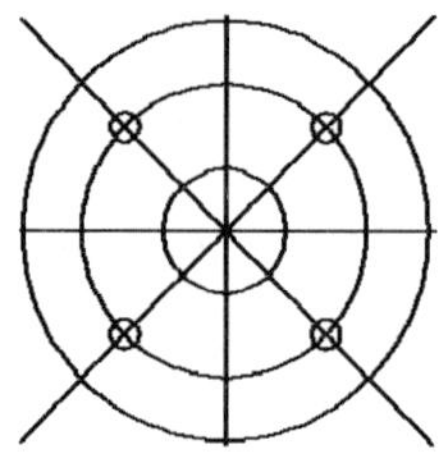

图 6-20

6.2 通过捕捉几何点精确定位图形

在绘制图形的过程中，快速、直接、准确地选择几何点，可以精确定位图形，既节省了绘图时间又增加了绘图准确性。

6.2.1 使用对象捕捉几何点类型

在“参数化”选项卡的“几何”选项组中单击需要的功能按钮，可以设置对象捕捉几何点，如图 6-21 所示。

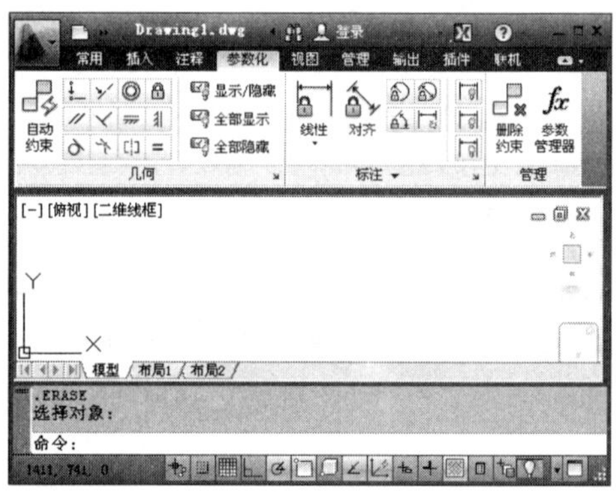

图 6-21

各按钮的功能介绍如下：

- “自动约束”按钮：命令形式为 AUTOCONSTRAIN。用于将多个几何约束运用于选定的对象。
- “重合”按钮：命令形式为 CONSTRAINTBAR。用于约束两个点使其重合，或者约束一个点使其位于对象或对象延长部分的任意位置。对象上的约束点根据对象类型而有所不同。如可以约束直线的中点和端点，则第二个选定点或对象将与第一个点或对象重合。
- “共线”按钮：在命令行中执行 GEOMCONSTRAINT 后，输入 COL。用于约束两条直线，使其位于同一个无限长的线上，即第二条选定直线将设为与第一条选定直线共线。
- “同心”按钮：在命令行中执行 GEOMCONSTRAINT 后，输入 CON。用于约束选定的圆、圆弧或椭圆，使其具有相同的圆心点，即使第二条选定对象与第一个选定对象同心。
- “固定”按钮：在命令行中执行 GEOMCONSTRAINT 后，输入 F。用于约束一个点或

一条曲线，使其固定在相对于世界坐标系的特定位置和方向上。

- “平行”按钮：在命令行中执行 GEOMCONSTRAINT 后，输入 PA。用于约束两条直线，使其具有相同的角度，即可以使用第二条选定对象与第一条选定对象平行。
- “垂直”按钮：在命令行中执行 GEOMCONSTRAINT 后，输入 P。用于约束两条直线或多段线线段，使其夹角始终保持为 90°，即可以使第二条选定对象与第一条选定对象垂直。
- “水平”按钮：在命令行中执行 GEOMCONSTRAINT 后，输入 H。用于约束一条直线或一对点，使其与当前 UCS 的 *X* 轴平行，即可以使对象上的第二个选定点与第一个选定点水平。
- “竖直”按钮：在命令行中执行 GEOMCONSTRAINT 后，输入 V。用于约束一条直线或一对点，使其与当前 UCS 的 *Y* 轴平行，即可以使对象上的第二个选定点与第一个选定点垂直。
- “相切”按钮：在命令行中执行 GEOMCONSTRAINT 后，输入 T。用于约束两条曲线使其相切或延长线彼此相切。
- “平滑”按钮：在命令行中执行 GEOMCONSTRAINT 后，输入 SM。用于约束一条样条曲线，使其与其他样条曲线、直线、圆弧或多段线彼此相连并保持 G2 连续性，选定的第一条对象必须为样条曲线。
- “对称”按钮：在命令行中执行 GEOMCONSTRAINT 后，输入 S。用于约束对象上的两条曲线和两个点，使其以选定直线为对称轴彼此对称。
- “相等”按钮：在命令行中执行 GEOMCONSTRAINT 后，输入 E。用于约束两条直线或多段线，使其具有相同长度，或约束圆弧和圆，使其具有相同半径值。
- “显示/隐藏”按钮：在命令行中执行 CONSTRAINTBAR。用于显示/隐藏选定对象相关的几何约束，即选定某个对象以高亮显示/隐藏相关几何约束。
- “全部显示”按钮：在命令行中执行 CONSTRAINTBAR 后，输入 S。用于显示运用于图形的所有几何约束。
- “全部隐藏”按钮：在命令行中执行 CONSTRAINTBAR 后，输入 H。用于隐藏运用于图形的所有几何约束。

6.2.2　设置运行捕捉模式和覆盖捕捉模式

在“草图设置”对话框的“对象捕捉”选项卡中，设置的对象捕捉模式始终处于运行状态，直到关闭对象捕捉为止，这种捕捉模式为运行捕捉模式。如果要临时启用捕捉模式，可以在输入点的提示下选择“对象捕捉”工具栏中的工具，这种捕捉模式为覆盖捕捉模式。

注　意

在按住【Shift】键或【Ctrl】键的同时右击图形对象，将弹出如图 6-22 所示的快捷菜单，在快捷菜单中选择相应的捕捉模式，也可以启用覆盖捕捉模式。

对其中各按钮的功能介绍如下：

图 6-22

- “临时追踪点”按钮：命令形式为 TT。用于临时使用对象捕捉跟踪功能，在未开启对象捕捉跟踪功能的情况下可临时使用该功能一次。
- “自”按钮：命令形式为 FROM。在执行命令的过程中使用该命令，可以指定一个临时点，然后根据该临时点来确定其他点的位置。
- “端点”按钮：命令形式为 END。用于捕捉圆弧、直线、多段线、网格、椭圆弧、射线或多段线的最近端点，“端点”对象捕捉还可以捕捉到延伸边的端点，以及有 3D 面、迹线和实体填充线的角点。
- “中点”按钮：命令形式为 MID。用于捕捉圆弧、椭圆弧、直线、多线、多段线、面域、实体、样条曲线或参照线的中点。
- “交点”按钮：命令形式为 INT。用于捕捉直线、多段线、圆弧、圆、椭圆弧、椭圆、样条、曲线、结构线、射线或平行多线等任何组合体之间的交点。
- “外观交点”按钮：命令形式为 APPINT。用于捕捉两个在三维空间实际并未相交，但是由于投影关系在二维视图中相交的对象的交点，这些对象包括圆、圆弧、椭圆、椭圆弧、直线、多线、射线、样条曲线和参照线等。
- “延长线”按钮：命令形式为 EXT。用于以用户选定的实体为基准，显示出其延长线，用户可捕捉此延长线上的任一点。
- “圆心”按钮：命令形式为 CEN。用于捕捉圆弧、圆、椭圆、椭圆弧或实体填充线的圆（中）心点，圆及圆弧必须在圆周上拾取一点。
- “象限点”按钮：命令形式为 QUA。用于捕捉圆弧、椭圆弧、填充线、圆或椭圆的 0°、90°、180°、270° 的 1/4 象限点，象限点是相对于当前 UCS 用户坐标系而言的。
- “切点”按钮：命令形式为 TAN。用于捕捉选取点与所选圆、圆弧、椭圆或样条曲线相切的切点。
- “垂足”按钮：命令形式为 PER。用于捕捉选取点与选取对象的垂直交点，垂直交点并不一定在选取对象上定位。
- “平行线”按钮：命令形式为 PAR。用于以用户选定的实体为平行的基准，当光标与所绘制的前一点的连线方向平行于基准方向时，系统将显示一条临时的平行线，用户可捕捉到此线上的任一点。
- “节点”按钮：命令形式为 NOD。用于捕捉点对象，包括 POINT、DIVIDE、MEASURE 命令绘制的点，也包括尺寸对象的定义点。
- “插入点”按钮：命令形式为 INS。用于捕捉块、外部引用、形、属性、属性定义或文本对象的插入点。也可通过选择“对象捕捉”菜单中的图标来激活该捕捉方式。
- “最近点”按钮：命令形式为 NEA。用于捕捉最靠近十字光标的点，此点位于直线、圆、多段线、圆弧、线段、样条曲线、射线、结构线、视区或实体填充线、迹线或 3D 面对应的边上。
- “无”按钮：命令形式为 NON。用于关闭一次对象捕捉。

- “对象捕捉设置”按钮：命令形式为 DSETTINGS。单击该按钮，将弹出“草图设置”对话框，在该对话框中，用户可以将经常使用的对象捕捉设置为一直处于启用状态。

6.2.3　对象捕捉追踪

对象捕捉追踪功能既包含了对象捕捉功能又包含了对象追踪功能，对象捕捉追踪功能的使用方法是：先根据对象捕捉功能确定对象的某一捕捉点（只需将光标在该点上停留片刻，当自动捕捉标记中出现黄色的标记时即可），然后以该点为基准点进行追踪，得到准确的目标点。调用该命令的方法如下：

- 单击状态栏中的“对象捕捉追踪”按钮。
- 按【F11】键。

注　意

极轴追踪状态不影响对象捕捉追踪的使用，即使极轴追踪处于关闭状态，用户仍可在对象捕捉追踪中使用极轴角进行追踪。

6.2.4　任务 12：绘制椅子

下面根据已知图形绘制椅子，以练习本节所讲的知识。

Step 01 打开“椅子.dwg”（光盘:\素材\第 6 章\椅子.dwg），在状态栏中单击“对象捕捉追踪”按钮，在命令行中执行 L 命令，具体操作过程如下：

```
命令:L                            //执行 LINE 命令
指定第一点:                        //将鼠标光标移至矩形的左上角，显示端点捕捉模式后，向右移
动鼠标至显示 200 时单击，如图 6-23 所示
指定下一点或 [放弃(U)]: 300        //向上移动鼠标，当显示 300 时单击，如图 6-24 所示
指定下一点或 [放弃(U)]: 400        //向右移动鼠标，当显示 400 时单击，如图 6-25 所示
指定下一点或 [闭合(C)/放弃(U)]: //向下移动鼠标并输入 300，按【Space】键确认
```

Step 02 绘制完成后的效果如图 6-26 所示（光盘:\源文件\第 6 章\椅子.dwg）。

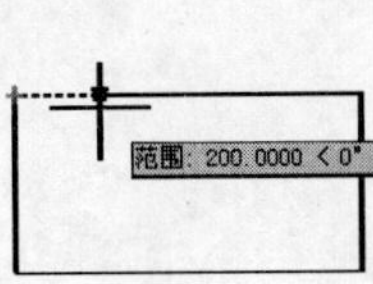

图 6-23

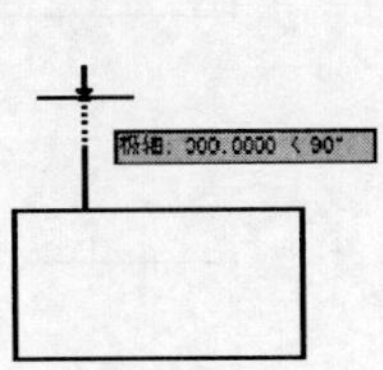

图 6-24

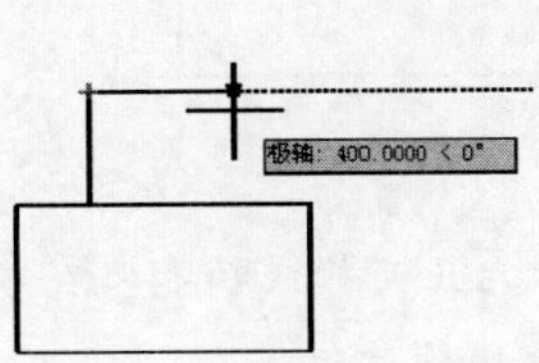

图 6-25

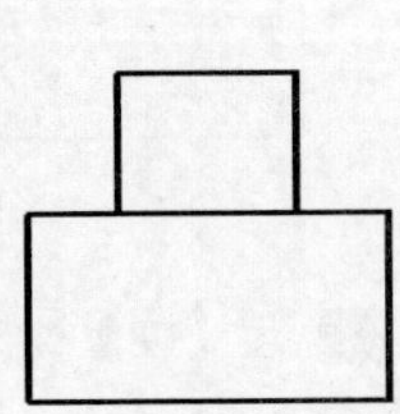

图 6-26

6.3　边学边用——绘制货车

前面介绍了一些使用辅助功能绘图的方法，本节将通过一个简单实例的实现过程，来加深读者对相关知识的理解和掌握。

6.3.1 实例目标

本节将以绘制货车为例，引导读者进一步掌握 AutoCAD 2012 中使用辅助功能绘图的方法，为以后更好地绘制图形打下基础。

具体学习目标如下：

- 练习图形对象的绘制。
- 熟悉正交、捕捉、极轴追踪等辅助功能的使用方法。

6.3.2 实例实现

Step 01 在命令行中执行 REC 命令，具体操作过程如下：

```
命令: REC                                //执行 REC 命令
指定第一个角点或 [倒角(C)/标高(E)/圆角(F)/厚度(T)/宽度(W)]: //在绘图区中的任意位置单击
指定另一个角点或 [面积(A)/尺寸(D)/旋转(R)]: D   //选择“尺寸”选项
指定矩形的长度 : 3000                     //指定矩形长度，这里输入 3000
指定矩形的宽度: 1200                      //指定矩形宽度，这里输入 1200
指定另一个角点或 [面积(A)/尺寸(D)/旋转(R)]:      //在绘图区中的任意位置单击，绘制完成的效果如图 6-27 所示
```

Step 02 在命令行中执行 L 命令，绘制油箱，具体操作过程如下：

```
命令:L                                   //执行 LINE 命令
指定第一点:                               //选择矩形左下角的点
指定下一点或 [放弃(U)]:200                 //将鼠标向上移动并输入 200
指定下一点或 [放弃(U)]: 3080               //将鼠标向右移动并输入 3080
指定下一点或 [放弃(U)]: 600                //将鼠标向下移动并输入 600
指定下一点或 [放弃(U)]: 600                //将鼠标向左移动并输入 600
指定下一点或 [闭合(C)/放弃(U)]:600 //将鼠标向上移动并输入 600，绘制完成后的效果如图 6-28 所示
```

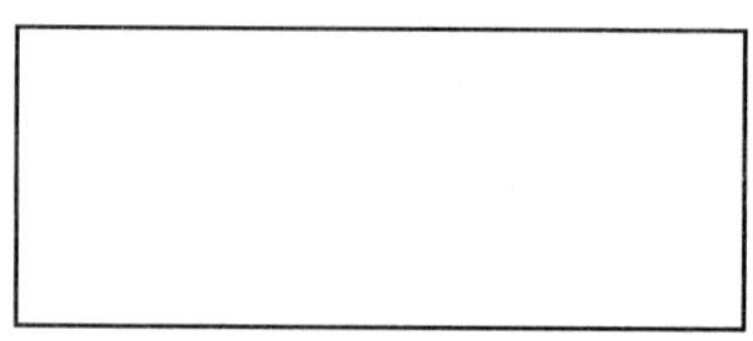

图 6-27

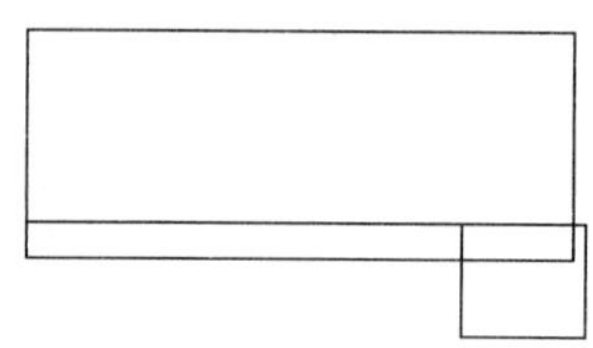

图 6-28

Step 03 按【F8】键，开启正交模式功能，在命令行中执行 L 命令，具体操作过程如下：

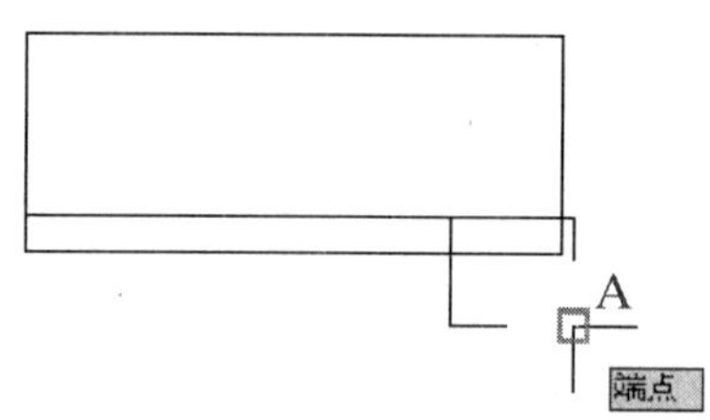

图 6-29

```
命令:L
//执行 LINE 命令
指定第一点:
//单击如图 6-29 所示的 A 点
指定下一点或 [放弃(U)]: 200
//将鼠标向上移动并输入 200
指定下一点或 [放弃(U)]: 1600          //将鼠标向左移动并输入 1600
指定下一点或 [闭合(C)/放弃(U)]:       //按【Space】键确认，绘制完成后的效果如图 6-30 所示
```

Step 04 检查状态栏中的功能按钮，以确保极轴追踪功能为开启状态，捕捉模式功能为关闭状态。再次在命令行中执行 L 命令，具体操作过程如下：

```
命令:L                              //执行 LINE 命令
指定第一点:                         //单击如图 6-31 所示的 A 点
指定下一点或 [放弃(U)]:             //将鼠标向左上方移动至如图 6-32 所示的点，然后单击
指定下一点或 [放弃(U)]:             //按【Space】键确认，并结束命令，绘制完成后的效果如图 6-33 所示
```

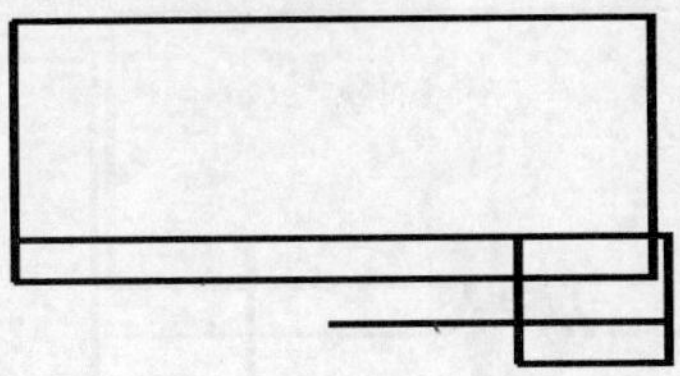

图 6-30

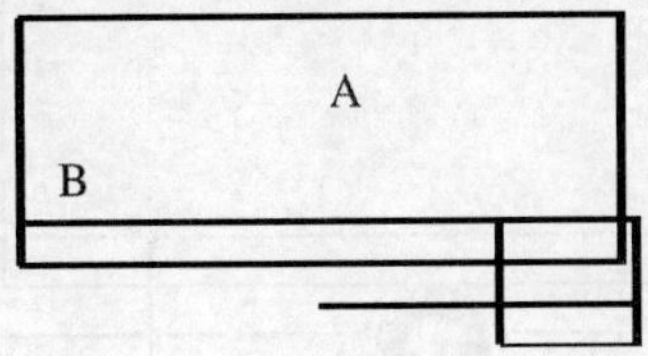

图 6-31

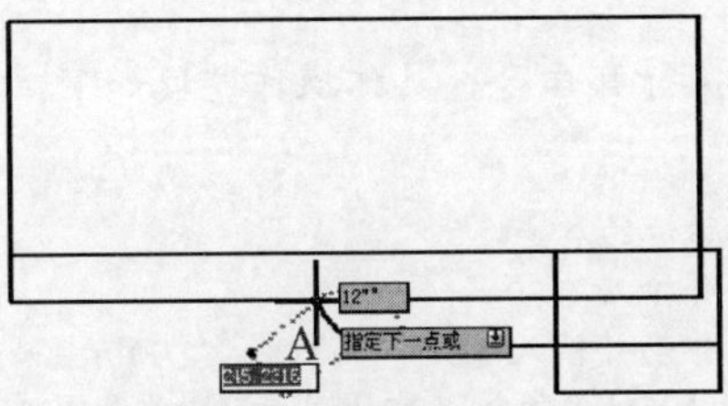

图 6-32

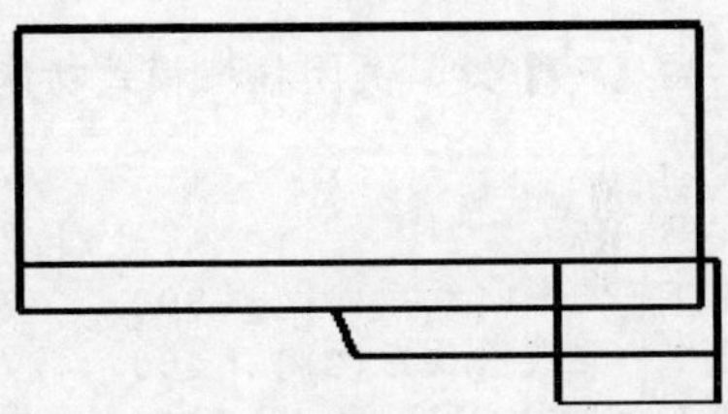

图 6-33

Step 05 按【F9】键，开启捕捉模式功能，在命令行中执行 DO 命令，具体操作过程如下：

```
命令: DO                            //执行 DONUT 命令
指定圆环的内径: 230                 //输入 230
指定圆环的外径: 450                 //输入 450
指定圆环的中心点或 <退出>:          //单击如图 6-34 所示的 A 点
指定圆环的中心点或 <退出>:          //按【Space】键完成绘制，效果如图 6-35 所示
```

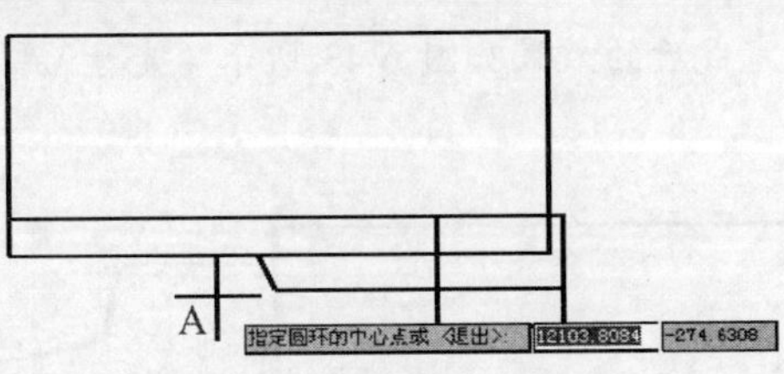

图 6-34

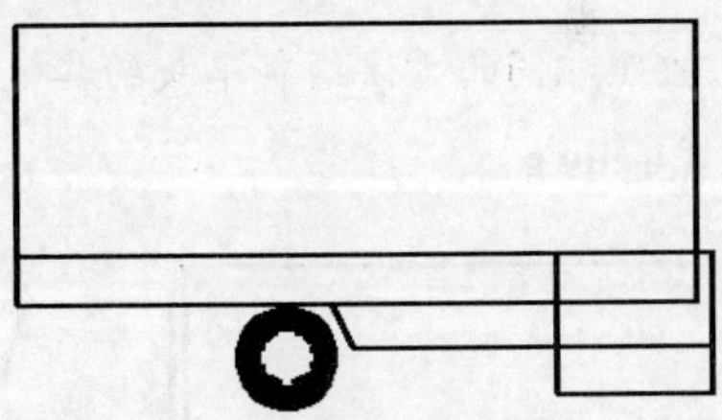

图 6-35

Step 06 按【F9】键，关闭捕捉模式功能，按照图 6-36 所标注的尺寸，在命令行中执行 L 命令，绘制车尾，绘制完成后的效果如图 6-37 所示。

图 6-36

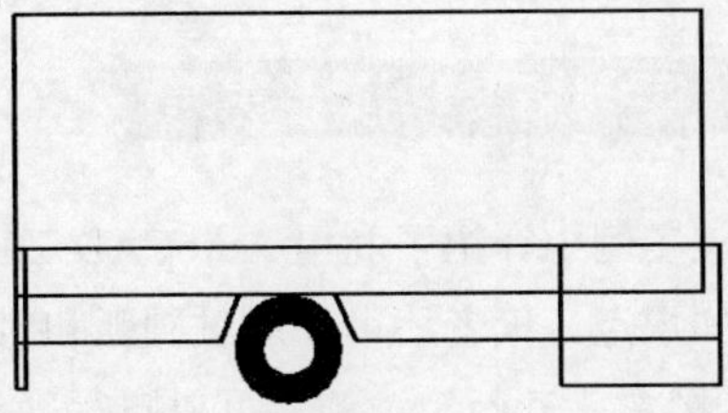

图 6-37

Step 07 按【F9】键，开启捕捉模式功能，在命令行中执行 L 命令，绘制车头，具体操作过程如下：

```
命令:L                                //执行 LINE 命令
指定第一点:                            //单击如图 6-38 所示的 A 点
指定下一点或 [放弃(U)]: 800           //将鼠标向上移动并输入 800
指定下一点或 [放弃(U)]: 800           //将鼠标向右移动并输入 800
指定下一点或 [闭合(C)/放弃(U)]:       //按【Space】键确认并结束命令，绘制完成后的效果如图 6-39 所示
```

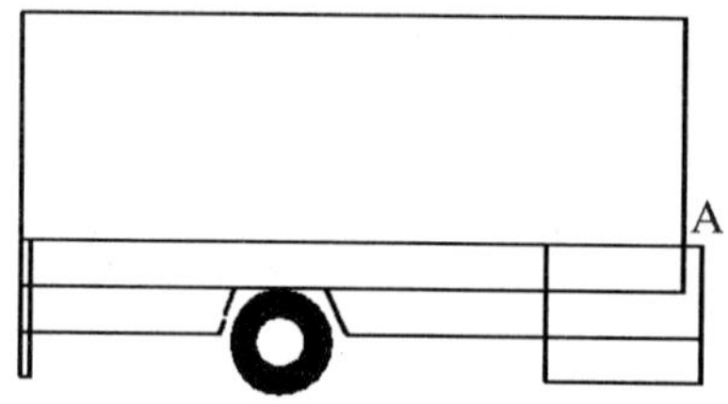

图 6-38

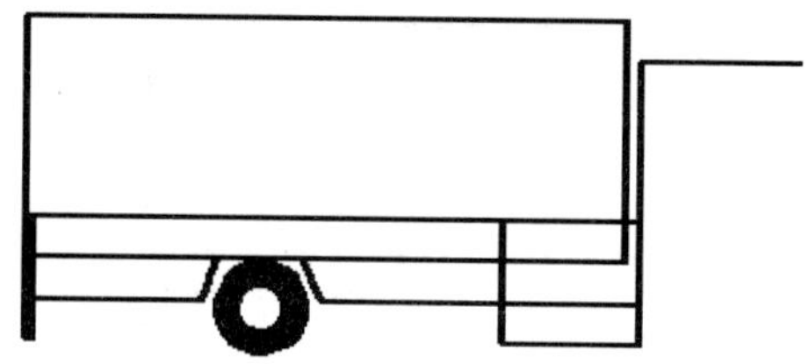

图 6-39

Step 08 按【F9】键，关闭捕捉模式功能，在命令行中执行 L 命令，具体操作过程如下：

```
命令:L                                //执行 LINE 命令
指定第一点:                            //单击如图 6-40 所示的 A 点
指定下一点或 [放弃(U)]: 800           //将鼠标向上移动并输入 800
指定下一点或 [放弃(U)]: 400           //将鼠标向右下角移动并输入 400，如图 6-41 所示
指定下一点或 [闭合(C)/放弃(U)]:       //按【Space】键确认并结束命令，绘制完成后的效果如图 6-42 所示
```

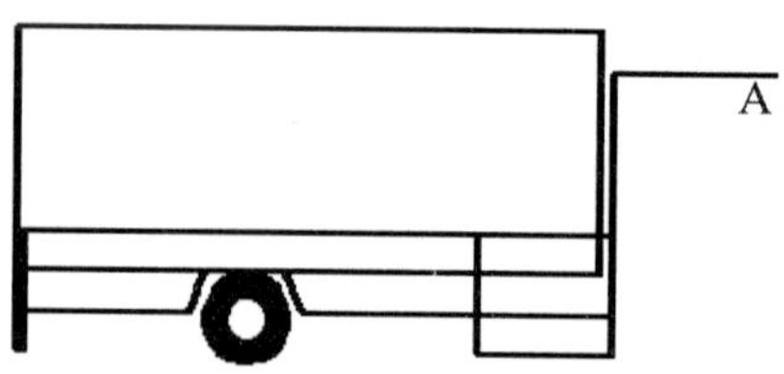

图 6-40

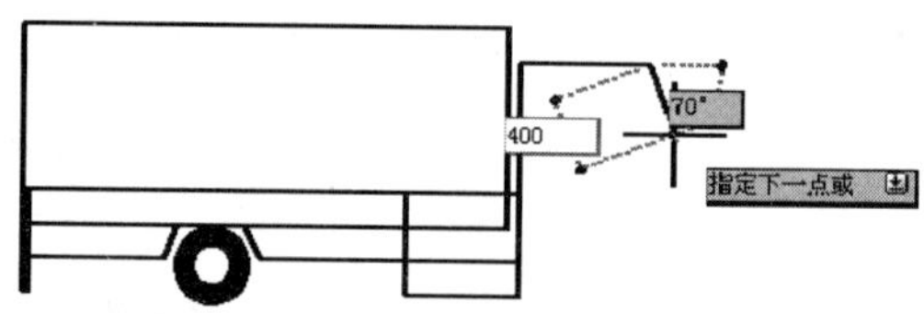

图 6-41

Step 09 按照相同的方法绘制车头的其他部分，绘制完成后的效果如图 6-43 所示（光盘:\源文件\第 6 章\货车.dwg）。

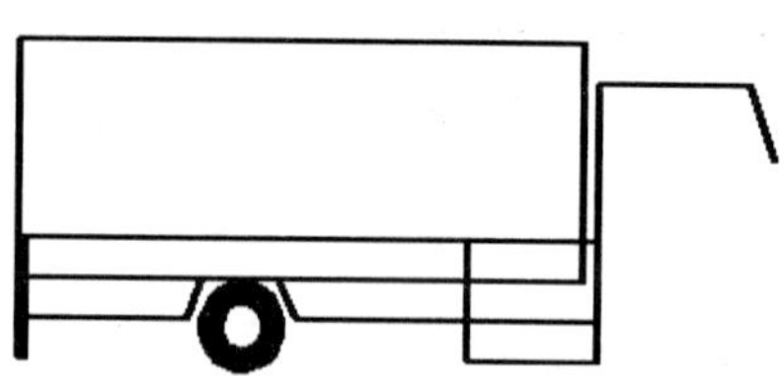

图 6-42

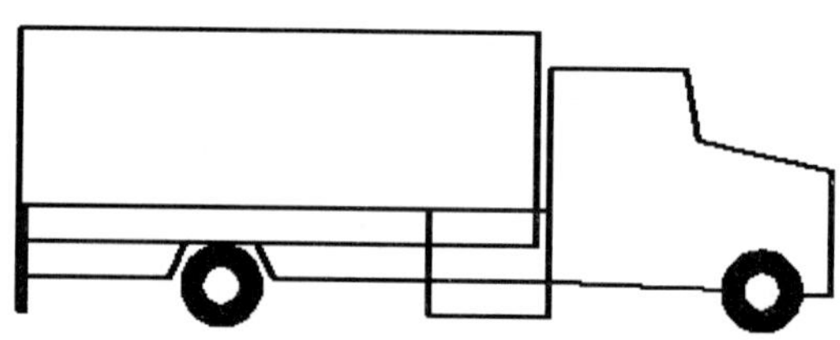

图 6-43

6.3.3 实例拓展和读者思考

在该实例中介绍了利用 AutoCAD 2012 中的辅助功能绘图的方法，使读者进一步巩固了本章所讲的知识点。读者还可以通过圆弧和对象捕捉等命令，绘制如图 6-44 所示的弯头（光盘:\源文件\第 6 章\弯头.dwg），读者可以自行确认图形的尺寸。

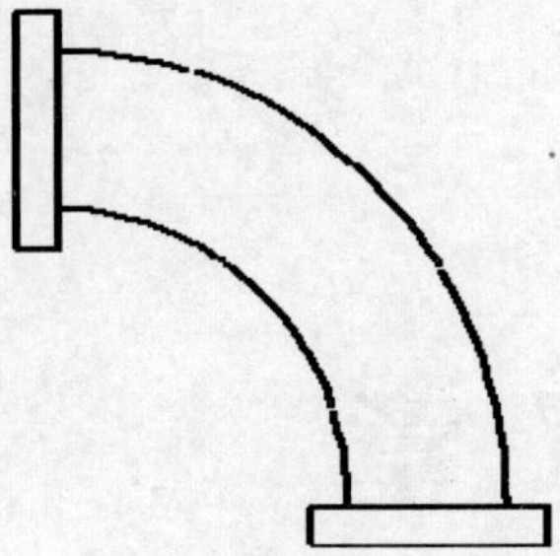

图 6-44

读者思考

通过刚才的实例练习和拓展练习，相信读者已经掌握了利用辅助功能绘图的方法。除此之外，读者还可以自行练习使用本章介绍的其他辅助功能绘制自己需要的图形。

第 7 章

图形对象的简单编辑

在绘制图形对象时，不仅可以使用二维绘图命令绘制图形对象，还可以结合编辑命令来完成图形对象的绘制。本章将讲解图形对象的简单编辑，其中包括选择图形对象、放弃和重做图形对象、改变图形对象的位置和更改图形对象的大小等。

7.1 选择图形对象

在编辑图形对象之前，首先必须了解和掌握选择图形对象的相关知识。在 AutoCAD 2012 中，选择图形对象的方法有很多种，如选择单个对象、框选、围选和栏选对象等。下面分别进行讲解。

7.1.1 选择单个对象

选择单个图形对象可以使用点选的方式，即直接在绘图区中单击图形对象选择该图形对象，图 7-1 所示为选择桌腿的一条直线。如果连续单击其他对象则可同时选择多个对象，如图 7-2 所示。

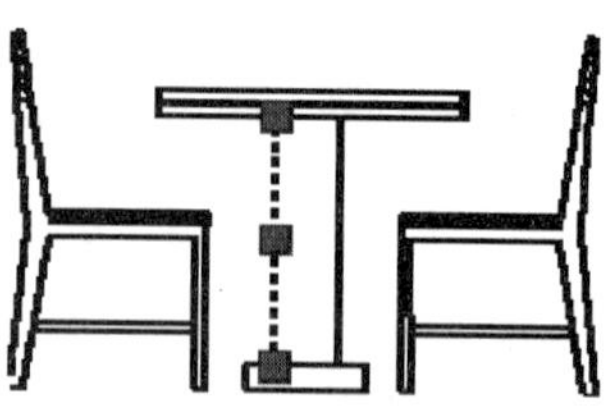

图 7-1

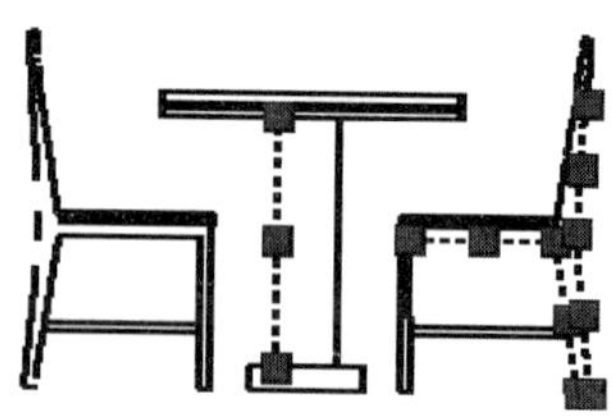

图 7-2

注 意

在默认情况下，被选择的对象以虚线状态显示，并呈现出一些蓝色小实体方块，这些蓝色的小实体方块被称为“夹点”。

7.1.2　框选对象

在选择多个图形对象时，可以使用框选的方法进行选择，分为矩形框选和交叉框选两种。下面分别进行详细的讲解。

1．矩形框选

矩形框选是指按住鼠标左键不放向右上方或右下方进行拖动，此时在绘图区中将出现一个矩形方框，释放鼠标后，被方框完全包围的对象将被选择，具体操作过程如下：

命令：指定对角点　//在需要选择的图形对象的左上方单击，如图 7-3 所示，然后呈对角拖动鼠标，在图形对象的右下方单击结束选择，如图 7-4 所示

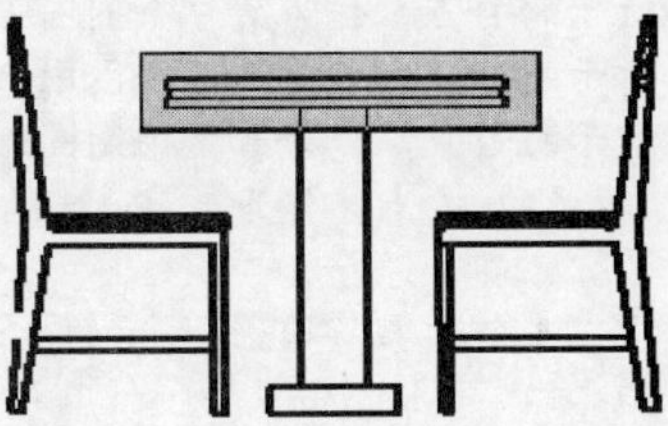

图 7-3

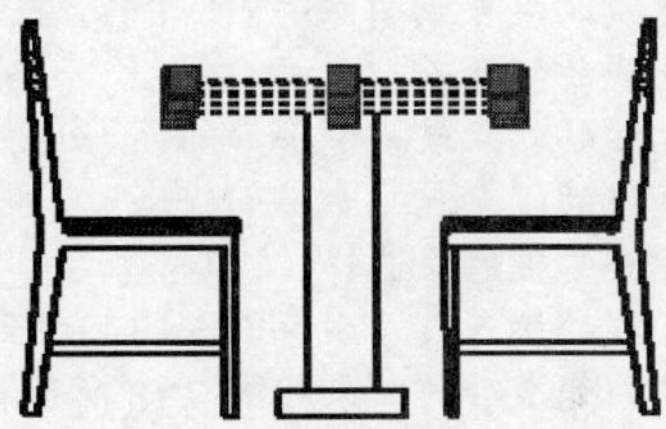

图 7-4

2．交叉框选

交叉框选的方法与矩形框选类似，两者的区别在于选择图形对象的方向不同，交叉框选是将鼠标光标移至图形对象的右侧，按住鼠标左键不放向左上方或左下方拖动鼠标，此时在绘图区中将出现一个以虚线显示的方框，释放鼠标后，与方框相交和被方框完全包围的对象都将被选择，具体操作过程如下：

命令：指定对角点　//在需要选择图形对象的右上方单击，如图 7-5 所示，然后呈对角拖动鼠标，在图形对象的左下方单击鼠标结束选择，完成后的效果如图 7-6 所示

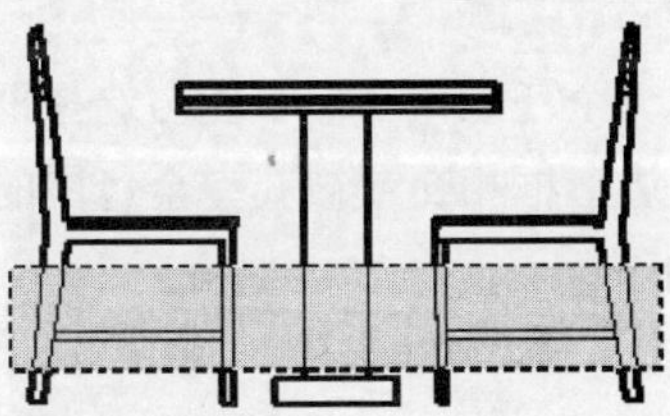

图 7-5

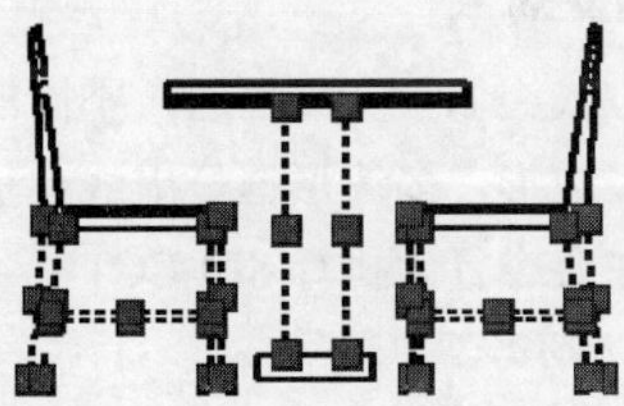

图 7-6

7.1.3　围选对象

在选择比较复杂的图形对象时，推荐使用围选对象的方式来进行选择，此方式自主性较强。围选对象方式包括圈围和圈交两种。

1．圈围对象

圈围对象相对于其他选择方式来说更实用，它是一种多边形窗口的选择方式，可以构造任意形状的多边形，并且多边形框呈实线显示，完全包含在多边形区域内的对象均会被选择。在命令行中执行 SELECT 命令，具体操作过程如下：

```
命令：SELECT                    //执行 SELECT 命令并按【Space】键
选择对象：?                     //输入“?”符号
*无效选择*                      //系统自动显示
需要点或窗口(W)/上一个(L)/窗交(C)/框(BOX)/全部(ALL)/栏选(F)/圈围(WP)/圈交(CP)/编组(G)/添加(A)/删除(R)/多个(M)/前一个(P)/放弃(U)/自动(AU)/单个(SI)/子对象(SU)/对象(O)                    //系统自动显示选择方式
选择对象：WP                    //选择“圈围”选项并按【Space】键
第一圈围点：                    //在需要选择的图形起始位置单击，这里单击如图 7-7 所示的 A 点，作为第 1 个圈围点
指定直线的端点或 [放弃(U)]：    //这里单击如图 7-7 所示的 B 点，作为第 2 个圈围点
指定直线的端点或 [放弃(U)]：    //这里单击如图 7-7 所示的 C 点，作为第 3 个圈围点
指定直线的端点或 [放弃(U)]：    //这里单击如图 7-7 所示的 D 点，作为第 4 个圈围点
指定直线的端点或 [放弃(U)]：    //这里单击如图 7-7 所示的 E 点，作为第 5 个圈围点
指定直线的端点或 [放弃(U)]：    //这里单击如图 7-7 所示的 F 点，作为第 6 个圈围点
指定直线的端点或 [放弃(U)]：    //这里单击如图 7-7 所示的 G 点，作为第 7 个圈围点
指定直线的端点或 [放弃(U)]：    //这里单击如图 7-7 所示的 H 点，作为第 8 个圈围点，并按【Space】键结束选择
指定直线的端点或 [放弃(U)]： 找到 74 个 //提示选择了 74 个对象，以虚线显示的桌子为被选择的对象，完成后的效果如图 7-8 所示
```

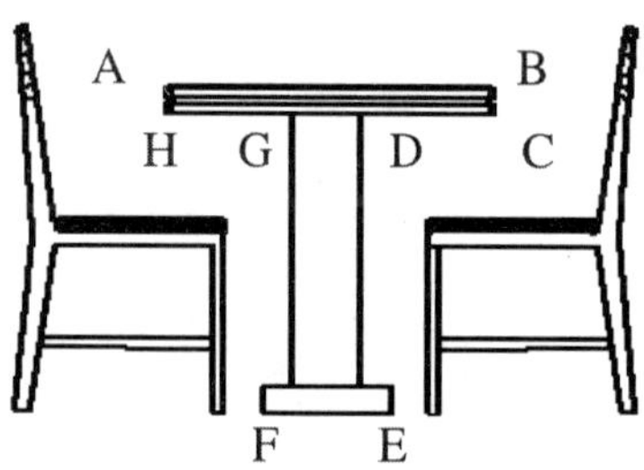

图 7-7

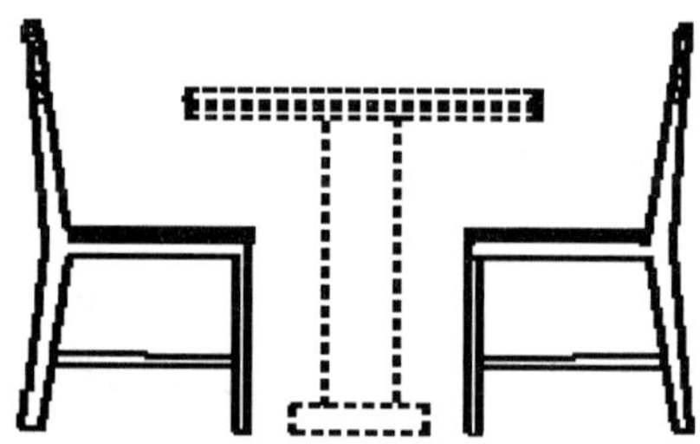
图 7-8

2. 圈交对象

圈交方式类似于交叉框选，不同的是圈交对象是绘制一个任意闭合但不能与选择框自身相交或相切的多边形，多边形框呈虚线显示，选择完毕后与多边形框相交或被其完全包围的对象都会被选择。在命令行中执行 SELECT 命令，具体操作过程如下：

```
命令：SELECT                    //执行 SELECT 命令并按【Space】键
选择对象：?                     //输入“?”符号
*无效选择*                      //系统自动显示
需要点或窗口(W)/上一个(L)/窗交(C)/框(BOX)/全部(ALL)/栏选(F)/圈围(WP)/圈交(CP)/编组(G)/添加(A)/删除(R)/多个(M)/前一个(P)/放弃(U)/自动(AU)/单个(SI)/子对象(SU)/对象(O)                    //系统自动显示选择方式
选择对象：CP                    //选择“圈交”选项并按【Space】键
第一圈围点：                    //在需要选择的图形附近单击，如这里单击如图 7-9 所示的 A 点，作为第 1 个圈围点
指定直线的端点或 [放弃(U)]：    //这里单击如图 7-9 所示的 B 点，作为第 2 个圈围点
指定直线的端点或 [放弃(U)]：    //这里单击如图 7-9 所示的 C 点，作为第 3 个圈围点
指定直线的端点或 [放弃(U)]：    //这里单击如图 7-9 所示的 D 点，作为第 4 个圈围点
指定直线的端点或 [放弃(U)]：    //这里单击如图 7-9 所示的 E 点，作为第 5 个圈围点，并按【Space】键结束选择
指定直线的端点或 [放弃(U)]： 找到 269 个    //提示选择了 269 个对象，以虚线显示的对象为被选择的对象，完成后的效果如图 7-10 所示
```

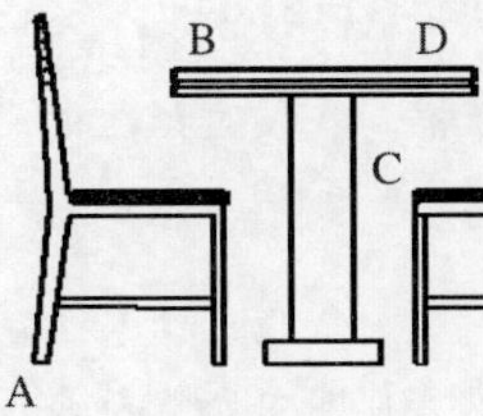

图 7-9

图 7-10

7.1.4　栏选对象

在选择连续性图形对象时可以使用栏选对象的方式，该方式是通过绘制任意折线来选择对象，凡是与折线相交的图形对象都会被选择。在命令行中执行 SELECT 命令，具体操作过程如下：

```
命令: SELECT                    //执行 SELECT 命令并按【Space】键
选择对象: F                     //输入选择方法，这里输入 F，使用栏选方法，并按【Space】键
第一栏选点:                     //在需要选择的图形附近单击，这里单击如图 7-11 所示的 A 点，
作为第 1 个栏选点
指定下一个栏选点或 [放弃(U)]:   //这里单击如图 7-11 所示的 B 点，作为第 2 个栏选点
指定下一个栏选点或 [放弃(U)]:   //这里单击如图 7-11 所示的 C 点，作为第 3 个栏选点
指定下一个栏选点或 [放弃(U)]:   //这里单击如图 7-11 所示的 D 点，作为第 4 个栏选点
指定下一个栏选点或 [放弃(U)]:   //这里单击如图 7-11 所示的 E 点，作为第 5 个栏选点，并按
【Space】键结束选择
指定下一个栏选点或 [放弃(U)]:  找到 29 个   //提示选择了 29 个对象，以虚线显示的对象为
被选择的对象，完成后的效果如图 7-12 所示
```

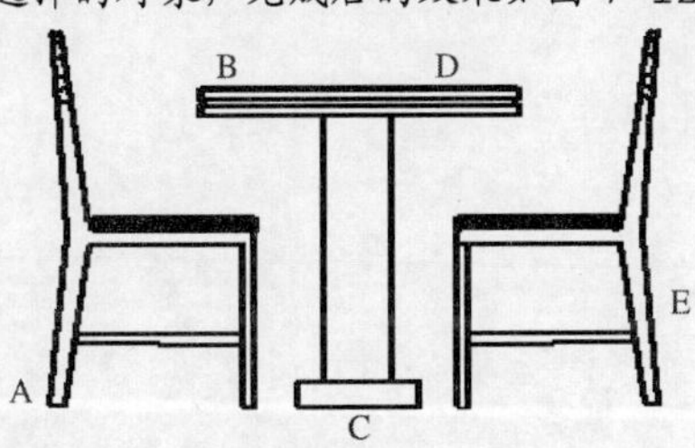

图 7-11

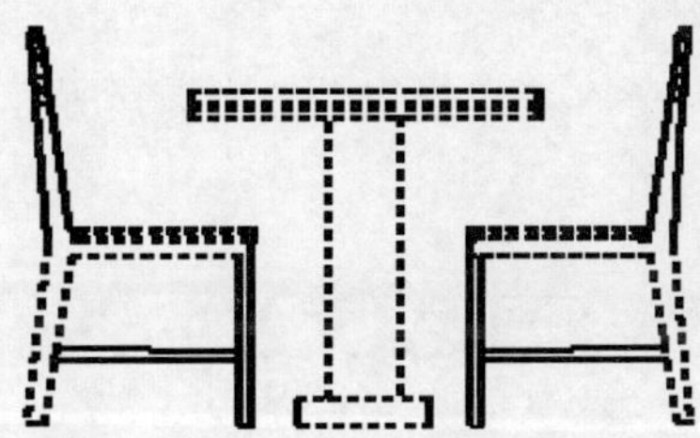

图 7-12

7.1.5　快速选择对象

快速选择是指一次性选择图中所有具有相同属性的图形对象。调用该命令的方法如下：

- 在“常用”选项卡的“实用工具”组中单击“快速选择”按钮。
- 在命令行中执行 QSELECT 命令。

执行上述任意一种命令后，都将弹出如图 7-13 所示的“快速选择”对话框，使用该对话框可以对图形对象进行快速选择。

下面使用“快速选择”对话框选择图形中相同图层的对象，具体操作如下：

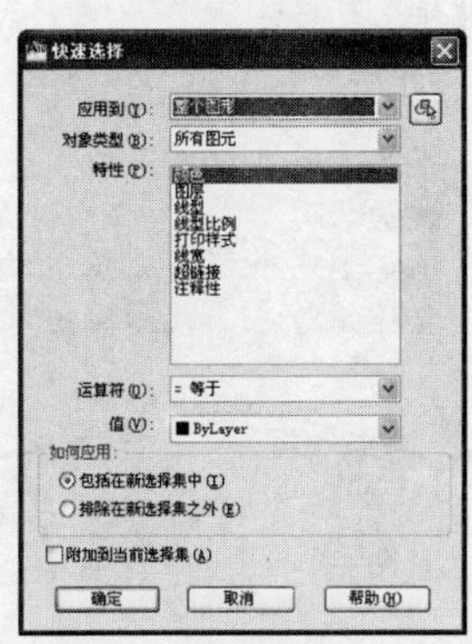

图 7-13

Step 01 打开“涡轮零件图.dwg”图形文件（光盘:\素材\第 7 章\涡轮零件图.dwg）。

Step 02 在命令行中执行 QSELECT 命令，弹出“快速选择”对话框，在该对话框的“应用到”下拉列表中选择“整个图形”选项，在“特性”列表框中选择“图层”选项，在“值”下拉列表中选择“中心线”选项，如图 7-14 所示。

Step 03 完成设置后，单击 确定 按钮关闭对话框，返回到绘图区，则图中所有符合设置的线都会被选取，如图 7-15 所示。

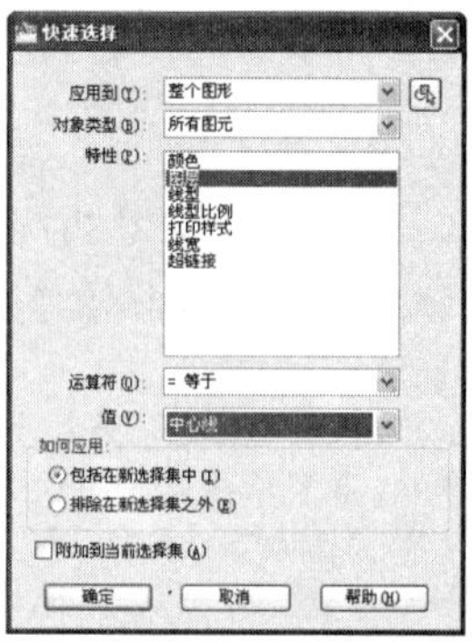

图 7-14

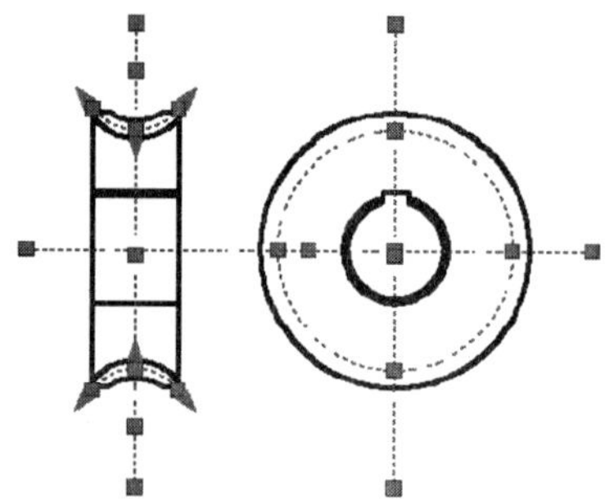

图 7-15

在“快速选择”对话框的“如何应用”选项组中可以选取符合过滤条件的对象或不符合过滤条件的对象。该选项组中各选项的含义如下：

- 包括在新选择集中：选择绘图区中所有符合过滤条件的对象。关闭、锁定和冻结层上的对象除外。
- 排除在新选择集之外：选择所有不符合过滤条件的对象。关闭、锁定和冻结层上的对象除外。

7.1.6 任务 13：选择多个图形对象

下面通过实例综合练习本节所讲的知识。

Step 01 打开“吊灯.dwg”图形文件（光盘:\素材\第 7 章\吊灯.dwg），如图 7-16 所示。

Step 02 在命令行中执行 SELECT 命令，选择图形中的 3 盏灯罩，具体操作过程如下：

```
命令: SELECT                         //执行 SELECT 命令，并按【Space】键
选择对象: F                          //输入选择方法，这里输入 F，使用栏选方法，并按【Space】键
第一栏选点:                          //在靠近最左边的吊灯上拾取一点作为第一栏选点
指定下一个栏选点或 [放弃(U)]:        //以靠近最右边的吊灯上拾取一点作为下一个栏选点，按【Space】
键确认
指定下一个栏选点或 [放弃(U)]:   找到 7 个      //提示选择了 7 个对象，以虚线显示的对象为被
选择的对象，选择后的效果如图 7-17 所示
```

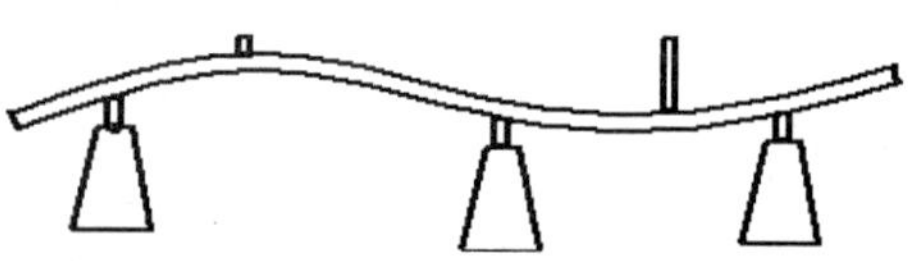

图 7-16

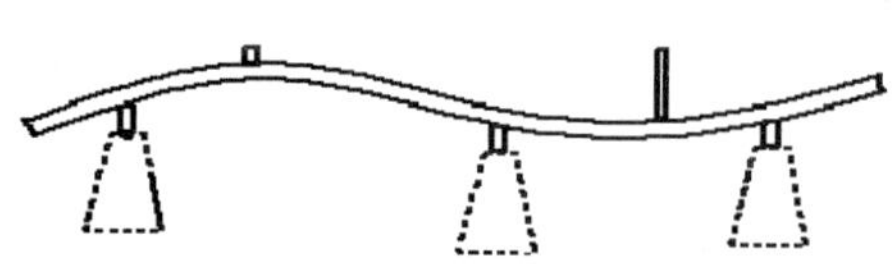

图 7-17

7.2　快捷特性面板

在快捷特性面板中可以对图形对象的特性进行相关设置，如颜色、图层、线型、旋转等特性。下面进行详细的讲解，具体操作如下：

Step 01 打开“地毯.dwg”图形文件（光盘:\素材\第 7 章\地毯.dwg），选择如图 7-18 所示的图形对象。

Step 02 在选择的图形对象上右击，在弹出的快捷菜单中选择“快捷特征”命令，在其面板中可以对圆的颜色、图层和线型等特性进行设置。这里单击“颜色”选项，在该栏右侧的下拉列表中选择“洋红”选项；单击“线型”选项，在该栏右侧的下拉列表中选择“连续”选项，如图 7-19 所示。

Step 03 设置完成后按【Esc】键退出选择并关闭快捷特性面板，效果如图 7-20 所示（光盘:\源文件\第 7 章\地毯.dwg）。

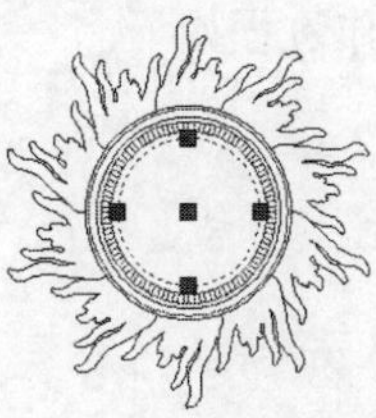

图 7-18

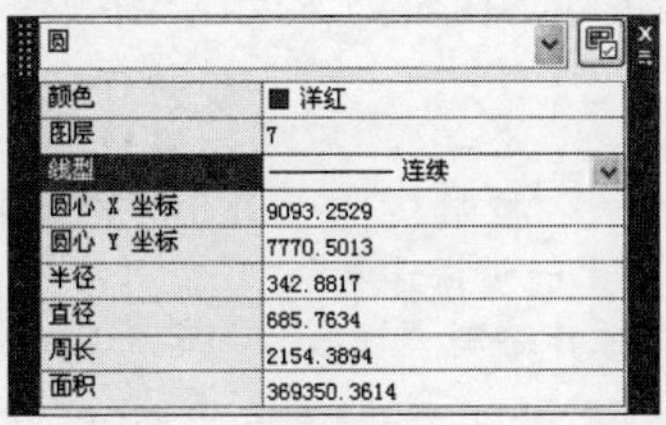

图 7-19

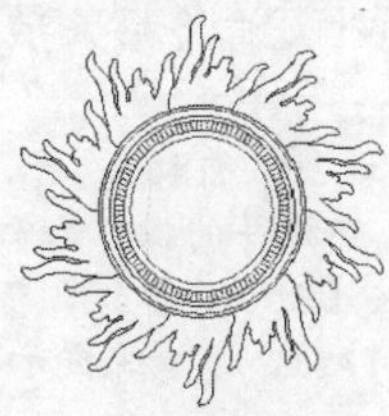

图 7-20

注　意

用户可以单击快捷特性面板右上角的“自定义”按钮，弹出“自定义用户界面”窗口，如图 7-21 所示，在该窗口中设置在快捷特性面板中显示的特性。

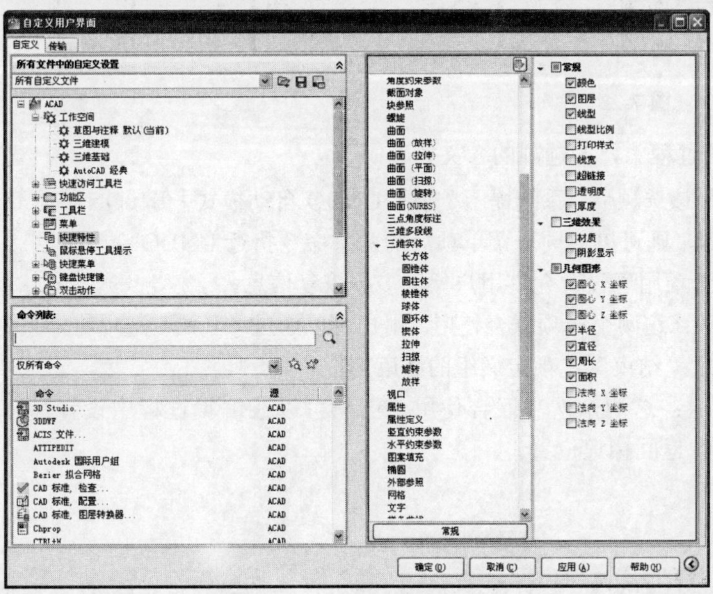

图 7-21

7.3 放弃和重做图形对象

在对图形对象进行编辑的过程中，如遇到错误或不需要的操作，可以执行放弃或重做操作，取消错误或不需要的操作。

7.3.1 放弃命令

放弃命令也就是取消操作步骤，使用该命令可以逐步取消本次进入 AutoCAD 后进行的所有操作，调用该命令的方法如下：

- 在快速访问区中单击“放弃”按钮。
- 按【Ctrl+Z】组合键。
- 在命令行中执行 UNDO 命令。

执行上述命令后，放弃图 7-22 所示图形的上一步绘图操作，具体操作过程如下：

```
命令: UNDO                                    //执行 UNDO 命令
当前设置: 自动 = 开, 控制 = 全部, 合并 = 是    //系统提示
输入要放弃的操作数目或 [自动(A)/控制(C)/开始(BE)/结束(E)/标记(M)/后退(B)] <1>: 1
//按【Space】键, 确认执行取消上一步操作命令
RECTANG //系统提示取消上一步操作绘制“矩形”, 完成后的效果如图 7-23 所示
```

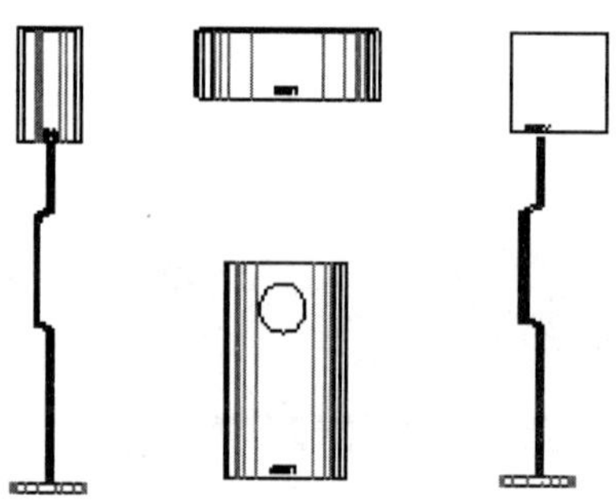

图 7-22

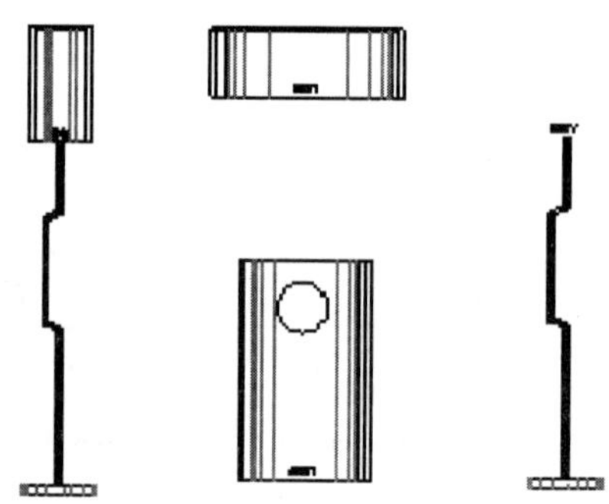

图 7-23

在执行命令的过程中，各选项的含义如下：

- 自动：选择该选项后，系统提示“输入 UNDO 自动模式 [开（ON）/关（OFF）] <开>：”，若设为 ON，则可以对同一菜单项后的几条命令执行 UNDO 命令返回。
- 控制：该选项用于设置允许用户保留多少恢复信息。
- 开始、结束：这两个选项联合使用，用户可以通过“开始”选项将一系列命令定义为一个小组，通过“结束”选项定义组的结束部位。
- 标记、后退：这两个选项联合使用，用户可以在编辑过程中设置标记，以后可以执行 UNDO 命令返回标记位置。

注 意

在命令行中执行 UNDO 或 U 命令都可以执行放弃命令，但是输入 U 只能取消单个操作。

7.3.2　重做命令

重做命令的前提条件是先执行放弃命令，这样用户在执行重做命令时才会生效，重做命令与放弃命令的操作恰好相反。重做命令可以重复执行上一步操作，操作比较简单，调用该命令的方法如下：

- 在快速访问区中单击“重做”按钮。
- 按【Ctrl+Y】组合键。
- 在命令行中执行 REDO 命令。按【Space】键，系统将自动执行重做命令。

执行上述命令后，重做如图 7-24 所示的图形，具体操作过程如下：

```
命令：REDO      //执行 REDO 命令
ERASE           //系统提示重做上一步操作绘制 ERASE，完成后的效果如图 7-25 所示
```

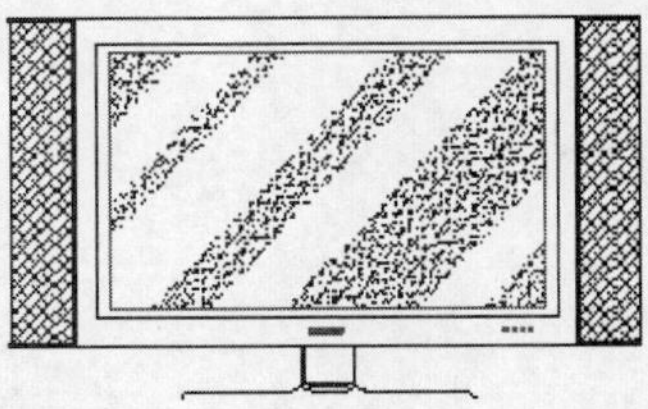

图 7-24

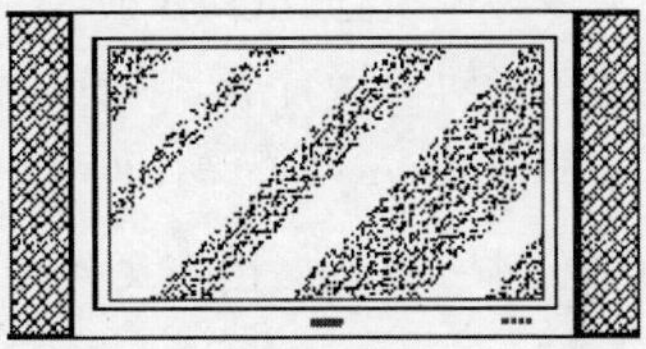

图 7-25

7.3.3　任务 14：编辑图形

下面使用重做命令和放弃命令编辑图形，以综合练习本节所讲的知识。

Step 01 打开“螺丝钉.dwg”图形文件（光盘:\素材\第 7 章\螺丝钉.dwg）。

Step 02 先删除绘图区的正八边形，此时可以执行放弃命令，放弃上一步操作。在命令行中执行 UNDO 命令，具体操作过程如下：

```
命令：UNDO                                       //执行 UNDO 命令
当前设置：自动 = 开，控制 = 全部，合并 = 是      //系统提示
输入要放弃的操作数目或 [自动(A)/控制(C)/开始(BE)/结束(E)/标记(M)/后退(B)] <1>: 1
//按【Space】键，确认执行取消上一步操作命令
已放弃所有操作                                   //系统提示取消上一步操作绘制 ERASE，完成后
的效果如图 7-26 所示
```

Step 03 使用重做命令，恢复上一个放弃操作，在命令行中执行 REDO 命令，具体操作过程如下：

```
命令：REDO          //执行 REDO 命令
所有操作都已重做    //系统提示重做上一步操作绘制 ERASE，完成后的效果如图 7-27 所示
```

Step 04 根据前面章节所学的知识，绘制一个正六边形的螺丝钉，绘制完成后的效果如图 7-28 所示（光盘:\源文件\第 7 章\螺丝钉.dwg）。

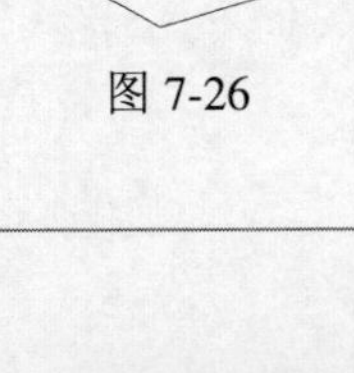

图 7-26

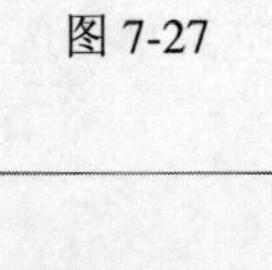

图 7-27

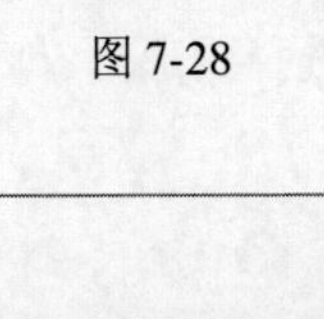

图 7-28

7.4 改变图形对象的位置

在绘制图形时，图形的位置直接关系到绘图的效果，此时用户可以通过 AutoCAD 提供的改变图形对象位置的方法，将图形移动或旋转到合适的位置。

7.4.1 移动命令

移动命令也就是把单个对象或多个对象从一个位置移动到另一个位置，但不会改变对象的方位和大小，调用该命令的方法如下：

- 在“常用”选项卡的“修改”组中单击“移动”按钮✥。
- 在命令行中执行 MOVE 或 M 命令。
- 选择图形对象后右击，在弹出的快捷菜单中选择“移动”命令。

执行上述命令后，具体操作如下：

Step 01 打开“车子.dwg”图形文件（光盘:\素材\第 7 章\车子.dwg）。

Step 02 将图形中的车轮移动到车体上，在命令行中执行 M 命令，具体操作过程如下：

```
命令：M                                  //执行 MOVE 命令
选择对象：指定对角点：找到 63 个          //框选如图 7-29 所示的车轮
选择对象：                               //按【Space】键结束对象的选择
指定基点或 [位移(D)] <位移>：             //捕捉被移动对象的基点，这里单击 A 点，如图 7-30 所示
指定第二个点或 <使用第一个点作为位移>：   //将鼠标移至 B 点并单击
```

Step 03 移动后的效果如图 7-31 所示（光盘:\源文件\第 7 章\车子.dwg）。

图 7-29

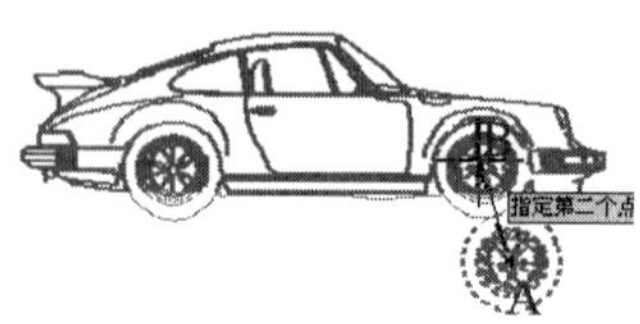

图 7-30

图 7-31

注 意

在移动图形对象的过程中，用户可以开启对象捕捉、极轴追踪或对象捕捉等功能，以方便捕捉基点。

7.4.2 旋转命令

使用旋转命令可以将图形对象调整到合适的位置，可以指定一个中心点，然后通过这个中心点旋转对象到指定的角度，调用该命令的方法如下：

- 在“常用”选项卡的“修改”组中单击“旋转”按钮○。
- 在命令行中执行 ROTATE 或 RO 命令。
- 选择图形对象后右击，在弹出的快捷菜单中选择“旋转”命令。

执行上述命令后，具体操作如下：

Step 01 打开“桌凳.dwg”图形文件（光盘:\素材\第 7 章\桌凳.dwg）。

Step 02 在命令行中执行 RO 命令，旋转图形中的凳子，具体操作过程如下：

```
命令：RO                                           //执行 ROTATE 命令
UCS 当前的正角方向： ANGDIR=逆时针  ANGBASE=0      //系统显示当前 UCS 坐标
选择对象：指定对角点：找到 11 个                    //框选要旋转的对象，如图 7-32 所示
选择对象：                                         //按【Space】键结束对象的选择
指定基点：                                         //捕捉图形中的一点作为旋转参考点，这里
单击 A 点，如图 7-33 所示
指定旋转角度，或 [复制(C)/参照(R)] <0>:            //指定旋转角度或按住鼠标不放拖动鼠标
到 B 点，如图 7-33 所示
```

Step 03 旋转后的效果如图 7-34 所示（光盘:源文件\第 7 章\桌凳.dwg）。

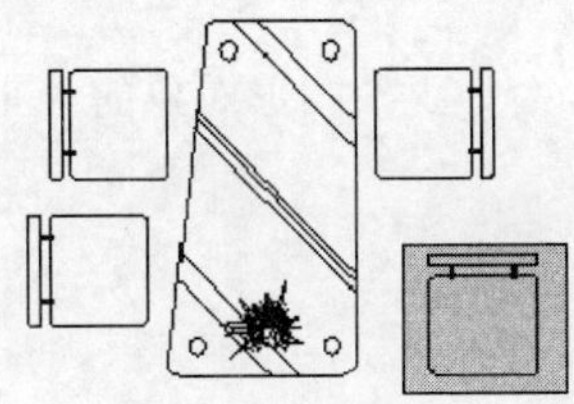

图 7-32

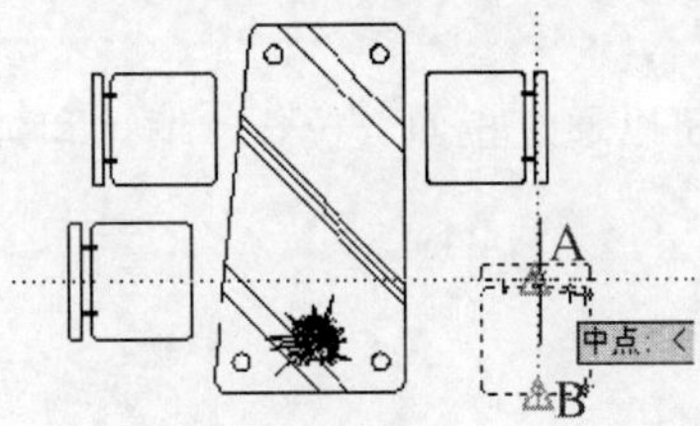

图 7-33

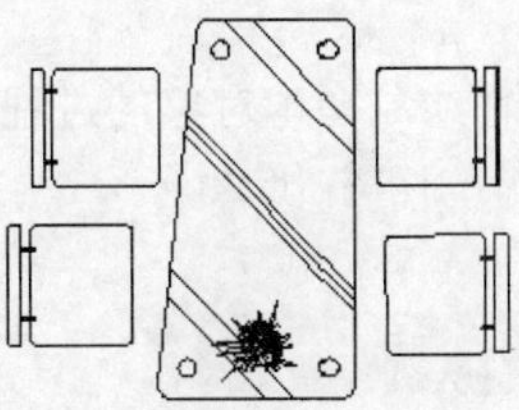

图 7-34

7.4.3　任务 15：编辑图形对象

下面使用移动命令和旋转命令来编辑图形，以综合练习本节所讲的知识。

Step 01 打开“画.dwg”图形文件（光盘:\素材\第 7 章\画.dwg）。

Step 02 将图形中的装饰画放正。在命令行中执行 RO 命令，具体操作过程如下：

```
命令：RO                                           //执行 ROTATE 命令
UCS 当前的正角方向： ANGDIR=逆时针  ANGBASE=0      //系统显示当前 UCS 坐标
选择对象：指定对角点：找到 279 个                   //框选要旋转的对象，如图 7-35 所示
选择对象：                                         //按【Space】键结束对象的选择
指定基点：//单击图形中的一点作为旋转基点，这里把画的中点 A 点作为基点，如图 7-36 所示
指定旋转角度，或 [复制(C)/参照(R)] <180>: 180 //指定旋转角度为 180°，按【Space】键
确认并退出命令，效果如图 7-37 所示
```

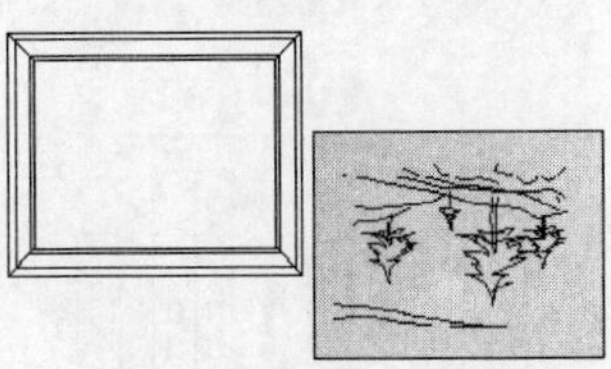

图 7-35

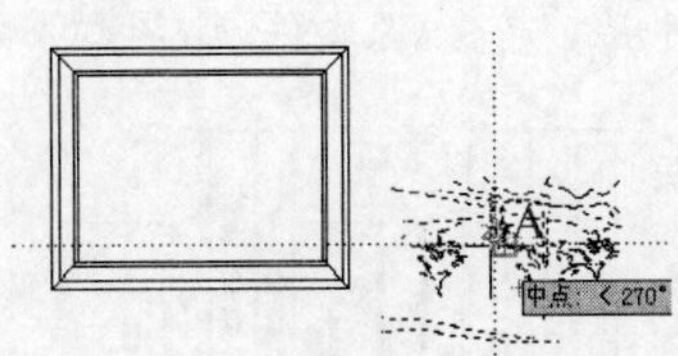

图 7-36

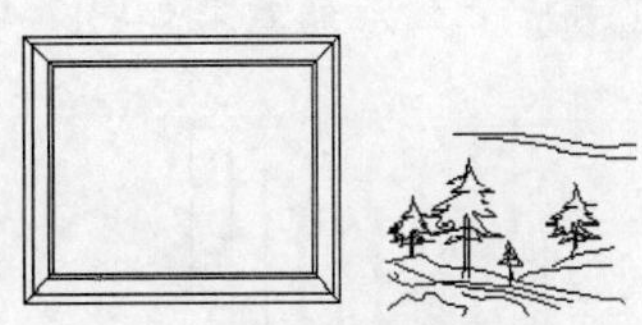

图 7-37

Step 03 将旋转后的装饰画摆放到画框里面。在命令行中执行 M 命令，具体操作过程如下：

```
命令：M                                        //执行 MOVE 命令
选择对象：指定对角点：找到 279 个              //框选如图 7-38 所示的装饰画
选择对象：                                     //按【Space】键结束对象的选择
指定基点或 [位移(D)] <位移>：                  //捕捉被移动对象的基点，这里单击 A 点，如图 7-39 所示
指定第二个点或 <使用第一个点作为位移>：        //将鼠标移至 B 点并单击，如图 7-39 所示
```

Step 04 编辑后的效果如图 7-40 所示（光盘:\源文件\第 7 章\画.dwg）。

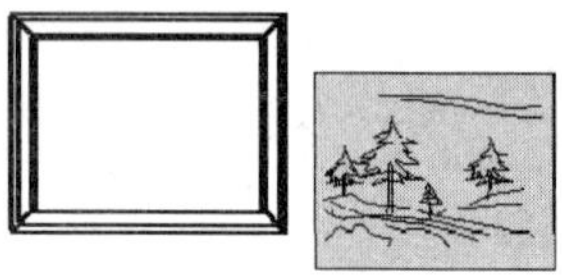

图 7-38

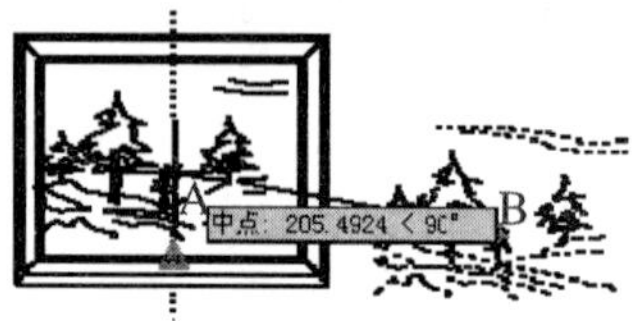

图 7-39

图 7-40

7.5 更改图形对象的大小

在绘制图形对象的过程中，可以通过拉伸、拉长、缩短和延伸等命令更改图形对象的大小，下面分别进行讲解。

7.5.1 拉伸命令

使用拉伸命令可以将所选择的图形对象按照规定的方向和角度进行拉伸或缩短，并且被选对象的形状会发生变化。调用该命令的方法如下：

- 在“常用”选项卡的“修改”组中单击“拉伸”按钮。
- 在命令行中执行 S 或 STRETCH 命令。

执行上述命令后，具体操作如下：

Step 01 打开“书.dwg”图形文件（光盘:\素材\第 7 章\书.dwg）。

Step 02 把书的层次感体现出来。在命令行中执行 S 命令，具体操作过程如下：

```
命令：S                                        //执行 STRETCH 命令
以交叉窗口或交叉多边形选择要拉伸的对象...      //系统提示
选择对象：指定对角点：找到 39 个               //以交叉选择方式选择图形中的两本书，如图 7-41 所示
选择对象：                                     //按【Space】键结束对象的选择
指定基点或 [位移(D)] <位移>：                  //单击最右边书的右上角的 A 点作为基点，如图 7-42 所示
指定第二个点或 <使用第一个点作为位移>： 20     //向正上方移动鼠标，输入第二个点的距离为 20，按
【Space】键确认并退出命令
```

Step 03 拉伸后的效果如图 7-43 所示（光盘:\源文件\第 7 章\书.dwg）。

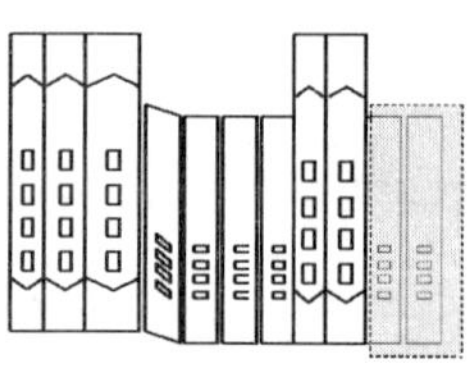

图 7-41

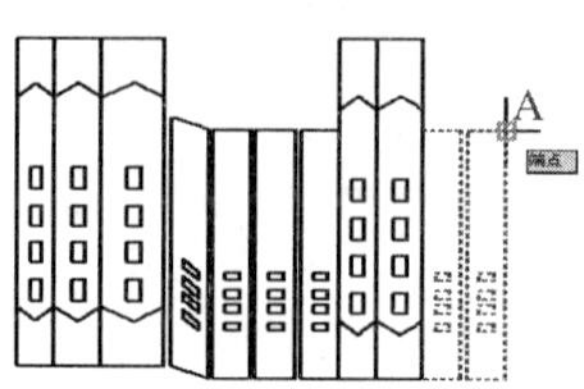

图 7-42

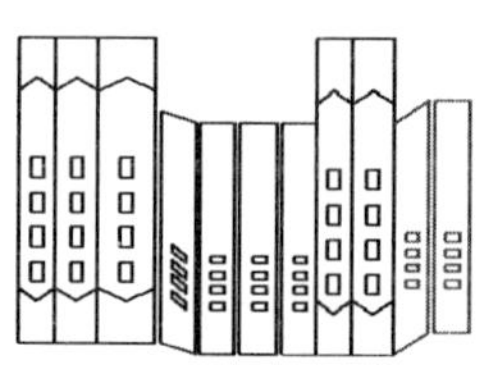

图 7-43

注　意

拉伸必须通过框选或围选的方式才能进行，例如圆、椭圆和块都无法进行拉伸。使用拉伸命令既可以拉伸实体，又可以移动实体。若选择的对象全部在选择窗口内，则拉伸命令可以将对象从基点移动到终点；若选择对象只有部分在选择窗口内，则拉伸命令可以对实体进行拉伸。

7.5.2　拉长命令

拉长命令在编辑直线、圆弧、多段线、椭圆弧和样条曲线时经常使用，它可以拉长或缩短线段，以及改变弧的角度。调用该命令的方法如下：

- 在“常用”选项卡的“修改”组中单击“拉长”按钮。
- 在命令行中执行 LENGTHEN 命令。

执行上述命令后，具体操作如下：

Step 01 打开“装饰品.dwg”图形文件（光盘:\素材\第 7 章\装饰品.dwg）。

Step 02 完成装饰品下方的绘制。在命令行中执行 LENGTHEN 命令，具体操作过程如下：

```
命令: LENGTHEN                                          //执行 LENGTHEN 命令
选择对象或 [增量(DE)/百分数(P)/全部(T)/动态(DY)]: de    //选择“增量”选项
输入长度增量或 [角度(A)] <0.0000>:                      //选择如图 7-44 所示的 A 点
指定第二点:                                             //选择如图 7-44 所示的 B 点
选择要修改的对象或 [放弃(U)]:                           //选择如图 7-45 所示的圆弧
选择要修改的对象或 [放弃(U)]:                           //按【Space】键退出命令
```

Step 03 拉长后的效果如图 7-46 所示（光盘:源文件\第 7 章\装饰品.dwg）。

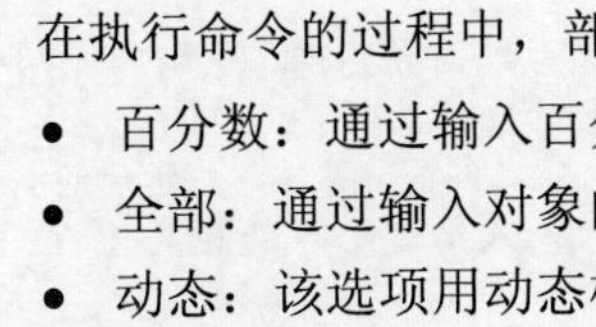

图 7-44

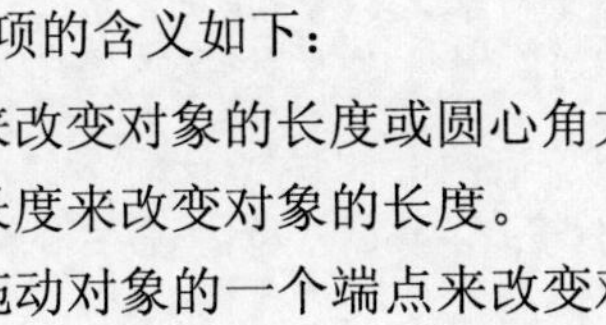

图 7-45

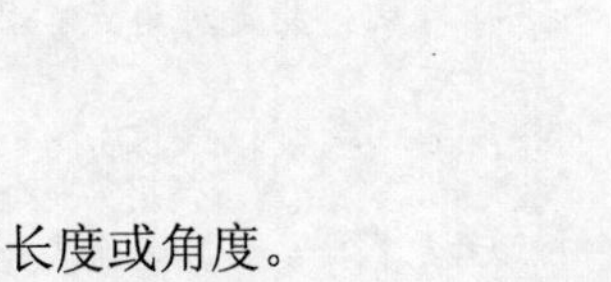

图 7-46

在执行命令的过程中，部分选项的含义如下：

- 百分数：通过输入百分比来改变对象的长度或圆心角大小。
- 全部：通过输入对象的总长度来改变对象的长度。
- 动态：该选项用动态模式拖动对象的一个端点来改变对象的长度或角度。

7.5.3　延伸命令

延伸命令用于将延伸对象的端点延伸到指定的边界，这些边界可以是直线、圆弧等。调用该命令的方法如下：

- 在“常用”选项卡的“修改”组中单击“修剪”按钮旁边的按钮，然后单击按钮。
- 在命令行中执行 EXTEND 或 EX 命令。

执行上述命令后，具体操作如下：

Step 01 打开“鱼缸.dwg”图形文件（光盘:\素材\第 7 章\鱼缸.dwg）。

Step 02 完成鱼缸的绘制。在命令行中执行EX命令，将图形中的A线延伸到B线，具体操作过程如下：

```
命令：EX                                          //执行 EXTEND 命令
当前设置:投影=UCS，边=无 选择边界的边...            //系统提示
选择对象或 <全部选择>： 找到 1 个                  //选择如图 7-47 所示的 A 线
选择对象：找到 1 个，总计 2 个                     //选择如图 7-47 所示的 B 线
选择对象：                                        //按【Space】键结束对象的选择
选择要延伸的对象，或按住 Shift 键选择要修剪的对象，或[栏选(F)/窗交(C)/投影(P)/边(E)/
放弃(U)]:e                                        //选择“边”选项并按【Space】键确认
输入隐含边延伸模式 [延伸(E)/不延伸(N)] <不延伸>： E  //选择“延伸”选项并按【Space】
键确认
选择要延伸的对象，或按住 Shift 键选择要修剪的对象，或[栏选(F)/窗交(C)/投影(P)/边(E)/
放弃(U)]：                                        //选择 A 线
选择要延伸的对象，或按住 Shift 键选择要修剪的对象，或[栏选(F)/窗交(C)/投影(P)/边(E)/
放弃(U)]：                                        //按【Space】键退出延伸命令
```

Step 03 延伸后的效果如图 7-48 所示（光盘:\源文件\第 7 章\鱼缸.dwg）。

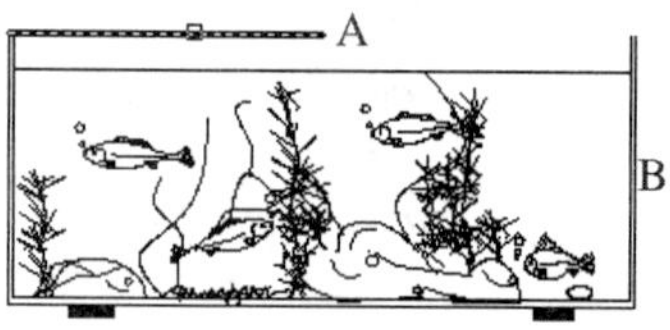

图 7-47

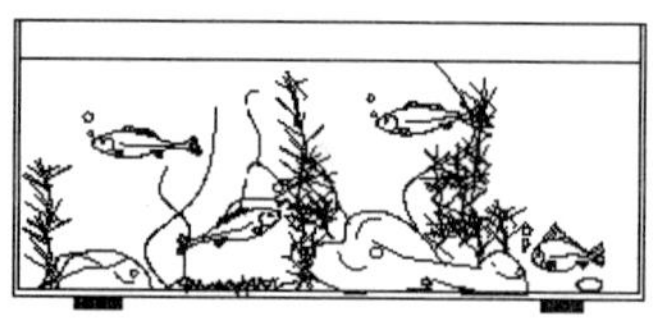

图 7-48

7.5.4 任务 16：绘制双人沙发

下面使用拉伸命令绘制沙发，以综合练习本节所讲的知识。

Step 01 打开“双人沙发.dwg”图形文件（光盘:\素材\第 7 章\双人沙发.dwg）。

Step 02 在命令行中执行 S 命令，将图形中的单人沙发拉伸为双人沙发，具体操作过程如下：

```
命令：S                                    //执行 STRETCH 命令
以交叉窗口或交叉多边形选择要拉伸的对象...    //系统提示
选择对象：指定对角点：找到 14 个             //以交叉选择方式选择右半部分图形,如图 7-49 所示
选择对象：                                  //按【Space】键结束对象的选择
指定基点或 [位移(D)] <位移>：               //捕捉被拉伸对象的基点，单击如图 7-50 所示的 A 点
指定第二个点或 <使用第一个点作为位移>： 460  //水平向右移动鼠标，输入第二个点的距离值 460，
然后按【Space】键确认并退出命令
```

Step 03 完成后的效果如图 7-51 所示（光盘:\源文件\第 7 章\双人沙发.dwg）。

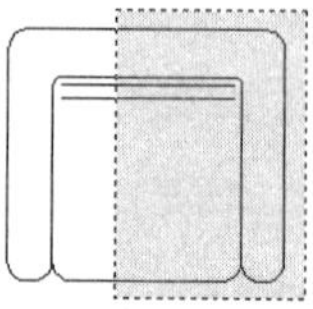

图 7-49

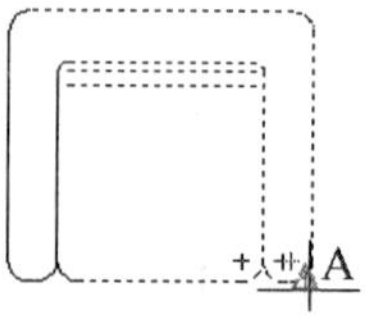

图 7-50

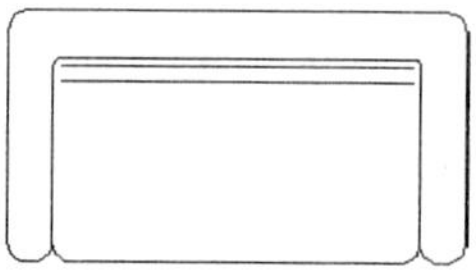

图 7-51

7.6　边学边用——编辑饭厅立面图

通过前面的学习，读者对于在 AutoCAD 2012 中选择图形对象、放弃和重做图形对象、改变图形对象的位置、更改图形对象的大小等知识有了大概的了解。本节将通过一个简单实例的实现过程，来加深读者对相关知识的理解和掌握。

7.6.1　实例目标

本例将实际应用本章所讲的知识，引导读者进一步掌握 AutoCAD 2012 中各种编辑命令的不同操作方法。

具体学习目标如下：

- 了解在 AutoCAD 2012 中选择图形对象的方法。
- 掌握 AutoCAD 2012 中基本编辑命令的调用方法。
- 掌握 AutoCAD 2012 中基本编辑命令的作用。

7.6.2　实例实现

范例：布置饭厅立面图

Step 01 打开“饭厅立面图.dwg”图形文件（光盘:\素材\第 7 章\饭厅立面图.dwg），如图 7-52 所示。

图 7-52

Step 02 为了更准确地指定基点，单击状态栏中的“对象捕捉”按钮。首先编辑盆景，在命令行中执行 M 命令，将图形中的盆景移至门后面的桌子上，具体操作过程如下：

```
命令: M                                    //执行 MOVE 命令
选择对象: 指定对角点: 找到 4832 个           //框选如图 7-53 所示的盆景
选择对象:                                  //按【Space】键结束对象的选择
指定基点或 [位移(D)] <位移>:                 //捕捉被移动对象的基点，这里单击 A 点，如图 7-54 所示
指定第二个点或 <使用第一个点作为位移>:        //将鼠标移至 B 点并单击，如图 7-54 所示，效果如图 7-55 所示
```

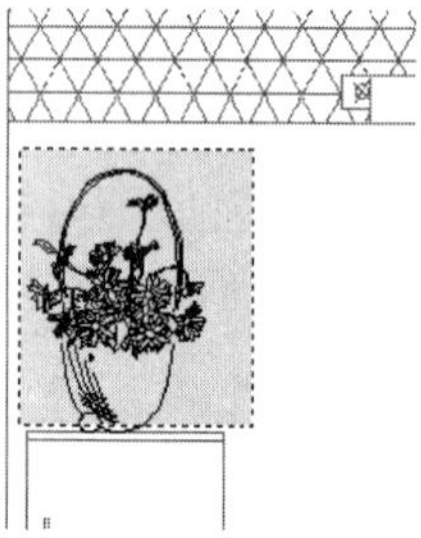

图 7-53

图 7-54

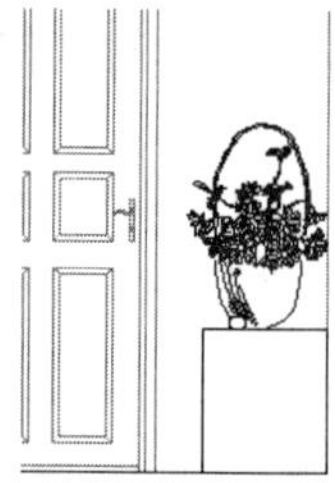

图 7-55

Step 03 将盆景移至合适的位置后，在命令行中执行 RO 命令，将图形中的画旋转 180°，具体操作过程如下：

```
命令：RO                                          //执行 ROTATE 命令
UCS 当前的正角方向：ANGDIR=逆时针  ANGBASE=0      //系统显示当前 UCS 坐标
选择对象：指定对角点：找到 64 个                  //框选要旋转的装饰画，如图 7-56 所示
选择对象：                                        //按【Space】键结束对象的选择
指定基点：              //捕捉图形中的一点作为旋转参考点，这里单击如图 7-57 所示的 C 点
指定旋转角度，或 [复制(C)/参照(R)] <0>: 180       //指定旋转角度为 180°，按【Space】键
确认并退出命令，完成后的效果如图 7-58 所示
```

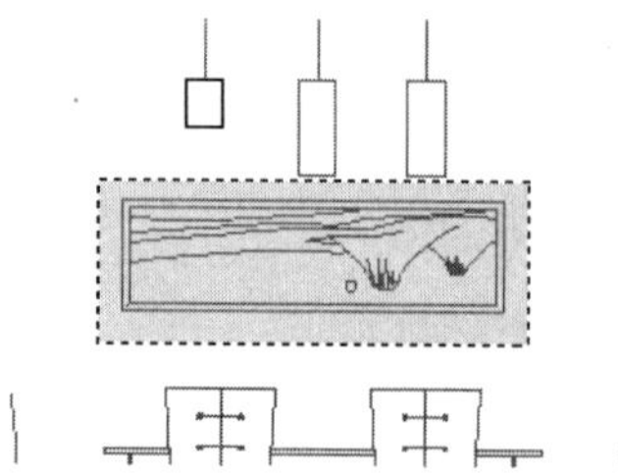

图 7-56

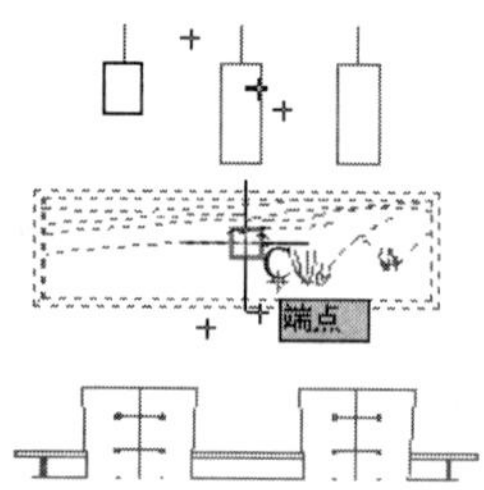

图 7-57

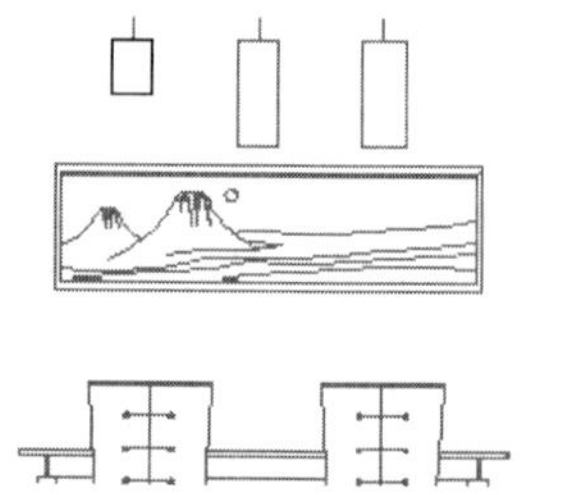

图 7-58

Step 04 执行旋转命令后，在命令行中执行 S 命令，拉伸图形中的吊灯，使其与其他两盏吊灯大小一样，具体操作过程如下：

```
命令：S                                           //执行 STRETCH 命令
以交叉窗口或交叉多边形选择要拉伸的对象...         //系统提示
选择对象：指定对角点：找到 1 个                   //以交叉选择方式选择图形中不同于其他两盏吊灯的
一盏，如图 7-59 所示
选择对象：                                        //按【Space】键结束对象的选择
指定基点或 [位移(D)] <位移>:                      //捕捉被拉伸对象的基点，单击如图 7-60 所示的 D 点
指定第二个点或 <使用第一个点作为位移>: 150  //向正下方移动鼠标，输入第二个点的距离值
150，然后按【Space】键确认并退出命令，效果如图 7-61 所示
```

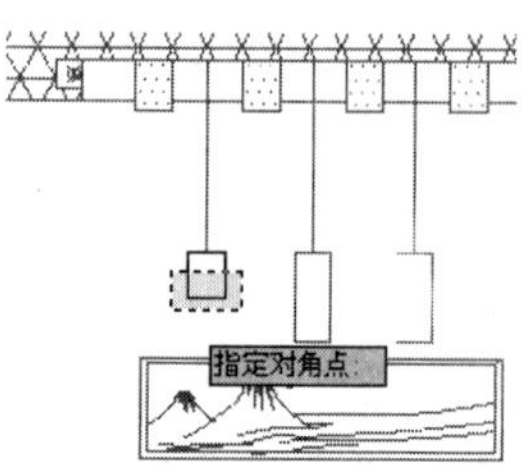

图 7-59

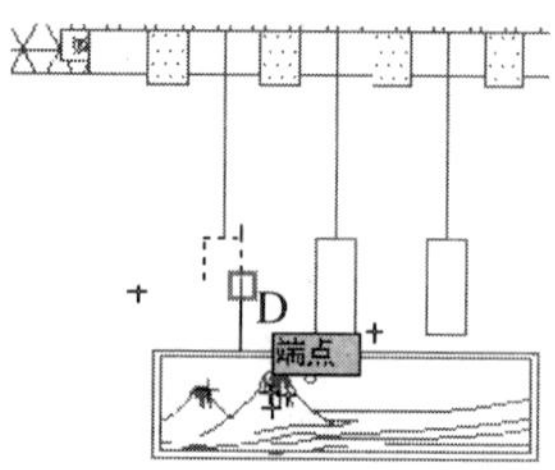

图 7-60

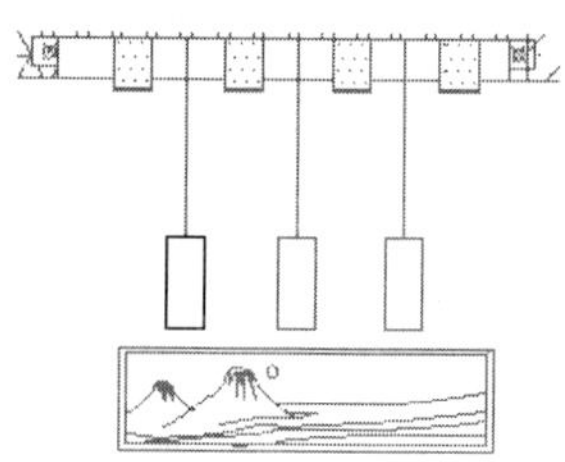

图 7-61

Step 05 在命令行中执行 EX 命令，将图形中的冰箱绘制完，具体操作过程如下：

```
命令: EX                                          //执行 EXTEND 命令
当前设置:投影=UCS, 边=无 选择边界的边...           //系统提示
选择对象或 <全部选择>:  找到 1 个                  //选择如图 7-62 所示的 A 线
选择对象: 找到 1 个, 总计 2 个                     //选择如图 7-62 所示的 B 线
选择对象:                                         //按【Space】键结束对象的选择
选择要延伸的对象, 或按住 Shift 键选择要修剪的对象, 或[栏选(F)/窗交(C)/投影(P)/边(E)/
放弃(U)]:E                                        //选择“边”选项, 并按【Space】键确认
输入隐含边延伸模式 [延伸(E)/不延伸(N)] <不延伸>: E  //选择“延伸”选项, 并按【Space】
键确认
选择要延伸的对象, 或按住 Shift 键选择要修剪的对象, 或[栏选(F)/窗交(C)/投影(P)/边(E)/
放弃(U)]:                                         //选择 A 线
选择要延伸的对象, 或按住 Shift 键选择要修剪的对象, 或[栏选(F)/窗交(C)/投影(P)/边(E)/
放弃(U)]:                                         //按【Space】键退出命令, 效果如图 7-63 所示
```

Step 06 编辑后的最终效果如图 7-64 所示（光盘:\源文件\第 7 章\饭厅立面图.dwg）。

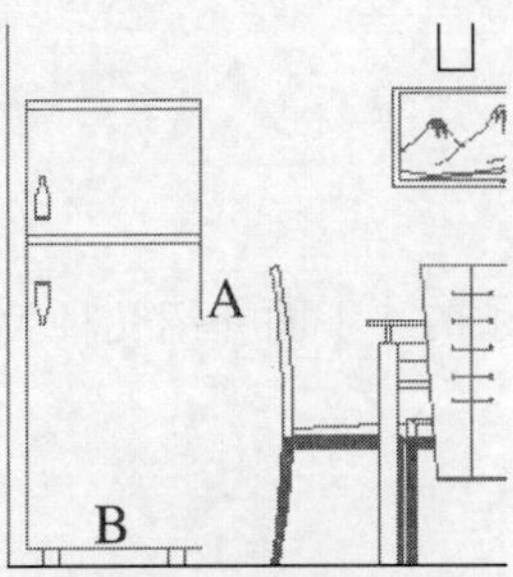

图 7-62

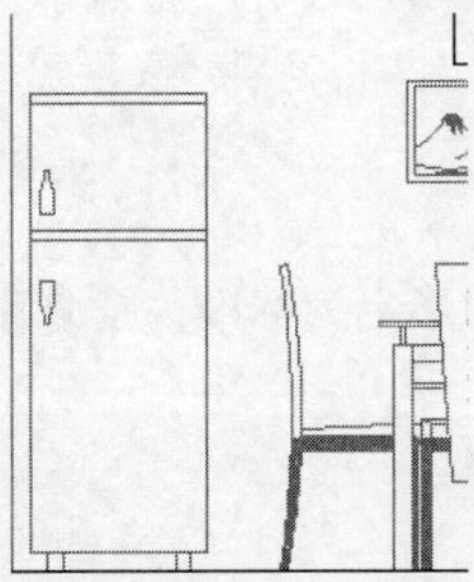

图 7-63

图 7-64

7.6.3 实例拓展和读者思考

在该实例中通过基本编辑命令和选择图形对象的方法介绍了简单饭厅的制作流程，使读者进一点巩固了制作过程中编辑命令的调用和选择图形对象的方法。由此可见，熟记命令在提高绘图速度方面起着重要的作用。通过这些命令，还可以绘制出如图 7-65 所示的餐桌。

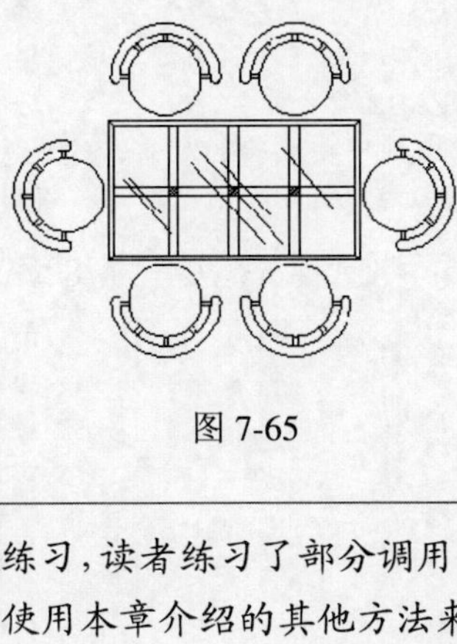

图 7-65

读者思考

通过刚才的实例练习和拓展练习，读者练习了部分调用 AutoCAD 2012 中基本命令的方法与选择图形对象的方法，还可以使用本章介绍的其他方法来绘制图形。

第 8 章 图形对象的高级编辑

在前面的章节中介绍了关于图形对象的基本编辑知识，本章将继续讲解编辑图形的相关知识。由于本章介绍的编辑图形的操作方法更常用，读者应重点掌握。

8.1 修改类命令

在绘制图形对象的过程中，为了使图形更为标准，反复修改是必须的。下面介绍几种关于修改图形对象的命令。

8.1.1 删除命令

删除操作是最常用的操作，调用该命令的方法如下：

- 在“常用”选项卡的“修改”组中单击“删除”按钮。
- 显示菜单栏，选择“修改”→“删除”命令。
- 在命令行中执行 ERASE 和 E 命令。

下面通过实例讲解该命令的使用，具体操作如下：

Step 01 打开“电视.dwg”图形文件（光盘:\素材\第 8 章\电视.dwg），在命令行中执行 ERASE 命令，具体操作过程如下：

```
命令: ERASE               //执行 ERASE 命令
选择对象: 找到 1 个       //选择绘图区中要删除的对象，这里选择电视的下面部分，如图 8-1 所示
选择对象:                 //按【Space】键删除所选对象，并结束该命令
```

Step 02 绘制完成后的效果如图 8-2 所示（光盘:\源文件\第 8 章\电视.dwg）。

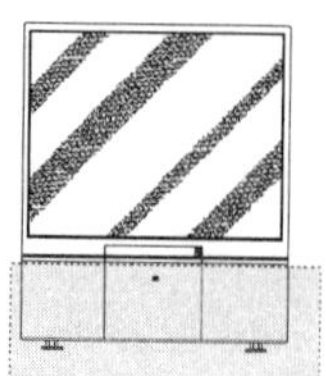

图 8-1

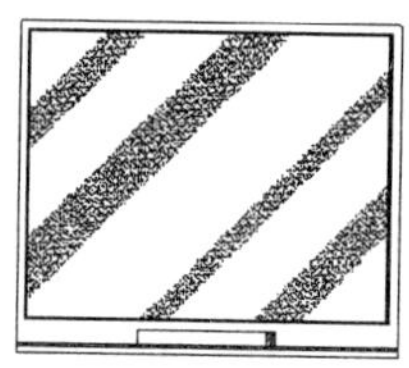

图 8-2

8.1.2　修剪命令

为了使绘图区中的图形显示得更标准，可以将多余的线段进行修剪，被修剪的对象可以是直线、圆、弧、多段线、样条曲线和射线等。调用该命令的方法如下：

- 在“常用”选项卡的“修改”组中单击“修剪”按钮。
- 显示菜单栏，选择“修改”→“修剪”命令。
- 在命令行中执行 TRIM 或 TR 命令。

下面通过实例讲解该命令的使用，具体操作如下：

Step 01 打开“压板.dwg”图形文件（光盘:\素材\第 8 章\压板.dwg），在命令行中执行 TRIM 命令，具体操作过程如下：

```
命令: TRIM                //执行 TRIM 命令
当前设置:投影=UCS, 边=无//系统提示
选择剪切边...             //系统提示
选择对象或 <全部选择>: //框选绘图区中的所有对象
选择对象:                 //按【Space】键，结束对象的选择
选择要修剪的对象，或按住 Shift 键选择要延伸的对象，或[栏选(F)/窗交(C)/投影(P)/边(E)/
删除(R)/放弃(U)]:       //依次选择需要修剪的对象，这里选择如图 8-3 所示的 A、B、C 和 D 线段
选择要修剪的对象，或按住 Shift 键选择要延伸的对象，或[栏选(F)/窗交(C)/投影(P)/边(E)/
删除(R)/放弃(U)]:       //按照相同的方法修剪其他线段
选择要修剪的对象，或按住 Shift 键选择要延伸的对象，或 [栏选(F)/窗交(C)/投影(P)/边(E)/
删除(R)/放弃(U)]:       //按【Space】键结束修剪操作
```

Step 02 绘制完成后的效果如图 8-4 所示（光盘:\源文件\第 8 章\压板.dwg）。

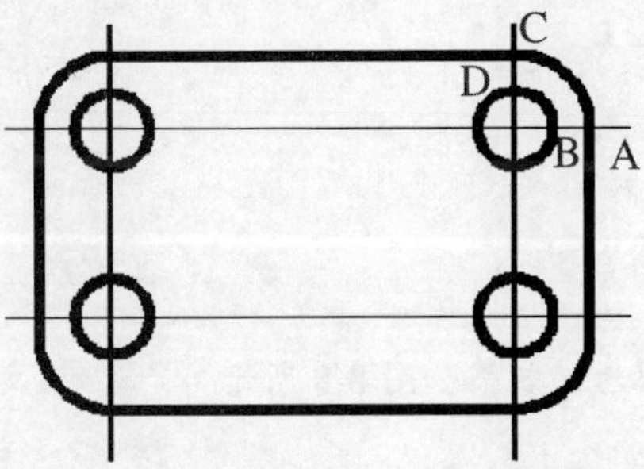

图 8-3

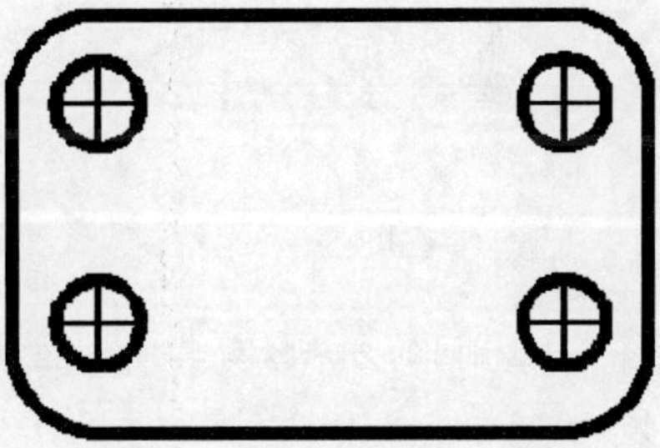

图 8-4

在执行命令的过程中，各选项的含义如下：

- 全部选择：按【Space】键可快速选择所有可见的几何图形，用做剪切边或边界边。
- 栏选：使用栏选方式一次性选择多个需进行修剪的对象。
- 窗交：使用框选方式一次性选择多个需进行修剪的对象。
- 投影：指定修剪对象时 AutoCAD 使用的投影模式，该选项常在三维绘图中应用。
- 边：确定是在另一对象的隐含边处修剪对象，还是仅修剪对象到与它在三维空间中相交的对象处。
- 删除：直接删除选择的对象。
- 放弃：撤销上一步的修剪操作。

注 意

在命令行中执行 TRIM 命令的过程中，按住【Shift】键可转换为执行延伸（EXTEND）命令，如在选择要修剪的对象时，某线段未与修剪边界相交，则按住【Shift】键后单击该线段，可将其延伸到最近的边界。

8.1.3 任务 17：编辑灯饰

下面对绘制的灯饰进行编辑，以练习本节所讲的知识。

Step 01 打开“灯饰.dwg”图形文件（光盘:\素材\第 8 章\灯饰.dwg），在命令行中执行 TR 命令，编辑灯泡中通过的线管，具体操作过程如下：

```
命令: TRIM                //执行 TRIM 命令
当前设置:投影=UCS，边=无//系统提示
选择剪切边...             //系统提示
选择对象或 <全部选择>:指定对角点: 找到 9 个  //框选左上方的灯泡，如图 8-5 所示
选择对象:                 //按【Space】键，结束对象的选择
选择要修剪的对象，或按住 Shift 键选择要延伸的对象，或[栏选(F)/窗交(C)/投影(P)/边(E)/
删除(R)/放弃(U)]:       //依次选择需要修剪的对象，这里选择如图 8-6 所示的 A、B、C 和 D 线段
选择要修剪的对象，或按住 Shift 键选择要延伸的对象，或[栏选(F)/窗交(C)/投影(P)/边(E)/
删除(R)/放弃(U)]:       //按照相同的方法修剪其他线段
选择要修剪的对象，或按住 Shift 键选择要延伸的对象，或 [栏选(F)/窗交(C)/投影(P)/边(E)/
删除(R)/放弃(U)]:       //按【Space】键结束修剪操作，修剪后的效果如图 8-7 所示
```

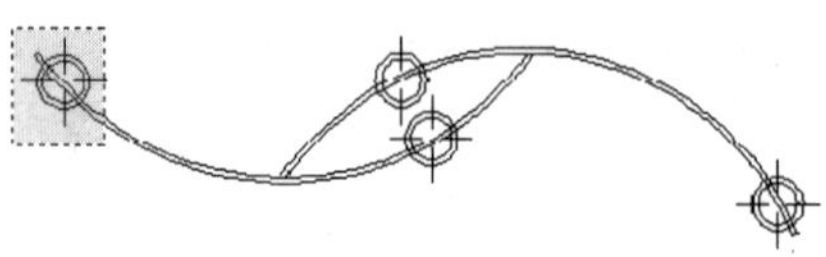

图 8-5

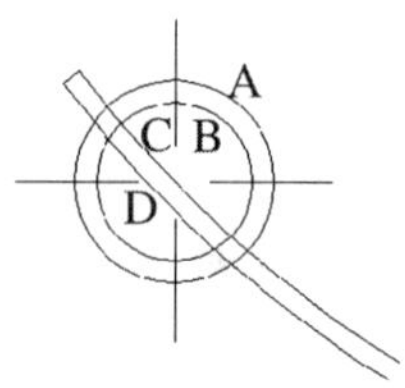

图 8-6

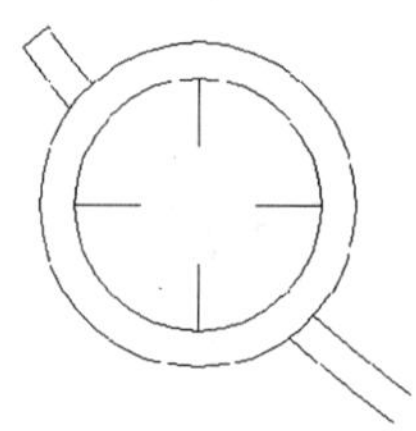

图 8-7

Step 02 按照相同的方法修剪其他 3 盏灯与线管，修剪后的效果如图 8-8 所示（光盘:\源文件\第 8 章\灯饰.dwg）。

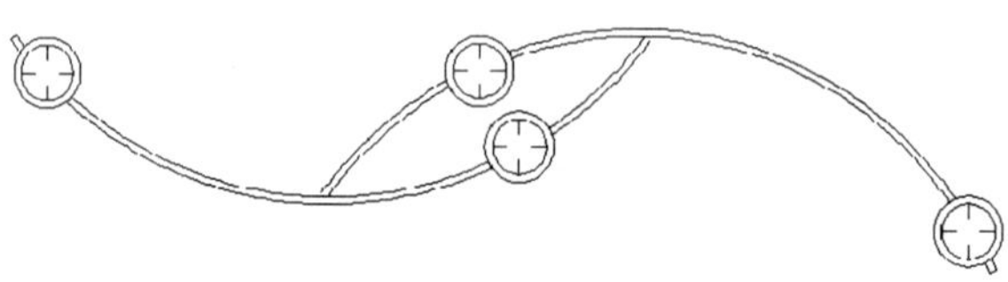

图 8-8

8.2 复制类命令

在绘制相同或相似的图形对象时，使用复制命令不仅可以提高绘图速度，还可以提高绘图质量，复制类命令包括复制、偏移、镜像和阵列。

8.2.1　复制命令

通过复制命令可以复制单个或多个已有图形对象到指定的位置，调用该命令的方法如下：

- 在“常用”选项卡的“修改”组中单击“复制”按钮。
- 显示菜单栏，选择“修改”→“复制”命令。
- 在命令行中执行 COPY 或 CO 命令。

下面通过实例练习该命令的使用，具体操作如下：

Step 01 打开“阀盖俯视图.dwg”图形文件（光盘:\素材\第 8 章\阀盖俯视图.dwg），在命令行中执行 COPY 命令，复制轴孔，具体操作过程如下：

```
命令: COPY                                          //执行 COPY 命令
选择对象: 找到 1 个                                  //选择如图 8-9 所示的圆
选择对象:                                           //按【Space】键结束对象的选择
当前设置: 复制模式 = 多个                             //系统自动提示
指定基点或 [位移(D)/模式(O)] <位移>:                  //单击所选圆的圆心
指定第二个点或 <使用第一个点作为位移>:                 //单击如图 8-10 所示的 A 点
指定第二个点或 [退出(E)/放弃(U)] <退出>:              //单击如图 8-10 所示的 B 点
指定第二个点或 [退出(E)/放弃(U)] <退出>:              //单击如图 8-10 所示的 C 点
指定第二个点或 [退出(E)/放弃(U)] <退出>:              //单击如图 8-10 所示的 D 点
指定第二个点或 [退出(E)/放弃(U)] <退出>:              //单击如图 8-10 所示的 E 点
指定第二个点或 [退出(E)/放弃(U)] <退出>:              //按【Space】键结束对象的选择并退出复制命令
```

Step 02 复制后的效果如图 8-11 所示（光盘:\源文件\第 8 章\阀盖俯视图.dwg）。

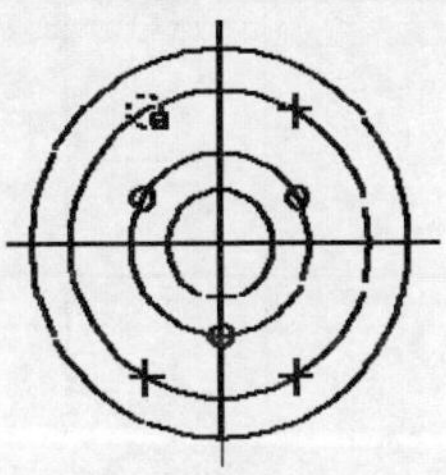

图 8-9

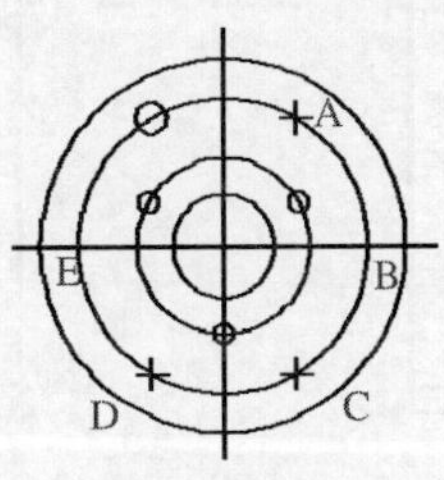

图 8-10

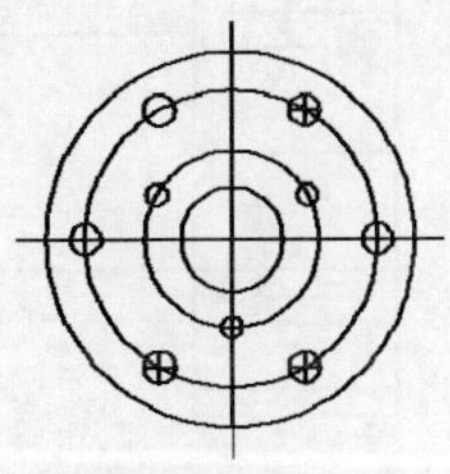

图 8-11

注　意

在复制拖动图形对象时，若开启正交功能，则只能在水平和垂直方向上拖动图形对象，关闭正交功能即可将图形复制到绘图区的任意位置。

8.2.2　偏移命令

偏移与复制是类似的，不同的是偏移要输入新旧两个图形的具体距离，即偏移值，偏移对象命令可以是直线、圆弧、圆、椭圆、椭圆弧、二维多段线、构造线、射线和样条曲线等对象。调用该命令的方法如下：

- 在“常用”选项卡的“修改”组中单击“偏移”按钮。
- 显示菜单栏，选择“修改”→“偏移”命令。

- 在命令行中执行 OFFSET 或 O 命令。

下面通过实例练习该命令的使用，具体操作如下：

Step 01 打开“书桌.dwg”图形文件（光盘:\素材\第 8 章\书桌.dwg），在命令行中执行 OFFSET 命令，绘制把手，具体操作过程如下：

```
命令: OFFSET                                              //执行 OFFSET 命令
当前设置: 删除源=否  图层=源  OFFSETGAPTYPE=0             //系统提示当前设置状态
指定偏移距离或 [通过(T)/删除(E)/图层(L)] <通过>: 40       //输入偏移距离 40，按【Space】键
选择要偏移的对象，或 [退出(E)/放弃(U)] <退出>:             //选择如图 8-12 所示的 A 线
指定要偏移的那一侧上的点，或 [退出(E)/多个(M)/放弃(U)] <退出>: //向下移动鼠标并单击
选择要偏移的对象，或 [退出(E)/放弃(U)] <退出>:             //按【Space】键结束命令，绘制后的效果
如图 8-13 所示
命令:                                                     //按【Space】键结束命令
命令: OFFSET                                              //执行 OFFSET 命令
当前设置: 删除源=否  图层=源  OFFSETGAPTYPE=0             //系统提示当前设置状态
指定偏移距离或 [通过(T)/删除(E)/图层(L)] <40.0000>: 125   //输入偏移距离 125，按
【Space】键
选择要偏移的对象，或 [退出(E)/放弃(U)] <退出>:             //选择如图 8-14 所示的 A 线
指定要偏移的那一侧上的点，或 [退出(E)/多个(M)/放弃(U)] <退出>: //向右移动鼠标并单击
选择要偏移的对象，或 [退出(E)/放弃(U)] <退出>:             //按【Space】键结束命令
```

Step 02 按照相同的方法，将书桌的其他把手绘制完成，完成后的效果如图 8-15 所示（光盘:\源文件\第 8 章\书桌.dwg）。

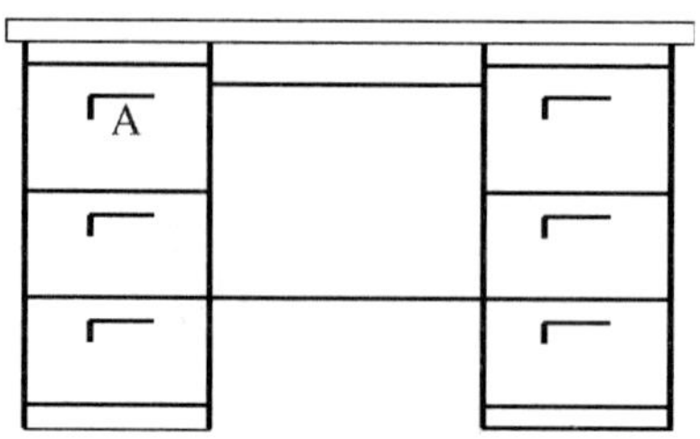

图 8-12

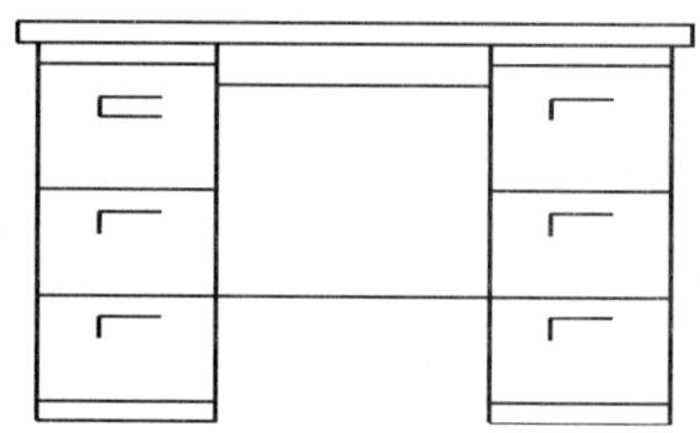
图 8-13

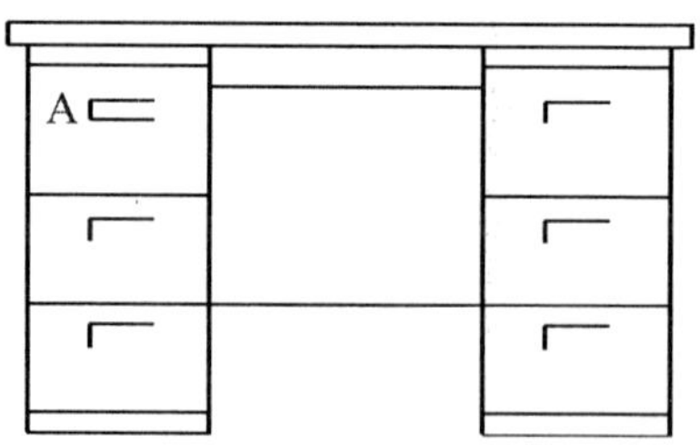

图 8-14

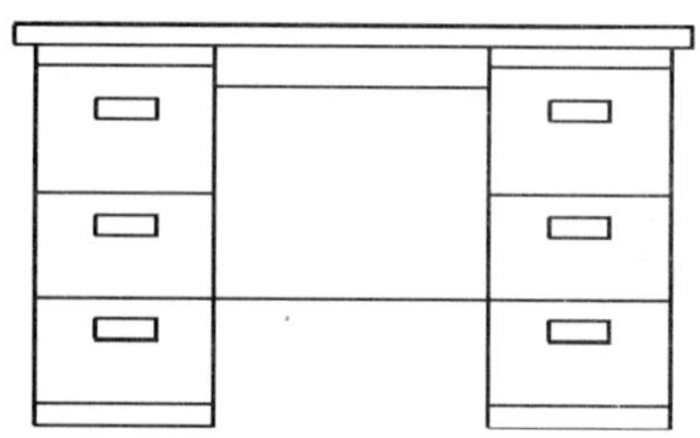
图 8-15

在执行命令的过程中，各选项的含义如下：

- 通过：指定通过一个已知点的方法偏移图形对象。
- 删除：指定是否在执行偏移操作后删除源图形对象，当前是什么状态可以通过执行 OFFSET 命令时命令行的提示来判断，如果选择“删除源=否”，则不删除源对象，如果选择“删除源=是”，则会在执行偏移操作后只保留偏移图形而删除源对象。

- 图层：指定是在源对象所在的图层执行偏移操作还是在当前图层执行偏移操作，如果选择“图层=源”，则表示在源对象所在图层执行偏移操作，如果选择“图层=当前”，则表示在当前图层执行偏移操作。
- OFFSETGAPTYPE：控制偏移闭合多段线时处理线段之间潜在间隙方式的系统变量，其值有 0、1 和 2 三个，0 表示通过延伸多段线填充间隙，1 表示用圆角弧线段填充间隙（每个弧线段半径等于偏移距离），2 表示用倒角直线段填充间隙（到每个倒角的垂直距离等于偏移距离）。

注 意

如果偏移的对象是直线，则偏移后的直线大小不变；如果偏移的对象是圆或矩形等，则偏移后的对象将被放大或缩小，在实际应用中此命令一般用来偏移直线。

8.2.3 镜像命令

镜像命令可以生成与所选对象相对称的图形。调用该命令的方法主要有以下几种：

- 在“常用”选项卡的“修改”组中单击“镜像”按钮。
- 显示菜单栏，选择“修改”→“镜像”命令。
- 在命令行中执行 MIRROR 或 MI 命令。

下面通过实例练习该命令的使用，具体操作如下：

Step 01 打开“轴套.dwg”图形文件（光盘:\素材\第 8 章\轴套.dwg），在命令行中执行 MIRROR 命令，镜像轴套的下半部分，具体操作过程如下：

```
命令:MIRROR                          //执行 MIRROR 命令
选择对象: 指定对角点: 找到 26 个      //选择绘图区中的所有图形对象
选择对象:                            //按【Space】键结束对象的选择
指定镜像线的第一点:                  //单击如图 8-16 所示的 A 点
指定镜像线的第二点:                  //单击如图 8-16 所示的 B 点
是否删除源对象? [是(Y)/否(N)] <N>: //按【Space】键不删除源对象，并结束镜像命令
```

Step 02 完成后的效果如图 8-17 所示（光盘:\源文件\第 8 章\轴套.dwg）。

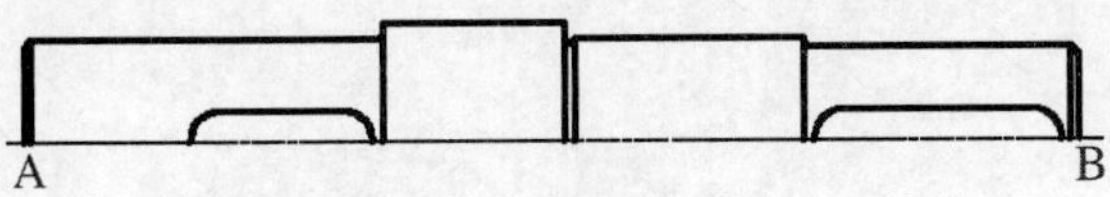

图 8-16

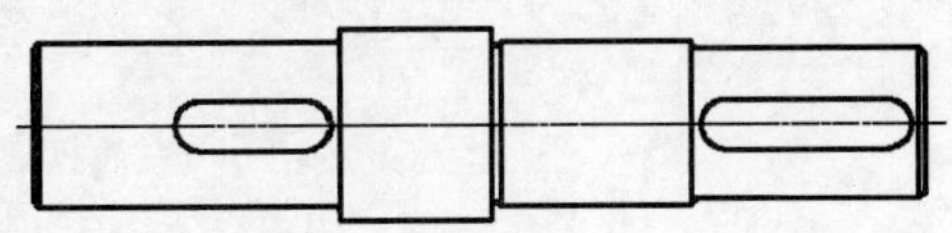

图 8-17

注 意

在命令行询问是否删除源对象时，默认情况下选择“否”选项，表示不删除源对象；选择“是”选项，表示删除源对象。

8.2.4 阵列命令

阵列命令可以将被阵列的源对象按一定的规则复制多个并进行阵列排列。阵列后可以对其中的一个或者几个图形对象分别进行编辑而不影响其他对象。阵列分为矩形阵列和环形阵列两种，无论哪种阵列方式都需要在“阵列”对话框中进行，打开“陈列”对话框的方法如下：

- 在“常用”选项卡的“修改”组中单击阵列按钮右侧的▾，然后在弹出的菜单中选择相应的阵列命令。
- 显示菜单栏，选择“修改”→“阵列”命令，在弹出的菜单中选择相应的阵列命令。
- 在命令行中执行 ARRAY 或 AR 命令后，选择相应的阵列选项，或执行相应的阵列命令。

1. 矩形阵列

矩形阵列是指阵列后的图形外形轮廓和矩形相同，在“阵列”对话框中，默认选择的是⊙矩形阵列(R)单选按钮，即表示当前阵列方式为矩形阵列，具体操作如下：

Step 01 打开“办公桌.dwg”图形文件（光盘:\素材\第 8 章\办公桌.dwg），在命令行中执行 ARRAYRECT 命令，具体操作过程如下：

```
命令: ARRAYRECT                                    //执行 ARRAYRECT 命令（矩形阵列）
选择对象: 找到 1 个                                 //选择凳子上的圆形，如图 8-18 所示
选择对象:                                          //按【Space】键结束对象的选择
类型 = 矩形  关联 = 是                              //系统提示当前设置状态
为项目数指定对角点或 [基点(B)/角度(A)/计数(C)] <计数>:  //指定矩形阵列的对象点，这里选择如图 8-18 所示的 A 点
指定对角点以间隔项目或 [间距(S)] <间距>: 300          //输入指定对象点阵列项目的间距，这里输入 300
按 Enter 键接受或 [关联(AS)/基点(B)/行(R)/列(C)/层(L)/退出(X)] <退出>:  //按【Space】键确认输入并进行矩形阵列
```

Step 02 完成后的阵列效果如图 8-19 所示（光盘:\源文件\第 8 章\办公桌.dwg）。

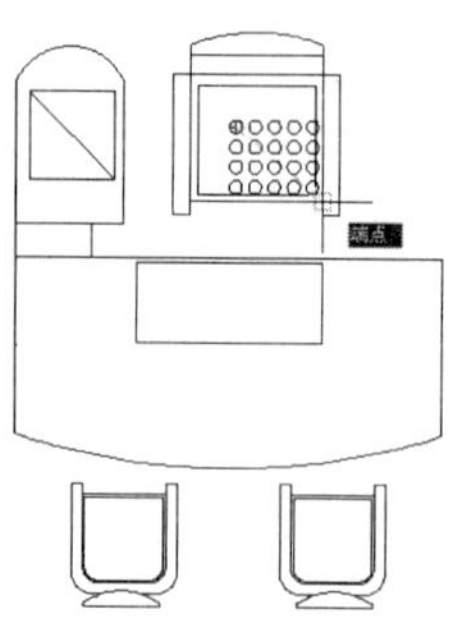

图 8-18

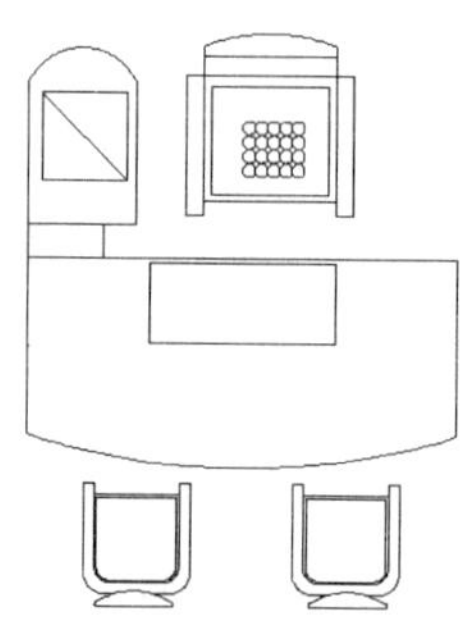

图 8-19

注 意

在矩形阵列中，行偏移和列偏移有正负之分。在默认情况下，若行偏移为正值，则行添加在上面；反之，添加在下面。若列偏移为正值，则列添加在右侧；反之，添加在左侧。

2. 环形阵列

环形阵列是将图形对象以一个圆形进行阵列复制。具体操作如下：

Step 01 打开“机械零件.dwg”图形文件（光盘:\素材\第 8 章\机械零件.dwg），在命令行中执行 ARRAYPOLAR 命令，具体操作过程如下。

```
命令: ARRAYPOLAR                              //执行 ARRAYPOLAR 命令（环形阵列）
选择对象: 找到 1 个                           //选择图 8-20 左上角的小圆，对该圆进行环形阵列
选择对象:                                     //按【Space】键结束对象的选择
类型 = 极轴  关联 = 是                        //系统提示当前设置状态
指定阵列的中心点或 [基点(B)/旋转轴(A)]:           //指定环形阵列的中心，这里选择如图
8-20 所示的圆心为中心点
输入项目数或 [项目间角度(A)/表达式(E)] <4>:      //输入环形阵列的数目，保持默认值为 4,
按【Space】键确认输入
指定填充角度(+=逆时针、-=顺时针)或 [表达式(EX)] <360>:          //输入环形阵列的角度，保
持默认值为 4，按【Space】键确认输入
按 Enter 键接受或 [关联(AS)/基点(B)/项目(I)/项目间角度(A)/填充角度(F)/行(ROW)/层
(L)/旋转项目(ROT)/退出(X)]                      //按【Space】键确认输入完成环形阵列
```

Step 02 完成环形阵列后，效果如图 8-21 所示（光盘:\源文件\第 8 章\机械零件.dwg）。

图 8-20

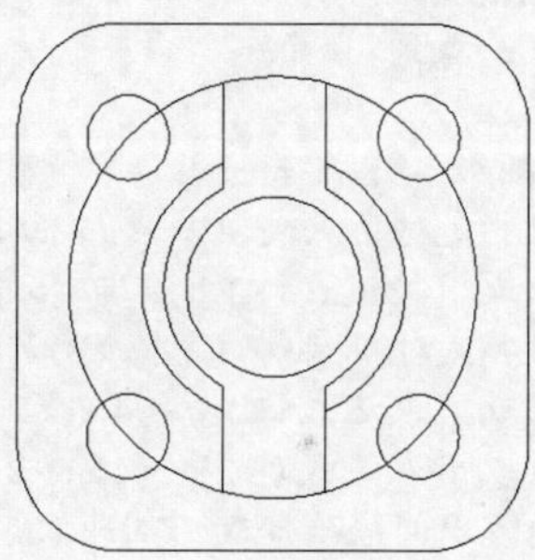

图 8-21

3. 路径阵列

AutoCAD 2012 除了沿用矩形和环形阵列外，还增加了路径阵列，使用户体验了更多的方便与人性化。

Step 01 打开“水管.dwg”图形文件(光盘:\素材\第 8 章\水管.dwg)，在命令行中执行 ARRAYPATH 命令，具体操作过程如下:

```
命令: ARRAYPATH                                   //执行 ARRAYPATH 命令（路径阵列）
选择对象: 找到 1 个                               //选择圆形对象
选择对象:                                         //按【Space】键结束对象的选择
类型 = 路径  关联 = 是                            //系统提示当前设置状态
选择路径曲线:                                     //选择图形文件中的曲线
输入沿路径的项数或 [方向(O)/表达式(E)] <方向>: 5      //输入阵列的数目，这里输入 5，并按
【Space】确认输入
指定沿路径的项目之间的距离或 [定数等分(D)/总距离(T)/表达式(E)] <沿路径平均定数等分
(D)>:                     //系统提示选择距离，这里选择曲线右上角的端点，如图 8-22 所示
```

```
按 Enter 键接受或 [关联(AS)/基点(B)/项目(I)/行(R)/层(L)/对齐项目(A)/Z 方向(Z)/退出(X)] <退出>:          //按【Space】键确认并进行阵列操作
已删除 1 个约束          //系统提示
```

Step 02 完成后的阵列效果如图 8-23 所示（光盘:\源文件\第 8 章\水管.dwg）。

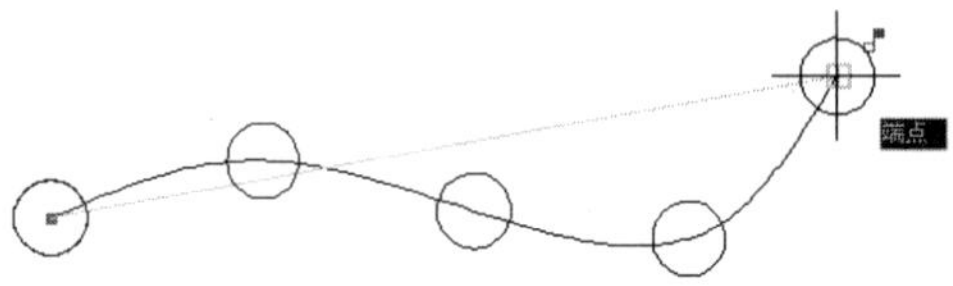

图 8-22

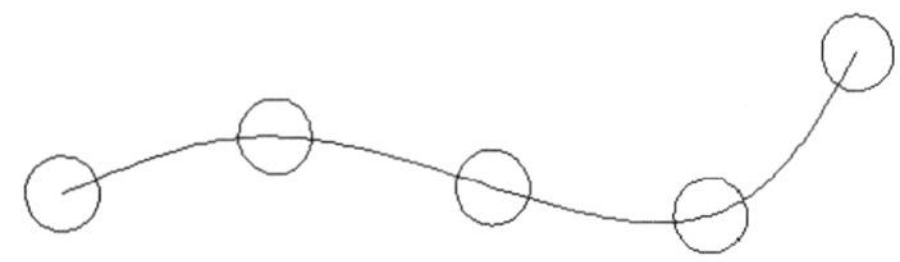

图 8-23

8.2.5 任务 18：绘制圆桌

下面以绘制圆桌为例，来练习本节所讲的知识。

Step 01 打开“圆桌.dwg”图形文件（光盘:\素材\第 8 章\圆桌.dwg），在命令行中执行 ARRAYRECT 命令，具体操作过程如下：

```
命令: ARRAYREct                                  //执行 ARRAYPATH 命令（矩形阵列）
选择对象: 找到 1 个                               //选择如图 8-24 所示的六边形对象
选择对象:                                         //按【Space】键确认选择
类型 = 矩形  关联 = 是                            //系统提示当前设置状态
为项目数指定对角点或 [基点(B)/角度(A)/计数(C)] <计数>: b     //选择“基点”选项
指定基点或 [关键点(K)] <质心>:                    //选择如图 8-25 所示的点为基点
为项目数指定对角点或 [基点(B)/角度(A)/计数(C)] <计数>: c     //选择“计数”选项
输入行数或 [表达式(E)] <4>: 2                     //输入矩形阵列的行数，这里输入 2
输入列数或 [表达式(E)] <4>: 2                     //输入矩形阵列的列数，这里输入 2
指定对角点以间隔项目或 [间距(S)] <间距>: s        //选择间距选项
指定行之间的距离或 [表达式(E)] <73.9719>: -400 //输入行间距，这里输入-400
指定列之间的距离或 [表达式(E)] <85.4154>: 400  //输入列间距，这里输入 400
按 Enter 键接受或 [关联(AS)/基点(B)/行(R)/列(C)/层(L)/退出(X)] <退出>:     // 按【Space】键执行矩形阵列操作
已删除 1 个约束                                   //系统提示
```

图 8-24

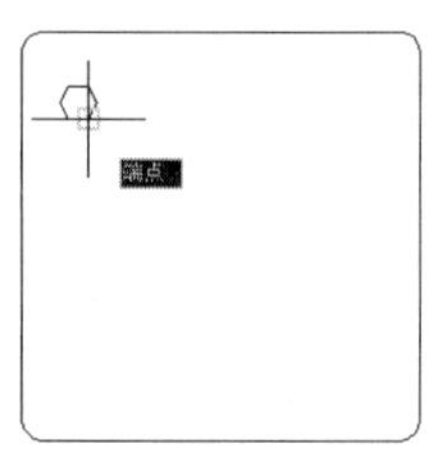

图 8-25

Step 02 完成阵列后的效果如图 8-26 所示。

Step 03 在命令行中执行 ARRAYPOLAR，进行环形阵列操作，具体操作过程如下：

```
命令: ARRAYPOLAR                      //执行 ARRAYPOLAR 命令（环形阵列）
选择对象: 找到 2 个                   //使用框选的方法，选择图 8-27 左上角的凳子图形
```

```
选择对象:                                //按【Space】键结束对象的选择
类型 = 极轴  关联 = 是                   //系统提示当前设置状态
指定阵列的中心点或 [基点(B)/旋转轴(A)]: //指定环形阵列的中心,这里选择如图 8-28 所示的圆心为中心点
输入项目数或 [项目间角度(A)/表达式(E)] <4>:10   //输入环形阵列的数目，保持默认值为 10，按【Space】键确认输入
指定填充角度(+=逆时针、-=顺时针)或 [表达式(EX)] <360>:  //输入环形阵列的角度，保持默认值为 4，按【Space】键确认输入
按 Enter 键接受或 [关联(AS)/基点(B)/项目(I)/项目间角度(A)/填充角度(F)/行(ROW)/层(L)/旋转项目(ROT)/退出(X)]   //按【Space】键确认输入完成环形阵列
```

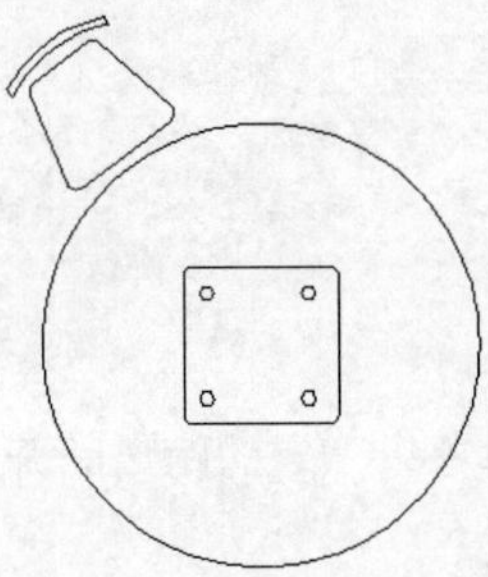

图 8-26

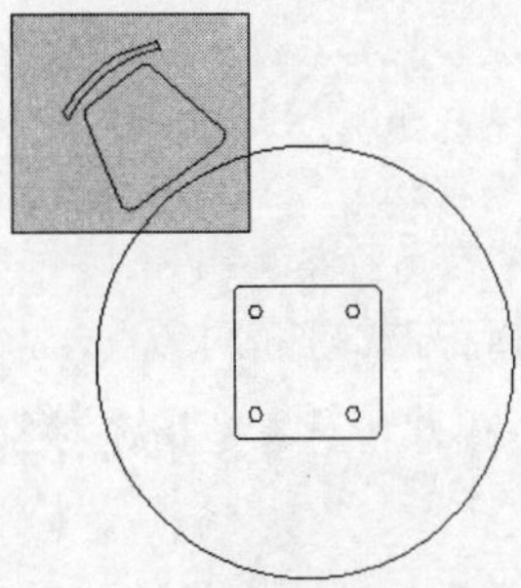

图 8-27

Step 04 完成矩形阵列和环形阵列后，效果如图 8-29 所示（光盘:\源文件\第 8 章\圆桌.dwg）。

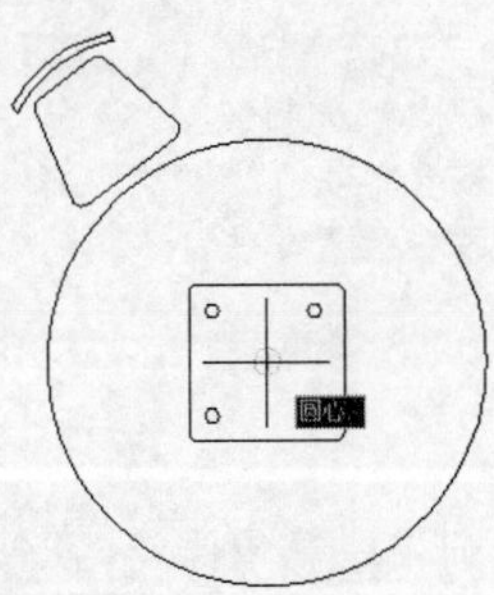

图 8-28

图 8-29

8.3　其他编辑命令

为了使绘制的图形更加准确，且在绘图过程中更加方便，AutoCAD 2012 还提供了多种其他编辑命令，包括打断、圆角、倒角、比例缩放、合并及分解命令。

8.3.1　打断命令

打断命令可以将实体的某一部分打断，或者删除该实体的某一部分。被分离的线段只能是单独的线条，不能是任何组合形体，如图块等。打断操作可通过指定两点和选择物体后再指定两点两种方式断开对象。

1. 将对象打断于一点

将对象打断于一点是指将整条线段分离成两条独立的线段，但线段之间没有空隙。调用该命令的方法如下：

- 在“常用”选项卡的“修改”组中单击修改▾按钮右侧的▾按钮，然后在弹出的下拉列表中单击“打断于点”按钮。
- 在命令行中执行 BREAK 或 BR 命令。

执行上述命令后，具体操作过程如下：

```
命令: BREAK                          //执行 BREAK 命令
选择对象:                            //选择要打断的对象
指定第二个打断点或 [第一点(F)]:F     //系统自动执行“第一点”选项
指定第一个打断点:                    //在对象上要打断的位置单击
指定第二个打断点: @                  //系统自动输入@符号，表示第二个打断点与第一个打断点
为同一点。对象将无缝断开，并退出命令
```

2. 以两点方式打断对象

以两点方式打断对象是指在对象上创建两个打断点，使对象以一定的距离断开。调用该命令的方法如下：

- 在“常用”选项卡的“修改”组中单击修改▾按钮右侧的▾按钮，然后在弹出的下拉列表中单击“打断”按钮。
- 在命令行中执行 BREAK 或 BR 命令。

执行上述命令后，具体操作过程如下：

```
命令: BREAK                          //执行 BREAK 命令
选择对象:                            //选择要打断的对象
指定第二个打断点或 [第一点(F)]:f     //系统自动执行“第一点”选项
指定第一个打断点:                    //在对象上要打断的位置单击
指定第二个打断点:                    //在对象上要打断的另一位置单击
```

8.3.2 圆角命令与倒角命令

在设计某些产品或零件时，为了美观和安全，可对边缘进行圆角或倒角操作。在使用 AutoCAD 2012 绘制该类图形对象时，可以使用相关命令快速进行圆角或倒角处理。

1. 圆角命令

圆角命令是将两条相交的直线通过一个圆弧连接起来，调用该命令的方法如下：

- 在“常用”选项卡的“修改”组中单击“圆角”按钮。
- 显示菜单栏，选择“修改”→“圆角”命令。
- 在命令行中执行 FILLET 或 F 命令。

下面通过实例练习该命令的使用，具体操作如下：

Step 01 打开“洗菜盆.dwg”图形文件（光盘:\素材\第 8 章\洗菜盆.dwg），在命令行中执行 FILLET 命令，具体操作过程如下：

```
命令: FILLET                            //执行 FILLET 命令
当前设置: 模式 = 修剪, 半径 = 0.0000    //系统提示当前圆角设置
```

```
选择第一个对象或 [放弃(U)/多段线(P)/半径(R)/修剪(T)/多个(M)]: R //选择“半径”选项，按【Space】键
指定圆角半径 <0.0000>:30 //输入圆角半径 30，按【Space】键
选择第一个对象或 [放弃(U)/多段线(P)/半径(R)/修剪(T)/多个(M)]: M //选择“多个”选项，按【Space】键
选择第一个对象或 [放弃(U)/多段线(P)/半径(R)/修剪(T)/多个(M)]:  //选择如图 8-30 所示的 A 线和 B 线
选择第二个对象，或按住 Shift 键选择要应用角点的对象: //选择如图 8-32 所示的 B 线和 C 线
选择第一个对象或 [放弃(U)/多段线(P)/半径(R)/修剪(T)/多个(M)]:  //选择如图 8-30 所示的 C 线和 D 线
选择第二个对象，或按住 Shift 键选择要应用角点的对象: //选择如图 8-32 所示的 D 线和 A 线
选择第一个对象或 [放弃(U)/多段线(P)/半径(R)/修剪(T)/多个(M)]: //按【Space】键结束命令
```

Step 02 完成后的效果如图 8-31 所示（光盘:\源文件\第 8 章\洗菜盆.dwg）。

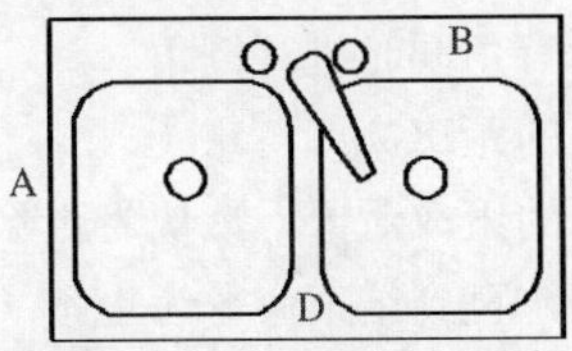

图 8-30

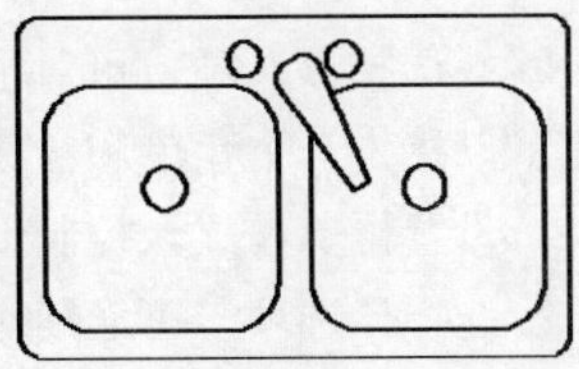
图 8-31

2. 倒角命令

倒角命令用于将两条非平行直线或多段线做出有斜度的倒角，调用该命令的方法主要有以下几种：

- 在“常用”选项卡的“修改”组中单击“圆角”按钮右侧的▾按钮，然后在弹出的下拉列表中选择“倒角”命令。
- 显示菜单栏，选择“修改”→“倒角”命令。
- 在命令行中执行 CHAMFER 或 CHA 命令。

下面通过实例练习该命令的使用，具体操作如下：

Step 01 打开“灶具.dwg”图形文件（光盘:\素材\第 8 章\灶具.dwg），在命令行中执行 CHAMFER 命令，具体操作过程如下：

```
命令: CHAMFER //执行 CHAMFER 命令
(“修剪”模式) 当前倒角距离 1 = 0.0000，距离 2 = 0.0000 //系统提示当前倒角设置
选择第一条直线或 [放弃(U)/多段线(P)/距离(D)/角度(A)/修剪(T)/方式(E)/多个(M)]: D //选择“距离”选项，按【Space】键
指定第一个倒角距离 <0.0000>: 30 //输入第一个倒角距离 30，然后按【Space】键
指定第二个倒角距离 <30.0000>: //按【Space】键
选择第一条直线或 [放弃(U)/多段线(P)/距离(D)/角度(A)/修剪(T)/方式(E)/多个(M)]: M //选择“多个”选项，按【Space】键
选择第一条直线或 [放弃(U)/多段线(P)/距离(D)/角度(A)/修剪(T)/方式(E)/多个(M)]:// 选择如图 8-32 所示的 A 线
选择第二条直线，或按住 Shift 键选择要应用角点的直线: //选择如图 8-32 所示的 B 线
选择第一条直线或 [放弃(U)/多段线(P)/距离(D)/角度(A)/修剪(T)/方式(E)/多个(M)]:// 选择如图 8-32 所示的 C 线
选择第二条直线，或按住 Shift 键选择要应用角点的直线: //选择如图 8-32 所示的 D 线
```

```
选择第一条直线或 [放弃(U)/多段线(P)/距离(D)/角度(A)/修剪(T)/方式(E)/多个(M)]:// 按【Space】键结束命令
```

Step 02 完成后的效果如图 8-33 所示（光盘:\源文件\第 8 章\灶具.dwg）。

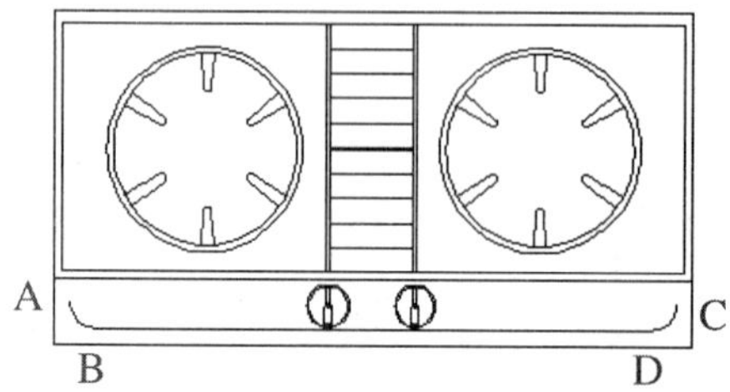

图 8-32

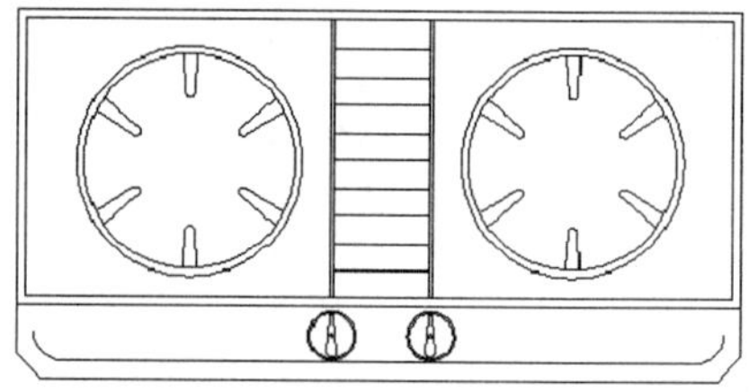

图 8-33

在执行命令的过程中，各选项的含义如下：

- 多段线：选择该选项，可对由多段线组成的图形的所有角同时进行倒角。
- 角度：以指定一个角度和一段距离的方法来设置倒角的距离。
- 修剪：设置修剪模式，控制倒角处理后是否删除原角的组成对象，默认为删除。
- 多个：选择该选项，可连续对多组对象进行倒角处理，直到结束命令为止。

8.3.3 比例缩放命令

比例缩放命令是将指定对象按指定比例相对于基点放大或缩小。调用该命令的方法如下：

- 在“常用”选项卡的“修改”组中单击“缩放”按钮。
- 显示菜单栏，选择“修改”→“缩放”命令。
- 在命令行中执行具体 SCALE 或 SC 命令。

执行上述命令后，具体操作过程如下：

```
命令: SCALE                              //执行 SCALE 命令
选择对象:                                //选择需要缩放的对象
选择对象:                                //按【Space】键结束对象的选择
指定基点:                                //指定缩放基点
指定比例因子或 [复制(C)/参照(R)]:          //指定缩放比例并按【Space】键
```

8.3.4 合并命令与分解命令

为了更好地绘制图形，可以把类似的图形进行合并（合并后的图形也可以进行分解），下面进行具体讲解。

1. 合并命令

合并图形是指将相似的图形对象合并为一个对象，可以合并的对象包括圆弧、椭圆弧、直线、多段线和样条曲线等，调用该命令的方法如下：

- 在“常用”选项卡的“修改”组中单击▾按钮，然后在弹出的下拉列表中单击“合并”按钮。
- 显示菜单栏，选择“修改”→“合并”命令。
- 在命令行中执行 JOIN 或 J 命令。

下面通过实例练习该命令的使用，具体操作如下：

Step 01 打开“圆.dwg”图形文件（光盘:\素材\第 8 章\圆.dwg），在命令行中执行 JOIN 命令，具体操作过程如下：

```
命令: J                                          //执行 JOIN 命令
选择源对象:                                      //选择如图 8-34 所示的圆弧
选择圆弧，以合并到源或进行 [闭合(L)]:  L          //选择“闭合”选项
已将圆弧转换为圆                                  //系统提示
```

Step 02 完成后的效果如图 8-35 所示（光盘:\源文件\第 8 章\圆.dwg）。

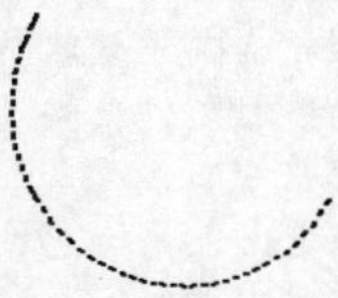

图 8-34

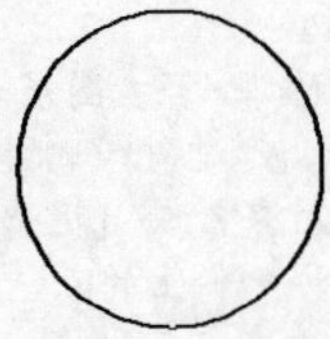

图 8-35

2. 分解命令

分解对象命令的调用方法有以下几种：

- 在“常用”选项卡的“修改”组中单击“分解”按钮。
- 显示菜单栏，选择“修改”→“分解”命令。
- 在命令行中执行 EXPLODE 命令。

执行上述命令后，具体操作过程如下：

```
命令: EXPLODE                 //执行 EXPLODE 命令
选择对象: 找到 1 个           //选择需要分解的对象
选择对象:                     //按【Space】键结束对象的选择，并自动显示分解后的效果
```

8.3.5 任务 19：绘制底板

下面以绘制底板为例，来练习本节所讲的知识。

Step 01 打开“底板.dwg”图形文件（光盘:\素材\第 8 章\底板.dwg），在命令行中执行 C 命令，绘制辅助圆，具体操作过程如下：

```
命令: CIRCLE                                                   //执行 CIRCLE 命令
指定圆的圆心或[三点(3P)/两点(2P)/相切、相切、半径(T)]:      //单击左边垂直中心线与第一条
水平中心线的交点
指定圆的半径或[直径(D)] <0>: 4                                //输入半径 4，绘制后的效果如
图 8-36 所示
```

Step 02 在命令行中执行 TR 命令，修剪辅助圆，修剪后的效果如图 8-37 所示。

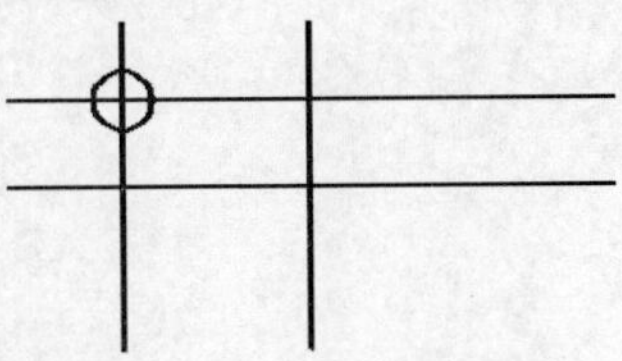

图 8-36

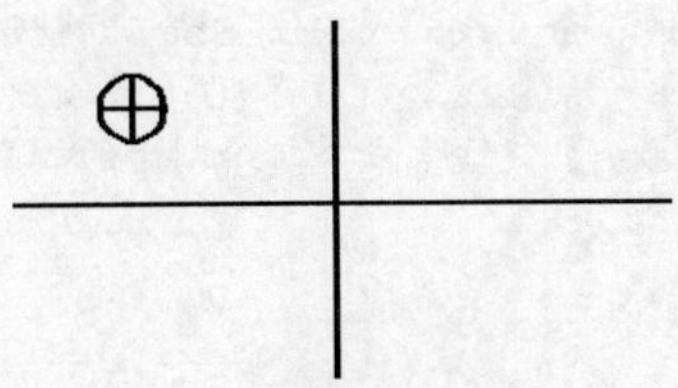

图 8-37

Step 03 在命令行中执行 ERASE 命令，删除辅助圆，然后在命令行中执行 REC 命令，具体操作过程如下：

```
命令：REC                                              //执行 REC 命令
指定第一个角点或 [倒角(C)/标高(E)/圆角(F)/厚度(T)/宽度(W)]: 62,80      //指定矩形的一个角点
指定另一个角点或 [面积(A)/尺寸(D)/旋转(R)]: 86,120 //指定矩形的另一个角点，绘制后的
效果如图 8-38 所示
```

Step 04 在命令行中执行 O 命令，具体操作过程如下：

```
命令：OFFSET                                           //执行 OFFSET 命令
当前设置：删除源=否  图层=源  OFFSETGAPTYPE=0   //系统提示当前设置状态
指定偏移距离或 [通过(T)/删除(E)/图层(L)] <通过>: 15 //输入偏移距离 15，按【Space】键
选择要偏移的对象，或 [退出(E)/放弃(U)] <退出>:  //选择水平中心线
指定要偏移的那一侧上的点，或 [退出(E)/多个(M)/放弃(U)] <退出>:     //向下移动鼠标并单击
选择要偏移的对象，或 [退出(E)/放弃(U)] <退出>:  //选择水平中心线
指定要偏移的那一侧上的点，或 [退出(E)/多个(M)/放弃(U)] <退出>:     //向上移动鼠标并单击
选择要偏移的对象，或 [退出(E)/放弃(U)] <退出>:  //按【Space】键结束命令
```

Step 05 在命令行中执行 TR 命令，修剪线段，修剪后的效果如图 8-39 所示。

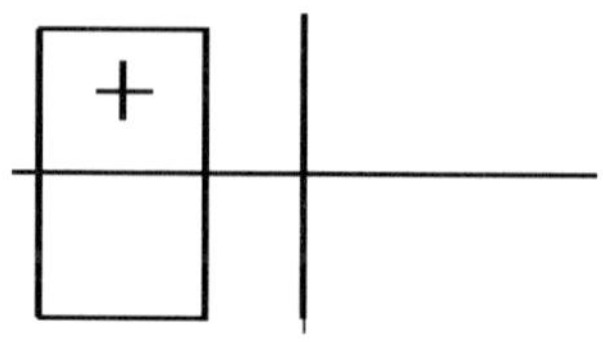
图 8-38

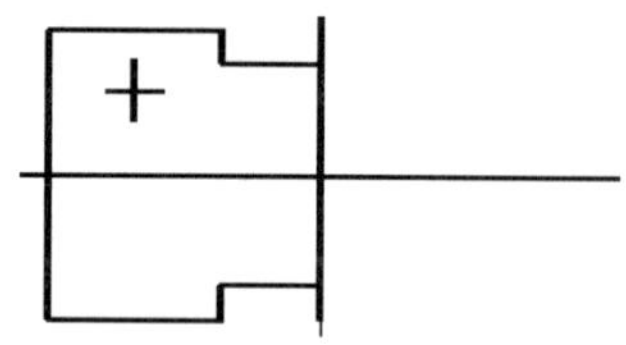
图 8-39

Step 06 在命令行中执行 CHAMFER 命令，具体操作过程如下：

```
命令：CHAMFER                                                //执行 CHAMFER 命令
("修剪"模式) 当前倒角距离 1 = 0.0000，距离 2 = 0.0000 //系统提示当前倒角设置
选择第一条直线或 [放弃(U)/多段线(P)/距离(D)/角度(A)/修剪(T)/方式(E)/多个(M)]: D
//选择"距离"选项，按【Space】键
指定第一个倒角距离 <0.0000>: 3                               //输入第一个倒角距离 3，然后
按【Space】键
指定第二个倒角距离 <3.0000>:                                 //按【Space】键
选择第一条直线或 [放弃(U)/多段线(P)/距离(D)/角度(A)/修剪(T)/方式(E)/多个(M)]: M
///选择"多个"选项，按【Space】键
选择第一条直线或 [放弃(U)/多段线(P)/距离(D)/角度(A)/修剪(T)/方式(E)/多个(M)]:// 选
择如图 8-40 所示的 A 线
选择第二条直线，或按住 Shift 键选择要应用角点的直线： //选择如图 8-40 所示的 B 线
选择第一条直线或 [放弃(U)/多段线(P)/距离(D)/角度(A)/修剪(T)/方式(E)/多个(M)]:// 选
择如图 8-40 所示的 C 线
选择第二条直线，或按住 Shift 键选择要应用角点的直线： //选择如图 8-40 所示的 D 线
选择第一条直线或 [放弃(U)/多段线(P)/距离(D)/角度(A)/修剪(T)/方式(E)/多个(M)]:// 按
【Space】键结束命令，绘制后的效果如图 8-41 所示
```

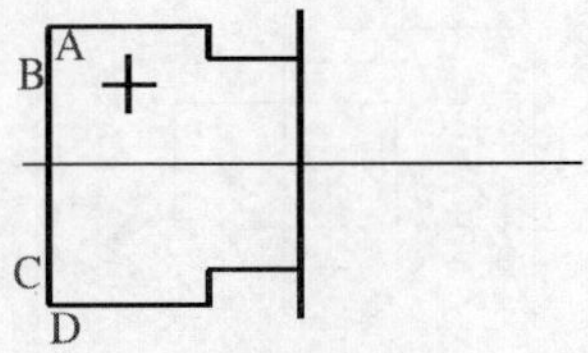

图 8-40

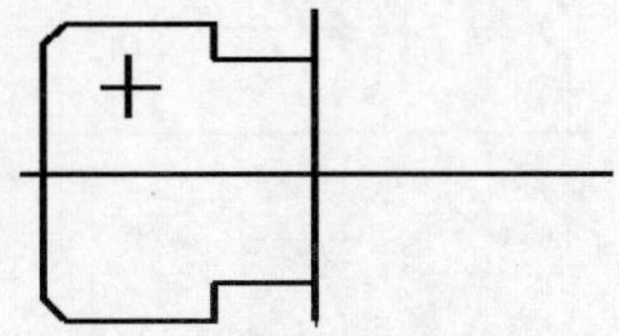

图 8-41

Step 07 在命令行中执行 FILLET 命令，具体操作过程如下：

```
命令: FILLET                                    //执行 FILLET 命令
当前设置: 模式 = 修剪, 半径 = 0.0000            //系统提示当前圆角设置
选择第一个对象或 [放弃(U)/多段线(P)/半径(R)/修剪(T)/多个(M)]: R //选择“半径”选项，按【Space】键
指定圆角半径 <0.0000>:2   //输入圆角半径 2，按【Space】键
选择第一个对象或 [放弃(U)/多段线(P)/半径(R)/修剪(T)/多个(M)]: M //选择“多个”选项，按【Space】键
选择第一个对象或 [放弃(U)/多段线(P)/半径(R)/修剪(T)/多个(M)]:    //选择如图 8-42 所示的 A 线
选择第二个对象, 或按住 Shift 键选择要应用角点的对象:  //选择如图 8-42 所示的 B 线
选择第一个对象或 [放弃(U)/多段线(P)/半径(R)/修剪(T)/多个(M)]:    //选择如图 8-42 所示的 C 线
选择第二个对象, 或按住 Shift 键选择要应用角点的对象:  //选择如图 8-42 所示的 D 线
选择第一个对象或 [放弃(U)/多段线(P)/半径(R)/修剪(T)/多个(M)]:    //按【Space】键结束命令，进行圆角处理后的效果如图 8-43 所示
```

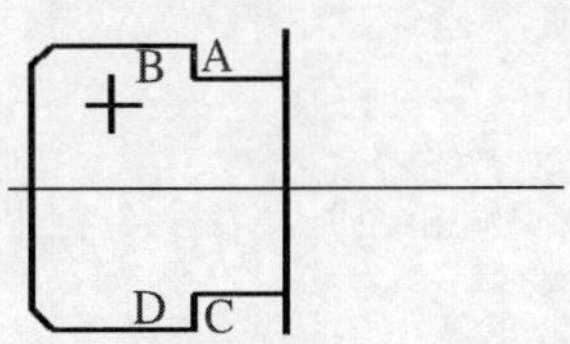

图 8-42

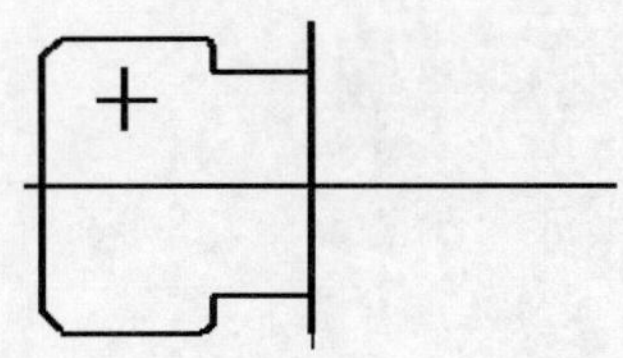

图 8-43

Step 08 在命令行中执行 C 命令，绘制半径为 3 的螺孔，绘制后的效果如图 8-44 所示。

Step 09 在命令行中执行 MI 命令，以水平中心线为镜像线，镜像复制螺孔及螺孔中心线，绘制后的效果如图 8-45 所示。

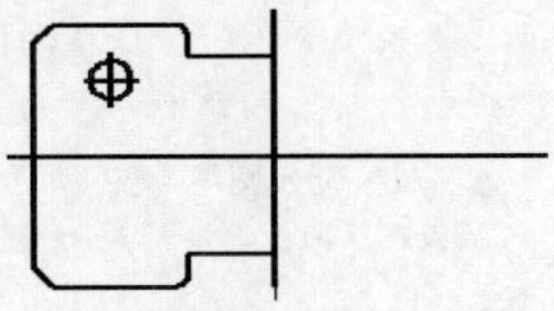

图 8-44

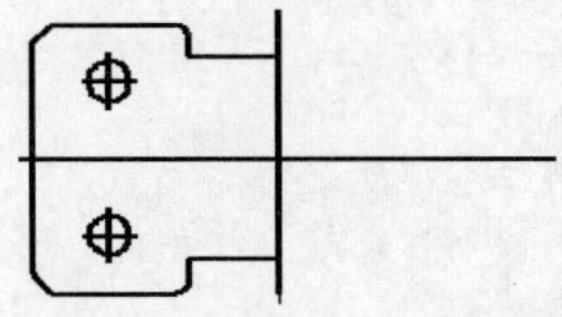

图 8-45

Step 10 在命令行中执行 MI 命令，以垂直中心线为镜像线，镜像复制底板的左半部分，绘制后的效果如图 8-46 所示。

Step 11 在命令行中执行 REC 命令，绘制角点坐标为（83,91）和（117,109）的矩形，绘制后的效果如图 8-47 所示（光盘:\源文件\第 8 章\底板.dwg）。

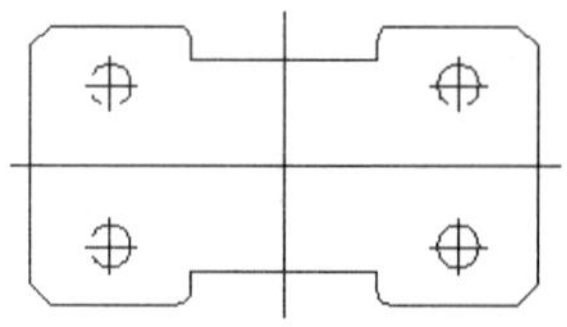

图 8-46

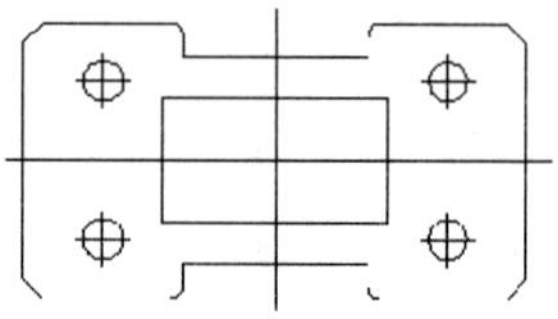

图 8-47

8.4 边学边用——绘制沙发

了解了图形对象的高级编辑知识以后，本节将通过一个简单实例的实现过程，来加深读者对相关知识的理解和掌握。

8.4.1 实例目标

本节将详细讲解在 AutoCAD 2012 中对图形对象进行高级编辑的方法，引导读者进一步掌握 AutoCAD 2012 中修改类命令、复制类命令及其他编辑命令的使用方法。

具体学习目标如下：

- 熟悉圆角与倒角命令的使用。
- 掌握复制和阵列图形的方法。

8.4.2 实例实现

Step 01 打开“沙发.dwg”图形文件（光盘:\素材\第 8 章\沙发.dwg），在命令行中执行 FILLET 命令，具体操作过程如下：

```
命令：FILLET                                    //执行 FILLET 命令
当前设置：模式 = 修剪，半径 = 0.0000            //系统提示当前圆角设置
选择第一个对象或 [放弃(U)/多段线(P)/半径(R)/修剪(T)/多个(M)]：R //选择“半径”选项，按【Space】键
指定圆角半径 <0.0000>:70                        //输入圆角半径 70，按【Space】键
选择第一个对象或 [放弃(U)/多段线(P)/半径(R)/修剪(T)/多个(M)]：M //选择“多个”选项，按【Space】键
选择第一个对象或 [放弃(U)/多段线(P)/半径(R)/修剪(T)/多个(M)]：    //选择如图 8-48 所示的 A 线
选择第二个对象，或按住 Shift 键选择要应用角点的对象： //选择如图 8-48 所示的 B 线
选择第一个对象或 [放弃(U)/多段线(P)/半径(R)/修剪(T)/多个(M)]：    //选择如图 8-48 所示的 B 线
选择第二个对象，或按住 Shift 键选择要应用角点的对象： //选择如图 8-48 所示的 C 线
选择第一个对象或 [放弃(U)/多段线(P)/半径(R)/修剪(T)/多个(M)]：    //选择如图 8-48 所示的 C 线
选择第二个对象，或按住 Shift 键选择要应用角点的对象： //选择如图 8-48 所示的 D 线
选择第一个对象或 [放弃(U)/多段线(P)/半径(R)/修剪(T)/多个(M)]：    //选择如图 8-48 所示的 D 线
选择第二个对象，或按住 Shift 键选择要应用角点的对象： //选择如图 8-48 所示的 A 线
```

```
选择第一个对象或 [放弃(U)/多段线(P)/半径(R)/修剪(T)/多个(M)]:     //按【Space】键结束
命令，绘制完成后的效果如图 8-49 所示
```

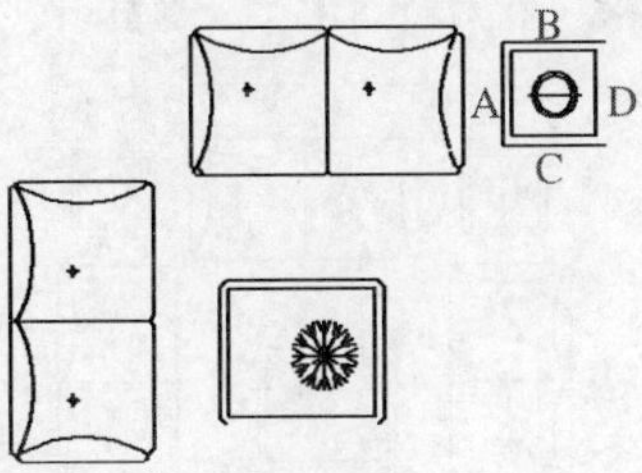

图 8-48

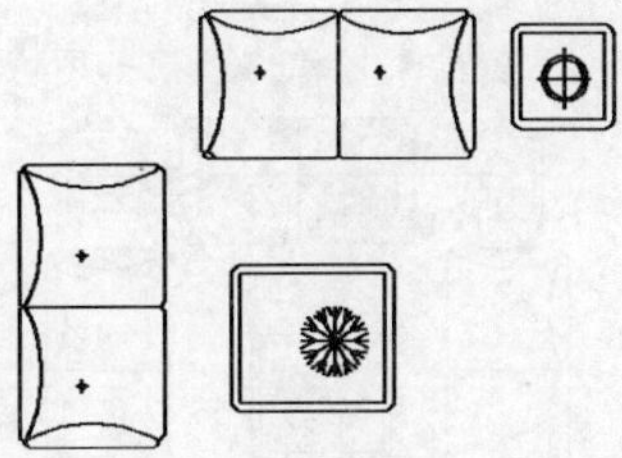

图 8-49

Step 02 在命令行中执行 MIRROR 命令，具体操作过程如下：

```
命令:MIRROR                              //执行 MIRROR 命令
选择对象: 指定对角点: 找到 26 个          //选择左边的两人沙发
选择对象:                                //按【Space】键结束对象的选择
指定镜像线的第一点:                      //单击如图 8-50 所示的 A 点
指定镜像线的第二点:                      //单击如图 8-50 所示的 B 点
是否删除源对象? [是(Y)/否(N)] <N>: //按【Space】键不删除源对象，并结束镜像命令，绘制完
成后的效果如图 8-51 所示
```

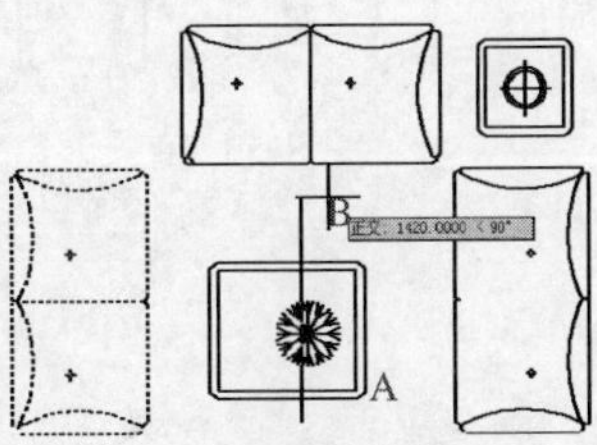

图 8-50

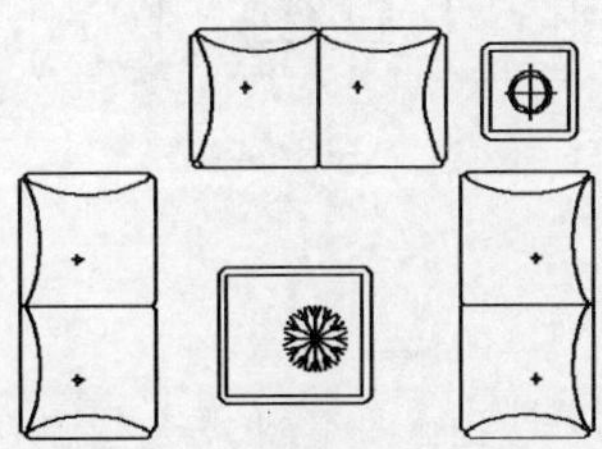

图 8-51

Step 03 在命令行中执行 COPY 命令，具体操作过程如下：

```
命令: COPY                                        //执行 COPY 命令
选择对象: 找到 1 个                               //选择沙发右上角的小桌子
选择对象:                                         //按【Space】键结束对象的选择
当前设置: 复制模式 = 多个                         //系统提示
指定基点或 [位移(D)/模式(O)] <位移>:              //单击桌面中间圆的圆心
指定第二个点或 <使用第一个点作为位移>:            //单击如图 8-52 所示的点
指定第二个点或 [退出(E)/放弃(U)] <退出>:          //按【Space】键结束对象的选择并退出复制命
令，绘制后的效果如图 8-53 所示
```

Step 04 在命令行中执行 ARRAYREct 命令，具体操作过程如下：

```
命令: ARRAYREct                          //执行 COPY 命令
选择对象: 找到 5 个                      //选择要进行矩形阵列的对象，这里选择如图 8-53 所示的 A 点
选择对象:                                //按【Space】键结束对象的选择
类型 = 矩形  关联 = 是                   系统提示当前圆角设置
为项目数指定对角点或 [基点(B)/角度(A)/计数(C)] <计数>: <正交 关> <正交 开> <正交
关> c                                    //选择“计数”选项
输入行数或 [表达式(E)] <4>: 2            //输入阵列行数
输入列数或 [表达式(E)] <4>: 2            //输入阵列列数
指定对角点以间隔项目或 [间距(S)] <间距>: s          //选择“间距”选项
```

```
指定行之间的距离或 [表达式(E)] <97.2>: -200          //输入行间距
指定列之间的距离或 [表达式(E)] <97.2>: 200           //输入列间距
按 Enter 键接受或 [关联(AS)/基点(B)/行(R)/列(C)/层(L)/退出(X)] <退出>:       // 按
【Space】键结束操作，效果如图 8-54 所示
```

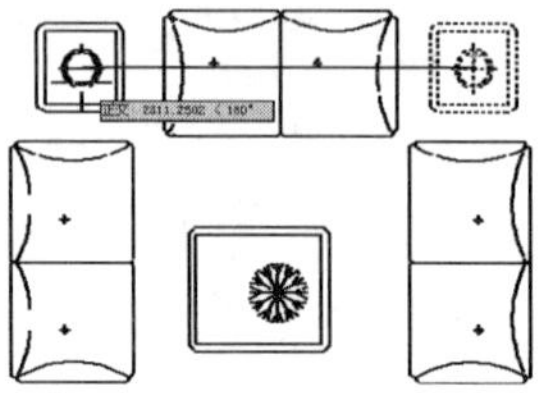
图 8-52

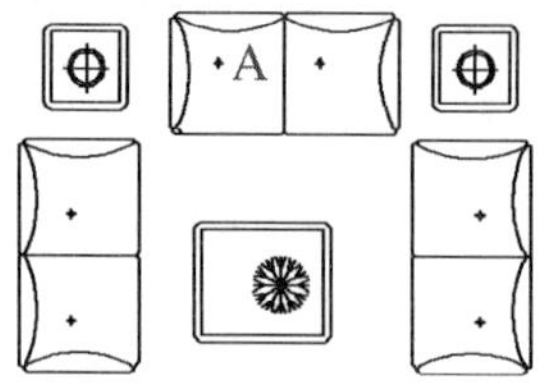

图 8-53

Step 05 使用相同的方法对沙发坐垫上的图形进行矩形阵列，最终效果如图 8-55 所示（光盘:\源文件\第 8 章\沙发.dwg）。

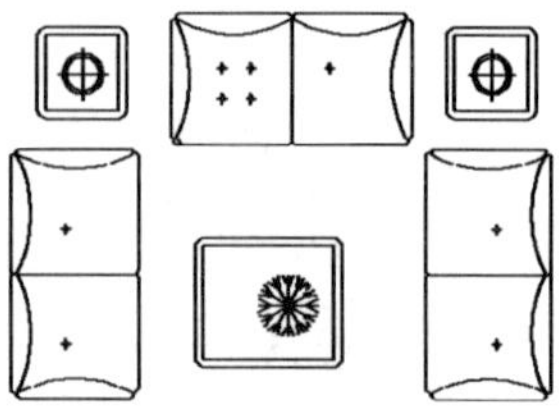
图 8-54

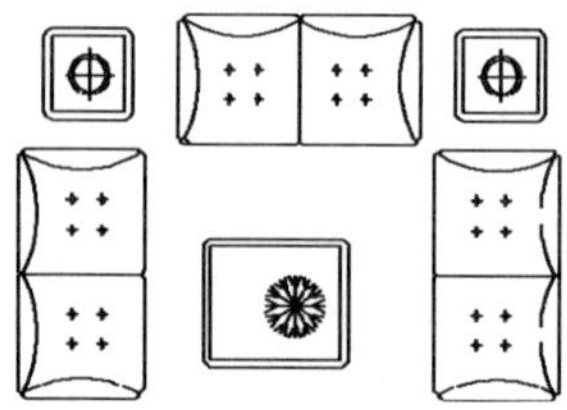
图 8-55

注　意

在对沙发上的图形对象进行阵列时，请多次反复测试，以使其达到最佳效果。

8.4.3 实例拓展和读者思考

在该实例中介绍了在 AutoCAD 2012 中对图形进行圆角、倒角、阵列等编辑操作的方法，使读者进一步巩固了编辑图形的高级方法。读者还可以通过镜像、移动、倒角、延伸、偏移、复制及修剪等编辑方法，绘制如图 8-56 所示的泵轴。

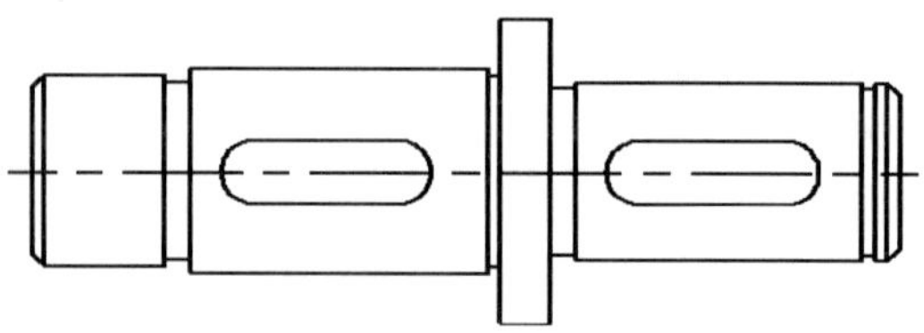
图 8-56

读者思考

除了通过刚才的实例练习和拓展练习了解 AutoCAD 2012 中的图形对象的高级编辑方法以外，读者还可以使用本章介绍的其他方法绘制需要的图形对象。

第 9 章

辅助工具和特殊编辑

前面讲解了部分编辑图形对象的方法，但在绘制一些综合性的图形时，这些编辑方法并不能完成图形的绘制，因此本章将讲解如何使用辅助工具和特殊编辑方法绘制图形对象，如使用夹点、特性选项板、特性匹配、编辑多线、编辑多段线和编辑样条曲线等。

9.1 使用夹点编辑对象

为了方便读者快速准确地绘制图形，本节将介绍如何使用夹点来编辑图形对象。

9.1.1 什么是夹点

在 AutoCAD 2012 中，系统默认状态下，夹点有 3 种显示形式，下面分别进行介绍。

- 未选中夹点：当在非命令执行过程中直接选择图形时，图形的每个顶点会以蓝色小实心方块显示出来，如图 9-1 所示。这些蓝色的小实心方块即夹点。
- 选中夹点：选择图形对象，在图形对象中显示夹点后，再次单击夹点，夹点将呈红色小实心方块显示，此时，即可通过夹点对图形进行编辑操作，如图 9-2 所示。
- 悬停夹点：移动鼠标光标到蓝色的夹点上，夹点即可变为粉红色，如图 9-3 所示。

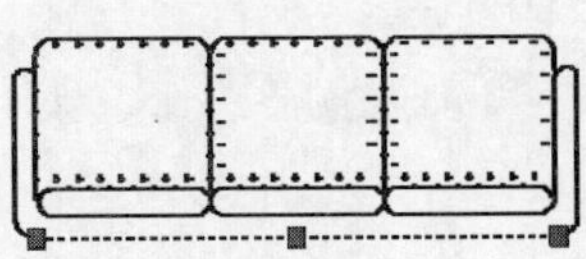

图 9-1

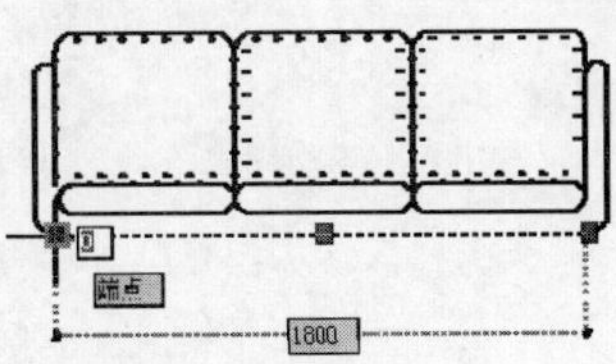

图 9-2

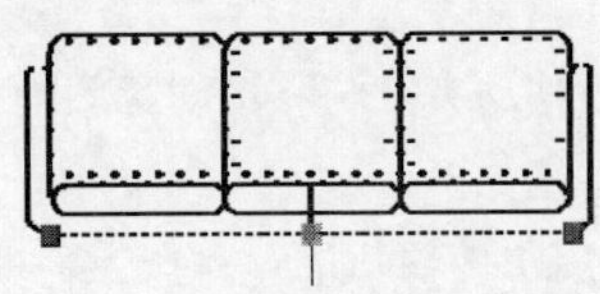

图 9-3

当选中夹点后，夹点会显示相关的提示信息，此时，用户可对这些夹点进行拉伸、移动、旋转、缩放或镜像等操作，下面分别进行详细的讲解。

9.1.2 拉伸对象

拉伸夹点是指将选择的夹点移动到另一个位置来拉伸图形对象，具体操作如下：

Step 01 打开“弓箭.dwg”图形文件（光盘:\素材\第 9 章\弓箭.dwg），如图 9-4 所示。可见图形中弓箭的箭头太小、不协调，下面对弓箭箭头进行拉伸操作。

Step 02 选择弓箭的箭头，选中如图 9-5 所示的 A 夹点进行拉伸，具体操作过程如下：

```
** 拉伸 **                                          //系统默认的夹点编辑方式
指定拉伸点或 [基点](B)/复制(C)/放弃(U)/退出(X)]:      //水平向左移动鼠标并输入拉伸距离
50，按【Space】键确认并退出命令
```

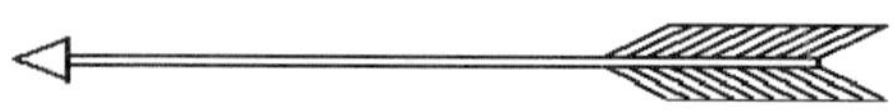

图 9-4

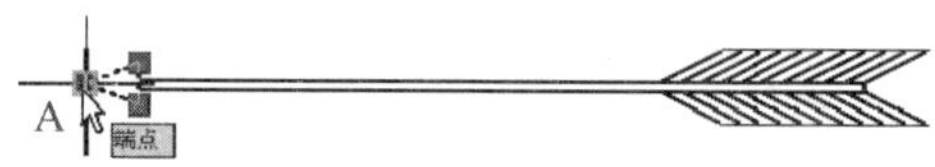

图 9-5

Step 03 完成后的效果如图 9-6 所示（光盘:\源文件\第 9 章\弓箭.dwg）。

图 9-6

在执行拉伸对象命令的过程中，命令行提示信息中各选项的含义如下：

- 基点：提示用户输入一点作为拉伸的基点。
- 复制：在拉伸实体时同时复制实体。
- 放弃：放弃刚刚的编辑操作。
- 退出：退出夹点编辑方式。

注　意

当选中某个夹点后，系统默认的编辑方式为拉伸。

9.1.3 移动对象

移动夹点与移动对象没有什么区别，只是移动夹点可以对图形对象进行复制等操作，具体调用方法如下：

- 选择某个夹点后，在绘图区中右击，在弹出的快捷菜单中选择“移动”命令。
- 选择某个夹点后，在命令行中执行 MO 命令。

下面通过实例练习该命令的使用，具体操作如下：

Step 01 打开“盆景.dwg”图形文件（光盘:\素材\第 9 章\盆景.dwg），对该图形文件中的花盆进行夹点移动操作。

Step 02 选择花盆，单击如图 9-7 所示的 A 夹点，在命令行中执行 MO 命令，具体操作过程如下：

```
** 拉伸 **                                          //系统提示
```

指定拉伸点或 [基点(B)/复制(C)/放弃(U)/退出(X)]: MO //输入移动命令 MO，并按【Space】键确认
** 移动 ** //系统提示
指定移动点或 [基点(B)/复制(C)/放弃(U)/退出(X)]: //指定移动点，这里单击如图 9-8 所示的 B 点，并退出命令

Step 03 移动后的效果如图 9-9 所示（光盘:\源文件\第 9 章\盆景.dwg）。

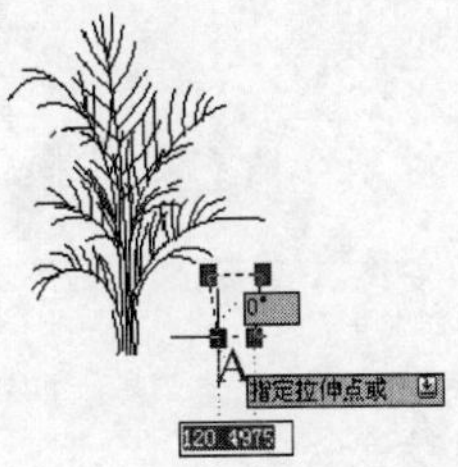

图 9-7

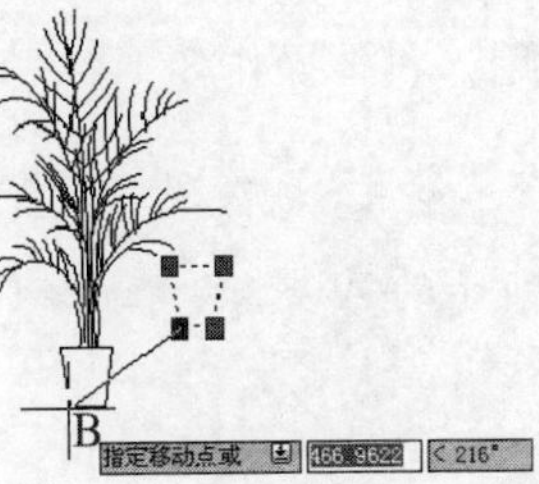

图 9-8

图 9-9

9.1.4 旋转对象

夹点旋转也就是将选择的图形对象围绕选中的夹点按照指定的角度进行旋转的操作，调用该命令的方法如下：

- 选择某个夹点右击，在弹出的快捷菜单中选择“旋转”命令。
- 选择某个夹点后，在命令行中执行 RO 命令。

下面通过实例练习该命令的使用，具体操作如下：

Step 01 打开“沙发.dwg”图形文件（光盘:\素材\第 9 章\沙发.dwg），对图形中的沙发进行旋转操作。

Step 02 选择如图 9-10 所示的沙发，单击 A 夹点，在命令行中执行 RO 命令，具体操作过程如下：

** 拉伸 ** //系统提示
指定拉伸点或 [基点(B)/复制(C)/放弃(U)/退出(X)]: RO //输入旋转命令 RO 并按【Space】键确认
** 旋转 ** //系统提示
指定旋转角度或 [基点(B)/复制(C)/放弃(U)/参照(R)/退出(X)]: 180 //设置旋转角度为 180°，按【Space】键确认并退出命令

Step 03 旋转后的效果如图 9-11 所示（光盘:\源文件\第 9 章\沙发.dwg）。

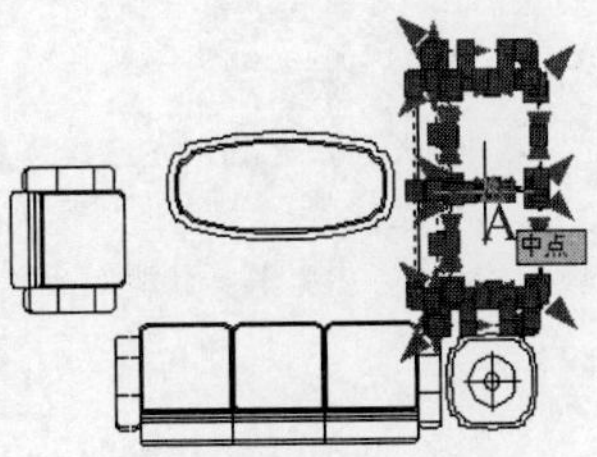

图 9-10

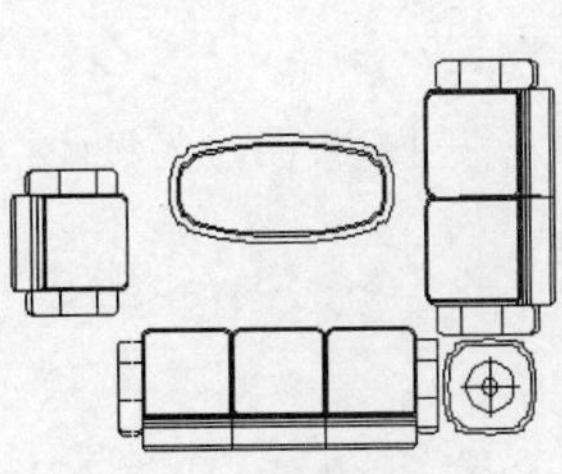

图 9-11

9.1.5 缩放对象

夹点缩放方式是指在 *X*、*Y* 轴方向等比例缩放图形对象的尺寸，可以进行比例缩放、基点缩放、复制缩放等编辑操作，调用该命令的方法如下：

- 选择某个夹点，在该夹点上右击，在弹出的快捷菜单中选择“缩放”命令。
- 选择某个夹点后，在命令行中执行 SC 命令。

下面通过实例练习该命令的使用，具体操作如下：

Step 01 打开“扇子.dwg”图形文件（光盘:\素材\第 9 章\扇子.dwg），对扇子进行缩放操作。

Step 02 选择扇子，单击如图 9-12 所示的 A 夹点，在命令行中执行 SC 命令，具体操作过程如下：

```
** 拉伸 **                                                  //系统提示
指定拉伸点或 [基点(B)/复制(C)/放弃(U)/退出(X)]: SC         //输入旋转命令 SC
** 比例缩放 **                                              //系统提示
指定比例因子或 [基点(B)/复制(C)/放弃(U)/参照(R)/退出(X)]: 2 //输入比例因子为 2，按
【Space】键确认并退出该命令
```

Step 03 按【Esc】键退出选择，完成后的效果如图 9-13 所示（光盘:源文件\第 9 章\扇子.dwg）。

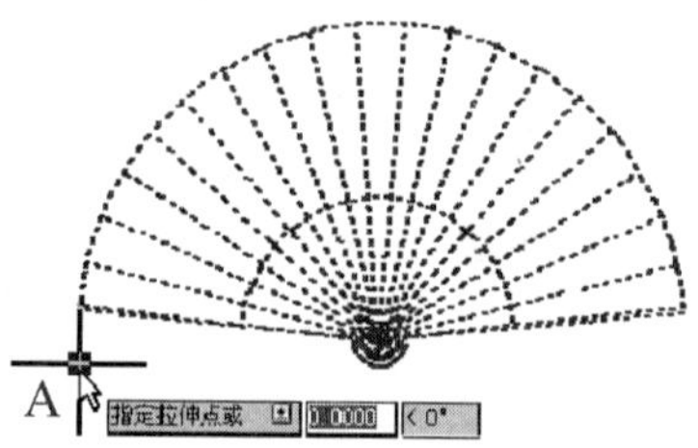

图 9-12

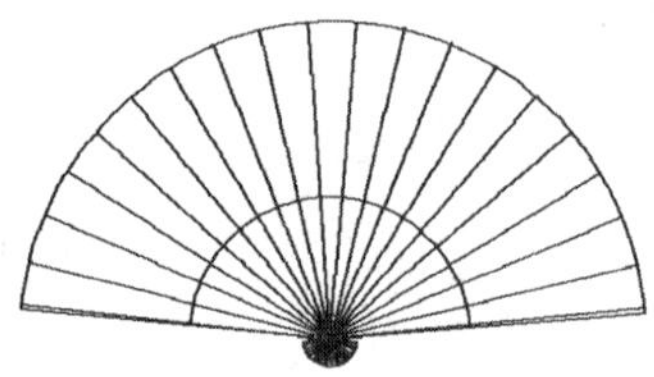
图 9-13

9.1.6 镜像对象

夹点镜像用于镜像图形对象，它通过夹点指定基点和第二点的镜像线来镜像图形对象，该命令的调用方法是选择某个夹点后，在命令行中执行 MI 命令，具体操作如下：

Step 01 打开“葡萄酒.dwg”图形文件（光盘:\素材\第 9 章\葡萄酒.dwg），对葡萄酒瓶进行镜像操作。

Step 02 选择图形中的葡萄酒瓶，单击如图 9-14 所示的 A 夹点，在命令行中执行 MI 命令，具体操作过程如下：

```
** 拉伸 **                                              //系统提示
指定拉伸点或 [基点(B)/复制(C)/放弃(U)/退出(X)]: MI     //输入 MI 并按【Space】键确认
** 镜像 **                                              //系统提示
指定第二点或 [基点(B)/复制(C)/放弃(U)/退出(X)]: C      //选择“复制”选项并按【Space】
键确认
** 镜像 (多重) **                                       //系统提示
指定第二点或 [基点(B)/复制(C)/放弃(U)/退出(X)]:        //在A点的正上方单击一点作为第二点
** 镜像 (多重) **                                       //系统提示
指定第二点或 [基点(B)/复制(C)/放弃(U)/退出(X)]:        //按【Space】键退出该命令
```

Step 03 镜像后的效果如图 9-15 所示（光盘:\源文件\第 9 章\葡萄酒.dwg）。

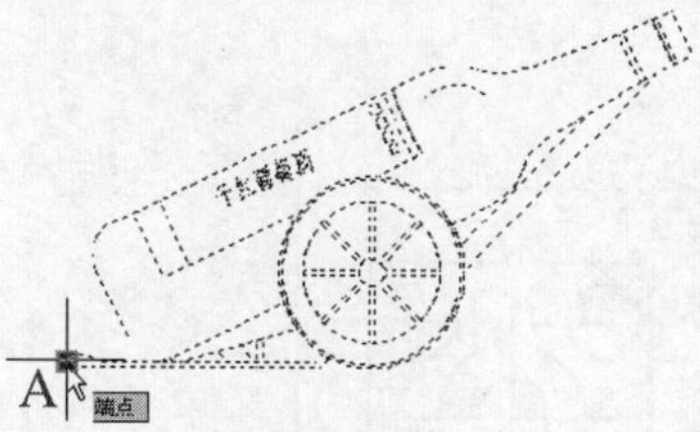

图 9-14

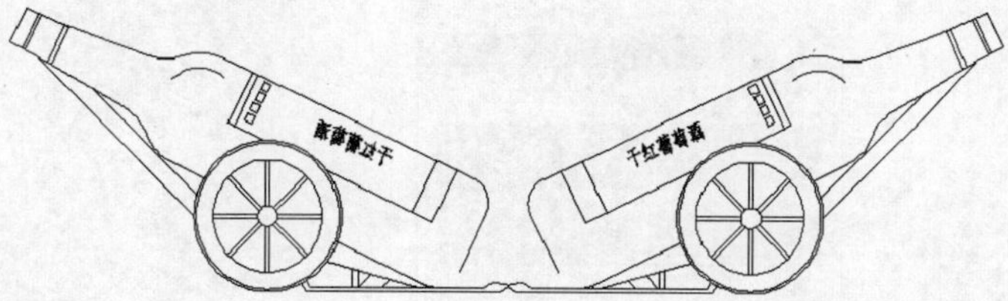

图 9-15

9.2　快速改变图形对象的特性

图形对象的特性包括图形颜色、图形线型及图形线宽等，下面介绍快速改变图形对象特性的方法。

9.2.1　改变图形对象的颜色特性

在前面的章节中讲解了使用快捷特性选项板改变图形对象颜色特性的方法，下面讲解几种不通过快捷特性选项板快速设置图形对象的颜色特性的方法，即通过“选择颜色”对话框进行设置，打开该对话框的方法如下：

- 在“常用”选项卡的“特性”组中选择“颜色控制”下拉列表中的“选择颜色”选项。
- 在命令行中执行 COLOR 或 COL 命令。

下面通过改变图形颜色特性，练习本节所讲的知识，具体操作如下：

Step 01 打开“浴霸.dwg”图形文件（光盘:\素材\第 9 章\浴霸.dwg），选择如图 9-16 所示的图形对象。

Step 02 在“常用”选项卡的“特性”组中选择“对象颜色”下拉列表中的“选择颜色”选项，如图 9-17 所示。

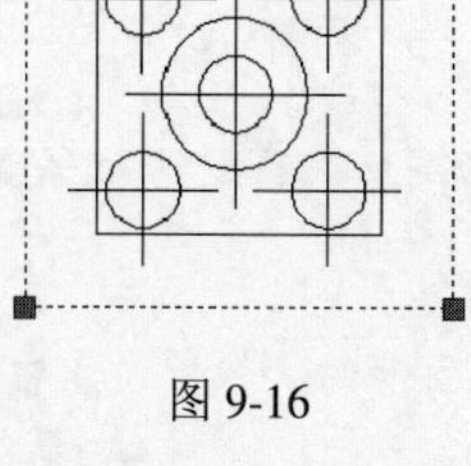

图 9-16

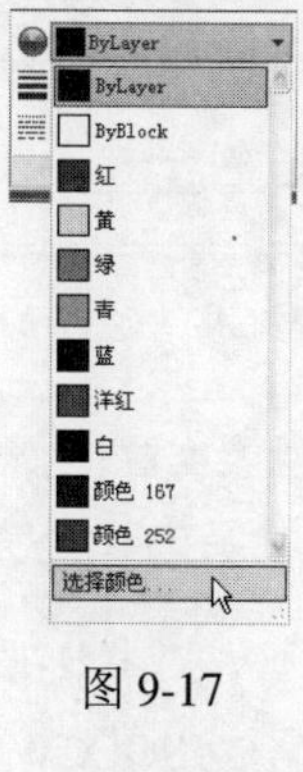

图 9-17

Step 03 弹出“选择颜色”对话框，在列表框中单击颜色值为 210 的小方框■，然后单击“确定”按钮，如图 9-18 所示。

Step 04 返回绘图区，按【Esc】键退出选择，即可看到图形对象由原来的黑色变成了颜色值为 210 的颜色，如图 9-19 所示（光盘:\源文件\第 9 章\浴霸.dwg）。

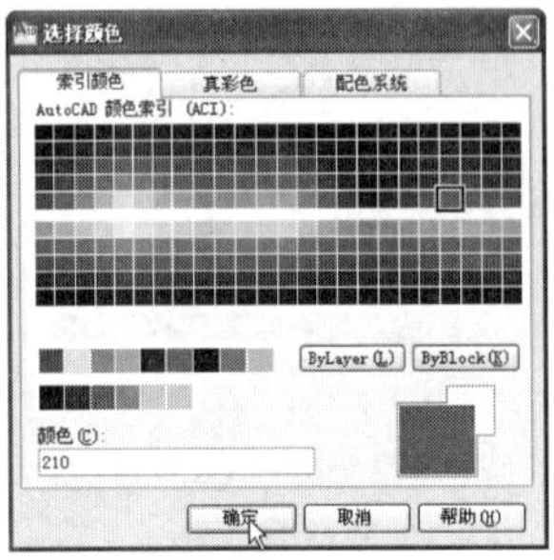

图 9-18

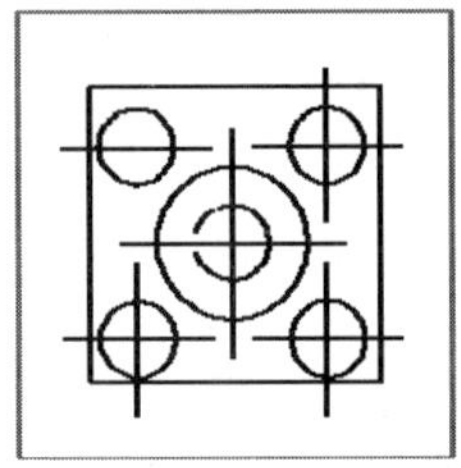

图 9-19

9.2.2 改变图形对象的线型特性

用户可以通过“线型管理器”对话框来改变图形对象的线型特性，打开“线型管理器”对话框的方法如下：

- 在“常用”选项卡的“特性”组中选择“线型”下拉列表中的“其他”选项。
- 在命令行中执行 LINETYPE 或 LT 命令。

下面通过改变图形对象的线型特性，练习本节所讲的知识，具体操作如下：

Step 01 打开“端盖.dwg”图形文件（光盘:\素材\第 9 章\端盖.dwg），在“常用”选项卡的“特性”组中选择“线型”下拉列表中的“其他”选项，如图 9-20 所示。

Step 02 弹出“线型管理器”对话框，单击 加载(L)... 按钮，弹出“加载或重载线型”对话框，在“可用线型”列表框中选择需要的线型 ACAD-ISOO2W100，如图 9-21 所示，然后单击 确定 按钮。

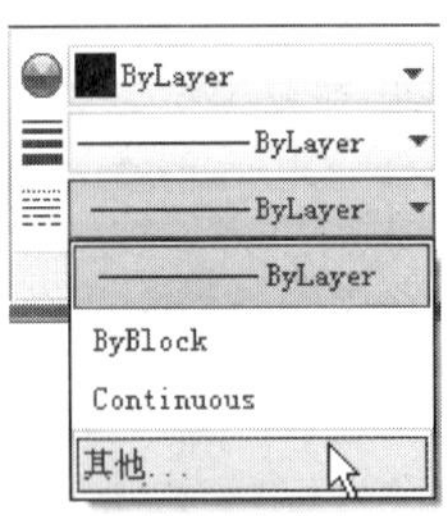

图 9-20

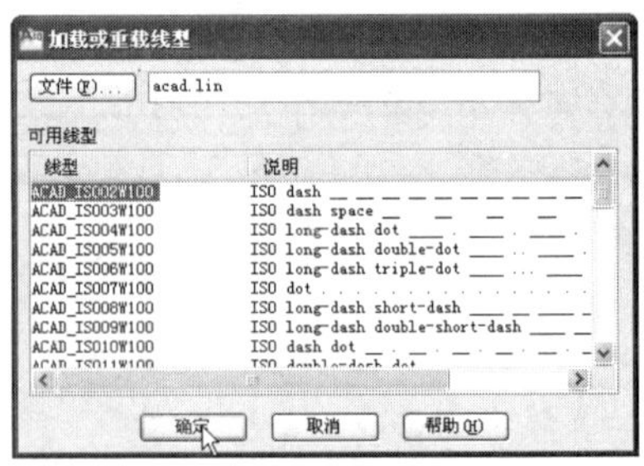

图 9-21

Step 03 返回“线型管理器”对话框，在“当前线型”列表框中选择刚加载的线型 ACAD-ISOO2W100，单击 确定 按钮，如图 9-22 所示。

Step 04 返回绘图区，选择如图 9-23 所示的圆，在“常用”选项卡的“特性”组中选择“线型”下拉列表中的 ACAD-ISOO2W100 选项，如图 9-24 所示。

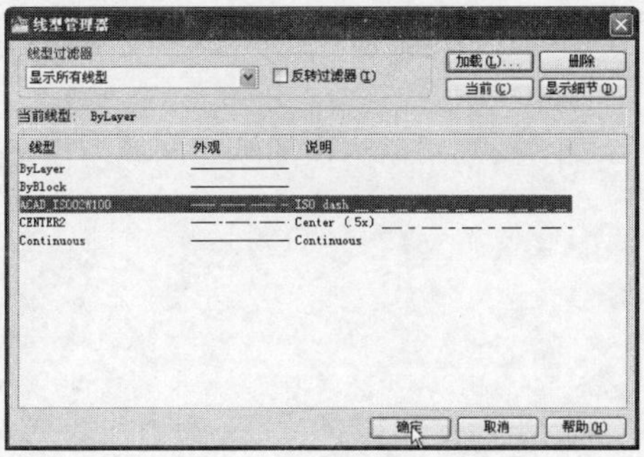

图 9-22

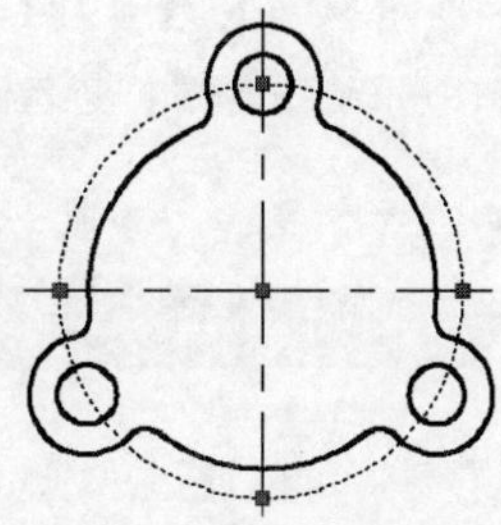

图 9-23

Step 05 返回绘图区，即可看到图形对象的线型由原来的 ByBlock 变成了 ACAD-ISOO2W100，如图 9-25 所示（光盘:\源文件\第 9 章\端盖.dwg）。

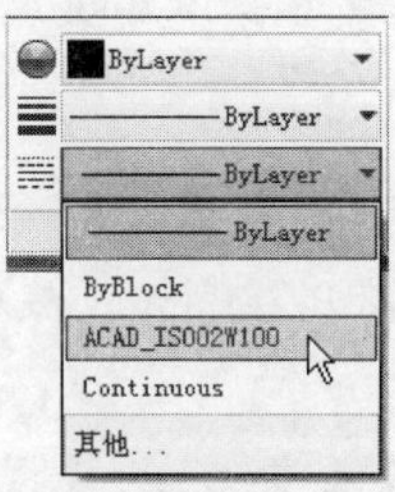

图 9-24

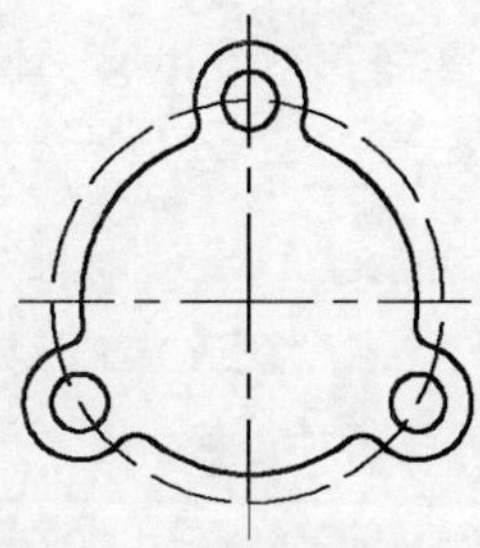

图 9-25

在如图 9-22 所示的“线型管理器”对话框中单击[显示细节(D)]按钮，在该对话框的下方将显示“详细信息”选项组，如图 9-26 所示。

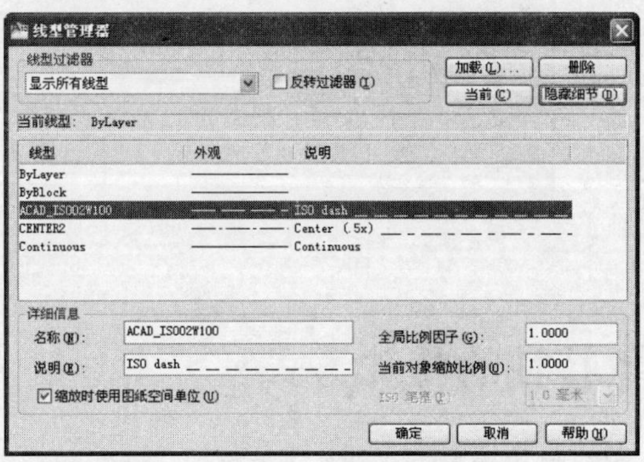

图 9-26

下面介绍 “详细信息” 选项组中各选项的含义。

- 名称：显示当前用户所选线型的名称，用户也可自行修改名称。
- 说明：显示当前用户所选线型的说明信息。
- 全局比例因子：在该文本框中指定当前绘图区中所有对象线型的缩放比例，与在命令行中执行 LTSCALE 命令的效果相同。
- 当前对象缩放比例：更改当前线型在绘图区中的缩放比例。例如，若当前线型的缩放比例为 2，全局线型比例为 5，则当前线型在绘图区中显示的比例为 10。因此，在绘图过程中默认当前对象缩放比例为 1，只设置全局比例。

- ☑缩放时使用图纸空间单位(U)复选框：选择该复选框，表示按相同比例在图纸空间或模型空间中缩放线型。

9.2.3 改变图形对象的线宽特性

在绘制图形时，可以通过“线宽设置”对话框来改变图形对象的线宽特性，打开“线宽设置”对话框的方法如下：

- 在“常用”选项卡的“特性”组中选择“线宽”下拉列表中的“线宽设置”选项。
- 在命令行中执行 LWEIGHT 命令。

下面通过改变图形线宽特性，练习本节所讲的知识，具体操作如下：

Step 01 打开“工字钢剖图.dwg”图形文件（光盘:\素材\第 9 章\工字钢剖图.dwg），选择如图 9-27 所示的图形对象。

Step 02 在“常用”选项卡的“特性”组中选择“线宽”下拉列表中的“线宽设置”选项，弹出 “线宽设置”对话框，在“默认”下拉列表中选择 0.35mm 选项，如图 9-28 所示，然后单击“确定”按钮保存设置并关闭对话框。

Step 03 返回绘图区即可看到工字钢剖面图的线宽发生了变化，如图 9-29 所示（光盘:\源文件\第 9 章\工字钢剖图.dwg）。

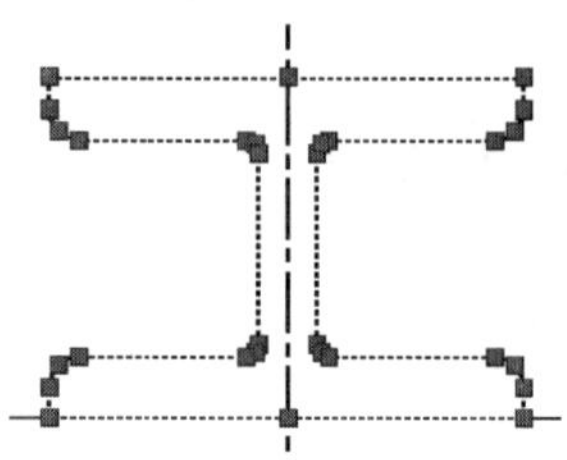

图 9-27

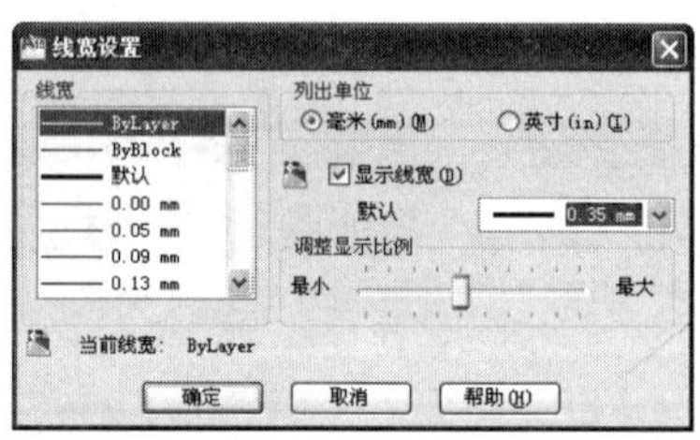

图 9-28

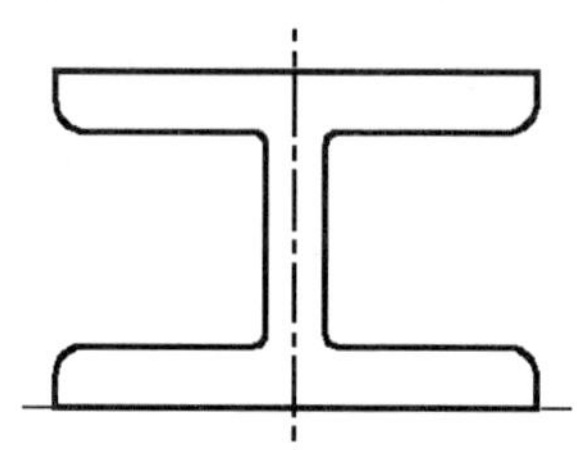

图 9-29

9.3 编辑图形对象特性的特殊方式

在 AutoCAD 2012 中，用户可以通过“特性”选项板和特性匹配功能来改变图形对象的特性，下面分别进行讲解。

9.3.1 使用“特性”选项板进行改变

在前面的章节中介绍了一些改变图形对象特性的相关知识，本章将对利用“特性”选项板改变对象特性的方法进行详细讲解。使用该选项板可以更全面、更快速地改变图形对象的特性，如颜色、图层、线型、线型比例、线宽和厚度等，还可以对打印样式和视图等进行设置。调用该命令的方法如下：

- 在“常用”选项卡的“特性”组单击“特性”右侧的按钮↘。
- 在“视图”选项卡的“选项板”组中单击“特性”按钮。
- 在命令行中执行 PROPERTIES 或 PR 命令。
- 若已在快速访问工具栏中添加了“特性”按钮，可在快速访问工具栏中单击“特性”按钮。
- 选择对象后，在对象上右击，在弹出的快捷菜单中选择“特性”命令。
- 直接按【Ctrl+1】组合键。

执行上述任意一种操作都能打开“特性”选项板。使用“特性”选项板的操作步骤如下：

Step 01 打开“休闲桌椅.dwg”图形文件（光盘:\素材\第 9 章\休闲桌椅.dwg），如图 9-30 所示。首先改变图形中椅子的特性。框选图形中的 3 把椅子，在命令行中执行 PROPERTIES 命令，打开“特性”选项板。

Step 02 在“常规”栏的“颜色”下拉列表中选择“洋红”选项，在“线型”下拉列表中选择“连续”选项，在“线宽”下拉列表中选择“默认”选项，如图 9-31 所示。

Step 03 完成设置后，按【Ctrl + 1】键关闭“特性”面板，按【Esc】键退出选择，完成后的效果如图 9-32 所示（光盘:\源文件\第 9 章\休闲桌椅.dwg）。

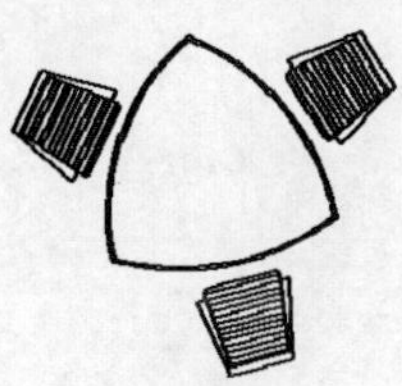

图 9-30

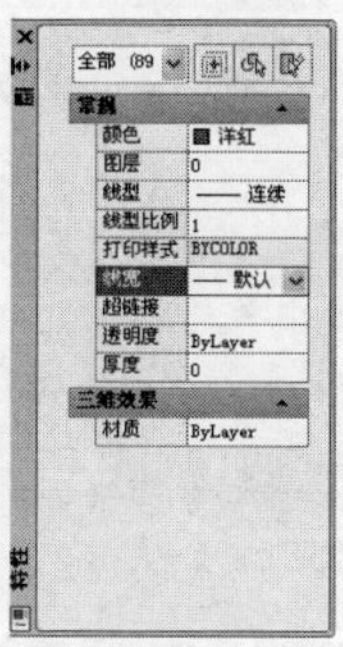

图 9-31

图 9-32

在未选择对象之前，“特性”选项板中各选项的含义如下：

- “无选择”下拉列表：用于选择对象，当在绘图区选择多个对象时，可在此下拉列表中选择要修改的对象，选择的对象不同，下面的特性选项也会做出相应的改变。
- “切换 PICKADD 系统变量的值”按钮：该按钮用于设置在绘图区中选择对象时，是否可以按住【Shift】键向选择集中添加对象。该功能也可通过 PICKADD 系统变量进行设置，单击该按钮，该按钮变为样式。
- “切换 PICKADD 系统变量的值”按钮：单击按钮后变成，表示此时如果选择新对象，会替代已选择的选择集，若单击该按钮，该按钮变为样式，表示可依次选择多个对象，即可同时对所选对象进行特性设置。
- “选择对象”按钮：单击该按钮后可在绘图区中选择对象。在实际操作时，即使不用单击此按钮也可直接在绘图区中选择对象。
- “快速选择”按钮：单击该按钮会弹出“快速选择”对话框创建快速选择集。

- “常规”栏：设置图形对象的颜色、图层、线型、线型比例、线宽和厚度等特性。
- “三维效果”栏：设置图形对象的三维效果。
- “打印样式”栏：设置图形对象的输出特性。
- “视图”栏：设置显示图形对象的特性。
- “其他”栏：设置显示 UCS 坐标系的特性。

注 意

单击“特性”按钮▣，在弹出的快捷菜单中可选择相应的命令对面板进行操作，再次按【Ctrl + 1】组合键可以关闭该选项板。

9.3.2 使用“特性匹配”功能改变对象特性

在 AutoCAD 2012 中，使用“特性匹配”功能可以将对象的特性进行复制，如颜色、图层、线型、线型比例、线宽和厚度等特性，调用该命令的方法如下：

- 在命令行中执行 MATCHPROP 或 MA 命令。
- 若已在快速访问工具栏中添加了“特性匹配”按钮，可直接在快速访问工具栏中单击“特性匹配”按钮。

执行上述任意一种操作，都能启用“特性匹配”功能，使用该功能的操作如下：

Step 01 打开“床.dwg”图形文件（光盘:\素材\第 9 章\床.dwg），设置图形中地毯的特性。在命令行中执行 MA 命令，具体操作过程如下：

```
命令:MA                               //执行 MATCHPROP 命令
选择源对象:                           //选择枕巾作为特性匹配的源对象，如图 9-33 所示
当前活动设置: 颜色 图层 线型 线型比例 线宽 厚度 打印样式 标注 文字 填充图案 多段线 视口
表格材质 阴影显示 多重引线   //系统提示当前可以进行特性匹配的对象特性类型
选择目标对象或 [设置(S)]:    //选择地毯作为特性匹配的目标对象
选择目标对象或 [设置(S)]:    //按【Space】键结束该命令
```

Step 02 完成后的效果如图 9-34 所示（光盘:\源文件\第 9 章\床.dwg）。

若在“选择目标对象或［设置（S）］：”提示下选择“设置”选项，将弹出如图 9-35 所示的“特性设置”对话框，通过此对话框，可以选择在特性匹配过程中哪些特性可以被复制，完成设置后，单击“确定”按钮即可。

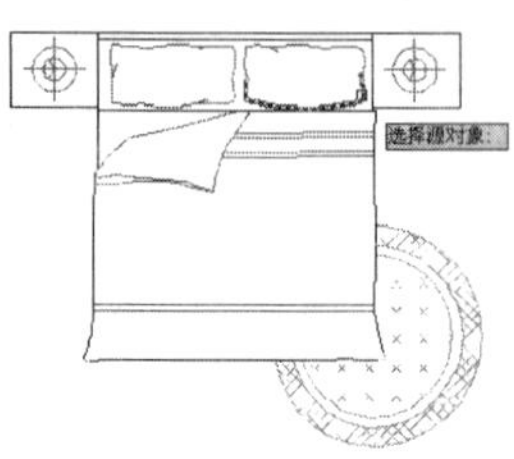

图 9-33

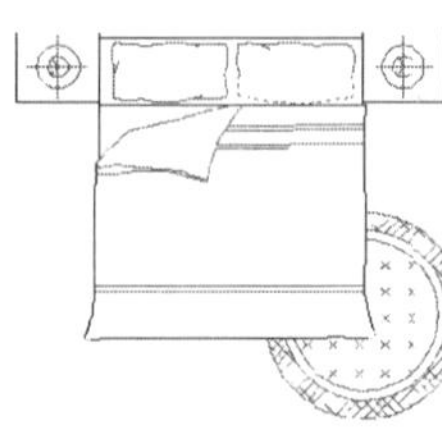

图 9-34

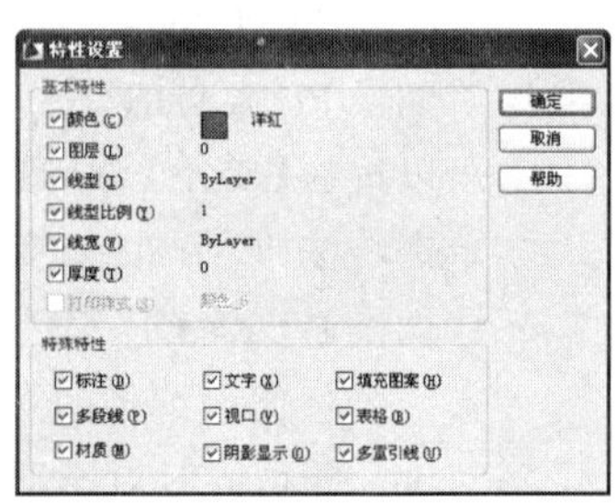

图 9-35

“特性设置”对话框中包括“基本特性”和“特殊特性”两个选项组，其中各选项的功能如下：

- 在“基本特性”选项组中显示了源对象的特性，用户可通过选择相应的复选框来选择需要

进行复制对象的特性。

- 在“特殊特性”选项组中选择其复选框表示将复制对象的这些特殊特性。

9.3.3　任务 20：设置“壁灯”的特性

下面以设置壁灯图形的特性为例，来综合练习本节所讲的知识。

Step 01 打开“壁灯.dwg”图形文件（光盘:\素材\第 9 章\壁灯.dwg），如图 9-36 所示。

Step 02 框选图形文件中右边的灯，然后按【Ctrl + 1】组合键，打开“特性”选项板，在“常规”栏的“颜色”下拉列表中选择“洋红”选项，在“线宽”下拉列表中选择 0.5mm 选项。完成设置后，按【Ctrl + 1】组合键关闭“特性”选项板，按【Esc】键退出选择，改变特性后的效果如图 9-37 所示。

Step 03 使用“特性匹配”功能统一图形中灯的颜色，具体操作过程如下：

```
命令:MA                          //执行 MATCHPROP 命令
选择源对象:                       //选择右边灯罩作为特性匹配的源对象
当前活动设置: 颜色 图层 线型 线型比例 线宽 厚度 打印样式 标注 文字 填充图案 多段线 视口
表格材质 阴影显示 多重引线   //系统提示当前可以进行特性匹配的对象特性类型
选择目标对象或 [设置(S)]: //选择左边灯罩作为特性匹配的目标对象
选择目标对象或 [设置(S)]: //按【Space】键结束该命令
```

Step 04 设置后的效果如图 9-38 所示（光盘:\源文件\第 9 章\壁灯.dwg）。

图 9-36

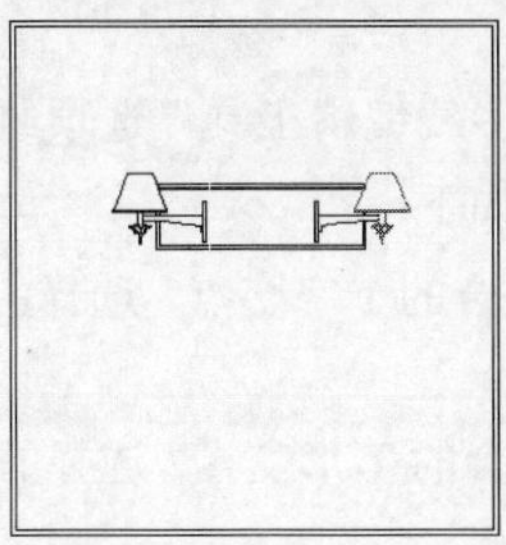

图 9-37

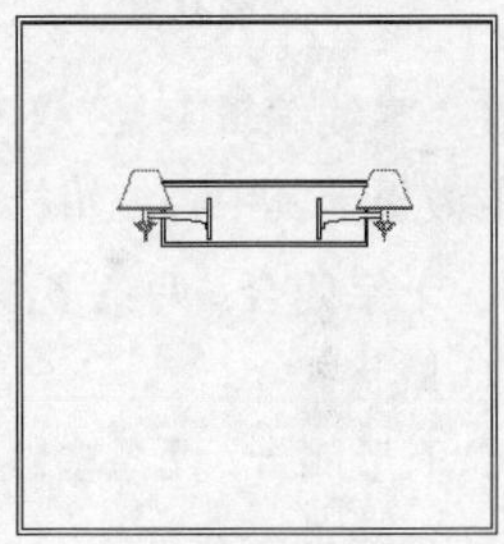

图 9-38

9.4　编辑特殊图形对象

在编辑图形对象的过程中，有时需要对多线、多段线、样条曲线等图形对象进行编辑，下面分别进行讲解。

9.4.1　编辑多线

若绘制的多线不能满足绘图需要，可以使用标准的对象修改命令，如复制、旋转、拉伸等，对其进行编辑。调用该命令的方法如下：

- 在命令行中执行 MLEDIT 命令。
- 将鼠标光标移动到多线上方，连续双击鼠标左键。

执行上述任意一种操作，都将打开“多线编辑工具”对话框，具体操作如下：

Step 01 打开“梯子.dwg”图形文件（光盘:\素材\第 9 章\梯子.dwg），对图形中的多线进行编辑。

Step 02 在命令行中执行 MLEDIT 命令，具体操作过程如下：

```
命令: MLEDIT                      //执行 MLEDIT 命令，按【Space】键，弹出如图 9-39 所示的
“多线编辑工具”对话框，选择“角点结合”编辑工具
选择第一条多线:                   //选择要编辑的多线，单击如图 9-40 所示的 A 点
选择第二条多线:                   //选择要编辑的多线，单击如图 9-40 所示的 B 点
选择第一条多线 或 [放弃(U)]:      //按【Space】键结束该命令
```

Step 03 编辑后的效果如图 9-41 所示（光盘:\源文件\第 9 章\梯子.dwg）。

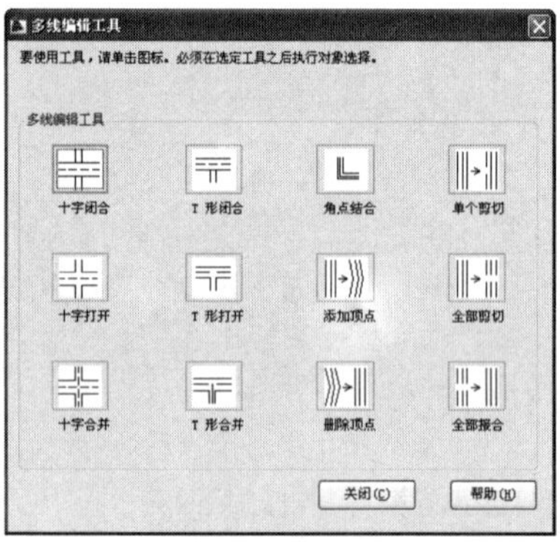

图 9-39

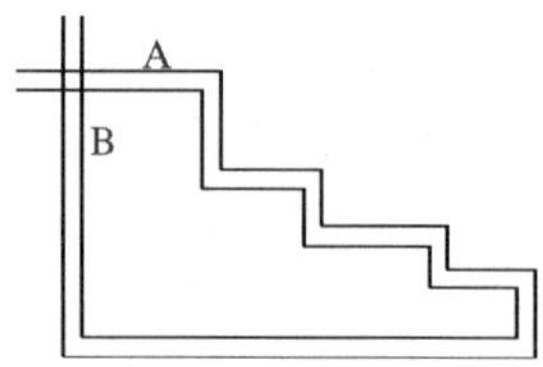

图 9-40

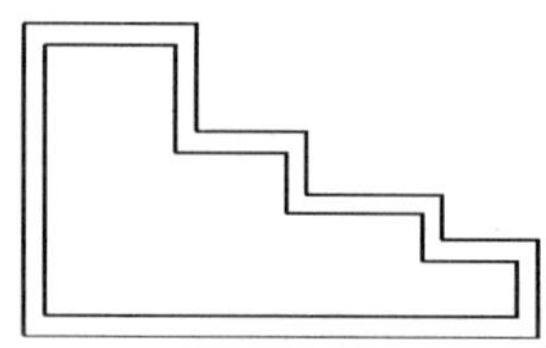

图 9-41

在“多线编辑工具”对话框的“多线编辑工具”选项组中，样式名称上面显示的是进行该编辑后的效果，其中各编辑样式的含义如下：

- 十字闭合：两条多线相交为闭合的十字交点，选择的第一条多线被修剪，第二条多线保持原状。
- T 形闭合：两条多线相交为闭合的 T 形交点，选择的第一条多线被修剪或延伸到与第二条多线的交点处。
- 角点结合：两条多线相交为角点连接。
- 单个剪切：用于切断多线中的一条，只需拾取要切断的某条多线上的两点即可。
- 十字打开：两条多线相交为开放的十字交点，所选择的第一条多线的内部和外部元素都被打断，第二条多线的外部源被打断。
- T 形打开：两条多线相交为开放的 T 形交点，所选择的第一条多线被修剪或延伸到与第二条多线的交点处。
- 添加顶点：在多线上添加一个顶点。
- 全部剪切：通过两个拾取点使多线的所有线都间断。
- 十字合并：两条多线相交为合并的十字交点，所选择的第一条多线和第二条多线都被修剪到交叉的部分。
- T 形合并：两条多线相交为合并的 T 形交点，所选择的第一条多线被修剪或延伸到与第二条多线的交点处。
- 删除顶点：删除多线上的交点，使其成为直的多线。

- 全部接合：可以重新显示所选两点间的任何切断部分。

9.4.2　编辑多段线

在编辑图形对象的过程中，用户可以对不同类型的多段线及多段线形体（如多边形、填充实体等）进行编辑，方法如下：

- 在“常用”选项卡的“修改”组中单击“修改”旁的按钮▾，然后在弹出的下拉列表中单击“编辑多段线”按钮。
- 在命令行中执行 PEDIT 或 PE 命令。

使用编辑多段线命令的具体操作如下：

Step 01 打开“凹槽侧视图.dwg”图形文件（光盘:\素材\第 9 章\凹槽侧视图.dwg），如图 9-42 所示。

Step 02 在命令行中执行 PEDIT 命令，具体操作过程如下：

```
命令：PEDIT                              //执行 PEDIT 命令
选择多段线或 [多条(M)]:                   //选择要编辑的多段线
输入选项 [闭合(C)/合并(J)/宽度(W)/编辑顶点(E)/拟合(F)/样条曲线(S)/非曲线化(D)/线型
生成(L)/反转(R)/放弃(U)]: W              //选择“宽度”选项，按【Space】键确认
指定所有线段的新宽度: 2                   //输入新的宽度 2，按【Space】键确认
输入选项 [闭合(C)/合并(J)/宽度(W)/编辑顶点(E)/拟合(F)/样条曲线(S)/非曲线化(D)/线型
生成(L)/反转(R)/放弃(U)]:                //按【Space】键结束命令
```

Step 03 编辑后的效果如图 9-43 所示（光盘:\源文件\第 9 章\凹槽侧视图.dwg）。

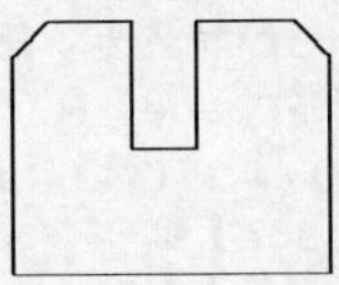

图 9-42

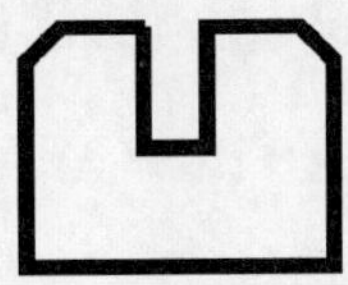

图 9-43

在执行“编辑多段线”命令的过程中，命令行提示信息中的各选项的含义如下：

- 多条：选择该选项后可同时对多条多段线进行编辑操作。
- 闭合：若所选择的多段线是打开的，可将其闭合。
- 合并：把与多段线相连接的非多段线对象（如直线或圆弧）与多段线连接成一条完整的多段线。该选项只有在多段线是“打开”状态时可用。
- 宽度：修改多段线的宽度。选择该选项后，可输入多线段的新宽度。
- 编辑顶点：修改多段线的相邻顶点。选择该选项后，命令提示行会出现“［下一个（N）/上一个（P）/打断（B）/插入（I）/移动（M）/重生成（R）/拉直（S）/切向（T）/宽度（W）/退出（X）］<N>：”提示信息，输入顶点编辑选项即可执行相应的操作。
- 拟合：创建圆弧平滑曲线拟合多段线。
- 样条曲线：用样条曲线拟合多段线。
- 非曲线化：拉直多段线，保留多段线顶点和切线不变。
- 线型生成：通过多段线的顶点生成连续线型。关闭此选项，将在每个顶点处以点画线开始

和结束生成线型。

- 放弃：取消上一次操作。

注 意

在执行“多段线编辑”命令时，当命令行提示为选择多段线时，如果选择的不是多段线，则命令行会提示是否将其转换为多段线，如选择 Y 选项，则表示将对象转换为多段线，从而可对其进行各种编辑操作。

9.4.3 编辑样条曲线

在执行“编辑样条曲线”命令时，可对样条曲线的顶点、精度及反转方向等进行相关设置，方法如下：

- 在“常用”选项卡的“修改”组中单击“修改”旁的按钮，然后在弹出的下拉列表中单击“编辑样条曲线”按钮。
- 在命令行中执行 SPLINEDIT 命令。

使用“编辑样条曲线”命令的具体操作如下：

Step 01 打开“样条曲线.dwg”图形文件（光盘:\素材\第 9 章\样条曲线.dwg），如图 9-44 所示。

Step 02 在命令行中执行 SPLINEDIT 命令，具体操作过程如下：

```
命令: SPLINEDIT                    //执行 SPLINEDIT 命令
选择样条曲线:                       //选择图形中的样条曲线
输入选项 [拟合数据(F)/闭合(C)/移动顶点(M)/优化(R)/反转(E)/转换为多段线(P)/放弃(U)]:
F                                  //选择“拟合数据”选项并按【Space】键
输入拟合数据选项[添加(A)/闭合(C)/删除(D)/移动(M)/清理(P)/相切(T)/公差(L)/退出(X)]<
退出>: A                           //选择“添加”选项并按【Space】键
指定控制点<退出>:                   //指定需要从哪个控制点添加，单击如图 9-45 所示的 A 点
指定新点或 [后面(A)/前面(B)] <退出>:      //指定新的控制点的位置，单击如图 9-45 所示的 B 点
指定新点<退出>:                     //按【Space】键
指定控制点<退出>:                   //按【Space】键
输入拟合数据选项 [添加(A)/闭合(C)/删除(D)/移动(M)/清理(P)/相切(T)/公差(L)/退出(X)]
<退出>: C                          //选择“闭合”选项并按【Space】键
输入拟合数据选项 [添加(A)/打开(O)/删除(D)/移动(M)/清理(P)/相切(T)/公差(L)/退出(X)]
<退出>:                            //按【Space】键退出该命令
输入选项 [拟合数据(F)/打开(O)/移动顶点(M)/优化(R)/反转(E)/转换为多段线(P)/放弃(U)]:
//按【Space】键结束该命令
```

Step 03 编辑完成后的最终效果如图 9-46 所示（光盘:源文件\第 9 章\样条曲线.dwg）。

图 9-44

图 9-45

图 9-46

在执行“编辑样条曲线”命令的过程中，命令行提示信息中的各选项的含义如下：

- 拟合数据：选择该选项后，命令行将显示“输入拟合数据选项［添加（A）/闭合（C）/删除（D）/移动（M）/清理（P）/相切（T）/公差（L）/退出（X）］<退出>：”提示信息。
- 闭合：若选择的样条曲线是闭合的，AutoCAD 将用“打开”选项替代“闭合”选项。
- 移动顶点：重新定位样条曲线的控制顶点，并且清理拟合点。
- 优化：精确调整样条曲线。选择该选项后，命令行将显示“输入精度选项［添加控制点（A）/提高阶数（E）/权值（W）/退出（X）］<退出>：”提示信息。
- 反转：使样条曲线的方向反转。
- 放弃：取消上一次的编辑操作。
- 退出：退出“拟合数据”选项并返回到执行 SPLINEDIT 命令后的提示信息。
- 添加：为样条曲线增加拟合点，以增加样条曲线的长度。
- 删除：删除样条曲线的拟合点并用其余点重新拟合样条曲线。
- 移动：移动拟合点的位置。
- 清理：从图形数据库中删除样条曲线的拟合数据。
- 相切：编辑样条曲线的起点和端点切向。
- 公差：选择该选项，指定新的公差值，并将样条曲线重新拟合至现有点。

9.4.4　任务 21：编辑画框

下面以对画框进行编辑修改为例，来综合练习本节所讲的知识。

Step 01 打开“壁画.dwg”图形文件（光盘:\素材\第 9 章\壁画.dwg），完成图形中画框的绘制。在命令行中执行 MLEDIT 命令，具体操作过程如下：

```
命令：MLEDIT        //执行MLEDIT命令，弹出“多线编辑工具”对话框，选择“角点结合”编辑工具
选择第一条多线：    //选择要编辑的多线，单击如图 9-47 所示的 A 点
选择第二条多线：    //选择要编辑的多线，单击如图 9-47 所示的 B 点
选择第一条多线 或 [放弃(U)]：    //按【Space】键结束该命令，完成后的效果如图 9-48 所示
```

图 9-47

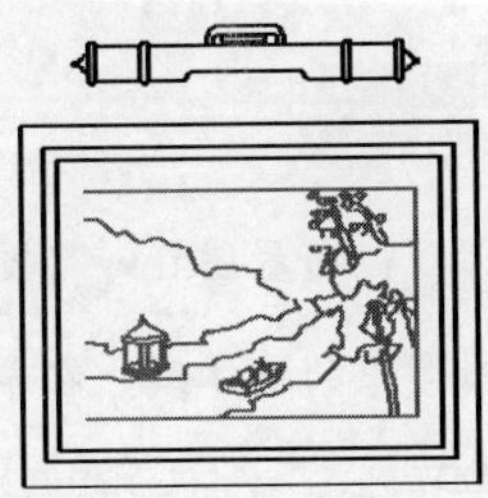

图 9-48

Step 02 为了使壁画达到最佳效果，在命令行中执行 PEDIT 命令，加强边框壁画的立体感，具体操作过程如下：

```
命令：PEDIT                        //执行 PEDIT 命令
选择多段线或 [多条(M)]：           //选择要编辑的多段线 C，如图 9-49 所示
输入选项 [闭合(C)/合并(J)/宽度(W)/编辑顶点(E)/拟合(F)/样条曲线(S)/非曲线化(D)/线型
生成(L)/放弃(U)]：W                //选择“宽度”选项，按【Space】键确认
```

```
指定所有线段的新宽度: 3          //输入新的宽度 3, 并按【Space】键确认
输入选项 [闭合(C)/合并(J)/宽度(W)/编辑顶点(E)/拟合(F)/样条曲线(S)/非曲线化(D)/线型
生成(L)/放弃(U)]:               //按【Space】键结束命令
```

Step 03 编辑后的效果如图 9-50 所示（光盘:\源文件\第 9 章\壁画.dwg）。

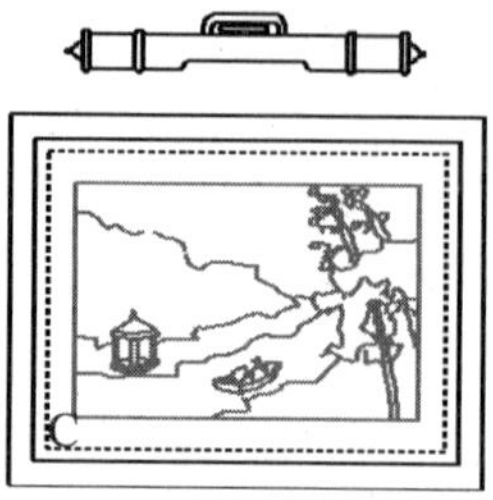

图 9-49

图 9-50

9.5 边学边用——编辑顶棚布置图

通过前面的讲解，读者已对使用夹点编辑对象、改变图形对象特性和编辑特殊图形对象的方法有了大概了解，本节将通过一个简单实例的实现过程，来加深读者对本章知识的理解和掌握。

9.5.1 实例目标

本节将详细讲解 AutoCAD 2012 的辅助工具和特殊编辑的方法，引导读者进一步掌握在 AutoCAD 2012 中使用夹点编辑对象、改变图形对象的特性及编辑特殊图形对象的方法。

具体学习目标如下：

- 熟悉使用夹点编辑图形的方法。
- 掌握改变图形对象特性的方法。
- 掌握编辑特殊图形对象的方法。

9.5.2 实例实现

Step 01 打开“顶棚布置图.dwg”图形文件（光盘:\素材\第 9 章\顶棚布置图.dwg）。

Step 02 编辑图形中的墙体线，在命令行中执行 MLEDIT 命令，具体操作过程如下：

```
命令: MLEDIT          //执行 MLEDIT 命令, 弹出“多线编辑工具”对话框, 选择“角点结合”编辑工具
选择第一条多线:        //选择要编辑的多线, 单击如图 9-51 所示的 A 点
选择第二条多线:        //选择要编辑的多线, 单击如图 9-51 所示的 B 点
选择第一条多线 或 [放弃(U)]:   //按【Space】键结束该命令, 完成后的效果如图 9-52 所示
```

Step 03 使用相同的命令，编辑另外一条墙体线，具体操作过程如下：

```
命令: MLEDIT          //执行 MLEDIT 命令, 弹出“多线编辑工具”对话框, 选择“T 形打开”编辑工具
选择第一条多线:        //选择要编辑的多线, 单击如图 9-51 所示的 C 点
选择第二条多线:        //选择要编辑的多线, 单击如图 9-51 所示的 D 点
选择第一条多线 或 [放弃(U)]:   //按【Space】键结束该命令, 完成后的效果如图 9-53 所示
```

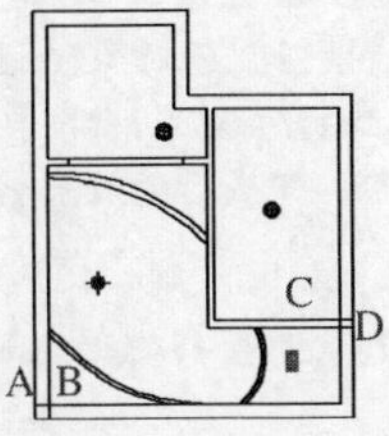

图 9-51

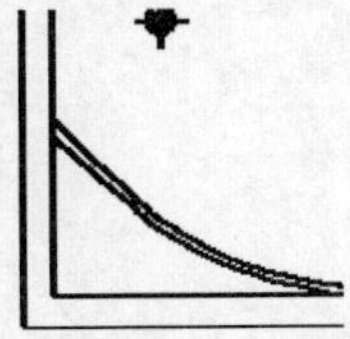

图 9-52

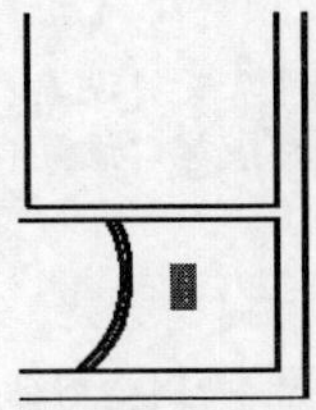

图 9-53

Step 04 编辑完墙体后，选择如图 9-54 所示的灯，单击如图 9-54 所示的 A 夹点，在命令行中执行 MI 命令，具体操作过程如下：

```
** 拉伸 **                                           //系统提示
拉伸点或 [基点(B)/复制(C)/放弃(U)/退出(X)]: MI       //输入镜像命令 MI
** 镜像 **                                           //系统提示
指定第二点或 [基点(B)/复制(C)/放弃(U)/退出(X)]: C    //输入复制命令 C
** 镜像 (多重) **                                    //系统提示
指定第二点或 [基点(B)/复制(C)/放弃(U)/退出(X)]:      //单击如图 9-55 所示的 B 点并按
【Space】键
** 镜像 (多重) **                                    //系统提示
指定第二点或 [基点(B)/复制(C)/放弃(U)/退出(X)]:      //按【Space】键退出命令，按【Esc】
键退出选择，完成后的效果如图 9-56 所示
```

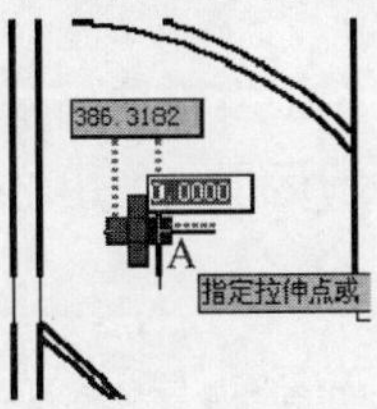

图 9-54

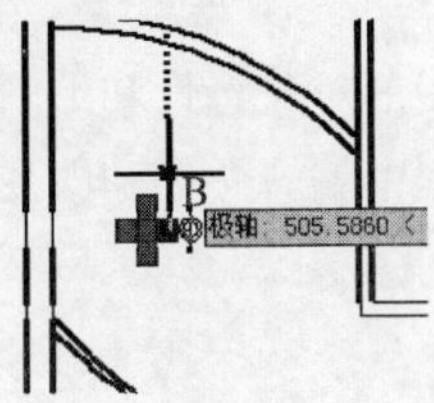

图 9-55

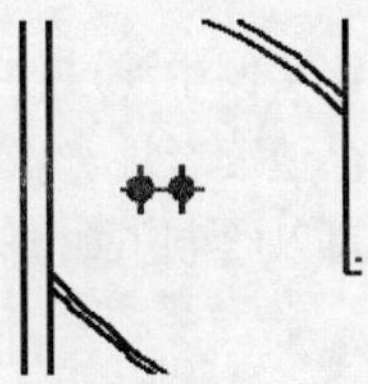

图 9-56

Step 05 选择如图 9-57 所示的灯，单击如图 9-57 所示的 A 夹点，在命令行中执行 MO 命令，具体操作过程如下：

```
** 拉伸 **                                           //系统提示
指定拉伸点或 [基点(B)/复制(C)/放弃(U)/退出(X)]: MO   //输入移动命令 MO
** 移动 **                                           //系统提示
指定移动点或 [基点(B)/复制(C)/放弃(U)/退出(X)]:      //指定移动点,这里单击B点,如图 9-58
所示，按【Space】键退出该命令，完成后的效果如图 9-59 所示
```

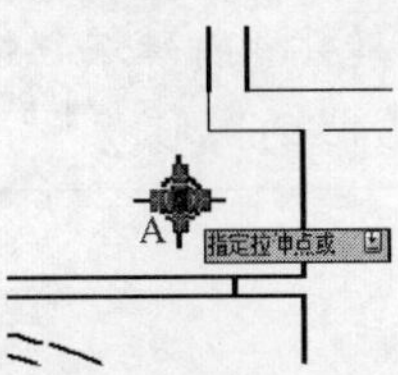

图 9-57

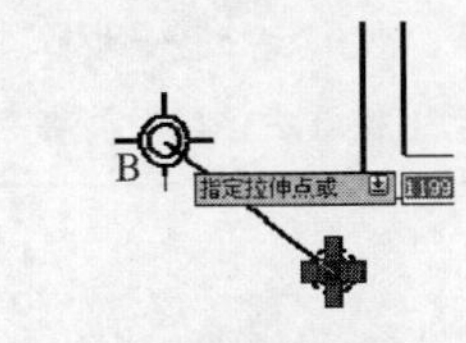

图 9-58

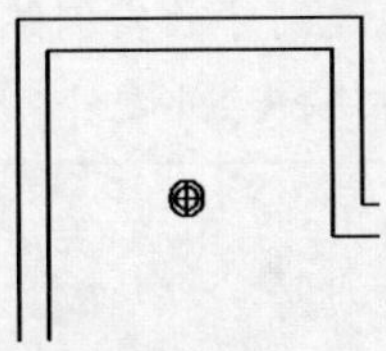

图 9-59

Step 06 统一图形中灯的颜色。在命令行中执行 MA 命令，具体操作过程如下：

```
命令:MA                           //执行 MATCHPROP 命令
选择源对象:                       //选择洋红色的灯作为特性匹配的源对象
```

当前活动设置:颜色 图层 线型 线型比例 线宽 厚度 打印样式 文字 标注 填充图案 多段线 视口 表格 //系统提示当前可以进行特性匹配的对象特性类型
选择目标对象或 [设置(S)]: //选择A处的灯作为特性匹配的目标对象,如图 9-60 所示
选择目标对象或 [设置(S)]: //按【Space】键结束该命令，完成后的效果如图 9-61 所示

Step 07 使用相同的方法，设置另外几盏灯的颜色。顶棚布置图编辑完成后的最终效果如图 9-62 所示（光盘:\源文件\第 9 章\顶棚布置图.dwg）。

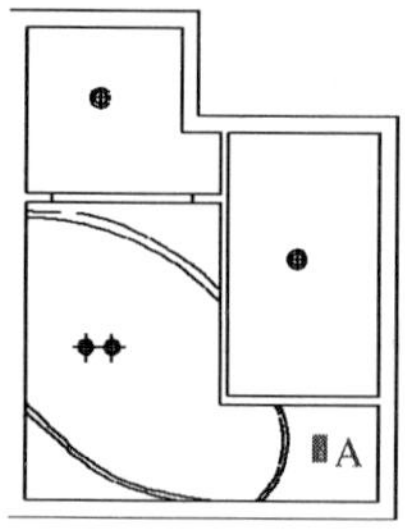

图 9-60

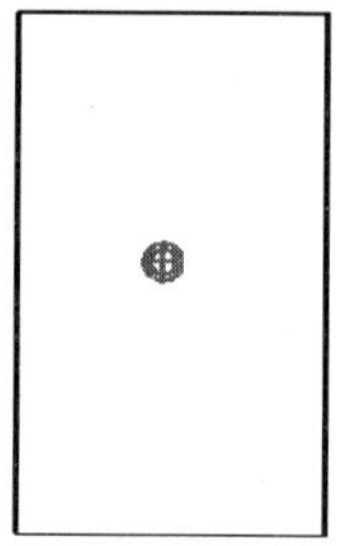
图 9-61

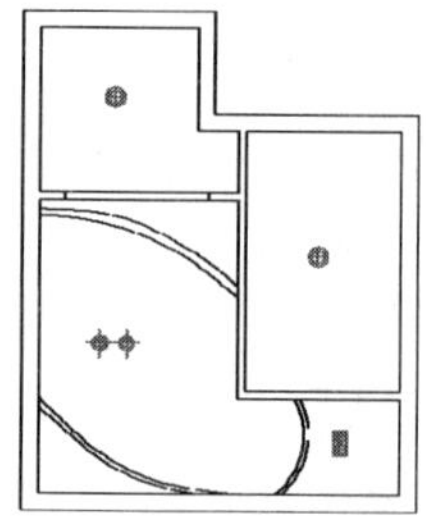
图 9-62

9.5.3 实例拓展和读者思考

在该实例中通过使用夹点、改变图形对象特性和编辑多线的方法介绍了编辑顶棚布置图的制作流程，使读者进一步巩固了绘图过程中编辑命令和改变图形对象特性的运用。使用这些编辑命令，还可以绘制出如图 9-63 所示的轴承座图。

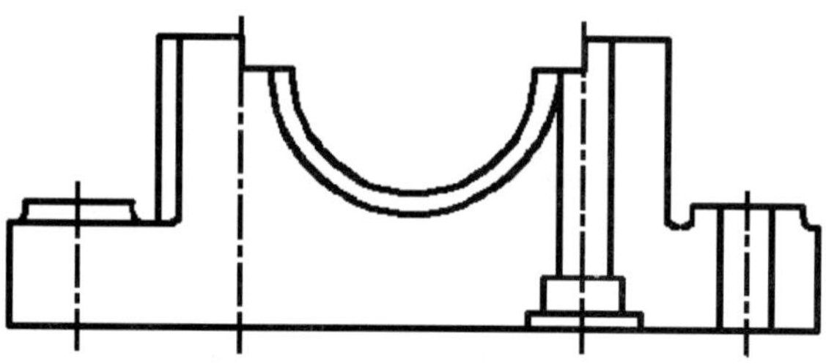
图 9-63

读者思考

通过刚才的实例练习和拓展练习，使读者进一步掌握了使用辅助工具和特殊编辑绘制图形的方法，除此之外，读者还可以使用本章介绍的方法来绘制一些综合性的图形。

第 10 章

图层

学习了绘制图形和修改图形的基本操作后，本章将介绍图层的相关知识，利用图层可以有效地管理图形对象。

10.1　新建图纸集

图纸集是一个有序的命名集合，其中的图纸来自几个图形文件。调用该命令的方法如下：

- 单击“菜单浏览器”按钮，在弹出的菜单中选择“新建”→“图纸集”命令。
- 在命令行中执行 NEWSHEETSET 命令。

下面练习该命令的使用，具体操作如下：

Step 01 单击“菜单浏览器”按钮，在弹出的菜单中选择“新建”→“图纸集”命令，弹出“创建图纸集 - 开始”对话框。

Step 02 在“使用以下工具创建图纸集”选项组中任意选择一种图纸集创建方式，在下方将显示相应选项的含义解释，这里选择⊙样例图纸集(S)单选按钮，如图 10-1 所示，然后单击下一步(N)>按钮。

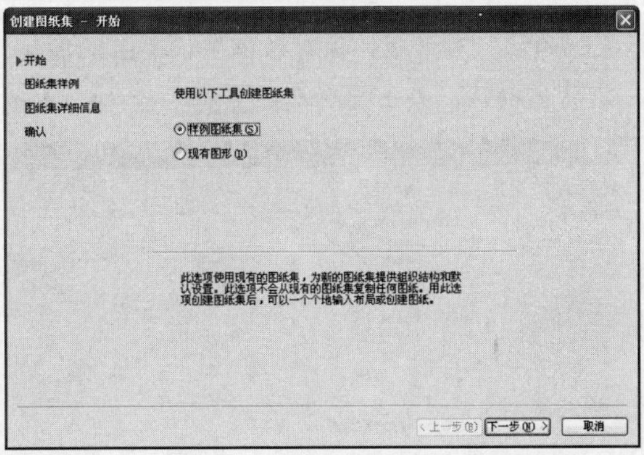

图 10-1

Step 03 弹出“创建图纸集 - 图纸集样例”对话框，在⊙选择一个图纸集作为样例(S)单选按钮下的列表框中选择一种图纸集样例，系统默认选择 Architectural Imperial Sheet Set 图纸集样例，这里保持默认设置，单击下一步(N) >按钮，如图 10-2 所示。

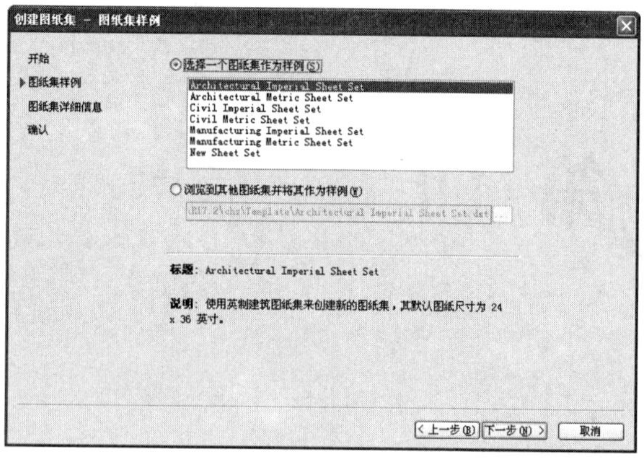

图 10-2

Step 04 弹出“创建图纸集－图纸集详细信息”对话框，在“新图纸集的名称”文本框中输入图纸集的名称，系统默认名称为“新建图纸集（1）”，然后单击下一步(N) >按钮，如图 10-3 所示。

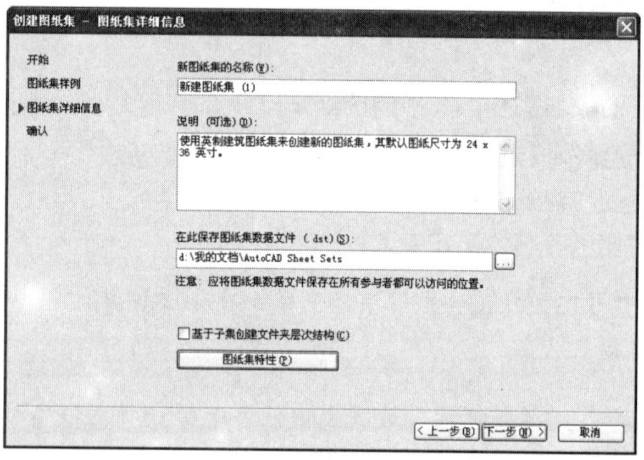

图 10-3

Step 05 弹出“创建图纸集－确认”对话框，该对话框显示了图纸集包含的所有内容。用户可以对所建立的图纸集进行一次总体确认，若正确则单击完成按钮，如图 10-4 所示。

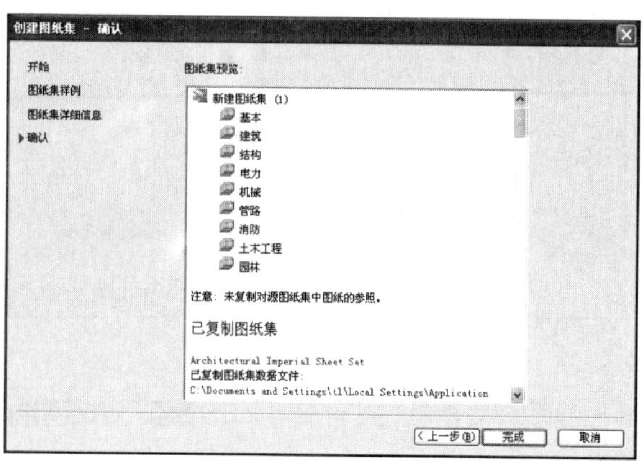

图 10-4

Step 06 打开“图纸集管理器”选项板，在“图纸集管理器”选项板中相应的图纸集名称上右击，在弹出的快捷菜单中选择“新建图纸”命令，如图 10-5 所示。

Step 07 弹出“新建图纸”对话框，在“编号”文本框中输入图纸的编号，如 A-1；在“图纸标题”文本框中输入图纸的标题，如输入“平面图”，则该图纸文件名为“A-1 平面图”。单击 确定 按钮，如图 10-6 所示，返回“图纸集管理器”选项板。双击新建的图纸名称，根据所设置的图纸数据打开图纸样式。

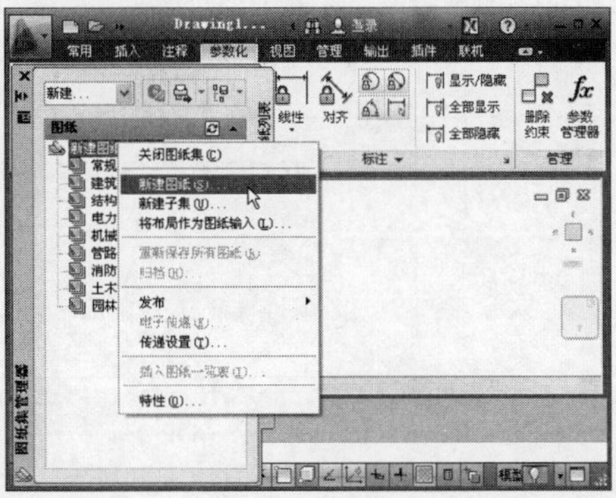

图 10-5

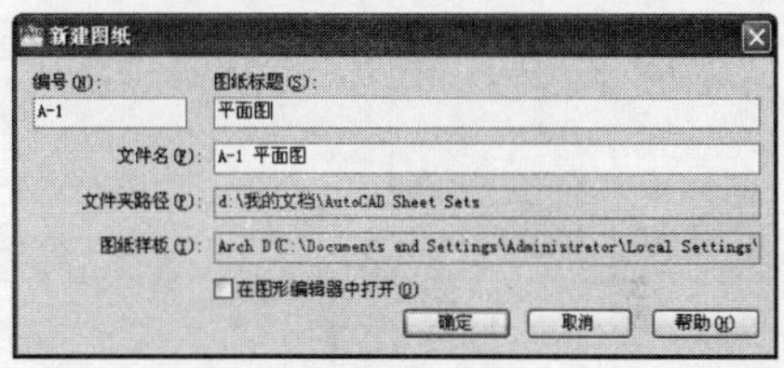

图 10-6

在“图纸集管理器”选项板上右击，将弹出一个快捷菜单，其中部分选项的含义如下：

- 新建图纸：用于新建绘图的图纸。
- 新建子集：用于新建下一级图纸集。AutoCAD 2012 允许在图纸集下再建子图纸集。
- 将布局作为图纸输入：用于把已有的布局作为图纸输入、打开使用。
- 发布：选择该选项，弹出下一级子菜单。选择其中的命令可对选择的图纸集进行相应的发布操作。
- 电子传递：用于把所选择的图纸集以电子格式传递给其他用户。
- 特性：用于显示图纸集的特性信息。

10.2　新建图层与图层特性设置

图层是用来管理图形文件的，将类似的图形文件放置在一个图层上，既方便管理又方便后期的编辑修改，系统默认有一个名为 0 的图层。下面分别讲解新建图层和设置图层特性的方法。

10.2.1　新建图层与命名图层

在绘制图形之前，经常要根据绘图需要新建多个图层，为了更好地区分图层，可以对图层进行命名。

1．新建图层

默认情况下新建的图层名称为“图层 1”，以后创建的图层名称以此类推。新建图层的方法如下：

- 在“常用”选项卡的“图层”组中单击“图层特性”按钮，打开“图层特性管理器”选项板，单击“新建图层”按钮。

- 显示菜单栏，选择“格式”→“图层”命令，打开“图层特性管理器”选项板，单击“新建图层”按钮。
- 在命令行中执行 LAYER 或 LA 命令。

具体操作如下：

Step 01 显示菜单栏，选择“格式”→“图层”命令，打开“图层特性管理器”选项板。

Step 02 单击“新建图层”按钮，如图 10-7 所示，即可新建图层，如图 10-8 所示。

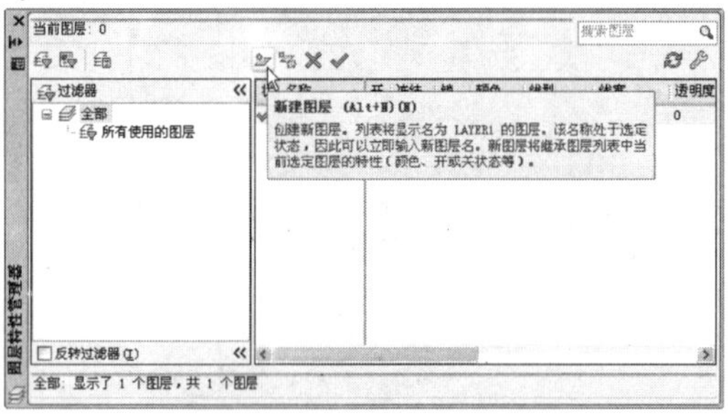

图 10-7

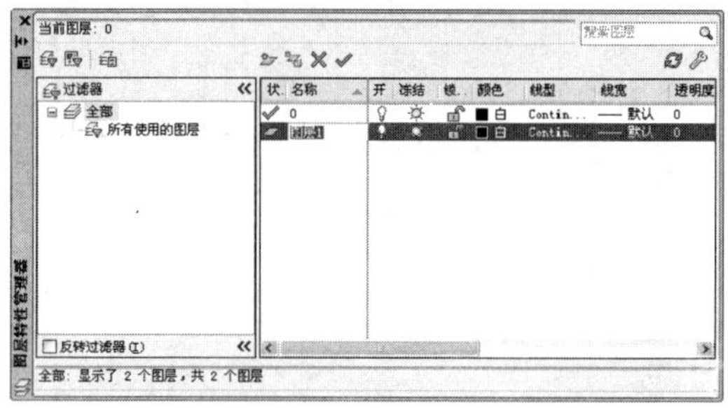

图 10-8

2. 命名图层

命名图层的方法如下：

- 选择需要重命名的图层，按【F2】键。
- 选择需要重命名的图层，单击其图层名称，使其进入可编辑状态。
- 在选择的图层上右击，在弹出的快捷菜单中选择“重命名图层”命令。

执行上述操作后，直接输入需要的新图层名称，输入完成后按【Enter】键确认即可。

10.2.2 图层特性设置

图层特性设置包括设置图层颜色特性、线型特性及线宽特性等，对图层的特性进行设置后，该图层上所有图形对象的特性将会随之发生变化。

1. 设置图层颜色特性

在设置图层颜色特性时，一般在 AutoCAD 提供的 7 种标准颜色中进行选择，即红色、黄色、绿色、青色、蓝色、紫色和白色，具体操作如下：

Step 01 显示菜单栏，选择“格式”→“图层”命令，打开“图层特性管理器”选项板。

Step 02 选择要修改颜色特性的图层，单击中间列表框中的“颜色”栏下的■白图标，弹出“选择颜色”对话框，在其中选择需要的颜色，这里单击“红色”图块，然后单击 确定 按钮，如图 10-9 所示。

Step 03 返回“图层特性管理器”选项板，即可看到该图层的颜色由原来的白色变成了红色，如图 10-10 所示。

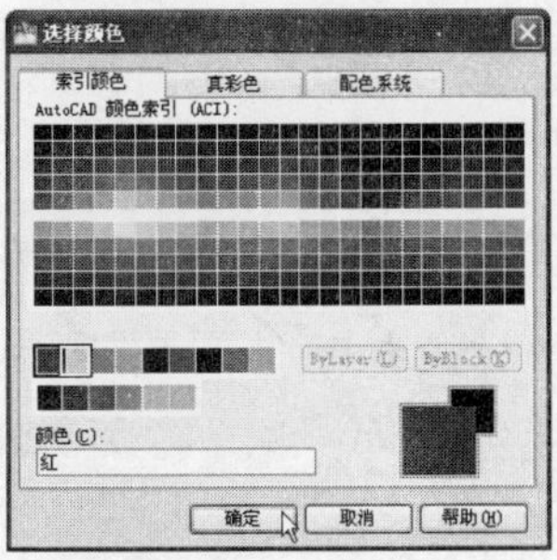

图 10-9

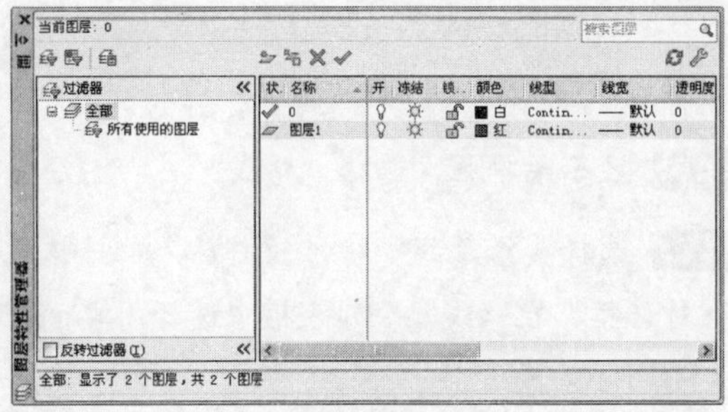

图 10-10

2. 设置图层线型特性

在默认情况下，新建图层的线型特性是 Continuous，但是在绘制图形时，经常需要使用不同的线型来表示不同的对象，具体操作如下：

Step 01 显示菜单栏，选择“格式”→“图层”命令，打开“图层特性管理器”选项板。

Step 02 选择要修改线型特性的图层，单击中间列表框中“线型”栏下的 Contin... 图标，如图 10-11 所示。

Step 03 弹出“选择线型”对话框，在该对话框中列出了当前已加载的线型，若列表框中没有所需线型，则单击 加载(L)... 按钮。

Step 04 弹出“加载或重载线型”对话框，选择需要加载的线型，这里选择 ACAD_ISOO4W100 线型，单击 确定 按钮完成加载，如图 10-12 所示。

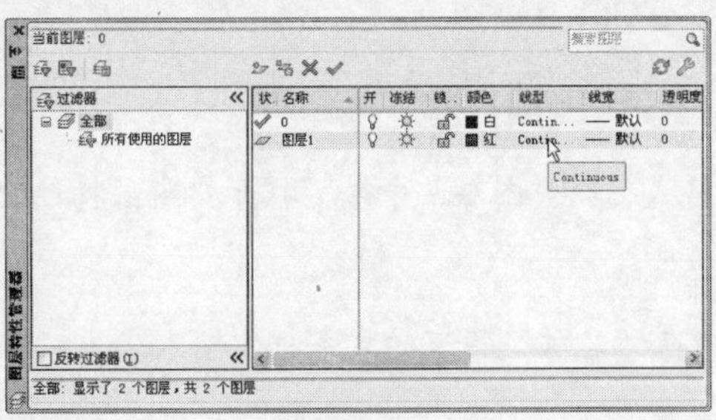

图 10-11

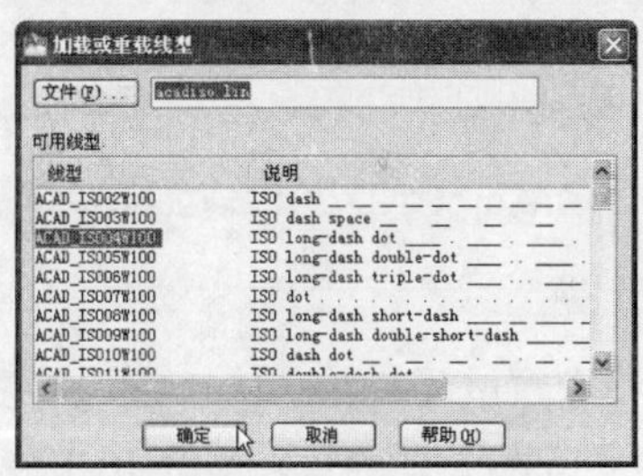

图 10-12

Step 05 返回“选择线型”对话框，选择刚才加载的线型，这里选择 ACAD_ISOO4W100 线型，单击 确定 按钮完成设置，如图 10-13 所示。

Step 06 返回“图层特性管理器”选项板，即可看到线型由原来的 Continuous 变成了刚才设置的线型，如图 10-14 所示。

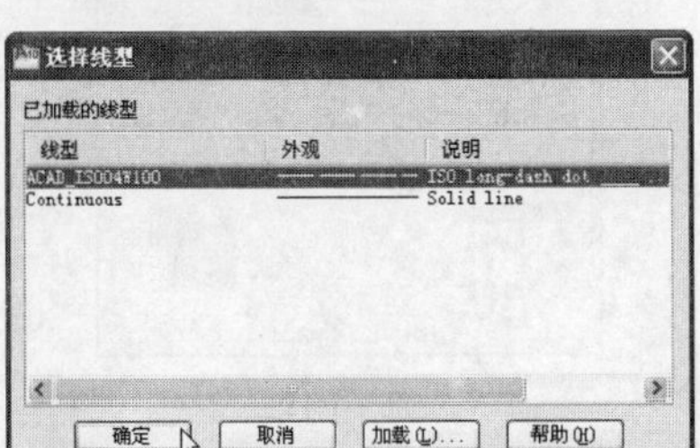

图 10-13

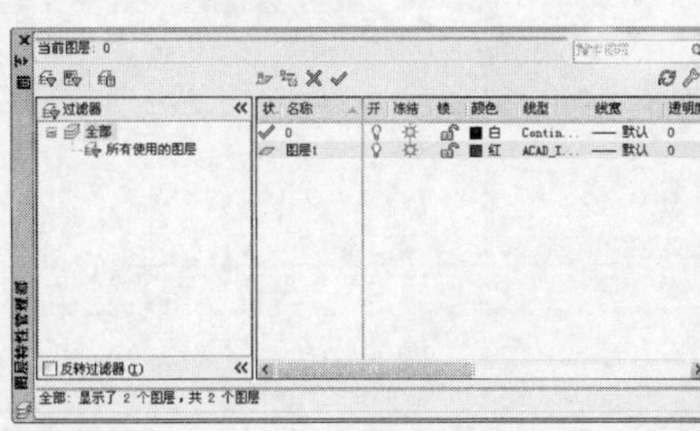

图 10-14

3．设置图层线宽特性

通过设置线宽可以有效地显示图层对象，具体操作如下：

Step 01 显示菜单栏，选择“格式”→“图层”命令，打开“图层特性管理器”选项板。

Step 02 选择要修改线宽特性的图层，单击中间列表框中的“线宽”栏下的——默认图标，弹出“线宽”对话框，在“线宽”列表框中选择需要的线宽，这里选择0.30mm线宽，然后单击确定按钮，如图10-15所示。

Step 03 返回“图层特性管理器”选项板，即可看到线宽由原来的——默认变成了0.30mm，如图10-16所示。

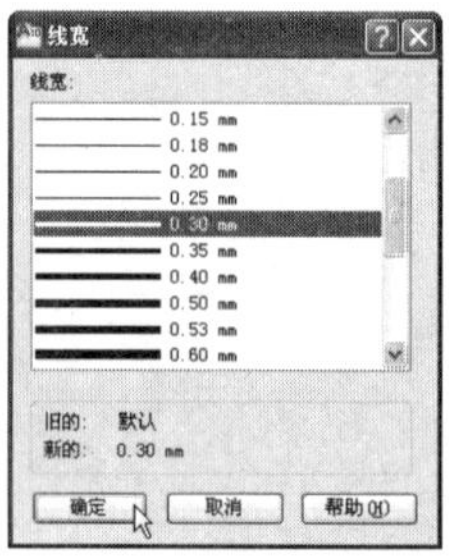

图 10-15

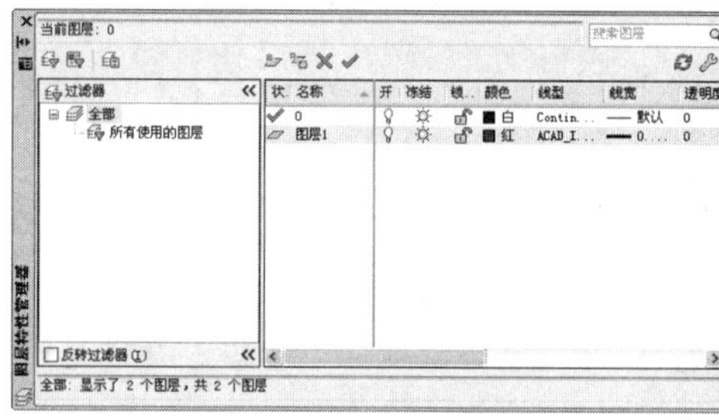

图 10-16

10.2.3 任务22：创建建筑绘图图层

下面以编辑灯饰为例，来练习本节所讲的知识。

Step 01 启动AutoCAD 2012，显示菜单栏，选择“格式”→“图层”命令，打开“图层特性管理器”选项板。

Step 02 单击“新建图层”按钮，新建一个图层，在“名称”栏下的文本框中输入文本“辅助线”，按【Enter】键确认，如图10-17所示。

Step 03 选择“辅助线”图层，单击中间列表框中的“颜色”栏下的■白图标，弹出“选择颜色”对话框，在其中选择需要的颜色，这里单击“蓝色”图块，如图10-18所示，然后单击确定按钮。

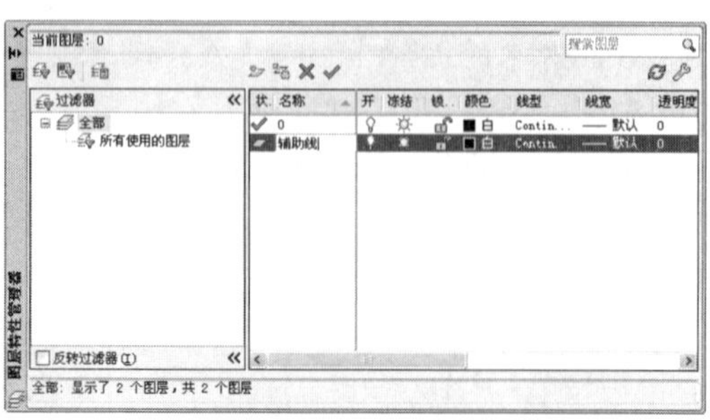

图 10-17

图 10-18

Step 04 返回“图层特性管理器”选项板，即可发现图层颜色由原来的白色变成了蓝色，然后单击中间列表框中的“线型”栏下的 Contin... 图标。

Step 05 弹出“选择线型”对话框，在该对话框中列出了当前已加载的线型，若列表框中没有所需线型，则单击 加载(L)... 按钮。

Step 06 弹出“加载或重载线型”对话框，在“可用线型”列表框中选择 CENTER 线型，如图 10-19 所示，单击 确定 按钮完成加载。

Step 07 返回“选择线型”对话框，选择 CENTER 线型，如图 10-20 所示，单击 确定 按钮完成设置。

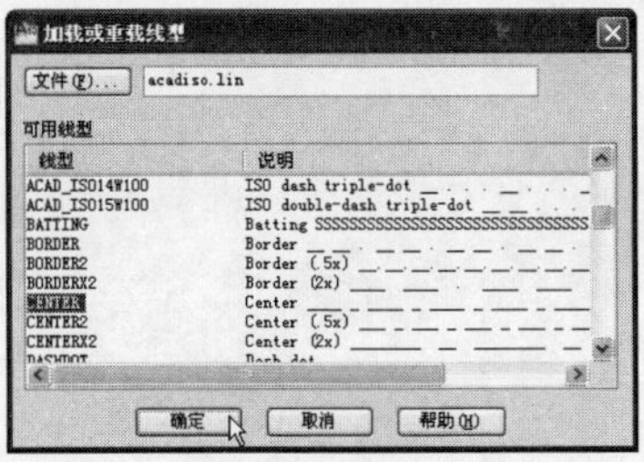

图 10-19

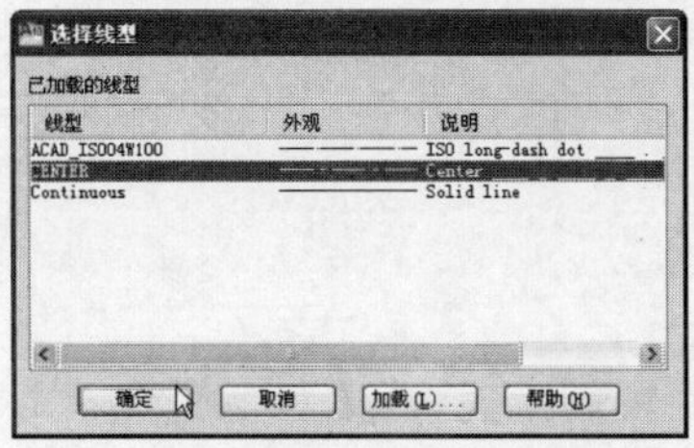

图 10-20

Step 08 返回“图层特性管理器”对话框，即可看到线型由原来的 Continuous 变成了 CENTER，然后单击中间列表框中的“线宽”栏下的 —— 默认 图标，弹出“线宽”对话框。

Step 09 在“线宽”列表框中选择 0.15mm 线宽，如图 10-21 所示，然后单击 确定 按钮。

Step 10 返回“图层特性管理器”选项板，即可看到线宽由原来的 —— 默认 变成了 0.15mm，如图 10-22 所示。

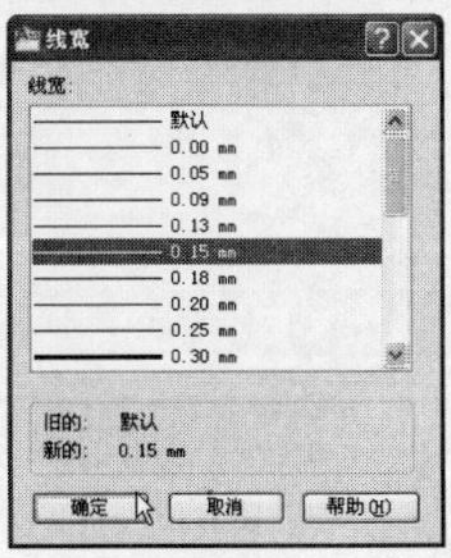

图 10-21

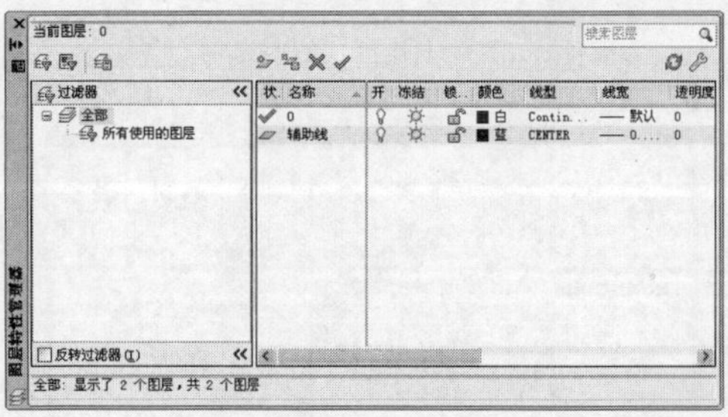

图 10-22

Step 11 按照相同的方法，根据表 10-1 所示的图层特性参数对各图层进行设置，完成后的效果如图 10-23 所示。

表 10-1

图层名称	颜　色	线　型	线宽/mm	图层名称	颜　色	线　型	线宽/mm
辅助线	蓝色	CENTER	0.15	设施	蓝色	Continuous	0.30
墙线	红色	Continuous	0.30	文字	绿色	Continuous	0.25
门窗	黄色	Continuous	0.25	标注	绿色	Continuous	0.25
中心线	红色	CENTER	0.15				

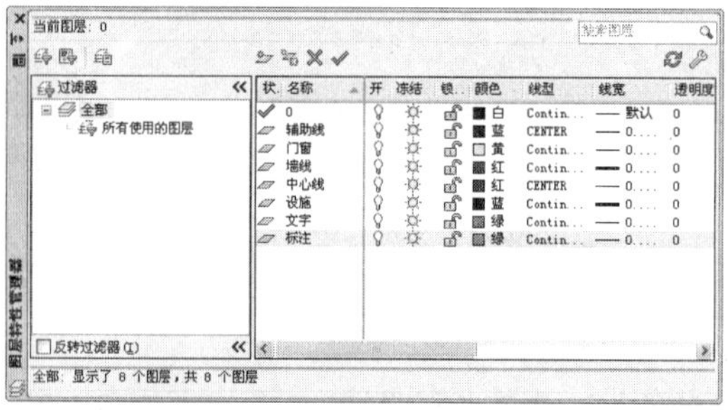

图 10-23

10.3 控制图层状态

控制图层状态是为了更好地绘制或编辑图形，包括图层的打开与关闭、冻结与解冻、锁定与解锁等。

10.3.1 打开与关闭图层

若绘制的图形过于复杂，在编辑图形对象时就比较困难，此时可以将不相关的图层关闭，只显示需要编辑的图层，在图形编辑完成后，可以将关闭的图层打开。

1. 关闭图层

被关闭图层上的对象不仅不会显示在绘图区中，也不能被打印出来。关闭图层的方法如下：

- 在“常用”选项卡的“图层”组中单击“图层”下拉按钮▼，然后在弹出的下拉列表中单击需要关闭的图层前的💡图标，使其变成💡图标，如图 10-24 所示。
- 打开“图层特性管理器”选项板，在中间列表框中的“开”栏下单击💡图标，使其变成💡图标，如图 10-25 所示。

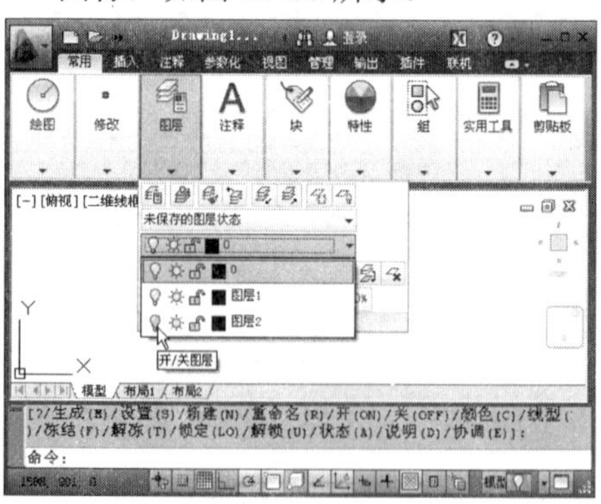

图 10-24

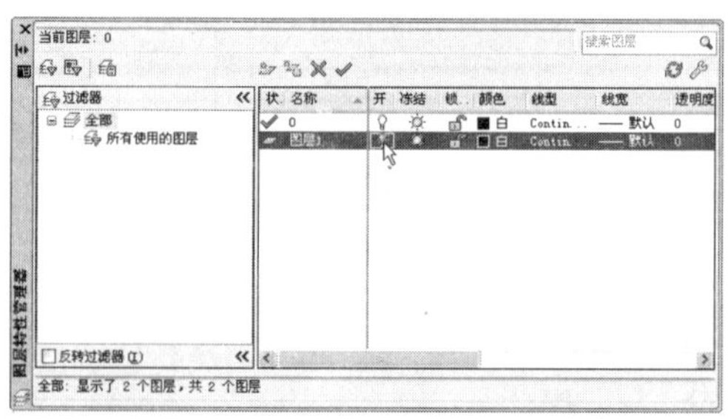

图 10-25

2. 打开图层

在完成图形对象的编辑后，即可将隐藏的图层打开，方法如下：

- 在“常用”选项卡的“图层”组中单击“图层”下拉按钮▼，然后在弹出的下拉列表中单击需要打开的图层前的💡图标，使其变成💡图标。
- 打开“图层特性管理器”选项板，在中间列表框中的“开”栏下单击💡图标，使其变成💡图标。

10.3.2　冻结与解冻图层

冻结图层有利于减少系统重生成图形的时间，也可以将冻结后的图层解冻，但当前图层不能被冻结。

1．冻结图层

冻结的图层不参与重生成计算，且不显示在绘图区中，用户不能对其进行编辑。冻结图层的方法如下：

- 在“常用”选项卡的“图层”组中单击“图层”下拉按钮▼，在弹出的下拉列表中单击需要冻结的图层前的☼图标，使其变成❁图标。
- 打开“图层特性管理器”选项板，在中间列表框中的 “冻结”栏下单击☼图标，使其变成❁图标。

2．解冻图层

解冻图层的方法如下：

- 在“常用”选项卡的“图层”组中单击“图层”下拉按钮▼，在弹出的下拉列表中单击需要解冻的图层前的❁图标，使其变成☼图标。
- 打开“图层特性管理器”选项板，在中间列表框中的“冻结”栏下单击❁图标，使其变成☼图标。

10.3.3　锁定与解锁图层

在绘制复杂的图形对象时，可以将不需要编辑的图层锁定，但被锁定图层中的图形对象仍显示在绘图区上，因此不能对其进行编辑操作。

1．锁定图层

锁定图层的方法如下：

- 在“常用”选项卡的“图层”组中单击“图层”下拉按钮▼，在弹出的下拉列表中单击需要锁定的图层前的🔓图标，使其变成🔒图标。
- 打开“图层特性管理器”选项板，在中间列表框中的“锁定”栏下单击🔓图标，使其变成🔒图标。

2．解锁图层

解锁图层的方法如下：

- 在“常用”选项卡的“图层”组中单击“图层”下拉按钮▼，然后在弹出的下拉列表中单击需要冻结的图层前的🔓图标，使其变成🔒图标。
- 打开“图层特性管理器”选项板，在中间列表框中的“锁定”栏下单击🔓图标，使其变成🔒图标。

10.3.4　任务 23：控制图层

下面练习控制图层状态的相关操作，以巩固本节所讲的知识。

Step 01 打开“小轴.dwg”图形文件（光盘:\素材\第 10 章\小轴.dwg），如图 10-26 所示。然后显示菜单栏，选择“格式”→“图层”命令，打开“图层特性管理器”选项板。

Step 02 选择“中心线”图层，在中间列表框中的“开”栏下单击图标，使其变成图标，如图 10-27 所示。

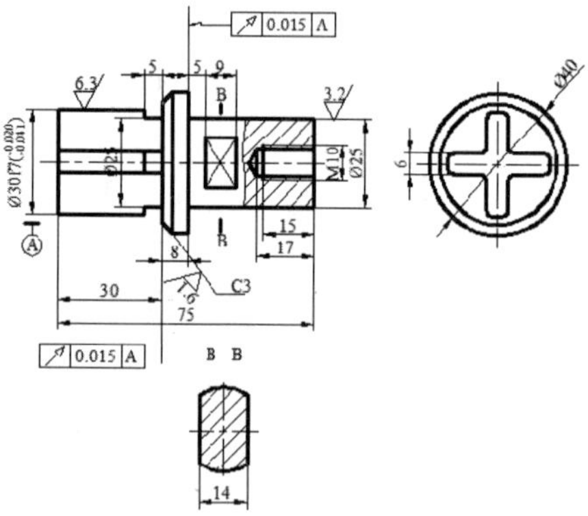

图 10-26

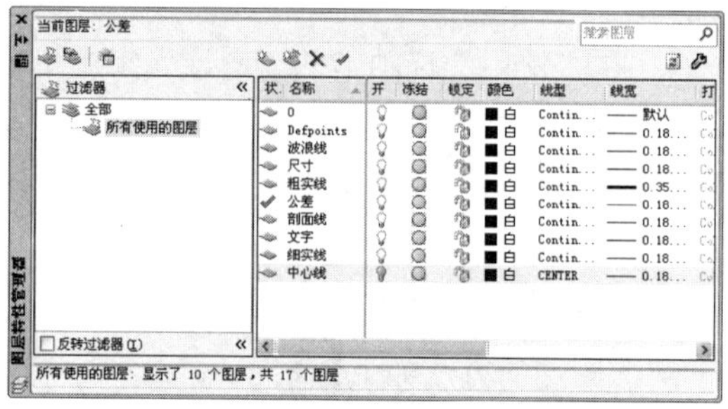

图 10-27

Step 03 选择“剖面线”图层，在中间列表框中的“锁定”栏下单击图标，使其变成图标，如图 10-28 所示。

Step 04 单击“图层特性管理器”选项板左上角的“关闭”按钮，关闭该面板，如图 10-29 所示，然后将其保存（光盘:\源文件\第 10 章\小轴.dwg）。

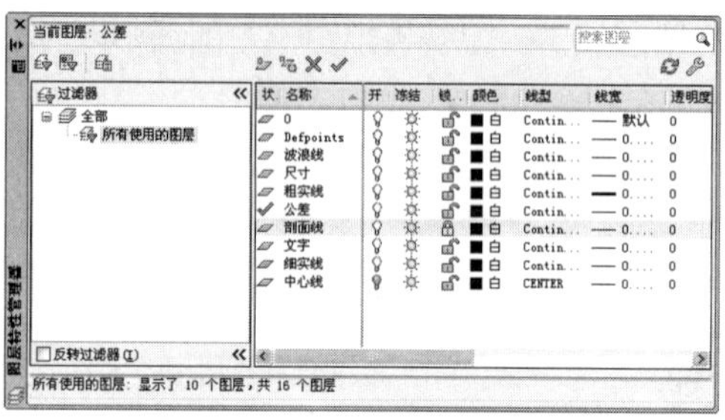

图 10-28

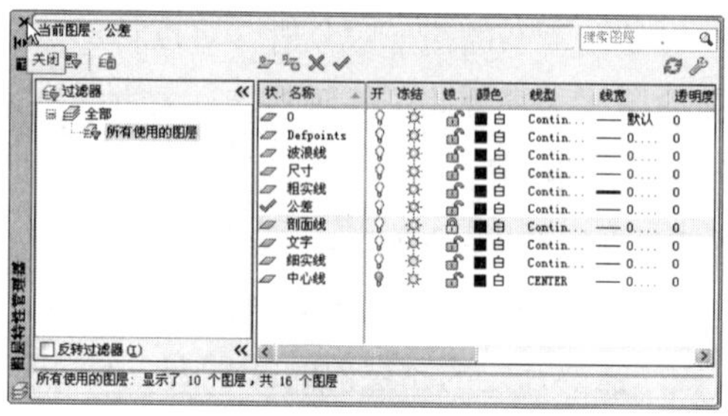

图 10-29

10.4 管理图层

管理图层是为了更好地绘制图形，包括设置当前图层、重命名图层、删除图层、改变图形所在图层、按视口替代图层特性等。

10.4.1 设置当前图层

当前图层就是当前正在使用的图层，若需要在某个图层上绘制图形对象，则应将该图层设置为当前图层。将图层设置为当前图层的方法如下：

- 在“图层特性管理器”选项板中选择需设置为当前的图层，单击“置为当前”按钮。

- 在“图层特性管理器”选项板中需设置为当前图层的图层上右击，在弹出的快捷菜单中选择“置为当前”命令。
- 在“图层特性管理器”选项板中直接双击需置为当前图层的图层。
- 在“常用”选项卡的“图层”组中单击“图层”下拉按钮▼，然后在弹出的下拉列表中选择所需的图层，也可将需要的图层设置为当前图层。

10.4.2　重命名图层

为图层重命名有助于图层的管理，并且可以更好地区分图层，重命名图层的方法如下：

- 在“图层特性管理器”选项板中选择需要重命名的图层，按【F2】键，然后输入图层名称并按【Enter】键确认。
- 在“图层特性管理器”选项板中选择需要重命名的图层，单击其图层名称，使其呈可编辑状态，输入图层名称后，按【Enter】键确认。
- 在选择的图层上右击，在弹出的快捷菜单中选择“重命名图层”命令，输入名称后按【Enter】键确认。

10.4.3　删除图层

在管理图层的过程中，用户可以将不需要的图层删除，删除图层的方法如下：

- 在“图层特性管理器”选项板中选择需要删除的图层，单击“删除图层”按钮✖。
- 在选择的图层上右击，在弹出的快捷菜单中选择“删除图层”命令。

注　意

在删除图层的过程中，0 层、默认层、当前层、含有实体的层和外部引用依赖层是不能被删除的。

10.4.4　改变图形所在图层

在绘制图形的过程中，可以将某图层上的图形对象改变到其他图层上，具体操作如下：

Step 01 打开“螺丝钉.dwg”图形文件（光盘:\素材\第 10 章\螺丝钉.dwg），在绘图区中选择需要改变图层的图形对象，这里选择红色的内圆，如图 10-30 所示。

Step 02 在“常用”选项卡的“图层”组中单击“图层”下拉按钮▼，在弹出的下拉列表中选择目标图层，这里选择“外轮廓”图层，如图 10-31 所示。

Step 03 按【Esc】键取消图形对象的选择状态，如图 10-32 所示，此时红色的内圆已被更改到“外轮廓”图层上（光盘:\源文件\第 10 章\螺丝钉.dwg）。

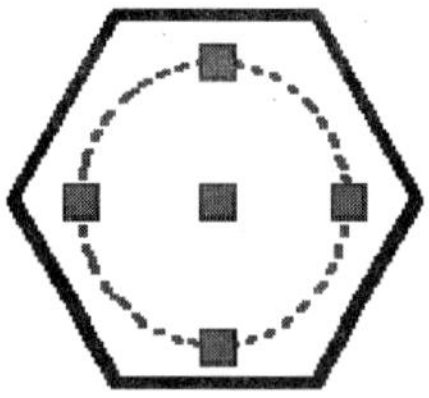

图 10-30

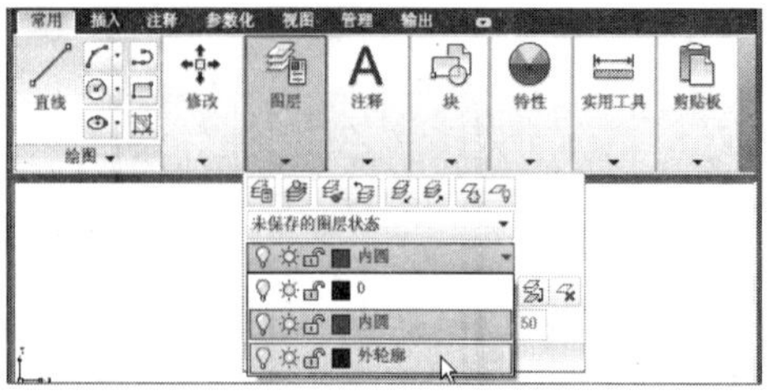

图 10-31

图 10-32

10.4.5 任务 24：对图层进行管理

下面练习控制图层状态，以巩固本节所讲的知识。

Step 01 打开“插座.dwg”图形文件（光盘:\素材\第 10 章\插座.dwg），在绘图区中选择 3 个矩形插口，如图 10-33 所示。

Step 02 在“常用”选项卡的“图层”组中单击“图层”下拉按钮▼，在弹出的下拉列表中选择目标图层，这里选择“插口”图层，如图 10-34 所示。

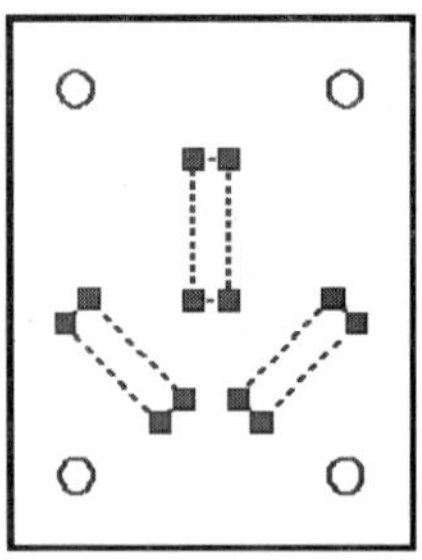

图 10-33

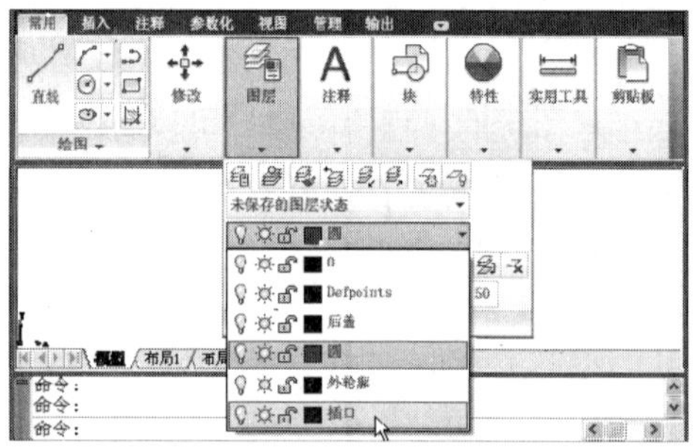

图 10-34

Step 03 按【Esc】键取消图形对象的选择状态，如图 10-35 所示。然后显示菜单栏，选择“格式”→“图层”命令，打开“图层特性管理器”选项板。

Step 04 选择“圆”图层，按【F2】键，然后输入文本“螺丝钉”，按【Enter】键确认，如图 10-36 所示。

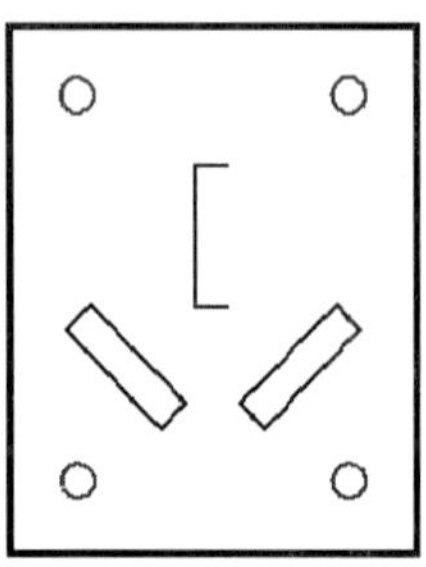

图 10-35

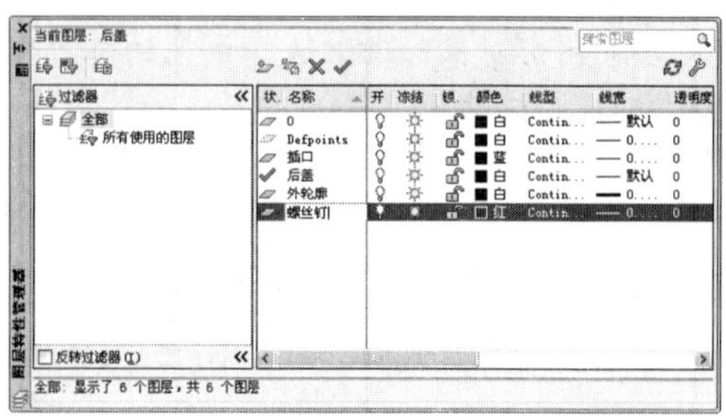

图 10-36

Step 05 选择“插口”图层，单击“置为当前”按钮✔，设置该图层为当前图层，如图 10-37 所示。然后选择“后盖”图层，单击“删除图层”按钮✖，删除该图层，如图 10-38 所示。最后关闭“图层特性管理器”选项板并保存图形文件（光盘:\源文件\第 10 章\插座.dwg）。

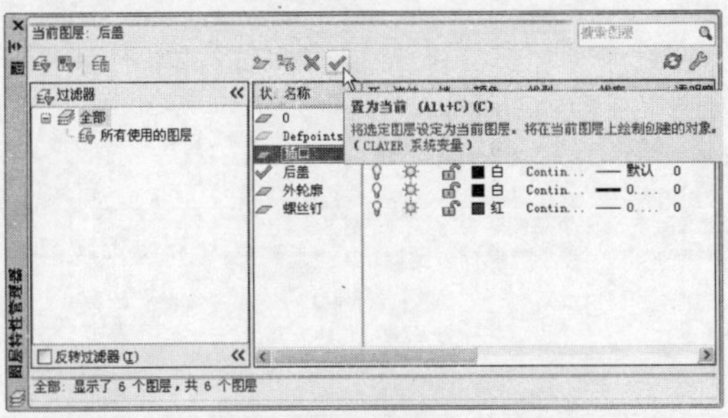

图 10-37

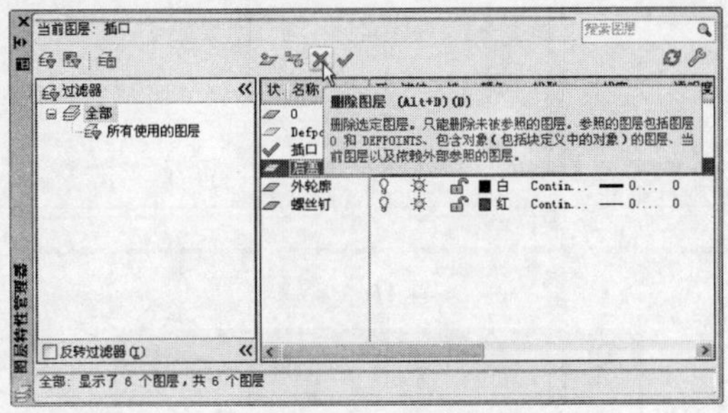

图 10-38

10.5　边学边用——创建装配图图层

了解了 AutoCAD 2012 中图纸集和图层的相关知识后，本节将通过一个简单实例的实现过程，来加深读者对相关知识的理解和掌握。

10.5.1　实例目标

本节将详细讲解 AutoCAD 2012 中图层的相关知识，引导读者进一步掌握在 AutoCAD 2012 中新建图层、设置图层特性及管理图层的方法。

具体学习目标如下：

- 熟悉新建图层的方法。
- 掌握图层特性的设置方法。
- 掌握设置当前图层的方法。

10.5.2　实例实现

Step 01 启动 AutoCAD 2012，在命令行中执行 LAYER 命令，打开“图层特性管理器”选项板，然后单击“新建图层”按钮，新建图层，如图 10-39 所示。

Step 02 输入图层新名称“轴线”，按【Enter】键确认，然后单击“轴线”图层的“颜色”栏下的■白图标，如图 10-40 所示。

Step 03 弹出“选择颜色”对话框，单击“蓝色”图块，然后单击 确定 按钮，如图 10-41 所示。返回“图层特性管理器”选项板，单击“轴线”图层的“线型”栏下的 Contin... 图标，如图 10-42 所示。

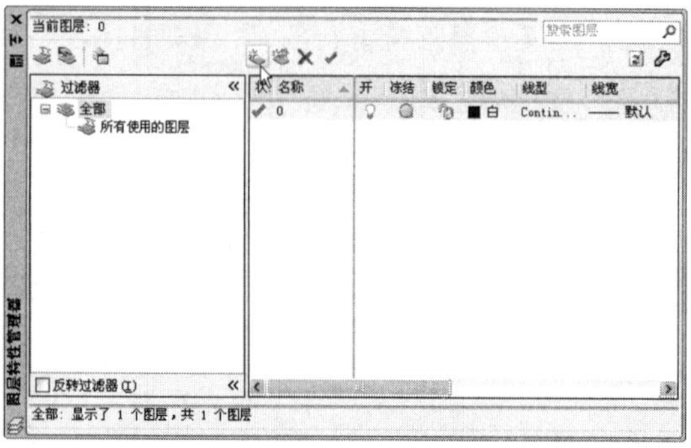

图 10-39

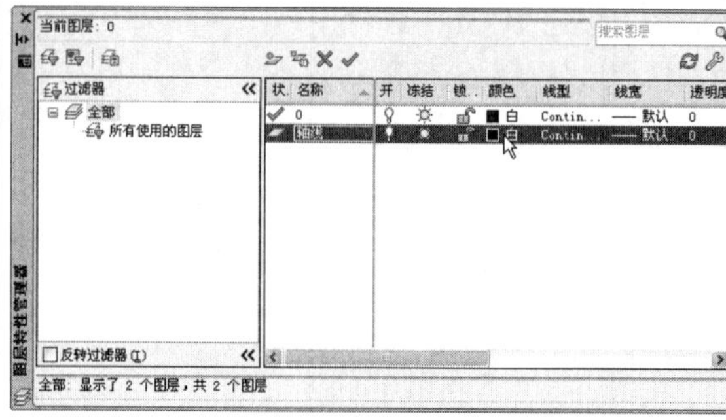

图 10-40

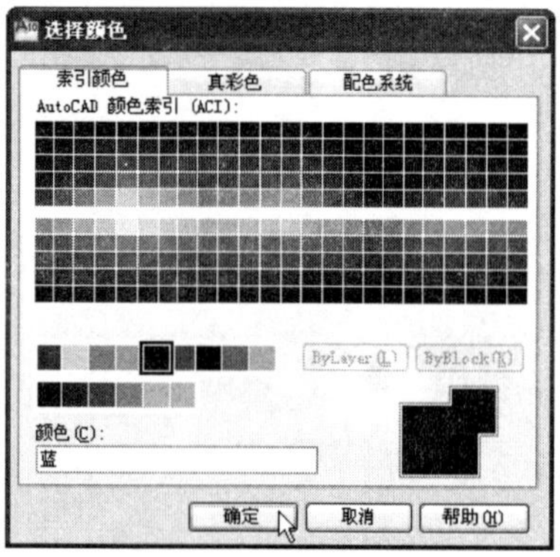

图 10-41

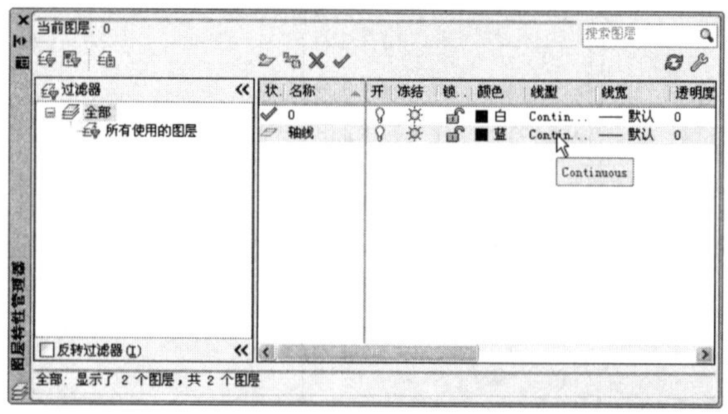

图 10-42

Step 04 弹出“选择线型”对话框，单击[加载(L)...]按钮，弹出“加载或重载线型”对话框，选择 CENTER 线型，单击[确定]按钮完成加载，如图 10-43 所示。

Step 05 返回“选择线型”对话框，选择 CENTER 线型，如图 10-44 所示，然后单击[确定]按钮。

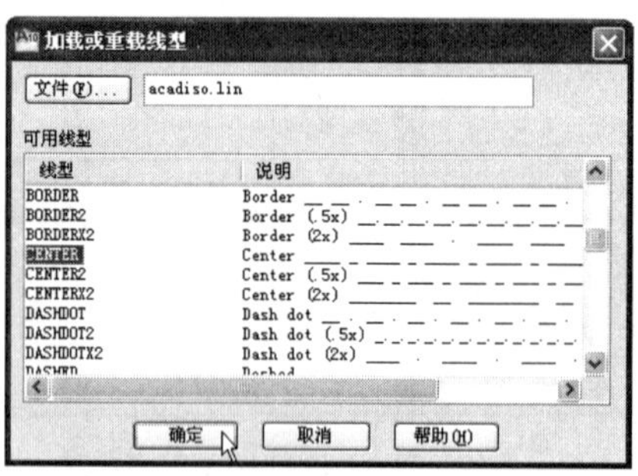

图 10-43

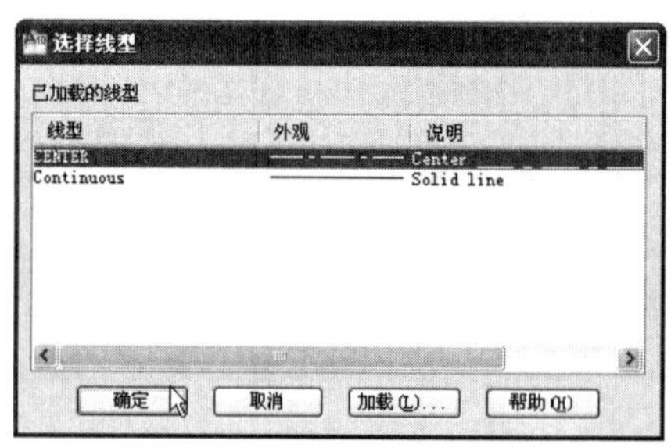

图 10-44

Step 06 返回“图层特性管理器”选项板，单击“轴线”图层的“线宽”栏下的[—— 默认]图标，如图 10-45 所示。

Step 07 弹出“线宽”对话框，在“线宽”列表框中选择 0.15mm 线宽，然后单击[确定]按钮，如图 10-46 所示。

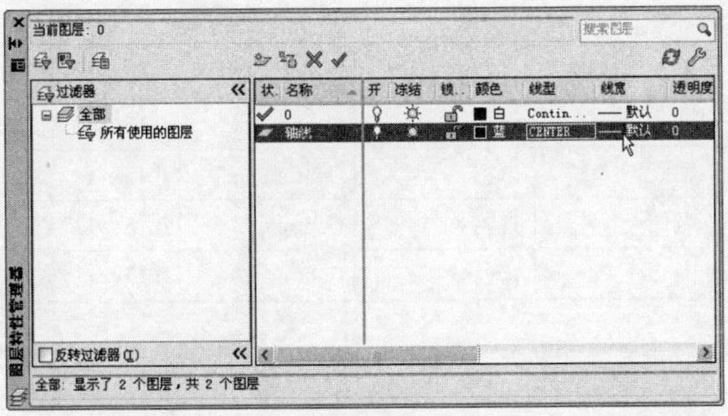

图 10-45

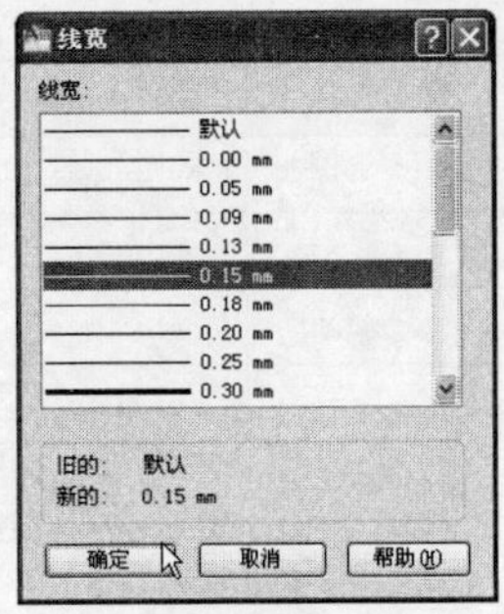

图 10-46

Step 08 返回“图层特性管理器”选项板，根据表 10-2 所示的图层特性对各图层进行设置，设置后的效果如图 10-47 所示。

表 10-2

图层名称	颜　色	线　型	线宽/mm	图层名称	颜　色	线　型	线宽/mm
轴线	蓝色	CENTER	0.15	组件	青色	Continuous	0.15
轮廓线	绿色	Continuous	0.30	零件标号	蓝色	Continuous	0.15
剖面	红色	Continuous	0.15	文字	蓝色	Continuous	0.15
标准件	白色	Continuous	0.20	标注	蓝色	Continuous	0.15

Step 09 选择“轴线”图层，单击“置为当前”按钮✔，将其设置为当前图层，如图 10-48 所示。然后关闭“图层特性管理器”选项板，并保存图形文件为“装配图图层”（光盘:\源文件\第 10 章\装配图图层.dwg）。

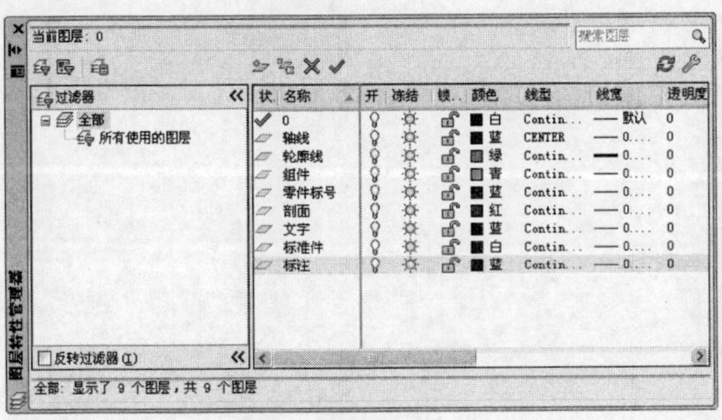

图 10-47

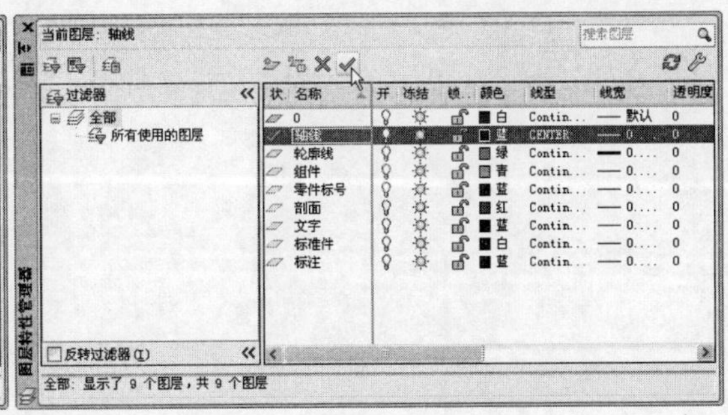

图 10-48

10.5.3 实例拓展和读者思考

该实例介绍了在 AutoCAD 2012 中新建图层、设置图层特性及设置当前图层的方法，使读者进一步巩固了图层的相关知识。读者还可以利用本章所介绍的相关知识，根据表 10-3 所示的图层特性，创建如图 10-49 所示的机械绘图图层。

表 10-3

图层名称	颜　　色	线　　型	线宽/mm	图层名称	颜　　色	线　　型	线宽/mm
标注	绿色	Continuous	0.15	文字	绿色	Continuous	0.15
标准件	白色	Continuous	0.20	轴线	白色	Continuous	0.15
轮廓线	白色	Continuous	0.30	组件	青色	Continuous	0.15
剖面线	蓝色	Continuous	默认	中心线	红色	Continuous	0.15

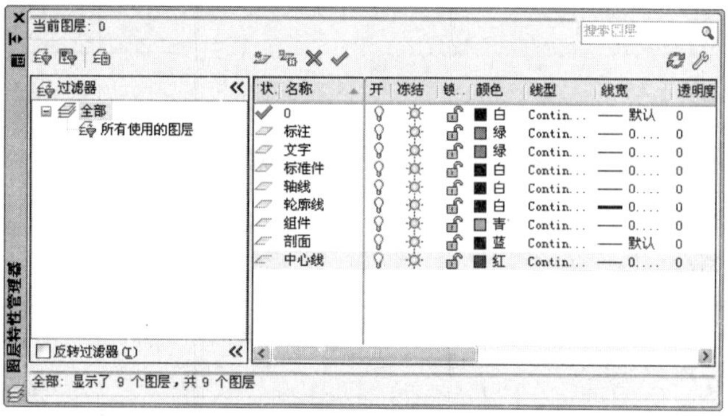

图 10-49

读者思考

通过刚才的实例练习和拓展练习，读者可以在掌握 AutoCAD 2012 中图层的相关知识的基础上，使用本章介绍的方法创建自己需要的图纸集和图层。

第 11 章 图块

将以前绘制的图形对象进行收集，则在以后绘制相同的图形对象时，就可以直接调用了。为了避免在调用图形对象时错选或漏选组成图形对象的元素，可以将其定义为图块。

11.1 图块的特点

图块是一组图形对象的总称，是一个整体，但块中的对象拥有各自的属性且互不影响。图 11-1 所示为非图块和图块的区别。图块多用于绘制重复、复杂的图形。

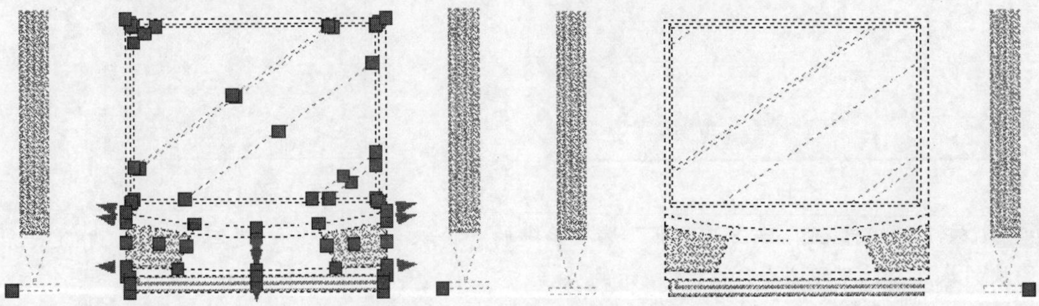

图 11-1

在使用 AutoCAD 进行绘图的过程中，经常需要绘制一些重复出现的图形，如果把这些图形做成图块并以文件的形式保存于计算机中，当需要调用时再将其调出，可以避免大量的重复工作，从而提高工作效率。

在绘图的过程中，若要保存图形中的每一个相关信息，则会占用大量的空间，因此可以把这些相同的图形先定义成一个块，然后再插入所需的位置，以节省大量的存储空间。

AutoCAD 还允许为图块创建具有文字信息的属性，并可以在插入图块时指定是否显示这些属性。

11.2 使用图块

使用图块包括创建内部图块、创建外部图块、插入单个图块、插入多个图块、通过设计中心插入图块、删除图块、重命名图块和分解图块，下面分别进行讲解。

11.2.1 创建内部图块

内部图块存储在图形文件内部，因此只能在存储了该图块的文件中使用，不能在其他图形文件中使用。创建内部图块的方法如下：

- 在“常用”选项卡的“块”组中单击“创建”按钮。
- 显示菜单栏，选择“绘图”→“块”→“创建”命令。
- 在命令行中执行 BLOCK 或 B 命令。

创建内部块的具体操作如下：

Step 01 打开“淋浴房.dwg”图形文件（光盘:\素材\第 11 章\淋浴房.dwg），在命令行中执行 BLOCK 命令，弹出“块定义”对话框。

Step 02 在“名称”文本框中输入要定义的图块名称，这里输入文本“淋浴房”，然后单击“对象”选项组中的“选择对象”按钮，如图 11-2 所示。

Step 03 返回绘图区，选择需要定义为块的图形，这里选择绘图区中所有的图形对象，如图 11-3 所示。

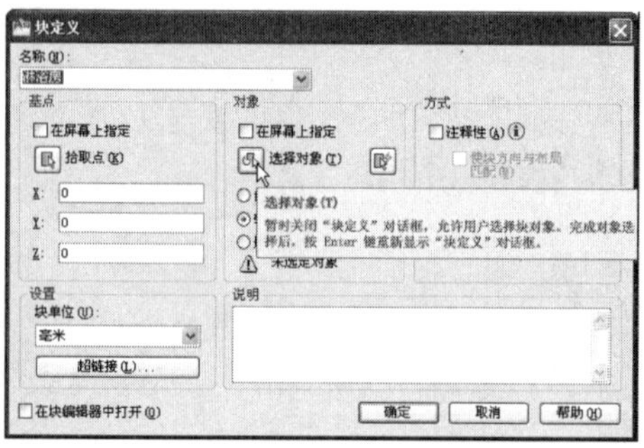

图 11-2

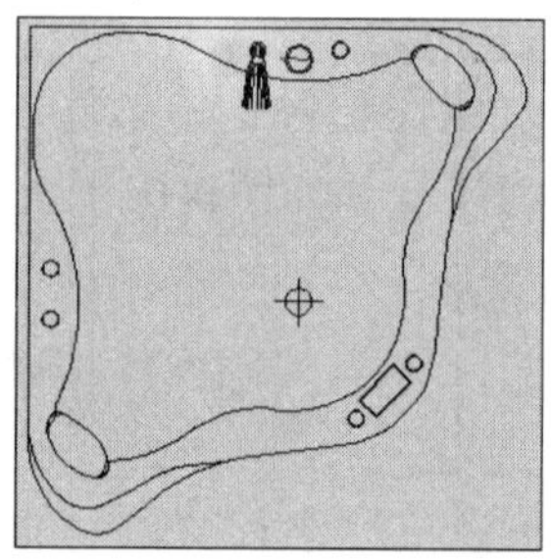

图 11-3

Step 04 按【Space】键，单击“基点”选项组中的“拾取点”按钮，返回绘图区，指定一点作为图块的基点。这里单击如图 11-4 所示的 A 点。

Step 05 返回“块定义”对话框，此时在“名称”文本框右侧将显示系统为该图块创建的图标。在“块单位”下拉列表中可以选择通过设计中心拖放块到绘图区时的缩放单位，这里保持默认设置。

Step 06 在“说明”文本框中输入该图块的说明文字，也可不输入。单击 确定 按钮，即可完成该图块的定义，如图 11-5 所示。

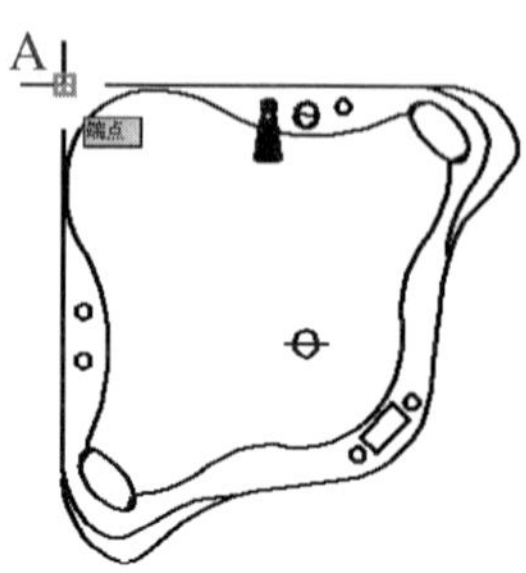

图 11-4

图 11-5

在“块定义”对话框的“对象”选项组中，各单选按钮的含义如下：

- ⊙保留(R)单选按钮：选择该单选按钮，则被定义为图块的源对象仍然以原格式保留在绘图区中。
- ⊙转换为块(C)单选按钮：选择该单选按钮，则在定义内部图块后，绘图区中被定义为图块的源对象同时被转换为图块。
- ⊙删除(D)单选按钮：选择该单选按钮，则在定义内部图块后，将删除绘图区中被定义为图块的源对象。

11.2.2 创建外部图块

外部图块与内部图块恰恰相反，它是以文件的形式保存到计算机中的，随时都可以对其进行调整。在命令行中执行 WBLOCK 或 W 命令，即可开始创建外部块。具体操作如下：

Step 01 打开“轴套.dwg”图形文件（光盘:\素材\第 11 章\轴套.dwg），在命令行中执行 WBLOCK 命令，弹出“写块”对话框。

Step 02 在“源”选项组中选择⊙对象(O)单选按钮，在“对象”选项组中单击“选择对象”按钮，然后返回绘图区中选择需定义为块的图形，这里选择绘图区中的所有图形。

Step 03 按【Space】键返回对话框，在“基点”选项组中单击“拾取点”按钮，然后返回绘图区单击如图 11-6 所示的 A 点。

Step 04 在“目标”选项组的“文件名和路径”下拉列表框右侧单击[...]按钮，弹出“浏览图形文件”对话框。

Step 05 在“保存于”下拉列表中选择需要保存的位置，这里选择“桌面”选项，并在“文件名”文本框中输入图块名称，这里输入文本“轴套”，然后单击[保存(S)]按钮，如图 11-7 所示。

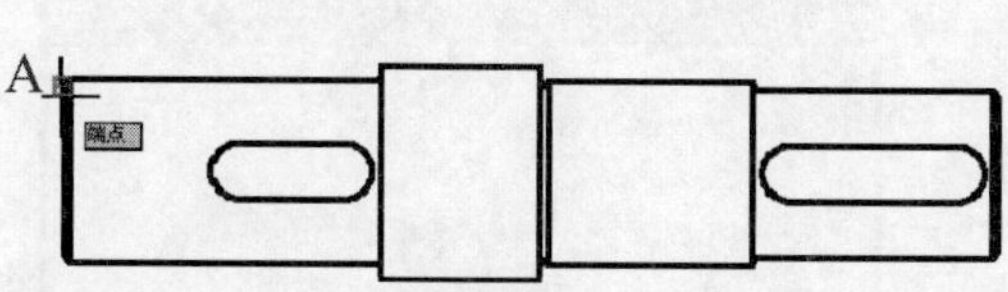

图 11-6

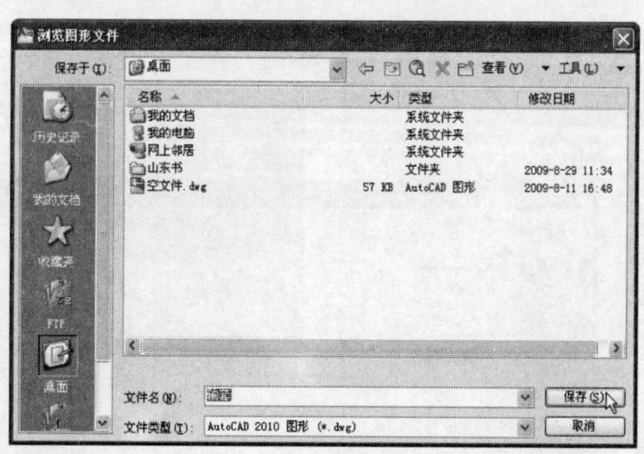

图 11-7

Step 06 返回“写块”对话框，单击[确定]按钮，如图 11-8 所示。图块保存后即可在保存的位置看到外部图块，如图 11-9 所示。

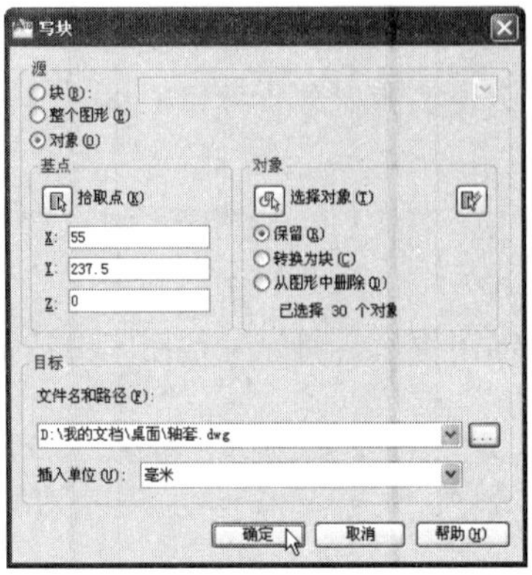

图 11-8

图 11-9

11.2.3 插入单个图块

图块创建完毕后，在绘制图形过程中就可以将其插入到需要的位置了插入。单个内部图块与外部图块的方法完全一样，方法如下：

- 在“常用”选项卡的“块”组中单击“插入”按钮。
- 显示菜单栏，选择“插入”→“块”命令。
- 在命令行中执行 INSERT 或 DDINSERT 命令。

以插入所创建的外部图块“轴套”为例，来讲解插入图块的方法，具体操作如下：

Step 01 启动 AutoCAD 2012，在命令行中执行 INSERT 命令，弹出“插入”对话框。

Step 02 单击“名称”下拉列表右侧的[浏览(B)...]按钮，弹出“选择图形文件”对话框，在“查找范围”下拉列表中选择图块的目标位置，这里选择“桌面”选项，在“名称”列表框中选择“轴套.dwg”图形文件，然后单击[打开(O)]按钮，如图 11-10 所示。

Step 03 返回“插入”对话框，单击[确定]按钮，如图 11-11 所示，在绘图区中指定插入点即可插入图块。

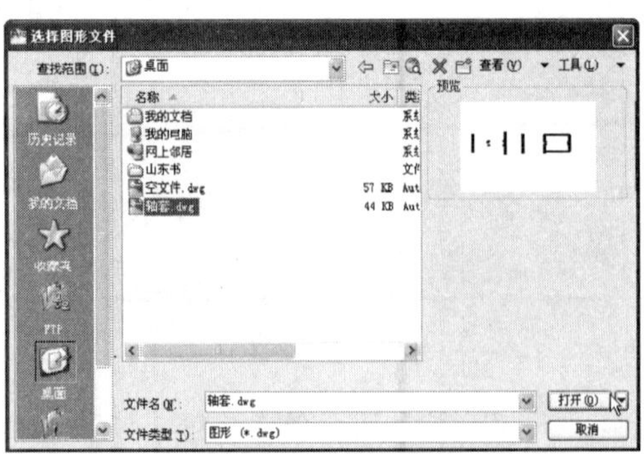

图 11-10

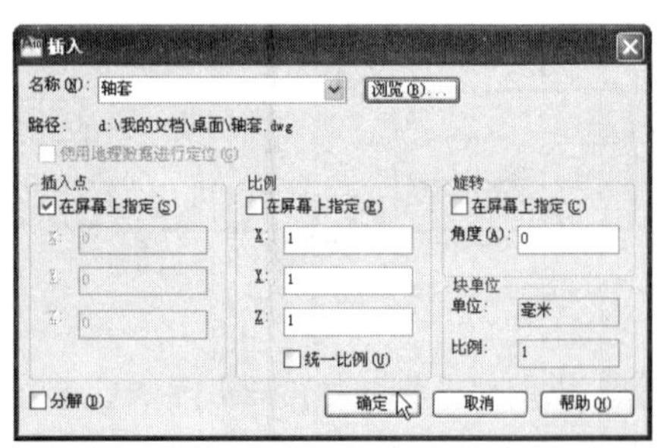

图 11-11

注　意

若要插入内部图块，在“插入”对话框的“名称”下拉列表中选择需要的图块名称，然后单击 确定 按钮即可，但该操作必须在保存内部图块的图形文件中进行。

11.2.4　插入多个图块

若要一次插入多个相同的图块，可以使用阵列、定数等分和定距等分方式。

1. 以阵列方式插入多个图块

阵列方式是在需要插入多个相同的图块时，以矩形阵列的方式将其插入到图形中。在命令行中执行 MINSERT 命令即可，具体操作如下：

Step 01 打开“壁画.dwg”图形文件（光盘:\素材\第 11 章\壁画.dwg），在命令行中输入 MINSERT 命令，具体操作过程如下：

```
命令: MINSERT                       //执行 MINSERT 命令
输入块名或 [?]:壁画                  //输入外部图块的路径及名称，这里直接采用内部图块，所以直
接按【Space】键
单位: 毫米    转换:    1.0000      //系统自动显示
指定插入点或 [基点(B)/比例(S)/X/Y/Z/旋转(R)]:  //在绘图区中单击指定第一个图块的插入点
输入 X 比例因子，指定对角点，或 [角点(C)/XYZ(XYZ)] <1>: //X 方向上不缩放（默认为 1），
直接按【Space】键
输入 Y 比例因子或 <使用 X 比例因子>:        //使用 X 方向的缩放比例，直接按【Space】键
指定旋转角度 <0>: 0                       //输入旋转角度，这里输入 0，并按【Space】键
输入行数 (---) <1>: 3                     //指定阵列行数，这里输入 3，并按【Space】键
输入列数 (|||) <1>: 3                     //指定阵列列数，这里输入 3，并按【Space】键
输入行间距或指定单位单元 (---):600         //指定阵列的行间距，这里输入 600，并按【Space】键
指定列间距 (|||): 600                     //指定阵列的列间距，这里输入 600，并按【Space】键
```

Step 02 以阵列方式插入图块的效果如图 11-12 所示（光盘:\源文件\第 11 章\壁画.dwg）。

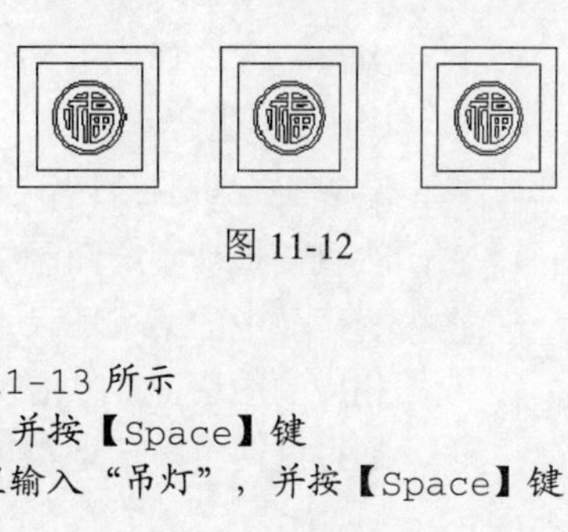

图 11-12

2. 以定数等分方式插入多个图块

使用定数等分方式插入图块时，只能插入内部图块，不能插入外部图块。以定数等分方式插入多个图块，要在命令行中执行 DIVIDE 命令，具体操作如下：

Step 01 打开“吊灯.dwg”图形文件（光盘:\素材\第 11 章\吊灯.dwg），在命令行中输入 DIVIDE 命令，具体操作过程如下：

```
命令: DIVIDE                  //执行 DIVIDE 命令
选择要定数等分的对象:          //选择绘图区中的直线，如图 11-13 所示
输入线段数目或 [块(B)]: B     //选择“块”选项，插入图块，并按【Space】键
输入要插入的块名:吊灯          //指定要插入图块的名称，这里输入“吊灯”，并按【Space】键
```

是否对齐块和对象？[是(Y)/否(N)] <Y>:N //指定是否将图块与所选对象对齐，这里选择“否”选项，并按【Space】键
输入线段数目:4 //指定要将所选对象等分的线段数，这里输入 4，并按【Space】键

Step 02 以定数等分方式插入图块的效果如图 11-14 所示（光盘:\源文件\第 11 章\吊灯.dwg）。

图 11-13

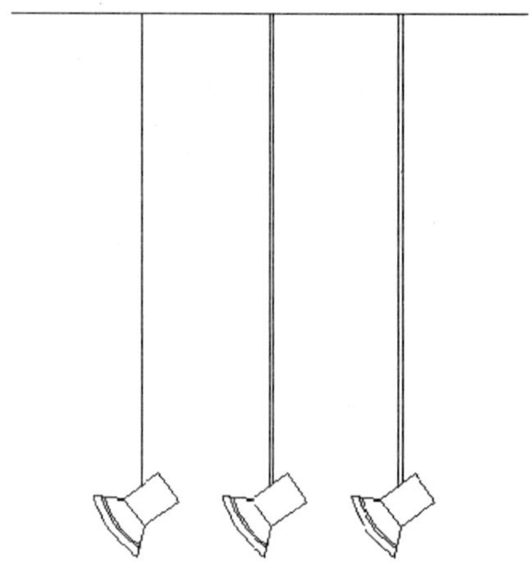

图 11-14

3. 以定距等分方式插入多个图块

以定距等分方式插入多个图块与以定数等分方式插入多个图块的方法类似，在命令行中执行 MEASURE 命令即可，具体操作过程如下：

命令: MEASURE //执行 MEASURE 命令
选择要定距等分的对象: //选择被等分的对象
指定线段长度或 [块(B)]: B //选择“块”选项，并按【Space】键
输入要插入的块名: //输入要插入的块的名称，并按【Space】键
是否对齐块和对象？[是(Y)/否(N)] <Y>:Y //指定是否将图块与所选对象对齐，这里选择“是”选项，并按【Space】键
指定线段长度: //输入间隔长度，按【Space】键

11.2.5 通过设计中心插入图块

设计中心是 AutoCAD 绘图的一项特色，设计中心包含了多种图块，通过它可方便地将这些图块应用到图形中。打开“设计中心”窗口的方法如下：

- 在“视图”选项卡的“选项板”组中单击“设计中心”按钮。
- 显示菜单栏，选择“工具”→“选项板”→“设计中心”命令。
- 按【Ctrl+2】组合键。

执行上述命令后，都将打开“设计中心”选项板，在其中调用图块的方法如下：

- 将图块直接拖动到绘图区中，按照默认设置将其插入，如图 11-15 所示。
- 在内容区域中的某个项目上右击，在弹出的快捷菜单中选择“插入为块”命令。
- 双击相应的图块，将弹出“插入”对话框，若双击填充图案将弹出“边界图案填充”对话框，通过这两个对话框也可以将图块插入到绘图区中。

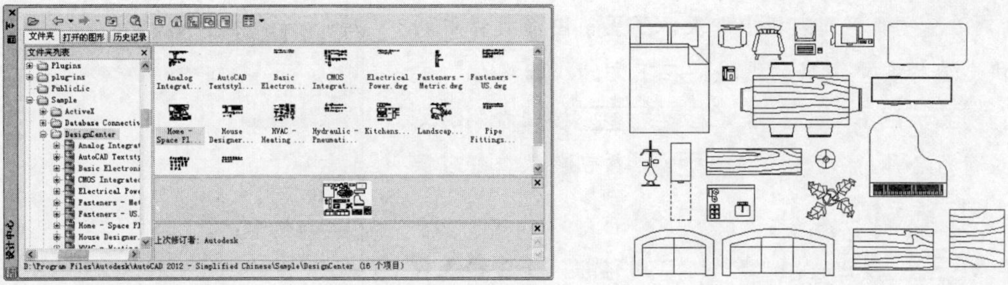

图 11-15

注　意

将“设计中心”选项板中的图块添加到绘图区中，该选项板不会关闭，用户还可根据需要继续添加，若不需要添加，可单击选项板左上角的“关闭”按钮✕关闭该选项板。

11.2.6　删除图块

删除内部图块文件与删除计算机中的其他文件一样简单，删除内部图块的方法如下：

- 显示菜单栏，选择“文件”→“图形实用工具”→“清理”命令。
- 在命令行中执行 PURGE 命令。

删除内部图块的具体操作如下：

Step 01 在命令行中执行 PURGE 命令，弹出“清理”对话框，选择⊙查看能清理的项目(V)单选按钮。

Step 02 在“图形中未使用的项目”列表框中双击“块”选项，显示当前图形文件中的所有内部图块。然后选择要删除的图块，单击 清理(P) 按钮，如图 11-16 所示。

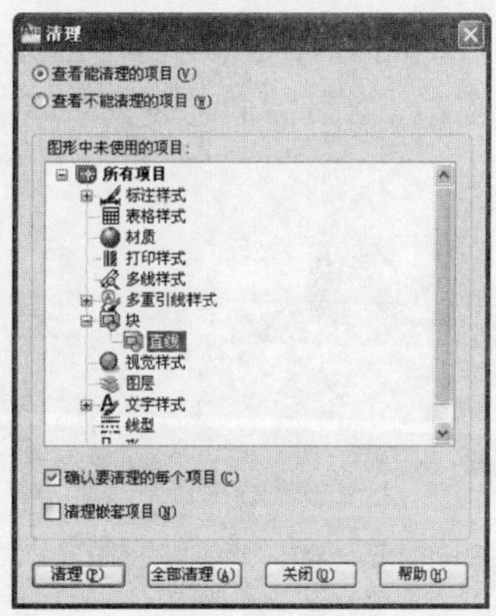

图 11-16

注　意

在“清理”对话框中单击 全部清理(A) 按钮，可删除该图形文件中的所有内部图块。

11.2.7　重命名图块

对于内部图块文件，可直接在保存目录中进行重命名，其方法比较简单。在命令行中执行 RENAME 或 REN 命令即可对内部图块进行重命名，具体操作如下：

Step 01 在命令行中执行 RENAME 命令，弹出“重命名”对话框，然后在左侧的“命名对象”列表框中选择“块”选项。

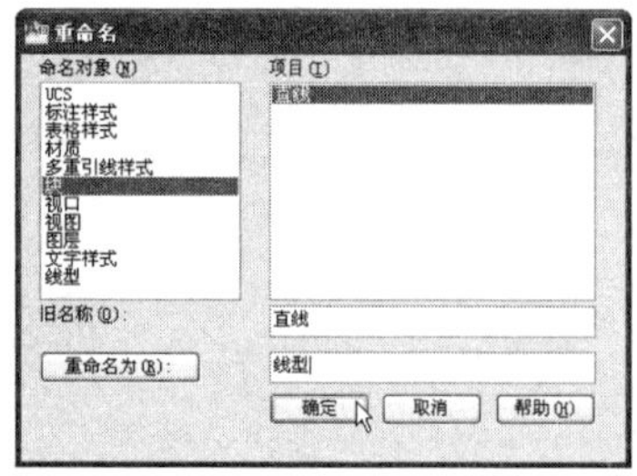

图 11-17

Step 02 此时在“项目”列表框中即显示了当前图形文件中的所有内部块，选择要重命名的图块，在下方的“旧名称”文本框中会自动显示该图块的名称。在 重命名为(R): 按钮右侧的文本框中输入新的名称，然后单击 重命名为(R): 按钮确认重命名操作，如图 11-17 所示。

Step 03 单击 确定 按钮关闭“重命名”对话框。如需重命名多个图块名称，则可在该对话框中继续选择要重命名的图块，然后进行相关操作，最后单击 确定 按钮关闭对话框。

11.2.8 分解图块

由于插入的图块是一个整体，有时因为绘图的需要，需要将其分解，这样才能使用各种编辑命令对其进行编辑。分解图块的方法如下：

- 在“常用”选项卡的“修改”组中单击“分解”按钮。
- 显示菜单栏，选择“修改”→“分解”命令。
- 在命令行中执行 EXPLODE 或 X 命令。

执行上述命令后，按【Enter】键即可分解图块。图块被分解后，其各个组成元素将变为单独的对象，然后即可单独对各个组成元素进行编辑。

如果插入的图块是以等比例方式插入的，则分解后它将成为原始对象组件；如果插入图块时在 *X*、*Y*、*Z* 轴方向上设置了不同的比例，则图块可能被分解成未知的对象。

注　意

对于多段线、矩形、多边形和填充图案等对象也可以使用 EXPLODE 命令进行分解，但直线、样条曲线、圆、圆弧和单行文字等对象不能被分解，使用阵列命令插入的块也不能被分解。

11.2.9 任务 25：创建螺钉图块

下面以创建螺钉图块为例，来练习本节所讲的知识。

Step 01 打开“螺钉.dwg”图形文件（光盘:\素材\第 11 章\螺钉.dwg），在命令行中执行 W 命令，弹出“写块”对话框。

Step 02 在“源”选项组中选择 ◉对象(O) 单选按钮，在“对象”选项组中单击“选择对象”按钮，然后返回绘图区中选择需定义为块的图形，这里选择绘图区中的所有图形，如图 11-18 所示。

Step 03 按【Space】键返回对话框，在“基点”选项组中单击“拾取点”按钮，然后返回绘图区单击如图 11-19 所示的 A 点。

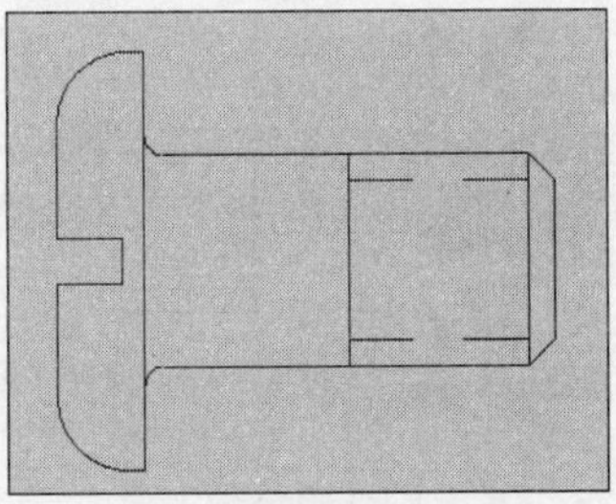

图 11-18

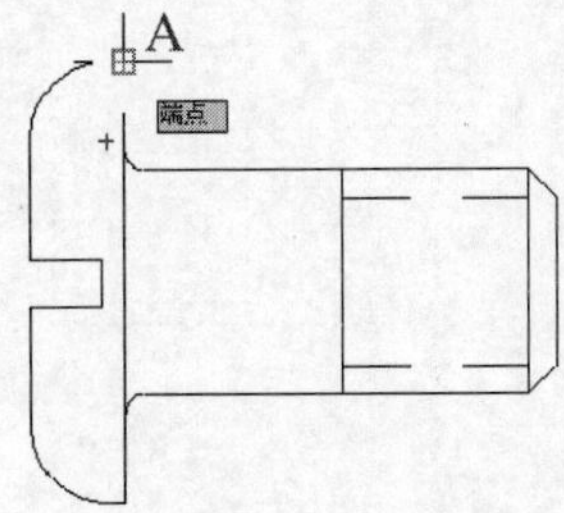

图 11-19

Step 04 在“目标”选项组中单击[...]按钮，弹出“浏览图形文件”对话框，在“保存于”下拉列表中选择需要保存的位置，这里选择“桌面”选项，并在“文件名”文本框中输入图块名称，这里输入“螺钉”，然后单击[保存(S)]按钮，如图 11-20 所示。

Step 05 返回“写块”对话框，单击[确定]按钮，如图 11-21 所示，关闭“写块”对话框。

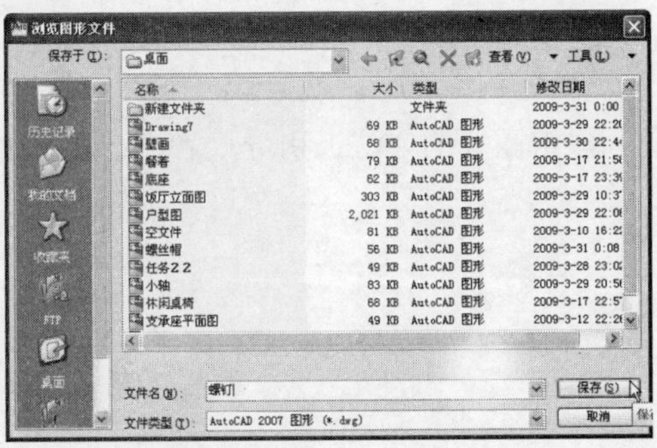

图 11-20

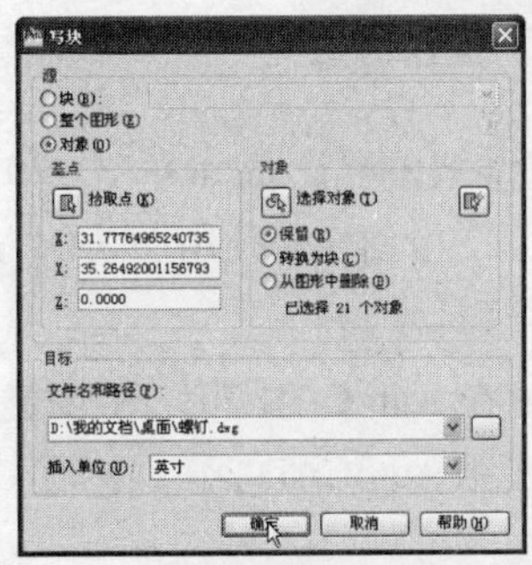

图 11-21

Step 06 新建图形文件，在命令行中执行 INSERT 命令，弹出“插入”对话框，然后单击“名称”下拉列表框右侧的[浏览(B)...]按钮。

Step 07 弹出“选择图形文件”对话框，在“查找范围”下拉列表中选择图块的目标位置，这里选择“桌面”选项，在中间列表框中选择“螺钉”图形文件，然后单击[打开(O)]按钮，如图 11-22 所示。接着返回“插入”对话框，单击[确定]按钮，如图 11-23 所示。

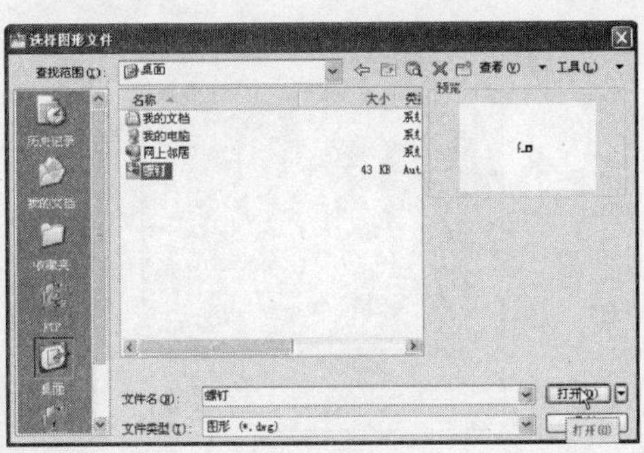

图 11-22

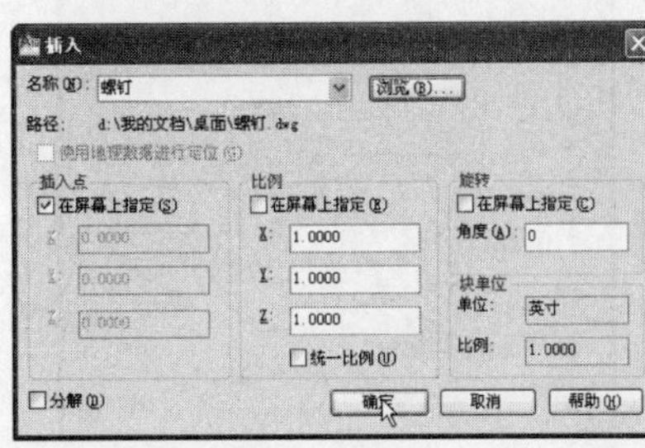

图 11-23

Step 08 在绘图区中指定插入点即可插入图块，首先选择该图块，如图 11-24 所示，在“常用”选项卡的“修改”组中单击“分解”按钮，然后选择前面的螺帽，即可将其分解，如图 11-25 所示。

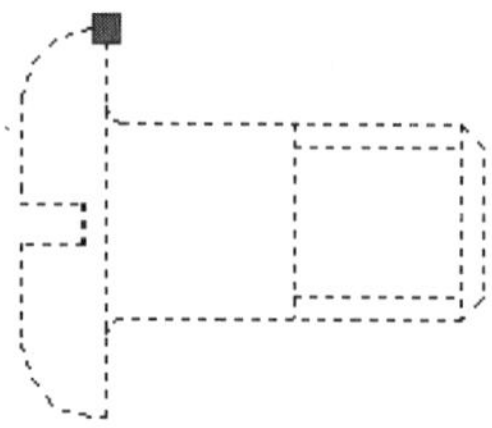

图 11-24

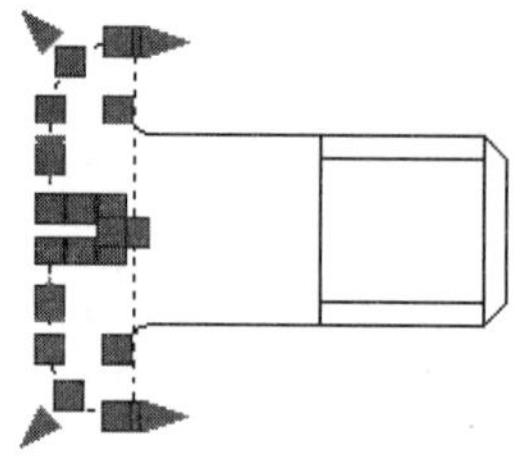

图 11-25

11.3 边学边用——创建并插入建筑图块

了解了 AutoCAD 2012 中图块的应用及使用方法后，本节将通过一个简单实例的实现过程，来加深读者对相关知识的理解和掌握。

11.3.1 实例目标

本节将详细讲解在 AutoCAD 2012 中创建并插入建筑图块的方法，引导读者进一步掌握在 AutoCAD 2012 中创建和使用图块的方法。

具体学习目标如下：

- 了解在 AutoCAD 2012 中创建外部图块的方法。
- 掌握在 AutoCAD 2012 中插入图块的方法。

11.3.2 实例实现

Step 01 打开“床.dwg”图形文件（光盘:\素材\第 11 章\床.dwg），并在命令行中执行 W 命令，弹出“写块”对话框，然后单击“对象”选项组中的“选择对象”按钮，如图 11-26 所示。

Step 02 返回绘图区，此时鼠标光标变成□形状，框选绘图区中的所有图形对象，如图 11-27 所示，按【Space】键，返回“写块”对话框。

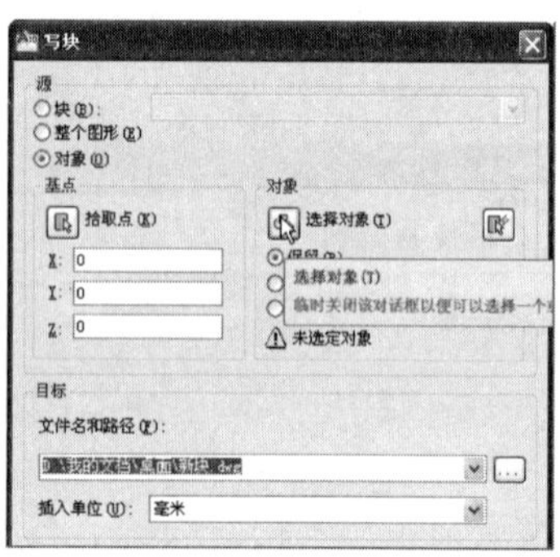

图 11-26

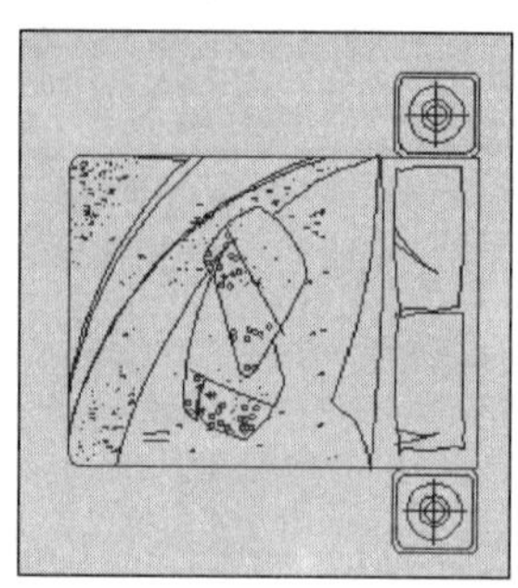

图 11-27

Step 03 单击“基点”选项组中的“拾取点”按钮，返回绘图区，单击如图 11-28 所示的 A 点，然后按【Space】键，返回“写块”对话框。

Step 04 单击“目标”选项组中的[...]按钮，如图 11-29 所示，弹出“浏览图形文件”对话框，在“保存于”下拉列表中选择“桌面”选项，在“文件名”文本框中输入“床.dwg”，单击[保存(S)]按钮，如图 11-30 所示。返回“写块”对话框，单击[确定]按钮，完成外部块的创建。

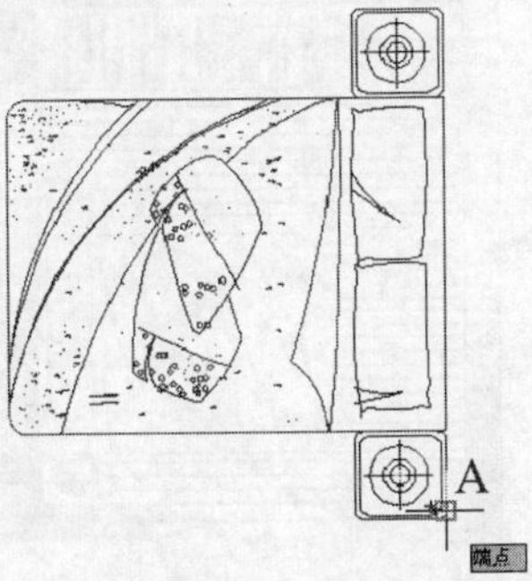

图 11-28

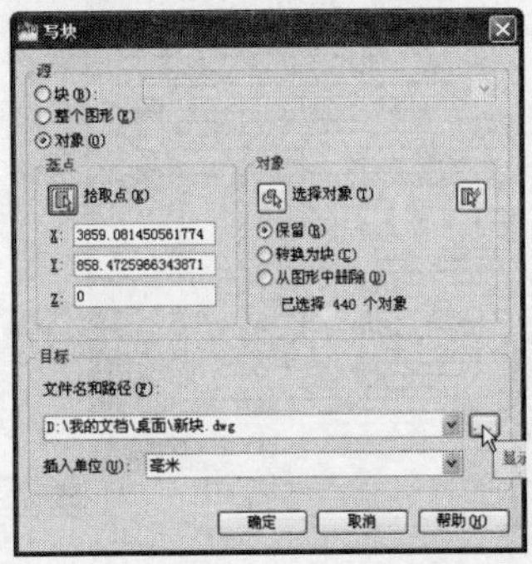

图 11-29

Step 05 打开“平面图.dwg”图形文件（光盘:\素材\第 11 章\平面图.dwg），如图 11-31 所示，在命令行中执行 I 命令，弹出“插入”对话框，然后单击[浏览(B)...]按钮，如图 11-32 所示。

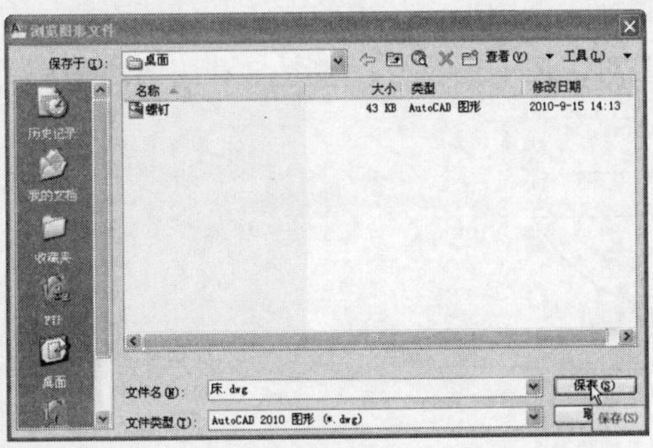

图 11-30

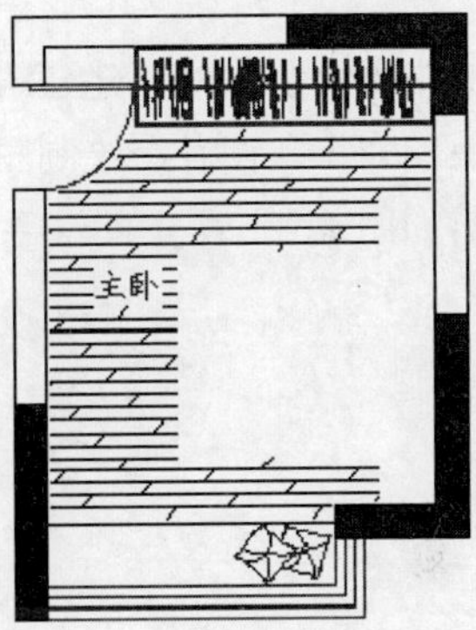

图 11-31

Step 06 弹出“选择图形文件”对话框，在“查找范围”下拉列表中选择“桌面”选项，在“名称”列表框中选择“床”图形文件，然后单击[打开(O)]按钮，如图 11-33 所示。

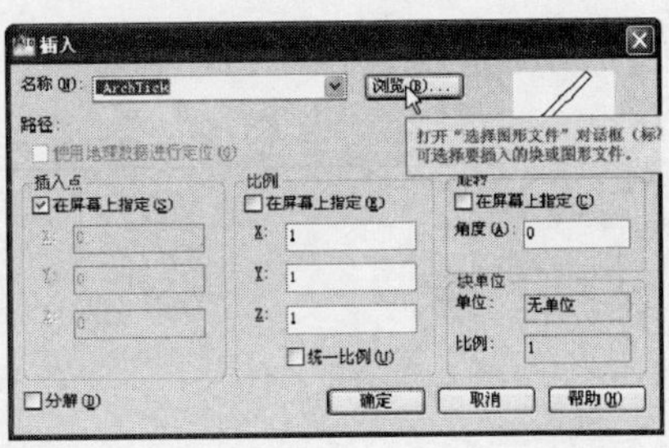

图 11-32

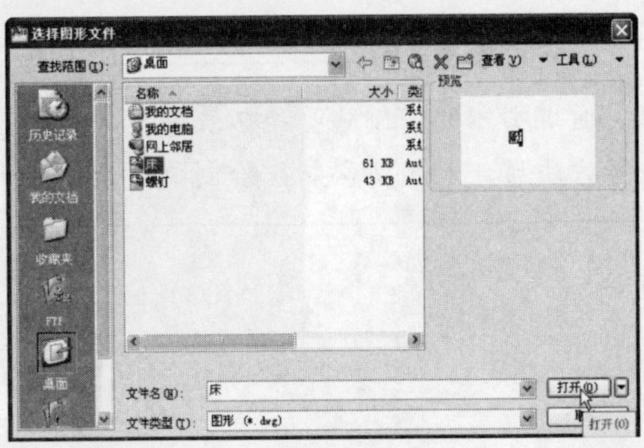

图 11-33

Step 07 返回“插入”对话框，单击 确定 按钮，返回绘图区，在如图 11-34 所示的位置单击，插入该图块，插入图块后的效果如图 11-35 所示（光盘:\源文件\第 11 章\平面图.dwg）。

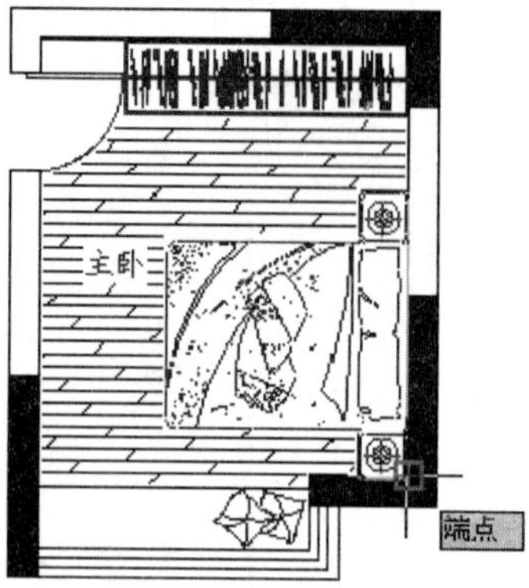

图 11-34

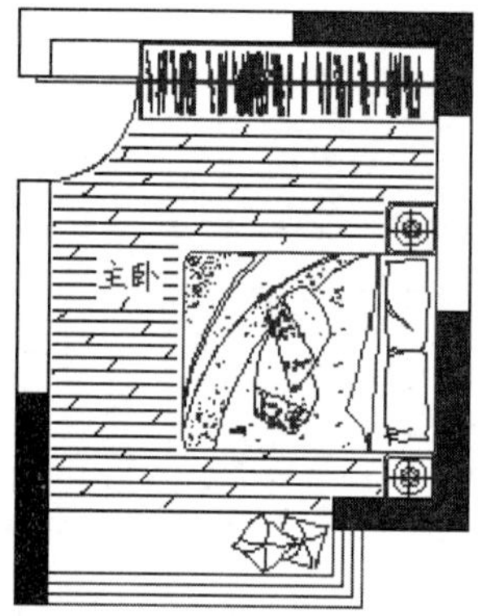

图 11-35

11.3.3 实例拓展和读者思考

在该实例中讲解了如何创建建筑图块，然后将其插入到图形文件中的方法，使读者进一步巩固了关于图块的知识。读者在绘制图形的过程中，要对常用的图块进行积累。利用图块的相关操作还可绘制出如图 11-36 所示的洗手台。

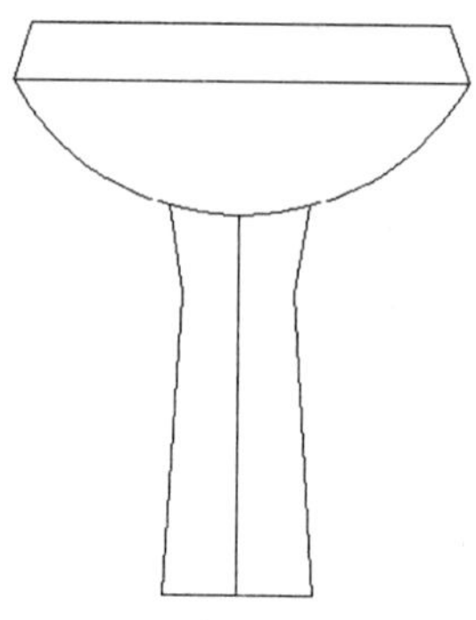

图 11-36

读者思考

通过刚才的实例练习和拓展练习，读者可在掌握使用 AutoCAD 2012 创建、插入、编辑图块等方法后，利用所学知识绘制更复杂的图形。

第 12 章

图块属性与外部参照

在第 11 章讲解了图块的知识，本章将讲解图块属性与外部参照的相关知识。

12.1 设置图块属性

图块属性不能独立存在和使用，只有在块的插入过程中才会出现。图块属性可以是块的名称、用途、部件号及机件的型号等。

12.1.1 定义并编辑属性

图块的属性反映了图块的非图形信息。图块属性和图块一样，都可以进行修改。下面分别对定义属性和编辑属性的方法进行讲解。

1. 定义属性

属性是所创建的包含在块定义中的对象，它包括标记（标识属性的名称）、插入块时显示的提示、值的信息、文字样式、位置和任何可选模式。定义属性的方法如下：

- 在“常用”选项卡的“块”组中单击“块”旁边的按钮，在弹出的下拉列表中单击“定义属性”按钮。
- 在“插入”选项卡的“属性”组中单击“定义属性”按钮。
- 在命令行中执行 ATTDEF 或 ATT 命令。

对图块属性进行定义的具体操作如下：

Step 01 打开“定义属性.dwg”图形文件（光盘:\素材\第 12 章\定义属性.dwg），用创建内部块的方法将其创建为内部图块。

Step 02 在命令行中执行 ATTDEF 命令，弹出“属性定义”对话框，在“属性”选项组的“标记”文本框中输入“开关”，在“提示”文本框中输入“单极开关”，在“默认”文本框中输入“开关”。

Step 03 在“文字设置”选项组的“对正”下拉列表中选择“右下”选项，在“文字高度”文本框中输入 40，如图 12-1 所示，然后单击 确定 按钮。

Step 04 返回绘图区，在图块的右边位置单击，定义属性后的图块效果如图 12-2 所示（光盘:\源文件\第 12 章\定义属性.dwg）。

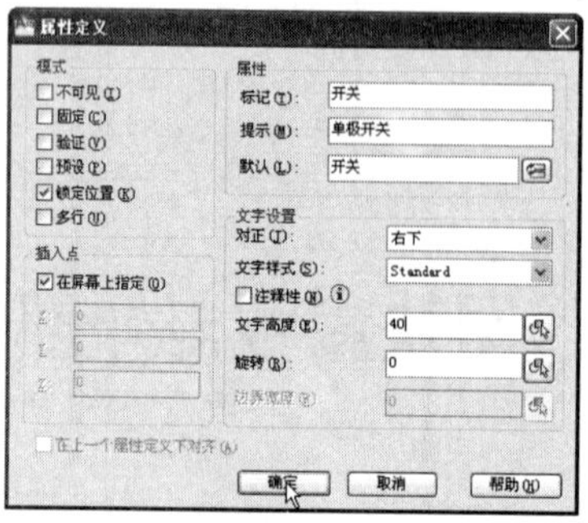

图 12-1

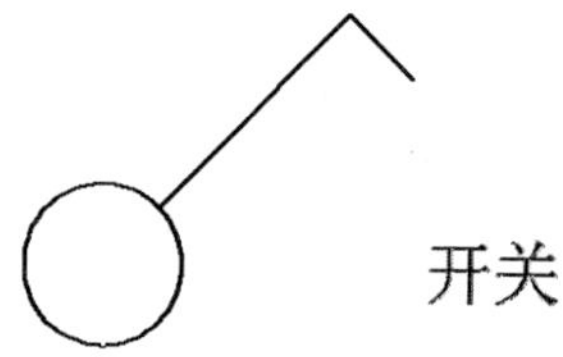

图 12-2

“属性定义”对话框的“模式”选项组用于设置属性的模式，部分复选框的含义如下：

- ☑不可见(I)复选框：在插入图块并输入图块的属性值后，该属性值不在图中显示出来。
- ☑固定(C)复选框：定义的属性值是常量，在插入图块时，属性值将保持不变。
- ☑验证(V)复选框：在插入图块时，系统将对用户输入的属性值给出校验提示，以确认输入的属性值是否正确。
- ☑预设(P)复选框：在插入图块时，将直接以图块默认的属性值插入。

2. 编辑属性

图块插入完成后，由于种种原因，可能需对某些属性值进行修改。下面为“编辑属性.dwg”图形文件编辑图块属性，具体操作如下：

Step 01 打开“编辑属性.dwg”图形文件（光盘:\素材\第 12 章\编辑属性.dwg），用定义内部块的方法将属性与图块重新定义为一个新的图块，图块名为“单联单控”，如图 12-3 所示。在定义时选择如图 12-4 所示的 A 点作为基点。

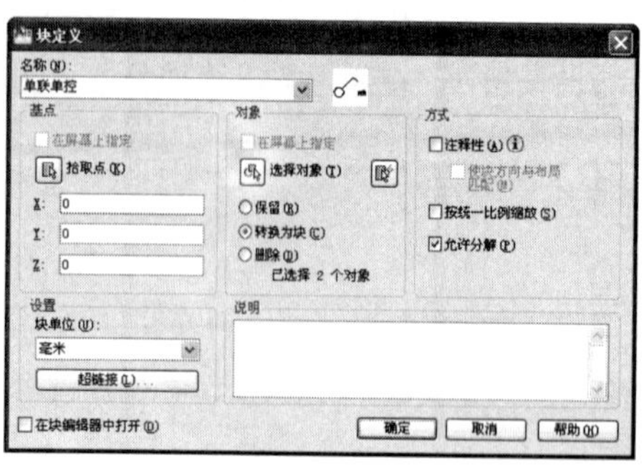

图 12-3

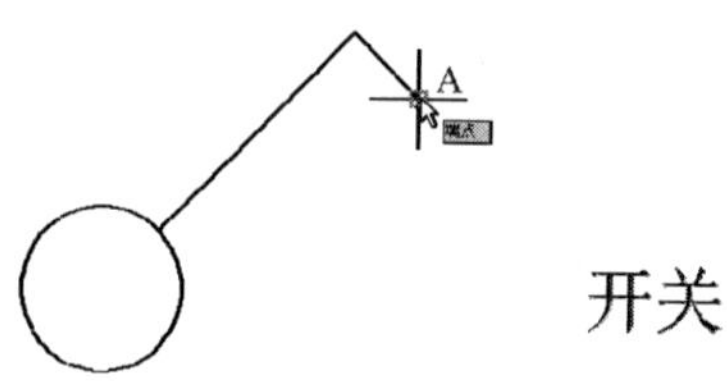

图 12-4

Step 02 单击[确定]按钮，弹出“编辑属性”对话框，在第一个文本框中输入“单联单控开关”，单击[确定]按钮，如图 12-5 所示。

Step 03 返回绘图区即可看到编辑属性后的效果，如图 12-6 所示（光盘:\源文件\第 12 章\编辑属性.dwg）。

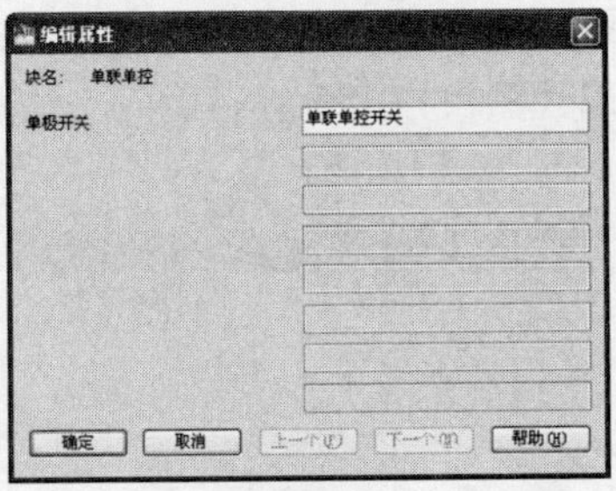

图 12-5

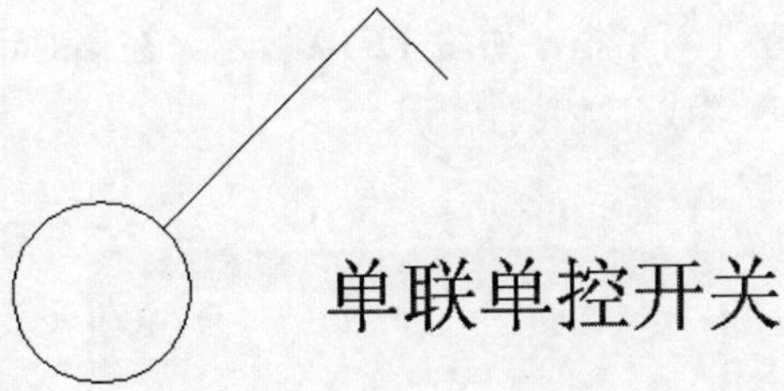

图 12-6

12.1.2　插入带属性的图块

在创建带有属性的图块时，需要同时选择块属性作为图块的成员对象。在带有属性的图块创建完成后，即可在插入图块时为其指定相应的属性值。插入带属性的图块有以下两种方式：

- 在“常用”选项卡的“块”组中单击“插入”按钮。
- 在命令行中执行 INSERT 或 I 命令。

插入带属性的图块的具体操作如下：

Step 01 打开“插入带属性的图块.dwg”图形文件（光盘:\素材\第 12 章\插入带属性的图块.dwg），在命令行中执行 INSERT 命令。

Step 02 弹出“插入”对话框，在“名称”下拉列表中选择要插入的图块“灯”，其他参数保持默认设置，如图 12-7 所示。

Step 03 单击 确定 按钮，返回绘图区，在需要插入图块的位置单击，即指定插入带属性图块的插入点。

Step 04 插入带属性图块的效果如图 12-8 所示（光盘:\源文件\第 12 章\插入带属性的图块.dwg）。

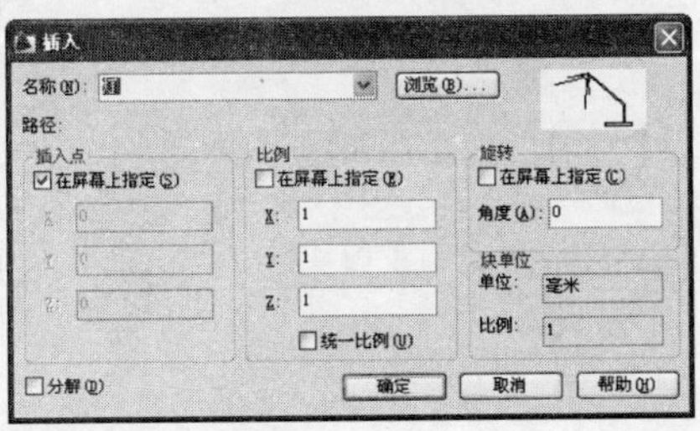

图 12-7

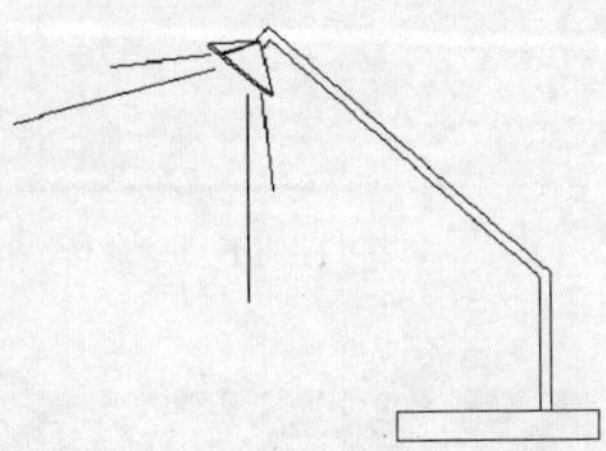

图 12-8

12.1.3　修改属性

插入带属性的图块后，如果选择带属性的块单击“编辑属性”将显示“增强属性编辑器”对话框，如图 12-9 所示。列出选定的块实例中的属性并显示每个属性的特性。如觉得属性值不符合自己的要求，还可以对其进行修改，方法如下：

- 在命令行中执行 DDATTE 或 ATE 命令。

在命令行中执行 DDATTE 命令修改图块属性值，需要在选择定义了属性的图块后，打开“编辑属性”对话框，如图 12-10 所示。在该对话框中可以为属性图块指定新的属性值，但不能编辑文字选项或其他特性。

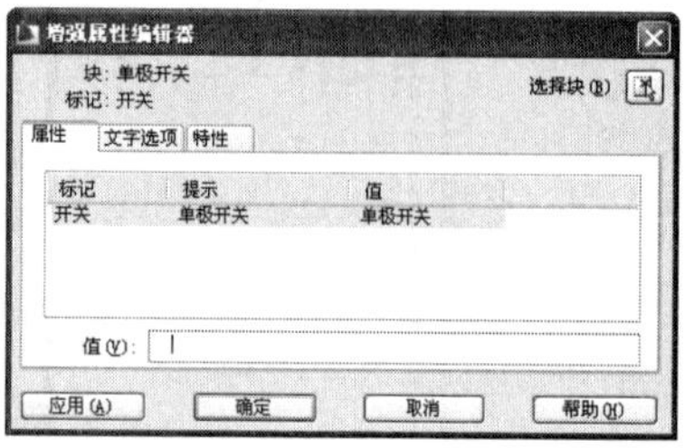

图 12-9

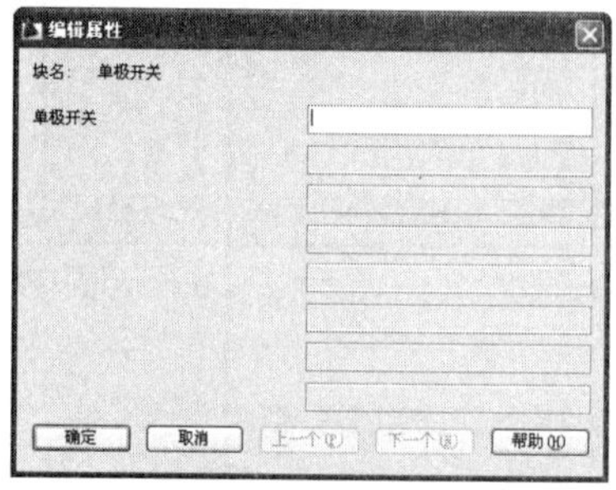

图 12-10

下面以在命令行中执行命令来修改图块属性为例，练习本节所讲的知识，具体操作如下：

Step 01 打开“修改属性.dwg”图形文件（光盘:\素材\第 12 章\修改属性.dwg），在命令行中执行 DDATTE 命令，选择绘图区中的图块。

Step 02 弹出“编辑属性”对话框，在第一个文本框中输入“单联单控开关 250V10A”，然后单击[确定]按钮，如图 12-11 所示。

Step 03 返回绘图区即可看到修改属性后的效果，如图 12-12 所示（光盘:\源文件\第 12 章\修改属性.dwg）。

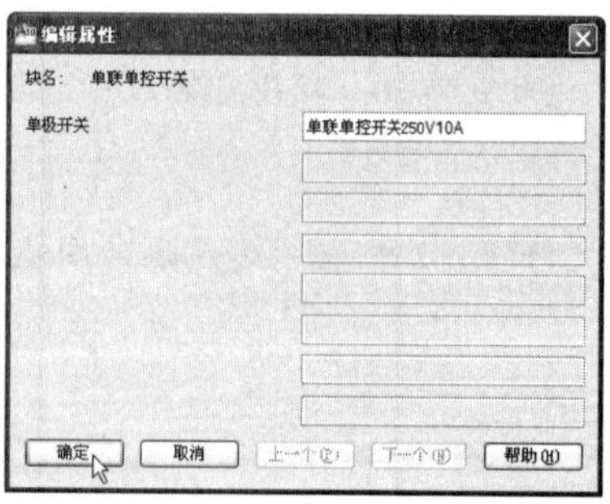

图 12-11

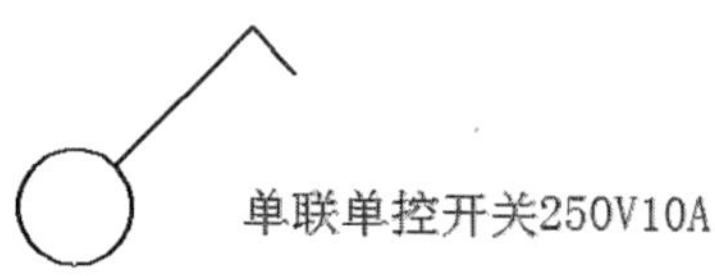

图 12-12

12.1.4 任务 26：定义并编辑节能灯属性

下面以定义并编辑节能灯属性为例，综合练习本节所讲的知识。

Step 01 打开“节能灯.dwg”图形文件（光盘:\素材\第 12 章\节能灯.dwg），如图 12-13 所示。用定义内部块的方法将其定义为内部图块，在命令行中执行 ATTDEF 命令。

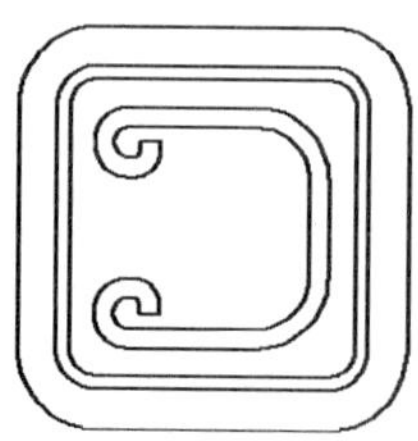

图 12-13

Step 02 弹出“属性定义”对话框，在“属性”选项组的“标记”文本框中输入“灯”，在“提示”文本框中输入“灯”，在“默认”文本框中输入“灯”。

Step 03 在“文字设置”选项组的“对正”下拉列表中选择“中间”选项，在“文字高度”文本框中输入 30，然后单击[确定]按钮，如图 12-14 所示。

Step 04 返回绘图区，在图块下方的中间位置单击，定义属性后的图块效果如图 12-15 所示。

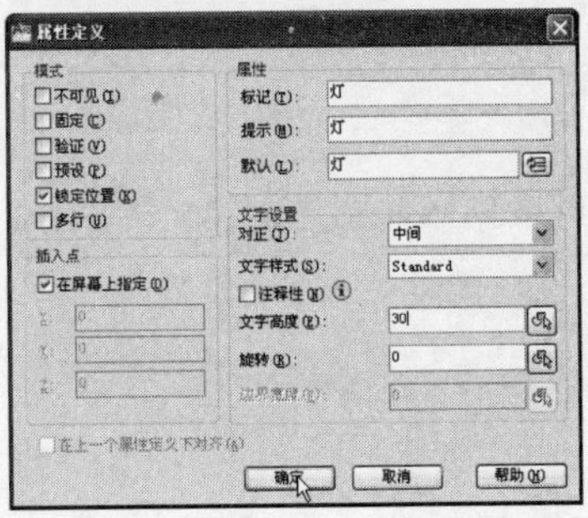

图 12-14

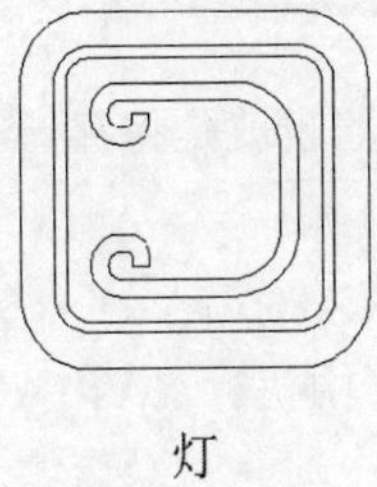

图 12-15

Step 05 用定义内部块的方法将属性与图块重新定义为一个新的图块，图块名为“节能”，如图 12-16 所示，在定义时选择如图 12-17 所示的 A 点作为基点。

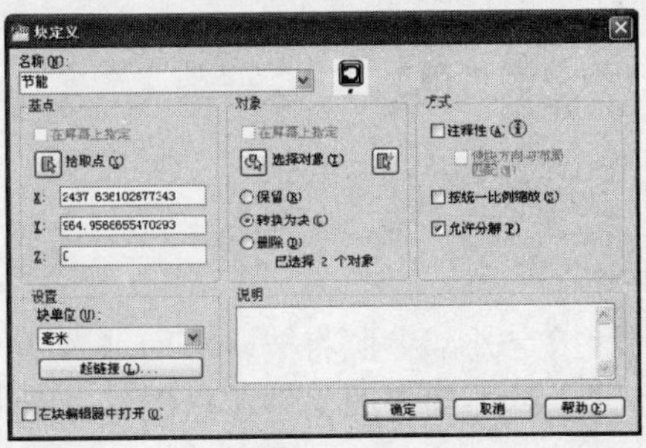

图 12-16

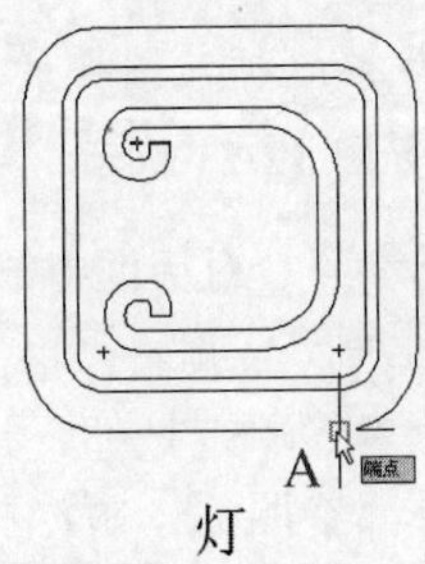

图 12-17

Step 06 单击[确定]按钮，弹出“编辑属性”对话框，在第一个文本框中输入“节能灯”，单击[确定]按钮，如图 12-18 所示。

Step 07 返回绘图区即可看到编辑后的效果，如图 12-19 所示（光盘:\源文件\第 12 章\节能灯.dwg）。

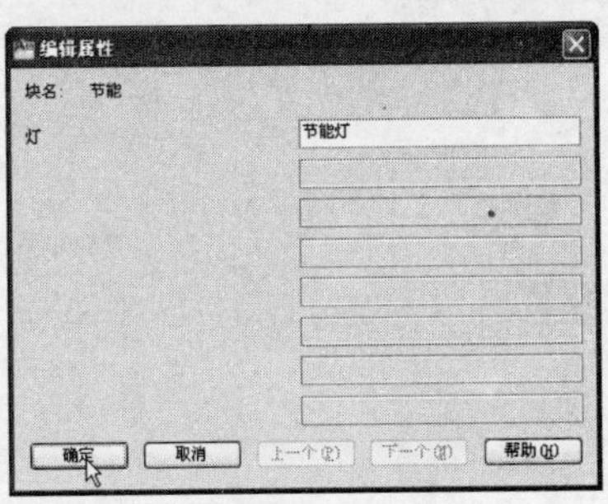

图 12-18

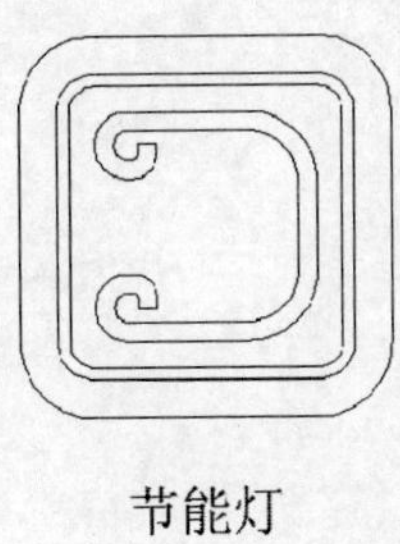

图 12-19

12.2 外部参照

外部参照与图块有很大的区别，图块一旦被插入，将会作为图形中的一部分，与原来的图块没有任何联系，它不会随原来图块文件的改变而改变。而外部参照被插入到某一个图形文件中，虽然也会显示，但不能直接编辑，它只是起链接作用，将参照图形链接到当前图形。

12.2.1 附着外部参照

附着外部参照也就是将存储在外部媒介上的外部参照链接到当前图形中的一种操作。调用该命令的方法如下：

- 在“插入”选项卡的“参照”组中单击“附着”按钮。
- 在命令行中执行 XATTACH 或 ATTACH 命令。

执行上述命令后，其操作如下：

Step 01 启动 AutoCAD 2012，在命令行中执行 XATTACH 命令，弹出“选择参照文件”对话框，选择文件（光盘:\素材\第 12 章\附着外部参照.dwg），然后单击打开(O)按钮，如图 12-20 所示。

Step 02 弹出“附着外部参照”对话框，在“参照类型”选项组中选择参照的类型，这里选择⊙附着型(A)单选按钮，然后按照插入图块的方法指定外部参照的插入点、缩放和旋转角度等参数，单击确定按钮，如图 12-21 所示。

“附着外部参照”对话框中部分选项的含义如下：

- “参照类型”选项组：指定外部参照的类型。
  - ⊙附着型(A)单选按钮：选择该单选按钮，表示指定外部参照将被附着而非覆盖。附着外部参照后，每次打开外部参照原图形时，对外部参照文件所做的修改都将反映在插入的外部参照图形中。
  - ⊙覆盖型(O)单选按钮：选择该单选按钮，表示指定外部参照为覆盖型，当图形作为外部参照被覆盖或附着到另一个图形时，任何附着到该外部参照的嵌套覆盖图都将被忽略。
- “路径类型”下拉列表：指定外部参照的保存路径，在将路径类型设置为“相对路径”之前，必须保存当前图形。

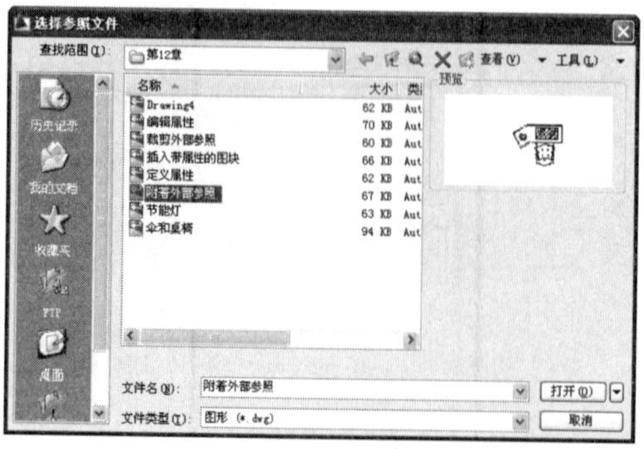

图 12-20

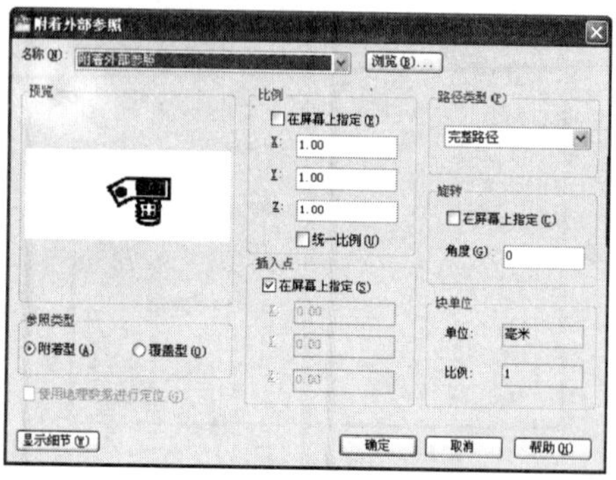

图 12-21

注　意

在“视图”选项卡的“选项板”组中单击“外部参照选项板”按钮，打开如图 12-22 所示的“外部参照”选项板，在选项板上方单击“附着 DWG”按钮，也可以打开“选择参照文件”对话框。

图 12-22

12.2.2　剪裁外部参照

将外部参照插入到图形中后，可以通过剪裁命令满足用户的绘图需要，调用该命令的方法如下：

- 在“插入”选项卡的“参照”组中单击“剪裁”按钮。
- 在命令行中执行 XCLIP 或 CLIP 命令。

剪裁外部参照的具体操作如下：

Step 01 使用附着外部参照的方法，附着“剪裁外部参照.dwg”图形文件（光盘:\素材\第 12 章\剪裁外部参照.dwg），如图 12-23 所示。

Step 02 在命令行中执行 XCLIP 命令，剪裁“办公桌椅”外部参照的办公桌，具体操作过程如下：

```
命令: XCLIP                                  //执行 XCLIP 命令
选择对象: 找到 1 个                           //选择整个办公桌椅
选择对象:                                     //确认对象的选择
输入剪裁选项[开(ON)/关(OFF)/剪裁深度(C)/删除(D)/生成多段线(P)/新建边界(N)] <新建边界>: 外部模式 - 边界外的对象将被隐藏     //按【Space】键，默认选择“新建边界”选项
指定剪裁边界或选择反向选项:[选择多段线(S)/多边形(P)/矩形(R)/反向剪裁(I)] <矩形>:
//按【Space】键，默认选择“矩形”方式选择边界
指定第一个角点: 指定对角点:                   //框选需要保留部分的图形对象，这里选择椅子
```

Step 03 剪裁外部参照后的效果如图 12-24 所示（光盘:\源文件\第 12 章\剪裁外部参照.dwg）。

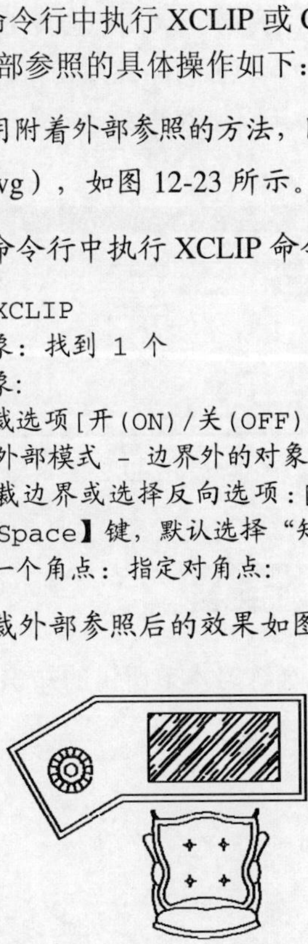

图 12-23

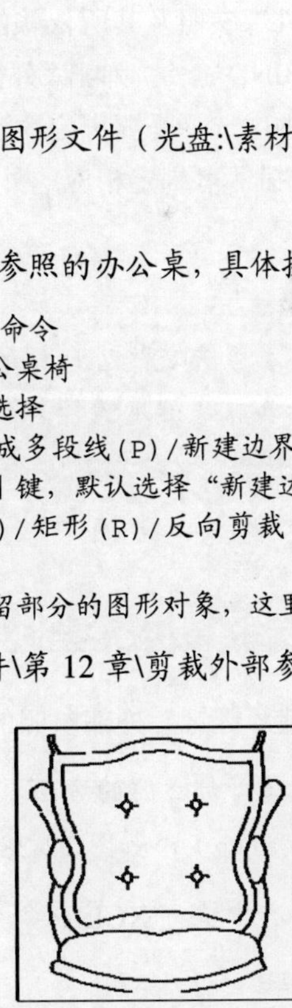

图 12-24

注 意

剪裁外部参照后，选择剪裁后的外部参照，单击如图 12-25 所示的向上箭头，可以进行反向剪裁边界操作，效果如图 12-26 所示。

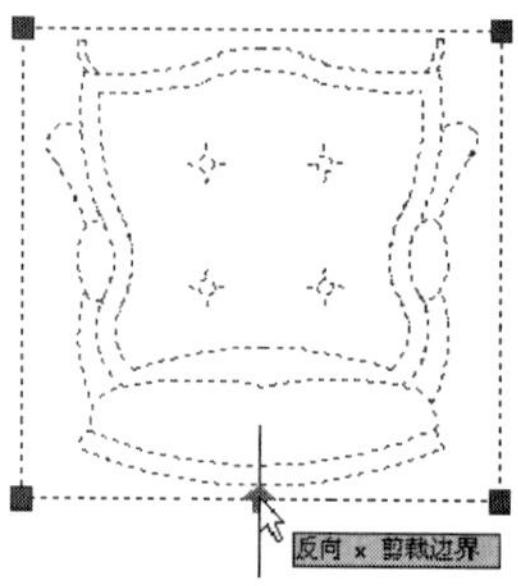

图 12-25

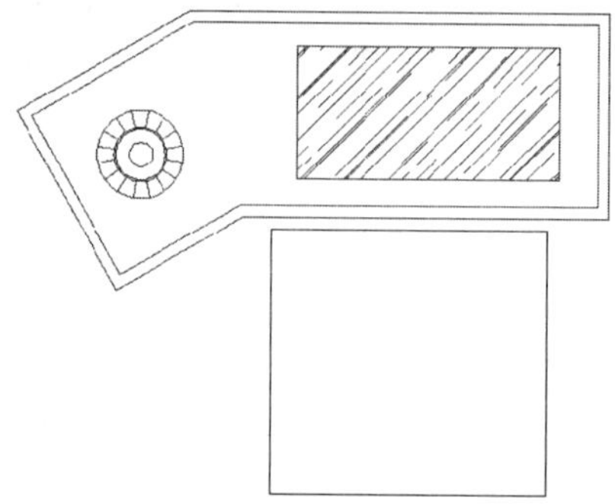

图 12-26

12.2.3 绑定外部参照

绑定外部参照是指将外部参照定义转换为标准的内部图块，如果将外部参照绑定到正在打开的图形中，则外部参照及其所依赖的对象将成为当前图形中的一部分。调用该命令的方法是在命令行中执行 XBIND 命令，弹出“外部参照绑定”对话框，如图 12-27 所示，然后在该对话框的“外部参照”列表框中选择需要绑定的选项，单击添加(A) ->按钮，将其添加到“绑定定义”列表框中，单击确定按钮即可绑定相应的外部参照。

注 意

在“外部参照绑定”对话框的“绑定定义”列表框中选择要取消绑定的外部参照图形，然后单击<- 删除(R)按钮即可取消外部参照的绑定。

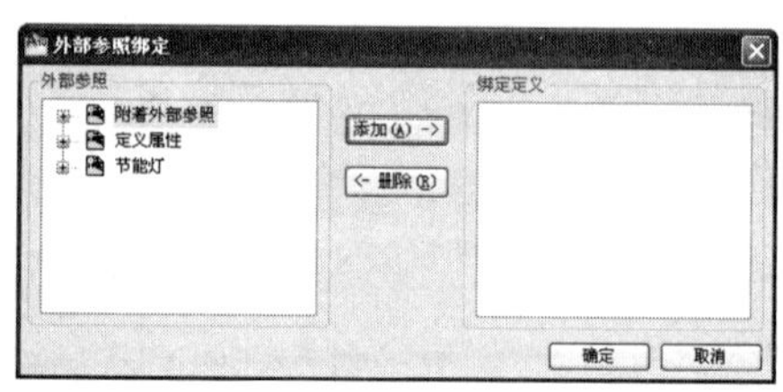

图 12-27

12.2.4 任务 27：附着“螺钉”外部参照并进行剪裁操作

下面以剪裁“螺钉”外部参照的螺钉下半部分为例，来综合练习本节所讲的知识。

Step 01 使用附着外部参照的方法，附着“开槽半圆头螺钉.dwg”图形文件（光盘:\素材\第 12 章\开槽半圆头螺钉.dwg），如图 12-28 所示。

Step 02 在命令行中执行 XCLIP 命令，具体操作过程如下：

```
命令：XCLIP                    //执行 XCLIP 命令
选择对象：找到 1 个            //选择整个开槽半圆头螺钉
选择对象：                     //确认对象的选择
```

```
输入剪裁选项[开(ON)/关(OFF)/剪裁深度(C)/删除(D)/生成多段线(P)/新建边界(N)] <新建边界>:                              //按【Space】键，默认选择“新建边界”选项
输入剪裁选项[开(ON)/关(OFF)/剪裁深度(C)/删除(D)/生成多段线(P)/新建边界(N)] <新建边界>: 外部模式 - 边界外的对象将被隐藏      //按【Space】键，默认选择“新建边界”选项
指定剪裁边界或选择反向选项:[选择多段线(S)/多边形(P)/矩形(R)/反向剪裁(I)] <矩形>:
//按【Space】键，默认选择“矩形”方式选择边界
指定第一个角点：指定对角点：        //矩形框选需要保留部分的图形对象，这里选择螺钉的上半部
```

Step 03 剪裁“螺钉”外部参照后的效果如图 12-29 所示（光盘:\源文件\第 12 章\开槽半圆头螺钉.dwg）。

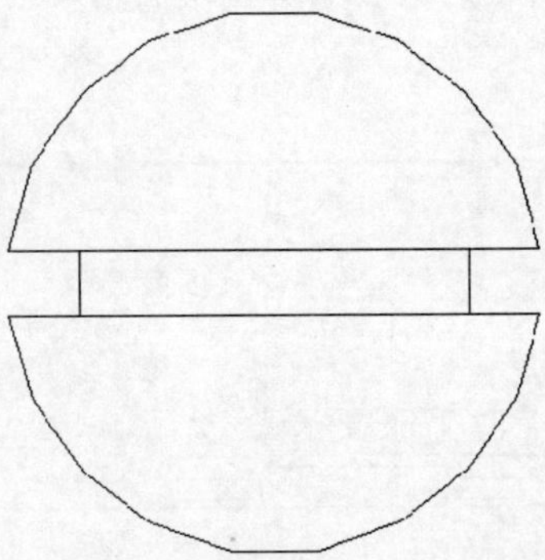

图 12-28

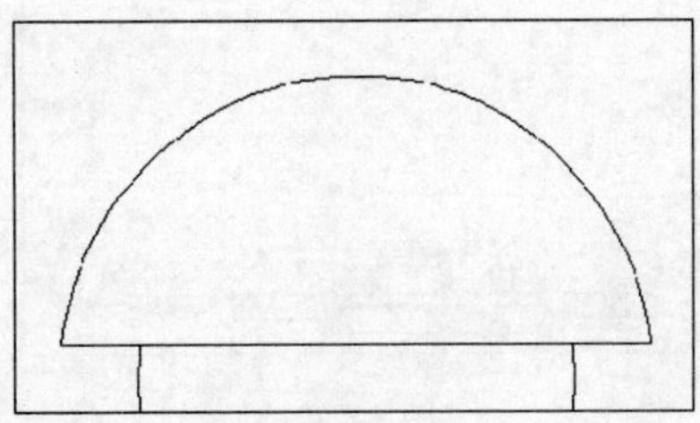

图 12-29

12.3　边学边用——创建并插入建筑图块

了解了图块属性和外部参照的相关知识后，本节将通过一个简单实例的实现过程，来加深读者对本章知识的理解和掌握。

12.3.1　实例目标

本节将详细讲解在 AutoCAD 2012 中设置图块属性和外部参照的方法，引导读者进一步掌握在 AutoCAD 2012 中定义并编辑属性块、插入带属性的图块和剪裁外部参照的方法。

具体学习目标如下：

- 熟悉图块属性设置。
- 掌握附着外部参照的操作。

12.3.2　实例实现

Step 01 打开“卧室立面图.dwg”图形文件（光盘:\素材\第 12 章\卧室立面图.dwg），如图 12-30 所示。在命令行中执行 INSERT 命令，弹出“插入”对话框，在“名称”下拉列表中选择“壁画”图块，其他参数保持默认设置，如图 12-31 所示。

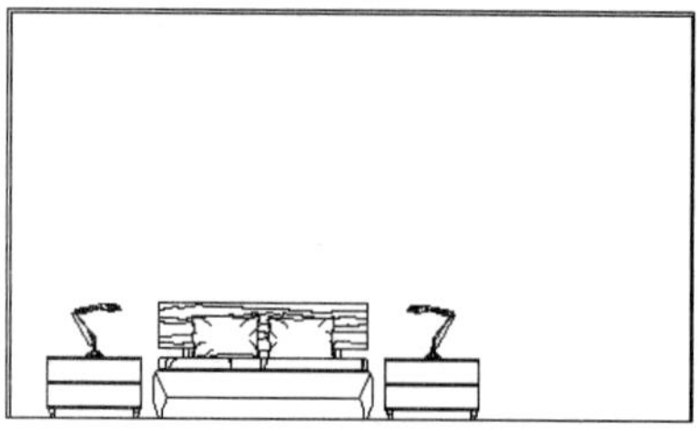

图 12-30

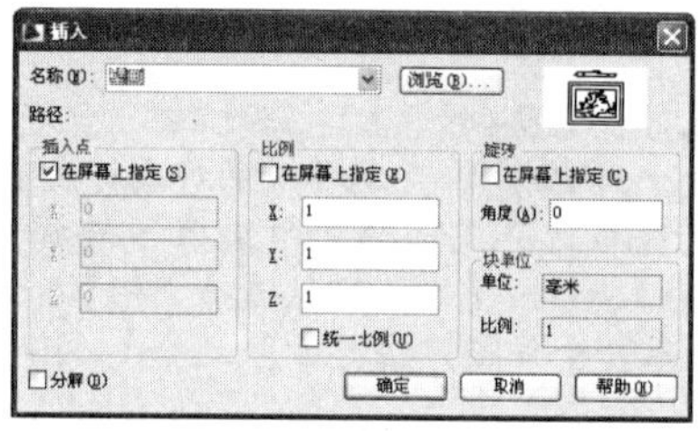

图 12-31

Step 02 单击 确定 按钮，返回绘图区，单击如图 12-32 所示的 A 点作为图块的插入点，插入图块后的效果如图 12-33 所示。

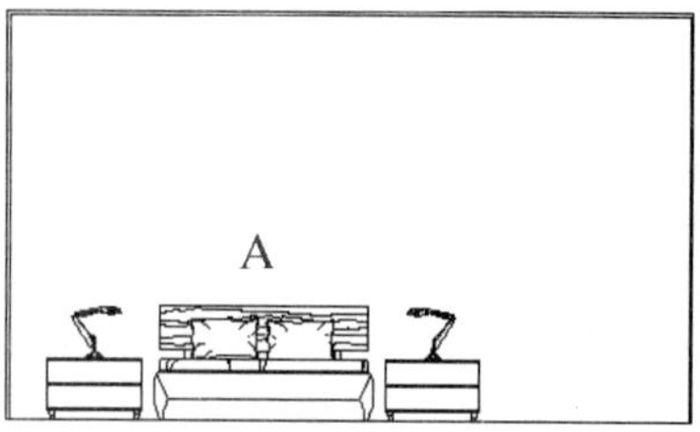

图 12-32

图 12-33

Step 03 在命令行中执行 XATTACH 命令，弹出“选择参照文件”对话框，在“查找范围”下拉列表中选择外部参照的具体位置，在中间列表框中选择外部参照的图形文件（光盘:\素材\第 12 章\门.dwg），然后单击 打开(O) 按钮，如图 12-34 所示。

Step 04 弹出“附着外部参照”对话框，在“参照类型”选项组中选择参照的类型，这里选择 附着型(A) 单选按钮，单击 确定 按钮，如图 12-35 所示。

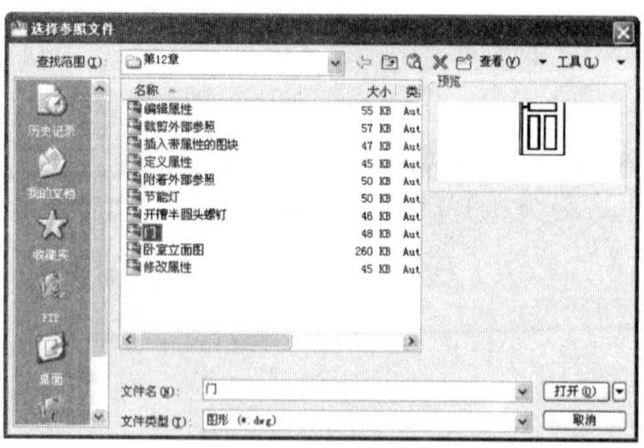

图 12-34

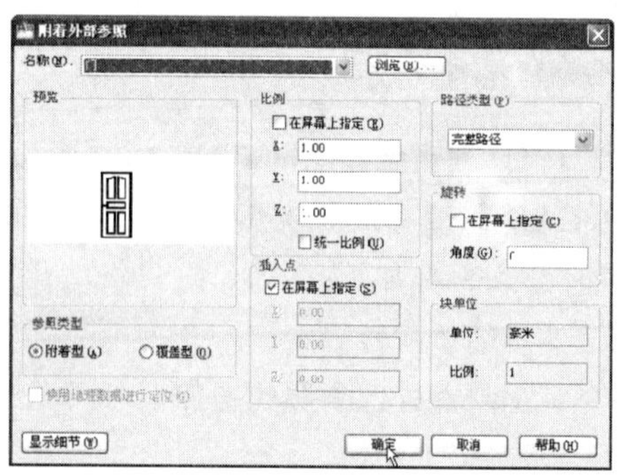

图 12-35

Step 05 返回绘图区，单击一点作为插入点，使其附着后的效果如图 12-36 所示。在命令行中执行 XCLIP 命令，剪裁“门”外部参照的玻璃，具体操作过程如下：

```
命令: XCLIP                      //执行 XCLIP 命令
选择对象: 找到 1 个              //选择门
选择对象:                        //确认对象的选择
```

输入剪裁选项[开(ON)/关(OFF)/剪裁深度(C)/删除(D)/生成多段线(P)/新建边界(N)] <新建边界>: 外部模式 - 边界外的对象将被隐藏　　//按【Space】键，默认选择“新建边界”选项
指定剪裁边界或选择反向选项:[选择多段线(S)/多边形(P)/矩形(R)/反向剪裁(I)] <矩形>: I 内部模式 - 边界内的对象将被隐藏　　//选择“反向剪裁”选项
指定剪裁边界或选择反向选项:[选择多段线(S)/多边形(P)/矩形(R)/反向剪裁(I)] <矩形>: //按【Space】键，默认选择“矩形”方式选择边界
指定第一个角点: 指定对角点:　　//矩形框选需要剪裁部分的图形对象，这里选择玻璃，剪裁外部参照门后的效果如图 12-37 所示

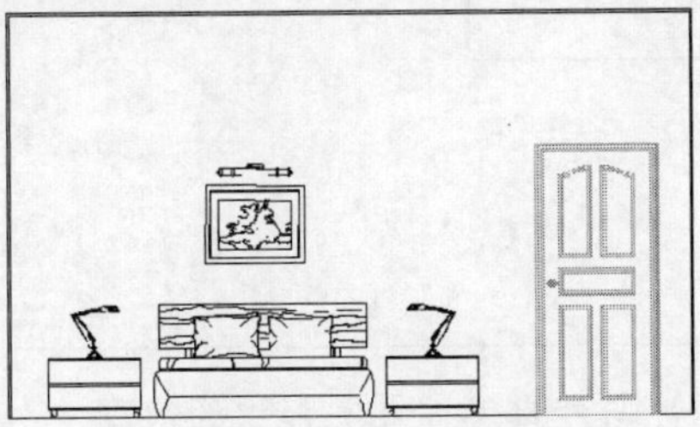

图 12-36

图 12-37

Step 06 用定义内部块的方法将其定义为内部图块。在命令行中执行 ATTDEF 命令，弹出“属性定义”对话框，然后在“属性”选项组的“标记”文本框中输入“卧室立面图”，在“提示”文本框中输入“立面图”，在“默认”文本框中输入“卧室立面图”。

Step 07 在“文字设置”选项组的“对正”下拉列表中选择“中间”选项，在“文字高度”文本框中输入 150，然后单击 确定 按钮，如图 12-38 所示，在定义时选择如图 12-39 所示的 A 点作为基点。

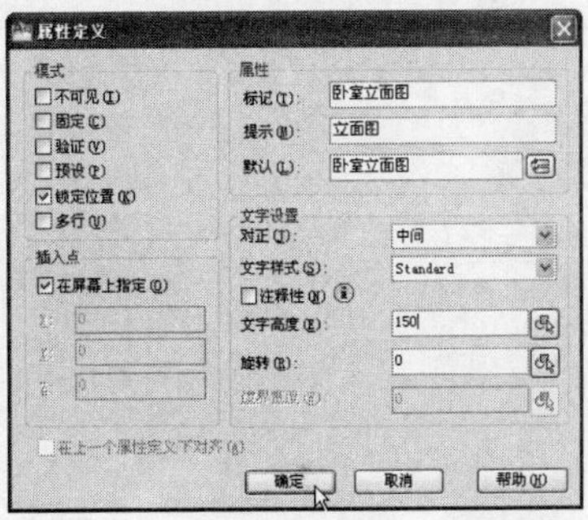

图 12-38

Step 08 完成后的最终效果如图 12-40 所示（光盘:\源文件\第 12 章\卧室立面图.dwg）。

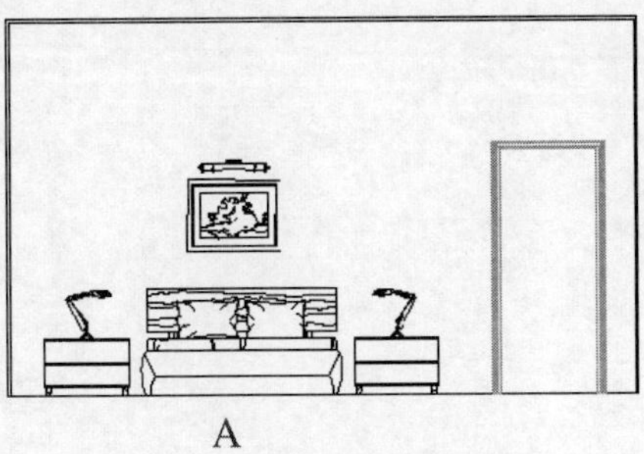

图 12-39

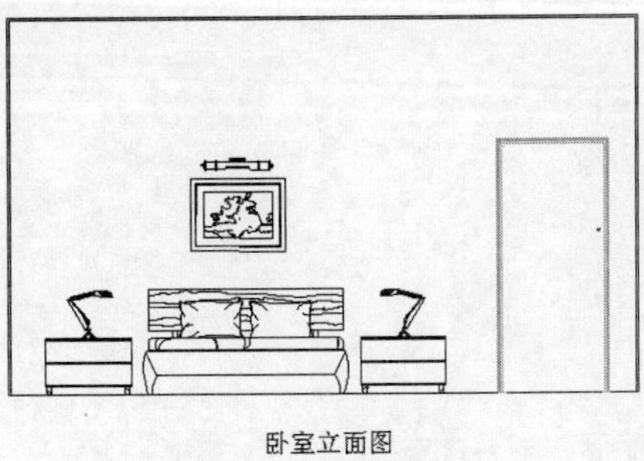

图 12-40

12.3.3 实例拓展和读者思考

在该实例中介绍了定义图块属性、插入属性图块和剪裁外部参照的方法，使读者进一步巩固了图块属性和外部参照的相关知识。熟练掌握图块属性和外部参照的相关知识在提高绘图速度方

面起着重要的作用，通过执行这些命令，还可以绘制出如图 12-41 所示的机件。

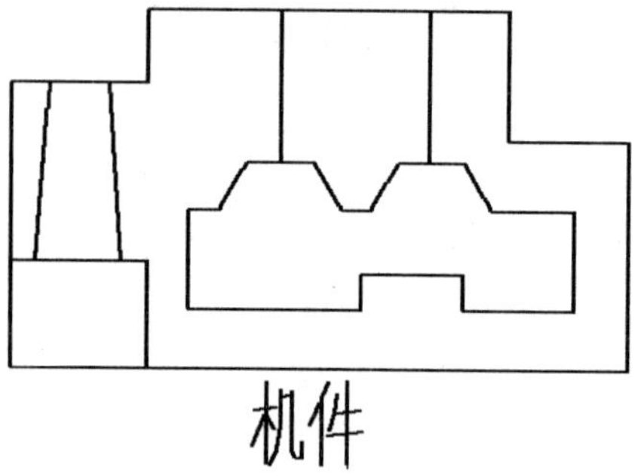

图 12-41

读者思考

通过刚才的实例练习和拓展练习，在掌握图块属性与外部参照相关知识的基础上，读者还可以利用所学知识来绘制图形。

第 13 章 图案填充

为绘制的图形对象填充相关的图案和渐变色，可以丰富图形对象，使绘制的图形对象更加自然。

13.1 创建填充边界

在为图形进行图案填充前，首先需要创建填充边界，图案填充边界可以是圆、矩形等单个封闭对象，也可以是由直线、多段线、圆弧等对象首尾相连而形成的封闭区域。

创建填充边界后，可以有效地避免填充到不需要填充的图形区域。调用该命令的方法如下：

- 在“常用”选项卡的“绘图”组中单击“图案填充”按钮。
- 在“常用”选项卡的“绘图”组中单击“图案填充”按钮按钮右侧按钮，在弹出的下拉列表中单击“渐变色”按钮。
- 显示菜单栏，选择“绘图”→“图案填充”或“渐变色”命令。
- 在命令行中执行 BHATCH 命令。

执行上述命令并在命令行中选择“设置”选项后，将弹出“图案填充和渐变色”对话框，单击该对话框右下角的按钮，如图 13-1 所示，展开对话框，如图 13-2 所示，即可创建填充边界。

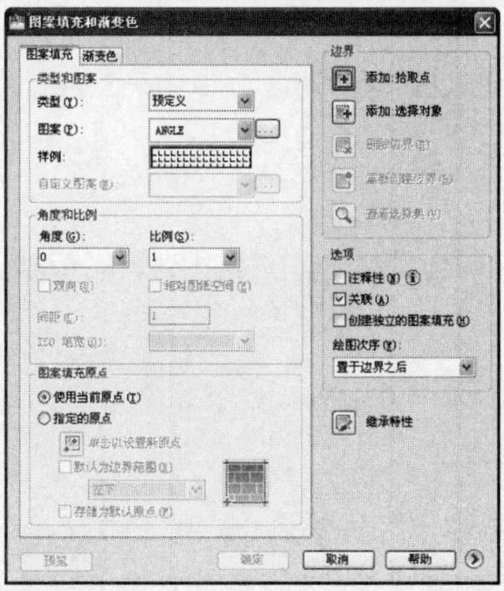

图 13-1

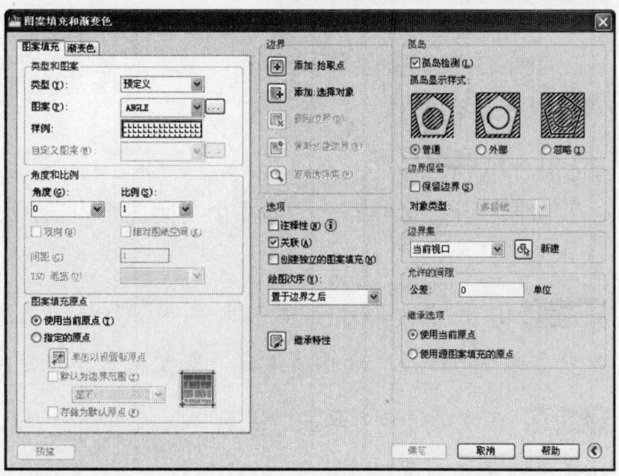

图 13-2

在创建填充边界时，相关选项一般都保持默认设置，如果对填充方式有特殊要求，可以对相应选项进行设置，其中各选项的含义如下：

- ☑孤岛检测(L)复选框：指定是否把在内部边界中的对象包括为边界对象。这些内部对象称为孤岛。
- 孤岛显示样式：用于设置孤岛的填充方式。当指定填充边界的拾取点位于多重封闭区域内部时，需要在此选择一种填充方式。
  - ◆ 选择⊙普通单选按钮，将从最外层的外边界向内边界填充，第一层填充，第二层不填充，第三层填充，如此交替进行，直到选择边界被填充完毕为止，效果与其上方的图形效果相同。
  - ◆ 选择⊙外部单选按钮，将只填充从最外层边界向内第一层边界之间的区域，效果与其上方的图形效果相同。
  - ◆ 选择⊙忽略(I)单选按钮，则忽略内边界，最外层边界的内部将被全部填充，效果与其上方的图形效果相同。
- "对象类型"下拉列表：用于控制新边界对象的类型。如果选择☑保留边界(S)复选框，则在创建填充边界时系统会将边界创建为面域或多段线，同时保留源对象。可以在其下拉列表中选择将边界创建为多段线还是面域。如果取消选择该复选框，则系统在填充指定的区域后将删除这些边界。
- "边界集"选项区域：指定使用当前视口中的对象还是使用现有选择集中的对象作为边界集，单击"选择新边界集"按钮，可以返回绘图区选择作为边界集的对象。
- "允许的间隙"选项区域：将几乎封闭一个区域的一组对象视为一个闭合的图案填充边界。默认值为0，指定对象封闭以后该区域无间隙。

13.2 创建填充图案

在 AutoCAD 中，创建填充图案需要指定填充区域，然后才能对图形对象进行图案填充。

13.2.1 创建填充区域

填充边界内部区域即为填充区域，选择填充区域可以通过拾取封闭区域中的一点或拾取封闭对象两种方法进行。

1. 拾取填充点

拾取填充点必须在一个或多个封闭图形内部，AutoCAD 会自动通过计算找到填充边界，具体操作如下：

Step 01 打开"长方形.dwg"图形文件(光盘:\素材\第13章\长方形.dwg)，在命令行中执行BHATCH命令后选择"设置"选项，弹出"图案填充和渐变色"对话框。

Step 02 在该对话框中单击"边界"选项组中的"添加：拾取点"按钮，如图13-3所示，返回绘图区，单击需要填充图案区域中的一点，这里单击如图13-4所示的长方形中的任意一点。

Step 03 选择“设置”选项并按【Space】键，返回“图案填充和渐变色”对话框。为了更好地查看效果，在“比例”下拉列表中输入 10，单击 确定 按钮，关闭对话框可以看到绘图区中的长方形已填充了图案，效果如图 13-5 所示（光盘:\源文件\第 13 章\长方形.dwg）。

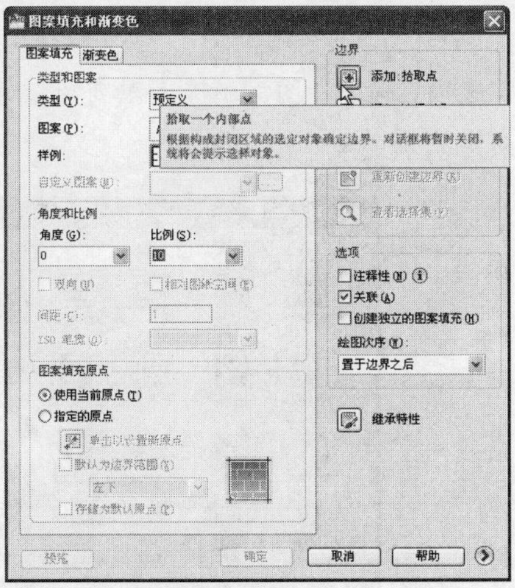

图 13-3

图 13-4

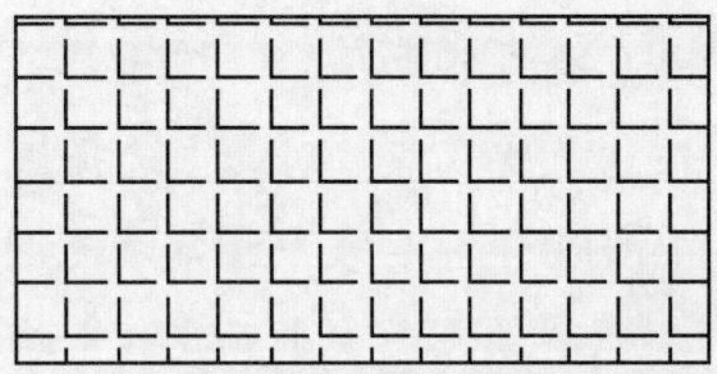

图 13-5

2．拾取填充对象

拾取的填充对象可以是一个封闭对象，如矩形、圆、椭圆和多边形等，也可以是多个非封闭对象，但是这些非封闭对象必须互相交叉或相交围成一个或多个封闭区域。具体操作如下：

Step 01 打开“圆.dwg”图形文件（光盘:\素材\第 13 章\圆.dwg），在命令行中执行 BHATCH 命令，弹出“图案填充和渐变色”对话框。

Step 02 单击“边界”选项组中的“添加：选择对象”按钮，返回绘图区，选择右边的圆，如图 13-6 所示。

Step 03 选择“设置”选项并按【Space】键，返回“图案填充和渐变色”对话框。为了更好地查看效果，在“比例”下拉列表中输入 5，单击 确定 按钮，关闭对话框可以看到绘图区中右边的圆中已填充了图案，效果如图 13-7 所示（光盘:\源文件\第 13 章\圆.dwg）。

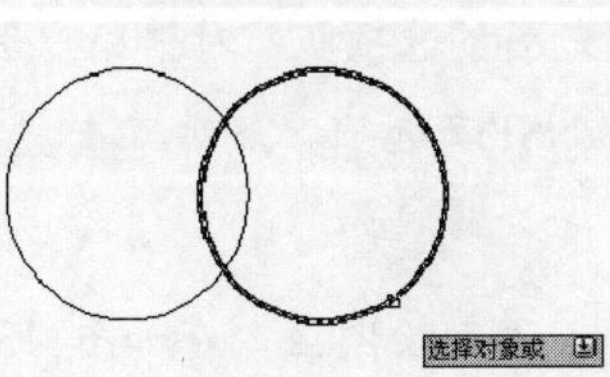

图 13-6

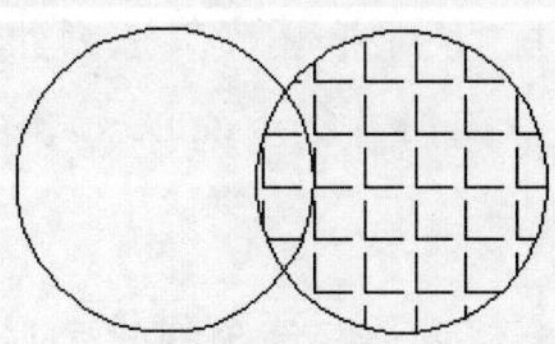

图 13-7

注　意

如果拾取的多个封闭区域呈嵌套状，则系统默认填充外围图形与内部图形之间进行布尔相减后的区域。此外，执行 BHATCH 后，系统会打开“图案填充创建”选项卡，在其中可进行相应的设置，大致与“图案填充和渐变色”对话框中的设置方法相同。

13.2.2 为对象创建填充图案

AutoCAD 为了满足广大用户的需要设置了多种填充图案，下面详细讲解为对象创建填充图案的方法，具体操作如下：

Step 01 在命令行中执行 BHATCH 命令并选择“设置”选项，弹出“图案填充和渐变色”对话框，然后在“类型”下拉列表中设定图案填充类型，默认采用“预定义”图案类型。

Step 02 单击“图案”下拉列表右侧的[...]按钮，弹出“填充图案选项板”对话框。在该对话框中有 4 个选项卡供用户选择，设置后单击[确定]按钮，如图 13-8 所示，返回“图案填充和渐变色”对话框。

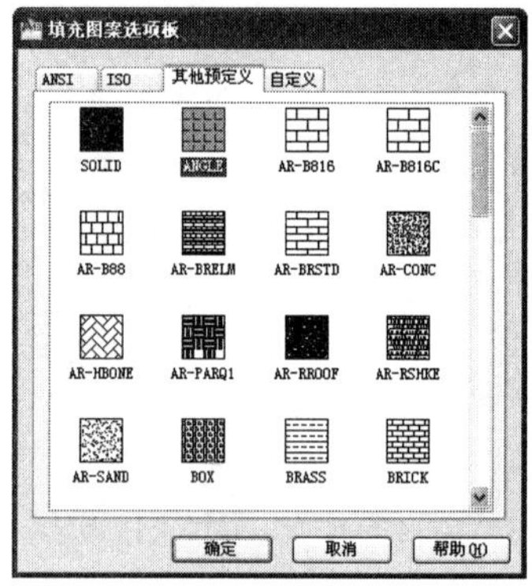

图 13-8

Step 03 在“角度”下拉列表中选择填充图案的倾斜角度。在“比例”下拉列表中指定填充图案的放大比例，该比例根据用户绘图的大小而定，若当前的绘图比例较大，可设置较大的图案填充比例。

Step 04 单击对话框“边界”选项组中的“添加：拾取点”按钮[+]，在绘图区中选择填充区域，然后选择“设置”选项并按【Space】键返回对话框中。单击[预览]按钮，返回绘图区预览填充图案后的效果，按【Esc】键返回对话框，然后单击[确定]按钮即可完成填充。

13.2.3 任务 28：为平面图填充图案

下面以为平面图填充图案为例，来综合练习本节所讲的知识。

Step 01 打开“平面图.dwg”图形文件（光盘:\素材\第 13 章\平面图.dwg），在命令行中执行 BHATCH 命令并选择“设置”选项，弹出“图案填充和渐变色”对话框。

Step 02 单击“类型和图案”选项组中的[...]按钮，弹出“填充图案选项板”对话框，切换至 ANSI 选项卡，在中间列表框中选择需要的填充图案，这里选择 ANSI37 选项，然后单击[确定]按钮，如图 13-9 所示。

Step 03 单击“边界”选项组中的“添加：拾取点”按钮[+]，返回绘图区，在如图 13-10 所示的位置单击。

Step 04 选择“设置”选项并按【Space】键返回对话框，在“比例”编辑框中输入 3000，单击[确定]按钮，如图 13-11 所示。返回绘图区即可看到填充后的平面图效果，如图 13-12 所示（光盘:\源文件\第 13 章\平面图.dwg）。

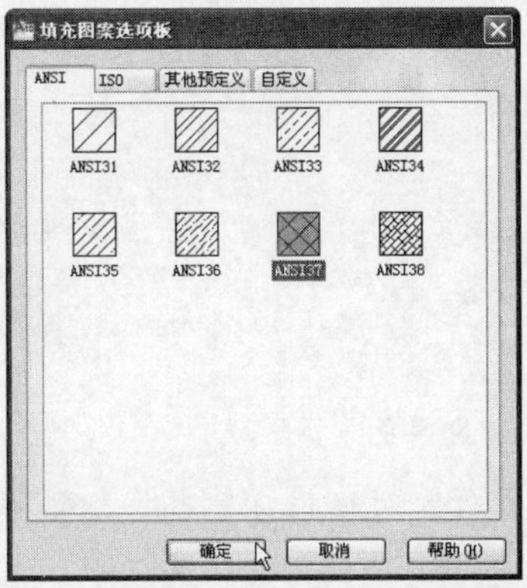

图 13-9

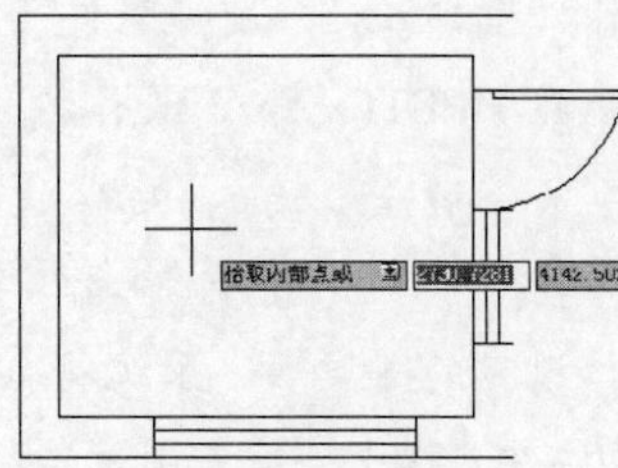

图 13-10

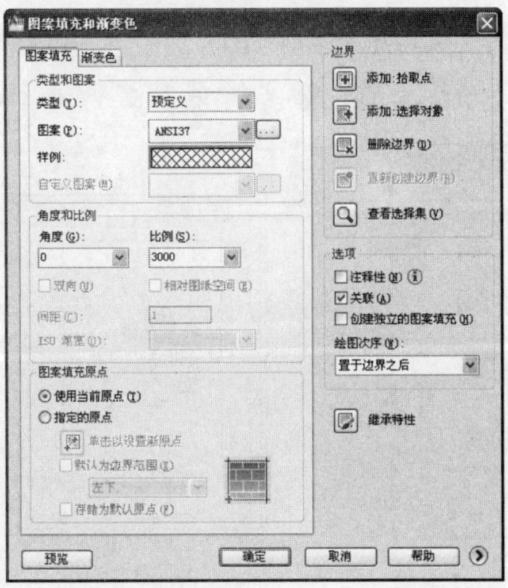

图 13-11

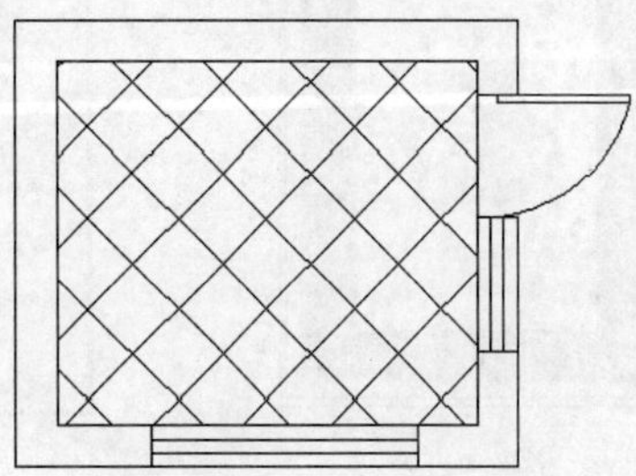

图 13-12

注　意

在对图形进行图案填充设置填充比例时，用户可以在“比例”编辑框中输入比例值，然后单击 预览 按钮预览填充效果。若对效果不满意可按【Esc】键，返回“图案填充和渐变色”对话框再次进行设置。

13.3　编辑填充图案

如果对图形的填充图案不满意可以对其进行编辑，使其达到更理想的效果。编辑填充图案的操作包括快速编辑填充图案、分解图案、设置填充图案的可见性、修剪填充图案等，下面分别进行讲解。

13.3.1　快速编辑填充图案

快速编辑填充图案可以有效地提高绘图效果，调用该命令的方法如下：

- 直接在填充的图案上双击。
- 在命令行中执行 HATCHEDIT 或 HE 命令。

快速编辑填充图案的具体操作如下：

Step 01 打开“壁画.dwg”图形文件（光盘:\素材\第 13 章\壁画.dwg），如图 13-13 所示，在命令行中执行 HATCHEDIT 命令，具体操作过程如下：

```
命令:HATCHEDIT              //执行 HATCHEDIT 命令
选择图案填充对象:           //选择椅垫上要编辑的填充图案，即黑色方框区域
```

Step 02 选择填充的图案后，系统将自动弹出“图案填充编辑”对话框，单击“类型和图案”选项组中的[...]按钮，弹出“填充图案选项板”对话框。切换至“其他预定义”选项卡，在列表框中选择 BOX 选项，然后单击[确定]按钮，如图 13-14 所示。

Step 03 返回“图案填充和渐变色”对话框，在“比例”编辑框中输入 10，然后单击[确定]按钮，返回绘图区即可看到完成填充的效果，如图 13-15 所示（光盘:\源文件\第 13 章\壁画.dwg）。

图 13-13

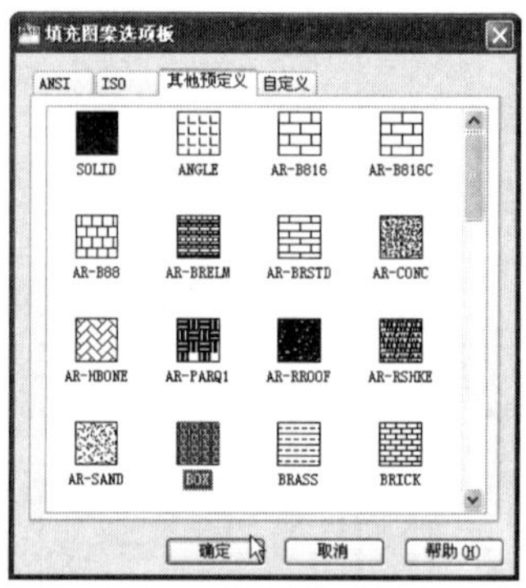

图 13-14

图 13-15

13.3.2 分解填充图案

有时为了满足编辑需要，需要将整个填充图案进行分解。调用分解命令的方法如下：

- 选择要分解的图案，在“常用”选项卡的“修改”组中单击“分解”按钮。
- 在命令行中执行 EXPLODE 命令。

分解填充图案的具体操作如下：

Step 01 打开“电视机.dwg”图形文件（光盘:\素材\第 13 章\电视机.dwg），如图 13-16 所示，在命令行中执行 EXPLODE 命令，具体操作过程如下：

```
命令: EXPLODE                     //执行 EXPLODE 命令
选择对象: 找到 1 个               //选择电视机左侧的扬声器部分
选择对象:                         //按【Space】键确认选择
已删除图案填充边界关联性。        //系统当前提示
```

Step 02 选择刚分解的图案，即可发现原来的整体对象变成了单独的线条，如图 13-17 所示（光盘:\源文件\第 13 章\电视机.dwg）。

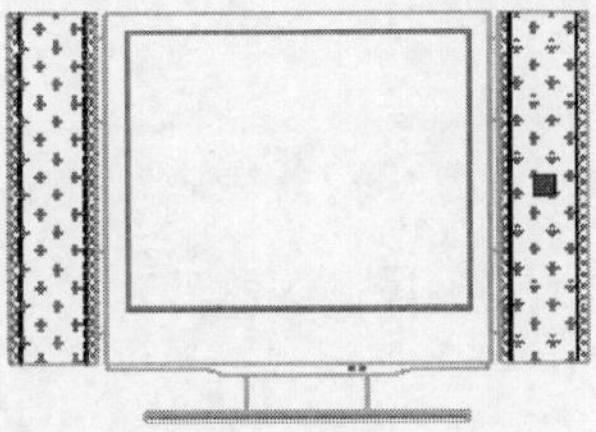

图 13-16

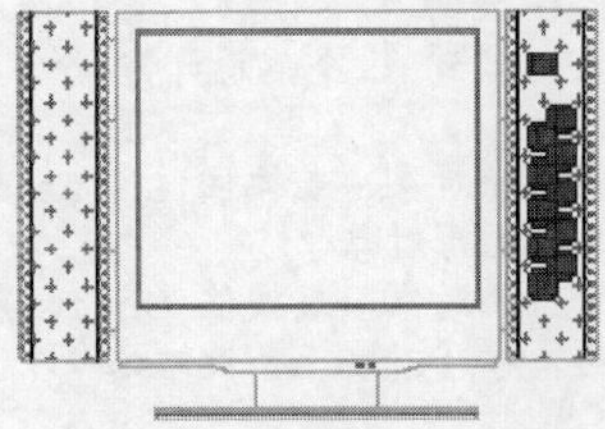

图 13-17

注　意

被分解后的图案失去了与图形的关联性，不能再使用图案填充编辑命令对其进行编辑了。

13.3.3　设置填充图案的可见性

在绘制较大的图形时，需要花费较长时间来等待图形中的填充图案生成，此时可关闭“填充”模式，从而提高显示速度。暂时将图案的可见性关闭，具体操作如下：

Step 01 打开“床.dwg”图形文件（光盘:\素材\第 13 章\床.dwg），如图 13-18 所示，在命令行中执行 FILL 命令，具体操作过程如下：

```
命令：FILL                                 //执行 FILL 命令
输入模式[开(ON)/关 (OFF)] <开>:OFF          //选择“关”选项，即不显示填充图案
命令：REGEN                                //执行 REGEN 命令
正在重生成模型                              //系统自动提示并重生成图像
```

Step 02 在绘图区中即可发现原来填充的图案隐藏了，如图 13-19 所示（光盘:\源文件\第 13 章\床.dwg）。

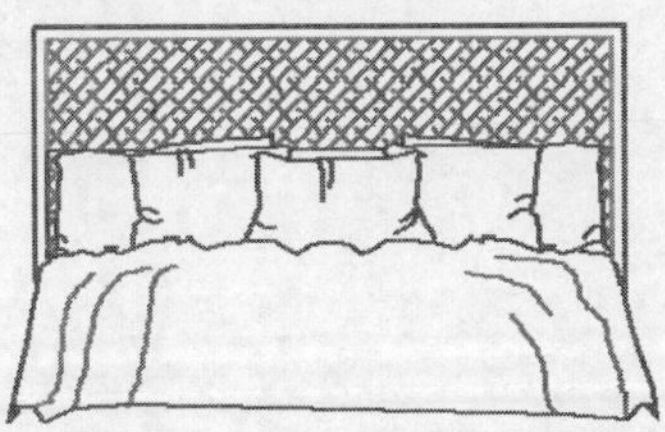

图 13-18

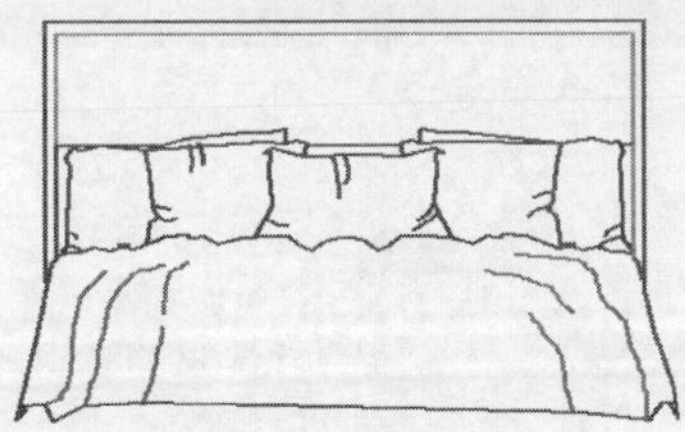

图 13-19

13.3.4　修剪填充图案

修剪填充图案与修剪图形对象一样，调用该命令的方法如下：

- 在“常用”选项卡的“修改”组中单击“修剪”按钮 -/-。
- 显示菜单栏，选择“修改”→“修剪”命令。
- 在命令行中执行 TRIM 或 TR 命令。

执行 TRIM 命令后，具体操作过程如下：

```
命令：TRIM                        //执行 TRIM 命令
当前设置:投影=UCS，边=无           //系统显示当前修剪设置
选择剪切边...                      //系统提示选择修剪边界
```

```
选择对象: 找到 1 个                //选择其中一个图形对象
选择对象: 找到 1 个, 总计 2 个     //选择另一个图形对象
选择对象:                          //按【Space】键结束对象的选择
选择要修剪的对象, 或按住 Shift 键选择要延伸的对象, 或 [投影(P)/边(E)/放弃(U)]: // 选择要修剪的图形对象
选择要修剪的对象, 或按住 Shift 键选择要延伸的对象, 或 [投影(P)/边(E)/放弃(U)]: // 修剪完成后, 按【Space】键结束命令
```

13.3.5 任务 29: 编辑双人床图案

下面以编辑双人床图案为例，来综合练习本节所讲的知识。

Step 01 打开“双人床.dwg”图形文件（光盘:\素材\第 13 章\双人床.dwg），在命令行中执行 HATCHEDIT 命令，具体操作过程如下:

```
命令:HATCHEDIT             //执行 HATCHEDIT 命令
选择图案填充对象:          //选择床单的填充图案, 然后按【Space】键
```

Step 02 弹出“图案填充编辑”对话框，单击“类型和图案”选项组中的[...]按钮，弹出“填充图案选项板”对话框。切换至“其他预定义”选项卡，在列表框中选择 AR-CONC 选项，然后单击[确定]按钮，如图 13-20 所示。

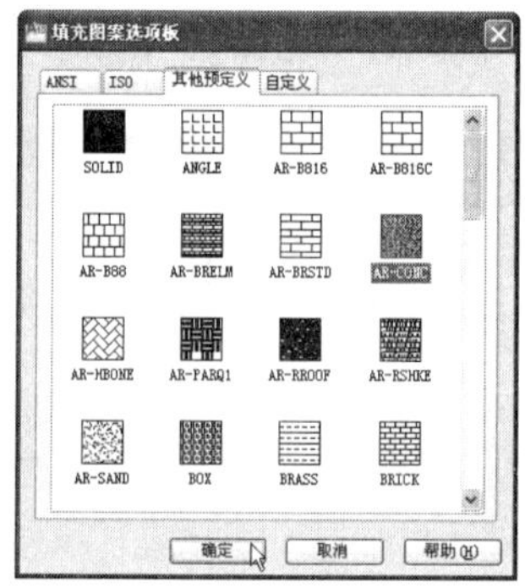

图 13-20

Step 03 返回“图案填充和渐变色”对话框，在“角度”编辑框中输入 180，在“比例”编辑框中输入 2，然后单击[确定]按钮，如图 13-21 所示。返回绘图区即可看到设置效果，如图 13-22 所示。

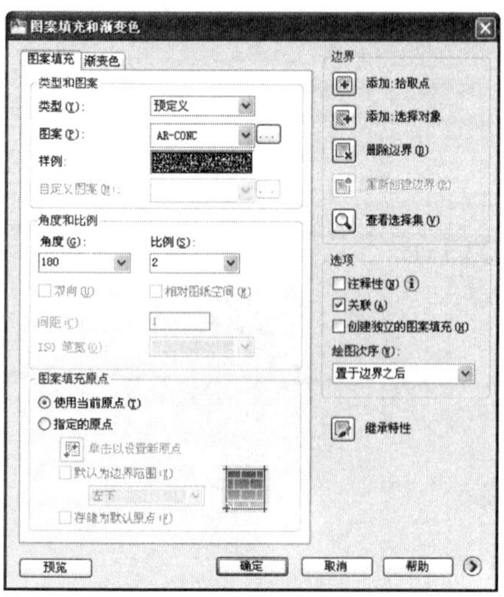

图 13-21

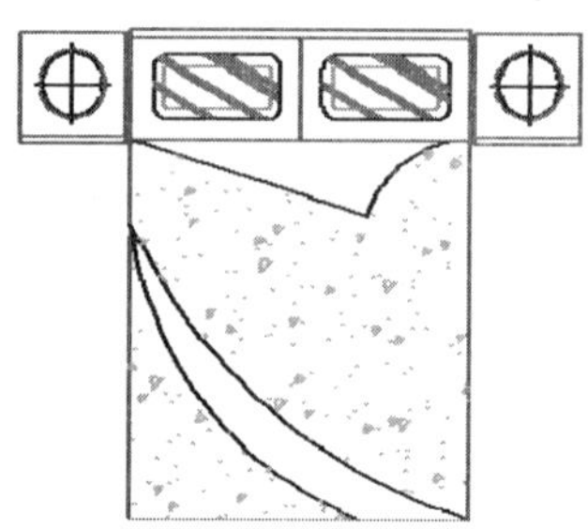

图 13-22

Step 04 在命令行中执行 TRIM 命令，具体操作过程如下:

```
命令: TRIM                    //执行 TRIM 命令
当前设置:投影=UCS, 边=无      //系统显示当前修剪设置
```

选择剪切边...　　　　　　　　　　//系统提示选择修剪边界
选择对象：找到 1 个　　　　　　　//选择被套上的填充图案
选择对象：　　　　　　　　　　　//按【Space】键结束对象的选择
选择要修剪的对象，或按住 Shift 键选择要延伸的对象，或 [投影(P)/边(E)/放弃(U)]：//选择要修剪的图形对象，这里选择如图 13-23 所示的图案
选择要修剪的对象，或按住 Shift 键选择要延伸的对象，或 [投影(P)/边(E)/放弃(U)]：//修剪完成后，按【Space】键结束命令

Step 05 修剪完成后的效果如图 13-24 所示（光盘:\源文件\第 13 章\双人床.dwg）。

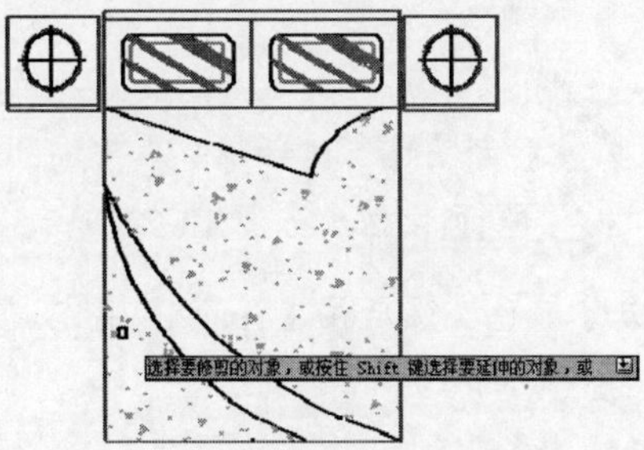

图 13-23

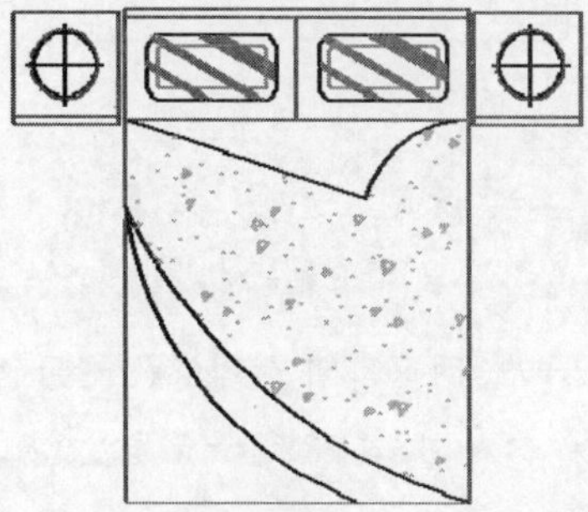
图 13-24

13.4 渐变色填充

除了可以为图形对象填充图案外，还可以为图形对象填充渐变色彩。调用渐变色填充命令的方法如下：

- 在“常用”选项卡的“绘图”组中单击“图案填充”按钮右侧的按钮，在弹出的下拉列表中单击“渐变色”按钮。
- 显示菜单栏，选择“绘图”→“渐变色”命令。
- 在命令行中执行 GRADIENT 命令。

1. 填充单色渐变色

单色渐变填充是指定义从一种颜色到白色或黑色的过渡渐变，具体操作如下：

Step 01 打开“螺栓.dwg”图形文件（光盘:\素材\第 13 章\螺栓.dwg），在命令行中执行 GRADIENT 命令，弹出“图案填充和渐变色”对话框（选择“设置”选项），默认显示“渐变色”选项卡。

Step 02 在“颜色”选项组中选择 ◉单色(O) 单选按钮，然后单击其下方的 ... 按钮，弹出“选择颜色”对话框，默认显示“真彩色”选项卡。

Step 03 在中间的色彩列表框中可以使用鼠标拖动图标，确定颜色大体倾向，然后在其旁边的垂直颜色条上拖动图标选择具体颜色，这里直接在“颜色”文本框中输入颜色代码（153,154,184），然后单击 确定 按钮，如图 13-25 所示。

Step 04 返回“图案填充和渐变色”对话框，单击“边界”选项组中的“添加：拾取点”按钮，返回绘图区，选择螺栓前面部分的图形，如图 13-26 所示。

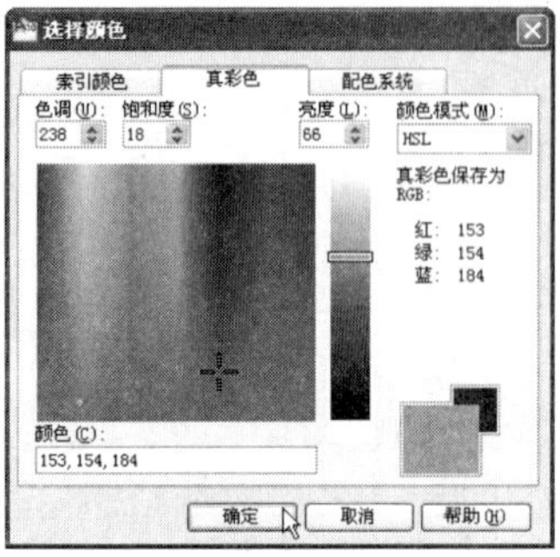

图 13-25

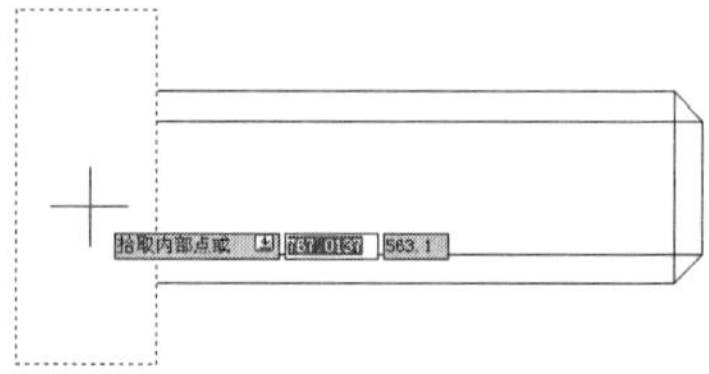

图 13-26

Step 05 选择"设置"选项，按【Space】键返回"图案填充和渐变色"对话框，在中间列表中选择填充样式，这里单击第一排第二个填充样式，然后单击 确定 按钮，如图 13-27 所示。

Step 06 返回绘图区即可看到螺栓前面的图形对象被填充了颜色，然后按【Space】键完成渐变色的填充操作，如图 13-28 所示（光盘:\源文件\第 13 章\螺栓.dwg）。

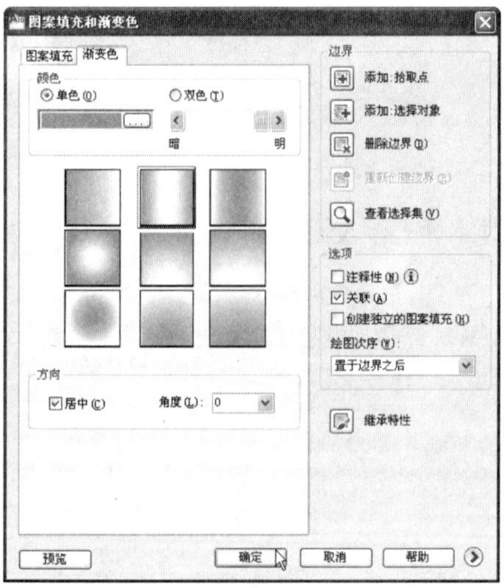

图 13-27

图 13-28

在"渐变色"选项卡中各选项的含义如下：

- ☑居中(C)复选框：选择该复选框可以创建对称性的渐变，取消选择此复选框，则渐变填充将向左上方变化，创建出光源从对象左边照射的图案效果。
- "删除边界"按钮：若用户选择了多个填充区域，则单击该按钮，可删除其部分填充区域。
- "查看选择集"按钮：单击此按钮可返回绘图区查看填充区域。
- ☑关联(A)复选框：控制填充图案是否与填充边界关联，即当改变填充边界时，填充图案是否也随着改变。一般保持选中状态。
- "绘图次序"下拉列表：指定图案填充的绘图顺序。图案填充可以放在其他所有对象之后、其他所有对象之前、图案填充边界之后或图案填充边界之前。

- “继承特性”按钮：在绘图区中选择已填充好的填充图案，则在下次进行图案填充时将继承所选对象的参数设置。

注 意

在“选择颜色”对话框中有“索引颜色”、“真彩色”、“配色系统”3 个选项卡供用户选择，以设置合适的颜色，默认打开的是“真彩色”选项卡。其他选项卡的操作方法与之类似。

2．填充双色渐变色

填充双色渐变色就是使用两种颜色对图形对象进行填充，具体操作如下：

Step 01 将“图案填充和渐变色”对话框切换至“渐变色”选项卡，在“颜色”选项组中选择◉双色(T)单选按钮，单击“颜色 1”上的[...]按钮，弹出“选择颜色”对话框，选择第一种颜色。

Step 02 单击“颜色 2”上的[...]按钮，弹出“选择颜色”对话框，选择第二种颜色，返回“渐变色”选项卡，选择填充区域后，再设置颜色显示样式和其他参数，最后单击[确定]按钮，返回绘图区即可查看填充双色渐变色的效果。

13.5 边学边用——绘制装饰画

了解了在 AutoCAD 2012 中为绘制的图形对象填充相关图案和渐变色的方法后，本节将通过一个简单实例的实现过程，来加深读者对相关知识的理解和掌握。

13.5.1 实例目标

本节将详细讲解在 AutoCAD 2012 中为图形对象填充图案和渐变色的方法，引导读者进一步掌握在 AutoCAD 2012 中为图形对象创建填充图案和渐变色的方法。

具体学习目标如下：

- 掌握在 AutoCAD 2012 中填充图案的方法。
- 掌握在 AutoCAD 2012 中填充渐变色的方法。

13.5.2 实例实现

Step 01 打开“装饰画.dwg”图形文件(光盘:\素材\第 13 章\装饰画.dwg)，在命令行中执行 GRADIENT 命令并选择“设置”选项，弹出“图案填充和渐变色”对话框，切换到“渐变色”选项卡。

Step 02 在“颜色”选项组选择◉单色(O)单选按钮，然后单击其下方的[...]按钮，弹出“选择颜色”对话框，默认打开“真彩色”选项卡。

Step 03 在对话框的“颜色”文本框中输入颜色代码（128,128,128），然后单击[确定]按钮，如图 13-29 所示。

Step 04 返回“图案填充和渐变色”对话框，单击“边界”选项组中的“添加：拾取点”按钮，返回绘图区，选择装饰画中的一部分花瓣，则所选择的花瓣将呈虚线显示，并填充上相应的颜色，如图 13-30 所示。

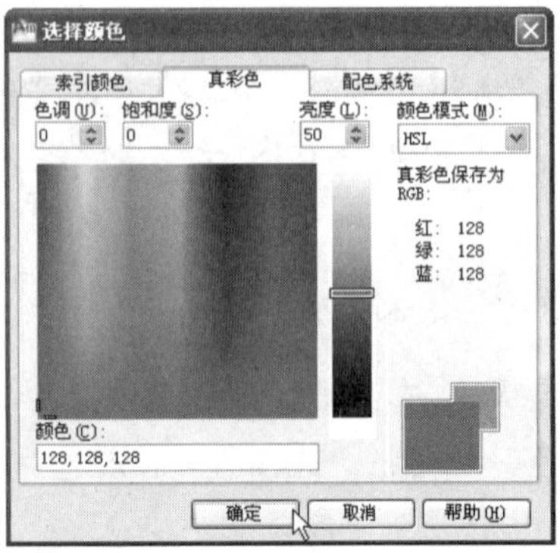

图 13-29

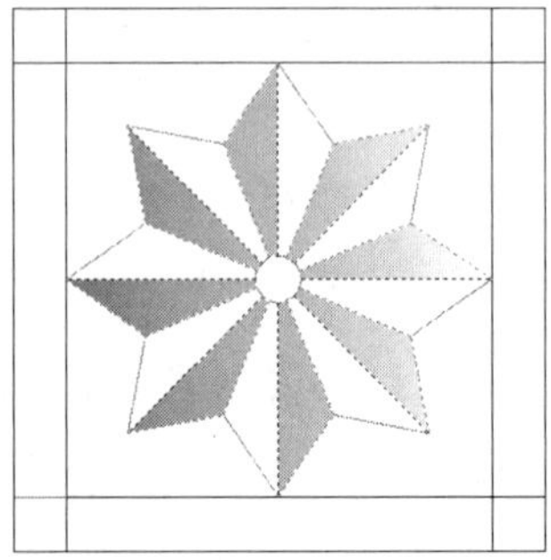

图 13-30

Step 05 选择“设置”选项并按【Space】键，返回“图案填充和渐变色”对话框，在中间列表框中单击需要的填充样式，这里单击第三排第一个填充样式。在“角度”下拉列表中选择 45，然后单击确定按钮，如图 13-31 所示。返回绘图区即可看到所选择的花瓣都被填充了渐变色，如图 13-32 所示。

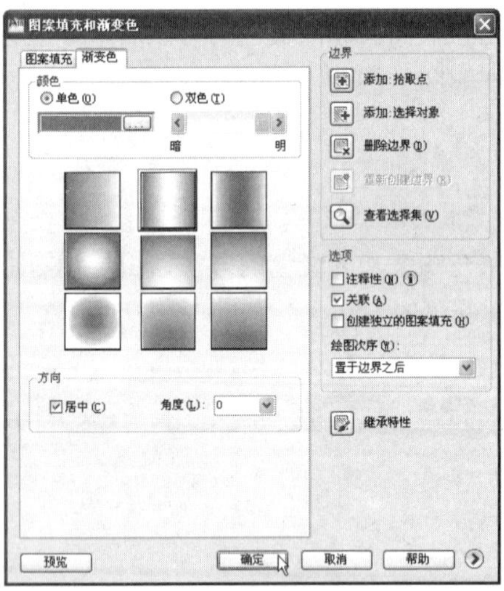

图 13-31

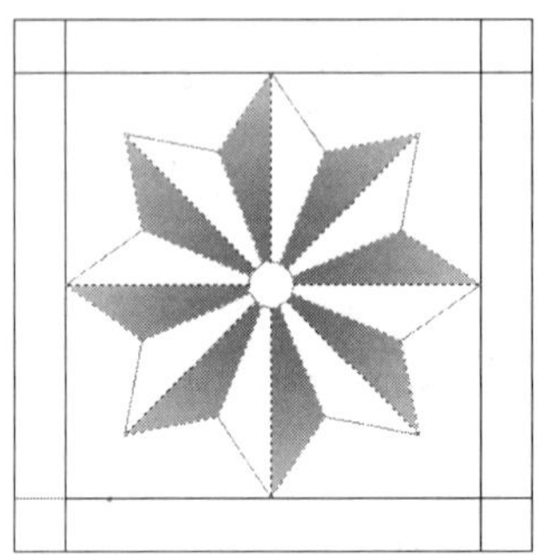

图 13-32

Step 06 在“常用”选项卡的“绘图”组中单击“图案填充”按钮，在命令行中选择“设置”选项，打开“图案填充和渐变色”对话框的“图案填充”选项卡。

Step 07 单击“类型和图案”选项组中的“图案”右侧的按钮，弹出“填充图案选项板”对话框，选择 AR-SAND 填充样式，然后单击确定按钮，如图 13-33 所示。

Step 08 返回“图案填充和渐变色”对话框，单击“边界”选项组中的“添加：拾取点”按钮，然后返回绘图区，选择需要填充的图形，如图 13-34 所示。

Step 09 按【Space】键完成填充，填充后的效果如图 13-35 所示。

Step 10 在“常用”选项卡的“绘图”组中单击“图案填充”按钮，并在命令行中选择“设置”选项，弹出“图案填充和渐变色”对话框，保持默认打开的“图案填充”选项卡。

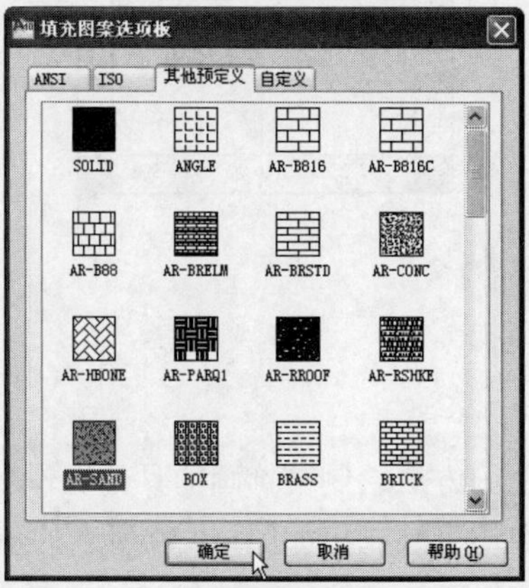

图 13-33

图 13-34

Step 11 单击“类型和图案”栏中“图案”下拉列表右侧的按钮，弹出“填充图案选项板”对话框。

Step 12 在“填充图案选项板”对话框的“其他预定义”选项卡下选择 SOLID 选项，如图 13-36 所示，然后单击 确定 按钮，返回“图案填充和渐变色”对话框。

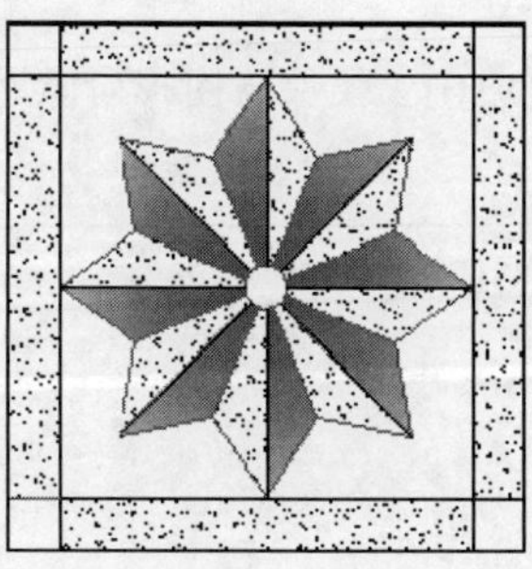

图 13-35

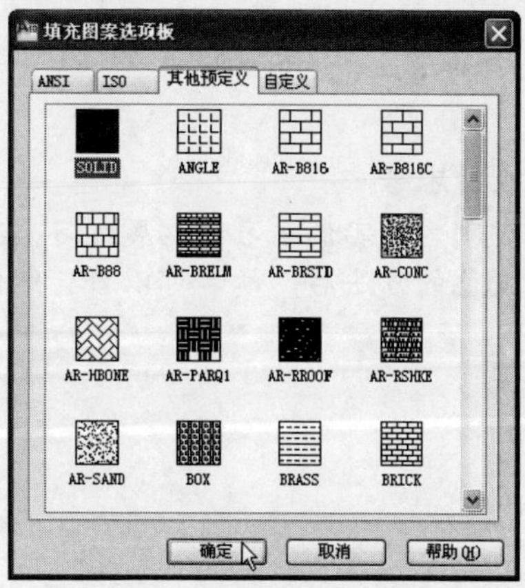

图 13-36

Step 13 在“类型和图案”栏中的“颜色”下拉列表中选择“蓝”选项，单击“边界”选项组中的“添加：拾取点”按钮，返回绘图区，选择装饰画外边框的四角，效果如图 13-37 所示。

Step 14 按【Space】键，返回“图案填充和渐变色”对话框，单击 确定 按钮。返回绘图区即可查看装饰画最终的效果，如图 13-38 所示（光盘:\源文件\第 13 章\装饰画.dwg）。

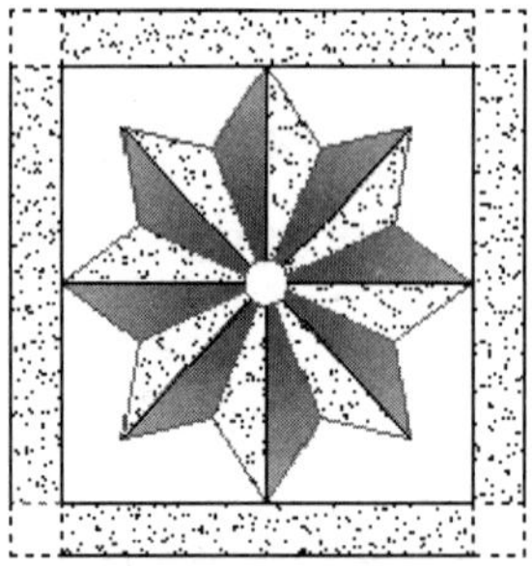

图 13-37

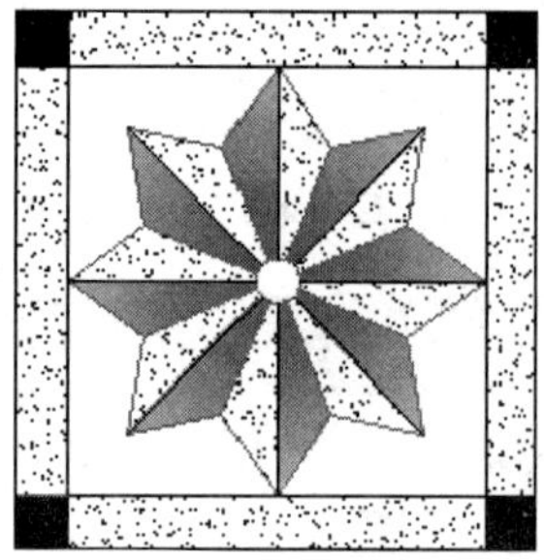

图 13-38

13.5.3 实例拓展和读者思考

在该实例中介绍了通过为图形对象填充图案和渐变色的方法绘制装饰画的具体操作步骤，使读者进一步巩固了对图案填充知识的掌握，利用这些命令还可绘制出如图 13-39 所示的鱼缸。

图 13-39

读者思考

通过刚才的实例练习和拓展练习，在掌握使用 AutoCAD 2012 软件为图形对象创建填充图案和渐变色的方法后，读者可以自行绘制需要的图形对象。

第 14 章

创建文字说明

在绘制图形对象时，可以为其添加文字说明，如材料、工艺说明、技术说明和施工要求等，直观地表现图形对象的信息。本章将详细讲解设置文字样式、输入文字和编辑文字的方法。

14.1 设置文字样式

在 AutoCAD 2012 中，系统默认的文字样式为 Standard。在绘制图形的过程中，用户可以对该样式进行修改或根据需要新建一个文字样式。下面详细讲解新建、应用、重命名及删除文字样式的方法。

14.1.1 新建文字样式

在新建文字注释之前，首先要对文字样式的字体、字号、倾斜角度、方向和其他文字特性进行相关设置。调用“文字样式”命令的方法如下：

- 在“常用”选项卡的“注释”组中单击注释▾按钮右侧的▾按钮，然后在弹出的列表中单击“文字样式”按钮A。
- 在“注释”选项卡的“文字”组中单击其右下角的↘按钮。
- 在命令行中执行 STYLE 或 ST 命令。

新建文字样式的具体操作如下：

Step 01 按照上面介绍的方法打开“文字样式”对话框，然后单击 新建(N)... 按钮，弹出“新建文字样式”对话框。

Step 02 在该对话框的“样式名”文本框中输入样式名称，这里输入“机械零件”，如图 14-1 所示，然后单击 确定 按钮。

Step 03 返回“文字样式”对话框，在“字体”选项组的“字体名”下拉列表中选择“新宋体”选项，在“高度”文本框中输入 8，如图 14-2 所示。然后单击 应用(A) 按钮，再单击 关闭(C) 按钮，保存设置并关闭对话框，完成名为“机械零件”的新文字样式的创建。

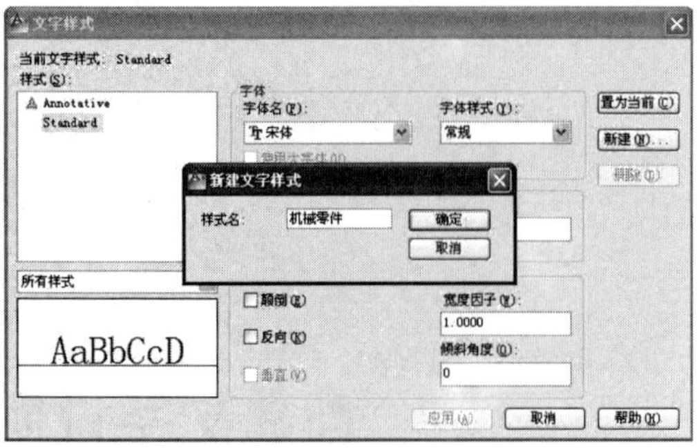

图 14-1

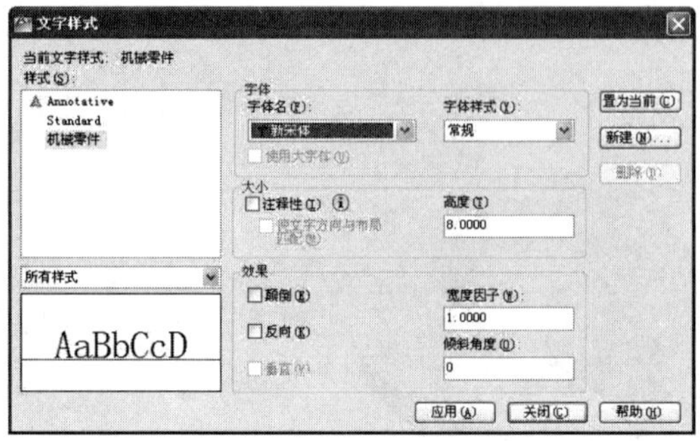

图 14-2

“文字样式”对话框中部分选项的含义如下：

- 当前文字样式：显示当前正在使用的文字样式名称。
- 样式：该列表框显示图形中所有的文字样式。在该列表框中包括已定义的样式名并默认显示选择的当前样式。
- 样式列表过滤器 所有样式：可以在该下拉列表中指定在样式列表中显示所有样式还是仅显示使用中的样式。
- 预览：位于样式列表过滤器下方，其显示会随着字体的改变和效果的修改而动态更改样例文字的预览效果。
- “字体名”下拉列表：该下拉列表中列出了 AutoCAD 自带的字体。
- ☑使用大字体(U)复选框：该复选框用于选择是否使用大字体。选择该复选框将变为使用“大字体”。
- “大字体”下拉列表：该下拉列表显示了所有大字体文字样式的名称，用于选择大字体文件，用户可从中选择一个样式，使其成为当前样式。
- “高度”文本框：可在该文本框中输入字体的高度。如果用户在该文本框中指定了文字的高度，则在使用 Text（单行文字）命令时，系统将不提示“指定高度”选项。
- ☑颠倒(E)复选框：选择该复选框，可以将文字上下颠倒显示，该选项只影响单行文字。
- ☑反向(K)复选框：选择该复选框，可以将文字首尾反向显示，该选项只影响单行文字。
- “宽度因子”文本框：设置字符间距。若输入小于 1.0 的值，将紧缩文字；若输入大于 1.0 的值，将则加宽文字。
- “倾斜角度”文本框：该文本框用于指定文字的倾斜角度。

注　意

在指定文字倾斜角度时，如果角度值为正数，则其方向是向右倾斜；如果角度值为负数，则其方向是向左倾斜。

14.1.2 应用文字样式

在 AutoCAD 2012 中，如果要应用某个文字样式，需将文字样式设置为当前文字样式，方法如下：

- 在“常用”选项卡的“注释”组中单击注释▾按钮右侧的▾按钮，然后在“文字样式”列表框中选择相应的样式，将其设置为当前的文字样式，如图 14-3 所示。
- 在命令行中执行 STYLE 命令，弹出“文字样式”对话框，在“样式”列表框中选择要置为当前的文字样式，单击置为当前(C)按钮，如图 14-4 所示。然后单击关闭(C)按钮，关闭该对话框。

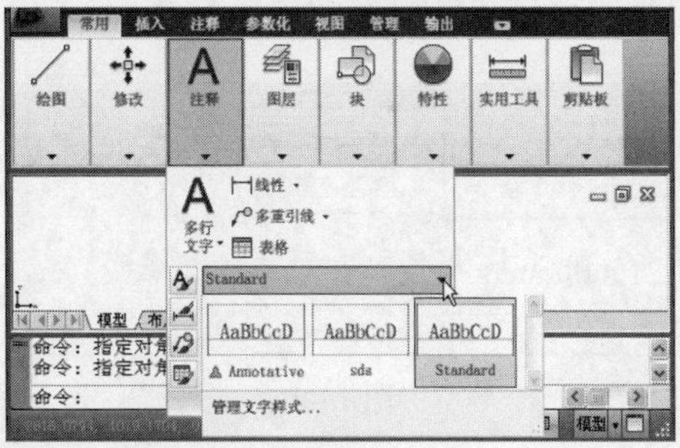

图 14-3

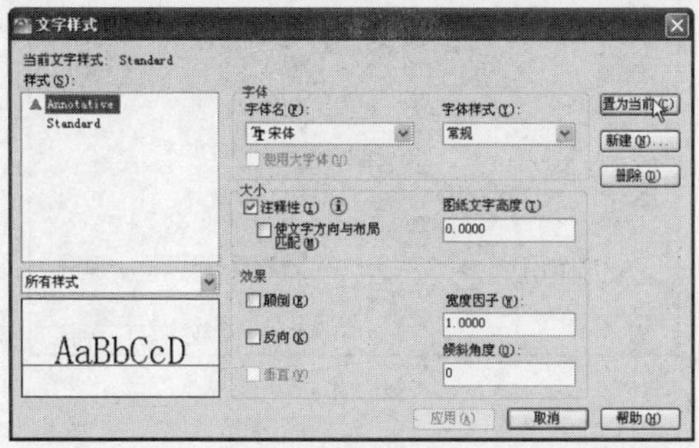

图 14-4

14.1.3　重命名文字样式

在使用文字样式的过程中，如果对文字样式名称的设置不满意，可以进行重命名操作，以方便查看和使用。但对于系统默认的 Standard 文字样式不能进行重命名操作。重命名文字样式有以下两种方式：

- 在命令行中执行 STYLE 命令，弹出“文字样式”对话框，在“样式”列表框中右击要重命名的文字样式，在弹出的快捷菜单中选择“重命名”命令，如图 14-5 所示。此时被选择的文字样式名称呈可编辑状态，输入新的文字样式名称，然后按【Enter】键确认重命名操作。
- 在命令行中执行 RENAME 命令，弹出“重命名”对话框，在“命名对象”列表框中选择“文字样式”选项，在“项目”列表框中选择要修改的文字样式名称，然后在下方的空白文本框中输入新的名称，单击确定按钮或重命名为(R):按钮，如图 14-6 所示。

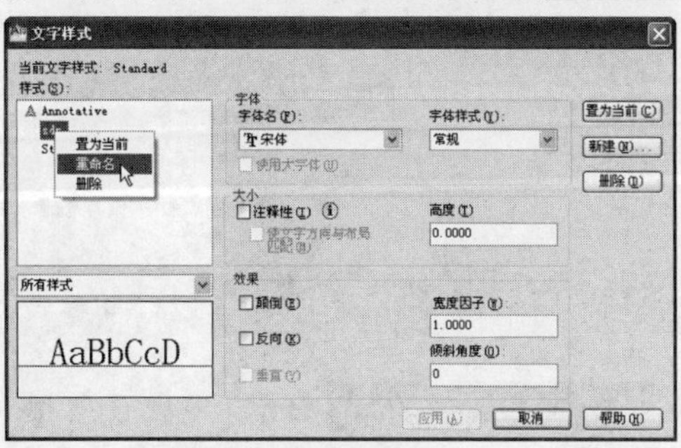

图 14-5

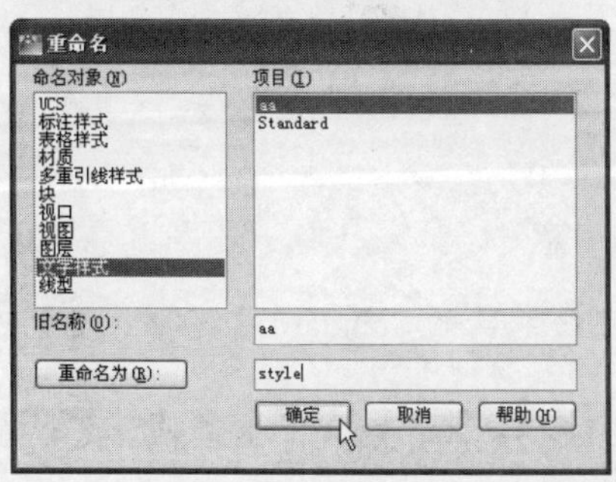

图 14-6

14.1.4　删除文字样式

如果某个文字样式在图形中没有起到作用，可以将其删除，方法如下：

- 在命令行中执行 STYLE 命令，弹出“文字样式”对话框，在“样式”列表框中选择要删除的文字样式，单击[删除(D)]按钮，如图 14-7 所示。此时会弹出如图 14-8 所示的“acad 警告”对话框，单击[确定]按钮，即可删除当前选择的文字样式。返回“文字样式”对话框，然后单击[关闭(C)]按钮，关闭该对话框。

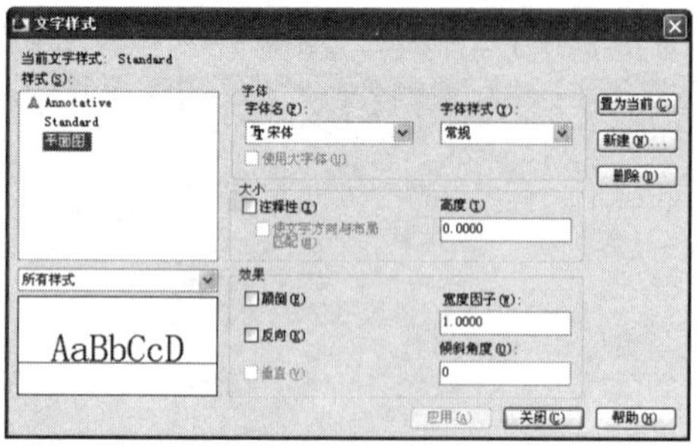

图 14-7

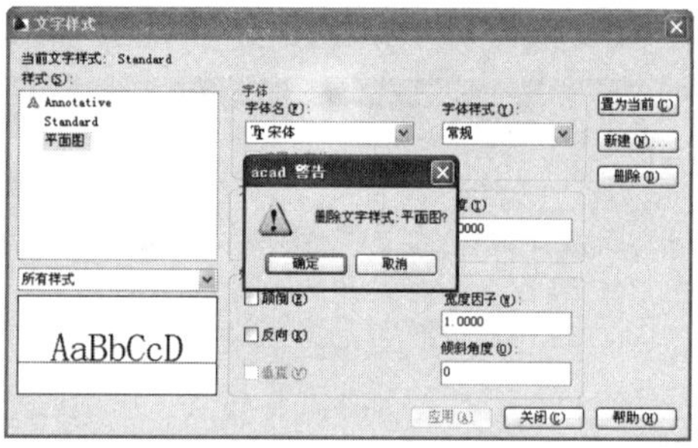

图 14-8

- 在命令行中执行 PURGE 命令，弹出如图 14-9 所示的“清理”对话框。选择“查看能清理的项目”单选按钮，在“图形中未使用的项目”列表框中双击“文字样式”选项，展开此项显示当前图形文件中的所有文字样式，选择要删除的文字样式，然后单击[清理(P)]按钮即可，如图 14-10 所示。

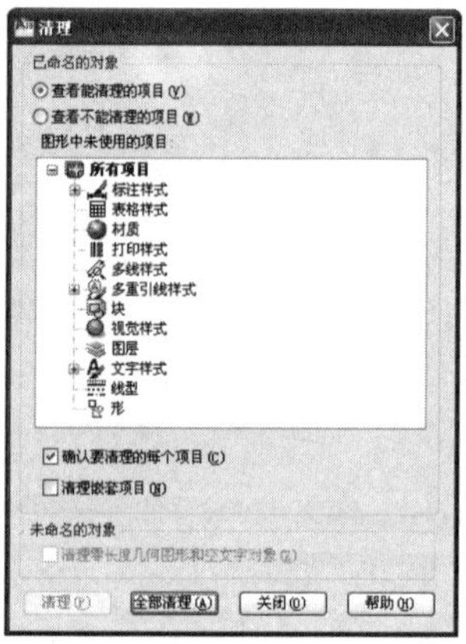

图 14-9

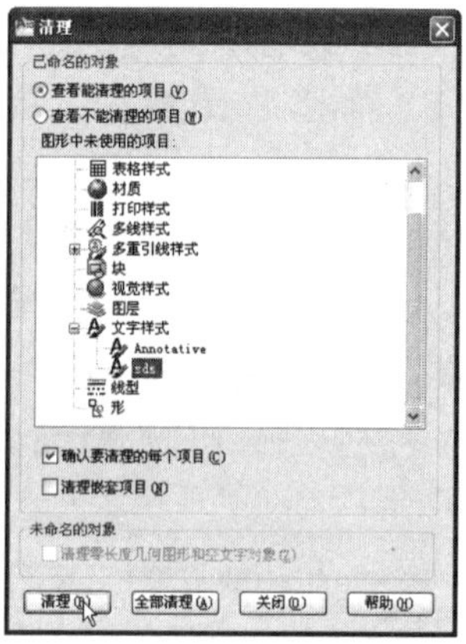

图 14-10

注　意

系统默认的 Standard 文字样式与置为当前的文字样式不能删除。

14.1.5 任务 30：创建并应用名为“建筑设计”的文字样式

下面通过一个实例综合练习本节所讲的知识。

Step 01 启动 AutoCAD 2012，在命令行中执行 STYLE 命令，弹出“文字样式”对话框，单击[新建(N)...]按钮，弹出“新建文字样式”对话框。在该对话框的“样式名”文本框中输入“建筑设计”，如图 14-11 所示，然后单击[确定]按钮。

Step 02 返回“文字样式”对话框，在“字体”选项组的“字体名”下拉列表中选择“方正行楷简体”选项，在“高度”文本框中输入 10，单击置为当前(C)按钮，如图 14-12 所示，然后单击关闭(C)按钮，保存设置并关闭对话框。

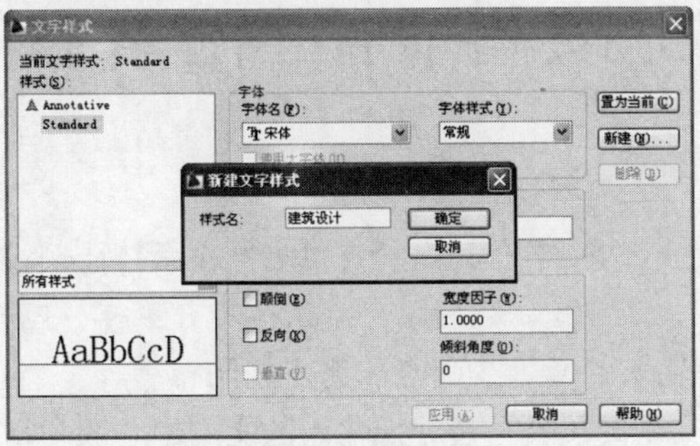

图 14-11

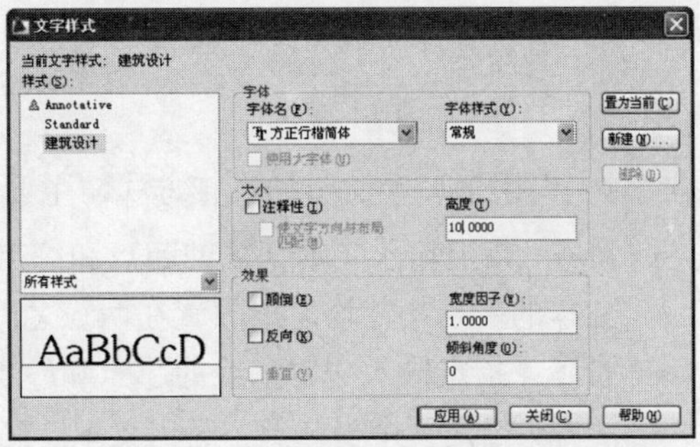

图 14-12

14.2　输入文字

在文字样式设置完成以后，就可以使用相关命令在图形文件中输入文字了。在输入文字的过程中，用户可以根据绘图需要输入单行或多行文字。

14.2.1　输入与编辑单行文字

输入单行文字是指在输入文字信息时，用户可以使用单行文字工具创建一行或多行文字。其中，每行文字都是独立的文字对象，并且还可以对其进行相应的编辑操作，如重定位、调整格式或进行其他修改等。

1．输入单行文字

单行文字主要用于不需要多种字体和多行文字的简短输入，输入单行文字的方法如下：

- 在“常用”选项卡的“注释”组中单击“文字”按钮A下方的▾按钮，在其下拉列表中选择“单行文字”按钮AI。
- 在“注释”选项卡的“文字”组中单击“多行文字”按钮A下方的▾按钮，在其下拉列表中单击“单行文字”按钮AI。
- 在命令行中执行 DTEXT 或 TEXT 命令。

输入单行文字的具体操作如下：

Step 01 启动 AutoCAD 2012，在命令行中输入 DTEXT 命令，具体操作过程如下：

```
命令：DTEXT                                  //执行 DTEXT 命令
当前文字样式："Standard" 文字高度：2.5000 注释性：否 //系统提示当前文字样式设置
指定文字的起点或 [对正(J)/样式(S)]：          //在绘图区中指定一点作为起点
指定高度 <2.5000>：8                          //指定文字高度，这里输入文字高度值为 8
指定文字的旋转角度<0>：                       //按【Space】键确认旋转角度为 0
```

Step 02 在绘图区中会出现如图 14-13 所示的文字输入框，输入单行文字，这里输入“连接杆剖面轮廓图”，然后连续两次按【Enter】键结束单行文字的输入，完成后的效果如图 14-14 所示。

图 14-13

图 14-14

“对正”用于设置文字的对正方式，主要包括：

- 对齐：指定输入文本基线的起点和终点，使输入的文本在起点和终点之间重新按比例设置文本的字高，并均匀地放置在两点之间。
- 布满：指定输入文本基线的起点和终点，使输入的文本在起点和终点之间布满。
- 居中：指定一个坐标点，确定文本的高度和文本的旋转角度，把输入的文本中心放在指定的坐标点上。
- 中间：指定一个坐标点，确定文本的高度和文本的旋转角度，把输入的文本中心放在指定的坐标点上。
- 右对齐：将文本右对齐，起始点在文本的右侧。
- 左上：指定标注文本的左上角点。
- 中上：指定标注文本顶端的中心点。
- 右上：指定标注文本的右上角点。
- 左中：指定标注文本左端的中心点。
- 正中：指定标注文本的中央的中心点。
- 右中：指定标注文本的右端的中心点。
- 左下：指定标注文本的左下角点，确定与水平方向的夹角为文本的旋转角度，则过该点的直线就是标注文本中最低字符的基线。
- 中下：指定标注文本的底端的中心点。
- 右下：指定标注文本的右下角点。

注　意

在输入单行文字时，如果输入的符号显示为“?”，是因为当前字体库中没有该符号的原因，只需将当前字体设置为 txt.shx 即可。

2. 编辑单行文字

输入单行文字后，还可以对其特性和内容进行编辑，有以下两种方法：

- 直接双击需要编辑的单行文字，待文字呈可输入状态时，输入正确的文字内容即可。
- 在命令行中输入 DDEDIT 或 ED 命令。

编辑单行文字的具体操作如下：

Step 01 打开“单行文字.dwg”图形文件（光盘:\素材\第 14 章\单行文字.dwg），在命令行中执行 DDEDIT 命令，具体操作过程如下：

```
命令：DDEDIT                    //执行 DDEDIT 命令
```

选择注释对象或 [放弃(U)]：//选择需要编辑的文字，如图 14-15 所示
选择注释对象或 [放弃(U)]：//输入正确的文本“连接杆剖面轮廓图 1”
选择注释对象或 [放弃(U)]：//连续两次按下【Enter】键结束该命令，完成后的效果如图 14-16 所示

图 14-15

图 14-16

Step 02 选择“连接杆剖面轮廓图 1”文字，按【Ctrl+1】组合键，打开文字“特性”选项板，在“常规”栏的“颜色”下拉列表中选择“蓝”选项，在“线宽”下拉列表中选择 0.2mm 选项，在“文字”栏的“旋转”文本框中输入 30，如图 14-17 所示。

Step 03 单击文字“特性”选项板左上角的“关闭”按钮，关闭该选项板，返回绘图区，按【Esc】键取消文字的选择状态。

Step 04 此时可以看到单行文字的位置和高度等都发生了变化，编辑后的效果如图 14-18 所示（光盘:\源文件\第 14 章\单行文字.dwg）。

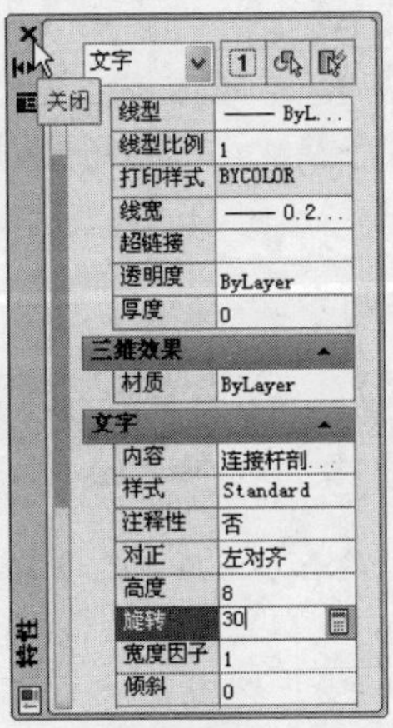

图 14-17

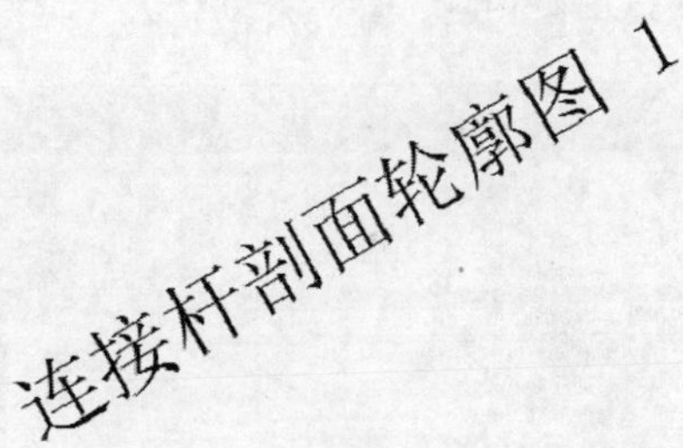

图 14-18

14.2.2　输入与编辑多行文字

输入多行文字是指在输入文字信息时，可以将若干文字段落创建为单个多行文字对象。当然，多行文字也是可以进行编辑的。

1. 输入多行文字

多行文字适用于较多或较复杂的文字注释，调用该命令的方法如下：

- 在“常用”选项卡的“注释”组中单击“文字”按钮A。
- 在“注释”选项卡的“文字”组中单击“多行文字”按钮A。
- 在命令行中执行 MTEXT、MT 或 T 命令。

输入多行文字的具体操作如下：

Step 01 启动 AutoCAD 2012，在命令行中执行 T 命令，具体操作过程如下：

```
命令: T                                          //执行 T 命令
当前文字样式: "Standard"  当前文字高度:2.5//系统显示当前文字的样式及高度
指定第一角点:                                    //在绘图区的任意位置拾取一点
指定对角点或 [高度(H)/对正(J)/行距(L)/旋转(R)/样式(S)/宽度(W)]: //呈对角拖动鼠标,绘制文本框
```

Step 02 自动启动“文字编辑器”选项卡，在绘图区内会出现如图 14-19 所示的文本框，在文本框中输入需要创建的文字，这里输入“作品名称：户型平面图”，并按【Enter】键换行。

Step 03 按照相同的方法，输入如图 14-20 所示的文本内容，在“文字编辑器”选项卡的“关闭”组中单击“关闭文字编辑器”按钮✕，退出多行文字的输入状态，如图 14-21 所示。

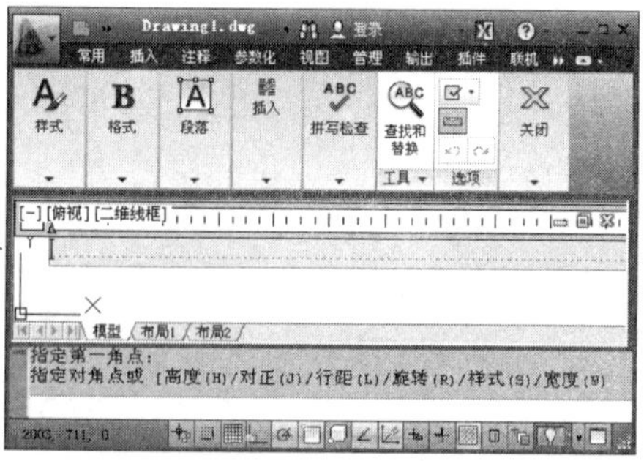

图 14-19

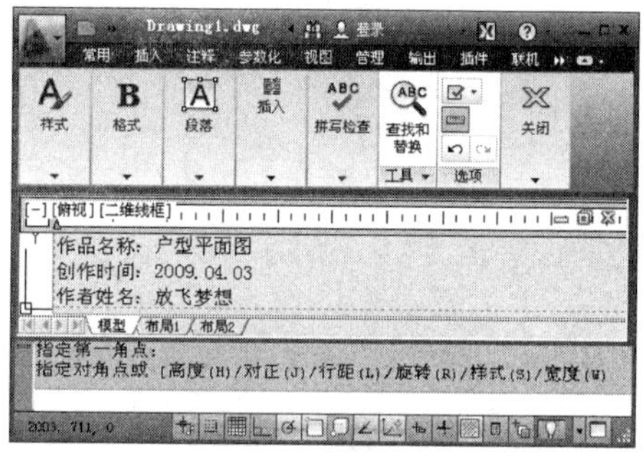

图 14-20

Step 04 返回绘图区，即可看到输入文字后的效果，如图 14-22 所示。

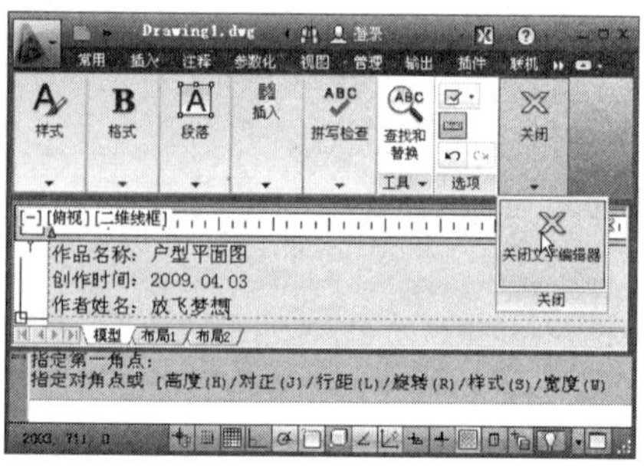

图 14-21

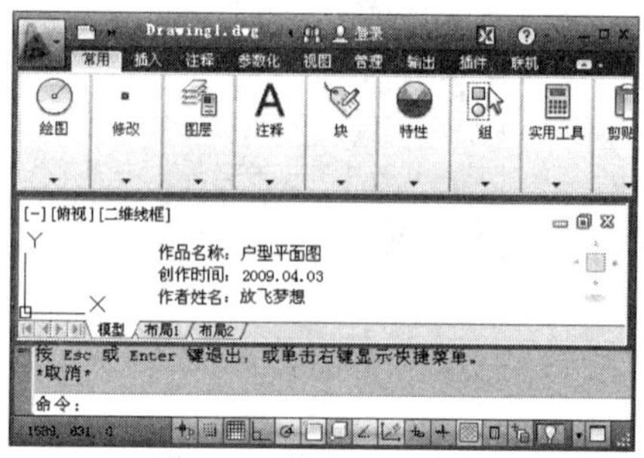

图 14-22

在执行命令的过程中，命令行中各选项的含义如下：

- 高度：指定所要创建的多行文字的高度。
- 对正：指定多行文字的对齐方式，与创建单行文字时的该选项功能相同。
- 行距：当创建两行以上的多行文字时，可以设置多行文字的行间距。
- 旋转：设置多行文字的旋转角度。
- 样式：指定多行文字要采用的文字样式。
- 宽度：设置多行文字所能显示的单行文字宽度。

2. 编辑多行文字

输入多行文字后，如发现输入的文字内容有误或需要添加某些特殊内容，可以对输入的文本进行编辑，方法有以下 4 种：

- 在菜单栏中选择“修改”→“对象”→“文字”→“编辑”命令。

- 选择要编辑的多行文字右击，在弹出的快捷菜单中选择“编辑多行文字”命令。
- 双击需要编辑的多行文字。
- 在命令行中执行 MTEDIT、DDEDIT 或 ED 命令。

编辑多行文字的具体操作如下：

Step 01 打开“多行文字.dwg”图形文件（光盘:\素材\第 14 章\多行文字.dwg），如图 14-23 所示，在命令行中执行 ED 命令，具体操作过程如下：

命令：ED　　　　　　　　　　　//执行 ED 命令
选择注释对象或 [放弃(U)]：　//选择要编辑的多行文字对象，并自动打开“文字编辑器”选项卡，此时可以对文字内容进行修改，在文本框中选择“作品名称”文本内容，在“文字编辑器”选项卡的“格式”组中单击**B**按钮，如图 14-24 所示。按照相同的方法设置“创作时间，作者姓名”
选择注释对象或 [放弃(U)]：　//在“文字编辑器”选项卡的“关闭”组中单击“关闭文字编辑器”按钮，退出编辑多行文字，如图 14-25 所示

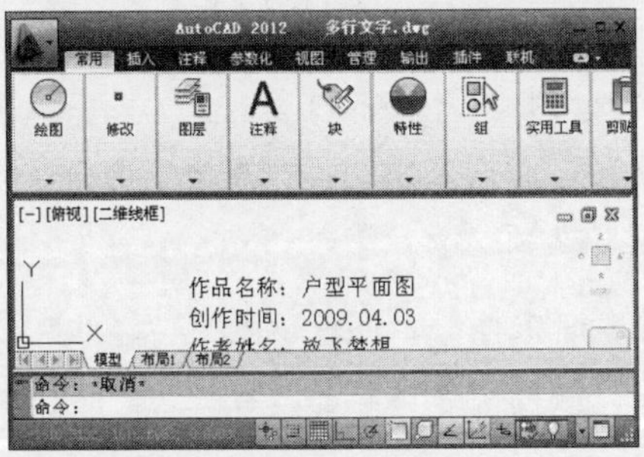

图 14-23

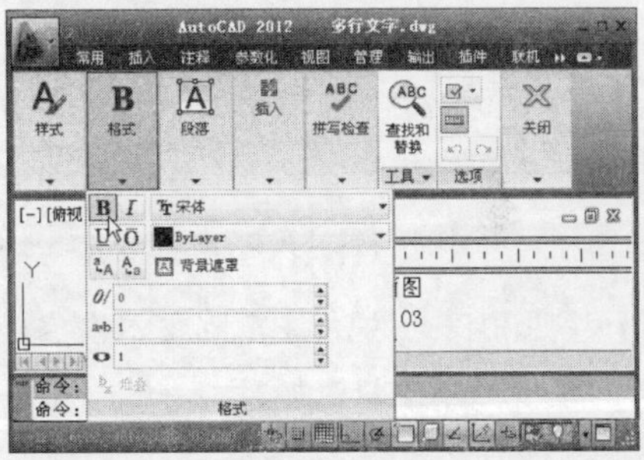

图 14-24

Step 02 返回绘图区，多行文字在编辑后的效果如图 14-26 所示（光盘:\源文件\第 14 章\多行文字.dwg）。

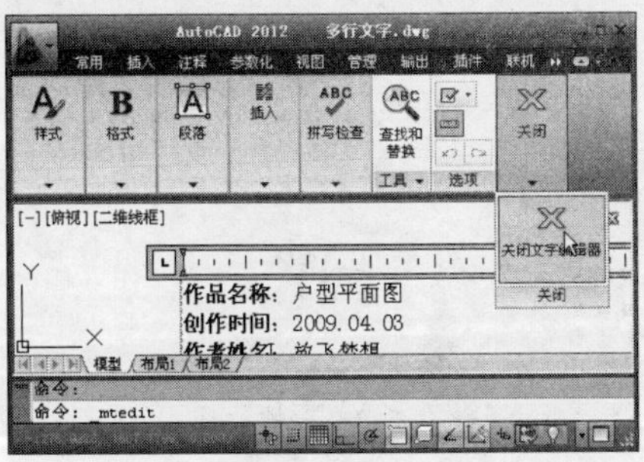

图 14-25

图 14-26

注　意

双击需要编辑的文字，系统直接进入编辑状态。另外，在编辑一个文字对象后，系统将继续提示“选择注释对象或 [放弃（U）]:”，用户可以继续编辑其他文字，直到按【Enter】键或【Esc】键退出命令为止。

14.2.3　任务 31：编辑多行文字

下面通过实例综合练习本节所讲的知识。

Step 01 打开“编辑多行文字.dwg”图形文件（光盘:\素材\第 14 章\编辑多行文字.dwg），如图 14-27 所示。双击绘图区中的文字内容，启动“文字编辑器”选项卡，此时可以对文字内容进行编辑，将多行文字中的“1、2、3”修改成“一、二、三”，修改后的效果如图 14-28 所示。

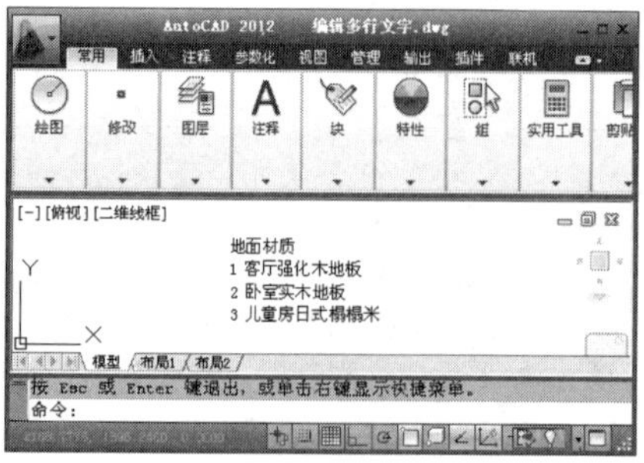

图 14-27

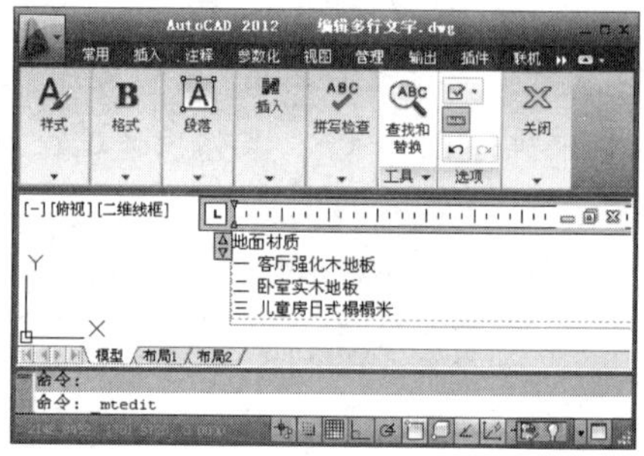

图 14-28

Step 02 完成修改后，对文字的特性进行编辑。选择“地面材质”文本内容，在“文字编辑器”选项卡的“格式”组中单击“字体”下拉按钮，在弹出的下拉列表中选择“黑体”选项，然后单击“颜色库”下拉按钮，在弹出的下拉列表中选择“蓝”选项。

Step 03 按照相同的方法将其他文本内容的字体设置为“新宋体”、颜色设置为“洋红”，设置完成后，在“文字编辑器”选项卡的“关闭”组中单击“关闭文字编辑器”按钮，退出编辑状态，如图 14-29 所示。

Step 04 返回绘图区，最终效果如图 14-30 所示（光盘:\源文件\第 14 章\编辑多行文字.dwg）。

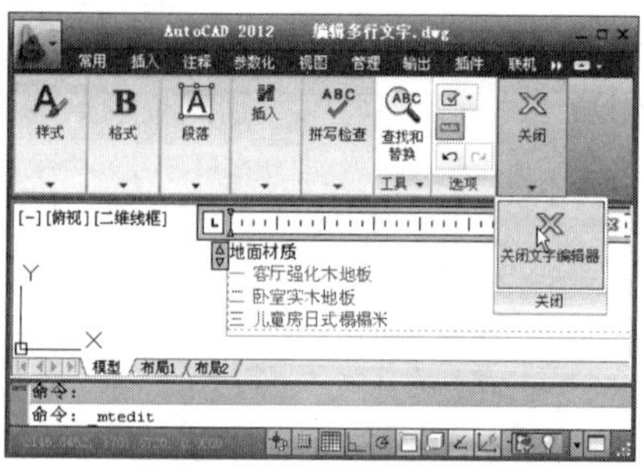

图 14-29

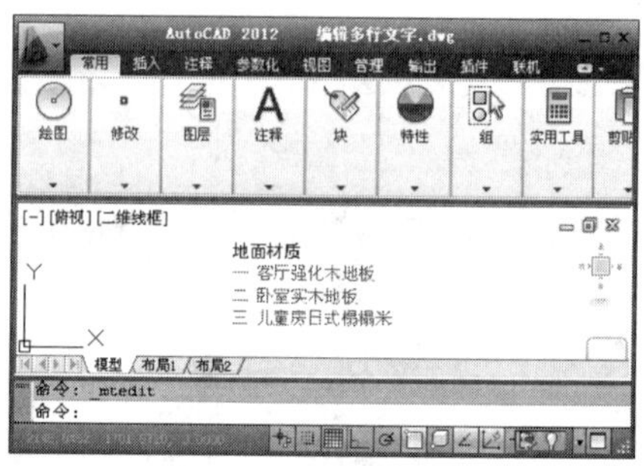

图 14-30

14.3 查找与替换

当输入的文字内容过多时，为了避免出现错别字，用户可以通过 AutoCAD 的查找与替换功能对其进行检测，调用该命令的方法如下：

- 在“注释”选项卡的“文字”组中的“查找文字”文本框中输入要查找的文本，然后单击按钮。
- 双击需要查找与替换的文本，启动“文字编辑器”选项卡，在“工具”组中单击“查找和替换”按钮。

- 在命令行中执行 FIND 命令。

查找与替换文本的具体操作如下：

Step 01 打开“查找与替换.dwg”图形文件（光盘:\素材\第 14 章\查找与替换.dwg），如图 14-31 所示，在命令行中执行 FIND 命令，弹出“查找和替换”对话框。

Step 02 在“查找内容”文本框中输入“缩”，在“替换为”文本框中输入“索”，在“查找位置”下拉列表中选择“当前空间/布局”选项，如图 14-32 所示，然后单击 查找(F) 按钮。

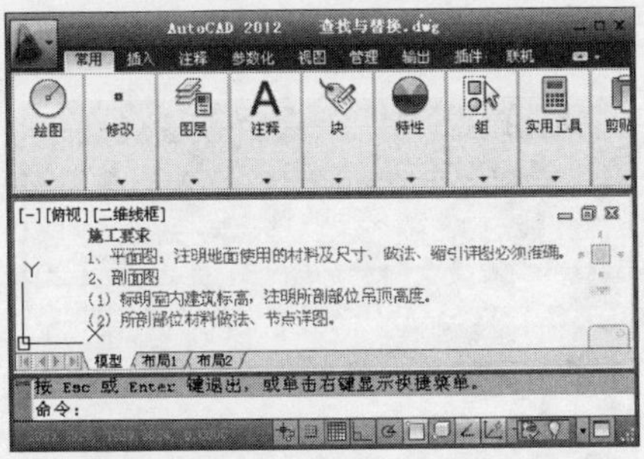

图 14-31

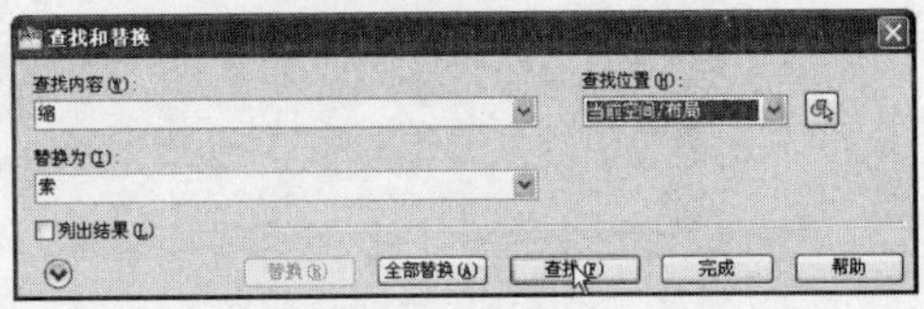

图 14-32

Step 03 此时绘图区的多行文字呈灰底显示，查找到的字呈墨绿底显示，单击 替换(R) 按钮，系统将弹出如图 14-33 所示的对话框，单击 确定 按钮。

Step 04 返回“查找和替换”对话框，单击 完成 按钮。在绘图区中可以看到文字中的“缩”文本内容被替换成了“索”，效果如图 14-34 所示（光盘:\源文件\第 14 章\查找与替换.dwg）。

图 14-33

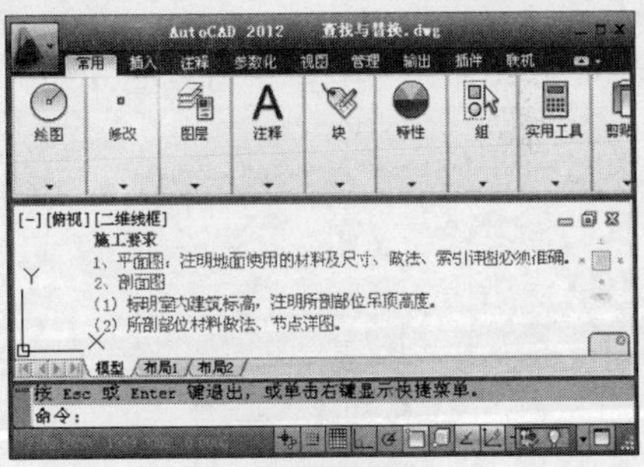

图 14-34

14.4　拼写与检查

为了提高文本的准确度，在输入文本内容后，可以使用 AutoCAD 提供的拼写检查功能对其进行检查。如果文本中出现错误，系统会建议对其进行修改。调用该命令的方法如下：

- 在“注释”选项卡的“文字”组中单击“拼写检查”按钮。
- 双击需要进行拼写检查的文本，启动“文字编辑器”选项卡，在“拼写检查”组中单击“拼写检查”按钮。
- 在命令行中执行 SPELL 命令。

对文本进行拼写检查的具体操作如下：

Step 01 打开“拼写检查.dwg”图形文件（光盘:\素材\第 14 章\拼写检查.dwg），如图 14-35 所示，在命令行中执行 SPELL 命令，弹出“拼写检查”对话框。

Step 02 单击[开始(S)]按钮，系统会自动进行拼写检查，在“不在词典中”文本框中显示错误的单词 knawn，在“建议”文本框中给出与原单词最接近的修改单词。在其下方的列表框中，系统还提供了很多建议修改方式供用户选择，这里保持默认修改建议，单击[修改(C)]按钮，如图 14-36 所示。

图 14-35

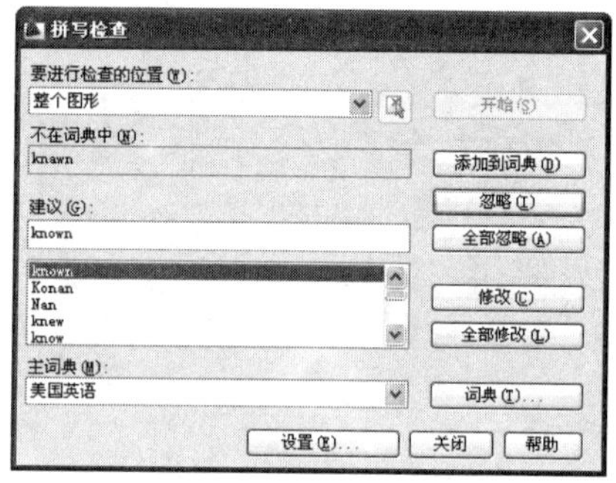

图 14-36

Step 03 弹出如图 14-37 所示的对话框，提示拼写检查完成，单击[确定]按钮，返回“拼写检查”对话框，单击[关闭]按钮。

Step 04 返回绘图区，即可看到文本中错误的 knawn 单词被修改成了 known，效果如图 14-38 所示（光盘:\源文件\第 14 章\拼写检查.dwg）。

图 14-37

图 14-38

“拼写检查”对话框中各选项的含义如下：

- “不在词典中”文本框：显示查找到的拼写有误的单词。
- “建议”文本框：显示当前词典中建议的替换词列表，用户可从中选择一个替换词或输入一个替换词。
- [添加到词典(D)]按钮：将当前词语添加到自定义词典中。
- [忽略(I)]按钮：单击该按钮，将不更改当前查找到的词语。
- [全部忽略(A)]按钮：单击该按钮，将跳过所有与“当前词语”相同的词语。

- 修改(C) 按钮：单击该按钮，将以“建议”文本框中的词语替换拼写有误的词语。
- 全部修改(L) 按钮：单击该按钮，将以“建议”文本框中的词语替换所有与“当前词语”相同的词语。

14.5　调整文字说明的整体比例

如果文字说明的比例不对，会直接影响图纸的整体效果，此时用户可以通过缩放文字比例命令来调整文字说明的整体比例，而无须重新输入文字。调整文字说明整体比例的方法有以下 3 种：

- 在“注释”选项卡的“文字”组中单击“文字”下拉按钮，在弹出的下拉列表中选择“缩放”选项。
- 在菜单栏中选择“修改”→“对象”→“文字”→“比例”命令。
- 在命令行中执行 SCALETEXT 命令。

调整文字说明整体比例的具体操作如下：

Step 01 打开“调整文字比例.dwg”图形文件（光盘:\素材\第 14 章\调整文字比例.dwg），如图 14-39 所示，在命令行中执行 SCALETEXT 命令，对文字说明的比例进行调整，具体操作过程如下：

```
命令: SCALETEXT                //执行 SCALETEXT 命令
选择对象:                      //选择图形中的多行文字
选择对象:                      //按【Space】键结束对象的选择
输入缩放的基点选项[现有(E)/左对齐(L)/居中(C)/中间(M)/右对齐(R)/左上(TL)/中上(TC)/
右上(TR)/左中(ML)/正中(MC)/右中(MR)/左下(BL)/中下(BC)/右下(BR)] <现有>:M  //选择“中
间”选项指定缩放的基点，按【Space】键确认基点
指定新模型高度或 [图纸高度(P)/匹配对象(M)/比例因子(S)] <2.5>:10       //输入新的高度
10，按【Space】键确认并结束该命令
```

Step 02 此时在绘图区中即可看到调整文字说明比例后的效果，如图 14-40 所示（光盘:\源文件\第 14 章\调整文字比例.dwg）。

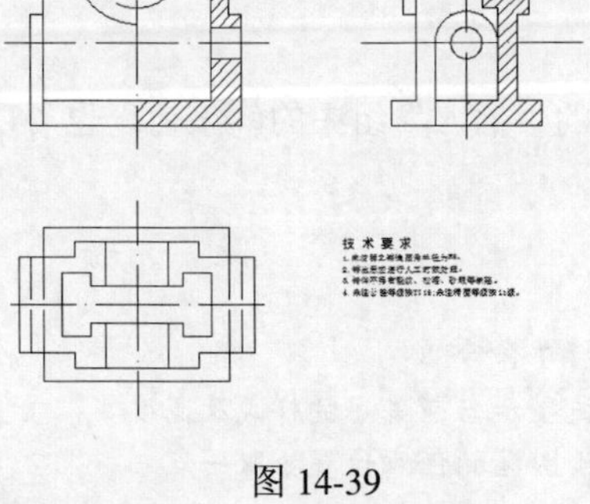

图 14-39

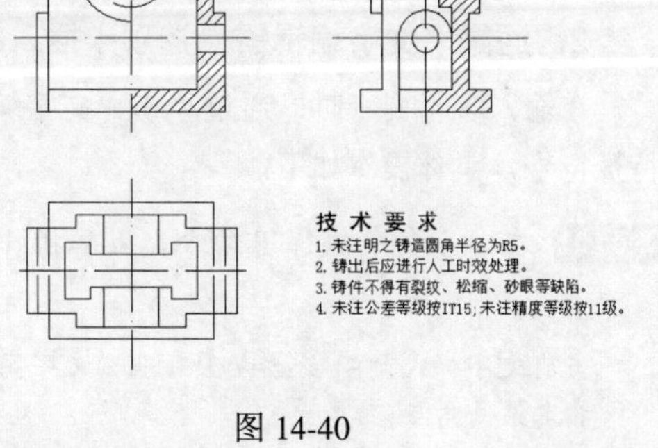

图 14-40

注　意

在执行 SCALETEXT 命令缩放文字比例时，被缩放后的文字不会改变其原来的位置，较执行 SCALE 命令来缩放对象更能准确定位。

14.6 在文字说明中插入特殊符号

在标注文字说明时，有时需要输入一些特殊字符，如上画线、下画线、度、±、ϕ等，用户可以通过 AutoCAD 提供的控制码进行输入。

1. 通过控制码或统一码输入特殊符号

在标注文字说明时，如需输入下画线（_）、度数（°）和正负公差（±）等特殊符号，用户可以使用相应的控制码输入，其控制码的输入和说明如表 14-1 所示。

表 14-1

控制码	特殊字符	说　明	控制码	特殊字符	说　明
%%p	±	公差符号	%%d	°	度
%%0	¯	上画线	%%c	ϕ	直径符号
%%u	_	下画线			

下面使用单行文字命令创建文本标注，以练习控制码的输入，具体操作如下：

Step 01 启动 AutoCAD 2012，在命令行中输入 DTEXT 命令，具体操作过程如下：

```
命令: DTEXT                                   //执行 DTEXT 命令
当前文字样式: "Standard" 文字高度: 2.5000 注释性: 否 //系统提示当前文字样式设置
指定文字的起点或 [对正(J)/样式(S)]:           //在绘图区中指定一点作为起点
指定高度 <2.5000>:                            //按【Space】键，保存默认文字的高度不变
指定文字的旋转角度 <0>:                       //按【Space】键，保存默认文字的旋转角度
```

Step 02 在绘图区内会出现文字输入框，输入“未注长度尺寸允许偏差%%p0.5mm”，然后连续两次按下【Enter】键结束单行文字的输入，完成后的效果如图 14-41 所示

未注长度尺寸允许偏差±0.5mm

图 14-41

2. 通过“文字编辑器”选项卡插入特殊符号

在输入多行文字时，通过单击“文字编辑器”选项卡的“插入”组中的@按钮，也可以插入特殊符号，具体操作如下：

Step 01 在命令行中执行 T 命令，具体操作过程如下：

```
命令: T                                       //执行 T 命令
当前文字样式:"Standard" 当前文字高度:2.5      //系统显示当前文字的样式及高度
指定第一角点:                                 //在绘图区的任意位置拾取一点
指定对角点或 [高度(H)/对正(J)/行距(L)/旋转(R)/样式(S)/宽度(W)]: //呈对角拖动鼠标，绘制文本框
```

Step 02 自动启动“文字编辑器”选项卡，在绘图区内会出现文本框，在文本框中输入需要创建的文字，这里输入如图 14-42 所示的文本内容。

Step 03 将鼠标光标定位到“符号”文本内容，然后在“文字编辑器”选项卡的“插入”组中单击@按钮，在弹出的下拉列表中选择“直径”选项，如图 14-43 所示。

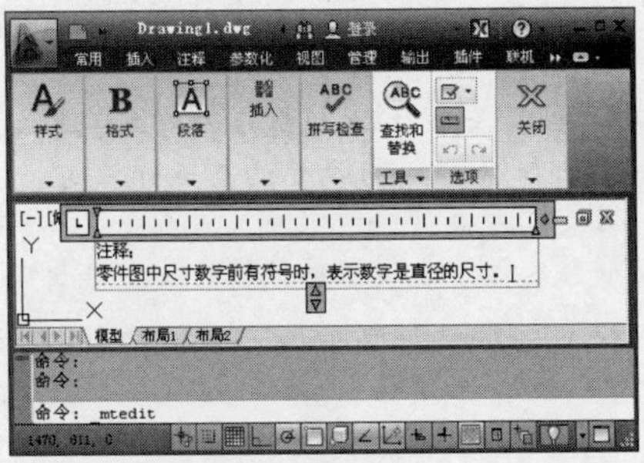

图 14-42

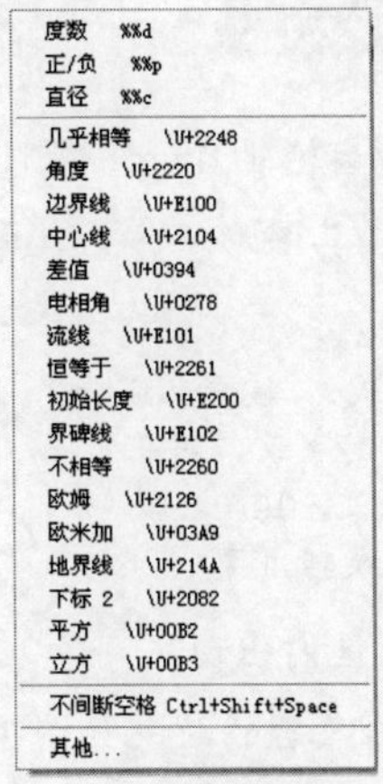

图 14-43

Step 04 在“多行文字”选项卡的“关闭”组中单击“关闭文字编辑器”按钮，结束多行文字的输入，如图 14-44 所示。

Step 05 返回绘图区，即可看到在文字说明中插入了“ϕ”符号，效果如图 14-45 所示。

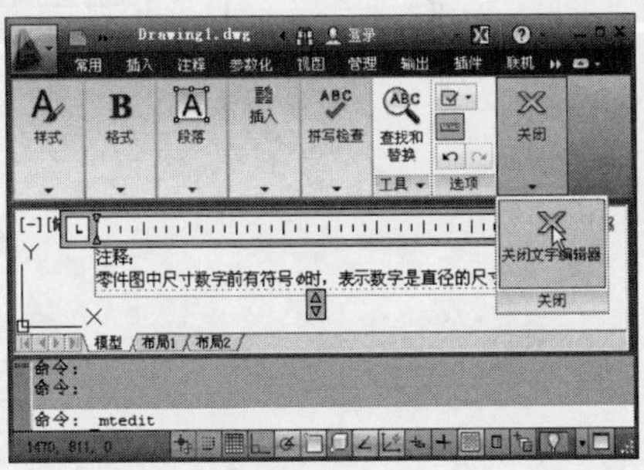

图 14-44

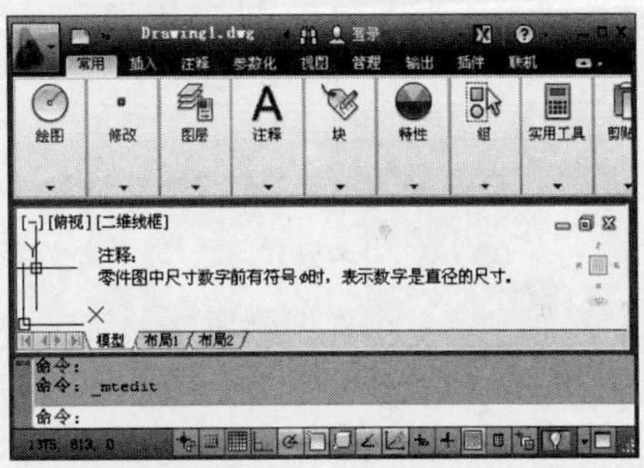

图 14-45

14.7 边学边用——为机械图形创建文字说明

了解了在 AutoCAD 2012 中设置文字样式、输入文字、查找与替换、插入特殊符号等的操作方法后，本节将通过一个简单实例的实现过程，来加深读者对相关知识的理解和掌握。

14.7.1 实例目标

本节将详细讲解在 AutoCAD 2012 中创建文字说明的方法，引导读者进一步掌握在 AutoCAD 2012 中输入文字及编辑文字的方法，为学习本书后面的知识打下坚实的基础。

具体学习目标如下：

- 了解在 AutoCAD 2012 中输入单行文字、多行文字及编辑单行文字、多行文字的方法。
- 掌握 AutoCAD 2012 中的查找与替换功能。

- 掌握在 AutoCAD 2012 的文字说明中插入特殊符号的方法。

14.7.2 实例实现

Step 01 打开“齿轮轴.dwg”图形文件（光盘:\素材\第 14 章\齿轮轴.dwg），为了使图形对象显示得更加明确，在其图形下方为其命名，在命令行中执行 DTEXT 命令，具体操作过程如下：

```
命令: DTEXT                                    //执行 DTEXT 命令
当前文字样式: "Standard" 文字高度: 2.5000 注释性: 否 //系统提示当前文字样式设置
指定文字的起点或 [对正(J)/样式(S)]:               //单击如图 14-46 所示的 A 点作为起点
指定高度 <2.5000>:5                            //指定文字高度，这里输入文字高度值 5
指定文字的旋转角度<0>:                           //按【Space】键确认旋转角度为 0
```

Step 02 在绘图区内出现文字输入框，输入“齿轮轴”，然后连续两次按下【Enter】键结束单行文字的输入，输入后的效果如图 14-47 所示。

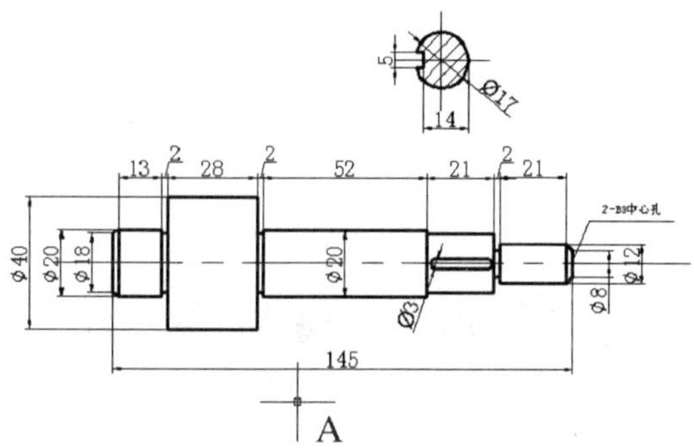

图 14-46

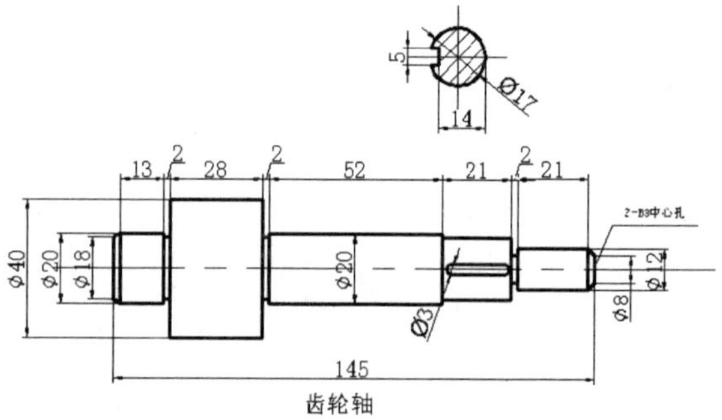

图 14-47

Step 03 完成命名后，在图形对象的右下方创建技术说明。在命令行中执行 T 命令，具体操作过程如下：

```
命令: T                                        //执行 T 命令
当前文字样式: "Standard" 当前文字高度:2.5//系统显示当前文字的样式及高度
指定第一角点:                                   //单击如图 14-48 所示的 A 点作为第一角点
指定对角点或 [高度(H)/对正(J)/行距(L)/旋转(R)/样式(S)/宽度(W)]: //呈对角拖动鼠标并
单击绘制输入框，如图 14-49 所示
```

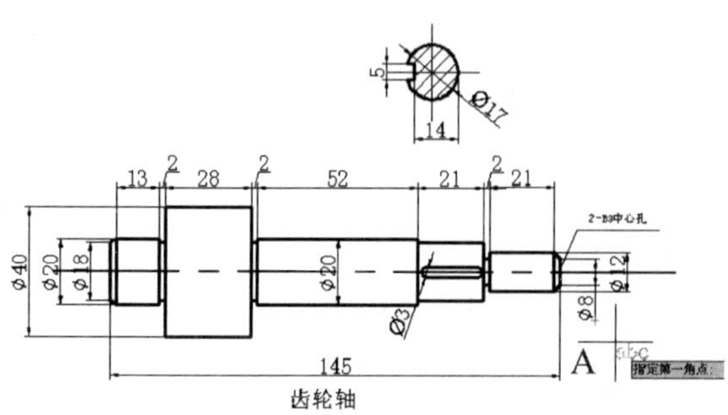

图 14-48

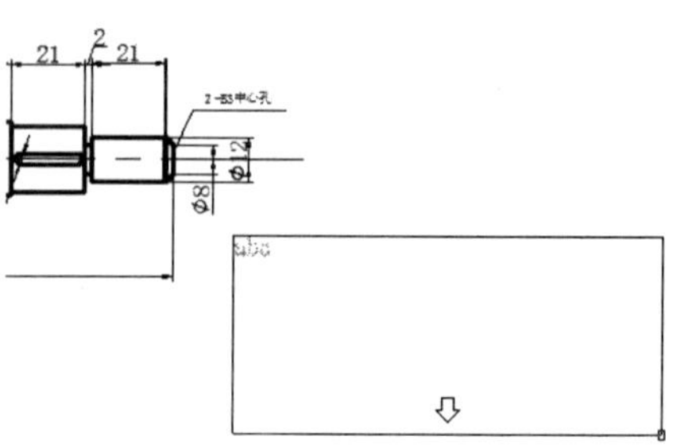

图 14-49

Step 04 自动启动“文字编辑器”选项卡，在绘图区内会出现文本框，在文本框中输入“技术要求”文本后，按【Enter】键换行，然后按照相同的方法输入如图 14-50 所示的文本内容。

Step 05 在“文字编辑器”选项卡的“插入”组中单击“符号”按钮@，在弹出的下拉列表中选择“其他”选项，弹出“字符映射表”对话框。

Step 06 在“字体”下拉列表中选择 CommercialPi BT 选项，在其下方的列表框中选择⊠字符码，单击[选择(S)]按钮，然后单击[复制(C)]按钮，如图 14-51 所示，单击×按钮关闭该对话框。

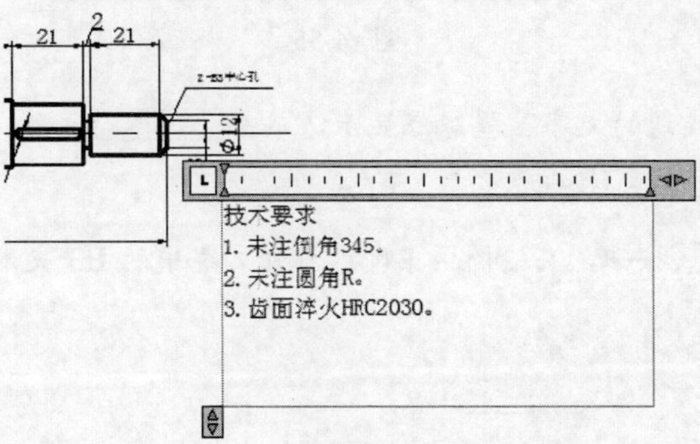

图 14-50

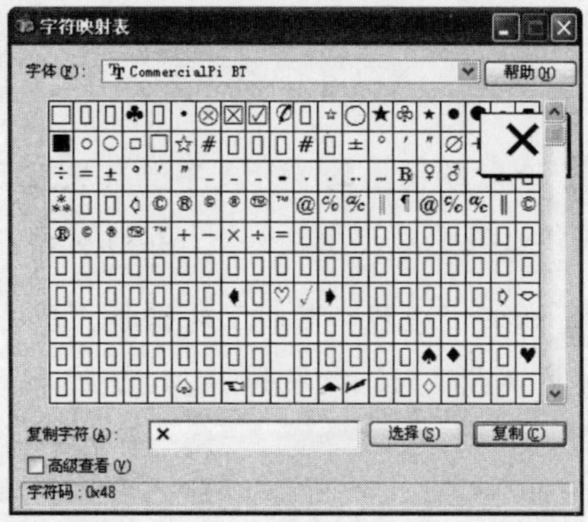

图 14-51

Step 07 将鼠标光标定位到文本“3”后，按【Ctrl+V】组合键粘贴刚才复制的字符码，如图 14-52 所示。然后按照相同的方法插入如图 14-53 所示的其他特殊符号。

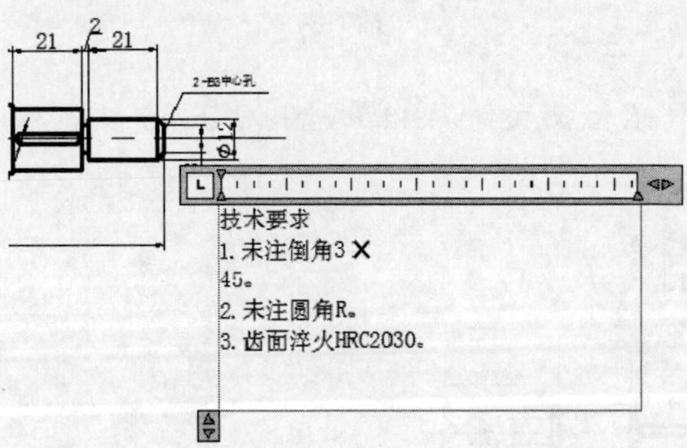

图 14-52

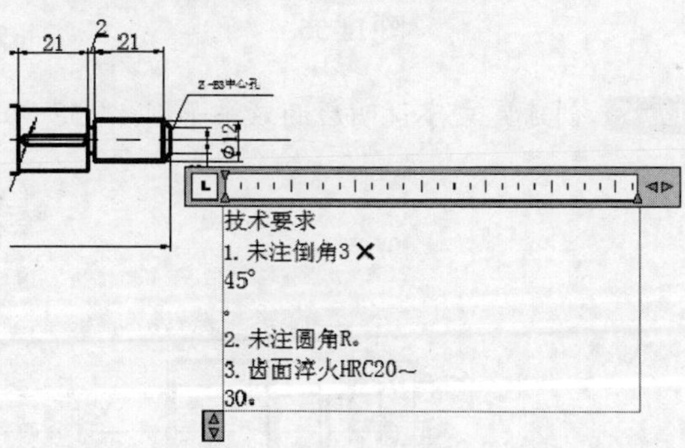

图 14-53

Step 08 选择“技术要求”文本内容，在“文字编辑器”选项卡的“格式”组中单击**B**按钮。将鼠标光标定位到文本“4”前，由于在前面插入字符码时引起了跳行，这里按【BackSpace】键将其提升到上一排文字的末尾，然后按照相同的方法编辑其他文字，编辑后的效果如图 14-54 所示。

Step 09 输入完文字后，在“文字编辑器”选项卡的“关闭”组中单击“关闭文字编辑器”按钮×，退出多行文字的输入，返回绘图区。

Step 10 在命令行中执行 FIND 命令，弹出“查找和替换”对话框，在“查找内容”文本框中输入文本“B3”，在“替换为”文本框中输入文本“B”，在“查找位置”下拉列表中选择“整个图形”选项，如图 14-55 所示，然后单击 查找(F) 按钮。

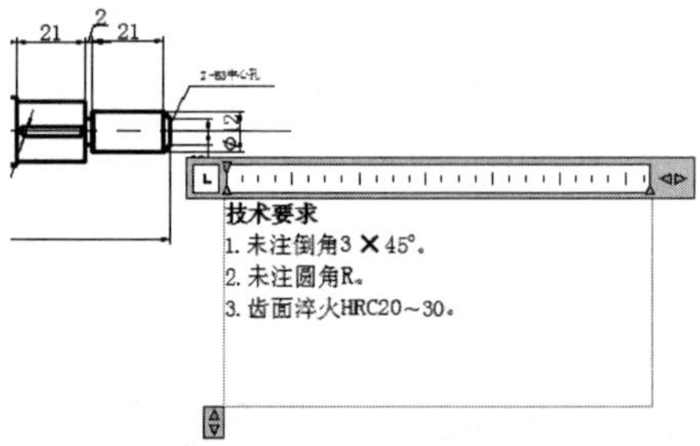

图 14-54

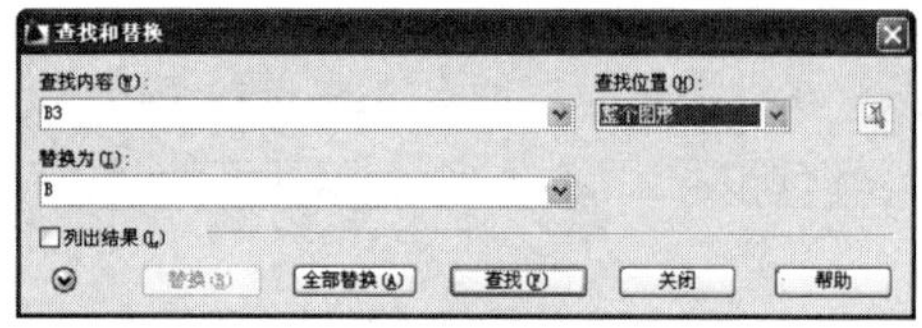

图 14-55

Step 11 此时绘图区的多行文字呈灰底显示，查找到的文字呈墨绿底显示，单击 替换(R) 按钮，系统将弹出提示对话框，如图 14-56 所示，单击 确定 按钮。

Step 12 返回“查找和替换”对话框，单击 关闭 按钮，在绘图区中即可看到文字中的 B3 文本内容被替换成了 B，效果如图 14-57 所示。

图 14-56

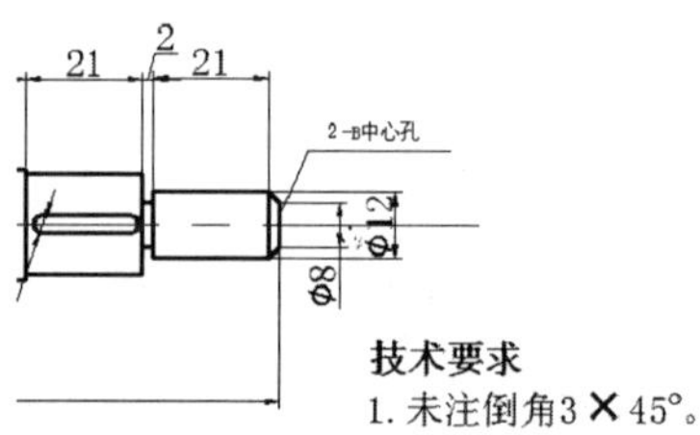

图 14-57

Step 13 创建完文字说明后的效果如图 14-58 所示（光盘:\源文件\第 14 章\齿轮轴.dwg）。

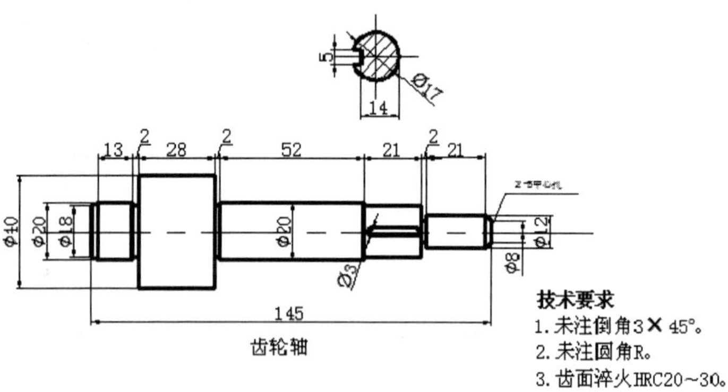

图 14-58

14.7.3 实例拓展和读者思考

在该实例中通过输入多行文字、编辑多行文字，以及查找与替换文字介绍了为机械零件图创建文字说明的方法，使读者进一步巩固了本章的知识。文字说明是 AutoCAD 图形中很重要的图形元素，也是机械制图和工程制图中不可缺少的组成部分。读者还可以使用这些命令绘制出如图 14-59 所示的入户造型墙立面图。

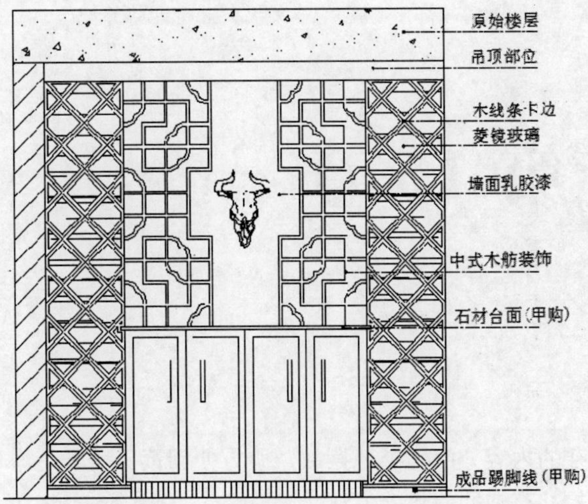

图 14-59

读者思考

通过刚才的实例练习和拓展练习，在掌握设置文字样式、输入文字和编辑文字方法的基础上，读者可以自行练习为图形添加文字说明。

第 15 章 表格

使用表格将错综复杂的内容分门别类地摆放，既方便阅读又美观，本章将详细讲解在绘图区中创建表格，为图形对象补充辅助信息的方法。

15.1 创建表格

在 AutoCAD 中可以自动生成表格，为了使创建出的表格更符合要求，在创建表格前应先创建表格样式。

15.1.1 创建表格样式

创建表格样式的目的是为了使创建出的表格更满足需要，从而方便后期对表格进行编辑在 AutoCAD 中默认创建了一个名为 Standard 的表格样式，用户可直接对该表格样式的参数进行修改，也可创建新的表格样式，有以下 3 种方式：

- 在“注释”选项卡的“表格”组中单击右下角的↘按钮。
- 显示菜单栏，选择“格式”→“表格样式”命令。
- 在命令行中执行 TABLESTYLE 或 TS 命令。

创建表格样式的具体操作如下：

Step 01 启动 AutoCAD 2012，在“注释”选项卡的“表格”组中单击右下角的↘按钮，弹出“表格样式”对话框，单击 新建(N)... 按钮。

Step 02 弹出“创建新的表格样式”对话框，在“新样式名”文本框中输入新的表格样式的名称，这里输入“机械标题栏”，在“基础样式”下拉列表中选择作为新表格样式的基础样式，系统默认选择 Standard 样式，如图 15-1 所示，单击 继续 按钮。

Step 03 弹出“新建表格样式：机械标题栏”对话框，在“常规”选项组的“表格方向”下拉列表中选择表格标题的显示方式，默认选择“向下”选项，这里保持默认不变。

Step 04 在“单元样式”下拉列表中选择“标题”选项，在其下方的“常规”、“文字”和“边框”选项卡中可以设置“标题”选项的基本特性、文字特性和边框特性，这里在“常规”选项卡的“特性”选项组中选择“填充颜色”下拉列表中的“青”选项，如图 15-2 所示。

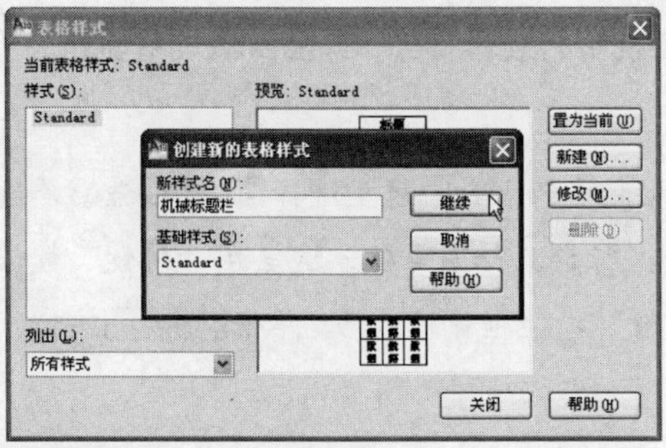

图 15-1

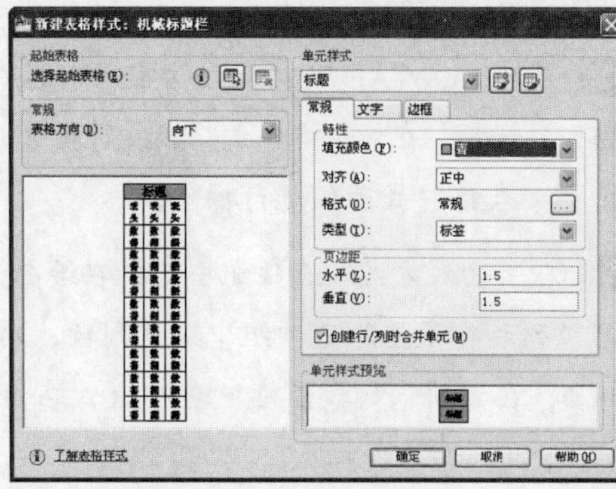

图 15-2

Step 05 在“文字”选项卡的“特性”选项组中单击“文字样式”右侧的[...]按钮，弹出“文字样式”对话框，在“字体名”下拉列表中选择“楷体-GB2312”选项，单击[应用(A)]按钮，然后单击[置为当前(C)]按钮和[关闭(C)]按钮，关闭对话框，如图 15-3 所示。

Step 06 在“单元样式”选项组中对其他选项进行设置，这里设置“表头”和“数据”的对齐方式均为“正中”，“数据”的文字高度为 3，然后单击[确定]按钮。

Step 07 返回“表格样式”对话框，此时，在该对话框右侧的预览框中即显示了新创建的表格样式，单击[置为当前(U)]按钮，即可将其设置为当前表格样式，然后单击[关闭]按钮完成操作，如图 15-4 所示。

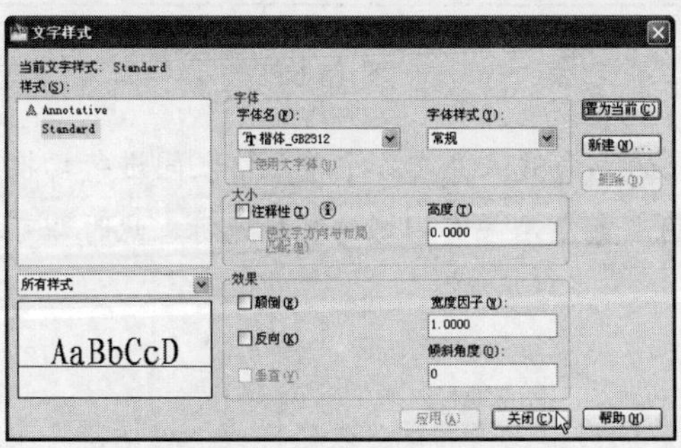

图 15-3

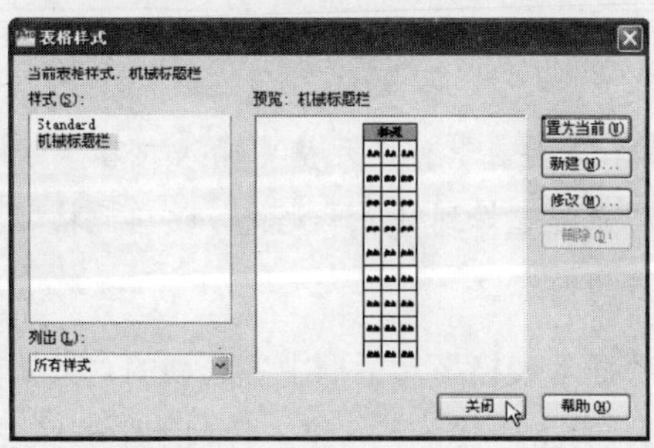

图 15-4

15.1.2　插入表格

在表格样式设置完成以后，就可以根据该表格样式创建表格了，并输入相应的表格内容。插入表格有以下 4 种方式：

- 在“常用”选项卡的“注释”组中单击“表格”按钮。
- 在“注释”选项卡的“表格”组中单击“表格”按钮。

- 显示菜单栏，选择“绘图”→“表格”命令。
- 在命令行中执行 TABLE 命令。

创建表格的具体操作如下：

Step 01 启动 AutoCAD 2012，在“常用”选项卡的“注释”组中单击“表格”按钮，弹出“插入表格”对话框，在“表格样式”下拉列表中选择需要使用的表格样式，这里以插入刚创建的“机械标题栏”表格样式为例进行操作。

Step 02 在“插入方式”选项组中选择在绘图区中插入表格的方式，这里选择“指定插入点(I)”单选按钮，在“列和行设置”选项组中设置列数、列宽、数据行数及行高等值，这里在“列数”数值框中输入 5，在“列宽”数值框中输入 60，在“数据行数”数值框中输入 5，单击“确定”按钮，如图 15-5 所示。

Step 03 返回绘图区，此时在鼠标光标处会出现即将要插入的表格样式，在绘图区中任意拾取一点作为表格的插入点插入表格，同时在表格的标题单元格中会出现闪烁的光标，如图 15-6 所示。

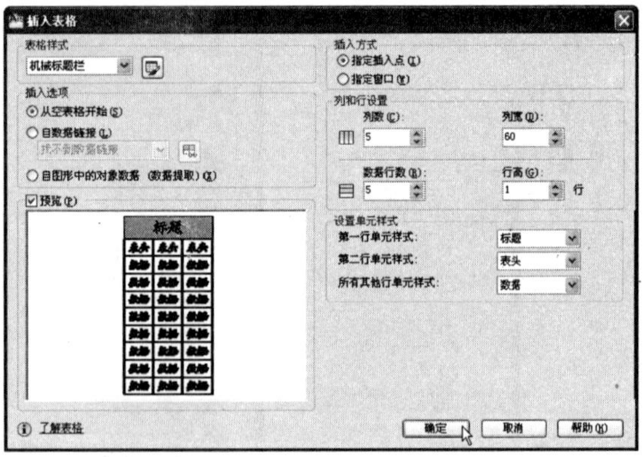

图 15-5

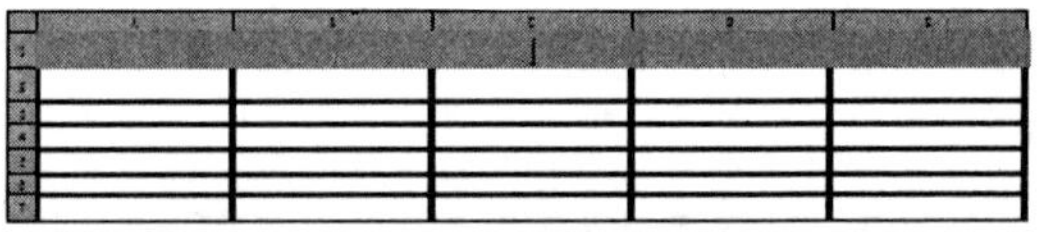

图 15-6

Step 04 若要在其他单元格中输入内容，可按键盘上的方向键依次在各个单元格之间进行切换。将鼠标光标选择到哪个单元格，该单元格即会以不同颜色显示并有闪烁的鼠标光标，此时即可输入相应的内容。

“插入表格”对话框中各选项的含义如下：

- 表格样式：可在该下拉列表中选择表格样式。通过单击“启动‘表格样式’对话框”按钮，可以创建新的表格样式。
- “从空表格开始(S)”单选按钮：创建可以手动填充数据的空表格。
- “自数据链接(L)”单选按钮：以外部电子表格中的数据创建表格。
- 预览框：该列表框显示当前表格样式的样例。
- “指定插入点(I)”单选按钮：用于指定表格左上角的位置。如果表格样式将表格的方向设置为由下而上读取，则插入点位于表格的左下角。
- “指定窗口(W)”单选按钮：用于指定表格的大小和位置。选择该单选按钮以后，行数、列数、列宽和行高取决于窗口的大小，以及列和行的设置。

- “列数”数值框：该数值框用于设置表格的列数。
- “列宽”数值框：该数值框用于设置插入表格每一列的宽度值。
- “数据行数”数值框：该数值框用于设置插入表格时的数据行。
- “行高”数值框：该数值框用于设置插入表格每一行的高度值。
- “第一行单元样式”下拉列表：该下拉列表用于设置表格中第一行的单元样式。在默认情况下使用标题单元样式。
- “第二行单元样式”下拉列表：该下拉列表用于设置表格中第二行的单元样式。在默认情况下使用表头单元样式。
- “所有其他行单元样式”下拉列表：该下拉列表用于设置表格中其他所有行的单元样式。在默认情况下使用数据单元样式。

15.1.3 任务 32：创建建筑图纸目录

下面以创建建筑图纸目录为例，来综合练习本节所讲的知识。

Step 01 启动 AutoCAD 2012，在“注释”选项卡的“表格”组中单击右下角的按钮，弹出“表格样式”对话框，单击 新建(N)... 按钮。

Step 02 弹出“创建新的表格样式”对话框，在“新样式名”文本框中输入新的表格样式的名称，这里输入“建筑图纸目录”，在“基础样式”下拉列表中选择作为新表格样式的基础样式，系统默认选择 Standard 样式，如图 15-7 所示，单击 继续 按钮。

Step 03 弹出“新建表格样式：建筑图纸目录”对话框，在“常规”选项组的“表格方向”下拉列表中选择表格标题的显示方式，默认选择“向下”选项，这里保持默认不变。

Step 04 在“单元样式”下拉列表中选择“标题”选项，然后切换至“文字”选项卡，在“文字颜色”下拉列表中选择“蓝”选项，如图 15-8 所示。

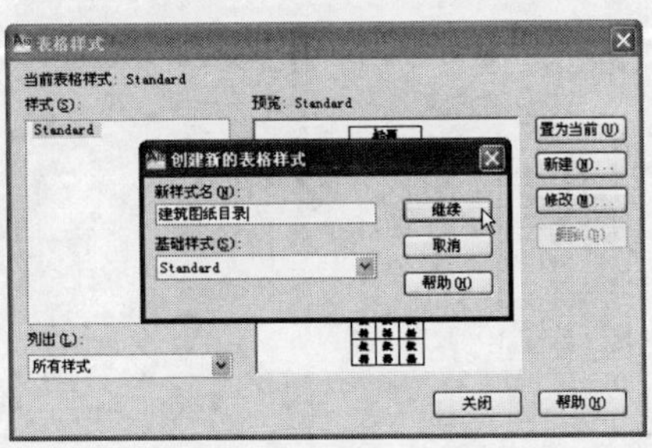

图 15-7

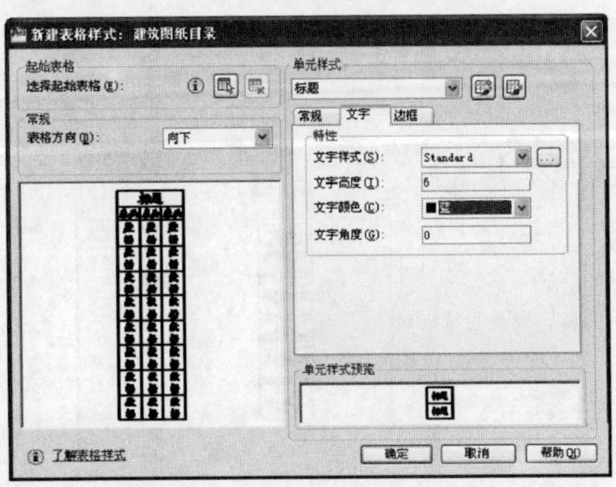

图 15-8

Step 05 在“单元样式”下拉列表中选择“表头”选项，然后切换至“文字”选项卡，在“文字高度”文本框中输入 4，在“文字颜色”下拉列表中选择“蓝”选项，如图 15-9 所示。

Step 06 在“单元样式”下拉列表中选择“数据”选项，切换至“文字”选项卡，在“文字高度”文本框中输入 3，在“文字颜色”下拉列表中选择“蓝”选项，单击 确定 按钮，如图 15-10 所示。

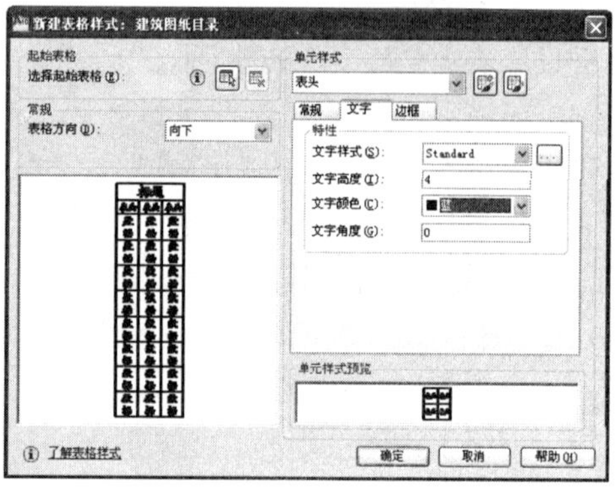

图 15-9

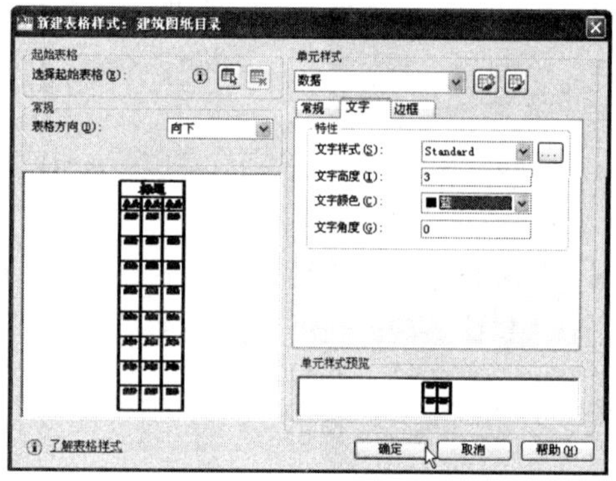

图 15-10

Step 07 返回“表格样式”对话框，此时，在该对话框右侧的预览框中即显示了新创建的表格样式，单击 置为当前(U) 按钮，即可将其设置为当前表格样式，然后单击 关闭 按钮完成操作，如图 15-11 所示。

Step 08 在“常用”选项卡的“注释”组中单击“表格”按钮，弹出“插入表格”对话框。

Step 09 在“表格样式”下拉列表中选择需要使用的表格样式，这里选择前面创建的“建筑图纸目录”表格样式。

Step 10 在“插入方式”选项组中选择在绘图区中插入表格的方式，这里选择 指定插入点(I) 单选按钮，然后在“列和行设置”选项组的“列数”数值框中输入 3，在“列宽”数值框中输入 35，在“数据行数”数值框中输入 4，如图 15-12 所示，单击 确定 按钮。

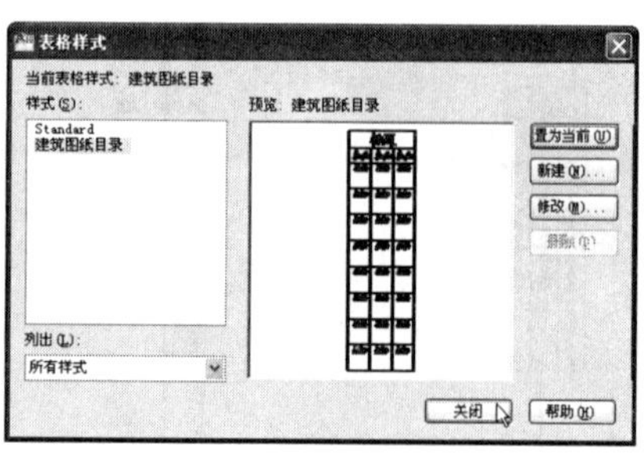

图 15-11

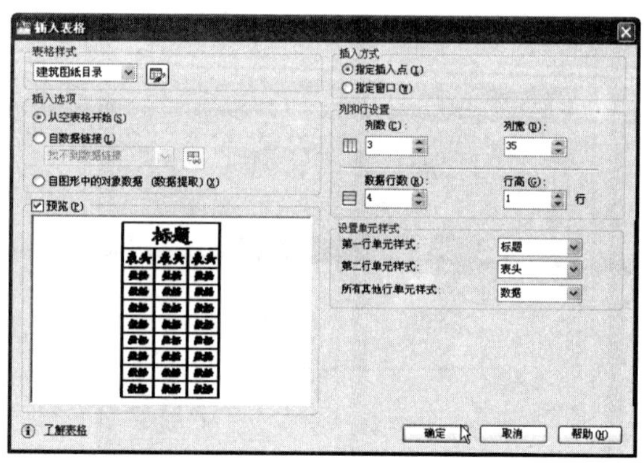

图 15-12

Step 11 返回绘图区，此时在鼠标光标处出现了将要插入的表格样式，在绘图区中任意拾取一点作为表格的插入点插入表格，同时在表格的标题单元格中会出现闪烁的光标。

Step 12 在单元格中输入“建筑图纸目录”，按【Enter】键确认，如图 15-13 所示。

Step 13 在键盘上按方向键依次在各个单元格之间进行切换，然后输入文本，输入完成后的效果如图 15-14 所示（光盘:\源文件\第 15 章\建筑图纸目录.dwg）。

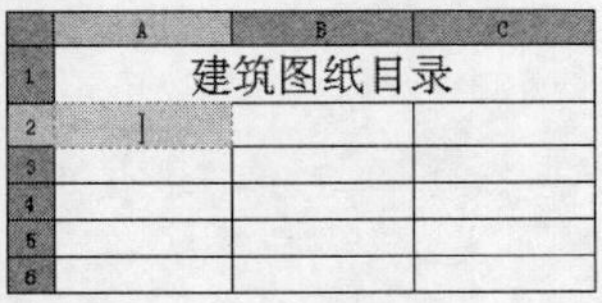

图 15-13

建筑图纸目录		
编号	图纸名称	页码
1	设计师简介	1
2	图纸目录	2
3	平面图	3
4	立面图	7

图 15-14

15.2　编辑表格

如果创建的表格不能满足实际绘图需要，可以修改表格样式，也可以编辑表格与单元格，对于多余的表格样式还可以将其删除。

15.2.1　修改和删除表格样式

修改表格样式与删除表格样式的操作都比较简单，下面分别进行讲解。

1. 修改表格样式

打开“表格样式”对话框，在“样式”列表框中选择需修改的表格样式，单击修改(M)...按钮，如图 15-15 所示。弹出“修改表格样式”对话框，在该对话框中进行设置，其中的参数与“新建表格样式”对话框中选项的含义完全相同，这里不再赘述。

2. 删除表格样式

打开“表格样式”对话框，在“样式”列表框中选择需要删除的表格样式，然后单击删除(D)按钮，即可删除所选的表格样式，如图 15-16 所示。需要注意的是，当前表格样式不能被删除。

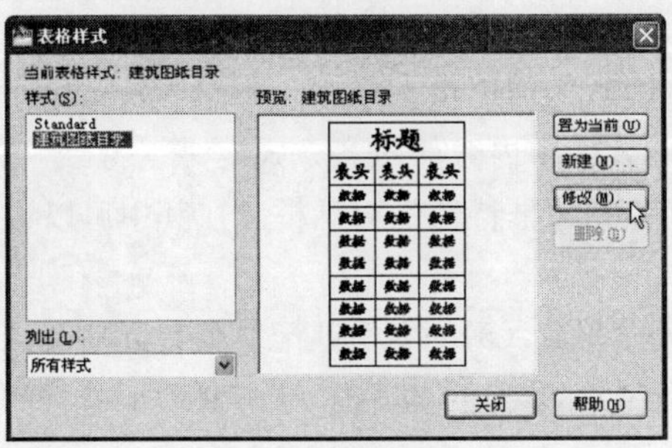

图 15-15

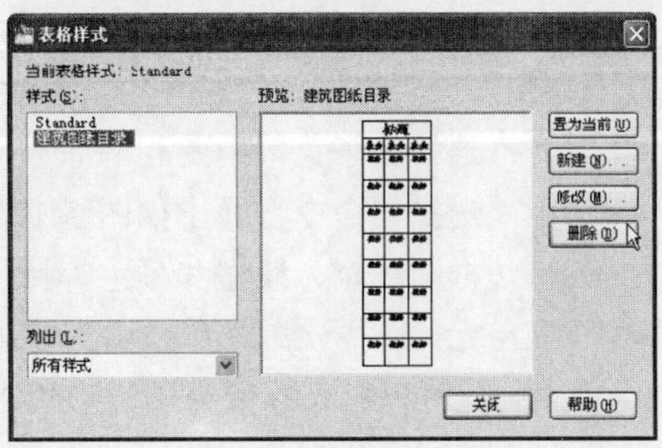

图 15-16

15.2.2　编辑表格与单元格

如果在修改表格样式后仍不能满足需要，可以对表格与单元格进行编辑。

1．编辑表格

选择整个表格，在表格上右击，在弹出的快捷菜单中选择相应命令，可以对表格进行各种编辑，如图 15-17 所示。该操作比较简单，这里不再赘述。

注　意

选择表格后，在表格的四周、标题行上会显示出许多夹点，通过拖动这些夹点，也可以方便地对表格进行编辑。

2．编辑单元格

选择表格中的某个单元格，在该单元格上右击，在弹出的如图 15-18 所示的快捷菜单中选择相应的命令，可以对单元格进行编辑。

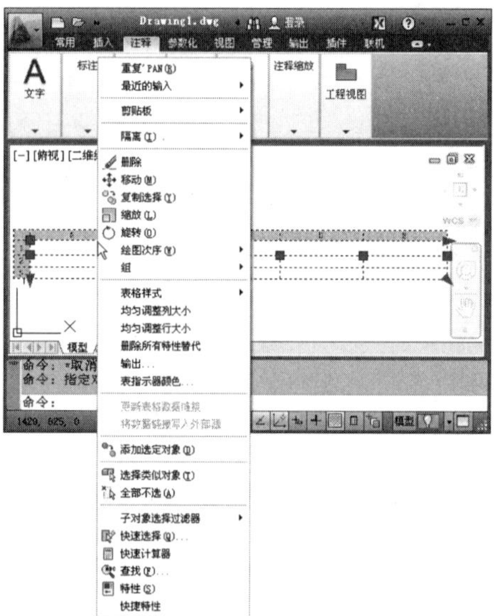

图 15-17

图 15-18

在右击单元格弹出的快捷菜单中，几个常用选项的含义如下：

- 对齐：选择其子菜单中的相应命令可以设置单元格中内容的对齐方式。
- 边框：选择该命令将弹出如图 5-19 所示的“单元边框特性”对话框，在其中可以设置单元格边框的线宽、线型和颜色等特性。
- 匹配单元：选择该命令可以用当前选中的单元格格式（源对象）匹配其他单元格（目标对象），此时鼠标光标变为刷子形状，单击目标对象即可进行匹配，这与对图形进行的“特性匹配”操作性质是相同的。
- 插入点：在其子菜单中选择“块”命令，将弹出如图 5-20 所示的“在表格单元中插入块”对话框，在其中可以选择需要插入到表格中的块，并可以设置块在单元格中的对齐方式、插入比例及旋转角度等参数。

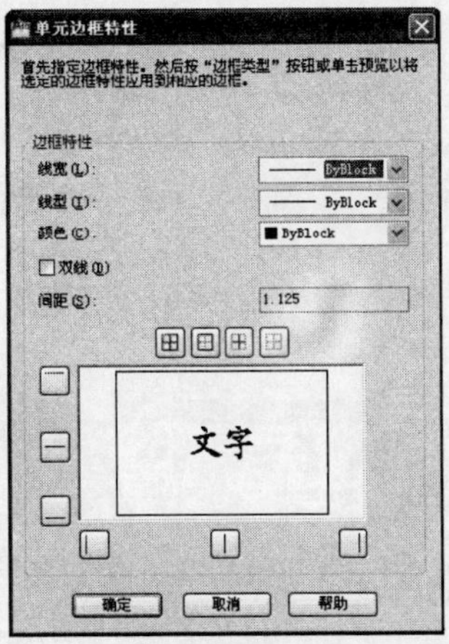

图 15-19

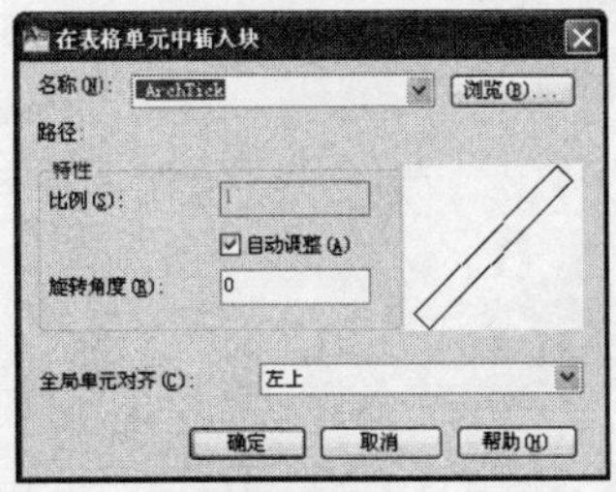

图 15-20

- 合并：当选择多个连续的单元格后，选择其子菜单中的相应命令，可以合并所有单元格，或按行、按列合并单元格。

15.2.3 任务 33：创建机械标题栏

下面以创建机械标题栏为例，来综合练习本节所讲的知识。

Step 01 启动 AutoCAD 2012，在“常用”选项卡的“注释”组中单击“表格”按钮▦，弹出“插入表格”对话框，然后在“列和行设置”选项组的“列数”数值框中输入 7，在“列宽”数值框中输入 35，在“数据行数”数值框中输入 1。

Step 02 在“设置单元样式”选项组的“第一行单元样式”下拉列表中选择“数据”选项，在“第二行单元样式”下拉列表中选择“数据”选项，如图 15-21 所示，单击 确定 按钮。

Step 03 返回绘图区，单击鼠标绘制表格，并在第一个单元格中输入“制图”，然后按照相同的方法在其他单元格中输入文本内容，完成后的效果如图 15-22 所示。

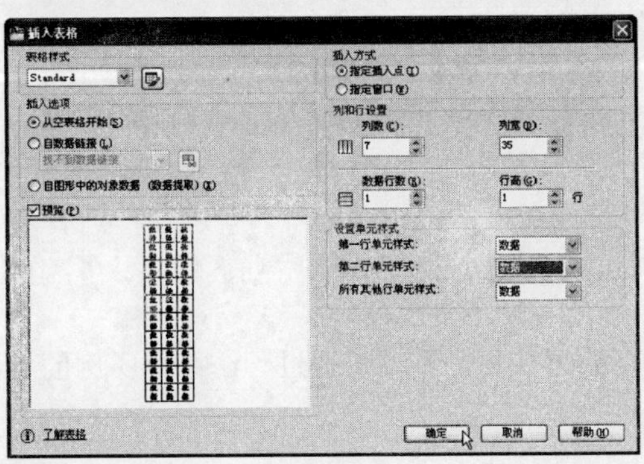

图 15-21

制图			零件名称		图号	
审核			材料		比例	
工艺					数量	

图 15-22

Step 04 框选 B3 和 C3 单元格，如图 15-23 所示。然后右击这两个单元格，在弹出的快捷菜单中选择“合并”→“全部”命令，如图 15-24 所示。

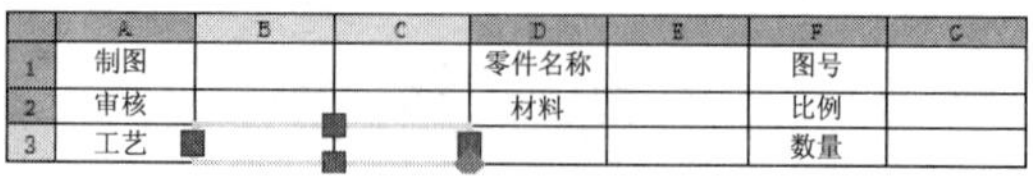

图 15-23

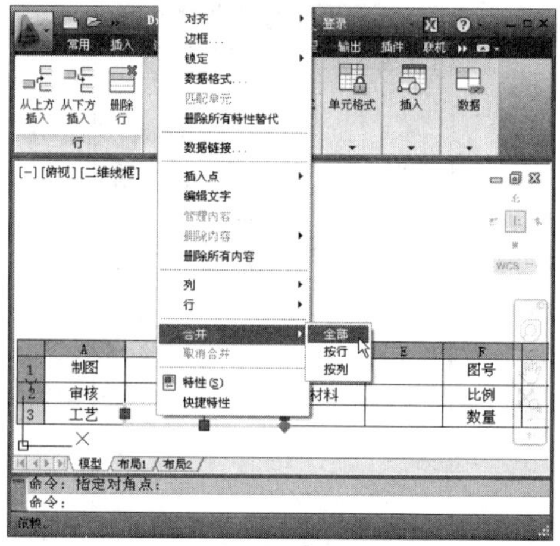

图 15-24

Step 05 选择 D2 和 D3 单元格，右击这两个单元格，在弹出的快捷菜单中选择“合并”→“全部”命令，然后在合并后的单元格上右击，在弹出的快捷菜单中选择“对齐”→“正中”命令，如图 15-25 所示。

Step 06 按照相同的方法将 E2 和 E3 单元格合并，并设置其内容为正中对齐，然后按【Esc】键取消单元格的选择状态，最终效果如图 15-26 所示（光盘:\源文件\第 15 章\机械标题栏.dwg）。

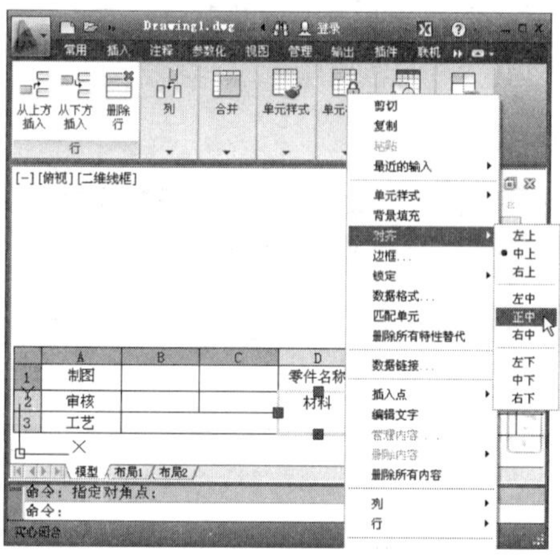

图 15-25

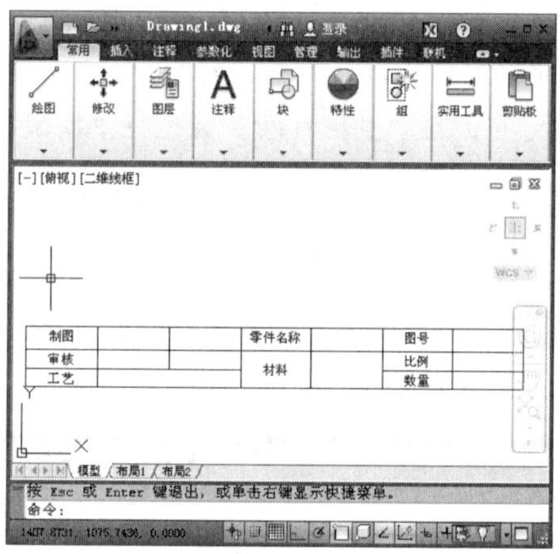

图 15-26

15.3 边学边用——为机械图形添加标题栏

了解了在 AutoCAD 2012 中创建表格与编辑表格的方法后，本节将通过一个简单实例的实现过程，来加深读者对相关知识的理解和掌握。

15.3.1 实例目标

本节将详细讲解在 AutoCAD 2012 中创建表格与编辑表格的方法，以引导读者进一步掌握

AutoCAD 2012 中表格的相关操作。

具体学习目标如下：

- 了解在 AutoCAD 2012 中创建表格样式的方法。
- 掌握在 AutoCAD 2012 中创建表格的操作步骤。
- 掌握在 AutoCAD 2012 中编辑单元格的方法。

15.3.2 实例实现

Step 01 在“注释”选项卡的“表格”组中单击右下角的↘按钮，弹出“表格样式”对话框，单击新建(N)...按钮。

Step 02 弹出“创建新的表格样式”对话框，在“新样式名”文本框中输入新的表格样式的名称，这里输入“标题栏”，在“基础样式”下拉列表中选择作为新表格样式的基础样式，系统默认选择 Standard 样式，如图 15-27 所示，单击继续按钮。

Step 03 弹出“新建表格样式：标题栏”对话框，在“常规”选项组的“表格方向”下拉列表中选择表格标题的显示方式，默认选择“向下”选项，这里保持默认不变。

Step 04 在“单元样式”选项组的下拉列表中选择“数据”选项，在下方的“常规”选项卡中的“对齐”下拉列表中选择“正中”选项，如图 15-28 所示。

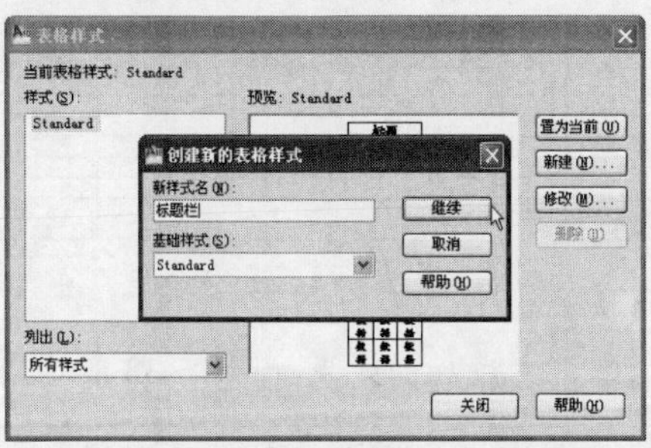

图 15-27

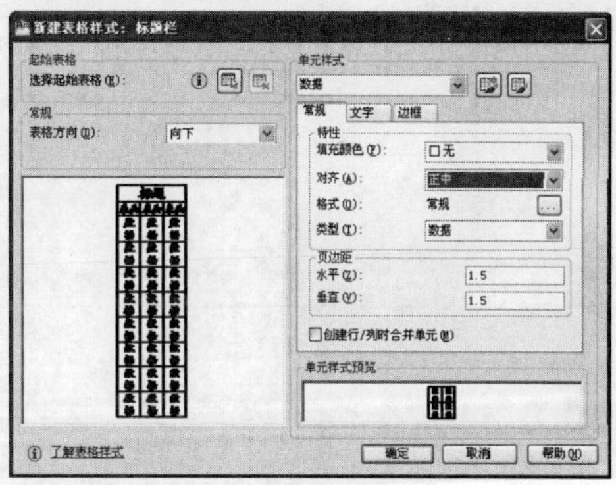

图 15-28

Step 05 切换至“文字”选项卡，单击“文字样式”下拉列表右侧的...按钮，弹出“文字样式”对话框，取消选择使用大字体(U)复选框，在“字体名”下拉列表中选择“黑体”选项，单击应用(A)按钮，再单击置为当前(C)按钮和关闭(C)按钮，关闭对话框，如图 15-29 所示。

Step 06 返回“新建表格样式：标题栏”对话框，单击确定按钮，关闭该对话框。返回“表格样式”对话框，单击置为当前(U)按钮，即可将刚创建的表格样式设置为当前表格样式，然后单击关闭按钮完成操作，如图 15-30 所示。

Step 07 在“常用”选项卡的“注释”组中单击“表格”按钮▦，弹出“插入表格”对话框，在“表格样式”下拉列表中选择“标题栏”选项。

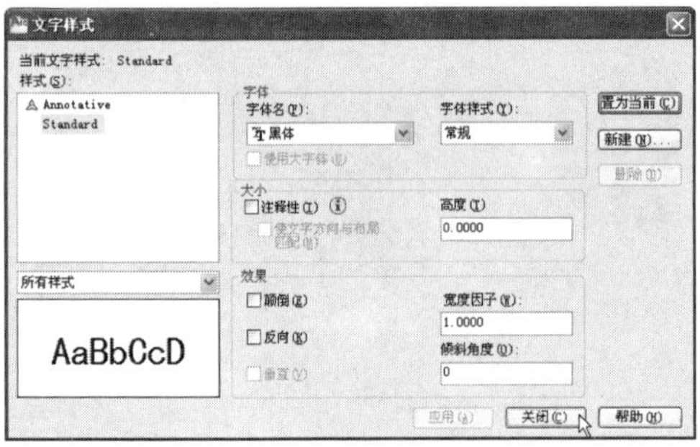

图 15-29

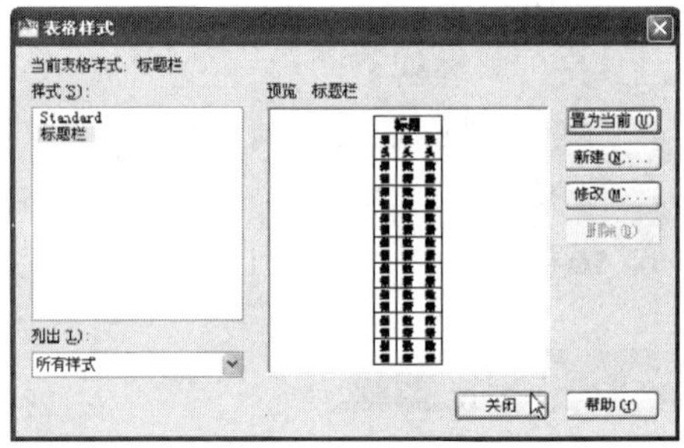

图 15-30

Step 08 在“插入方式”选项组中选择⊙指定插入点(I)单选按钮，在“列和行设置”选项组的“列数”数值框中输入 16，在“列宽”数值框中输入 35，在“数据行数”数值框中输入 6。

Step 09 在“设置单元样式”选项组的“第一行单元样式”下拉列表中选择“数据”选项，在“第二行单元样式”下拉列表中选择“数据”选项，如图 15-31 所示，单击[确定]按钮。

Step 10 返回绘图区，单击鼠标绘制表格，并在 A4 单元格中输入“标记”，如图 15-32 所示。

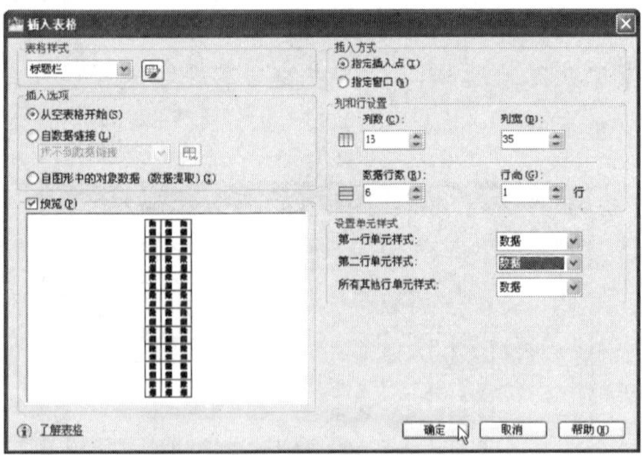

图 15-31

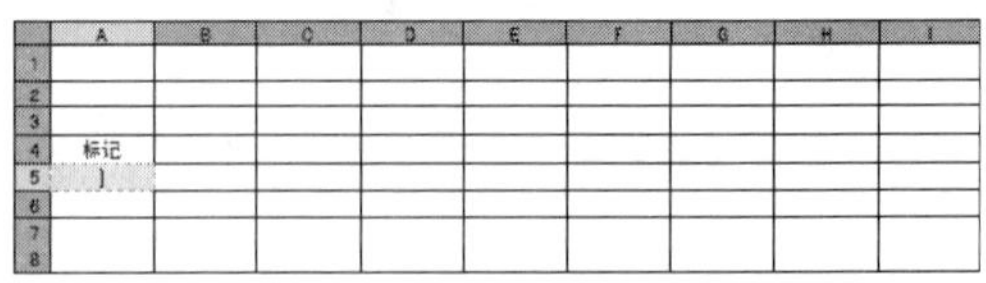

图 15-32

Step 11 按照相同的方法，在其他单元格中输入文本内容，完成后的效果如图 15-33 所示。

						材料标准								单位名称	
标记	记数	分区	更改文件号	签号	日期									图样名称	
设计	签名	日期	标准化	签名	日期	阶段标记				重量		比例			
审核														图样代号	
工艺			批准												

图 15-33

Step 12 框选 G8:N8 单元格区域，右击选择的单元格区域，在弹出的快捷菜单中选择“合并”→“全部”命令，如图 15-34 所示。

Step 13 在单元格中输入“共张第张”在每个文字的中间使用空格隔开，输入完成后效果如图 15-35 所示。

Step 14 按照相同的方法合并其他单元格，合并后的效果如图 15-36 所示（光盘:\源文件\第 15 章\标题栏.dwg）。

图 15-34

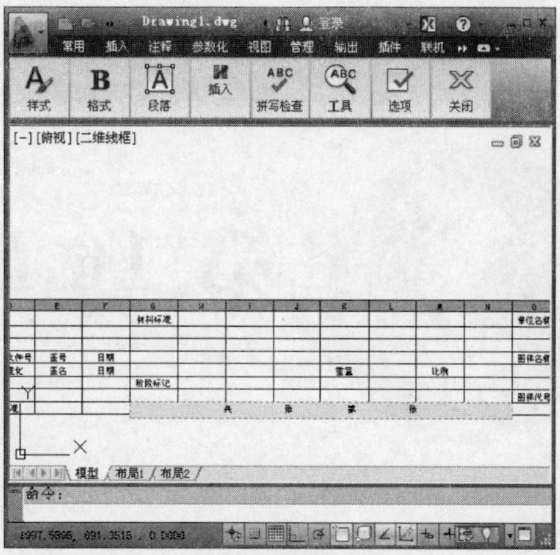

图 15-35

						材料标准			单位名称	
标记	记数	分区	更改文件号	签号	日期					
设计	签名	日期	标准化	签名	日期	阶段标记	重量	比例	图样名称	
审核										
工艺			批准			共　张	第　张		图样代号	

图 15-36

15.3.3　实例拓展和读者思考

在本实例中，练习了 AutoCAD 2012 中比较常用的创建表格样式、创建表格及编辑单元格的方法，使读者进一步巩固了关于表格创建的相关知识，使用这些命令还可绘制出如图 15-37 所示的齿轮泵明细表（光盘：\源文件\第 15 章\齿轮泵明细表.dwg）。

齿轮泵明细表					
序号	图号	名称	数量	材料	备注
1	08-01	泵益	1	HT200	
2	08-02	整片	1	密封纸	
3	08-03	泵体	1	HT200	
4	08-04	压益螺母	1	HT150	
5	08-05	填料压益	1	Q235A	
6	08-06	主动轴	1	45	
7		密封填料	1	石棉	
8	08-08	从动轴	1	45	
9	08-09	齿 轮	2	45	
10		螺	2	Q235A	GB/T119.1—2000
11		螺栓	6	Q235A	GB/T5782—2000

图 15-37

读者思考

通过刚才的实例练习和拓展练习，读者可以利用所掌握的在 AutoCAD 2012 中创建表格和编辑表格的方法，练习绘制需要的表格对象。

第 16 章 尺寸标注

尺寸标注是为了让查看图形对象的阅读者能一目了然地知道图形对象的具体大小，使图形表现得更清楚。本章将详细讲解尺寸标注的方法。

16.1 尺寸标注的组成与规定

在图形绘制完成后，必须要对其进行尺寸的标注才算真正完成了图纸的绘制，标注图形对象也是有一定规定的。

16.1.1 尺寸标注的组成元素

尺寸标注由尺寸界线、尺寸线、标注文字、箭头和圆心标记等几部分组成，如图 16-1 所示。

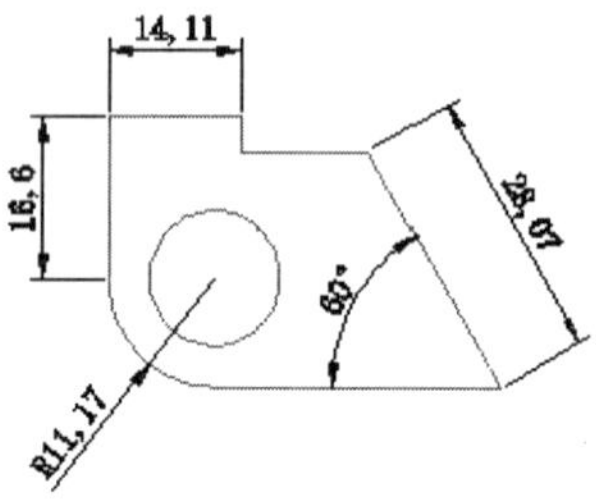

图 16-1

组成尺寸标注的各选项的含义如下：

- 尺寸界线：也称投影线，用于标注尺寸的界限，由图样中的轮廓线、轴线或对称中心线引出。在标注时，尺寸界线从所标注的对象上自动延伸出来，其端点与所标注的对象接近但并未连接到对象上。
- 尺寸线：通常与所标注对象平行，放在两尺寸界线之间，用于指示标注的方向和范围。通常，尺寸线为直线，与标注的线段平行，而角度标注尺寸线则为一段圆弧。
- 标注文字：通常位于尺寸线上方或中断处，用于表示所选标注对象的具体尺寸大小。在进行尺寸标注时，AutoCAD 会自动生成所标注对象的尺寸数值，用户也可对标注文字进行修改、添加等编辑操作。
- 箭头：在尺寸线两端，用于表明尺寸线的起始位置，用户可为标注箭头指定不同的尺寸大小和样式。
- 圆心标记：标记圆或圆弧的中心点。

16.1.2 尺寸标注的规定

了解了尺寸标注的组成元素以后，在对图形对象进行尺寸标注前，还需了解国家在机械和建筑方面对尺寸标注的相关规定。

1. 机械标注规定

我国对机械制图进行尺寸标注的有关规定如下：

- 符合国家标准的有关规定，标注制造零件所需要的全部尺寸，不重复、不遗漏，尺寸排列整齐，并符合设计和工艺要求。
- 每个尺寸一般只标注一次，尺寸数值为零件的真实大小，与所绘图形的比例及准确性无关。尺寸标注以毫米为单位，若采用其他单位，则必须注明单位名称。
- 标注文字中的字体按照国家规定标准书写，图样中的字体为仿宋体，字号分 1.8、2.5、3.5、5、7、10、14 和 20 8 种，其字体高度应按 $\sqrt{2}$ 的比率递增。
- 字母和数字分 A 型和 B 型，A 型字体的笔画宽度（d）与字体高度（h）符合 $d=h/14$，B 型字体的笔画宽度与字体高度符合 $d=h/10$。在同一张图样上，只允许选用一种形式的字体。
- 字母和数字分直体和斜体两种，但在同一张图样上只能采用一种书写形式，常用斜体。

2. 建筑标注规定

我国对建筑制图进行尺寸标注的有关规定如下：

- 当图形中的尺寸以毫米为单位时，不需要标注计量单位，否则必须注明所采用的单位代号或名称，如 cm（厘米）、m（米）等。
- 图形的真实大小应以图样上所标注的尺寸数值为依据，与所绘制图形的大小及画图的准确性无关。
- 尺寸数字一般写在尺寸线上方，也可以写在尺寸线的中断处。尺寸数字的字高必须相同。
- 标注文字中的字体必须按照国家标准，即汉字必须使用仿宋体，数字使用阿拉伯数字或罗马数字，字母使用希腊字母或拉丁字母。各种字体的具体大小可以从 7 种规格（20、14、10、7、5、3.5、2.5）中选取，单位为毫米（mm）。
- 图形中每一部分的尺寸应只标注一次，并且应标在最能反映其形体特征的视图上。
- 图形中所标注的尺寸，应为该构件最后完工的尺寸，否则需另加说明。

16.2 设置尺寸标注样式

AutoCAD 默认有一个 ISO-25 的标注样式，有时是不能满足标注需要的。在对图形对象进行标注前，应先创建新的尺寸标注样式，在设置标注样式后要把其设置为当前样式才能使用，在创建了多余的尺寸标注样式后也可以进行删除。

16.2.1 创建新的尺寸标注样式

创建新的尺寸标注样式在“标注样式管理器”对话框中进行，打开该对话框的方法如下：

- 在“常用”选项卡的“注释”组中单击▾按钮，在弹出的下拉列表中单击“标注样式”按钮。
- 在“注释”的选项卡“标注”组中单击右下角的“标注样式”按钮。
- 显示菜单栏，选择“格式”→“标注样式”命令。
- 在命令行中执行 DDIM、DIMSTYLE 或 DIMSTY 命令。

创建尺寸标注样式的具体操作如下：

Step 01 启动 AutoCAD 2012，在“常用”选项卡的“注释”组中单击▾按钮，在弹出的下拉列表中单击“标注样式”按钮，弹出“标注样式管理器”对话框。

Step 02 单击新建(N)...按钮，弹出“创建新标注样式”对话框，在“新样式名”文本框中输入标注样式的名称，这里输入文本“建筑标注”，如图 16-2 所示，单击继续按钮。

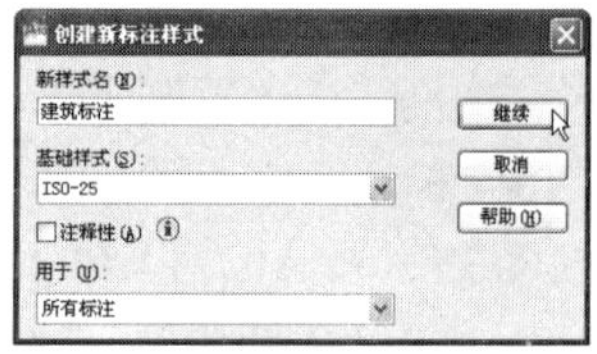

图 16-2

Step 03 弹出“新建标注样式：建筑标注”对话框，切换至“线”选项卡，在“尺寸线”选项组的“颜色”下拉列表中选择“蓝”选项，在“尺寸界线”选项组的“颜色”下拉列表中选择“蓝”选项，在“超出尺寸线”数值框中输入 2.5，在“起点偏移量”数值框中输入 5，如图 16-3 所示。

Step 04 切换至“符号和箭头”选项卡，在“箭头”选项组的“第一个”下拉列表中选择“建筑标记”选项，在“箭头大小”数值框中输入 25，如图 16-4 所示。

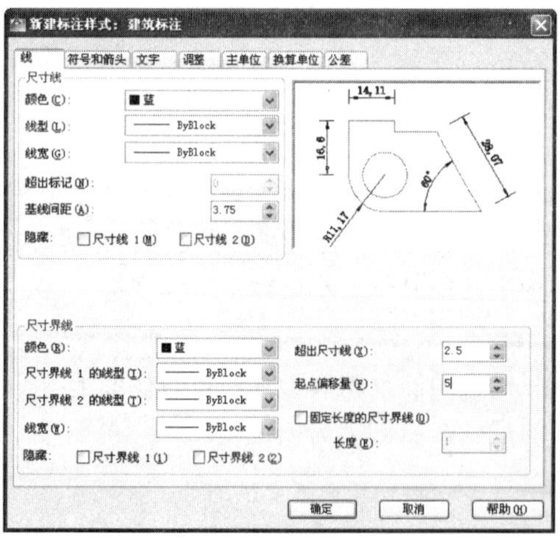

图 16-3

图 16-4

Step 05 切换至“文字”选项卡，在“文字外观”选项组的“文字颜色”下拉列表中选择“蓝”选项，在“文字高度”数值框中输入 80，在“文字位置”选项组的“从尺寸线偏移”数值框中输入 10，如图 16-5 所示。

Step 06 切换至“主单位”选项卡，在“线性标注”选项组的“精度”下拉列表中选择 0 选项，然后单击确定按钮完成设置，如图 16-6 所示。

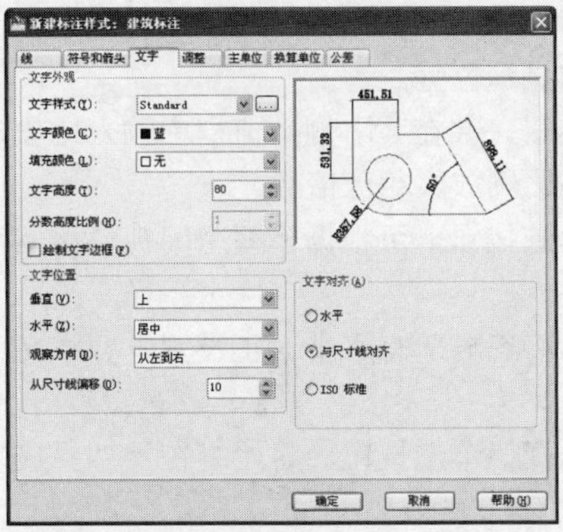

图 16-5

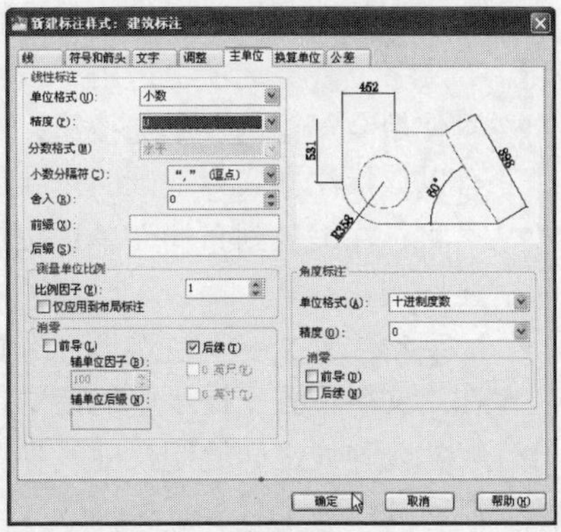

图 16-6

在“新建标注样式”对话框中有多个选项卡，选项卡中比较难理解的各项参数的含义如下：

- “线”选项卡：包括“尺寸线”和“尺寸界线”等选项组，用于编辑尺寸线和尺寸界线的样式。
  - “超出标记”文本框：用于设置尺寸线超出尺寸界线的距离，一般设为 0。
  - “基线间距”数值框：用于设置使用基线标注命令时尺寸线之间的间距。
  - “超出尺寸线”数值框：用于设置尺寸界线超出尺寸线的距离。
  - “起点偏移量”数值框：用于设置尺寸界线与标注对象的距离。
  - “固定长度的延伸线”复选框：选择该复选框，则所有的尺寸界线只能为在“长度”数值框中设定的长度。
  - “隐藏”选项组：选择该选项组中的两个复选框，可隐藏尺寸界线的左端或右端。
- “符号和箭头“选项卡：该选项卡主要用于设置符号和箭头的样式，包括“箭头”、“圆心标记”、“弧长符号”和“半径折弯标注”等选项组。
  - “第一个”和“第二个”下拉列表：用于选择尺寸标注两端的箭头样式。
  - “引线”下拉列表：用于选择引线标注的箭头样式。
  - “圆心标记”选项组：用于设置圆心标记的类型和大小，默认选择“标记”单选按钮。
  - “弧长符号”选项组：用于设置标注弧长时需要标注的弧长符号位置，以及有无弧长符号。
  - “半径折弯标注”选项组：设置用 DIMJOGGED 命令折弯标注圆或圆弧半径时折弯的角度。
- “文字”选项卡：该选项卡主要用于设置标注中文字的样式，包括“文字外观”、“文字位置”和“文字对齐”3 个选项组。
  - “分数高度比例”数值框：用于设置分数形式字符与其他字符的比例。
  - “绘制文字边框”复选框：选中该复选框，则可为标注的文字添加边框。
  - “垂直”和“水平”下拉列表：用于设置文字在尺寸线上的对齐位置。
  - “从尺寸线偏移”数值框：在该数值框中可设置标注文字与尺寸线之间的距离，一般保持默认设置。
- “调整”选项卡：该选项卡包括“调整选项”、“文字位置”、“标注特性比例”和“优化”4 个选项组。
  - “调整选项”选项组：用于设置基于尺寸界线之间可用空间的文字和箭头位置。当两条尺寸界线间的距离足够时，则把文字和箭头放在尺寸界线之间，当距离不足时，则按“调整选项”选项组中的设置放置文字和箭头。
  - “文字位置”选项组：用于设置标注文字的显示位置。
  - “使用全局比例”单选按钮：选择该单选按钮，并在其右侧数值框中输入比值，则所有以该标注样式为基础的尺寸标注都将按该比例放大相应倍数。
  - “将标注缩放到布局”单选按钮：选择该单选按钮，可根据模型空间视口比例设置标注比例。
  - “手动放置文字”复选框：选择该复选框，将忽略所有水平对正设置，并将文字放置在“文字位置”提示中的指定位置。
  - “在延伸线之间绘制尺寸线”单选按钮：选择该单选按钮，将始终在尺寸界线之间绘制尺寸线。
- “主单位”选项卡：该选项卡包括“线性标注”、“测量单位比例”、“角度标注”和“消零”4 个选项组。
  - “线性标注”栏：设置线性标注的单位格式、精度及标注文字的前缀和后缀。
  - “角度标注”栏：设置角度标注的当前单位格式和精度等。
- “换算单位”选项卡：在该选项卡中，只有选择了“显示换算单位”复选框，该选项卡中的其他选项才能被激活。
  - “换算单位”选项组：用于设置除角度标注之外标注的换算单位格式、精度和前/后缀等。
  - “消零”选项组：用于设置换算单位的消零规则。
  - “位置”选项组：用于设置换算单位的位置。
- “公差”选项卡：在“公差格式”选项组中设置公差的格式、精度和放置位置等内容，该部分参数一般用于机械制图。其中“换算单位公差”选项组用于设置换算公差单位的精度和消零规则。

16.2.2 设置当前尺寸标注样式

设置当前尺寸标注样式的方法有以下 3 种：

- 在“常用”选项卡的“注释”组中单击▾按钮，在“标注样式”下拉列表中选择需要置为当前的标注样式，如图 16-7 所示。

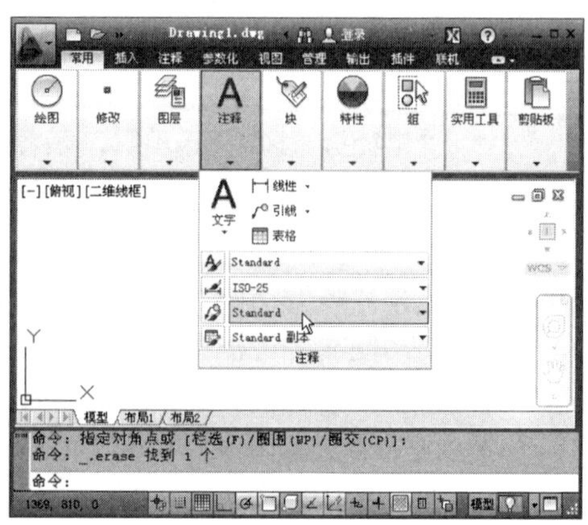

图 16-7

- 在“注释”选项卡的“标注”组中单击“标注样式”下拉按钮，在弹出的下拉列表中选择需要置为当前的标注样式，如图 16-8 所示。
- 在命令行中执行 DDIM、DIMSTYLE 或 DIMSTY 命令，弹出“标注样式管理器”对话框，在“样式”列表框中选择需要置为当前的标注样式，单击置为当前(U)按钮，如图 16-9 所示。

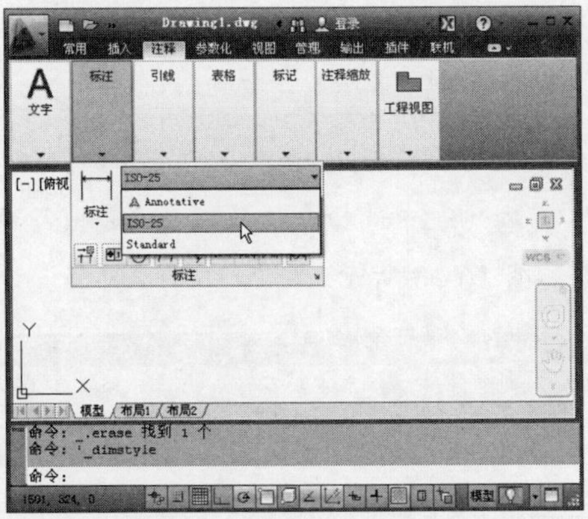

图 16-8

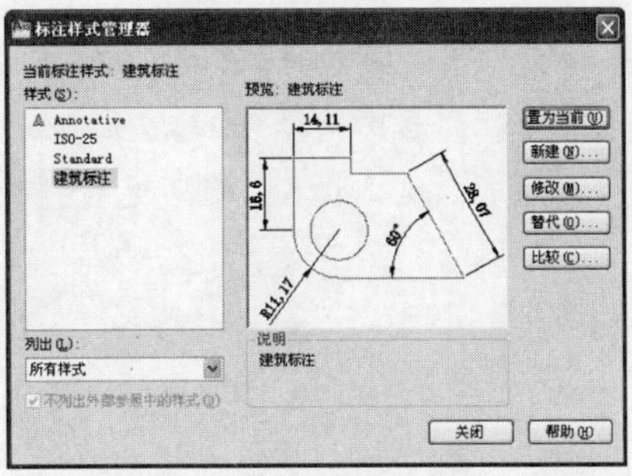

图 16-9

16.2.3　删除尺寸标注样式

在“标注样式管理器”对话框左侧的“样式”列表框中选择需要删除的标注样式名称，然后在该标注样式名称上右击，在弹出的快捷菜单中选择“删除”命令，即可删除多余的尺寸标注样式，如图 16-10 所示。

注　意

在删除尺寸标注样式时，置为当前的尺寸标注样式不能被删除，若不小心误选择了当前标注样式并执行了删除命令，系统会弹出如图 16-11 所示的提示对话框，提示用户无法删除该标注样式，此时只需单击 关闭 按钮，然后返回“标注样式管理器”对话框中再次选择需要删除的标注样式即可。

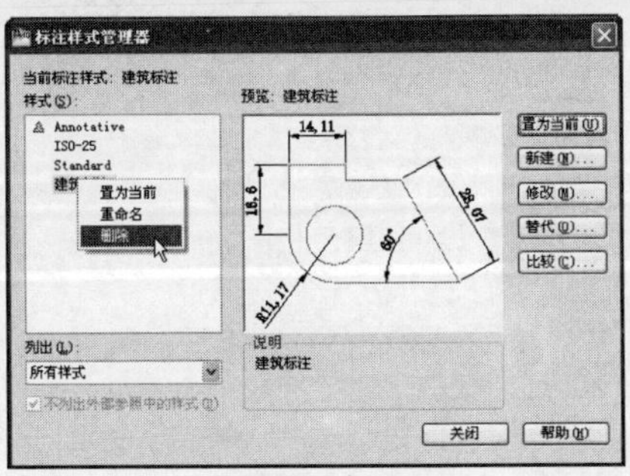

图 16-10

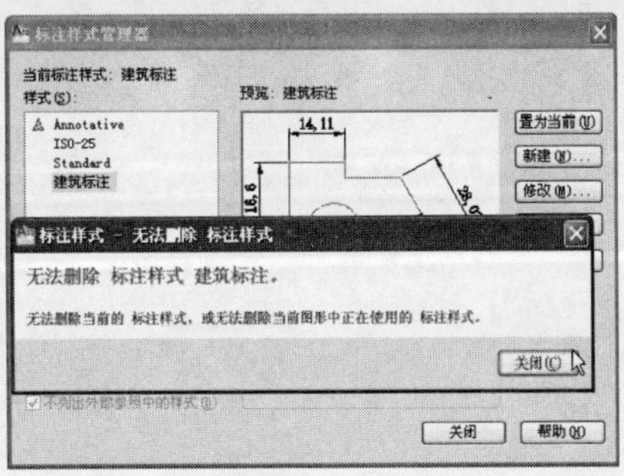

图 16-11

16.2.4　任务 34：创建机械标注样式并置为当前

下面练习如何创建标注样式并将其置为当前标注样式。

Step 01 启动 AutoCAD 2012，在“常用”选项卡的“注释”组中单击右下角的按钮，在弹出的下拉列表中单击“标注样式”按钮，弹出“标注样式管理器”对话框。

Step 02 单击新建(N)...按钮，弹出“创建新标注样式”对话框，在“新样式名”文本框中输入标注样式的名称，这里输入文本“机械标注”，如图 16-12 所示，单击继续按钮。

Step 03 弹出“新建标注样式：机械标注”对话框，切换至“线”选项卡，在“尺寸线”选项组的“线宽”下拉列表中选择 0.09 选项，在“基线间距”下拉列表中选择 7 选项，在“超出尺寸线”数值框中输入 2，在“起点偏移量”数值框中输入 0，如图 16-13 所示。

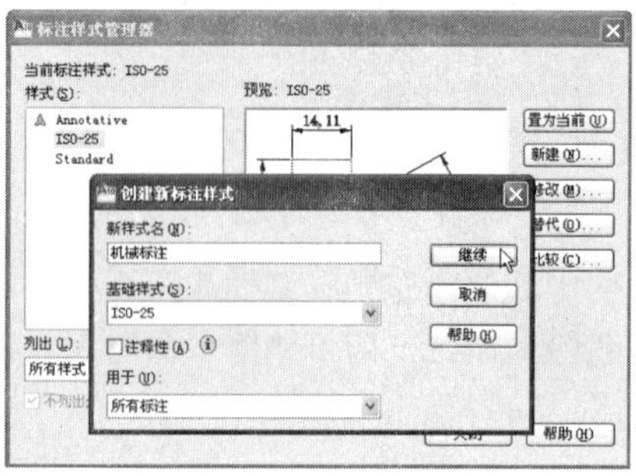

图 16-12

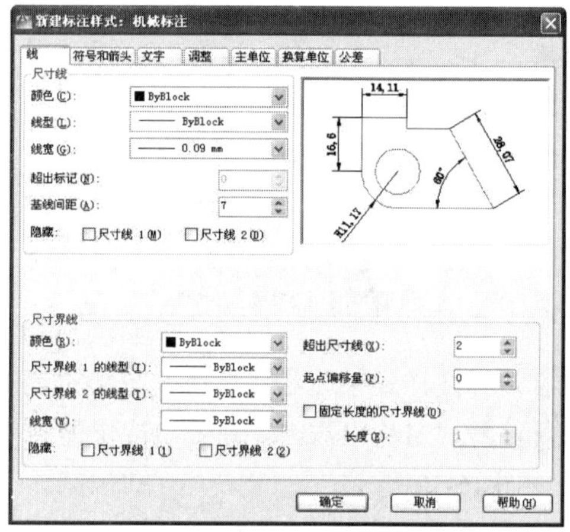

图 16-13

Step 04 切换至“符号和箭头”选项卡，在“箭头大小”数值框中输入 3，在“圆心标记”选项组中选择⊙无(N)单选按钮，如图 16-14 所示。

Step 05 切换至“文字”选项卡，在“文字外观”选项组的“文字高度”数值框中输入 5，在“文字对齐”选项组中选择⊙ISO 标准单选按钮，如图 16-15 所示。

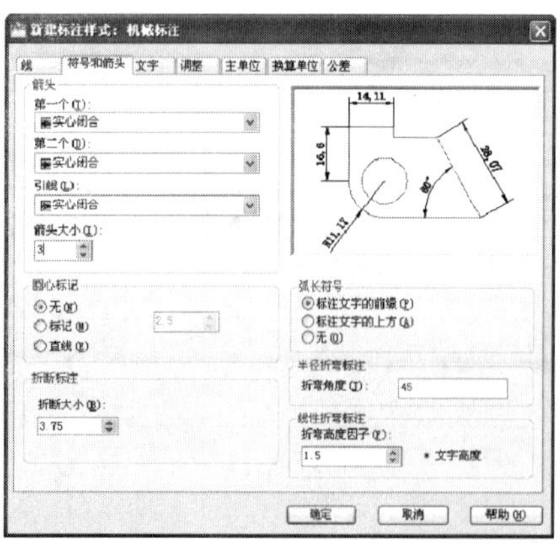

图 16-14

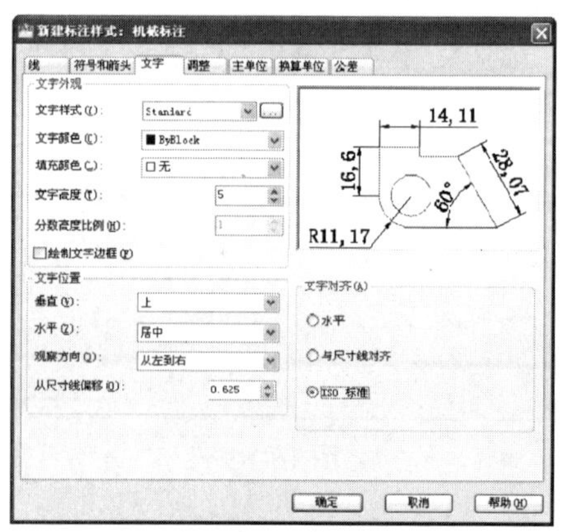

图 16-15

Step 06 切换至“调整”选项卡，在“文字位置”选项组中选择⊙尺寸线上方，带引线(L)单选按钮，在“优化”选项组中选择☑在尺寸界线之间绘制尺寸线(D)复选框，如图 16-16 所示。

Step 07 切换至“主单位”选项卡，在“线性标注”栏的“精度”下拉列表框中选择 0 选项，在“小数分隔符”下拉列表中选择“句点”选项，如图 16-17 所示，单击确定按钮。

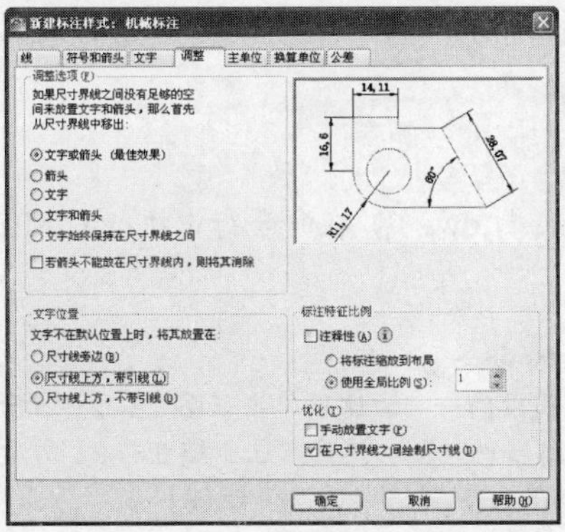

图 16-16

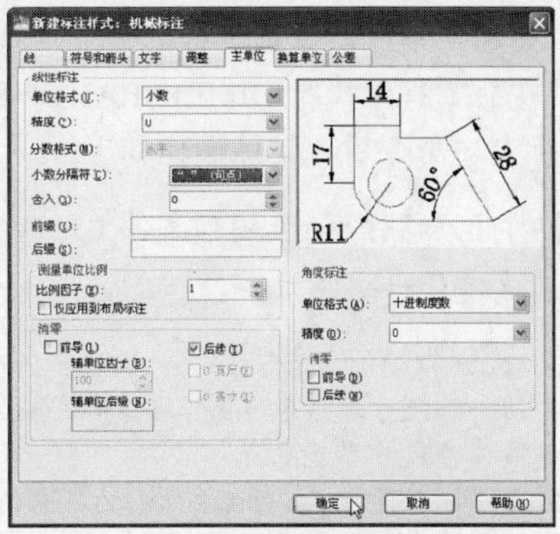

图 16-17

Step 08 返回“标注样式管理器”对话框，在“样式”列表框中选择“机械标注”选项，然后单击置为当前(U)按钮，最后单击关闭按钮完成标注样式的设置，如图 16-18 所示。然后保存该图形文件并命名为“机械标注”（光盘:\源文件\第 16 章\机械标注.dwg）。

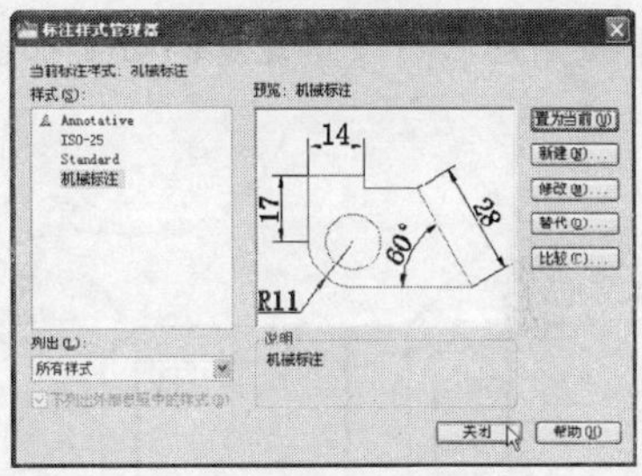

图 16-18

16.3　标注长度型尺寸

在标注长度型尺寸时，可以采取线性标注、基线标注及连续标注 3 种方式进行标注，下面分别讲解这 3 种标注方式。

16.3.1　线性标注

线性标注命令主要用于标注水平或垂直方向上的尺寸，调用该命令的方法如下：

- 在“常用”选项卡的“注释”组中单击线性下拉按钮，在弹出的下拉列表中选择“线性”选项，如图 16-19 所示。
- 在“注释”选项卡的“标注”组中的左侧下拉列表中选择“线性”选项，如图 16-20 所示。

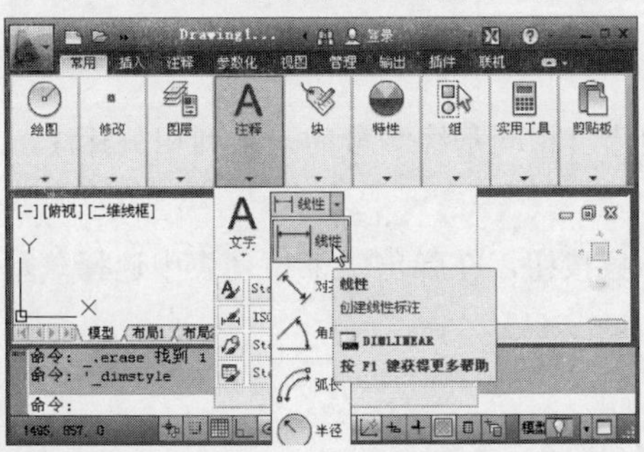

图 16-19

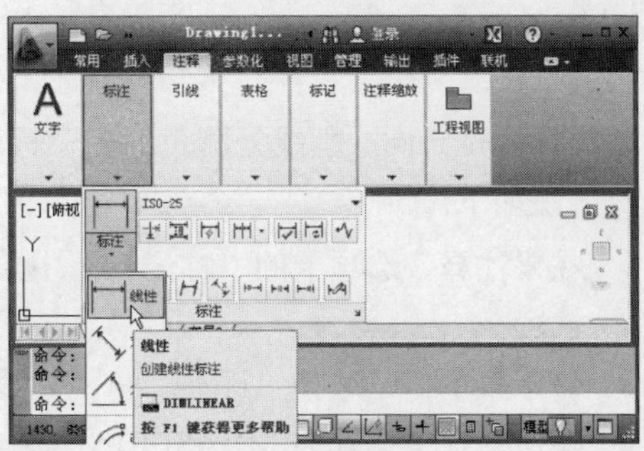

图 16-20

- 显示菜单栏，选择“标注”→“线性”命令。
- 在命令行中执行 DIMLINEAR 或 DIMLIN 命令。

执行上述命令后，具体操作如下：

Step 01 打开“螺钉.dwg”图形文件（光盘:\素材\第 16 章\螺钉.dwg），在命令行中执行 DIMLINEAR 命令，具体操作过程如下：

```
命令:DIMLIN                                //执行 DIMLIN 命令
指定第一个尺寸界线原点或 <选择对象>:       //单击要标注线段的一端，这里单击如图 16-21 所示的 A 点
指定第二条尺寸界线原点:                    //单击要标注线段的一端，这里单击如图 16-21 所示的 B 点
指定尺寸线位置或[多行文字(M)/文字(T)/角度(A)/水平(H)/垂直(V)/旋转(R)]:    //向上移动鼠标到适合位置并单击鼠标
标注文字 =13                               //系统提示标注尺寸
```

Step 02 使用线性命令标注后的效果如图 16-22 所示（光盘:\源文件\第 16 章\螺钉.dwg）。

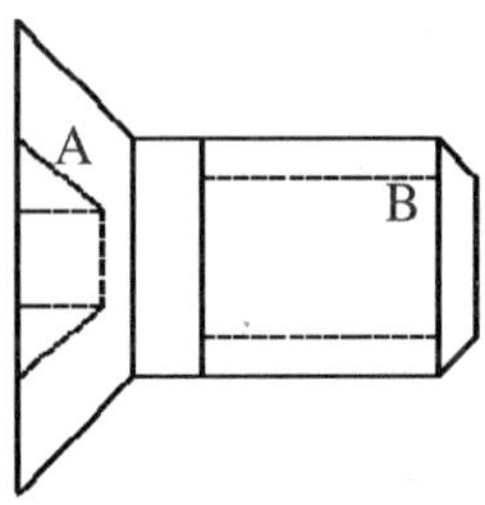

图 16-21

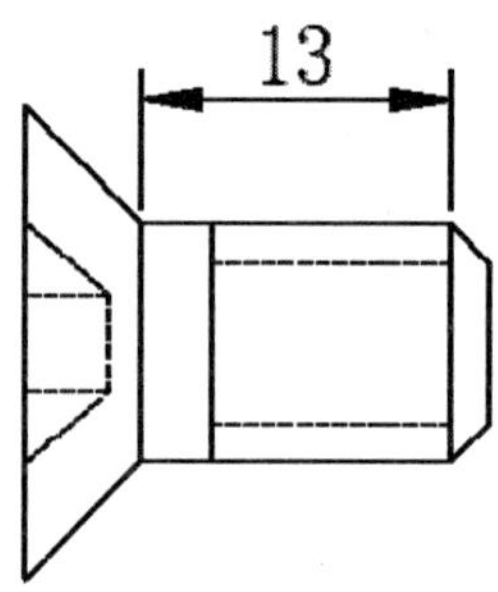

图 16-22

在执行命令的过程中，命令行中各选项的含义如下：

- 多行文字：选择该选项可通过输入多行文字的方式输入多行标注文字。
- 文字：选择该选项可通过输入单行文字的方式输入单行标注文字。
- 角度：选择该选项可输入设置标注文字方向与标注端点连线之间的夹角，默认为 0°，即保持平行。
- 水平：选择该选项可表示只标注两点之间的水平距离。
- 垂直：选择该选项可表示只标注两点之间的垂直距离。
- 旋转：选择该选项可在标注过程中设置尺寸线的旋转角度。

16.3.2 基线标注

基线标注是自同一基线处测量的多个标注，即创建自相同基线测量的一系列相关标注，调用该命令方法如下：

- 在“注释”选项卡的“标注”组中单击下拉按钮，在弹出的下拉列表中选择“基线”选项。
- 显示菜单栏，选择“标注”→“基线”命令。
- 在命令行中执行 DIMBASELINE 或 DIMBASE 命令。

进行基线标注的具体操作如下：

Step 01 打开“螺丝钉.dwg”图形文件（光盘:\素材\第 16 章\螺丝钉.dwg），在命令行中执行 DIMBASE 命令，具体操作过程如下：

```
命令: DIMBASE                                    //执行 DIMBASE 命令
选择基准标注:                                     //选择如图 16-23 所示的线性标注作为基准标注
指定第二条尺寸界线原点或 [放弃(U)/选择(S)] <选择>:    //单击第二条尺寸界线的原点，这里
单击如图 16-23 所示的 A 点
标注文字=3                                        //系统提示标注尺寸
指定第二条尺寸界线原点或 [放弃(U)/选择(S)] <选择>:        //单击下一条尺寸界线的原点，
这里单击如图 16-23 所示的 B 点
标注文字=18                                       //系统提示标注尺寸
指定第二条尺寸界线原点或 [放弃(U)/选择(S)] <选择>:        //单击下一条尺寸界线的原点，
这里单击如图 16-23 所示的 C 点
标注文字=20                                       //系统提示标注尺寸
指定第二条尺寸界线原点或 [放弃(U)/选择(S)] <选择>:        //按【Space】键确认
选择基准标注: //按【Space】键退出基线标注命令
```

Step 02 使用基线命令标注后的效果如图 16-24 所示（光盘:\源文件\第 16 章\螺丝钉.dwg）。

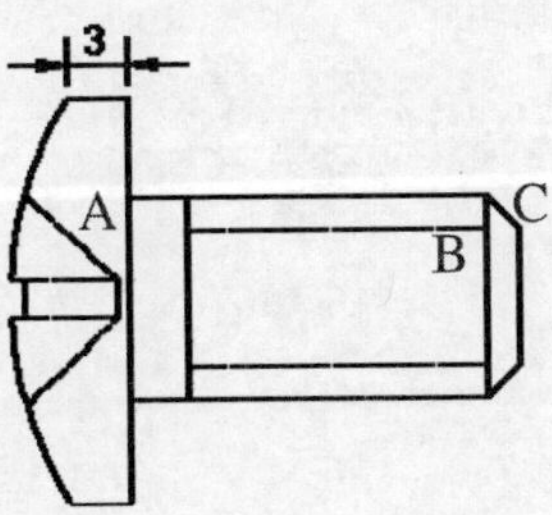

图 16-23

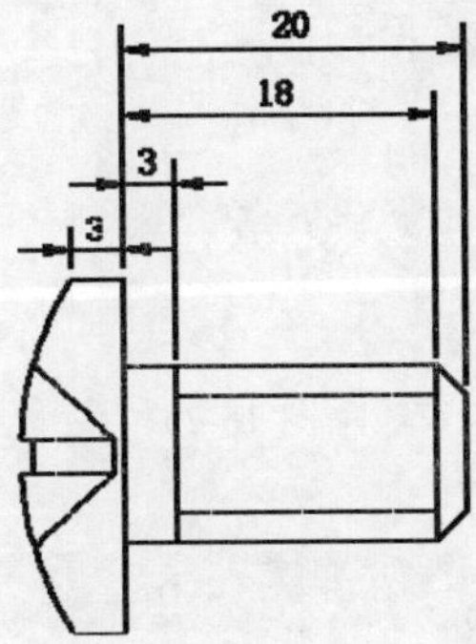

图 16-24

注　意

若先使用线性标注，接着马上使用基线标注命令，可免去选择基准标注这一操作步骤，当然标注后的效果会有所不同。

16.3.3　连续标注

连续标注是首尾相连的多个标注。在创建连续标注之前，必须先进行线性、对齐或角度等标注。调用该命令的方法如下：

- 在“注释”选项卡的“标注”组中，单击下拉按钮，然后在弹出的下拉列表中选择“连续”选项。
- 显示菜单栏，选择“标注”→“连续”命令。
- 在命令行中执行 DIMCONTINUE 或 DIMCONT 命令。

对图形对象进行连续标注的具体操作如下：

Step 01 打开“床.dwg”图形文件（光盘:\素材\第 16 章\床.dwg），在命令行中执行 DIMCONT 命令，具体操作过程如下：

```
命令:DIMCONT             //执行 DIMCONT 命令
选择连续标注:             //选择作为连续标注的尺寸标注，如图 16-25 所示
指定第二条尺寸界线原点或 [放弃(U)/选择(S)] <选择>:   //指定第二条尺寸界线的点，这里单击如图 16-25 所示的 A 点
标注文字=1550            //系统提示标注尺寸
指定第二条尺寸界线原点或 [放弃(U)/选择(S)] <选择>:   //捕捉确定下一条尺寸界线的点，这里单击如图 16-25 所示的 B 点
标注文字 = 550           //系统提示标注尺寸
指定第二条尺寸界线原点或 [放弃(U)/选择(S)] <选择>:   //按【Space】键结束命令
选择连续标注:             //按【Space】键退出连续标注命令
```

Step 02 使用连续命令标注后的效果如图 16-26 所示（光盘:\源文件\第 16 章\床.dwg）。

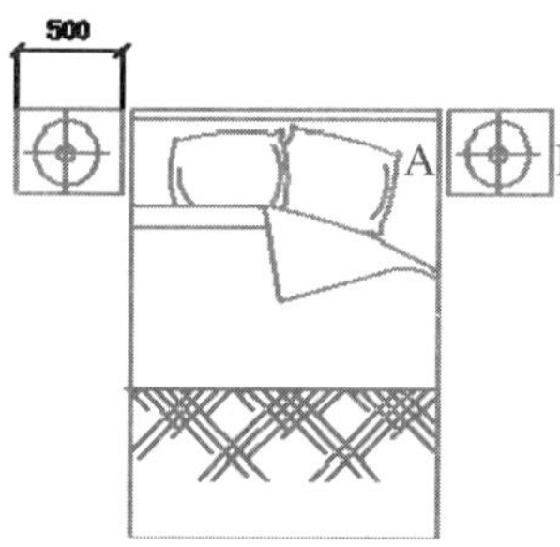

图 16-25

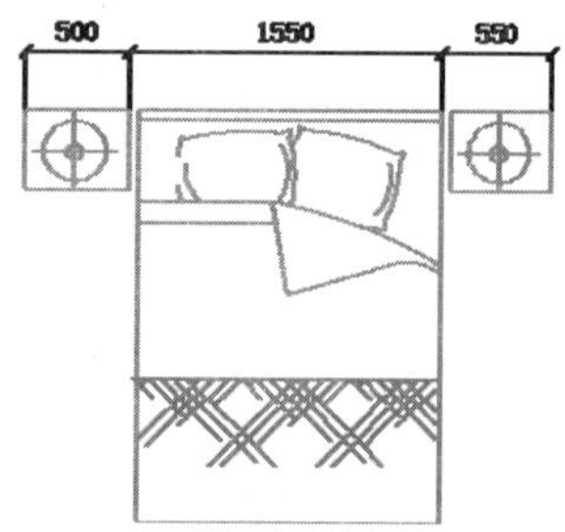

图 16-26

16.3.4 任务 35：为轴标注尺寸

下面练习为轴标注尺寸，具体操作步骤如下：

Step 01 打开“轴.dwg”图形文件（光盘:\素材\第 16 章\轴.dwg），在命令行中执行 DIMLINEAR 命令，具体操作过程如下：

```
命令:DIMLIN                            //执行 DIMLIN 命令
指定第一个尺寸界线原点或 <选择对象>:     //单击要标注线段的一端，这里单击如图 16-27 所示的 A 点
指定第二条尺寸界线原点:                 //单击要标注线段的一端，这里单击如图 16-27 所示的 B 点
指定尺寸线位置或[多行文字(M)/文字(T)/角度(A)/水平(H)/垂直(V)/旋转(R)]:   //向下移动鼠标到适合位置并单击
标注文字 =3                            //系统提示标注尺寸，标注后的效果如图 16-28 所示
```

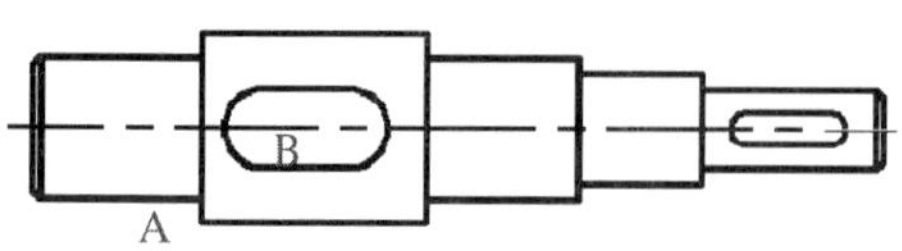

图 16-27

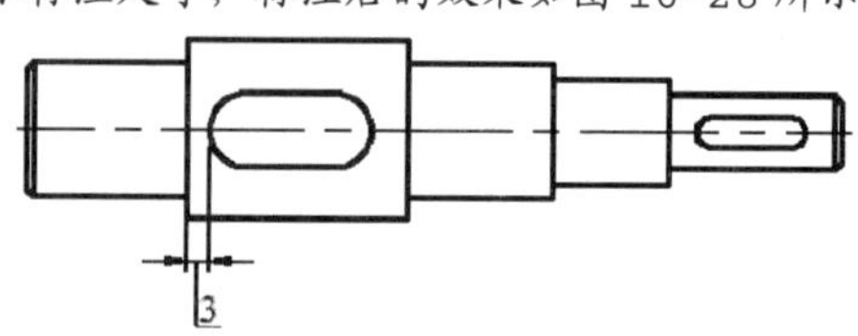

图 16-28

Step 02 在命令行中执行 DIMCONT 命令，具体操作过程如下：

```
命令:DIMCONT                                          //执行 DIMCONT 命令
指定第二条尺寸界线原点或 [放弃(U)/选择(S)] <选择>:    //指定第二条尺寸界线的点，这里单击如图 16-29 所示的 A 点
标注文字=27                                           //系统提示标注尺寸
指定第二条尺寸界线原点或 [放弃(U)/选择(S)] <选择>:    //捕捉确定下一条尺寸界线的点，这里单击如图 16-29 所示的 B 点
标注文字 =40                                          //系统提示标注尺寸
指定第二条尺寸界线原点或 [放弃(U)/选择(S)] <选择>:    //指定第二尺条寸界线的点，这里单击如图 16-29 所示的 C 点
标注文字=15                                           //系统提示标注尺寸
指定第二条尺寸界线原点或 [放弃(U)/选择(S)] <选择>:    //捕捉确定下一条尺寸界线的点，这里单击如图 16-29 所示的 D 点
标注文字 =5                                           //系统提示标注尺寸
指定第二条尺寸界线原点或 [放弃(U)/选择(S)] <选择>:    //按【Space】键结束命令
选择连续标注:        //按【Space】键退出连续标注命令，标注后的效果如图 16-30 所示
```

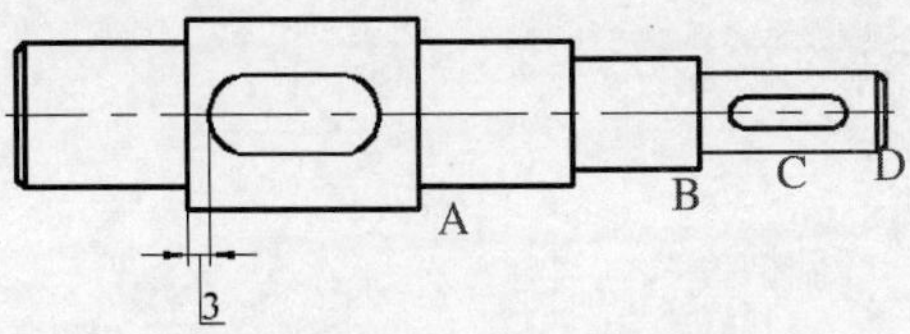

图 16-29

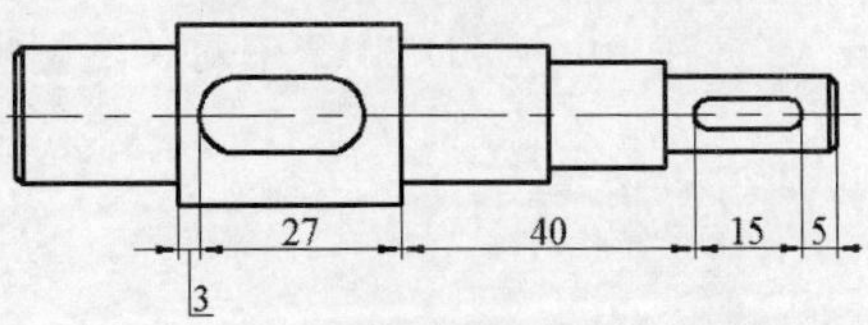

图 16-30

Step 03 在命令行中执行 DIMLINEAR 命令，标注轴的上测尺寸，标注后的效果如图 16-31 所示。然后在命令行中执行 DIMBASE 命令，具体操作过程如下:

```
命令: DIMBASE                                         //执行 DIMBASE 命令
指定第二条尺寸界线原点或 [放弃(U)/选择(S)] <选择>:    //单击第二条尺寸界线的原点，这里单击如图 16-31 所示的 A 点
标注文字=52                                           //系统提示标注尺寸
指定第二条尺寸界线原点或 [放弃(U)/选择(S)] <选择>:    //单击下一条尺寸界原点，这里单击如图 16-31 所示的 B 点
标注文字=72                                           //系统提示标注尺寸
指定第二条尺寸界线原点或 [放弃(U)/选择(S)] <选择>:    //单击下一条尺寸界原点，这里单击如图 16-31 所示的 C 点
标注文字=88                                           //系统提示标注尺寸
指定第二条尺寸界线原点或 [放弃(U)/选择(S)] <选择>:    //单击下一条尺寸界原点，这里单击如图 16-31 所示的 D 点
标注文字=112                                          //系统提示标注尺寸
指定第二条尺寸界线原点或 [放弃(U)/选择(S)] <选择>:    //按【Space】键确认
选择基准标注:                                         //按【Space】键退出基线标注命令
```

Step 04 完成标注后的效果如图 16-32 所示（光盘:\源文件\第 16 章\轴.dwg）。

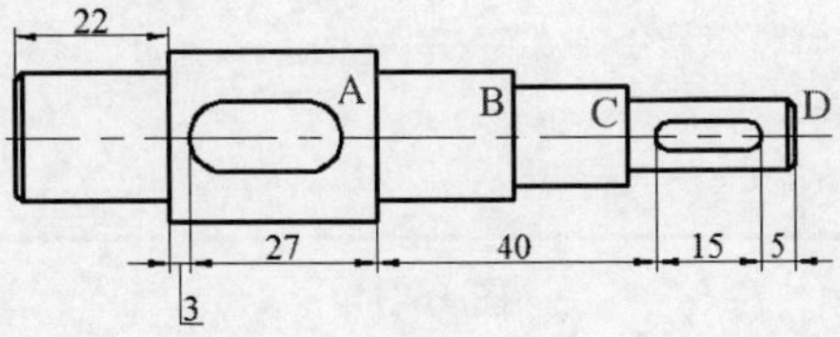

图 16-31

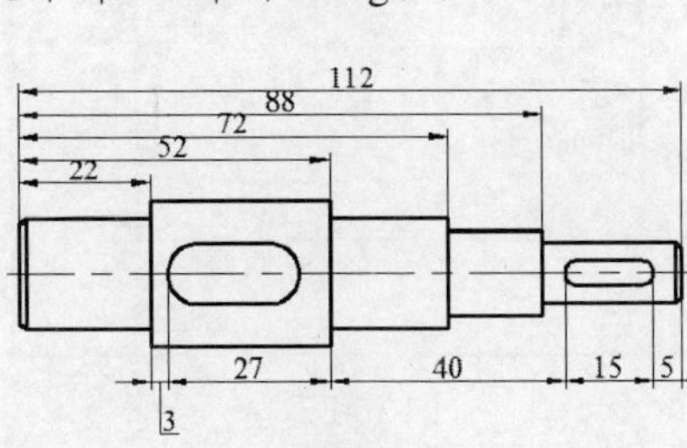

图 16-32

16.4 边学边用——标注某办公室平面图

了解了在 AutoCAD 2012 中创建新的标注样式和对尺寸进行标注的方法后，本节将通过一个简单实例的实现过程，来加深读者对相关知识的理解和掌握。

16.4.1 实例目标

本节将详细讲解在 AutoCAD 2012 中创建新的标注样式及长度型尺寸标注的方法，引导读者进一步掌握在 AutoCAD 2012 中标注图形的基本方法，为以后学习标注复杂图形打下基础。

具体学习目标如下：

- 练习在 AutoCAD 2012 中创建尺寸标注样式的方法。
- 掌握在 AutoCAD 2012 中对长度型尺寸进行标注的方法。

16.4.2 实例实现

Step 01 打开“某办公室平面图.dwg”图形文件（光盘:\素材\第 16 章\某办公室平面图.dwg），在“常用”选项卡的“注释”组中单击▾按钮，在弹出的下拉列表中单击“标注样式”按钮，弹出“标注样式管理器”对话框。

Step 02 单击[新建(N)...]按钮，弹出“创建新标注样式”对话框，在“新样式名”文本框中输入标注样式的名称，这里输入文本“建筑标注样式”，如图 16-33 所示，单击[继续]按钮。

Step 03 弹出“新建标注样式：建筑标注样式”对话框，在“线”选项卡的“尺寸线”选项组中的“颜色”下拉列表中选择“蓝”选项，在“尺寸界线”选项组的“颜色”下拉列表中选择“蓝”选项，在“超出尺寸线”数值框中输入 2，在“起点偏移量”数值框中输入 5，如图 16-34 所示。

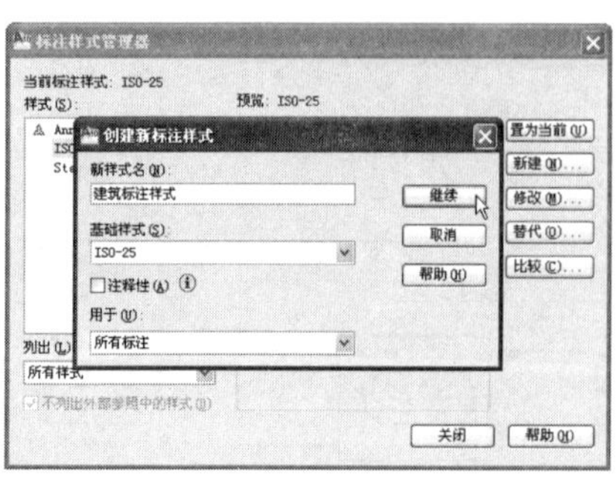

图 16-33

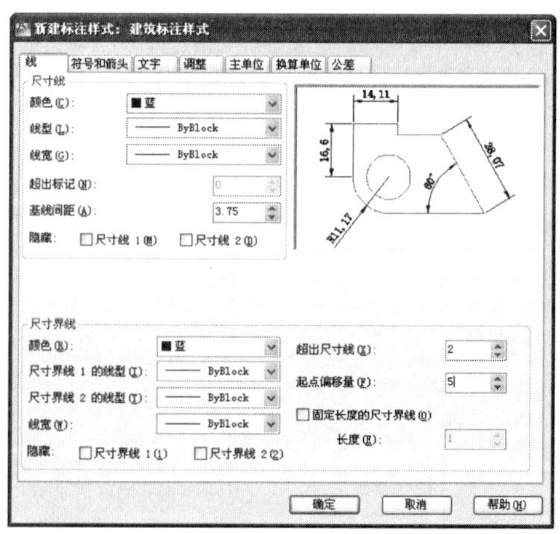

图 16-34

Step 04 切换至“符号和箭头”选项卡，在“箭头”选项组的“第一个”下拉列表中选择“建筑标记”选项，在“箭头大小”数值框中输入 200，如图 16-35 所示。

Step 05 切换至“文字”选项卡，在“文字外观”选项组的“文字颜色”下拉列表中选择“蓝”选项，在“文字高度”数值框中输入 450，在“文字位置”选项组的“垂直”下拉列表中选择“上”选项，在“从尺寸线偏移”数值框中输入 100，如图 16-36 所示。

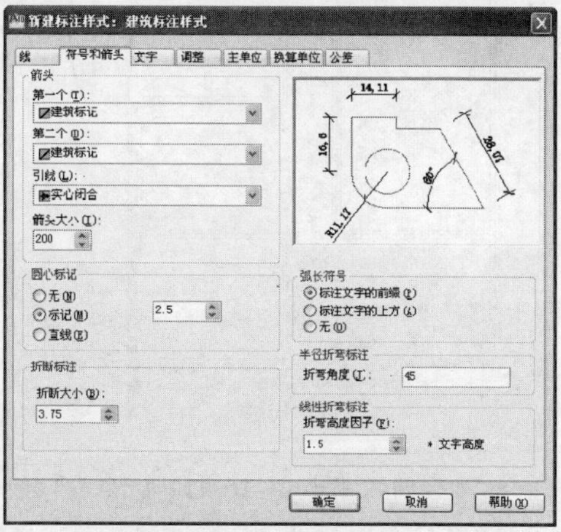

图 16-35

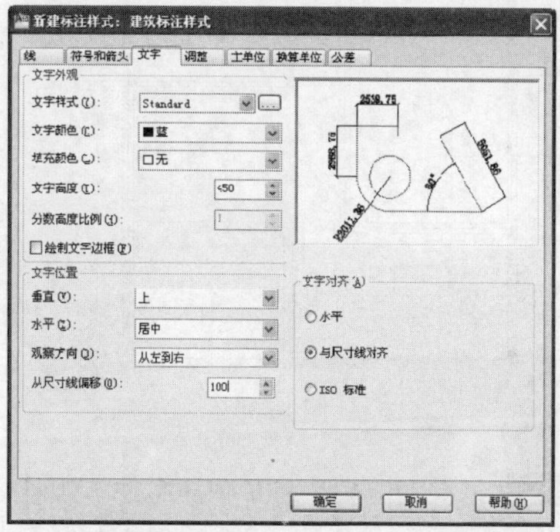

图 16-36

Step 06 切换至“主单位”选项卡，在“线性标注”选项组的“精度”下拉列表中选择 0 选项，然后单击 确定 按钮完成设置，如图 16-37 所示。

Step 07 返回“标注样式管理器”对话框，在“样式”列表框中选择“建筑标注样式”选项，然后单击 置为当前(U) 按钮，最后单击 关闭 按钮完成标注样式的设置，如图 16-38 所示。

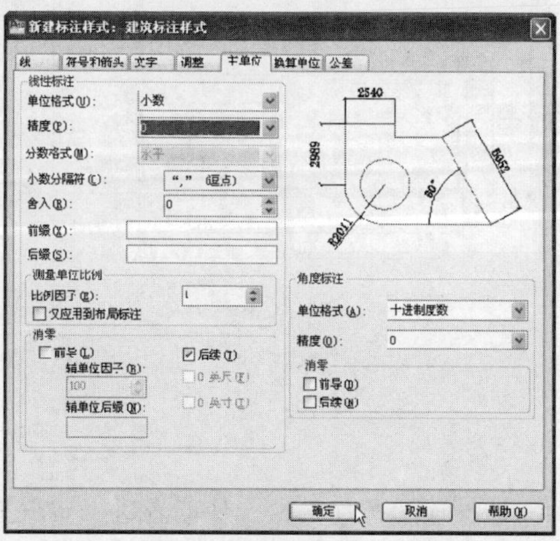

图 16-37

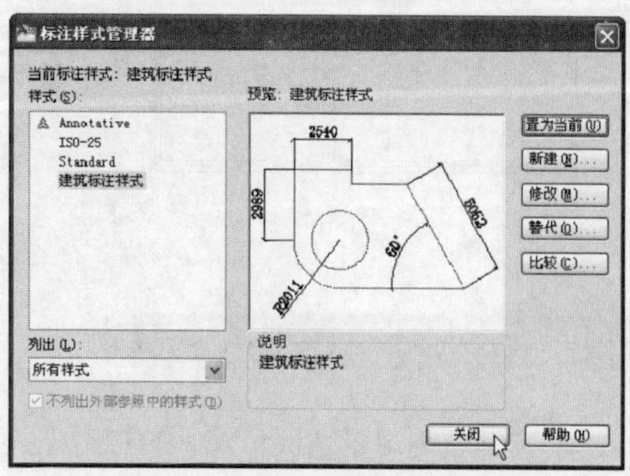

图 16-38

Step 08 返回绘图区，在命令行中执行 DIMLIN 命令，具体操作过程如下：

```
命令:DIMLIN                              //执行 DIMLIN 命令
```

```
指定第一个尺寸界线原点或 <选择对象>: //单击要标注线段的一端，这里单击如图 16-39 所示的 A 点
指定第二条尺寸界线原点：              //单击要标注线段的一端，这里单击如图 16-39 所示的 B 点
指定尺寸线位置或[多行文字(M)/文字(T)/角度(A)/水平(H)/垂直(V)/旋转(R)]：  //向上移动鼠标到适合位置并单击
标注文字 =13                          //系统提示标注尺寸，效果如图 16-40 所示
```

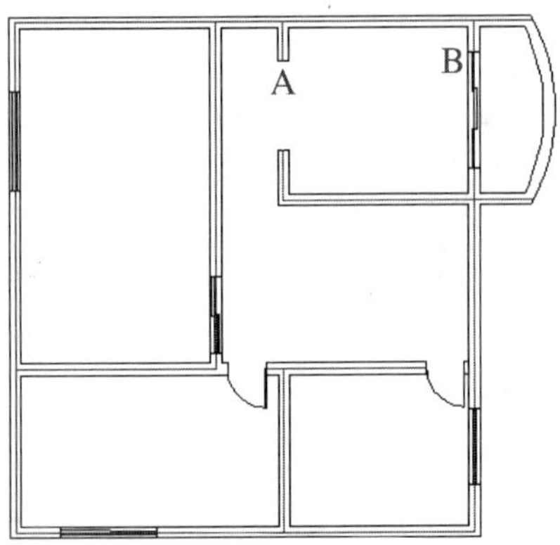

图 16-39

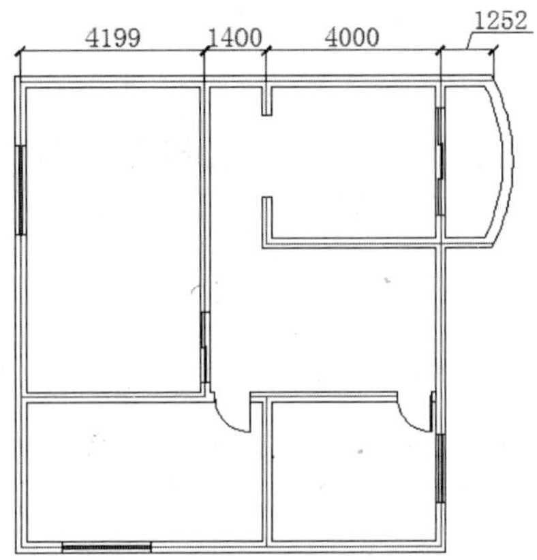

图 16-40

Step 09 使用 DIMLIN 命令标注刚标注那面墙的总长，标注后的效果如图 16-41 所示。再按照相同的方法标注其他位置，效果如图 16-42 所示（光盘:\源文件\第 16 章\某办公室平面图.dwg）。

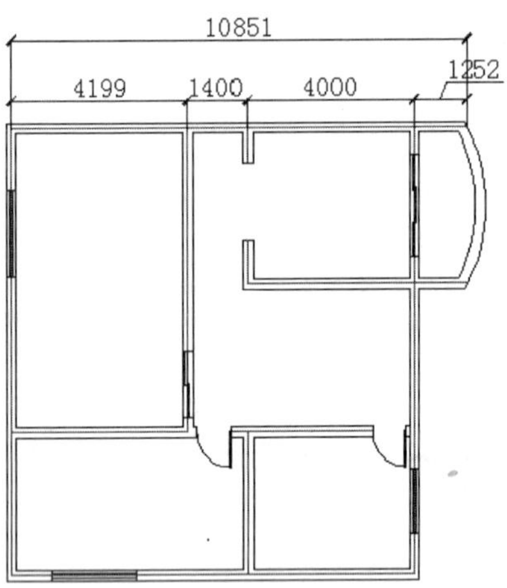

图 16-41

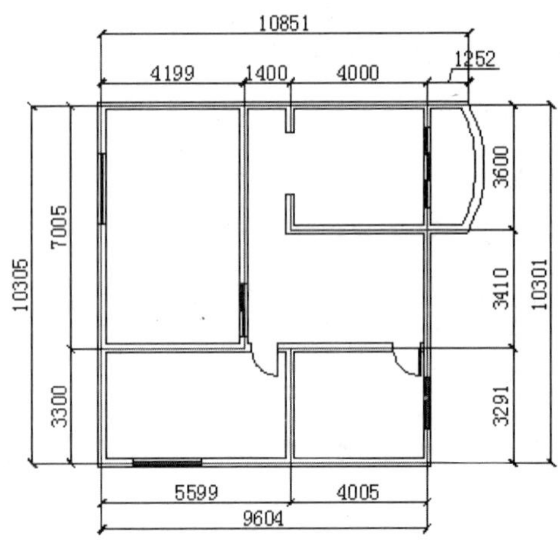

图 16-42

16.4.3 实例拓展和读者思考

在本实例中练习了 AutoCAD 2012 中比较常用的线性、连续标注方法，使读者进一步巩固了尺寸标注的相关知识，使用这些命令还可以为如图 16-43 所示的低速轴进行标注。

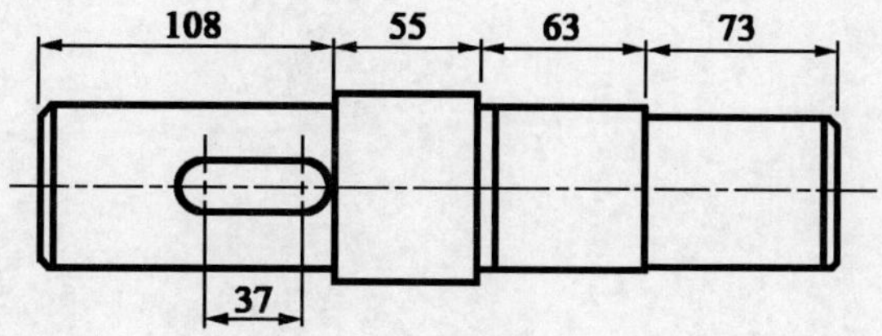

图 16-43

读者思考

通过刚才的实例练习和拓展练习，读者进一步掌握了在 AutoCAD 2012 中对图形对象进行尺寸标注的方法。除此之外，读者还可以利用本章介绍的方法对需要的图形对象进行尺寸标注。

第 17 章 尺寸的高级标注

在第 16 章介绍了尺寸标注的部分知识，本章将进一步讲解尺寸标注的相关知识，如标注圆弧形尺寸、特殊性尺寸、形位公差，以及编辑尺寸标注等。

17.1 标注圆弧形尺寸

圆弧形尺寸标注包括圆心标注、半径标注、直径标注和弧长标注等，下面分别进行讲解。

17.1.1 圆心标注

圆心标记命令用于标记圆或圆弧的圆心点位置，调用该命令的方法如下：

- 在“注释”选项卡的“标注”组中单击右侧的▾按钮，在弹出的下拉列表中单击“圆心标记”按钮⊕。
- 显示菜单栏，选择“标注”→“圆心标记”命令。
- 在命令行中执行 DIMCENTER 命令。

执行上述命令后，具体操作如下：

Step 01 打开“螺帽.dwg”图形文件（光盘:\素材\第 17 章\螺帽.dwg），在命令行中执行 DIMCENTER 命令，具体操作过程如下：

```
命令：DIMCENTER   //执行 DIMCENTER 命令
选择圆弧或圆：       //选择绘图区中的外圆，如图 17-1 所示
```

Step 02 圆心标注完成后，效果如图 17-2 所示（光盘:\源文件\第 17 章\螺帽.dwg）。

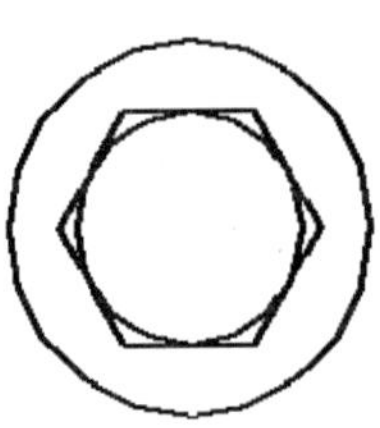

图 17-1

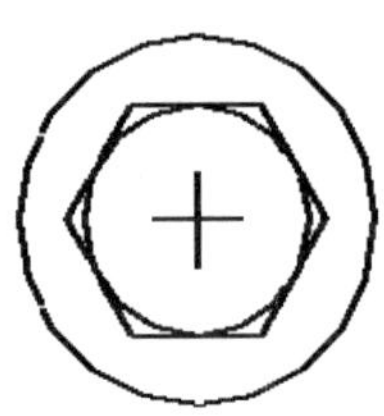

图 17-2

17.1.2　半径和直径标注

半径和直径的标注方法类似，主要用于标注圆和圆弧，下面对其进行讲解。

1．半径标注

半径标注命令的调用方法如下：

- 在“常用”选项卡的“注释”组中单击 线性 下拉按钮，在弹出的下拉列表中选择“半径”选项。
- 在“注释”选项卡的“标注”组中的左侧下拉列表中选择“半径”选项。
- 显示菜单栏，选择“标注”→“半径”命令。
- 在命令行中执行 DIMRADIUS 或 DIMRAD 命令。

对直径和半径进行标注的具体操作如下：

Step 01 打开“灶.dwg”图形文件（光盘:\素材\第 17 章\灶.dwg），在命令行中执行 DIMRADIUS 命令，具体操作过程如下：

```
命令：DIMRADIUS  //执行 DIMRADIUS 命令
选择圆弧或圆：    //选择如图 17-3 所示的灶眼外圆
标注文字 =140    //系统提示将标注的尺寸
指定尺寸线位置或 [多行文字(M)/文字(T)/角度(A)]：//移动鼠标使尺寸线处于合适位置，这里移动到左上角，单击鼠标完成标注
```

Step 02 半径标注完成后，效果如图 17-4 所示（光盘:\源文件\第 17 章\灶.dwg）。

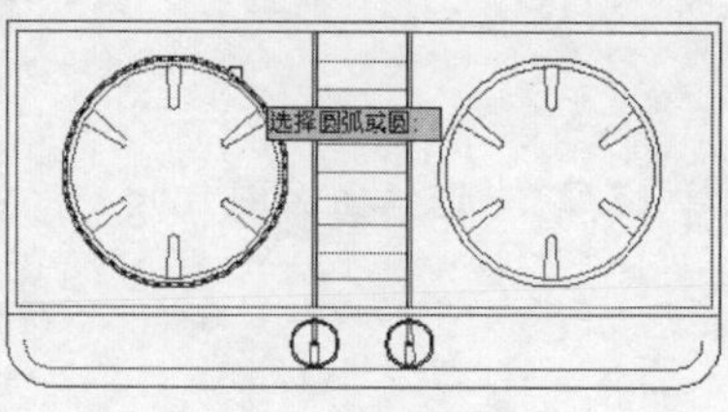

图 17-3

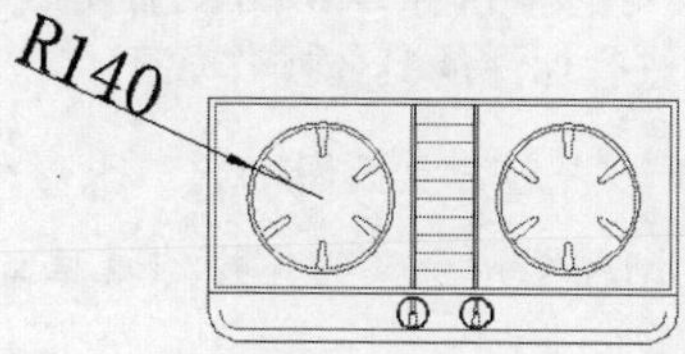

图 17-4

2．直径标注

直径标注命令的调用方法如下：

- 在“常用”选项卡的“注释”组中，单击 线性 下拉按钮，在弹出的下拉列表中选择“直径”选项。
- 在“注释”选项卡的“标注”组中的左侧下拉列表中选择“直径”选项。
- 显示菜单栏，选择“标注”→“直径”命令。
- 在命令行中执行 DIMDIAMETER 或 DIMDIA 命令。

对直径进行标注的具体操作如下：

Step 01 打开“螺钉.dwg”图形文件（光盘:\素材\第 17 章\螺钉.dwg），在命令行中执行 DIMDIAMETER 命令，具体操作过程如下：

```
命令：DIMDIAMETER    //执行 DIMDIAMETER 命令
选择圆弧或圆：        //选择螺钉中间的圆，如图 17-5 所示
```

```
标注文字 = 16              //显示标注效果
指定尺寸线位置或 [多行文字(M)/文字(T)/角度(A)]: //指定尺寸线位置并单击完成标注
```

Step 02 直径标注完成后，效果如图 17-6 所示（光盘:\源文件\第 17 章\螺钉.dwg）。

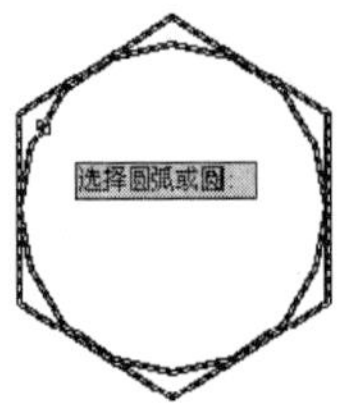

图 17-5

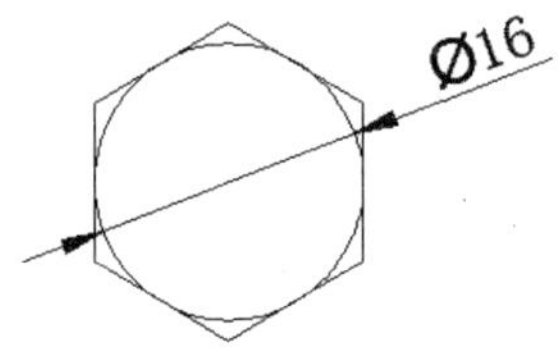

图 17-6

17.1.3 弧长标注

弧长标注用于测量圆弧或多段线圆弧段的距离。弧长标注的典型用法包括测量凸轮的距离和电缆的长度。为区别是线性标注还是弧长标注，在默认情况下弧长标注将显示一个圆弧符号⌒。调用该命令的方法如下：

- 在“常用”选项卡的“注释”组中单击 线性 下拉按钮，在弹出的下拉列表中选择“弧长”选项。
- 在“注释”选项卡的“标注”组中的左侧下拉列表中选择“弧长”选项。
- 显示菜单栏，选择“标注”→“弧长”命令。
- 在命令行中执行 DIMARC 命令。

对弧长进行标注的具体操作如下：

Step 01 打开“洗脸盆立面图.dwg”图形文件（光盘:\素材\第 17 章\洗脸盆立面图.dwg），在命令行中执行 DIMARC命令，具体操作过程如下：

```
命令: DIMARC                    //执行 DIMARC 命令
选择弧线段或多段线圆弧段:        //选择如图 17-7 所示的弧线
指定弧长标注位置或 [多行文字(M)/文字(T)/角度(A)/部分(P)/]:193
标注文字 = 193                  //显示标注效果，指定尺寸线位置并按【Space】键结束命令
```

Step 02 弧长标注完成后，效果如图 17-8 所示（光盘:\源文件\第 17 章\洗脸盆立面图.dwg）。

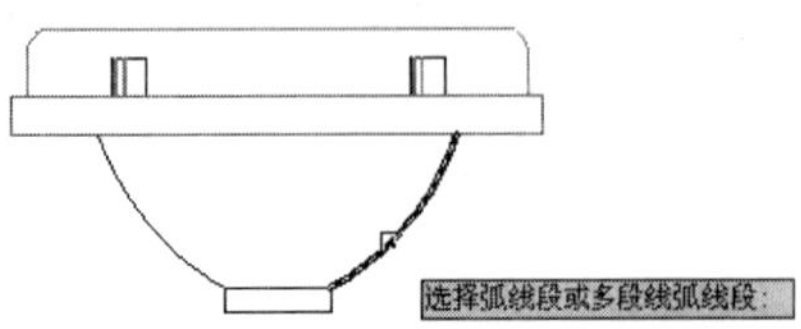

图 17-7

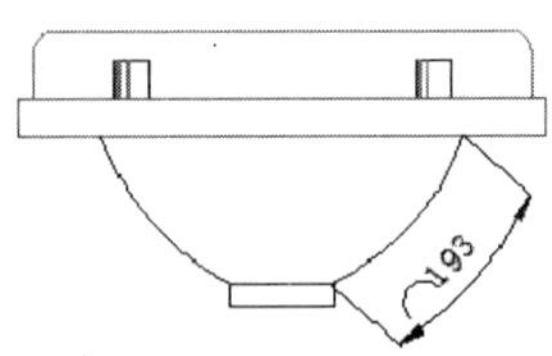

图 17-8

17.1.4 任务 36：为浴霸标注尺寸

下面以为浴霸标注尺寸为例，来综合练习本节所讲的知识。

Step 01 打开“浴霸.dwg”图形文件（光盘:\素材\第 17 章\浴霸.dwg），在命令行中执行 DIMCENTER 命令，对圆心进行标注的具体操作过程如下:

```
命令: DIMCENTER  //执行 DIMCENTER 命令
选择圆弧或圆:      //选择如图 17-9 所示的圆，标注后的效果如图 17-10 所示
```

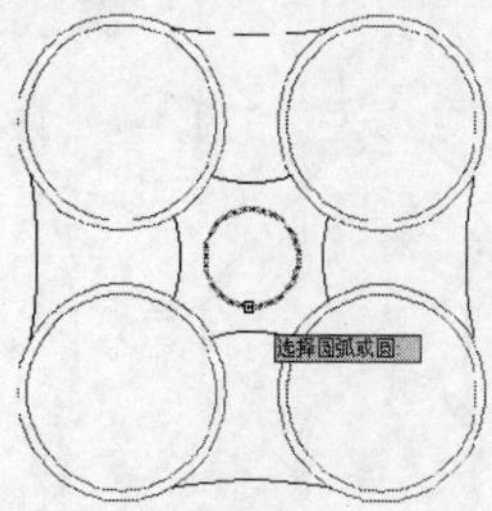

图 17-9

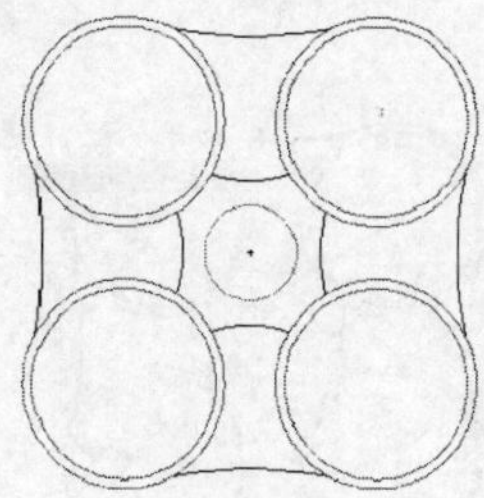
图 17-10

Step 02 在命令行中执行 DIMRADIUS 命令，具体操作过程如下:

```
命令: DIMRADIUS  //执行 DIMRADIUS 命令
选择圆弧或圆:      //选择如图 17-11 所示的右上角灯泡的外圆
标注文字 =110     //系统提示将标注的尺寸，单击鼠标
指定尺寸线位置或 [多行文字(M)/文字(T)/角度(A)]: //移动鼠标使尺寸线处于合适位置，这里移
动到右上角，按【Space】键完成标注，效果如图 17-12 所示
```

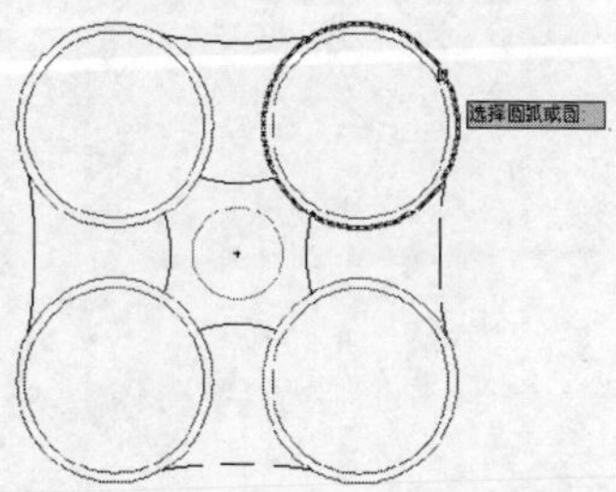

图 17-11

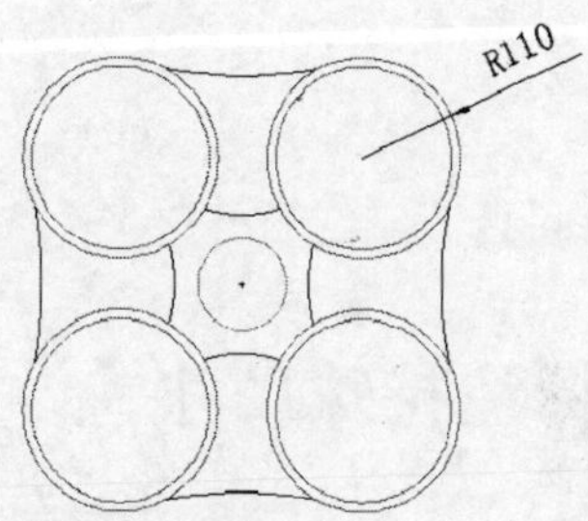

图 17-12

Step 03 在命令行中执行 DIMDIAMETER 命令，具体操作过程如下:

```
命令: DIMDIAMETER    //执行 DIMDIAMETER 命令
选择圆弧或圆:          //选择如图 17-13 所示的圆
标注文字 = 200        //显示标注效果，单击鼠标
指定尺寸线位置或 [多行文字(M)/文字(T)/角度(A)]: //向左上角移动鼠标并单击，标注后的效果
如图 17-14 所示
```

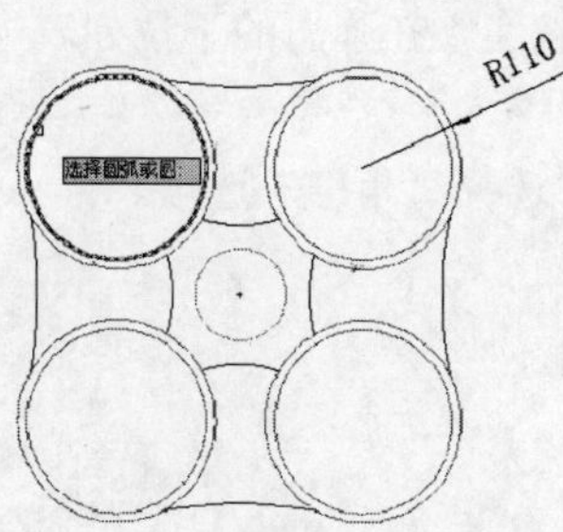

图 17-13

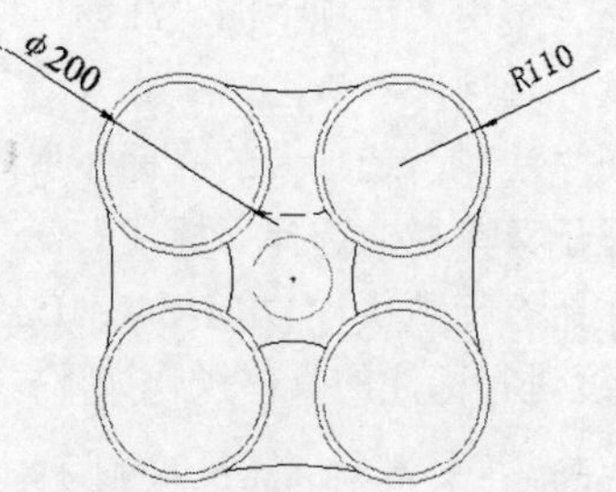

图 17-14

Step 04 在命令行中执行 DIMARC 命令，具体操作过程如下：

```
命令：DIMARC                    //执行 DIMARC 命令
选择弧线段或多段线圆弧段：      //选择如图 17-15 所示的弧线
指定弧长标注位置或 [多行文字(M)/文字(T)/角度(A)/部分(P)/]:193
标注文字 =193  //显示标注效果并按【Space】键确定，向上移动并单击鼠标，效果如图 17-16 所示
```

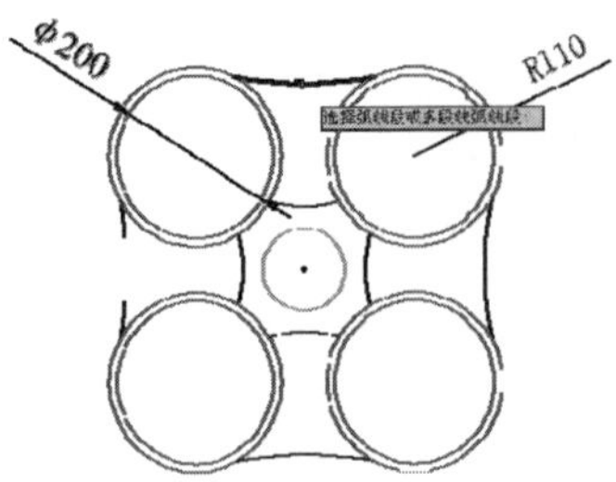

图 17-15

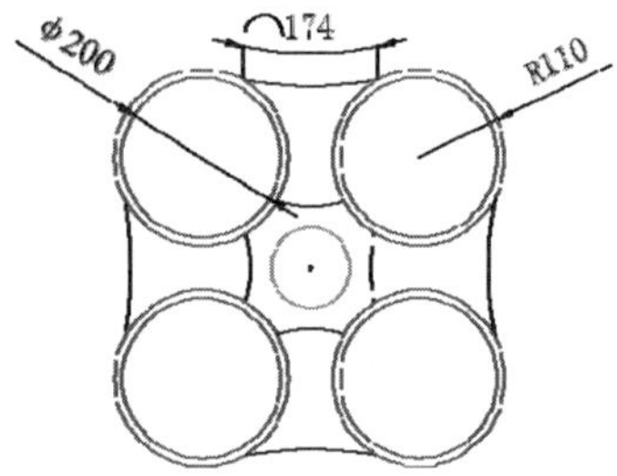

图 17-16

Step 05 按照相同的方法，对其他弧长进行标注，标注后的效果如图 17-17 所示（光盘:\源文件\第 17 章\浴霸.dwg）。

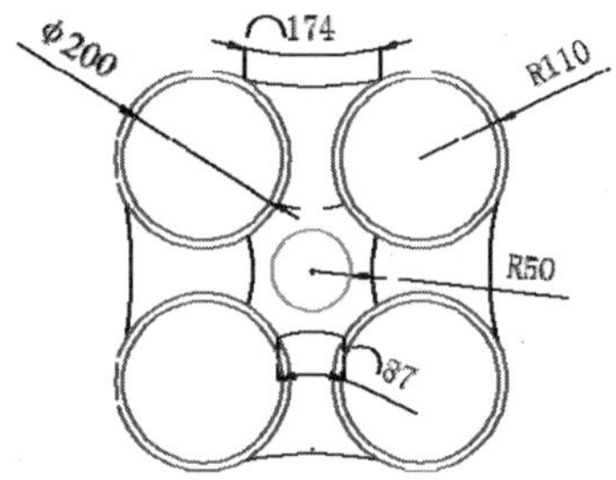

图 17-17

17.2 标注特殊尺寸

特殊尺寸标注包括角度标注、坐标标注、快速标注、创建快速引线标注和折弯标注等，下面分别进行讲解。

17.2.1 角度标注

角度标注命令用于精确测量并标注直线、多段线、圆、圆弧，以及点和被测对象之间的夹角，调用该命令的方法如下：

- 在“常用”选项卡的“注释”组中单击 线性 下拉按钮，在弹出的下拉列表中选择“角度”选项。
- 在“注释”选项卡的“标注”组中的左侧下拉列表中选择“角度”选项。
- 显示菜单栏，选择“标注”→“角度”命令。
- 在命令行中执行 DIMANGULAR 命令。

对角度进行标注的具体操作如下：

Step 01 打开“三角形.dwg”图形文件（光盘:\素材\第 17 章\三角形.dwg），在命令行中执行 DIMANGULAR 命令，具体操作过程如下：

```
命令: DIMANGULAR                      //执行 DIMANGULAR 命令
选择圆弧、圆、直线或<指定顶点>:        //单击如图 17-18 所示的 A 线
选择第二条直线:                        //单击如图 17-18 所示的 B 线
指定标注弧线位置或 [多行文字(M)/文字(T)/角度(A)]:    //确定尺寸线位置,这里在三角形内单击
标注文字=56                            //系统提示
```

Step 02 角度标注完成后，效果如图 17-19 所示（光盘:\源文件\第 17 章\三角形.dwg）。

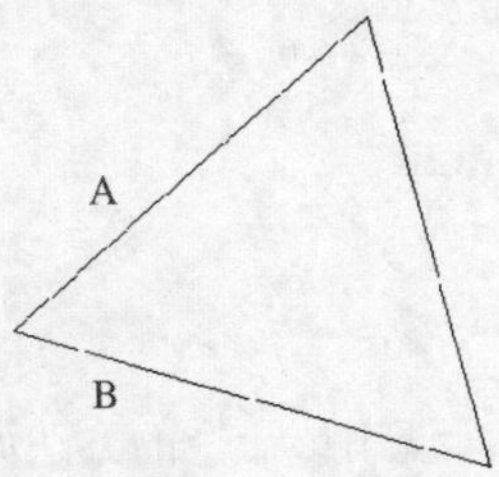

图 17-18

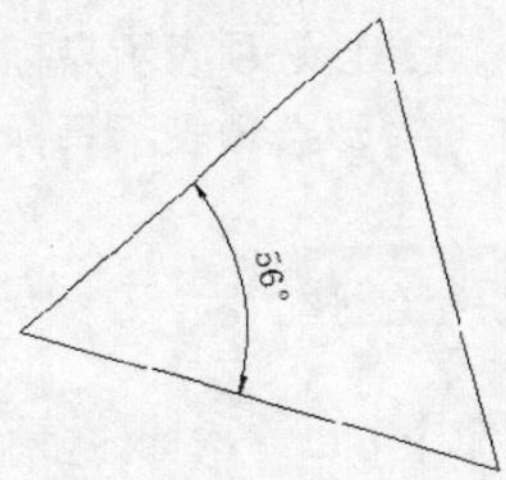

图 17-19

17.2.2 坐标标注

坐标标注命令用于自动测量和标注一些特殊点的 X、Y 轴的坐标值。使用坐标标注命令可以保持特征点与基准点的精确偏移量，从而避免增大误差。调用该命令的方法如下：

- 在“常用”选项卡的“注释”组中单击 线性 下拉按钮，在弹出的下拉列表中选择“坐标”选项。
- 在“注释”选项卡的“标注”组中的左侧下拉列表中选择“坐标”选项。
- 显示菜单栏，选择“标注”→“坐标”命令。
- 在命令行中执行 DIMORDINATE 或 DIMORD 命令。

对坐标进行标注的具体操作如下：

Step 01 打开“换气扇.dwg”图形文件（光盘:\素材\第 17 章\换气扇.dwg），在命令行中执行 DIMORDINATE 命令，具体操作过程如下：

```
命令:DIMORDINATE          //执行 DIMORDINATE 命令
指定点坐标:               //指定需要标注点所在的位置,这里单击如图 17-20 所示的 A 点
指定引线端点或 [X 基准(X)/Y 基准(Y)/多行文字(M)/文字(T)/角度(A)]:    //指定尺寸标注点的位置,这里向右移动鼠标并单击
标注文字=1221             //显示标注效果
```

Step 02 坐标标注完成后，效果如图 17-21 所示（光盘:\源文件\第 17 章\换气扇.dwg）。

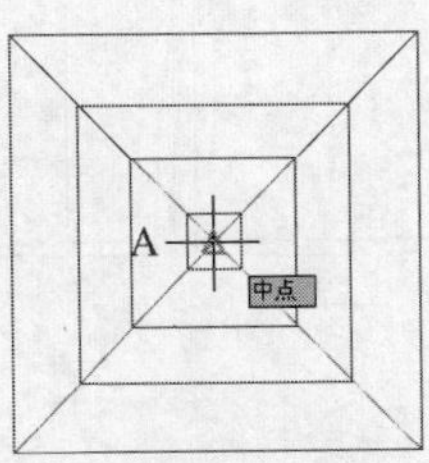

图 17-20

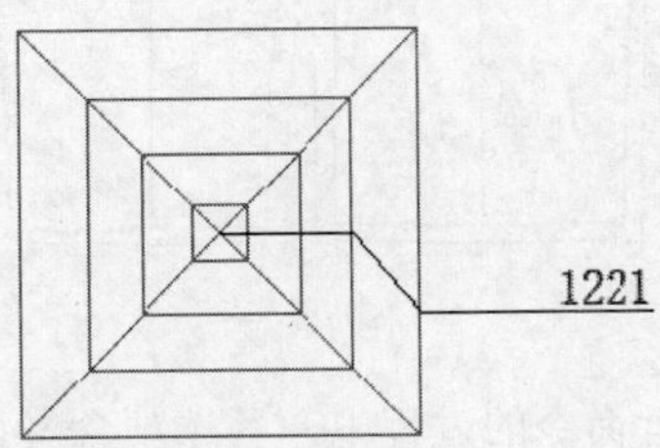

图 17-21

在执行命令过程中，命令行中各选项的含义如下：

- X 基准：系统自动测量 *X* 坐标值，并确定引线和标注文字的方向。
- Y 基准：系统自动测量 *Y* 坐标值，并确定引线和标注文字的方向。
- 多行文字：选择通过输入多行文字的方式输入多行标注文字。
- 文字：选择通过输入单行文字的方式输入单行标注文字。
- 角度：设置标注文字方向与 *X*（*Y*）轴夹角，默认为 0°，即水平或者垂直。
- 水平：选择该选项表示只标注两点之间的水平距离。
- 垂直：选择该选项表示只标注两点之间的垂直距离。

17.2.3 快速标注

快速标注命令可以一次标注多个标注形式相同的图形对象，调用该命令的方法如下：

- 在“注释”选项卡的“标注”组中单击“快速标注”按钮。
- 显示菜单栏，选择“标注”→“快速标注”命令。
- 在命令行中执行 QDIM 命令。

快速标注图形对象的具体操作如下：

Step 01 打开“窗户.dwg”图形文件（光盘:\素材\第 17 章\窗户.dwg），在命令行中执行 QDIM 命令，具体操作过程如下：

```
命令: QDIM                                        //执行 QDIM 命令
关联标注优先级 = 端点                             //系统自动显示
选择要标注的几何图形: 找到 1 个                   //选择要标注的对象，单击如图 17-22 所示的 A 点
选择要标注的几何图形: 找到 1 个，总计 2 个        //选择要标注的对象，单击如图 17-22 所示的 B 点
选择要标注的几何图形: 找到 1 个，总计 3 个        //选择要标注的对象，单击如图 17-22 所示的 C 点
选择要标注的几何图形: 找到 1 个，总计 4 个        //选择要标注的对象，单击如图 17-22 所示的 D 点
选择要标注的几何图形:                             //按【Space】键，结束对象的选择
指定尺寸线位置或 [连续(C)/并列(S)/基线(B)/坐标(O)/半径(R)/直径(D)/基准点(P)/编辑
(E)/设置(T)] <连续>                               //系统当前提示
```

Step 02 快速标注完成后，效果如图 17-23 所示（光盘:\源文件\第 17 章\窗户.dwg）。

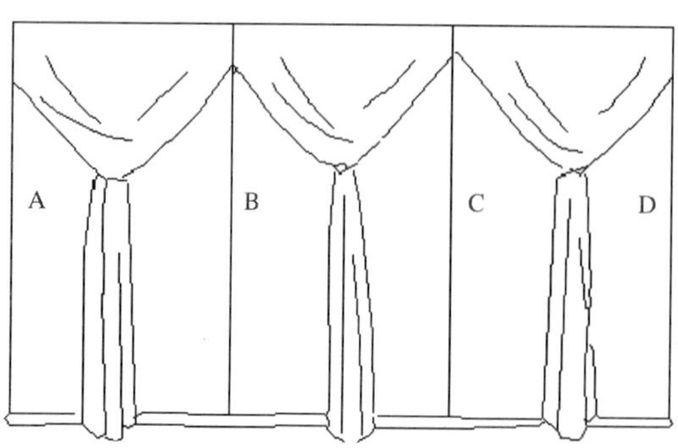

图 17-22

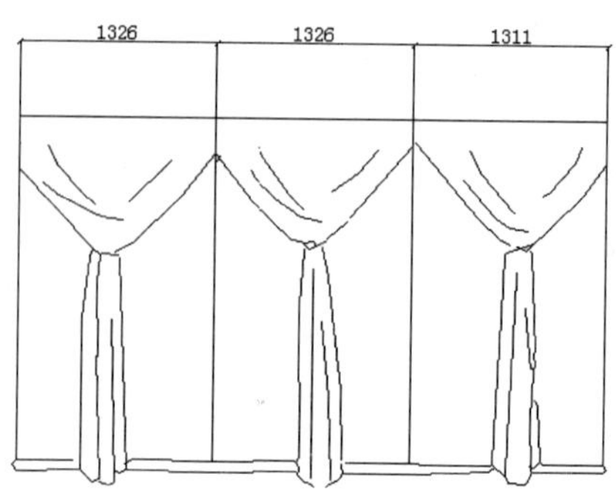

图 17-23

在执行命令的过程中，各选项含义如下：

- 连续/并列/基线/坐标：以连续/并列/基线/坐标的标注方式标注尺寸。

- 半径/直径：标注圆或圆弧的半径和直径。
- 基准点：以“基线”或“坐标”方式标注时指定基点。
- 编辑：尺寸标注的编辑命令，用于增加或减少尺寸标注中延伸线的端点数目。
- 设置：设置关联标注优先级。

17.2.4　多重引线标注

引线标注常用于标注某对象的说明信息，通常不标注尺寸等数字信息，只标注文字信息。该命令并非是系统产生的尺寸信息，而是由用户指定标注的文字信息。

1．设置多重引线样式

设置多重引线样式的方法如下：

- 在“注释”选项卡的“引线”组中单击其右下角的↘按钮。
- 显示菜单栏，选择“格式”→“多重引线样式”命令。

设置多重引线样式的具体操作如下：

Step 01 在“注释”选项卡的“引线”组中单击其右下角的↘按钮，弹出“创建新多重引线样式”对话框，在“新样式名”文本框中输入文本“引线标注”，如图 17-24 所示，单击 继续(O) 按钮。

Step 02 弹出“修改多重引线样式：引线标注”对话框，切换至“引线格式”选项卡，在“常规”选项组的“类型”下拉列表中选择“样条曲线”选项，在“颜色”下拉列表中选择“蓝”选项，在“箭头”选项组的“大小”数值框中输入 15，如图 17-25 所示。

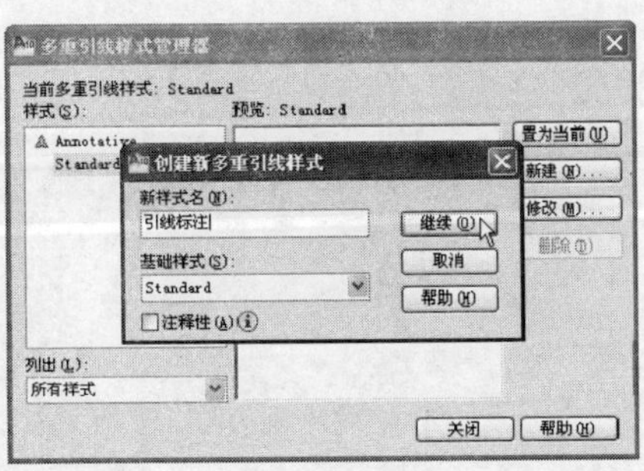

图 17-24

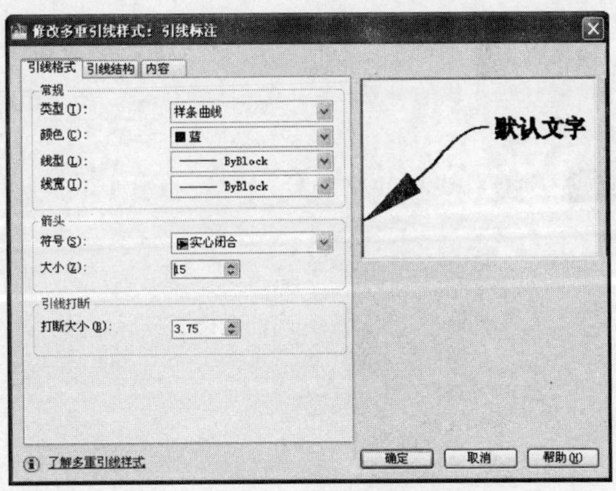

图 17-25

Step 03 切换至“内容”选项卡，在“文字选项”选项组的“文字颜色”下拉列表中选择“蓝”选项，在“文字高度”数值框中输入 50，如图 17-26 所示，单击 确定 按钮。

Step 04 返回“多重引线样式管理器”对话框，在“样式”列表框中选择“引线标注”选项，单击 置为当前(U) 按钮，再单击 关闭 按钮，如图 17-27 所示。

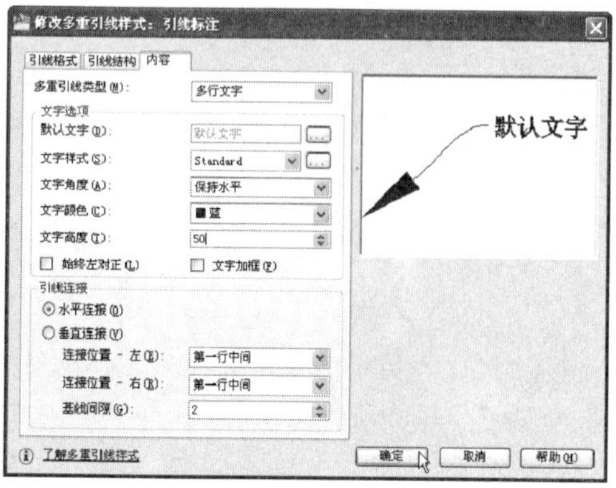

图 17-26

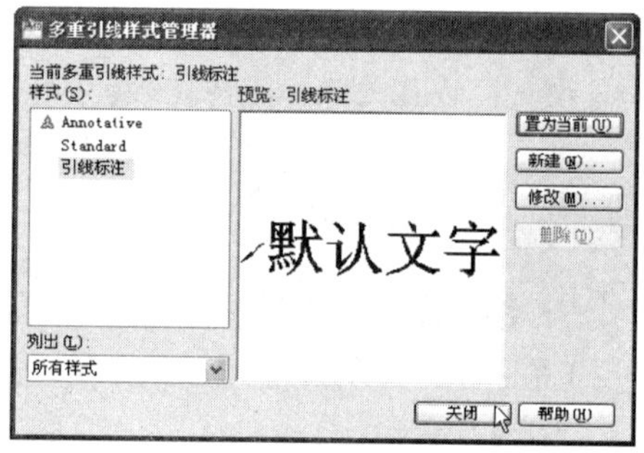

图 17-27

2. 标注多重引线

标注多重引线的方法如下：

- 在“常用”选项卡的“注释”组中单击“多重引线”按钮。
- 在“注释”选项卡的“引线”组中单击“多重引线”按钮。
- 显示菜单栏，选择“标注”→“多重引线”命令。
- 在命令行中执行 MLEADER 命令。

标注多重引线的具体操作如下：

Step 01 打开“餐桌.dwg”图形文件（光盘:\素材\第 17 章\餐桌.dwg），在命令行中执行 MLEADER 命令，具体操作过程如下：

```
命令：MLEADER      //执行 MLEADER 命令
指定引线箭头的位置或 [引线基线优先(L)/内容优先(C)/选项(O)] <引线基线优先>：//指定引线的端点，这里单击如图 17-28 所示的 A 点
指定引线基线的位置：//指定引线的终点，在文字框中输入文本“磨砂玻璃”，单击绘图区空白处完成标注
```

Step 02 多重引线标注完成后，效果如图 17-29 所示（光盘:\源文件\第 17 章\餐桌.dwg）。

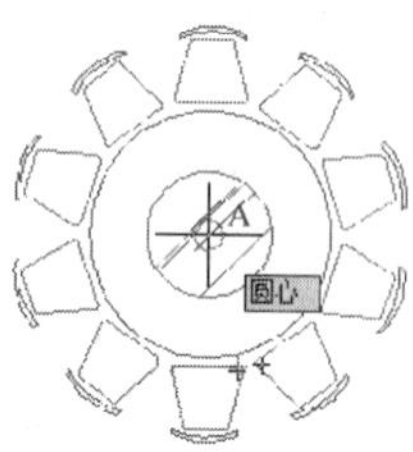

图 17-28

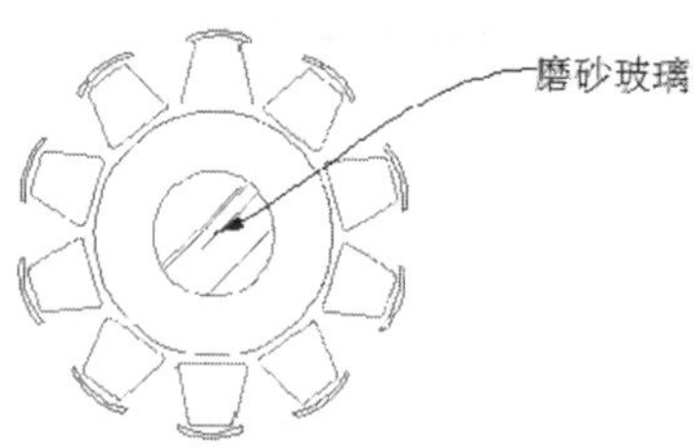

图 17-29

3. 添加引线

添加引线可以将多条引线附着到同一文本，也可以均匀隔开并快速对齐多个文本。调用该命令的方法如下：

- 在“常用”选项卡的“注释”组中单击多重引线下拉按钮，在弹出的下拉列表中选择“添加引线”选项。

- 在“注释”选项卡的“引线”组中单击“添加引线”按钮。

为图形对象添加引线的具体操作如下：

Step 01 打开“餐桌 1.dwg”图形文件（光盘:\素材\第 17 章\餐桌 1.dwg），在“注释”选项卡的“引线”组中单击“添加引线”按钮。

Step 02 此时鼠标光标呈□状态，选择需添加的多重引线，单击如图 17-30 所示的 A 点，按【Esc】键退出该命令，最终效果如图 17-31 所示（光盘:\源文件\第 17 章\餐桌 1.dwg）。

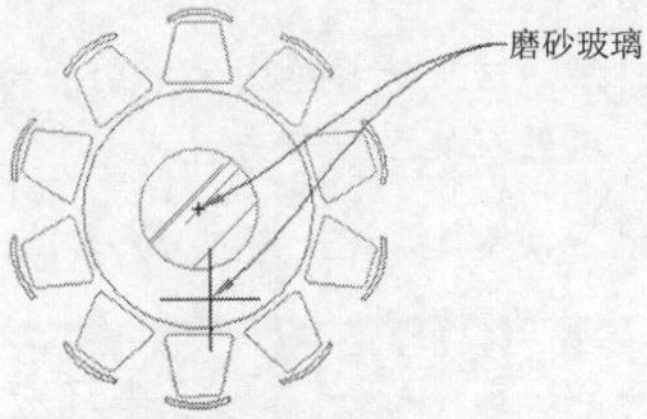

图 17-30

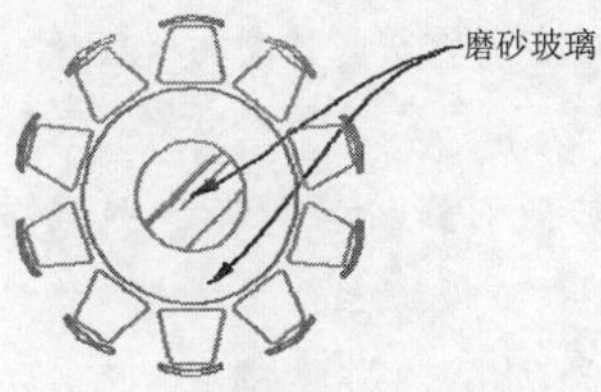

图 17-31

4．删除引线

在一张图纸中若引线过多，会影响整个图形的效果，所以删除多余的引线是必要的。调用删除引线命令的方法如下：

- 在“常用”选项卡的“注释”组中单击 多重引线 下拉按钮，在弹出的下拉列表中选择“删除引线”选项。
- 在“注释”选项卡的“引线”组中单击“删除引线”按钮。

删除引线的具体操作如下：

Step 01 打开“洗菜盆.dwg”图形文件（光盘:\素材\第 17 章\洗菜盆.dwg），在“注释”选项卡的“引线”组中单击“删除引线”按钮。

Step 02 此时鼠标光标呈□状态，选择多余的多重引线，这里选择如图 17-32 所示的引线，按【Space】键退出该命令，最终效果如图 17-33 所示（光盘:\源文件\第 17 章\洗菜盆.dwg）。

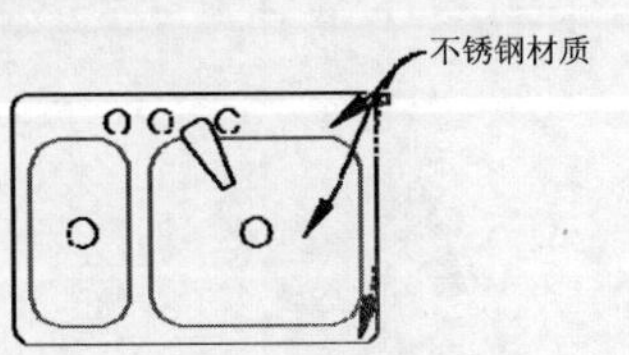

图 17-32

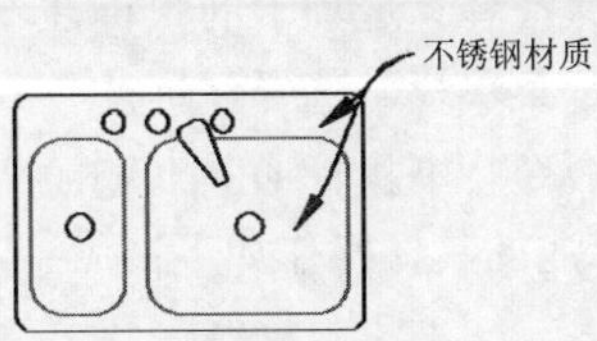

图 17-33

5．对齐引线

使用对齐引线命令可以沿指定的线对齐若干多重引线对象，水平基线将沿指定的不可见的线放置，箭头将保留在原来放置的位置。调用该命令的方法如下：

- 在“常用”选项卡的“注释”组中单击 多重引线 下拉按钮，在弹出的下拉列表中选择“对齐引线”选项。
- 在“注释”选项卡的“引线”组中单击“对齐引线”按钮。

- 在命令行中执行 MLEADERALIGN 命令。

对齐引线的具体操作如下：

Step 01 打开“洗菜盆 1.dwg”图形文件（光盘:\素材\第 17 章\洗菜盆 1.dwg），在命令行中执行 MLEADERALIGN 命令，具体操作过程如下：

```
命令：MLEADERALIGN            //执行 MLEADERALIGN 命令
选择多重引线：找到 1 个       //选择需要对齐的引线，这里选择如图 17-34 所示的引线
选择多重引线：                //按【Space】键确认
当前模式：使用当前间距        //系统自动显示当前模式
选择要对齐到的多重引线或 [选项(O)]：//选择被对齐的引线，这里选择绘图区中剩余的引线
指定方向：<正交 开> <正交 关>      //指定对齐方向，这里在其上方单击
```

Step 02 将其他引线标注对齐，效果如图 17-35 所示（光盘:\源文件\第 17 章\洗菜盆 1.dwg）。

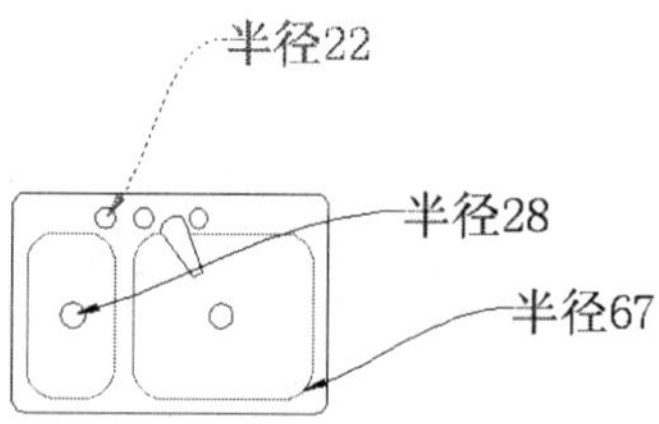

图 17-34

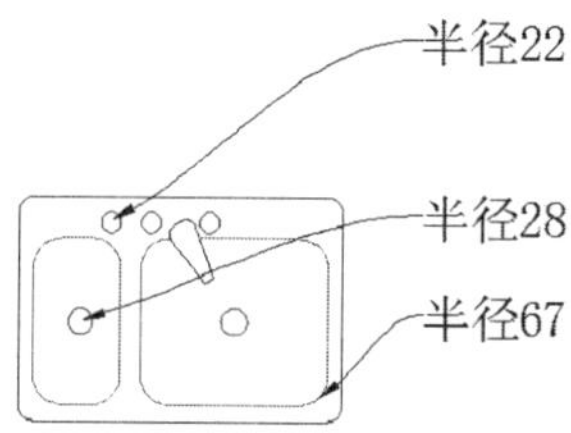

图 17-35

17.2.5 折弯标注

在对图形进行标注的过程中，需要标注的值有时很大，甚至超过图纸的范围，但又要在图纸中标示出来，这时的标注值就不是测量值了。一般情况下，当显示的标注对象小于被标注对象的实际长度时，通常使用折弯线标注表示，该命令的调用方法如下：

- 在“常用”选项卡的“注释”组中单击下拉按钮，在弹出的下拉列表中选择“折弯”选项。
- 在“注释”选项卡的“标注”组中，单击“标注，折弯标注”按钮。
- 显示菜单栏，选择“标注”→“折弯线性”命令。
- 在命令行中执行 DIMJOGLINE 命令。

折弯标注的具体操作如下：

Step 01 打开“螺钉侧面图.dwg”图形文件（光盘:\素材\第 17 章\螺钉侧面图.dwg），在命令行中执行 DIMJOGLINE 命令，具体操作过程如下：

```
命令：DIMJOGLINE                        //执行 DIMJOGLINE 命令
选择要添加折弯的标注或 [删除(R)]：      //选择需要标注的线性标注或对齐标注，这里选择如图 17-36
所示的线性标注
指定折弯位置（或按 ENTER 键）：         //指定折弯线的位置，这里单击线性标注的中点
```

Step 02 对线性标注进行折弯操作后，效果如图 17-37 所示（光盘:\源文件\第 17 章\螺钉侧面图.dwg）。

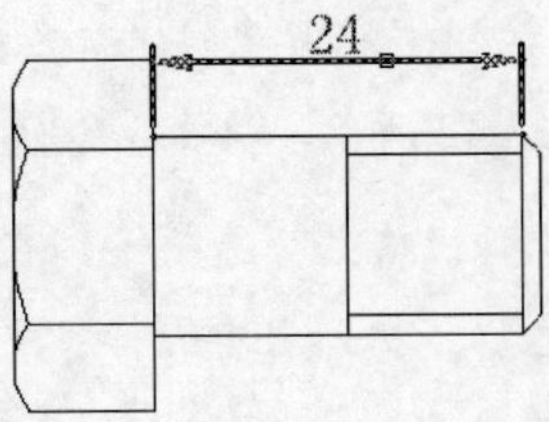

图 17-36

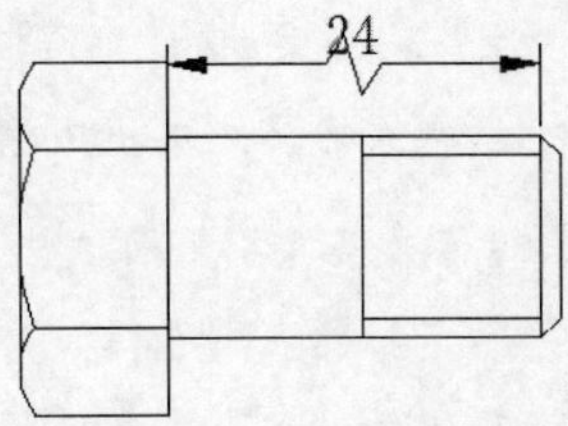

图 17-37

17.2.6　任务 37：为洗手台标注尺寸

下面练习为洗手台标注尺寸。

Step 01 打开“洗手台.dwg”图形文件（光盘:\素材\第 17 章\洗手台.dwg），在命令行中执行 DIMANGULAR 命令，具体操作过程如下：

```
命令：DIMANGULAR                              //执行 DIMANGULAR 命令
选择圆弧、圆、直线或<指定顶点>:               //单击如图 17-38 所示的 A 线
选择第二条直线:                               //单击如图 17-38 所示的 B 线
指定标注弧线位置或 [多行文字（M）/文字（T）/角度（A）]：  //确定尺寸线位置，这里在其内部单击
标注文字=64                                   //效果如图 17-39 所示
```

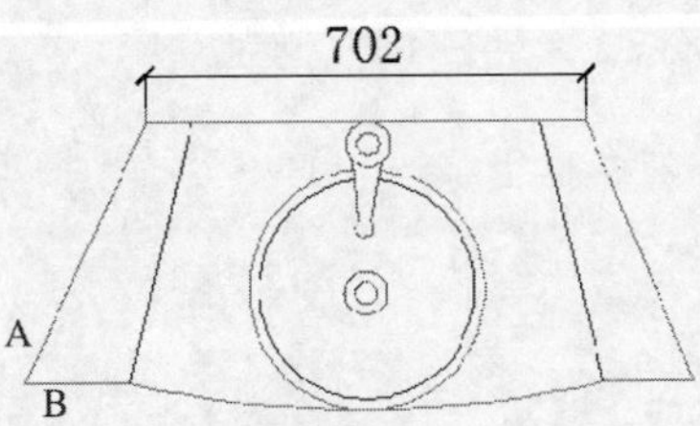

图 17-38

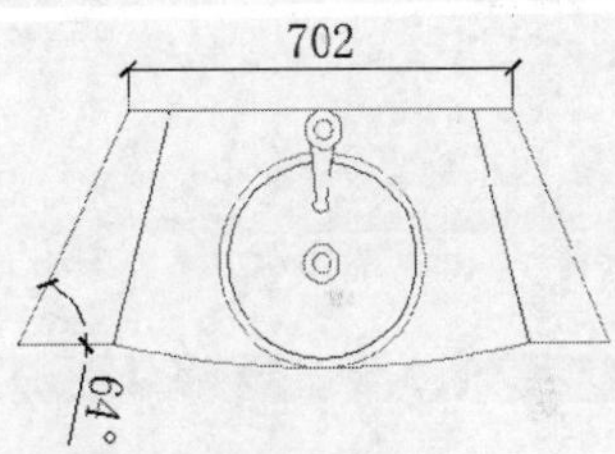

图 17-39

Step 02 在命令行中执行 DIMJOGLINE 命令，具体操作过程如下：

```
命令：DIMJOGLINE                              //执行 DIMJOGLINE 命令
选择要添加折弯的标注或 [删除(R)]：            //选择需要标注的线性标注或对齐标注，这里选择如图 17-40 所示的线性标注
指定折弯位置（或按 ENTER 键）：               //指定折弯线的位置，这里单击线性标注的右侧一点，标注后的效果如图 17-41 所示
```

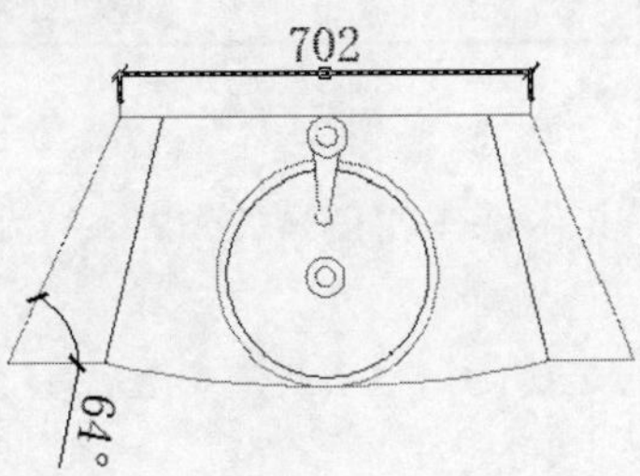

图 17-40

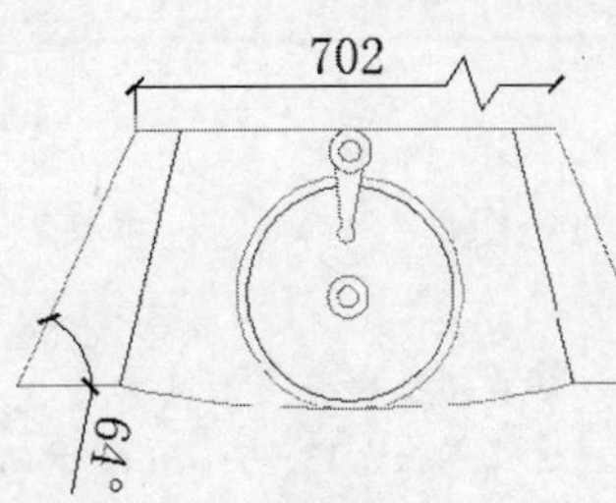

图 17-41

Step 03 在“注释”选项卡的“引线”组中单击其右下角的↘按钮，弹出“创建新多重引线样式”对话框，在“新样式名”文本框中输入文本“引线”，如图 17-42 所示，单击[继续(O)]按钮。

Step 04 弹出“修改多重引线样式：引线”对话框，切换至“引线格式”选项卡，在“常规”选项组的“类型”下拉列表中选择“样条曲线”选项，在“颜色”下拉列表中选择“洋红”选项，在“箭头”选项组的“大小”数值框中输入 15，如图 17-43 所示。

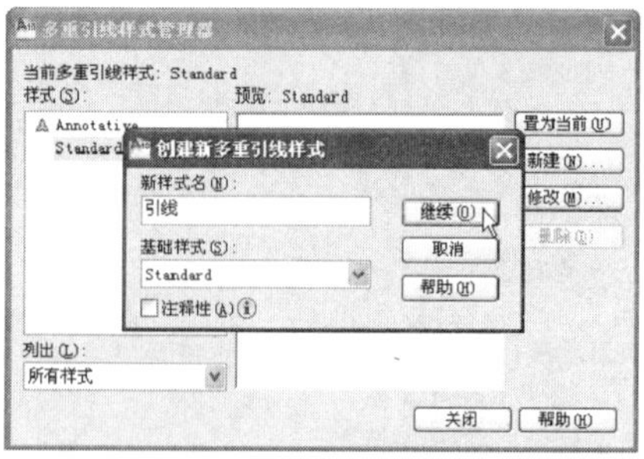

图 17-42

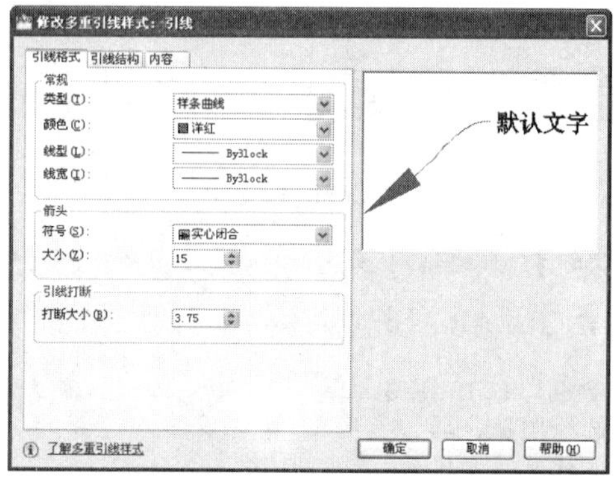

图 17-43

Step 05 切换至“内容”选项卡，在“文字选项”选项组的“文字颜色”下拉列表中选择“洋红”选项，在“文字高度”数值框中输入 35，如图 17-44 所示，单击[确定]按钮。

Step 06 返回“多重引线样式管理器”对话框，在“样式”列表框中选择“引线”选项，单击[置为当前(U)]按钮，再单击[关闭]按钮，如图 17-45 所示。

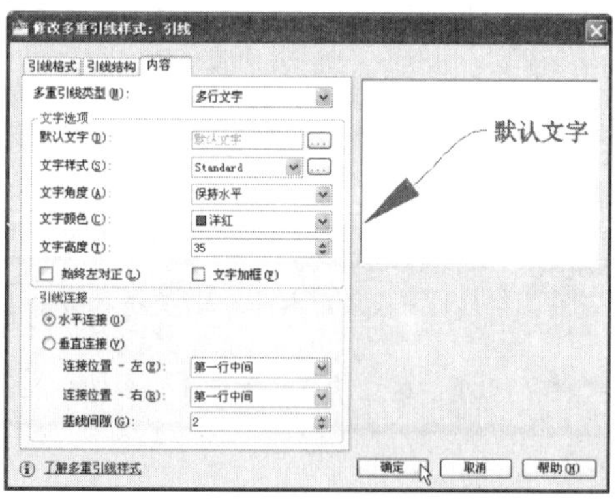

图 17-44

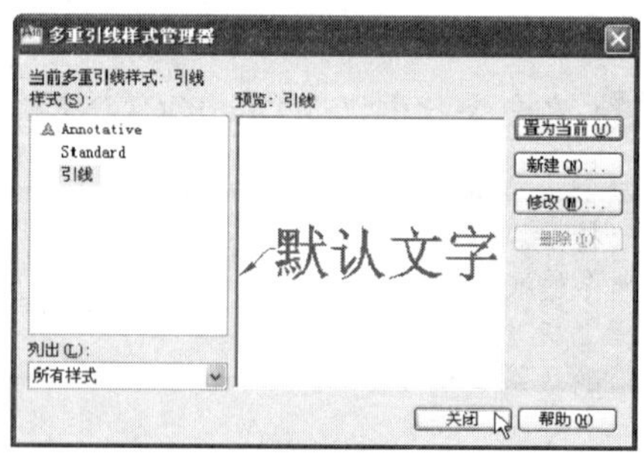

图 17-45

Step 07 返回绘图区，在命令行中执行 MLEADER 命令，具体操作过程如下：

```
命令：MLEADER            //执行 MLEADER 命令
指定引线箭头的位置或 [引线基线优先(L)/内容优先(C)/选项(O)] <引线基线优先>：//指定引线的端点，这里单击如图 17-46 所示的 A 点
指定引线基线的位置：     //指定引线的终点，在文字框中输入文本“陶瓷材料最佳”，单击绘图区中的空白位置确定
```

Step 08 标注完成后的效果如图 17-47 所示（光盘:\源文件\第 17 章\洗手台.dwg）。

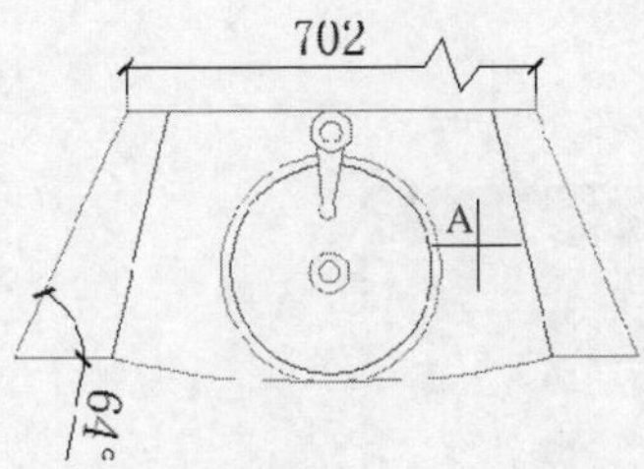

图 17-46

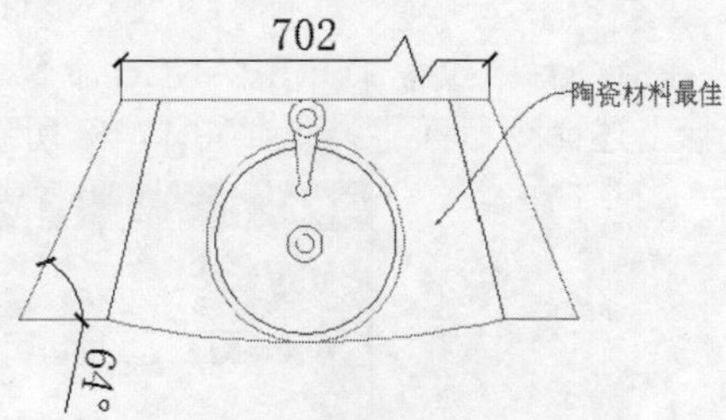

图 17-47

17.3　形位公差

形位公差包括形状形位公差和位置形位公差两种，一般用于机械设计领域，是指导生产、检验产品和控制质量的技术依据。

17.3.1　使用符号表示形位公差

形位公差的标注样式通常由引线、形位公差代号、直径代号、形位公差值、材料状况、基准代号等组成。表 17-1 所示为国家规定的各种形位公差的标准符号及其含义。

表 17-1

符　号	含　义	符　号	含　义
⌖	定位	▱	平坦度
◎	同心轴	○	圆或圆面
⌯	对称	—	直线度
//	平行	⌓	平面轮廓
⊥	垂直	⌒	直线轮廓
∠	角度	↗	圆跳动
⌭	柱面度	⌰	全跳动

在 AutoCAD 中，形位公差还经常和表示材料的符号连用，表 17-2 所示为部分材料控制符号及其含义。

表 17-2

符　号	含　义	符　号	含　义
Ⓜ	材料的一般中等状况	Ⓢ	材料的最小状况
Ⓟ	最小包容条件（LMC）	Ⓛ	材料的最大状况

17.3.2　使用对话框标注形位公差

形位公差是指机械零件的某些表面形状和有关部位的相对位置的允许变动范围。打开“形位公差”对话框的方法如下：

- 在“注释”选项卡的“标注”组中单击▼按钮，在弹出的下拉列表中单击“公差”按钮。
- 显示菜单栏，选择“标注”→“形位公差”命令。
- 在命令行中执行 TOLERANCE 命令。

执行上述命令后都将弹出如图 17-48 所示的“形位公差”对话框。

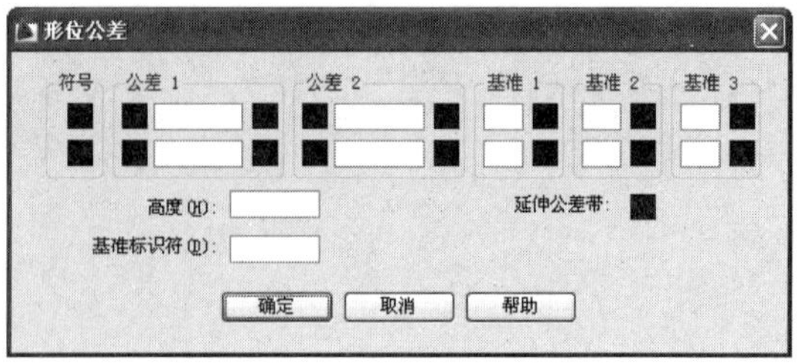

图 17-48

“形位公差”对话框中各选项的含义分别如下：

- “符号”选项组：单击黑色的方块，弹出如图 17-49 所示的“特征符号”对话框，在其中可以选择形位公差符号。
- “公差 1”和“公差 2”选项组：单击黑色的方块，设置形位公差样式。每个选项下对应 3 个框，第 1 个黑色框设置是否选用直径符号 ϕ，第 2 个空白框设置形位公差值，第 3 个黑色框设置附加符号。
- “基准 1”、“基准 2”和“基准 3”选项组：第 1 个空白框设置形位公差的基准代号，单击第 2 个黑色块可以弹出如图 17-50 所示的“附加符号”对话框，设置附加符号。
- “高度”文本框：该选项设置特征控制框的投影形位公差零值。
- “延伸公差带”选项：该选项用于插入延伸形位公差带符号。
- “基准标识符”文本框：该选项用于插入由参照字幕组成的基准标识符。

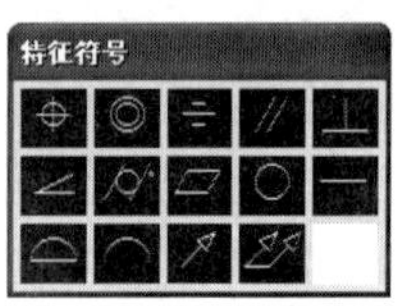

图 17-49

图 17-50

17.4 编辑尺寸标注

完成尺寸标注后，若不满意还可以对其进行编辑。编辑尺寸标注包括更新标注、关联标注、编辑尺寸标注文字的内容，以及编辑标注文字的位置等，下面讲解编辑尺寸标注的具体操作方法。

17.4.1 更新标注

更新标注一般是在某个尺寸标注不符合要求时使用，调用该命令的方法如下：

- 在“注释”选项卡的“标注”组中单击“更新”按钮。
- 显示菜单栏，选择“标注”→“更新”命令。
- 在命令行中执行 DIMSTYLE 命令。

更新标注的具体操作如下：

Step 01 在“常用”选项卡的“注释”组中单击▼按钮，然后在弹出的下拉列表中单击“标注样式”按钮。

Step 02 弹出“标注样式管理器”对话框，单击[替代(O)...]按钮，弹出“替代当前样式”对话框，在该对话框中修改标注样式参数，单击[确定]按钮，再单击[关闭]按钮。

Step 03 返回绘图区，在“注释”选项卡的“标注”组中单击“更新”按钮。具体操作过程如下：

```
命令:DIMSTYLE                              //单击“更新”按钮后命令行显示该命令
当前标注样式: Standard   注释性: 否       //提示当前标注样式
输入标注样式选项[注释性(AN)/保存(S)/恢复(R)/状态(ST)/变量(V)/应用(A)/?] <恢复>:
apply                                      //提示系统自动选择了“应用”选项
选择对象: 找到 1 个                        //选择要更新的尺寸标注
选择对象:                                  //按【Space】键结束命令
```

在执行命令的过程中，部分选项的含义分别如下：

- 保存：将标注系统变量的当前设置保存到标注样式。
- 恢复：将尺寸标注系统变量设置恢复为选择标注样式设置。
- 状态：显示所有标注系统变量的当前值，并自动结束 DIMSTYLE 命令。
- 变量：列出某个标注样式或设置选定标注的系统变量，但不能修改当前设置。
- 应用：将当前尺寸标注系统变量设置应用到选定标注对象，永久替代应用于这些对象的任何现有标注样式。选择该选项后，系统会提示选择标注对象，选择标注对象后，所选择的标注对象将自动被更新为当前标注样式。

17.4.2　重新关联标注

重新关联标注的作用是使修改图形时的标注根据图形的变化自动进行修改。调用该命令的方法如下：

- 在“注释”选项卡的“标注”组中单击▼按钮，在弹出的下拉列表中单击“重新关联”按钮。
- 显示菜单栏，选择“标注”→“重新关联标注”命令。
- 在命令行中执行 DIMREASSOCIATE 命令。

重新关联标注的具体操作过程如下：

```
命令:DIMREASSOCIATE          //执行 DIMREASSOCIATE 命令
选择要重新关联的标注 ...     //系统自动提示
选择对象: 找到 1 个          //选择需要关联的标注
选择对象:                    //按【Space】键确认
选择弧或圆<下一个>:          //选择需要关联的图形
```

注　意

在执行命令时，如果选择的尺寸标注不同，命令行中的提示内容也会有所不同，其操作方法大同小异。

17.4.3 编辑尺寸标注文字的内容

在命令行中执行 DIMEDIT 命令，可编辑尺寸标注文字的内容，具体操作过程如下：

```
命令: DIMEDIT          //执行 DIMEDIT 命令
输入标注编辑类型 [默认(H)/新建(N)/旋转(R)/倾斜(O)] <默认>:n //选择"新建"选项，打开一个文字输入框，选中输入框中的所有内容，重新输入需要的内容，然后在绘图区的空白处单击
选择对象: 找到 1 个     //选择图形中需要编辑文字内容的尺寸标注
选择对象:              //按【Space】键结束命令
```

17.4.4 编辑尺寸标注文字的位置

编辑尺寸标注文字位置的方法有以下 3 种：

- 在“注释”选项卡的“标注”组中单击▼按钮，在弹出的下拉列表中单击第二排的按钮，如图 17-51 所示。
- 显示菜单栏，选择“标注”→“对齐文字”命令，在其子菜单中选择相应命令。
- 在命令行中执行 DIMTEDIT 命令。

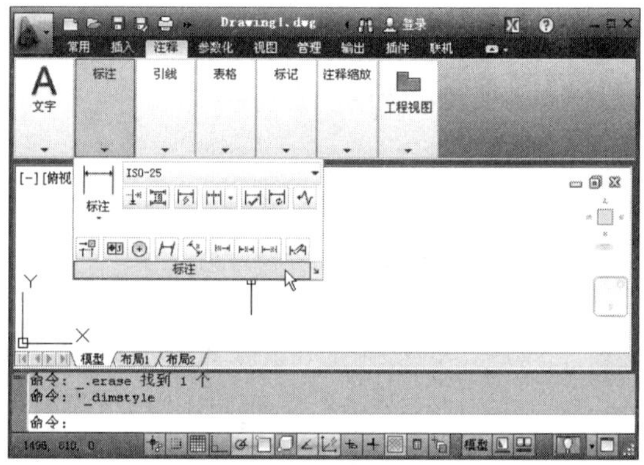

图 17-51

执行 DIMTEDIT 命令后，具体操作过程如下：

```
命令:DIMTEDIT        //执行 DIMTEDIT 命令
输选择标注:          //选择要修改的标注
标注文字指定新位置或 [左对齐(L)/右对齐(R)/居中(C)/默认(H)/角度(A)]:// 为标注文字指定新位置并按【Space】键确认
```

在执行命令的过程中，命令行中各选项的含义如下：

- 左对齐：选择该选项，可将标注文字放置在尺寸线的左端。
- 右对齐：选择该选项，可将标注文字放置在尺寸线的右端。
- 居中：选择该选项，可将标注文字放置在尺寸线的中心。
- 默认：选择该选项，将恢复系统默认的尺寸标注设置。
- 角度：选择该选项，可将标注文字旋转一定的角度。

17.5 边学边用——标注圆压块图形

通过前面的学习，了解了 AutoCAD 2012 标注圆弧形、标注特殊性尺寸、形位公差及编辑尺寸标注的方法，本节将通过一个简单实例的实现过程，来加深读者对相关知识的理解和掌握。

17.5.1 实例目标

本节将详细讲解在 AutoCAD 2012 中标注圆心、半径及角度等的方法，引导读者进一步掌握 AutoCAD 2012 中标注图形的高级方法。

具体学习目标如下：

- 练习 AutoCAD 2012 中标注圆心、半径的方法。
- 掌握 AutoCAD 2012 中标注角度的方法。

17.5.2 实例实现

Step 01 打开“圆压块.dwg”图形文件（光盘:\素材\第 17 章\圆压块.dwg），在命令行中执行 DIMCENTER 命令，具体操作过程如下：

```
命令：DIMCENTER    //执行 DIMCENTER 命令
选择圆弧或圆：      //选择右边图形中的小圆，如图 17-52 所示，标注后的效果如图 17-53 所示
```

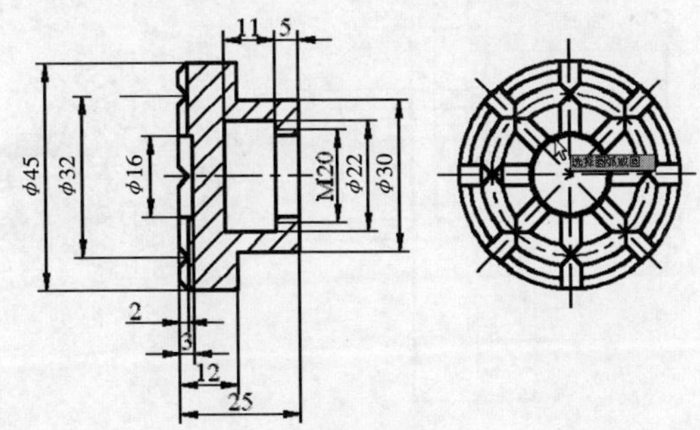

图 17-52

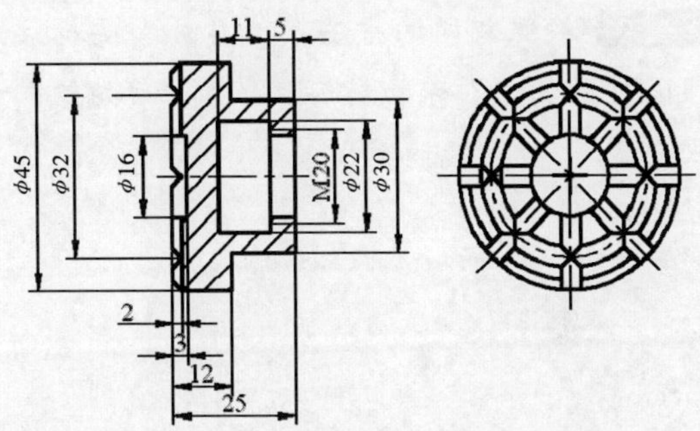

图 17-53

Step 02 在命令行中执行 DIMRADIUS 命令，具体操作过程如下：

```
命令：DIMRADIUS                                   //执行 DIMRADIUS 命令
选择圆弧或圆：                                     //选择如图 17-54 所示的圆
标注文字 =23                                       //系统提示将标注的尺寸
指定尺寸线位置或 [多行文字(M)/文字(T)/角度(A)]：  //移动鼠标使尺寸线处于合适位置，这里移
动到右上角，如图 17-55 所示
```

Step 03 在命令行中执行 DIMDIAMETER 命令，具体操作过程如下：

```
命令：DIMANGULAR                                  //执行 DIMANGULAR 命令
选择圆弧、圆、直线或<指定顶点>:                    //单击如图 17-56 所示的 A 线
选择第二条直线:                                    //单击如图 17-56 所示的 B 线
指定标注弧线位置或 [ 多行文字 (M) /文字 (T) /角度 (A) ]：  //确定尺寸线位置，这里水平向
左移动鼠标
标注文字=90                                        //系统提示，标注后的效果如图 17-57 所示
```

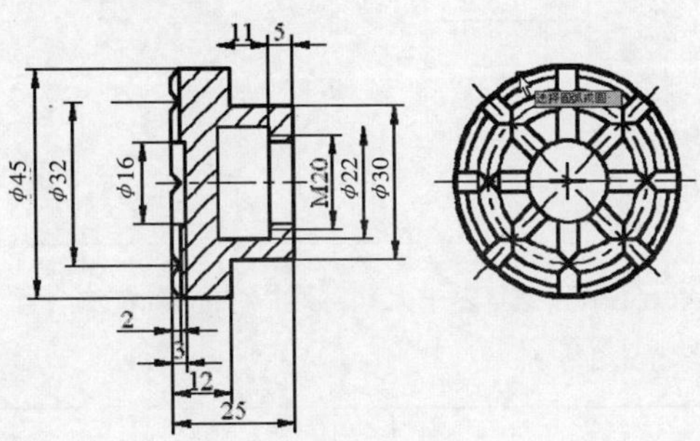

图 17-54

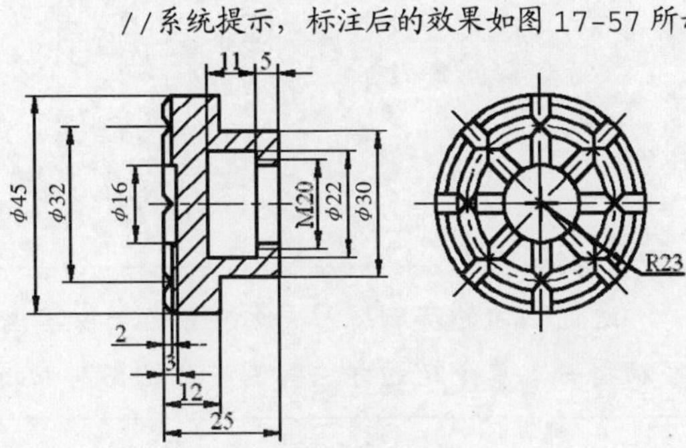

图 17-55

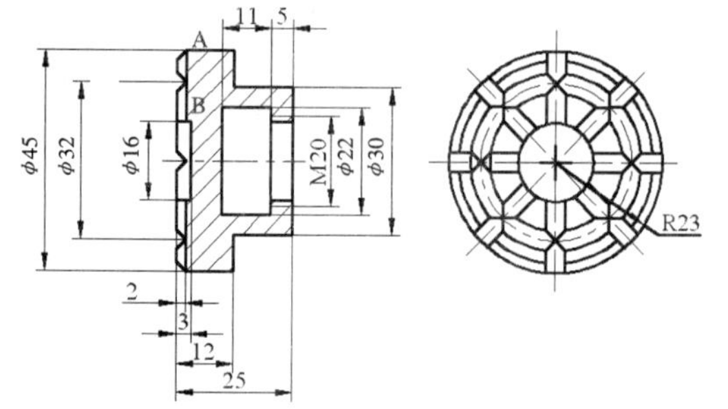

图 17-56

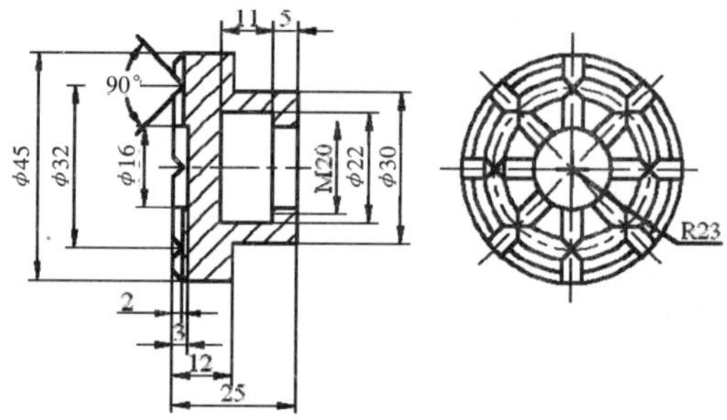

图 17-57

Step 04 按照相同的方法，为其他需要标注角度尺寸的图形对象进行标注，标注后的效果如图 17-58 所示（光盘:\源文件\第 17 章\圆压块.dwg）。

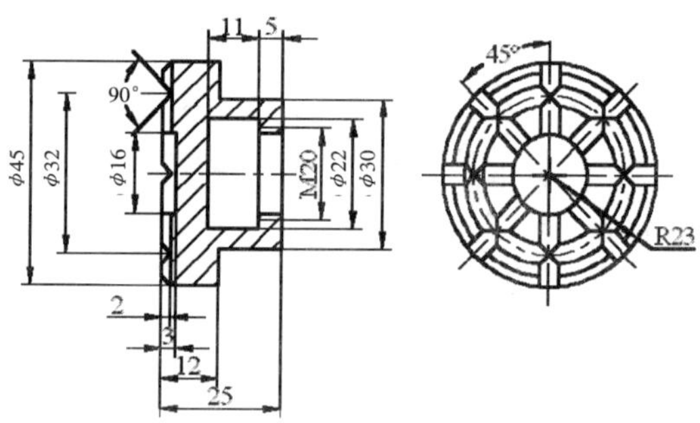

图 17-58

17.5.3 实例拓展和读者思考

在上个例实例中练习了 AutoCAD 常用的线性标注外，还实现了一些特殊的标注，这些标注在实际应用中同样重要。使用本章所学的各种标注，还可以完成图 17-59 所示的图形尺寸的标注。

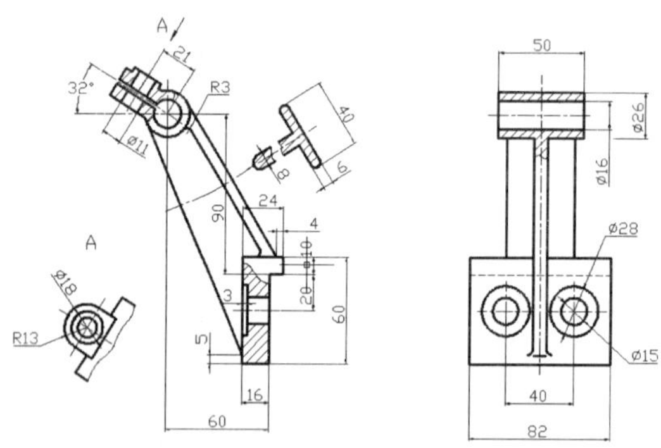

图 17-59

读者思考

通过刚才的实例练习，使读者进一步掌握了 AutoCAD 2012 中尺寸标注的高级方法，读者可以利用本章介绍的方法对需要的图形对象进行标注。

第 18 章 AutoCAD 2012 的其他功能

本章将讲解 AutoCAD 2012 的其他功能，包括查询距离、查询点坐标、查询时间、使用计算器及光栅图形对象的操作方法。

18.1 查询对象

AutoCAD 提供了很多查询功能用于查询图形对象，包括查询距离、查询面积和周长、查询点坐标、显示和设置时间、查询状态、查询对象列表，以及查询对象质量特性等，下面分别进行讲解。

18.1.1 查询距离

查询距离命令主要用于查询指定两点间的长度值与角度值，调用该命令的方法如下：

- 在“常用”选项卡的“实用工具”组中单击“距离”按钮。
- 显示菜单栏，选择“工具”→“查询”→“距离”命令。
- 在命令行中执行 DI 或 DIST 命令。

查询距离的具体操作如下：

打开“查询距离.dwg”图形文件（光盘:\素材\第 18 章\查询距离.dwg），在命令行中执行 DIST 命令，具体操作过程如下：

```
命令：DIST    //执行 DIST 命令
指定第一点：  //单击查询距离的第一点，这里单击如图 18-1 所示的 A 点
指定第二点：  //单击查询距离的另一点，这里单击如图 18-1 所示的 B 点
距离 = 2000.0000，XY 平面中的倾角 = 0，  与 XY 平面的夹角 = 0
X 增量 = 2000.0000，   Y 增量 = 0.0000，    Z 增量 = 0.0000 //显示查询结果
```

图 18-1

18.1.2 查询面积及周长

查询面积及周长命令主要用于查询图形对象的面积和周长值，同时还可对面积及周长进行加/减运算，调用该命令的方法如下：

- 显示菜单栏，选择“工具”→“查询”→“面积”命令。
- 在命令行中执行 AREA 命令。

查询面积及周长的具体操作如下：

打开“查询面积及周长.dwg”图形文件（光盘:\素材\第 18 章\查询面积及周长.dwg），在命令行中执行 AREA 命令，具体操作过程如下：

```
命令: AREA    //执行 AREA 命令
指定第一个角点或[对象(O)/加(A)/减(S)]: //捕捉要查询对象的一点，这里单击如图 18-2 所示的 A 点
指定下一个角点或按 ENTER 键全选:          //捕捉下一角点，这里单击如图 18-2 所示的 B 点
指定下一个角点或按 ENTER 键全选:          //捕捉下一角点，这里单击如图 18-2 所示的 C 点
指定下一个角点或按 ENTER 键全选:          //捕捉下一角点，这里单击如图 18-2 所示的 D 点
指定下一个角点或按 ENTER 键全选:          //确认指定的所有点，按【Space】键确认
面积 = 20000.0000，周长 = 600.0000      //系统提示查询结果并结束该命令
```

在执行命令的过程中，命令行中各选项的含义如下：

- 对象：用于查询圆、椭圆、样条曲线、多段线、多边形、面域、实体和一些开放性的首尾相连能成为封闭图形等图形的面积和周长。
- 加：选择该项后，继续定义新区域应保持总面积平衡。使用该选项可计算各定义区域和对象的面积、周长，也可计算所有定义区域和对象的总面积。
- 减：从总面积中减去指定面积。

图 18-2

注　意

对于线宽大于 0 的多段线，系统将按其中心线来计算面积和周长。

18.1.3 查询点坐标

查询点坐标命令主要用于查询指定点的坐标，调用该命令的方法如下：

- 在“常用”选项卡的“实用工具”组中单击其右下角的▾按钮，在弹出的下拉列表中单击“点坐标”按钮。
- 显示菜单栏，选择“工具”→“查询”→“点坐标”命令。
- 在命令行中执行 ID 命令。

查询点坐标的具体操作如下：

打开“查询点坐标.dwg”图形文件（光盘:\素材\第 18 章\查询点坐标.dwg），在命令行中执行 ID 命令，具体操作过程如下：

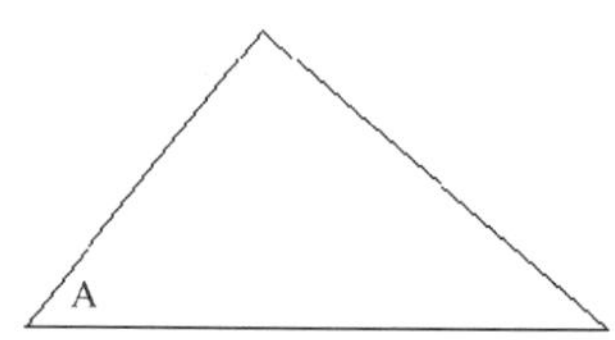

图 18-3

```
命令: ID //执行 ID 命令
指定点:  //单击需要查询的点，这里单击如图 18-3 所示的 A 点
X = 1776.5377     Y = 1288.7530     Z = 0.0000   //系统提示查询结果
```

注　意

在基于某个对象绘制另一个对象时，查询点坐标命令较为常用。

18.1.4　查询时间

查询时间命令用于查询或设置图形文件的时间，调用该命令的方法如下：

- 显示菜单栏，选择“工具”→“查询”→“时间”命令。
- 在命令行中执行 TIME 命令。

执行上述命令后，都将打开如图 18-4 所示的文本窗口，在该窗口中可查看在执行查询时间命令后，窗口中显示的当前时间、创建时间、上次更新时间、累计编辑时间、消耗时间计时器和下次自动保存时间等信息。

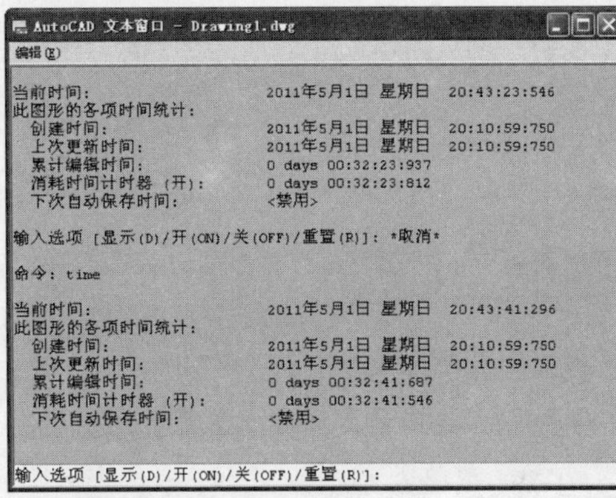

图 18-4

在执行命令的过程中，命令行中各选项的含义如下：

- 显示：重复显示上述时间信息，并自动适时更新时间信息。
- 开：打开用户计时器。
- 关：关闭用户计时器。
- 重置：将用户计时器复位清零。

18.1.5　查询状态

查询状态命令主要用于查询当前图形中对象的数目和当前空间中各种对象的类型等信息，调用该命令的方法如下：

- 显示菜单栏，选择“工具”→“查询”→“状态”命令。
- 在命令行中执行 STATUS 命令。

执行上述命令后，都将打开如图 18-5 所示的文本窗口，在该窗口中可查看在执行查询状态命令后，窗口中显示的当前空间类型、布局、图层、颜色、线型、材质、图形界限、图形中的对象的个数，以及对象捕捉模式等信息。

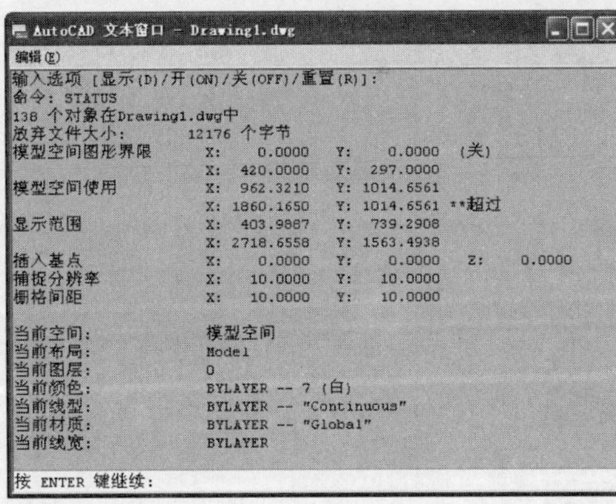

图 18-5

18.1.6　查询对象列表

查询对象列表命令主要用于查询 AutoCAD 图形对象各个点的坐标值、长度、宽度、高度、旋转、面积、周长，以及所在图层等信息，调用该命令的方法如下：

- 显示菜单栏，选择“工具”→“查询”→“列表”命令。
- 在命令行中执行 LIST 命令。

执行上述命令后，具体操作过程如下：

```
命令: LIST    //执行 LIST 命令
选择对象: 指定对角点: 找到 12 个
//选择要查询对象列表的对象
选择对象:      //按【Space】键打开如图 18-6
所示的文本窗口，显示图形对象的相关信息
```

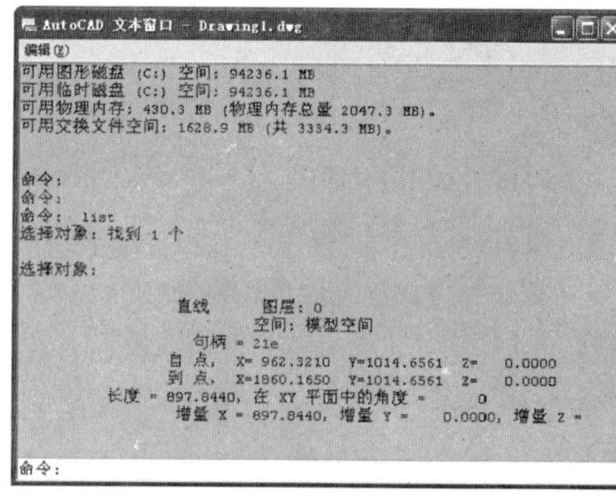

图 18-6

18.1.7 查询面域/质量特性

查询面域/质量特性命令主要用于查询所选对象（实体或面域）的质量、体积、边界框、惯性矩、惯性积和旋转半径等特征，并询问用户是否将分析结果写入文件，调用该命令的方法如下：

- 显示菜单栏，选择“工具”→“查询”→“面域/质量特性”命令。
- 在命令行中执行 MASSPROP 命令。

执行上述命令后，具体操作过程如下：

```
命令: MASSPROP    //执行 MASSPROP 命令
选择对象: 指定对角点: 找到 1 个 // 选 择
要查询面域/质量特性的对象
选择对象:          //按【Space】键打开
如图 18-7 所示的文本窗口，显示图形对象
的相关信息
```

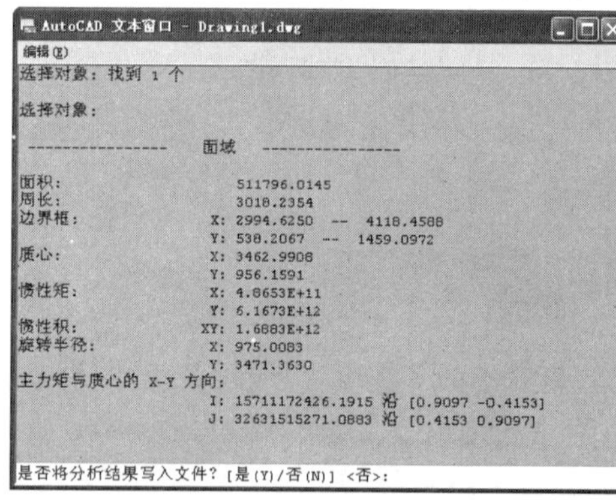

图 18-7

18.1.8 任务 38：查询“小轴”图形对象

下面以查询小轴图形对象的相关信息为例，来综合练习本节所讲的知识。

Step 01 打开“小轴.dwg”图形文件（光盘:\素材\第 18 章\小轴.dwg），在命令行中执行 DIST 命令，具体操作过程如下：

```
命令: DIST    //执行 DIST 命令
指定第一点:   //单击查询距离的第一点，这里单击如图 18-8 所示的 A 点
指定第二点:   //单击查询距离的另一点，这里单击如图 18-8 所示的 B 点
距离 = 25.0000, XY 平面中的倾角 = 0,   与 XY 平面的夹角 = 0
X 增量 = 25.0000,   Y 增量 = 0.0000,    Z 增量 = 0.0000     //显示查询结果
```

Step 02 在命令行中执行 ID 命令，具体操作过程如下：

```
命令: ID //执行 ID 命令
指定点:  //单击需要查询的点，这里单击如图 18-9 所示的 A 点
X = 887.8814     Y = 493.6119     Z = 0.0000     //系统提示查询结果
```

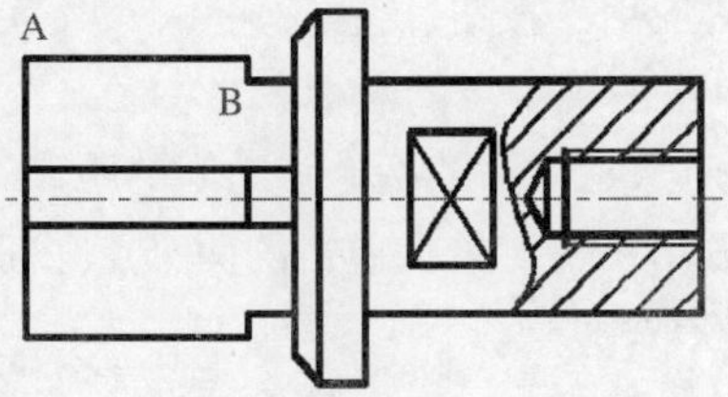

图 18-8

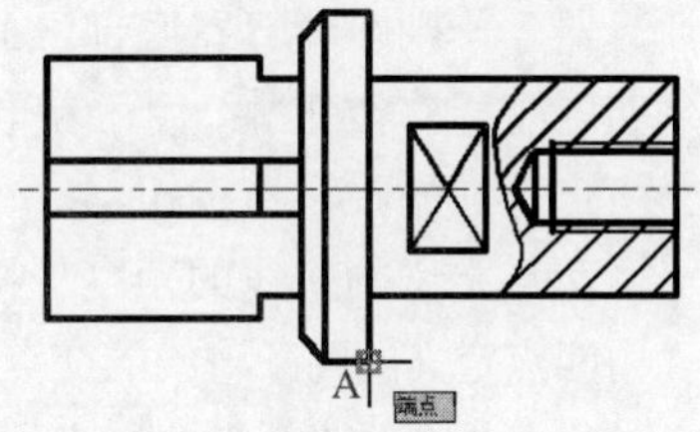

图 18-9

Step 03 在命令行中执行 STATUS 命令，打开如图 18-10 所示的文本窗口，查看相关信息后单击该文本窗口右上方的“关闭”按钮，关闭该文本窗口，最后关闭图形文件。

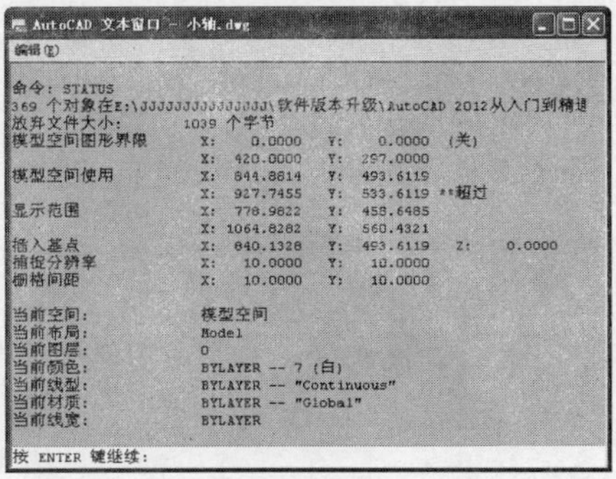

图 18-10

18.2 辅助功能

AutoCAD 提供的辅助功能包括计算器、核查、修复，以及删除图形中不使用的对象等，下面分别对其进行讲解。

18.2.1 计算器

在 AutoCAD 中，可以运用计算器直接计算表达式的值，打开快速计算器的方法如下：

- 在“常用”选项卡的“实用工具”组中单击“快速计算器”按钮。
- 显示菜单栏，选择“工具”→“选项板”→“快速计算器”命令。
- 按【Ctrl+8】组合键。
- 在命令行中执行 QUICKCALC 命令。

执行上述命令后，都将打开如图 18-11 所示的“快速计算器”选项板，在该选项板中可对表达式进行计算。

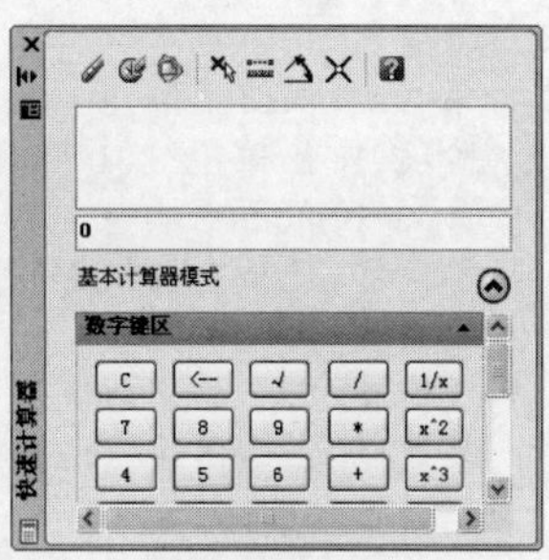

图 18-11

“快速计算器”选项板中各按钮的含义如下：

- “清除”按钮：单击该按钮可清除输入的所有内容。
- “清除历史记录”按钮：单击该按钮可清除所有的历史计算记录。
- “将值粘贴到命令行”按钮：在命令提示下将值粘贴到输入框中。如果在命令执行过程中以透明方式使用“快速计算器”，则在计算器底部，此按钮将替换为“应用”按钮。

- “获取坐标”按钮：用于获取用户在图形中单击的某个点的坐标。
- “两点之间的距离”按钮：用于获取用户在对象上单击的两个点之间的距离。
- “由两点定义的直线的角度”按钮：用于获取用户在对象上单击的两个点之间的角度。
- “由四点定义的两条直线的交点”按钮：用于获取用户在对象上单击的 4 个点的交点。

图 18-12

在选项板中，还有其他 4 个栏用于计算，如图 18-12 所示。各栏的功能如下：

- “数字键区”栏：提供可供用户输入算术表达式的数字和符号的标准计算器键盘。在输入值和表达式后，单击等号（=）即可计算表达式。
- “科学”栏：计算与科学和工程应用相关的三角、对数、指数和其他表达式。
- “单位转换”栏：将测量单位从一种单位类型转换为另一种单位类型。单位转换区域只接受不带单位的小数值。
- “变量”栏：提供对预定义常量和函数的访问。可以使用变量区域定义并存储其他常量和函数。

注　意

在命令行中执行 CAL 命令后，当出现“>> 表达式:”提示信息时输入需要计算的表达式，系统也会计算出表达式的值。

18.2.2 核查

核查功能主要用于对图形对象进行更正和检测错误，调用该命令的方法如下：

- 显示菜单栏，选择“文件”→“图形实用程序”→“核查”命令。
- 在命令行中执行 AUDIT 命令。

执行上述命令后，具体操作过程如下：

```
命令: AUDIT                          //执行 AUDIT 命令
是否更正检测到的任何错误? [是(Y)/否(N)] <N>: Y  //选择“是”选项
核查表头                              //系统自动核查表头
核查表                                //系统自动核查表
第 1 阶段图元核查                     //系统进行第 1 阶段图元核查
阶段 1 已核查 100 个对象              //系统提示核查的对象数
第 2 阶段图元核查                     //系统进行第 2 阶段图元核查
阶段 2 已核查 100 个对象              //系统提示核查的对象数
核查块                                //系统自动核查块
已核查 1          个块                //系统提示核查的块数
共发现 0 个错误，已修复 0 个          //系统提示核查和修复结果
已删除 0 个对象                       //系统提示删除结果
```

18.2.3　修复

修复功能主要用于更正图形中的部分错误数据，调用该命令的方法如下：

- 显示菜单栏，选择“文件”→“图形实用程序”→“修复”命令。
- 在命令行中执行 RECOVER 命令。

修复图形对象的具体操作如下：

Step 01 启动 AutoCAD 2012，在命令行中执行 RECOVER 命令，弹出“选择文件”对话框，然后在“查找范围”下拉列表中选择需要进行修复的文件的路径，在其下方的列表框中选择要修复的图形文件，单击 打开(O) 按钮，如图 18-13 所示。

Step 02 系统自动对图形文件进行修复并打开如图 18-14 所示的文本窗口，显示修复过程和结果。

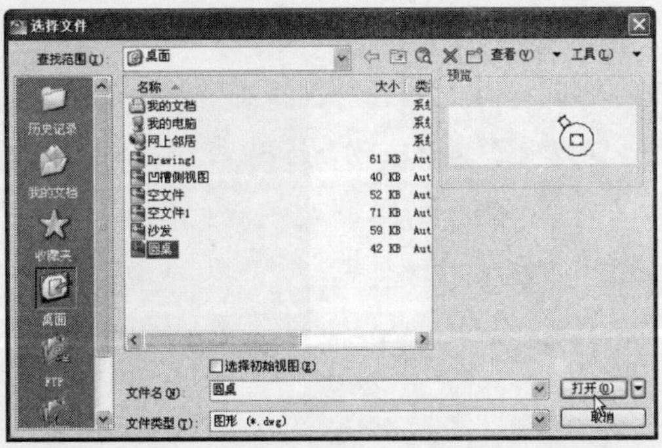

图 18-13

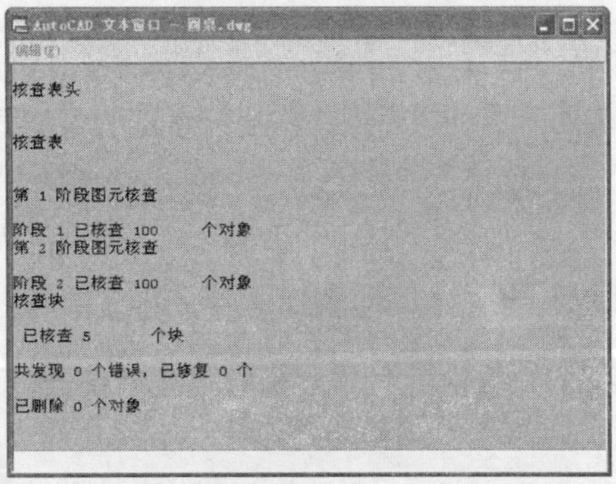

图 18-14

Step 03 修复完毕后系统自动弹出如图 18-15 所示的提示对话框，提示修复完成，单击 确定 按钮，完成对图形的修复。

图 18-15

18.2.4　删除图形中不用的对象

对图形中不用的对象可以将其删除，调用该命令的方法如下：

- 显示菜单栏，选择“文件”→“图形实用程序”→“清理”命令。
- 在命令行中执行 PURGE 命令。

执行上述命令后，都将弹出如图 18-16 所示的“清理”对话框。在中间的列表框中选择要清理的对象，然后单击 清理(P) 按钮即可将选择的对象清除。

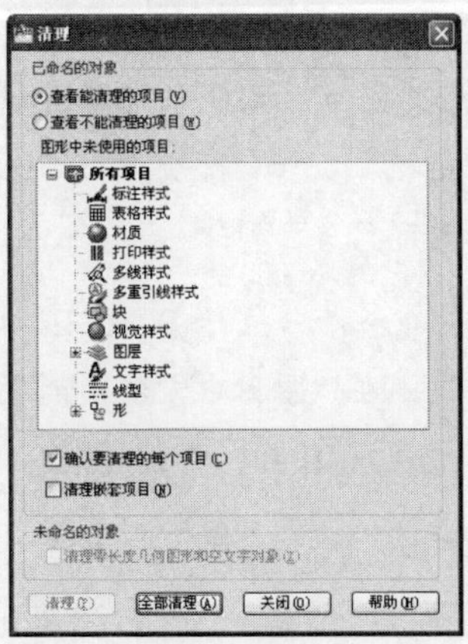

图 18-16

“清理”对话框中各选项的含义如下：

- ⊙查看能清理的项目(V)单选按钮：切换树状图，以显示当前图形中可以清理的命名对象的概要。
- ⊙查看不能清理的项目(W)单选按钮：列出当前图形中未使用的、可被清理的命名对象。可以通过单击加号或双击对象类型列出任意对象类型的项目，然后通过选择要清理的项目来清理项目。
- ☑确认要清理的每个项目(C)复选框：清理项目时会弹出“确认清理”对话框。
- ☑清理嵌套项目(N)复选框：从图形中删除所有未使用的命名对象，即使这些对象包含在其他未使用的命名对象中或被这些对象所参照。弹出“确认清理”对话框，可以取消或确认要清理的项目。

18.2.5 任务 39：编辑“电视墙立面图”

下面以编辑“电视墙立面图”为例，来综合练习本节所讲的知识。

Step 01 启动 AutoCAD 2012，在命令行中执行 RECOVER 命令，弹出“选择文件”对话框，然后在“查找范围”下拉列表中选择需要进行修复的文件的路径，在其下方的列表框中选择要修复的图形文件，这里打开“电视墙立面图.dwg”图形文件（光盘:\素材\第 18 章\电视墙立面图.dwg），单击[打开(O)]按钮，如图 18-17 所示。

Step 02 系统自动对图形文件进行修复并打开如图 18-18 所示的文本窗口，显示修复过程和结果。

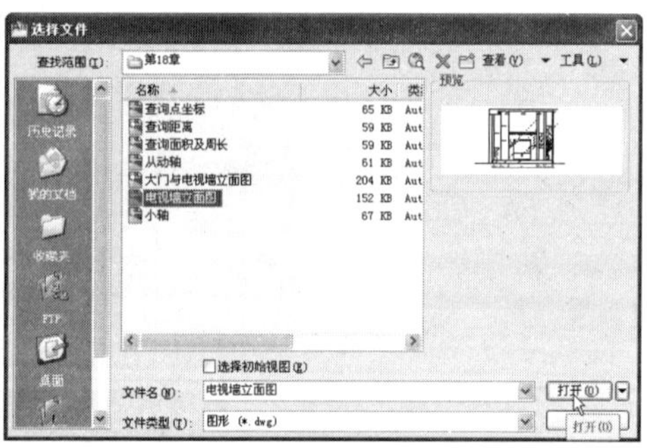

图 18-17

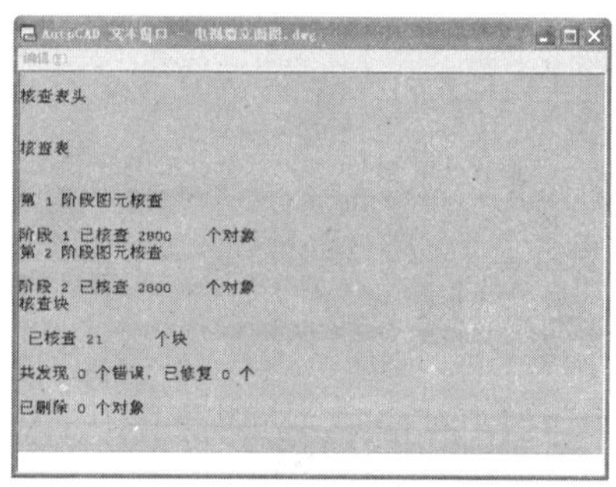

图 18-18

Step 03 修复完毕后系统自动弹出如图 18-19 所示的提示对话框，提示修复完成，单击[确定]按钮，完成对图形的修复。

图 18-19

Step 04 在命令行中执行 PURGE 命令，弹出“清理”对话框，在“图形中未使用的项目”列表框中选择“图层”选项，再选择“张填充线”选项，然后单击[清理(P)]按钮，如图 18-20 所示。

Step 05 弹出“确认清理”对话框，单击“清理此项目”选项确认清理该对象，如图 18-21 所示。返回“清理”对话框，单击[关闭(O)]按钮即可，然后保存图形文件（光盘:\源文件\第 18 章\电视墙立面图.dwg）。

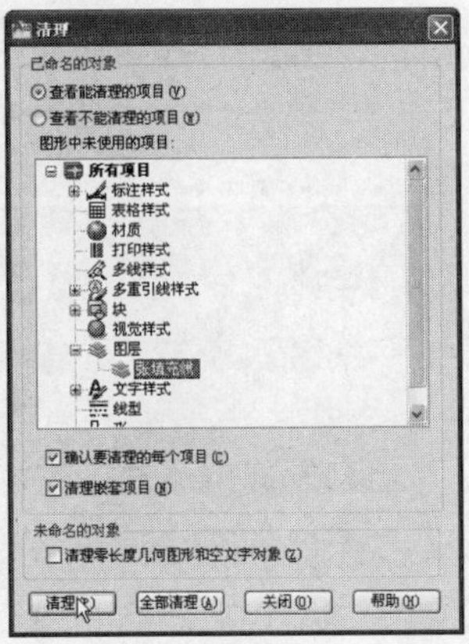

图 18-20

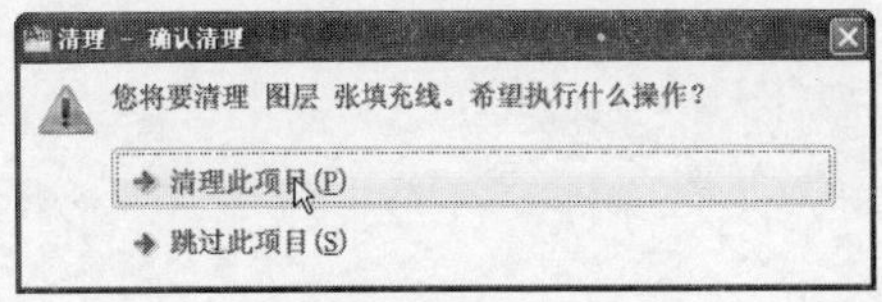

图 18-21

18.3　光栅图像

在 AutoCAD 中，用户可以在绘图区中插入光栅图像。光栅图像由像素，即小方块或点的矩形方格组成。使用光栅图像可代替一个对象或在图形中勾画出某个对象的轮廓。

18.3.1　加载光栅图像

在图形中加载光栅图像的方法有以下 3 种：

- 单击“视图”选项卡的“选项板”组中的“外部参照选项板”按钮，打开“外部参照”选项板。然后单击“附着 DWG”按钮右侧的按钮，在弹出的菜单中选择“附着图像”命令。
- 显示菜单栏，选择“插入”→“外部参照”命令。
- 在命令行中执行 IMAGEATTACH 命令。

加载光栅图像的具体操作如下：

Step 01　在命令行中执行 IMAGEATTACH 命令，弹出“选择参照文件”对话框，在其中选择需要的图片，单击打开(O)按钮，如图 18-22 所示。弹出“附着图像”对话框，单击确定按钮，如图 18-23 所示。

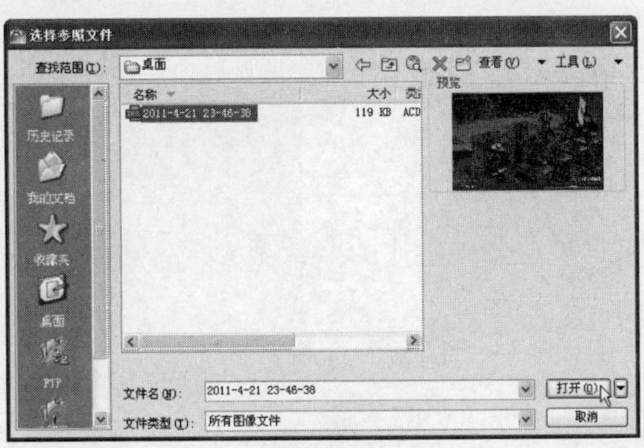

图 18-22

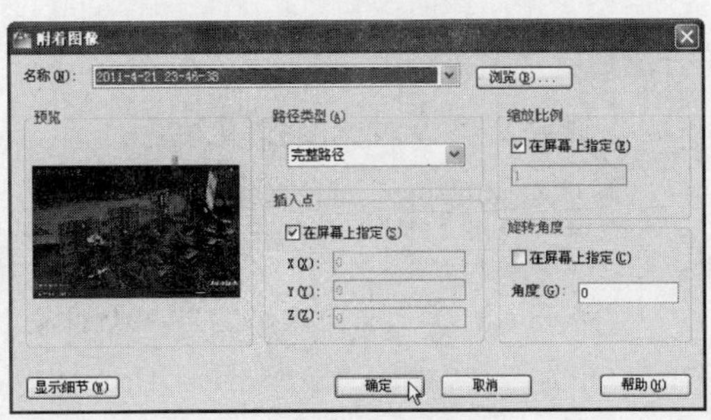

图 18-23

Step 02 返回绘图区，当命令行提示“指定插入点 <0,0>：”时，在绘图区的任意位置单击作为插入点，当提示“指定缩放比例因子或 [单位（U）] <1>：”时，按【Space】键确定缩放比例为 1，光栅图像加载完成后的效果如图 18-24 所示。

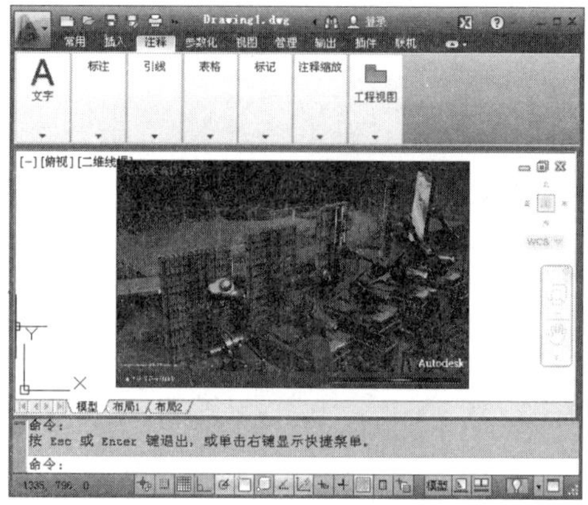

图 18-24

18.3.2 卸载光栅图像

卸载光栅图像有以下两种方法：

- 在“插入”选项卡的“参照”组中单击其右下角的“外部参照”按钮，弹出“外部参照”选项板，在其中卸载光栅图像即可。
- 在命令行中执行 ERASE 命令。

卸载光栅图像的具体操作如下：

Step 01 在“插入”选项卡的“参照”组中单击其右下角的↘按钮，弹出“外部参照”选项板，在其中进行卸载。

Step 02 在“文件参照”栏中选择需要卸载的光栅图像，然后在其上方右击，在弹出的快捷菜单中选择“卸载”命令，如图 18-25 所示。

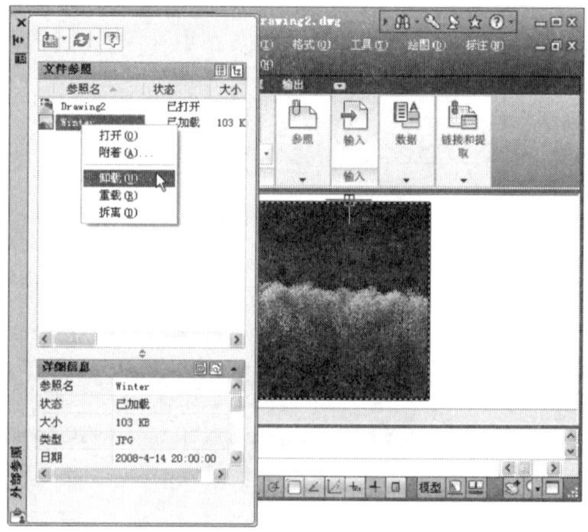

图 18-25

18.3.3 调整光栅图像

调整光栅图像的操作包括调整图像的亮度、对比度、淡入度，以及显示质量等，以使图像更符合图形文件的要求。

1. 调整亮度、对比度和淡入度

调整图像的亮度、对比度和淡入度可在“图像调整”对话框中进行。打开该对话框的方法如下：

- 显示菜单栏，选择“修改”→“对象”→“图像”→“调整”命令。
- 在命令行中执行 IMAGEADJUST 命令。

执行上述命令并选择图像后，将弹出如图 18-26 所示的“图像调整”对话框。在对话框的“亮度”选项组、“对比度”选项组和“淡入度”选项组中拖动滑块或在其后的文本框中输入相应的数值后，单击【确定】按钮即可进行相应更改。

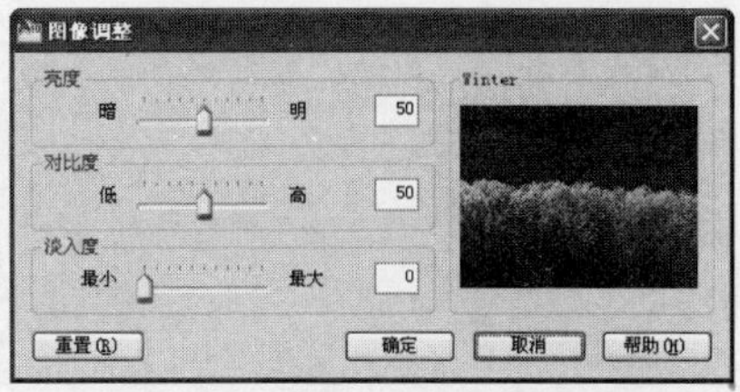

图 18-26

注　意

在“图像调整”对话框中单击【重置(R)】按钮，可将亮度、对比度和淡入度的各个参数恢复为设置前的状态，然后再对各个参数进行重新设置。

2. 调整图像的显示质量

为了不影响加载的光栅图像的显示时间，可以对图像的显示质量进行设置，调整图像显示质量的方法如下：

- 显示菜单栏，选择“修改”→“对象”→“图像”→“质量”命令。
- 在命令行中执行 IMAGEQUALITY 命令。

执行上述命令后，具体操作过程如下：

```
命令: IMAGEQUALITY                              //执行 IMAGEQUALITY 命令
输入图像质量设置 [高(H)/草稿(D)] <高>: d        //选择“草稿”选项，生成较低质量的图像显示，
然后按【Space】键即可
```

18.3.4 任务 40：编辑立面图

下面以编辑大门与电视墙立面图为例，来综合练习本节所讲的知识。

Step 01 打开“大门与电视墙立面图.dwg”图形文件（光盘:\素材\第 18 章\大门与电视墙立面图.dwg），在命令行中执行 IMAGEATTACH 命令，弹出“选择参照文件”对话框，然后选择 Windows 默认的 Water lilies 图片，单击【打开(O)】按钮，如图 18-27 所示。弹出“附着图像”对话框，单击【确定】按钮，如图 18-28 所示。

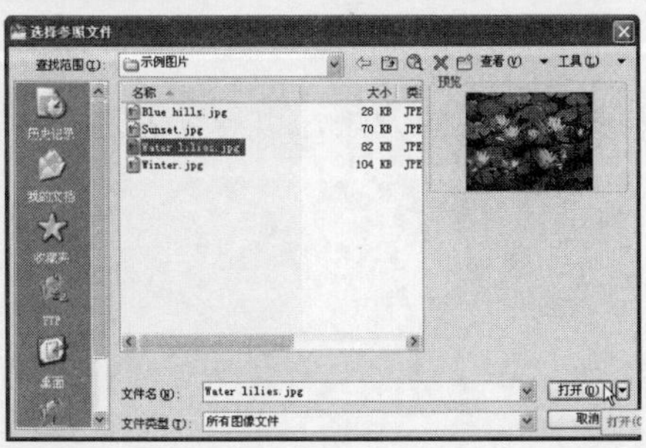

图 18-27

图 18-28

Step 02 返回绘图区，当命令行提示“指定插入点 <0,0>: ”时，单击如图 18-29 所示的 A 点为插入点，当提示“指定缩放比例因子或 [单位（U）] <1>: ”时，输入 4.2 并按【Space】键确定，则光栅图像加载完毕，如图 18-30 所示。

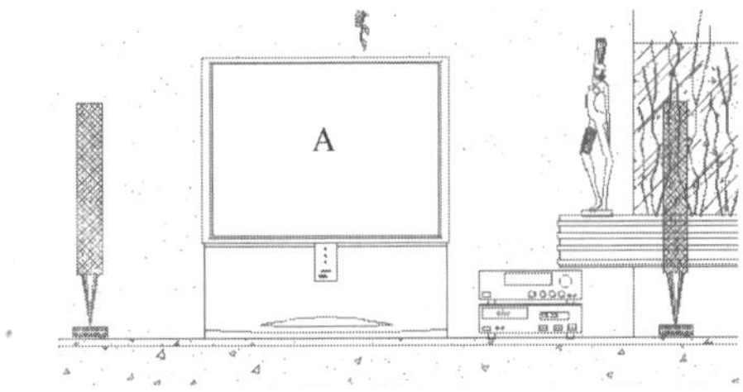

图 18-29

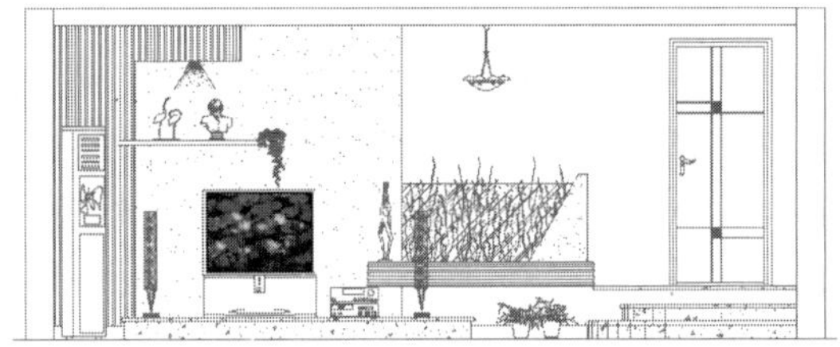

图 18-30

Step 03 在命令行中执行 IMAGEADJUST 命令，选择刚加载的光栅图像，弹出“图像调整”对话框，然后在“亮度”选项组后的文本框中输入 70，在“对比度”选项组后的文本框中输入 70，在“淡入度”选项组后的文本框中输入 50，单击确定按钮，如图 18-31 所示。

Step 04 返回绘图区即可查看调整后的效果，如图 18-32 所示（光盘:\源文件\第 18 章\大门与电视墙立面图.dwg）。

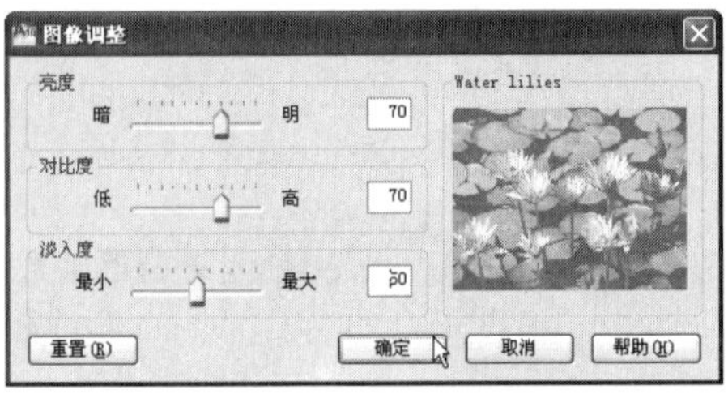

图 18-31

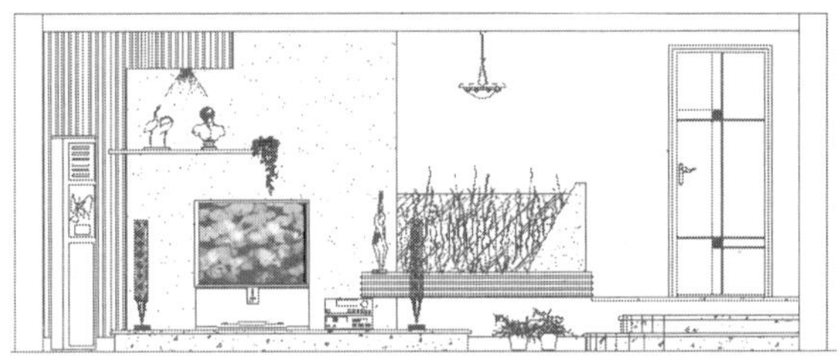

图 18-32

18.4 边学边用——加载光栅图像并查询面积及周长

了解了在 AutoCAD 2012 中查询对象、使用辅助功能和光栅图像的方法后，本节将通过一个简单实例的实现过程，来加深读者对相关知识的理解和掌握。

18.4.1 实例目标

本节将详细讲解在 AutoCAD 2012 中查询对象和光栅图像的方法，引导读者进一步掌握 AutoCAD 2012 中的辅助功能和其他功能的使用方法。

具体学习目标如下：

- 练习在 AutoCAD 2012 中加载光栅图像的方法。
- 掌握在 AutoCAD 2012 中查询面积及周长的方法。

18.4.2 实例实现

Step 01 在命令行中执行 IMAGEATTACH 命令，弹出“选择参照文件”对话框，在其中选择素材文件中的“平面图.bmp”图形文件（光盘:\素材\第 18 章\平面图.bmp），单击打开(O)按钮，如

图 18-33 所示。弹出“附着图像”对话框，单击 确定 按钮，如图 18-34 所示。

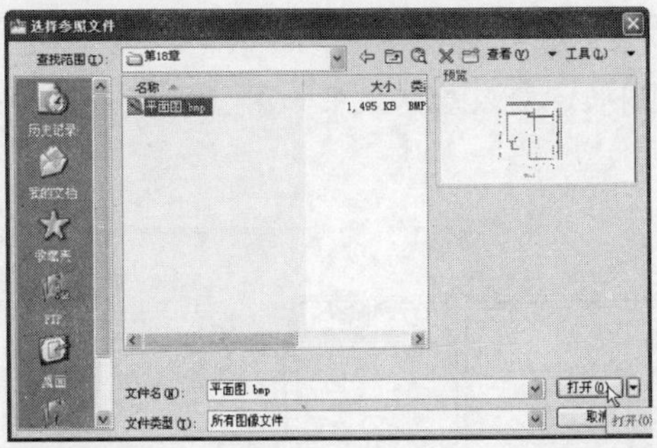

图 18-33

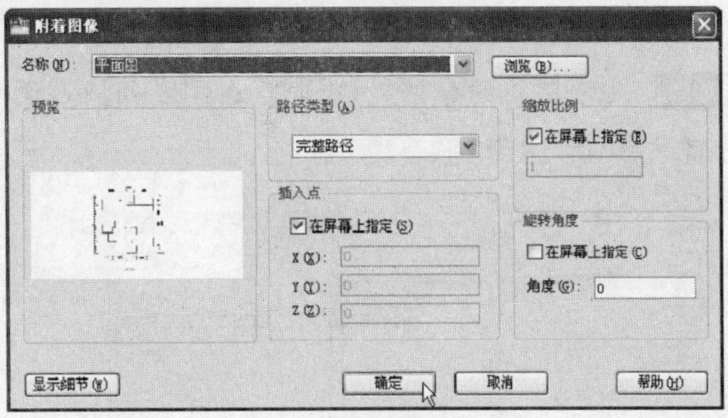

图 18-34

Step 02 返回绘图区，当命令行提示“指定插入点 <0,0>: ”时，在绘图区中单击指定插入点，当提示“指定缩放比例因子或 [单位（U）] <1>: ”时，输入 500 并按【Space】键确定，则光栅图像加载完毕，然后滚动鼠标滚轮将其放大，效果如图 18-35 所示。

Step 03 在命令行中执行 AREA 命令，具体操作过程如下：

```
命令: AREA    //执行 AREA 命令
指定第一个角点或 [对象(O)/加(A)/减(S)]: //捕捉要查询对象上的第一个角点，这里单击如图 18-36 所示的 A 点
指定下一个角点或按 ENTER 键全选:         //捕捉下一角点，这里单击如图 18-36 所示的 B 点
指定下一个角点或按 ENTER 键全选:         //捕捉下一角点，这里单击如图 18-36 所示的 C 点
指定下一个角点或按 ENTER 键全选:         //捕捉下一角点，这里单击如图 18-36 所示的 D 点
指定下一个角点或按 ENTER 键全选:         //捕捉下一角点，这里单击如图 18-36 所示的 E 点
指定下一个角点或按 ENTER 键全选:         //捕捉下一角点，这里单击如图 18-36 所示的 F 点
指定下一个角点或按 ENTER 键全选:         //捕捉下一角点，这里单击如图 18-36 所示的 A 点，按【Space】键确认
面积 = 1809.8615，周长 = 191.4208       //系统提示查询结果并结束该命令
```

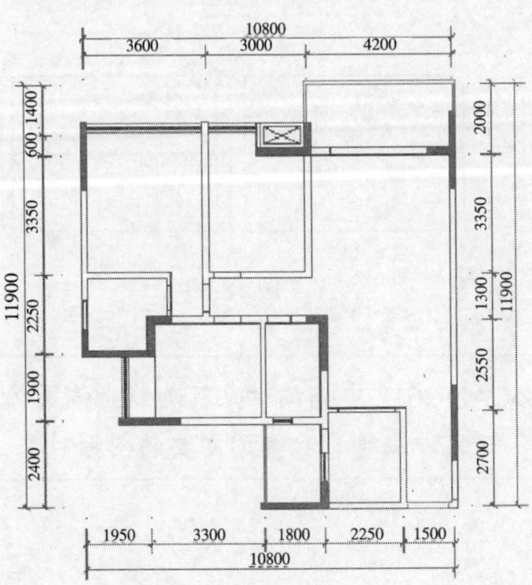

图 18-35

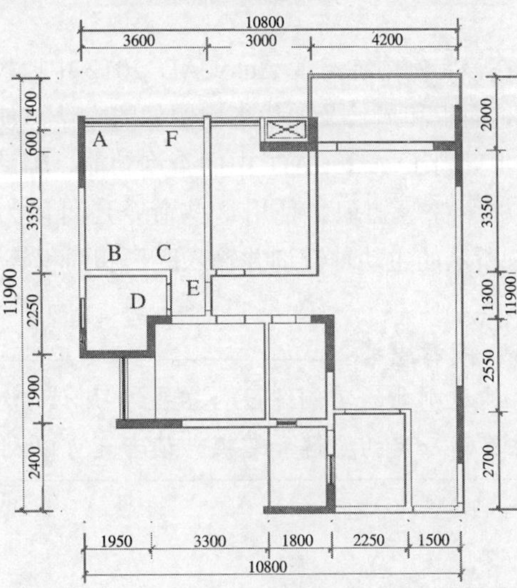

图 18-36

Step 04 切换至“常用”选项卡，在“注释”组中单击“多行文字”按钮A，在刚查询面积的区域绘制文本输入框，然后输入 A=18.1 P=19.1，输入后的效果如图 18-37 所示。

Step 05 按照相同的方法，测量其他区域并输入面积及周长，输入后的效果如图 18-38 所示（光盘:\源文件\第 18 章\平面图.dwg）。

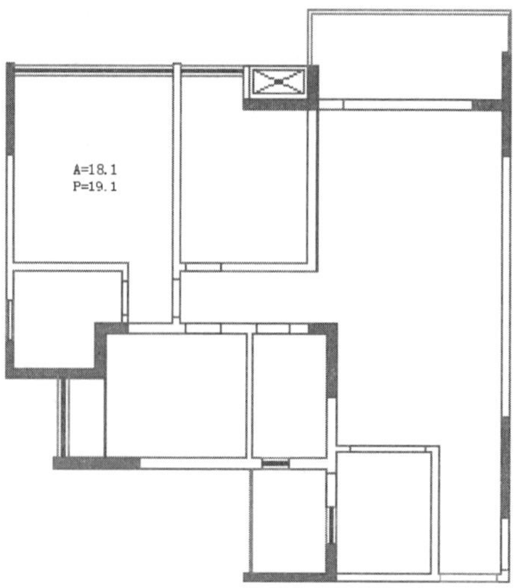

图 18-37

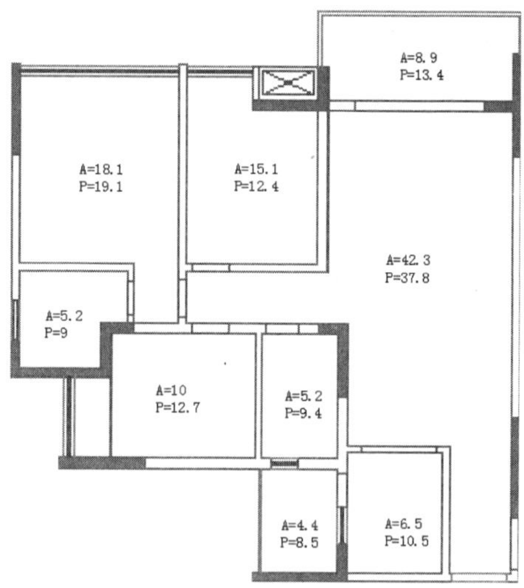

图 18-38

注　意

在查询建筑图形的面积及周长时，一般用 A 表示面积，用 P 表示周长。

18.4.3　实例拓展和读者思考

在该实例中练习了 AutoCAD 2012 中比较常用的查询面积和周长及加载光栅图像的方法，使读者进一步巩固了 AutoCAD 中的查询功能、辅助功能及光栅图像等知识。使用这些命令还可以为如图 18-39 所示的主动轴查询并输入距离和面积等。

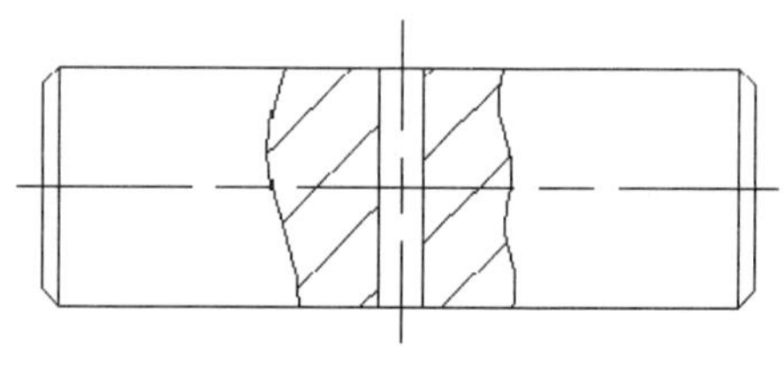

图 18-39

读者思考

通过刚才的实例练习和拓展练习，读者对在 AutoCAD 2012 中查询对象及加载光栅图像的方法有了一定的了解和掌握，读者还可以利用本章介绍的方法绘制和查询需要的图形对象。

第 19 章

绘制常见机械图

本章将详细讲解几种常见机械图的绘制方法，包括轴套类零件、叉架类零件、盘盖类零件及箱体类零件等。

19.1 绘制常见类型零件图

AutoCAD 在机械设计方面的应用是非常广泛的，本节将具体讲解使用 AutoCAD 2010 绘制几种常见类型零件图的方法。

19.1.1 轴套类零件

轴套类零件是机械中最常用的零件。在绘制轴套类零件图时，一般用一个视图即可将各部分的相对位置表达清楚。对于传动轴，通常要加工出键槽、销孔、退刀槽等结构，可采用断面图、剖视图及局部放大图的方法进行绘制。下面以绘制齿轮轴为例来讲解绘制轴套类零件的方法，具体操作如下：

Step 01 启动 AutoCAD 2012，在命令行中执行 LAYER 命令，弹出“图层特性管理器”选项板，单击“新建图层”按钮，如图 19-1 所示。

Step 02 输入图层新名称“中心线”，按【Enter】键确认，然后单击“中心线”图层的“线型”选项下的 Contin... 图标，如图 19-2 所示。

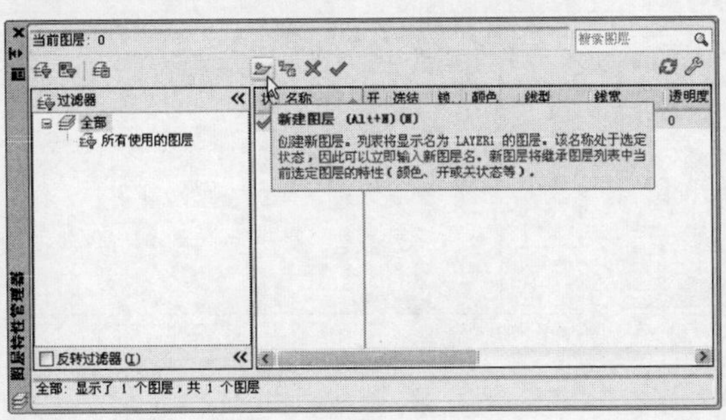

图 19-1

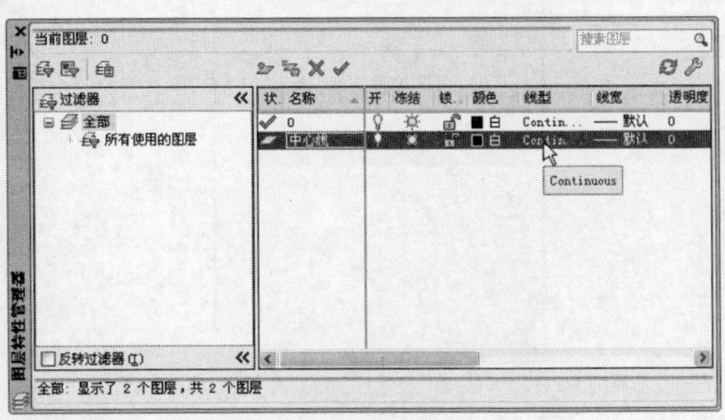

图 19-2

Step 03 弹出“选择线型”对话框，单击[加载(L)...]按钮，如图 19-3 所示。弹出“加载或重载线型”对话框，在“可用线型”列表框中选择 CENTER 选项，然后单击[确定]按钮，如图 19-4 所示。

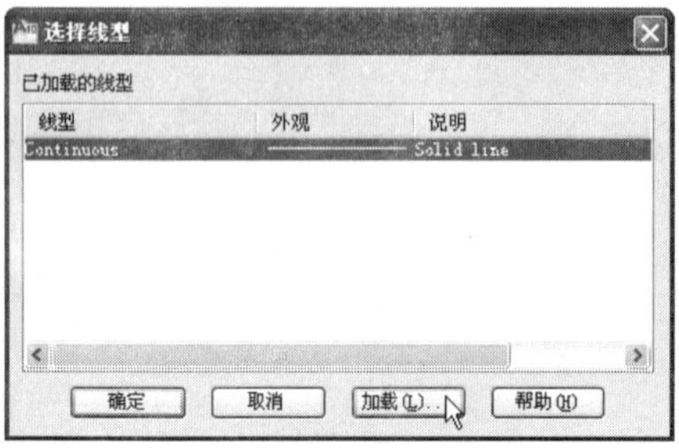

图 19-3

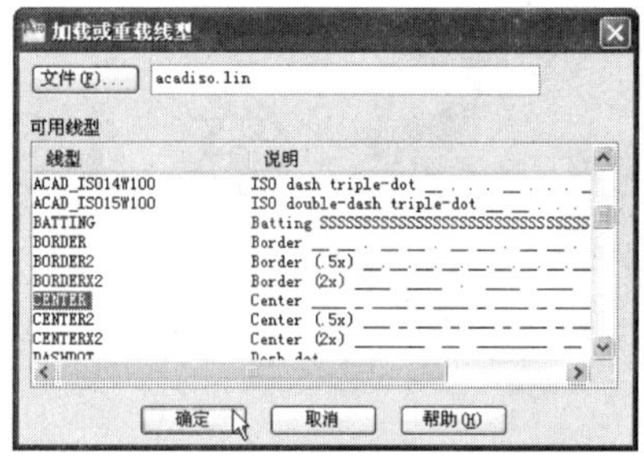

图 19-4

Step 04 返回“选择线型”对话框，在“已加载的线型”列表框中选择 CENTER 选项，然后单击[确定]按钮，如图 19-5 所示。

Step 05 返回“图层特性管理器”选项板，单击“中心线”图层的“线宽”选项下的—— 默认 图标，如图 19-6 所示。

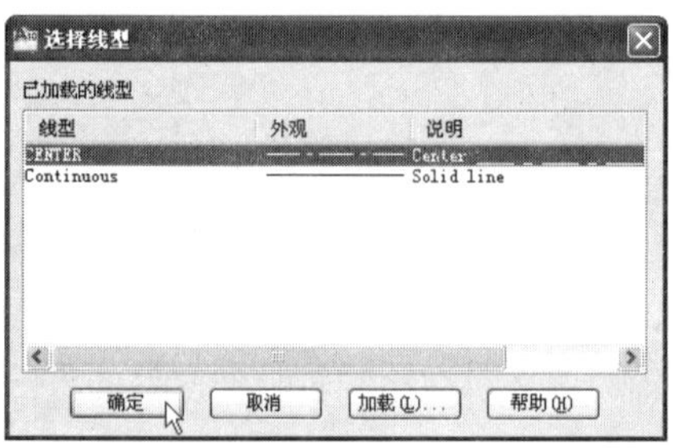

图 19-5

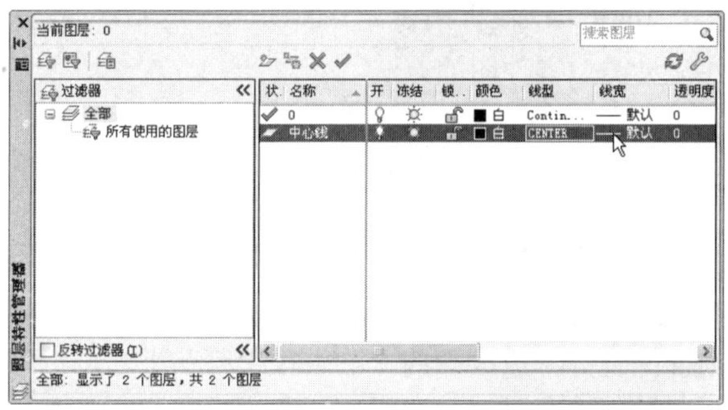

图 19-6

Step 06 弹出“线宽”对话框，在“线宽”列表框中选择 0.18mm 选项，然后单击[确定]按钮，如图 19-7 所示。按照相同的方法，创建并设置其他图层的特性，效果如图 19-8 所示。

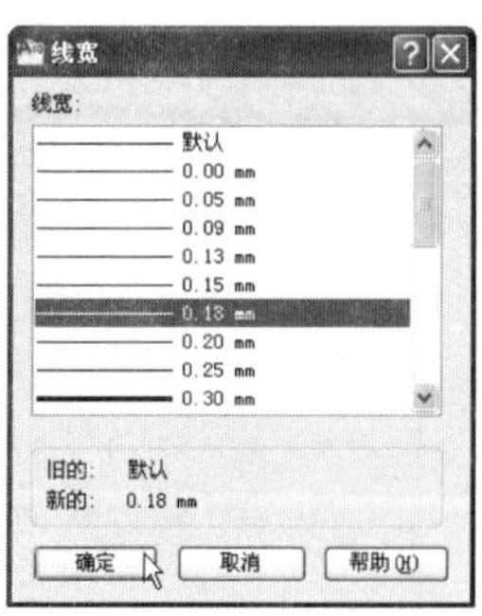

图 19-7

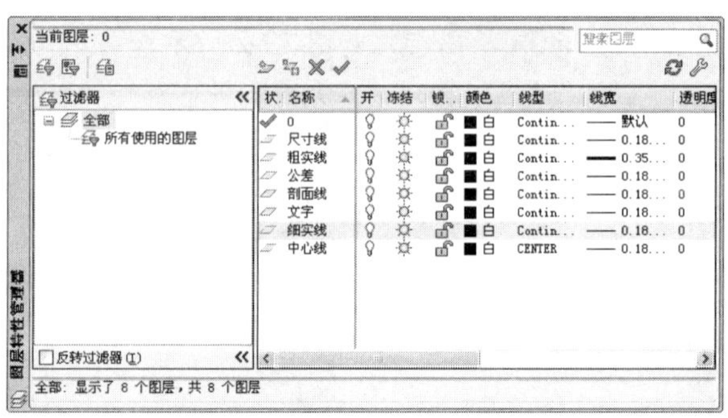

图 19-8

Step 07 双击“中心线”图层，使其成为当前图层，如图 19-9 所示。然后单击“关闭”按钮✖，关闭“图层特性管理器”选项板，如图 19-10 所示。

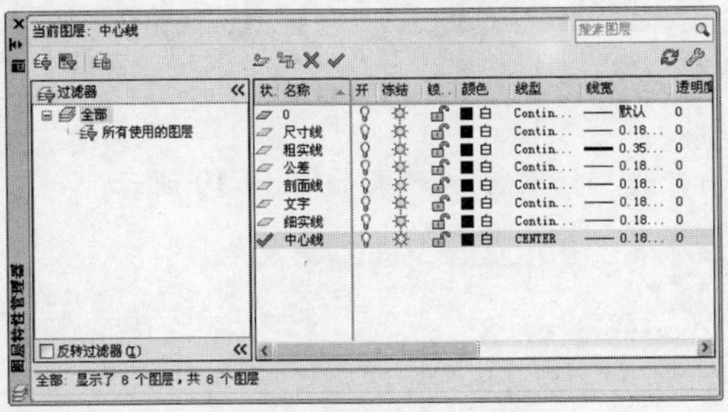

图 19-9

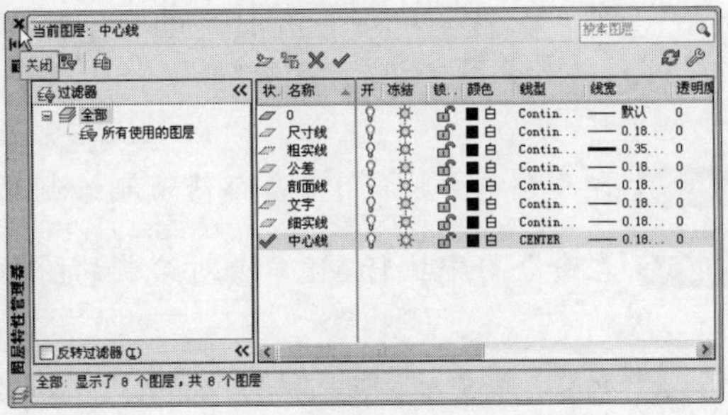

图 19-10

Step 08 单击状态栏中的“正交模式”按钮，在命令行中执行 L 命令绘制长为 190 的直线，效果如图 19-11 所示。

Step 09 单击状态栏中的“显示/隐藏线宽”按钮，将“粗实线”图层设置为当前图层，再次在命令行中执行 L 命令，绘制轴的轮廓线，根据如图 19-12 所示的尺寸标准绘制齿轮轴一边。

图 19-11

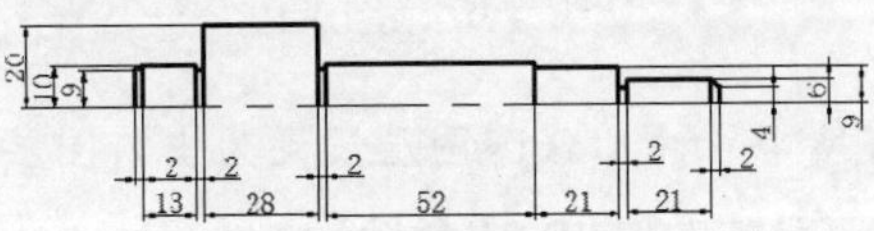

图 19-12

Step 10 在命令行中执行 O 命令偏移线段，偏移距离为 3，效果如图 19-13 所示。然后按照相同的方法将刚偏移的线段向右偏移 16，偏移后的效果如图 19-14 所示。

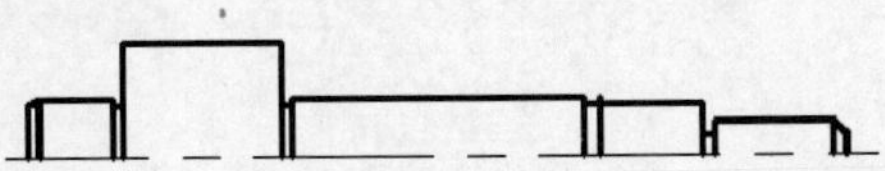

图 19-13

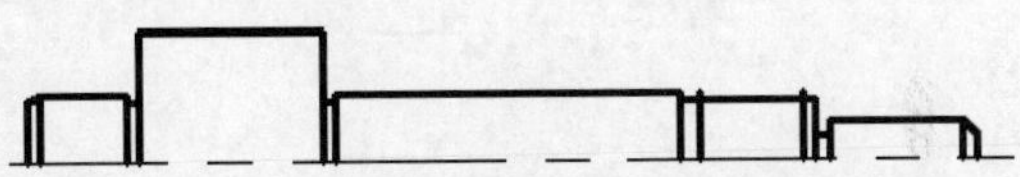

图 19-14

Step 11 在命令行中执行 C 命令绘制圆，具体操作过程如下：

```
命令: CIRCLE                                    //执行 CIRCLE 命令
指定圆的圆心或[三点(3P)/两点(2P)/相切、相切、半径(T)]:    //单击如图 19-15 所示的 A 点
指定圆的半径或[直径(D)] <0>: 1.5   //输入半径值 1.5，并按【Space】键确认，绘制后的效果
如图 19-16 所示
```

图 19-15

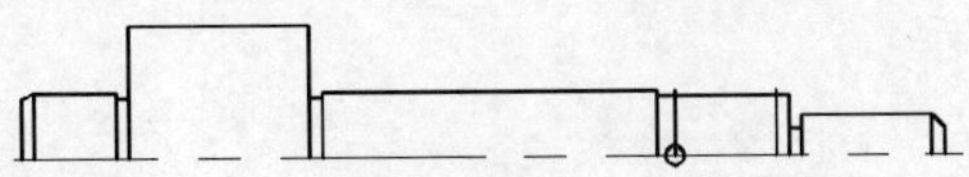

图 19-16

Step 12 在命令行中执行 C 命令绘制圆，在第 10 步偏移的第二条直线与中心线的相交处绘制半径为 1.5 的圆，绘制完成后的效果如图 19-17 所示。然后在命令行中执行 L 命令连接刚绘制的两圆，效果如图 19-18 所示。

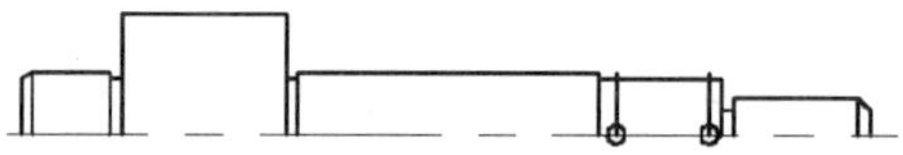

图 19-17

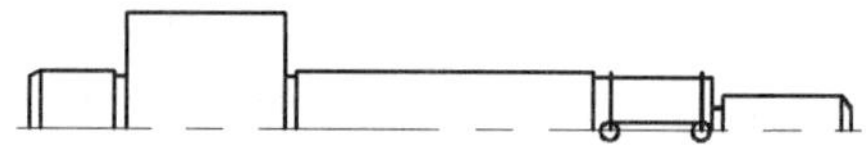

图 19-18

Step 13 在命令行中执行 TR 命令修剪刚绘制的圆和直线，修剪后的效果如图 19-19 所示。

Step 14 在命令行中执行 MI 命令对绘制的图形进行镜像，具体操作过程如下：

```
命令:MI                                 //执行 MIRROR 命令
选择对象：指定对角点：找到 26 个         //选择绘图区中的所有图形对象
选择对象：                               //按【Space】键结束对象的选择
指定镜像线的第一点：                     //单击如图 19-19 所示的 A 点
指定镜像线的第二点：                     //单击输入 19-19 所示的 B 点
是否删除源对象？[是(Y)/否(N)] <N>：//按【Space】键不删除源对象，并结束镜像命令，效果如
图 19-20 所示
```

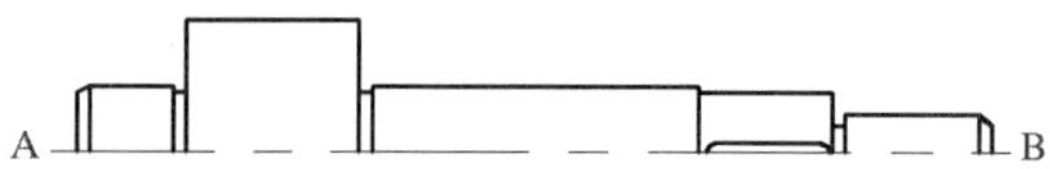

图 19-19

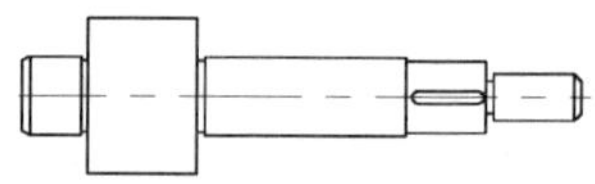

图 19-20

Step 15 将“中心线”图层设置为当前图层，在刚绘制的齿轮轴上方绘制两条相交的直线，长度为 30，效果如图 19-21 所示。

Step 16 将“粗实线”图层设置为当前图层，以刚绘制的两条直线的交点为圆心绘制直径为 17 的圆，效果如图 19-22 所示。

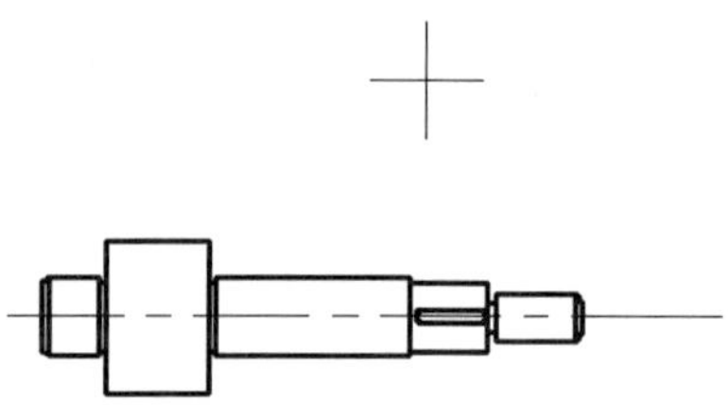

图 19-21

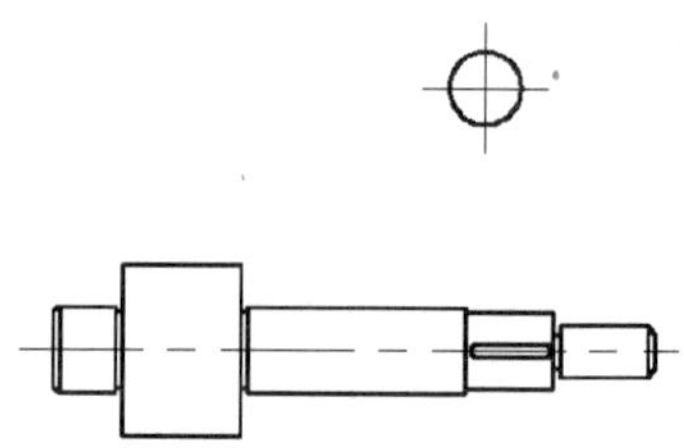

图 19-22

Step 17 在命令行中执行 O 命令，将水平中心线向上或向下偏移，距离为 2.5，将垂直中心线向左偏移 5.5，效果如图 19-23 所示。在命令行中执行 TR 命令，修剪多余线段，修剪后的效果如图 19-24 所示。

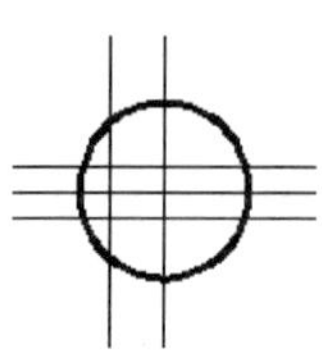

图 19-23

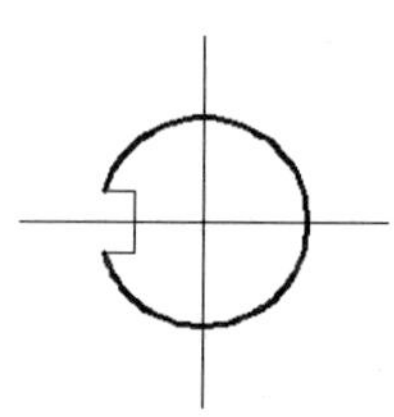

图 19-24

Step 18 在命令行中执行 MA 命令，使修剪后的线型特性与粗实线图层的线型特性相匹配，效果如图 19-25 所示。

Step 19 将“剖面线”图层设置为当前图层，在命令行中执行 BHATCH 命令并选择“设置”选项，弹出“图案填充和渐变色”对话框。单击“图案”右侧的…按钮，弹出“填充图案选项板”对话框，切换至 ANSI 选项卡，在中间列表框中选择 ANSI31 选项，然后单击确定按钮，如图 19-26 所示。

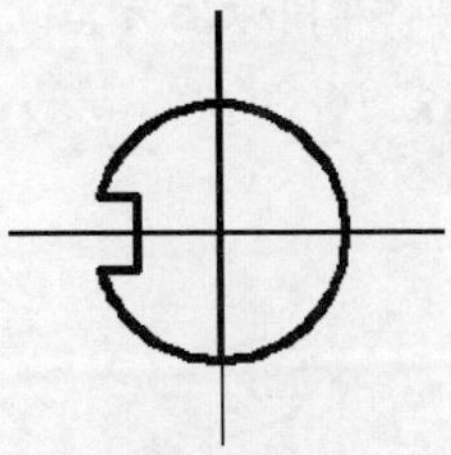

图 19-25

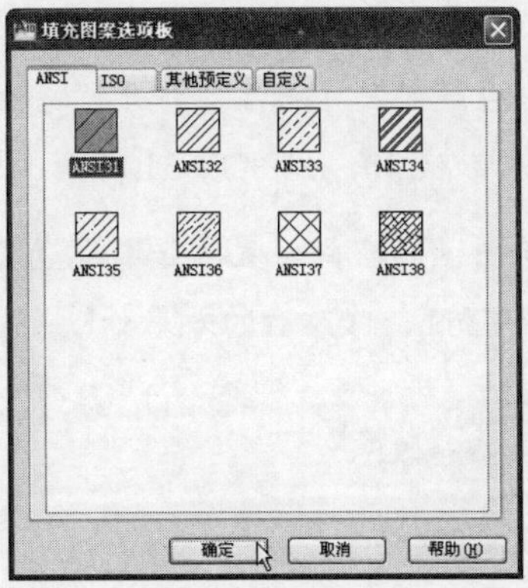

图 19-26

Step 20 返回“图案填充和渐变色”对话框，在“边界”选项组中单击“添加：拾取点”按钮，返回绘图区，在刚绘制的圆中单击，选择后的效果如图 19-27 所示。

Step 21 选择“设置”选项并按【Space】键，返回“图案填充和渐变色”对话框，在“比例”下拉列表中选择 1，然后单击确定按钮，如图 19-28 所示。

Step 22 返回绘图区即可查看填充后的效果，如图 19-29 所示。然后将“尺寸线”图层设置为当前图层，对绘制的齿轮轴进行标注，标注后的效果如图 19-30 所示。

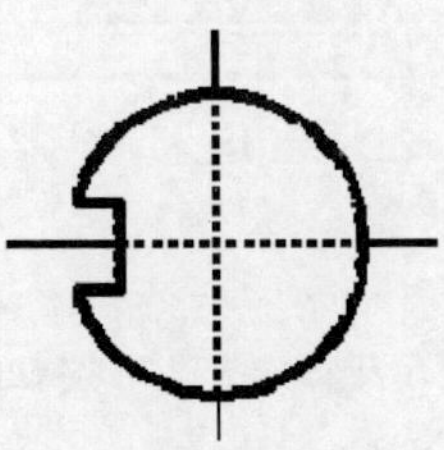

图 19-27

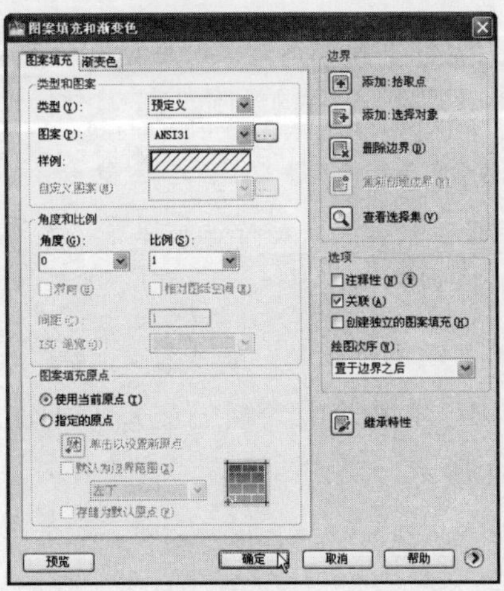

图 19-28

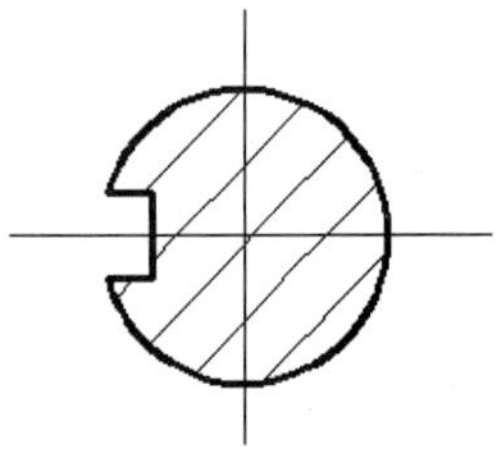

图 19-29

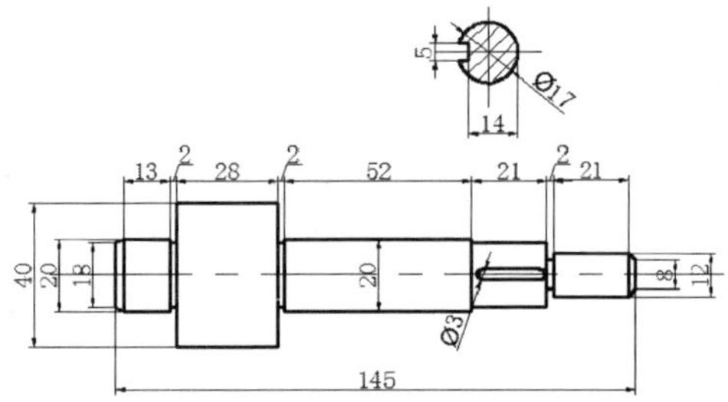

图 19-30

Step 23 双击左边的尺寸标注，打开“特性”选项板，拖动滚动条，在“文字”栏的“文字替代”文本框中输入%%C40，如图 19-31 所示。

Step 24 在绘图区的空白位置单击即可查看编辑后的效果，然后按照相同方法为其他需要修改的尺寸标注进行修改，修改后的效果如图 19-32 所示（光盘:\源文件\第 19 章\齿轮轴.dwg）。

图 19-31

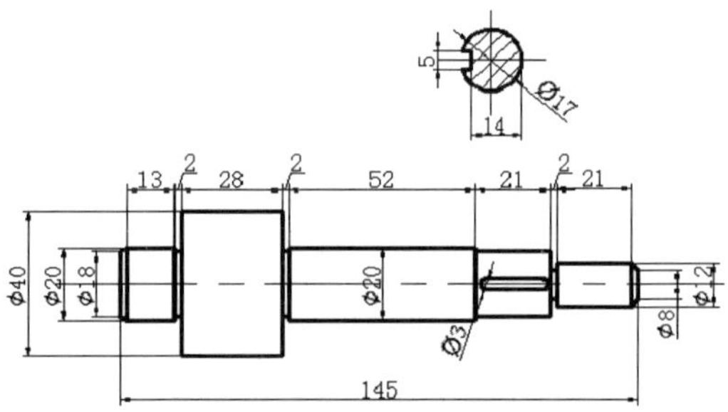

图 19-32

19.1.2 叉架类零件

叉架类零件主要包括拨叉、连杆和支座等的零件。下面介绍叉架类零件的绘制方法，具体操作如下：

Step 01 启动 AutoCAD 2012，在命令行中执行 LAYER 命令，打开“图层特性管理器”选项板，新建如图 19-33 所示的图层。

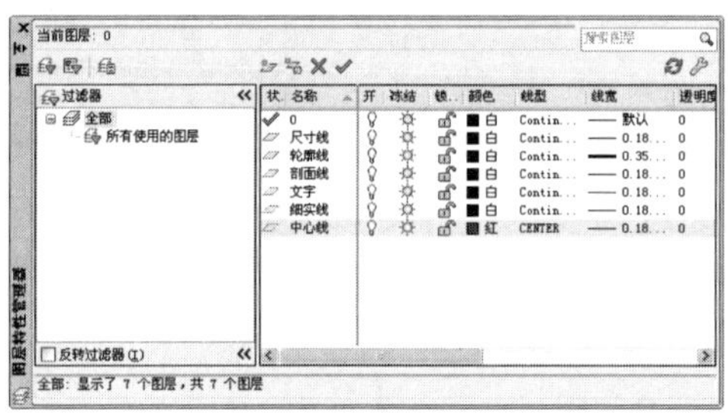

图 19-33

Step 02 单击状态栏中的“正交模式”按钮，在命令行中执行 L 命令，绘制一条长 150 的直线，如图 19-34 所示。

Step 03 将“轮廓线”图层设置为当前图层，单击状态栏中的“显示/隐藏线宽”按钮，在命令行中执行 L 命令，在中心线的左端向上绘制长为 22.5 的直线，如图 19-35 所示。

Step 04 以刚绘制的直线下端为起点，向下绘制长为 22.5 的直线，绘制后的效果如图 19-36 所示。

图 19-34

图 19-35

图 19-36

Step 05 以绘制的第一条直线的上端为起点绘制直线，具体操作过程如下：

```
命令:L                                  //执行 LINE 命令
指定第一点:                              //单击如图 19-37 所示的 A 点
指定下一点或 [放弃(U)]:                   //向右移动鼠标并输入 8
指定下一点或 [放弃(U)]:                   //向下移动鼠标并输入 19
指定下一点或 [闭合(C)/放弃(U)]:           //向右移动鼠标并输入 74.7
指定下一点或 [闭合(C)/放弃(U)]:           //按【Space】键确认，效果如图 19-37 所示
```

Step 06 再次在命令行中执行 L 命令，根据如图 19-38 所示的尺寸标注进行绘制，效果如图 19-39 所示。

Step 07 在命令行中执行 O 命令，将中心线向上偏移 11.1，然后将“中心线”图层设置为当前图层，以第二条长的水平直线的右边端点为直线起点，向上绘制长为 50 的直线，效果如图 19-40 所示。

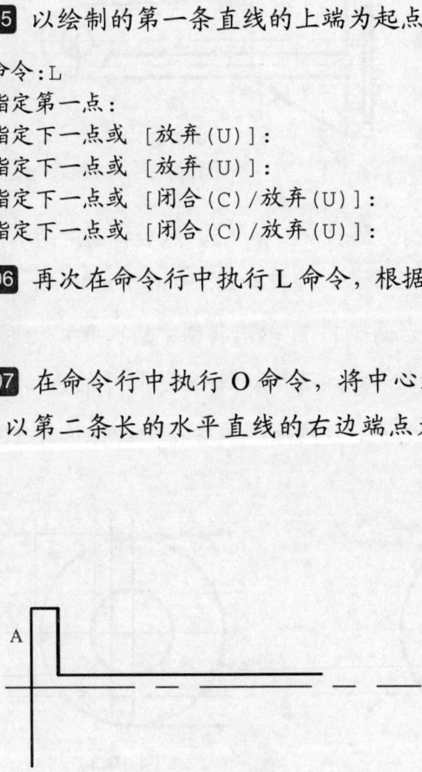

图 19-37

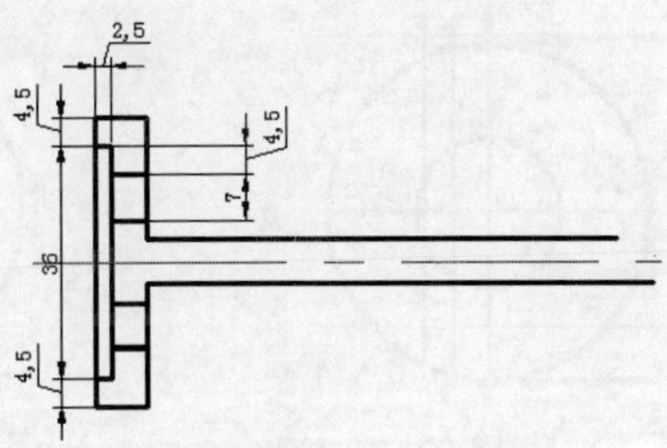

图 19-38

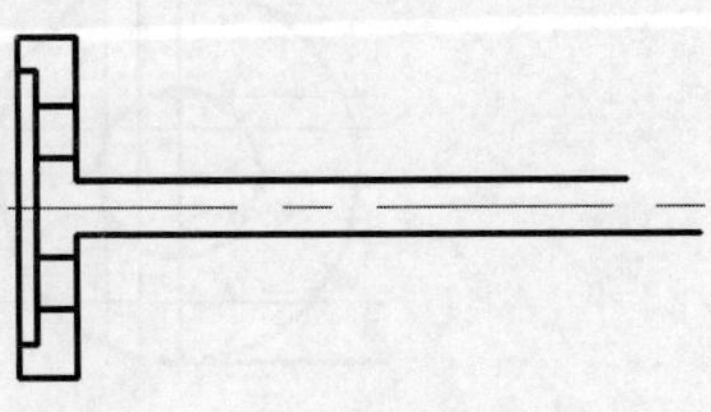

图 19-39

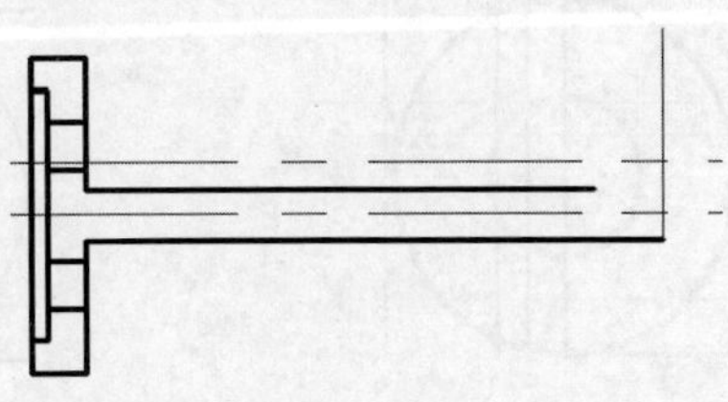

图 19-40

Step 08 在命令行中执行 C 命令，以如图 19-41 所示的 A 点为圆心，绘制半径为 5 和 11.1 的圆，效果如图 19-42 所示。

Step 09 单击状态栏中的“正交模式”按钮，关闭正交模式，在命令行中执行 L 命令，连接如图 19-43 所示的 A、B 两点。

Step 10 在命令行中执行 O 命令，将垂直中心线向左偏移 55，连接如图 19-44 所示的 A、B 两点。

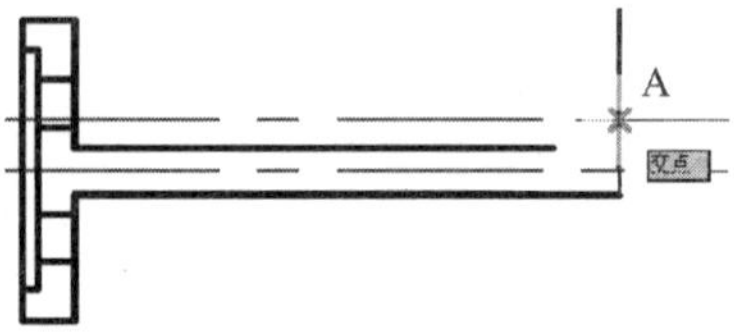

图 19-41

图 19-42

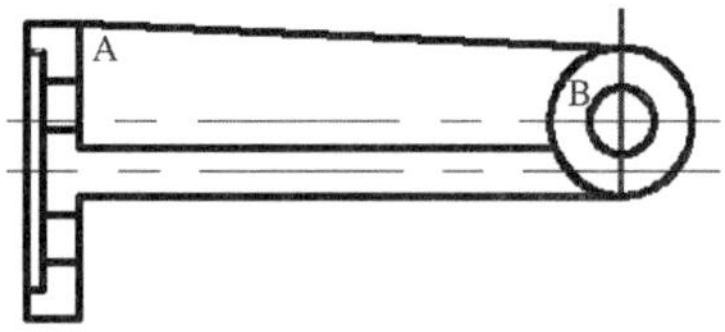

图 19-43

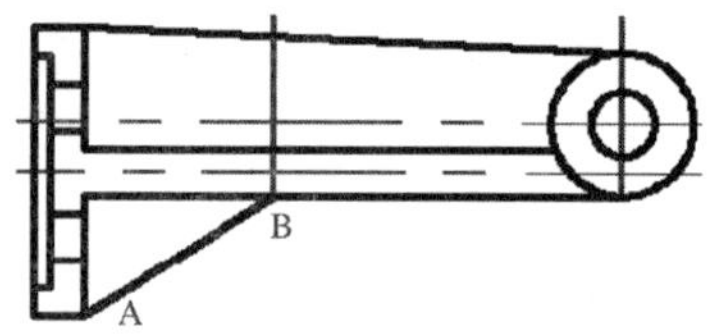

图 19-44

Step 11 在命令行中执行 O 命令，将圆心的垂直中心线向右偏移 2.5 和 4.5，然后将圆中的水平中心线向上偏移 11.7，效果如图 19-45 所示。在命令行中执行 L 命令，连接如图 19-46 所示的 A、B 两点。

Step 12 在命令行中执行 O 命令，将圆中的垂直中心线向右偏移 11.7，然后将圆中的水平中心线分别向上偏移 2.5 和 4.5，效果如图 19-47 所示。在命令行中执行 L 命令，连接如图 19-48 所示的 A、B 两点。

Step 13 在命令行中执行 L 命令，连接如图 19-49 所示的 A、B 两点。然后在命令行执行 TR 命令修剪多余线段，修剪后的效果如图 19-50 所示。

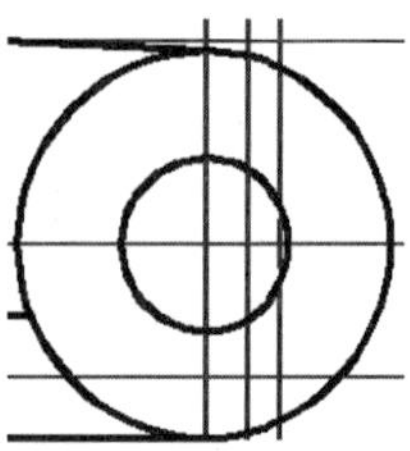

图 19-45

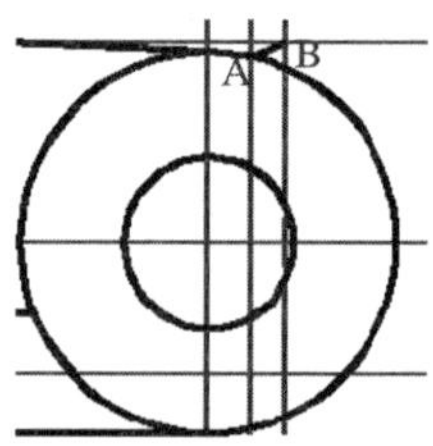

图 19-46

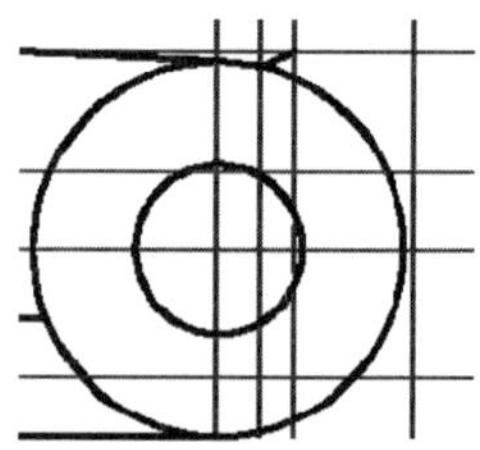

图 19-47

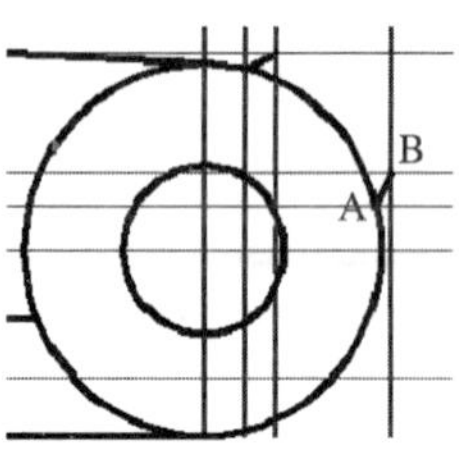

图 19-48

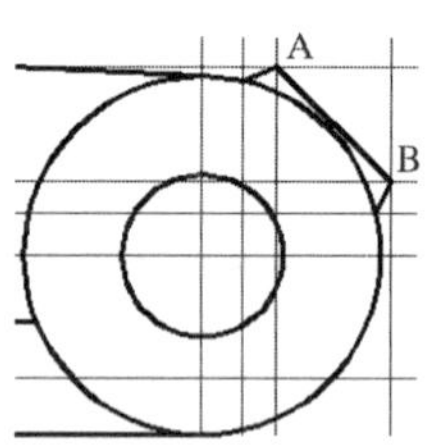

图 19-49

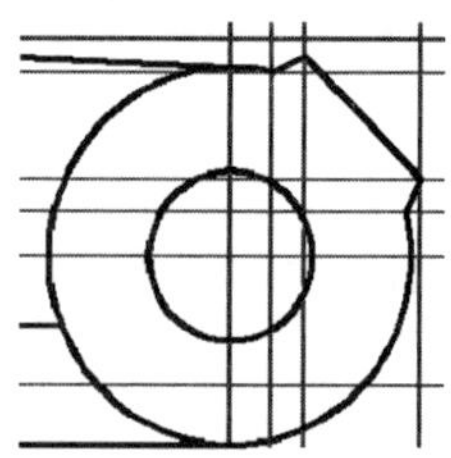

图 19-50

Step 14 将“细实线”图层设置为当前图层，在命令行中执行 O 命令，将圆中的垂直中心线分别向左偏移 31.5 和 38，效果如图 19-51 所示。

Step 15 在命令行中执行 L 命令，连接如图 19-52 所示的 A、B 两点，再使用 L 命令连接如图 19-52 所示的 C、D 两点，然后删除刚偏移的两条垂直线段。

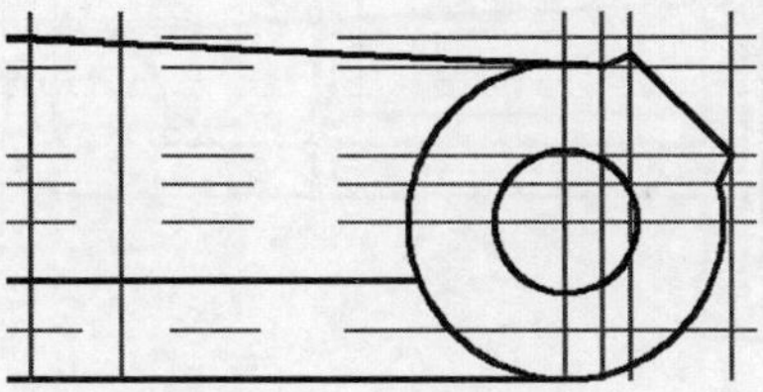

图 19-51

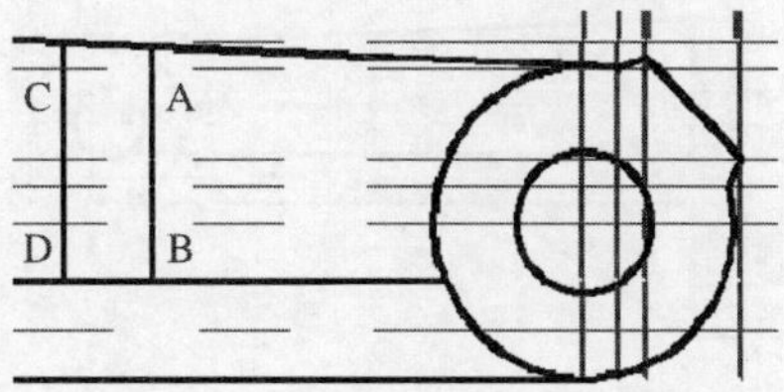

图 19-52

Step 16 将“剖面线”图层设置为当前图层，在命令行中执行 BHATCH 命令并选择“设置”选项，弹出“图案填充和渐变色”对话框。

Step 17 单击“图案”右侧的按钮，弹出“填充图案选项板”对话框，切换至 ANSI 选项卡，在中间列表框中选择 ANSI31 选项，然后单击确定按钮，如图 19-53 所示。

Step 18 返回“图案填充和渐变色”对话框，在“边界”选项组中单击“添加：拾取点”按钮，返回绘图区，在刚绘制的圆中单击，效果如图 19-54 所示。

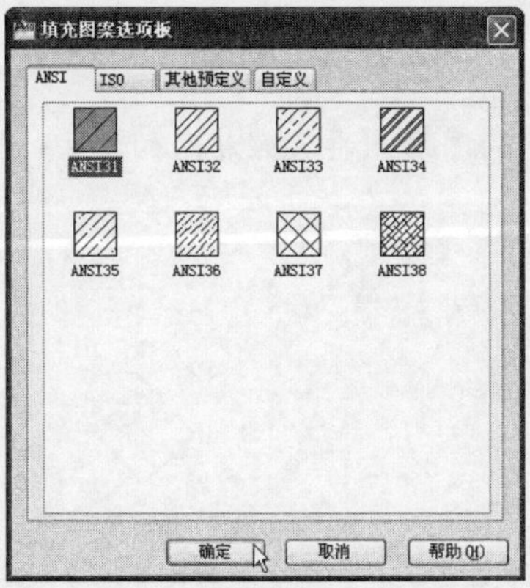

图 19-53

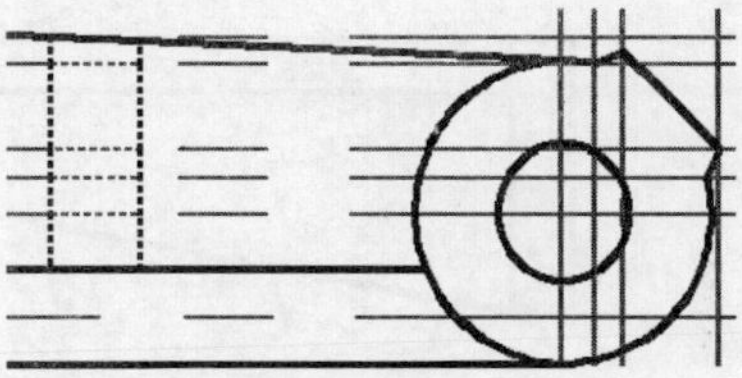

图 19-54

Step 19 选择“设置”选项并按【Space】键，返回“图案填充和渐变色”对话框，在“比例”下拉列表中选择 0.3，然后单击确定按钮，填充后的效果如图 19-55 所示。

Step 20 将“细实线”图层设置为当前图层，在命令行中执行 L 命令，连接如图 19-56 所示的 AB 线段。将刚连接的线段向左偏移 15.5，然后将当前图层设为“剖面线”图层，并对其进行填充，填充后的效果如图 19-57 所示。按照相同的方法，填充其他区域，填充后的效果如图 19-58 所示。

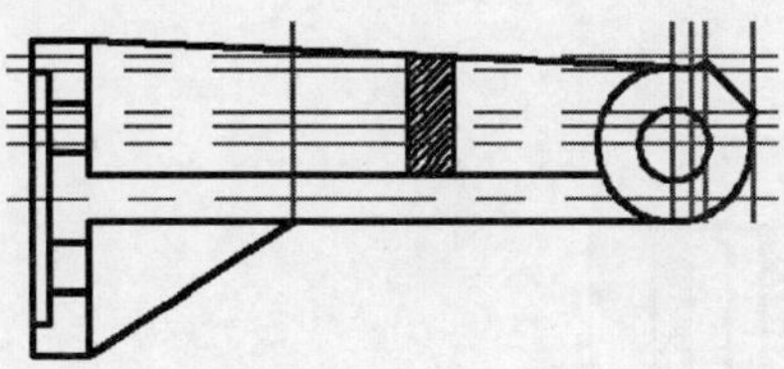

图 19-55

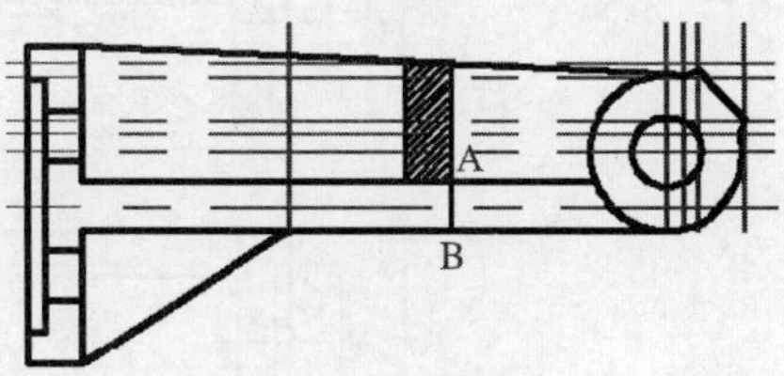

图 19-56

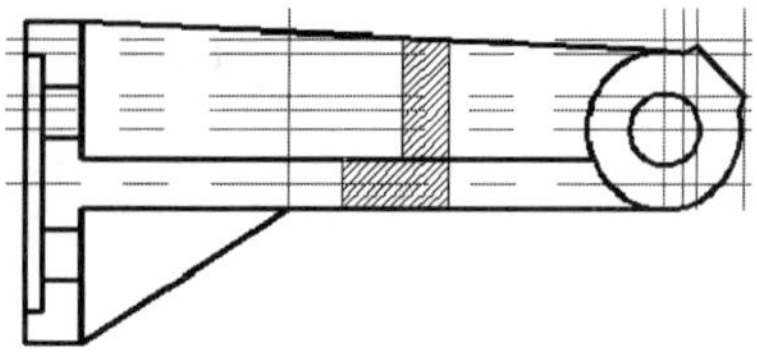

图 19-57

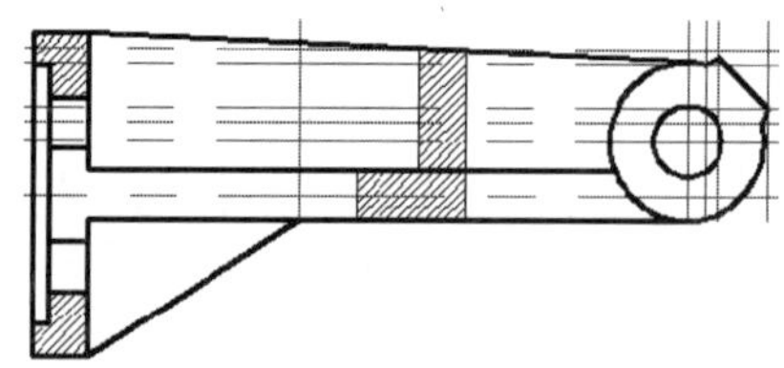

图 19-58

Step 21 将“细实线”图层设置为当前图层，在命令行中执行 SPLINE 命令，连接如图 19-59 所示的 AB 线段。将“剖面线”图层设置为当前图层，对图形进行填充，填充后的效果如图 19-60 所示。

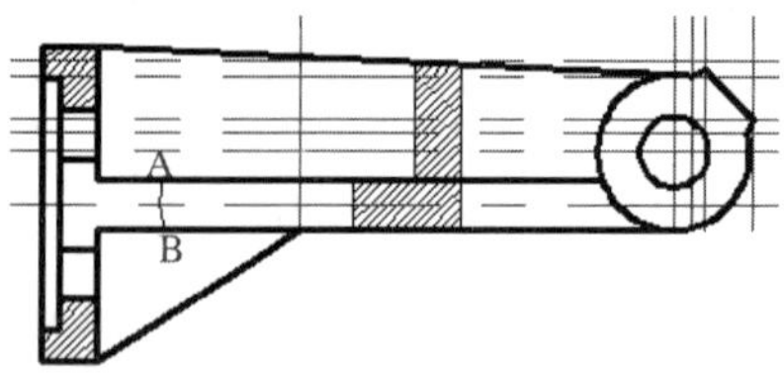

图 19-59

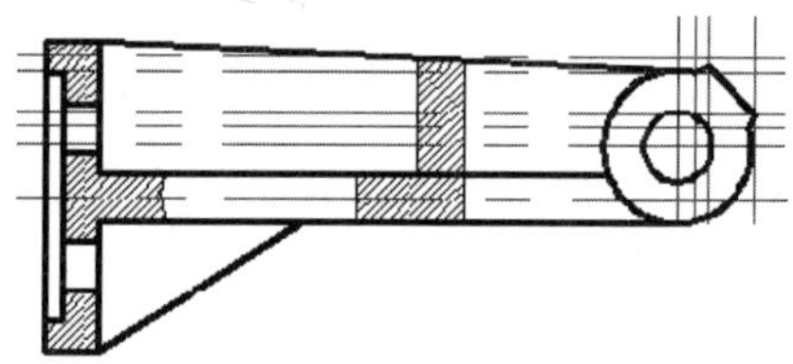

图 19-60

Step 22 按照相同的方法，在其下方绘制如图 19-61 所示的图形。再按照相同的方法，在其右侧绘制如图 19-62 所示的图形。

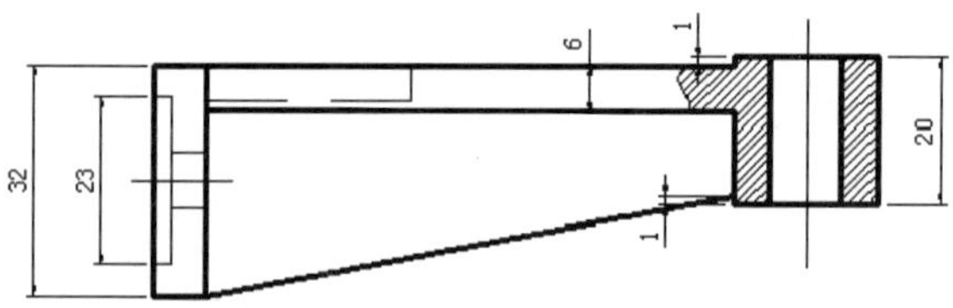

图 19-61

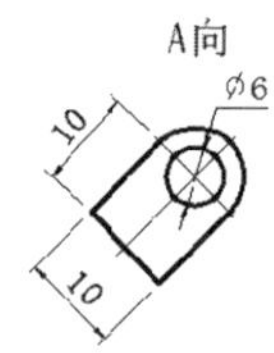

图 19-62

Step 23 删除上方绘制的图形中的中心线，然后对整个图形进行标注，标注后的效果如图 19-63 所示（光盘:\源文件\第 19 章\拨叉.dwg）。

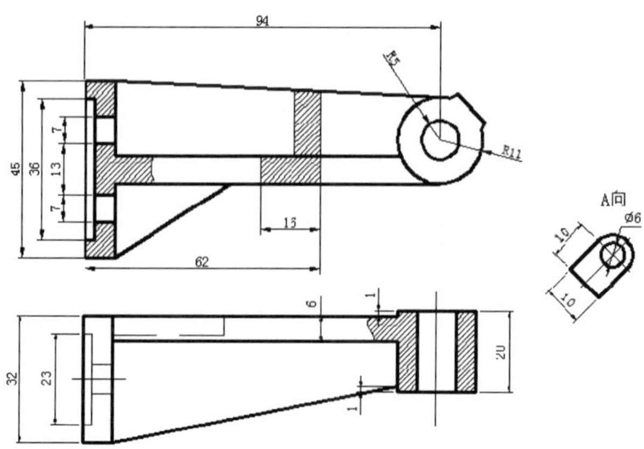

图 19-63

19.1.3 盘盖类零件

盘盖类零件主要包括阀盖、齿轮、法兰和端盖等零件，具体操作过程如下：

Step 01 启动 AutoCAD 2012，在命令行中执行 LAYER 命令，打开“图层特性管理器”选项板，新建如图 19-64 所示的图层。

Step 02 单击状态栏中的“正交模式”按钮，在命令行中执行 L 命令，绘制一条长 200 的直线，单击状态栏中的 “显示/隐藏线宽”按钮，将“粗实线”图层设置为当前图层，然后在刚绘制的中心线的左端向上绘制长为 13 的直线，如图 19-65 所示。

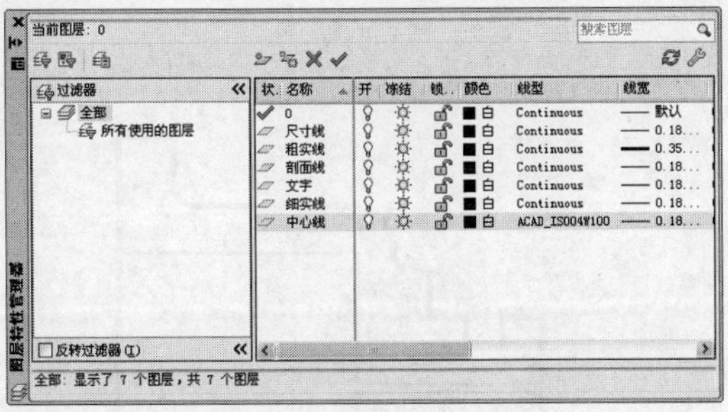

图 19-64

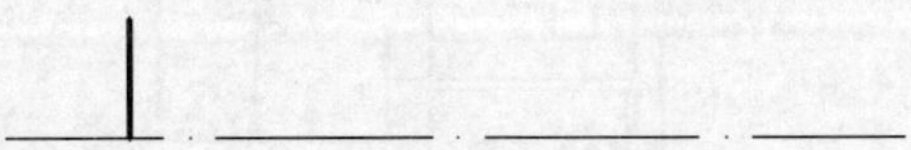

图 19-65

Step 03 再次在命令行中执行 L 命令，根据如图 19-66 所示的尺寸标注绘制图形，在命令行中执行 FILLET 命令对图形进行圆角处理，具体操作过程如下：

```
命令：FILLET                              //执行 FILLET 命令
当前设置：模式 = 修剪，半径 = 0.0000     //系统提示当前圆角设置
选择第一个对象或 [放弃(U)/多段线(P)/半径(R)/修剪(T)/多个(M)]：R //选择“半径”选项，
按【Space】键
指定圆角半径 <0.0000>:2                   //输入圆角半径 2，按【Space】键
选择第一个对象或 [放弃(U)/多段线(P)/半径(R)/修剪(T)/多个(M)]：  //单击如图 19-67 所
示的 A 线
选择第二个对象，或按住 Shift 键选择要应用角点的对象： //单击如图 19-67 所示的 B 线，进行
圆角处理后的效果如图 19-68 所示
```

Step 04 按照相同的方法，再次在命令行中执行 FILLET 命令，根据如图 19-69 所示的尺寸标注进行圆角处理。

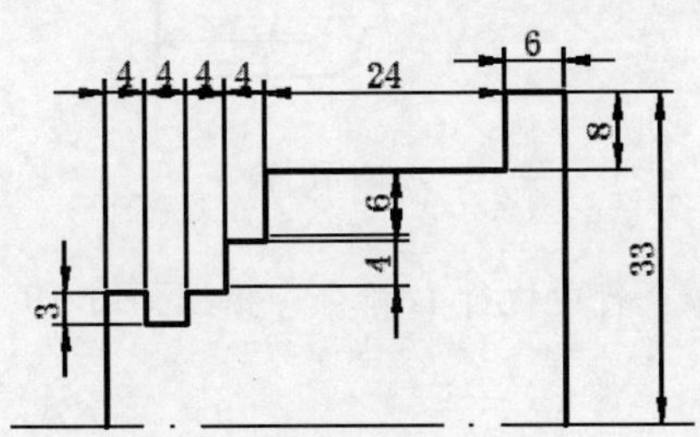

图 19-66

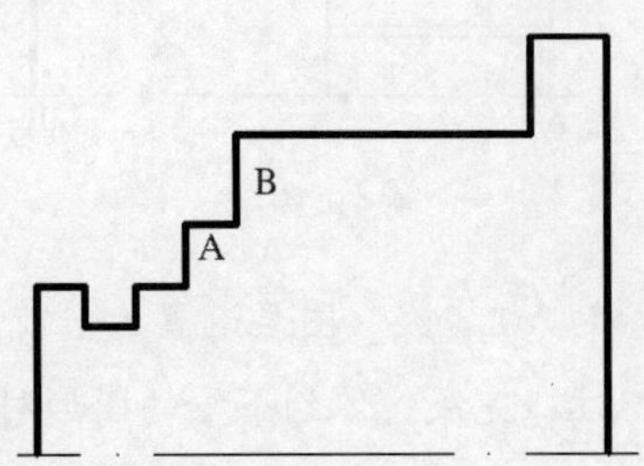

图 19-67

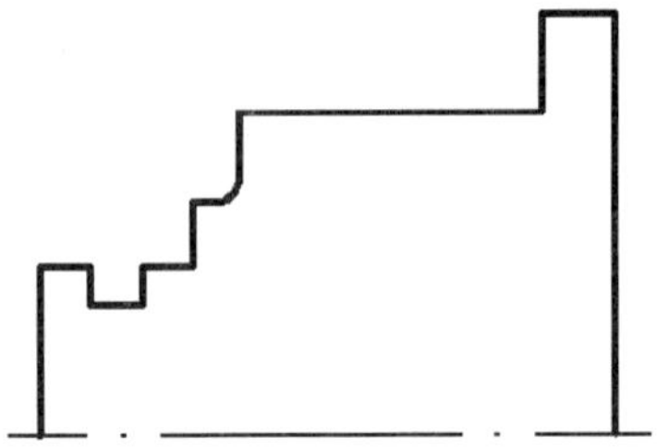

图 19-68

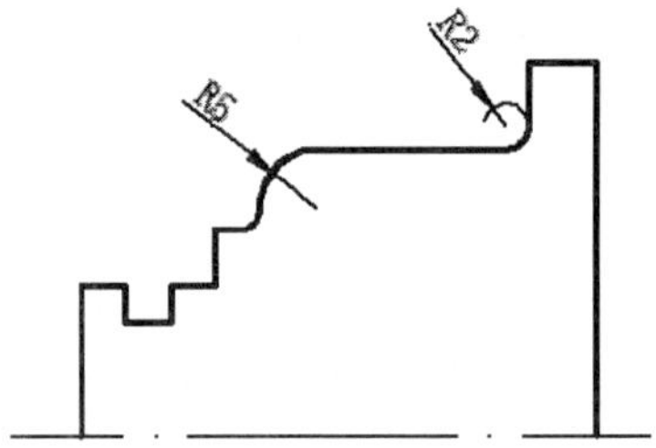

图 19-69

Step 05 将“细实线”图层设置为当前图层，然后在命令行中执行 L 命令，绘制后的效果如图 19-70 所示。在命令行中执行 FILLET 命令，将如图 19-71 所示的 A、B 两条线段进行圆角处理，绘制后的效果如图 19-72 所示。

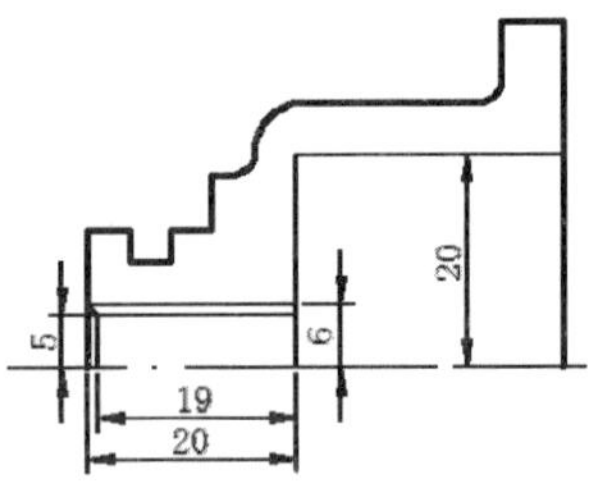

图 19-70

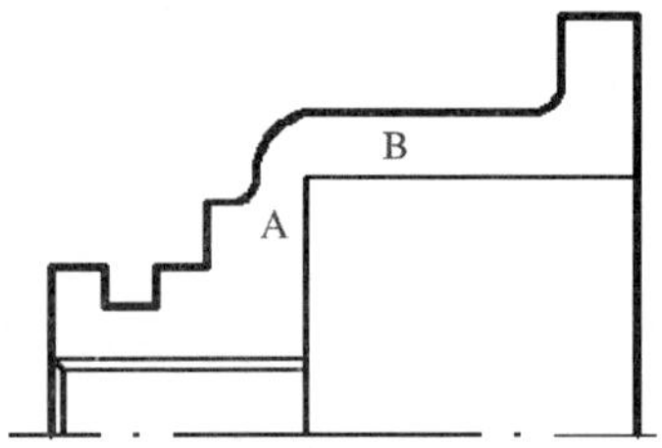

图 19-71

Step 06 在命令行中执行 MI 命令，镜像刚绘制的图形对象，具体操作过程如下：

```
命令:MI                                  //执行 MIRROR 命令
选择对象: 指定对角点: 找到 26 个          //选择绘图区中的所有图形对象
选择对象:                                //按【Space】键结束对象的选择
指定镜像线的第一点:                      //单击如图 19-72 所示的 A 点
指定镜像线的第二点:                      //单击如图 19-72 所示的 B 点
是否删除源对象? [是(Y)/否(N)] <N>: //按【Space】键结束镜像命令，效果如图 19-73 所示
```

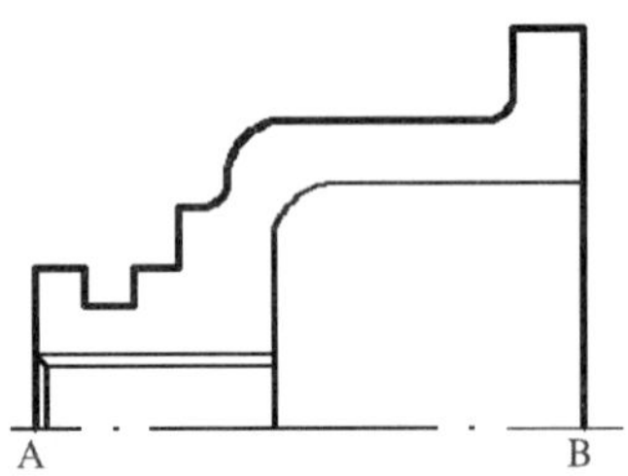

图 19-72

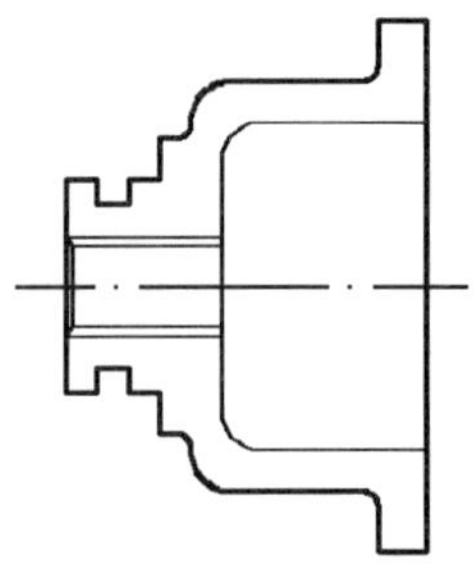

图 19-73

Step 07 将“粗实线”图层设置为当前图层，然后在命令行中执行 L 命令，根据如图 19-74 所示的尺寸标注，完成镜像到下方的图形对象的绘制。

Step 08 将“剖面线”图层设置为当前图层，在命令行中执行 BHATCH 命令并选择“设置”选项，弹出“图案填充和渐变色”对话框。

Step 09 单击“图案”右侧的…按钮，弹出“填充图案选项板”对话框，切换至 ANSI 选项卡，在中间列表框中选择 ANSI31 选项，然后单击确定按钮。

Step 10 返回“图案填充和渐变色”对话框，在“边界”选项组中单击“添加：拾取点”按钮，返回绘图区，在需要填充的位置单击，选择后的效果如图 19-75 所示。

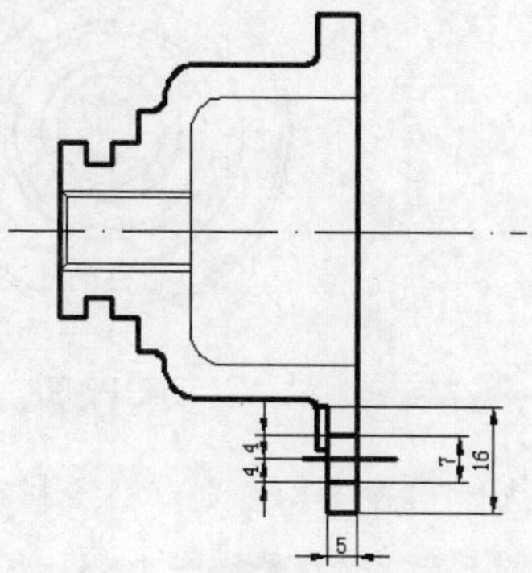

图 19-74

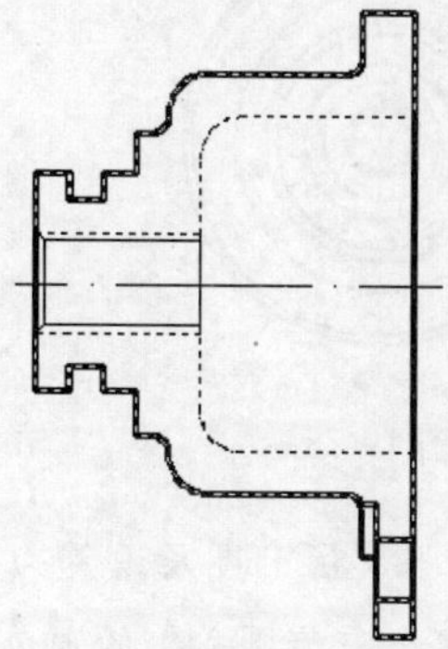

图 19-75

Step 11 选择“设置”选项并按【Space】键，返回“图案填充和渐变色”对话框，然后单击确定按钮，填充后的效果如图 19-76 所示。

Step 12 将“中心线”图层设置为当前图层，执行 L 命令，在中心线的右侧绘制长为 200 的垂直中心线。将“粗实线”图层设置为当前图层，在命令行中执行 C 命令，绘制半径为 5 的圆，具体操作过程如下：

```
命令：CIRCLE                              //执行 CIRCLE 命令
指定圆的圆心或[三点(3P)/两点(2P)/相切、相切、半径(T)]：//单击垂直中线与水平中心线的交点
指定圆的半径或[直径(D)] <0>: 5          //输入半径值 5 并按【Space】键确认，绘制后的效果如图 19-77 所示
```

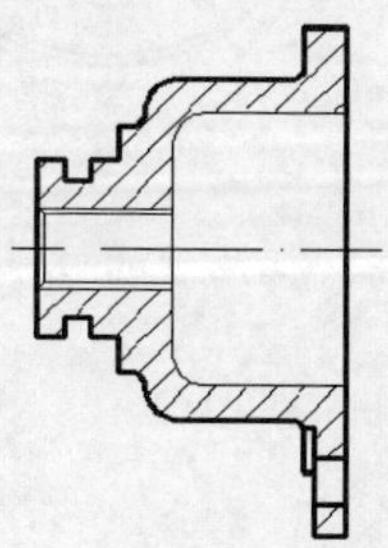

图 19-76

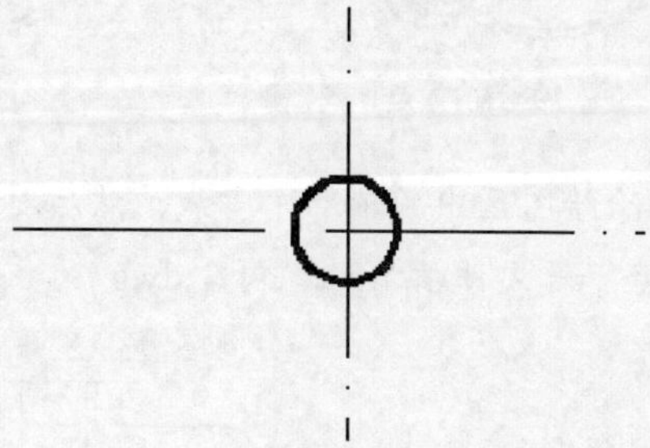

图 19-77

Step 13 按照相同的方法以同一个圆心为圆心绘制多个圆，其半径分别为 6、10、13、18、20、25、32.5、34，绘制完成后的效果如图 19-78 所示。

Step 14 将“中心线”图层设置为当前图层，在命令行中执行 L 命令，具体操作过程如下：

```
命令：XLINE  //执行 XLINE 命令
指定点或 [水平(H)/垂直(V)/角度(A)/二等分(B)/偏移(O)]:B //选择“二等分”选项，按【Space】键
```

指定角的顶点：//单击圆心
指定角的起点：//单击如图 19-79 所示的 A 点
指定角的端点：//单击如图 19-79 所示的 B 点
指定角的端点：//单击如图 19-79 所示的 C 点
指定角的端点：//按【Space】键确认，绘制后的效果如图 19-80 所示

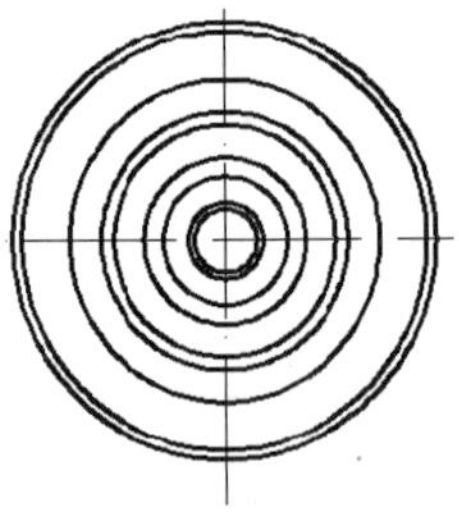
图 19-78

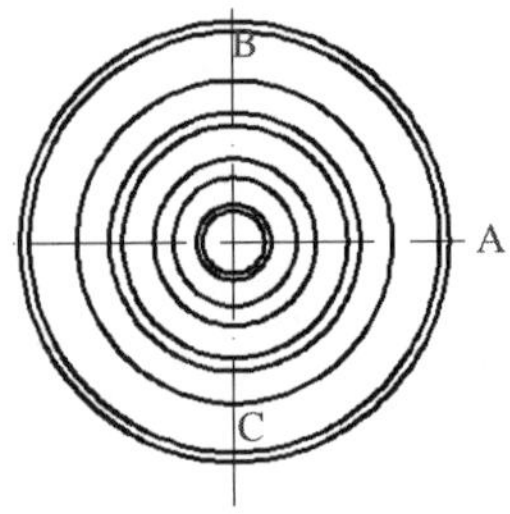

图 19-79

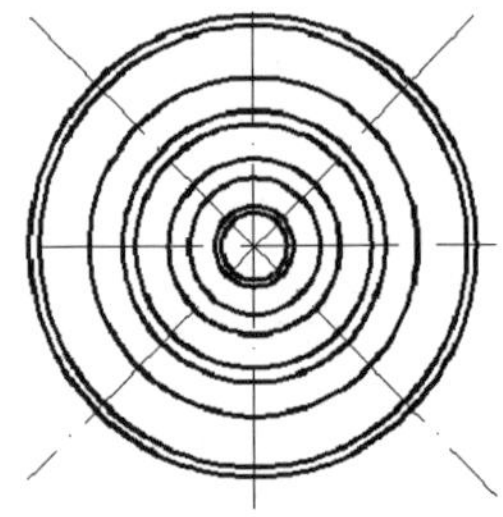
图 19-80

Step 15 将“粗实线”图层设置为当前图层，在命令行中执行 C 命令，分别以刚绘制的构造线与外圆相交的 4 个点为圆心，绘制 4 组同心圆，半径分别为 3.5 和 8，效果如图 19-81 所示。

Step 16 在命令行中执行 TR 命令，将刚绘制的同心圆与前面绘制的同心圆进行修剪，修剪后的效果如图 19-82 所示。

Step 17 在命令行中执行 FILLET 命令，对刚绘制的同心圆的外圆与前面绘制的半径为 32.5 的圆的相交处进行圆角处理，半径为 5，进行圆角处理后的效果如图 19-83 所示。

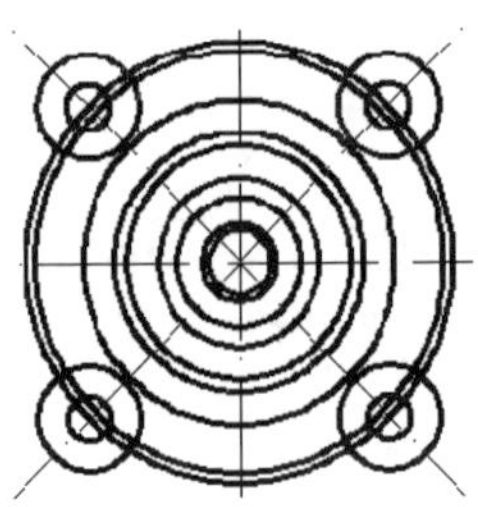
图 19-81

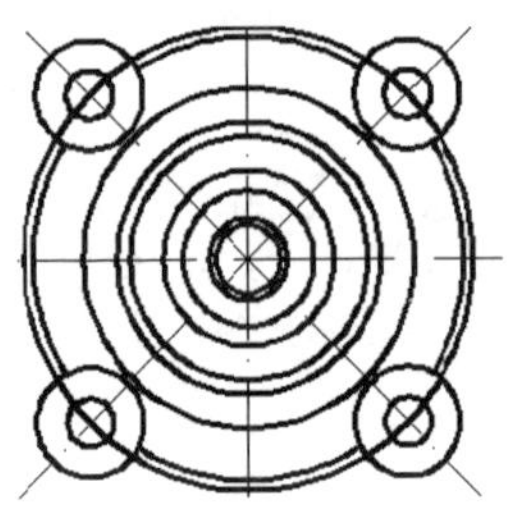
图 19-82

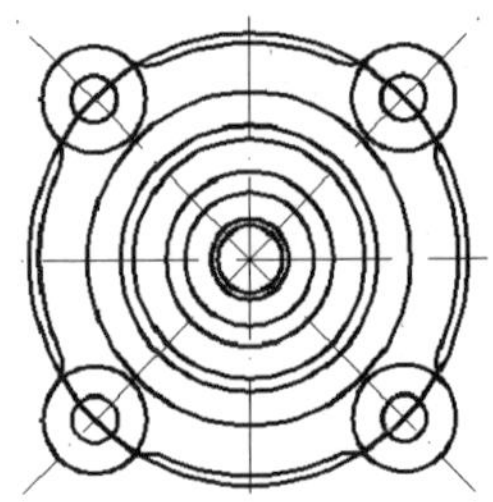
图 19-83

Step 18 删除绘图区中的辅助中心线，然后对整个图形对象进行标注，标注后的效果如图 19-84 所示（光盘：\源文件\第 19 章\阀盖.dwg）。

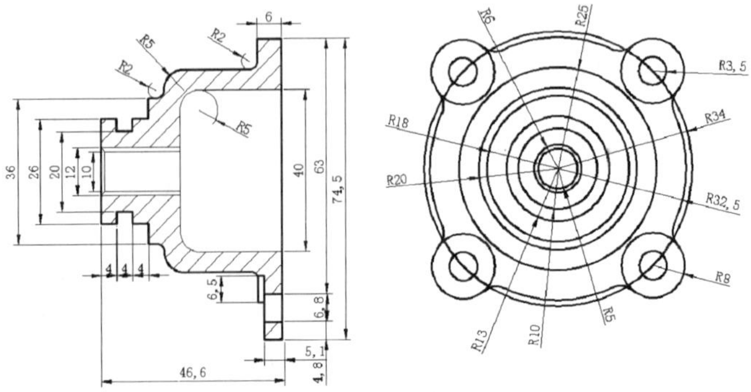

图 19-84

19.1.4　箱体类零件

箱体类零件主要包括阀体、座体和缸体等。在绘制该类零件时可根据零件的特点，确定零件的视图表达方式与视图的数量。若对象的外形复杂、内形简单，可采用基本视图方式进行绘制，反之，若内形复杂，外形简单，需要采用剖视图的方法进行绘制；若内、外形都需表达，可根据对象的具体情况采用局部剖视图的方法进行绘制。具体操作如下：

Step 01 启动 AutoCAD 2012，在命令行中执行 LAYER 命令，打开“图层特性管理器”选项板，新建如图 19-85 所示的图层。

Step 02 单击状态栏中的“正交模式”按钮，再单击状态栏中的“显示/隐藏线宽”按钮，然后在命令行中执行 L 命令，绘制一条长 400 的直线。

Step 03 将“粗实线”图层设置为当前图层，然后在命令行中执行 L 命令，绘制一条长 70 的直线，如图 19-86 所示。

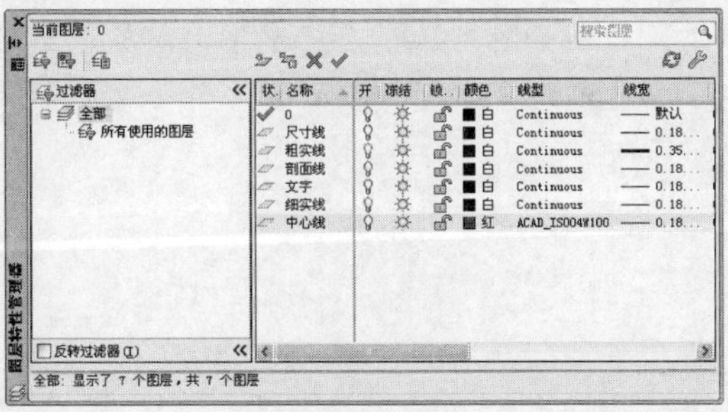

图 19-85

图 19-86

Step 04 在命令行中执行 L 命令，绘制如图 19-87 所示的直线。再次在命令行中执行 L 命令，在刚绘制的图形对象中绘制如图 19-88 所示的直线。

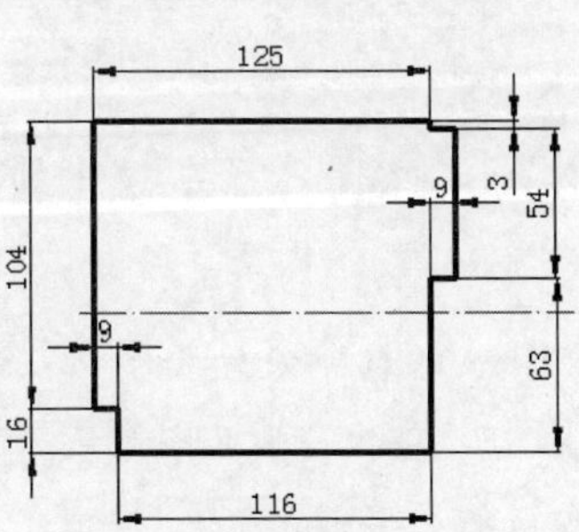

图 19-87

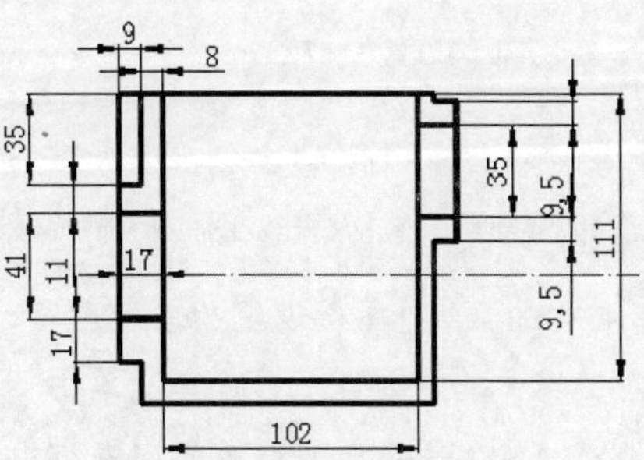

图 19-88

Step 05 在命令行中执行 O 命令，将如图 19-89 所示的 A 线向右偏移 72。再次在命令行中执行 C 命令，以刚偏移的直线与中心线的相交处为圆心，绘制半径为 20 的圆，然后删除刚偏移的线段，绘制后的效果如图 19-90 所示。

Step 06 将“剖面线”图层设置为当前图层，在命令行中执行 BHATCH 命令，弹出“图案填充和渐变色”对话框。单击“图案”右侧的...按钮，弹出“填充图案选项板”对话框，切换至 ANSI 选项卡，在中间列表框中选择 ANSI31 选项，然后单击确定按钮。

Step 07 返回“图案填充和渐变色”对话框，在“边界”选项组中单击“添加：拾取点”按钮，返回绘图区，在需要填充的位置单击，选择后的效果如图 19-91 所示。

Step 08 按【Space】键，返回“图案填充和渐变色”对话框，在“比例”下拉列表中选择 2，然后单击确定按钮，填充后的效果如图 19-92 所示。

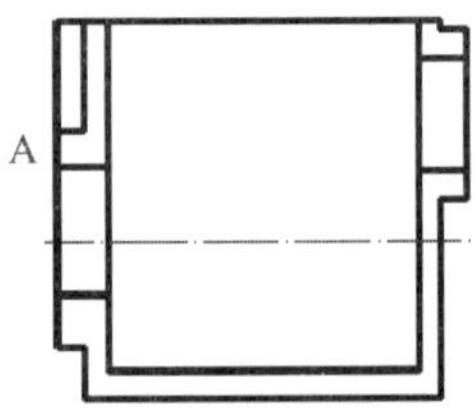

图 19-89

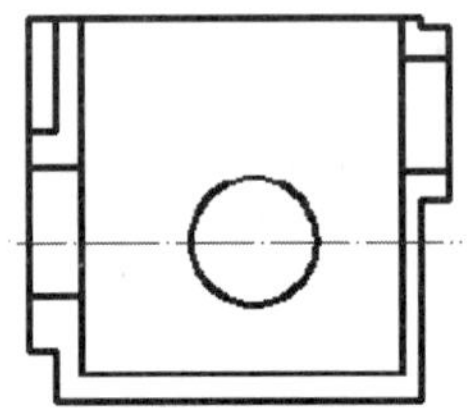
图 19-90

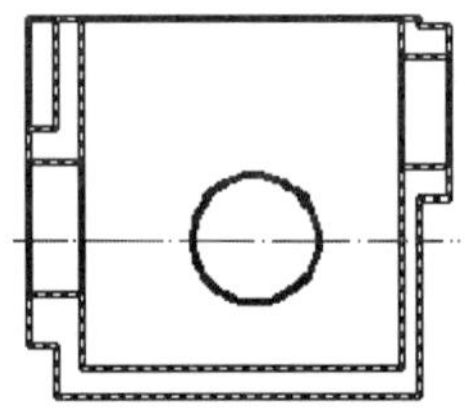
图 19-91

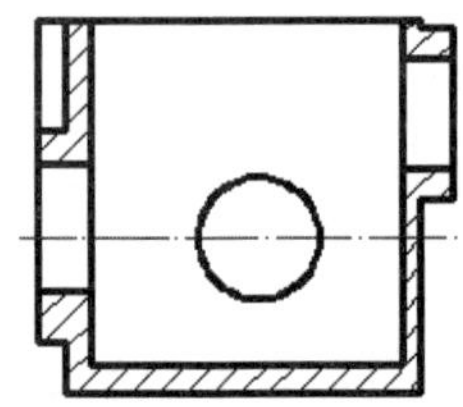
图 19-92

Step 09 按照相同的方法，在刚绘制的图形对象的右侧绘制如图 19-93 所示的图形对象，然后在命令行中执行 O 命令，将如图 19-94 所示的 A 线向右偏移 27，将 B 线向下偏移 30，偏移后的效果如图 19-95 所示。

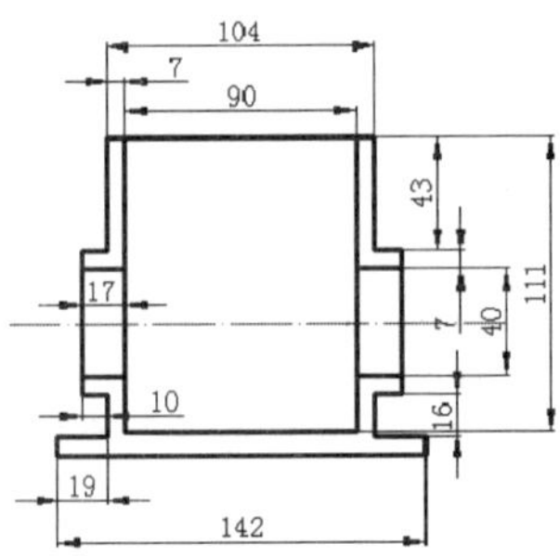

图 19-93

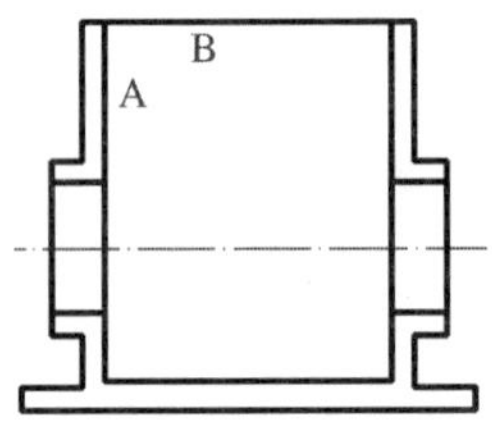

图 19-94

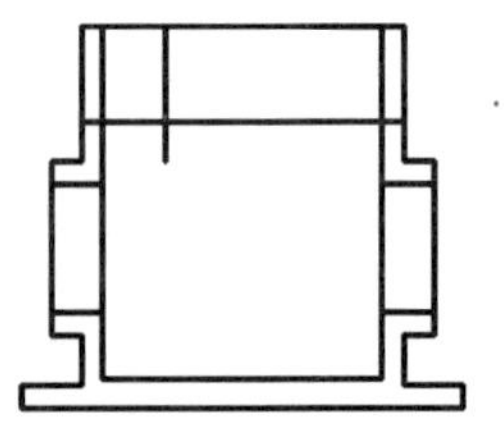
图 19-95

Step 10 在命令行中执行 C 命令，以两条偏移的直线的交点为圆心，绘制半径为 18 的圆，然后删除刚偏移的两条线段，效果如图 19-96 所示。

Step 11 将“剖面线”图层设置为当前图层，在命令行中执行 BHATCH 命令并选择“设置”选项，弹出“图案填充和渐变色”对话框。单击“图案”右侧的...按钮，弹出“填充图案选项板”对话框，切换至 ANSI 选项卡，在中间列表框中选择 ANSI31 选项，然后单击确定按钮。

Step 12 返回“图案填充和渐变色”对话框，在“边界”选项组中单击“添加：拾取点”按钮，返回绘图区，在需要填充的位置单击，选择后的效果如图 19-97 所示。

Step 13 选择“设置”选项并按【Space】键，返回“图案填充和渐变色”对话框，在“比例”下拉列表中选择 2，然后单击确定按钮，填充后的效果如图 19-98 所示。

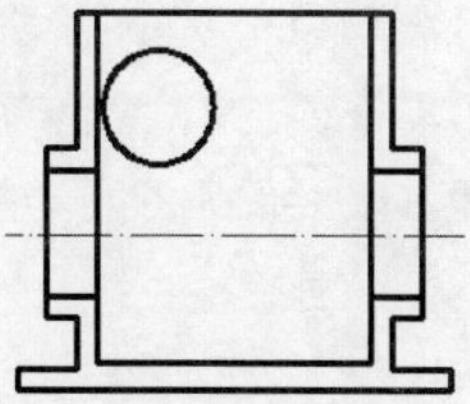

图 19-96

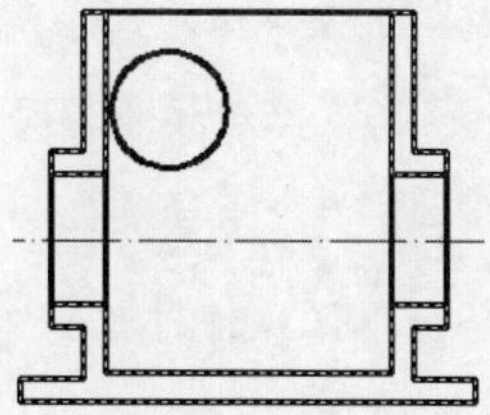

图 19-97

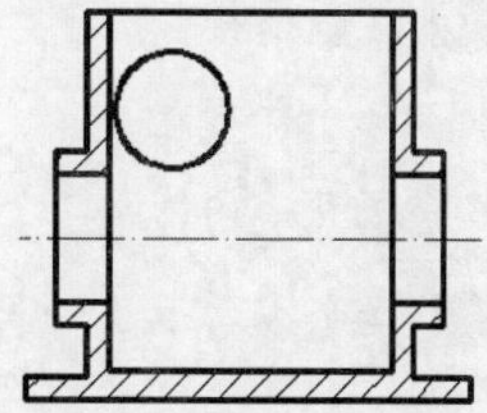

图 19-98

Step 14 在第一个图形对象的下方，根据如图 19-99 所示的尺寸标注进行绘制，在命令行中执行 FILLET 命令，具体操作过程如下：

```
命令：FILLET                                //执行 FILLET 命令
当前设置：模式 = 修剪，半径 = 0.0000     //系统提示当前圆角设置
选择第一个对象或 [放弃(U)/多段线(P)/半径(R)/修剪(T)/多个(M)]：R //选择“半径”选项，按【Space】键
指定圆角半径 <0.0000>:3                     //输入圆角半径 3，按【Space】键
选择第一个对象或 [放弃(U)/多段线(P)/半径(R)/修剪(T)/多个(M)]：    //单击如图 19-100 所示的 A 线
选择第二个对象，或按住 Shift 键选择要应用角点的对象： //单击如图 19-100 所示的 B 线，进行圆角处理后的效果如图 19-101 所示
```

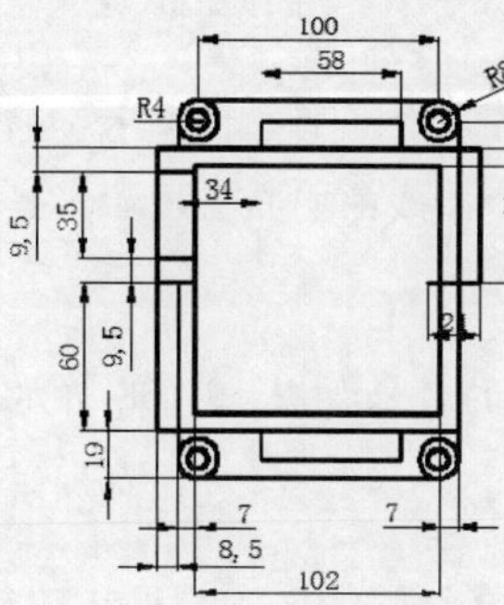

图 19-99

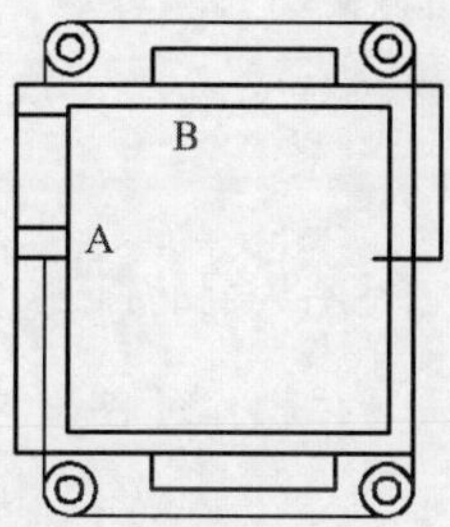

图 19-100

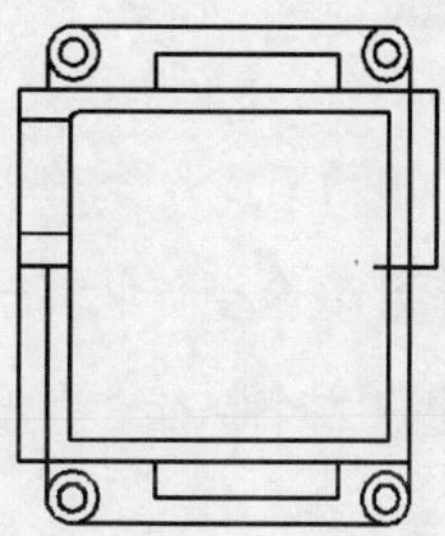

图 19-101

Step 15 按照相同的方法，将其他需要的地方进行圆角处理，效果如图 19-102 所示。然后将“中心线”图层设置为当前图层，在其右侧绘制如图 19-103 所示的辅助绘图线。

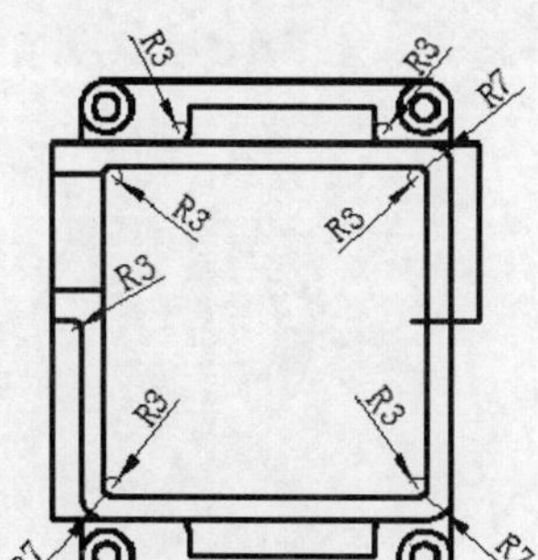

图 19-102

图 19-103

Step 16 在命令行中执行C命令，以第一条水平中心线和第一条垂直中心线的交点为圆心，绘制两个同心圆，一个半径是18，另一个半径是27。然后按照相同的方法，以第二条水平中心线和第二条垂直中心线的交点为圆心，绘制两个同心圆，一个半径是24，另一个半径是34，效果如图19-104所示。

Step 17 在命令行中执行XLINE命令，具体操作过程如下：

```
命令: XLINE //执行XLINE命令
指定点或 [水平(H)/垂直(V)/角度(A)/二等分(B)/偏移(O)]:B //单击上面同心圆的圆心
指定通过点:  //单击下面同心圆的圆心，绘制后的效果如图19-105所示
```

Step 18 在命令行中执行TR命令，对图形对象进行修剪，然后删除刚绘制的构造线，效果如图19-106所示。

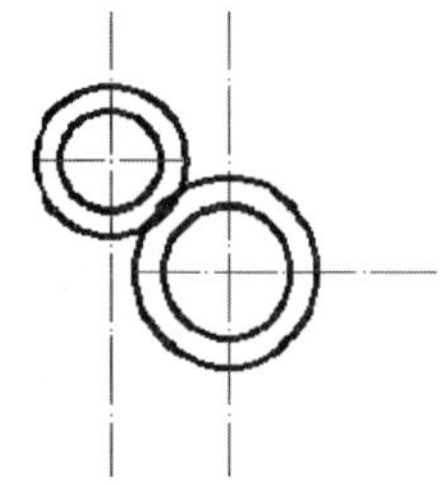
图19-104

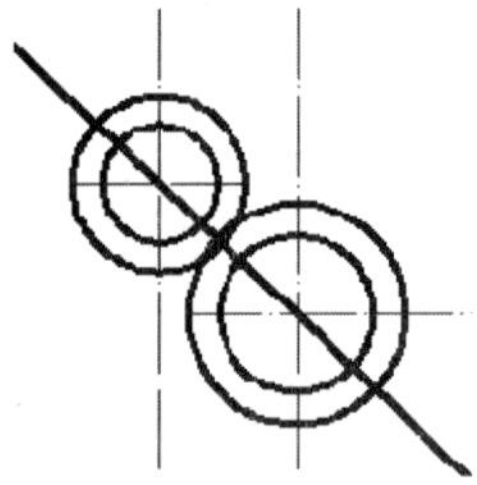
图19-105

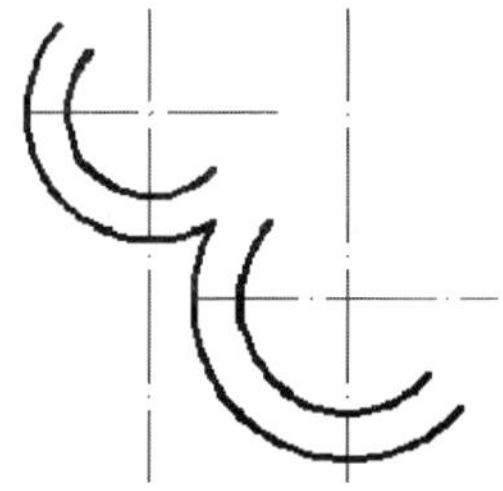
图19-106

Step 19 将第二条水平中心线向上偏移3.1，然后单击左端夹点，向左拉伸，将该线拉长。将第一条中心线向左偏移0.8，在命令行中执行C命令，以刚偏移的两条中心线的交点为圆心，绘制半径为10的圆，如图19-107所示。

Step 20 在命令行中执行TR命令，对刚绘制的圆进行修剪，修剪后的效果如图19-108所示。

Step 21 在命令行中执行MI命令，具体操作过程如下：

```
命令:MI                              //执行MIRROR命令
选择对象: 指定对角点: 找到 26 个      //选择如图19-109所示的图形对象
选择对象:                            //按【Space】键结束对象的选择
指定镜像线的第一点:                   //单击如图19-110所示的A点
指定镜像线的第二点:                   //单击如图19-110所示的B点
是否删除源对象? [是(Y)/否(N)] <N>://按【Space】键结束镜像命令
```

Step 22 删除图形中的红色中心线，对绘图区中的图形对象进行尺寸标注，最终效果如图19-111所示（光盘：\源文件\第19章\箱体.dwg）。

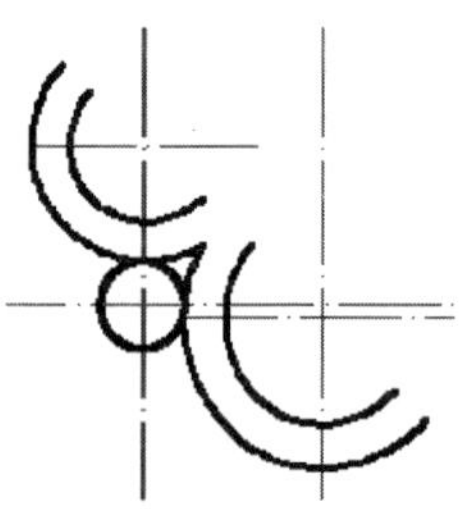
图19-107

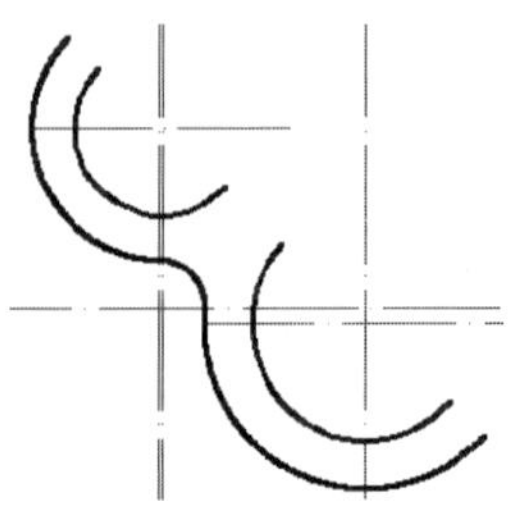
图19-108

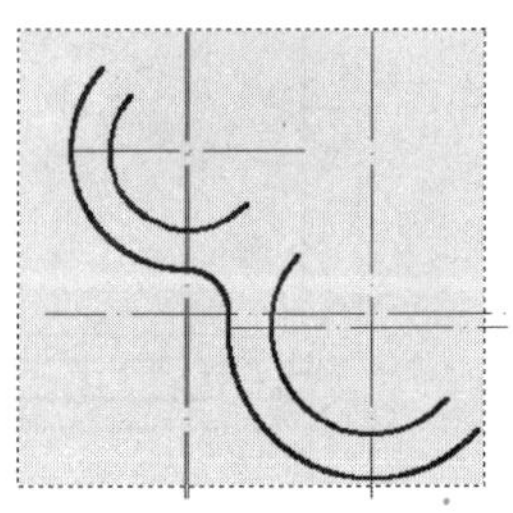
图19-109

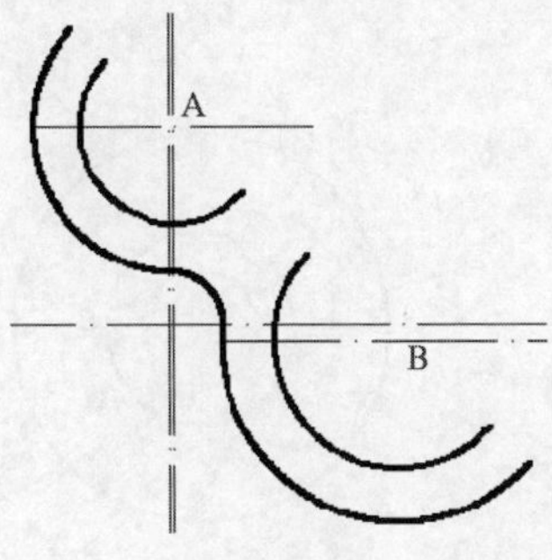

图 19-110

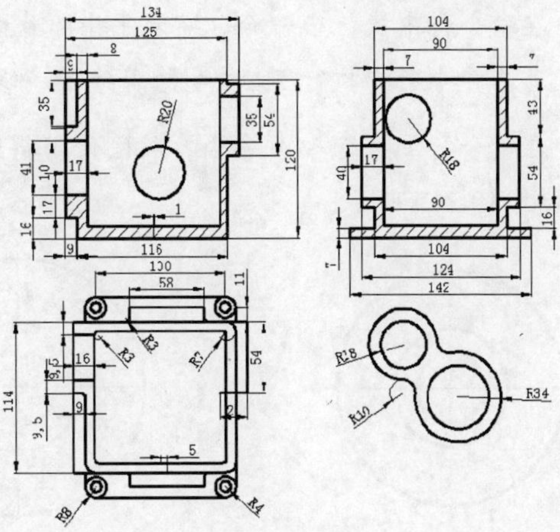

图 19-111

19.2　边学边用——绘制棘轮

了解了在 AutoCAD 2012 中绘制各类机械零件图的方法以后，本节将通过一个简单实例的实现过程，来加深读者对相关知识的理解和掌握。

19.2.1　实例目标

本节将详细讲解利用 AutoCAD 2012 绘制轴套类、叉架类、盘盖类及箱体类零件图的方法，引导读者进一步掌握在 AutoCAD 2012 中绘制机械类零件图的方法。

具体学习目标如下：

- 掌握在 AutoCAD 2012 中创建图层并设置图层特性的方法。
- 巩固练习在 AutoCAD 2012 中绘制图形的方法。
- 掌握在 AutoCAD 2012 中对图形对象进行尺寸标注的方法。

19.2.2　实例实现

Step 01　启动 AutoCAD 2012，在命令行中执行 LAYER 命令，打开“图层特性管理器”选项板，新建如图 19-112 所示的图层。

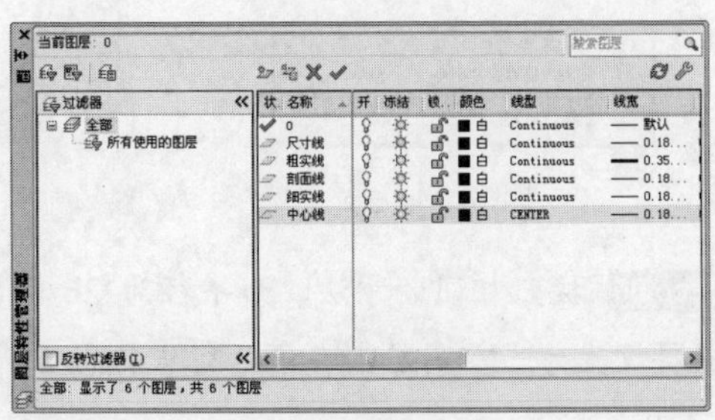

图 19-112

Step 02　单击状态栏中的“正交模式”按钮，然后单击“显示/隐藏线宽”按钮，使用直线命令绘制两条长度为 100 的垂直相交中心线。

Step 03　将“粗实线”图层设置为当前图层，在命令行中执行 C 命令，以中心线交点为圆心，分别绘制半径为 9、15、30 的圆，如图 19-113 所示。

Step 04 在命令行中执行 O 命令，将水平中心线向上偏移 13。然后将垂直中心线分别向左、向右偏移 3，并在命令行中执行 TR 命令修剪线段，修剪后的效果如图 19-114 所示。

Step 05 在命令行中执行 MA 命令，将刚修剪得到的线段匹配成和“粗实线”图层中的线型特性一样，如图 19-115 所示。

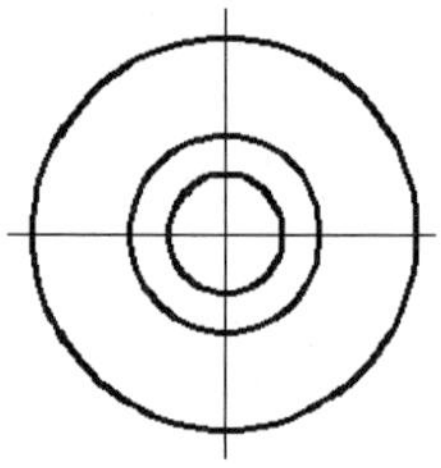

图 19-113

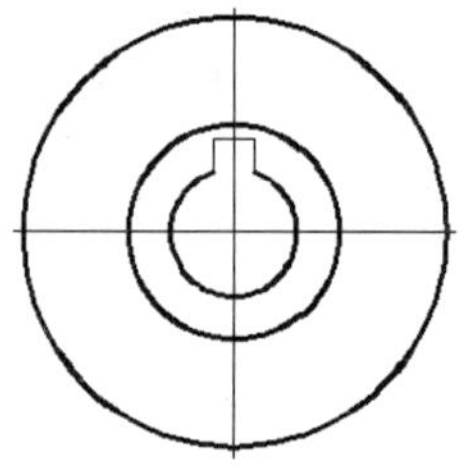

图 19-114

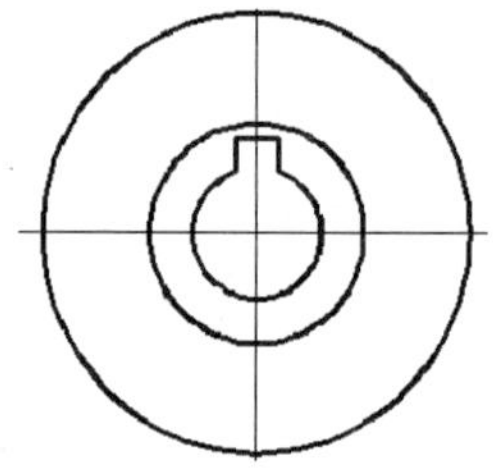

图 19-115

Step 06 将“细实线”图层设置为当前图层，在命令行中执行 C 命令，以上一圆的圆心为圆心绘制半径为 26 的圆，效果如图 19-116 所示。

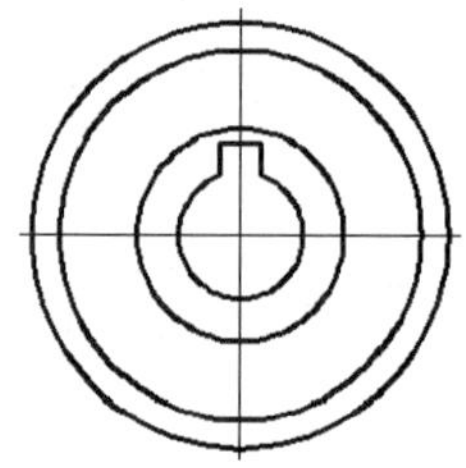

图 19-116

Step 07 在命令行中执行 DDPTYPE 命令，弹出“点样式”对话框，选择╳点样式，然后单击 确定 按钮，如图 19-117 所示。

Step 08 在命令行中执行 DIVIDE 命令，具体操作过程如下：

```
命令:DIVIDE                          //执行 DIVIDE 命令
选择要定数等分的对象:                  //选择如图 19-118 所示的最外面的大圆
输入线段数目或 [块(B)]: 12            //输入 12，并按【Space】键确认，效果如图 19-119 所示
```

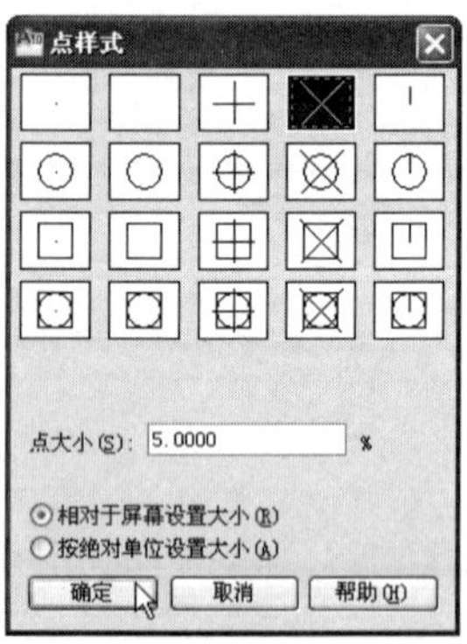

图 19-117

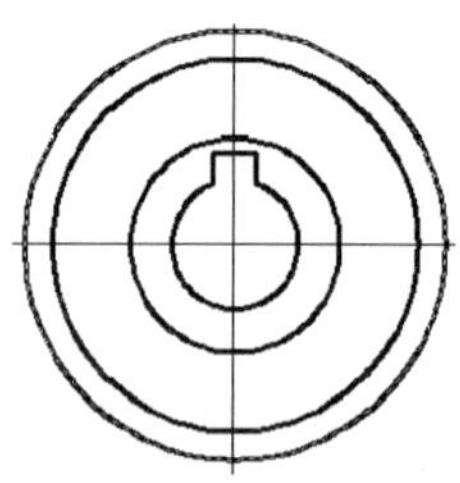

图 19-118

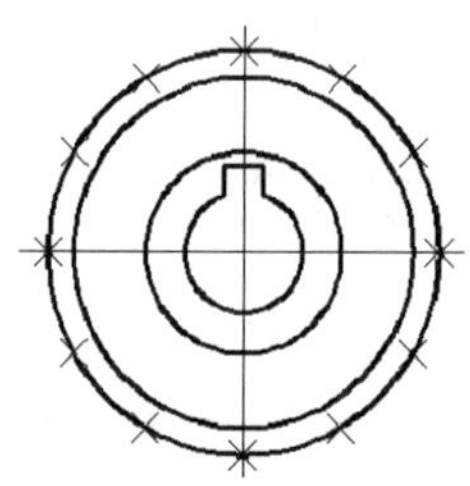

图 19-119

Step 09 按照相同的方法，为半径为 26 的圆绘制定数等分点，如图 19-120 所示。将“粗实线”图层设置为当前图层，在命令行中执行 L 命令，连接各点绘制轮齿，效果如图 19-121 所示。

Step 10 删除半径为 26 的圆和点，效果如图 19-122 所示，并将半径为 30 的圆置于“细实线”图层上，效果如图 19-123 所示。

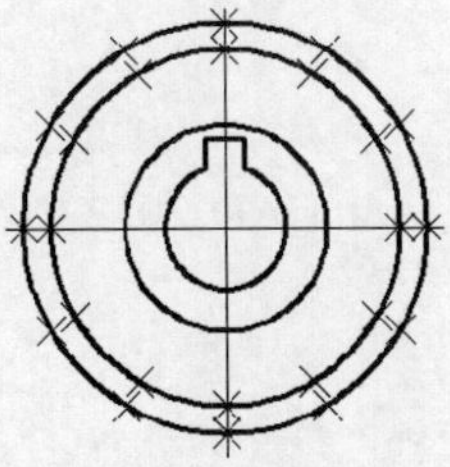

图 19-120

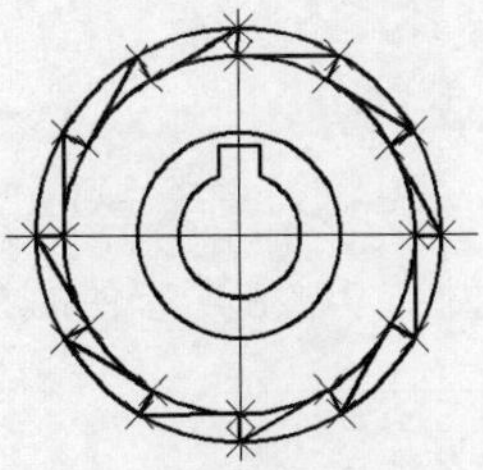

图 19-121

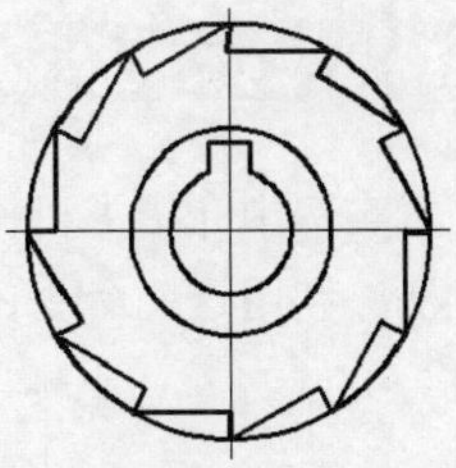

图 19-122

Step 11 将“中心线”图层设置为当前图层，在命令行中执行 L 命令，绘制长为 32 的中心线。将“粗实线”图层设置为当前图层，在命令行中执行 L 命令，绘制如图 19-124 所示的图形。

Step 12 将“剖面线”图层设置为当前图层，在命令行中执行 BHATCH 命令，弹出“图案填充和渐变色”对话框。单击“图案”右侧的[...]按钮，弹出“填充图案选项板”对话框，切换至 ANSI 选项卡，在中间列表框中选择 ANSI31 选项，然后单击[确定]按钮。

Step 13 返回“图案填充和渐变色”对话框，在“边界”选项组中单击“添加：拾取点”按钮，返回绘图区，在需要填充图案的位置单击，选择后的效果如图 19-125 所示。

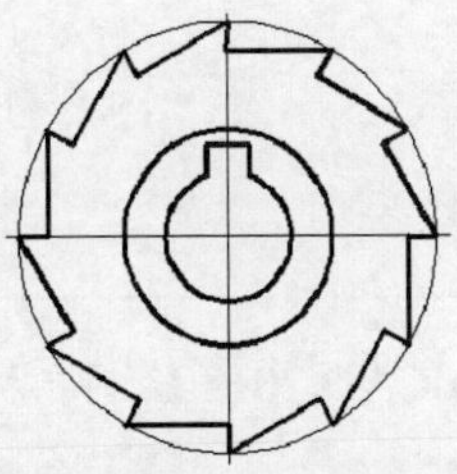

图 19-123

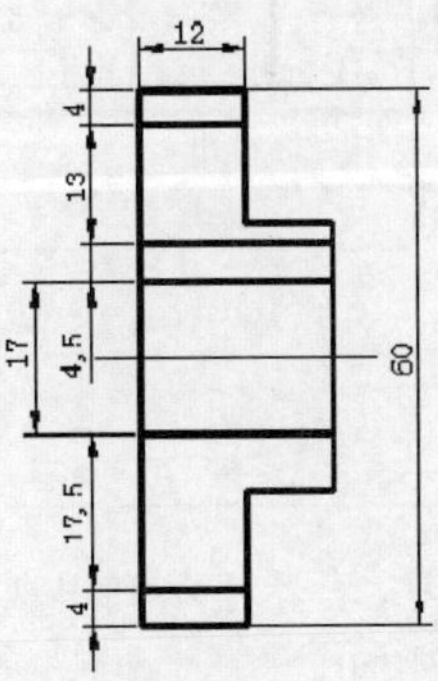

图 19-124

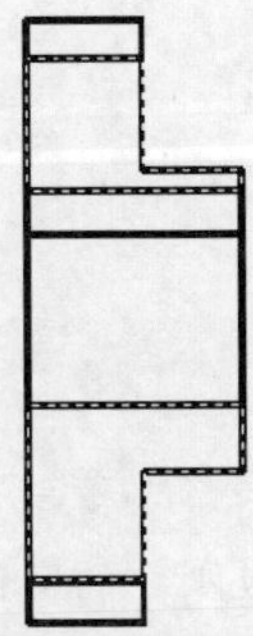

图 19-125

Step 14 按【Space】键，返回“图案填充和渐变色”对话框，在“比例”下拉列表中选择 1，然后单击[确定]按钮，填充后的效果如图 19-126 所示。将“尺寸线”图层设置为当前图层，然后对图形对象进行尺寸标注，最终效果如图 19-127 所示。

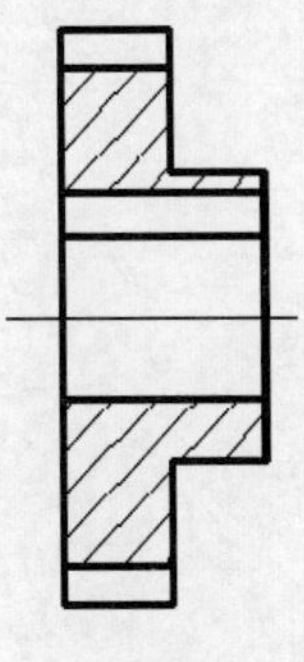

图 19-126

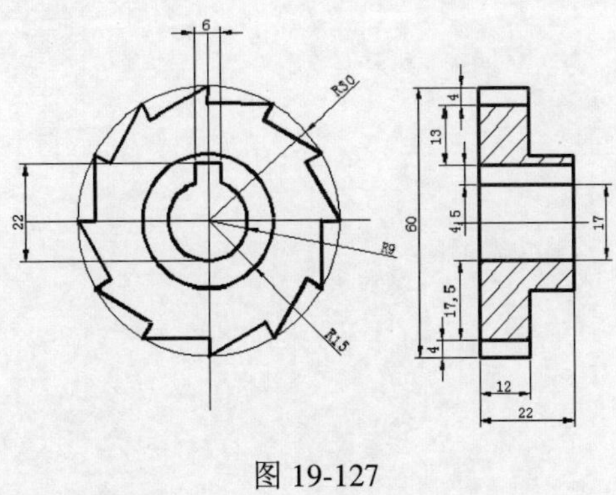

图 19-127

19.2.3 实例拓展和读者思考

在本实例中介绍了机械零件图的绘制方法，使读者进一步巩固了在 AutoCAD 2012 中绘制图形的方法，利用这些命令还可以绘制如图 19-128 所示的减速器箱体。

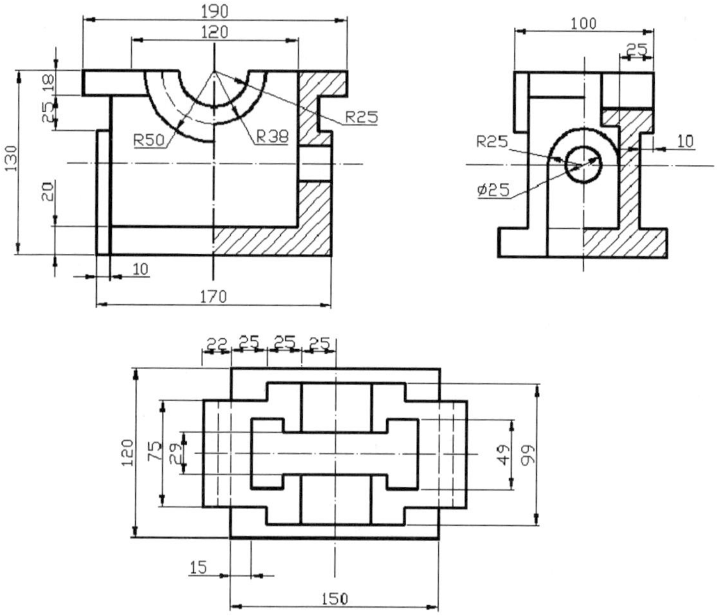

图 19-128

读者思考

通过刚才的实例练习和拓展练习，读者可以利用所掌握的在 AutoCAD 2012 绘制机械零件图的方法，自行绘制需要的机械零件图。

第 20 章 绘制装配图

装配图是机械设计中重要的一类图形，本章将详细讲解绘制装配图的方法。

20.1 什么是装配图

装配图表示产品组成、相关部件的连接、装配关系的图样，以及检验、装配和安装时所需要的尺寸数据和技术要求。完整的装配图应包含以下内容：

- 一组视图：用各种表达方法准确、完整、清晰和简便地表达出机器或部件的工作原理、部件的结构、零件之间的装配关系和零件的主要形状结构。
- 必要的尺寸：装配图上应注明机器或部件的有关性能、规格、安装、外形、配合和连接关系等方面的尺寸。
- 技术要求：应用文字或符号标注机器或部件的装配、检验、调试和使用等方面的要求。
- 零件编号、明细表和标题栏：说明零件名称、数量、材料、标准规格和标准代号，以及部件名称、主要责任人员名单等，供组织管理生产、备料和存档查阅之用。

20.2 绘制常见装配图

装配图多用于实际生产中，多在加工完零件后使用，但其重要性不容忽略，几乎每一个稍微复杂的机械或局部件都具有复杂的装配图。

20.2.1 装配图的规定画法

绘制零件图的各种方法同样适用绘制装配图。但是，由于装配图的表达对象和作用与零件图不同，所以绘制装配图还有一些规定和特殊画法，具体内容如下：

- 在两零件的接触面或配合面，规定只画一条直线。若两零件表面不接触，则必须画两条线。
- 在剖视图和断面图中，相邻两个零件的剖面线方向相反，或方向一致、间隔距离不等并错开。若零件厚度小于 2mm，允许用涂黑表示代替剖面符号。

- 对于标准件和实心件，若剖视图通过其轴线沿纵向剖切，则这些零件按不剖切绘制，仍画外形。必要时，可以采用局部剖视。
- 在装配图中，当某些零件遮住了需要表达的其他结构和装配关系，而这些零件在其他视图上又已表达清楚时，可假想将这些零件拆去或沿结合面剖切后绘制，但应在视图上方标注“拆去零件×××”。
- 在装配图中，当需要表达运动的极限位置与运动范围，或与相关零部件安装连接关系时，可用细双点画线表示其外形轮廓。
- 为了表达较复杂的传动机构的传动路线和装配关系，可按传动关系或路线沿各轴做剖切，然后依次展开在同一平面上，并标注“×－×展开”。
- 在装配图中可以单独画出某一零件的视图，但必须在所画视图上方标注该零件的视图名称。在装配图上相应的零件附近用箭头指明投影方向，并注上同样的字母。
- 对于部件中的细小结构与间隙和薄片等零件，当无法按实际尺寸画出时，允许不按实际比例将其夸大画出。

20.2.2 绘制标准件

在机械绘图中，常会有大量反复使用的标准件，如螺钉、螺栓和轴承等。由于同种类型的标准件的结构形状是相同的，只是规格和尺寸有所不同，因此在绘图时，可采用前面讲解的创建图块的方法，先将需要绘制的标准件定义为图块，然后在需要绘制时将其插入。将标准件创建为图块的好处如下：

- 减少重复性劳动：若将经常使用的标准件制成标准库，在绘图时即可在标准库中找到需要的图块插入图形中，而不必在绘图每张图纸时，反复定义相同的图块。
- 方便编辑：由于图块是作为单一对象来处理的，因此不仅可以对其使用常用的编辑命令，如 MOVE、COPY 和 ARRAY 等命令，还可进行嵌套，即在一个图块中嵌入一些其他的图块。另外，若对图形中的某一图块进行了重新定义，则其他的图块也会自动更新。
- 节省存储空间：图形中每增加一个图块，AutoCAD 都会记录下该图块的信息，从而增加了图形的存储空间。而反复使用定义的图块，AutoCAD 只会对其进行一次定义，当用户插入图块时，AutoCAD 只会对定义的图块进行引用，这样就可以节省大量的存储空间。

20.2.3 标注尺寸

因为装配图不作为制造零件的直接依据，所以在装配图中只需标注一些必要的尺寸（不必全部标出）。按尺寸的作用不同，标注尺寸可分为如下几种：

- 性能尺寸（规格尺寸）：表示机器或部件的性能和规格的尺寸，它是设计、了解和选用机器或部件的依据。
- 装配尺寸：装配尺寸是用来表示机器或部件工作精度或性能要求的尺寸，包括配合尺寸和相对位置尺寸。
- 外形尺寸：表示机器或部件的总体长、宽、高等尺寸，它是包装、运输、安装和厂房设计的依据。

- 安装尺寸：机器或部件安装在地基上或部件相连接时所需的尺寸。
- 其他重要尺寸：在机器或部件设计中，经计算或选定，但又未包括在上述几类尺寸之中的尺寸。该类尺寸在拆画零件图时不能改变。

实际上，有的尺寸往往具有多种作用，既是外形尺寸又是安装尺寸。在对装配图标注尺寸时需要对其具体分析，然后进行标注。

装配图的技术要求是指机器或部件在装配、安装及调试过程中的有关数据和性能指标，以及在使用、维护和保养等方面的要求，主要包括装配要求、检验、实验的条件和要求及其他要求，随部件的需要而定，必要时可参考类似产品来确定。在装配图中，一般用文字标注在明细栏附近。

20.2.4　零件序号及明细表的绘制

前面介绍了装配图的相关知识，包括零件序号及明细表，下面分别讲解其绘制方法。

1．零件序号

零件序号的标注可以使用 LEADER 命令来进行。在机械设计中，标注零件序号主要有两种方式：一种是顺序编号法，在学习过程中一般采用这种方法；另一种是分类编号法，该种编号方法需根据各行业、各工厂的具体规定来确定。标注零件序号的具体操作步骤如下：

Step 01 打开“齿轮泵.dwg”图形文件（光盘:\素材\第 20 章\齿轮泵.dwg），在命令行中执行 LEADER 命令，具体操作过程如下：

```
命令：LEADER              //执行 LEADER 命令
指定引线起点：            //指定引线的起点，这里单击如图 20-1 所示的 A 点
指定下一点：              //在绘图区的空白位置任意指定一点，这里单击如图 20-2 所示的 A 点
指定下一点或[注释(A)/格式(F)/放弃(U)] <注释>:<正交开>    //指定引线的下一点，这里水平向左
移动后单击鼠标
指定下一点或[注释(A)/格式(F)/放弃(U)] <注释>:             //按【Space】键确认
输入注释文字的第一行或 <选项>: 1                         //输入该引线的注释文字，这里输入 1
输入注释文字的下一行：    //按【Space】键确认文字的输入，效果如图 20-3 所示
```

Step 02 按照相同的方法，为其他零件标注序号，标注后的效果如图 20-4 所示（光盘：\源文件\第 20 章\齿轮泵.dwg）。

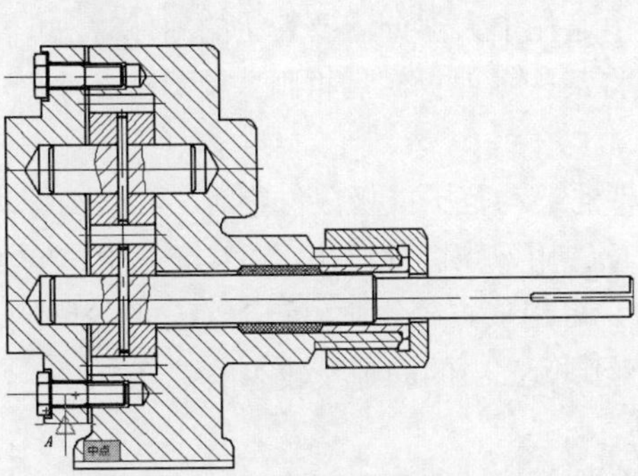

图 20-1

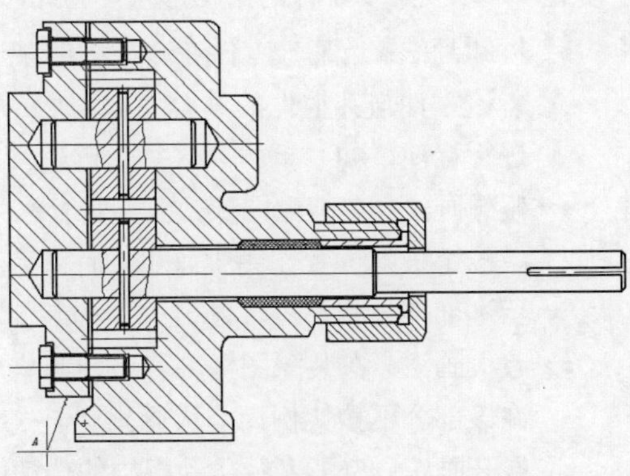

图 20-2

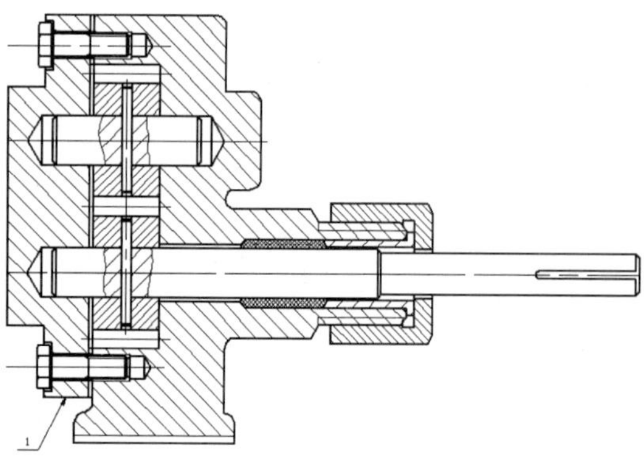

图 20-3

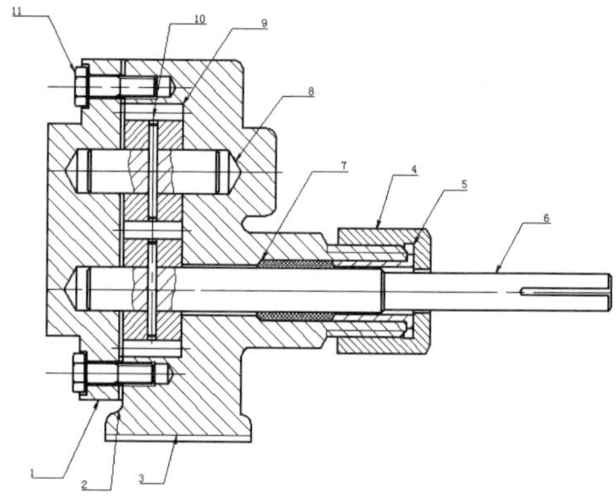

图 20-4

2．明细表

明细表是机器或零部件中所有零件、零部件的详细目录，在国家标准中没有统一规定其的内容和形式。它通常位于标题栏的上方，当位置有限时可将明细栏分段画在标题栏的左侧。其内容及格式没有统一的标准，主要用于零件的序号、代号、名称、数量、材料、重量、备注等。

在填写明细栏时，零、部件序号应自下而上填写并与图形中的标注相对应。若地方不够，可将明细栏分段画在标题栏的左方。在特殊情况下，装配图中也可不画出明细栏，而是将明细栏单独编写在一张图纸上。如果装配图中的标准件直接标注了规格，则在明细表内只填写非标准件即可。

快速绘制明细表的方法如下：

- 事先创建空白表格对象并对其进行保存，当需要编写明细栏时，打开保存的文件，然后进行填写。
- 将明细栏的一行定义为图块，在需要创建明细栏时，使用插入块的方法插入明细栏，然后进行填写。

20.2.5 装配图的特定表达方式

在绘制零件图时常用主视图、剖视图和断面图，以及局部放大图等绘图方式，在绘制装配图时一样适用。由于部件是由若干零件所组成的，而部件装配图主要用来表达部件的工作原理和装配、连接关系，以及主要零件的结构形状，因此，与零件图比较，装配图还有以下特殊的表达方法：

- 拆卸画法：当某一零件在装配图的某一视图中遮住了大部分需要表达的零件时，可假想沿着该零件与其他件的结合而取剖切平面，或将某些零件拆卸后再画。需要说明时，可对其进行标注，如“拆去××等”。
- 假想画法：在装配图中，当需要表达某些零件的运动范围或极限位置时，可把该运动零件的一个极限位置在图中画出，而将另一极限位置用双点画线画出；在装配图中，当需要表示本部件与相邻零（部）件间的装配关系时，可用双点画线画出相邻部分的轮廓线。
- 夸大画法：在装配图中，若遇到薄垫片、细丝弹簧、小的间隙及较小的锥度、斜度等，允许该部分不按比例而夸大画出。
- 展开画法：为了表示传动机构的传动顺序和装配关系，可假想按顺序沿轴线剖切，然后依次展开在一个平面上，画出它的剖切图。

总之，在设计和绘制装配图的过程中，应考虑装配结构的合理性，以保证机器和部件的性能，并给零件的加工和装拆带来方便。确定合理的装配结构，必须具有丰富的实际经验，并做深入细致的分析比较。

20.3　边学边用——绘制截止阀装配图

通过前面的学习，大家了解了在 AutoCAD 2012 中绘制装配图的方法，本节将通过一个简单实例的实现过程，来加深读者对相关知识的理解和掌握。

20.3.1　实例目标

本节将详细讲解在 AutoCAD 2012 中绘制装配图，以及标注装配图的方法，引导读者进一步掌握在 AutoCAD 2012 中绘制机械类装配图的方法。

具体学习目标如下：

- 掌握在 AutoCAD 2012 中创建图层并设置图层特性的方法。
- 巩固练习在 AutoCAD 2012 中绘制图形的方法。
- 掌握在 AutoCAD 2012 中对图形对象进行尺寸标注的方法。

20.3.2　实例实现

1．绘制轮廓

Step 01 启动 AutoCAD 2012，在命令行中执行 LAYER 命令，打开“图层特性管理器”选项板，新建如图 20-5 所示的图层。

Step 02 单击状态栏中的“正交模式”按钮，然后单击“显示/隐藏线宽”按钮，使用直线命令绘制两条长度分别为 100 的垂直相交中心线。

Step 03 将“轮廓线”图层设置为当前图层，绘制阀体，在命令行中执行 L 命令，绘制如图 20-6 所示的图形。

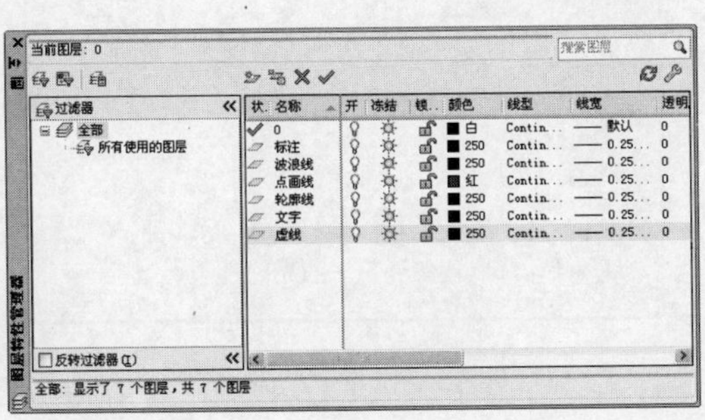

图 20-5

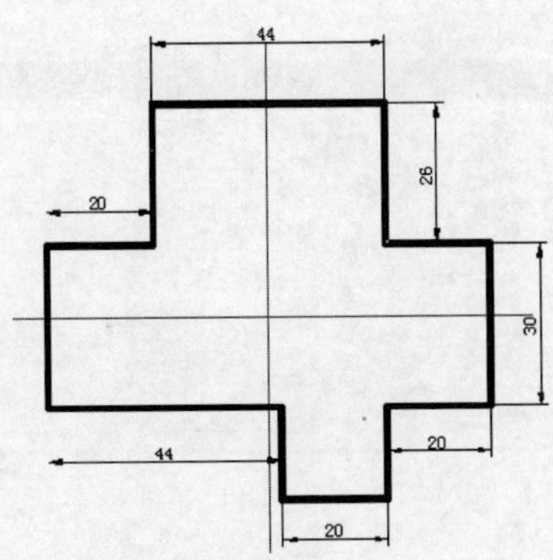

图 20-6

Step 04 在命令行中执行 O 命令，将垂直中心线分别向左和向右偏移 17.5、13.6 和 12.5，将如图 20-7 所示的 A 线向下偏移 3、7、26 和 31，效果如图 20-8 所示。

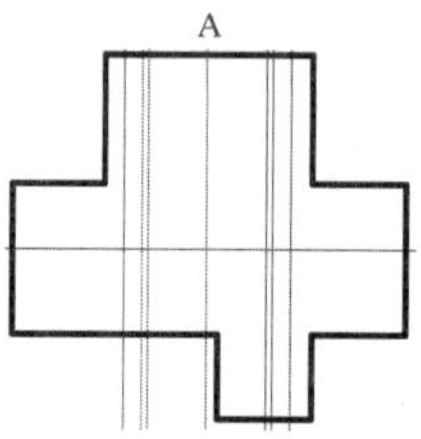

图 20-7

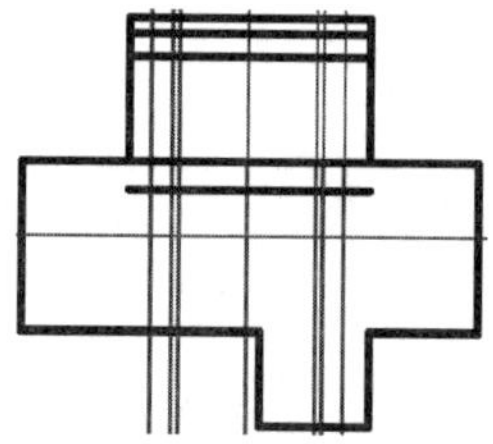
图 20-8

Step 05 在命令行中执行 L 命令，将刚偏移的线段进行连接，然后在命令行中执行 TR 命令，对线段修剪，修剪后的效果如图 20-9 所示。将“波浪线”图层设置为当前图层，在命令行中执行 O 命令，将垂直中心线分别向左和向右偏移 13.5，然后将其连接，效果如图 20-10 所示。

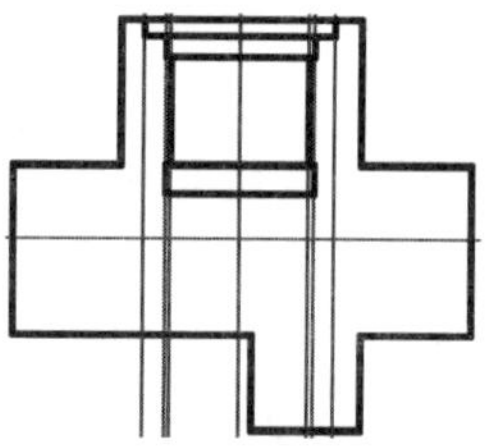
图 20-9

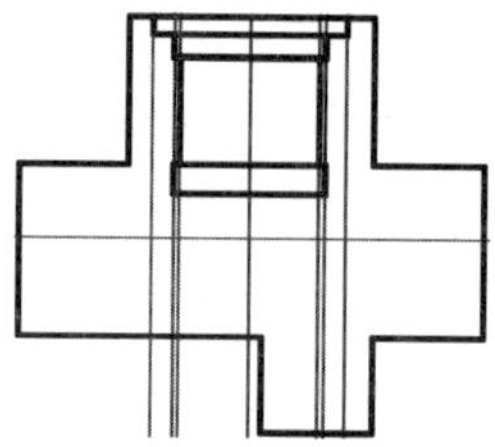
图 20-10

2. 插入图块绘制图形

Step 01 在命令行中执行 O 命令，将水平中心线向上偏移 8.9509，然后在命令行中执行 I 命令，弹出“插入”对话框，单击 浏览(B)... 按钮，如图 20-11 所示。

Step 02 弹出“选择文件”对话框，在“查找范围”下拉列表中选择文件的保存位置，在中间列表框中选择要打开的图形对象，这里打开“阀体零件.dwg”图形文件（光盘:\素材\第 20 章\阀体零件.dwg），然后单击 打开(O) ▾ 按钮，如图 20-12 所示。

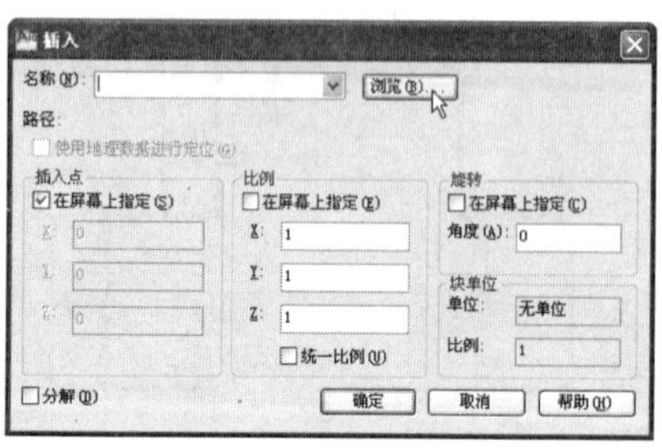
图 20-11

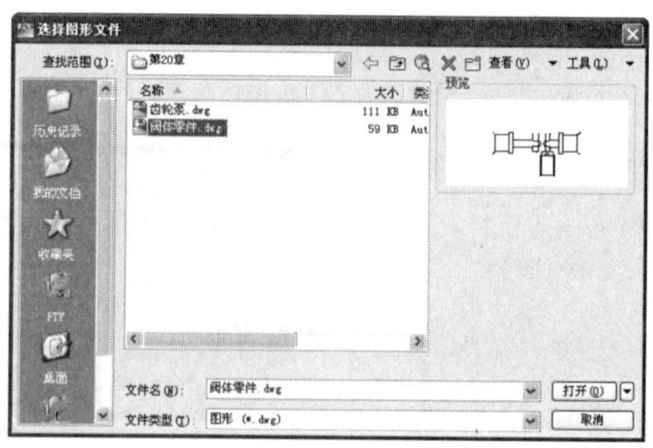
图 20-12

Step 03 返回“插入”对话框，单击 确定 按钮，返回绘图区。单击如图 20-13 所示的 A 点，插入外部图块后的效果如图 20-14 所示。

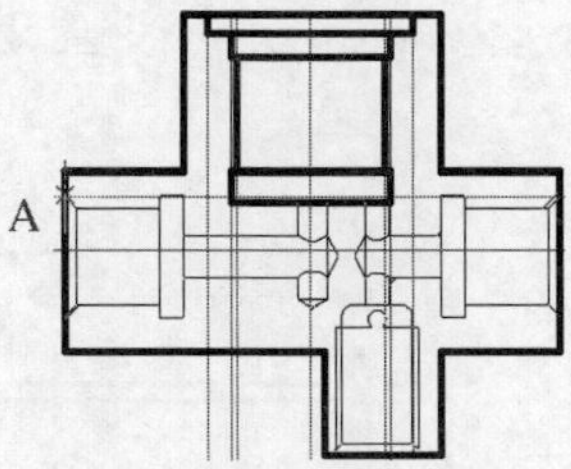

图 20-13

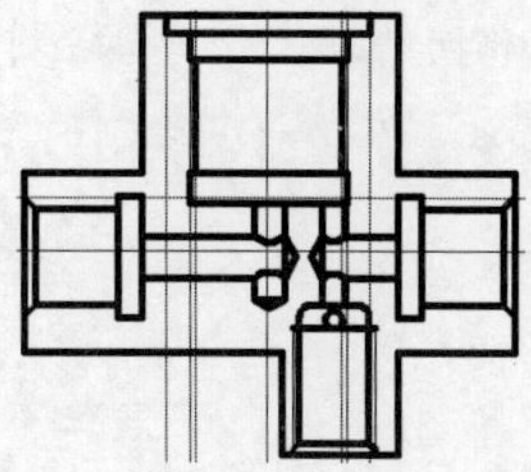

图 20-14

3. 填充图形

Step 01 删除图形中多余的中心线，将“剖面线”图层设置为当前图层，在命令行中执行 BHATCH 命令并选择“设置”选项，弹出“图案填充和渐变色”对话框，然后单击“图案”右侧的...按钮，如图 20-15 所示，弹出“填充图案选项板”对话框。

Step 02 切换至 ANSI 选项卡，在中间列表框中选择 ANSI31 选项，然后单击 确定 按钮，如图 20-16 所示。

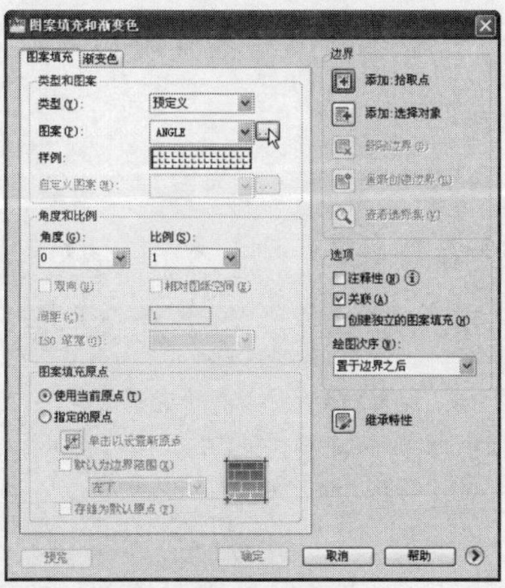

图 20-15

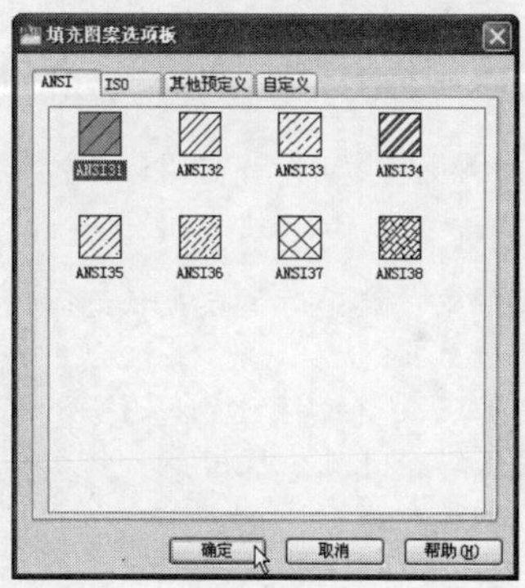

图 20-16

Step 03 返回“图案填充和渐变色”对话框，单击“边界”选项组中的“添加：拾取点”按钮，返回绘图区，选择需要填充图案的区域，选择后的效果如图 20-17 所示。选择“设置”选项并按【Space】键返回“图案填充和渐变色”对话框，单击 确定 按钮，图案填充后的效果如图 20-18 所示。

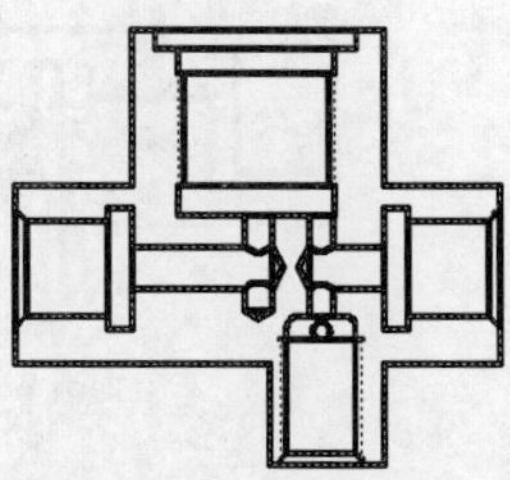

图 20-17

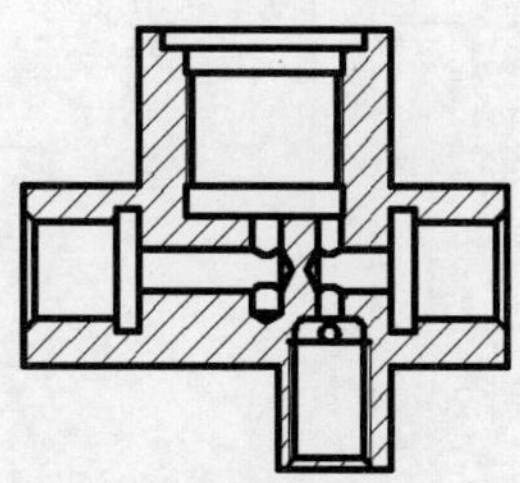

图 20-18

Step 04 按照相同的方法，在刚绘制的图形下方，根据如图 20-19 所示的尺寸标注以及如图 20-20 所示的尺寸标注，在第一个绘制的图形对象右侧绘制图形。

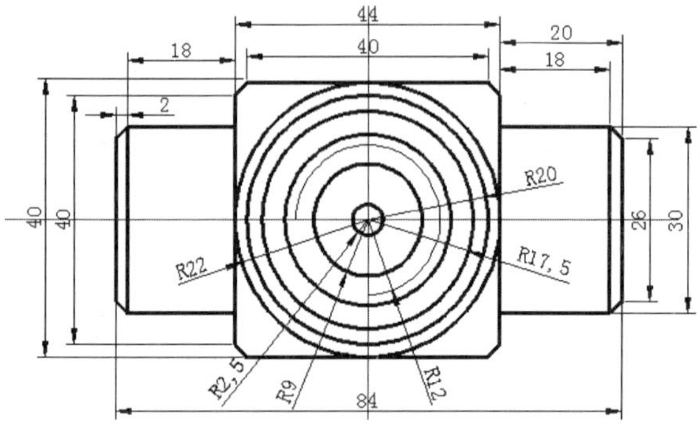

图 20-19

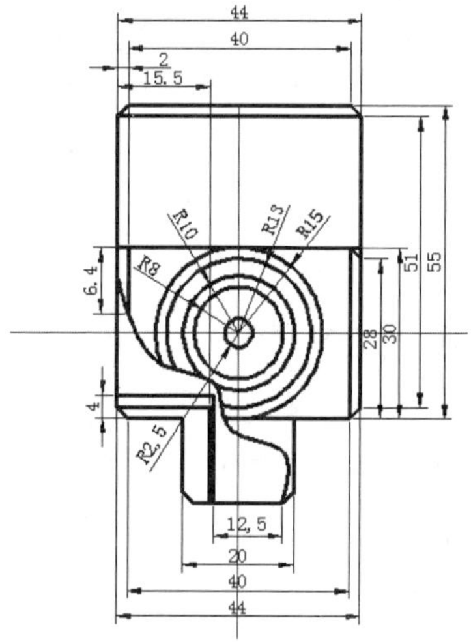

图 20-20

4．绘制泄压螺钉

Step 01 使用相同的方法按照如图 20-21 所示的尺寸，在绘图区右边的空白位置绘制泄压螺钉，然后在命令行中执行 M 命令，将其移动到刚绘制的第一个图形中，具体操作过程如下：

```
命令：M                                        //执行 MOVE 命令
选择对象：指定对角点：找到 22 个                //框选绘制的泄压螺钉图形
选择对象：                                      //按【Space】键结束对象的选择
指定基点或 [位移(D)] <位移>:                    //单击如图 20-22 所示的 A 点作为基点
指定第二个点或 <使用第一个点作为位移>:          //按住鼠标右键不放拖动鼠标到如图 20-23 所示的 B
点，效果如图 20-24 所示
```

Step 02 在命令行中执行 TR 命令，修剪刚移动的图形对象，修剪后的效果如图 20-25 所示。按照相同的方法，在右边绘图区的空白位置绘制泄压螺钉，按照如图 20-26 所示的尺寸标注绘制阀杆图形对象。

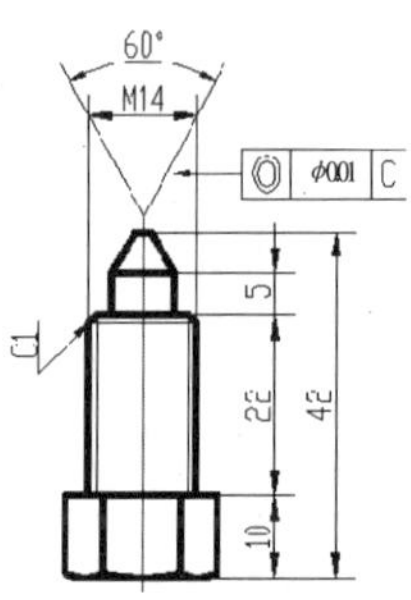

图 20-21

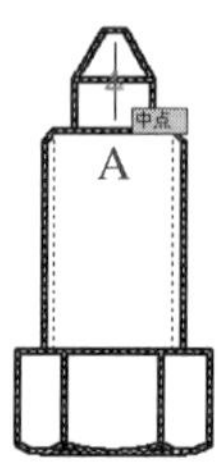

图 20-22

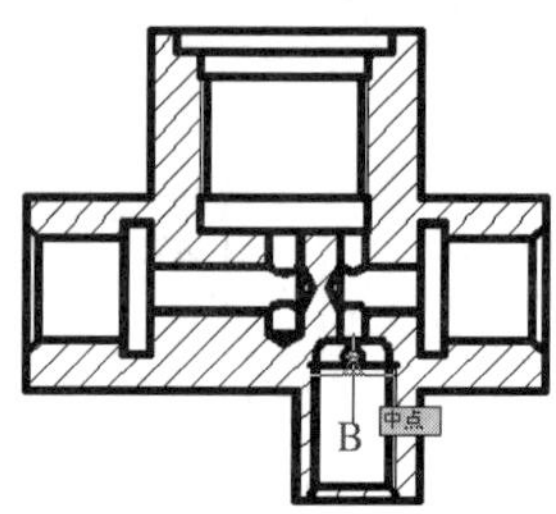

图 20-23

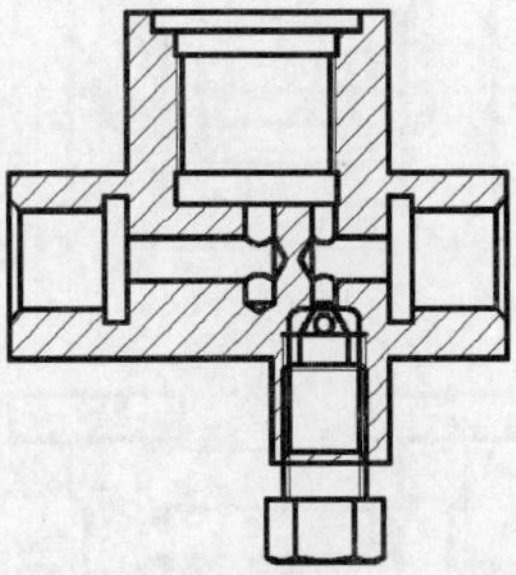

图 20-24

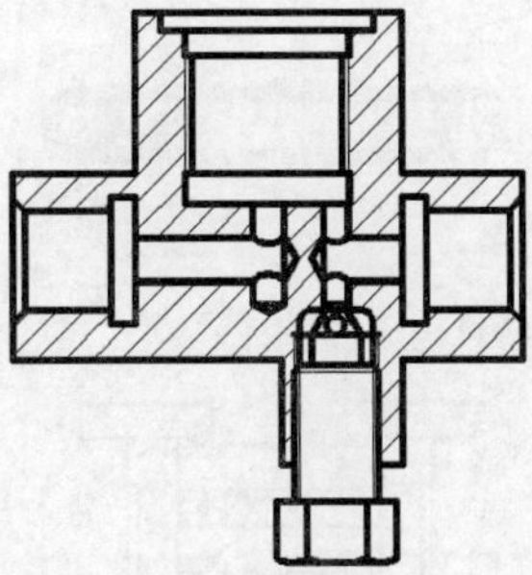

图 20-25

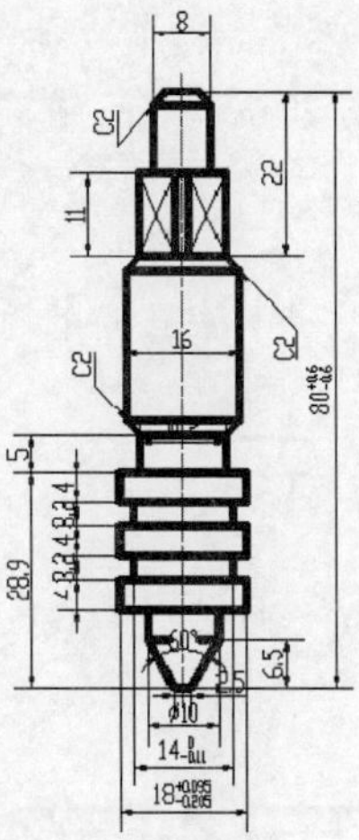

图 20-26

Step 03 在命令行中执行 M 命令，将其移动到刚绘制的第一个图形中，具体操作过程如下：

```
命令：M                                    //执行 MOVE 命令
选择对象：指定对角点：找到 22 个            //框选绘制的阀杆图形
选择对象：                                 //按【Space】键结束对象的选择
指定基点或 [位移(D)] <位移>：               //单击如图 20-27 所示的 A 点作为基点
指定第二个点或 <使用第一个点作为位移>：     //按住鼠标右键不放拖动鼠标到如图 20-28 所示的 B
点，效果如图 20-29 所示
```

Step 04 在命令行中执行 TR 命令修剪刚移动的图形对象，修剪后的效果如图 20-30 所示。

图 20-27

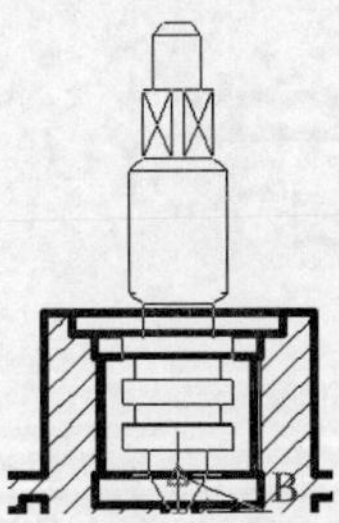

图 20-28

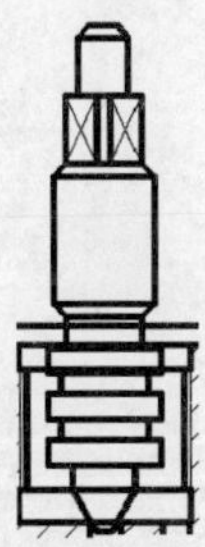

图 20-29

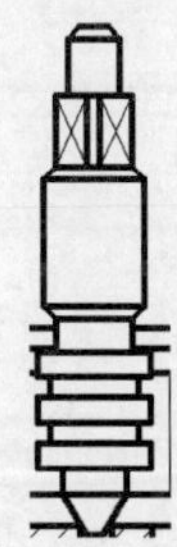

图 20-30

5. 绘制 O 形盘根

Step 01 按照相同的方法，在绘图区右边的空白位置绘制 O 形盘根，按照如图 20-31 所示的尺寸标注进行绘制。在命令行中执行 M 命令，将其移动到刚绘制的第一个图形中，具体操作过程如下：

```
命令：M                                    //执行 MOVE 命令
选择对象：指定对角点：找到 22 个            //框选绘制的 O 形盘根
选择对象：                                 //按【Space】键结束对象的选择
指定基点或 [位移(D)] <位移>：               //单击如图 20-32 所示的 A 点作为基点
指定第二个点或 <使用第一个点作为位移>：     //按住鼠标右键不放拖动鼠标到如图 20-33 所示的 B
点，效果如图 20-34 所示
```

Step 02 按照相同的方法，在命令行中执行 CO 命令，复制一个 O 形盘根到刚复制的位置下方，效果如图 20-35 所示。在命令行中执行 TR 命令，修剪刚移动的图形对象，修剪后的效果如图 20-36 所示，

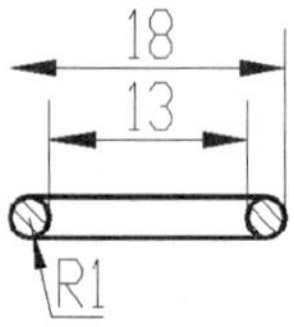

图 20-31

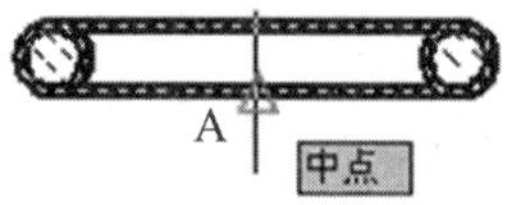

图 20-32

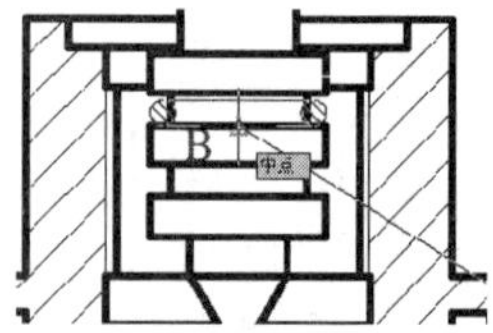

图 20-33

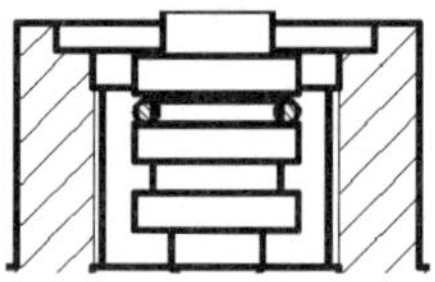
图 20-34

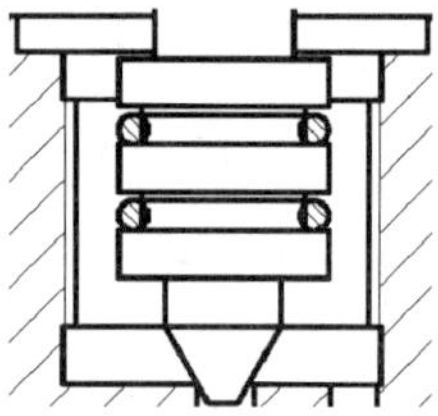
图 20-35

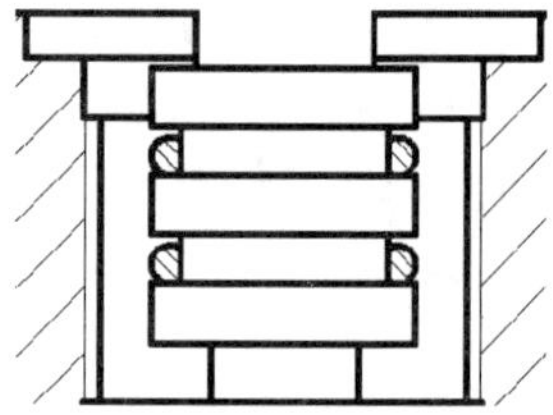
图 20-36

6．绘制密封垫片

Step 01 按照相同的方法，在绘图区右边的空白位置绘制密封垫片，尺寸如图 20-37 所示。

Step 02 在命令行中执行 M 命令，将其移动到刚绘制的第一个图形中，并指定如图 20-38 所示的 A 点作为基点，移动后的效果如图 20-39 所示。

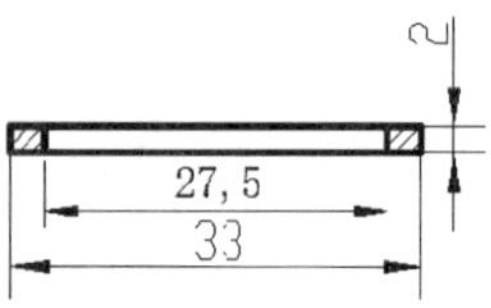

图 20-37

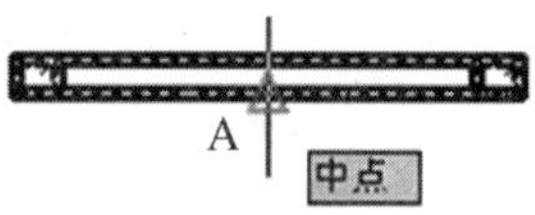

图 20-38

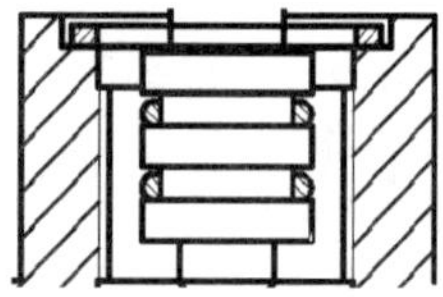
图 20-39

7．绘制填料盒

在命令行中执行 TR 命令修剪刚移动的图形对象，修剪后的效果如图 20-40 所示。按照相同的方法，在绘图区右边的空白位置绘制填料盒，尺寸如图 20-41 所示。

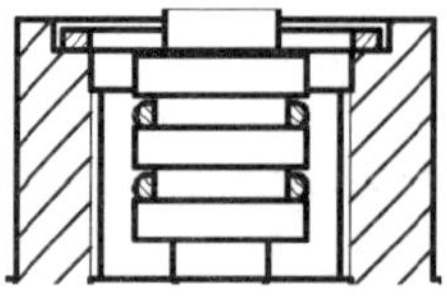
图 20-40

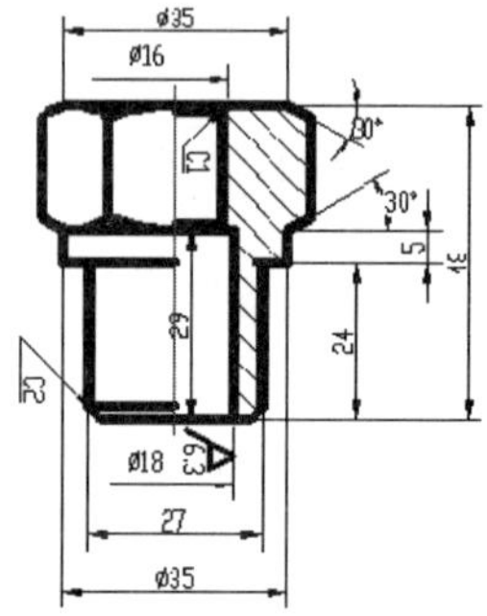

图 20-41

8. 编辑图形

Step 01 在命令行中执行 CHAMFER 命令，具体操作过程如下：

命令：CHAMFER　　　　　　　　　　　//执行 CHAMFER 命令
（"修剪"模式）当前倒角距离 1 = 0.0000，距离 2 = 0.0000　　//系统提示当前倒角设置
选择第一条直线或 [放弃(U)/多段线(P)/距离(D)/角度(A)/修剪(T)/方式(E)/多个(M)]:D //选择"距离"选项，按【Space】键
指定第一个倒角距离 <0.0000>: 2　　　//输入第一个倒角距离 2，然后按【Space】键
指定第二个倒角距离 <2.0000>:　　　　//按【Space】键
选择第一条直线或 [放弃(U)/多段线(P)/距离(D)/角度(A)/修剪(T)/方式(E)/多个(M)]:M //选择"多个"选项，按【Space】键
选择第一条直线或 [放弃(U)/多段线(P)/距离(D)/角度(A)/修剪(T)/方式(E)/多个(M)]: //选择如图 20-42 所示的 A 线
选择第二条直线，或按住 Shift 键选择要应用角点的直线： //选择如图 20-42 所示的 B 线
选择第一条直线或 [放弃(U)/多段线(P)/距离(D)/角度(A)/修剪(T)/方式(E)/多个(M)]: //按照相同的方法为其他角进行倒角操作
选择第二条直线，或按住 Shift 键选择要应用角点的直线： //按【Space】键结束命令，全部倒角后的效果如图 20-43 所示

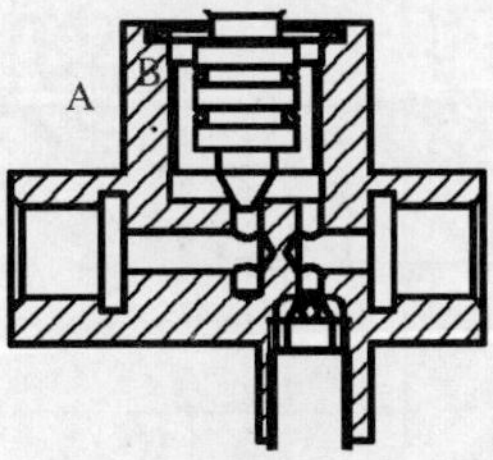

图 20-42

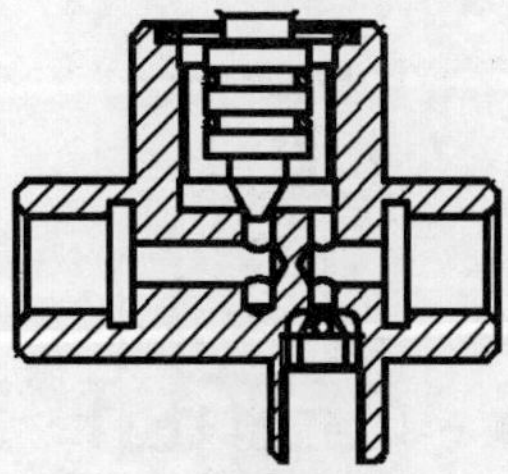
图 20-43

Step 02 在命令行中执行 FILLET 命令，具体操作过程如下：

命令：FILLET　　　　　　　　　　　　　　//执行 FILLET 命令
当前设置：模式 = 修剪，半径 = 0.0000　　//系统提示当前圆角设置
选择第一个对象或 [放弃(U)/多段线(P)/半径(R)/修剪(T)/多个(M)]: R //选择"半径"选项，按【Space】键
指定圆角半径 <0.0000>:2　　　　　　　　//输入圆角半径 2，按【Space】键
选择第一个对象或 [放弃(U)/多段线(P)/半径(R)/修剪(T)/多个(M)]: M //选择"多个"选项，按【Space】键
选择第一个对象或 [放弃(U)/多段线(P)/半径(R)/修剪(T)/多个(M)]:　　//选择如图 20-44 所示的 AB 线
选择第一个对象或 [放弃(U)/多段线(P)/半径(R)/修剪(T)/多个(M)]:　　//按照相同的方法为其他角进行圆角操作
选择第一个对象或 [放弃(U)/多段线(P)/半径(R)/修剪(T)/多个(M)]:　　//按【Space】键结束命令，完成绘制的效果如图 20-45 所示

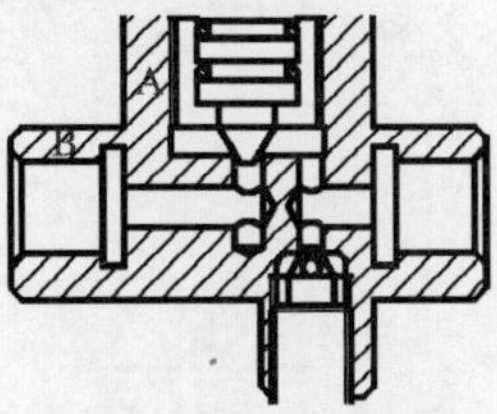

图 20-44

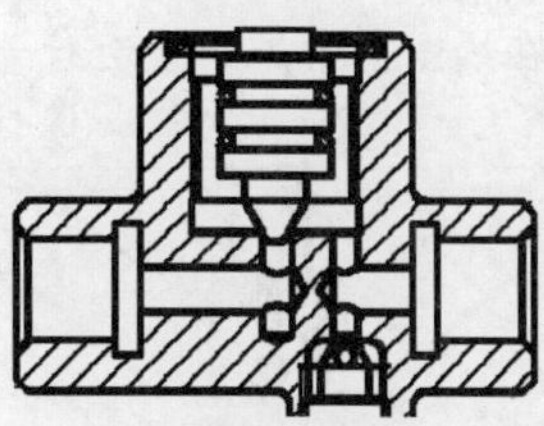
图 20-45

Step 03 在命令行中执行 M 命令，将其移动到刚绘制的第一个图形中，并指定如图 20-46 所示的 A 点作为基点，移动后的效果如图 20-47 所示。

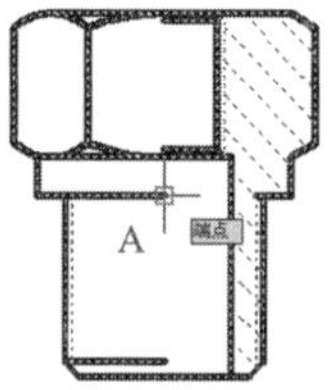

图 20-46

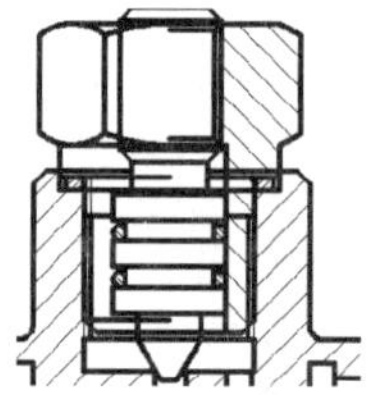

图 20-47

9. 绘制手轮

Step 01 在命令行中执行 TR 命令修剪刚移动的图形对象，修剪后的效果如图 20-48 所示。按照相同的方法，在绘图区右边的空白位置绘制手轮，尺寸如图 20-49 所示。

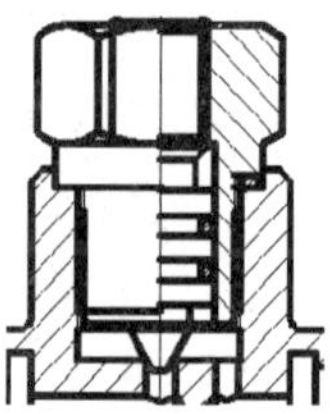

图 20-48

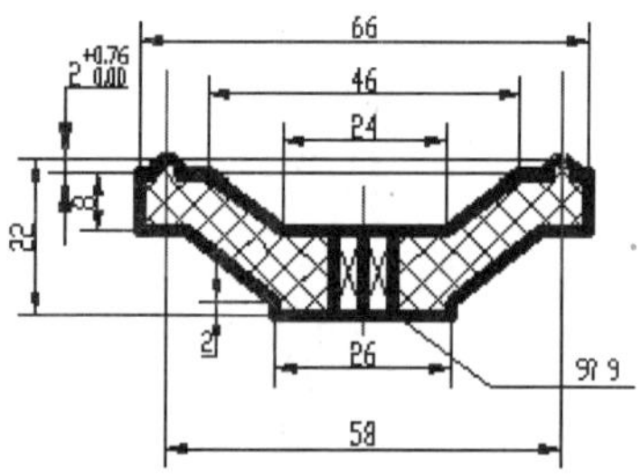

图 20-49

Step 02 在命令行中执行 M 命令，将其移动到绘制的第一个图形中，以如图 20-50 所示的 A 点作为基点，移动后的效果如图 20-51 所示。

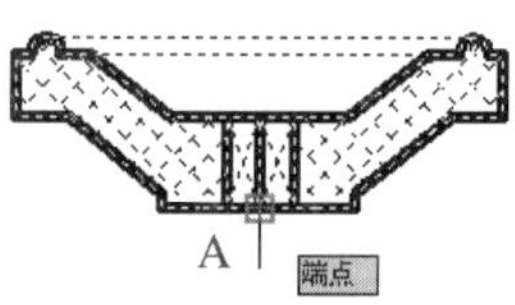

图 20-50

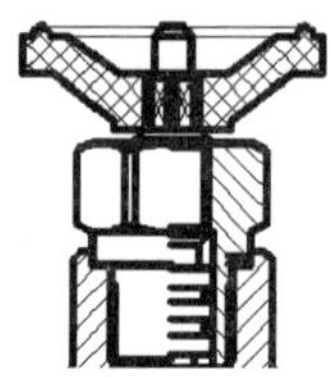

图 20-51

10. 绘制垫圈

Step 01 在命令行中执行 TR 命令修剪刚移动的图形对象，修剪后的效果如图 20-52 所示。按照相同的方法，在绘图区右边的空白位置绘制垫圈，尺寸如图 20-53 所示。

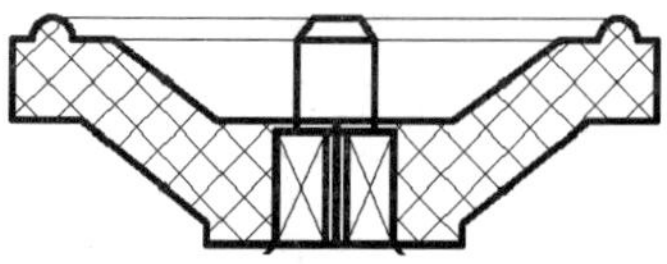

图 20-52

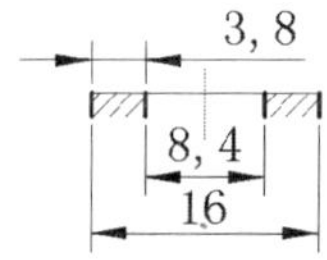

图 20-53

Step 02 在命令行中执行 M 命令，将其移动到绘制的第一个图形中，以如图 20-54 所示的 A 点作为基点，移动后的效果如图 20-55 所示。

Step 03 在命令行中执行 TR 命令修剪刚移动的图形对象，修剪后的效果如图 20-56 所示。按照相同的方法，在绘图区右边的空白位置绘制螺母，尺寸如图 20-57 所示。

图 20-54

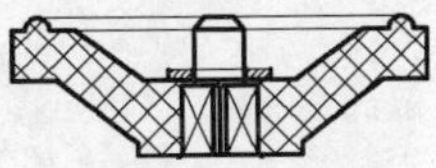
图 20-55

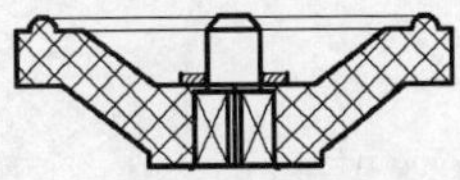
图 20-56

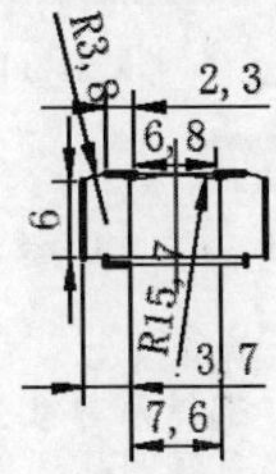

图 20-57

Step 04 在命令行中执行 M 命令，将其移动到绘制的第一个图形中，以如图 20-58 所示的 A 点作为基点，移动后的效果如图 20-59 所示。在命令行中执行 TR 命令，修剪刚移动的图形对象，修剪后的效果如图 20-60 所示。

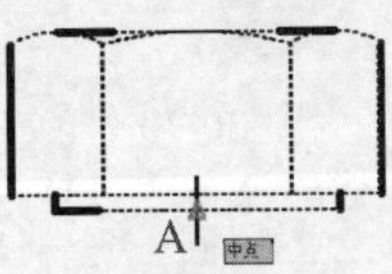

图 20-58

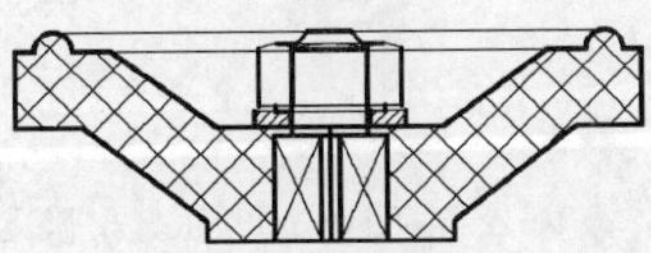
图 20-59

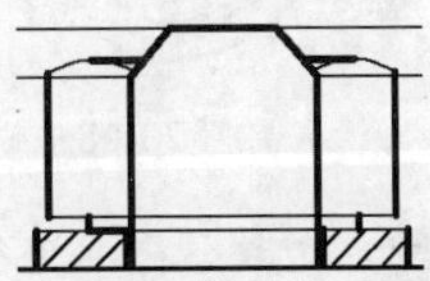
图 20-60

11．绘制填料盒俯视图

Step 01 按照相同的方法，根据如图 20-61 所示的尺寸标注，绘制填料盒俯视图。在命令行中执行 M 命令，将其移动到绘制的第一个图形下方的图形中，以如图 20-62 所示的 A 点作为基点，移动后的效果如图 20-63 所示。

图 20-61

图 20-62

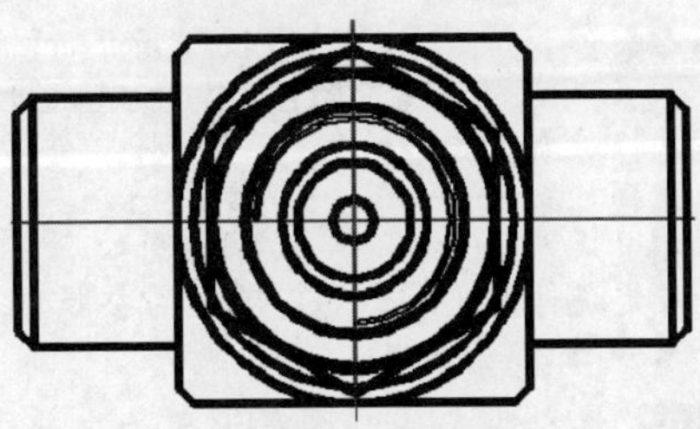
图 20-63

Step 02 在命令行中执行 TR 命令修剪刚移动的图形对象，修剪后的效果如图 20-64 所示。按照相同的方法，根据如图 20-65 所示的尺寸标注，绘制手轮俯视图。

Step 03 在命令行中执行 M 命令，将其移动到绘制的第一个图形下方的图形中，以如图 20-66 所示的 A 点作为基点，移动后的效果如图 20-67 所示。

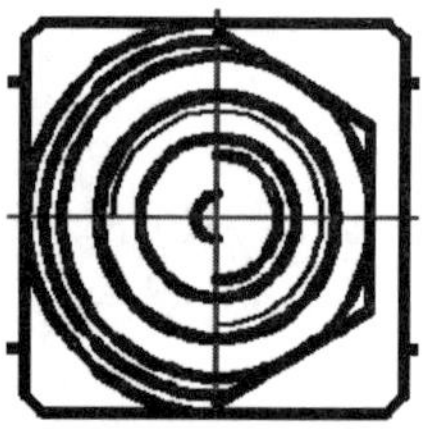

图 20-64

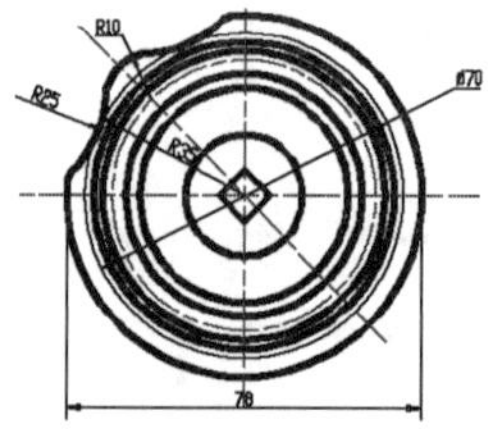

图 20-65

图 20-66

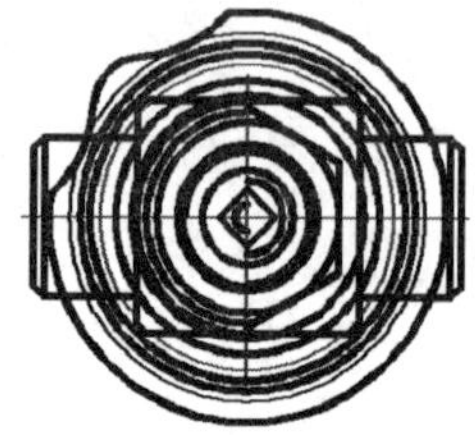

图 20-67

Step 04 在命令行中执行 TR 命令修剪刚移动的图形对象，修剪后的效果如图 20-68 所示。在命令行执行 JOIN 命令，具体操作过程如下：

```
命令：J                    //执行 JOIN 命令
选择源对象：               //选择如图 20-69 所示的圆弧
选择圆弧，以合并到源或进行 [闭合(L)]：L //选择“闭合”选项
已将圆弧转换为圆           //绘制后的效果如图 20-70 所示
```

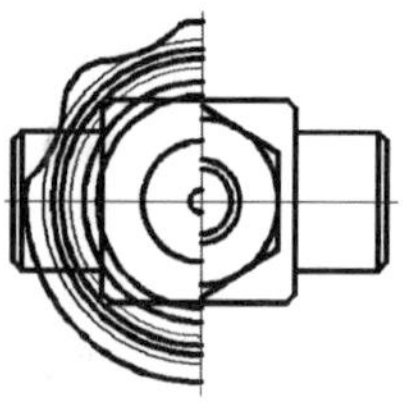

图 20-68

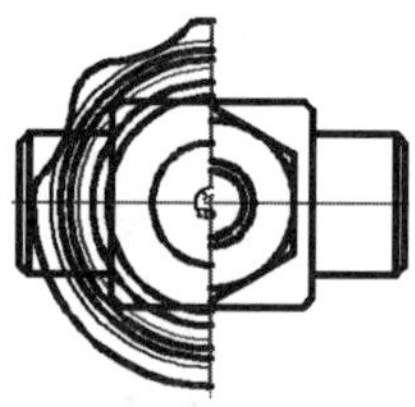

图 20-69

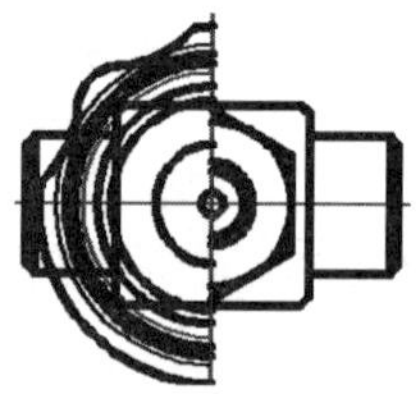

图 20-70

Step 05 在命令行中执行 C 命令，以刚合并圆弧的圆心为圆心绘制半径为 2.2 的圆，绘制后的效果如图 20-71 所示。在命令行中执行 POLYGON 命令，具体操作过程如下：

```
命令:POL                                  //执行 POLYGON 命令
POLYGON 输入边的数目 <4>: 6               //输入 6，按【Space】键确定
指定正多边形的中心点或 [边(E)]:           //指定中心点
输入选项 [内接于圆(I)/外切于圆(C)] <I>: //默认选择“内接于圆”选项，按【Space】键确定
指定圆的半径: 2.5     //输入 2.5，按【Space】键确定，绘制后的效果如图 20-72 所示
```

Step 06 在命令行中执行 RO 命令，具体操作过程如下：

```
命令: RO            //执行 ROTATE 命令
UCS 当前的正角方向: ANGDIR=逆时针 ANGBASE=0    //系统显示当前 UCS 坐标
选择对象: 指定对角点: 找到 1 个               //选择刚绘制的正六边形
选择对象:           //按【Space】键结束对象的选择
指定基点:           //捕捉圆心
指定旋转角度，或 [复制(C)/参照(R)] <0>:30      //输入 30，按【Space】键，绘制后的效
果如图 20-73 所示
```

Step 07 将“剖面线”图层设置为当前图层，为刚绘制的图形的右边部分填充 ANSI31 图案，其填充比例设置为 0.2，填充后的效果如图 20-74 所示。

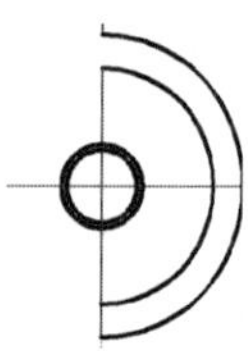

图 20-71

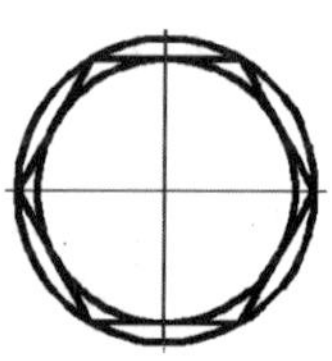

图 20-72

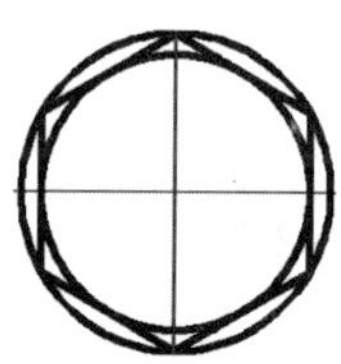

图 20-73

图 20-74

12. 设置螺母和泄压螺钉

Step 01 将“点画线”图层设置为当前图层，在命令行中执行 L 命令，通过主视图的 A、B 两点向右绘制两条水平的直线，如图 20-75 所示。

Step 02 在命令行中执行 O 命令，将左视图中的垂直中心线分别向左偏移 17.5 和 18，再向右偏移 17.5 和 18。将“轮廓线”图层设置为当前图层，在命令行中执行 L 命令，连接刚偏移的线段，效果如图 20-76 所示。

Step 03 在命令行中执行 ARC 命令，绘制 AB 段的圆弧，其命令行操作及提示如下：

```
命令：ARC                                         //执行 ARC 命令
指定圆弧的起点或 [圆心(C)]：                        //单击如图 20-77 所示的 A 点
指定圆弧的第二个点或 [圆心(C)/端点(E)]：E            //选择“端点”选项，按【Space】键
指定圆弧的端点：                                   //单击如图 20-77 所示的 B 点
指定圆弧的圆心或 [角度(A)/方向(D)/半径(R)]：A        //选择“角度”选项，按【Space】键
指定包含角：60                             //输入 60，按【Space】键，效果如图 20-78 所示
```

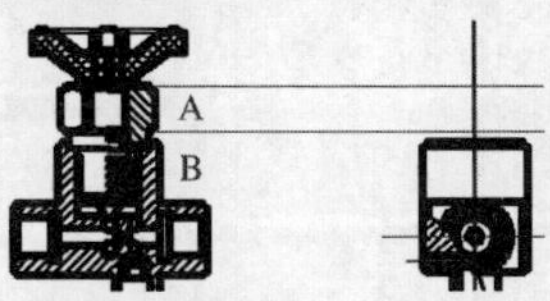

图 20-75

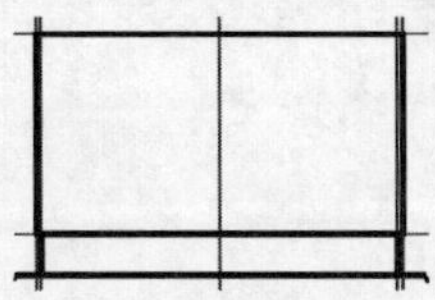
图 20-76

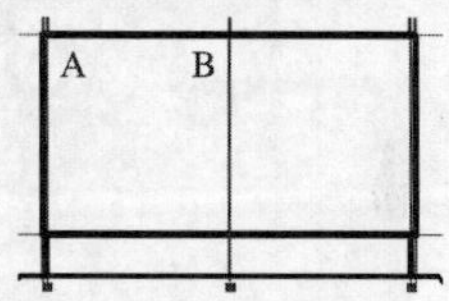

图 20-77

Step 04 在命令行中执行 M 和 MI 命令，将刚绘制的圆弧移动和偏移到需要的位置，效果如图 20-79 所示。

Step 05 在命令行中执行 COPY 命令，将主视图中的手轮、阀杆、螺母和垫圈复制到左视图中的相应位置，如图 20-80 所示。

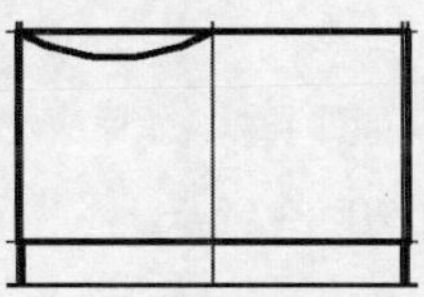
图 20-78

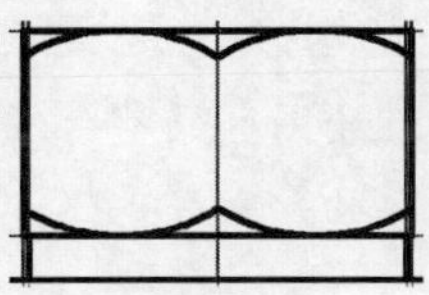
图 20-79

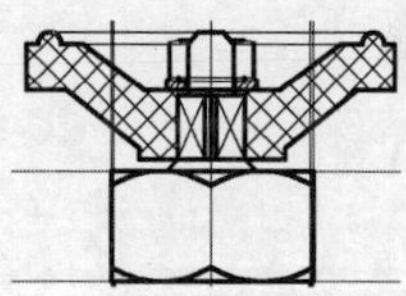
图 20-80

Step 06 在命令行中执行 TR 命令修剪刚复制的图形，效果如图 20-81 所示。按照如图 20-82 所示的尺寸标注，绘制泄压螺钉。

Step 07 在命令行中执行 M 命令，将其移动到左视图中，效果如图 20-83 所示。然后在命令行中执行 TR 命令对其进行修剪，效果如图 20-84 所示。

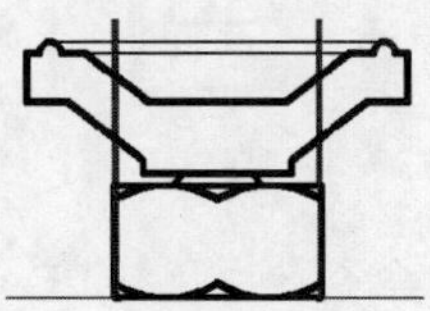
图 20-81

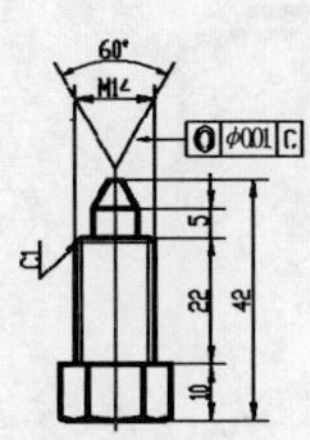
图 20-82

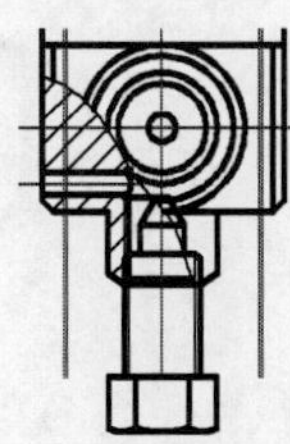
图 20-83

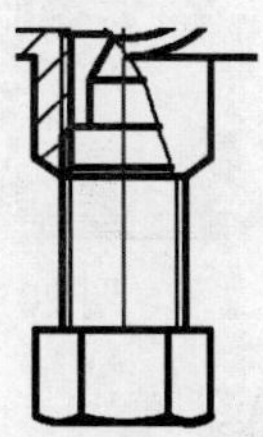
图 20-84

13. 标注图形对象

Step 01 将“标注”图层设置为当前图层，在命令行中执行 DIMLINEAR 命令，具体操作过程如下：

```
命令:DIMLINEAR                              //执行 DIMLINEAR 命令
指定第一个尺寸界线原点或 <选择对象>: //这里单击如图 20-85 所示的 A 点
指定第二条尺寸界线原点:                     //这里单击如图 20-85 所示的 B 点
指定尺寸线位置或[多行文字(M)/文字(T)/角度(A)/水平(H)/垂直(V)/旋转(R)]:   //向左移动
鼠标到适合位置并单击
标注文字 =88.5                               //系统提示标注尺寸，效果如图 20-86(a)所示
```

Step 02 按照相同的方法，将其他需要线性标注的对象进行标注，标注后的效果如图 20-86（b）所示。

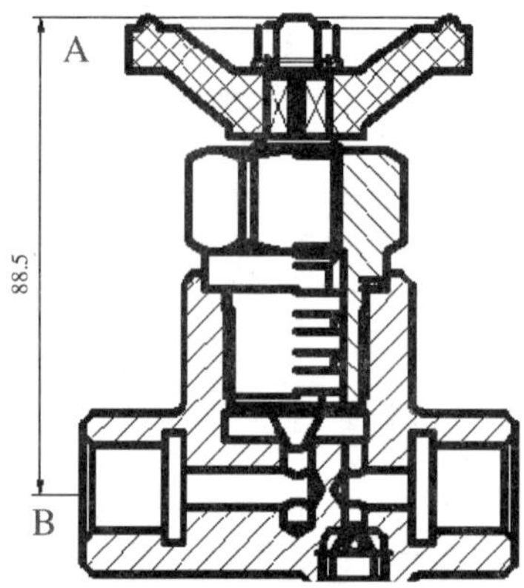

图 20-85

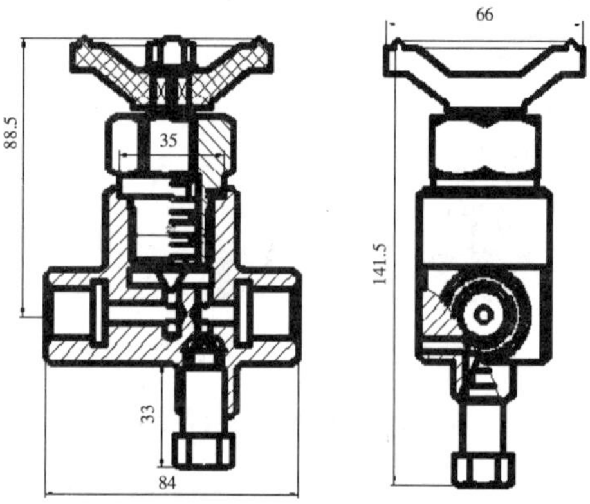

（a）（b）

图 20-86

Step 03 双击主视图中的线性标注，打开“特性”选项板，在“文字”栏的“文字替代”文本框中输入%%c35，如图 20-87 所示。然后在绘图区的空白位置单击并按【Esc】键，效果如图 20-88 所示。按照相同的方法修改主视图中间的线型标注，修改后的效果如图 20-89 所示。

图 20-87

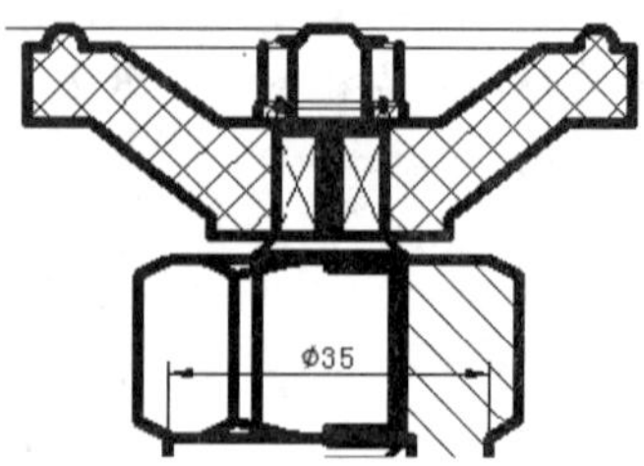

图 20-88

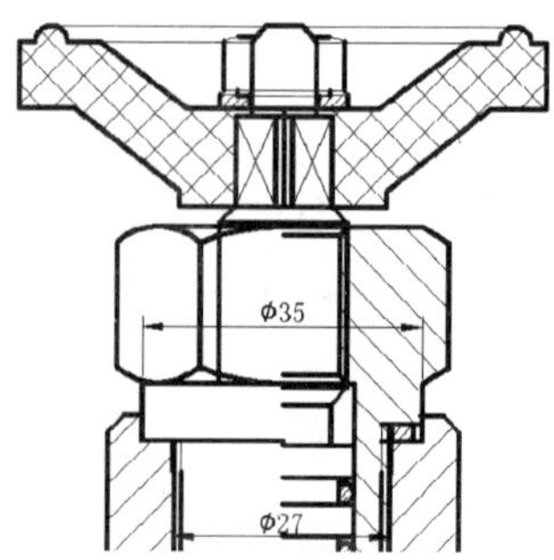

图 20-89

Step 04 单击“特性”选项板左上角的“关闭”按钮×，关闭该选项板。在命令行中执行 LEADER 命令，在主视图中为零件编写序号，具体操作过程如下：

```
命令: LEADER                  //执行 LEADER 命令
指定引线起点:                 //指定引线的起点，这里单击如图 20-90 所示的 A 点
指定下一点:                   //在绘图区的空白中任意指定一点，这里单击如图 20-90 所示的 B 点
指定下一点或 [注释(A)/格式(F)/放弃(U)] <注释>: <正交 开>   //指定引线的下一点，这里
水平向右移动鼠标并单击
指定下一点或 [注释(A)/格式(F)/放弃(U)] <注释>: //按【Space】键确认
输入注释文字的第一行或 <选项>: 1                           //输入该引线的注释文字，这里输入 1
输入注释文字的下一行: //按【Space】键确认文字的输入，效果如图 20-90 所示
```

Step 05 按照相同的方法，为主视图中的其他零件标注序号，标注后的效果如图 20-91 所示。

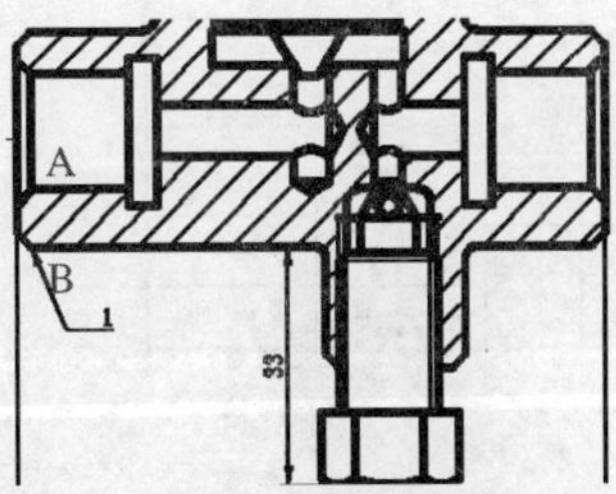

图 20-90

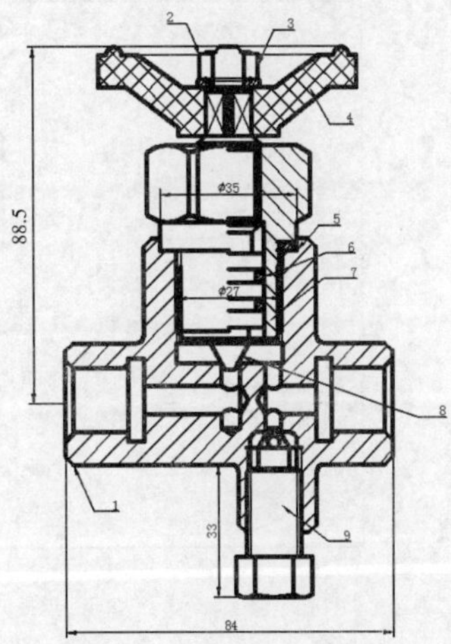

图 20-91

Step 06 在命令行中执行 T 命令，具体操作过程如下：

```
命令: T        //执行 T 命令
当前文字样式:"Standard"  当前文字高度:2.5  //系统显示当前文字样式及文字高度
指定第一角点: //在左视图的右侧单击
指定对角点或 [高度(H)/对正(J)/行距(L)/旋转(R)/样式(S)/宽度(W)]: //呈对角拖动鼠标
```

Step 07 指定多行文字的输入区域后，自动打开“文字格式”输入框，在文本框中输入需要创建的文字，并将其设置为如图 20-92 所示的效果。

Step 08 在命令行中执行 LINE 命令，在绘制的图形右下角绘制标题栏并输入文本，效果如图 20-93 所示。

技术要求：

1. 阀体与泄压螺钉顶尖表面淬硬42至48HRC，保证阀门密闭。

2. 阀体与填料盒之间的O形盘根应保证密封。

3. 该截止阀阀盖用于气井，密封垫片材料为聚四氯乙烯。

图 20-92

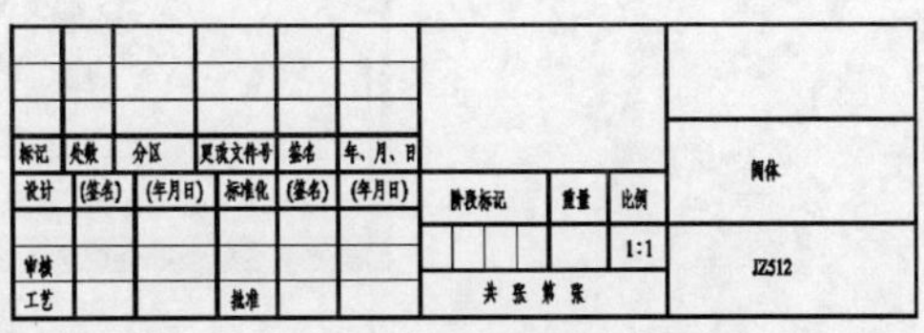

图 20-93

Step 09 在命令行中执行 LINE 命令，在标题栏的上方绘制明细表并输入文本，效果如图 20-94 所示。在命令行中执行 RECTANG 命令，绘制图形的界限，效果如图 20-95 所示，然后保存图形文件（光盘:\源文件\第 20 章\截止阀装配图.dwg）。

序号	图号	名称	数量	材料	备注
9		泄压螺钉	1	2Cr13	
8		阀杆	1	2Cr13	
7		填料盒	1	45	
6		O形盘根	2		
5		密封垫片	1		
4		手轮	1		
3		垫圈	1	Q235-A	
2		螺母	1	Q235-A	GB/T97.1-1985
1		阀体	1	45	GB/T6170-2000

图 20-94

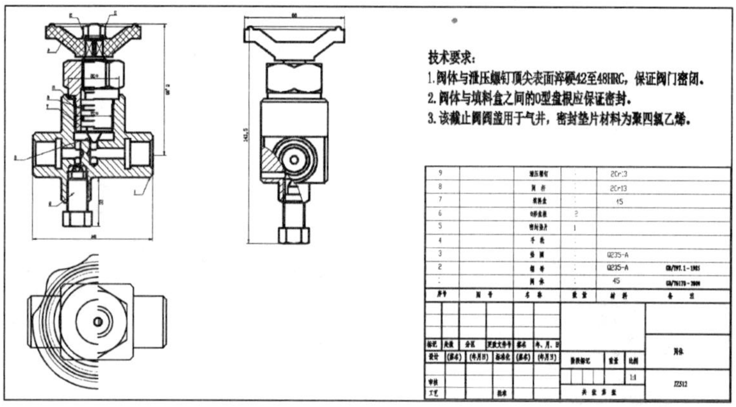

图 20-95

20.3.3 实例拓展和读者思考

在该实例中介绍了在 AutoCAD 2012 中绘制装配图的方法，使读者进一步巩固了相关知识。使用这些命令还可以绘制如图 20-96 所示的箱体装配图。

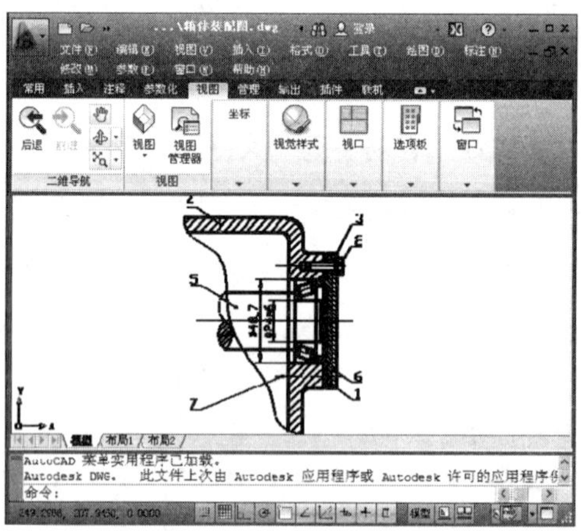

图 20-96

读者思考

通过刚才的实例练习和拓展练习，读者可以利用所掌握的知识，参考在 AutoCAD 2012 中绘制机械装配图的方法绘制需要的装配图。

第 21 章 绘制常见建筑图

在前面的部分章节中介绍了建筑图的绘制，本章将综合前面的知识，详细讲解如何使用 AutoCAD 绘制一些常见的建筑设施图。

21.1 绘制常见建筑设施图

建筑设施图是 AutoCAD 图形中很重要的图形元素，是建筑制图中不可缺少的组成部分，如门、栏杆、洗手池、马桶、洗菜盆、灶台等图形。下面分别讲解这些图形的绘制方法。

21.1.1 门

门在建筑图中非常常见，并且也是使用频率较高的一种设施，下面详细讲解门的绘制方法，具体操作过程如下：

Step 01 启动 AutoCAD 2012，在系统自动新建的图形文件中单击状态栏中的“正文模式”按钮，开启正交模式，并在命令行中执行 L 命令，具体操作过程如下：

```
命令：L                          //执行 L 命令
指定第一点：                     //在绘图区中任意指定一点
指定下一点或 [放弃(U)]：750      //将光标移至第一点的下侧，输入距离参数值 750，按【Space】键确认输入
指定下一点或 [放弃(U)]：         //按【Space】键结束命令
```

Step 02 在命令行中执行 ARC 命令绘制圆弧，表示门的开启轨迹，具体操作过程如下：

```
命令：ARC                                      //执行 ARC 命令
指定圆弧的起点或 [圆心(C)]：FROM               //输入并执行 FROM 命令
基点：                                         //单击直线下方端点
<偏移>：@750,0                                 //输入相对坐标
指定圆弧的第二个点或 [圆心(C)/端点(E)]:C       //选择“圆心”选项并按【Space】键确认选择
指定圆弧的圆心：                               //单击直线下方端点
指定圆弧的端点或 [角度(A)/弦长(L)]：           //单击直线上方端点，绘制后的效果如图 21-1 所示
```

Step 03 绘制完门后即可对其进行尺寸标注，在命令行中输入 DIMSTYLE 命令，弹出“标注样式管理器”对话框，单击 新建(N)... 按钮，如图 21-2 所示。弹出“创建新标注样式”对话框，在“新样式名”文本框中输入文本“门”，其余保持默认设置不变，如图 21-3 所示，然后单击 继续 按钮。

Step 04 弹出“新建标注样式：门”对话框，切换至“线”选项卡，在“超出尺寸线”数值框中输入 25，在“起点偏移量”数值框中输入 30，如图 21-4 所示。

Step 05 切换至“符号和箭头”选项卡，在“箭头”选项组的“第一个”下拉列表中选择“建筑标记”选项，在“箭头大小”数值框中输入 35，如图 21-5 所示。

Step 06 切换至“文字”选项卡，在“文字高度”数值框中输入 45，在“文字位置”选项组的“从尺寸线偏移”数值框中输入 15，如图 21-6 所示。

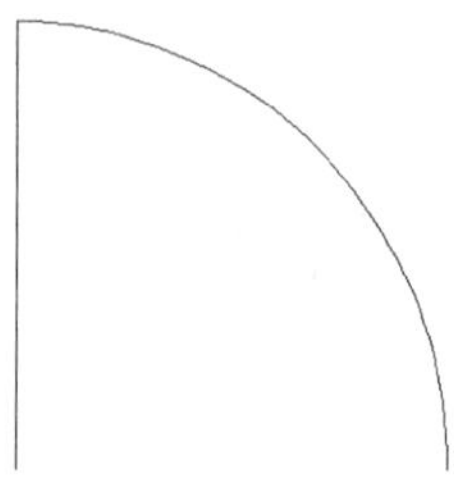

图 21-1

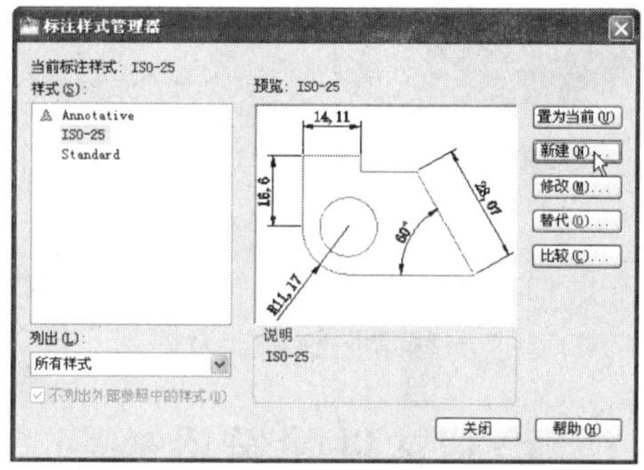

图 21-2

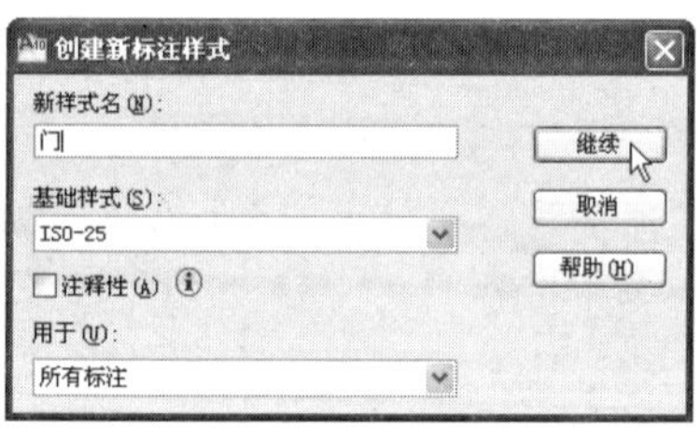

图 21-3

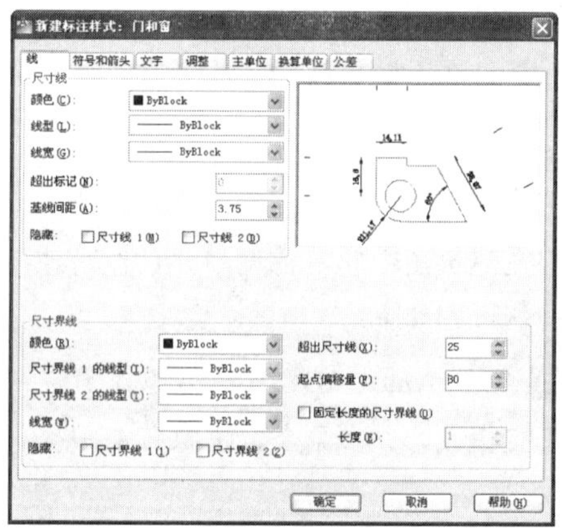

图 21-4

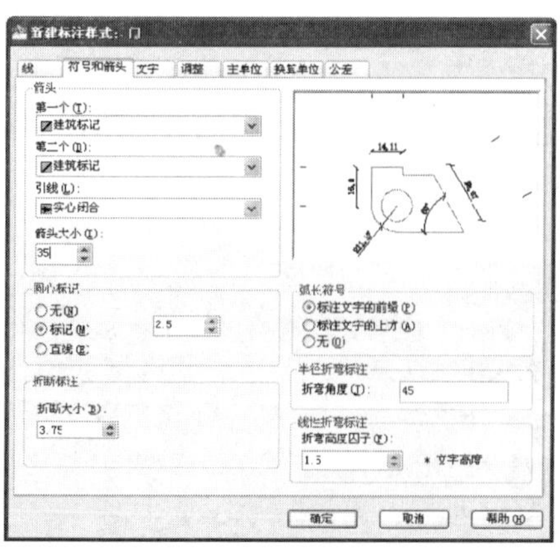

图 21-5

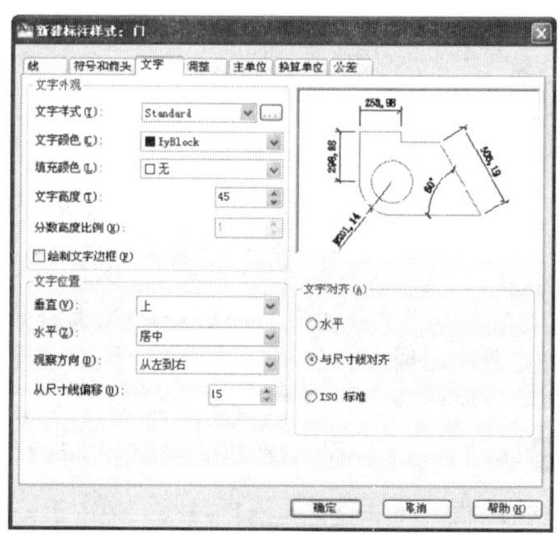

图 21-6

Step 07 切换至“主单位”选项卡，在“线性标注”选项组的“精度”下拉列表中选择 0 选项，单击［确定］按钮，如图 21-7 所示。

Step 08 返回“标注样式管理器”对话框，单击［置为当前(U)］按钮，再单击［关闭］按钮，关闭该对话框，如图 21-8 所示，完成标注样式的设置。

Step 09 在命令行中输入 DIMLIN 命令，命令行中的具体操作过程如下：

```
命令:DIMLIN                                    //执行 DIMLIN 命令
指定第一个尺寸界线原点或 <选择对象>: //单击如图 21-9 所示的 A 点
指定第二条尺寸界线原点:                        //单击如图 21-9 所示的 B 点
指定尺寸线位置或[多行文字(M)/文字(T)/角度(A)/水平(H)/垂直(V)/旋转(R)]: //向左移动鼠标到合适位置并单击鼠标
标注文字 =750                                  //系统提示标注尺寸，标注后的效果如图 21-10 所示
```

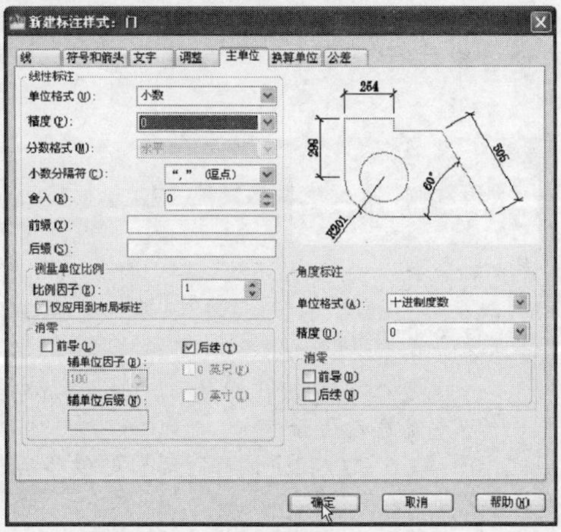

图 21-7

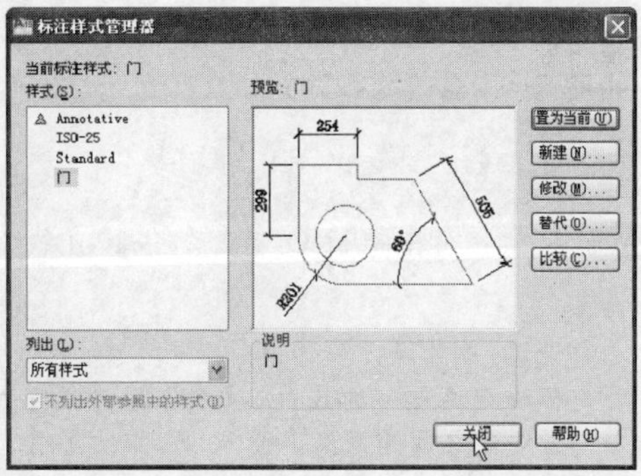

图 21-8

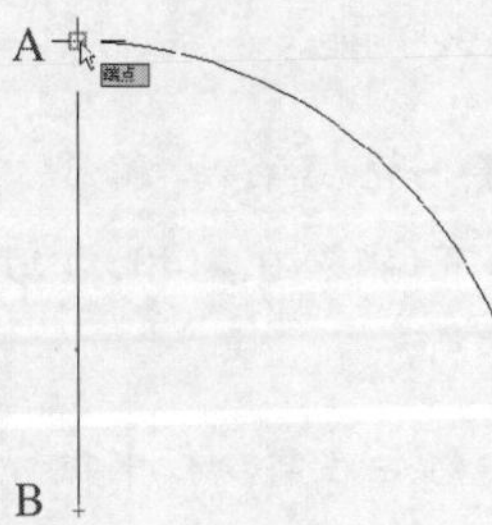

图 21-9

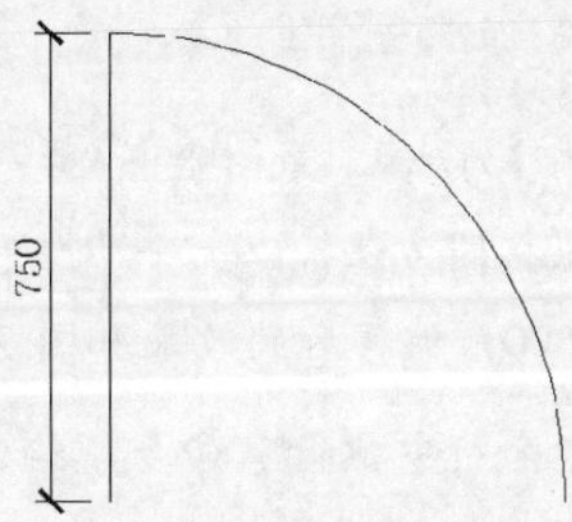

图 21-10

Step 10 按照相同的方法，对图中的其他位置进行尺寸标注，标注后的效果如图 21-11 所示，并将其保存在计算机中，以方便以后调用（光盘:\源文件\第 21 章\750 门.dwg）。

注　意

在命令行中执行 MI 命令，镜像 750 门，可以绘制平面双开门，如图 21-12 所示。此类型的门通常在公共建筑中使用。

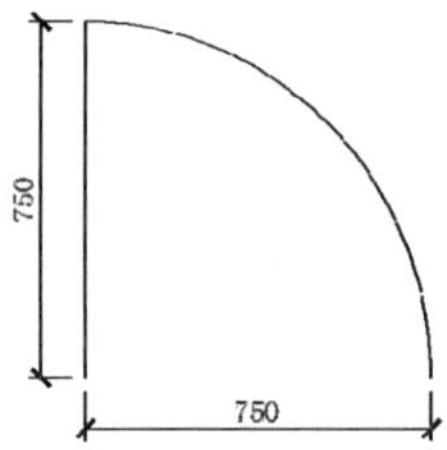

图 21-11

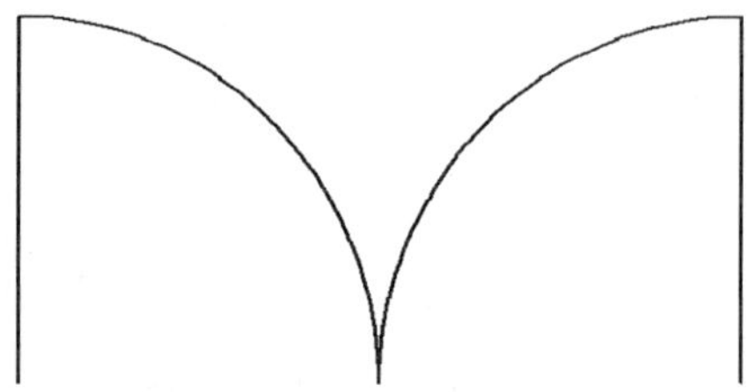
图 21-12

21.1.2 栏杆

现代建筑中惯用玻璃作为建筑材料，如玻璃滑门、玻璃栏杆等。下面详细讲解绘制玻璃栏杆的方法，具体操作如下：

Step 01 启动 AutoCAD 2012，开启正交模式，并在命令行中执行 L 命令，具体操作过程如下：

```
命令：L                                  //执行 L 命令
指定第一点：                              //在绘图区中任意指定一点
指定下一点或 [放弃(U)]：1720    //将光标移至第一点的右侧，输入距离参数值 1720，按【Space】键确认输入
指定下一点或 [放弃(U)]：          //按【Space】键结束命令
```

Step 02 在命令行中执行 O 命令，偏移直线，具体操作过程如下：

```
命令：O                                                    //执行 OFFSET 命令
当前设置：删除源=否  图层=源  OFFSETGAPTYPE=0      //系统自动显示
指定偏移距离或 [通过(T)/删除(E)/图层(L)] <20.0000>:80   //指定偏移距离，即偏移后新对象与源对象之间的距离，输入 80 并按【Space】键确认输入
选择要偏移的对象，或[退出(E)/放弃(U)]<退出>：      //选择要偏移的对象，这里选择上一步绘制的直线
指定要偏移的那一侧上的点，或 [退出(E)/多个(M)/放弃(U)] <退出>：  //向下移动鼠标并单击，完成偏移操作
选择要偏移的对象，或 [退出(E)/放弃(U)] <退出>：  //按【Space】键结束命令
```

Step 03 按照相同方法，以上一步偏移的直线为源对象，分别向下偏移 30、140、190、210、470、490、540、690，偏移后的效果如图 21-13 所示。

Step 04 在命令行中执行 L 命令，绘制一条长为 820 的垂直线，然后在命令行中执行 O 命令，以刚绘制的垂直线为源对象，向左偏移 90，效果如图 21-14 所示。

图 21-13

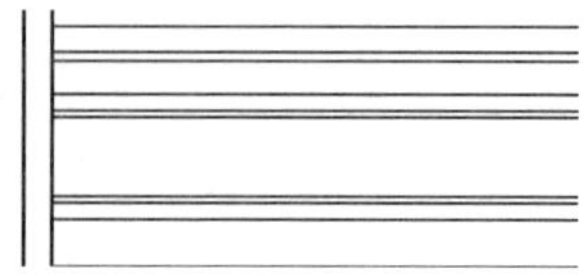
图 21-14

Step 05 按照相同方法，在命令行中执行 O 命令，以上一步绘制的垂直线为源对象，向右偏移 20、500、540、590、610、1110、1130、1180、1200、1700、1720、1810，偏移后的效果如图 21-15 所示。

Step 06 在命令行中执行 L 命令，绘制两条直线，连接立柱的上端，绘制后的效果如图 21-16 所示，并在命令行中执行 TR 命令，具体操作过程如下：

```
命令：TR                        //执行 TRIM 命令
当前设置:投影=UCS，边=无       //当前修剪设置
选择剪切边...                   //系统提示
选择对象或 <全部选择>：指定对角点：找到 11    //选择绘图区中的所有图形对象
选择对象：                      //按【Space】键结束对象的选择
选择要修剪的对象，或按住 Shift 键选择要延伸的对象，或[栏选(F)/窗交(C)/投影(P)/边(E)/
删除(R)/放弃(U)]：              //选择如图 21-17 所示的 AB 线段
选择要修剪的对象，或按住 Shift 键选择要延伸的对象，或[栏选(F)/窗交(C)/投影(P)/边(E)/
删除(R)/放弃(U)]：              //按照相同方法修剪其他线段，按【Space】键结束修剪命令，完成
后的效果如图 21-18 所示
```

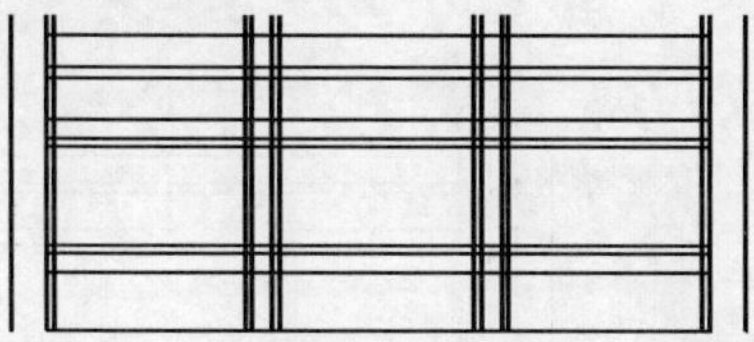
图 21-15

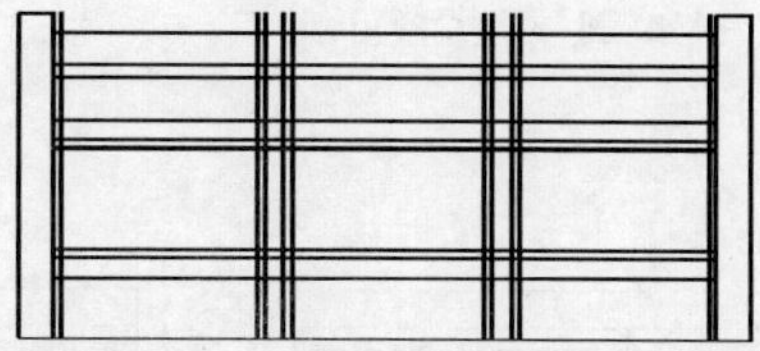
图 21-16

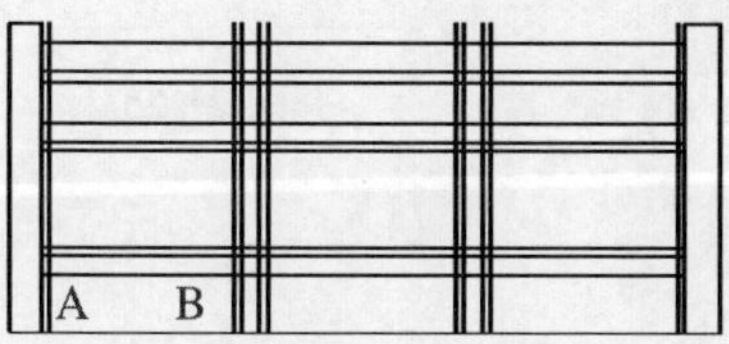

图 21-17

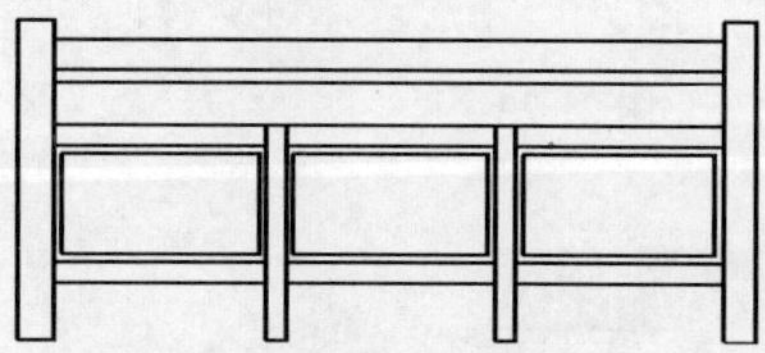
图 21-18

Step 07 在系统自动新建的图形文件中单击状态栏中的“对象捕捉”按钮，开启对象捕捉模式，并在命令行中执行 L 命令，绘制辅助线，效果如图 21-19 所示。然后在命令行中执行 C 命令，绘制柱头，具体操作过程如下：

```
命令：C   //执行 CIRCLE 命令
指定圆的圆心或[三点(3P)/两点(2P)/相切、相切、半径(T)]：  //单击如图 21-20 所示的 A 点作
为圆点
指定圆的半径或[直径(D)] <0>：55  //输入半径值 55，并按【Space】键结束命令，完成后的效
果如图 21-21 所示
```

Step 08 按照相同的方法，绘制如图 21-22 所示的圆，然后删除图形中的所有辅助线，效果如图 21-23 所示。

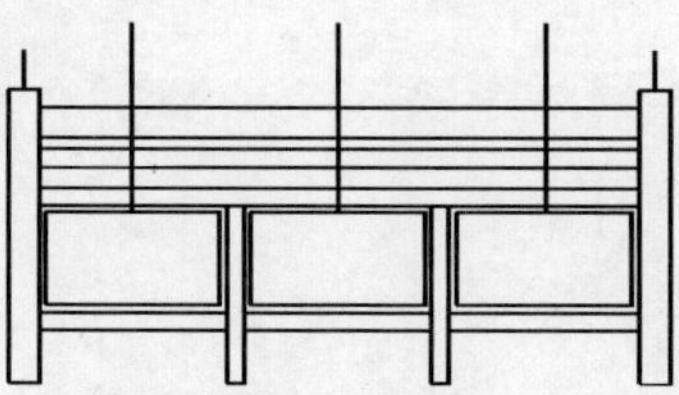
图 21-19

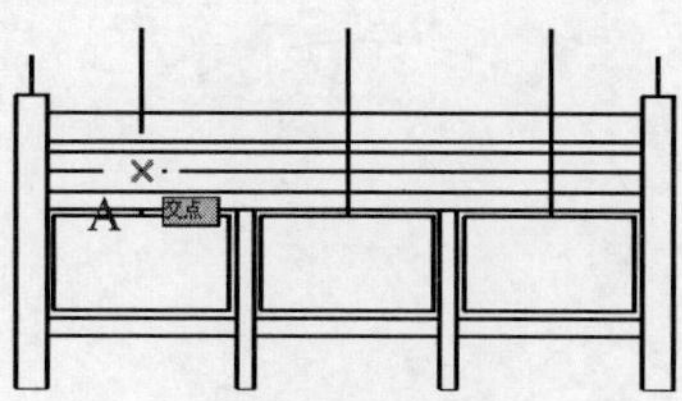

图 21-20

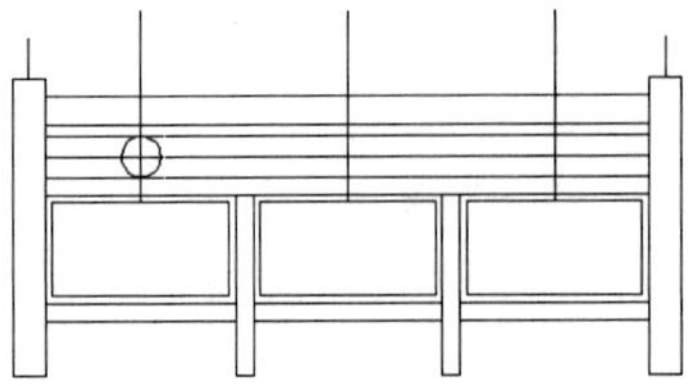

图 21-21

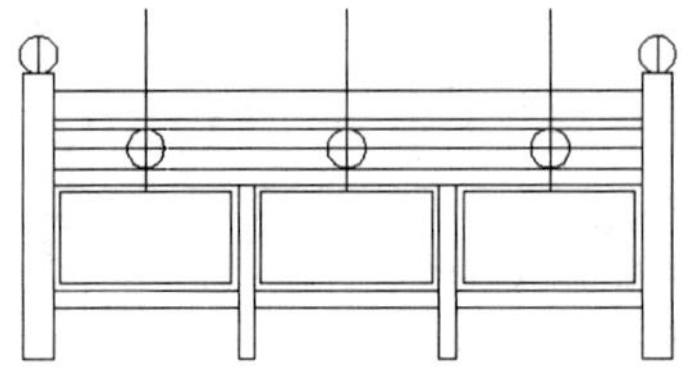

图 21-22

Step 09 为了体现玻璃的质感，在命令行中执行 L 命令，绘制直线，绘制后的效果如图 21-24 所示。

Step 10 按照前面章节介绍的方法对图形对象进行尺寸标注，标注后的效果如图 21-25 所示（光盘:\源文件\第 21 章\栏杆.dwg）。

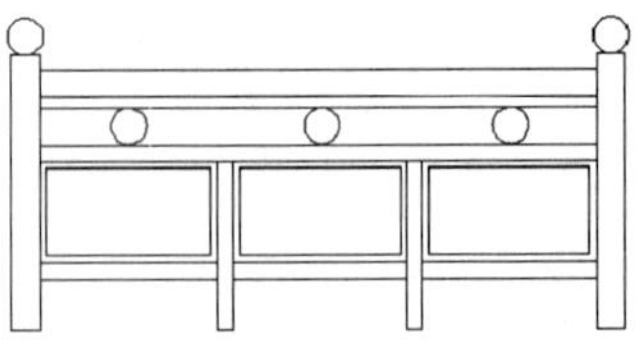

图 21-23

图 21-24

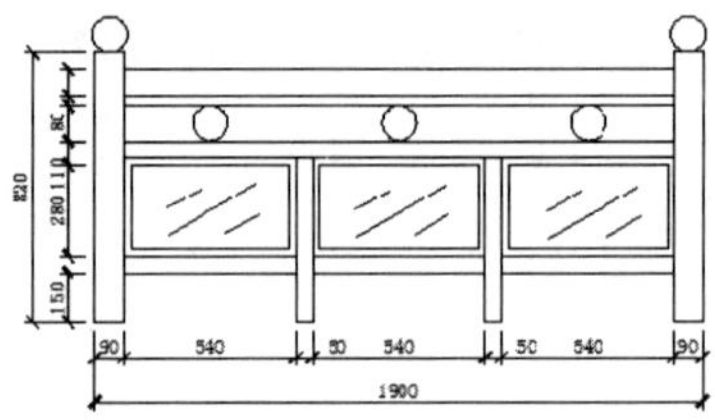

图 21-25

21.1.3 洗手池

洗手池是一种厨卫设备，由水槽、水龙头、漏水孔等部分组成。下面详细讲解绘制洗手池的方法，具体操作如下：

Step 01 启动 AutoCAD 2012，在命令行中执行 ELLIPSE 命令，绘制洗手池的水槽，具体操作过程如下：

```
命令: ELLIPSE                                   //执行 ELLIPSE 命令
指定椭圆的轴端点或 [圆弧(A)/中心点(C)]:          //在绘图区中单击指定椭圆的一个端点
指定轴的另一个端点: @480,0                       //输入坐标值(@480, 0)并按【Space】键确认输入
指定另一条半轴长度或 [旋转(R)]: 160              //输入 160，按【Space】键确认并退出命令，绘制
后的效果如图 21-26 所示
```

Step 02 在命令行中执行 O 命令，以上一步绘制的椭圆为源对象，分别向外偏移 40、55，偏移后的效果如图 21-27 所示。

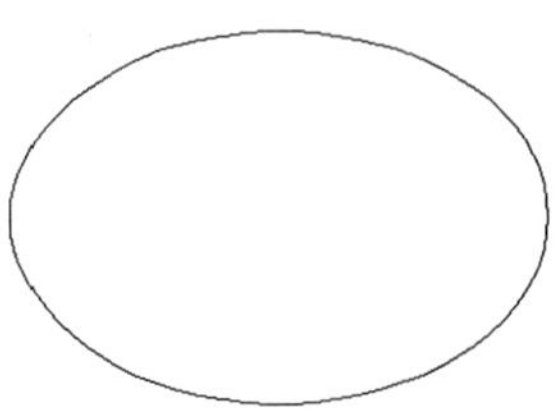

图 21-26

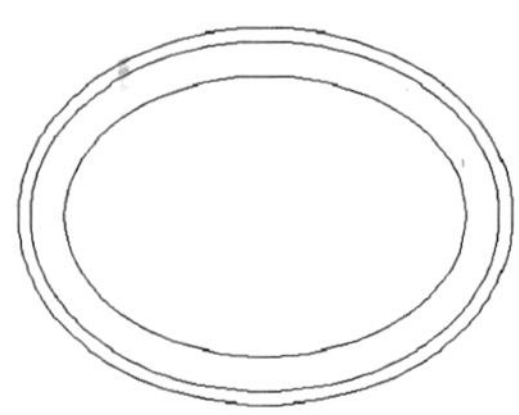

图 21-27

Step 03 在命令行中执行 L 命令，绘制一条通过椭圆圆心的水平直线，如图 21-28 所示。

Step 04 在命令行中执行 O 命令，以通过椭圆圆心的水平直线为源对象，向上偏移 230，效果如图 21-29 所示，然后在命令行中执行 ARC 命令，具体操作过程如下：

```
命令：ARC                                  //执行 ARC 命令
指定圆弧的起点或 [圆心(C)]：c              //选择“圆心”选项并按【Space】键确认选择
指定圆弧的圆心：                           //单击椭圆的圆心作为圆弧的圆心
指定圆弧的起点：                           //单击直线与外椭圆右边的相交点作为圆弧的起点
指定圆弧的端点或 [角度(A)/弦长(L)]：       //单击偏移出的直线的中点作为圆弧的端点，绘制后的效果
如图 21-30 所示
```

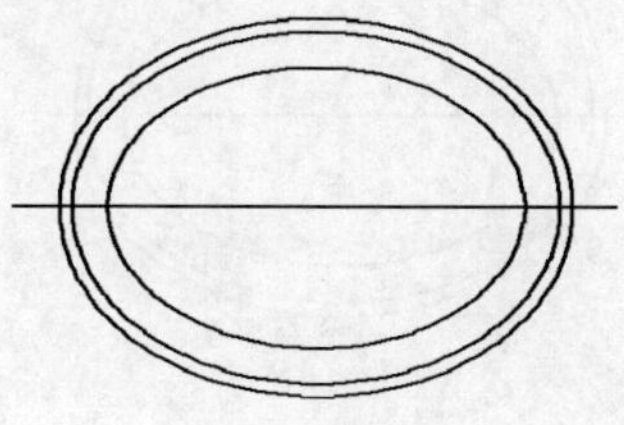

图 21-28

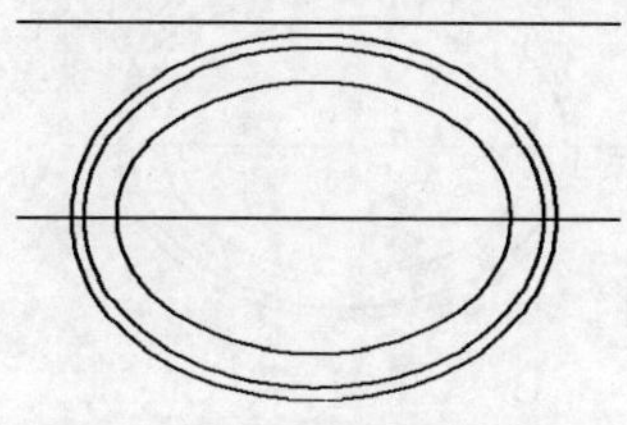

图 21-29

Step 05 按照相同的方法，以椭圆的圆心为圆心，以水平直线与中间椭圆右边的交点为起点，以偏移直线的中点为端点绘制圆弧，绘制后的效果如图 21-31 所示，并在命令行中执行 MI 命令，具体操作过程如下：

```
命令：MI                                   //执行 MIRROR 命令
选择对象：指定对角点：找到 2 个            //选择刚绘制的两条圆弧
选择对象：                                 //按【Space】键结束对象的选择
指定镜像线的第一点：                       //单击椭圆的圆心作为第一点
指定镜像线的第二点：                       //单击如图 21-32 所示的 A 点作为第二点
要删除源对象吗？[是(Y)/否(N)] <N>：        //单击【Space】键结束命令，效果如图 21-33 所示
```

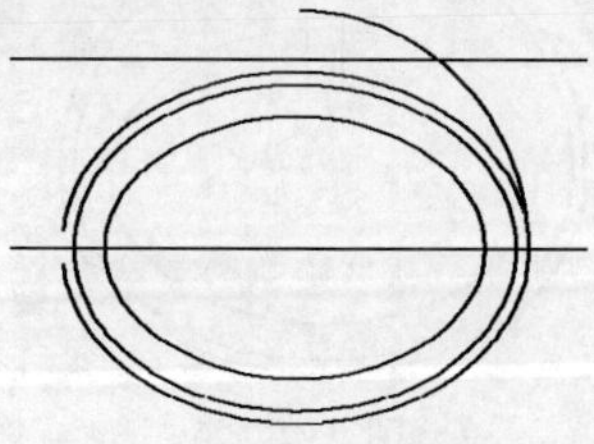

图 21-30

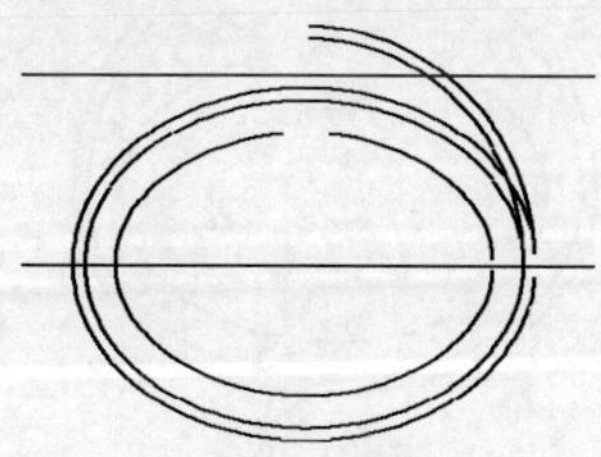

图 21-31

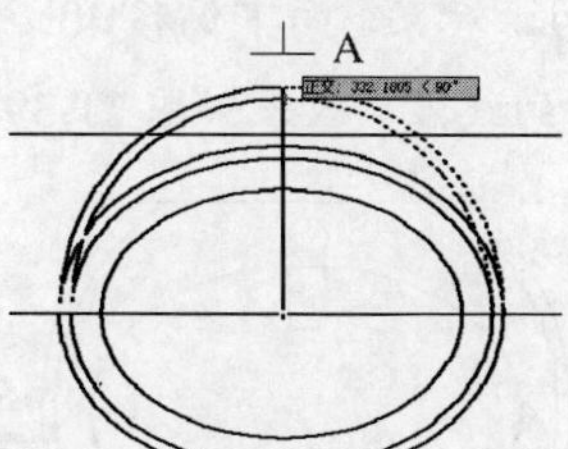

图 21-32

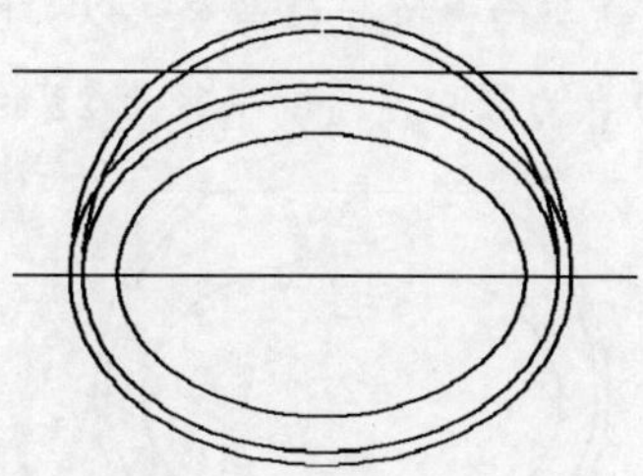

图 21-33

Step 06 在命令行中执行 TR 命令，修剪椭圆、圆和其上方的直线，具体操作过程如下：

```
命令: TR                        //执行 TRIM 命令
当前设置:投影=UCS, 边=无        //当前修剪设置
选择剪切边...                   //系统提示
选择对象或 <全部选择>:  指定对角点: 找到 9    //选择绘图区中的所有图形对象
选择对象:                       //按【Space】键结束对象的选择
选择要修剪的对象, 或按住 Shift 键选择要延伸的对象, 或[栏选(F)/窗交(C)/投影(P)/边(E)/
删除(R)/放弃(U)]:               //选择如图 21-34 所示的 AB 线段
选择要修剪的对象, 或按住 Shift 键选择要延伸的对象, 或[栏选(F)/窗交(C)/投影(P)/边(E)/
删除(R)/放弃(U)]:               //按照相同方法修剪其他线段, 并按【Space】键结束修剪命令, 效
果如图 21-35 所示
```

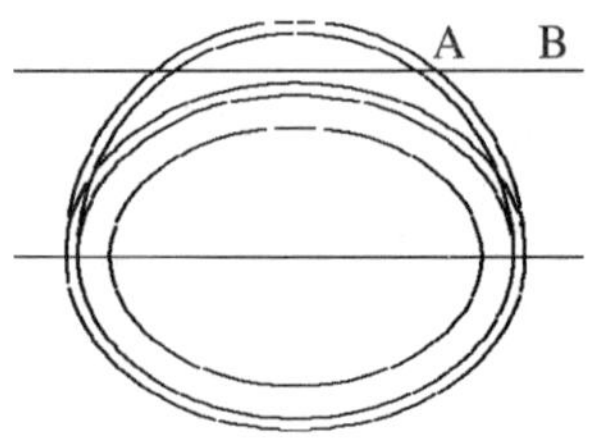

图 21-34

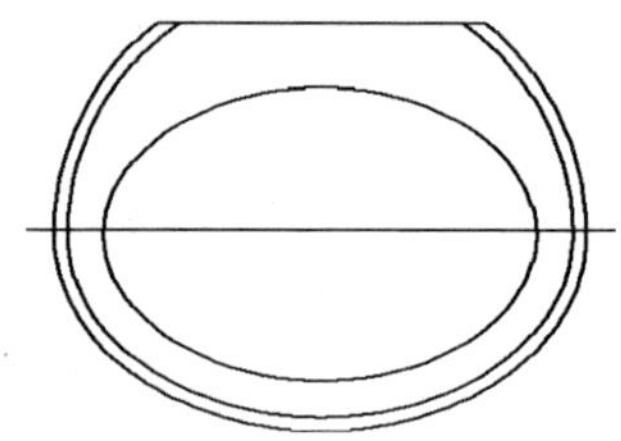

图 21-35

Step 07 删掉通过椭圆圆心的直线，并在命令行中执行 REC 命令，绘制洗手池的水龙头，具体操作过程如下：

```
命令: REC                            //执行 RECTANG 命令
指定第一个角点或 [倒角(C)/标高(E)/圆角(F)/厚度(T)/宽度(W)]: F  //选择"圆角"选项,
并按【Space】键确认选择
指定矩形的圆角半径 <0.0000>:5   //输入矩形的圆角半径值 5, 并按【Space】键
指定第一个角点或 [倒角(C)/标高(E)/圆角(F)/厚度(T)/宽度(W)]: //单击如图 21-36 所示的
A 点作为第一个角点
指定另一个角点或 [面积(A)/尺寸(D)/旋转(R)]: @40,85  //输入坐标值@40,85 作为另一个角
点, 并按【Space】键结束命令, 效果如图 21-37 所示
```

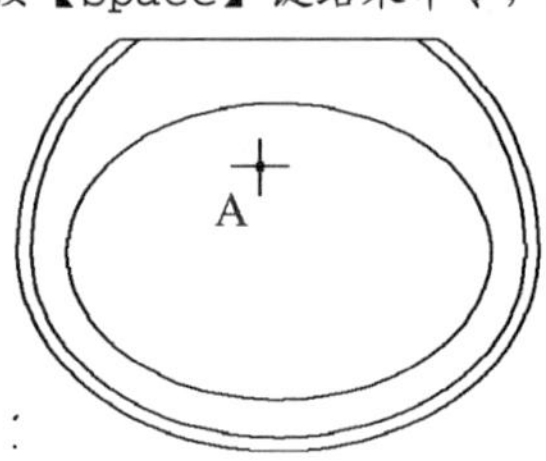

图 21-36

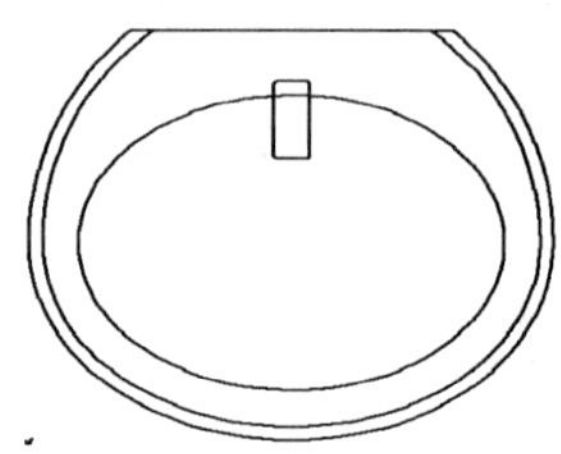

图 21-37

Step 08 在命令行中执行 O 命令，以如图 21-38 所示的 A 线为源对象，向下偏移 40。然后以刚偏移线段的中点为圆心，绘制半径为 22 的圆，并删除偏移获得的线段，效果如图 21-39 所示。

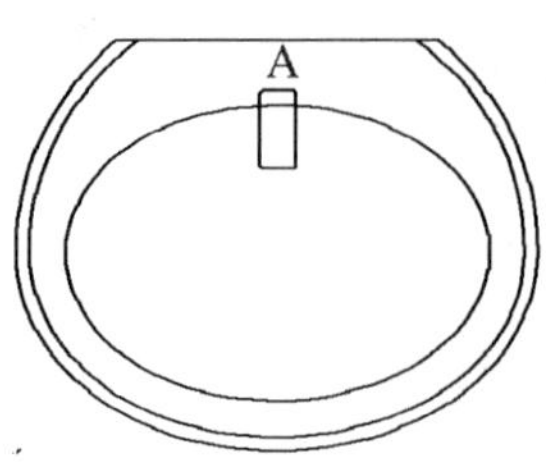

图 21-38

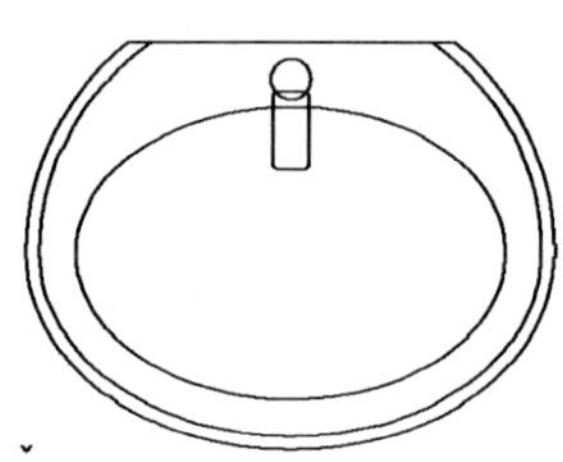

图 21-39

Step 09 在命令行中执行 L 命令，绘制如图 21-40 所示的直线，然后在命令行中执行 C 命令，绘制半径为 13 的圆，效果如图 21-41 所示。

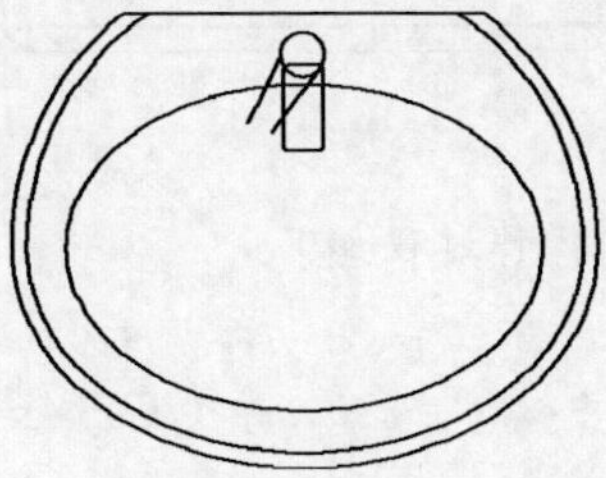

图 21-40

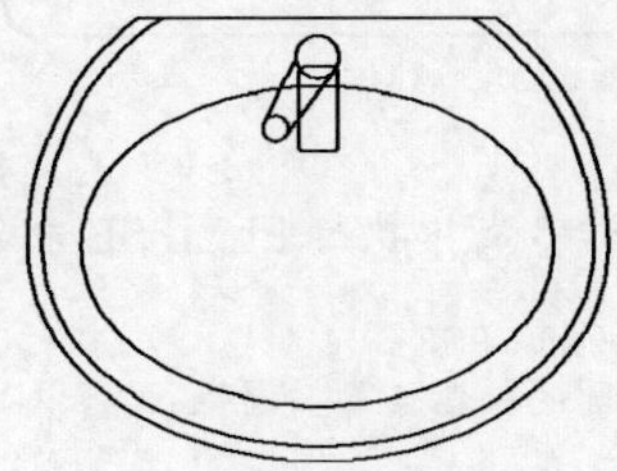

图 21-41

Step 10 在命令行中执行 TR 命令，修剪水龙头，修剪后的效果如图 21-42 所示。然后在命令行中执行 C 命令，绘制漏水孔，绘制后的效果如图 21-43 所示。

Step 11 按照前面讲解的标注尺寸的方法，对其进行尺寸标注，标注后的效果如图 21-44 所示（光盘:\源文件\第 21 章\洗手池.dwg）。

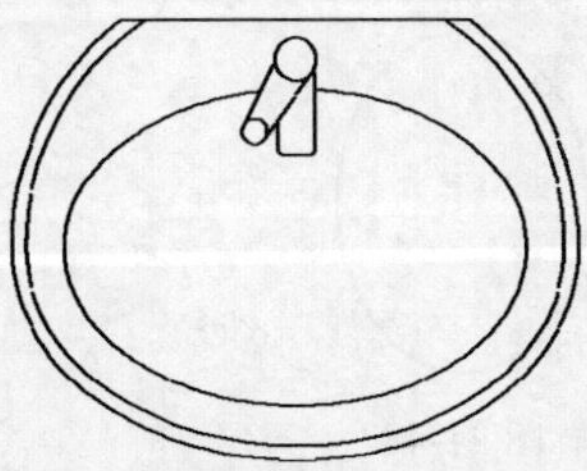

图 21-42

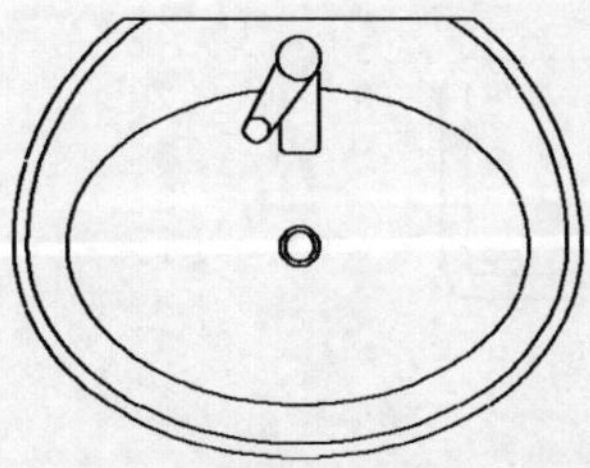

图 21-43

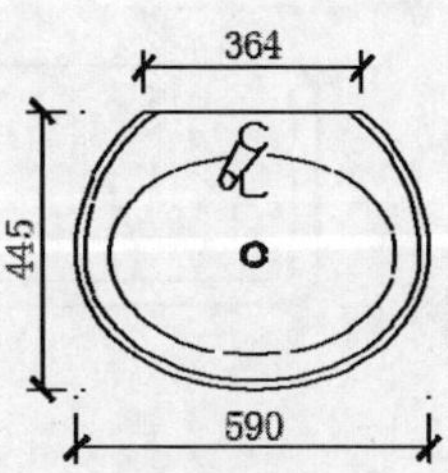

图 21-44

21.1.4　马桶

马桶是一种厨卫设备，由水箱、座便器、冲水手柄等部分组成。下面详细讲解绘制马桶的方法，具体操作过程如下：

Step 01 启动 AutoCAD 2012，开启对象捕捉，在命令行中执行 REC 命令，绘制马桶水箱，具体操作过程如下：

```
命令：REC                                                    //执行 RECTANG 命令
指定第一个角点或 [倒角(C)/标高(E)/圆角(F)/厚度(T)/宽度(W)]: F  //选择“圆角”选项，
并按【Space】键确认选择
指定矩形的圆角半径 <0.0000>:20       //输入半径值 20，并按【Space】键确认输入
指定第一个角点或 [倒角(C)/标高(E)/圆角(F)/厚度(T)/宽度(W)]:        //单击绘图区的空白处
指定另一个角点或 [面积(A)/尺寸(D)/旋转(R)]: @400,140    //输入坐标值（@400，140），
并按【Space】键结束命令，效果如图 21-45 所示
```

Step 02 在命令行中执行 O 命令，以上一步绘制的矩形为源对象，向矩形内部偏移 15，效果如图 21-46 所示。

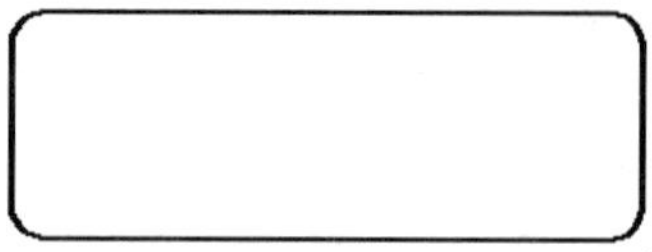

图 21-45

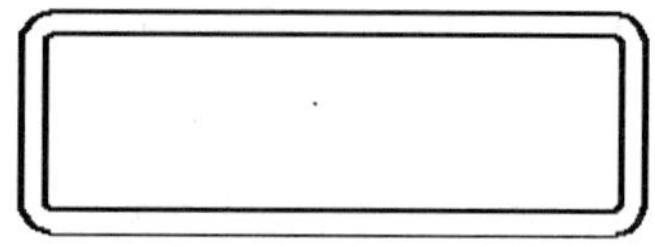

图 21-46

Step 03 在命令行中执行 ELLIPSE 命令，绘制座便器，具体操作过程如下：

```
命令：ELLIPSE            //执行 ELLIPSE 命令
指定椭圆的轴端点或 [圆弧(A)/中心点(C)]: C //选择“中心点”选项，并按【Space】键确认选择
指定椭圆的中心点：FROM    //执行 FROM 命令
基点：                   //单击如图 21-47 所示的 A 点
<偏移>：@0,-240          //输入坐标值（@0，-240），并按【Space】键确认
指定轴的端点：@0,200      //输入坐标值（0，200），并按【Space】键确认
指定另一条半轴长度或 [旋转(R)]: @150,0   //输入坐标值（150，0），按【Space】键确认并结束该命令，绘制完成的效果如图 21-48 所示
```

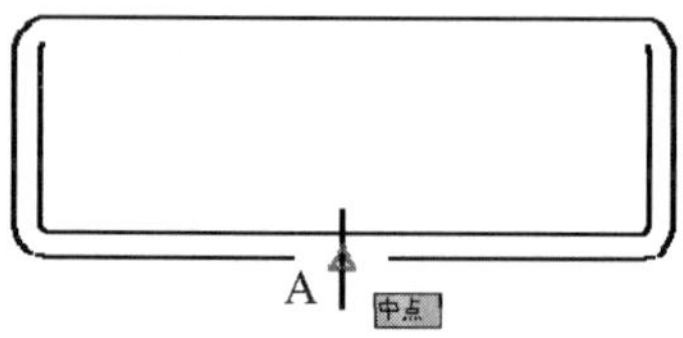

图 21-47

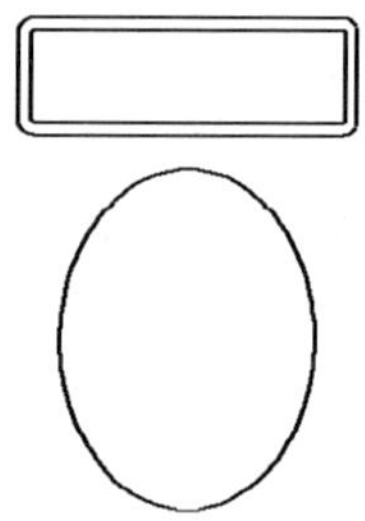

图 21-48

Step 04 在命令行中执行 O 命令，以上一步绘制的椭圆为源对象，向椭圆内部偏移 15，效果如图 21-49 所示。

Step 05 在命令行中执行 L 命令，绘制左边座便器与水箱的连接线，具体操作过程如下：

```
命令：L            //执行 LINE 命令
指定第一点：FROM   //执行 FROM 命令
基点：             //单击如图 21-47 所示的 A 点
<偏移>：@-50,0     //输入坐标值（@-50,0），并按【Space】键确认
指定下一点或 [放弃(U)]: @-80,-250    //输入坐标值（@-80，-250），并按【Space】键确认
指定下一点或 [放弃(U)]:              //按【Space】键结束命令，绘制的效果如图 21-50 所示
```

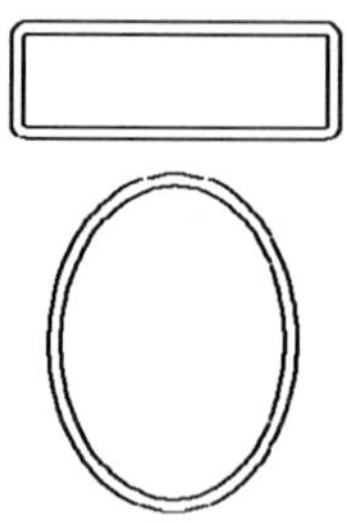

图 21-49

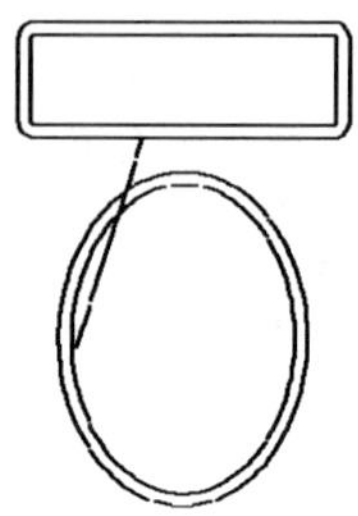

图 21-50

Step 06 在命令行中执行 MI 命令，镜像左边座便器与水箱的连接线，具体操作过程如下：

```
命令:MI                        //执行 MIRROR 命令
选择对象:                      //选择上一步绘制的直线
选择对象:                      //按【Space】键结束对象的选择
指定镜像线的第一点:            //单击如图 21-47 所示的 A 点
指定镜像线的第二点:            //启用正交模式，在 A 点的垂直上方单击任意一点
是否删除源对象? [是(Y)/否(N)] <N>:     //按【Space】结束命令，镜像后的效果如图 21-51 所示
```

Step 07 在命令行中执行 L 命令绘制直线段，效果如图 21-52 所示，然后在命令行中执行 TR 命令，修剪坐便器与水箱的连接处，具体操作过程如下：

```
命令: TR                               //执行 TRIM 命令
当前设置:投影=UCS, 边=无               //当前修剪设置
选择剪切边...                          //系统提示
选择对象或 <全部选择>: 指定对角点: 找到 7    //选择绘图区中的所有图形对象
选择对象:                              //按【Space】键结束对象的选择
选择要修剪的对象，或按住 Shift 键选择要延伸的对象，或[栏选(F)/窗交(C)/投影(P)/边(E)/
删除(R)/放弃(U)]:                      //选择如图 21-53 所示的 AB 线段
选择要修剪的对象，或按住 Shift 键选择要延伸的对象，或[栏选(F)/窗交(C)/投影(P)/边(E)/
删除(R)/放弃(U)]:                      //按照相同方法修剪其他线段，并按【Space】键结束修剪命令，效
果如图 21-54 所示
```

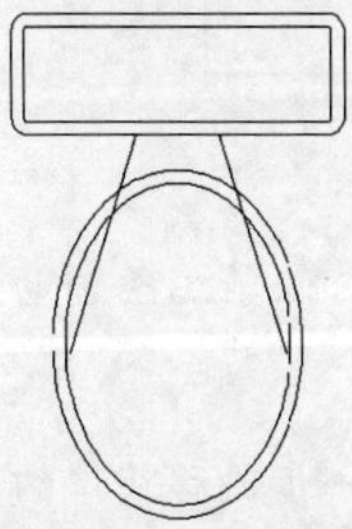

图 21-51

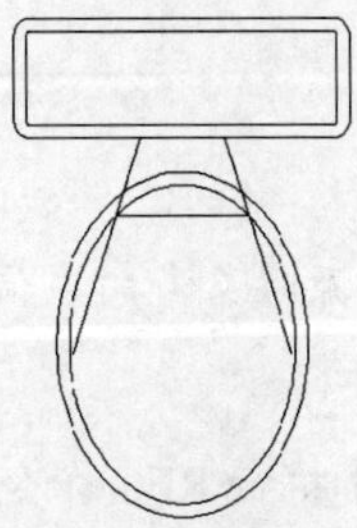

图 21-52

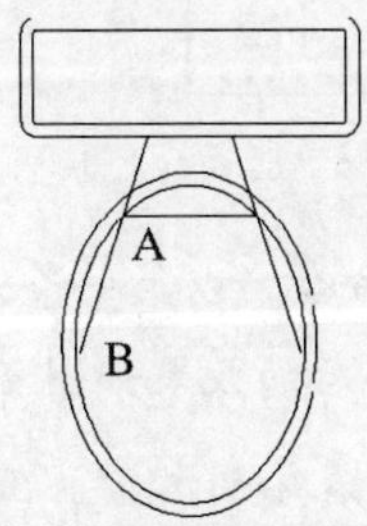

图 21-53

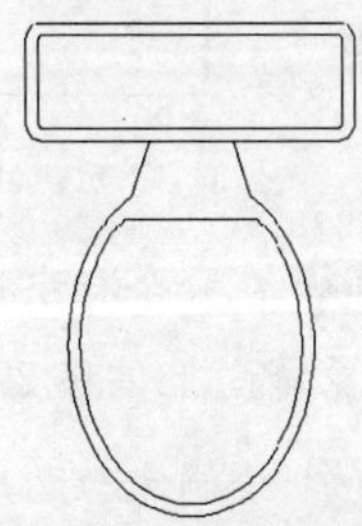

图 21-54

Step 08 在命令行中执行 C 命令，绘制抽水按钮，具体操作过程如下：

```
命令:C    //执行 CIRCLE 命令
指定圆的圆心或 [三点(3P)/两点(2P)/切点、切点、半径(T)]:  //单击矩形的中点作为圆的圆心
指定圆的半径或 [直径(D)]: 20   //输入半径值 20，并按【Space】键结束命令，效果如图 21-55 所示
```

Step 09 在命令行中执行 L 命令，通过上一步绘制圆的圆心绘制直线，绘制后的效果如图 21-56 所示。

Step 10 按照前面讲解标注尺寸的方法，对其进行尺寸标注，标注后的效果如图 21-57 所示（光盘:\源文件\第 21 章\马桶.dwg）。

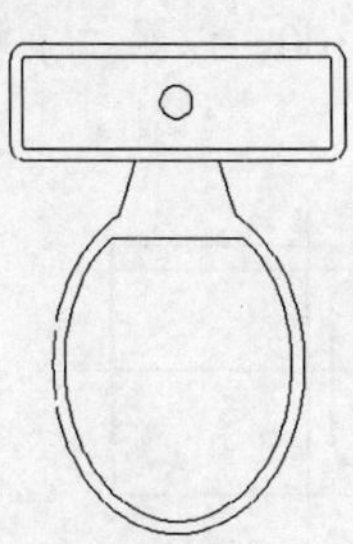

图 21-55

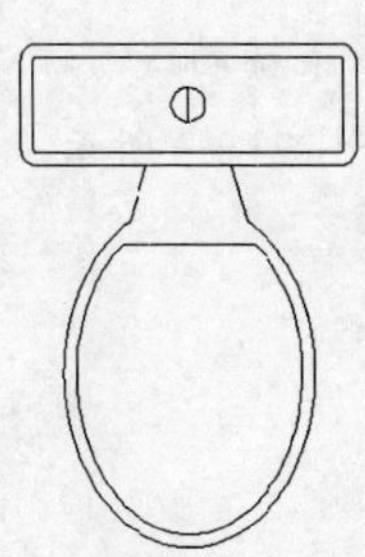

图 21-56

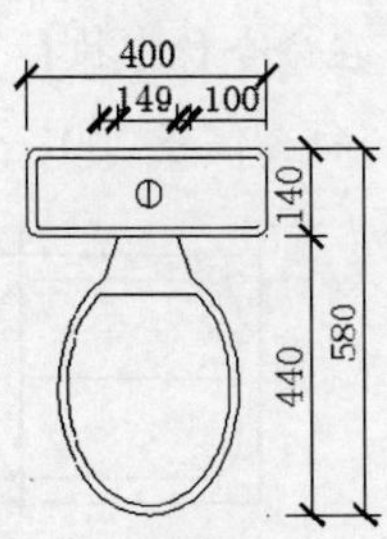

图 21-57

21.1.5 洗菜盆

洗菜盆多用不锈钢作为材料，也是一种厨卫设备，由台面、水龙头、水盆、漏水孔等部分组成。下面详细讲解绘制洗菜盆的方法，具体操作过程如下：

Step 01 启动 AutoCAD 2012，首先进行洗菜盆台面的绘制。在命令行中执行 REC 命令，在绘图区中单击指定第一个角点，以（@1000，500）坐标为另一个角点绘制矩形，绘制后的效果如图 21-58 所示。

Step 02 开启对象捕捉和对象捕捉追踪功能，以方便后面绘图。在命令行中执行 L 命令，绘制一条通过矩形上方和下方中点的直线作为第一条辅助线，绘制一条通过矩形左边和右边中点的直线作为第二条辅助线，绘制直线后的效果如图 21-59 所示。

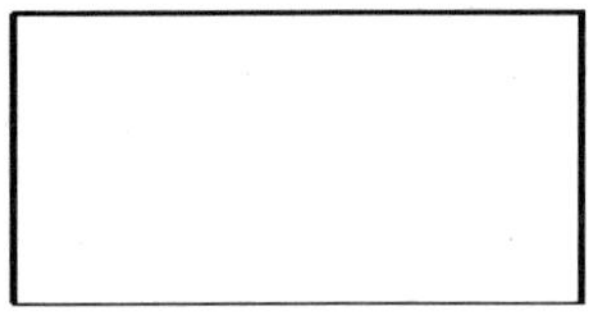

图 21-58

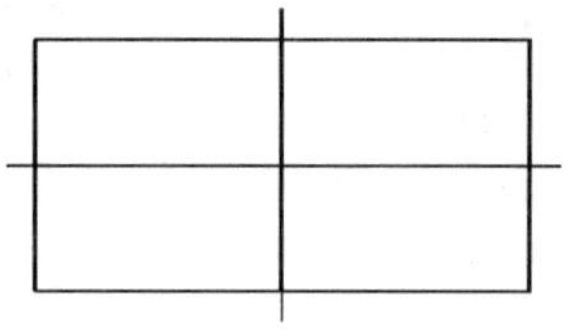

图 21-59

Step 03 在命令行中执行 O 命令，以第一条辅助线为源对象，向左偏移 455，以第二条辅助线为源对象，向上偏移 200，偏移后的效果如图 21-60 所示。

Step 04 绘制完台面后，紧接着绘制水盆。在命令行中执行 REC 命令，以上一步偏移获得的直线的交点为第一个角点，以（@508，-400）坐标为另一个角点绘制矩形，并删除上一步偏移获得的直线，效果如图 21-61 所示。

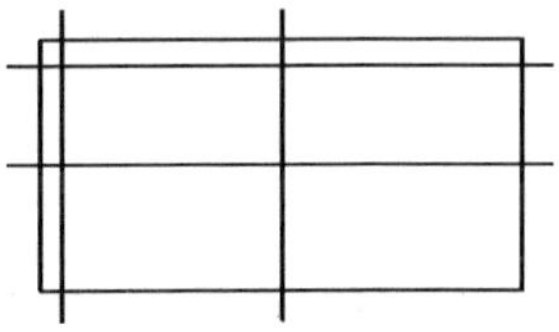

图 21-60

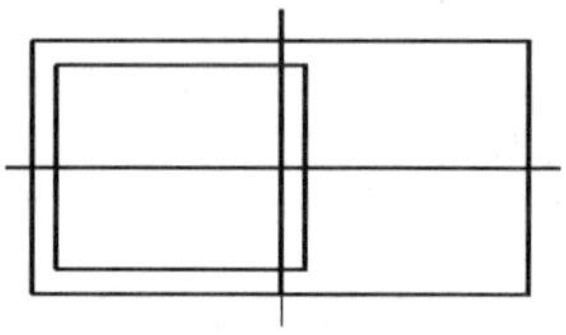

图 21-61

Step 05 在命令行中执行 F 命令，设置圆角半径为 80，对上一步绘制的矩形进行圆角操作，圆角后的效果如图 21-62 所示。

Step 06 在命令行中执行 O 命令，以第一条辅助线为源对象，向右偏移 100，以第二条辅助线为源对象，向上偏移 200，偏移后的效果如图 21-63 所示。

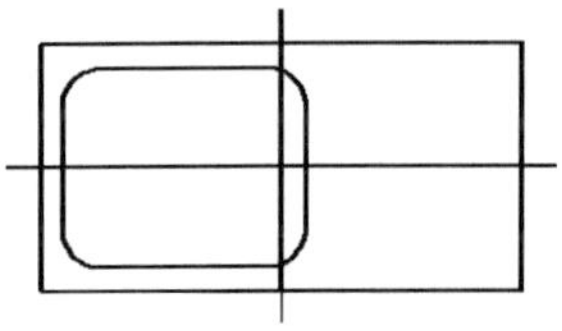

图 21-62

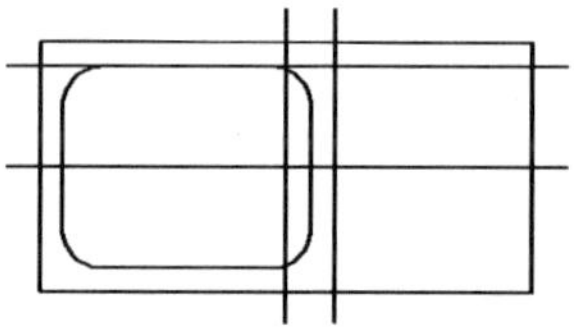

图 21-63

Step 07 在命令行中执行 REC 命令，以上一步偏移获得的直线的交点为第一个角点，以（@352, -400）坐标为另一个角点绘制矩形，并删除上一步偏移获得的直线，效果如图 21-64 所示。

Step 08 在命令行中执行 F 命令，设置圆角半径为 80，对上一步绘制的矩形进行圆角操作，圆角后的效果如图 21-65 所示。

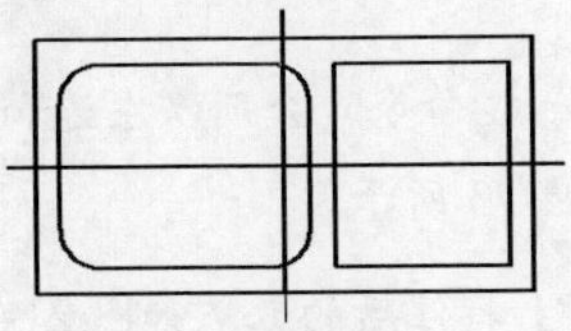

图 21-64

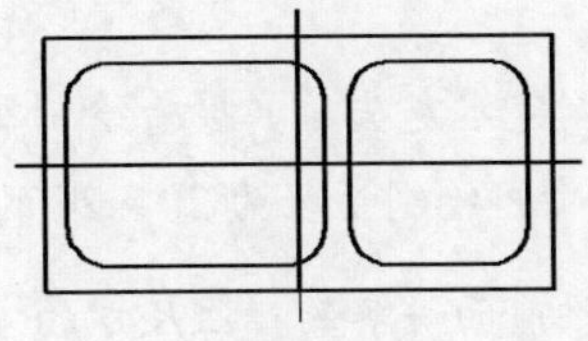

图 21-65

Step 09 绘制完水盆后，接着绘制水龙头。在命令行中执行 O 命令，以第一条辅助线为源对象，分别向右偏移 78、150，以第二条辅助线为源对象，分别向上偏移 89、194，偏移后的效果如图 21-66 所示。

Step 10 在命令行中执行 C 命令，以上一步偏移 78 和 194 获得的两条直线的交点为圆心，绘制半径为 31 的圆，以上一步偏移 150 与 89 获得的两条直线的交点为圆心，绘制半径为 11 的圆，并删除上一步偏移获得的直线，效果如图 21-67 所示。

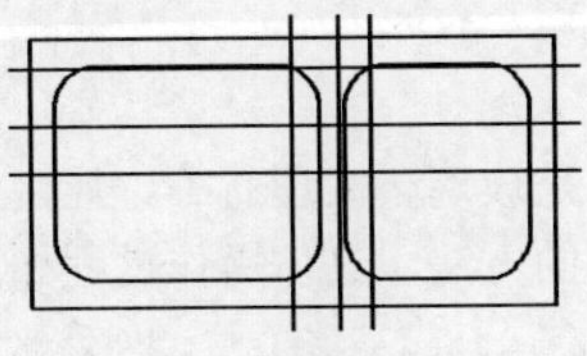

图 21-66

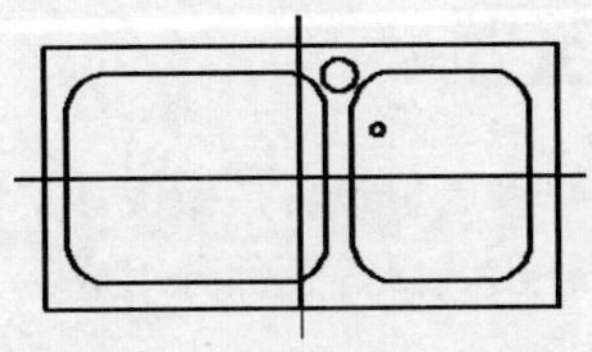

图 21-67

Step 11 在命令行中执行 L 命令，绘制如图 21-68 所示的直线。在命令行中执行 O 命令，以第一条辅助线为源对象，向左偏移 60，以第二条辅助线为源对象，向上偏移 69，偏移后的效果如图 21-69 所示。

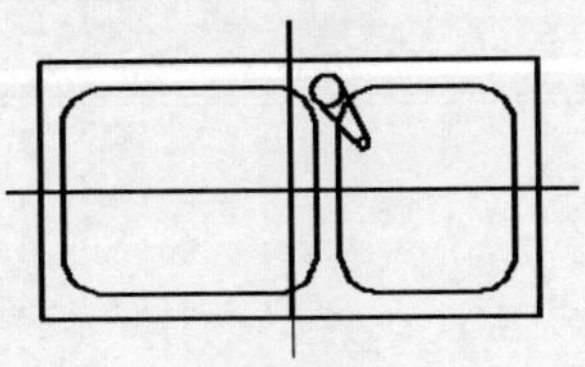

图 21-68

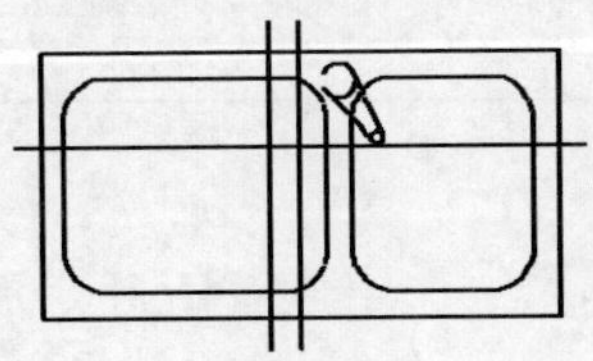

图 21-69

Step 12 在命令行中执行 C 命令，以上一步偏移获得的直线的交点为圆心，绘制半径为 14 的圆，并删除上一步偏移获得的直线，效果如图 21-70 所示。

Step 13 在命令行中执行 L 命令，绘制如图 21-71 所示的直线。在命令行中执行 TR 命令，修剪水龙头并删除辅助线，效果如图 21-72 所示。

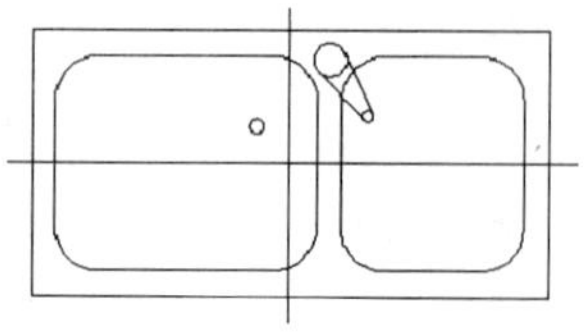

图 21-70

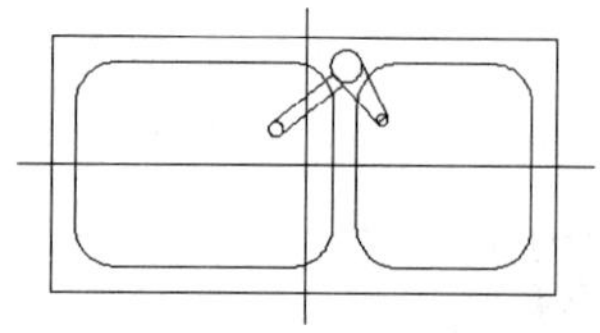

图 21-71

Step 14 绘制完水龙头后，接着绘制漏水孔。在命令行中执行 C 命令，分别以左边和右边水盆的中心点为圆心，绘制半径为 20、24 的圆，绘制后的效果图 21-73 所示。

Step 15 按照前面讲解的标注尺寸的方法，对其进行尺寸标注，标注后的效果如图 21-74 所示（光盘:\源文件\第 21 章\洗菜盆.dwg）。

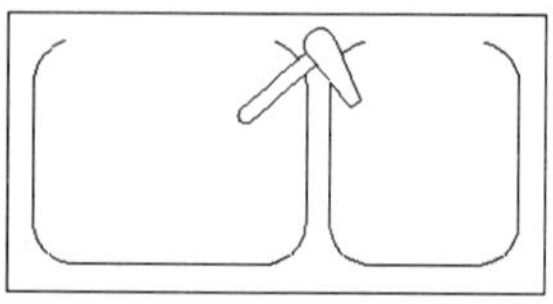

图 21-72

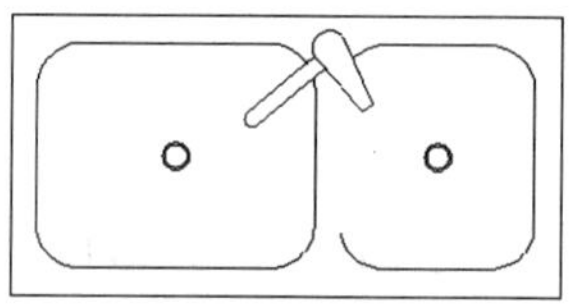

图 21-73

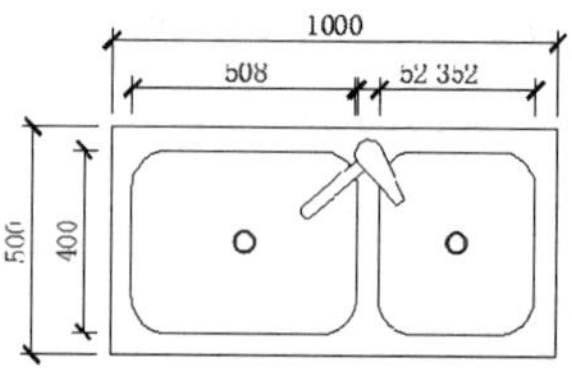

图 21-74

21.1.6 灶台

灶台是一种厨卫设备，做饭炒菜都得靠它，其材料可以是玻璃、大理石等。灶台由台面、开关、显示区、出气口等几部分组成。下面详细讲解绘制灶台的方法，具体操作过程如下：

Step 01 启动 AutoCAD 2012，首先进行灶台台面的绘制。在命令行中执行 REC 命令，在绘图区中单击指定第一个角点，以（@900，360）坐标为另一个角点绘制矩形，绘制的矩形效果如图 21-75 所示。

Step 02 在命令行中执行 O 命令，以上一步绘制的矩形为源对象，向内偏移 11，偏移后的效果如图 21-76 所示。

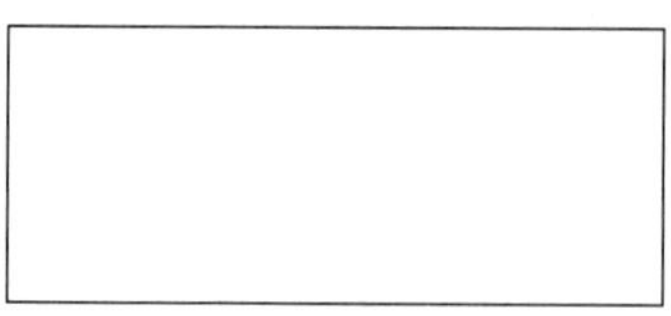

图 21-75

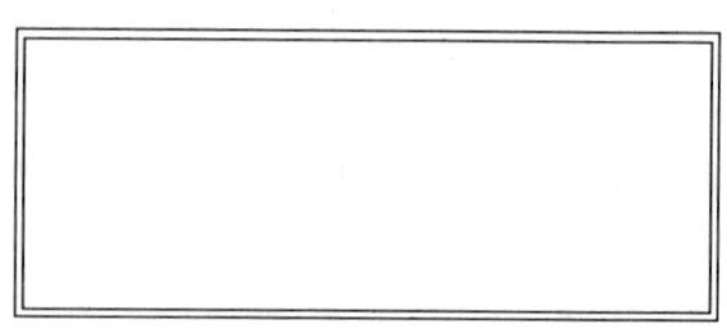

图 21-76

Step 03 在命令行中执行 L 命令，绘制一条通过矩形上方和下方中点的直线作为第一条辅助线，绘制一条通过矩形左边和右边中点的直线作为第二条辅助线，绘制后的效果如图 21-77 所示。

Step 04 在命令行中执行 REC 命令，以大矩形左下角的端点作为第一个角点，以（@900，-88）坐标作为另一个角点绘制矩形，绘制的矩形效果如图 21-78 所示。

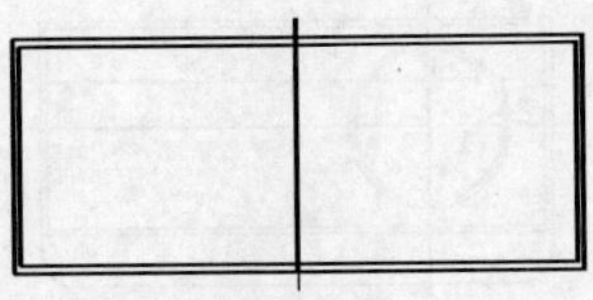

图 21-77

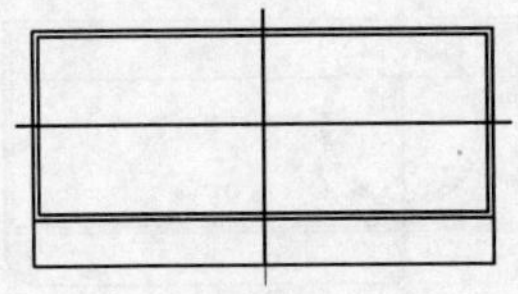

图 21-78

Step 05 在命令行中执行 F 命令，设置圆角半径为 56，对上一步绘制的矩形下方的两个角进行圆角操作，圆角后的效果如图 21-79 所示。

Step 06 绘制好台面后，接着绘制出气口。在命令行中执行 O 命令，以第一条辅助线为源对象，向左偏移 236，偏移后的效果如图 21-80 所示。

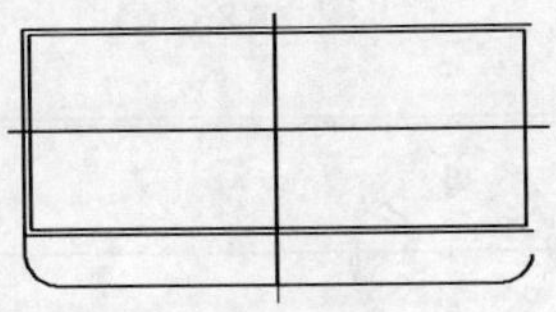

图 21-79

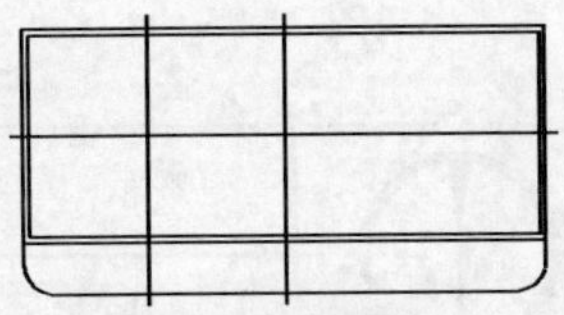

图 21-80

Step 07 在命令行中执行 C 命令，以上一步偏移获得的直线的交点为圆心，分别绘制半径为 130、140 的圆，效果如图 21-81 所示。

Step 08 在命令行中执行 O 命令，以第二条辅助线为源对象，向上偏移 79，偏移后的效果如图 21-82 所示。在命令行中执行 C 命令，以偏移获得的直线的交点为圆心，绘制半径为 6 的圆，效果如图 21-83 所示。

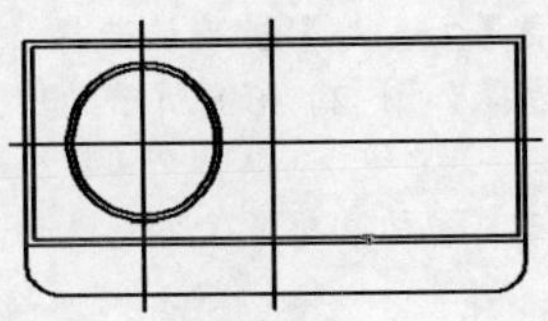

图 21-81

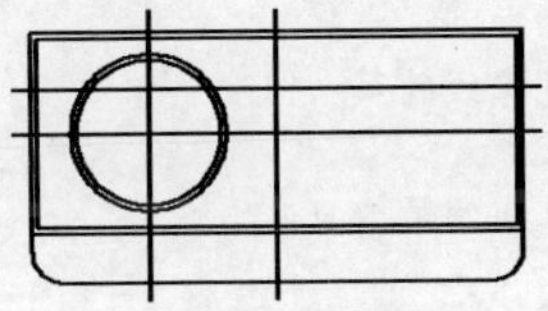

图 21-82

Step 09 在命令行中执行 L 命令，绘制如图 21-84 所示的两条直线。在命令行中执行 TR 命令，修剪圆和直线，并删除偏移获得的直线，效果如图 21-85 所示。

Step 10 在命令行中输入 ARRAYPOLAR 命令，具体操作过程如下：

```
命令: ARRAYPOLAR                                    //执行 ARRAYPOLAR 命令
选择对象: 指定对角点: 找到 3 个                      //框选修剪后的图形，如图 21-86 所示
选择对象:                                           //按【Space】键确认对象的选择
类型 = 极轴  关联 = 是                               //系统当前提示
指定阵列的中心点或 [基点(B)/旋转轴(A)]:                          //选择圆心为中心点，如图
21-87 所示
输入项目数或 [项目间角度(A)/表达式(E)] <4>: 6                    //输入阵列的数目
指定填充角度(+=逆时针、-=顺时针)或 [表达式(EX)] <360>:           //输入阵列的角度
按 Enter 键接受或 [关联(AS)/基点(B)/项目(I)/项目间角度(A)/填充角度(F)/行(ROW)/层
(L)/旋转项目(ROT)/退出(X)] <退出>:                              //退出命令,效果如图 21-88 所示
```

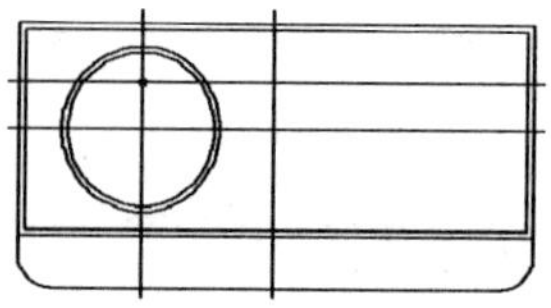

图 21-83

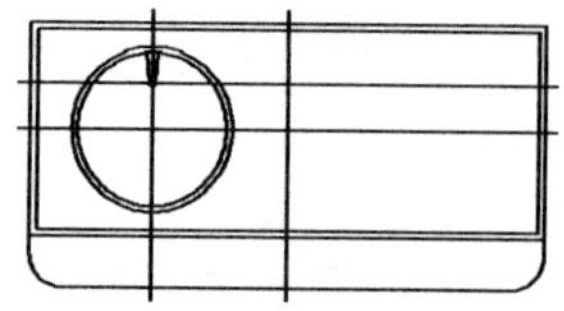

图 21-84

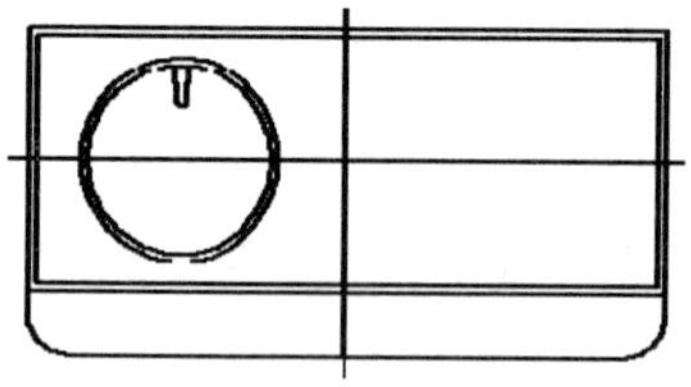

图 21-85

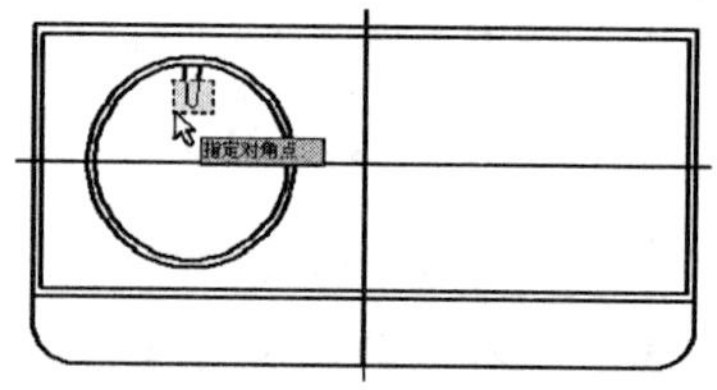

图 21-86

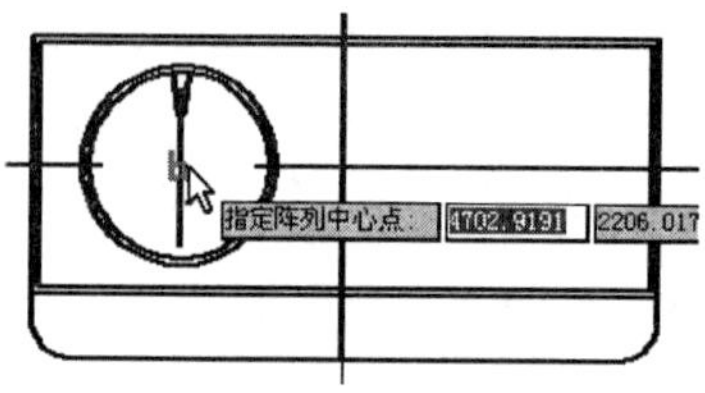

图 21-87

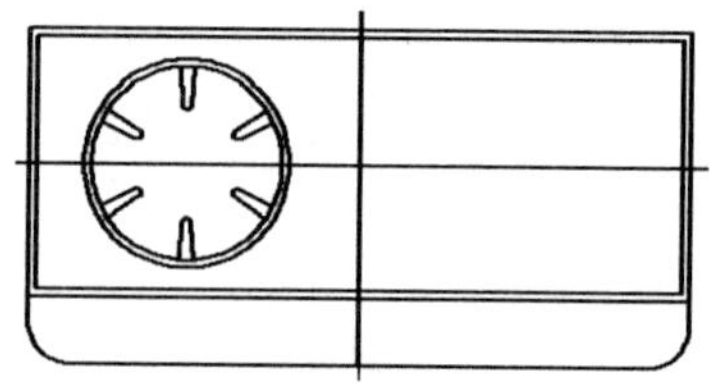

图 21-88

Step 11 绘制完左边的出气口后，接着绘制右边的出气口。在命令行中执行 MIRROR 命令，具体操作过程如下：

```
命令: MIRROR                                          //执行 MIRROR
选择对象: 指定对角点: 找到 3 个, 总计 3 个              //选择圆形对象中的所有图形对象
选择对象:                                             //按【Space】键确认选择
  指定镜像线的第一点:                                  //选择如图 21-89 所示的中点作为镜像线
的第一点
指定镜像线的第二点:                                    //向上移动鼠标, 在交点或垂点处选择第二
点
要删除源对象吗? [是(Y)/否(N)] <N>:                     //按【Space】键保留源对象并完成镜像,
如图 21-90 所示
```

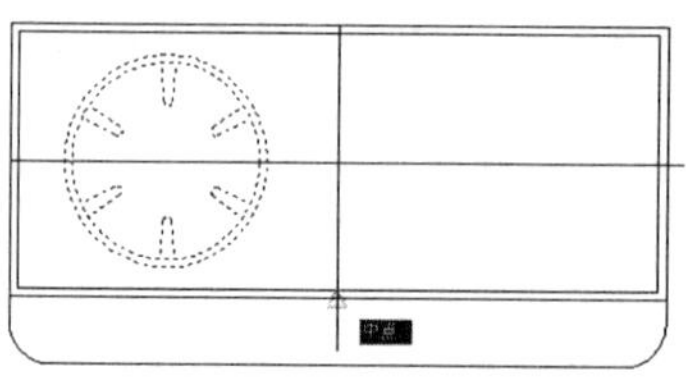

图 21-89

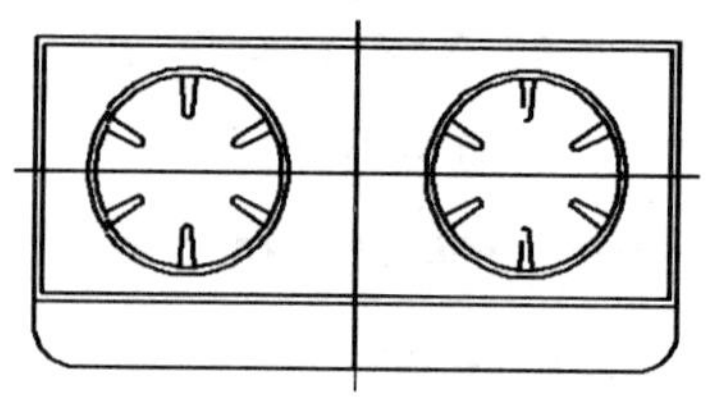

图 21-90

Step 12 绘制灶台的显示区。在命令行中执行 O 命令，以第二条辅助线为源对象，向下偏移 124，偏移后的效果如图 21-91 所示。

Step 13 在命令行中执行 ELLIPSE 命令，以偏移获得的交点作为椭圆的中心点，输入（@0，21）作为轴的端点，然后输入另一条半轴长度 108，绘制椭圆，并删除偏移获得的直线，效果如图

21-92 所示。

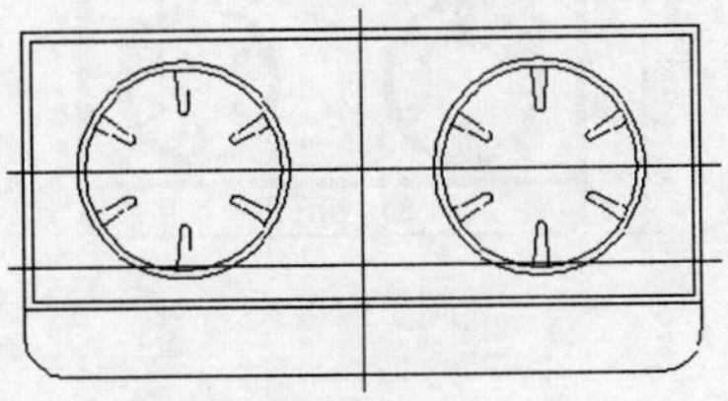

图 21-91

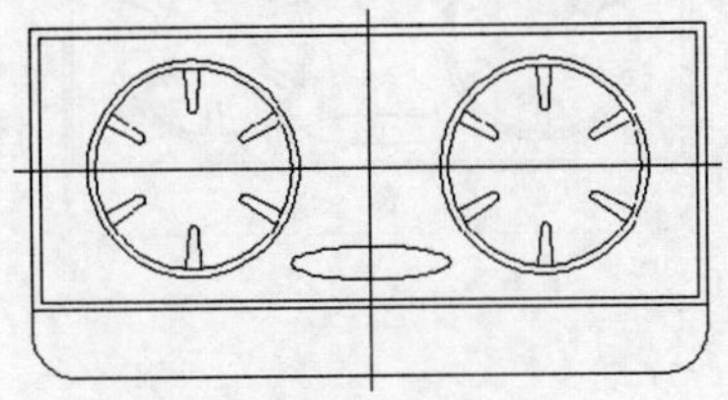

图 21-92

Step 14 接下来绘制开关，在命令行中执行 O 命令，以第二条辅助线为源对象，向下偏移 224，偏移后的效果如图 21-93 所示。

Step 15 在命令行中执行 C 命令，以上一步偏移获得的直线与垂直中心线的交点为圆心，绘制半径为 24 的圆，并删除偏移获得的直线，效果如图 21-94 所示。

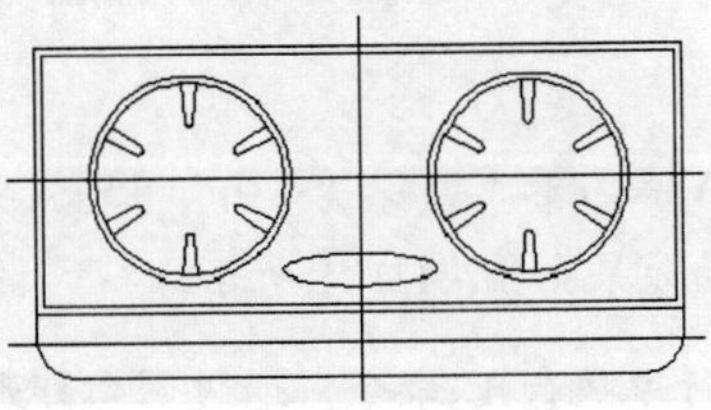

图 21-93

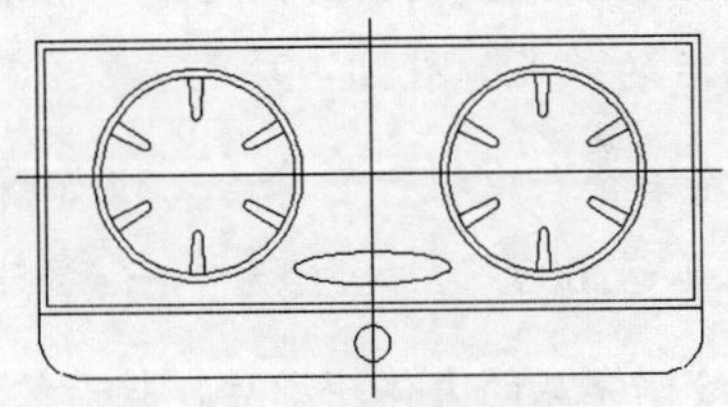

图 21-94

Step 16 删除辅助线。在命令行中执行 L 命令，绘制如图 21-95 所示的两条直线。

Step 17 复制开关。在命令行中执行 CO 命令，具体操作过程如下：

```
命令: CO                                          //执行 COPY 命令
选择对象: 指定对角点: 找到 3 个                    //选择如图 21-96 所示的开关
选择对象:                                         //按【Space】键结束对象的选择
当前设置:复制模式=多个                             //系统当前提示
指定基点或 [位移(D)/模式(O)] <位移>:               //单击开关的中心点为基点
指定第二个点或 <使用第一个点作为位移>: 117          //水平向左移动鼠标并输入位移的距离 117,按
【Space】键确认输入
指定第二个点或 [退出(E)/放弃(U)] <退出>:.117       //水平向右移动鼠标并输入位移的距离 117,
按【Space】键确认输入
指定第二个点或 [退出(E)/放弃(U)] <退出>:           //按【Space】键结束该命令
```

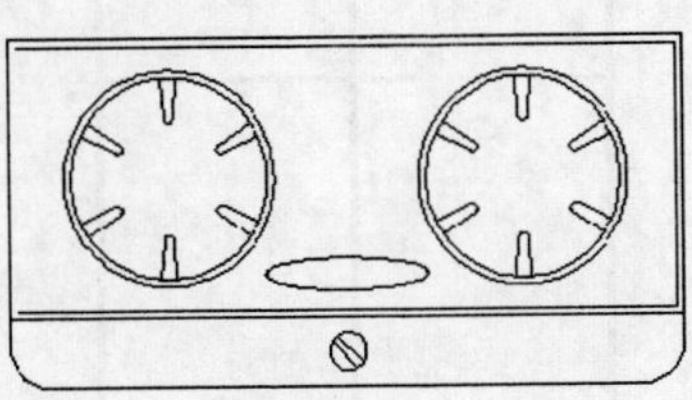

图 21-95

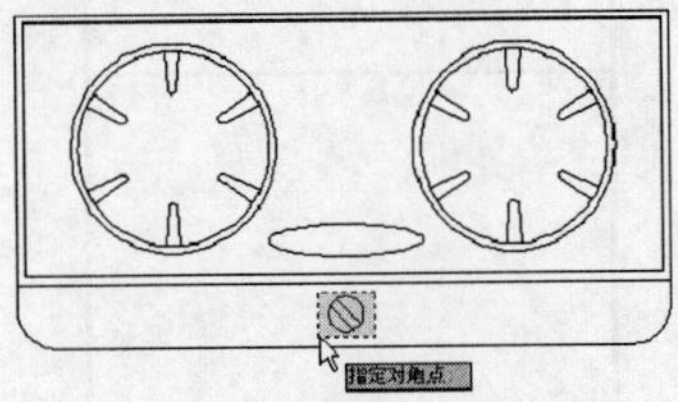

图 21-96

Step 18 复制完开关过后，灶台即绘制完成，效果如图 21-97 所示。按照前面讲解的标注尺寸的方法对其进行尺寸标注，标注后的效果如图 21-98 所示（光盘:\源文件\第 21 章\灶台.dwg）。

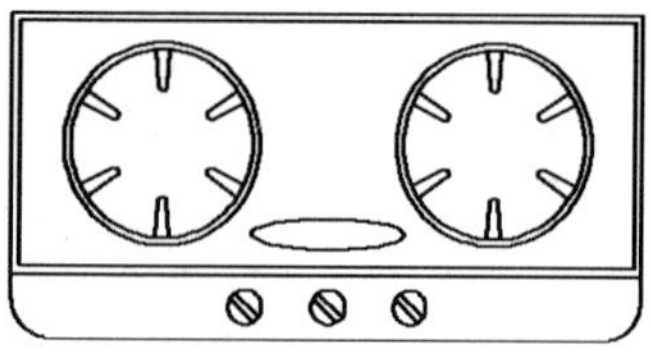

图 21-97

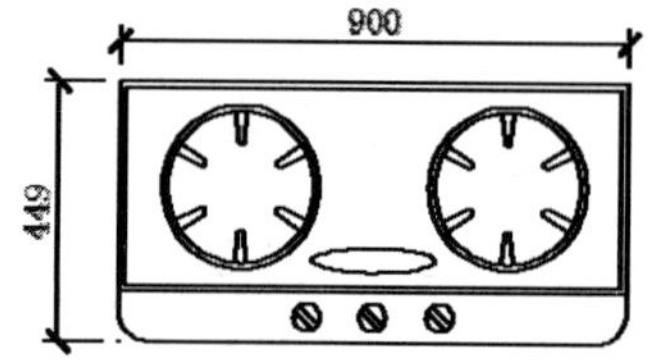

图 21-98

21.1.7 双人床

床有很多种，有单人床、双人床和儿童床等，通常放置在卧室里。下面详细讲解绘制双人床的方法，具体操作过程如下：

Step 01 启动 AutoCAD 2012，首先绘制床的大体轮廓。在命令行中执行 REC 命令，设置圆角半径为 120，在绘图区中单击指定第一个角点，以（@2000，2200）坐标为另一个角点绘制圆角矩形，绘制后的效果如图 21-99 所示。

Step 02 在命令行中执行 L 命令，以如图 21-100 所示的 A 点为基点，以（@0，-430）坐标为第一点，以（@2000，0）坐标为下一点绘制直线，绘制后的效果如图 21-101 所示。

Step 03 绘制完床的大体轮廓后，接着绘制被单。在命令行中执行 L 命令，通过圆角矩形上方的中点和圆角矩形下方的中点绘制直线，绘制后的效果如图 21-102 所示。

图 21-99

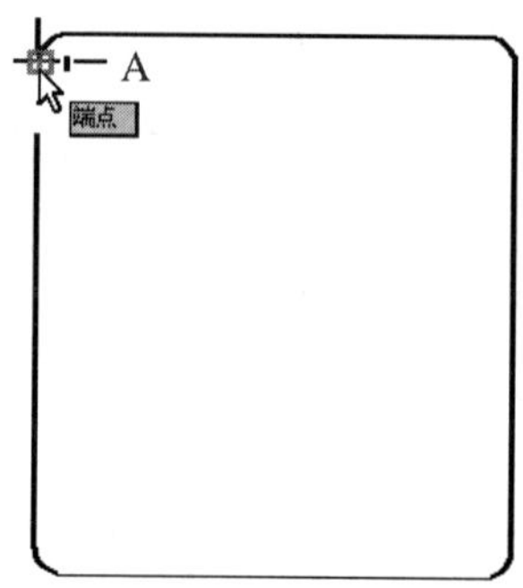

图 21-100

图 21-101

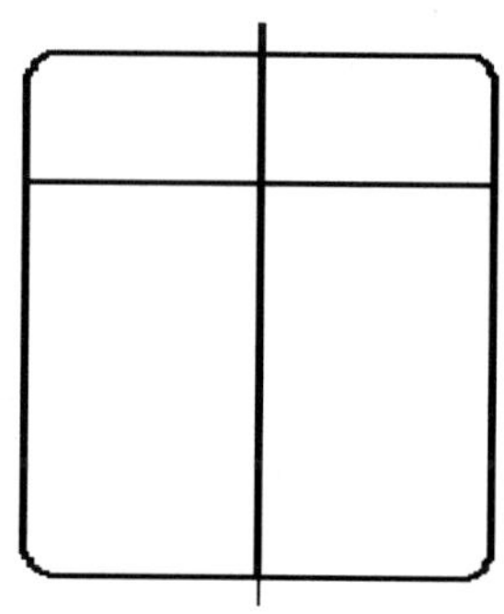

图 21-102

Step 04 在命令行中执行 O 命令，以第二步绘制的直线为源对象，分别向下偏移 40、80、380、440、740、800、1100、1160、1460、1520，以上一步绘制的垂直直线为源对象，分别向左和向右各偏移 140、200、480、540、820、880，偏移后的效果如图 21-103 所示。

Step 05 在命令行中执行 TR 命令，修剪上一步偏移获得的直线，完成被单的绘制，修剪后的效果如图 21-104 所示。

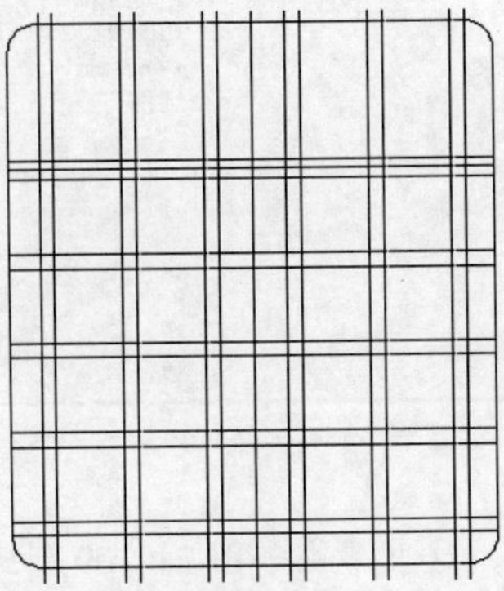

图 21-103

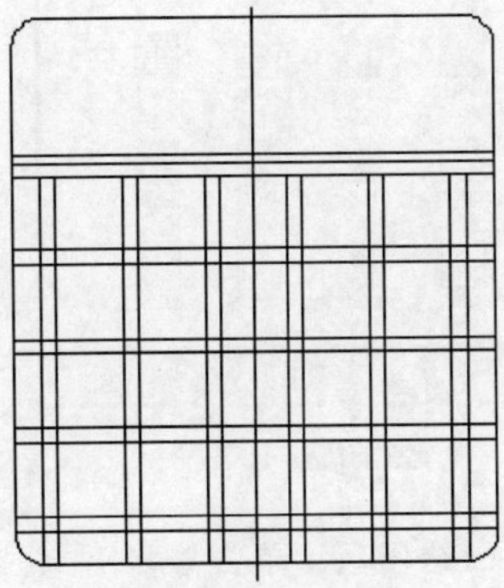

图 21-104

Step 06 绘制枕头。在命令行中输入 REC 命令，设置圆角半径为 60，以如图 21-100 所示的 A 点为基点，以（@90，53）坐标为第一个角点，以（@820，-415）坐标为另一个角点绘制圆角矩形，绘制后的效果如图 21-105 所示。

Step 07 在命令行中执行 MI 命令，以大圆角矩形上方的中点为镜像线的第一点，以大圆角矩形下方的中点为镜像线的第二点，镜像上一步绘制的左边的枕头，镜像后的效果如图 21-106 所示。

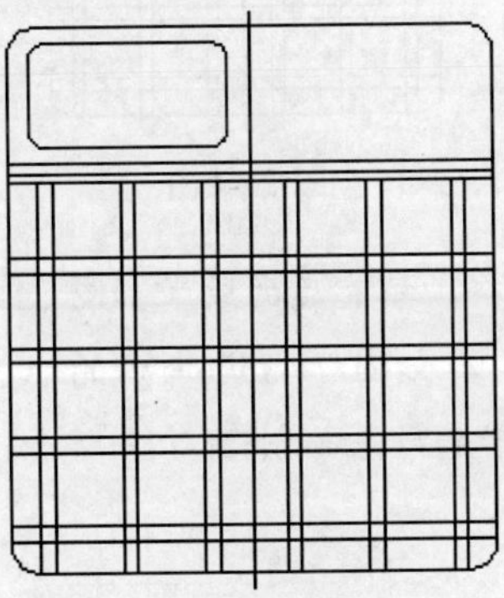

图 21-105

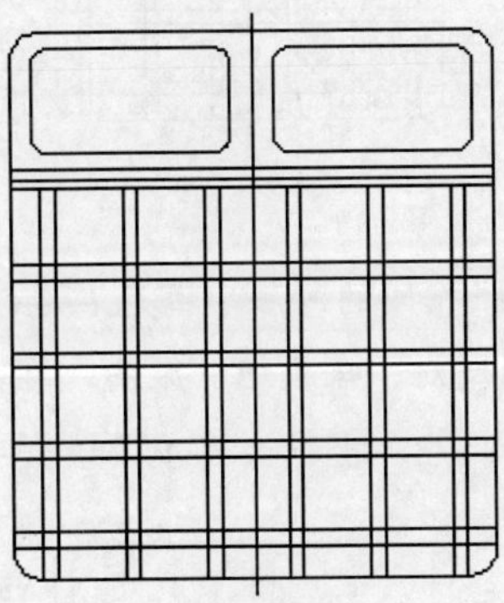

图 21-106

Step 08 填充枕头。在命令行中执行 BHATCH 命令并选择“设置”选项，弹出“图案填充和渐变色”对话框，然后单击“图案”右侧的按钮，弹出“填充图案选项板”对话框，切换至“其他预定义”选项卡，在列表框中选择 CROSS 图案样式，单击确定按钮，如图 21-107 所示。

Step 09 为了更好地查看效果，在“角度和比例”选项组的“比例”下拉列表中选择 20，单击“边界”选项组中的“添加：拾取点”按钮，如图 21-108 所示。

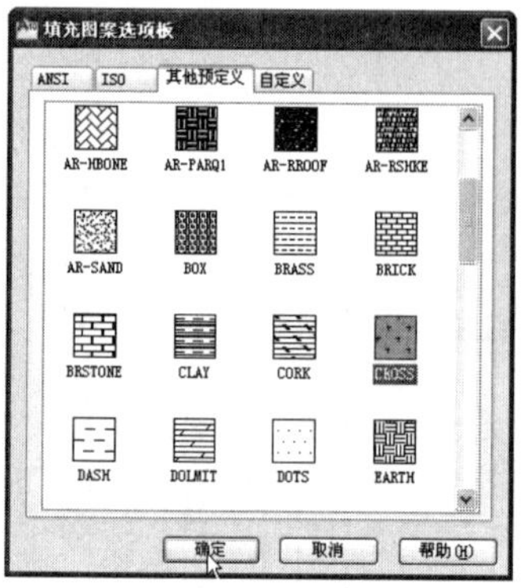

图 21-107

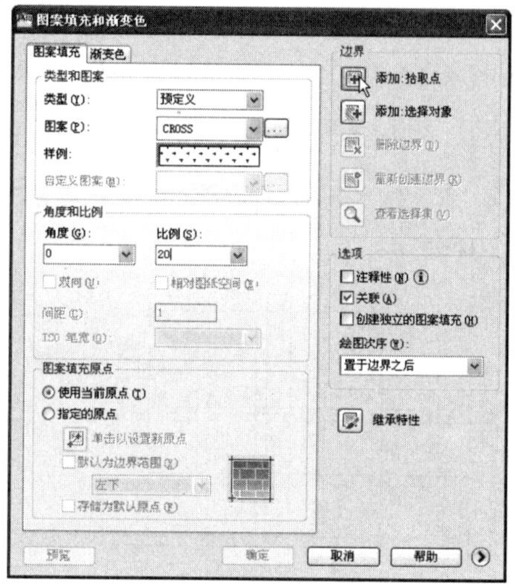

图 21-108

Step 10 返回绘图区，单击需要填充图案区域中的任意位置，这里单击如图 21-109 所示的 A 点。选择“设置”选项并按【Space】键，返回“图案填充和渐变色”对话框，单击 确定 按钮，关闭对话框即可看到绘图区中枕头已填充了图案，填充后的效果如图 21-110 所示。

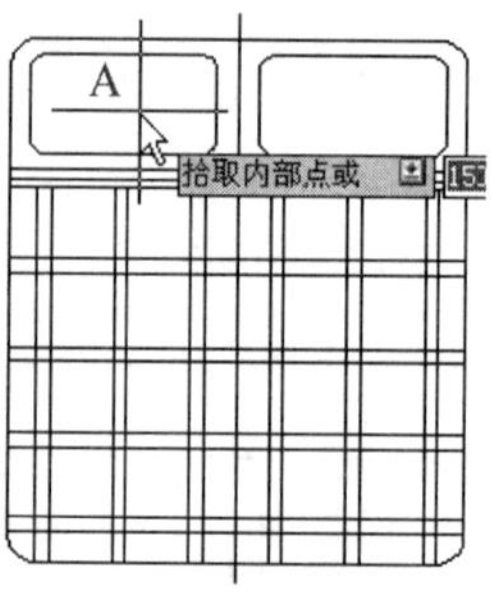

图 21-109

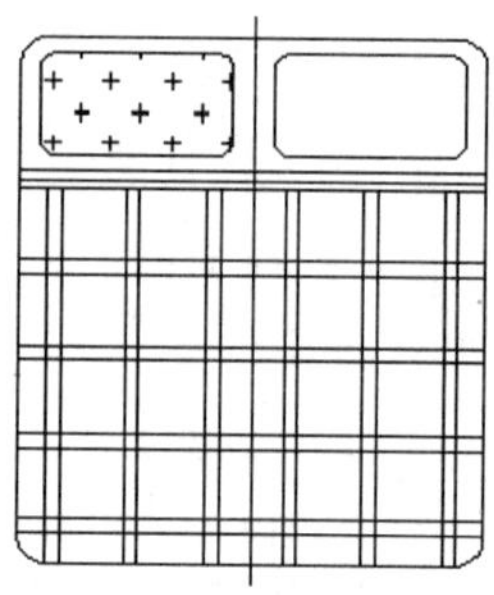

图 21-110

Step 11 按照相同的方法，填充右边的枕头，使其与左边一样，填充后的效果如图 21-111 所示。接下来绘制壁灯、床头柜、床头，在命令行中输入 C 命令，以如图 21-112 所示的 A 点为基点，以（@-12，173）坐标为圆心，绘制半径为 64 的圆，绘制后的效果如图 21-113 所示。

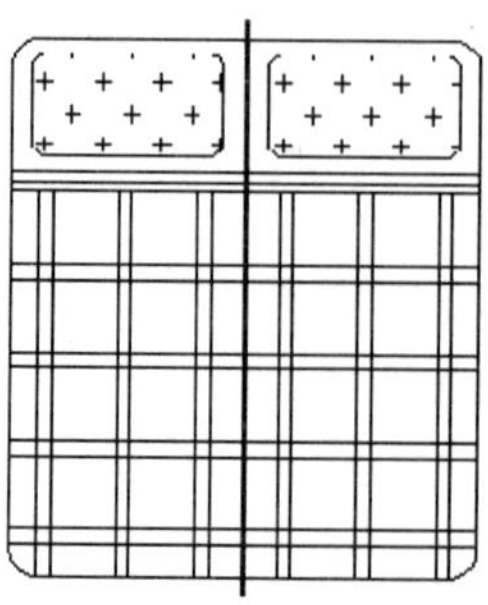

图 21-111

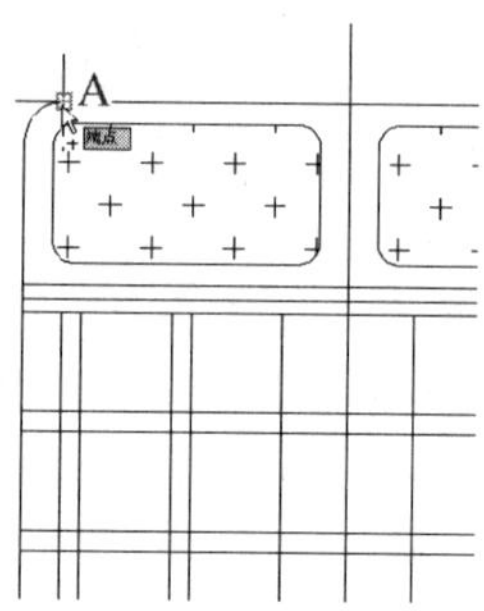

图 21-112

Step 12 在命令行中执行 O 命令，以上一步绘制的圆为源对象，分别向外偏移 45、60、110，偏移后的效果如图 21-114 所示。

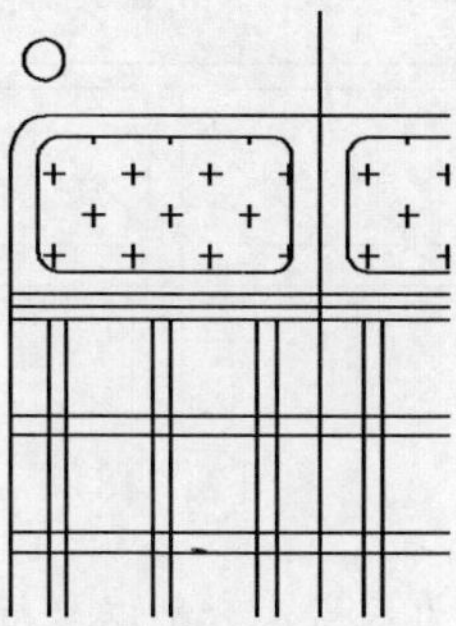

图 21-113

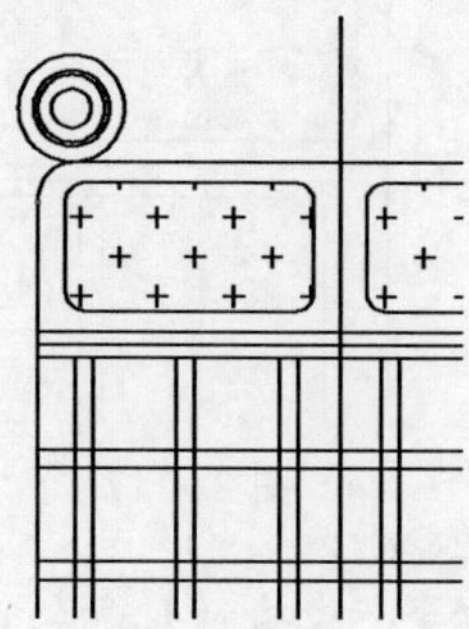

图 21-114

Step 13 在命令行中执行 L 命令，绘制如图 21-115 所示的直线。然后在命令行中执行 ARRAYPOLAR 命令，具体操作步骤如下：

```
命令：ARRAYPOLAR                              //执行 ARRAYPOLAR 命令
选择对象：指定对角点：找到 3 个                  //选择如图 21-115 所示的直线
选择对象：                                      //按【Space】键确认对象的选择
类型 = 极轴  关联 = 是                          //系统当前提示
指定阵列的中心点或 [基点(B)/旋转轴(A)]：//选择圆心为中心点，如图 21-116 所示
输入项目数或 [项目间角度(A)/表达式(E)] <4>: 6            //输入阵列的数目
指定填充角度(+=逆时针、-=顺时针)或 [表达式(EX)] <360>:  //输入阵列的角度
按 Enter 键接受或 [关联(AS)/基点(B)/项目(I)/项目间角度(A)/填充角度(F)/行(ROW)/层
(L)/旋转项目(ROT)/退出(X)] <退出>:        //退出命令，效果如图 21-117 所示
```

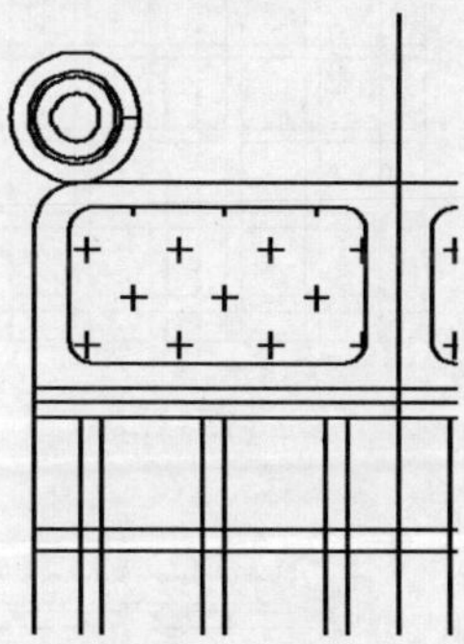

图 21-115

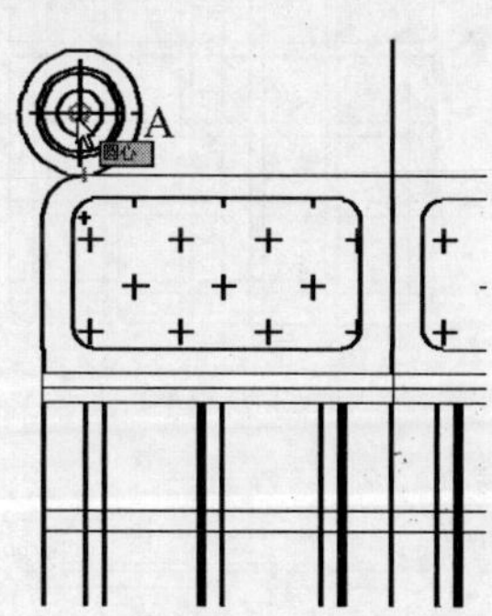

图 21-116

Step 14 在命令行中执行 MI 命令，镜像绘制的壁灯，具体操作过程如下：

```
命令：MIRROR                                  //执行 MIRROR
选择对象：指定对角点：找到 22 个                 //选择圆形对象中的所有图形对象
选择对象：                                      //按【Space】键确认选择
指定镜像线的第一点：                            //选择如图 21-89 所示的中点为镜像线的第一点
指定镜像线的第二点：                            //向上移动鼠标，在交点或垂点处选择第二点，如图
21-118 所示
要删除源对象吗？[是(Y)/否(N)] <N>:            //按【Space】键保留源对象并完成镜像，如图
21-119 所示
```

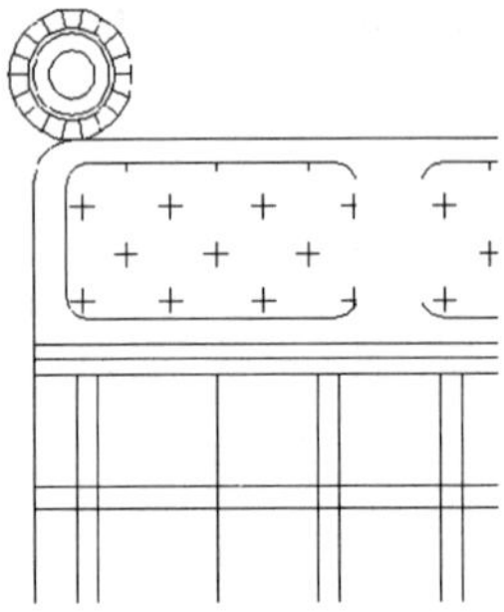

图 21-117

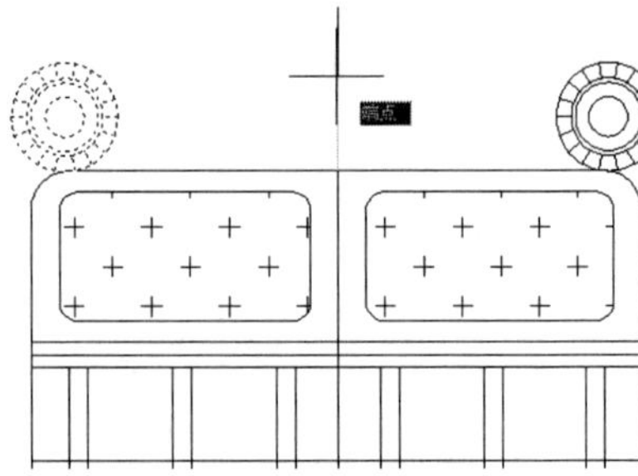

图 21-118

Step 15 在命令行中执行 L 命令，以如图 21-120 所示的 A 点为基点，分别以坐标（@-780，40）为起点，以（@1560，0）坐标为下一点；以（@-718，153）坐标为起点，以（@1436，0）坐标为下一点；以（@-718，173）坐标为起点，以（@1436，0）坐标为下一点；以（@-766，293）坐标为起点，以（@1531，0）坐标为下一点；以（@-805，324）坐标为起点，以（@1610，0）坐标为下一点绘制 5 条直线，绘制后的效果如图 21-121 所示。

Step 16 在命令行中执行 REC 命令，以如图 21-120 所示的 A 点为基点，以（@-1070，324）坐标为第一个角点，以（@-650，-550）坐标为另一个角点绘制矩形，绘制后的效果如图 21-122 所示。

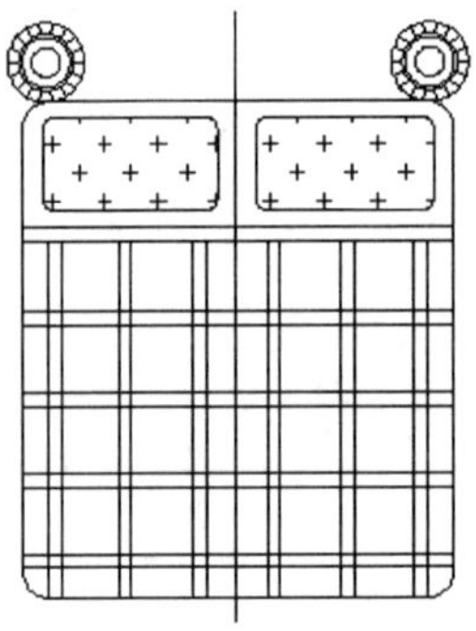

图 21-119

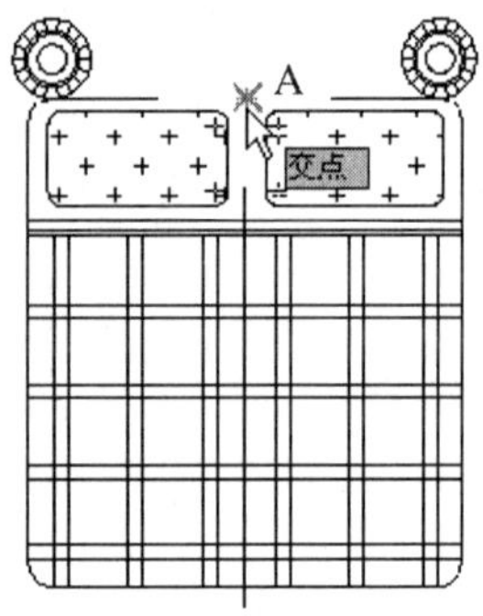

图 21-120

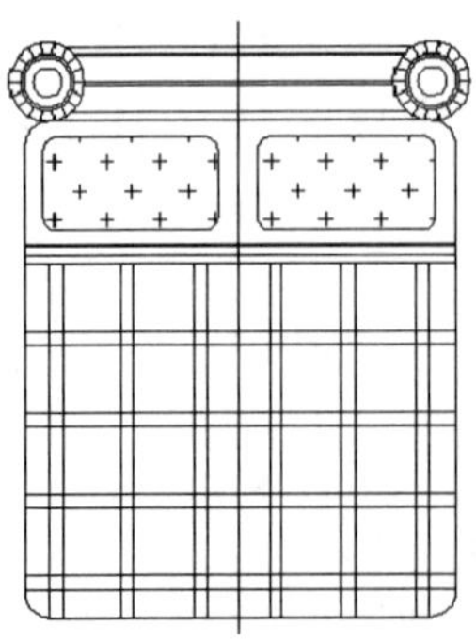

图 21-121

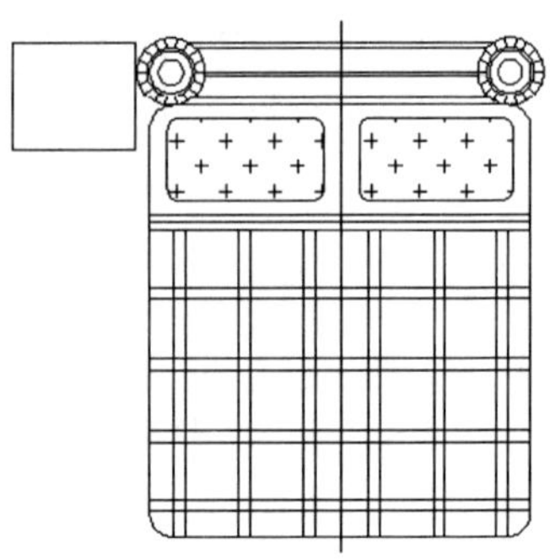

图 21-122

Step 17 在命令行中执行 O 命令，以上一步绘制的矩形为源对象，向内偏移 30。然后在命令行中执行 MI 命令，绘制右边的床头柜，以大圆角矩形上方的中点为镜像线的第一点，以大圆角矩形下方的中点为镜像线的第二点，镜像上一步绘制的左边的床头柜，并将中间的垂直线删除，效果如图 21-123 所示。

Step 18 绘制地毯。在命令行中执行 REC 命令，以如图 21-120 所示的 A 点为基点，以（@1580，-2720）坐标为第一个角点，以（@-1030，1536）坐标为另一个角点绘制矩形，绘制后的效果如图 21-124 所示。

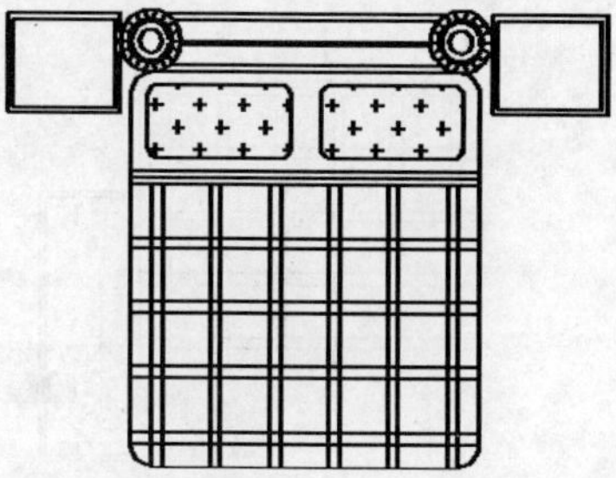
图 21-123

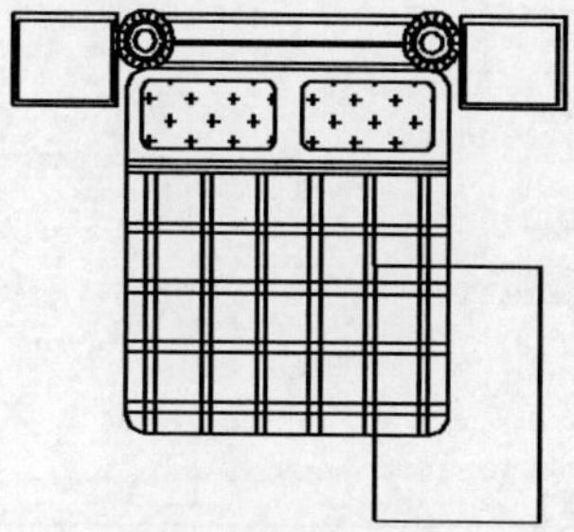
图 21-124

Step 19 在命令行中执行 O 命令，以上一步绘制的矩形为源对象，向内偏移 30。然后在命令行中执行 TR 命令，修剪矩形，修剪后的效果如图 21-125 所示。

Step 20 对其进行填充。在命令行中执行 BHATCH 命令并选择“设置”选项，弹出“图案填充和渐变色”对话框然后，然后单击“图案”右侧的...按钮，弹出“填充图案选项板”对话框，切换至“其他预定义”选项卡，在列表框中选择 CRASS 图案样式，单击确定按钮，如图 21-126 所示。

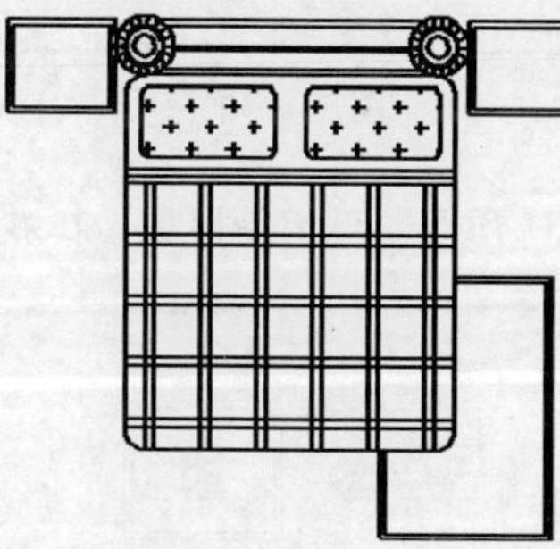
图 21-125

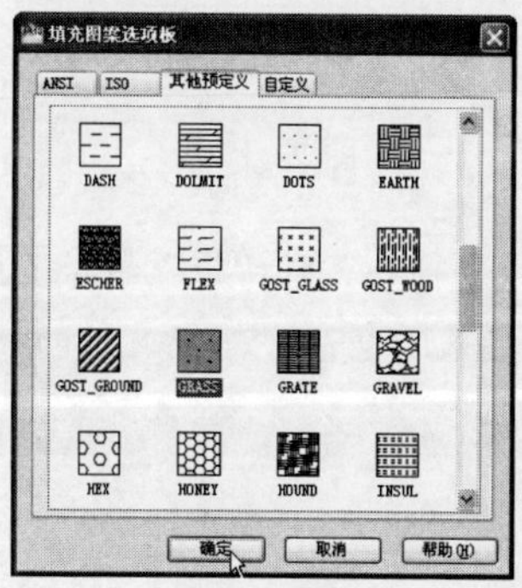

图 21-126

Step 21 返回对话框，为了更好地查看效果，在“角度和比例”选项组的“比例”下拉列表中选择 5，单击“边界”选项组中的“添加：拾取点”按钮，如图 21-127 所示。

Step 22 返回绘图区，单击需要填充图案区域中的任意位置，这里单击如图 21-128 所示的 A 点。选择“设置”选项并按【Space】键，返回“图案填充和渐变色”对话框，单击确定按钮，关闭对话框即可看到绘图区中地毯已填充了图案，填充后的效果如图 21-129 所示。

Step 23 插入电话和抱枕。在命令行中执行 INSERT 命令，弹出“插入”对话框，单击“名称”

右侧的[浏览(B)...]按钮，弹出“选择图形文件”对话框。在“查找范围”下拉列表中选择图块的目标位置，在中间的列表框中选择图形文件，这里选择“电话”（光盘:\素材\第 21 章\电话.dwg），然后单击[打开(O)]按钮，如图 21-130 所示。

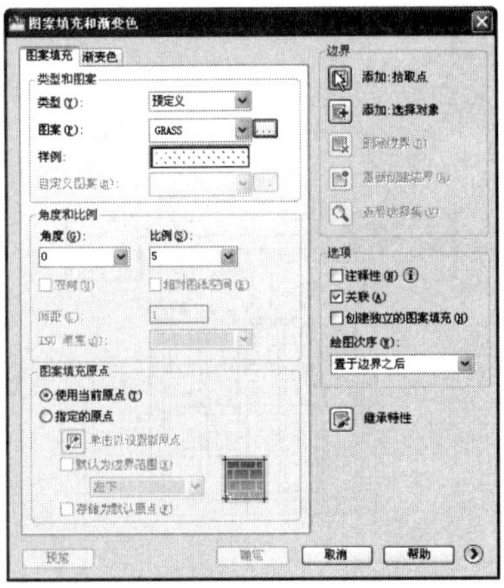

图 21-127

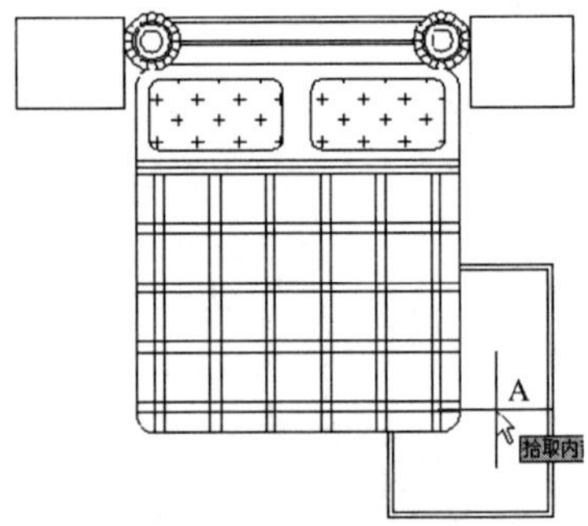

图 21-128

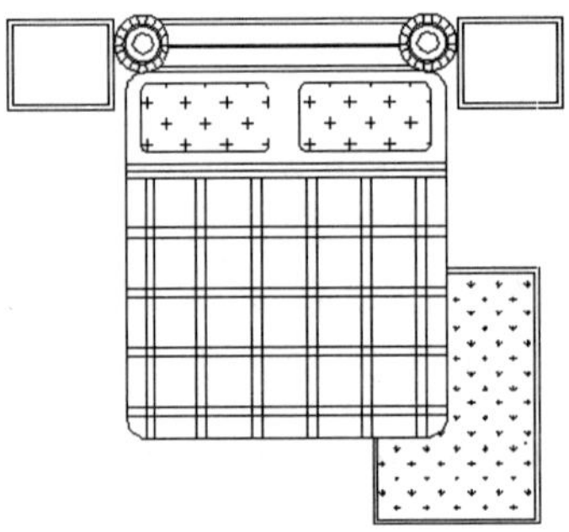

图 21-129

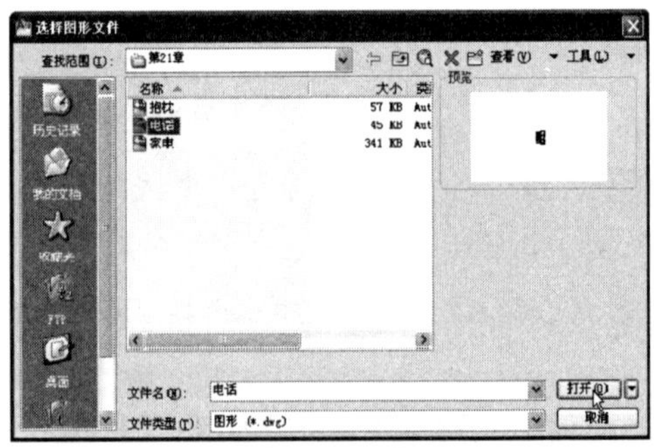

图 21-130

Step 24 返回“插入”对话框，单击[确定]按钮，如图 21-131 所示。返回绘图区，在右边床头柜的中间位置插入“电话”，插入后的效果如图 21-132 所示。

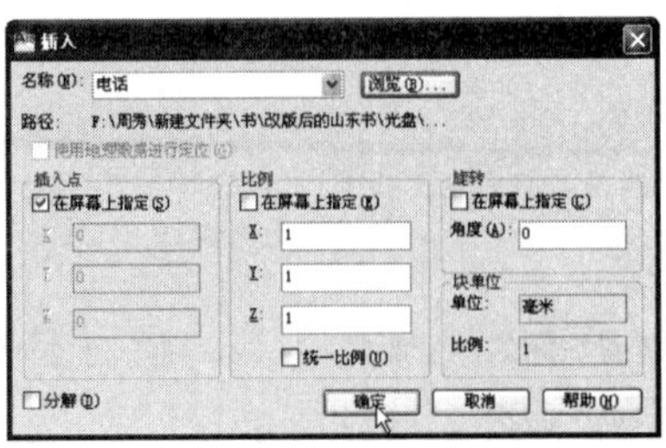

图 21-131

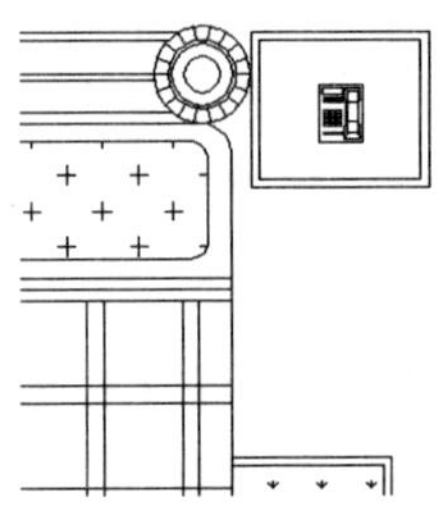

图 21-132

Step 25 按照相同的方法，在床头柜右边的中间位置插入“电话”（光盘:\素材\第 21 章\电话.dwg），插入后的效果如图 21-133 所示。

Step 26 按照相同的方法，在床上插入“抱枕”（光盘:\素材\第 21 章\抱枕.dwg），并在命令行中执行 TR 命令，修剪多余的线条，修剪后的效果如图 21-134 所示。

Step 27 在命令行中执行 L 命令，绘制如图 21-135 所示的两条直线，连接床头和床头柜。

Step 28 按照前面讲解标注尺寸的方法，对其进行尺寸标注，标注后的效果如图 21-136 所示（光盘:\源文件\第 21 章\双人床.dwg）。

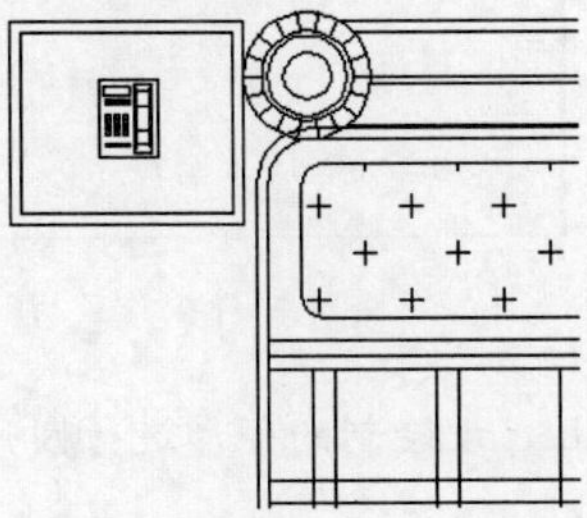

图 21-133

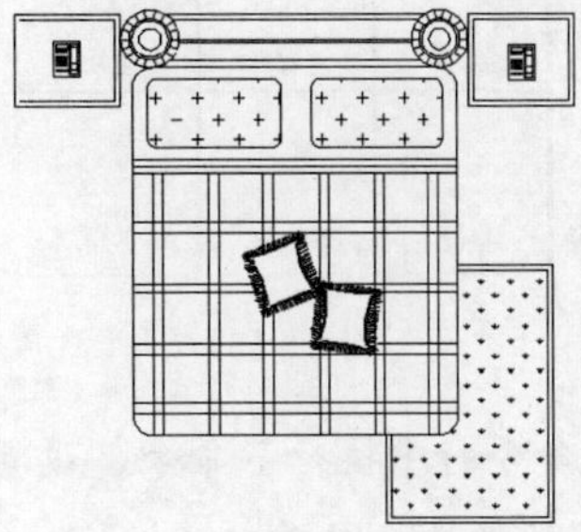

图 21-134

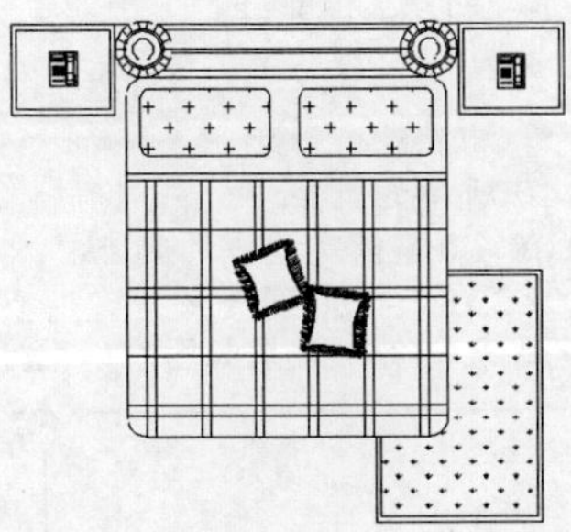

图 21-135

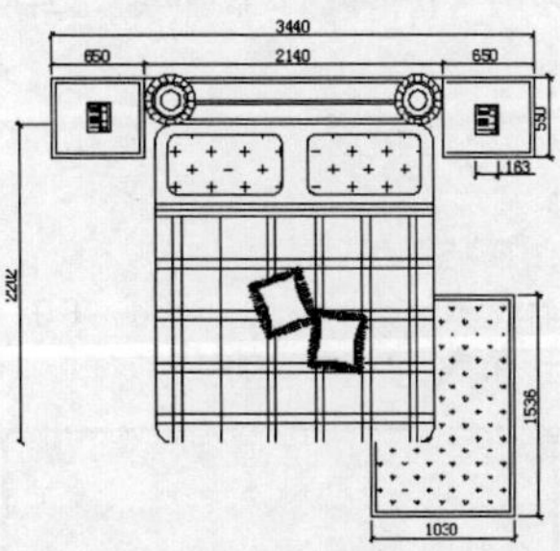

图 21-136

21.2 边学边用——绘制家电组

通过前面的学习，大家了解了绘制常见建筑设施图的方法。本节将通过绘制家电组（微波炉、洗衣机、电视、空调、饮水机、冰箱）实例的实现过程，来加深读者对相关知识的理解和掌握。

21.2.1 实例目标

本节将详细讲解家电组的绘制方法，引导读者进一步掌握绘制建筑图的方法。

具体学习目标如下：

- 了解在 AutoCAD 2012 中绘制常见家电的方法。
- 掌握在 AutoCAD 2012 的命令行中执行命令的方法。

21.2.2 实例实现

1. 绘制微波炉

Step 01 首先绘制微波炉。打开“家电.dwg”图形文件（光盘:\素材\第 21 章\家电.dwg），如图 21-137

所示。

Step 02 绘制微波炉的大体轮廓。在命令行中执行REC命令，在绘图区表格外的空白位置单击指定第一个角点，以（@510，306）坐标为另一个角点绘制矩形，效果如图21-138所示。

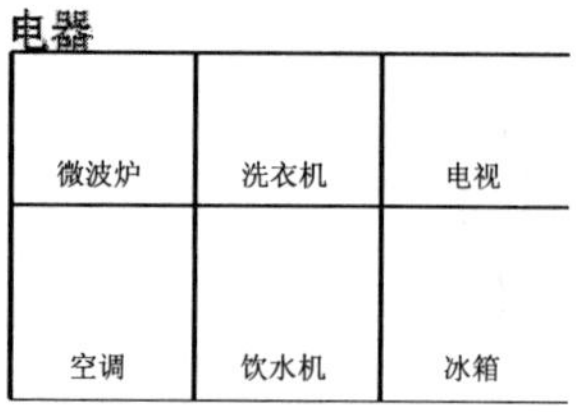

图21-137

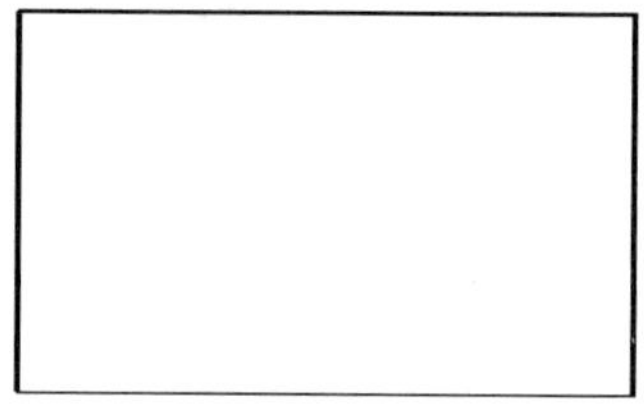

图21-138

Step 03 在命令行中执行F命令，设置圆角半径为10，对上一步绘制的矩形进行圆角操作，进行圆角处理后的效果如图21-139所示。

Step 04 在命令行中执行L命令，绘制微波炉的分割线，具体操作过程如下：

```
命令：L                                //执行 LINE 命令
指定第一点：FROM                       //执行 FROM 命令
基点：                                 //单击如图 21-140 所示的 A 点
<偏移>：@-50,0                         //输入坐标（@-100，0）指定直线的起点
指定下一点或 [放弃(U)]：@-80,-250      //输入坐标（@0，-306）指定下一点
指定下一点或 [放弃(U)]：               //按【Space】键结束命令，效果如图 21-141 所示
```

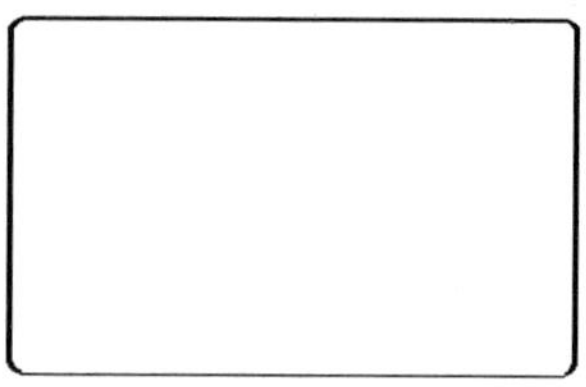

图21-139

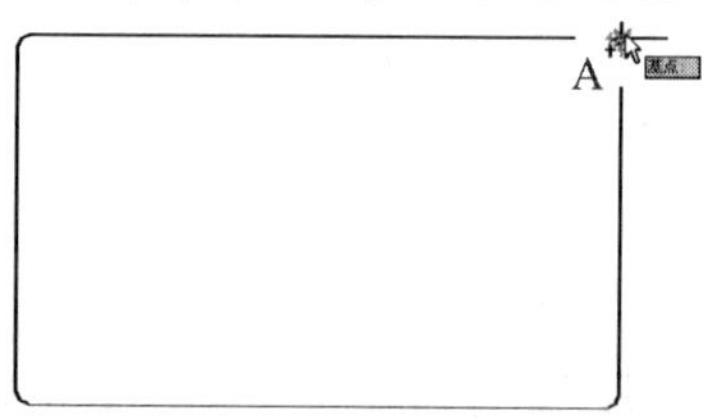

图21-140

Step 05 在命令行中执行REC命令，具体操作过程如下：

```
命令：REC                   //执行 RECTANG 命令
指定第一个角点或 [倒角(C)/标高(E)/角(F)/厚度(T)/宽度(W)]：FROM //执行 FROM 命令
基点：                      //单击如图 21-140 所示的 A 点
<偏移>：@-500,-10           //输入坐标（@-500，-10）指定矩形的一个角点，按【Space】键确认
指定另一个角点或 [面积(A)/尺寸(D)/旋转(R)]：@390,-286   //输入坐标（@390,-286）指定
矩形的另一个角点，按【Space】键确认并结束该命令，绘制后的效果如图 21-142 所示
```

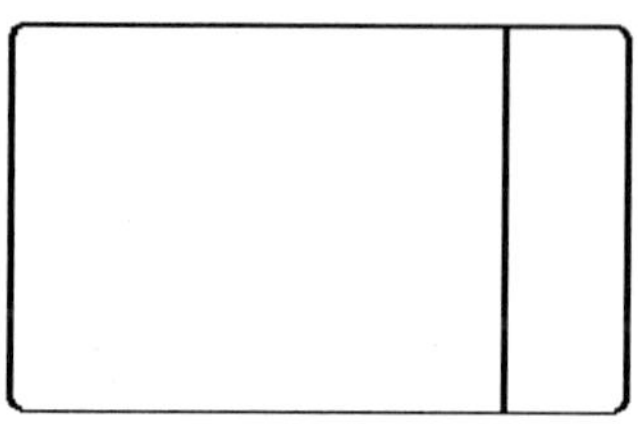

图21-141

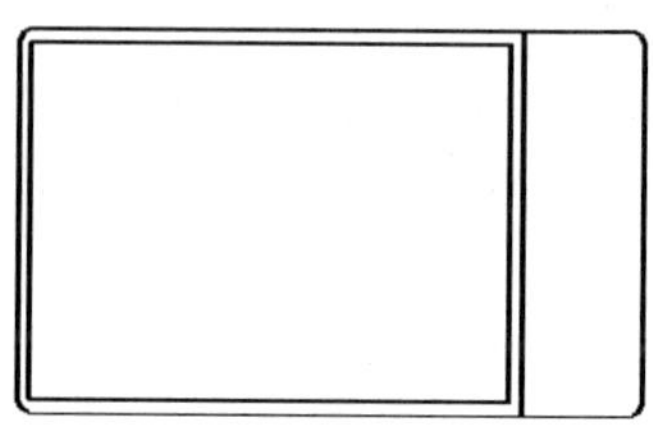

图21-142

Step 06 在命令行中执行F命令，对上一步绘制的矩形进行圆角操作，圆角半径为30，进行圆角

处理后的效果如图 21-143 所示。

Step 07 绘制微波炉的玻璃框。在命令行中执行 O 命令，以上一步进行圆角操作的矩形为源对象，分别向内偏移 15、25，偏移后的效果如图 21-144 所示。

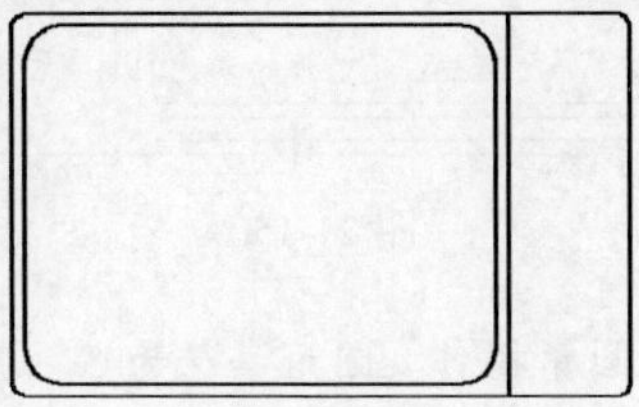

图 21-143

图 21-144

Step 08 在命令行中执行 F 命令，对偏移 15 获得的矩形进行圆角操作，圆角半径为 20；对偏移 25 获得的矩形进行圆角操作，圆角半径为 10，进行圆角处理后的效果如图 21-145 所示。

Step 09 绘制拉手。在命令行中执行 ARC 命令，以如图 21-146 所示的 A 点作为圆弧的圆心，以坐标值为（@-125，66）的点为起点，以坐标值为（@-25，-66）的点为端点，绘制圆弧，绘制圆弧后的效果如图 21-147 所示。

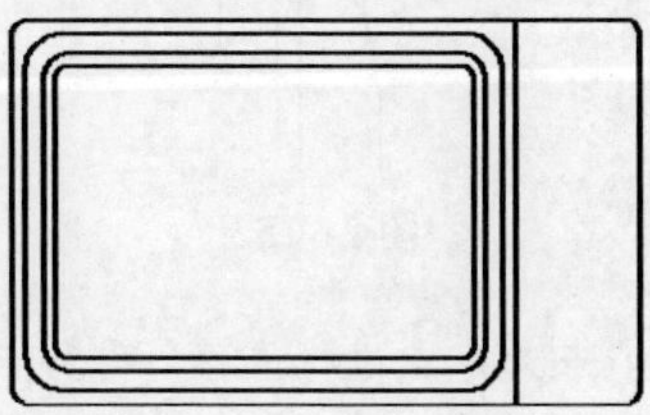

图 21-145

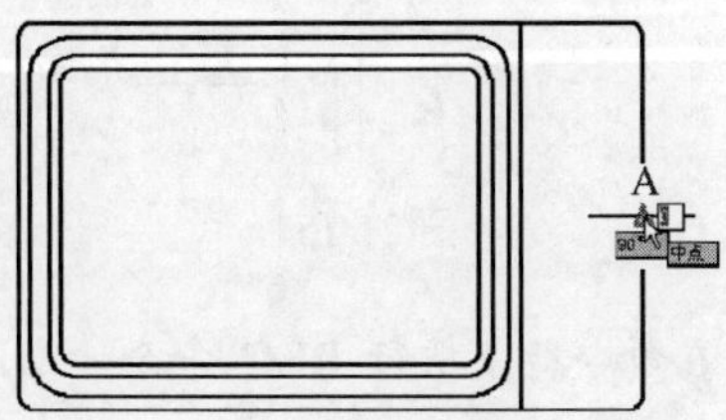

图 21-146

Step 10 在命令行中执行 TR 命令，对圆弧进行修剪，修剪后的效果如图 21-148 所示。

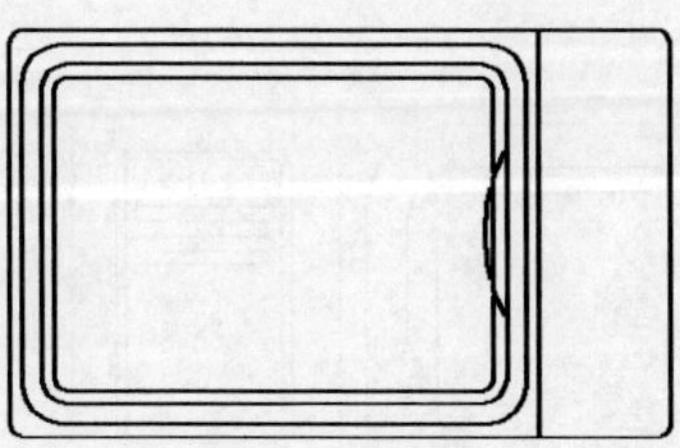

图 21-147

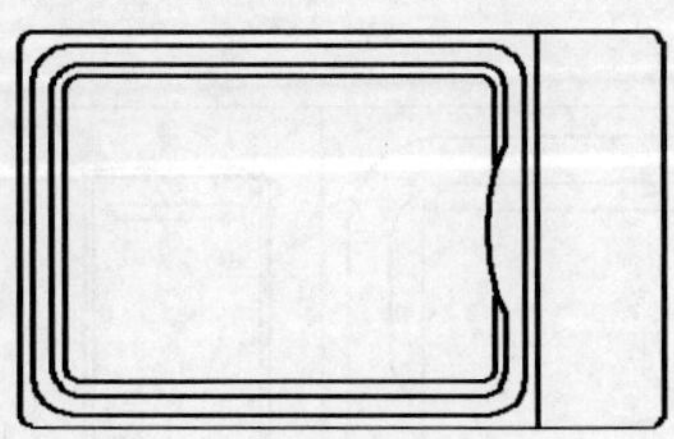

图 21-148

Step 11 绘制按钮。在命令行中执行 REC 命令，具体操作过程如下：

```
命令: REC          //执行 RECTANG 命令
指定第一个角点或 [倒角(C)/标高(E)/圆角(F)/厚度(T)/宽度(W)]: FROM //执行 FROM 命令
基点:              //单击如图 21-149 所示的 A 点
<偏移>: @19,-20 //输入坐标值（@19,-20）指定矩形的一个角点，按【Space】键确认
指定另一个角点或 [面积(A)/尺寸(D)/旋转(R)]: @64,-107    //输入坐标值（@64,-107）指定矩形的另一个角点，按【Space】键确认并结束该命令，绘制矩形后的效果如图 21-150 所示
```

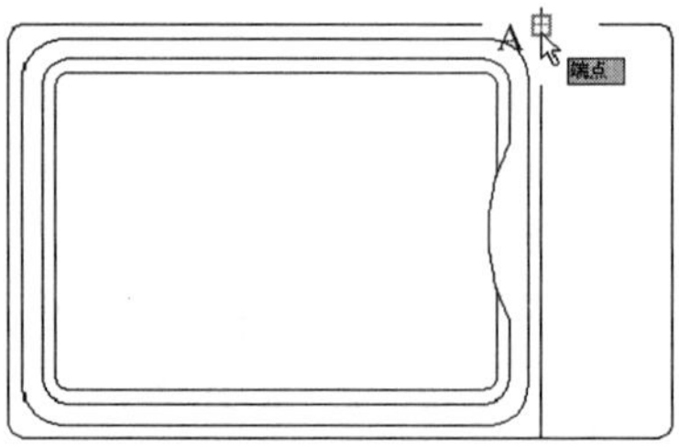

图 21-149

图 21-150

Step 12 在命令行中执行 F 命令，对上一步绘制的矩形进行圆角操作，圆角半径为 5，进行圆角处理后的效果如图 21-151 所示。

Step 13 在命令行中执行 O 命令，以上一步绘制的圆角矩形为源对象，向内偏移 3，偏移后的效果如图 21-152 所示。

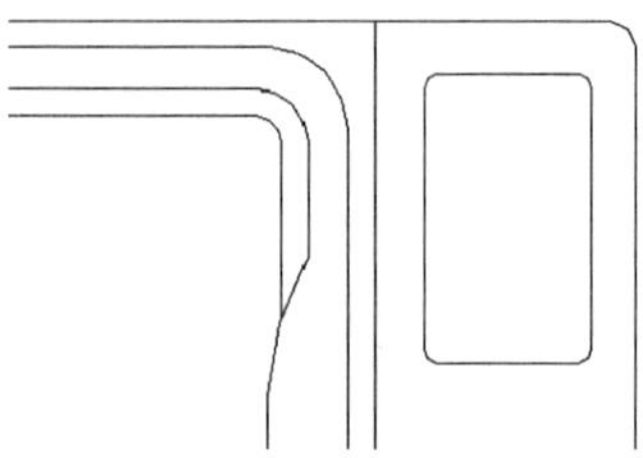

图 21-151

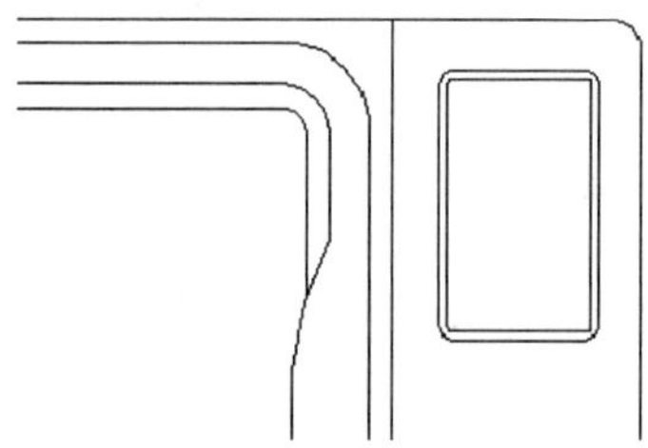

图 21-152

Step 14 在命令行中执行 REC 命令，以图 21-146 所示的 A 点为基点进行偏移，偏移点的坐标为（@28，-33），输入坐标（47，-5）作为矩形的另一个角点，绘制矩形后的效果如图 21-153 所示。

Step 15 在命令行中执行 CO 命令，复制上一步绘制的矩形，这里以矩形上边线条的中点为基点，垂直向下移动 11、22，复制后的效果如图 21-154 所示。

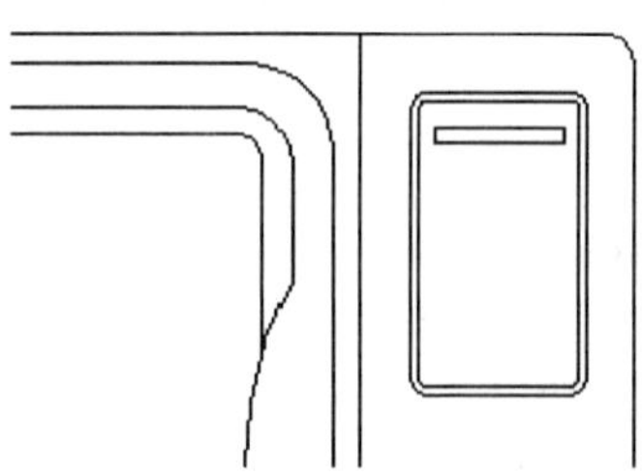

图 21-153

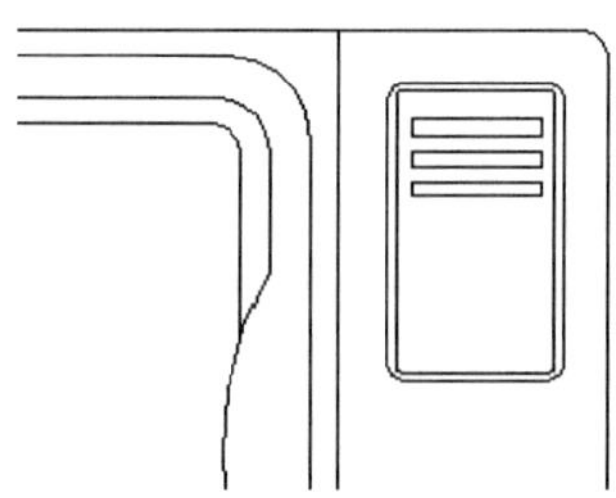

图 21-154

Step 16 在命令行中执行 REC 命令，以图 21-149 所示的 A 点为基点进行偏移，偏移点的坐标为（@31，-88），输入坐标（14，-28）作为矩形的另一个角点，绘制矩形后的效果如图 21-155 所示。

Step 17 在命令行中执行 CO 命令，复制上一步绘制的矩形，这里以矩形左边线条的中点为基点，水平向右移动 27，复制后的效果如图 21-156 所示。

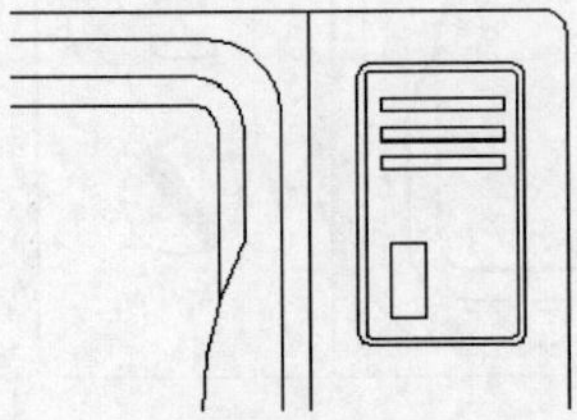

图 21-155

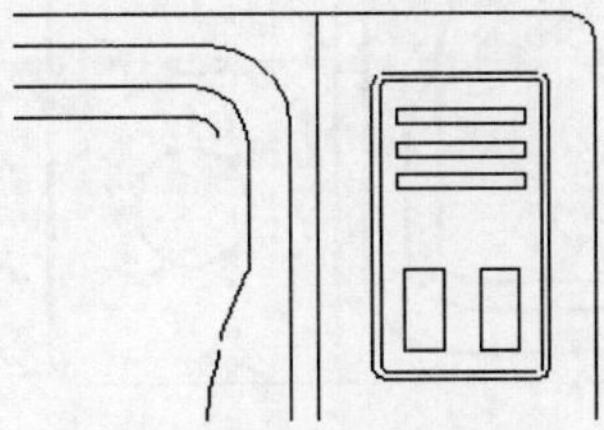

图 21-156

Step 18 在命令行中执行 ELLIPSE 命令，以图 21-149 所示的 A 点为基点进行偏移，偏移点的坐标为（@30，-149），然后输入坐标（0，3）指定轴的端点，输入坐标（7，0）指定另一条半轴长度，绘制椭圆，效果如图 21-157 所示。

Step 19 在命令行中执行 CO 命令，复制上一步绘制的椭圆，并以椭圆的中心点为基点，水平向右移动 20、40，复制后的效果如图 21-158 所示。

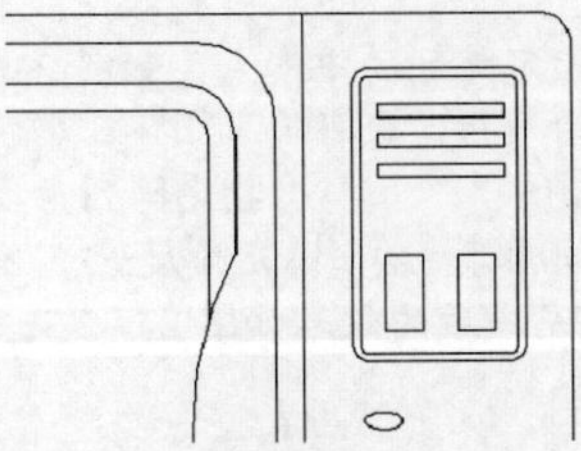

图 21-157

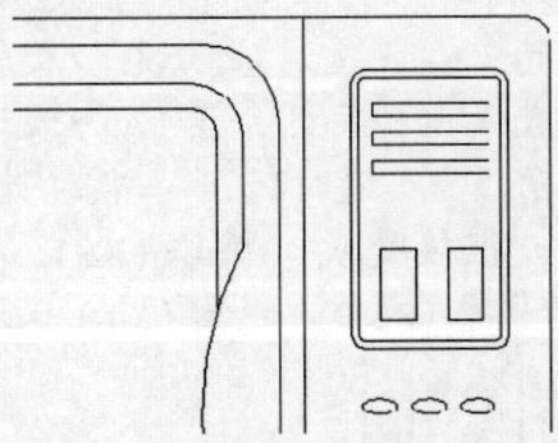

图 21-158

Step 20 在命令行中执行 ELLIPSE 命令，以图 21-149 所示的 A 点为基点进行偏移，偏移点的坐标为（@50，-170），然后输入坐标（0，3）指定轴的端点，输入坐标（11，0）指定另一条半轴长度，绘制椭圆，效果如图 21-159 所示。

Step 21 在命令行中执行 CO 命令，复制上一步绘制的椭圆，并以椭圆的中心点为基点，垂直向下移动 27，复制后的效果如图 21-160 所示。

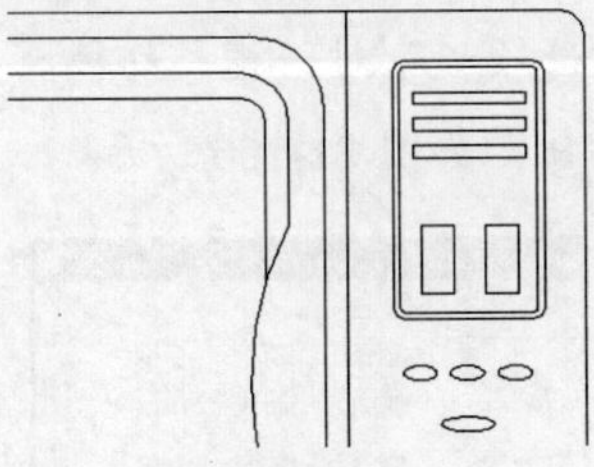

图 21-159

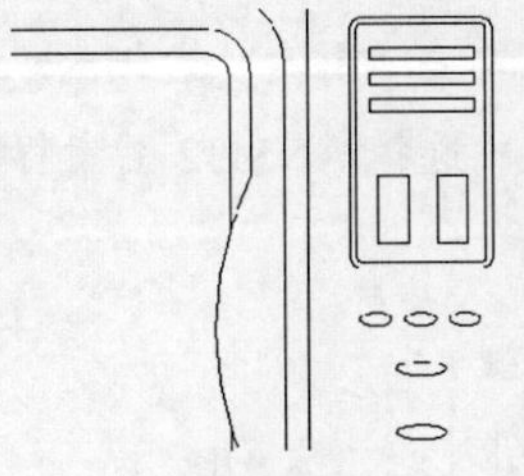

图 21-160

Step 22 在命令行中执行 C 命令，以图 21-149 所示的 A 点为基点进行偏移，偏移点的坐标为（@50，-246），绘制半径为 20 的圆，绘制后的效果如图 21-161 所示。

Step 23 在命令行中执行 PLINE 命令，以图 21-149 所示的 A 点为基点进行偏移，偏移点的坐标为（@63，-231），绘制直径为 40 的圆和一条多段线，并设置多段线的线宽为 8，效果如图 21-162 所示。

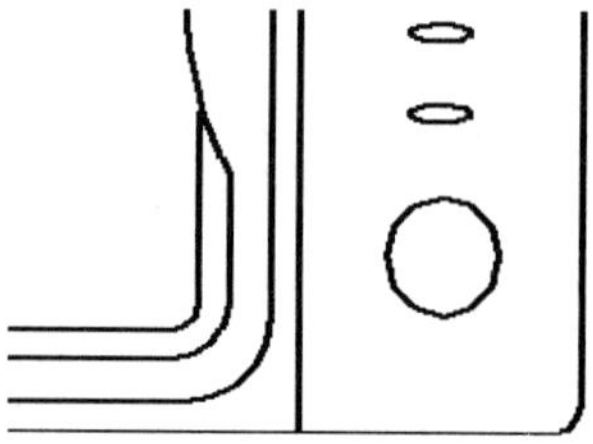

图 21-161

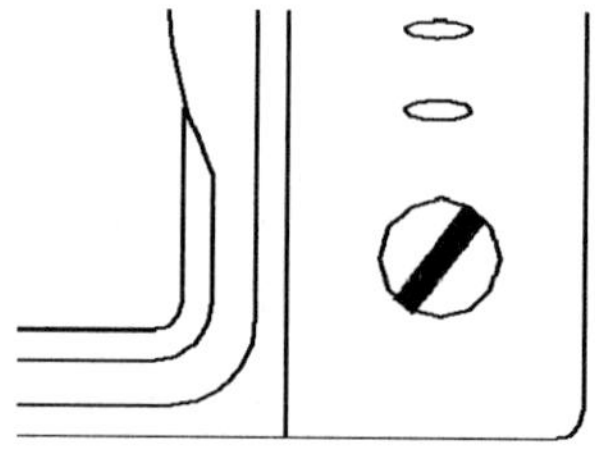

图 21-162

Step 24 在命令行中执行 REC 命令，以图 21-149 所示的 A 点为基点进行偏移，偏移点的坐标为（@17，-245），然后输入坐标（11，-3）指定矩形的另一个角点，矩形效果如图 21-163 所示。

Step 25 在命令行中执行 ARRPOLAR 命令，对绘制的矩形进行阵列，具体操作过程如下：

```
命令: ARRAYPOlAR                                  //执行 ARRPOLAR 命令
选择对象: 找到 1 个                               //选择阵列的对象
选择对象:                                         //确认对象的选择
类型 = 极轴  关联 = 是                            //系统当前提示
指定阵列的中心点或 [基点(B)/旋转轴(A)]:           //指定阵列的中心点，如图 21-164 所示
输入项目数或 [项目间角度(A)/表达式(E)] <4>: 12  //输入指定数目
指定填充角度(+=逆时针、-=顺时针)或 [表达式(EX)] <360>:        //指定阵列角度
按 Enter 键接受或 [关联(AS)/基点(B)/项目(I)/项目间角度(A)/填充角度(F)/行(ROW)/层
(L)/旋转项目(ROT)/退出(X)] <退出>:      //确认阵列，完成后的效果如图 21-165 所示
```

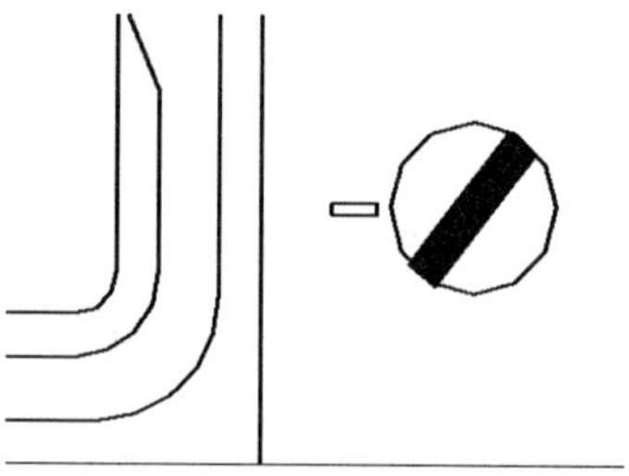

图 21-163

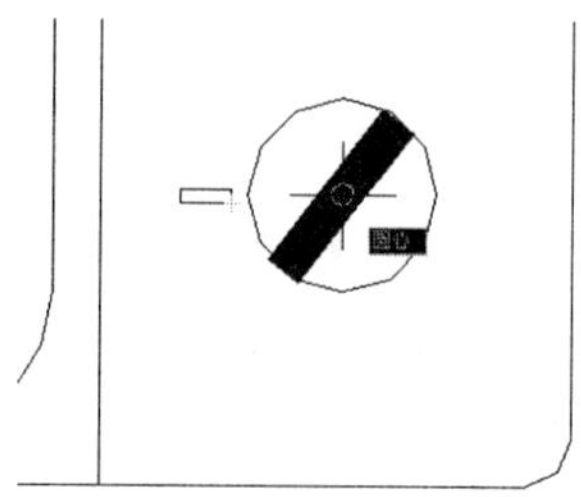

图 21-164

Step 26 填充玻璃。在命令行中执行 BHATCH 命令并选择“设置”选项，弹出“图案填充和渐变色”对话框。单击“图案”右侧的...按钮，弹出“填充图案选项板”对话框，切换至 ANSI 选项卡，在列表框中选择 ANSI32 图案样式，然后单击确定按钮，如图 21-166 所示。

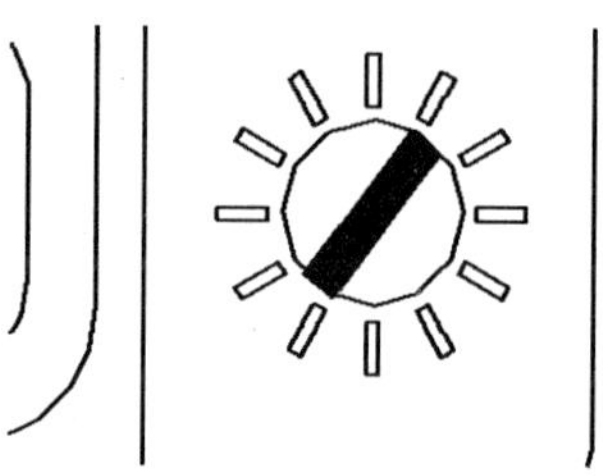

图 21-165

图 21-166

Step 27 返回“图案填充和渐变色”对话框，在“比例”文本框中输入 300，然后单击“添加：拾取点”按钮，如图 21-167 所示。返回绘图区，在大矩形的内部单击拾取内部点。

Step 28 选择“设置”选项并按下【Space】键，返回“图案填充和渐变色”对话框，单击确定按钮保存设置并关闭对话框，对玻璃进行填充后的效果如图 21-168 所示。

Step 29 用定义内部块的方法将微波炉定义为内部图块，并拖动到微波炉的方框中间，拖动后的效果如图 21-169 所示。

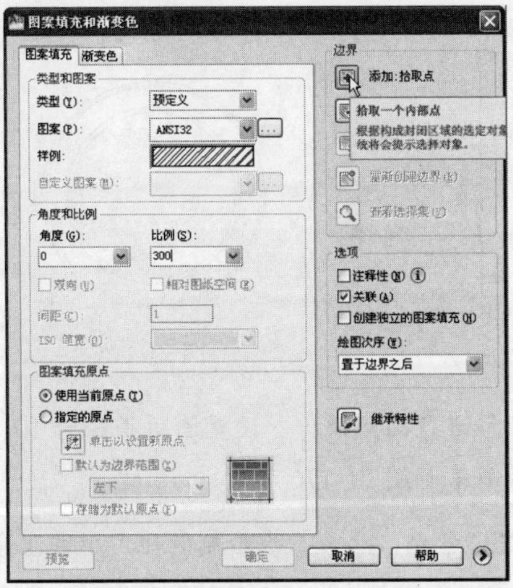

图 21-167

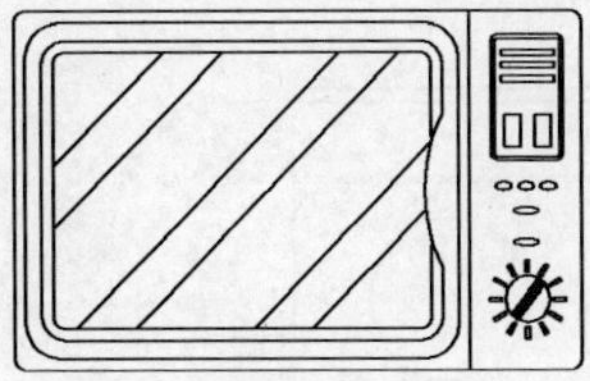

图 21-168

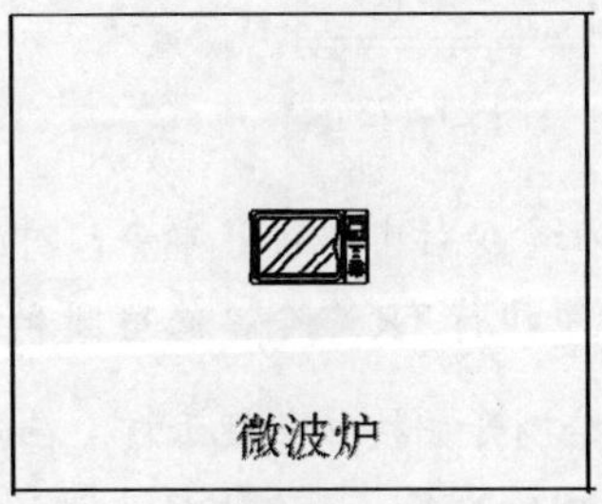

图 21-169

2．绘制洗衣机

Step 01 绘制滚筒洗衣机，首先绘制洗衣机的大体轮廓。在命令行中执行 REC 命令，在绘图区表格外的空白位置单击指定第一个角点，以（@600，850）坐标为另一个角点绘制矩形，矩形效果如图 21-170 所示。

Step 02 在命令行中执行 L 命令，以上一步绘制矩形的左上角点为基点，然后输入第一个点的坐标（@0，−25），输入第二点的坐标（@600，0），绘制直线，效果如图 21-171 所示。

Step 03 在命令行中执行 O 命令，以上一步绘制的直线为源对象，分别向下偏移 140、150、705、805，偏移后的效果如图 21-172 所示。

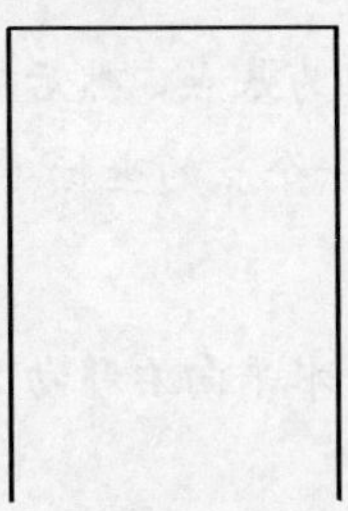

图 21-170

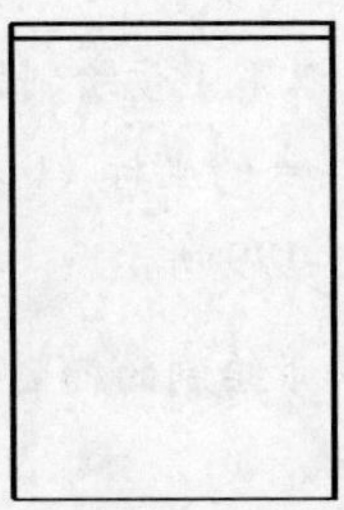

图 21-171

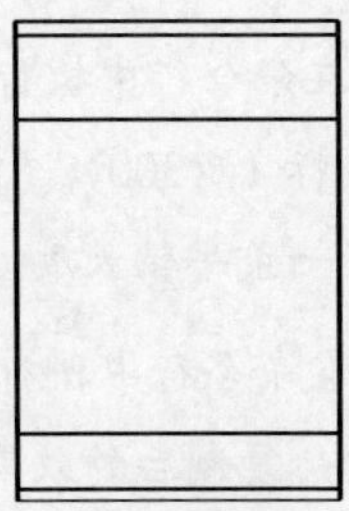

图 21-172

Step 04 绘制滚筒。在命令行中执行 C 命令，以上一步绘制矩形的左上角点为基点，输入圆心的坐标（@300，-394），绘制半径为 153 的圆，效果如图 21-173 所示。

Step 05 在命令行中执行 O 命令，以上一步绘制的圆为源对象，分别向内偏移 6、34、41，偏移后的效果如图 21-174 所示。

Step 06 绘制拉手。在命令行中执行 REC 命令，以第 1 步绘制的矩形的左上角点为基点，输入第一个角点的坐标（@397，-374），以及另一个角点的坐标（@66，-40），绘制的矩形效果如图 21-175 所示。

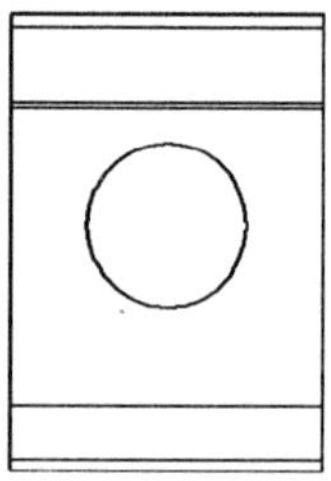
图 21-173

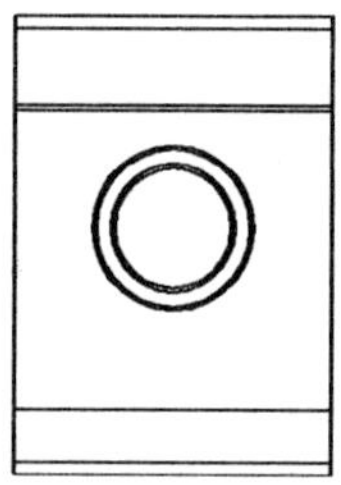
图 21-174

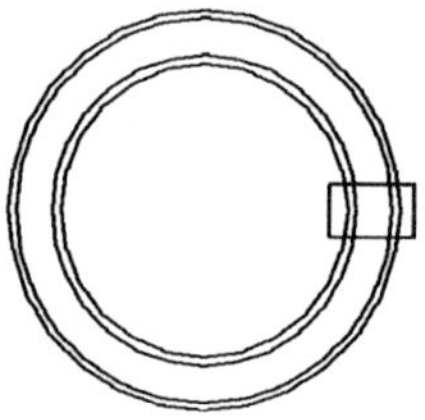
图 21-175

Step 07 在命令行中执行 F 命令，对上一步绘制的矩形进行圆角操作，设置圆角半径为 10。然后在命令行中执行 TR 命令，修剪圆和矩形，修剪后的效果如图 21-176 所示。

Step 08 绘制开关按钮及指示灯。在命令行中执行 REC 命令，以第 1 步绘制的矩形的左上角点为基点，分别输入第一个角点的坐标（@50，-75）和另一个角点的坐标（@150，-50），绘制的矩形效果如图 21-177 所示。

Step 09 在命令行中执行 O 命令，以上一步绘制的矩形为源对象，向内偏移 5，偏移后的效果如图 21-178 所示。

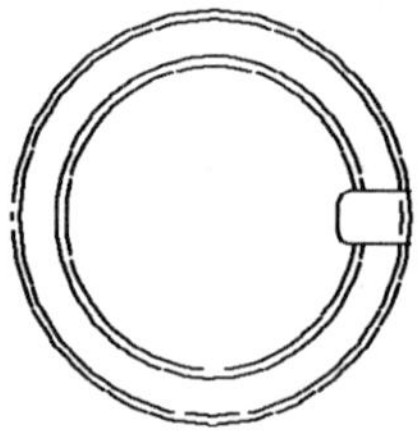
图 21-176

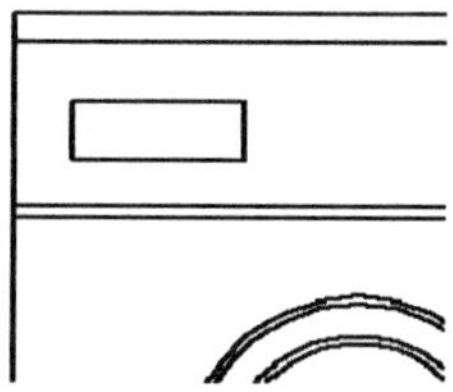
图 21-177

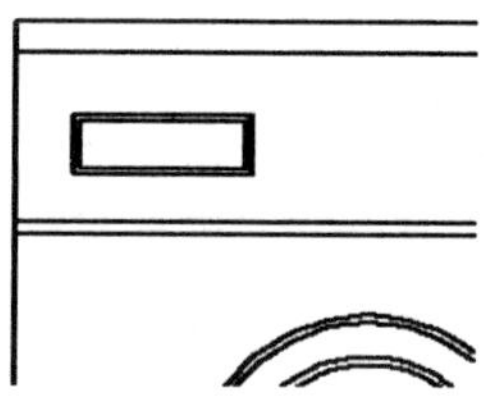
图 21-178

Step 10 在命令行中执行 ELLIPSE 命令，以第 1 步绘制的矩形的左上角点为基点，然后输入椭圆圆心的坐标（@300，-128），并指定轴端点的坐标（0，-29），输入另一个点的坐标（15，0）以指定另一条半轴长度，椭圆效果如图 21-179 所示。

Step 11 在命令行中执行 CO 命令，以上一步绘制的椭圆的中心点为基点，水平向右移动 50、100、200、250，复制后的效果如图 21-180 所示。

Step 12 填充滚筒玻璃。在命令行中执行 BHATCH 命令并选择“设置”选项，弹出“图案填充和渐变色”对话框。单击“图案”选项右侧的按钮，弹出“填充图案选项板”对话框，切换至 ANSI 选项卡，在列表框中选择 ANSI32 图案样式，然后单击确定按钮，如图 21-181 所示。

图 21-179

图 21-180

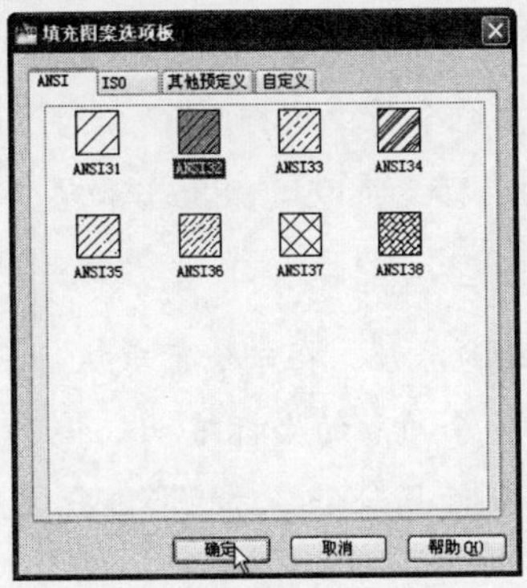

图 21-181

Step 13 返回“图案填充和渐变色”对话框，在“比例”文本框中输入 350，然后单击“添加：拾取点”按钮，如图 21-182 所示。返回绘图区，在小圆内部单击拾取内部点。

Step 14 选择“设置”选项按下【Space】键，返回“图案填充和渐变色”对话框，单击确定按钮保存设置并关闭对话框，对玻璃进行图案填充后的效果如图 21-183 所示。

Step 15 用定义内部块的方法将洗衣机定义为内部图块，并拖动到洗衣机的方框中间，拖动后的效果如图 21-184 所示。

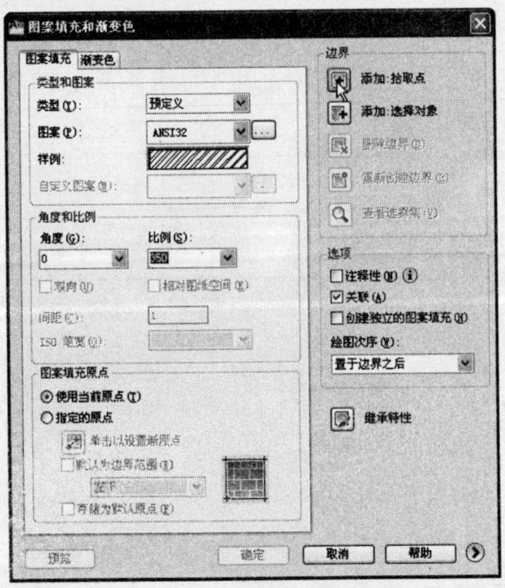

图 21-182

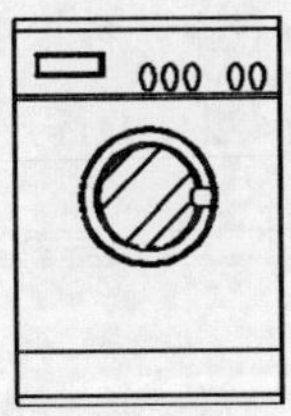

图 21-183

图 21-184

3. 绘制电视

Step 01 绘制等离子电视，首先绘制电视的轮廓和显示屏。在命令行中执行 REC 命令，在绘图区表格外的空白位置单击指定第一个角点，然后输入另一个角点的坐标（@1166，905）绘制矩形。

在命令行中执行F命令,对矩形进行圆角操作,其圆角半径为6,进行圆角处理后的效果如图21-185所示。

Step 02 在命令行中执行O命令，以上一步绘制的矩形为源对象，分别向内偏移36、48，形成显示屏，效果如图21-186所示。

Step 03 在命令行中执行REC命令，以第1步绘制的矩形的左上角点为基点，然后分别输入第一个角点的坐标（@499，-885）和第二个角点的坐标（@156，-14），绘制矩形，效果如图21-187所示。

Step 04 绘制底座。在命令行中执行REC命令，以第1步绘制的矩形的左上角点为基点，然后分别输入第一个角点的坐标（@0，-917）和第二个角点的坐标（@1166，-360），绘制矩形。再在命令行中执行F命令，对矩形进行圆角操作，圆角半径为6，效果如图21-188所示。

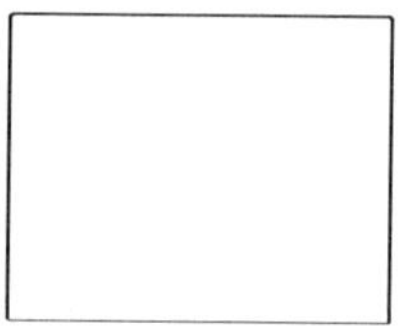
图21-185

图21-186

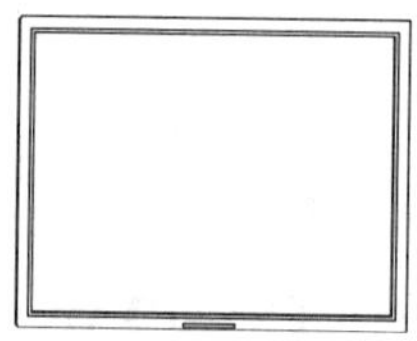
图21-187

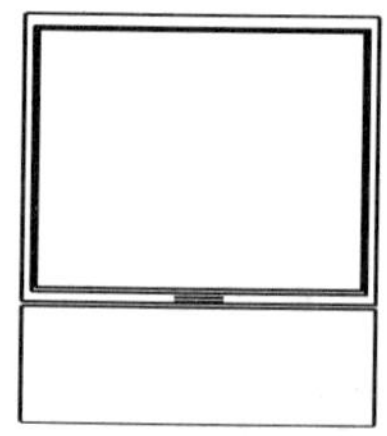
图21-188

Step 05 在命令行中执行REC命令，以第1步绘制的矩形的左上角点为基点，然后分别输入第一个角点的坐标（@28，-1277）和第二个角点的坐标（@1113，-28），绘制矩形，效果如图21-189所示。

Step 06 在命令行中执行REC命令，以第1步绘制的矩形的左上角点为基点，然后分别输入第一个角点的坐标（@432，-965）和第二个角点的坐标（@302，-103），绘制矩形，效果如图21-190所示。

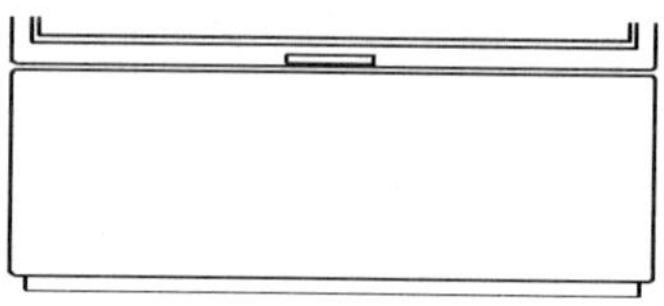
图21-189

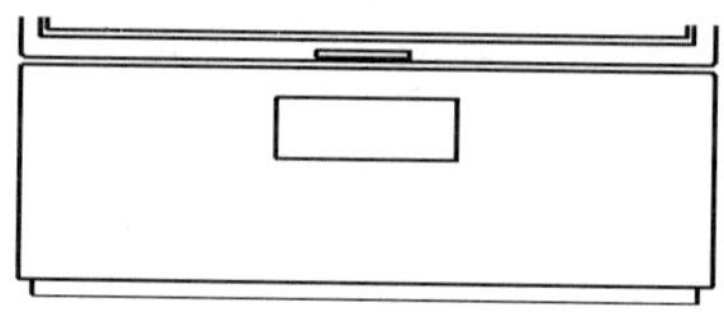
图21-190

Step 07 在命令行中执行L命令,绘制如图21-191所示的两条垂直线。然后在命令行中执行PLINE命令，具体操作过程如下:

```
命令: PLINE              //执行 PLINE 命令
指定起点: FROM           //执行 FROM 命令
基点:                    //以第 1 步绘制的矩形的左上角点为基点
<偏移>: @0,-939          //输入坐标（@0, -939）指定起点，按【Space】键确认
当前线宽为 0             //系统自动提示
指定下一个点或 [圆弧(A)/半宽(H)/长度(L)/放弃(U)/宽度(W)]: @217,0   //输入坐标（@217,0）指定起点，按【Space】键确认
指定下一个点或 [圆弧(A)/半宽(H)/长度(L)/放弃(U)/宽度(W)]: @215,-25   //输入坐标（@215,-25）指定起点，按【Space】键确认
```

指定下一个点或 [圆弧(A)/半宽(H)/长度(L)/放弃(U)/宽度(W)]: @302,0　//输入坐标(@302, 0)指定起点，按【Space】键确认

指定下一个点或 [圆弧(A)/半宽(H)/长度(L)/放弃(U)/宽度(W)]: @215,25 //输入坐标(@215, 25)指定起点，按【Space】键确认

指定下一个点或 [圆弧(A)/半宽(H)/长度(L)/放弃(U)/宽度(W)]: @217,0　//输入坐标(@217, 0)指定起点，按【Space】键确认

指定下一点或 [圆弧(A)/闭合(C)/半宽(H)/长度(L)/放弃(U)/宽度(W)]:　//按【Space】键退出命令，绘制后的效果如图 21-192

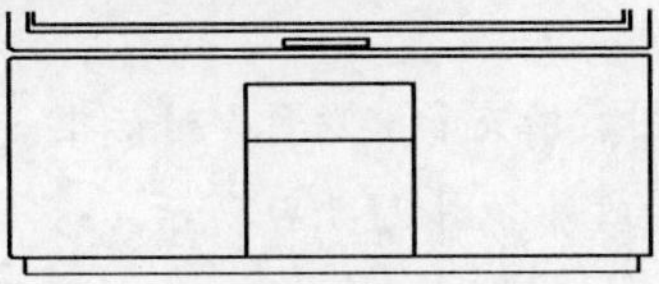

图 21-191

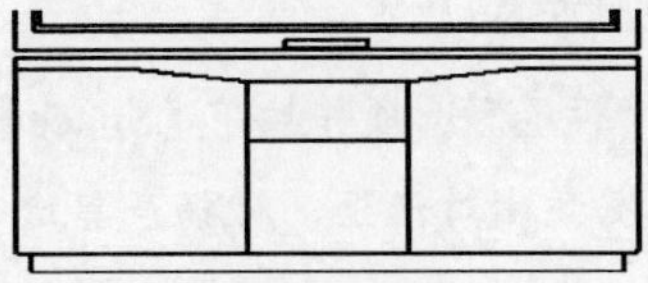

图 21-192

Step 08 电视绘制好后，绘制电视旁边的音箱。首先绘制音箱的轮廓。在命令行中执行 REC 命令，以第 1 步绘制的矩形的左上角点为基点，然后分别输入第一个角点的坐标（@-268, -73）和另一个角点的坐标（@100, -1030），绘制矩形，效果如图 21-193 所示。

Step 09 在命令行中执行 O 命令，以上一步绘制的矩形为源对象，向内偏移 5，偏移后的效果如图 21-194 所示。

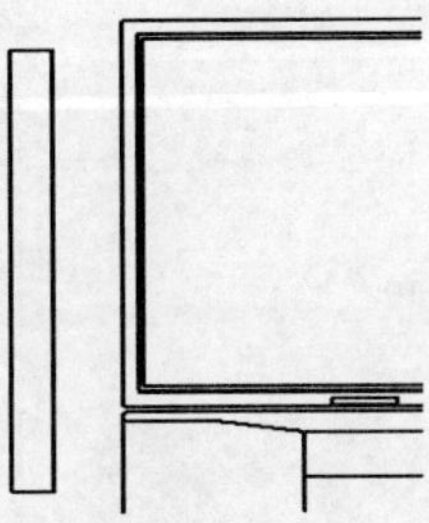

图 21-193

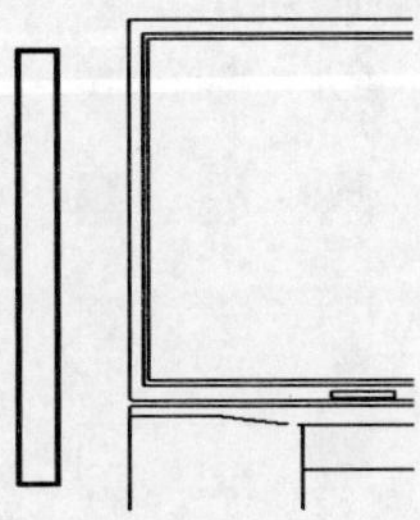

图 21-194

Step 10 绘制音箱底座和支架。在命令行中执行 REC 命令，以第 1 步绘制的矩形的左上角点为基点，然后分别输入第一个角点的坐标（@-288, -1284）和另一个角点的坐标（@140, -20），绘制矩形，效果如图 21-195 所示。

Step 11 在命令行中执行 L 命令，连接矩形左下角与中点、连接矩形中点与中点、连接右下角与中点绘制直线，效果如图 21-196 所示。

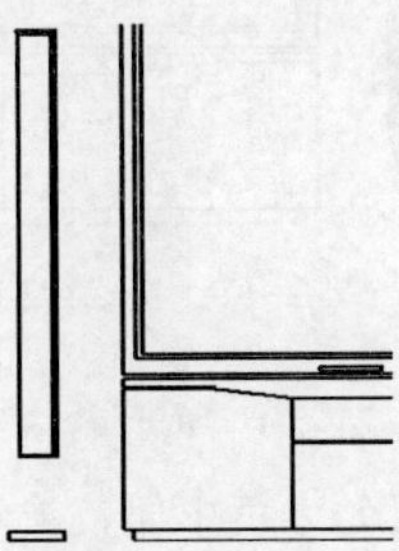

图 21-195

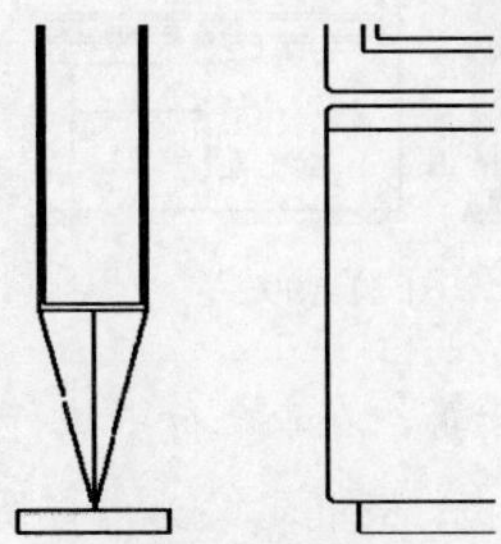

图 21-196

Step 12 填充音箱的扬声器，在命令行中执行 BHATCH 命令并选择“设置”选项，弹出“图案填充和渐变色”对话框。单击“图案”选项右侧的[...]按钮，弹出“填充图案选项板”对话框，切换至“其他预定义”选项卡，在列表框中选择 NET 图案样式，然后单击[确定]按钮，如图 21-197 所示。

Step 13 返回“图案填充和渐变色”对话框，在“角度”文本框中输入 45，在“比例”文本框中输入 75，然后单击“添加：拾取点”按钮，如图 21-198 所示。返回绘图区，在音箱上方的矩形中单击拾取内部点。

Step 14 选择“设置”选项并按下【Space】键，返回“图案填充和渐变色”对话框，单击[确定]按钮保存设置并关闭对话框，对扬声器进行图案充后的效果如图 21-199 所示。

Step 15 绘制右边的音箱。在命令行中执行 MI 命令，以电视的中心为镜像线的第一点，在第一点的正上方单击指定镜像线的第二点，镜像左边的音箱，镜像后的效果如图 21-200 所示。

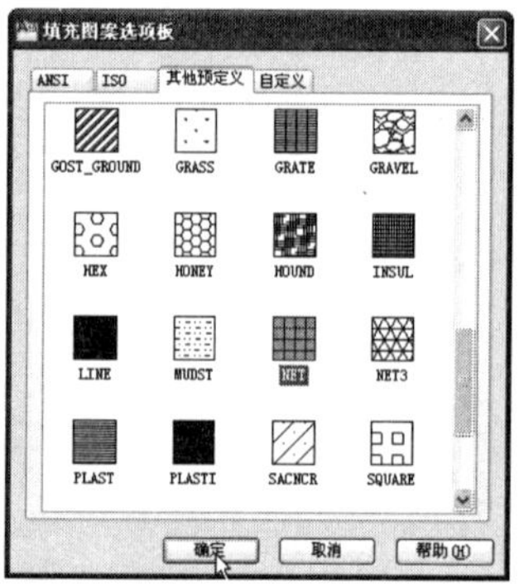

图 21-197

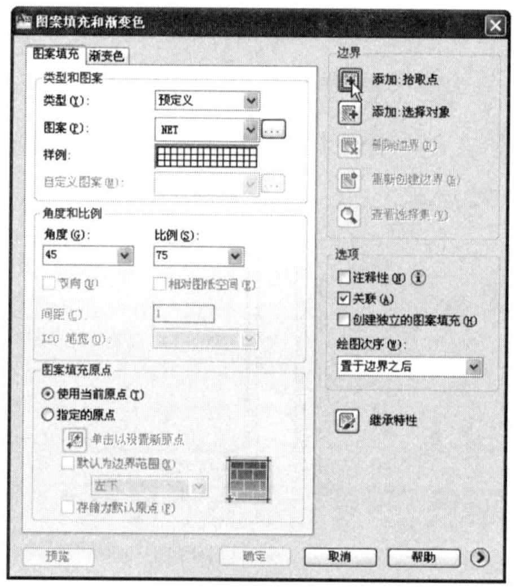

图 21-198

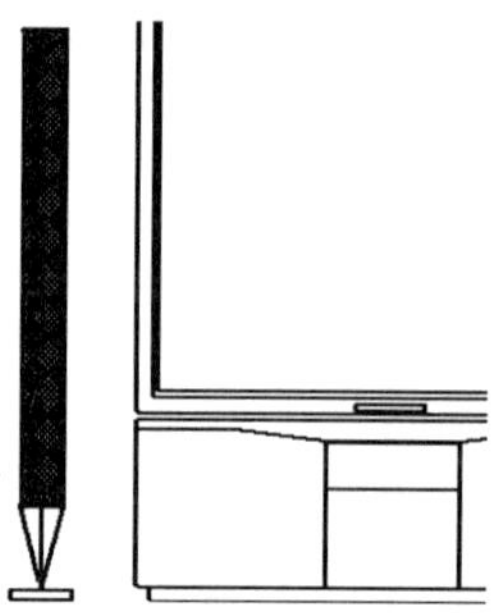

图 21-199

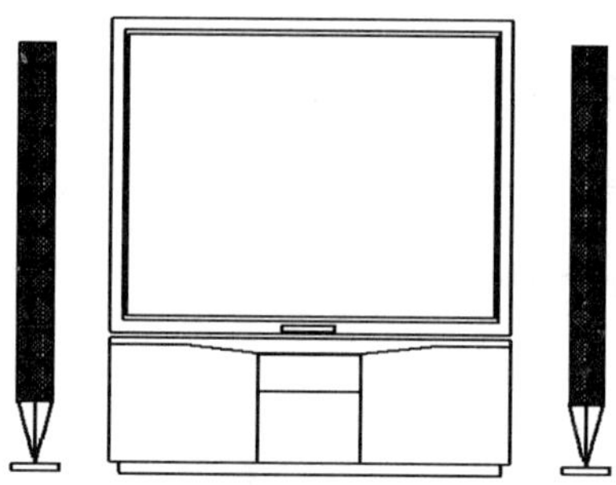

图 21-200

Step 16 填充显示屏。在命令行中执行 L 命令，绘制如图 21-201 所示的 3 条直线。然后用定义内部块的方法将电视、音箱定义为内部图块，并拖动到电视的方框中间，拖动后的效果如图 21-202 所示。

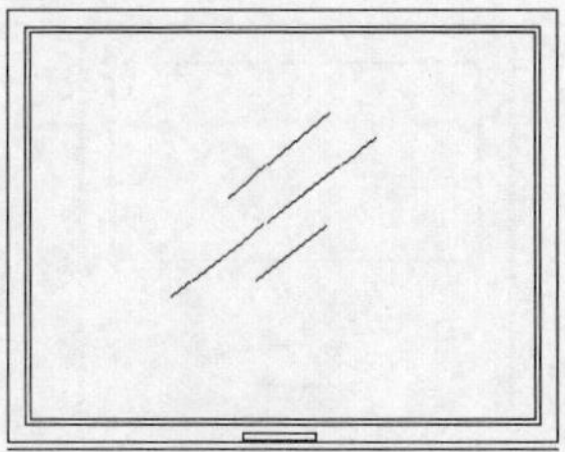

图 21-201

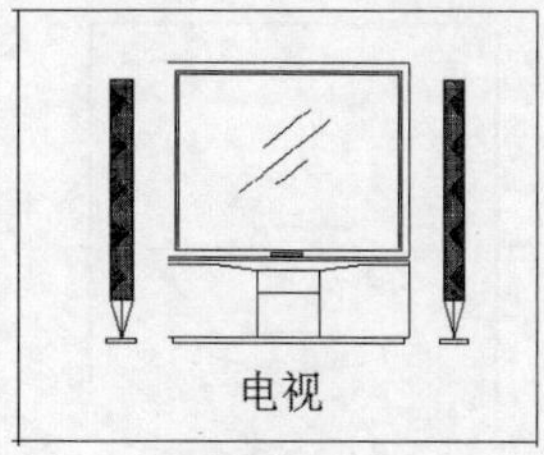

图 21-202

4. 绘制空调

Step 01 下面绘制空调，首先绘制空调的轮廓。在命令行中执行 REC 命令，在绘图区表格外的空白位置单击指定第一个角点，并输入另一个角点的坐标（@500，1716）绘制矩形，然后在命令行中执行 F 命令，对矩形进行圆角操作，圆角半径为 10，效果如图 21-203 所示。

Step 02 在命令行中执行 REC 命令，以上一步绘制矩形的左上角为第一个角点为基点，然后分别输入第一个角点的坐标（@30，-1716）和另一个角点的坐标（@440，-38），绘制矩形，效果如图 21-204 所示。

Step 03 绘制窗口。在命令行中执行 REC 命令，以第 1 步绘制矩形的左上角为第一个角点为基点，然后分别输入第一个角点的坐标（@37，-44）和另一个角点的坐标（@426，-224），绘制矩形。再在命令行中执行 F 命令，对刚绘制的矩形进行圆角操作，圆角半径为 10，效果如图 21-205 所示。

Step 04 绘制下面的排气口。在命令行中执行 REC 命令，以第 1 步绘制矩形的左上角为第一个角点为基点，然后分别输入第一个角点的坐标（@42，-849）和另一个角点的坐标（@416，-820），绘制矩形。再在命令行中执行 F 命令，对刚绘制的矩形进行圆角操作，圆角半径为 20，效果如图 21-206 所示。

图 21-203

图 21-204

图 21-205

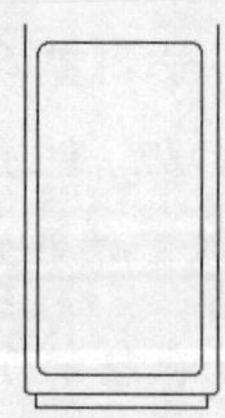

图 21-206

Step 05 绘制显示区及按钮。在命令行中执行 ELLIPSE 命令，以第 1 步绘制矩形的左上角点为基点，输入坐标（@248，-388）作为椭圆的圆心，输入坐标（0，23）指定轴的端点，输入坐标（110，0）指定另一条半轴长度，绘制椭圆，效果如图 21-207 所示。

Step 06 在命令行中执行 ELLIPSE 命令，以第 1 步绘制矩形的左上角点为基点，输入坐标（@177，-389）作为椭圆的圆心，输入坐标（0，3）指定轴的端点，输入坐标（13，0）指定另一条半轴长度，绘制椭圆，效果如图 21-208 所示。

Step 07 在命令行中执行 MI 命令，以大椭圆的中心点为镜像线的第一点，在第一点的正上方单击指定镜像线的第二点，镜像左边的按钮，镜像后的效果如图 21-209 所示。

图 21-207

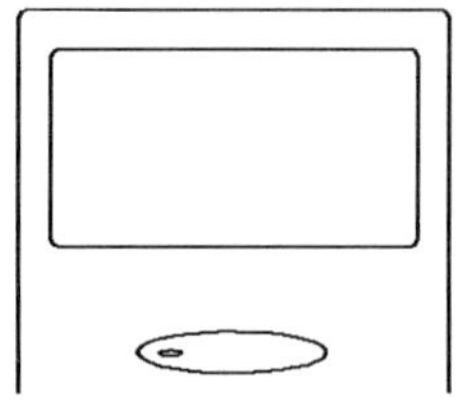

图 21-208

Step 08 在命令行中执行 REC 命令，以第 1 步绘制矩形的左上角为第一个角点为基点，然后分别输入第一个角点的坐标（@208，-375）和另一个角点的坐标（@9，-9），绘制矩形，效果如图 21-210 所示。

图 21-209

图 21-210

Step 09 在命令行中执行 CO 命令，以上一步绘制的矩形的左上角点为基点，水平向右移动 16、32、48、64，复制矩形，效果如图 21-211 所示。

Step 10 在命令行中执行 REC 命令，以第 1 步绘制矩形的左上角为第一个角点为基点，以坐标（@256，-393）作为第一个角点，以坐标（@26，-9）作为另一个角点绘制矩形，效果如图 21-212 所示。

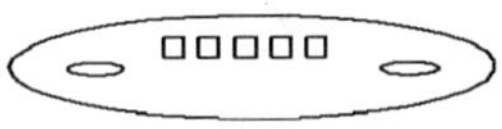

图 21-211

图 21-212

Step 11 绘制窗口的扫风块。在命令行中执行 ARC 命令，以第 1 步绘制矩形的左上角为基点，以坐标（@37, -82）作为起点，以坐标（@213, -5）作为第二个点，以坐标（@213, 5）作为端点，绘制圆弧，效果如图 21-213 所示。

Step 12 在命令行中执行 O 命令，以上一步绘制的圆弧为源对象，分别向下偏移 33、64、95、128、158。再在命令行中执行 TR 命令，修剪偏移获得的圆弧，效果如图 21-214 所示。

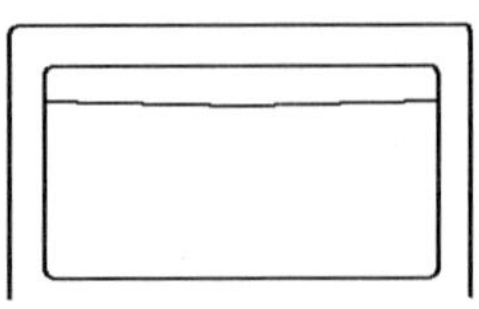

图 21-213

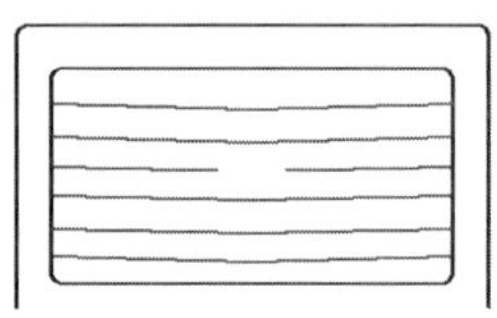

图 21-214

Step 13 填充下面的排气口。在命令行中执行 BHATCH 命令并选择“设置”选项，弹出“图案填充和渐变色”对话框。单击“图案”选项右侧的[...]按钮，弹出“填充图案选项板”对话框，切换至 ANSI 选项卡，在列表框中选择 ANSI31 图案样式，然后单击[确定]按钮，如图 21-215 所示。

Step 14 返回“图案填充和渐变色”对话框，在“角度”文本框中输入 315，在“比例”文本框中输入 300，然后单击“添加：拾取点”按钮，如图 21-216 所示。

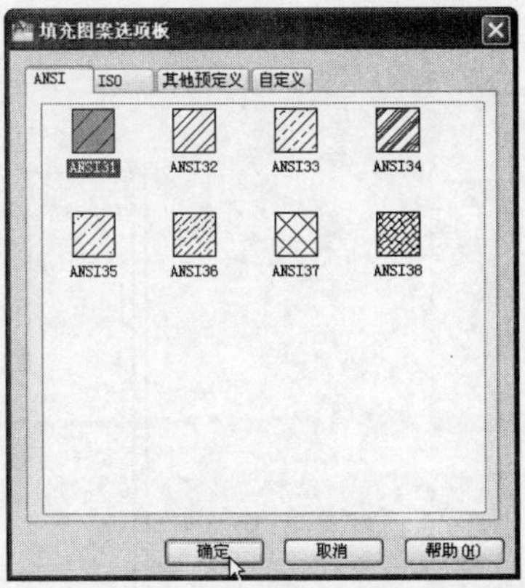

图 21-215

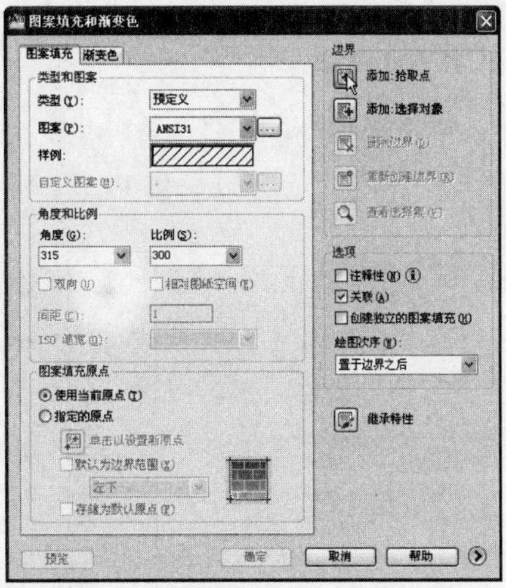

图 21-216

Step 15 返回绘图区，单击如图 21-217 所示的 A 点拾取内部点。选择“设置”选项并按下【Space】键，返回“图案填充和渐变色”对话框，单击 确定 按钮保存设置并关闭对话框，对排气口进行图案填充后的效果如图 21-218 所示。

Step 16 用定义内部块的方法将空调定义为内部图块，并拖动到空调的方框中间，拖动后的效果如图 21-219 所示。

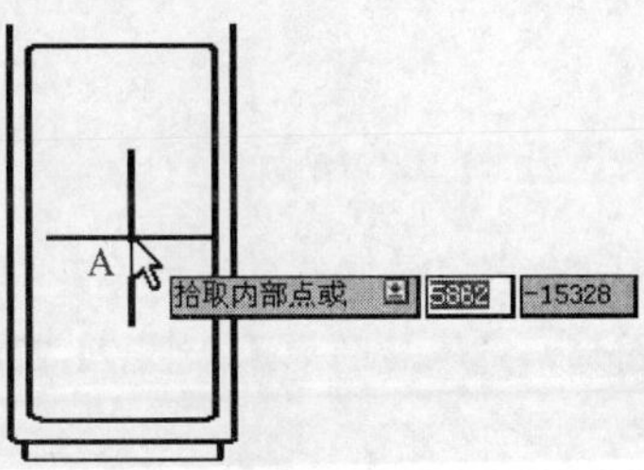

图 21-217

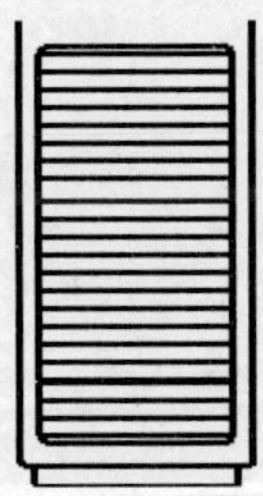

图 21-218

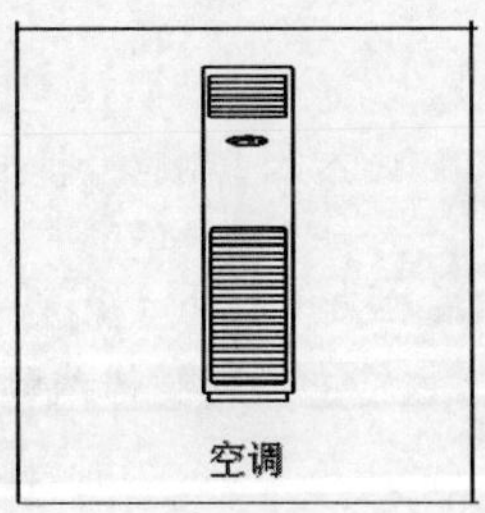

图 21-219

5．绘制饮水机

Step 01 绘制饮水机，首先绘制饮水机的外形。在命令行中执行 REC 命令，在绘图区表格外的空白位置单击指定第一个角点，以坐标（@250，560）作为另一个角点绘制矩形。然后在命令行中执行 F 命令，对刚绘制的矩形的左上角和右上角进行圆角操作，圆角半径为 2，效果如图 21-220 所示。

Step 02 在命令行中执行 REC 命令，以上一步绘制矩形左上角点为基点，以坐标（@0，-570）作为第一个角点，以坐标（@250，-385）作为另一个角点绘制矩形，效果如图 21-221 所示。

Step 03 绘制左边的脚架。在命令行中执行 REC 命令，以第 1 步绘制矩形的左上角点为基点，输入坐标（@0，-3）作为第一个角点，输入坐标（@-30，-32）为另一个角点绘制矩形。然后在命令行中执行 F 命令，对刚绘制的矩形的左上角进行圆角操作，圆角半径为 5，进行圆角处理后的效果如图 21-222 所示。

Step 04 在命令行中执行 REC 命令，以第 1 步绘制矩形左上角点为基点，以坐标（@-30，-35）作为第一个角点，以坐标（@30，-920）作为另一个角点绘制矩形，效果如图 21-223 所示。

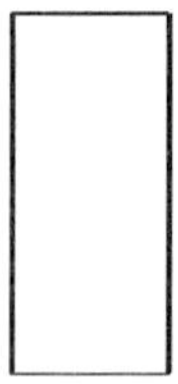
图 21-220

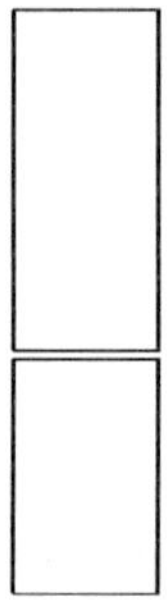
图 21-221

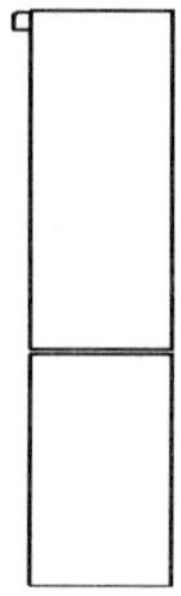
图 21-222

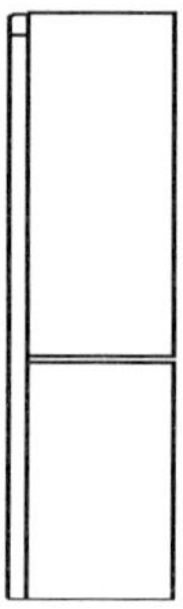
图 21-223

Step 05 在命令行中执行 REC 命令，以第 1 步绘制矩形的左上角点为基点，以坐标（@-30，-955）作为第一个角点，以坐标（@60，-15）作为另一个角点绘制矩形，效果如图 21-224 所示。

Step 06 在命令行中执行 REC 命令，以第 1 步绘制矩形的左上角点为基点，以坐标（@-40，-83）作为第一个角点，以坐标（@10，-40）作为另一个角点绘制矩形。然后在命令行中执行 F 命令，对刚绘制的矩形的左上角和左下角进行圆角操作，圆角半径为 2，进行圆角处理后的效果如图 21-225 所示。

Step 07 在命令行中执行 TR 命令，修剪矩形，修剪后的效果如图 21-226 所示。

Step 08 在命令行中执行 MI 命令，以中间大矩形上方水平线的中点为镜像线的第一点，在第一点的正上方单击指定镜像线的第二点，镜像如图 21-227 所示的图形，镜像后的效果如图 21-228 所示。

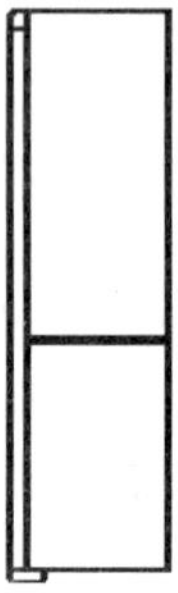
图 21-224

图 21-225

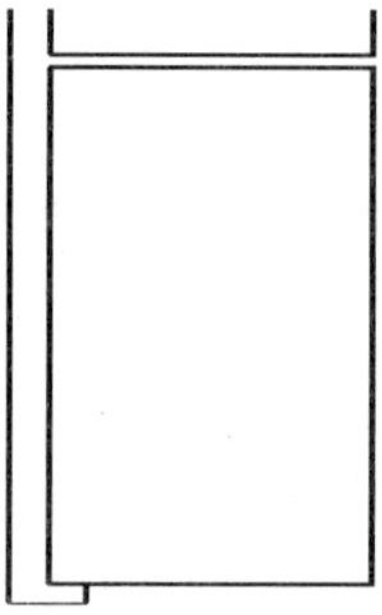
图 21-226

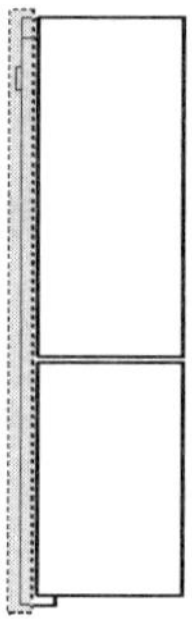
图 21-227

Step 09 绘制完饮水机的外形后，绘制置杯托架。在命令行中执行 REC 命令，以第 1 步绘制矩形的左上角点为基点，输入坐标（@10，-35）作为第一个角点，输入坐标（@230，-30）为另一个角点绘制矩形。然后在命令行中执行 F 命令，对刚绘制的矩形进行圆角操作，圆角半径为 3，效果如图 21-229 所示。

Step 10 在命令行中执行 L 命令，以第 1 步绘制矩形的左上角点为基点，输入坐标（@0，-180）为第一点，输入坐标（@250，0）为下一点绘制直线，绘制完成后的效果如图 21-230 所示。

Step 11 在命令行中执行 O 命令，以上一步绘制的直线为源对象，向下偏移 340，偏移后的效果如图 21-231 所示。

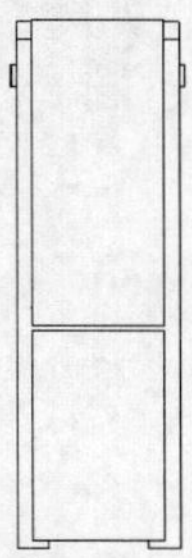
图 21-228

图 21-229

图 21-230

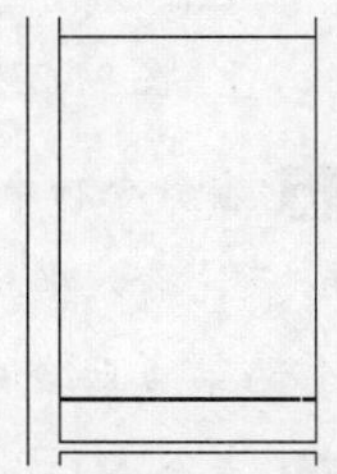
图 21-231

Step 12 在命令行中执行 REC 命令，以第 1 步绘制矩形的左上角点为基点，输入坐标（@20，-520）作为第一个角点，输入坐标（@210，-28）为另一个角点绘制矩形。然后在命令行中执行 F 命令，对刚绘制的矩形的左下角和右下角进行圆角操作，其圆角半径为 10，进行圆角处理后的效果如图 21-232 所示。

Step 13 在命令行中执行 REC 命令，以第 1 步绘制矩形的左上角点为基点，输入坐标（@50，-610）作为第一个角点，输入坐标（@150，-224）作为另一个角点绘制矩形。然后在命令行中执行 F 命令，对刚绘制的矩形进行圆角操作，圆角半径为 10，圆角后的效果如图 21-233 所示。

Step 14 在命令行中执行 ARC 命令，以第 1 步绘制矩形的左上角点为基点，输入坐标（@55，-833）作为起点，输入坐标（@70，-17）作为第二个点，输入坐标（@70，17）作为端点绘制圆弧，绘制完成后的效果如图 21-234 所示。

图 21-232

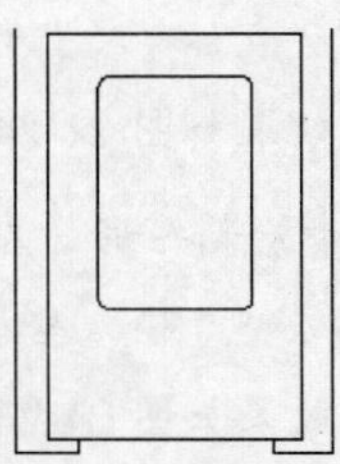
图 21-233

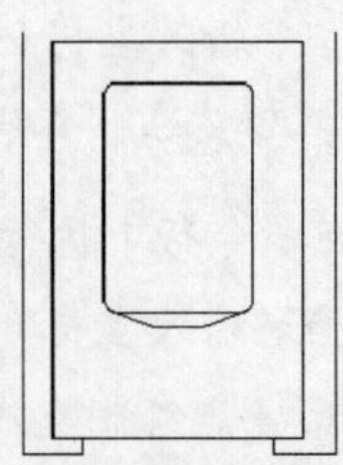
图 21-234

Step 15 在命令行中执行 TR 命令，修剪矩形和圆弧，修剪后的效果如图 21-235 所示。然后在命令行中执行 O 命令，以修剪获得的多段线为源对象，向下偏移 5；以圆弧为源对象，向上偏移 5，偏移后的效果如图 21-236 所示。

Step 16 绘制龙头。在命令行中执行 REC 命令，以第 1 步绘制矩形的左上角点为基点，输入坐标（@51，-215）为第一个角点，输入坐标（@30，-4）为另一个角点绘制矩形，绘制完成后的效果如图 21-237 所示。

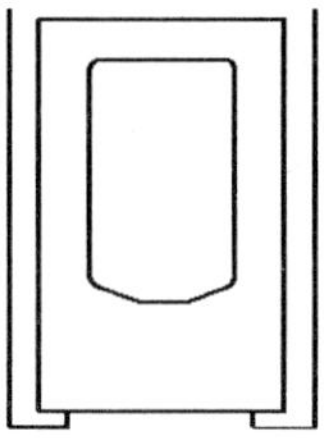

图 21-235

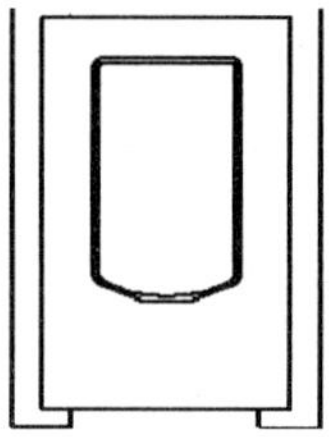

图 21-236

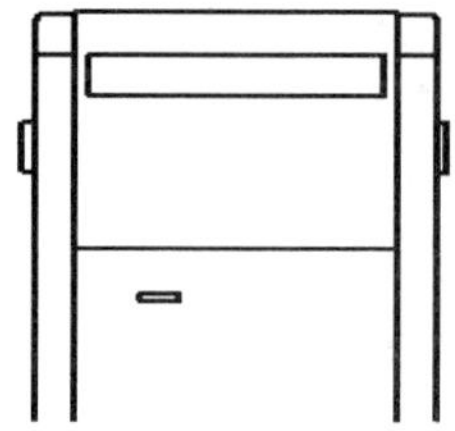

图 21-237

Step 17 在命令行中执行 L 命令，以第 1 步绘制的矩形的左上角点为基点，输入坐标（@60，-219）为第一点，输入坐标（-5，-25）作为下一点，输入坐标（22，0）作为第 3 点，输入坐标（-5，25）作为第 4 点绘制直线，绘制后的效果如图 21-238 所示。

Step 18 在命令行中执行 REC 命令，以第 1 步绘制矩形的左上角点为基点，输入坐标（@51，-244）作为第一个角点，输入坐标（@30，-11）作为另一个角点绘制矩形，绘制完成后的效果如图 21-239 所示。

Step 19 在命令行中执行 REC 命令，以第 1 步绘制矩形的左上角点为基点，输入坐标（@52，-244）作为第一个角点，输入坐标（@29，-11）为另一个角点绘制矩形，效果如图 21-240 所示。

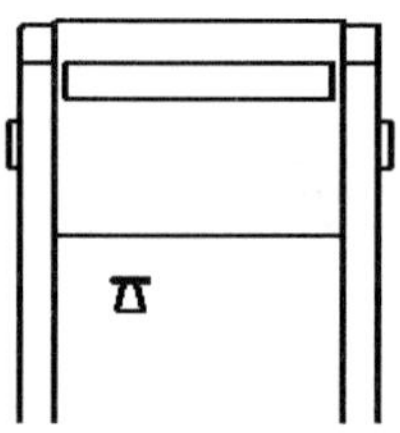

图 21-238

图 21-239

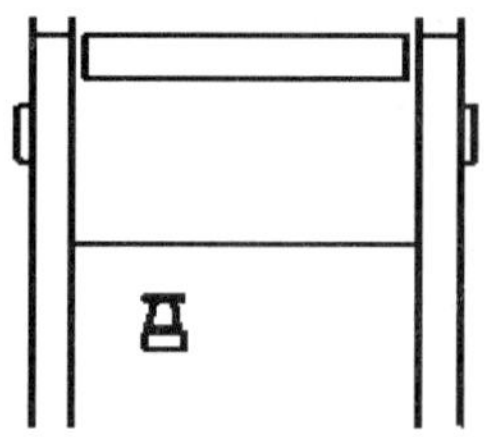

图 21-240

Step 20 在命令行中执行 L 命令，以第 1 步绘制矩形的左上角点为基点，输入坐标（@51，-255）作为第 1 点，输入坐标（@3，-20）作为第 2 点，输入坐标（@24，0）作为第 3 点，输入坐标（@3，20）作为第 4 点绘制直线，绘制完成后的效果如图 21-241 所示。

Step 21 在命令行中执行 L 命令，以第 1 步绘制矩形的左上角点为基点，输入坐标（@59，-275）作为第 1 点，输入坐标（@3，-20）作为第 2 点，输入坐标（@7，0）作为第 3 点，输入坐标（@3，20）作为第 4 点绘制直线，绘制完成后的效果如图 21-242 所示。

Step 22 在左边龙头绘制完成后，绘制右边龙头。在命令行中执行 MI 命令，以中间大矩形上方水平线的中点为镜像线的第一点，在第一点的正上方单击指定镜像线的第二点，镜像左边龙头，镜像后的效果如图 21-243 所示。

Step 23 绘制指示灯。在命令行中执行 C 命令，以第 1 步绘制矩形的左上角点为基点，输入坐标（@75，-103）作为圆心，绘制半径为 5 的圆，作为指示灯，效果如图 21-244 所示。

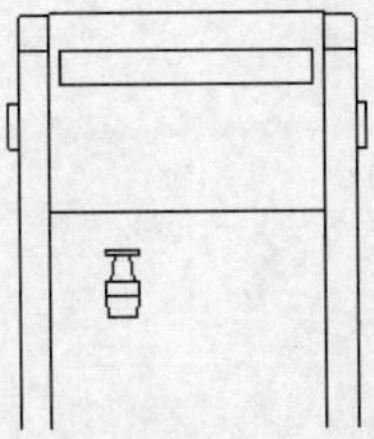
图 21-241

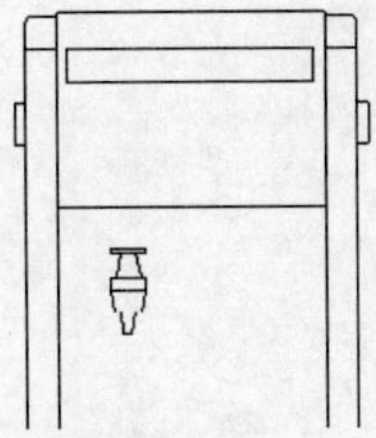
图 21-242

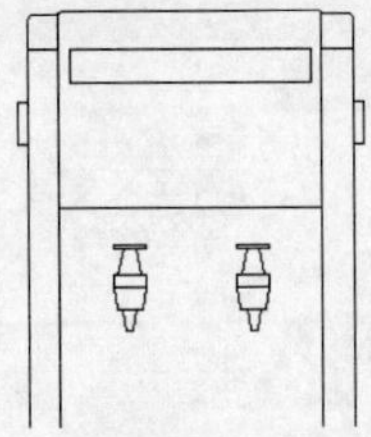
图 21-243

Step 24 在命令行中执行 CO 命令，以上一步绘制的圆的圆心为基点，水平向右移动 50、100，复制指示灯，复制后的效果如图 21-245 所示。

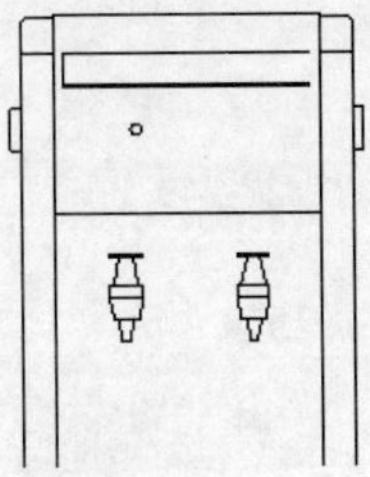
图 21-244

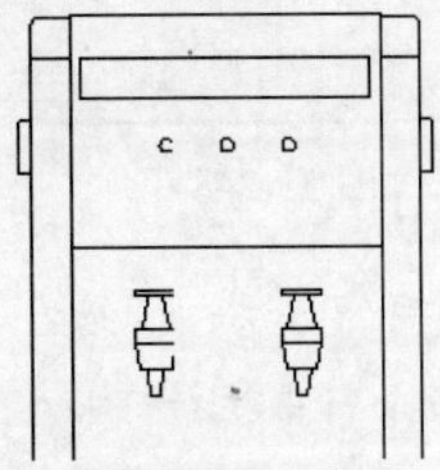
图 21-245

Step 25 在命令行中执行 MTEXT 命令，在指示灯正下方标注文字说明“电源、加热、制冷”，字体为宋体，字高为 7，标注后的效果如图 21-246 所示。

Step 26 填充龙头。在命令行中执行 BHATCH 命令并选择“设置”选项，弹出“图案填充和渐变色”对话框。单击“图案”选项右侧的[...]按钮，弹出“填充图案选项板”对话框，切换至 ANSI 选项卡，在列表框中选择 ANSI31 图案样式，然后单击[确定]按钮，如图 21-247 所示。

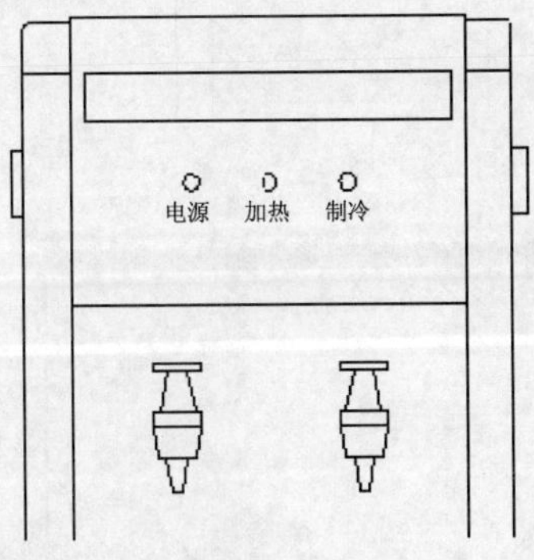

图 21-246

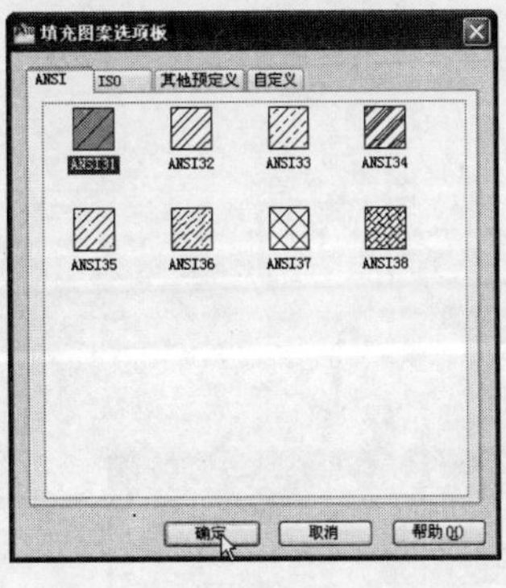

图 21-247

Step 27 返回“图案填充和渐变色”对话框，在“比例”文本框中输入 50，然后单击“添加：拾取点”按钮[+]，如图 21-248 所示。

Step 28 返回绘图区，单击如图 21-249 所示的 A 点拾取内部点。选择“设置”选项并按下【Space】键，返回“图案填充和渐变色”对话框，单击[确定]按钮保存设置并关闭对话框，对龙头进行图案填充后的效果如图 21-250 所示。

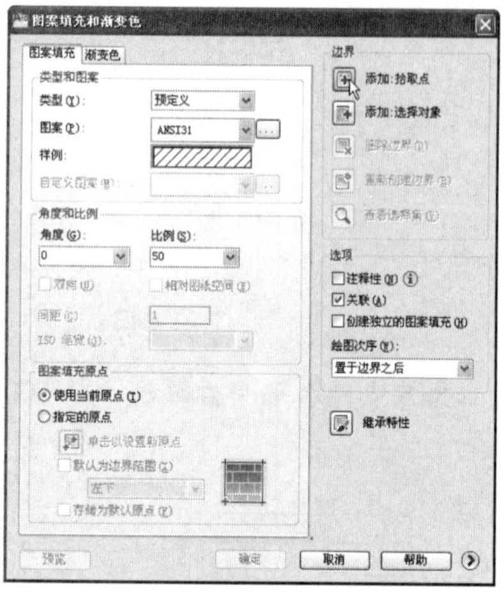

图 21-248

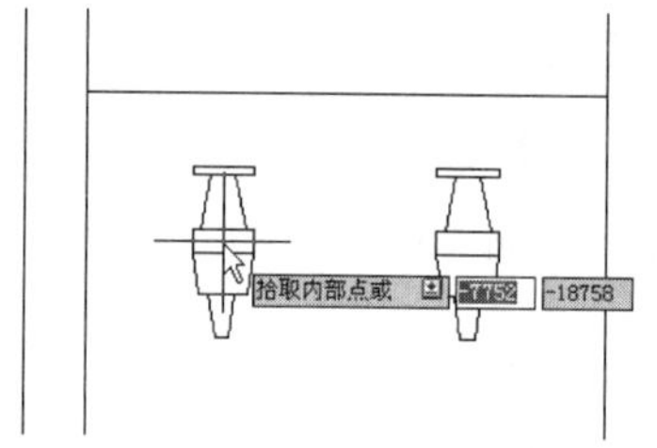

图 21-249

Step 29 按照相同的方法，填充右边的龙头，填充后的效果如图 21-251 所示。接下来填充放置纸杯的柜子。在命令行中执行 BHATCH 命令并选择“设置”选项，弹出“图案填充和渐变色”对话框。单击“图案”选项右侧的[...]按钮，弹出“填充图案选项板”对话框，切换至“其他预定义”选项卡，在列表框中选择 AR-RROOF 图案样式，然后单击[确定]按钮，如图 21-252 所示。

Step 30 返回“图案填充和渐变色”对话框，在“角度”文本框中输入 45，在“比例”文本框中输入 80，然后单击“添加：拾取点”按钮，如图 21-253 所示。

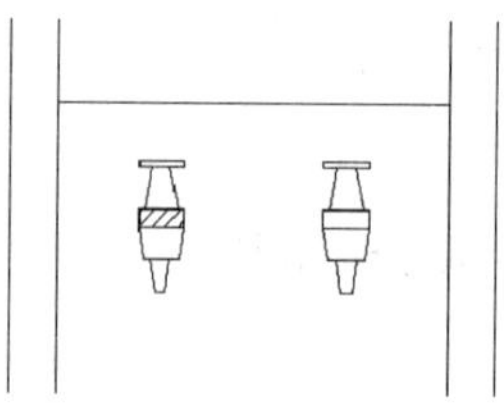

图 21-250

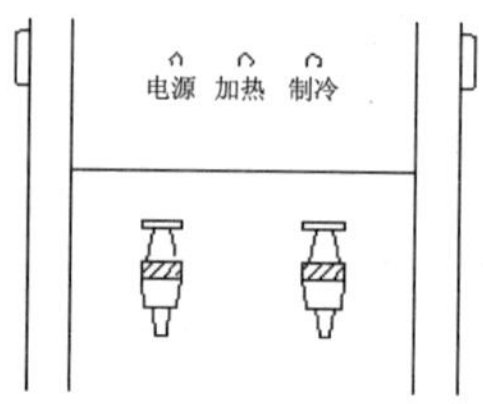

图 21-251

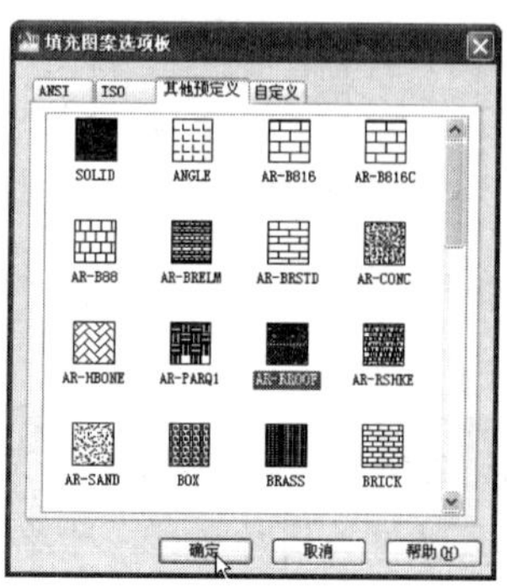

图 21-252

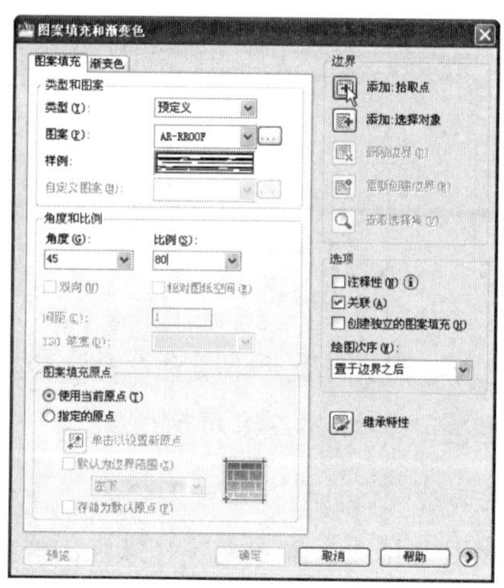

图 21-253

Step 31 返回绘图区，单击如图 21-254 所示的 A 点拾取内部点。选择“设置”选项并按【Space】键，返回“图案填充和渐变色”对话框，单击[确定]按钮保存设置并关闭对话框，对纸杯柜进行图案填充后的效果如图 21-255 所示。

Step 32 绘制饮水机上面的饮水桶。在命令行中执行 L 命令，以第 1 步绘制矩形的左上角点为基点，输入坐标（@44，0）作为第一点，输入坐标（@16，24）作为第二点，输入坐标（@130，0）作为第 3 点，输入坐标（@16，-24）作为第 4 点绘制直线，绘制完成后的效果如图 21-256 所示。

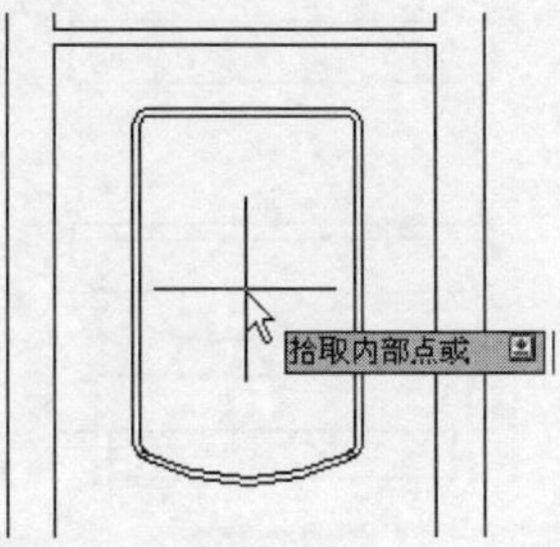

图 21-254

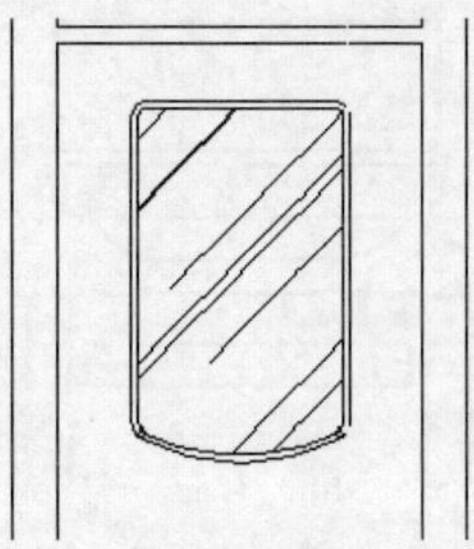
图 21-255

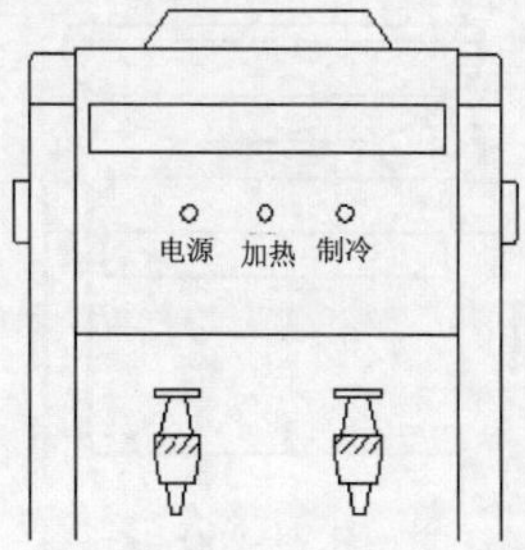

图 21-256

Step 33 在命令行中执行 ARC 命令，以第 1 步绘制的矩形的左上角点为基点，输入坐标（@60，24）作为起点，输入坐标（@-28，10）作为第二个点，输入坐标（@-22，20）作为端点绘制圆弧，绘制完成后的效果如图 21-257 所示。

Step 34 在命令行中执行 MI 命令，以最上方的直线的中点作为镜像线的第一点，在第一点正上方单击指定镜像线的第二点，镜像上一步绘制的圆弧，镜像后的效果如图 21-258 所示。

Step 35 在命令行中执行 REC 命令，以第 1 步绘制的矩形的左上角点为基点，输入坐标（@-15，89）作为第一个角点，输入坐标（@280，-35）作为另一个角点绘制矩形。然后在命令行中执行 F 命令，对刚绘制的矩形的左下角和右下角进行圆角操作，圆角半径为 25，进行圆角处理后的效果如图 21-259 所示。

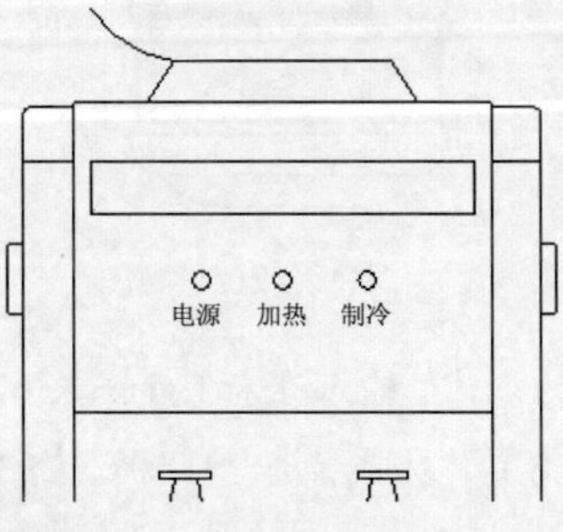

图 21-257

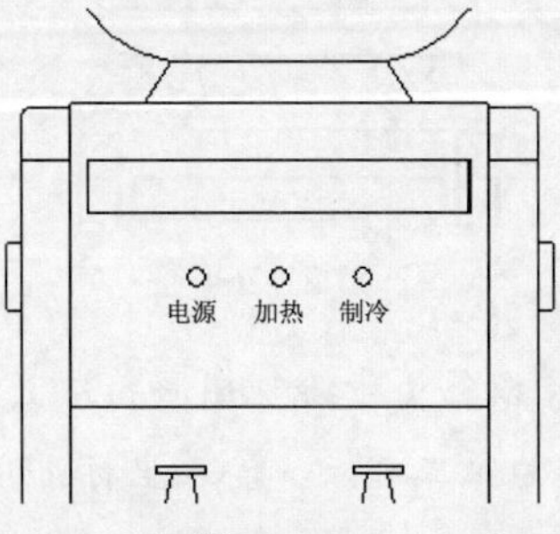

图 21-258

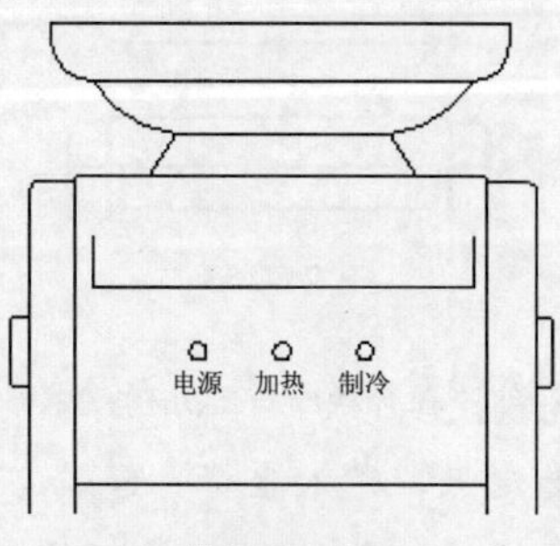

图 21-259

Step 36 在命令行中执行 REC 命令，以第 1 步绘制的矩形的左上角点为基点，输入坐标（@-15，89）作为第一个角点，输入坐标（@280，10）作为另一个角点绘制矩形。然后在命令行中执行 F 命令，对刚绘制的矩形的左上角和右上角进行圆角操作，圆角半径为 5，进行圆角处理后的效果如图 21-260 所示。

Step 37 在命令行中执行 REC 命令，以第 1 步绘制的矩形的左上角点为基点，输入坐标（@-10，99）作为第一个角点，输入坐标（@270，90）作为另一个角点绘制矩形，绘制完成后的效果如图 21-261 所示。

Step 38 在命令行中执行 REC 命令，以第 1 步绘制矩形的左上角点为基点，输入坐标（@-15，189）作为第一个角点，输入坐标（@280，40）作为另一个角点绘制矩形，绘制完成后的效果如图 21-262 所示。

图 21-260

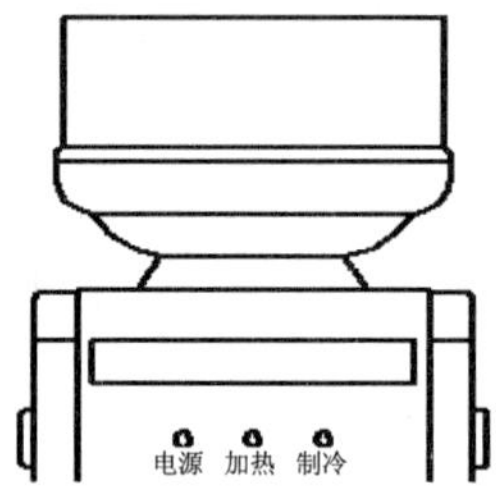

图 21-261

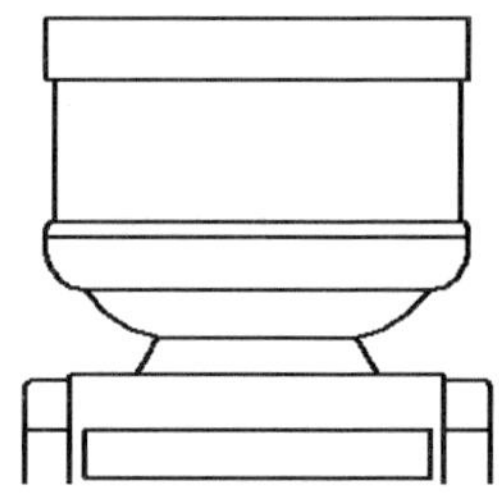

图 21-262

Step 39 在命令行中执行 CHA 命令，对上一步绘制的矩形的左下角和右下角进行倒角操作，倒角距离设为 5。然后对上一步绘制的矩形的左上角和右上角进行倒角操作，倒角距离设为 9，进行倒角处理后的效果如图 21-263 所示。

Step 40 在命令行中执行 L 命令，连接倒角的角点绘制如图 21-264 所示的两条直线。

Step 41 在命令行中执行 REC 命令，以第 1 步绘制的矩形的左上角点为基点，输入坐标（@-6，229）作为第一个角点，输入坐标（@262，133）作为另一个角点绘制矩形，绘制完成后的效果如图 21-265 所示。

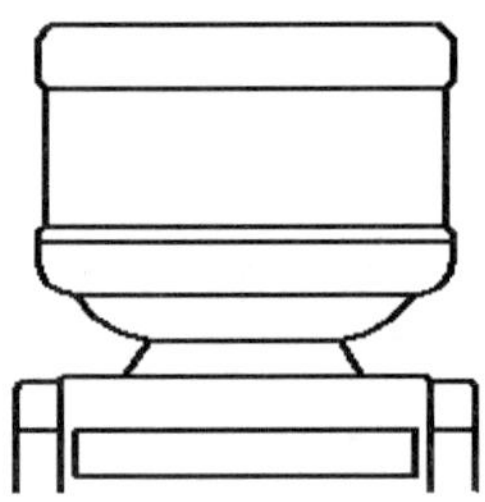

图 21-263

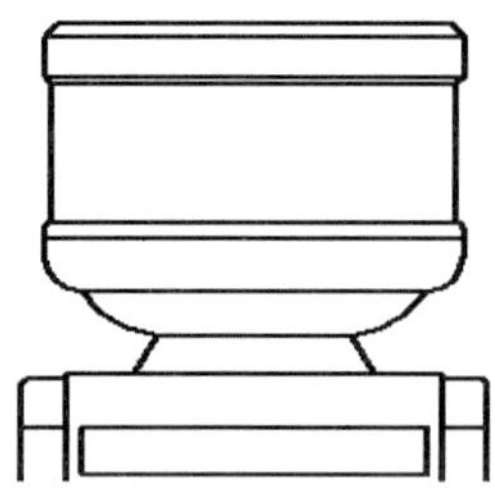

图 21-264

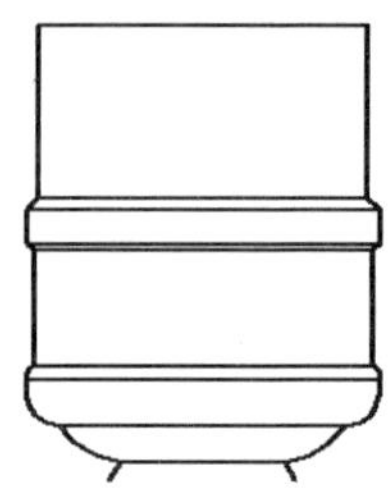

图 21-265

Step 42 在命令行中执行 ARC 命令，以第 1 步绘制矩形的左上角点为基点，输入坐标（@-6，362）作为起点，输入坐标（@-4，7）作为第二个点，输入坐标（@-1，6）作为端点绘制圆弧，绘制完成后的效果如图 21-266 所示。

Step 43 在命令行中执行 MI 命令，以最上方的多段线的中点为镜像线的第一点，在第一点正上方单击指定镜像线的第二点，镜像上一步绘制的圆弧。然后在命令行中执行 L 命令，绘制直线连接两圆弧的上端，绘制完成后的效果如图 21-267 所示。

Step 44 在命令行中执行 ARC 命令，以第 1 步绘制的矩形的左上角点为基点，输入坐标（@-11，375）作为起点，输入坐标（@9，34）作为第二个点，输入坐标（@31，15）作为端点绘制圆弧，绘制完成后的效果如图 21-268 所示。

Step 45 在命令行中执行 MI 命令，以最上方的直线的中点作为镜像线的第一点，在第一点正上方单击指定镜像线的第二点，镜像上一步绘制的圆弧。然后在命令行中执行 L 命令，绘制直线连接两圆弧的上端，绘制完成后的效果如图 21-269 所示。

图 21-266

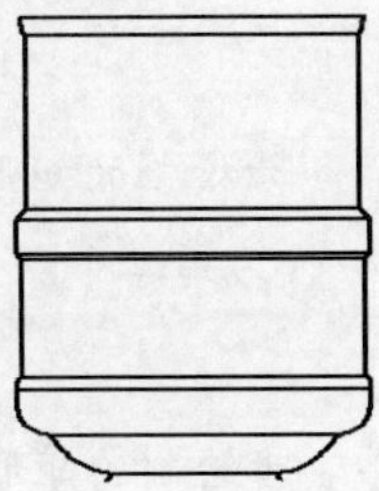

图 21-267

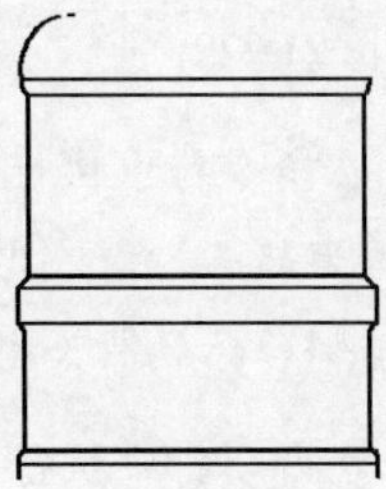

图 21-268

Step 46 在命令行中执行 L 命令，绘制如图 21-270 所示的 3 条直线，体现饮水桶的材质。用定义内部块的方法将饮水机定义为内部图块，并拖动到饮水机的方框中间，拖动后的效果如图 21-271 所示。

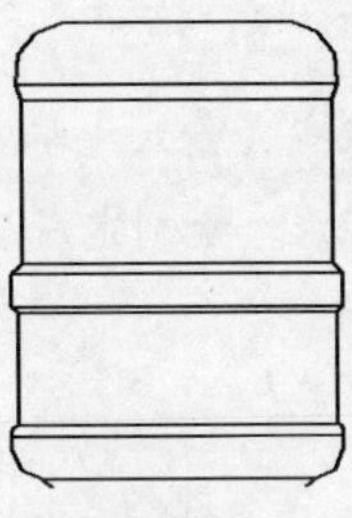

图 21-269

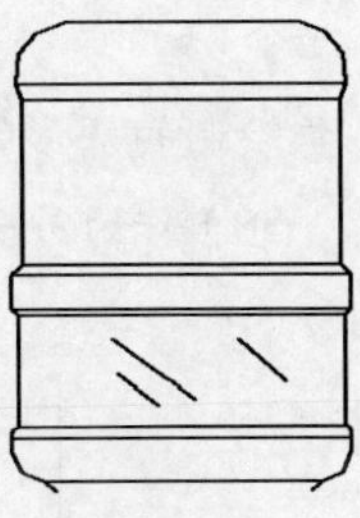

图 21-270

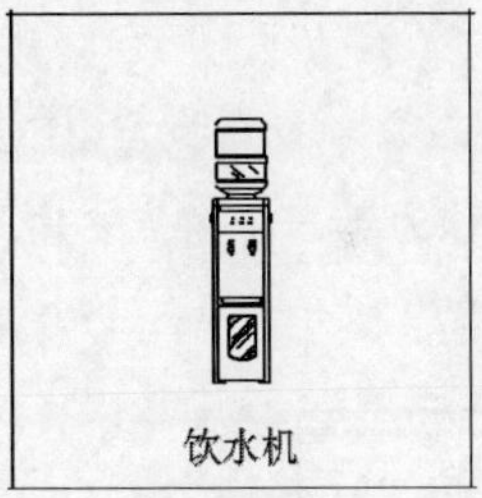

图 21-271

6．绘制冰箱

Step 01 在饮水机绘制完成后，接着绘制冰箱，首先绘制冰箱的轮廓。在命令行中执行 REC 命令，在绘图区表格外的空白位置单击指定第一个角点，输入坐标（@570，1665）作为另一个角点，绘制矩形，绘制完成后的效果如图 21-272 所示。

Step 02 在命令行中执行 L 命令，以上一步绘制的矩形的左上角点为基点，输入坐标值（@0，-60）作为第一点，输入坐标（570，0）作为下一点，绘制直线，绘制完成后的效果如图 21-273 所示。

Step 03 在命令行中执行 O 命令，以上一步绘制的直线为源对象，分别向下偏移 10、693、773、783、1104、1114、1525、1555，形成三开门冰箱，偏移后的效果如图 21-274 所示。

Step 04 绘制冰箱的拉手。在命令行中执行 L 命令，以第 1 步绘制的矩形的左上角点为基点，输入坐标（@0，-781）作为第一点，输入坐标（133，0）作为下一点绘制直线，绘制后的效果如图 21-275 所示。

图 21-272

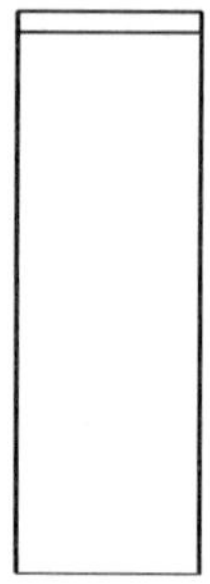

图 21-273

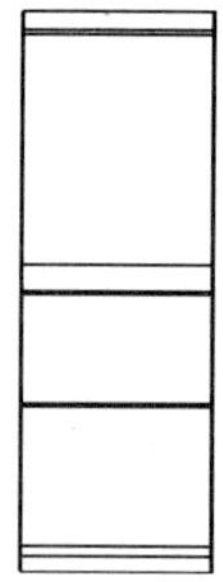

图 21-274

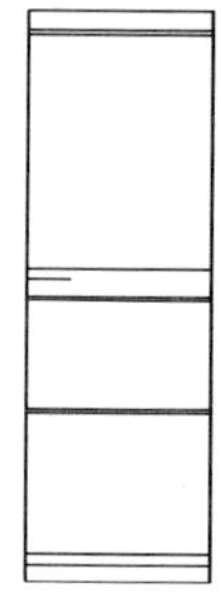

图 21-275

Step 05 在命令行中执行 ARC 命令，以第 1 步绘制的矩形的左上角点为基点，输入坐标（@133，-781）作为起点，输入坐标（@38，-16）作为第二个点，输入坐标（@19，-36）作为端点绘制圆弧，绘制后的效果如图 21-276 所示。

Step 06 在命令行中执行 REC 命令，以第 1 步绘制的矩形的左上角点为基点，输入坐标（@400，-797）作为第一个角点，输入坐标（@108，-7）作为另一个角点绘制矩形，绘制完成后的效果如图 21-277 所示。

Step 07 在命令行中执行 REC 命令，以第 1 步绘制的矩形的左上角点为基点，输入坐标（@226，-855）作为第一个角点，输入坐标（@118，-30）作为另一个角点绘制矩形，绘制完成后的效果如图 21-278 所示。

Step 08 在命令行中执行 REC 命令，以第 1 步绘制的矩形的左上角点为基点，输入坐标（@226，-1196）作为第一个角点，输入坐标（@118，-30）作为另一个角点绘制矩形，绘制完成后的效果如图 21-279 所示。

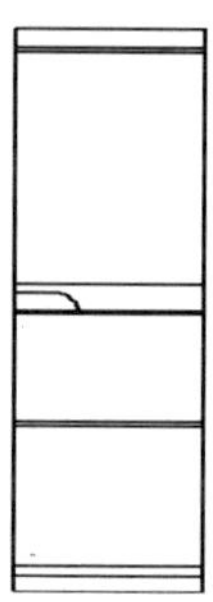

图 21-276

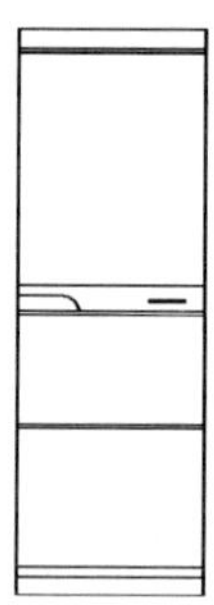

图 21-277

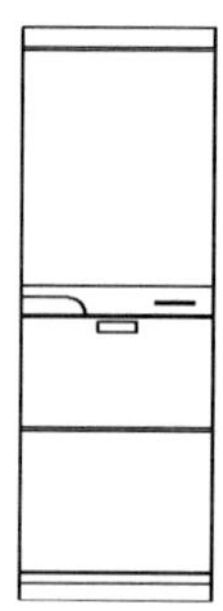

图 21-278

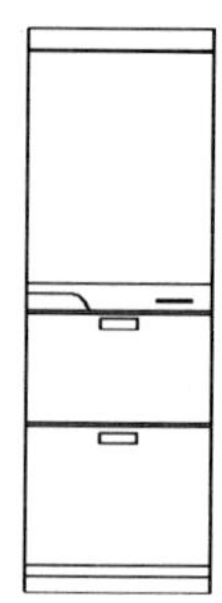

图 21-279

Step 09 对冰箱进行装饰在命令行中执行 REC 命令，以第 1 步绘制的矩形的左上角点为基点，输入坐标（@222，-22）作为第一个角点，输入坐标（@126，-25）作为另一个角点绘制矩形，绘制完成后的效果如图 21-280 所示。

Step 10 在命令行中执行 L 命令，以第 1 步绘制的矩形的左上角点为基点，输入坐标(@134，-21)作为第一点，输入坐标（0，-29）作为下一点，绘制直线，绘制完成后的效果如图 21-281 所示。

Step 11 在命令行中执行 CO 命令，以上一步绘制的直线的中点为基点，水平向右移动 10、20、30、40、50、60、70、232、242、252、262、272、282、292、302，复制上一步绘制的直线，复制后的效果如图 21-282 所示。

Step 12 在命令行中执行ELLIPSE命令，以第 1 步绘制的矩形的左上角点为基点，输入坐标(@287, -178）作为椭圆的圆心，输入坐标（0，16）作为轴的端点，输入坐标（30，0）指定另一条半轴长度，绘制椭圆。然后在命令行中执行 L 命令，通过椭圆圆心绘制直线，效果如图 21-283 所示。

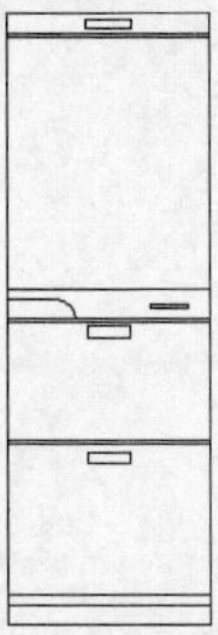
图 21-280

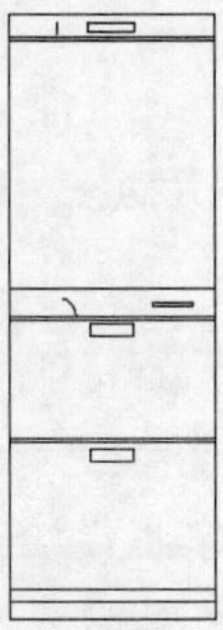
图 21-281

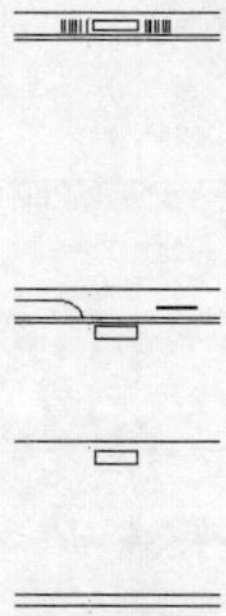
图 21-282

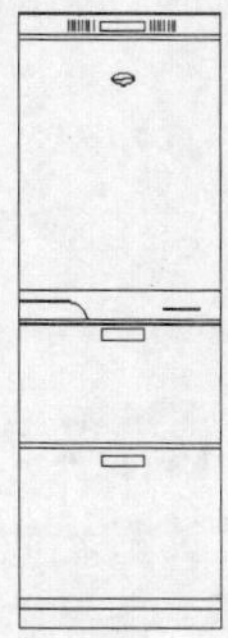
图 21-283

Step 13 用定义内部块的方法将冰箱定义为内部图块，并拖动到冰箱的方框中间，拖动后的效果如图 21-284 所示（光盘:\源文件\第 21 章\家电.dwg）。

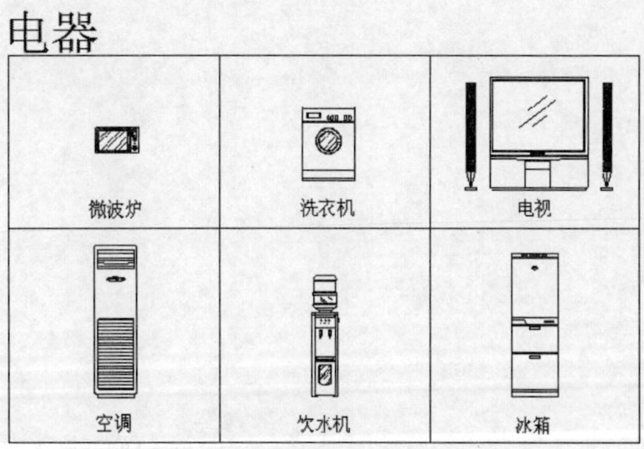

图 21-284

注　意

在日常练习中，可以把绘制好的建筑设施图定义为外部图块并保存在计算机中，以方便以后随时调用，提高绘图速度。

21.2.3　实例拓展和读者思考

在该实例中介绍了绘制家电的方法，使读者进一步巩固了本章的知识。利用这些命令还可以绘制出如图 21-285 所示的沙发。

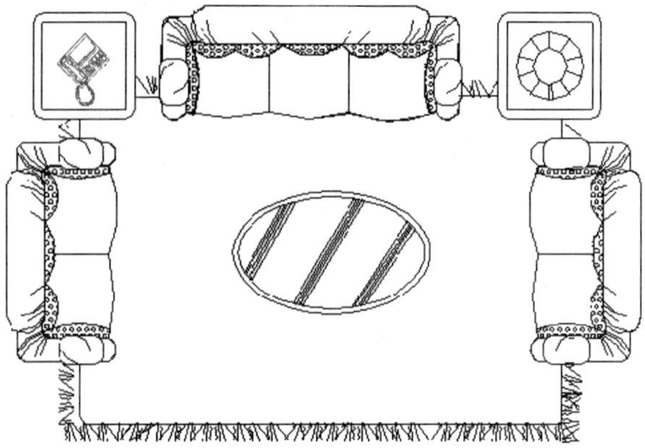

图 21-285

读者思考

通过刚才的实例练习和拓展练习，使读者进一步掌握了绘制常见建筑设施图的方法。除此之外，读者还可以利用本章所讲的知识绘制更复杂的图形。

第 22 章 绘制建筑平面图

在第 21 章已讲解了绘制建筑设施图的方法，本章将通过两个实例具体讲解建筑平面图的绘制方法。

22.1 建筑平面图的绘制流程

建筑平面图的绘制流程如下：

（1）构思如何将建筑平面图完整地表达出来。

（2）确定所绘制的平面图的大致长、宽尺寸及需要哪些公共设施。

（3）根据上述分析，设置绘图环境、图层、多线样式及标注样式。

（4）使用绘图和修剪命令绘制出图形，并对其进行尺寸标注、添加文字说明等。

（5）完成绘制后，对绘制的图形进行检测，需要打印时将其打印输出。

22.2 边学边用——绘制公共建筑平面图

建筑平面图是建筑施工图的基本样图，它是假想用一水平的剖切面沿门窗洞位置将房屋剖切后，对剖切面以下部分绘制的水平投影图。其反映房屋的平面形状、大小和房间布置；墙、柱的位置、尺寸和材料；门窗的类型和位置等。根据建筑体样式的不同，所绘制的建筑平面图的大体轮廓和物体设置也会有所不同。根据前面讲解的建筑平面图的绘制流程以及绘制图形的方法，绘制如图 22-1 所示的公共卫生间平面图。

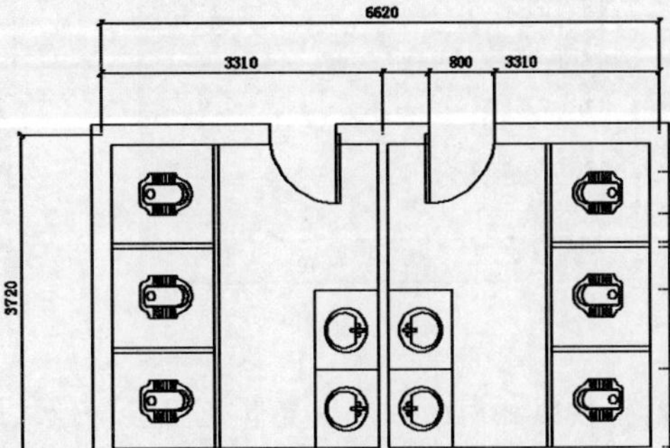

图 22-1

22.2.1 实例目标

下面通过具体实例练习在 AutoCAD 2012 中设置绘图环境、管理图层、设置多线样式、绘制图形对象及标注尺寸的方法，引导读者进一步掌握在 AutoCAD 2012 中绘制建筑平面图的方法。

具体学习目标如下：

- 掌握 AutoCAD 2012 中绘图环境的设置方法。
- 巩固练习在 AutoCAD 2012 中管理图层及设置多线样式的方法。
- 掌握在 AutoCAD 2012 中使用命令绘制图形对象的方法。

22.2.2 实例实现

1. 设置图形界限和图层

Step 01 启动 AutoCAD 2012，在命令行中执行 LIMITS 命令，设置图形界限大小，具体操作过程如下：

```
命令：LIMITS                                           //执行 LIMITS 命令
重新设置模型空间界限：                                  //系统提示
指定左下角点或［开（ON）/关（OFF）］<0.0000,0.0000>:   //按【Space】键确定左下角坐
标，保持默认设置
指定右上角点<420.0000,297.0000>:20000，15000           //确定绘图区大小
```

Step 02 在命令行中执行 UNITS 命令，弹出“图形单位”对话框。在“长度”选项组的“精度”下拉列表中选择 0 选项，然后单击确定按钮，如图 22-2 所示。

Step 03 在命令行中执行 LAYER 命令，弹出“图层特性管理器”选项板，单击“新建图层”按钮，新建图层，并输入名称“中心线”，设置其“颜色”为红色，设置其“线型”为 ACAD_ISOO4W100，如图 22-3 所示。

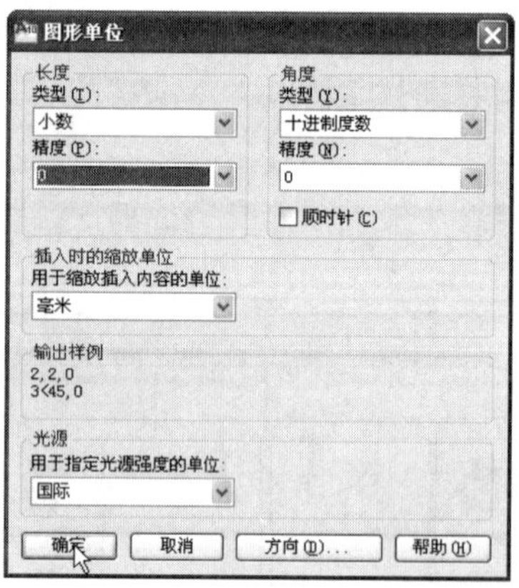

图 22-2

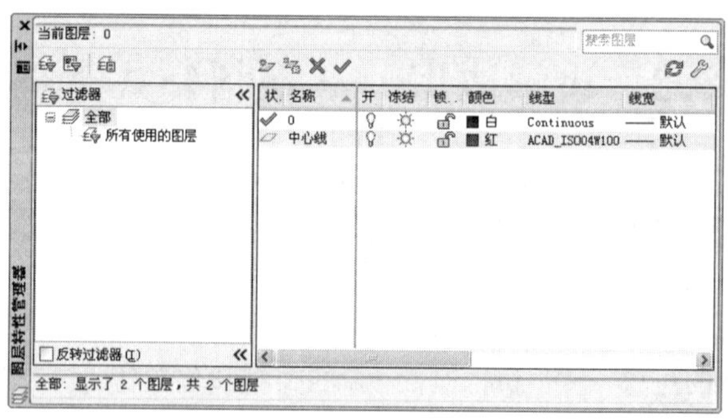

图 22-3

Step 04 按照相同的方法设置其他图层特性，设置完成后如图 22-4 所示，然后关闭“图层特性管理器”选项板。

Step 05 在命令行中执行 DIMSTYLE 命令，弹出“标注样式管理器”对话框，单击新建(N)...按钮，如图 22-5 所示。弹出“创建新标注样式”对话框，在“新样式名”文本框中输入文本“建筑平面图”，其余保持默认设置不变，单击继续按钮，如图 22-6 所示。

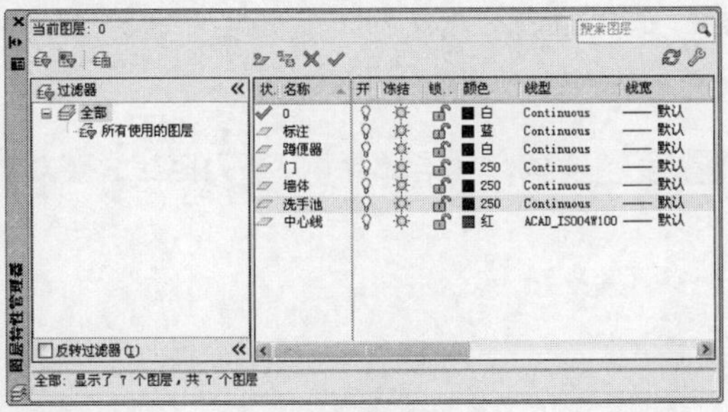

图 22-4

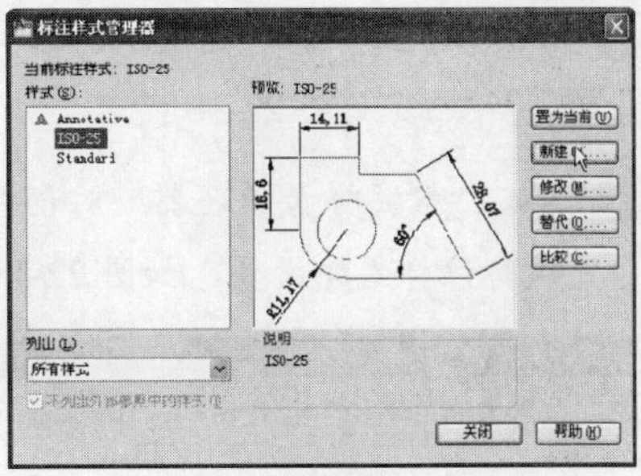

图 22-5

Step 06 弹出“新建标注样式：建筑平面图”对话框，切换至“线”选项卡，在“尺寸线”选项组的“颜色”下拉列表中选择“蓝”选项，在“尺寸界线”选项组的“颜色”下拉列表中选择“蓝”选项，在“超出尺寸线”数值框中输入35，在“起点偏移量”数值框中输入35，如图22-7所示。

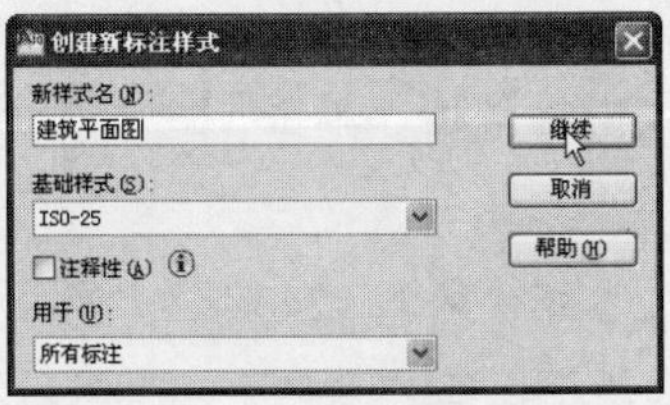

图 22-6

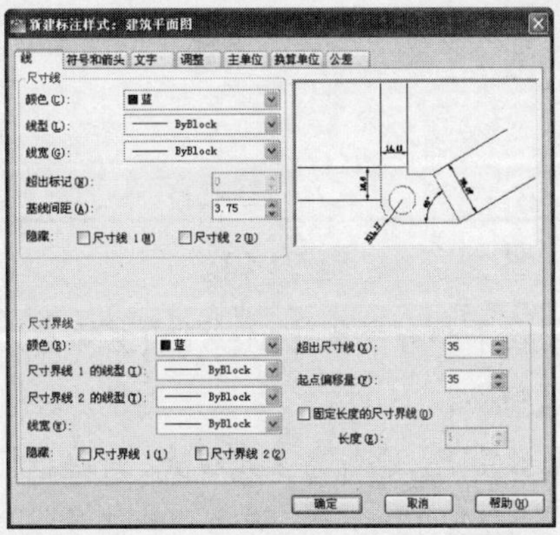

图 22-7

Step 07 切换至“符号和箭头”选项卡，在“箭头”选项组的“第一个”下拉列表中选择“建筑标记”选项，在“箭头大小”数值框中输入60，如图22-8所示。

Step 08 切换至“文字”选项卡，在“文字外观”选项组的“文字颜色”下拉列表中选择“蓝”选项，在“文字高度”数值框中输入135，在“文字位置”选项组的“从尺寸线偏移”数值框中输入55，如图22-9所示。

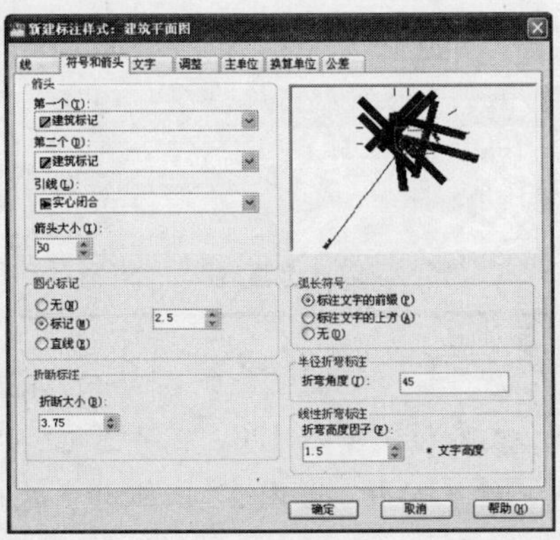

图 22-8

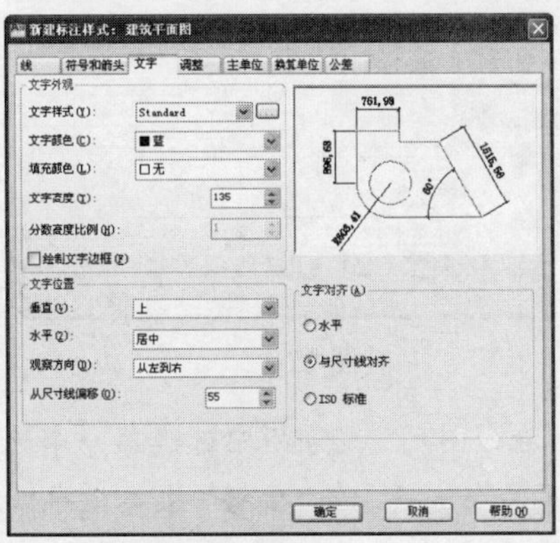

图 22-9

Step 09 切换至“主单位”选项卡，在“线性标注”选项组的“精度”下拉列表中选择 0 选项，单击 确定 按钮，如图 22-10 所示。

Step 10 返回“标注样式管理器”对话框，单击 置为当前(U) 按钮，然后单击 关闭 按钮，关闭该对话框，完成标注样式的设置，如图 22-11 所示。

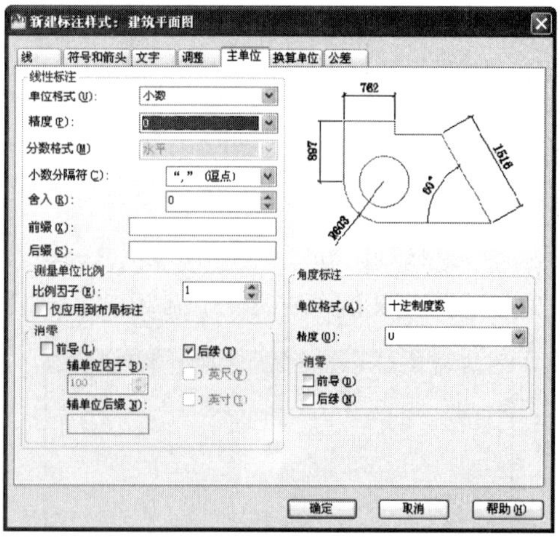

图 22-10

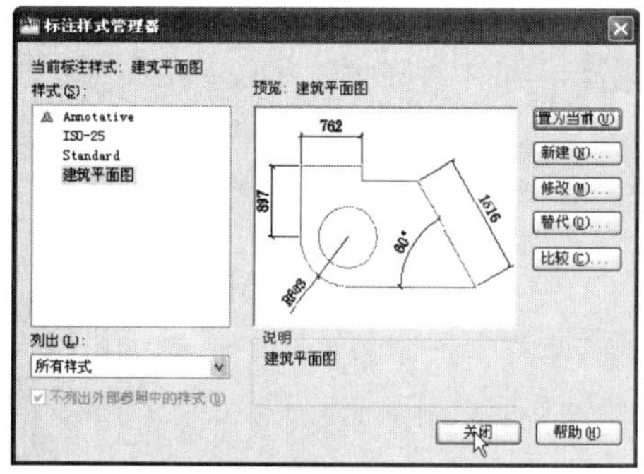

图 22-11

Step 11 在命令行中执行 MLSTYLE 命令，弹出“多线样式”对话框，单击 新建(N)... 按钮，如图 22-12 所示。

Step 12 弹出“创建新的多线样式”对话框，在“新样式名”文本框中输入“240 墙”，单击 继续 按钮，如图 22-13 所示。弹出“新建多线样式：240 墙”对话框，在“封口”选项组的“直线”右侧选择“起点”和“端点”两个复选框。

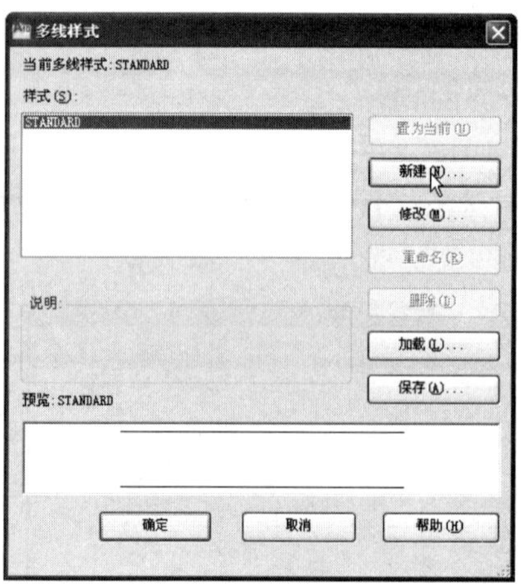

图 22-12

图 22-13

Step 13 在“图元”列表框中选择第一个选项，在“偏移”文本框中输入 120，在“图元”列表框中选择第二个选项，在“偏移”文本框中输入-120，单击 确定 按钮，如图 22-14 所示，返回“多线样式”对话框。

Step 14 按照相同的方法，新建“多线样式”为“120 墙”，并在“图元”列表框中选择第一个选项，在“偏移”文本框中输入 60，在“图元”列表框中选择第二个选项，在“偏移”文本框中输入-60，单击 确定 按钮，如图 22-15 所示。

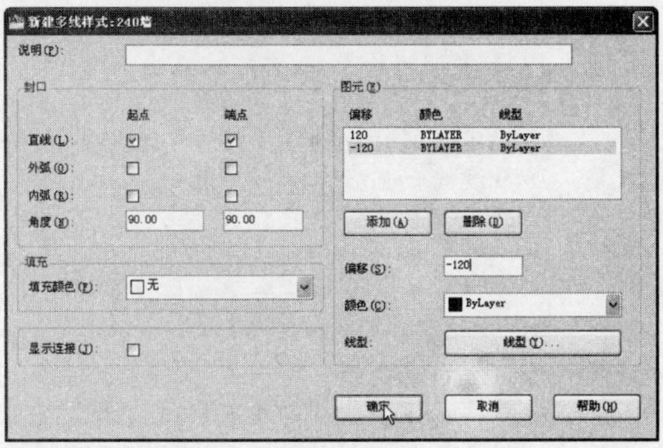

图 22-14

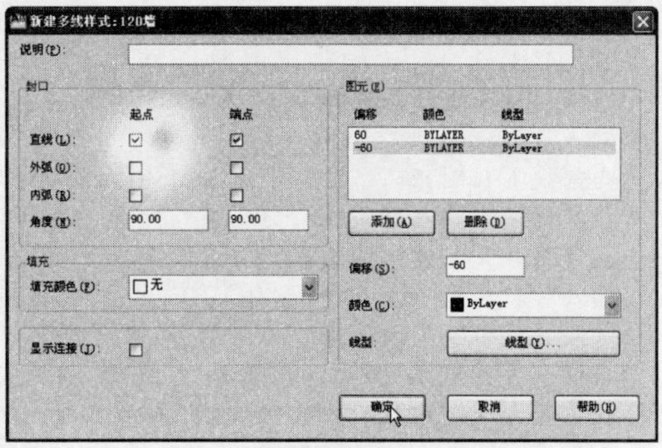

图 22-15

Step 15 返回“多线样式”对话框，在“样式”列表框中选择“240 墙”，单击 置为当前(U) 按钮，然后单击 确定 按钮，如图 22-16 所示，保存设置并关闭该对话框，返回绘图区。

2. 绘制墙体

Step 01 在“常用”选项卡的“图层”组中单击“图层”下拉按钮，选择“中心线”选项。在命令行中执行 L 命令，在绘图区中绘制一条长为 7000 的水平中心线，然后以水平中心线左边的端点为起点绘制一条长为 7000 的垂直中心线，绘制完成后的效果如图 22-17 所示。

Step 02 在命令行中执行 O 命令，以水平中心线为源对象，向下偏移 3720；以垂直中心线为源对象，分别向右偏移 3310、6620，偏移后的效果如图 22-18 所示。

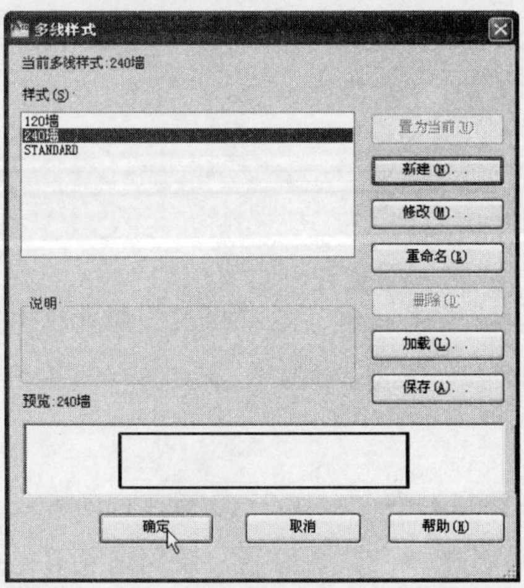

图 22-16

图 22-17

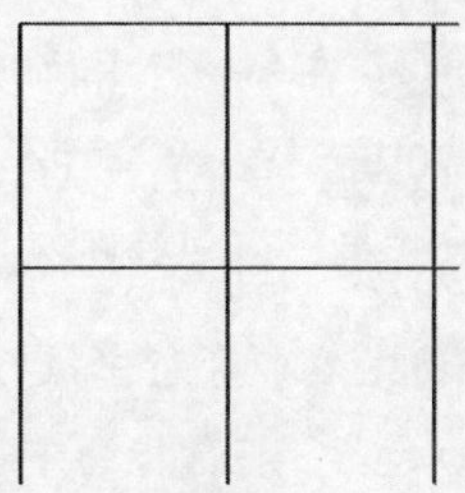

图 22-18

Step 03 在“常用”选项卡的“图层”组中单击“图层”下拉按钮，选择“标注”选项。在命令行中执行 DIMLINEAR 命令，标注中心线，标注后的效果如图 22-19 所示。

Step 04 在“常用”选项卡的“图层”组中单击“图层”下拉按钮，选择“墙体”选项。在命令行中执行 MLINE 命令，绘制外墙，具体操作过程如下：

```
命令：ML                                          //执行 MLINE 命令
当前设置：对正 = 上，比例 = 20.00，样式 = 240 墙 //系统自动显示
指定起点或 [对正(J)/比例(S)/样式(ST)]： S         //选择“比例”选项，设置多线比例，按【Space】键确认选择
输入多线比例 <20.00>： 1                           //指定多线比例为 1，按【Space】键确认
当前设置：对正 = 上，比例 = 1.00，样式 = 240 墙   //系统自动显示
指定起点或 [对正(J)/比例(S)/样式(ST)]： J         //选择“对正”选项，设置多线对齐方式，按【Space】键确认选择
输入对正类型 [上(T)/无(Z)/下(B)] <上>： Z          //选择“无”选项，设置多线居中对齐，按【Space】键确认选择
当前设置：对正 = 无，比例 = 1.00，样式 = 240 墙   //系统自动显示
指定起点或 [对正(J)/比例(S)/样式(ST)]：            //单击水平中心线与垂直中心线的交点
指定下一点：                                      //将鼠标向右移动并输入坐标(@6620,0)，按【Space】键确认
指定下一点或 [放弃(U)]：                          //将鼠标向下移动并输入坐标（@0，-3720），按【Space】键确认
指定下一点或 [闭合(C)/放弃(U)]：                  //将鼠标向左移动并输入坐标（@-6620，0），按【Space】键确认
指定下一点或 [闭合(C)/放弃(U)]： C                 //选择“闭合”选项，按【Space】键闭合多线并结束该命令，效果如图 22-20 所示
```

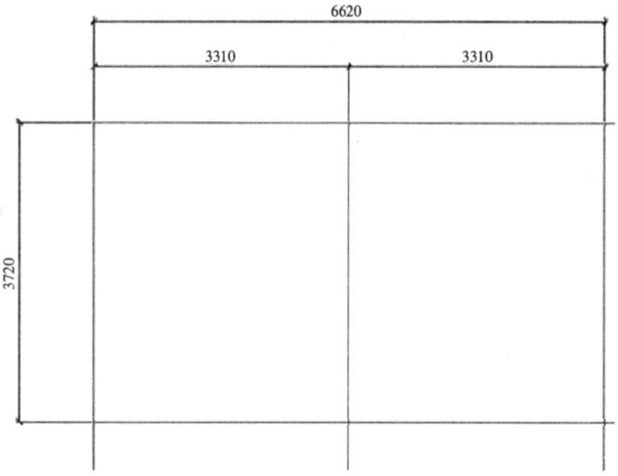

图 22-19

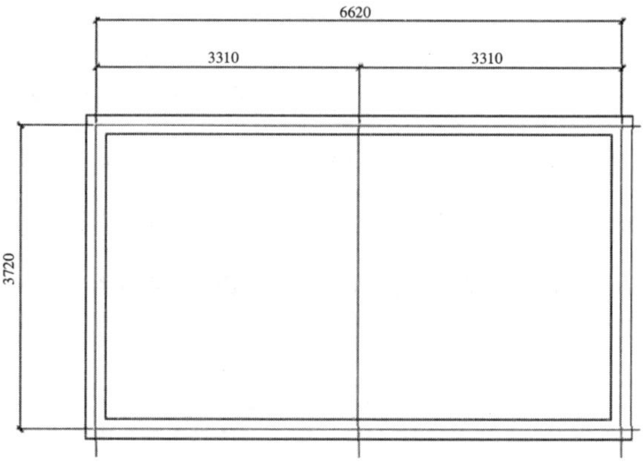

图 22-20

Step 05 在命令行中执行 MLSTYLE 命令，弹出“多线样式”对话框，在“样式”列表框中选择“120 墙”选项，单击 置为当前(U) 按钮，再单击 确定 按钮，如图 22-21 所示，保存设置并关闭该对话框，返回绘图区。

Step 06 在命令行中执行 MLINE 命令，以水平中心线与偏移水平中心线 3310 后获得的直线的交点为起点，将鼠标向下移动并输入坐标（@0，-3720）作为下一点绘制内墙，绘制完成后的效果如图 22-22 所示。

Step 07 在命令行中执行 MLEDIT 命令，弹出“多线编辑工具”对话框，在“多线编辑工具”选项组中单击“T 形合并”按钮，如图 22-23 所示。返回绘图区中选择需要进行 T 形合并的多线，对其进行合并，编辑多线后的效果如图 22-24 所示。

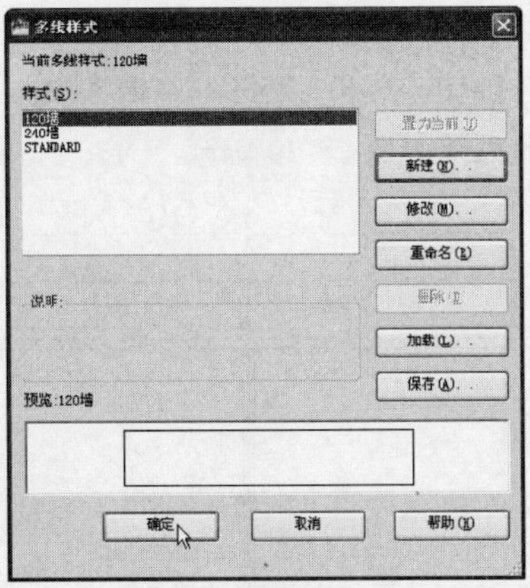

图 22-21

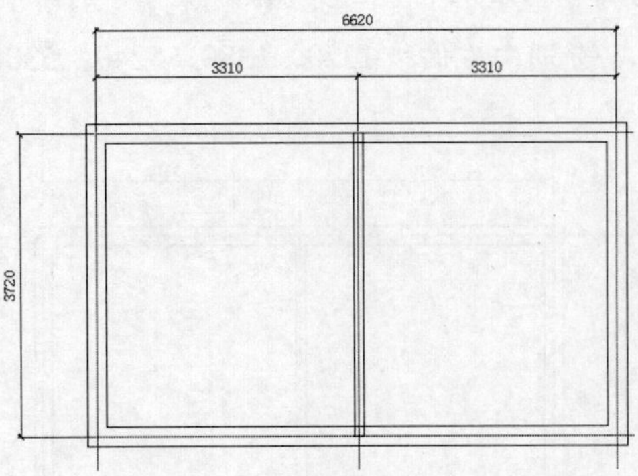

图 22-22

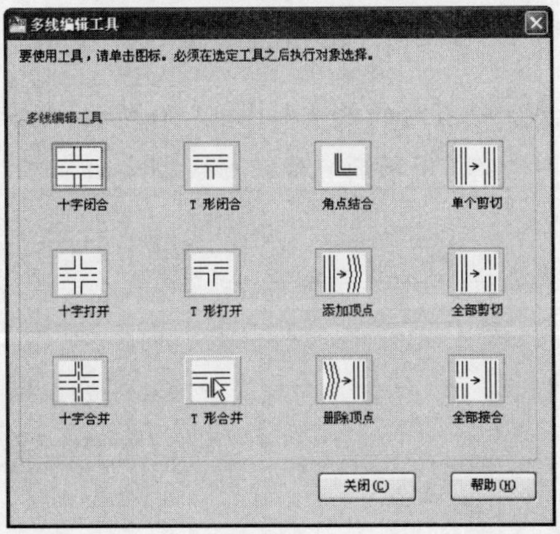

图 22-23

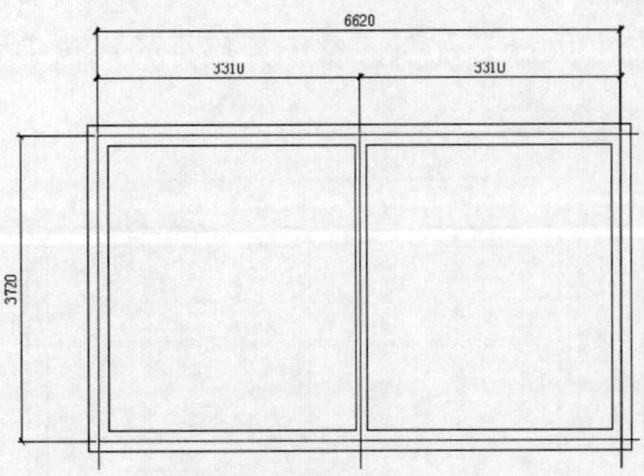

图 22-24

Step 08 在命令行中执行 O 命令，以垂直中心线为源对象，分别向右偏移 1970、2770、3850、4650，偏移后的效果如图 22-25 所示。

Step 09 在命令行中执行 TR 命令，修剪上一步偏移获得的直线，修剪后的效果如图 22-26 所示。然后在命令行中执行 L 命令，在修剪获得的线段上方绘制如图 22-27 所示的直线。

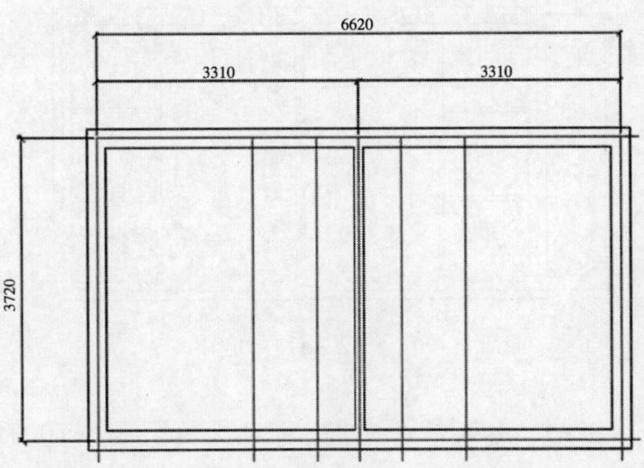

图 22-25

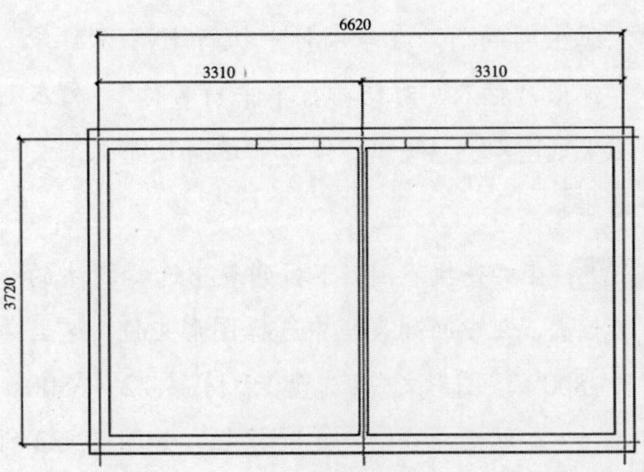

图 22-26

Step 10 在命令行中执行 TR 命令，修剪多线，修剪后的效果如图 22-28 所示。然后在命令行中执行 O 命令，以水平中心线为源对象，分别向下偏移 1250、1310、2440、2500；以垂直中心线为源对象，分别向右偏移 1320、1380、5240、5300，偏移后的效果如图 22-29 所示。

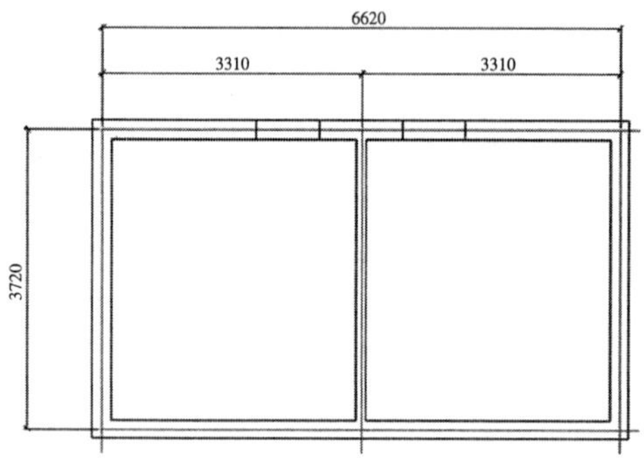

图 22-27

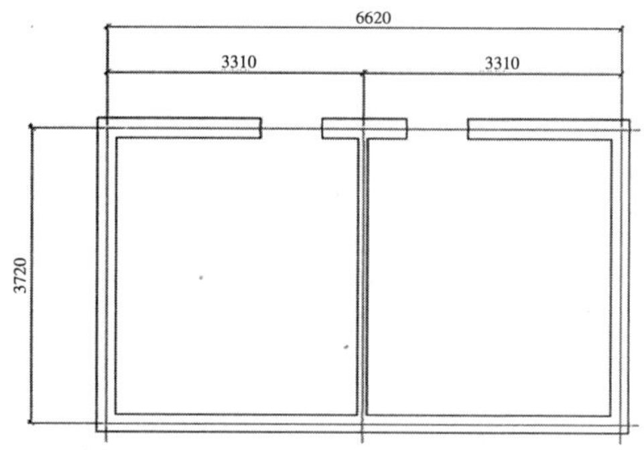

图 22-28

Step 11 在命令行中执行 TR 命令，修剪偏移获得的直线，修剪后的效果如图 22-30 所示。然后在命令行中执行 L 命令，在修剪获得的线段上方绘制如图 22-31 所示的直线，形成小房间。

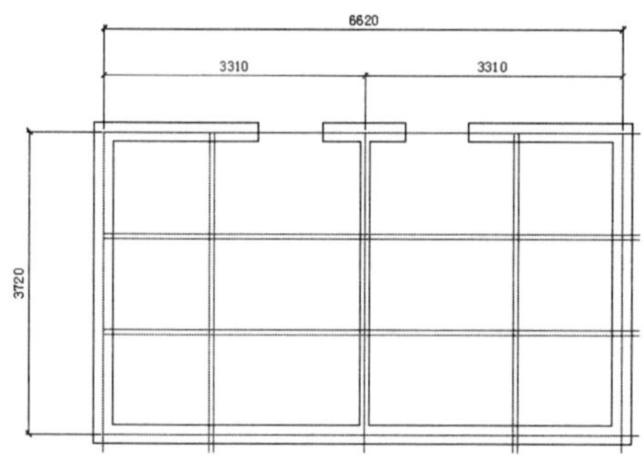

图 22-29

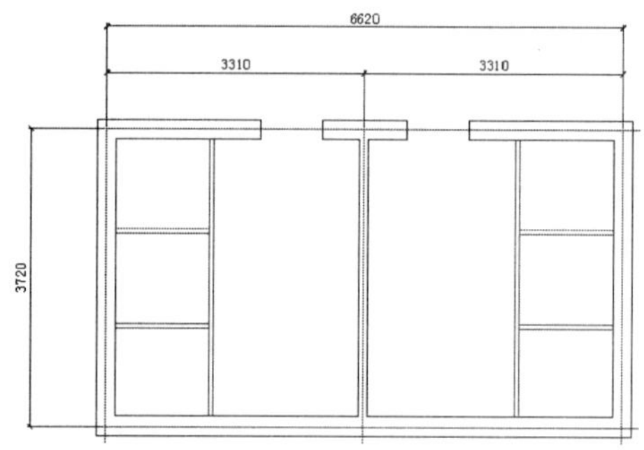

图 22-30

3．绘制门

Step 01 在“常用”选项卡的“图层”组中单击“图层”下拉按钮，选择“门”选项。接下来插入卫生间的门，在命令行中执行 INSERT 命令，弹出“插入”对话框，单击“名称” 文本框右侧的[浏览(B)...]按钮，弹出“选择图形文件”对话框。

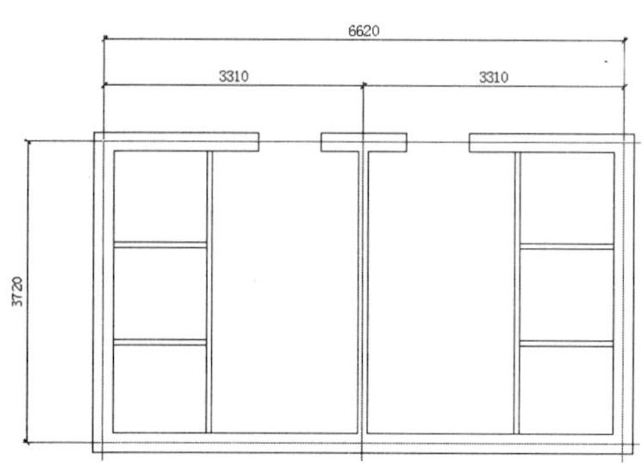

图 22-31

Step 02 在“查找范围”下拉列表中选择图块的目标位置，在中间列表框中选择图形文件，这里打开“800 门”图形文件（光盘:\素材\第 22 章\800 门.dwg），然后单击[打开(O)]按钮，如图 22-32 所示。返回“插入”对话框，单击[确定]按钮，如图 21-33 所示。返回绘图区，单击如图 22-34 所示的 A 点，插入后的效果如图 22-35 所示。

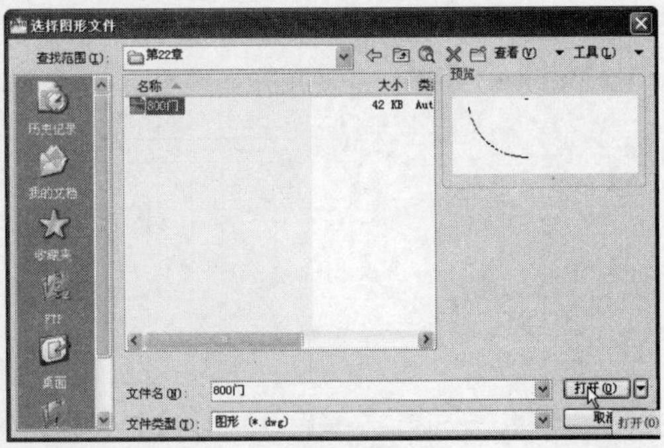

图 22-32

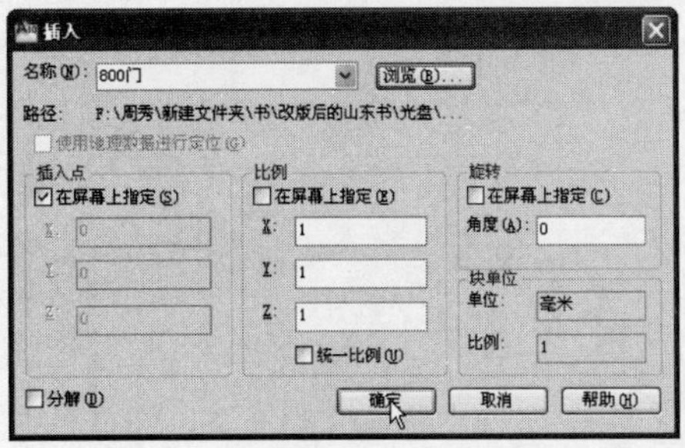

图 22-33

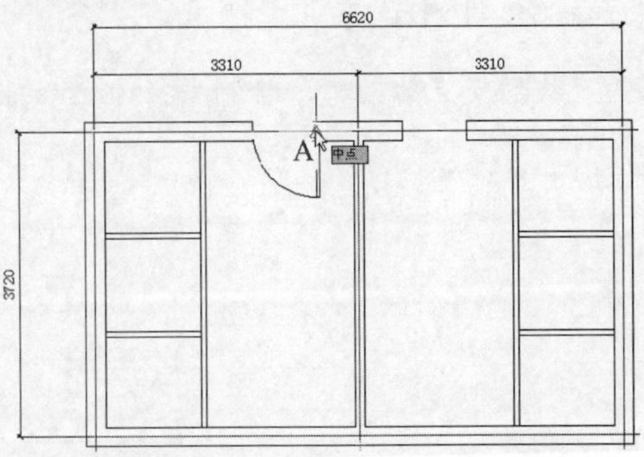

图 22-34

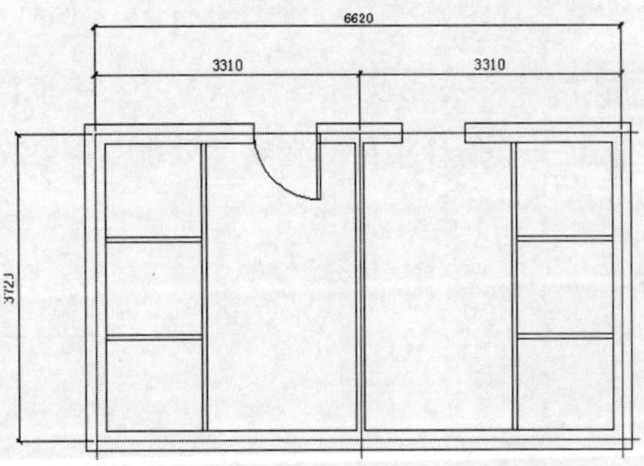

图 22-35

Step 03 在命令行中执行 MI 命令，以 120 墙中的中心线为镜像线的第一点，在第一点的正上方单击指定镜像线的第二点，镜像上一步插入的 800 门，镜像后的效果如图 22-36 所示。

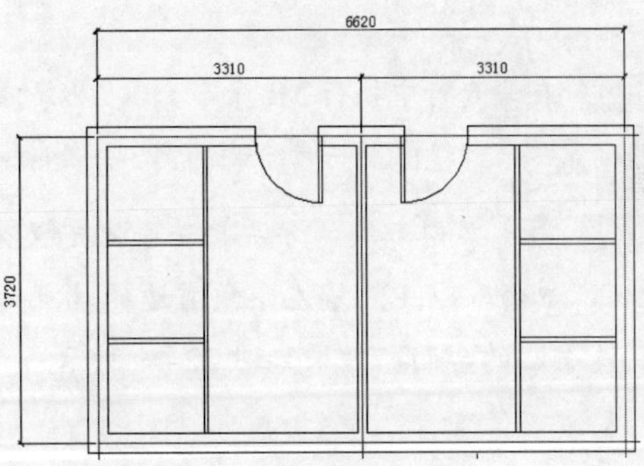

图 22-36

4. 绘制洗手池

Step 01 绘制卫生间的洗手池。在“常用”选项卡的“图层”组中单击“图层”下拉按钮，选择“洗手池”选项。在命令行中执行 C 命令，在平面图外的空白处绘制半径为 250 的圆，然后在命令行中执行 L 命令，在圆上分别绘制通过圆心的水平直线和垂直直线，效果如图 22-37 所示。

Step 02 在命令行中执行 O 命令，以上一步绘制的垂直直线为源对象，向左偏移 25。然后在命令行中执行 C 命令，以刚偏移获得的直线与水平直线相交的交点为圆心，绘制半径为 200 的圆，并删除刚偏移获得的直线，效果如图 22-38 所示。

Step 03 在命令行中执行 O 命令，以图形中通过圆心的垂直直线为源对象，向右偏移 55、113、205，以图形中通过圆心的水平直线为源对象，向上、向下各偏移 20，偏移后的效果如图 22-39 所示。

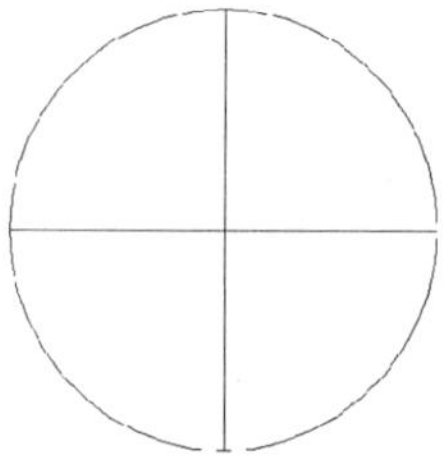

图 22-37

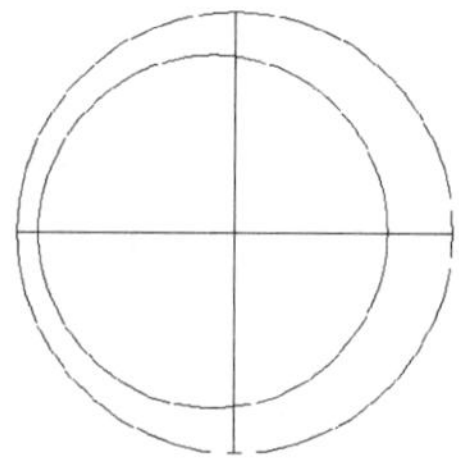

图 22-38

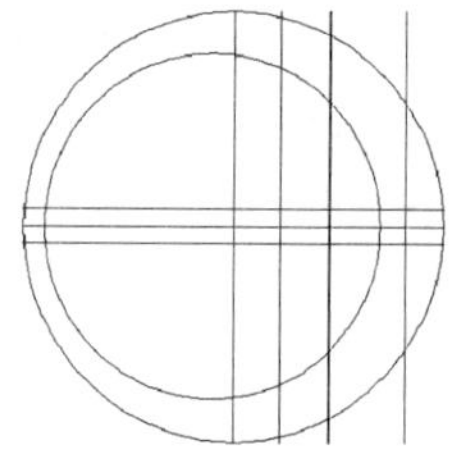

图 22-39

Step 04 在命令行中执行 TR 命令，修剪偏移获得的直线，修剪后的效果如图 22-40 所示。然后在命令行中执行 O 命令，以图形中通过圆心的垂直直线为源对象，向右偏移 143；以图形中通过圆心的水平直线为源对象，向上偏移 55，偏移后的效果如图 22-41 所示。

Step 05 在命令行中执行 C 命令，以上一步偏移获得的直线的交点为圆心，绘制半径为 25 的圆，并删除上一步偏移获得的直线，效果如图 22-42 所示。

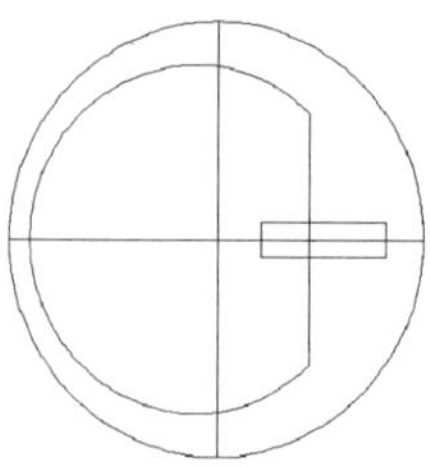

图 22-40

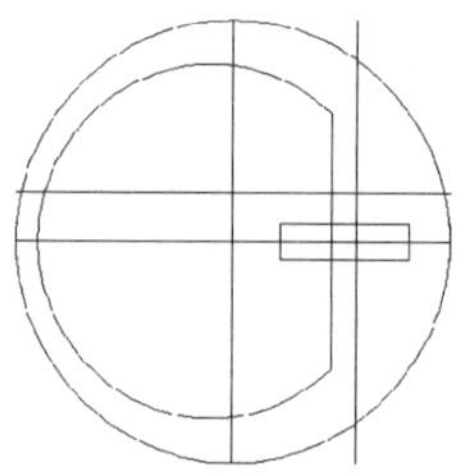

图 22-41

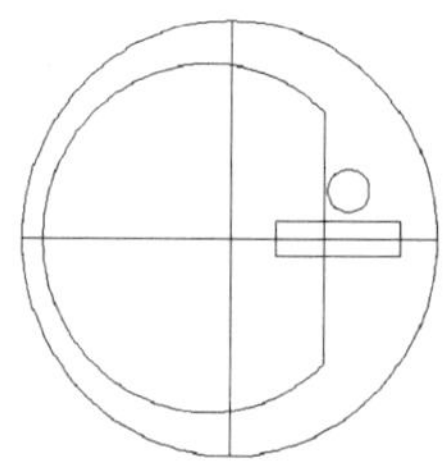

图 22-42

Step 06 在命令行中执行 MI 命令，以大圆的圆心为镜像线的第一点，以大圆和水平直线的交点为镜像线的第二点，镜像上一步绘制的圆，并删除通过圆心的水平直线和垂直直线，效果如图 22-43 所示。

Step 07 用定义内部块的方法将洗手池定义为内部图块，然后删除绘制的洗手池。在命令行中执行 REC 命令，以 120 墙左下角靠边的端点为第一个点，以（@-750，900）坐标作为第二个点，绘制洗手池的台面，效果如图 22-44 所示。

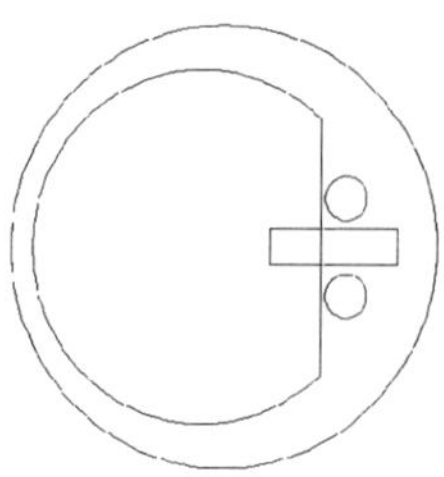

图 22-43

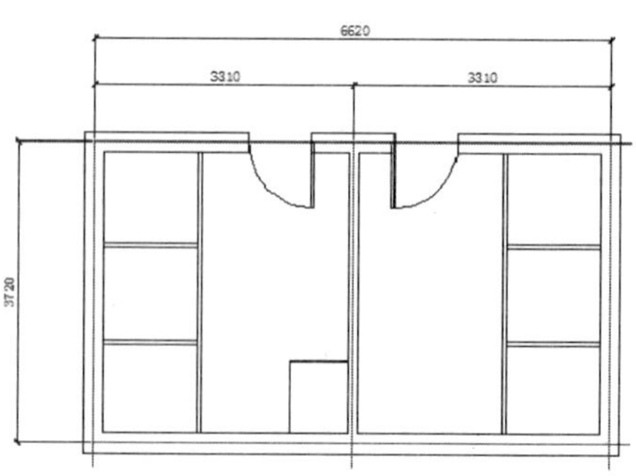

图 22-44

Step 08 在图形中插入洗手池。在命令行中执行 INSERT 命令，弹出“插入”对话框，在“名称”下拉列表中选择“洗手池”选项，然后单击 确定 按钮，如图 22-45 所示。返回绘图区，单击如

图 22-46 所示的 A 点，插入后的效果如图 22-47 所示。

图 22-45

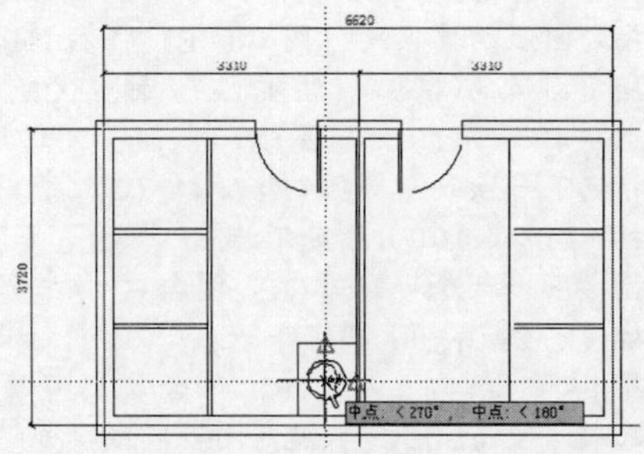

图 22-46

Step 09 在命令行中执行 MI 命令，以洗手池台面右上角的端点为镜像线的第一点，以左上角的端点为镜像线的第二点，镜像台面和洗手池，镜像后的效果如图 22-48 所示。

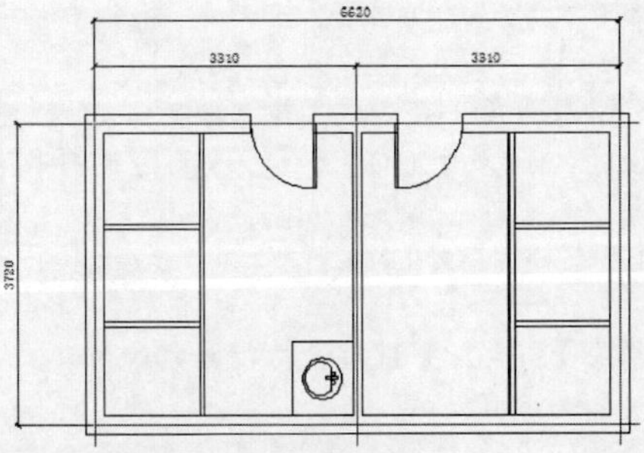

图 22-47

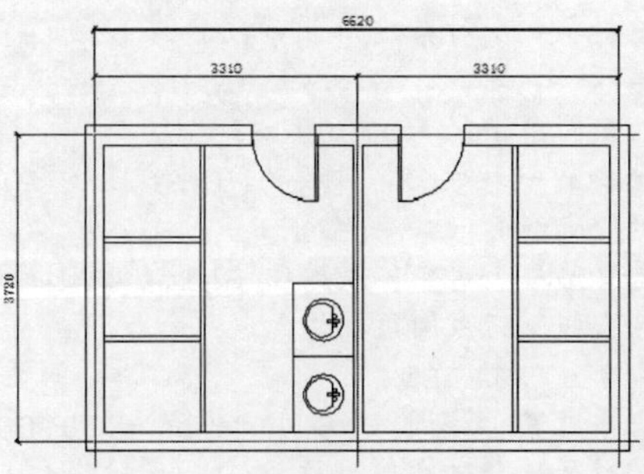

图 22-48

Step 10 在命令行中执行 MI 命令，以 120 墙中的中心线上方的端点为镜像线的第一点，在第一点的正上方单击指定镜像线的第二点，镜像左边的台面和洗手池，镜像后的效果如图 22-49 所示。

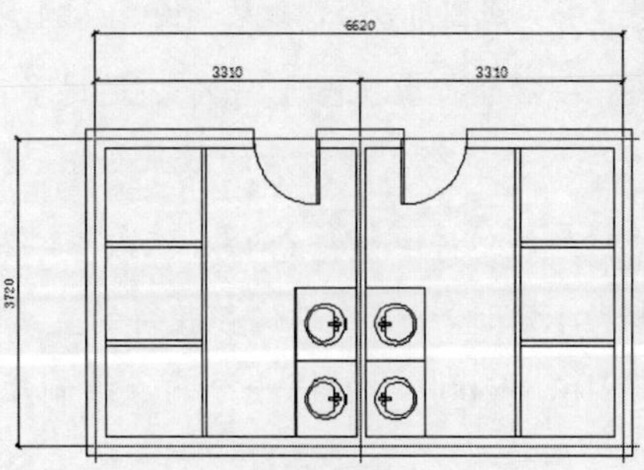

图 22-49

5．绘制蹲便器

Step 01 在洗手池绘制完成后，接下来绘制蹲便器。在“常用”选项卡的“图层”组中单击“图层”下拉按钮，选择“蹲便器”选项。在命令行中执行 PL 命令，在平面图外的空白位置绘制蹲便器轮廓，具体操作过程如下：

```
命令: PL                                   //执行 PLINE 命令
指定起点: FROM                             //执行 FROM 命令
基点:                                      //单击绘图区的空白处
<偏移>: @240,345                           //输入偏移距离（@240，345）
当前线宽为 0.0000                          //系统自动提示
指定下一个点或 [圆弧(A)/半宽(H)/长度(L)/放弃(U)/宽度(W)]: A    //选择“圆弧”选项
```

```
指定圆弧的端点或[角度(A)/圆心(CE)/方向(D)/半宽(H)/直线(L)/半径(R)/第二个点(S)/放弃(U)/宽度(W)]: A                //选择“角度”选项
指定包含角: -180                //输入圆弧的包含角度-180
指定圆弧的端点或 [圆心(CE)/半径(R)]: @240,0    //输入点的坐标(@240, 0)指定圆弧的端点
指定圆弧的端点或[角度(A)/圆心(CE)/闭合(CL)/方向(D)/半宽(H)/直线(L)/半径(R)/第二个点(S)/放弃(U)/宽度(W)]: L      //选择“直线”选项，按【Space】键
指定下一点或 [圆弧(A)/闭合(C)/半宽(H)/长度(L)/放弃(U)/宽度(W)]: @0,-400    //输入坐标(@0, -400)指定下一点
指定下一点或 [圆弧(A)/闭合(C)/半宽(H)/长度(L)/放弃(U)/宽度(W)]: @-240,0    //输入坐标(@-240, 0)指定下一点
指定下一点或 [圆弧(A)/闭合(C)/半宽(H)/长度(L)/放弃(U)/宽度(W)]: C    //选择“闭合”选项，按【Space】键封闭多段线，并结束该命令，效果如图 22-50 所示
```

Step 02 在命令行中执行 F 命令，对上一步绘制的多段线的左下角和右下角进行圆角操作，圆角半径设为 50，具体操作过程如下。

```
命令: FILLET                                    //执行 FILLET 命令
当前设置: 模式 = 修剪，半径 = 0.0000            //系统当前提示
选择第一个对象或 [放弃(U)/多段线(P)/半径(R)/修剪(T)/多个(M)]: r      //选择“半径”选项
指定圆角半径 <0.0000>: 50                       //输入圆角半径，这里输入 50
选择第一个对象或 [放弃(U)/多段线(P)/半径(R)/修剪(T)/多个(M)]:         //选择图形左边的竖直线
选择第二个对象，或按住 Shift 键选择对象以应用角点或 [半径(R)]:        //选择图形中的横直线，完成圆角操作
命令: FILLET                                    //按【Space】键重复执行圆角命令
当前设置: 模式 = 修剪，半径 = 50.0000           //系统当前提示
选择第一个对象或 [放弃(U)/多段线(P)/半径(R)/修剪(T)/多个(M)]:         //选择横直线
选择第二个对象，或按住 Shift 键选择对象以应用角点或 [半径(R)]:        //选择右侧竖直线，并完成圆角命令，效果如图 22-51 所示
```

Step 03 在命令行中执行 L 命令，通过多段线左边线段绘制一条垂直直线，通过多段线圆弧圆心绘制一条水平直线，绘制后的效果如图 22-52 所示。

Step 04 在命令行中执行 O 命令，以上一步绘制的垂直直线为源对象，向右偏移 12。然后在命令行中执行 REC 命令，以刚偏移获得的直线与上一步绘制的水平直线的交点为第一个角点，输入坐标（@216，-400）作为另一个角点绘制矩形，绘制完成后的效果如图 22-53 所示。

图 22-50

图 22-51

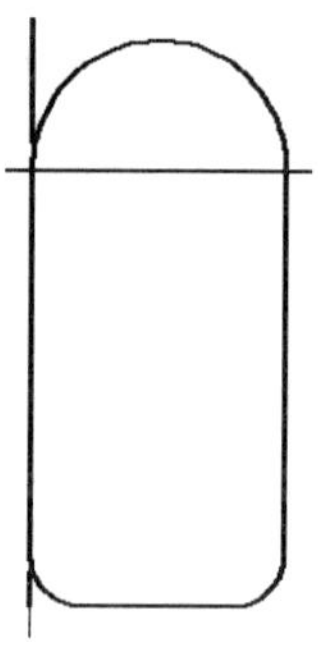
图 22-52

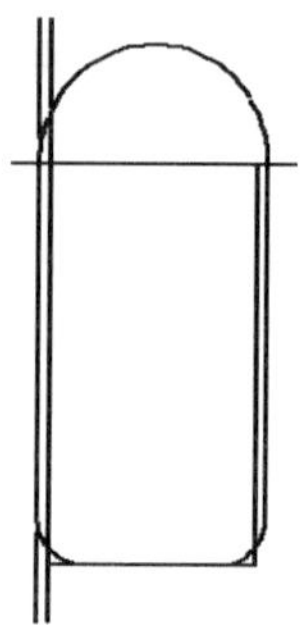
图 22-53

Step 05 在命令行中执行 F 命令，对上一步绘制的矩形的左下角和右下角进行圆角操作，圆角半径设为 50，并删除上一步偏移获得的直线，效果如图 22-54 所示。

Step 06 在命令行中执行 O 命令，以通过多段线左边线段的垂直直线为源对象，向右偏移 120；以通过多段线圆弧圆心的直线为源对象，向下偏移 54，偏移后的效果如图 22-55 所示。

Step 07 在命令行中执行 C 命令，以上一步偏移获得的两条直线的交点为圆心，绘制半径为 120 的圆，绘制完成后的效果如图 22-56 所示。然后在命令行中执行 TR 命令，修剪刚偏移的直线、圆、多线段，并删除部分多余的线段，效果如图 22-57 所示。

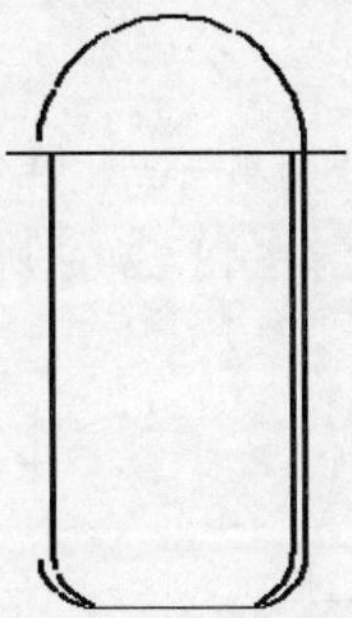

图 22-54

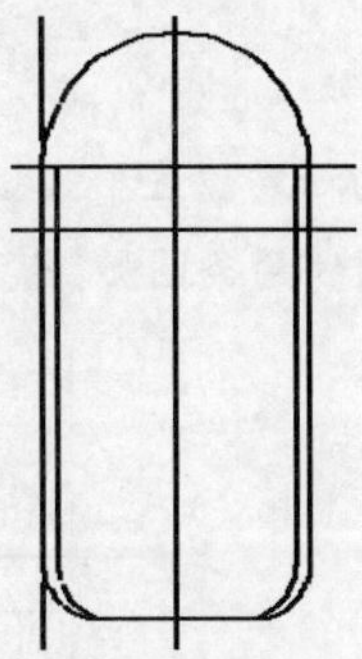

图 22-55

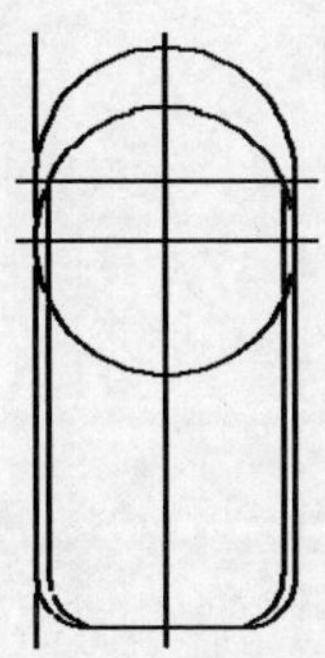

图 22-56

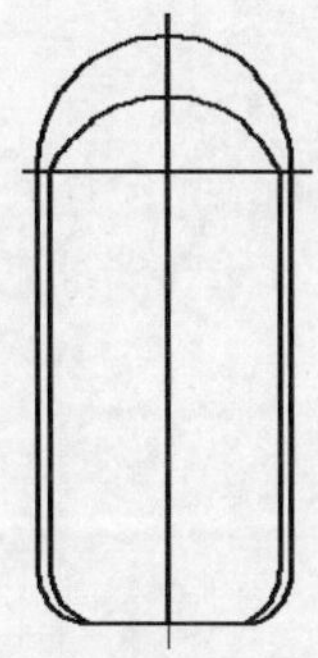

图 22-57

Step 08 在命令行中执行 O 命令，以修剪后图形中的垂直中心线为源对象，分别向左、向右各偏移 163、240；以通过圆弧圆心的水平直线为源对象，向上偏移 55，向下偏移 345、444，偏移后的效果如图 22-58 所示。

Step 09 在命令行中执行 C 命令，以如图 22-59 所示的 A 点为圆心，绘制半径为 172 的圆。在命令行中执行 F 命令，设置圆角半径为 60，对如图 22-59 所示 B 角和 C 角进行圆角处理，设置圆角半径为 30，对如图 22-59 所示的 D 角、E 角、F 角和 G 角进行圆角处理，效果如图 22-60 所示。

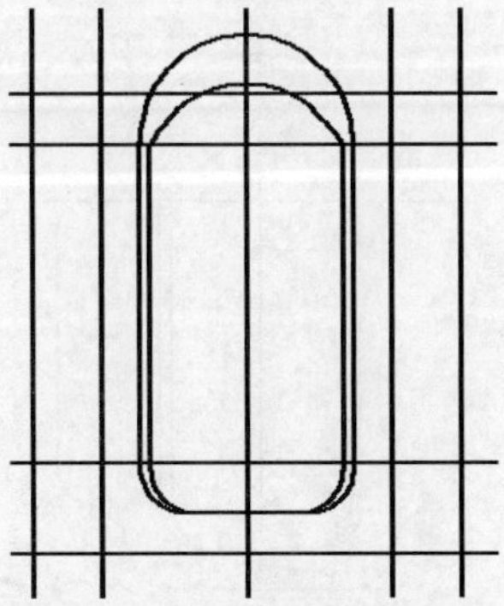

图 22-58

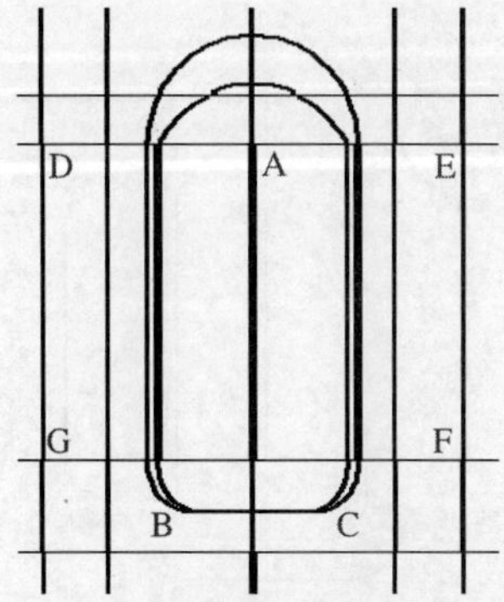

图 22-59

Step 10 在命令行中执行 ARC 命令，以如图 22-61 所示的 A 点为起点、B 点为第二个点、坐标为（@0，200）的点为第 3 个点，以如图 22-61 所示的 C 点为起点、D 点为第二个点、坐标为（@0，-70）的点为第 3 个点，绘制圆弧，绘制完成后的效果如图 22-62 所示。

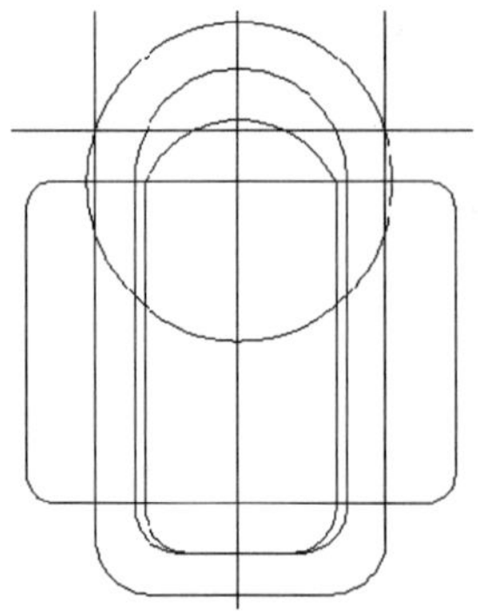

图 22-60

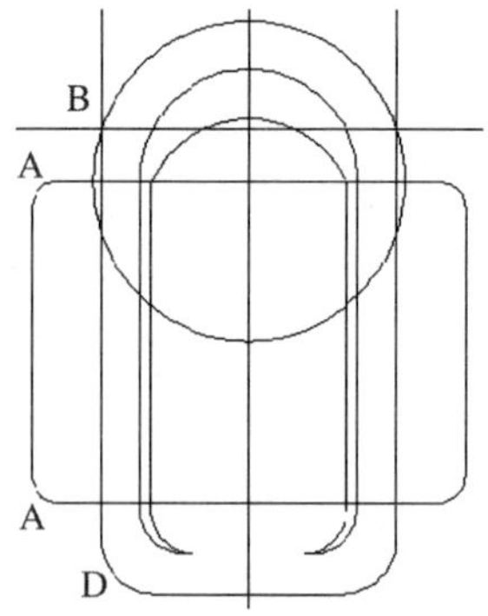

图 22-61

Step 11 在命令行中执行 MI 命令，在垂直中心线上的任意位置单击指定镜像线的第一点，在第一点的正上方单击指定镜像线的第二点，镜像上一步绘制的两条圆弧，镜像后的效果如图 22-63 所示。

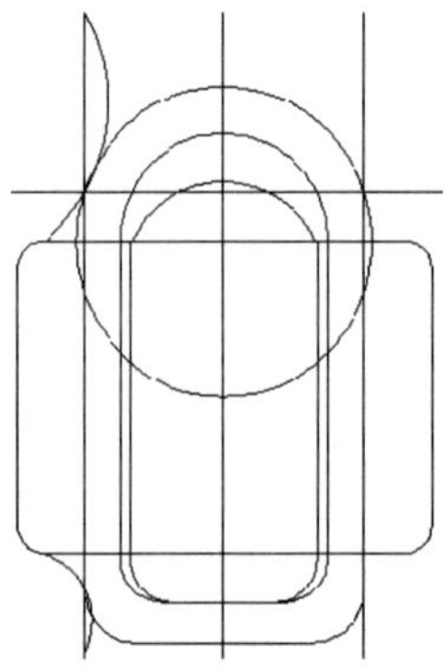

图 22-62

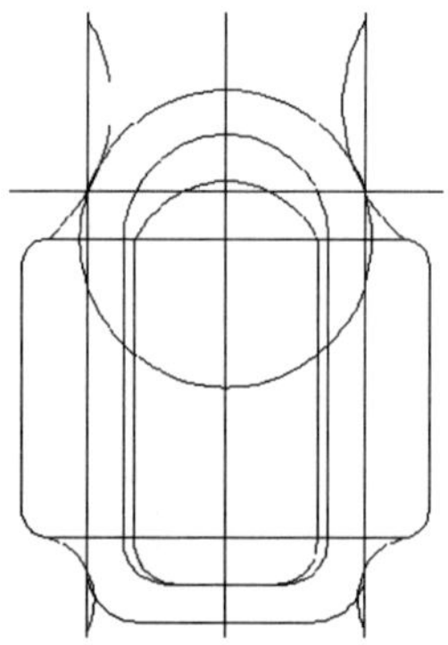

图 22-63

Step 12 在命令行中执行 TR 命令，修剪圆、圆弧、直线，效果如图 22-64 所示。然后在命令行中执行 L 命令，绘制一条通过多段线圆弧圆心的水平直线，绘制完成后的效果如图 22-65 所示。

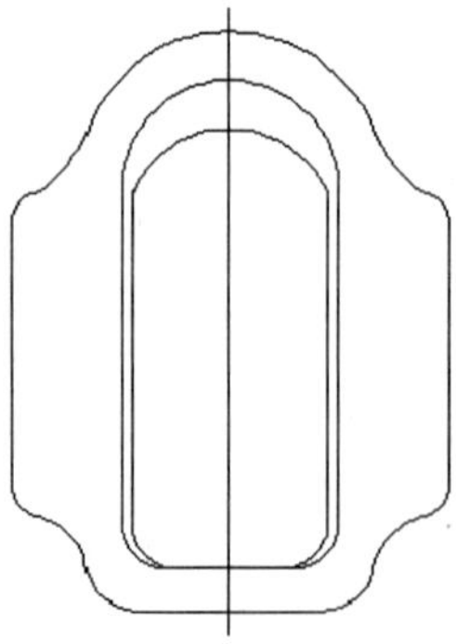

图 22-64

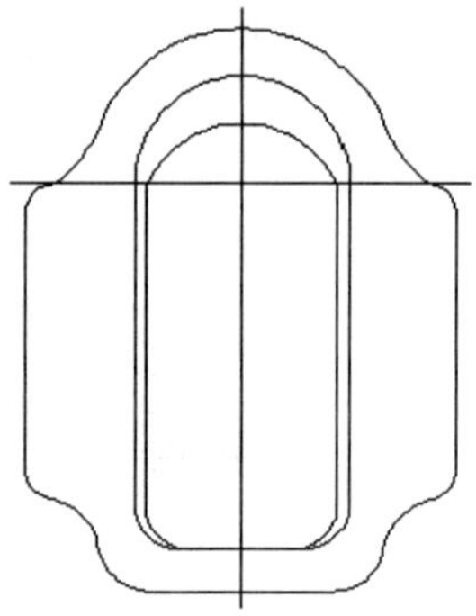

图 22-65

Step 13 在命令行中执行 O 命令，以通过圆心的垂直直线为源对象，向左偏移 215；以通过多段线圆弧圆心的水平直线为源对象，向下偏移 30，偏移后的效果如图 22-66 所示。

Step 14 在命令行中执行 REC 命令，以上一步偏移获得的两条直线的交点为第一个角点，以（@70, -18）坐标作为另一个角点绘制矩形，并删除上一步偏移获得的直线，删除后的效果如图 22-67 所示。

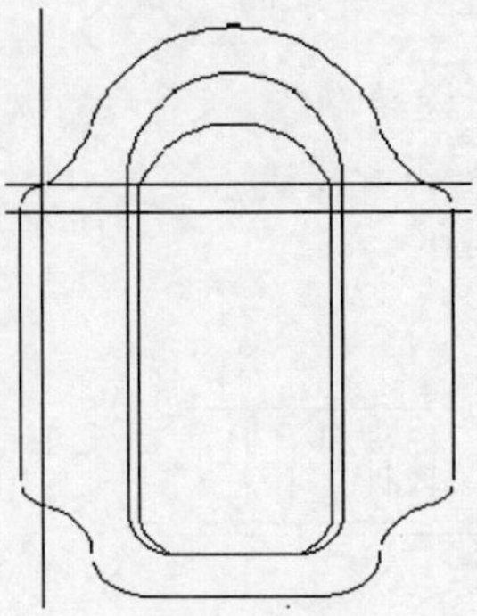

图 22-66

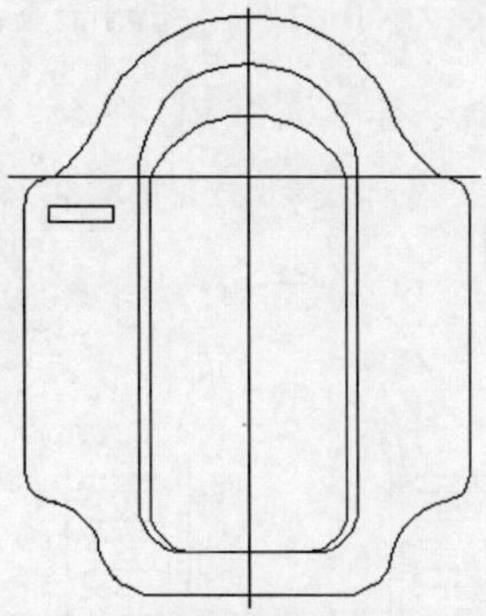

图 22-67

Step 15 在命令行中执行 C 命令，以矩形左右两边的中点为圆心，绘制半径为 9 的两个圆，并在命令行中执行 TR 命令，修剪圆和矩形，修剪后的效果如图 22-68 所示。

Step 16 在命令行中执行 ARRAYRECT 命令，选择如图 22-69 所示的图形进行矩形阵列。阵列时行数为 6，列数为 1，间距为 250，完成后的效果如图 22-70 所示。然后使用 MI 命令进行镜像操作，以图 22-70 中所示的竖直线为镜像轴，镜像后的效果如图 22-71 所示。

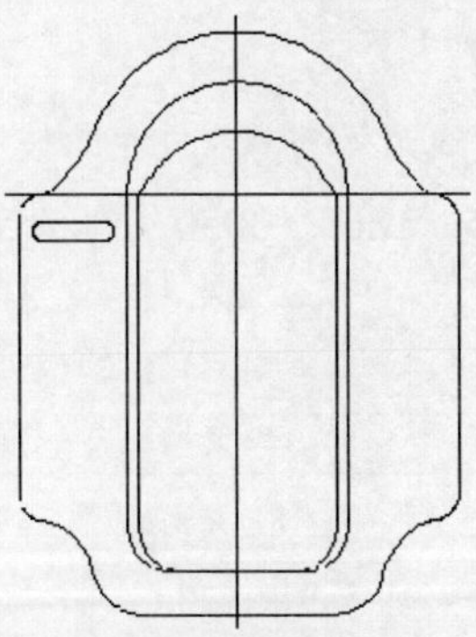

图 22-68

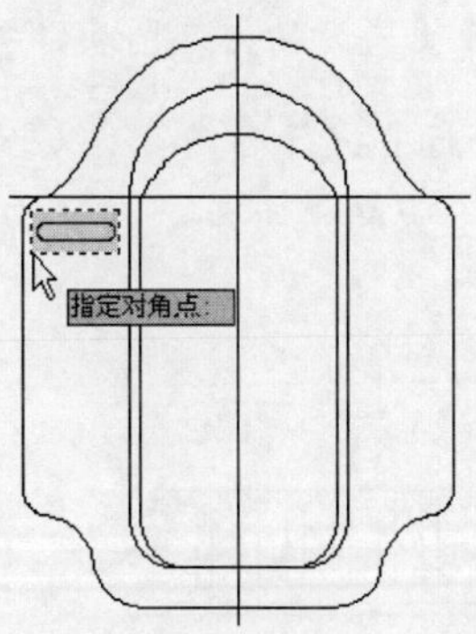

图 22-69

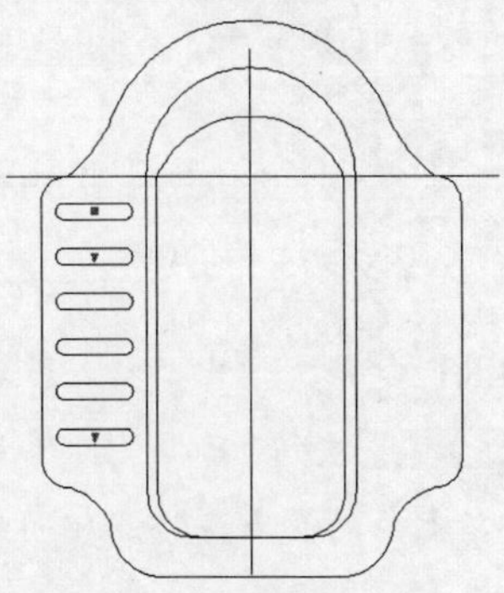

图 22-70

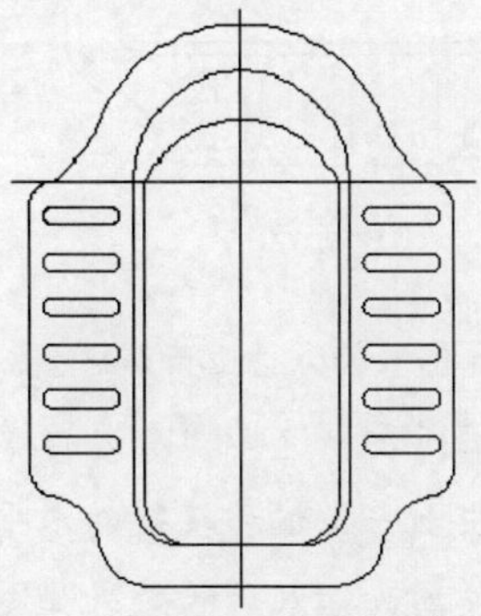

图 22-71

Step 17 绘制蹲便器的排污口。在命令行中执行 O 命令，以通过多段线圆弧圆心的直线为源对象，向下偏移 318。在命令行中执行 C 命令，以刚偏移获得的直线和通过圆心的垂直直线的交点为圆心，绘制半径为 50 的圆，并删除直线，删除后的效果如图 22-72 所示。

Step 18 在命令行中执行 RO 命令，将绘制好的蹲便器顺时针旋转 90°，旋转后的效果如图 22-73 所示。用定义内部块的方法将蹲便器定义为“左边蹲便器”的内部图块。

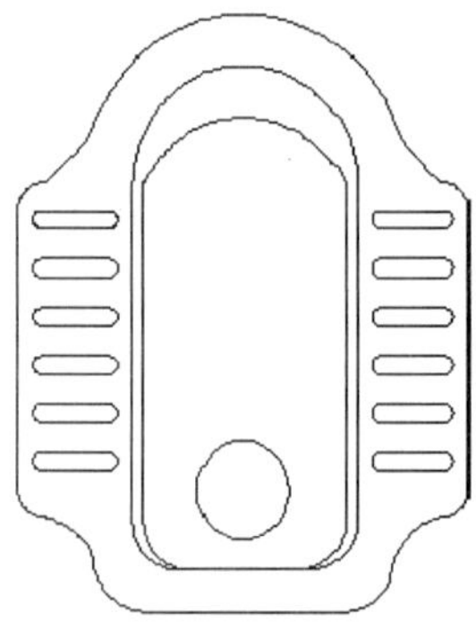

图 22-72

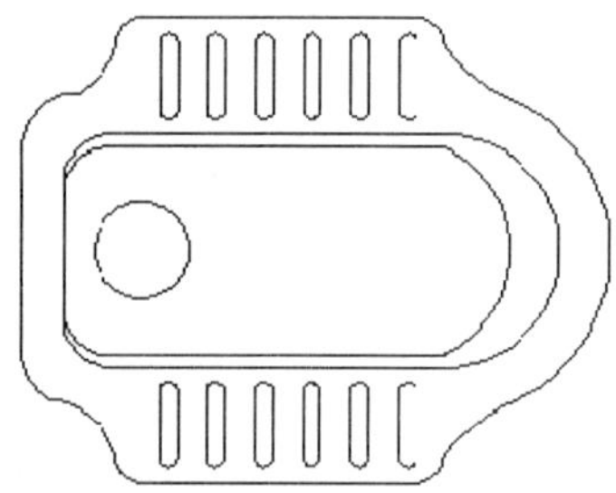

图 22-73

Step 19 在命令行中执行 EXPLODE 命令，分解蹲便器图块。然后在命令行中执行 RO 命令，将绘制好的蹲便器顺时针旋转 180°，旋转后的效果如图 22-74 所示。用定义内部块的方法将蹲便器定义为“右边蹲便器”的内部图块，并将绘制好的蹲便器删除。

Step 20 在命令行中执行 O 命令，以平面图中最左边的垂直中心线为源对象，向右偏移 720、5900；以平面图中最上方的水平中心线为源对象，分别向下偏移 685、1860、3050，偏移后的效果如图 22-75 所示。

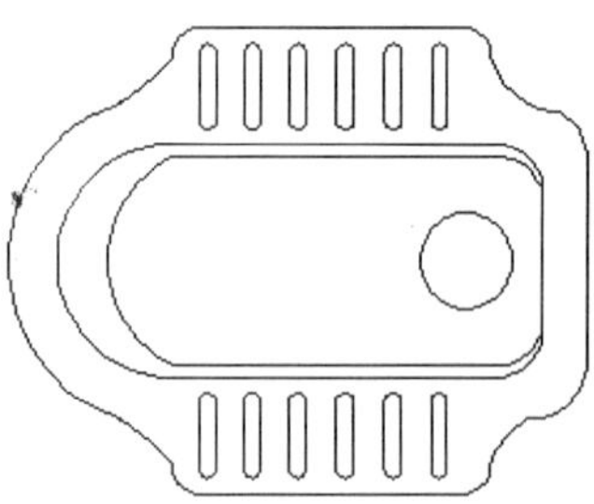

图 22-74

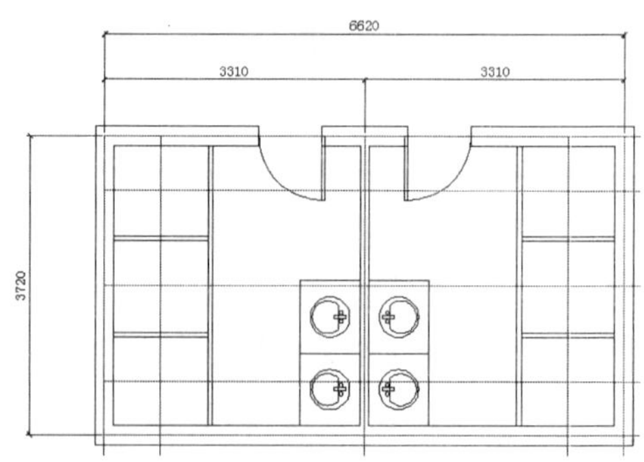

图 22-75

Step 21 在平面图中插入左边的蹲便器。在命令行中执行 INSERT 命令，弹出“插入”对话框，在“名称”下拉列表中选择“左边的蹲便器”选项，然后单击 确定 按钮，如图 22-76 所示。返回绘图区，单击上一步偏移获得的水平中心线与垂直中心线的左上角的交点，按照相同的方法插入其他两个蹲便器，插入后的效果如图 22-77 所示。

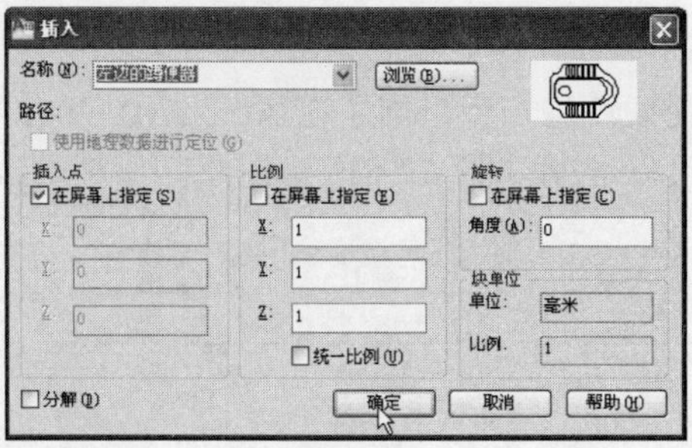

图 22-76

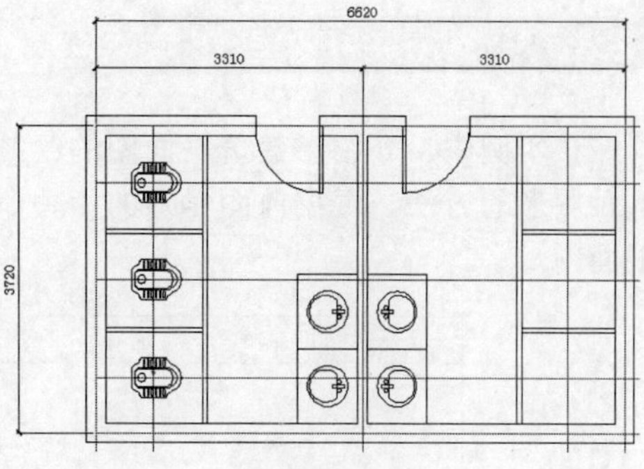

图 22-77

Step 22 在平面图中插入右边的蹲便器。在命令行中执行 INSERT 命令，弹出“插入”对话框，在“名称”下拉列表中选择“右边的蹲便器”，然后单击 确定 按钮，如图 22-78 所示。返回绘图区，单击上一步偏移获得的水平中心线与垂直中心线的右上角的交点，按照相同的方法插入其他两个蹲便器，插入后的效果如图 22-79 所示。

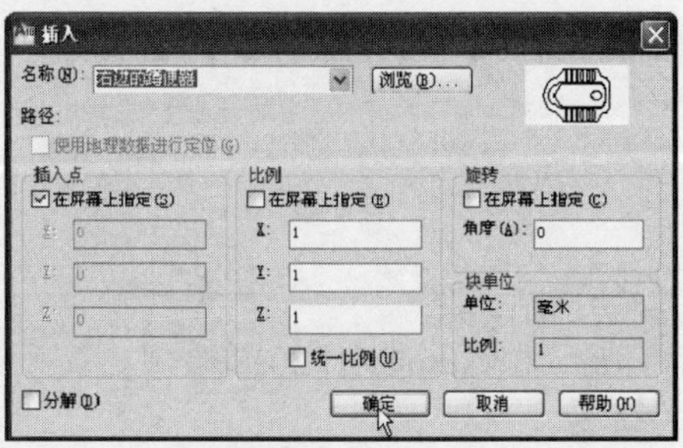

图 22-78

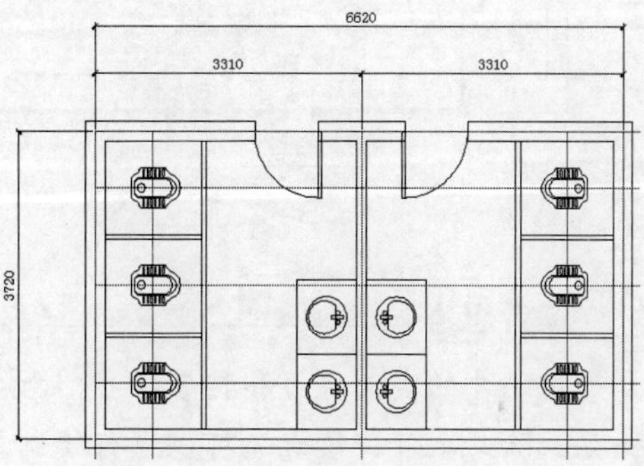

图 22-79

6. 尺寸标注

在“常用”选项卡的“图层”组中单击“图层”下拉按钮，选择“标注”选项。对图形对象进行尺寸标注，标注后的效果如图 22-80 所示。在“图层特性管理器”选项板中关闭“中心线”图层，关闭后的效果如图 22-1 所示（光盘:\源文件\第 22 章\公共卫生间平面图.dwg）。

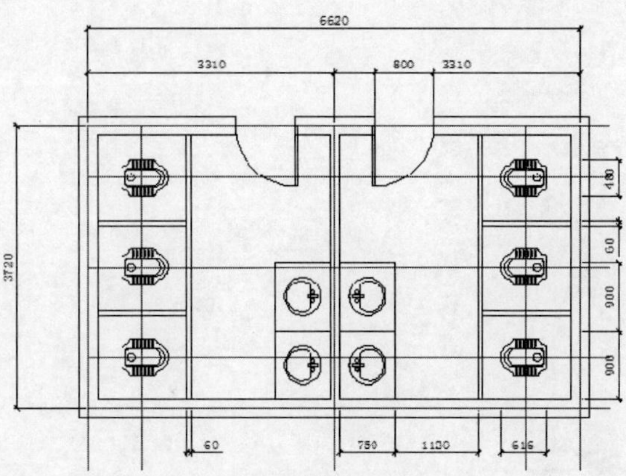

图 22-80

22.2.3 实例拓展和读者思考

在该实例中。介绍了建筑平面图的绘制方法，使读者进一步巩固了在 AutoCAD 2012 中绘制各种图形的方法。根据前面学习的相关命令，还可以绘制如图 22-81 所示的某厂房一层的建筑平面图。

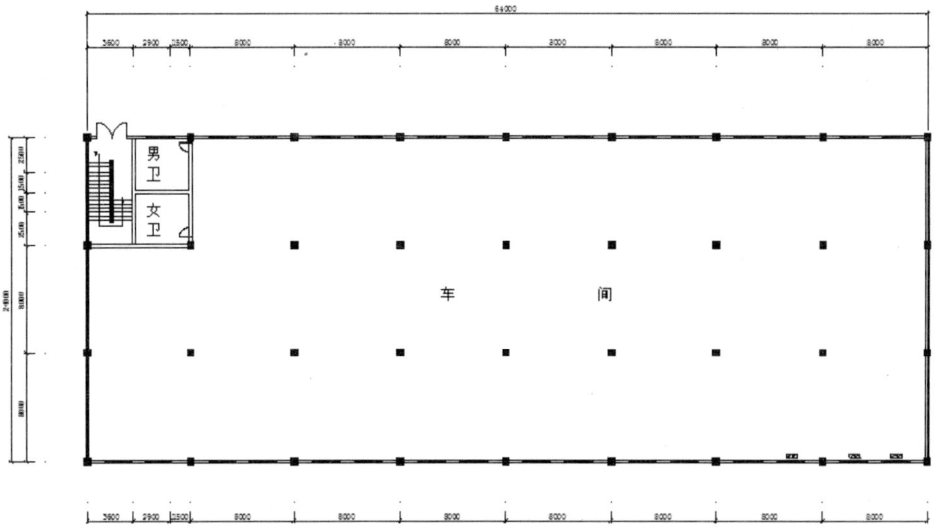

图 22-81

读者思考

通过刚才的实例练习和拓展练习，使读者进一步掌握了在 AutoCAD 2012 绘制建筑平面图的方法。除此之外，读者还可以自行绘制需要的图形对象。

第 23 章

绘制建筑立面图

建筑立面图是建筑设计中必不可少的组成元素，通过它可以真实地看到建筑表面的形状。本章将讲解建筑立面图的绘制方法和技巧。

23.1 建筑立面图的绘制流程

建筑立面图的绘制流程如下：

（1）构思如何将建筑立面图完整地表达出来。

（2）确定所绘制的立面图的大致长、宽尺寸及需要哪些设施。

（3）根据上述分析，设置绘图环境、图层及标注样式。

（4）使用绘图和修剪命令或使用插入图块的方法绘制图形，然后对其进行尺寸标注、添加文字说明等。

（5）完成绘制后，对绘制的图形进行检测，需要打印时将其打印输出。

23.2 绘制电视墙立面图

建筑立面图是建筑平面图的扩展，能够展示平面图上重要立面的详细设计方案。根据前面讲解的建筑立面图的绘制流程，以及前面章节中讲解的绘制图形的方法，绘制电视墙立面图，具体操作过程如下：

1. 设置图形界限和图层

Step 01 启动 AutoCAD 2012，在命令行中执行 LIMITS 命令，设置图形界限大小，具体操作过程如下：

```
命令：LIMITS                                              //执行 LIMITS 命令
重新设置模型空间界限：                                     //系统提示
指定左下角点或［开（ON）/关（OFF）］<0.0000,0.0000>：      //按【Space】键确定左下角坐
标，保持默认设置
指定右上角点<420.0000,297.0000>:15000，10000               //确定绘图区大小
```

Step 02 在命令行中执行 UNITS 命令，弹出“图形单位”对话框。在“长度”选项组的“精度”下拉列表中选择 0 选项，然后单击 确定 按钮，如图 23-1 所示。

Step 03 在命令行中执行 LAYER 命令，弹出“图层特性管理器”选项板，新建如图 23-2 所示的图层，设置完成后，关闭“图层特性管理器”选项板。

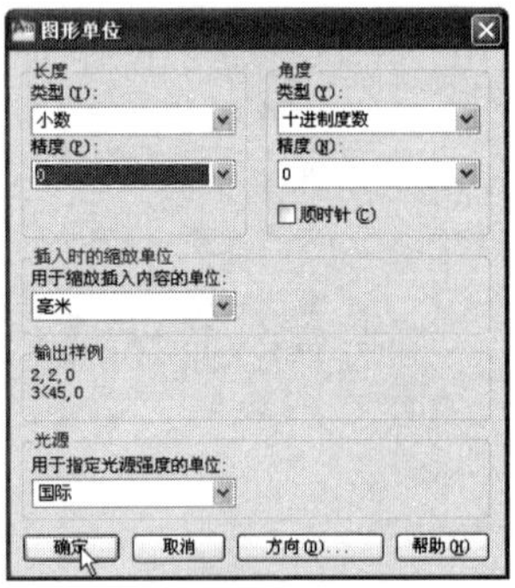

图 23-1

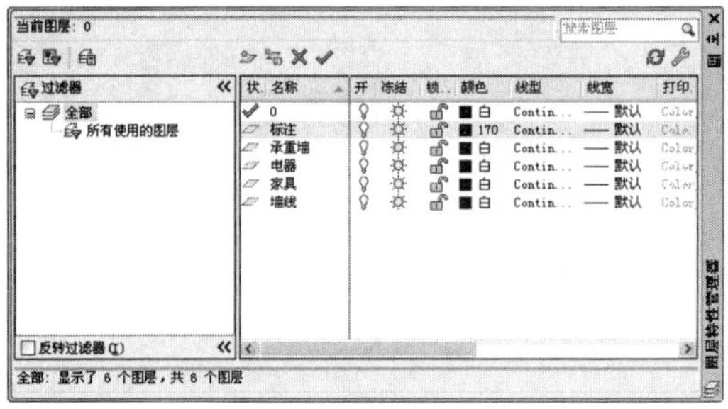

图 23-2

Step 04 在命令行中执行 DIMSTYLE 命令，弹出“标注样式管理器”对话框，单击 新建(N)... 按钮，如图 23-3 所示。弹出“创建新标注样式”对话框，在“新样式名”文本框中输入文本“电视墙立面”，其余保持默认设置不变，单击 继续 按钮，如图 23-4 所示。

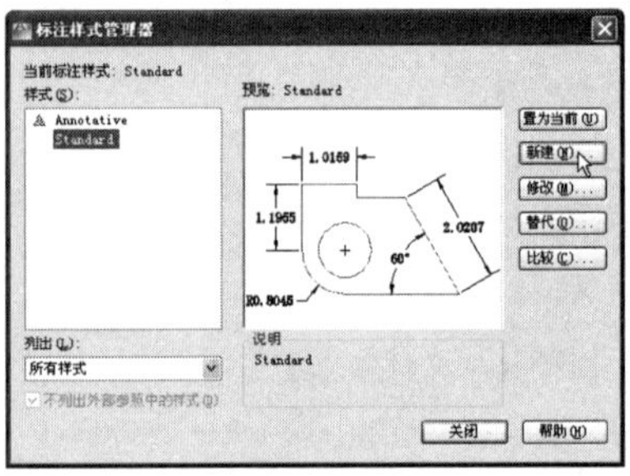

图 23-3

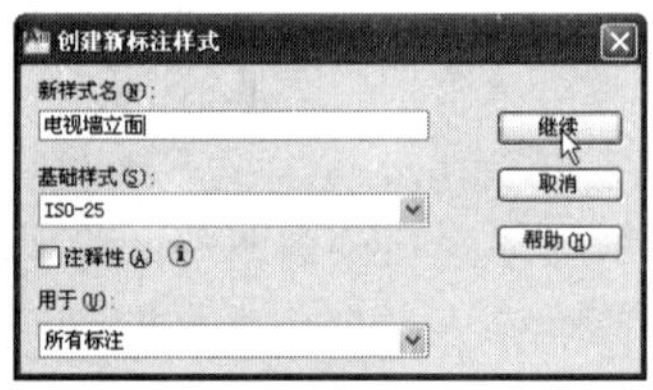

图 23-4

Step 05 弹出“新建标注样式：电视墙立面”对话框，切换至“线”选项卡，在“超出尺寸线”数值框中输入 40，在“起点偏移量”数值框中输入 40，如图 23-5 所示。

Step 06 切换至“符号和箭头”选项卡，在“箭头”选项组的“第一个”下拉列表中选择“建筑标记”选项，在“箭头大小”数值框中输入 38，如图 23-6 所示。

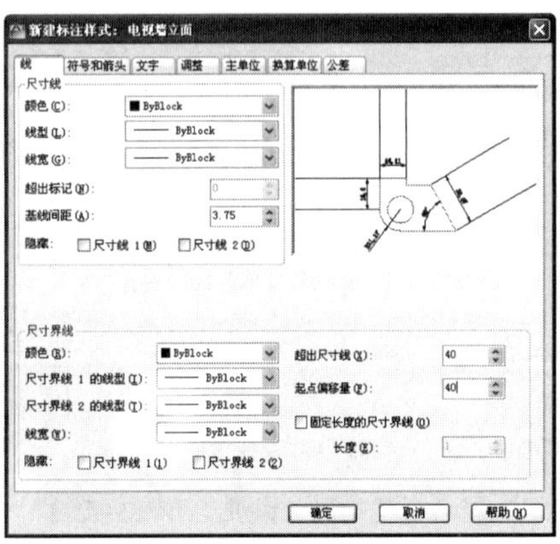

图 23-5

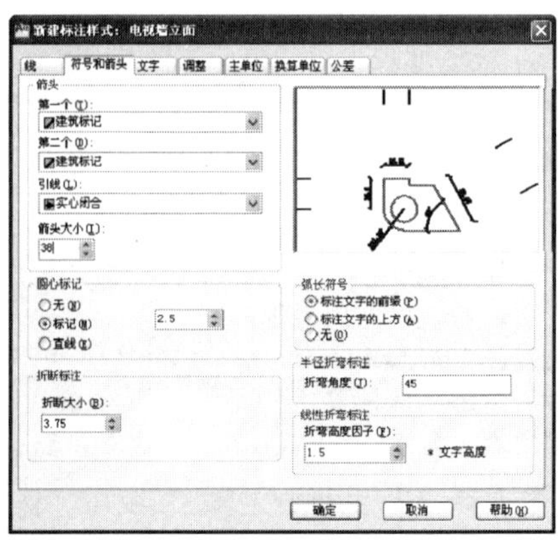

图 23-6

Step 07 切换至“文字”选项卡，在“文字高度”数值框中输入 120，在“文字位置”选项组的“从尺寸线偏移”数值框中输入 50，如图 23-7 所示。

Step 08 切换至“主单位”选项卡，在“线性标注”选项组的“精度”下拉列表中选择 0 选项，单击[确定]按钮，如图 23-8 所示。

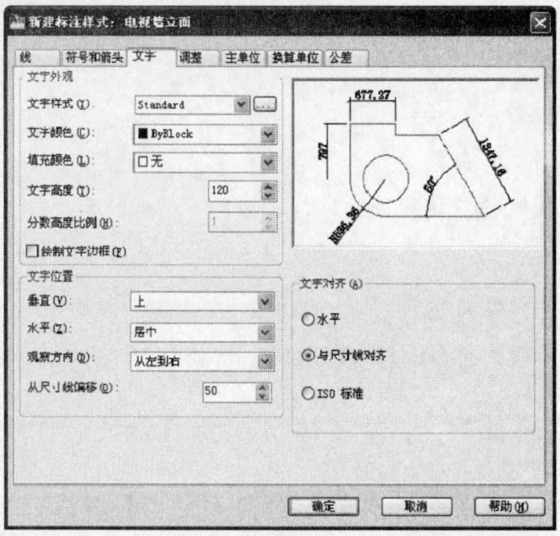

图 23-7

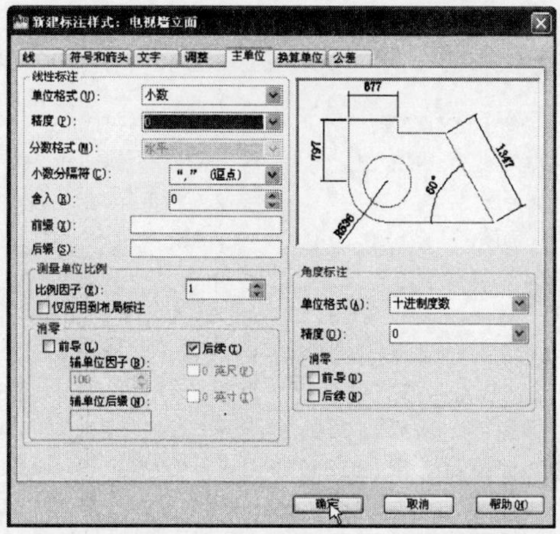

图 23-8

Step 09 返回“标注样式管理器”对话框，单击[置为当前(U)]按钮，再单击[关闭]按钮，关闭该对话框，如图 23-9 所示，完成标注样式的设置。

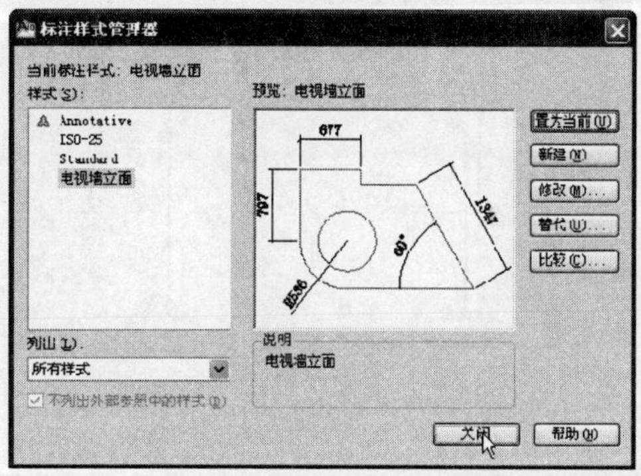

图 23-9

2. 具体绘制电视墙立面图

Step 01 在“常用”选项卡的“图层”组中单击“图层”下拉按钮，选择“墙线”选项，将“墙线”设置为当前图层。在命令行中执行 L 命令，绘制一条长为 5120 的水平直线，效果如图 23-10 所示。

Step 02 在命令行中执行 PLINE 命令，具体操作过程如下：

```
命令: PLINE          //执行 PLINE 命令
指定起点:FROM        //输入 FROM，执行命令
基点:                //单击第 1 步绘制的水平直线的左边端点
<偏移>: @150,0      //输入坐标值（@150, 0）作为起点，并按【Space】键确认
当前线宽为 0 指定下一个点或 [圆弧(A)/半宽(H)/长度(L)/放弃(U)/宽度(W)]: @0,3140
//输入坐标（@0, 3140）作为下一个点，并按【Space】键确认
指定下一点或 [圆弧(A)/闭合(C)/半宽(H)/长度(L)/放弃(U)/宽度(W)]: @4820,0   //输入
坐标（@4820, 0）作为下一个点，并按【Space】键确认
指定下一点或 [圆弧(A)/闭合(C)/半宽(H)/长度(L)/放弃(U)/宽度(W)]: @0,-3140   //输入
坐标（@0, -3140）作为下一个点，并按【Space】键确认
指定下一点或 [圆弧(A)/闭合(C)/半宽(H)/长度(L)/放弃(U)/宽度(W)]:   //按【Space】键结
束该命令，绘制完成后的效果如图 23-11 所示
```

图 23-10

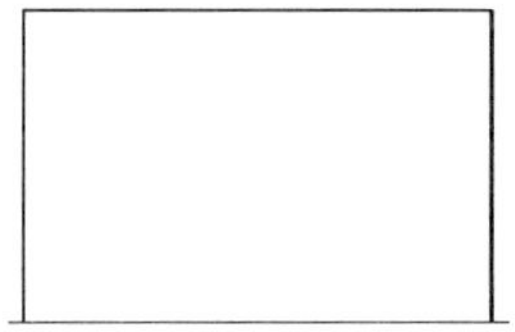

图 23-11

Step 03 在命令行中执行 PLINE 命令，具体操作过程如下：

```
命令: PLINE              //执行 PLINE 命令
指定起点:FROM            //输入 FROM，执行命令
基点:                    //单击第 1 步绘制的水平直线的左边端点
<偏移>: @150,2800        //输入坐标（@150，2800）作为起点，并按【Space】键确认
当前线宽为 0 指定下一个点或 [圆弧(A)/半宽(H)/长度(L)/放弃(U)/宽度(W)]: @4820, 0
//输入坐标（@4820, 0）作为下一个点，并按【Space】键确认
指定下一点或 [圆弧(A)/闭合(C)/半宽(H)/长度(L)/放弃(U)/宽度(W)]: @-4620, 0    //输入
坐标（@-4620, 0）作为下一个点，并按【Space】键确认
指定下一点或 [圆弧(A)/闭合(C)/半宽(H)/长度(L)/放弃(U)/宽度(W)]: @0,-2800    //输入
坐标（@0, -2800）作为下一个点，并按【Space】键确认
指定下一点或 [圆弧(A)/闭合(C)/半宽(H)/长度(L)/放弃(U)/宽度(W)]:    //按【Space】键结
束该命令，绘制完成后的效果如图 23-12 所示
```

Step 04 在命令行中执行 O 命令，以最下方的水平直线为源对象，向上偏移 2680。然后在命令行中执行 TR 命令，修剪刚偏移获得的直线，修剪后的效果如图 23-13 所示。

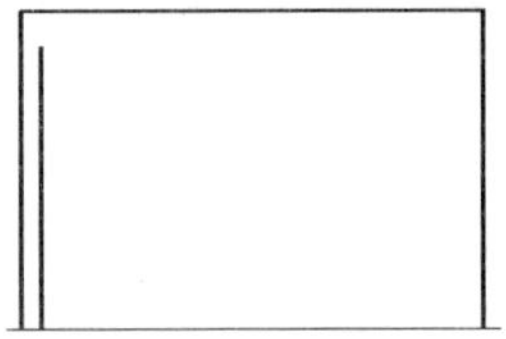

图 23-12

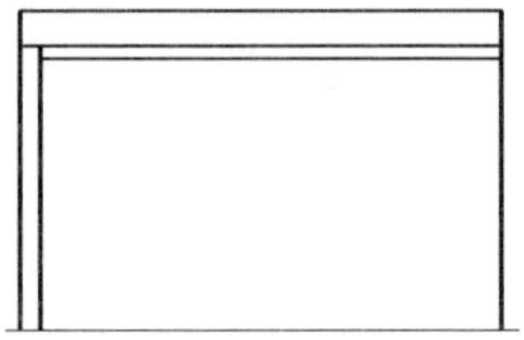

图 23-13

Step 05 在“常用”选项卡的“图层”组中单击“图层”下拉按钮，选择“家具”选项，将“家具”图层设置为当前图层。在命令行中执行 L 命令，通过最下方水平直线的中点绘制一条垂直直线，效果如图 23-14 所示。

Step 06 在命令行中执行 O 命令，以上一步绘制的垂直直线为源对象，向左向右各偏移 1410；以最下方的水平直线为源对象，向上偏移 680、720、1390、1430、1540、1570、1650、1680、1760、1790、1960、1990、2070、2100、2180、2210、2290、2320、2400、2430，偏移后的效果如图 23-15 所示。

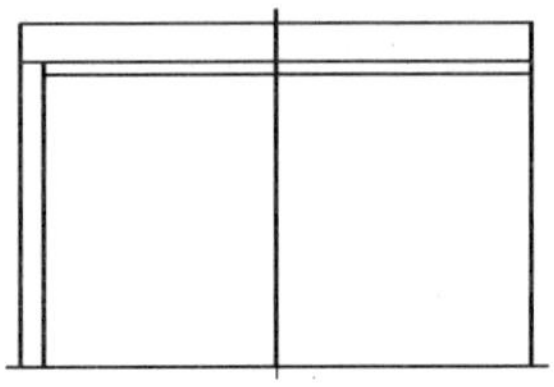

图 23-14

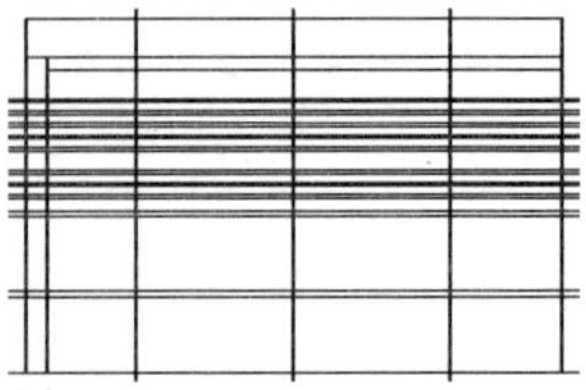

图 23-15

Step 07 在命令行中执行 TR 命令，修剪上一步偏移获得的线段，并将多余的线段删除，效果如图 23-16 所示。

Step 08 在命令行中执行 REC 命令，以如图 23-17 所示的 A 点为基点，以坐标为（@-1120，0）的点为第一个角点，以坐标为（@2240，120）的点为另一个角点绘制矩形，绘制完成后的效果如图 23-18 所示。

Step 09 在命令行中执行 REC 命令，以如图 23-17 所示的 A 点为基点，以（@-1150，120）坐标作为第一个角点，以（@2300，30）坐标作为另一个角点绘制矩形。然后在命令行中执行 F 命令，对刚绘制矩形的左上角和右上角进行圆角操作，圆角半径设为 30，并删除中间位置的垂直线，效果如图 23-19 所示。

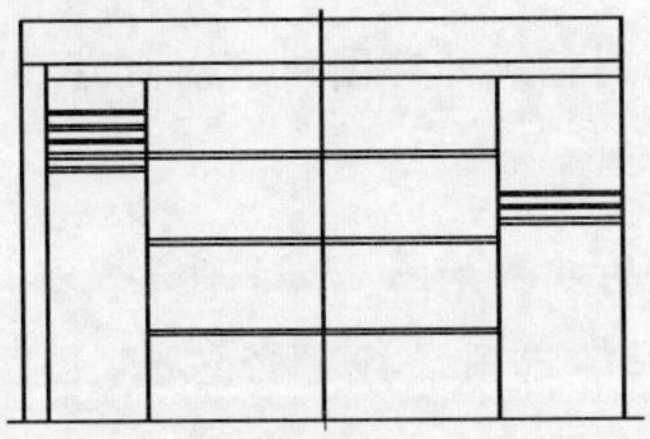

图 23-16

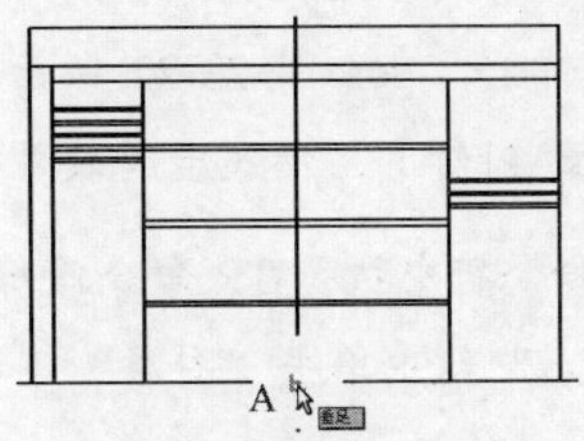

图 23-17

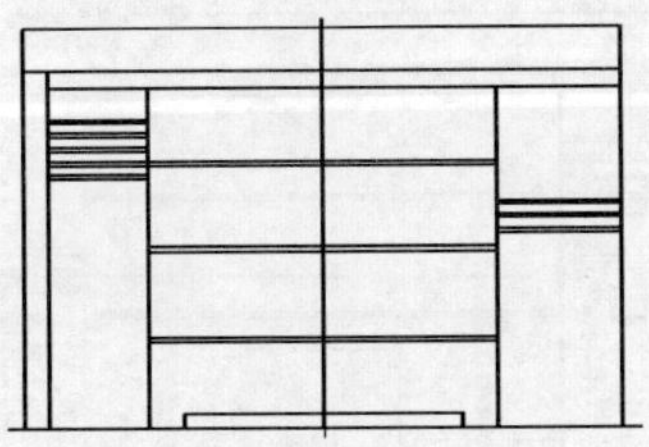

图 23-18

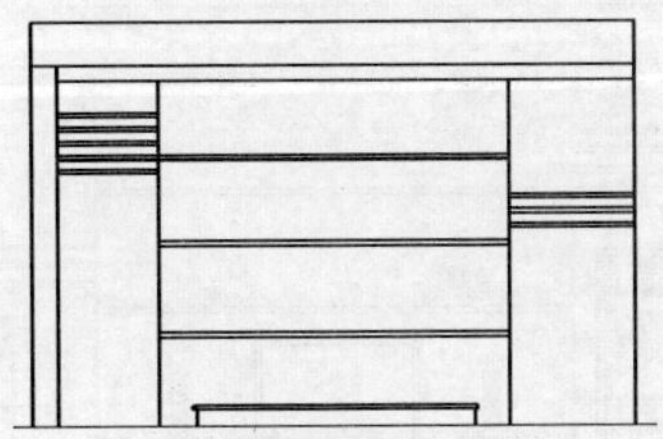

图 23-19

Step 10 在命令行中执行 INSERT 命令，弹出“插入”对话框，单击“名称”文本框右侧的【浏览(B)...】按钮，弹出“选择图形文件”对话框。

Step 11 在“查找范围”下拉列表中选择图块的目标位置，在中间列表框中选择图形文件，这里打开“空调.dwg”图形文件（光盘:\素材\第 23 章\空调.dwg），然后单击【打开(O)】按钮，如图 23-20 所示。返回“插入”对话框，单击【确定】按钮，如图 23-21 所示，返回绘图区，在如图 23-22 所示的 A 处插入，插入后的效果如图 23-23 所示。

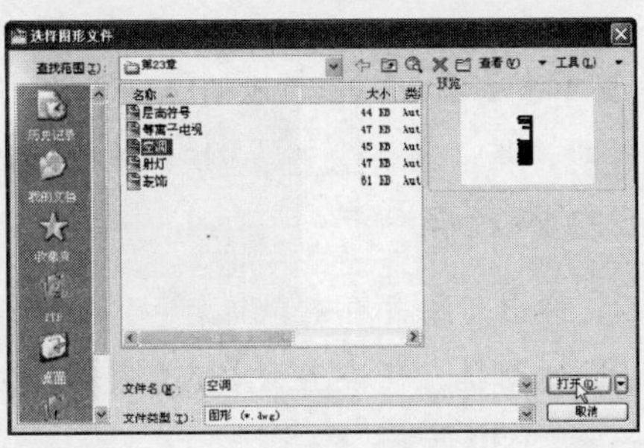

图 23-20

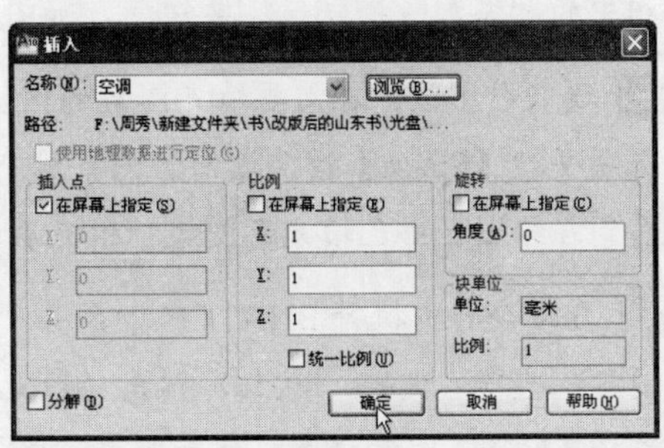

图 23-21

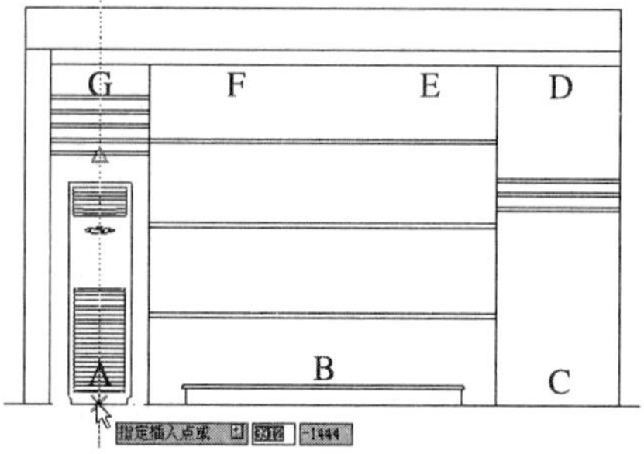

图 23-22

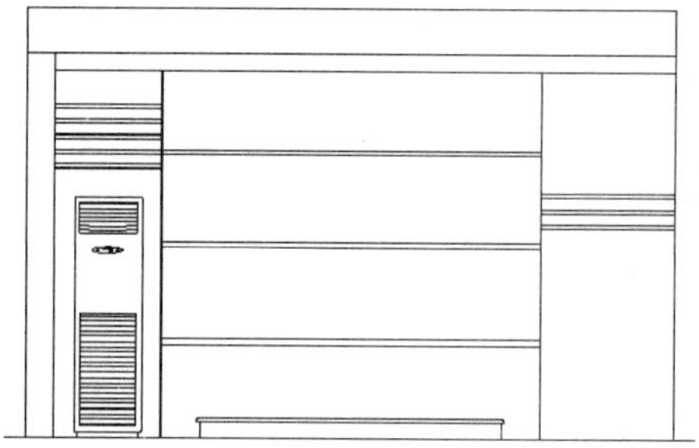
图 23-23

Step 12 按照相同的方法，在如图 23-22 所示的 B 处插入外部图块“等离子电视.dwg”（光盘:\素材\第 23 章\等离子电视），在如图 23-22 所示的 C 处插入外部图块“装饰.dwg”（光盘:\素材\第 23 章\装饰），在如图 23-22 所示的 D、E、F、G 处分别插入外部图块“射灯.dwg”（光盘:\素材\第 23 章\射灯），插入后的效果如图 23-24 所示。

Step 13 在命令行中执行 TR 命令修剪多余的线段，修剪后的效果如图 23-25 所示。在“常用”选项卡的“图层”组中单击“图层”下拉按钮，选择“承重墙”选项，将“承重墙”图层设置为当前图层。

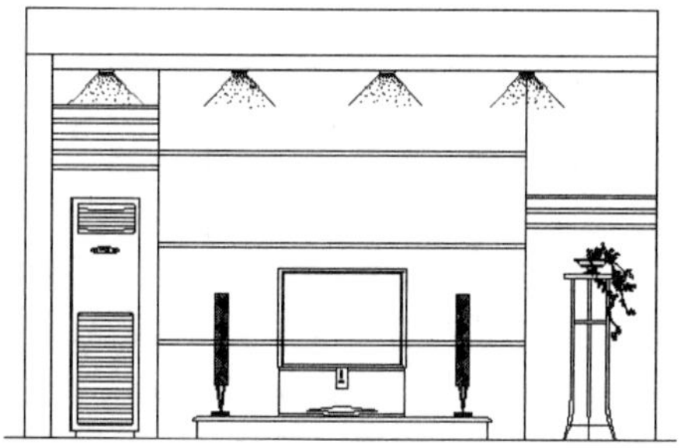
图 23-24

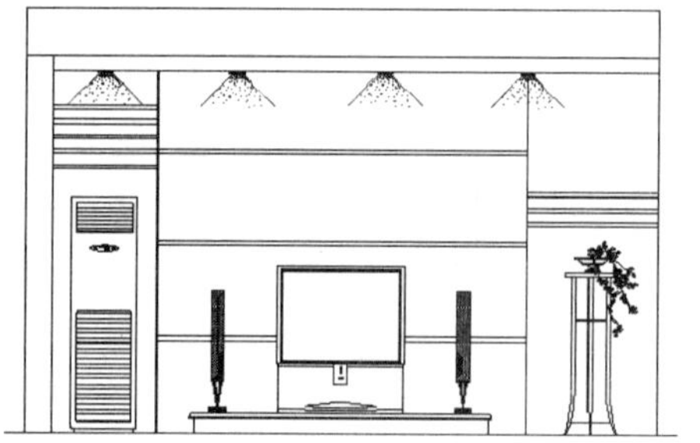
图 23-25

Step 14 在命令行中执行 BHATCH 命令并选择“设置”选项，弹出“图案填充和渐变色”对话框，单击“图案”选项右侧的...按钮，弹出“填充图案选项板”对话框，切换至“其他预定义”选项卡，在列表框中选择 AR-CONC 图案样式，然后单击确定按钮，如图 23-26 所示。

Step 15 为了更好地查看效果，在“角度和比例”选项组的“比例”文本框中输入 2，单击“边界”选项组中的“添加：拾取点”按钮，如图 23-27 所示。

Step 16 返回绘图区，在需要填充图案的区域单击，这里单击如图 23-28 所示的 A 点。选择“设置”选项并按【Space】键，返回“图案填充和渐变色”对话框，单击确定按钮关闭对话框，即可看到在绘图区中已填充了图案，填充后的效果如图 23-29 所示。

Step 17 在命令行中执行 BHATCH 命令并“设置”选项，弹出“图案填充和渐变色”对话框，单击“图案”选项右侧的...按钮，弹出“填充图案选项板”对话框，切换至 ANSI 选项卡，在列表框中选择 ANSI31 图案样式，然后单击确定按钮，如图 23-30 所示。

Step 18 为了更好地查看效果，在“角度和比例”选项组的“比例”文本框中输入 45，单击“边界”选项组中的“添加：拾取点”按钮，如图 23-31 所示。

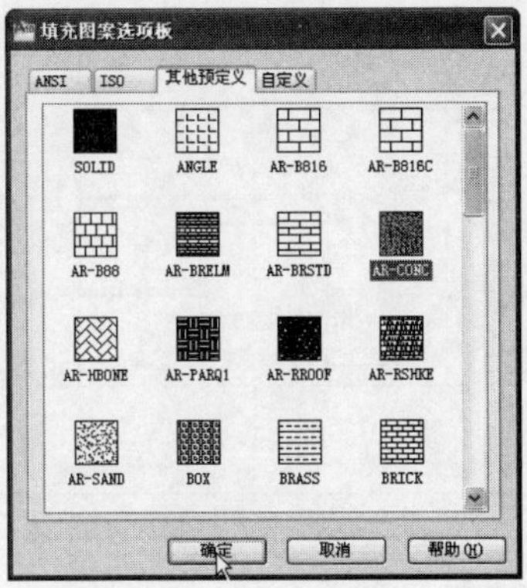

图 23-26

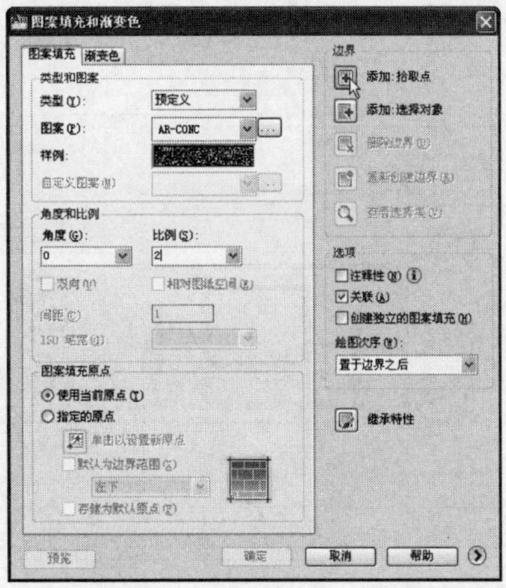

图 23-27

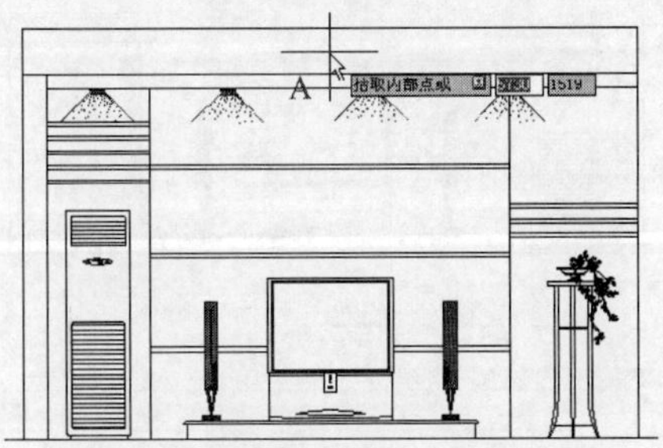

图 23-28

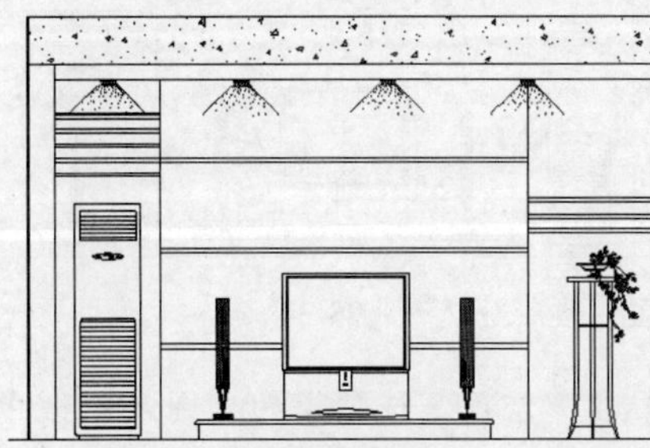

图 23-29

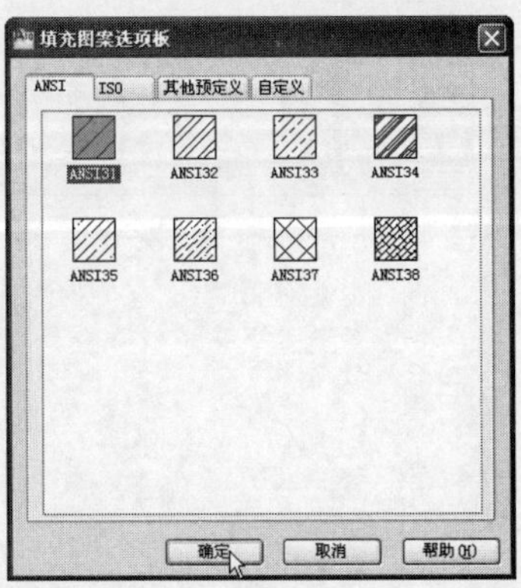

图 23-30

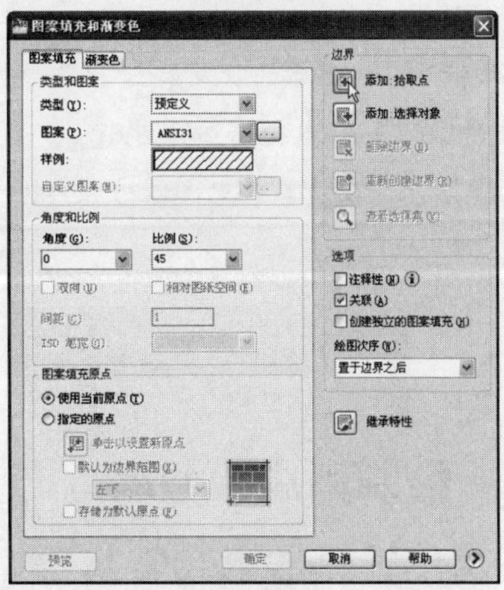

图 23-31

Step 19 返回绘图区，在需要填充图案的区域单击，这里单击如图 23-32 所示的 A 点和 B 点。选择“设置”选项并按【Space】键，返回“图案填充和渐变色”对话框，单击 确定 按钮关闭对话框，即可看到在绘图区中已填充了图案，填充后的效果如图 23-33 所示。

Step 20 在“常用”选项卡的“图层”组中单击“图层”下拉按钮，选择“家具”选项，将“家具”图层设置为当前图层。按照相同方法拾取如图 23-34 所示的 A 点、B 点、C 点和 D 点，填充电视后面墙壁，设置图案样式为 AR-SAND，设置其比例为 5，完成图案填充后的效果如图 23-35 所示。

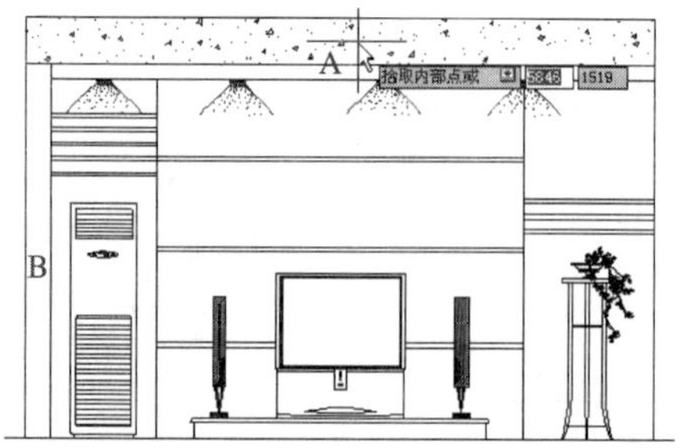

图 23-32

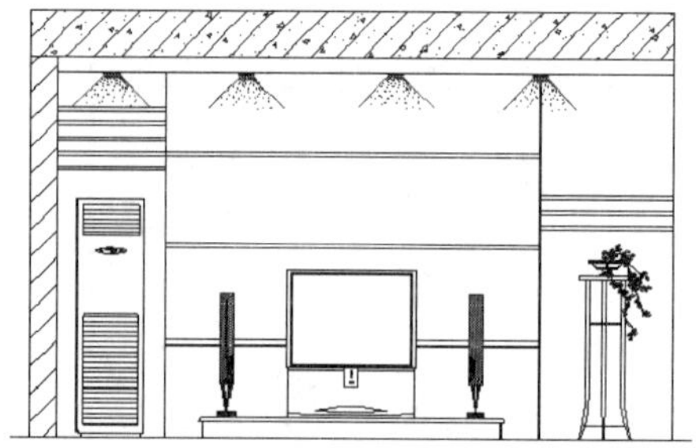

图 23-33

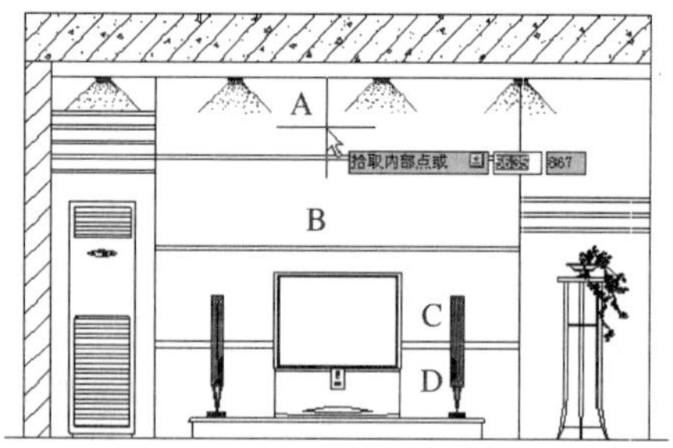

图 23-34

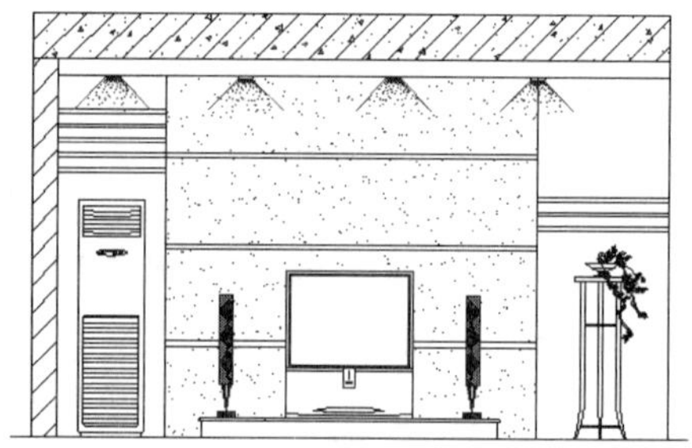

图 23-35

Step 21 在“常用”选项卡的“图层”组中单击“图层”下拉按钮，选择“标注”选项，将“标注”图层设置为当前图层。然后对电视墙立面图进行尺寸标注，标注后的效果如图 23-36 所示（光盘:\源文件\第 23 章\电视墙立面图.dwg）。完成绘制后可将其保存在计算机中，以方便以后调用。

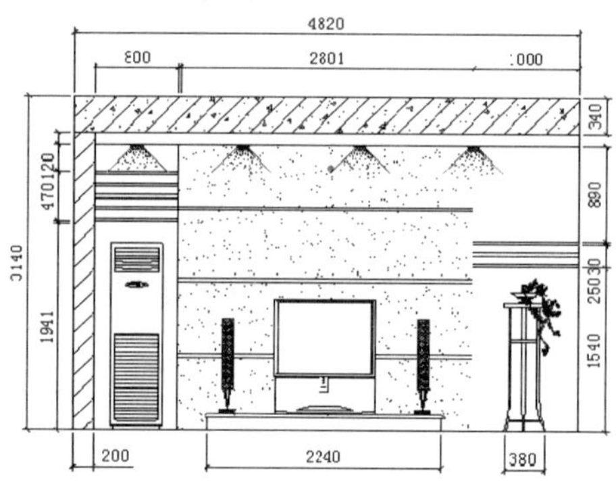

图 23-36

23.3 绘制酒店造型墙

立面图用来表示建筑物的体型和外貌，其主要体现建筑物的外轮廓及主要结构和建筑构造部件的位置。根据前面讲解的立面图的绘制流程和绘制图形的方法，绘制酒店造型墙，具体操作过程如下：

1. 设置图形界限和图层

Step 01 启动 AutoCAD 2012，在命令行中执行 LIMITS 命令，设置图形界限大小，具体操作过

程如下:

```
命令:LIMITS                                      //执行 LIMITS 命令
重新设置模型空间界限:                              //系统提示
指定左下角点或 [开(ON)/关(OFF)] <0.0000,0.0000>:   //按【Space】键确定左下角坐
标，保持默认设置
指定右上角点<420.0000,297.0000>:25000，20000       //确定绘图区大小
```

Step 02 在命令行中执行 UNITS 命令，弹出“图形单位”对话框。在“长度”选项组的“精度”下拉列表中选择 0 选项，然后单击 确定 按钮，如图 23-37 所示。

Step 03 在命令行中执行 LAYER 命令，弹出“图层特性管理器”选项板，新建如图 23-38 所示的图层，设置完成后，关闭“图层特性管理器”选项板。

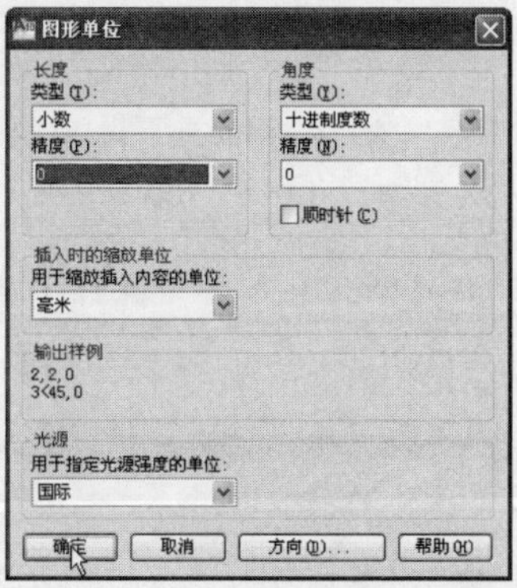

图 23-37

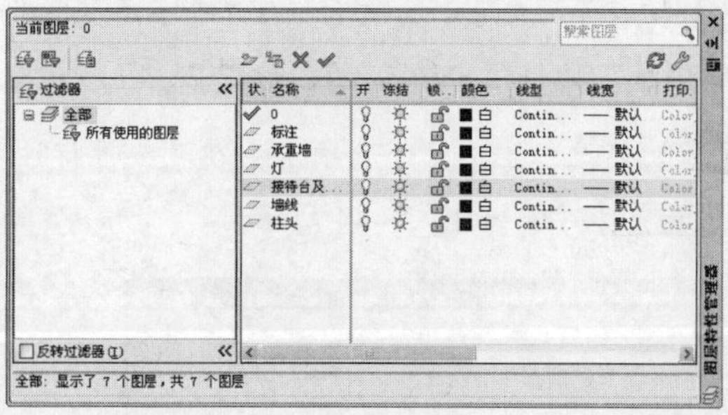

图 23-38

Step 04 在命令行中执行 DIMSTYLE 命令，弹出“标注样式管理器”对话框，单击 新建(N)... 按钮，如图 23-39 所示。弹出“创建新标注样式”对话框，在“新样式名”文本框中输入文本“酒店造型墙”，其余保持默认设置不变，单击 继续 按钮，如图 23-40 所示。

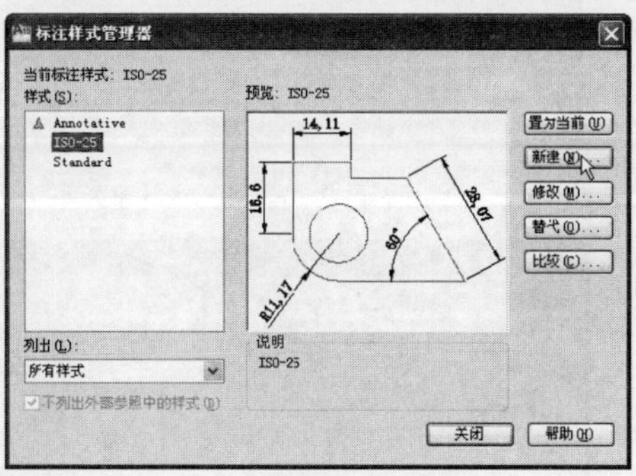

图 23-39

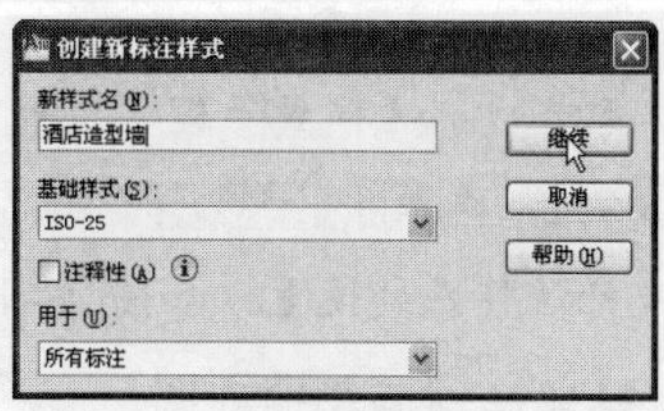

图 23-40

Step 05 弹出“新建标注样式：酒店造型墙”对话框，切换至“线”选项卡，在“超出尺寸线”数值框中输入 45，在“起点偏移量”数值框中输入 50，如图 23-41 所示。

Step 06 切换至“符号和箭头”选项卡，在“箭头”选项组的“第一个”下拉列表中选择“建筑标记”选项，在“箭头大小”数值框中输入 42，如图 23-42 所示。

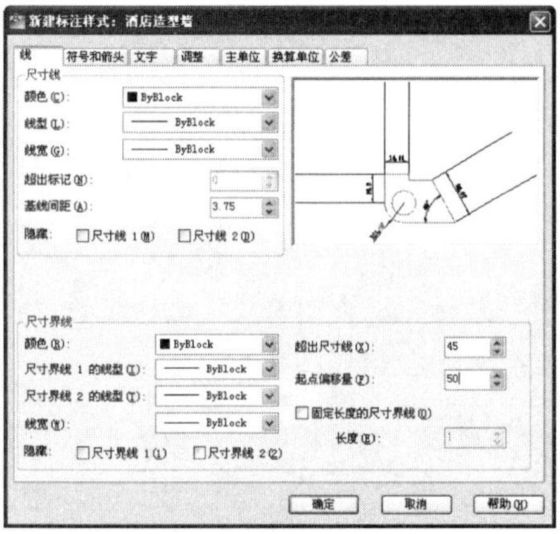

图 23-41

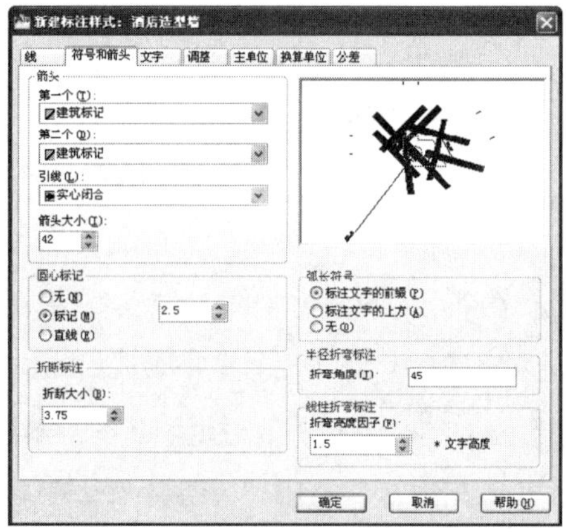

图 23-42

Step 07 切换至“文字”选项卡，在“文字高度”数值框中输入 160，在“文字位置”选项组的“从尺寸线偏移”数值框中输入 65，如图 23-43 所示。

Step 08 切换至“主单位”选项卡，在“线性标注”选项组的“精度”下拉列表中选择 0 选项，单击 确定 按钮，如图 23-44 所示。

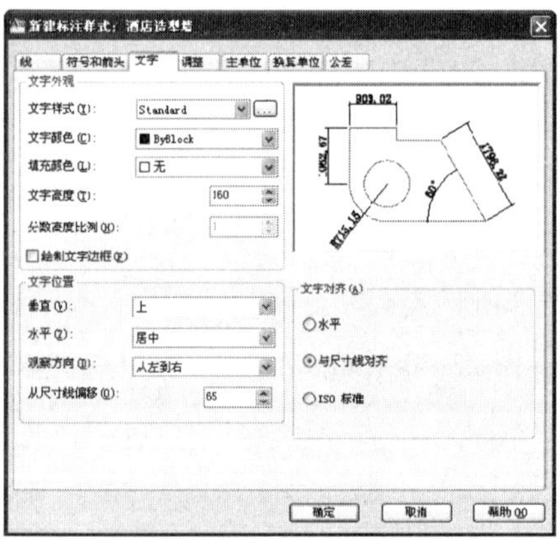

图 23-43

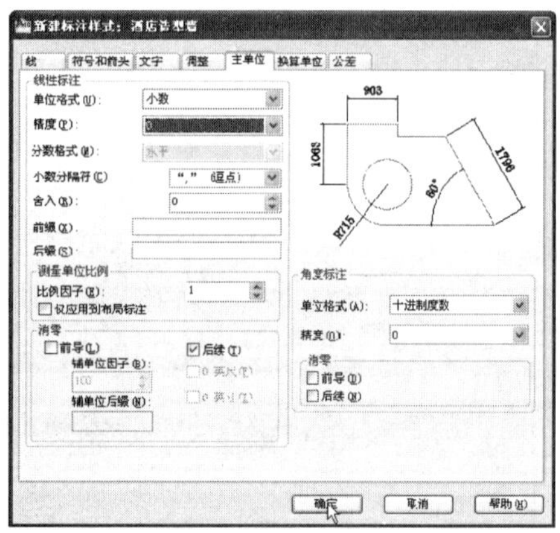

图 23-44

Step 09 返回“标注样式管理器”对话框，单击 置为当前(U) 按钮，再单击 关闭 按钮，关闭该对话框，完成标注样式的设置，如图 23-45 所示。

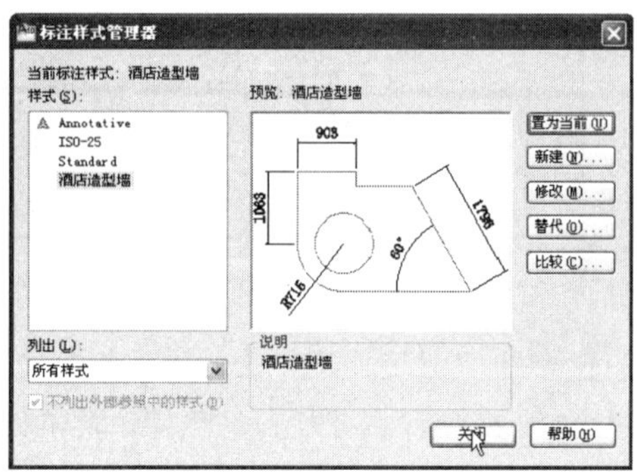

图 23-45

2. 具体绘制酒店造型墙

Step 01 在“常用”选项卡的“图层”组中单击“图层”下拉按钮，选择“墙线”选项，将“墙线”图层设置为当前图层。在命令行中执行 L 命令，绘制一条长为 6520 的水平直线，绘制完成后的效果如图 23-46 所示。

Step 02 在命令行中执行 L 命令，具体操作过程如下：

命令：L //执行 L 命令
指定起点:FROM //输入 FROM，执行该命令
基点： //单击第 1 步绘制的水平直线的左边端点
<偏移>：@250,0 //输入坐标（@250，0）作为起点，并按【Space】键确认
当前线宽为 0 指定下一个点或 [圆弧(A)/半宽(H)/长度(L)/放弃(U)/宽度(W)]：@0,3760 //输入坐标（@0，3760）作为下一个点，并按【Space】键确认
指定下一点或 [圆弧(A)/闭合(C)/半宽(H)/长度(L)/放弃(U)/宽度(W)]：@6020,0 //输入坐标（@6020，0）作为下一个点，并按【Space】键确认
指定下一点或 [圆弧(A)/闭合(C)/半宽(H)/长度(L)/放弃(U)/宽度(W)]：@0,-3760 //输入坐标（@0，-3760）作为下一个点，并按【Space】键确认
指定下一点或 [圆弧(A)/闭合(C)/半宽(H)/长度(L)/放弃(U)/宽度(W)]：//按【Space】键结束该命令，绘制完成后的效果如图 23-47 所示

图 23-46

图 23-47

Step 03 在命令行中执行 L 命令，具体操作过程如下：

命令：L //执行 L 命令
指定起点：FROM //执行 FROM 命令
基点： //单击第 1 步绘制的水平直线的左边端点
<偏移>：@250,0 //输入坐标（@250，0）作为起点，并按【Space】键确认
当前线宽为 0 指定下一个点或 [圆弧(A)/半宽(H)/长度(L)/放弃(U)/宽度(W)]：@0,3420 //输入坐标（@0，3420）作为下一个点，并按【Space】键确认
指定下一点或 [圆弧(A)/闭合(C)/半宽(H)/长度(L)/放弃(U)/宽度(W)]：@6020,0 //输入坐标（@6020，0）作为下一个点，并按【Space】键确认
指定下一点或 [圆弧(A)/闭合(C)/半宽(H)/长度(L)/放弃(U)/宽度(W)]：@-200，0 //输入坐标（@-200，0）作为下一个点，并按【Space】键确认
指定下一点或 [圆弧(A)/闭合(C)/半宽(H)/长度(L)/放弃(U)/宽度(W)]：@0，-3420 //输入坐标（@0，-3420）作为下一个点，并按【Space】键确认
指定下一点或 [圆弧(A)/闭合(C)/半宽(H)/长度(L)/放弃(U)/宽度(W)]： //按【Space】键结束该命令，绘制完成后的效果如图 23-48 所示

Step 04 在命令行中执行 O 命令，以最下方的水平直线为源对象，向上偏移 3 300。然后在命令行中执行 TR 命令，修剪偏移获得的直线，修剪后的效果如图 23-49 所示。

图 23-48

图 23-49

Step 05 在“常用”选项卡的“图层”组中单击“图层”下拉按钮，选择“柱头”选项，将“柱头”图层设置为当前图层。在命令行中执行 REC 命令绘制柱头，以如图 23-50 所示的 A 点为基点，以（@1200，0）坐标为第一个角点，以（@900，150）坐标作为另一个角点绘制矩形，绘制完成后的效果如图 23-51 所示。

图 23-50

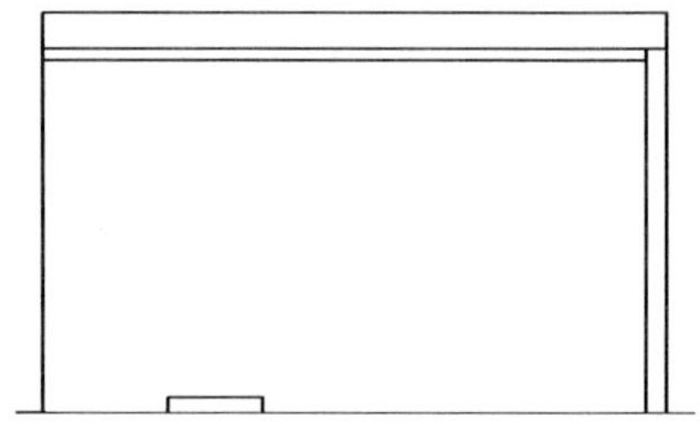
图 23-51

Step 06 在命令行中执行 ARC 命令，以如图 23-50 所示的 A 点为基点，以（@1350，150）坐标作为起点、以（@-50，50）坐标作为下一点、以（@50，50）坐标作为端点绘制圆弧；以如图 23-50 所示的 A 点为基点，以（@1350，250）坐标作为起点、以（@30，20）坐标作为下一点、以（@20，30）坐标作为端点绘制圆弧；以如图 23-50 所示的 A 点为基点，以（@1400，300）坐标作为起点、以（@-25，25）坐标点为下一点、以（@25，25）坐标点为端点绘制圆弧，绘制完成后的效果如图 23-52 所示。

Step 07 在命令行中执行 MI 命令，以第 5 步绘制的矩形下方的中点为镜像线的第一点，以第 5 步绘制矩形上方的中点为镜像线的第二点，镜像第 6 步绘制的 3 个圆弧，镜像后的效果如图 23-53 所示。

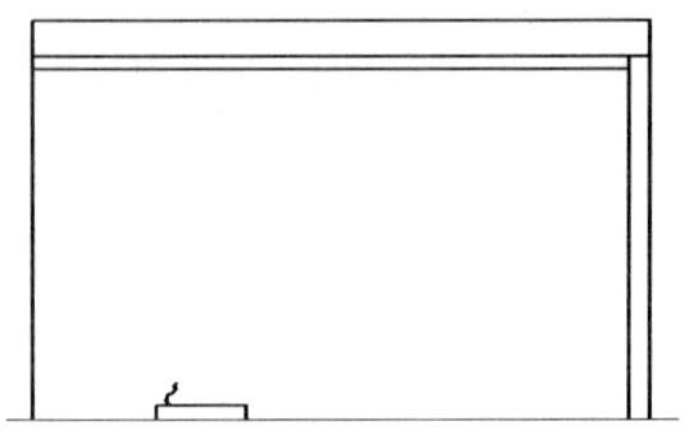
图 23-52

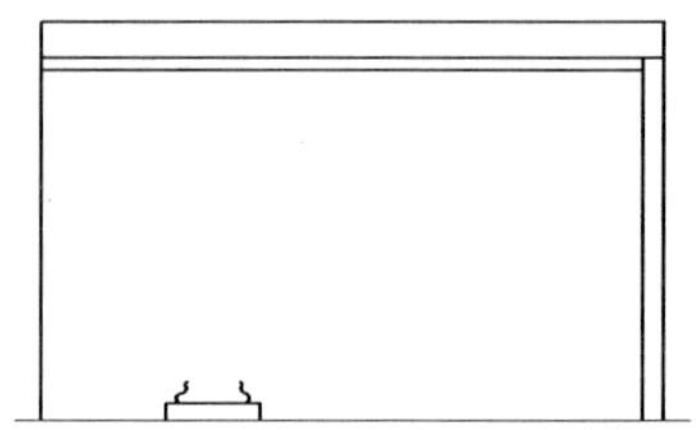
图 23-53

Step 08 在命令行中执行 L 命令，连接圆弧的端点，绘制如图 23-54 所示的 3 条水平直线。

Step 09 在命令行中执行 L 命令，以如图 23-55 所示的 A 点为起点，绘制长为 2 750 的垂直直线；以如图 23-55 所示的 B 点为起点，绘制长为 2 750 的垂直直线，绘制后的效果如图 23-56 所示。

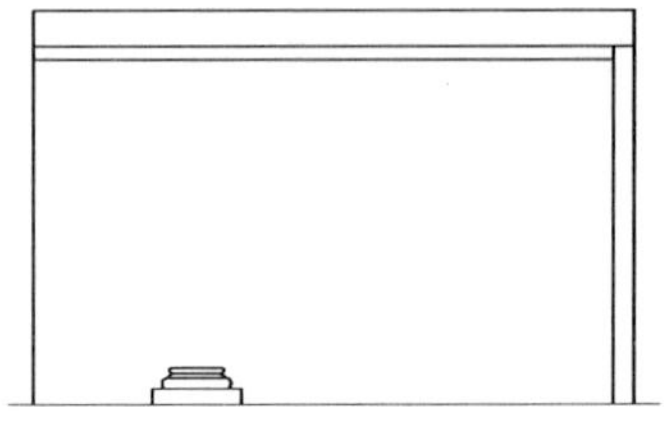
图 23-54

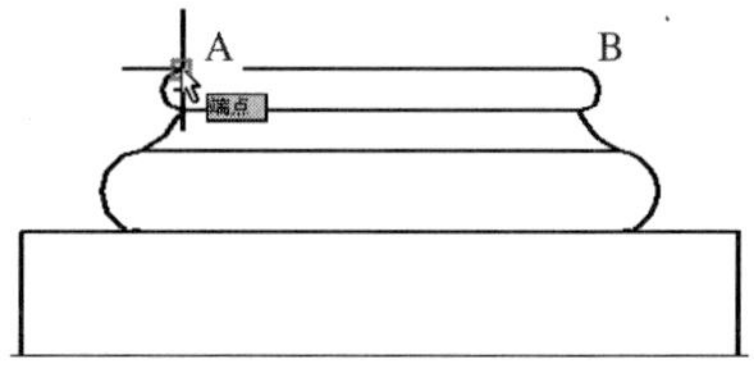

图 23-55

Step 10 在命令行中执行 MI 命令，以第 9 步绘制的左边直线的中点为镜像线的第一点，以第 9 步绘制右边直线的中点为镜像线的第二点，镜像如图 23-57 所示的图形，镜像后的效果如图 23-58 所示。

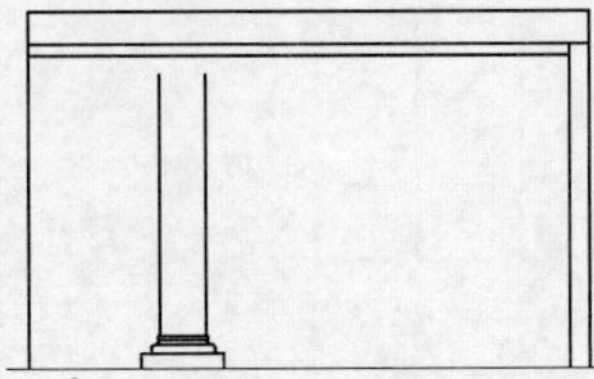

图 23-56

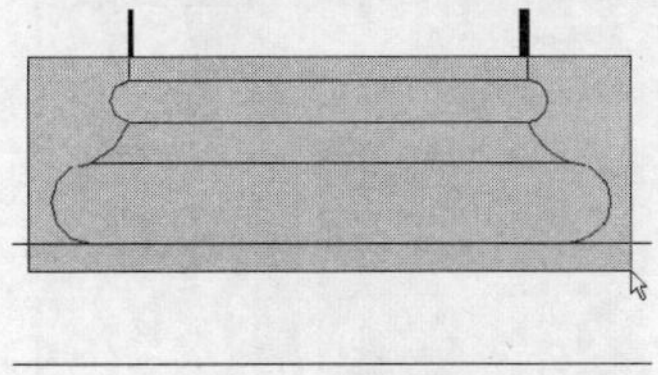

图 23-57

Step 11 在“常用”选项卡的“图层”组中单击“图层”下拉按钮，选择“接待台及椅子”选项，将“接待台及椅子”图层设置为当前图层。

Step 12 绘制接待台及后面的形象墙。在命令行中执行 O 命令，以最上方的直线为源对象，分别向下偏移 1058、1078、2035、2055、2610、2660，偏移后的效果如图 23-59 所示。

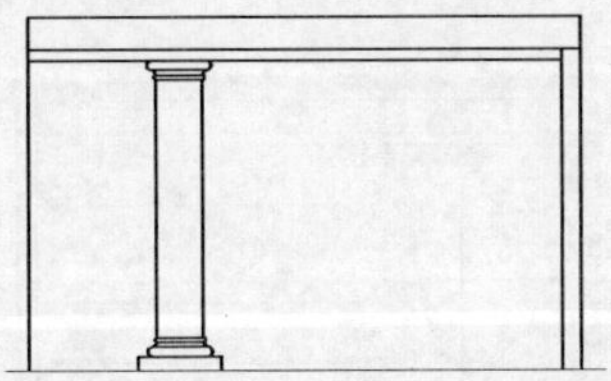

图 23-58

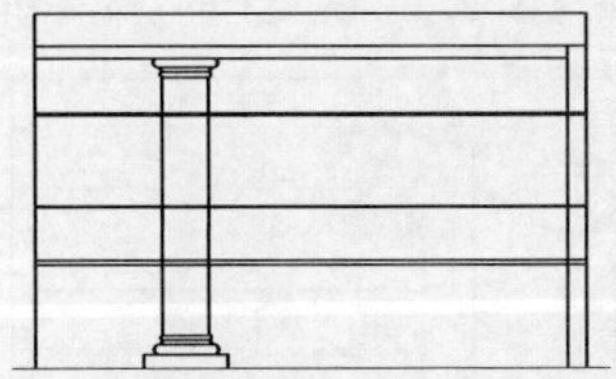

图 23-59

Step 13 在命令行中执行 TR 命令，修剪上一步偏移获得的直线，修剪后的效果如图 23-60 所示。

Step 14 在命令行中执行 BHATCH 命令，弹出“图案填充和渐变色”对话框，切换至“渐变色”选项卡，在“边界”选项组中单击“添加：拾取点”按钮，返回绘图区，单击如图 23-61 所示的 A 点、B 点和 C 点，按【Space】键返回“图案填充和渐变色”对话框。

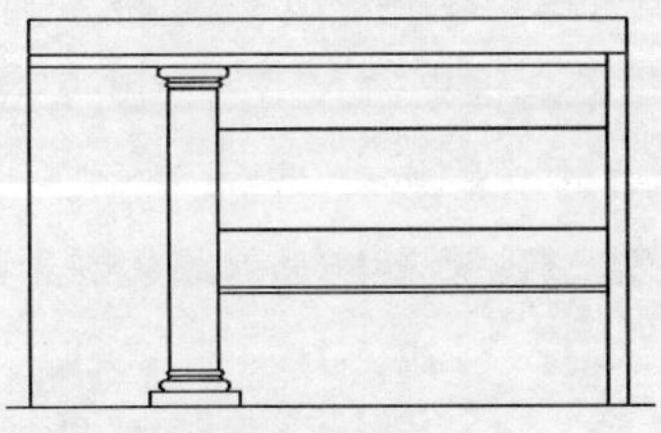

图 23-60

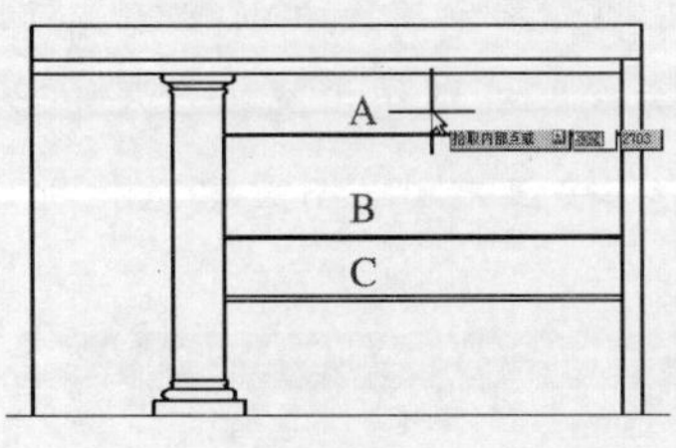

图 23-61

Step 15 单击“单色”单选按钮下的 ... 按钮，弹出“选择颜色”对话框，默认打开的是“真彩色”选项卡，在该选项卡的“颜色”文本框中输入合适的颜色值（247，227，197），然后单击 确定 按钮关闭该对话框，如图 23-62 所示。

Step 16 返回“图案填充和渐变色”对话框，在“颜色”选项组中选择第 3 排的第 3 种渐变色效果。在“方向”选项组中选择“居中”复选框，在“角度”文本框中输入 180，如图 23-63 所示，单击 确定 按钮关闭“图填充和渐变色”对话框，填充后的效果如图 23-64 所示。

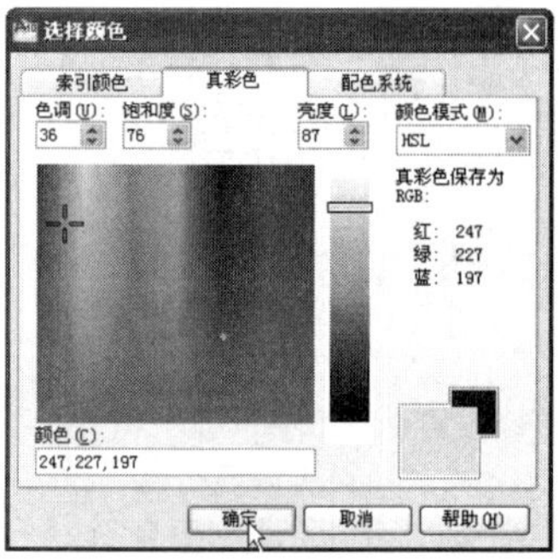

图 23-62

图 23-63

Step 17 在命令行中执行 BHATCH 命令，弹出“图案填充和渐变色”对话框，切换至“渐变色”选项卡，在“边界”选项组中单击“添加：拾取点”按钮，返回绘图区，单击如图 23-65 所示的 A 点，按【Space】键返回“图案填充和渐变色”对话框。

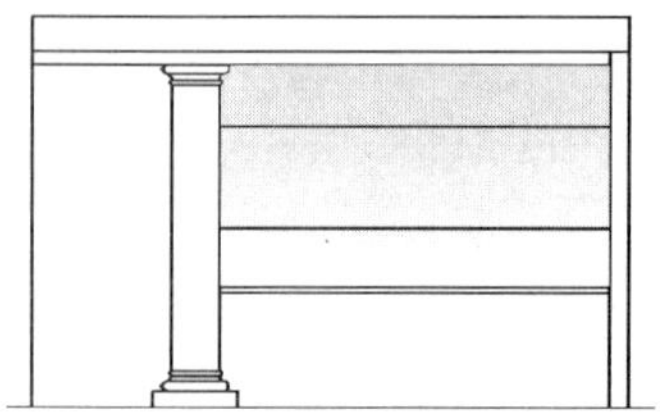

图 23-64

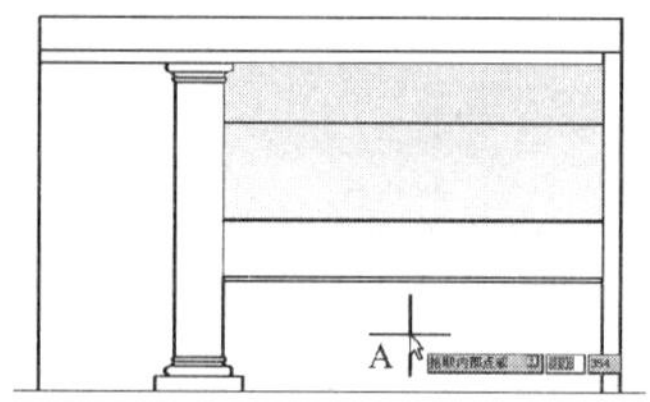

图 23-65

Step 18 单击“单色”单选按钮下的按钮，弹出“选择颜色”对话框，默认打开的是“真彩色”选项卡，在该选项卡的“颜色”文本框中输入合适的颜色值（176，117，59），然后单击 确定 按钮关闭该对话框，如图 23-66 所示。

Step 19 返回“图案填充和渐变色”对话框，在“颜色”选项组中选择第 1 排的第 2 种渐变色效果。在“方向”选项组中选择“居中”复选框，在“角度”文本框中输入 0，如图 23-67 所示，单击 确定 按钮关闭“图案填充和渐变色”对话框，填充后的效果如图 23-68 所示。

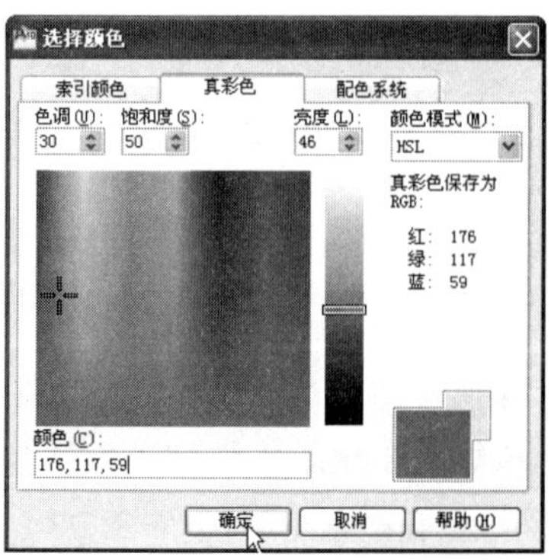

图 23-66

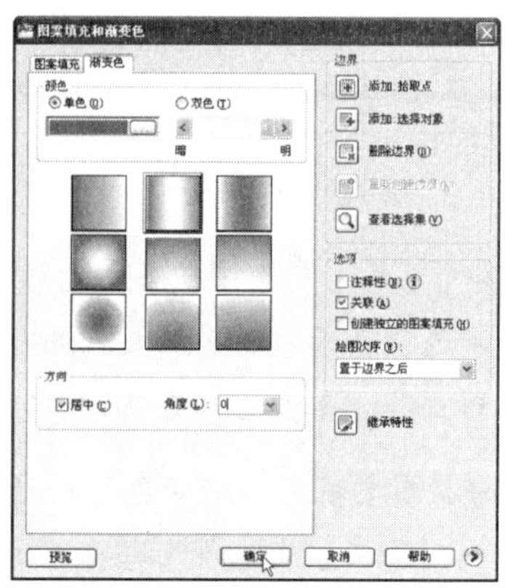

图 23-67

Step 20 在命令行中执行 INSERT 命令，弹出“插入”对话框，单击“名称”文本框右侧的[浏览(B)...]按钮，弹出“选择图形文件”对话框。

Step 21 在“查找范围”下拉列表中选择图块的目标位置，在中间列表框中选择图形文件，这里选择“椅子.dwg”图形文件（光盘:\素材\第 23 章\椅子.dwg），然后单击[打开(O)]按钮，如图 23-69 所示。返回“插入”对话框，单击[确定]按钮，如图 23-70 所示。返回绘图区，在如图 23-71 所示的 A 处插入图形文件，插入后的效果如图 23-72 所示。

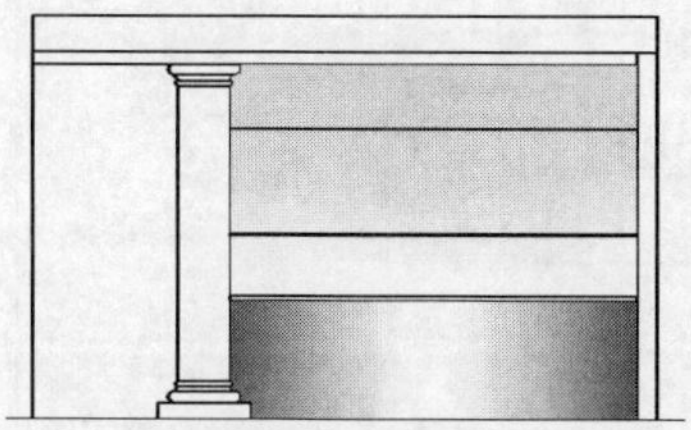

图 23-68

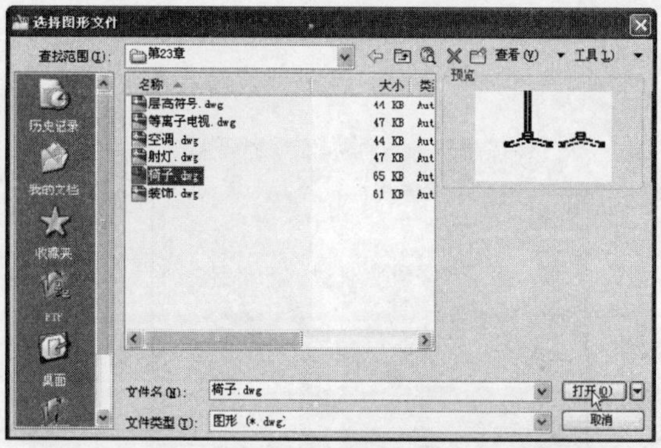

图 23-69

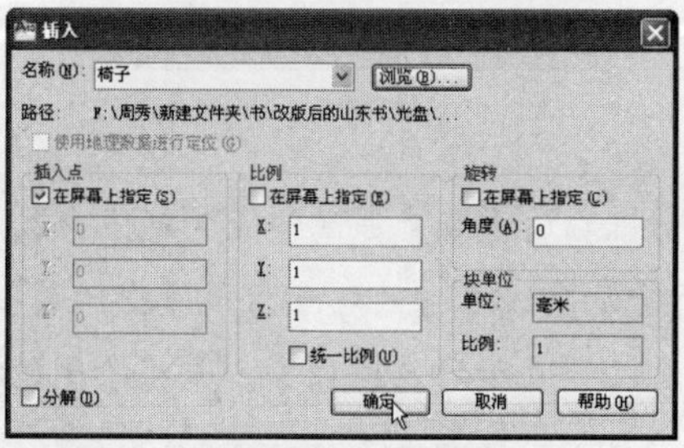

图 23-70

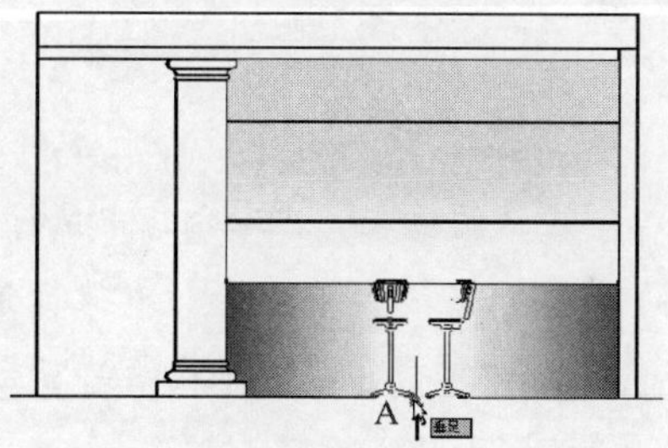

图 23-71

Step 22 在“常用”选项卡的“图层”组中单击“图层”下拉按钮，选择“柱头”选项，将“柱头”图层设置为当前图层。在命令行中执行 BHATCH 命令，弹出“图案填充和渐变色”对话框，切换至“渐变色”选项卡，在“边界”选项组中单击“添加：拾取点”按钮，返回到绘图区，单击如图 23-73 所示的 A 点，按【Space】键返回“图案填充和渐变色”对话框。

图 23-72

图 23-73

Step 23 单击“单色”单选按钮下的[...]按钮，弹出“选择颜色”对话框，默认打开的是“真彩色”选项卡，在该选项卡的“颜色”文本框中输入合适的颜色值（158，154，138），然后单击[确定]按钮关闭该对话框，如图 23-74 所示。

Step 24 返回“图案填充和渐变色”对话框，在“颜色”选项组中选择第 1 排的第 2 种渐变色效果。在“方向”选项组中选择“居中”复选框，在“角度”文本框中输入 0，如图 23-75 所示。单击[确定]按钮关闭“图案填充和渐变色”对话框，填充后的效果如图 23-76 所示。

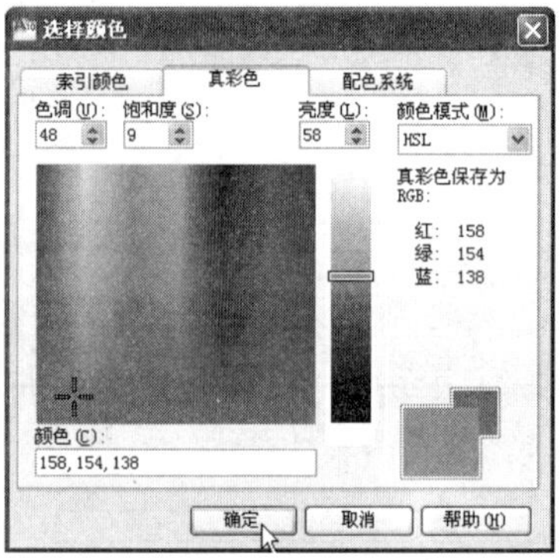

图 23-74

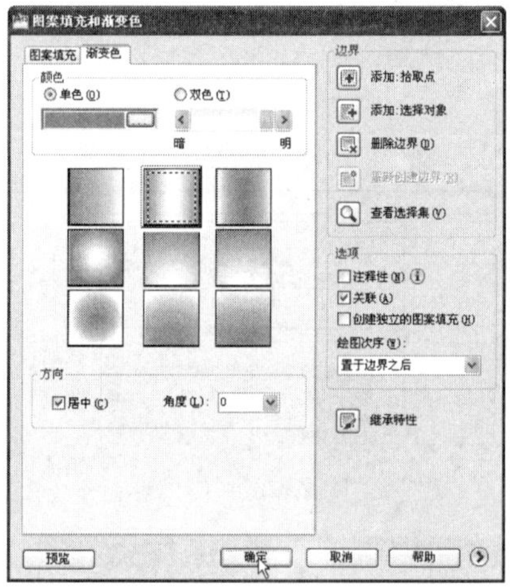

图 23-75

Step 25 绘制右边的柱头。在命令行中执行 L 命令，以柱头右边垂直直线的中点为起点，绘制长为 1610 的水平直线。然后在命令行中执行 MI 命令，以所绘制直线右边的端点为镜像线的第一点，在第一点的正上方单击指定镜像线的第二点，镜像如图 23-77 所示的左边柱头，并将绘制的直线删除，效果如图 23-78 所示。

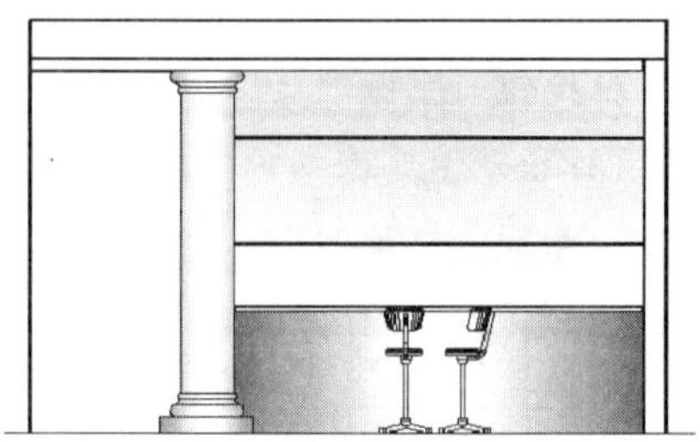

图 23-76

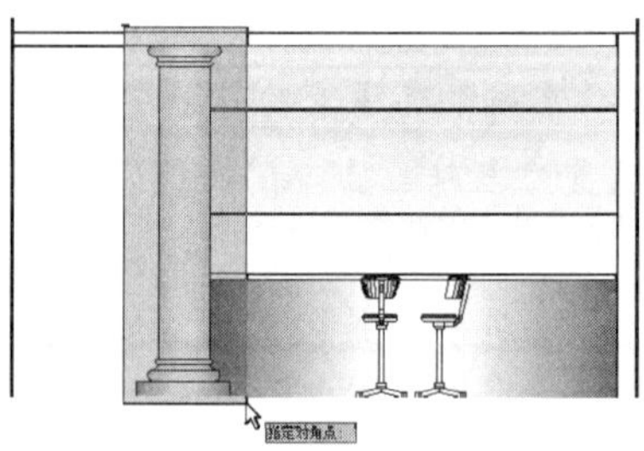

图 23-77

Step 26 在“常用”选项卡的“图层”组中单击“图层”下拉按钮，选择“灯”选项，将“灯”图层设置为当前图层。按照前面讲解的插入图块的方法，在如图 23-79 所示的 A 点插入外部图块“摄像头.dwg”（光盘:\素材\第 23 章\摄像头），在如图 23-79 所示的 B 点插入外部图块“装饰灯.dwg”（光盘:\素材\第 23 章\装饰灯），在如图 23-79 所示的 C、D、E 点分别插入外部图块“射灯.dwg”（光盘:\素材\第 23 章\射灯），插入后的效果如图 23-80 所示。

Step 27 在命令行中执行 MI 命令，以最上方直线的中点为镜像线的第一点，以最下方直线的中点为镜像线的第二点，镜像左边的摄像头，镜像后的效果如图 23-81 所示。

图 23-78

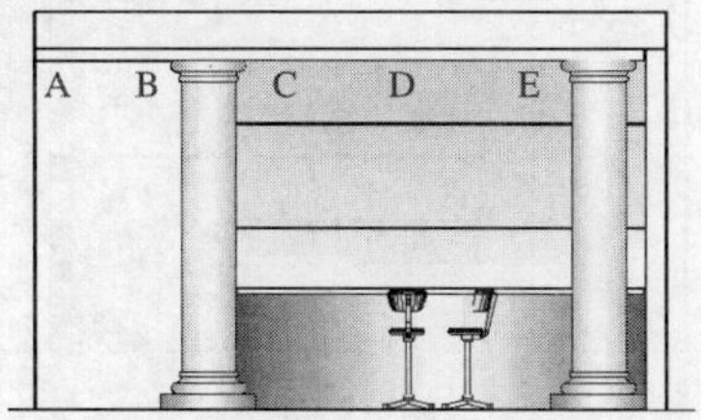

图 23-79

图 23-80

图 23-81

Step 28 在“常用”选项卡的“图层”组中单击“图层”下拉按钮，选择“承重墙”选项，将“承重墙”图层设置为当前图层。在命令行中执行 BHATCH 命令并选择“设置”选项，弹出“图案填充和渐变色”对话框，单击“图案”选项右侧的[...]按钮，弹出“填充图案选项板”对话框。切换至“其他预定义”选项卡，在列表框中选择 AR-CONC 图案样式，然后单击[确定]按钮，如图 23-82 所示。

Step 29 为了更好地查看效果，在“角度和比例”选项组的“比例”文本框中输入 2，单击“边界”选项组中的“添加：拾取点”按钮，如图 23-83 所示。

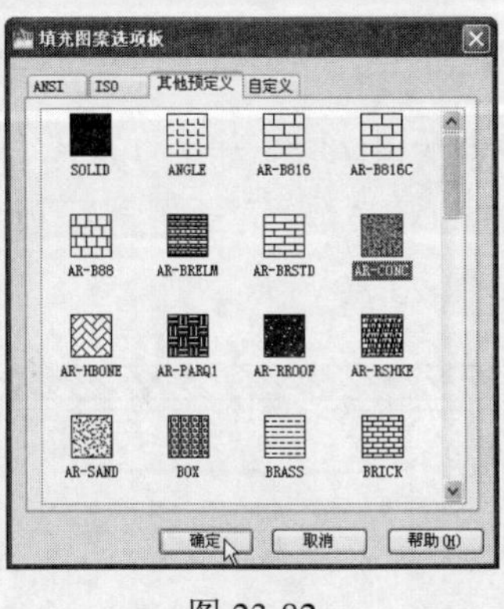

图 23-82

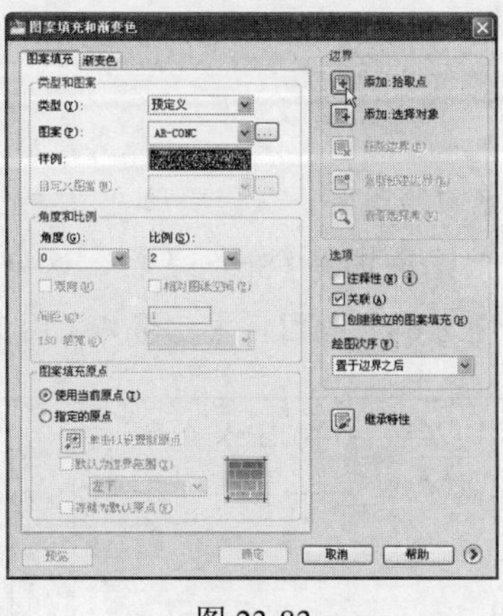

图 23-83

Step 30 返回绘图区，在需要填充图案的区域单击，这里单击如图 23-84 所示的 A 点。选择“设置”选项并按【Space】键，返回“图案填充和渐变色”对话框，单击[确定]按钮关闭对话框，即可看到在绘图区中已填充了图案，填充后的效果如图 23-85 所示。

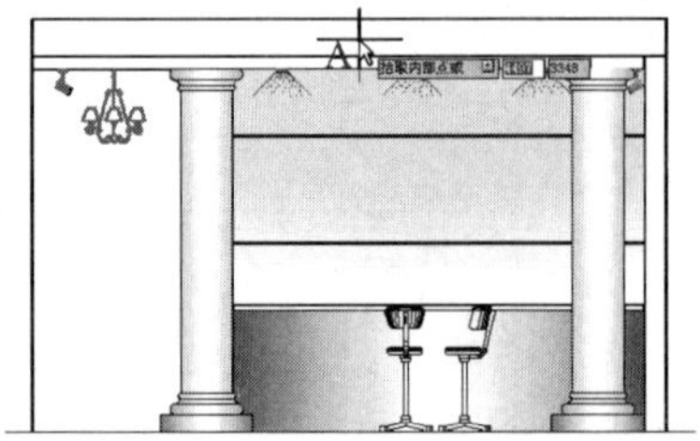

图 23-84

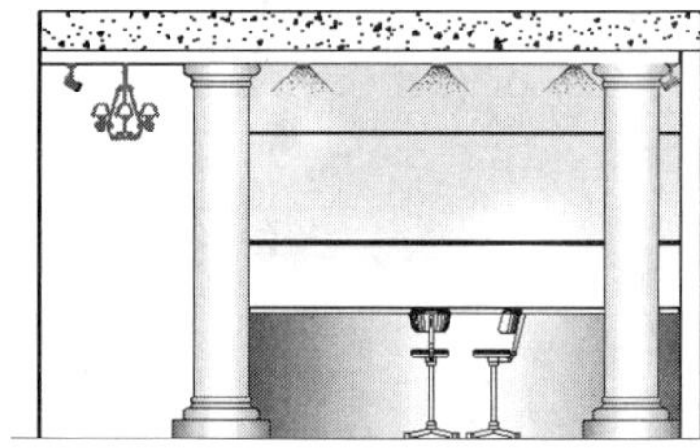

图 23-85

Step 31 在命令行中执行 BHATCH 命令并选择“设置”选项，弹出“图案填充和渐变色”对话框。单击“图案”选项右侧的[...]按钮，弹出“填充图案选项板”对话框，切换至 ANSI 选项卡，在列表框中选择 ANSI31 图案样式，然后单击[确定]按钮，如图 23-86 所示。

Step 32 为了更好地查看效果，在“角度和比例”选项组的“比例”文本框中输入 45，单击“边界”选项组中的“添加：拾取点”按钮，如图 23-87 所示。

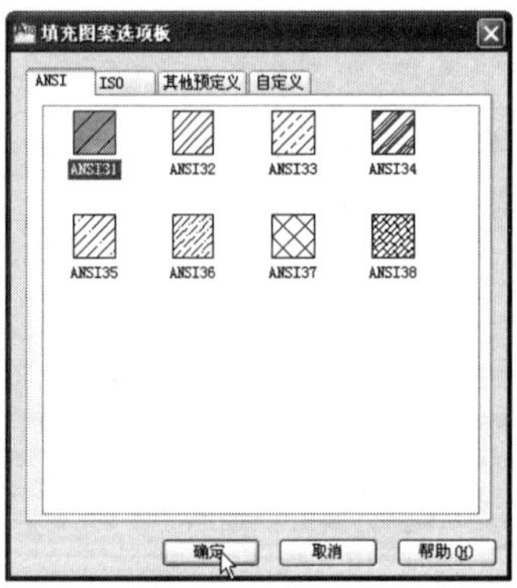

图 23-86

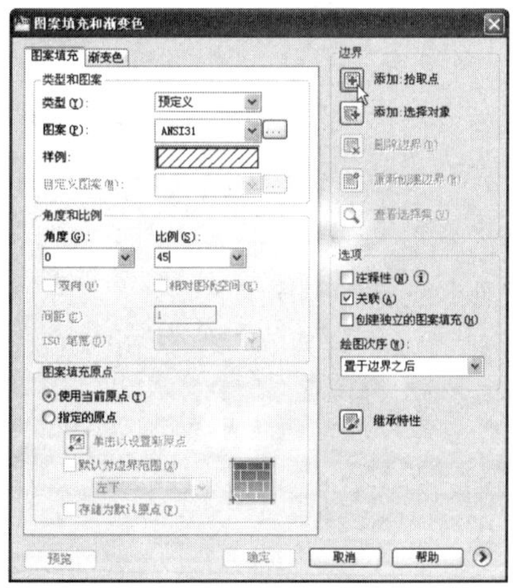

图 23-87

Step 33 返回绘图区，在需要填充图案的区域单击，这里单击如图 23-88 所示的 A 点和 B 点。选择“设置”选项并按【Space】键，返回“图案填充和渐变色”对话框，单击[确定]按钮关闭对话框，即可看到在绘图区中已填充了图案，填充后的效果如图 23-89 所示。

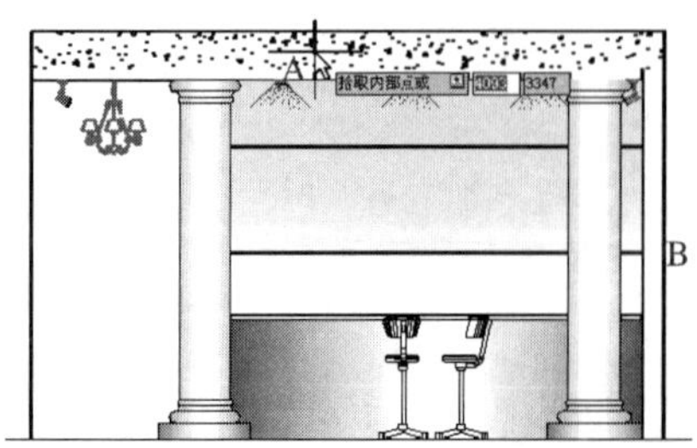

图 23-88

图 23-89

Step 34 在“常用”选项卡的“图层”组中单击“图层”下拉按钮，选择“标注”选项，将“标注”图层设置为当前图层。在命令行中执行 MTEXT 命令，添加酒店名称，具体操作过程如下：

```
命令: MTEXT                                                  //执行 MTEXT 命令
当前文字样式: "Standard" 文字高度: 2.5 注释性: 否          //系统自动提示
指定第一角点:指定对角点或 [高度(H)/对正(J)/行距(L)/旋转(R)/样式(S)/宽度(W)/栏(C)]:H
//在绘图区的空白位置单击，并选择“高度”选项，按【Space】键确认
指定高度 <2.5>: 150                                          //指定文字的高度为 150
指定对角点或 [高度(H)/对正(J)/行距(L)/旋转(R)/样式(S)/宽度(W)/栏(C)]: //指定第一
个角点的对角点，绘制出文本框
```

Step 35 在文本框中输入文本“酒店造型墙”，然后在绘图区的空白位置单击，退出多行文字的编辑状态。添加完成后，将多行文字移动到接待台后的墙壁上，效果如图 23-90 所示。

Step 36 对酒店造型墙立面图进行尺寸标注，标注后的效果如图 23-91 所示（光盘:\源文件\第 23 章\酒店造型墙.dwg）。绘制完成后还可将其保存在计算机中，以方便以后查看和调用。

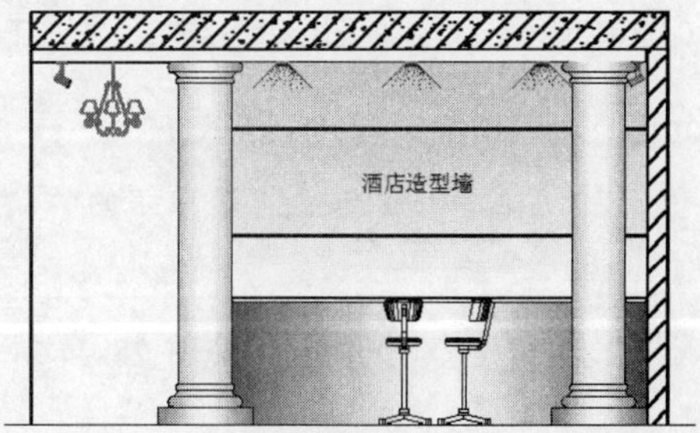

图 23-90

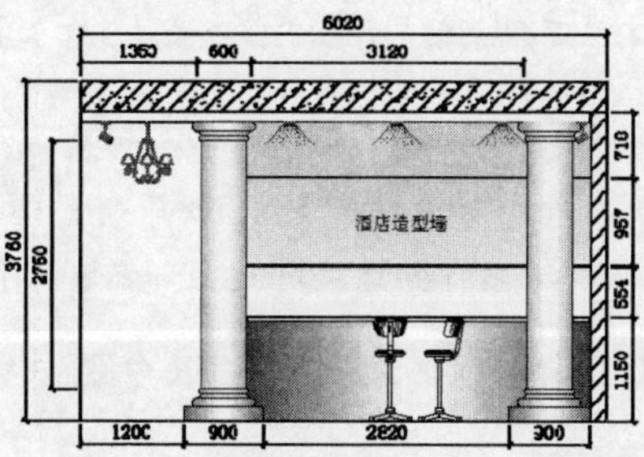

图 23-91

23.4 边学边用——绘制公共建筑立面图

立面图是由建筑平面图确定的，用来表示建筑物的体型和外貌，并表明外墙面装饰要求等的图样。它主要体现立面外轮廓及主要结构和建筑构造部件的位置，如墙顶、檐口、柱、变形缝、室外楼梯和垂直爬梯、室外空调机搁板、阳台、栏杆、台阶、坡道、花台、雨篷、勒脚、门窗、洞口、门头、雨水管，以及其他装饰构件、线脚和粉刷分格线等。根据前面讲解的建筑立面图的绘制流程，以及前面章节中讲解的绘制图形的方法，绘制如图 23-92 所示的大楼立面图。

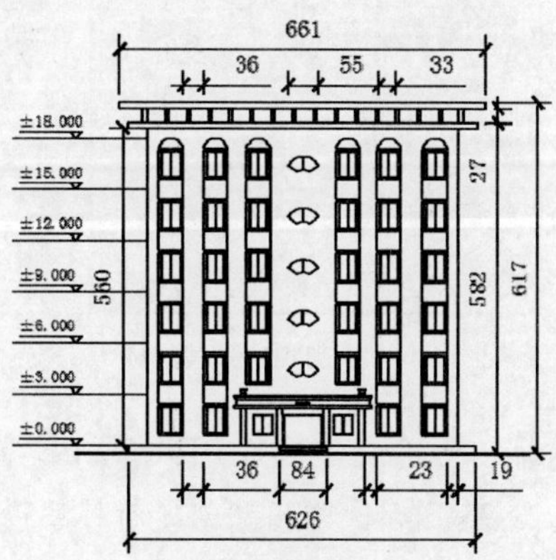

图 23-92

23.4.1 实例目标

下面通过实例巩固练习在 AutoCAD 2012 中设置绘图环境、管理图层、设置标注样式、绘制图形对象，以及对图形对象进行尺寸标注等，引导读者进一步掌握 AutoCAD 2012 中建筑立面图

的绘制方法。

具体学习目标如下：

- 掌握 AutoCAD 2012 中绘图环境的设置、图层的管理及标注样式的设置。
- 巩固练习在 AutoCAD 2012 中使用命令绘制图形对象的方法。
- 掌握在 AutoCAD 2012 中对图形对象进行尺寸标注的方法。

23.4.2 实例实现

1. 设置图形界限和图层

Step 01 启动 AutoCAD 2012，在命令行中执行 LIMITS 命令，设置图形界限大小，具体操作过程如下：

```
命令: LIMITS                                          //执行 LIMITS 命令
重新设置模型空间界限:                                  //系统提示
指定左下角点或 [ 开 (ON) /关 (OFF) ] <0.0000,0.0000>:  //按【Space】键确定左下角坐标，保持默认设置
指定右上角点<420.0000,297.0000>:20000, 15000          //确定绘图区大小
```

Step 02 在命令行中执行 UNITS 命令，弹出“图形单位”对话框。在“长度”选项组的“精度”下拉列表中选择 0 选项，然后单击 确定 按钮，如图 23-93 所示。

Step 03 在命令行中执行 LAYER 命令，弹出“图层特性管理器”选项板，新建如图 23-94 所示的 3 个图层。

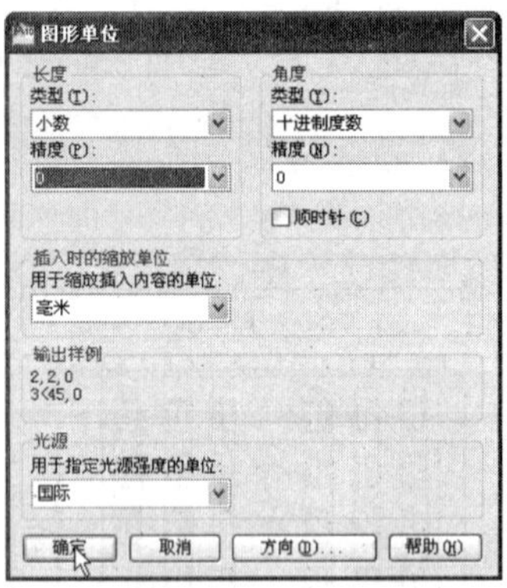

图 23-93

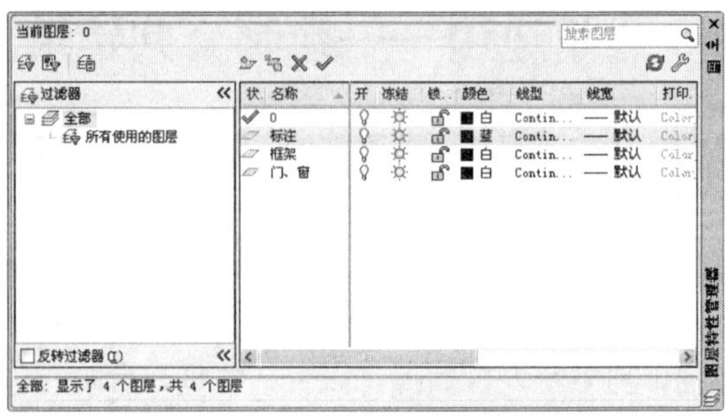

图 23-94

Step 04 在命令行中执行 DIMSTYLE 命令，弹出“标注样式管理器”对话框，单击 新建(N)... 按钮，如图 23-95 所示。弹出“创建新标注样式”对话框，在“新样式名”文本框中输入文本“大楼立面图”，其余保持默认设置不变，单击 继续 按钮，如图 23-96 所示。

Step 05 弹出“新建标注样式：大楼立面图”对话框，切换至“线”选项卡，在“尺寸线”选项组的“颜色”下拉列表中选择“蓝”选项，在“尺寸界线”选项组的“颜色”下拉列表中选择“蓝”选项，在“超出尺寸线”数值框中输入 25，在“起点偏移量”数值框中输入 15，如图 23-97 所示。

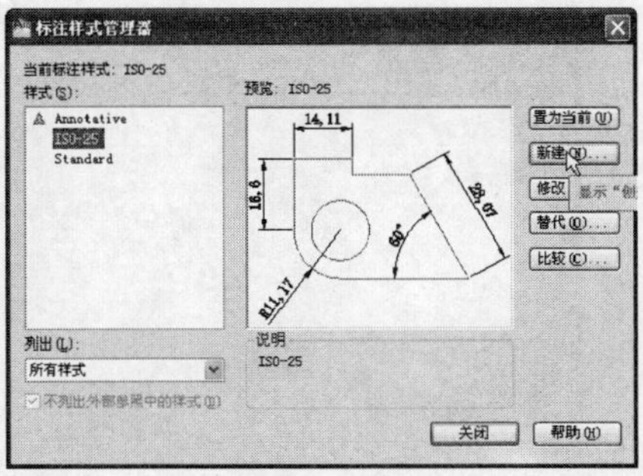

图 23-95

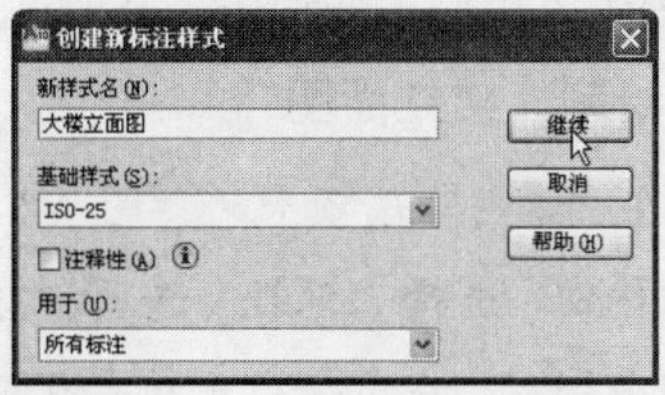

图 23-96

Step 06 切换至“符号和箭头”选项卡，在“箭头”选项组的“第一个”下拉列表中选择“建筑标记”选项，在“箭头大小”数值框中输入 20，如图 23-98 所示。

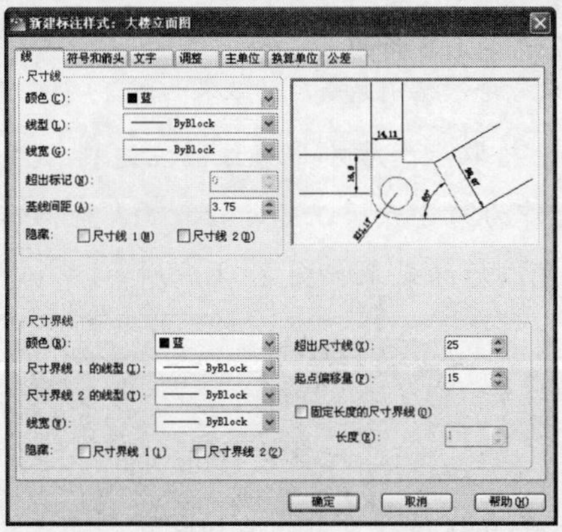

图 23-97

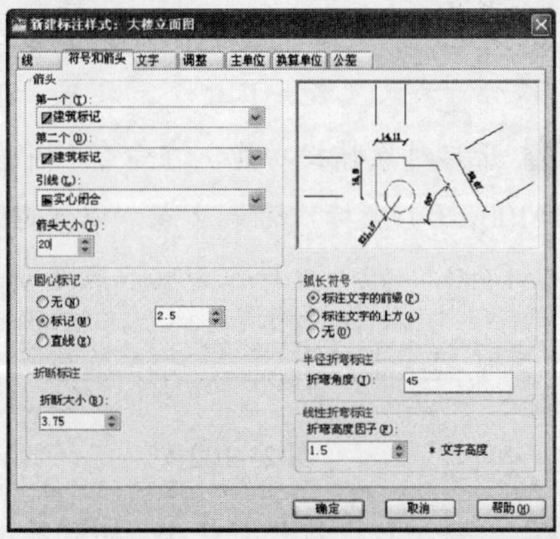

图 23-98

Step 07 切换至“文字”选项卡，在“文字外观”选项组的“文字颜色”下拉列表中选择“蓝”选项，在“文字高度”数值框中输入 30，在“文字位置”选项组的 “从尺寸线偏移”数值框中输入 22，如图 23-99 所示。

Step 08 切换至“主单位”选项卡，在“线性标注”选项组的“精度”下拉列表中选择 0 选项，单击 确定 按钮，如图 23-100 所示。

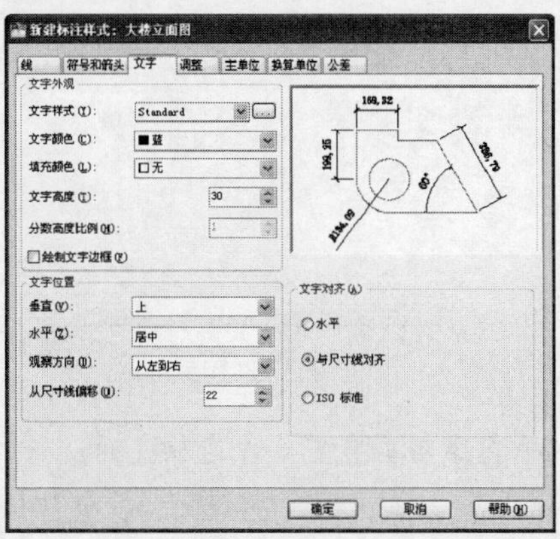

图 23-99

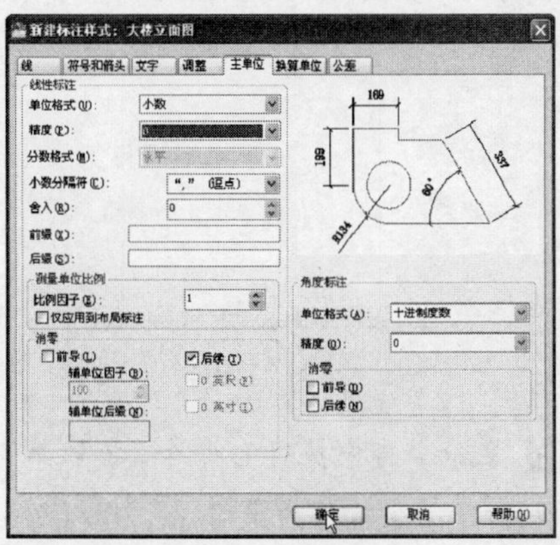

图 23-100

Step 09 返回“标注样式管理器”对话框，单击置为当前(U)按钮，然后单击关闭按钮，关闭该对话框，如图 23-101 所示，完成标注样式的设置。

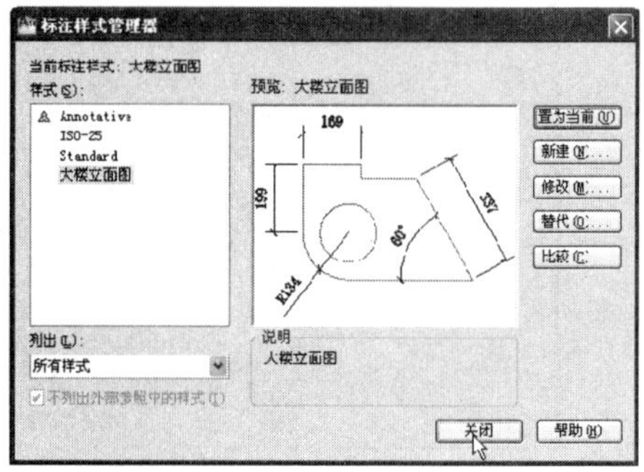

图 23-101

2. 绘制大楼立面图

Step 01 在“常用”选项卡的“图层”组中单击“图层”下拉按钮，选择“框架”选项，将“框架”图层设置为当前图层。在命令行中执行 TRACE 命令，绘制出代表地面的水平直线，具体操作过程如下：

```
命令： TRACE                    //执行 TRACE 命令
指定宽线宽度 <1>: 120           //输入 120 指定宽线的宽度，并按【Space】键确认输入
指定起点                        //单击上一步绘制的矩形的左下角的点
指定下一点：                    //单击上一步绘制的矩形的右下角的点
指定下一点或 [放弃(U)]:         //按【Space】键结束命令，绘制完成后的效果如图 23-102 所示
```

Step 02 开启对象捕捉功能，在命令行中执行 L 命令，拾取上一步水平直线的左边端点为起点，以（@100，0）坐标作为第 2 点，以（@0，12）坐标作为第 3 点，以（@626，0）坐标作为第 4 点，以（@0，-12）坐标作为第 5 点绘制直线，绘制完成后的效果如图 23-103 所示。

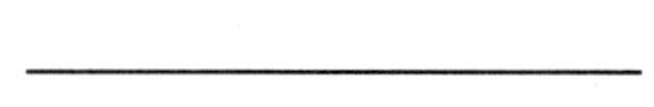

图 23-102

图 23-103

Step 03 在命令行中执行 L 命令，拾取第 1 步绘制的水平直线与垂直直线左边相交的交点为起点，以（@33，0）坐标作为第 2 点，以（@0，560）坐标作为第 3 点，以（@561，0）坐标作为第 4 点，以（@0，-560）坐标作为第 5 点绘制直线，绘制完成后的效果如图 23-104 所示。

Step 04 在命令行中执行 L 命令，拾取第 2 步绘制的水平直线与垂直直线左边相交的交点为起点，以（@-35，0）坐标作为第 2 点，以（@0，10）坐标作为第 3 点，以（@631，0）坐标作为第 4 点，以（@0，-10）坐标作为第 5 点绘制直线，以（@-35，0）坐标作为第 6 点绘制直线，绘制完成后的效果如图 23-105 所示。

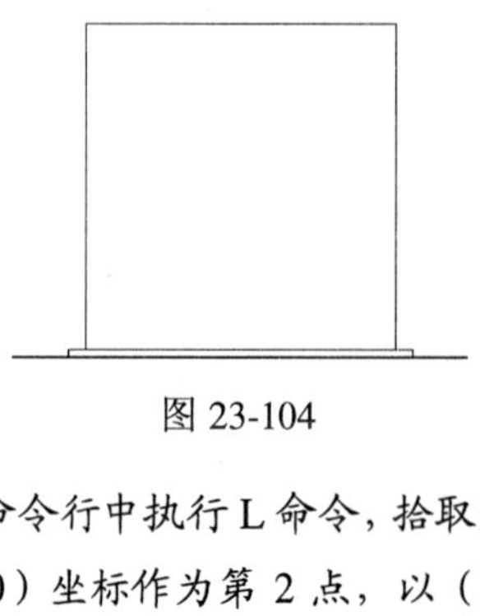

图 23-104

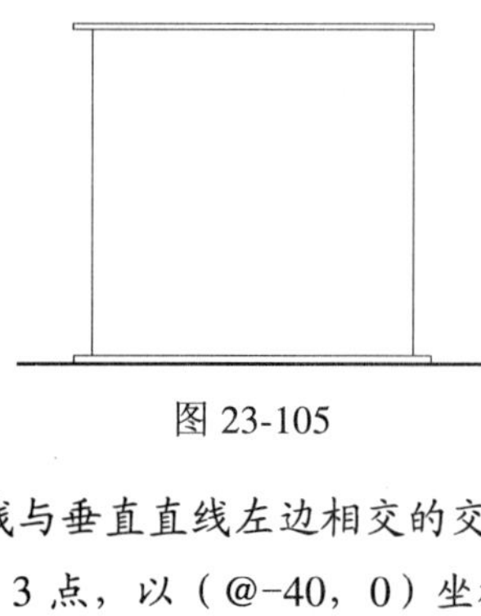

图 23-105

Step 05 在命令行中执行 L 命令，拾取第 1 步绘制的水平直线与垂直直线左边相交的交点为起点，以（@25，0）坐标作为第 2 点，以（@0，25）坐标作为第 3 点，以（@-40，0）坐标作为第 4 点，以（@0，10）坐标作为第 5 点，以（@661，0）坐标作为第 6 点，以（@0，-10）坐标作为

第 7 点，以（@621，0）坐标作为第 8 点绘制直线，绘制完成后的效果如图 23-106 所示。

Step 06 在命令行中执行 O 命令，以如图 23-107 所示的 AB 线段为源对象，分别向右偏移 10、43、48、81、86、119、124、157、162、195、200、233、238、271、276、309、314、347、352、385、390、423、428、461、466、499、504、537、542、571、581，偏移出栏杆的形状，偏移后的效果如图 23-108 所示。

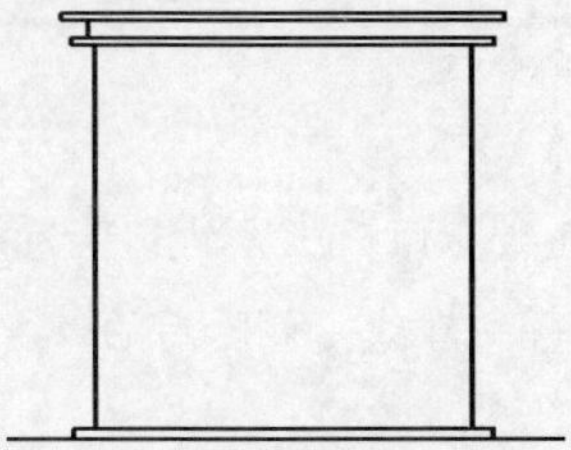

图 23-106

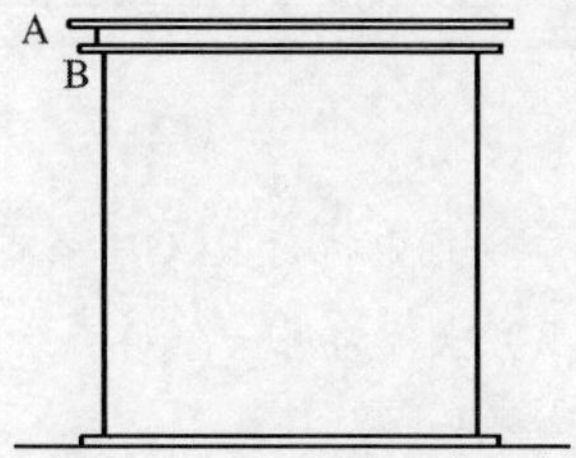

图 23-107

Step 07 在“常用”选项卡的“图层”组中单击“图层”下拉按钮，选择“门、窗”选项，将“门、窗”图层设置为当前图层。在命令行中执行 L 命令，绘制如图 23-109 所示的水平直线和垂直中心线。

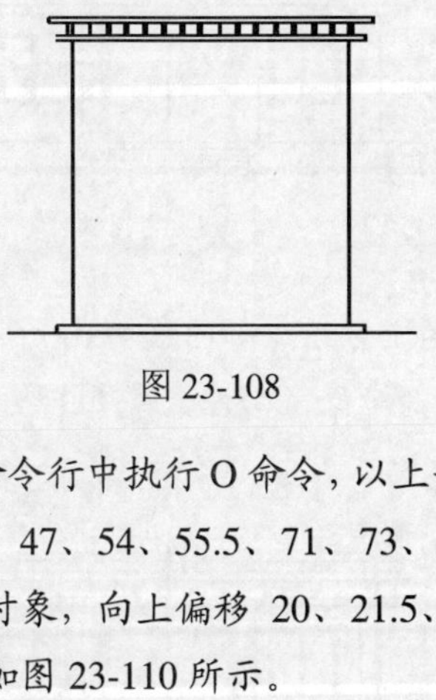

图 23-108

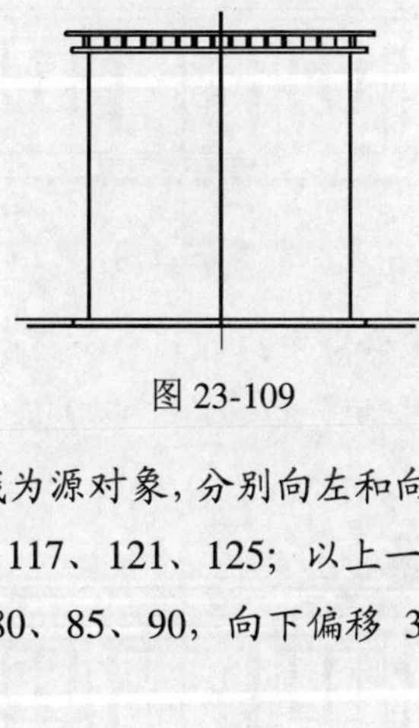

图 23-109

Step 08 在命令行中执行 O 命令，以上一步绘制的垂直中心线为源对象，分别向左和向右偏移 33、35、37、42、47、54、55.5、71、73、88.5、90、102、112、117、121、125；以上一步绘制的水平直线为源对象，向上偏移 20、21.5、54.5、56、66、71、80、85、90，向下偏移 3、6、9，偏移后的效果如图 23-110 所示。

Step 09 在命令行中执行 TR 命令，修剪上一步偏移获得的直线，修剪后形成大门，效果如图 23-111 所示。然后在命令行中执行 L 命令，绘制如图 23-112 所示的两条斜线连接门庭。

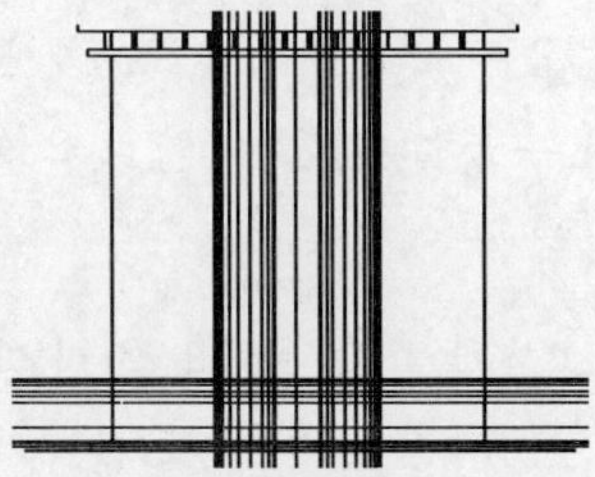

图 23-110

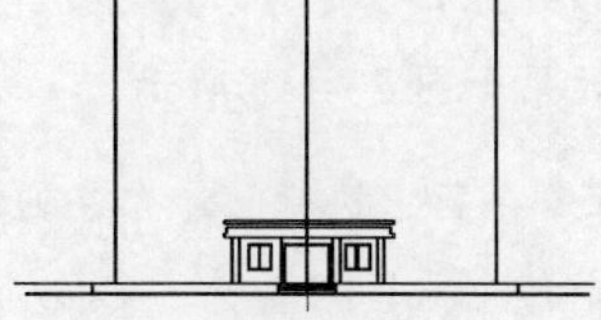

图 23-111

Step 10 在大门绘制完成后，接着绘制大门上方的灯。在命令行中执行 O 命令，以第 7 步绘制的垂直中心线为源对象，向左偏移 112，偏移后的效果如图 23-113 所示。

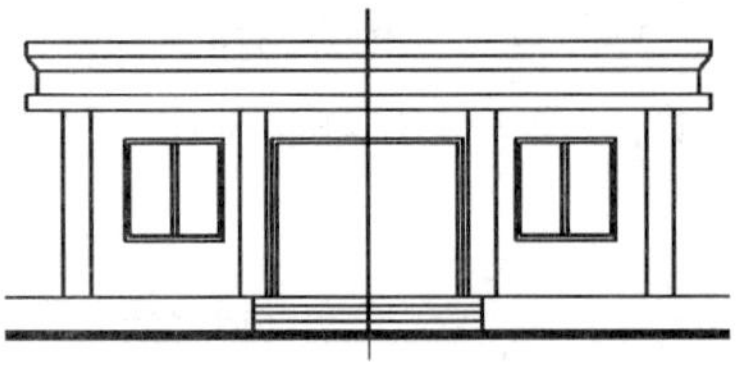
图 23-112

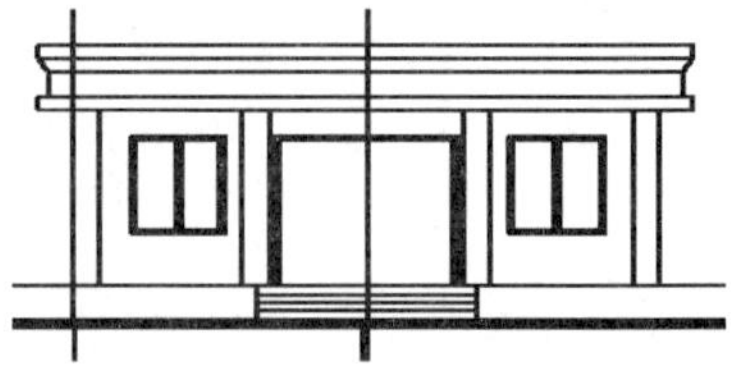
图 23-113

Step 11 在命令行中执行 REC 命令，以上一步偏移获得的直线与门庭上方的交点为第一个角点，以（@10，3）坐标为另一个角点绘制矩形，并删除偏移获得的直线，删除后的效果如图 23-114 所示。

Step 12 在命令行中执行 O 命令，以第 7 步绘制的垂直中心线为源对象，向左偏移 109。然后在命令行中执行 REC 命令，以偏移获得的直线与上一步绘制的矩形上方的交点为第一个角点，以（@4，2）坐标作为另一个角点绘制矩形，并删除偏移获得的直线，删除后的效果如图 23-115 所示。

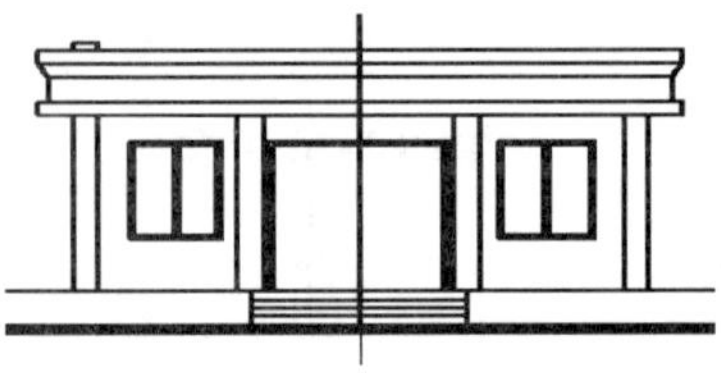
图 23-114

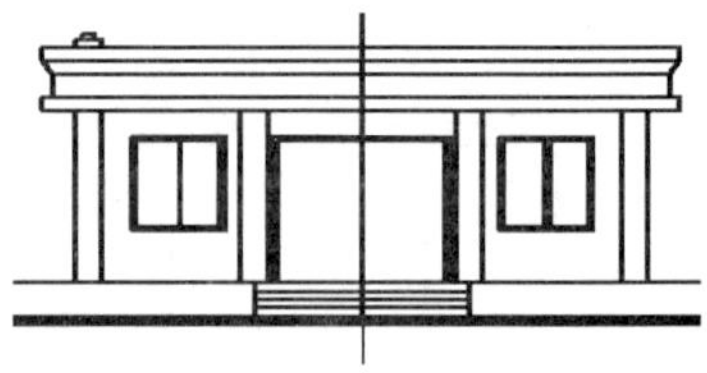
图 23-115

Step 13 在命令行中执行 L 命令，通过上一步绘制的矩形的上方绘制如图 23-116 所示的直线。然后在命令行中执行 O 命令，以第 7 步绘制的垂直中心线为源对象，向左偏移 111，偏移后的效果如图 23-117 所示。

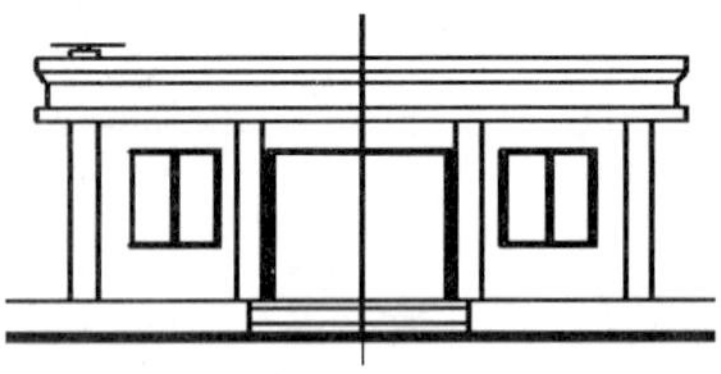
图 23-116

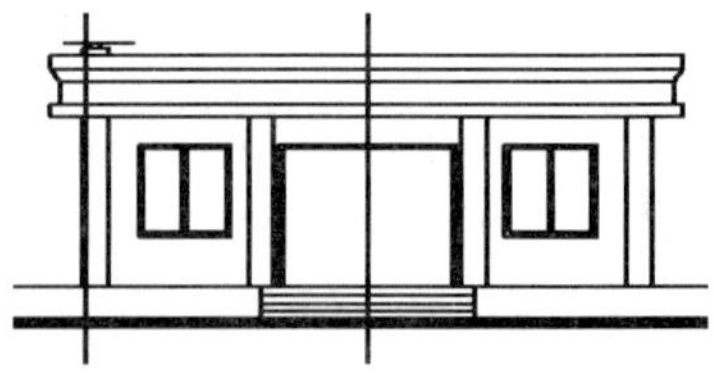
图 23-117

Step 14 在命令行中执行 REC 命令，以刚偏移获得的直线与上一步绘制的直线的交点为第一个角点，以（@8，2）坐标作为另一个角点绘制矩形，并删除上一步偏移获得的直线和绘制的直线，删除后的效果如图 23-118 所示。

Step 15 在命令行中执行 L 命令，通过上一步绘制的矩形的上方线上绘制如图 23-119 所示的直线。然后在命令行中执行 O 命令，以第 7 步绘制的垂直中心线为源对象，向左偏移 114，偏移后的效果如图 23-120 所示。

Step 16 在命令行中执行 REC 命令，以刚偏移获得的直线与上一步绘制的直线的交点为第一个角点，以（@14，2）坐标作为另一个角点绘制矩形，并删除上一步偏移获得的直线和绘制的直线，删除后的效果如图 23-121 所示。

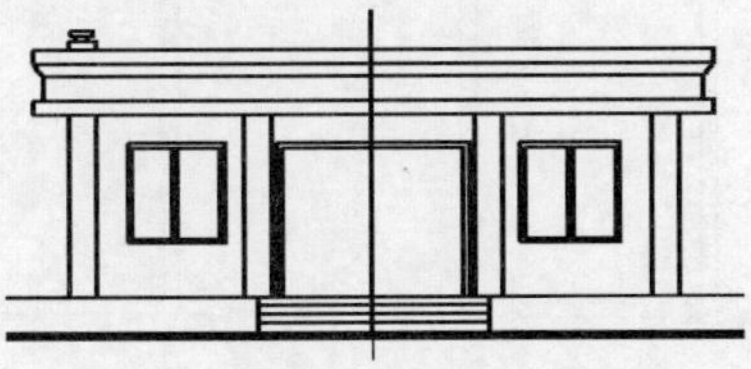

图 23-118

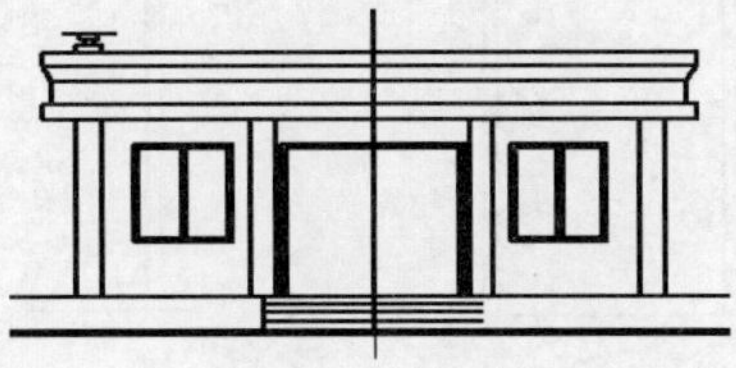

图 23-119

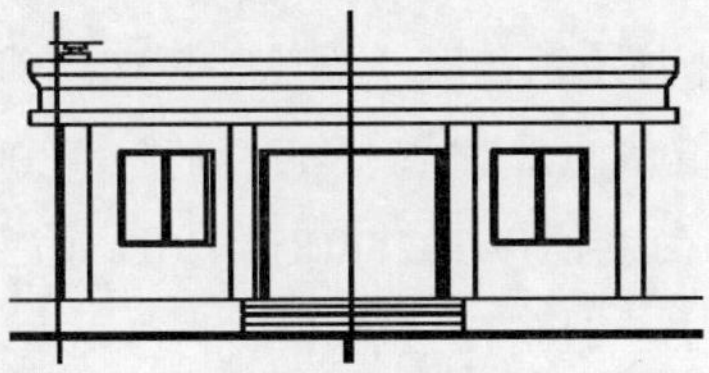

图 23-120

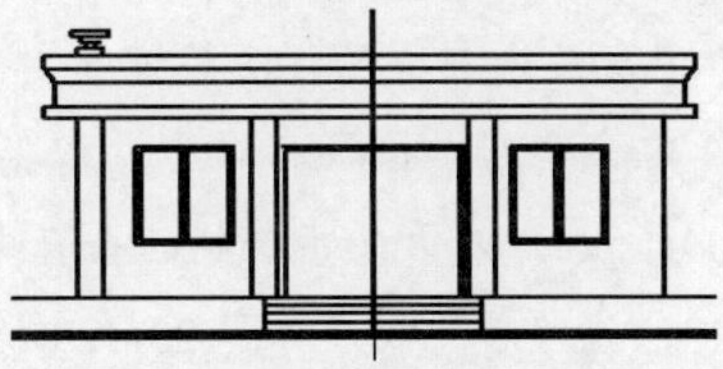

图 23-121

Step 17 在命令行中执行 MI 命令，以第 7 步绘制的垂直中心线的上端为镜像线的第一点，以第 7 步绘制的垂直中心线的下端为镜像线的第二点，镜像绘制完成的灯，镜像后的效果如图 23-122 所示。

Step 18 绘制窗子。在命令行中执行 REC 命令，在立面图外的空白位置单击指定第一个角点，输入坐标（@31，45）作为另一个角点绘制矩形，绘制后的效果如图 23-123 所示。

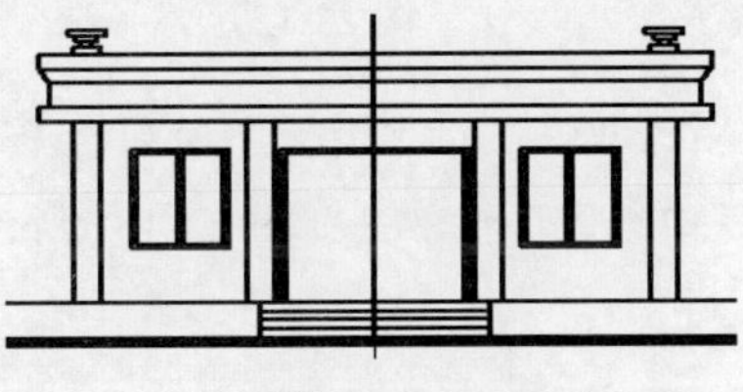

图 23-122

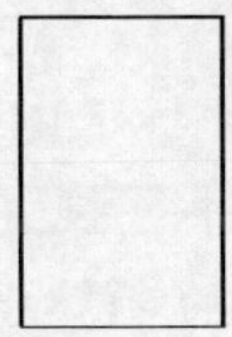

图 23-123

Step 19 在命令行中执行 O 命令，以上一步绘制的矩形为源对象，向外偏移 2，偏移后的效果如图 23-124 所示。

Step 20 在命令行中执行 REC 命令，以上一步偏移获得的矩形的左下角为基点，输入坐标（@-5，0）作为第一个角点，输入坐标（@44，-3）作为另一个角点绘制矩形，绘制后的效果如图 23-125 所示。

Step 21 在命令行中执行 REC 命令，以第 19 步偏移获得的矩形的右上角为基点，输入坐标（@-3，0）作为第一个角点，输入坐标（@40，2）作为另一个角点绘制矩形，绘制完成后的效果如图 23-126 所示。

Step 22 在命令行中执行 REC 命令，以上一步绘制的矩形的右上角为基点，输入坐标（@-2，0）作为第一个角点，输入坐标（@44，2）作为另一个角点绘制矩形，绘制完成后的效果如图 23-127

所示。然后在命令行中执行 L 命令，连接最里面矩形的上方中点和下方中点绘制直线，效果如图 23-128 所示。

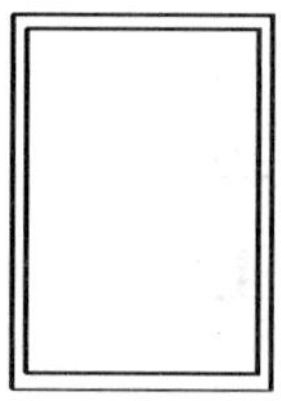

图 23-124

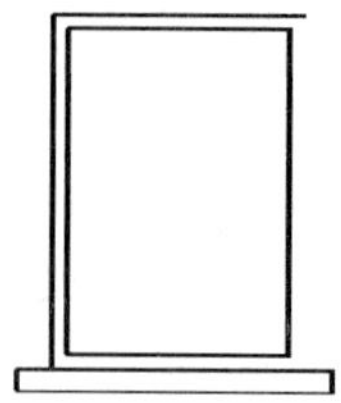

图 23-125

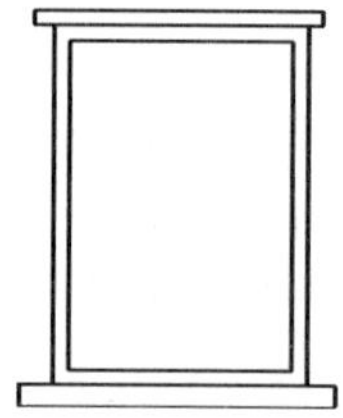

图 23-126

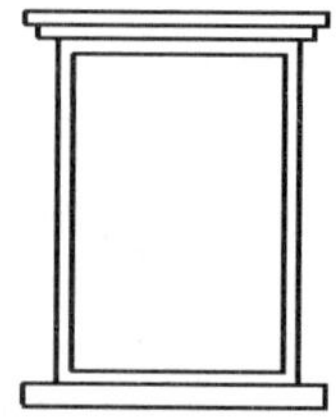

图 23-127

Step 23 用定义内部块的方法将窗子定义为内部图块，并将绘制的窗子删除。返回立面图中指定插入点。在命令行中执行 O 命令，以第 7 步绘制的水平直线为源对象，向上偏移 74、164、254、344、434、524，以第 7 步绘制的垂直中心线为源对象，向左偏移 102、181、261，向右偏移 59、135、218，偏移后的效果如图 23-129 所示。

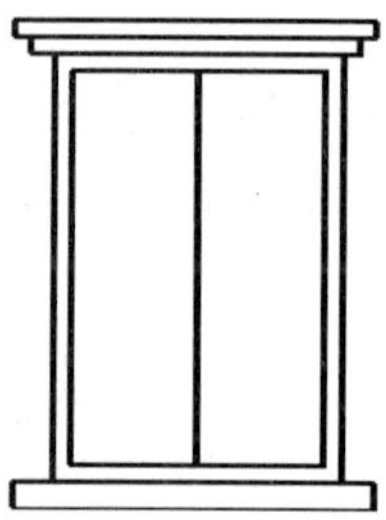

图 23-128

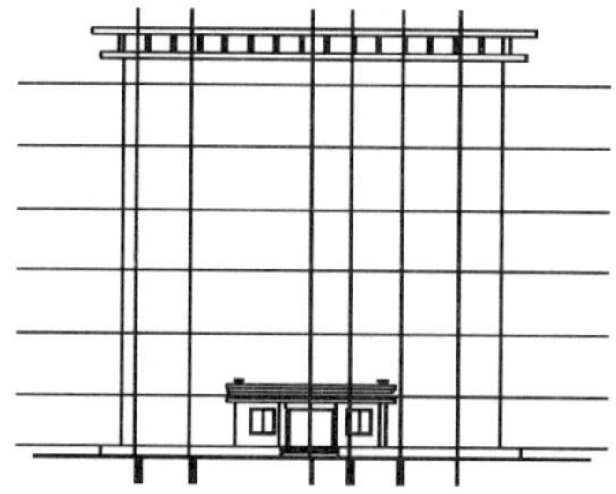

图 23-129

Step 24 在命令行中执行 INSERT 命令，弹出“插入”对话框，在“名称”下拉列表中选择“窗子”选项，然后单击 确定 按钮，如图 23-130 所示。返回绘图区，单击如图 23-131 所示的 A 点插入图块，插入后的效果如图 23-132 所示。

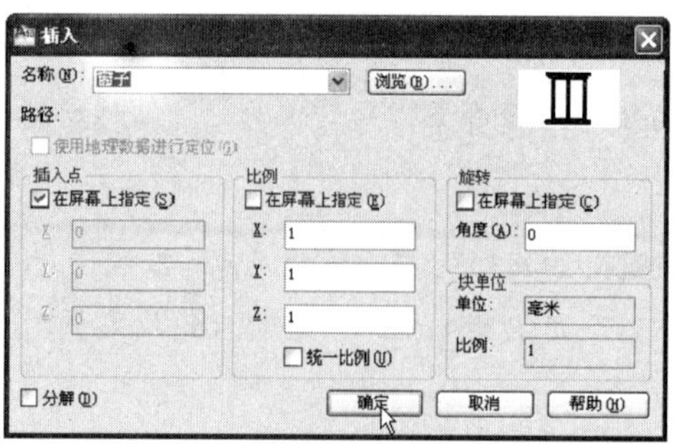

图 23-130

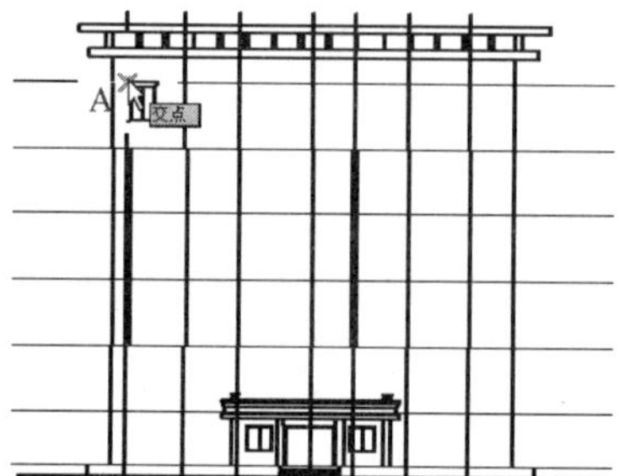

图 23-131

Step 25 按照相同的方法，使用插入图块命令完成其他图块的插入，插入后的效果如图 23-133 所示。删除图形中偏移获得的直线，然后在命令行中执行 L 命令，连接上端的窗子和下端的窗子，绘制如图 23-134 所示的直线。

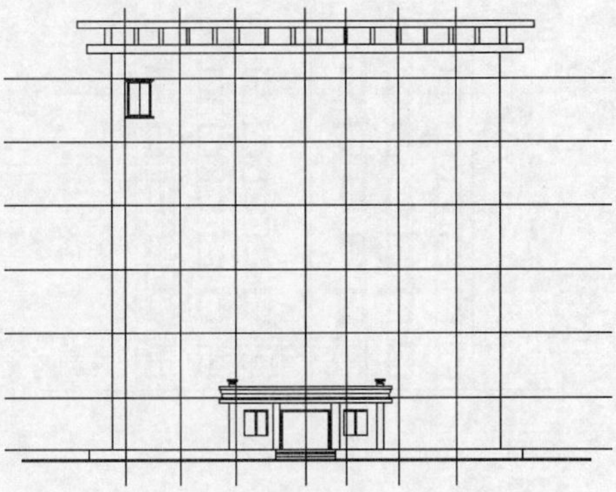

图 23-132

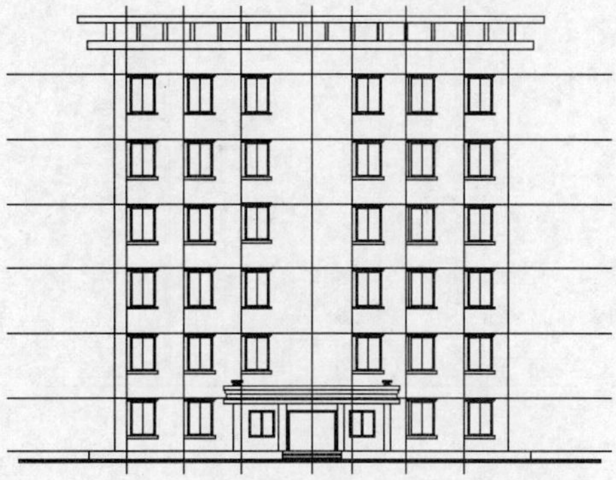

图 23-133

Step 26 在命令行中执行 ARC 命令，以如图 23-135 所示的 A 点作为圆弧的起点，以如图 23-135 所示的 B 点作为圆弧的第二个点，以如图 23-135 所示的 C 点作为圆弧的端点绘制圆弧，绘制完成后的效果如图 23-136 所示。

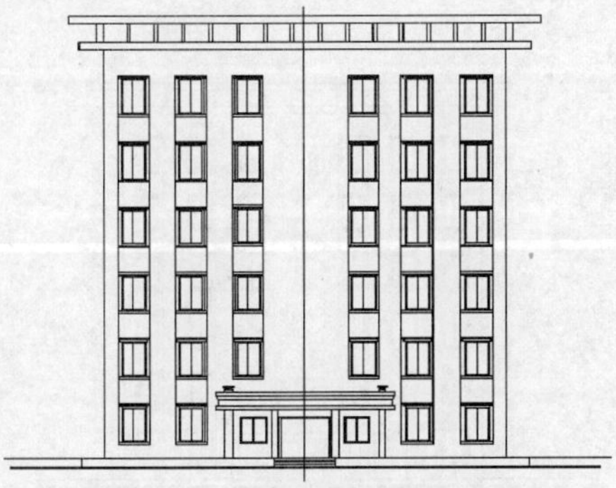

图 23-134

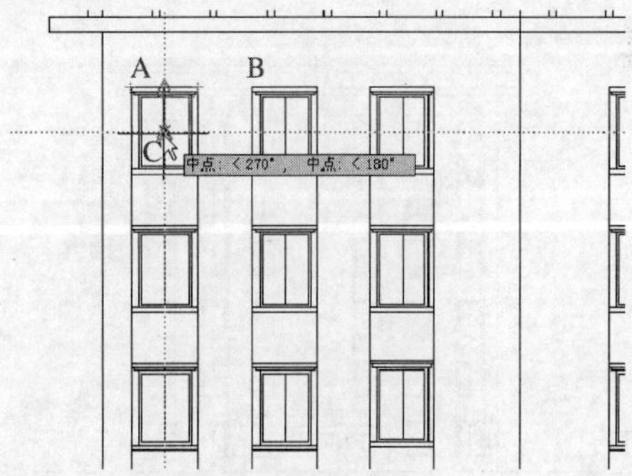

图 23-135

Step 27 在命令行中执行 TR 命令修剪圆弧，修剪后的效果如图 23-137 所示。按照相同的方法，使用圆弧和修剪命令，完成其他几扇窗户的绘制，效果如图 23-138 所示。

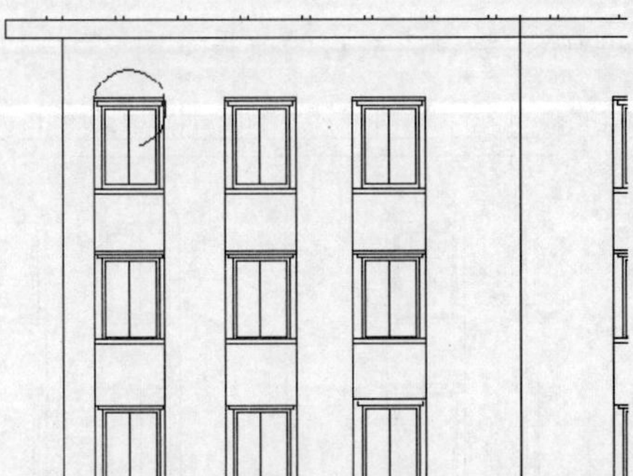

图 23-136

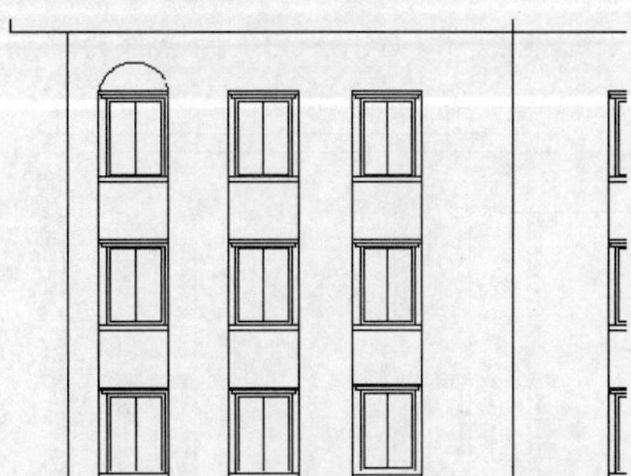

图 23-137

Step 28 绘制楼梯间的窗户。在命令行中执行 O 命令，以第 7 步绘制的垂直中心线为源对象，向左偏移 11；以第 7 步绘制的水平直线为源对象，向上偏移 483，偏移后的效果如图 23-139 所示。

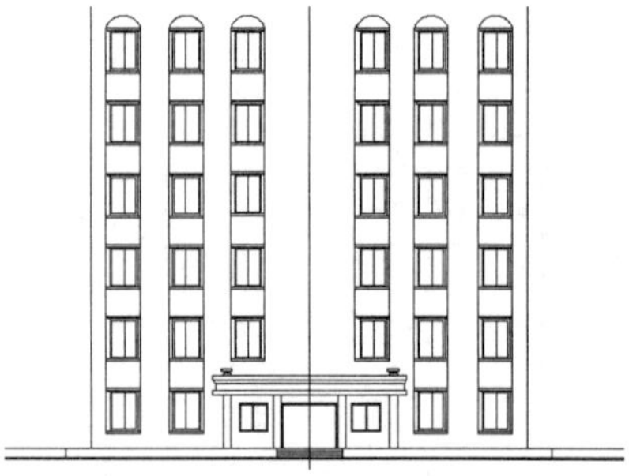

图 23-138

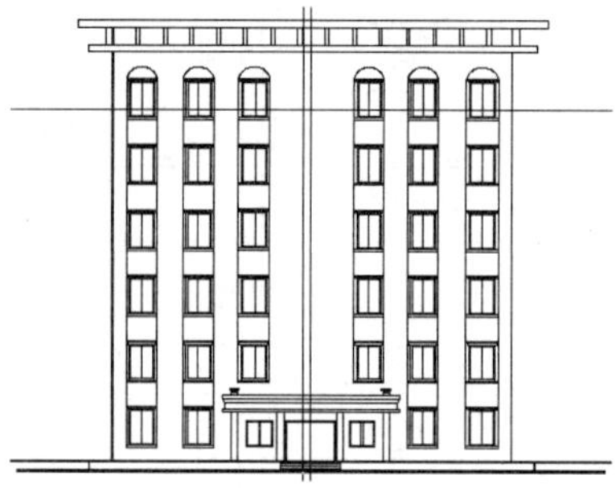

图 23-139

Step 29 在命令行中执行 L 命令，以上一步偏移获得的直线的交点为第一点，绘制角度为 145°、长度为 20 的直线，并删除刚偏移获得的两条直线，效果如图 23-140 所示。

Step 30 在命令行中执行 MI 命令，以第 7 步绘制的垂直中心线的中点为镜像线的第一点，在第一点的正上方单击一点作为镜像线的第二点，镜像上一步绘制的直线，镜像后的效果如图 23-141 所示。

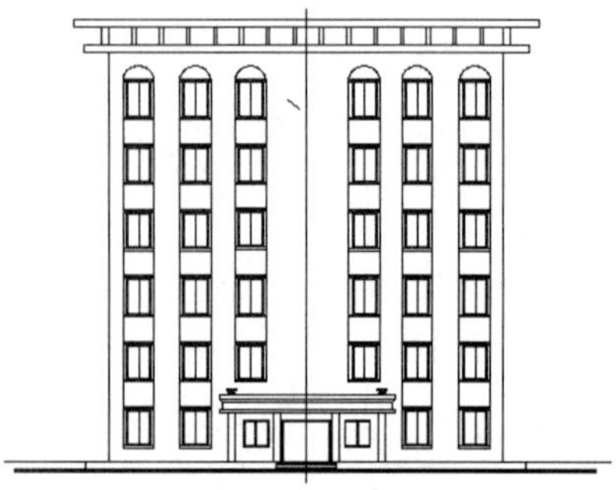

图 23-140

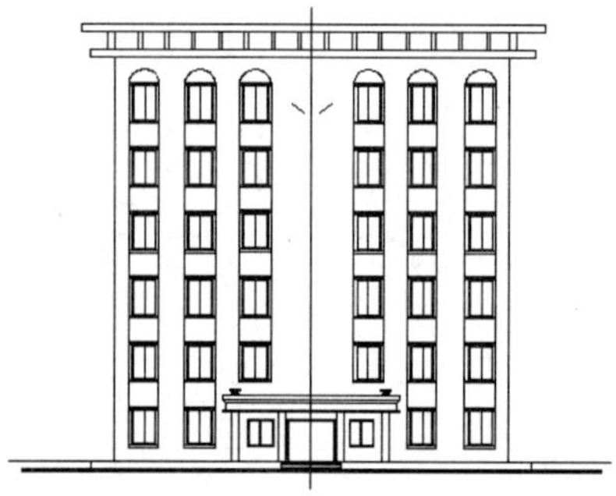

图 23-141

Step 31 在命令行中执行 ARC 命令，以如图 23-142 所示的 A 点作为圆弧的起点、以 C 点作为圆弧的第二个点、以坐标为（@0，−35）的点作为端点；以 B 点作为圆弧的起点、以 D 点作为圆弧的第二个点、以坐标为（@0，−33）的点作为端点，绘制两个圆弧，绘制完成后的效果如图 23-143 所示。

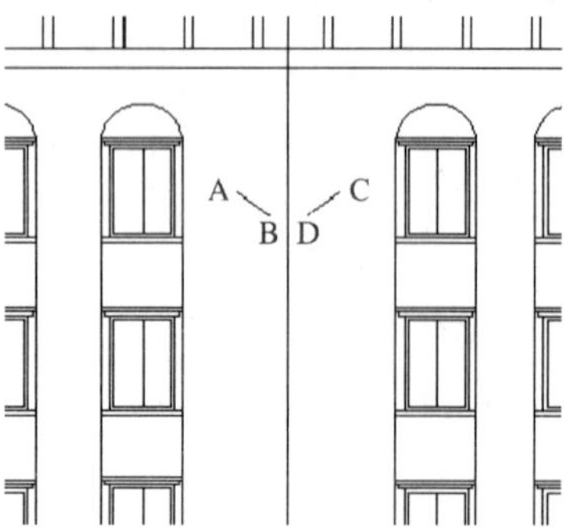

图 23-142

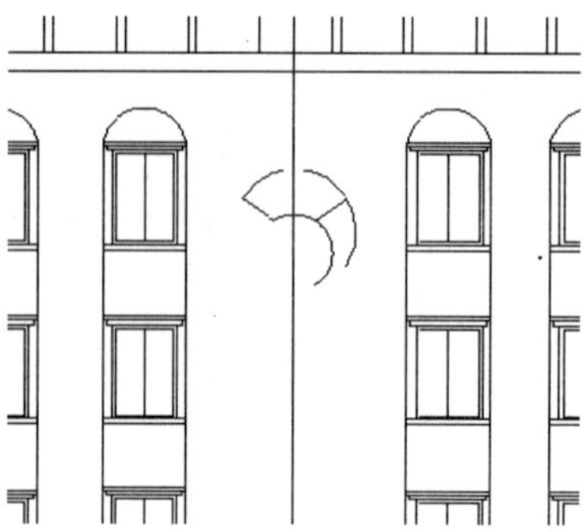

图 23-143

Step 32 在命令行中执行 TR 命令修剪圆弧，修剪后的效果如图 23-144 所示。

Step 33 在命令行中执行 L 命令，连接上圆弧和下圆弧的中点绘制直线。然后在命令行中执行 O 命令，以刚绘制的直线为源对象，分别向左和向右各偏移 1，偏移后的效果如图 23-145 所示。

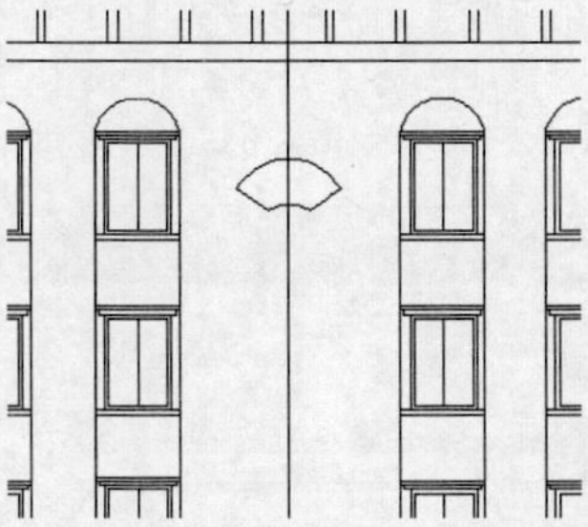

图 23-144

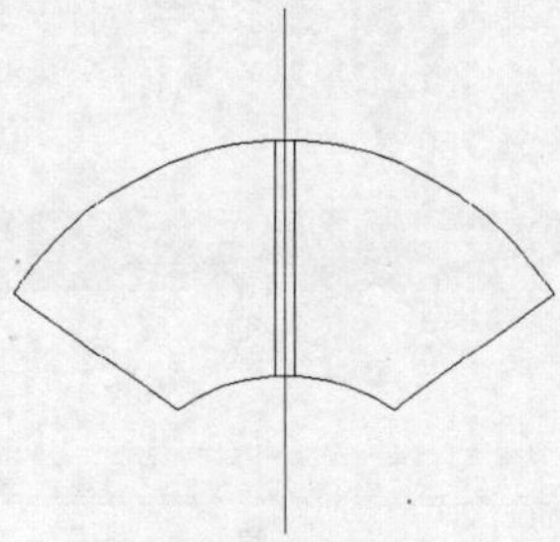

图 23-145

Step 34 在命令行中执行 CO 命令，以如图 23-146 所示的 A 点为基点，垂直向下复制楼梯间的窗户，复制距离分别为 91、181、271、361，并将第 7 步绘制的垂直中心线和水平直线删除，删除后的效果如图 23-147 所示。

Step 35 绘制楼梯间的小窗户后，在命令行中执行 MTEXT 命令，为绘制好的大楼添加文字说明，具体操作过程如下：

```
命令：MTEXT              //执行 MTEXT 命令
当前文字样式： "Standard"  文字高度： 2.5  注释性： 否   //系统自动提示
指定第一角点：            //在立面图外单击指定文明说明区域的第一角点
指定对角点或 [高度(H)/对正(J)/行距(L)/旋转(R)/样式(S)/宽度(W)/栏(C)]： H   //选择
 “高度”选项，按【Space】将确认选择
指定高度 <2.5>: 3      //指定文字高度，这里输入 3 并按【Space】键确认输入
指定对角点或 [高度(H)/对正(J)/行距(L)/旋转(R)/样式(S)/宽度(W)/栏(C)]：   //指定第一
个角点的对角点，绘制出文字说明区域并开启“文字编辑器”选项卡，如图 23-148 所示
```

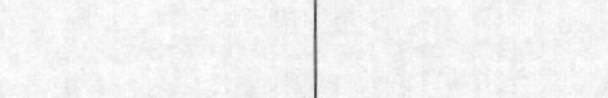

图 23-146

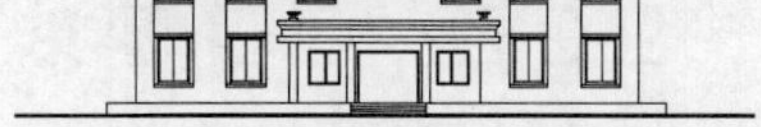

图 23-147

Step 36 在文字说明区域输入需要添加的文字，这里输入“扶贫办公大楼”，然后在“文字编辑器”选项卡的“关闭”组中单击“关闭文字编辑器”按钮✖，如图 23-149 所示。返回绘图区，在命令行中执行 M 命令，将其移动到大门的门头上，移动后的效果如图 23-150 所示。

Step 37 在“常用”选项卡的“图层”组中单击“图层”文本框，选择“标注”选项，将“标注”图层设置为当前图层。在命令行中执行 DIMLIN 命令，为绘制好的大楼进行尺寸标注，具体操作过程如下：

```
命令:DIMLIN                                  //执行 DIMLIN 命令
指定第一条延伸线原点或 <选择对象>:            //单击如图 23-151 所示的 A 点
指定第二条延伸线原点:                         //单击如图 23-151 所示的 B 点
指定尺寸线位置或[多行文字(M)/文字(T)/角度(A)/水平(H)/垂直(V)/旋转(R)]:   //向上移
动鼠标到适合位置并单击鼠标
标注文字 =661                                 //系统提示标注尺寸，效果如图 23-152 所示
```

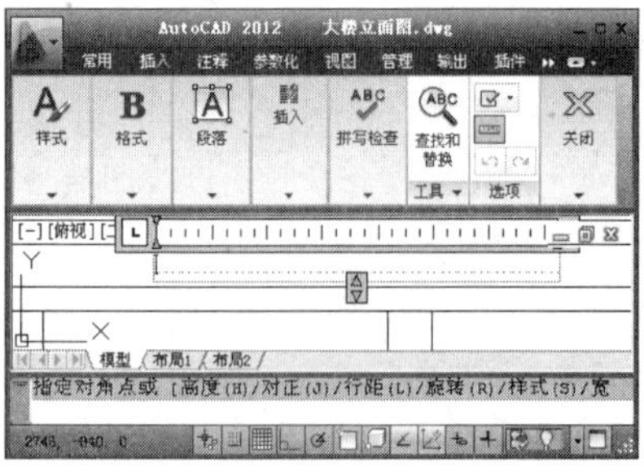

图 23-148

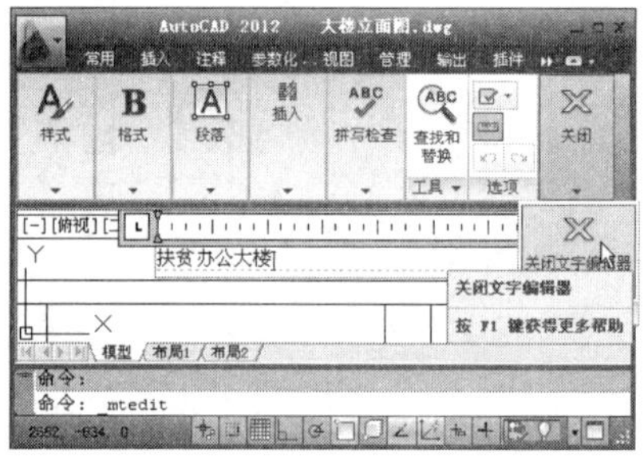

图 23-149

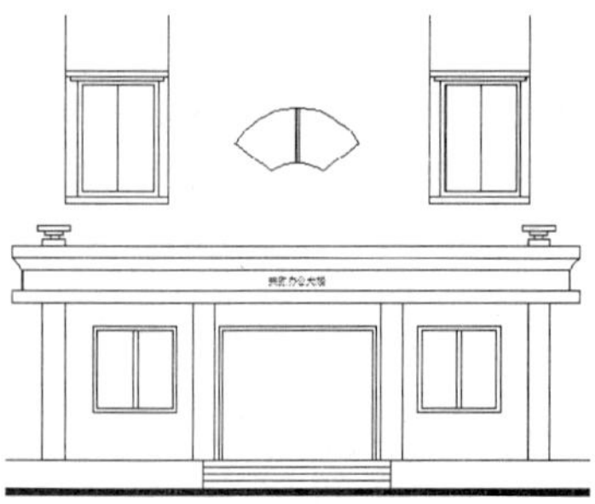

图 23-150

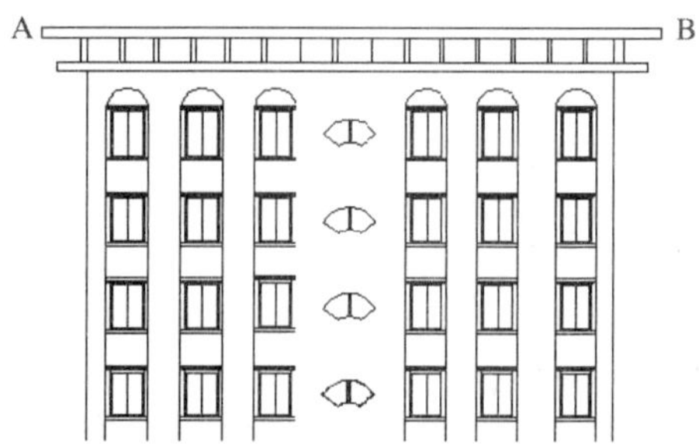

图 23-151

Step 38 按照相同的方法，完成大楼立面图的尺寸标注，标注后的效果如图 23-153 所示。接下来标注楼层高度，在命令行中执行 INSERT 命令，弹出“插入”对话框，单击“名称”文本框右侧的[浏览(B)...]按钮，弹出“选择图形文件”对话框。

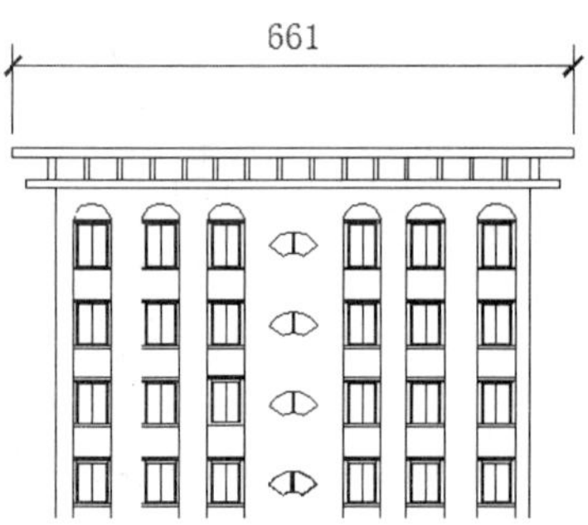

图 23-152

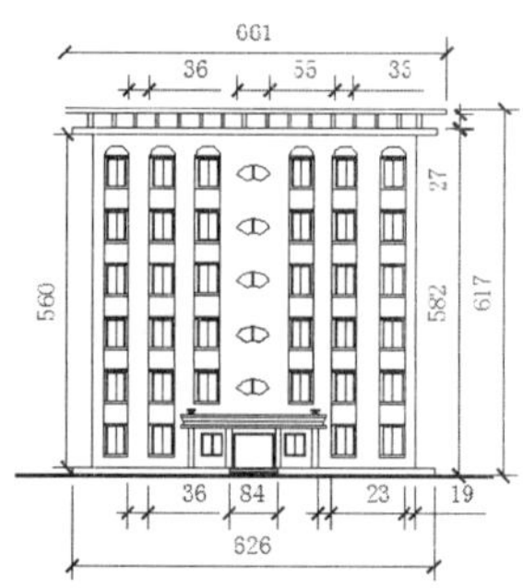

图 23-153

Step 39 在“查找范围”下拉列表中选择图块的目标位置，在中间列表框中选择图形文件，这里选择“楼层符号.dwg”图形文件(光盘:\素材\第 23 章\层高符号.dwg)，然后单击[打开(O)]按钮，如图 23-154 所示。

Step 40 返回“插入”对话框，单击[确定]按钮，如图 23-155 所示。返回绘图区，单击如图 23-156 所示的 A 点，插入后的效果如图 23-157 所示。

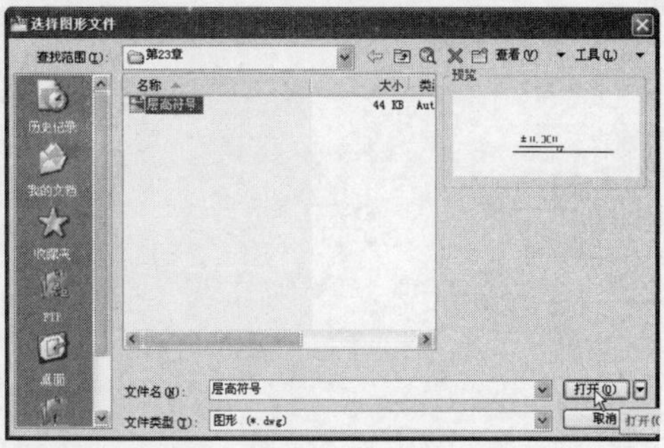

图 23-154

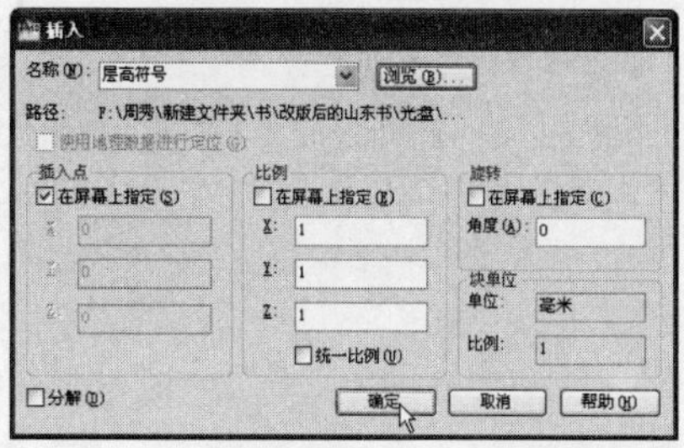

图 23-155

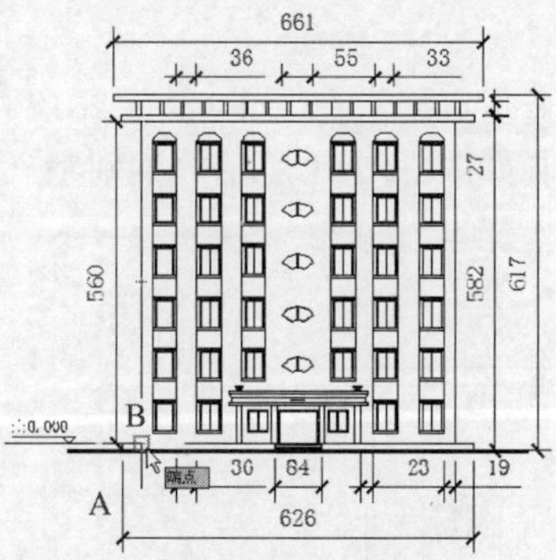

图 23-156

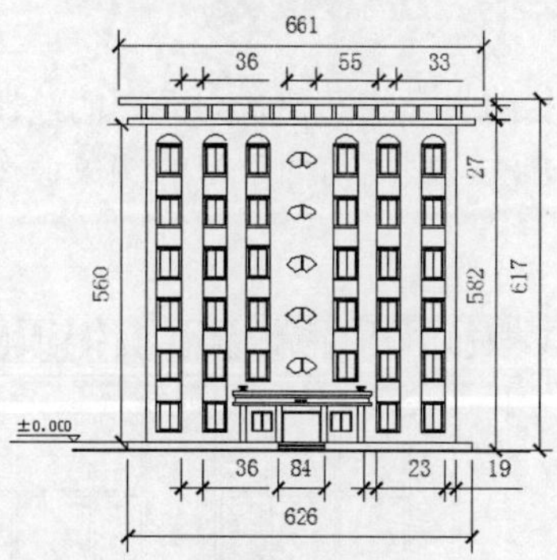

图 23-157

Step 41 按照相同的方法，将“层高符号.dwg”插入到如图 23-156 所示的 B 点，效果如图 23-158 所示。

Step 42 由于这里的楼层高度为 3.000，所以选择刚插入的图块。在命令行中执行 EXPLODE 命令，分解该图块。然后在命令行中执行 ED 命令，编辑如图 23-159 所示的多行文字，当文字呈可输入状态时，在文本框中输入 ± 3.000，在“多行文字”选项卡的“关闭”组中单击“关闭文字编辑器”按钮，退出多行文字的编辑状态，多行文字在编辑后的效果如图 23-160 所示。

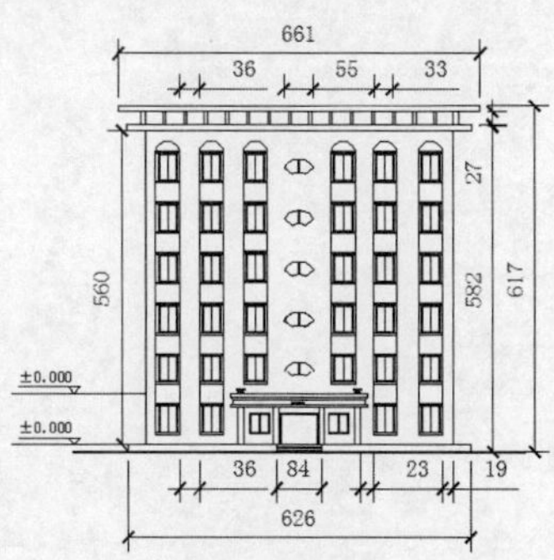

图 23-158

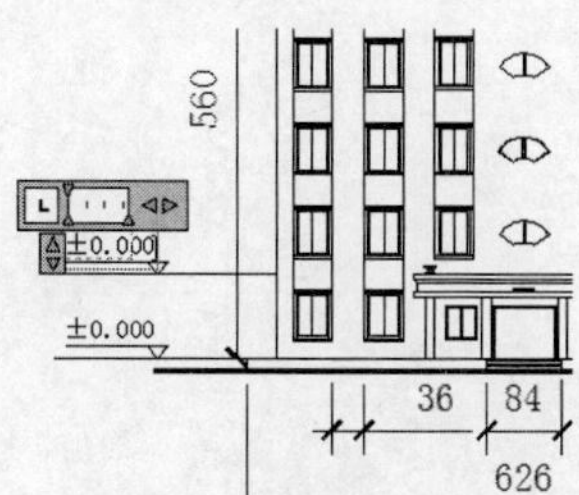

图 23-159

Step 43 按照相同的方法，使用分解、编辑多行文字命令标注其他楼层的高度，标注完成后的效果如图 23-160 所示（光盘:\源文件\第 23 章\大楼立面图.dwg）。

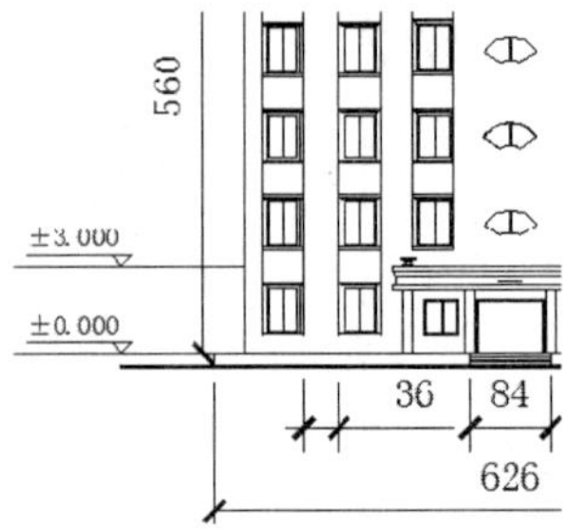

图 23-160

23.4.3 实例拓展和读者思考

在该实例中介绍了建筑立面图的绘制方法，使读者进一步巩固了在 AutoCAD 2012 中绘制各种图形的方法。根据前面学习的相关命令，读者还可以绘制如图 23-161 所示的某别墅立面图。

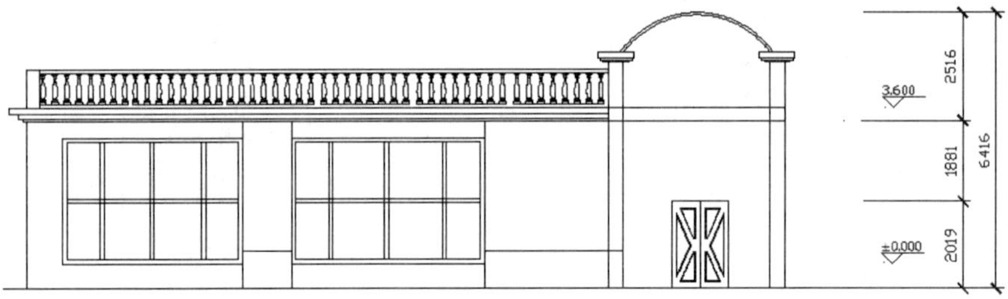

图 23-161

读者思考

通过刚才的实例练习和拓展练习，使读者进一步掌握了在 AutoCAD 2012 中绘制建筑立面图的方法。除此之外，读者还可以利用本章介绍的方法绘制需要的其他类型的立面图形。

第 24 章 绘制建筑剖面图

建筑剖面图除表现垂直方向标高和高度等关系外，还表现了建筑物在垂直方向上各部分的形状、组合关系，以及建筑物剖面位置的结构形式和构造方法。本章将详细讲解绘制建筑剖面图的方法。

24.1 建筑剖面图的绘制流程

建筑剖面图的绘制流程如下：

（1）构思剖面图的样式，以便更好地将其表现出来。

（2）确定所绘制的剖面的长、宽尺寸，以及其中的附加设施。

（3）根据上述分析，设置绘图环境、图层及标注样式。

（4）使用绘图和修剪命令绘制出图形，然后对其进行尺寸标注（包括一般的尺寸标注、层高、轴号）等。

（5）完成绘制后，对绘制的图形进行检测，需要打印时将其打印输出。

24.2 边学边用——绘制常见建筑剖面图

建筑剖面图的剖切位置一般选择在建筑物内部构造复杂或者具有代表性的位置。剖切平面应该平行于建筑物长度或者宽度方向。剖视图宜采用平行剖切面进行剖切，从而表现建筑物不同位置的关系。

建筑剖面图内容包括以下几个部分：

- 外墙（或柱）的定位轴线和编号。
- 建筑物内部分层情况。建筑物各层层高、水平向间隔。
- 被剖切的室内外地面、楼板层、屋顶层、内外墙、楼梯及其他被剖切构件的位置、形状和相互关系。
- 投影可见部分的形状、位置。
- 地面、楼面、屋面的分层构造，可用文字说明或图例表示。
- 未经剖切，但在剖视图中应看到的建筑物构配件，例如楼梯扶手、窗户等。
- 详图索引符号。
- 垂直方向标高。

根据前面讲解的建筑剖面图的绘制流程，以及前面章节中讲解的绘制图形的方法，绘制如图 24-1 所示的剖面图。

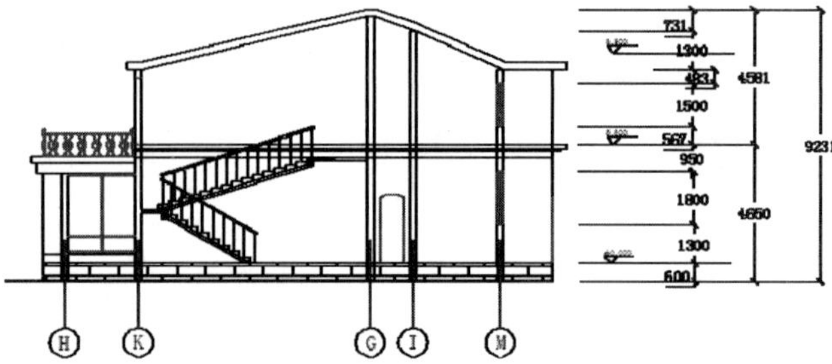

图 24-1　剖面图

24.2.1　实例目标

本节将巩固练习在 AutoCAD 2012 中设置绘图环境、管理图层、绘制图形对象及标注尺寸的制作方法，引导读者进一步掌握在 AutoCAD 2012 中绘制建筑剖面图的方法。

具体学习目标如下：

- 掌握 AutoCAD 2012 中绘图环境的设置方法。
- 巩固练习在 AutoCAD 2012 中管理图层的方法并绘制图形对象。
- 掌握在 AutoCAD 2012 中标注尺寸的方法。

24.2.2　实例实现

1．设置绘图环境

Step 01 启动 AutoCAD 2012，在命令行中执行 LIMITS 命令，设置图形界限大小，具体操作过程如下：

```
命令:LIMITS              //执行 LIMITS 命令
重新设置模型空间界限：  //系统提示
指定左下角点或［开（ON）/关（OFF）］<0.0000,0.0000>:    //按【Space】键确定左下角坐标，保持默认设置
指定右上角点<420.0000,297.0000>: //按【Space】键保持默认不变
```

Step 02 在命令行中执行 UNITS 命令，弹出“图形单位”对话框。在“长度”选项组的“精度”下拉列表中选择 0 选项，然后单击［确定］按钮，如图 24-2 所示。

Step 03 在命令行中执行 LA 命令，弹出“图层特性管理器”选项板，单击“新建图层”按钮，新建图层，并设置每个图层的颜色和线型，设置完成后的效果如图 24-3 所示。

Step 04 双击“墙线”图层，设置该图层为当前图层，然后单击其左上角的“关闭”按钮，关闭“图层特性管理器”选项板，如图 24-4 所示。

Step 05 在命令行中执行 DIMSTYLE 命令，弹出“标注样式管理器”对话框，单击［新建(N)...］按钮，弹出“创建新标注样式”对话框，在“新样式名”文本框中输入文本“建筑剖面图”，其余保持默认设置不变，单击［继续］按钮，如图 24-5 所示。

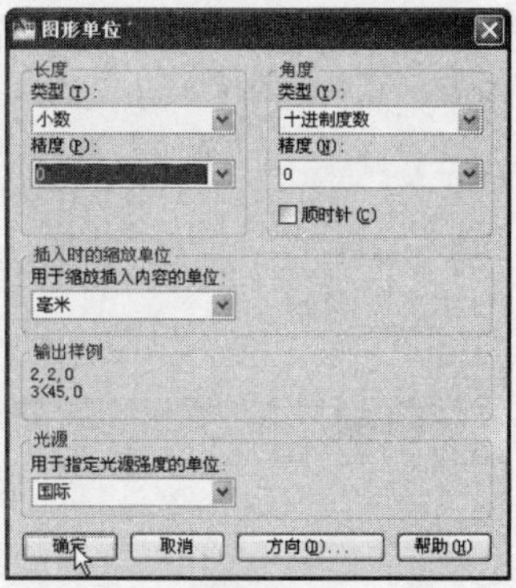

图 24-2

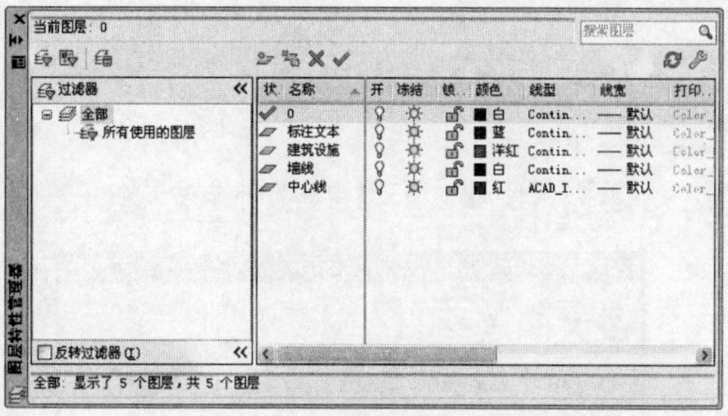

图 24-3

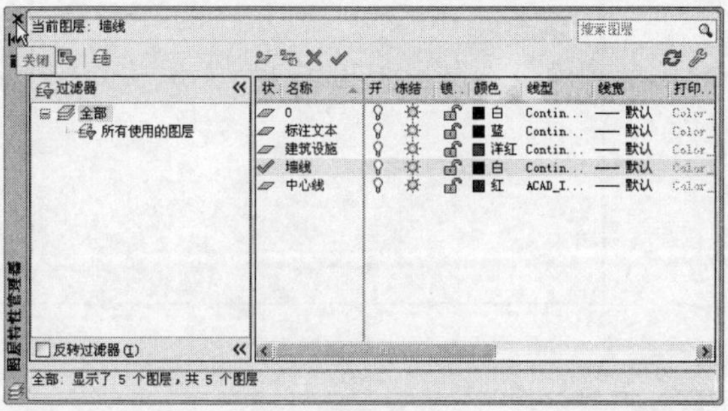

图 24-4

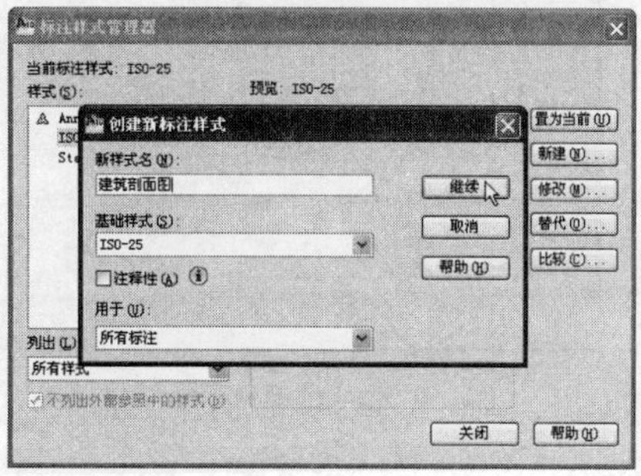

图 24-5

Step 06 弹出“新建标注样式：建筑剖面图”对话框，切换至“线”选项卡，在“尺寸线”选项组的“颜色”下拉列表中选择“蓝”选项，在“尺寸界线”选项组的“颜色”下拉列表中选择“蓝”选项，在“超出尺寸线”数值框中输入 35，在“起点偏移量”数值框中输入 35，如图 24-6 所示。

Step 07 切换至“符号和箭头”选项卡，在“箭头”选项组的“第一个”下拉列表中选择“建筑标记”选项，在“箭头大小”数值框中输入 200，如图 24-7 所示。

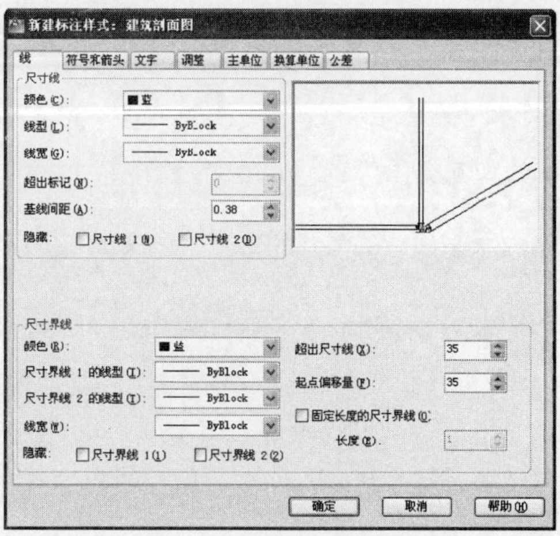

图 24-6

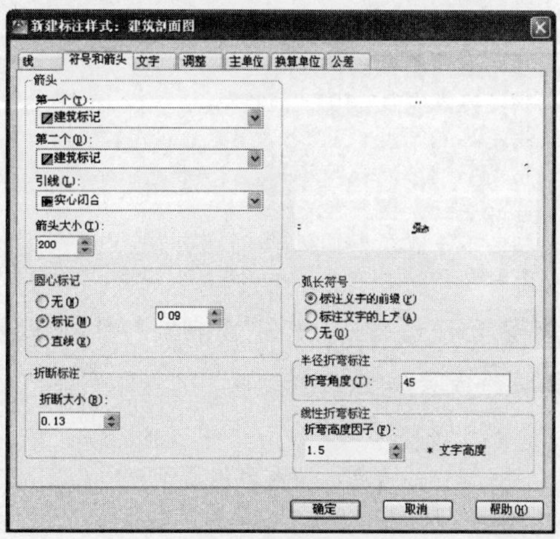

图 24-7

Step 08 切换至“文字”选项卡，在“文字外观”选项组的“文字颜色”下拉列表中选择“蓝”选项，在“文字高度”数值框中输入400，在“文字位置”选项组的“垂直”下拉列表中选择“上”选项，在“从尺寸线偏移”数值框中输入200，如图24-8所示。

Step 09 切换至“主单位”选项卡，在“线性标注”选项组的“精度”下拉列表中选择0选项，单击“确定”按钮，如图24-9所示。

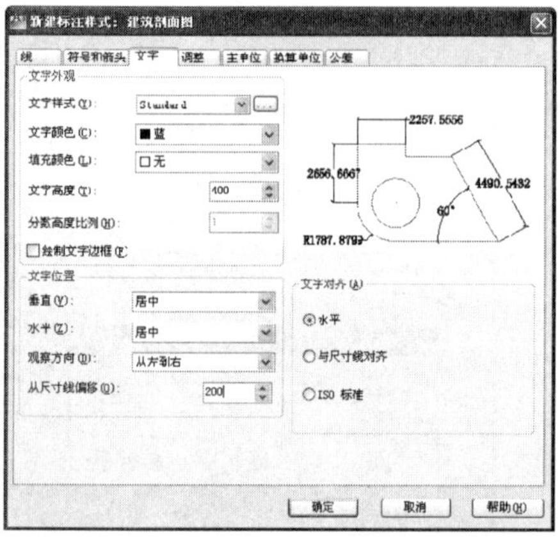

图 24-8

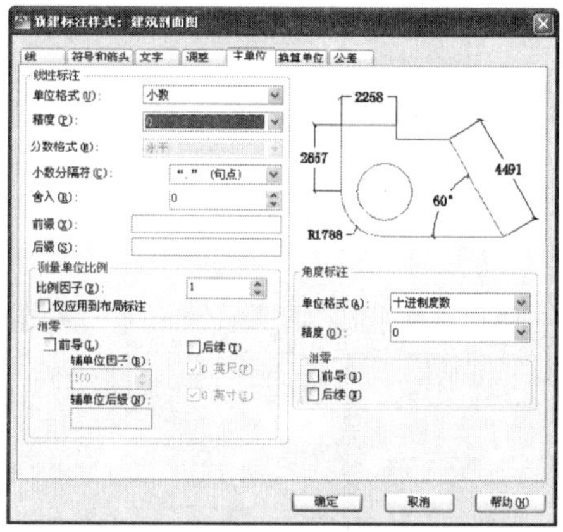

图 24-9

Step 10 返回“标注样式管理器”对话框，单击“置为当前(U)”按钮，再单击“关闭”按钮关闭该对话框，完成标注样式的设置，如图24-10所示。

2. 绘制地平面

Step 01 按【F8】键开启正交功能，在命令行中执行PLINE命令，绘制地平面，具体操作过程如下：

```
命令: PLINE                    //执行 PLINE 命令
指定起点:                      //在绘图区的任意位置单击
当前线宽为 0                   //系统提示
指定下一个点或 [圆弧(A)/半宽(H)/长度(L)/放弃(U)/宽度(W)]: W    //选择“宽度”选项，按【Enter】键确认
指定起点宽度 <0 >:10           //输入 10，按【Enter】键
指定端点宽度 <10>: 10          //按【Enter】键确认
指定下一个点或 [圆弧(A)/半宽(H)/长度(L)/放弃(U)/宽度(W)]: 19600   //输入 19600，按【Enter】键
指定下一点或 [圆弧(A)/闭合(C)/半宽(H)/长度(L)/放弃(U)/宽度(W)]:   //按【Enter】键结束命令
```

Step 02 由于绘制的多段线显示不完全，所以在命令行中执行ZOOM命令，对图形界面进行缩小，具体操作步骤如下：

```
命令 : ZOOM          //执行 ZOOM 命令
指定窗口的角点，输入比例因子[全部(A)/中心(C)/动态(D)/范围(E)/上一个(P)/比例(S)/窗口(W)/对象(O)]:A   //选择“全部”选项，按【Enter】键确认
```

Step 03 在状态栏上单击“显示/隐藏线宽”按钮，显示线宽，然后滚动鼠标滚轮，使其显示效果达到如图24-11所示的状态。

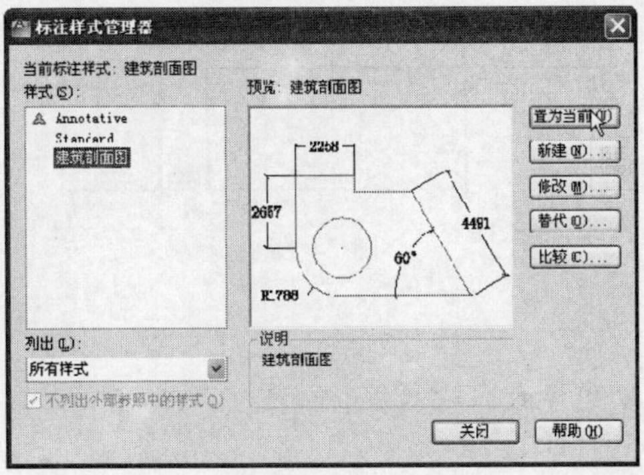

图 24-10

图 24-11

3. 绘制墙体轴线辅助线

Step 01 再次打开“图层特性管理器”选项板，双击“中心线”图层，使其成为当前图层，然后关闭“图层特性管理器”选项板，在命令行中执行 L 命令，绘制墙体轴线，具体操作过程如下：

```
命令：LINE                        //执行 LINE 命令
指定第一点：2600                  //将鼠标光标移动到多段线的左端，然后水平向右移动并输入
2600，按【Enter】键确认
指定下一点或 [放弃(U)]：1400      //鼠标向上移动并输入 1400，按【Enter】键确认
指定下一点或 [放弃(U)]：          //按【Enter】键结束命令
```

Step 02 再在命令行中执行 L 命令，具体操作过程如下：

```
命令 ：LINE                       //执行 LINE 命令
指定第一点：                      //单击如图 24-12 所示的 A 点
指定下一点或 [放弃(U)]：2100      //鼠标向下移动并输入 2100，按【Enter】键确认
指定下一点或 [放弃(U)]：          //按【Enter】键结束命令，绘制后的效果如图 24-13 所示
```

图 24-12

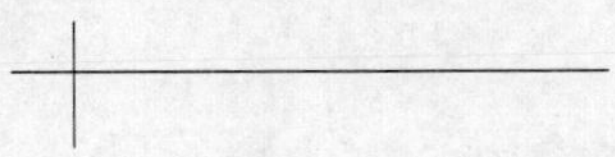

图 24-13

Step 03 在命令行中执行 O 命令，具体操作过程如下：

```
命令：O                                                      //执行 OFFSET 命令
当前设置：删除源=否  图层=源  OFFSETGAPTYPE=0                //系统提示
指定偏移距离或 [通过(T)/删除(E)/图层(L)] <通过>： 2600        //输入偏移距离 2600，按
【Enter】键
选择要偏移的对象，或 [退出(E)/放弃(U)] <退出>：               //选择第一条轴线
指定要偏移的那一侧上的点，或 [退出(E)/多个(M)/放弃(U)] <退出>：//向右移动鼠标并单击
选择要偏移的对象，或[退出(E)/放弃(U)] <退出>：                //选择第二条轴线
指定要偏移的那一侧上的点，或[退出(E)/多个(M)/放弃(U)] <退出>：//向右移动鼠标并单击
选择要偏移的对象，或 [退出(E)/放弃(U)] <退出>：               //按【Enter】键结束命令，
偏移后的效果如图 24-14 所示
```

Step 04 按照相同的方法，依照 24-15 所示的尺寸标注偏移轴线。再次打开“图层特性管理器”选项板，双击“墙线”图层，使其成为当前图层，然后将该选项板关闭。

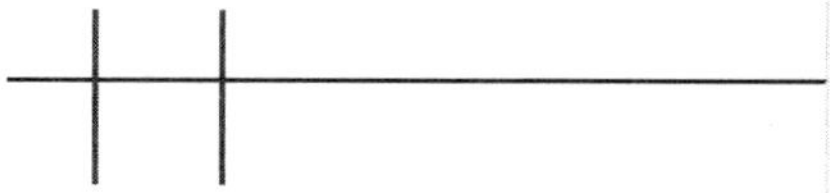

图 24-14

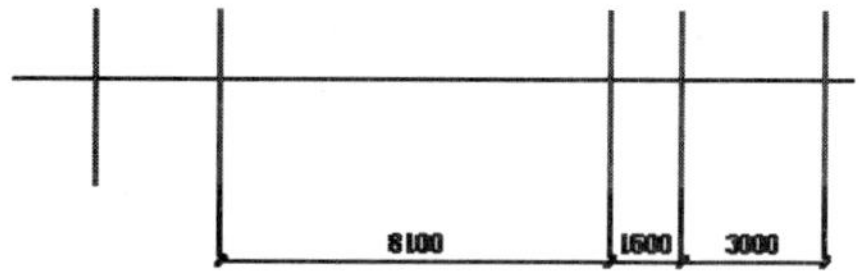

图 24-15

4．设置多线样式

Step 01 在命令行中执行 MLSTYLE 命令，弹出“多线样式”对话框，如图 24-16 所示，单击 修改(M)... 按钮。

Step 02 弹出“修改多线样式：STANDARD”对话框，在“封口”选项组中选择“直线”选项右侧的两个复选框，然后单击 确定 按钮，如图 24-17 所示。

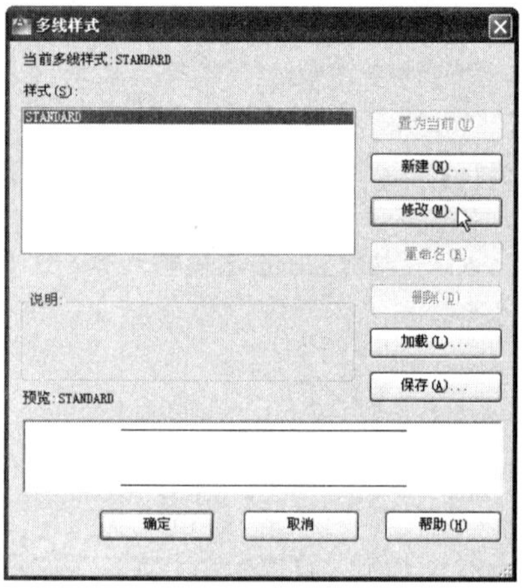

图 24-16

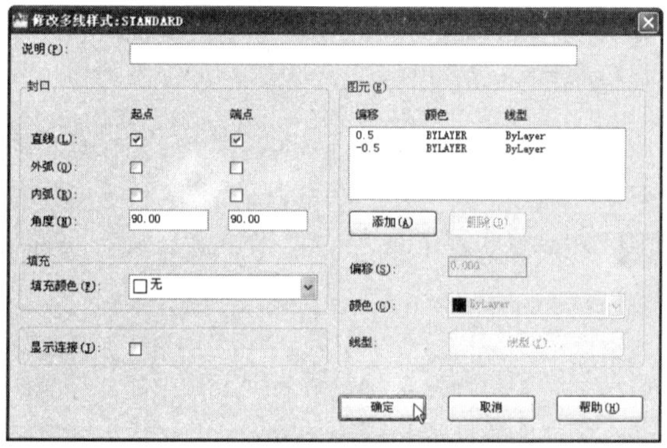

图 24-17

5．绘制轴线

Step 01 返回“多线样式”对话框，单击 确定 按钮。然后在命令行中执行 ML 命令，具体操作过程如下：

```
命令: MLINE                                         //执行 MLINE 命令
当前设置: 对正 = 无, 比例 = 1, 样式 = STANDARD      //系统提示
指定起点或 [对正(J)/比例(S)/样式(ST)]: J             //选择“对正”选项，并按【Enter】键
输入对正类型 [上(T)/无(Z)/下(B)] <无>:Z             //选择“无”选项，并按【Enter】键
当前设置: 对正 = 无, 比例 = 1, 样式 = STANDARD      //系统提示
指定起点或 [对正(J)/比例(S)/样式(ST)]:  S            //选择“比例”选项，并按【Enter】键
输入多线比例 <1>:240                                //输入 240，并按【Enter】键
当前设置: 对正 = 无, 比例 = 240.00, 样式 = STANDARD //系统提示
指定起点或 [对正(J)/比例(S)/样式(ST)]:               //单击如图 24-12 所示的 A 点
指定下一点: @0, 4000  //输入坐标 (@0, 4000)，并按【Enter】键
指定下一点或 [放弃(U)]:                       //按【Enter】键结束命令，效果如图 24-18 所示
```

Step 02 按照相同的方法，绘制其他多线，其高度分别是 7200、9000、8500、7200，绘制完成的效果如图 24-19 所示。

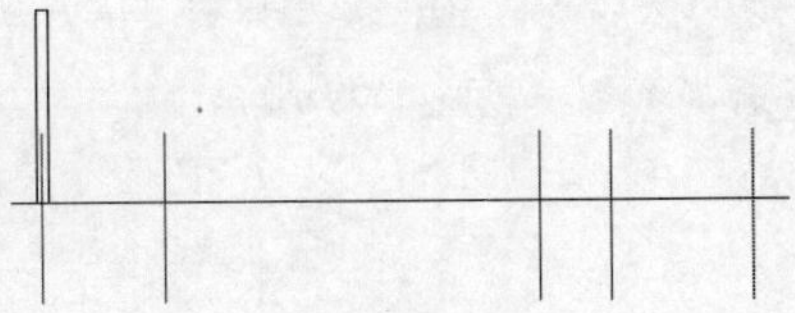

图 24-18

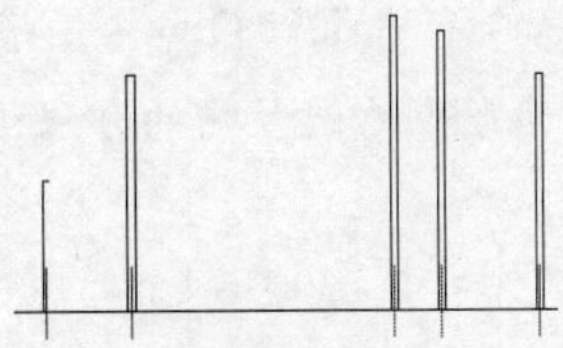

图 24-19

6．绘制各层楼板

Step 01 在命令行中执行 O 命令，偏移地平线，绘制出各层楼板，偏移距离分别是 600、900、3800、4400、4560、4650、4800，偏移后的效果如图 24-20 所示。

Step 02 在命令行中执行 EXPLODE 命令，将前面绘制的多线分解。再在命令行中执行 O 命令，将左边第一条直线向左偏移 600，然后在最右边绘制一条高度为 6600 的直线，如图 24-21 所示。

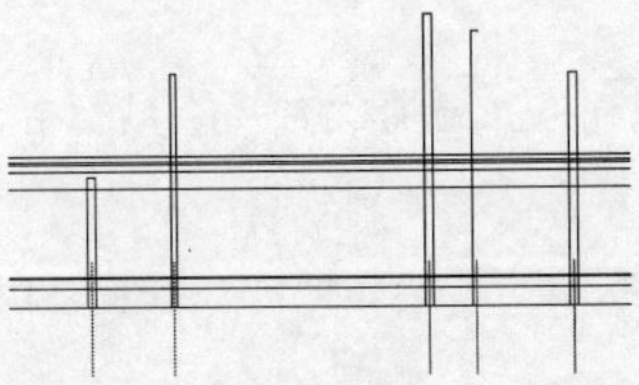

图 24-20

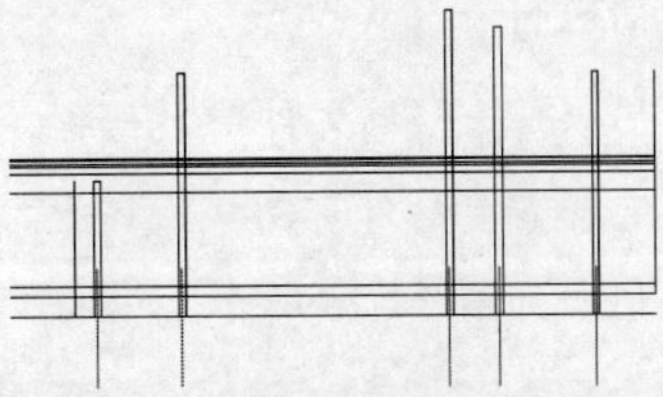

图 24-21

Step 03 在命令行中执行 TR 命令，对所有线段进行修剪，修剪后的效果如图 24-22 所示。在命令行中执行 O 命令，将最右边的垂直边线向右偏移 435 和 225，偏移后的效果如图 24-23 所示。

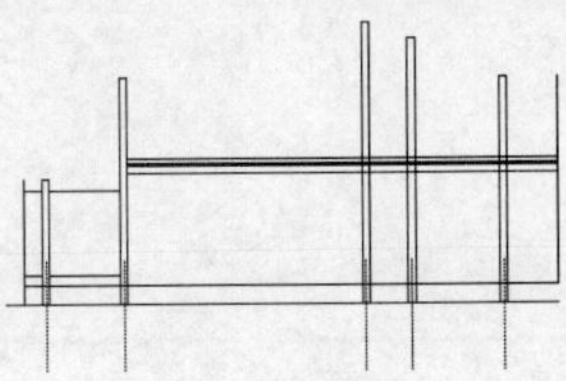

图 24-22

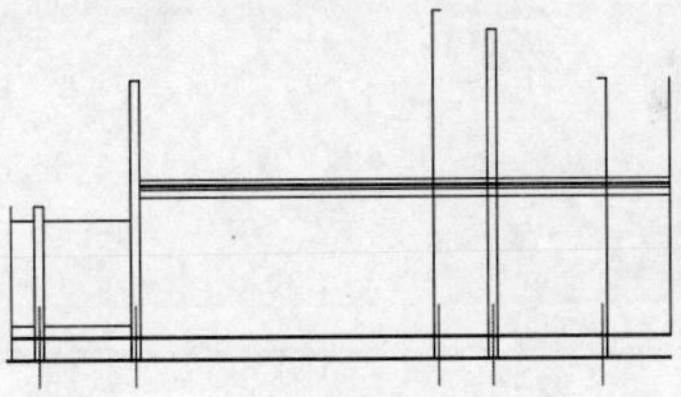

图 24-23

Step 04 在命令行中执行 STRETCH 命令，使前面偏移的各层楼板线与刚偏移的线段相交，然后对其进行修剪，修剪后的效果如图 24-24 所示。

Step 05 按【F8】键关闭正交模式，然后在命令行中执行 L 命令，连接绘制的多线表示屋顶，连接后的效果如图 24-25 所示。

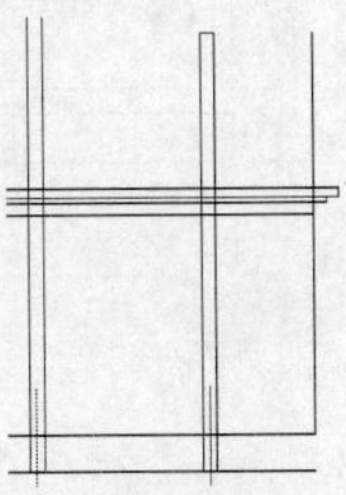

图 24-24

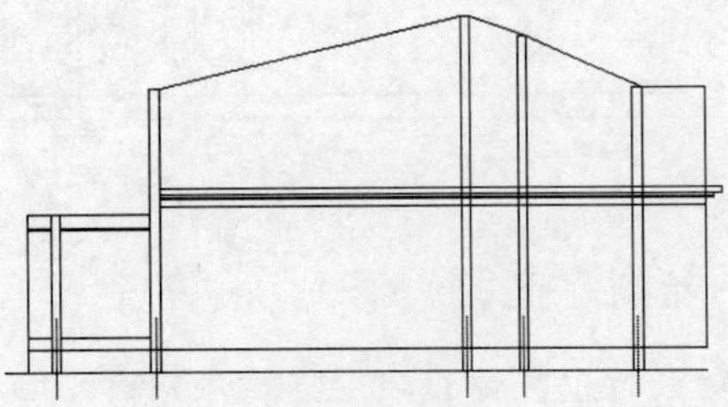

图 24-25

Step 06 在命令行中执行 O 命令，将刚绘制的连接线分别向上偏移 240，效果如图 24-26 所示。然后按照第 3 步绘制右边屋檐的方法绘制屋檐，绘制完成后的效果如图 24-27 所示。

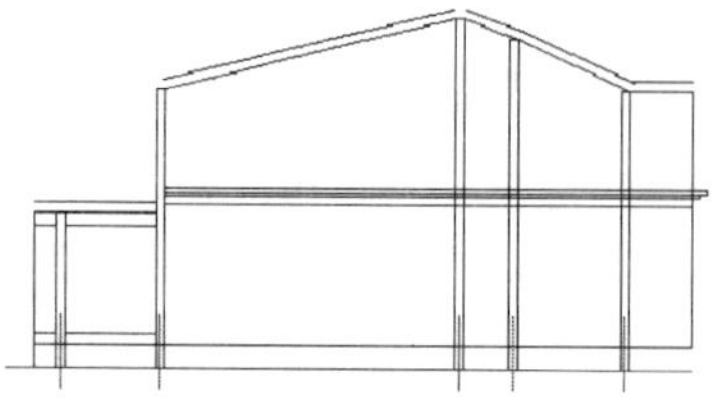

图 24-26

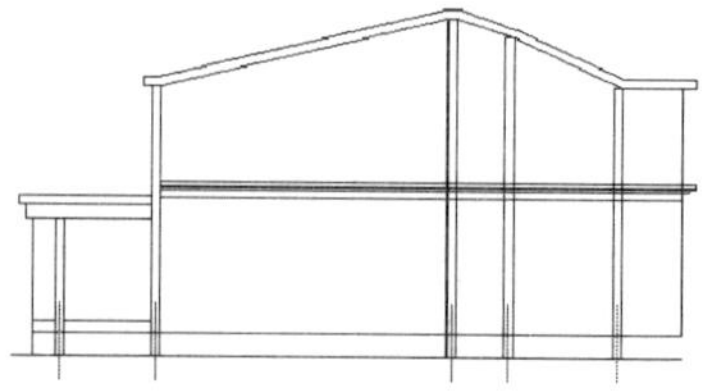

图 24-27

Step 07 打开“图层特性管理器”选项板，双击“建筑设施”图层，使其成为当前图层，在命令行中执行 I 命令，弹出“插入”对话框，单击 浏览(B)... 按钮。

7. 绘制栏杆

Step 01 弹出“选择图形文件”对话框，在“查找范围”下拉列表中选择文件所在的位置，在中间的列表框中选择需要的外部图块，这里插入栏杆图块（光盘:\素材\第 24 章\栏杆.dwg），然后单击 打开(O) 按钮，如图 24-28 所示。返回“插入”对话框，单击 确定 按钮即可，如图 24-29 所示。

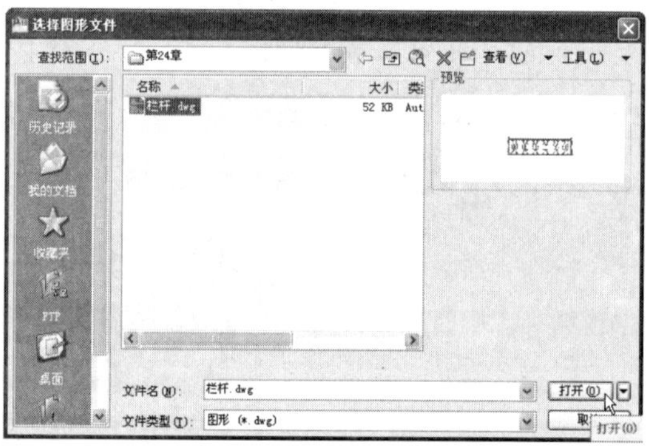

图 24-28

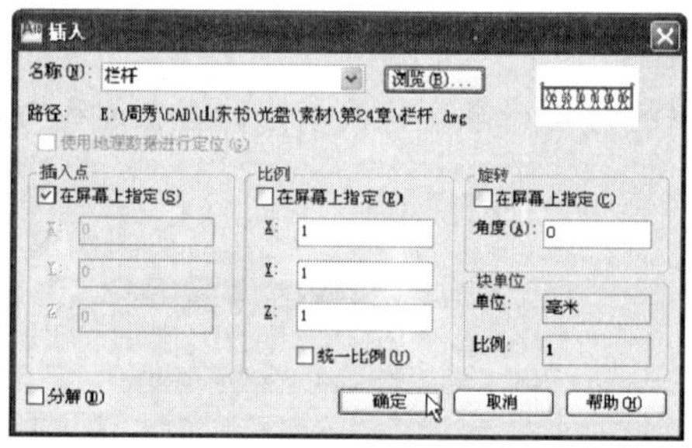

图 24-29

Step 02 返回绘图区，单击如图 24-30 所示的 A 点即可插入图块，插入后的效果如图 24-31 所示。

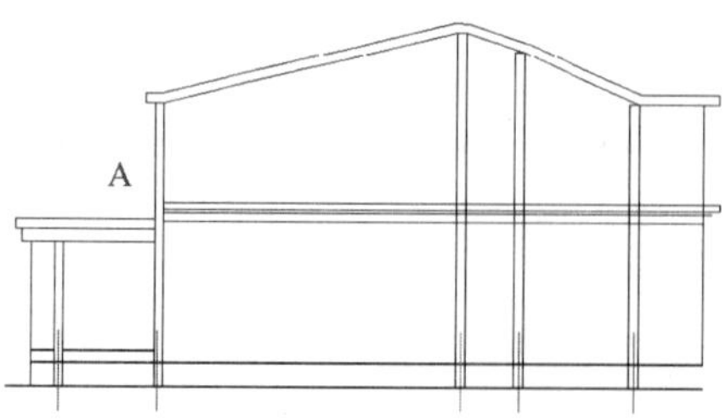

图 24-30

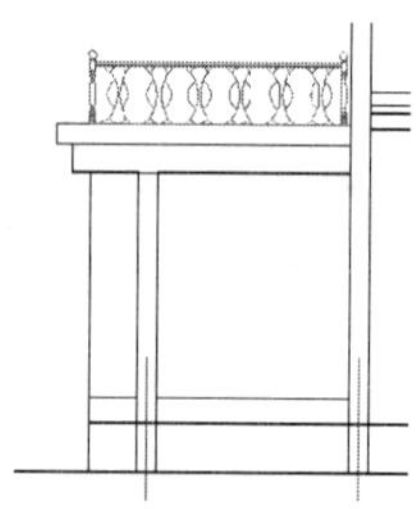

图 24-31

8. 绘制门窗

在命令行中执行 L 命令，绘制门窗，绘制完成的效果如图 24-32 所示。然后在命令行中执行 L 命令，连接右下角的地平线，并将其设置为“墙线”图层上的图形对象。

9．填充图形对象

Step 01 打开“图层特性管理器”选项板，双击“墙线”图层，使其成为当前图层。在命令行中执行 BHATCH 命令并选择“设置”选项，弹出“图案填充和渐变色”对话框，在“类型和图案”选项组中的“图案”选项右侧单击[...]按钮，弹出“填充图案选项板”对话框，在“其他预定义”选项卡中选择 AR-BRSTD 图案，然后单击[确定]按钮，如图 24-33 所示。

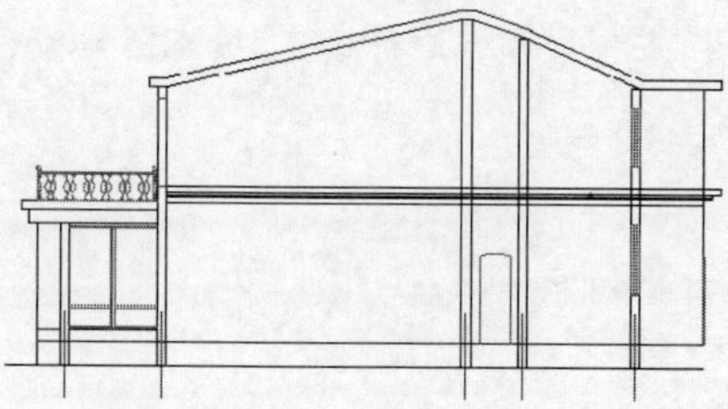

图 24-32

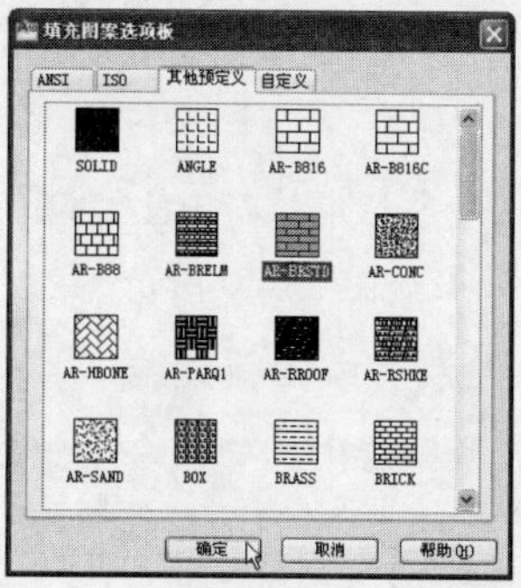

图 24-33

Step 02 返回“图案填充编辑”对话框，在“边界”选项组中单击“添加：拾取点”按钮[+]，返回绘图区，选择地平线与第一条楼层线中间的所有部分，选择“设置”选项并按【Space】键。再次返回“图案填充编辑”对话框，在“比例”下拉列表中输入 5，然后单击[确定]按钮，如图 24-34 所示，填充图案后的效果如图 24-35 所示。

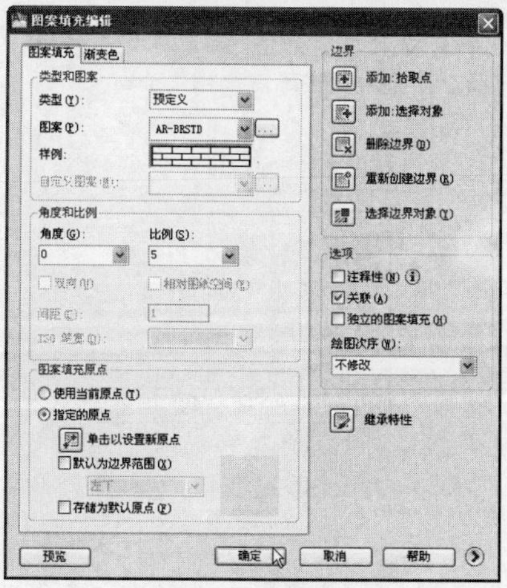

图 24-34

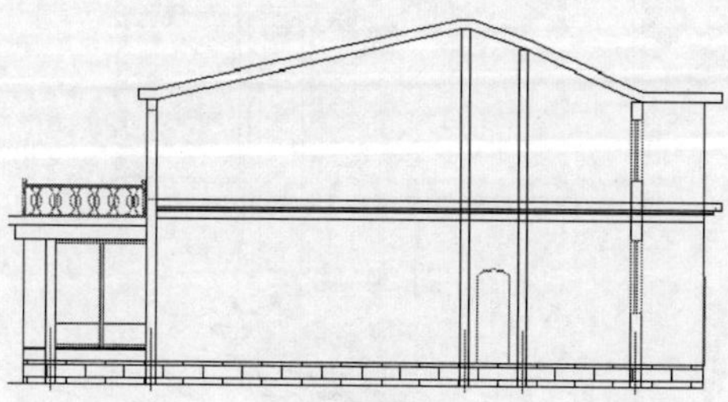

图 24-35

10．修剪图形并绘制平台板

Step 01 在命令行中执行 TR 命令，修剪中间的楼层线，然后在命令行中执行 L 命令，绘制中间右边的横梁，具体尺寸如图 24-36 所示，大样图如图 24-37 所示。

Step 02 在命令行中执行 L 命令，绘制中间的左边平台板，具体尺寸如图 24-38 所示，大样图如图 24-39 所示。

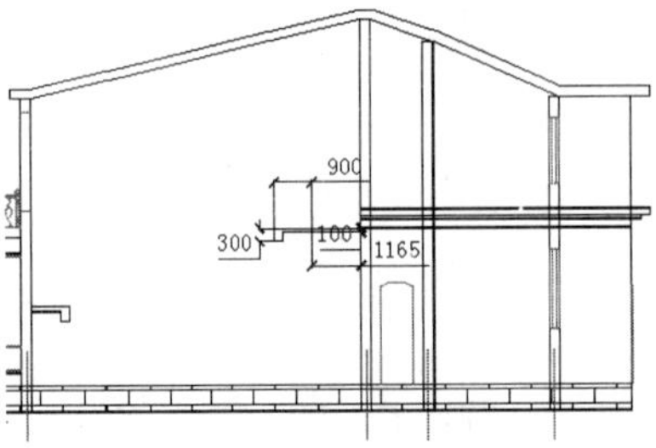

图 24-36

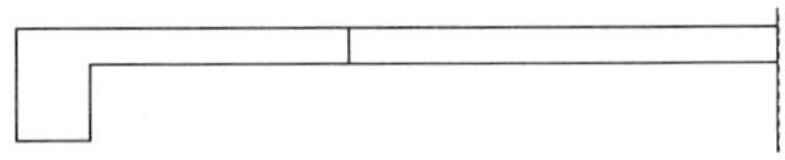

图 24-37

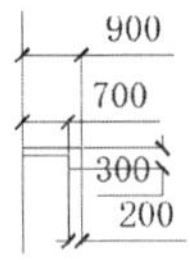

图 24-38

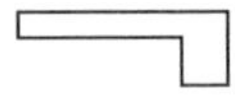

图 24-39

Step 03 在命令行中执行 BHATCH 命令，对刚绘制的横梁和平台板进行填充，填充图案为 SOLID，填充后的效果如图 24-40 所示。

11. 绘制并编辑斜梁线

Step 01 在命令行中执行 L 命令绘制斜梁，具体操作过程如下：

```
命令: LINE                      //执行 LINE 命令
指定第一点: FROM                //输入并执行 FROM 命令
基点:                           //单击如图 24-41 所示的 A 点
<偏移>: @3615,0                 //指定直线起点
指定下一点或 [放弃(U)]:         //捕捉平台板右下角端点
指定下一点或 [放弃(U)]:         //按【Enter】键结束，效果如图 24-42 所示
```

Step 02 在命令行中执行 CO 命令复制刚绘制的斜梁，具体操作过程如下：

```
命令: CO                        //执行 COPY 命令
选择对象: 找到 1 个             //选择前面绘制的直线
选择对象:                       //结束选择对象
指定基点或位移，或者 [重复(M)]:                  //捕捉平台梁右下角端点
指定位移的第二点或 <用第一点作位移>: @0,100 //指定复制的位移距离，如图 24-43 所示
```

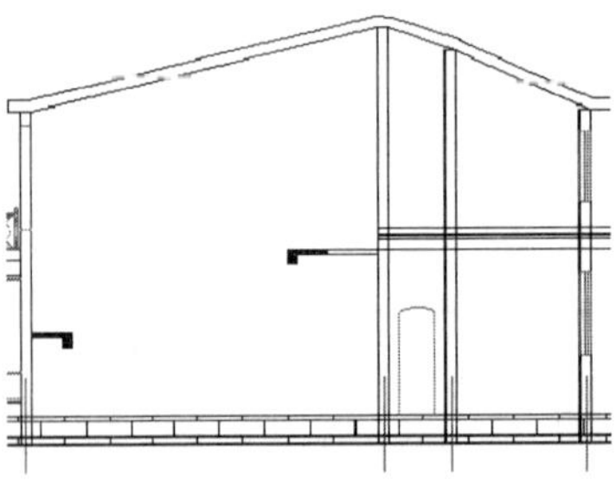

图 24-40

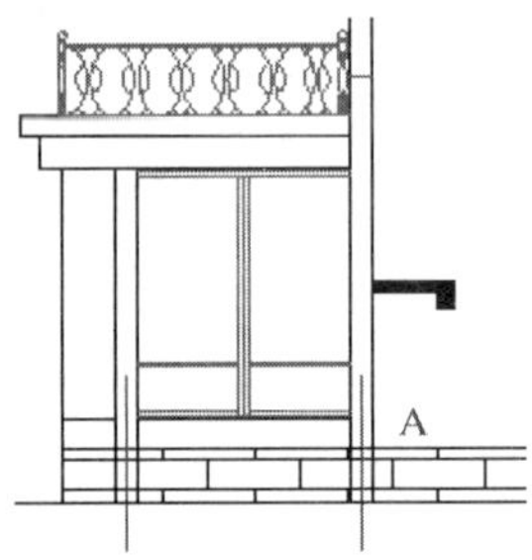

图 24-41

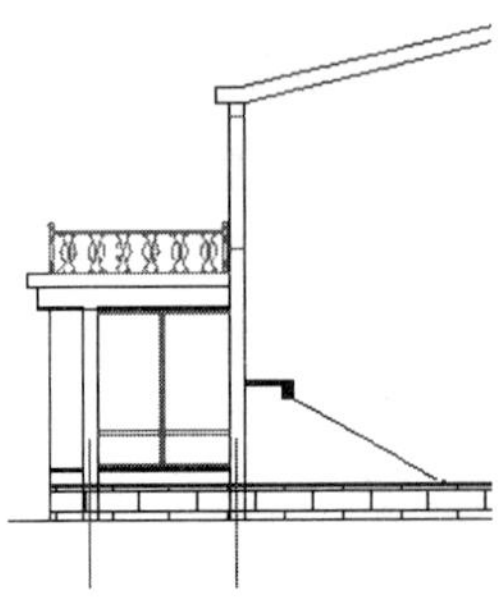

图 24-42

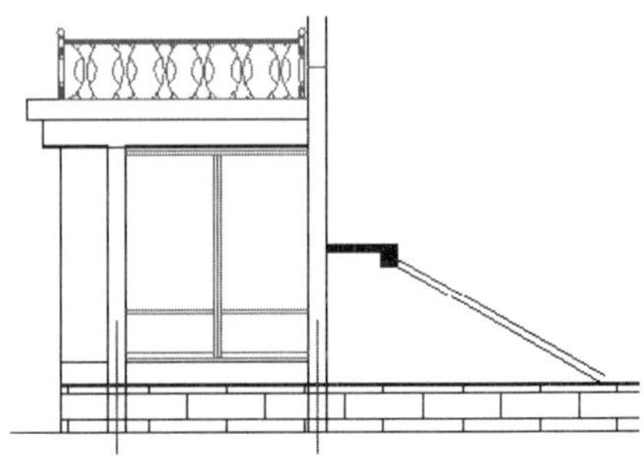

图 24-43

Step 03 在命令行中执行 EXTEND 命令，延伸刚复制的斜梁，使其地平线相交。然后在命令行中执行 L 命令，绘制踏步，命令行具体操作过程如下：

```
命令：LINE                              //执行 LINE 命令
指定第一点：                            //单击第二条斜梁下方与地平线相交的点
指定下一点或 [放弃(U)]：@0,206          //指定下一点
指定下一点或 [放弃(U)]：@-372,0         //指定下一点
指定下一点或 [闭合(C)/放弃(U)]：        //按【Space】键结束命令，绘制完成后的效果如图 24-44 所示
```

12. 绘制栏杆

在命令行中执行 L 命令，绘制栏杆，具体操作过程如下：

```
命令：LINE                              //执行 LINE 命令
指定第一点：                            //单击刚绘制的长为 372 直线的中点
指定下一点或 [放弃(U)]：@0,1014         //指定下一点
指定下一点或 [放弃(U)]：                //按【Space】键结束命令，绘制后的效果如图 24-45 所示
```

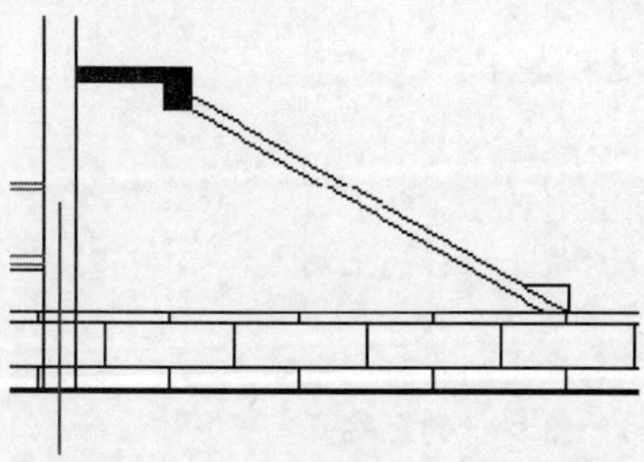

图 24-44

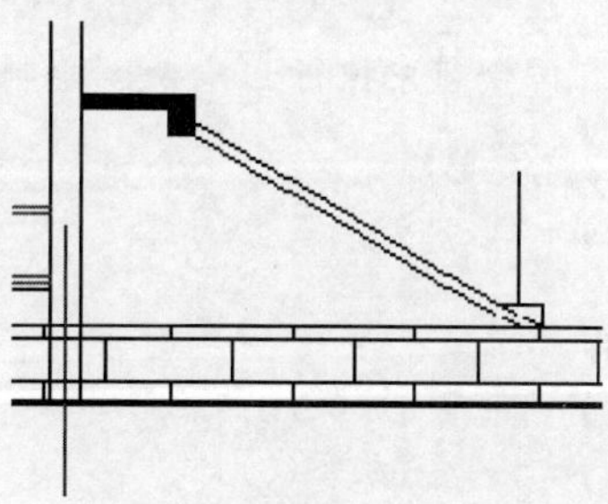

图 24-45

13. 绘制踏步

Step 01 矩形阵列踏步和栏杆。在命令行中执行 ARRAYPATH 命令，选择如图 24-46 以 A 点表示的踏步和栏杆，然后根据命令行的提示选择路径曲线，这里选择图 24-46 中所示的 B 线，然后在提示出现"输入沿路径的项数或 [方向(O)/表达式(E)] <方向>:"时，输入跑步数，这里输入 8 并按【Space】键进行阵列。

Step 02 进行阵列后，效果如图 24-47 所示。

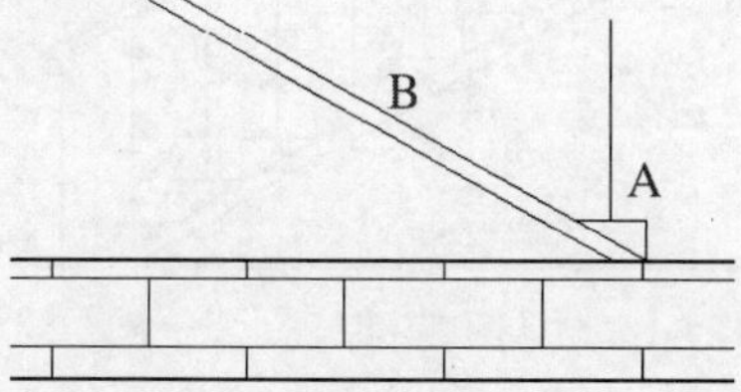

图 24-46

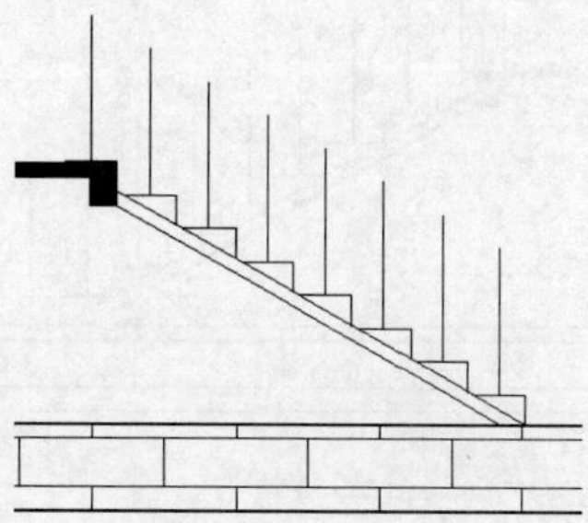

图 24-47

14. 绘制平台板上的楼梯

Step 01 在命令行中执行 L 命令，绘制平台板上的楼梯栏杆，具体操作过程如下：

```
命令: LINE                                  //执行 LINE 命令
指定第一点: FROM                            //输入并执行 FROM 命令
基点:                                       //捕捉第一级踏步与水平直线的交点
<偏移>: @186,0                              //指定直线起点
指定下一点或 [放弃(U)]: @0,1014             //指定直线端点
指定下一点或 [放弃(U)]:                     //按【Space】键
命令:                                       //按【Space】键
命令: LINE                                  //执行 LINE 命令
指定第一点: FROM                            //输入并执行 FROM 命令
基点:                                       //捕捉楼梯平台板右上角的顶点
<偏移>: @-186,0 //指定直线起点
指定下一点或 [放弃(U)]: @0,1014             //指定直线端点
指定下一点或 [放弃(U)]: //按【Enter】键结束命令，绘制完成后的效果如图 24-48 所示
```

Step 02 在命令行中执行 L 命令，绘制扶手，具体操作过程如下：

```
命令: LINE                                  //执行 LINE 命令
指定第一点:FROM                             //输入并执行 FROM 命令
基点:                                       //捕捉平台板上栏杆的上端点
<偏移>: @-50,0                              //指定直线起点
指定下一点或 [放弃(U)]:                     //捕捉平台板上的栏杆的上端点
指定下一点或 [放弃(U)]:                     //捕捉第一根栏杆的上端点
指定下一点或 [闭合(C)/放弃(U)]: @70,0       //指定直线下一点
指定下一点或 [闭合(C)/放弃(U)]: @0,50       //指定直线下一点
指定下一点或 [闭合(C)/放弃(U)]: @-50,0      //指定直线下一点
指定下一点或 [闭合(C)/放弃(U)]: FROM        //输入并执行 FROM 命令
基点:                                       //捕捉平台板上的栏杆的上端点
<偏移>: @0,50                               //指定直线下一点
指定下一点或 [闭合(C)/放弃(U)]: @-50,0      //指定直线下一点
指定下一点或 [闭合(C)/放弃(U)]: C           //选择"闭合"选项，按【Space】键结束命令，绘
制完成后的效果如图 24-49 所示
```

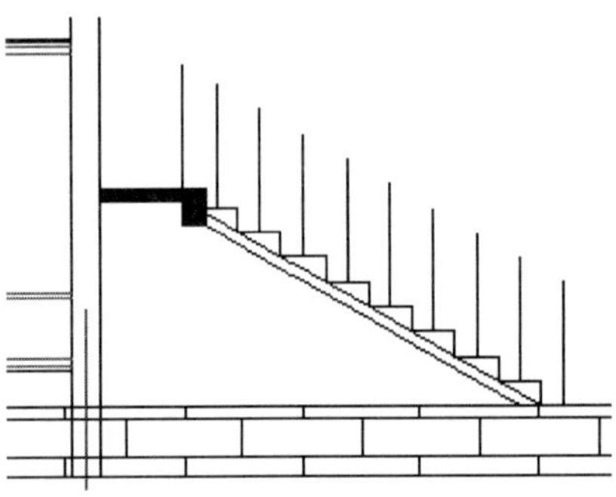

图 24-48

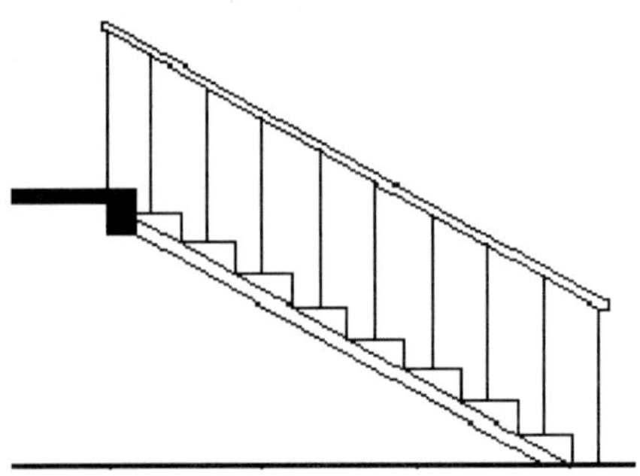

图 24-49

Step 03 按照相同的方法绘制第二步楼梯，绘制完成后的效果如图 24-50 所示。在命令行中执行 EXTEND 命令，拉伸各层楼板线段，拉伸后的效果如图 24-51 所示。

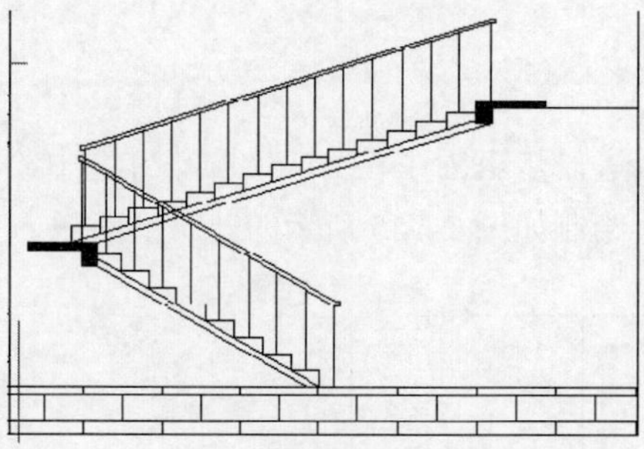

图 24-50

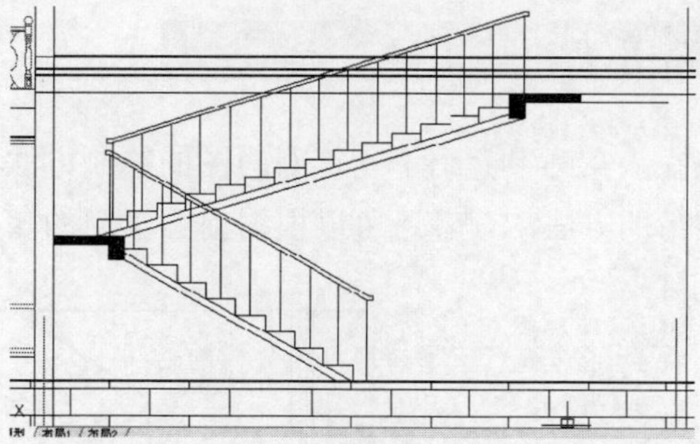

图 24-51

15．标注图形对象

Step 01 打开“图层特性管理器”选项板，双击“标注文本”图层，使其成为当前图层，然后对图形对象进行标注，标注完成后的效果如图 24-52 所示。

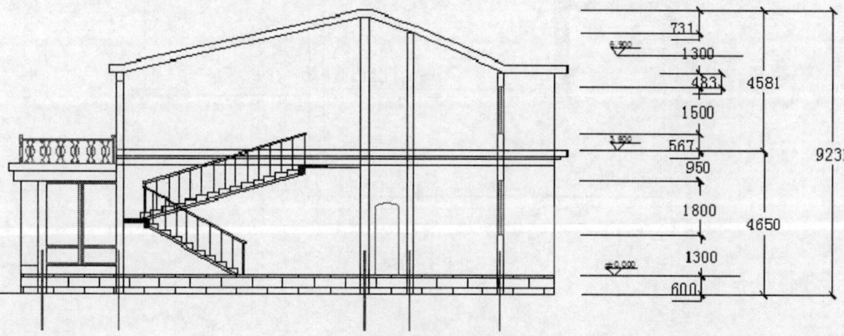

图 24-52

Step 02 在命令行中执行 C 命令，以左边第一条中心线的下端点为圆心，绘制一个半径为 500 的圆，然后修剪圆中间的线段，效果如图 24-53 所示。按照相同的方法在其他中心线下绘制相同的圆并进行修剪，绘制完成后的效果如图 24-54 所示。

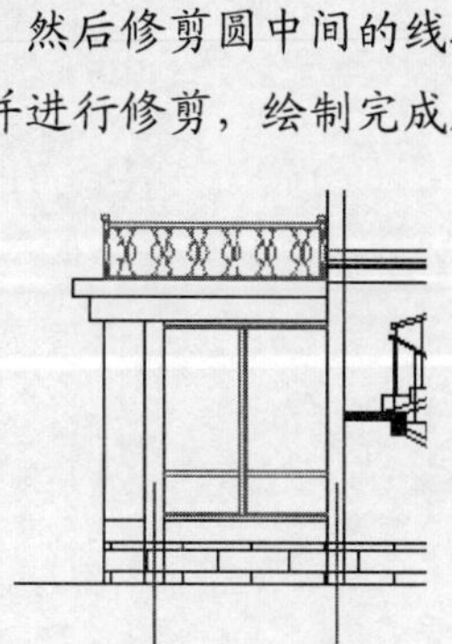

图 24-53

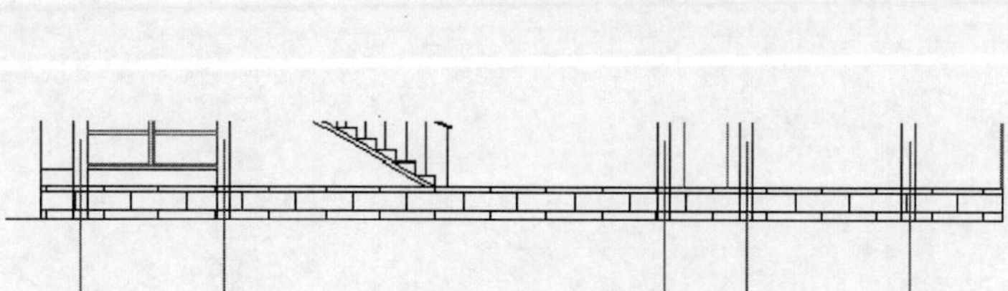

图 24-54

Step 03 在命令行中执行 DTEXT 命令，在绘制的圆中添加单行文字，内容分别是 H、K、G、I、M，效果如图 24-1 所示（光盘:\源文件\第 24 章\剖面图.dwg）。

24.2.3 实例拓展和读者思考

在该实例中介绍了建筑剖面图的绘制方法，使读者进一步巩固了在 AutoCAD 2012 中绘制各种图形的方法，读者还可以根据前面学习的相关命令，绘制如图 24-55 所示的建筑剖面图。

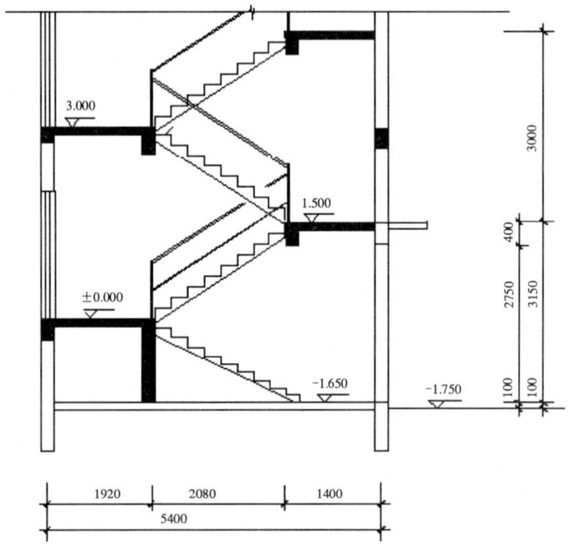

图 24-55

读者思考

通过刚才的实例练习和拓展练习，使读者进一步掌握了在 AutoCAD 2012 绘制建筑图形对象的方法，除此之外，读者还可以利用本章介绍的方法来绘制需要的图形对象。

第 25 章 三维绘图基础

前面章节讲解的都是在二维绘图环境下绘制图形的知识，本章将讲解在三维绘图环境下绘制三维图形的知识。

25.1 三维绘图术语

在创建三维实体模型时，应该先了解一些三维绘图术语。下面对其中的一部分术语介绍如下：

- XY 平面： *X* 轴垂直于 *Y* 轴组成的一个平面，此时 *Z* 轴的坐标为 0。
- Z 轴：三维坐标系的第三轴，总是垂直于 *XY* 平面。
- 高度：高度主要是 *Z* 轴上的坐标值。
- 厚度：表示 *Z* 轴的长度。
- 相机位置：在观察三维模型时，相机的位置相当于视点。
- 目标点：当通过照相机看某物体时，用户聚焦在一个清晰点上，该点就是目标点。
- 视线：假想的线，它是将视点和目标点连接起来的线。
- 和 XY 平面的夹角：即视线与其在 *XY* 平面的投影线之间的夹角。
- XY 平面角度：即视线在 *XY* 平面的投影线与 *X* 轴之间的夹角。

25.2 三维坐标知识

三维图形都是由三维点构成的，其坐标都均 *X*、*Y*、*Z* 的形式确定，这与二维绘图有明显的区别。三维坐标包括笛卡儿坐标、柱坐标和球坐标 3 种，下面分别进行讲解。

25.2.1 笛卡儿坐标系

在工作界面底部的状态栏左端所显示的三维坐标值，就是笛卡儿坐标系中的数值，它准确地反映了当前十字光标的位置。在默认情况下，坐标原点在绘图区左下角，*X* 轴以水平向右为正方向，*Y* 轴以垂直向上为正方向，*Z* 轴以垂直屏幕向外为正方向。AutoCAD 默认采用笛卡儿坐标系来确定形体。在进入 AutoCAD 绘图区时，系统会自动进入笛卡儿坐标系（世界坐标系 WCS）第一象限，AutoCAD 就是采用这个坐标系来确定图形的矢量。在三维笛卡儿坐标系中，可以通过输入点的坐标值（*X*，*Y*，*Z*）来确定点的位置。在笛卡儿坐标系中，由于在绘图过程中需要不断进行视图的操作，判断坐标轴方向并不是很容易，因此 AutoCAD 提供了“右手定则”来确定 *Z* 轴方向。

“右手定则”即要确定 *X* 轴、*Y* 轴、*Z* 轴的正方向，可以将右手背对屏幕，拇指所指的方向为 *X* 轴正方向，食指所指的方向为 *Y* 轴正方向，中指所指的方向为 *Z* 轴正方向。要确定某个坐标轴的正旋转方向，可以用右手的大拇指指向该轴的正方向并弯曲其他手指，此时右手弯曲手指所指方向为正旋转方向。

25.2.2 柱坐标系

柱坐标系主要用于对模型进行贴图，定位贴纸在模型中的位置。柱坐标使用 *XY* 平面的角和沿 *Z* 轴的距离来表示，其格式分别介绍如下：

- 绝对坐标：*XY* 平面距离<*XY* 平面角度，*Z* 坐标。
- 相对坐标：@*XY* 平面距离<*XY* 平面角度，*Z* 坐标。

25.2.3 球坐标系

球坐标系和柱坐标系的功能一样，都是用于对模型进行定位贴图。使用球坐标确定点的方式是，通过指定某个距当前 UCS 原点的距离、在 *XY* 平面中与 *X* 轴所成的角度及其与 *XY* 平面所成的角度来指定该位置。球坐标的表示格式如下：

- *XYZ* 距离＜与 *X* 轴的夹角＜与 *XY* 平面的夹角：如球坐标点（4＜30＜30），表示该点与坐标原点的距离为 4，在 *XY* 平面中与 *X* 轴正方向的夹角为 30°，与 *XY* 平面的夹角为 30°。
- @*XYZ* 距离＜与 *X* 轴的夹角＜与 *XY* 平面的夹角：如球坐标点（@4＜30＜30）表示该点相对于坐标原点的距离为 4，在 *XY* 平面中与 *X* 轴正方向的夹角为 30°，与 *XY* 平面的夹角为 30°。

25.3 创建并设置用户坐标系

创建用户坐标系可以方便自己绘图，在创建后若不满足要求还可对其进行设置，以便达到需要的效果。

创建用户坐标系是使用单位坐标系绘图的关键，具体操作过程如下：

```
命令:UCS                    //执行 UCS 命令
当前 UCS 名称:*世界*        //系统提示当前 UCS 名称
输入选项[新建(N)/移动(M)/正交(G)/上一个(P)/恢复(R)/保存(S)/删除(D)/应用(A)/?/世界
(W)]<世界>: N               //选择“新建”选项，并按【Space】键
指定新 UCS 的原点或[Z 轴(ZA)/三点(3)/对象(OB)/面(F)/视图(V)/X/Y/Z]<0,0,0>:
                            //选择其中任一选项都可创建用户坐标系
```

在执行命令的过程中，部分选项的含义如下：

- 面：将 UCS 与三维对象的选定面对齐，UCS 的 *X* 轴将与找到的第一个面上最近的边对齐。

- p 对象：根据选定的三维对象定义新的坐标系。新 UCS 的拉伸方向为（即 *Z* 轴的正方向）选定对象的方向。但此选项不能用于三维实体、三维多段线、三维网格、视口、多线、样条曲线、椭圆、射线、构造线、引线和多行文字等对象。
- 视图：以平行于屏幕的平面为 *XY* 平面建立新的坐标系，UCS 原点保持不变。
- X/Y/Z：绕指定的轴旋转当前 UCS。通过指定原点和一个或多个绕 *X*、*Y* 或 *Z* 轴的旋转，可以定义任意方向的 UCS。
- Z 轴：用特定的 *Z* 轴正半轴定义 UCS。通过指定新原点和位于新建 *Z* 轴正半轴上的点来定义新坐标系的 *Z* 轴方向，从而定义新的 UCS。
- 上一个：恢复上一个 UCS。AutoCAD 可以保存在图纸空间中创建的最后 10 个坐标系和在模型空间中创建的最后 10 个坐标系。重复选择“上一个”选项可以逐步返回一个集或其他集，取决于当前空间是哪一个空间。
- ?：列出所有用户定义的坐标系的名称，并列出每个保存的 UCS 相对于当前 UCS 的原点以及 *X*、*Y* 和 *Z* 轴。如果当前 UCS 未命名则被列为 UNNAMED。
- 世界：将当前 UCS 设置为与世界坐标系相同。

25.4　三维对象的观察方法

在三维绘图时，观察三维对象是非常必要的，观察三维对象的方法包括预置三维视点、选择三维视图、设置视点及三维动态观察器等，下面分别进行讲解。

25.4.1　预置三维视点

三维视点是指在三维空间中观察三维模型的位置，调用“预置三维视点”命令的方法如下：

- 显示菜单栏，选择“视图”→“三维视图”→“视点预设”命令。
- 在命令行中执行 DDVPOINT 或 VP 命令。

执行上述命令后，都将弹出“视点预设”对话框，如图 25-1 所示。其中各选项的功能如下：

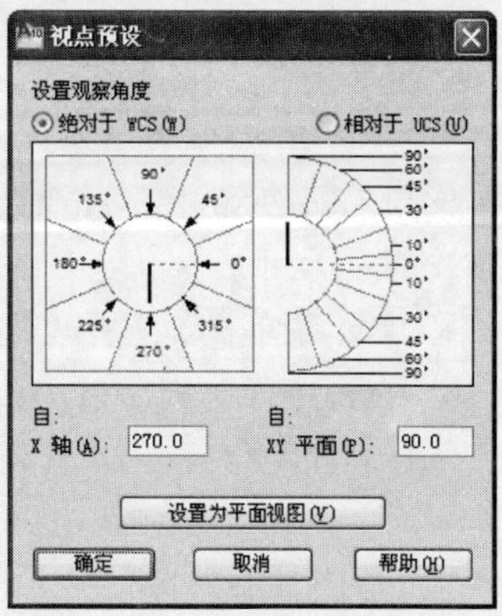

图 25-1

- ⊙绝对于 WCS(W)单选按钮：选择该单选按钮后，设置的观测方向相对于当前 WCS 坐标系。
- ⊙相对于 UCS(U)单选按钮：选择该单选按钮后，设置的观测方向相对于当前 UCS 坐标系。
- 矩形表盘：用于设置视点与 *X* 轴的夹角，当在矩形表盘内环与矩形之间的区域选取时，角度的增量为 45°；当在矩形表盘内环中选取时，可得到任意角度的值。
- 半圆形表盘：用于设置视点与 *XY* 平面的夹角，当在内半圆与外半圆之间的区域选取时，可以得到图中标示的角度值；当在内半圆区域中选取时，可得到任意角度的值。
- “X 轴”文本框：设置与 *X* 轴夹角的角度值。
- “XY 平面”文本框：设置与 *XY* 平面夹角的角度值。

- 设置为平面视图(V) 按钮：表示查看角度以相对于选定坐标系显示平面视图（*XY* 平面）。

25.4.2 选择三维视图

为了满足用户需要，AutoCAD 提供了多种三维视图供选择，选择“三维视图”命令的方法是：显示菜单栏，选择“视图”→“三维视图”命令，在弹出的子菜单中选择相应的三维视图命令，如图 25-2 所示。

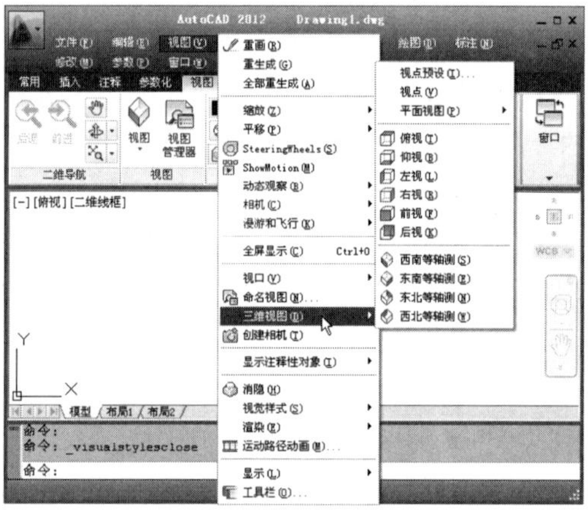

图 25-2

25.4.3 三维动态观察器

在三维建模空间中，使用三维动态观察器可从不同的角度、距离和高度查看图形中的对象。其方法是：在“视图”选项卡的“导航”组中单击“动态观察”按钮，在弹出的下拉列表中选择需要的观察方式，如图 25-3 所示。其中包括受约束的动态观察、自由动态观察和连续动态观察 3 种方式，下面分别进行讲解。

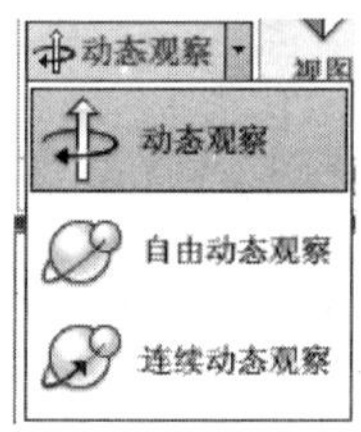

图 25-3

1．受约束的动态观察

受约束的动态观察是指沿 *XY* 平面或 *Z* 轴约束的三维动态观察，调用该命令的方法如下：

- 显示菜单栏，选择“视图”→“动态观察”→“受约束的动态观察”命令。
- 在命令行中执行 3DORBIT 命令。

执行上述命令后，当绘图区中的鼠标光标变为形状时，按住鼠标左键进行拖动，即可动态观察对象。

2．自由动态观察

自由动态观察是指不参照平面，在任意方向上进行动态观察，调用该命令的方法如下：

- 显示菜单栏，选择“视图”→“动态观察”→“自由动态观察”命令。
- 在命令行中执行 3DFORBIT 命令。

执行上述命令后，绘图区中的鼠标光标将变为形状，同时将显示一个导航球，如图 25-4 所示，它被小圆分为 4 个区域，用户拖动这个导航球便可以旋转视图。在绘图区中不同的位置单击鼠标并拖动，旋转的效果也会有所不同，对各种情况介绍如下：

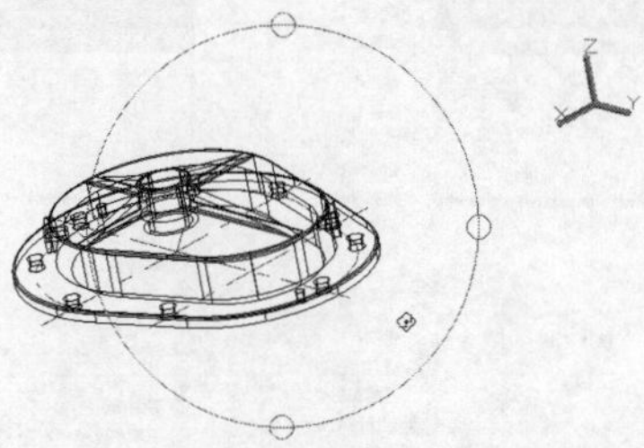

图 25-4

- ：将鼠标光标移动到转盘内的三维对象上时显示的形状。此时按住鼠标左键并拖动，可以沿水平、竖直和对角方向随意操作视图。
- ：将鼠标光标移动到转盘之外时显示的形状。此时按住鼠标左键并围绕转盘拖动，可以使视图围绕穿过转盘（垂直于屏幕）中心延伸的轴进行转动，称为滚动；将光标拖动到转盘内部时，它将变成形状，同时视图可以随意移动；将鼠标光标向后移动到转盘外时，又可以恢复滚动。
- ：将鼠标光标移动到转盘左侧或右侧的小圆上时显示的形状。此时按住鼠标左键并拖动，可以绕垂直轴通过转盘中心延伸的 *Y* 轴旋转视图。
- ：将鼠标光标移动到转盘顶部或底部的小圆上时光标显示的形状。此时按住鼠标左键并拖动，可以绕水平轴通过转盘中心延伸的 *X* 轴旋转视图。

3．连续动态观察

该动态观察可以让系统自动进行连续动态观察，其设置方法主要有以下几种：

- 显示菜单栏，选择“视图”→“动态观察”→“连续动态观察”命令。
- 在命令行中执行 3DCORBIT 命令。

执行上述命令后，绘图区中的鼠标光标将变为形状，在需要连续动态观察移动的方向上单击鼠标并拖动，使对象沿正在拖动的方向开始移动，然后释放鼠标，对象将在指定的方向上进行轨迹运动。

25.5　视觉样式

在绘制了三维图形后，可以为其设置视觉样式，以便更好地观察三维图形。AutoCAD 提供了二维线框、三维线框、三维隐藏、真实和概念等多种视觉样式。

调用“应用视觉样式“命令的方法是：显示菜单栏，选择“视图”→“视觉样式”命令，在弹出的子菜单中选择需要的视觉样式命令，如图 25-5 所示。

其中部分视觉样式的功能如下：

- “二维线框”视觉样式：该样式显示用直线和曲线表示边界的对象。光栅和 OLE 对象、线型和线宽都是可见的，如图 25-6 所示。
- “线框”视觉样式：该样式显示用直线和曲线表示边界的对象，这时 UCS 为一个着色的三维图标。光栅和 OLE 对象、线型和线宽都为不可见，如图 25-7 所示。

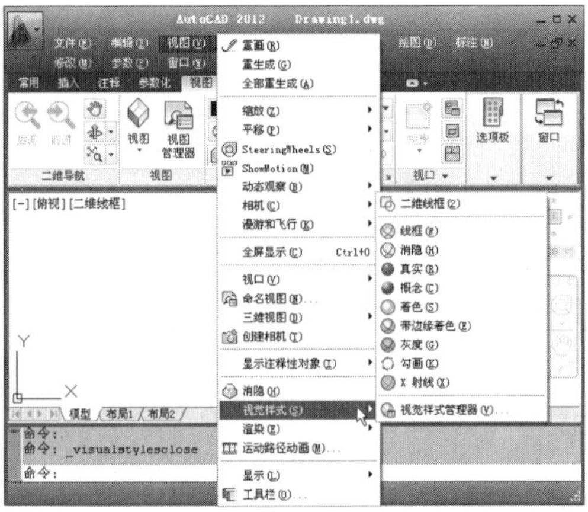

图 25-5

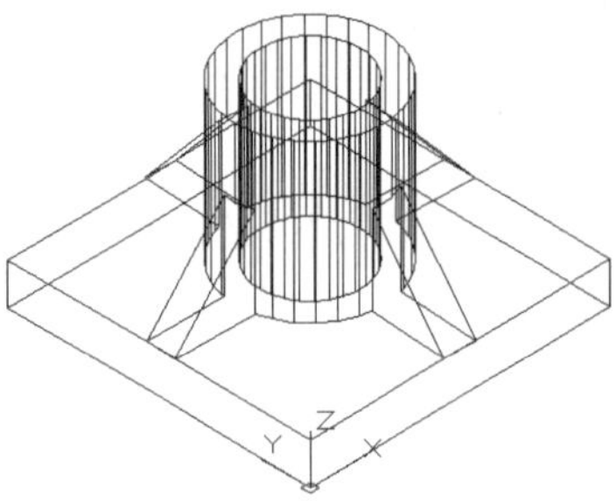

图 25-6

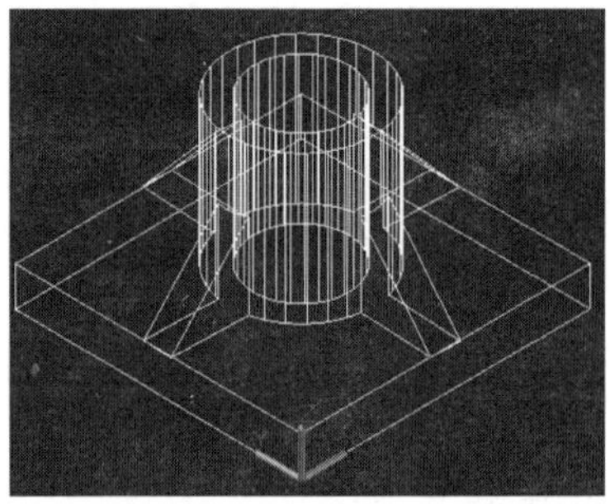

图 25-7

- “消隐”视觉样式：该样式显示用三维线框表示的对象，同时消隐表示后面的线。该视觉样式与选择“视图”→“消隐”命令的效果相似，可用于三维图形的静态观察，如图 25-8 所示。
- “真实”视觉样式：该样式显示着色后的多边形平面间的对象并使对象的边平滑化。若对三维实体设置了材质效果，在该视觉样式中还可显示已经附着到对象上的材质效果，如图 25-9 所示。
- “概念”视觉样式：该样式显示着色后的多边形平面间的对象并使对象的边平滑化。该视觉样式缺乏真实感，但用户可以很方便地在该视觉样式中查看模型的细节，如图 25-10 所示。

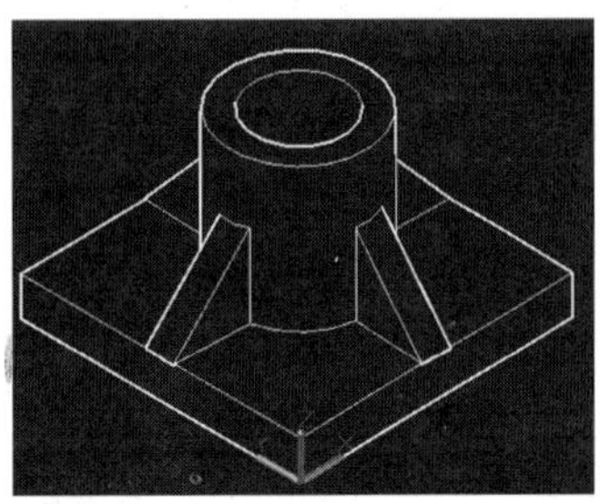

图 25-8

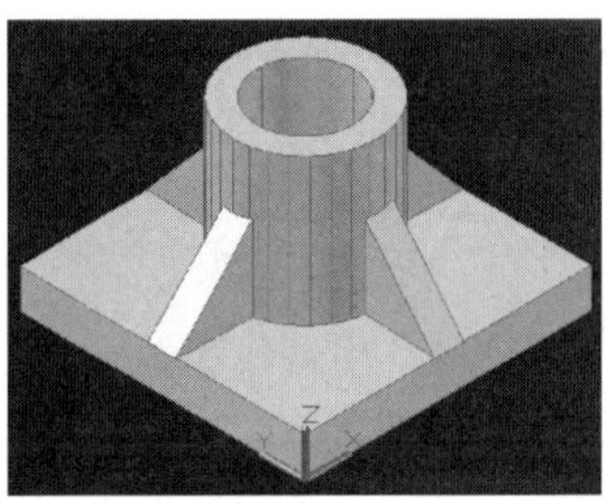

图 25-9

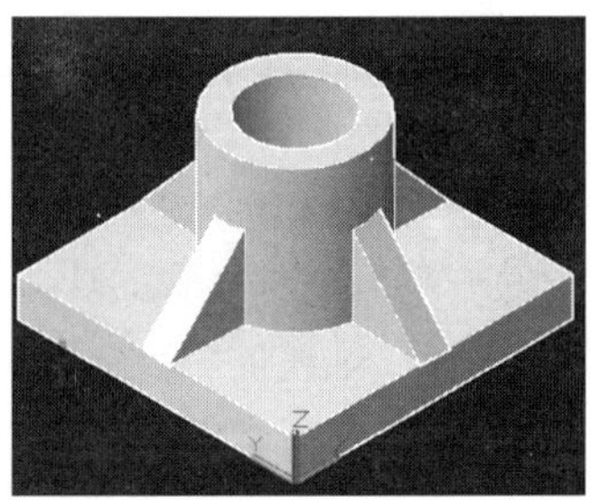

图 25-10

25.6　边学边用——观察垫圈图形对象

本节将通过一个简单实例的实现过程，来加深读者对相关知识的理解和掌握。

25.6.1　实例目标

本节将详细讲解 AutoCAD 2012 中三维绘图基础知识，引导读者进一步掌握本章相关的知识具体学习目标如下：

- 掌握在 AutoCAD 2012 中设置用户坐标、选择三维视图的方法。
- 巩固练习在 AutoCAD 2012 中选择视觉样式及动态观察图形的方法。

25.6.2　实例实现

Step 01 打开“垫圈.dwg”图形对象（光盘:\素材\第 25 章\垫圈.dwg），在命令行中执行 UCS 命令，具体操作过程如下：

```
命令:UCS                                             //执行 UCS 命令
当前 UCS 名称:*世界*                                  //系统提示当前 UCS 名称
输入选项[新建(N)/移动(M)/正交(G)/上一个(P)/恢复(R)/
保存(S)/删除(D)/应用(A)/?/世界(W)] <世界>: M          //选择“移动”选项，并按【Space】键
指定新原点或 [Z 向深度(Z)] <0,0,0>:                   //单击如图 25-11 所示的点，移动坐标系
后的效果如图 25-12 所示
```

Step 02 显示菜单栏，选择“视图”→“三维视图”→“西北等轴测”命令，将视图设置为西北等轴测，效果如图 25-13 所示。

Step 03 显示菜单栏，选择“视图”→“视觉样式”命令，在弹出的子菜单中选择“概念”视觉样式，将视觉样式设置为概念视觉样式，效果如图 25-14 所示。

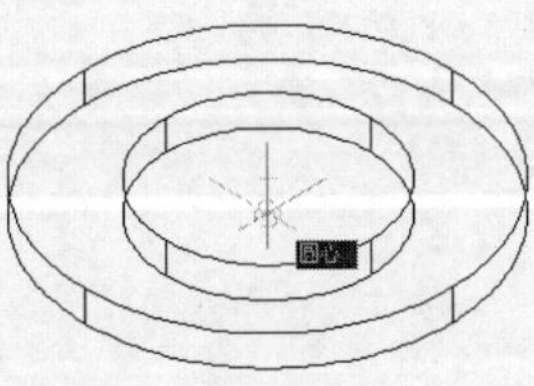

图 25-11

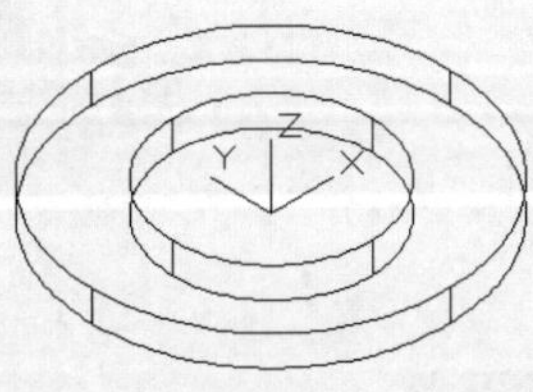

图 25-12

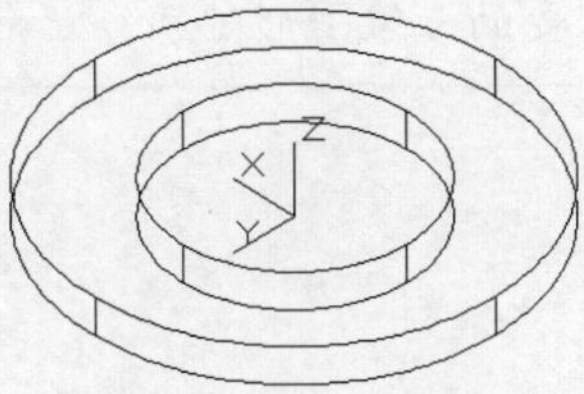

图 25-13

图 25-14

Step 04 显示菜单栏，选择“视图”→“动态观察”→“自由动态观察”命令，将鼠标移动到左边导航球上，如图 25-15 所示。向右上方移动鼠标光标，得到如图 25-16 所示的效果（光盘:\源文件\第 25 章\垫圈.dwg）。

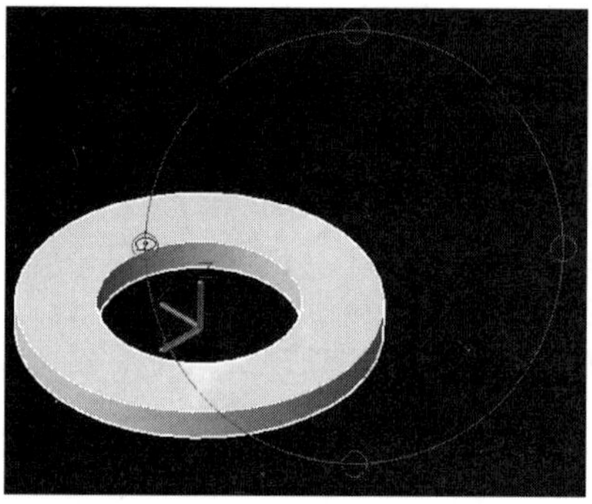

图 25-15

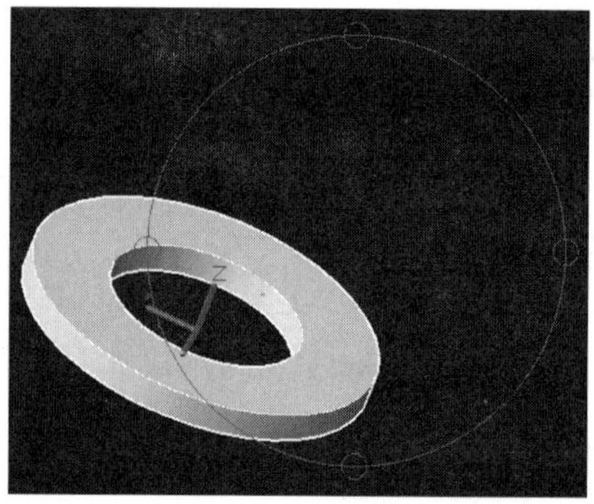

图 25-16

25.6.3 实例拓展和读者思考

在该实例中介绍了观察三维图形对象的方法，使读者进一步掌握了在 AutoCAD 2012 中移动用户坐标系、设置视图样式、设置视觉样式及动态观察图形对象的方法，使用这些命令还可以观察如图 25-17 所示的模板。

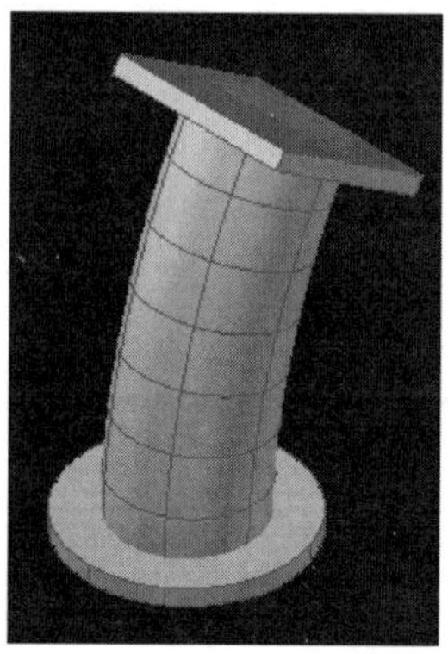

图 25-17

读者思考

通过刚才的实例练习和拓展练习，使读者进一步掌握了 AutoCAD 2012 中三维绘图的基础知识。除此之外，读者还可以使用本章介绍的方法观察需要的三维图形对象。

第 26 章

绘制三维图形

第 25 章介绍了三维绘图的基础知识，本章将讲解如何创建三维图形，包括长方体、圆柱体、棱锥体等的绘制方法，以及由二维对象创建三维实体的方法。

26.1 三维模型的分类

三维模型根据几何模型的构造方法可分为线框模型、表面模型和实体模型 3 类，分别介绍如下：

- 线框模型：此模型方式通过线（棱线和转向轮廓线）来描绘三维对象的框架，它没有实际意义上的面，而是用描绘对象边界的点、直线和曲线来表示面的存在。由于构成线框模型的每个对象都必须单独绘制和定位，因此它能很好地表现出三维对象的内部结构和外部形状。但该模型方式在绘制时比较费时，且不支持隐藏、着色和渲染等操作。
- 表面模型：此模型方式用物体的表面来表示三维物体，它有实际意义上的面。在该模型中不仅包括线的信息，还包括面的信息。AutoCAD 2012 中的曲面模型是使用多边形网格来定义镶嵌面的，由于网格面是平面，因此网格只能近似于曲面。
- 实体模型：它是 3 种模型中最高级且较常用的一种，包括一般实体模型、实体图元模型和曲面模型。该模型除了包括模型的边界和表面外，还包括对象的体积，因此具有质量、体积和质心等质量特性。AutoCAD 提供了多种三维实体模型供用户进行简单实体模型的创建。

26.2 绘制简单三维实体模型

三维实体与二维对象的区别在于其内部是实心的，它表示整个对象的体积。在 AutoCAD 2012 中提供了长方体、楔体、圆柱体及圆环体等三维实体填型，下面详细讲解其绘制方法。

26.2.1 绘制长方体

长方体是基本的实体模型之一，绘制长方体的方法如下：

- 显示菜单栏，选择“绘图”→“建模”→“长方体”命令。
- 在命令行中执行 BOX 命令。

切换视图为西南等轴测（本节知识都将在该视图下进行讲解），执行上述命令后，具体操作过程如下：

```
命令：BOX                              //执行 BOX 命令
指定第一个角点或 [中心(C)]：           //指定要绘制的长方体的第一个角点
指定其他角点或 [立方体(C)/长度(L)]：//在绘图区中呈对角拖动鼠标
指定高度或 [两点(2P)]：                //向上或向下拖动鼠标并单
击指定长方体的高度，效果如图 26-1 所示
```

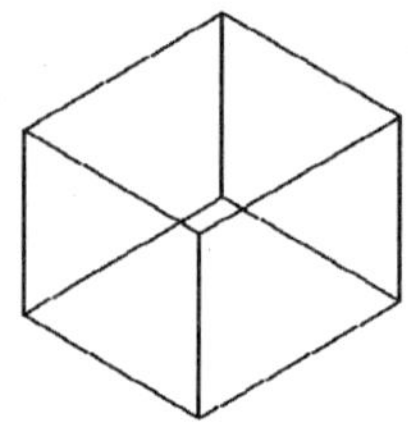

图 26-1

在执行命令的过程中，各选项的含义如下：

- 中心：使用指定中心点的方式创建长方体。
- 立方体：选择该选项后将创建正方体，即长、宽、高同大小的长方体。
- 长度：选择该选项，系统将提示用户分别指定长方体的长度、宽度和高度值。

26.2.2 绘制楔体

楔体的创建方法与长方体相似，它实际上是将长方体从两个对角线处剖切开来的实体。绘制楔体的方法如下：

- 显示菜单栏，选择“绘图”→“建模”→“楔体”命令。
- 在命令行中执行 WEDGE 命令。

执行上述命令后，具体操作过程如下：

```
命令：WEDGE                      //执行 WEDGE 命令
指定第一个角点或 [中心(C)]：     //指定第一个角点，并
按【Space】键
指定其他角点或 [立方体(C)/长度(L)]：//指定其他角点，
并按【Space】键
指定长度：15  //输入长度值 15，并按【Space】键确认，
效果如图 26-2 所示
```

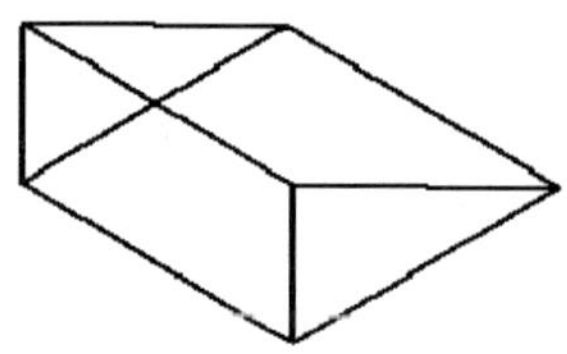

图 26-2

26.2.3 绘制圆柱体

圆柱体也是较常用的基本实体模型之一，绘制圆柱体的方法如下：

- 显示菜单栏，选择“绘图”→“建模”→“圆柱体”命令。
- 在命令行中执行 CYLINDER 命令。

执行上述命令后，具体操作过程如下：

```
命令：CYLINDER                               //执行 CYLINDER 命令
指定底面的中心点或 [三点(3P)/两点(2P)/切点、切点、半径(T)/椭圆(E)]：  //指定地面中心
点，这里在绘图区内任意拾取一点
指定底面半径或 [直径(D)]：30                 //指定底面半径，这里输入底面半径值 30，并按
【Space】键
指定高度或 [两点(2P)/轴端点(A)]：50          //指定高度，这里输入高度值 50，并按【Space】键，
效果如图 26-3 所示
```

注　意

在默认情况下，绘制出的圆柱体与实际的圆柱体形状有差别，这是由于 ISOLINES 值太小的缘故，可以在绘制圆柱体之前设置该值，设置 ISOLINES 值后绘制的效果如图 26-4 所示。

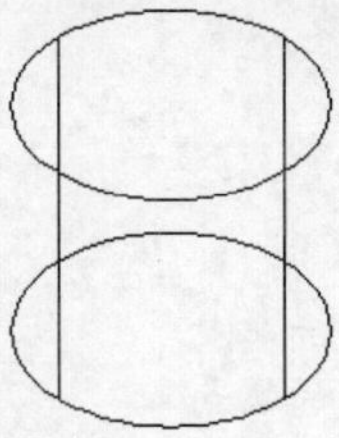

图 26-3

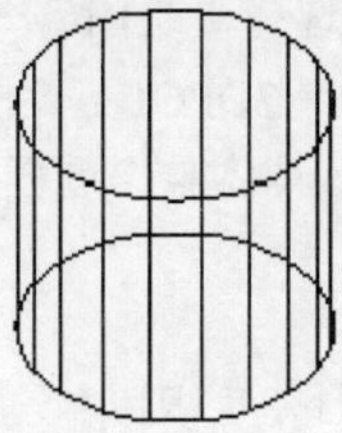

图 26-4

26.2.4　绘制圆环体

圆环体命令主要用于创建实心圆环体，绘制圆环体的方法如下：

- 显示菜单栏，选择“绘图”→“建模”→“圆环体”命令。
- 在命令行中执行 TORUS 或 TOR 命令。

执行上述命令后，具体操作过程如下：

```
命令：TORUS                  //执行 TORUS 命令
指定中心点或 [三点(3P)/两点(2P)/切点、切点、半径
(T)]://指定圆环体的中心点
指定半径或 [直径(D)] :30  //指定圆环半径，这里输
入 30 并按【Space】键
指定圆管半径或 [两点(2P)/直径(D)] :10  //指定圆
管半径并完成绘制，这里输入 10 并按【Space】键，效果
如图 26-5 所示
```

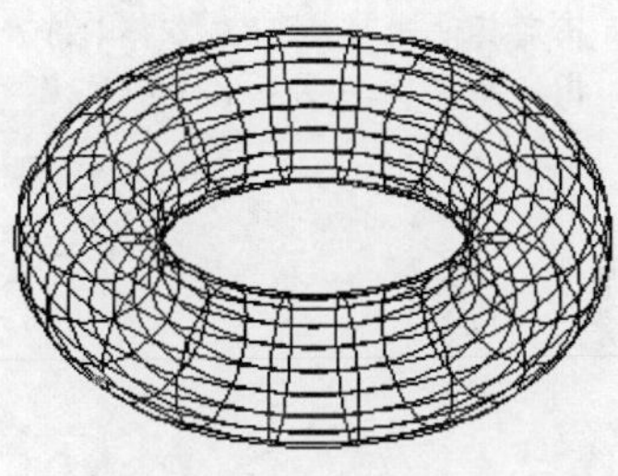

图 26-5

在执行命令的过程中，部分选项的含义如下：

- 指定半径或［直径（D）］：是指从圆环中心到圆环最外侧的距离。
- 指定圆管半径或［两点（2P）/直径（D）］：圆管半径是指从圆管的中心到其最外侧的距离。

26.2.5　绘制球体

绘制球体的方法如下：

- 显示菜单栏，选择“绘图”→“建模”→“球体”命令。
- 在命令行执行 SPHERE 命令。

执行上述命令后，具体操作过程如下：

```
命令： SPHERE                //执行 SPHERE 命令
指定中心点或 [三点(3P)/两点(2P)/ 切点、切点、半径(T)]:
//指定球体的中心点
指定半径或 [直径(D)]:30    //指定球体的半径并完成绘制，这
里输入 30，并按【Space】键，效果如图 26-6 所示
```

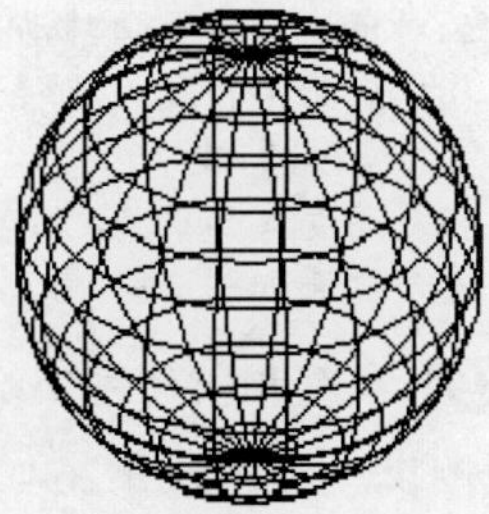

图 26-6

26.2.6 绘制三维多段线

三维多段线是作为单个对象创建的直线段相互连接而成的序列。三维多段线可以不共面，但是不能包括弧线段。绘制三维多段线的方法如下：

- 显示菜单栏，选择“绘图”→“建模”→“三维多段线”命令。
- 在命令行中执行 3DPOLY 命令。

执行上述命令后，具体操作过程如下：

```
命令: 3DPOLY                              //执行 3DPOLY 命令
指定多段线的起点:                         //输入或指定多段线的起点
指定直线的端点或 [放弃(U)]:               //输入或指定多段线的端点
指定直线的端点或 [闭合(C)/放弃(U)]://输入或指定多段线的下一端点，完成后按【Space】键
```

26.2.7 任务 41：绘制茶几

下面以绘制茶几为例，来综合练习本节所讲的知识。

Step 01 启动 AutoCAD 2012，将视图切换为西南等轴测，在命令行中执行 BOX 命令，具体操作过程如下：

```
命令: BOX                                 //执行 BOX 命令
指定第一个角点或 [中心(C)]:               //在绘图区中任意拾取一点
指定其他角点或 [立方体(C)/长度(L)]://呈对角拖动鼠标，如图 26-7 所示
指定高度或 [两点(2P)]:20                  //向下拖动鼠标并输入 20，效果如图 26-8 所示
```

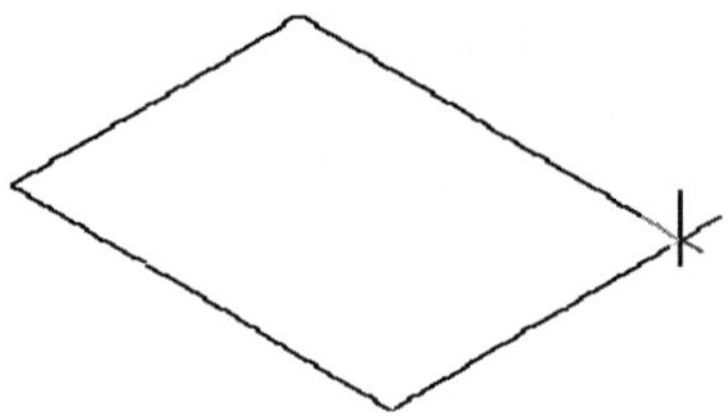
图 26-7

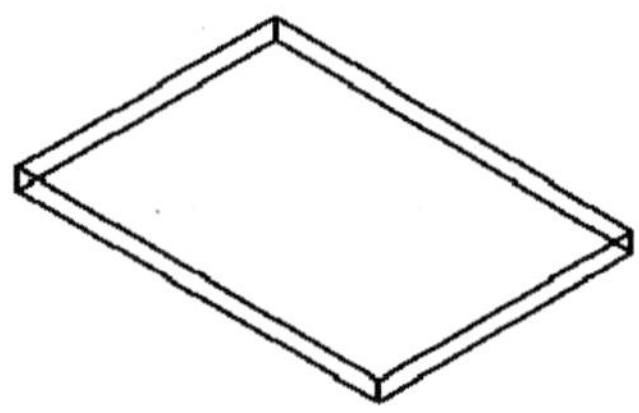
图 26-8

Step 02 在命令行中执行 L 命令，将长方体表面对角相连，效果如图 26-9 所示。然后在命令行中执行 CYLINDER 命令，具体操作过程如下：

```
命令: CYLINDER                            //执行 CYLINDER 命令
指定底面的中心点或 [三点(3P)/两点(2P)/切点、切点、半径(T)/椭圆(E)]: 20    //沿着刚绘制的对角连接线方向移动鼠标并输入 20
指定底面半径或 [直径(D)]: 10              //指定底面半径，这里输入底面半径值 10，并按【Space】键
指定高度或 [两点(2P)/轴端点(A)]: -150     //指定高度，这里输入高度值-150，并按【Space】键，效果如图 26-10 所示
```

Step 03 按照相同的方法绘制其他 3 个桌腿，绘制完成后的效果如图 26-11 所示，然后将对角连接线删除，效果如图 26-12 所示，最后将其保存（光盘:\源文件\第 26 章\茶几.dwg）。

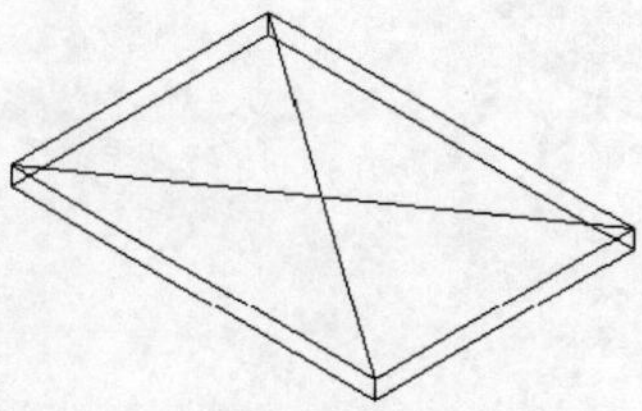

图 26-19

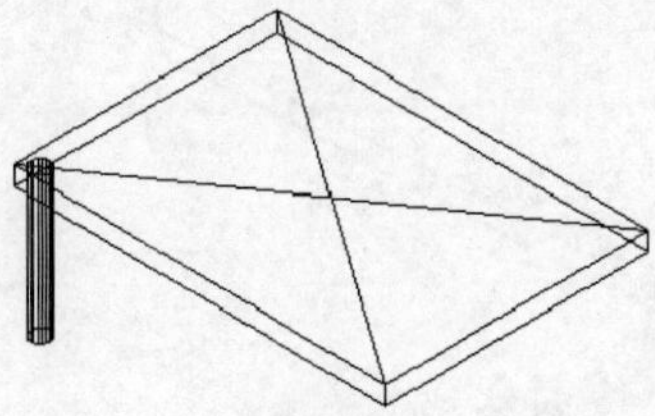

图 26-10

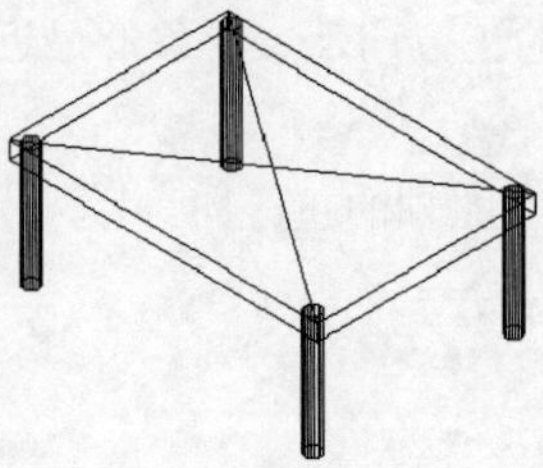

图 26-11

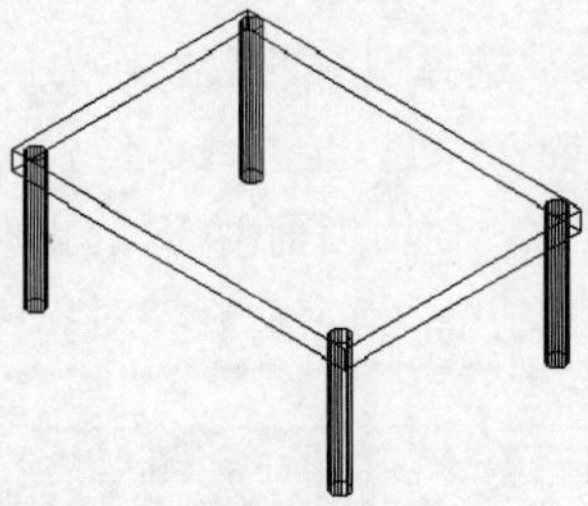

图 26-12

26.3　由二维对象创建三维实体

在 AutoCAD 2012 中，可以将部分二维对象通过特定的操作变为三维实体模型。这些特定操作包括旋转、拉伸、扫掠及放样等，下面详细讲解其操作方法。

26.3.1　通过旋转创建三维实体

在 AutoCAD 2012 中，也可使用旋转命令通过绕指定的轴旋转将对象旋转生成三维实体，调用“旋转”命令的方法有以下几种：

- 显示菜单栏，选择“绘图”→“建模”→“旋转”命令。
- 在命令行中执行 REVOLVE 或 REV 命令。

执行上述命令后，具体操作过程如下：

Step 01 打开“螺钉.dwg”图形文件（光盘:\素材\第 26 章\螺钉.dwg），在命令行中执行 REVOLVE 命令，具体操作过程如下：

```
命令：REVOLVE                    //执行 REVOLVE 命令
当前线框密度：ISOLINES=80        //系统提示当前线框密度
选择要旋转的对象：找到 4 个      //选择需要旋转的对象，如图 26-13 所示
选择要旋转的对象：               //按【Space】键确认对象的选择
指定轴起点或根据以下选项之一定义轴 [对象(O)/X/Y/Z] <对象>：  //指定旋转轴的起点，这里单击如图 26-16 所示的 A 点
指定轴端点：                     //指定旋转轴的端点，这里单击如图 26-14 所示的 B 点
指定旋转角度或 [起点角度(ST)] <360>：  //指定旋转角度并完成二维对象的旋转，这里直接按【Space】键结束命令
```

Step 02 旋转后的效果如图 26-15 所示（光盘:\源文件\第 26 章\螺钉.dwg）。

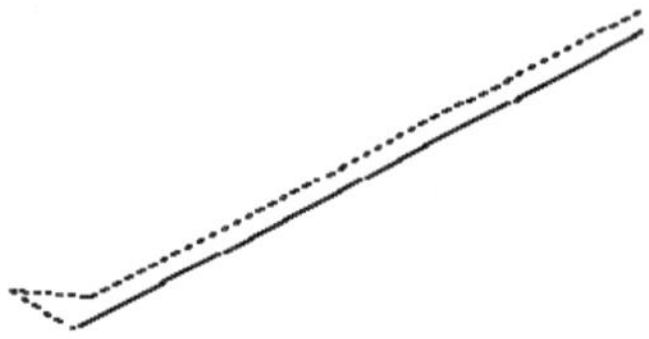

图 26-13

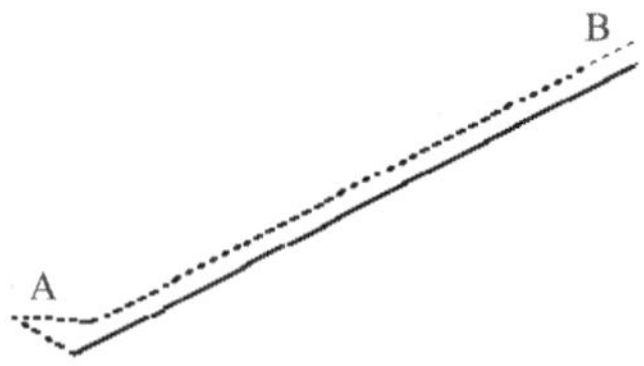

图 26-14

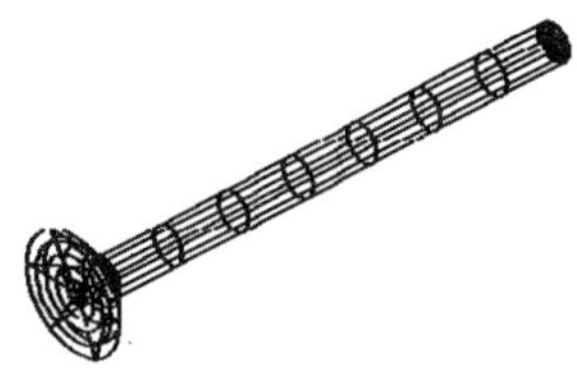

图 26-15

在执行命令的过程中，命令行中各选项的含义如下：

- 对象：选择现有的对象作为旋转对象时的参照轴，轴的正方向从该对象的最近端点指向最远端点，可以是直线、线性多段线、实体或曲面的线性边。
- X/Y/Z：使用当前 UCS 的正向 *X*、*Y* 或 *Z* 轴作为旋转参照轴的正方向。
- 起点角度：指定从旋转对象所在平面开始的旋转偏移。

26.3.2 通过拉伸创建三维实体

拉伸命令主要用于将二维封闭图形沿指定的路径拉伸为复杂的三维实体，调用“拉伸”命令的方法如下：

- 显示菜单栏，选择“绘图”→“建模”→“拉伸”命令。
- 在命令行中执行 EXTRUDE 命令。

执行上述命令后，具体操作过程如下：

Step 01 打开“环形.dwg”图形文件（光盘:\素材\第 26 章\环形.dwg），如图 26-16 所示。在命令行中执行 EXTRUDE 命令，具体操作过程如下：

```
命令: EXTRUDE                    //执行 EXTRUDE 命令
当前线框密度: ISOLINES=100       //系统提示当前线框密度
选择要拉伸的对象: 找到 1 个      //选择需要拉伸的图形
选择要拉伸的对象:                //按【Space】键结束对象的选择
指定拉伸的高度或 [方向(D)/路径(P)/倾斜角(T)]: 5 //输入拉伸的高度值 5，并按【Space】键结束命令
```

Step 02 拉伸后的效果如图 26-17 所示（光盘:\源文件\第 26 章\环形.dwg）。

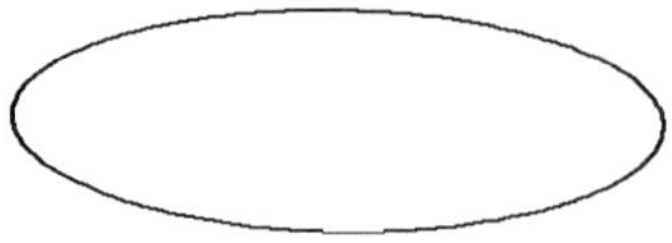

图 26-16

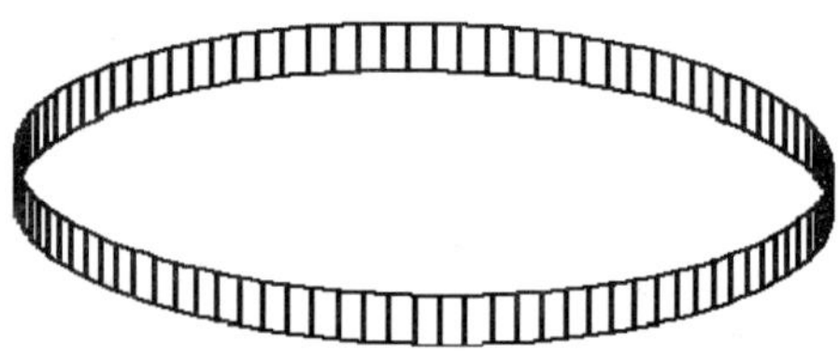

图 26-17

在执行命令的过程中，命令行中各选项的含义如下：

- 方向：默认情况下，对象可以沿 *Z* 轴方向拉伸，拉伸的高度可以为正值或负值，它们表示拉伸的方向。
- 路径：通过指定拉伸路径将对象拉伸为三维实体，拉伸的路径可以是开放的，也可以是封闭的。

- 倾斜角：通过指定的角度拉伸对象，拉伸的角度也可以为正值或负值，其绝对值不大于 90°。在默认情况下，倾斜角为 0°，表示创建的实体侧面垂直于 *XY* 平面并且没有锥度。若倾斜角度为正，将产生内锥度，创建的侧面向里靠；若倾斜角度为负，将产生外锥度，创建的侧面则向外。

26.3.3 通过扫掠创建三维实体

通过扫掠方法可以将闭合的二维对象沿指定的路径创建三维实体，调用“扫掠”命令的方法如下：

- 显示菜单栏，选择“绘图”→“建模”→“扫掠”命令。
- 在命令行中执行 SWEEP 命令。

执行上述命令后，具体操作过程如下：

Step 01 打开“圆环.dwg”图形文件（光盘:\素材\第 26 章\圆环.dwg），如图 26-18 所示。在命令行中执行 SWEEP 命令，具体操作过程如下：

```
命令: SWEEP                        //执行 SWEEP 命令
当前线框密度: ISOLINES=50          //系统提示当前线框密度
选择要扫掠的对象: 找到 1 个        //选择要扫掠的对象，这里选择选择六边形
选择要扫掠的对象:                  //按【Space】键结束对象的选择
选择扫掠路径或 [对齐(A)/基点(B)/比例(S)/扭曲(T)]:   //选择扫掠路径，这里选择椭圆
```

Step 02 扫掠后的效果如图 26-19 所示（光盘:\源文件\第 26 章\圆环.dwg）。

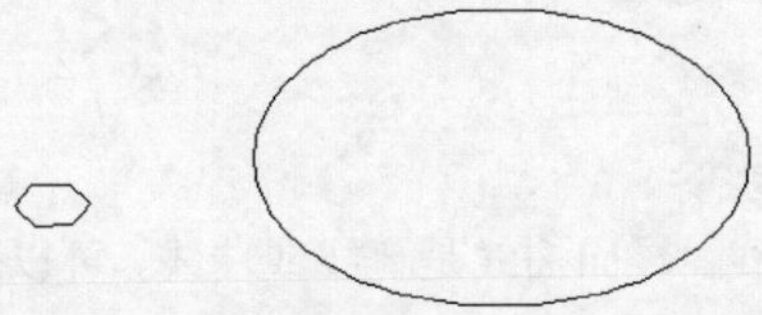

图 26-18

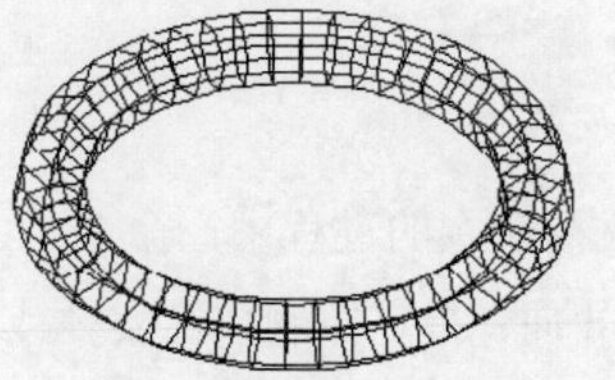

图 26-19

在执行命令的过程中，命令行中各选项的含义如下：

- 对齐：指定是否对齐轮廓，以使其作为扫掠路径切向的方向，默认情况下为对齐。
- 基点：指定要扫掠对象的基点。如果指定的点不在选定对象所在的平面上，则该点将被投影到该平面上，将投影点作为基点。
- 比例：指定比例因子进行扫掠操作。从扫掠路径开始到结束，比例因子将统一应用到扫掠的对象。
- 扭曲：设置被扫掠对象的扭曲角度，即扫掠对象沿指定路径扫掠时的旋转量。如果被扫掠的对象为圆，则无须设置扭曲角度。

26.3.4 通过放样创建三维实体

放样命令可以通过指定一系列横截面来创建新的实体或曲面。横截面可以是开放的，也可以是闭合的，通常为曲线或直线。调用“放样”命令的方法如下：

- 显示菜单栏，选择“绘图”→“建模”→“放样”命令。
- 在命令行中执行 LOFT 命令。

执行上述命令后，具体操作过程如下：

Step 01 打开“水杯.dwg”图形文件（光盘:\素材\第 26 章\水杯.dwg），如图 26-20 所示。在命令行中执行 LOFT 命令，具体操作过程如下：

```
命令：LOFT                                          //执行 LOFT 命令
按放样次序选择横截面：找到 1 个                       //选择下方小圆
按放样次序选择横截面：找到 1 个，总计 2 个            //选择上方大圆
按放样次序选择横截面：                                //按【Space】键结束对象的选择
输入选项 [导向(G)/路径(P)/仅横截面(C)/设置(S)] <仅横截面>:   //选择“设置”选项，弹出
“放样设置”对话框。在对话框中选择◎直纹(R)单选按钮，然后单击[确定]按钮，如图 26-21 所示
```

Step 02 放样后的效果如图 26-22 所示（光盘:\源文件\第 26 章\水杯.dwg）。

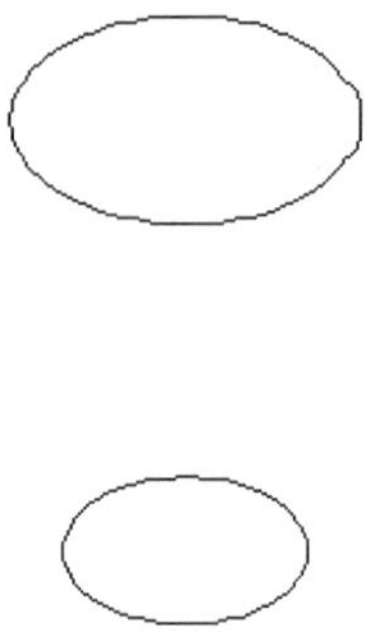

图 26-20

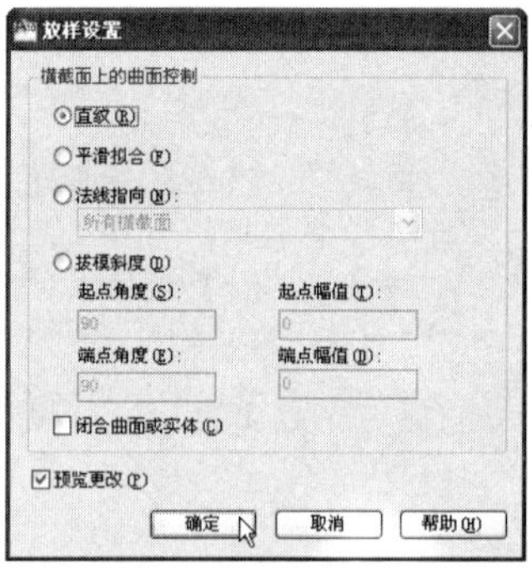

图 26-21

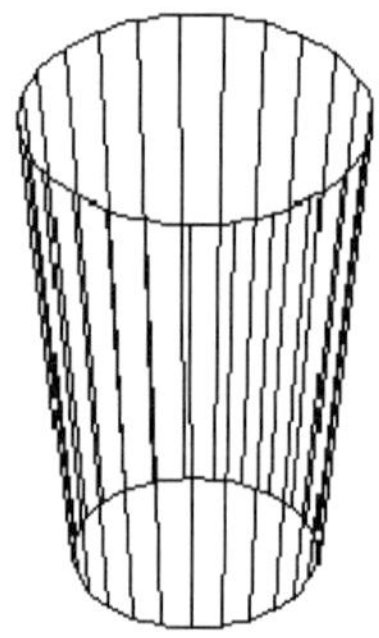

图 26-22

在执行命令的过程中，命令行中部分选项的含义如下：

- 导向：指定控制放样实体或曲面形状的导向曲线。导向曲线是直线或曲线，可以通过将其他线框信息添加至对象来进一步定义实体或曲面的形状。可以使用导向曲线来控制点如何匹配相应的横截面，以避免出现不希望看到的效果。
- 路径：指定放样实体或曲面的单一路径。
- 仅横截面：弹出“放样设置”对话框。

26.3.5 任务 42：绘制螺丝钉

下面以绘制螺丝钉为例，来综合练习本节所讲的知识。

Step 01 打开“螺丝钉.dwg”图形文件（光盘:\素材\第 26 章\螺丝钉.dwg），如图 26-23 所示，在命令行中执行 EXTRUDE 命令，具体操作过程如下：

```
命令：EXTRUDE                          //执行 EXTRUDE 命令
当前线框密度： ISOLINES=20             //系统提示当前线框密度
选择要拉伸的对象：找到 1 个            //选择多边形
选择要拉伸的对象：                     //按【Space】键结束对象的选择
指定拉伸的高度或 [方向(D)/路径(P)/倾斜角(T)]: -150   //输入拉伸的高度值-150 并按【Space】
键结束命令，效果如图 26-24 所示
```

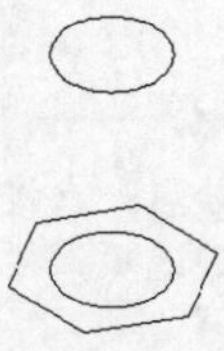

图 26-23

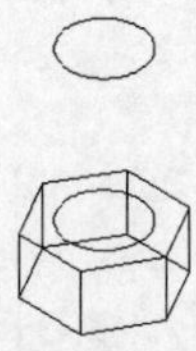

图 26-24

Step 02 在命令行中执行 LOFT 命令，具体操作过程如下：

```
命令：LOFT                                          //执行 LOFT 命令
按放样次序选择横截面：找到 1 个                      //选择多边形中的圆
按放样次序选择横截面：找到 1 个，总计 2 个           //选择上方圆
按放样次序选择横截面：                               //按【Space】键结束对象的选择
输入选项 [导向(G)/路径(P)/仅横截面(C)/设置(S)] <仅横截面>：  //选择"设置"选项，弹出
"放样设置"对话框。在对话框中选择⊙直纹(R)单选按钮，然后单击 确定 按钮，如图 26-25 所示
```

Step 03 放样后的效果如图 26-26 所示（光盘:\源文件\第 26 章\螺丝钉.dwg）。

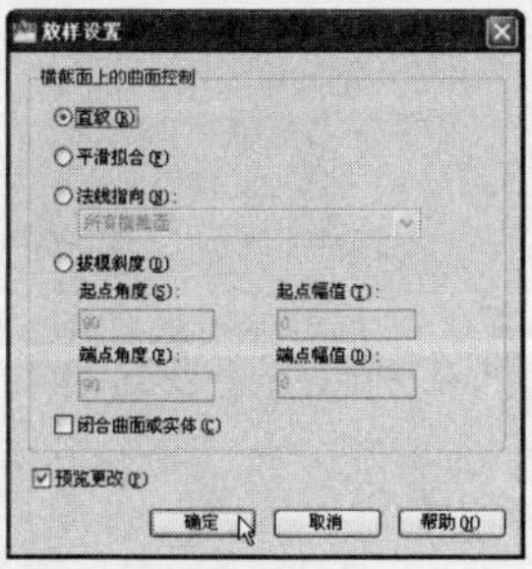

图 26-25

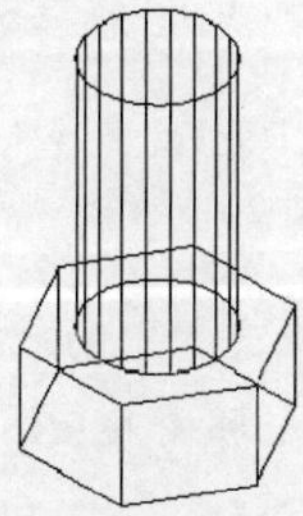

图 26-26

26.4　边学边用——绘制支撑座

了解了在 AutoCAD 2012 中创建三维图形的方法后，本节将通过一个简单实例的实现过程，来加深读者对相关知识的理解和掌握。

26.4.1　实例目标

本节将详细讲解在 AutoCAD 2012 中绘制长方体、楔体及通过放样创建三维实体的方法，引导读者进一步掌握在 AutoCAD 2012 中创建三维图形的方法。

具体学习目标如下：

- 掌握 AutoCAD 2012 中长方体等三维实体的绘制方法。
- 巩固练习 AutoCAD 2012 中图形的放样方法。

26.4.2　实例实现

Step 01 启动 AutoCAD 2012，将视图切换为西南等轴测，在命令行中执行 BOX 命令，具体操作

过程如下：

```
命令: BOX                                   //执行 BOX 命令
指定长方体的角点或 [中心点(C)] <0,0,0>:       //在绘图区中拾取一点作为长方体的角点
指定角点或 [立方体(C)/长度(L)]: l             //选择“长度”选项，按【Space】键
指定长度:60   //指定长方体的长度，这里输入 60，并按【Space】键
指定宽度:60   //指定长方体的宽度，这里输入 60，并按【Space】键
指定高度: 8   //指定长方体的高度，这里输入 8，并按【Space】键，绘制后的效果如图 26-27 所示
```

Step 02 在命令行中执行 L 命令，在刚绘制的长方体表面绘制直线以辅助绘图，效果如图 26-28 所示。

Step 03 在命令行中执行 C 命令，以刚绘制的直线的交点为圆心，绘制两个同心圆，半径分别为 15 和 10，效果如图 26-29 所示。

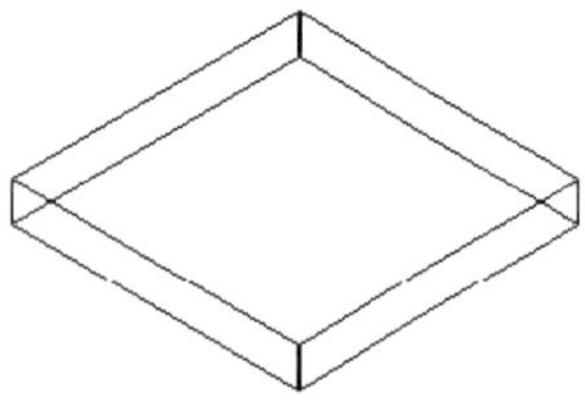

图 26-27

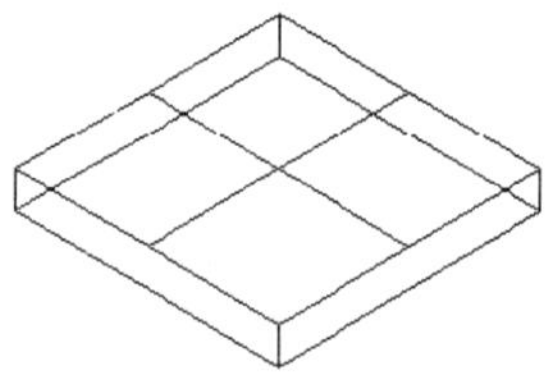

图 26-28

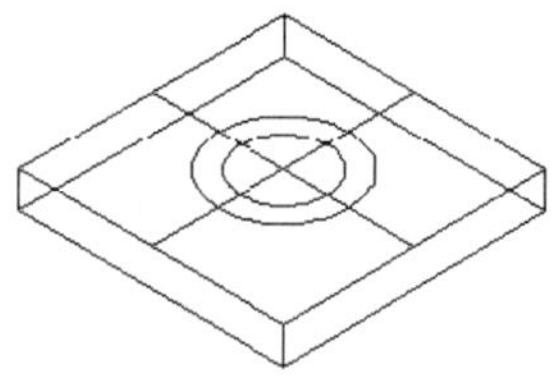

图 26-29

Step 04 单击状态栏中的“极轴追踪”按钮，将鼠标光标放置在刚绘制的同心圆的圆心上，然后向上移动鼠标并输入 38。在命令行中执行 C 命令，绘制两个同心圆，半径分别为 15 和 10，效果如图 26-30 所示。

Step 05 在命令行中执行 LOFT 命令，具体操作过程如下：

```
命令: LOFT                                   //执行 LOFT 命令
按放样次序选择横截面: 找到 1 个               //选择下方同心圆中的小圆
按放样次序选择横截面: 找到 1 个, 总计 2 个     //选择上方同心圆中的小圆
按放样次序选择横截面:                         //按【Space】键结束对象的选择
输入选项 [导向(G)/路径(P)/仅横截面(C)] <仅横截面>:  //按【Space】键，弹出“放样设置”
对话框。在对话框中选择 直纹(R) 单选按钮，然后单击 确定 按钮，放样后的效果如图 26-31 所示
```

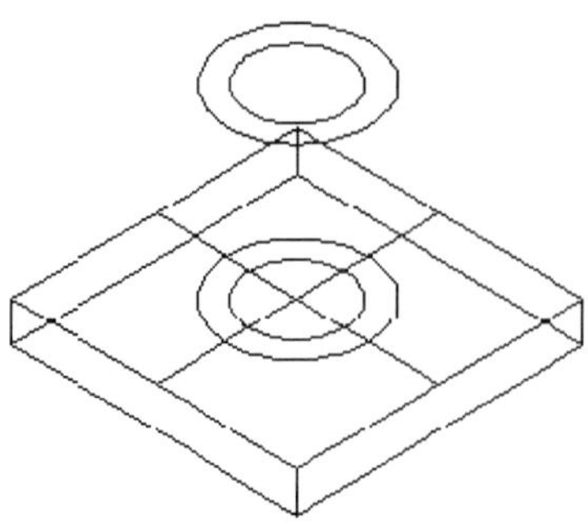

图 26-30

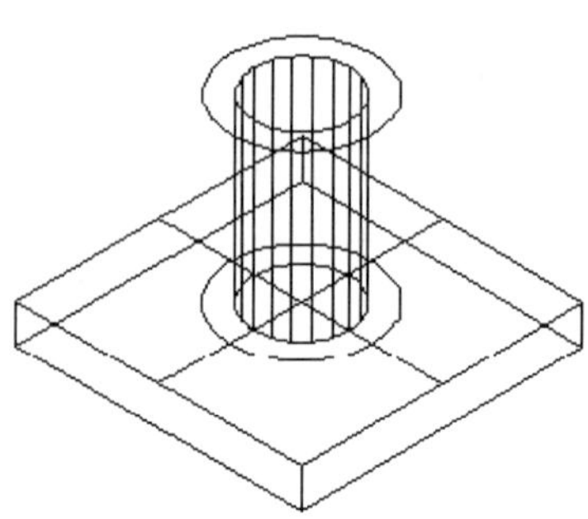

图 26-31

Step 06 按照相同的方法，为上、下方的同心圆外圆图形进行放样，放样后的效果如图 26-32 所示。

Step 07 将视图切换为东北等轴测，在命令行中执行 WEDGE 命令，具体操作过程如下：

```
命令：WEDGE                                   //执行 WEDGE 命令
指定第一个角点或 [中心(C)]:                    //在绘图区中的空白位置单击
指定其他角点或 [立方体(C)/长度(L)]: l          //选择“长度”选项，并按【Space】键
指定长度:18                                   //输入 18，并按【Space】键
指定宽度:6                                    //输入 6，并按【Space】键
指定高度或 [两点(2P)] : 2   //输入 20，并按【Space】键，效果如图 26-33 所示
```

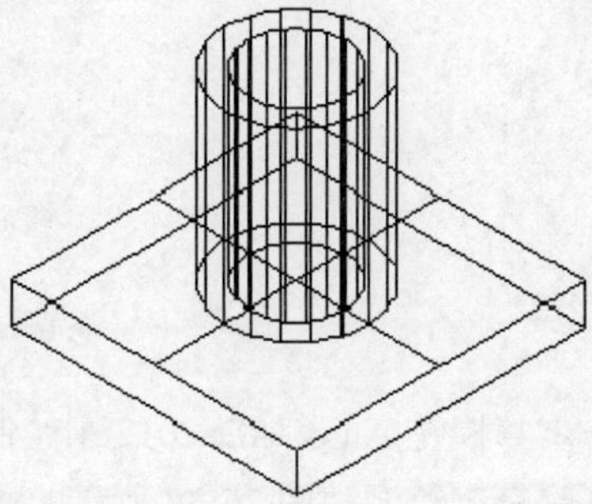

图 26-32

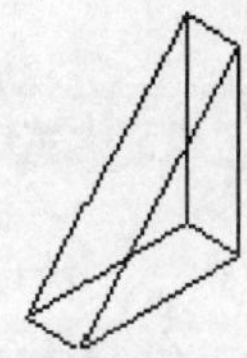

图 26-33

Step 08 在命令行中执行 M 命令，具体操作过程如下：

```
命令：M                                       //执行 MOVE 命令
选择对象：指定对角点：找到 1 个                //选择刚绘制的楔体
选择对象：                                    //按【Space】键结束对象的选择
指定基点或 [位移(D)] <位移>:                   //单击如图 26-34 所示的 A 点
指定第二个点或 <使用第一个点作为位移>:         //按住鼠标不放拖动鼠标到如图 26-35 所示的 A 点
```

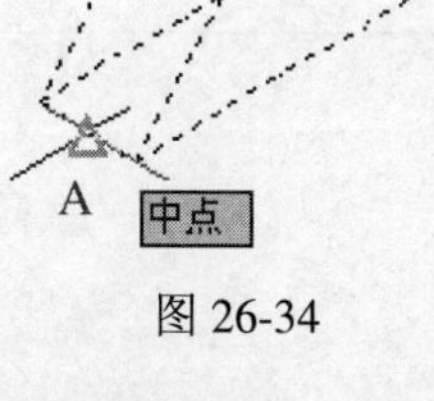

图 26-34

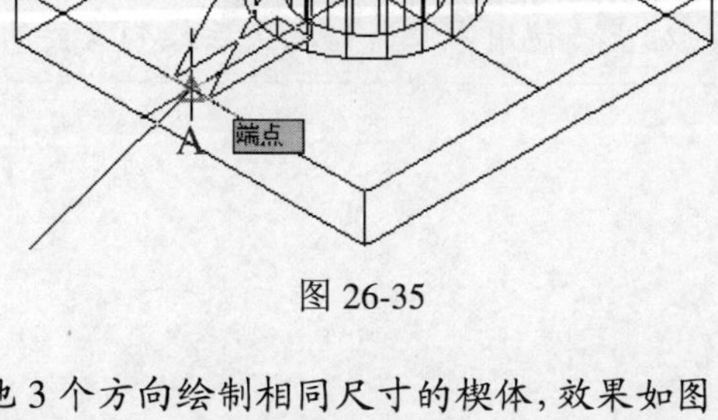

图 26-35

Step 09 按照相同的方法，切换不同的视图，在其他 3 个方向绘制相同尺寸的楔体，效果如图 26-36 所示。然后删除绘制的直线辅助线，效果如图 26-37 所示，最后保存绘制的图形文件（光盘:\源文件\第 26 章\支撑座.dwg）。

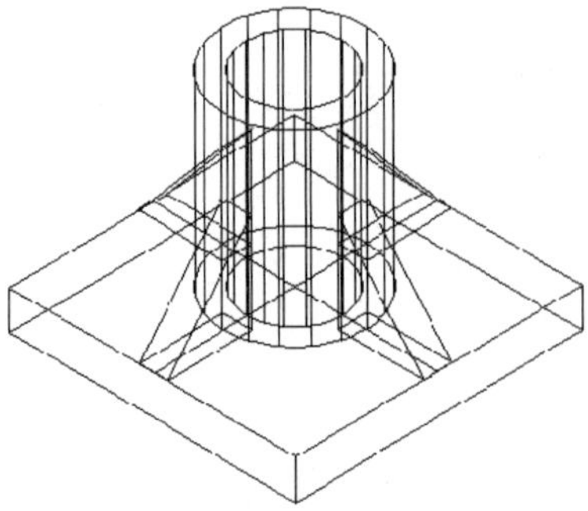

图 26-36

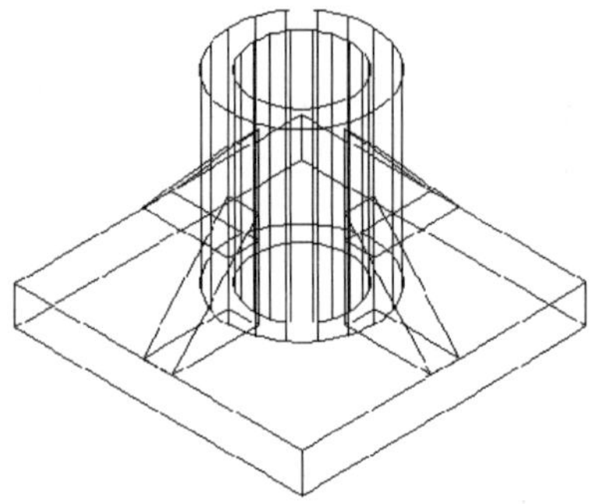

图 26-37

26.4.3 实例拓展和读者思考

在该实例中介绍了支撑座的绘制方法，使读者进一步掌握在 AutoCAD 2012 中绘制圆柱体和通过拉伸命令创建三维实体的方法。读者还可以使用这些命令绘制如图 26-38 所示的螺母。

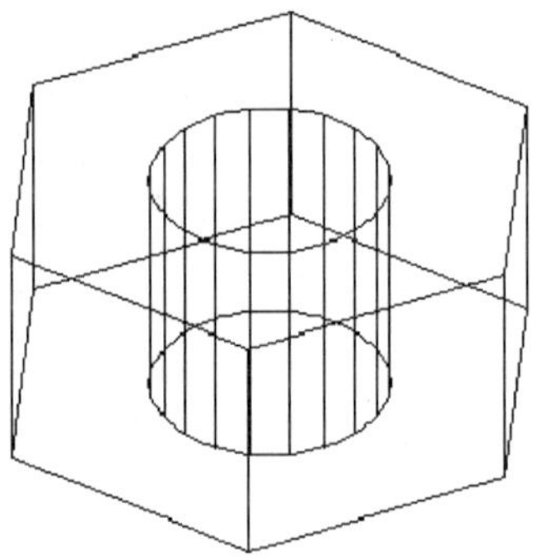

图 26-38

读者思考

通过刚才的实例练习和拓展练习，读者可以在掌握在 AutoCAD 2012 中创建三维图形的方法的基础上，使用本章介绍的方法绘制需要的三维图形。

第 27 章 编辑三维模型

学习了三维图形的绘制方法后，本章将讲解编辑三维模型的方法，以便在绘制三维图形时更加准确。

27.1 编辑三维对象

绘制完三维对象后，可以对其进行编辑，使编辑后的三维对象更满足实际需要。下面具体讲解编辑三维对象的方法。

27.1.1 三维移动

使用三维移动命令可以对三维模型的位置进行调整，但其大小不变。调用“三维移动”命令的方法如下：

- 显示菜单栏，选择“修改”→“三维操作”→“三维移动”命令。
- 在命令行中执行 3DMOVE 命令。

对图形对象进行三维移动的具体操作过程如下：

```
命令：3DMOVE              //执行 3DMOVE 命令
选择对象：找到 1 个       //选择要移动的对象
选择对象：                //按【Space】键确认选择的对象
指定基点或 [位移(D)] <位移>： 指定第二个点或 <使用第一个点作为位移>:正在重生成模型。
//选择基点和移动到的位置的点，完成三维模型的移动
```

27.1.2 三维旋转

使用三维旋转命令可以使三维对象绕指定的轴进行旋转，调用“三维旋转”命令有以下几种方法：

- 显示菜单栏，选择“修改”→“三维操作”→“三维旋转”命令。
- 在命令行中执行 3DROTATE 命令。

对图形对象进行三维旋转的具体操作过程如下：

Step 01 打开“三维旋转.dwg”图形文件（光盘:\素材\第 27 章\三维旋转.dwg），在命令行中执行 3DROTATE 命令，具体操作过程如下：

```
命令: 3DROTATE    //执行 3DROTATE3D 命令
UCS 当前的正角方向:  ANGDIR=逆时针  ANGBASE=0  //系统自动显示
选择对象: 指定对角点: 找到 1 个                //选择需要进行旋转的图形对象
选择对象:          //按【Space】键结束对象的选择
指定基点:          //单击绘图区右上角的指向标，这里单击"左"方向，如图 27-1 所示
正在恢复执行 3DROTATE 命令。                   //系统自动显示
```

Step 02 现在即可查看三维旋转后的效果，如图 27-2 所示。

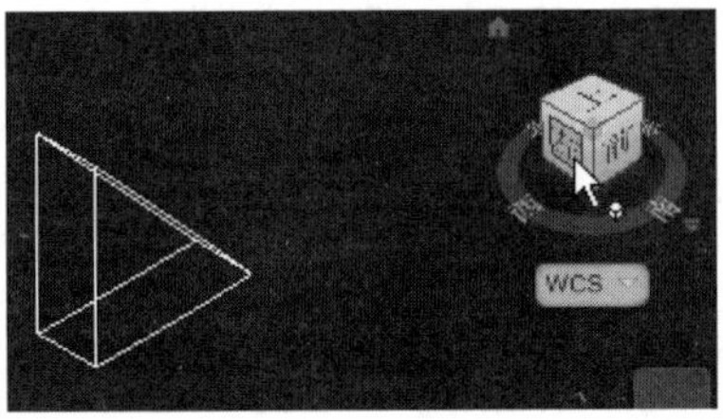

图 27-1

图 27-2

27.1.3 三维阵列

三维阵列包括矩形阵列和环形阵列两种，其方法与阵列二维图形对象的方法类似，调用“三维阵列”命令的方法如下：

- 显示菜单栏，选择“修改”→“三维操作”→“三维阵列”命令。
- 在命令行中执行 3DARRAY 命令。

1. 矩形阵列

三维矩形阵列需要指定列数、行数及层数等参数，具体操作步骤如下：

Step 01 打开“矩形阵列.dwg”图形文件（光盘:\素材\第 27 章\矩形阵列.dwg），如图 27-3 所示。在命令行输入命令 3DARRAY，具体操作过程如下：

```
命令: 3DARRAY                    //执行 3DARRAY 命令
选择对象: 指定对角点: 找到 1 个  //框选图形对象
选择对象:                        //按【Space】键确认对象的选择
输入阵列类型 [矩形(R)/环形(P)] <矩形>: //按【Space】键，保持默认选择
输入行数 (---) <1>: 2            //输入要阵列的行数 2，并按【Space】键
输入列数 (|||) <1>: 2            //输入要阵列的列数 2，并按【Space】键
输入层数 (...) <1>:              //按【Space】键，保持默认选择
指定行间距 (---): -160           //输入行间距-160，并按【Space】键
指定列间距 (|||): -110           //输入列间距-110，并按【Space】键
```

Step 02 矩形阵列后的效果如图 27-4 所示。

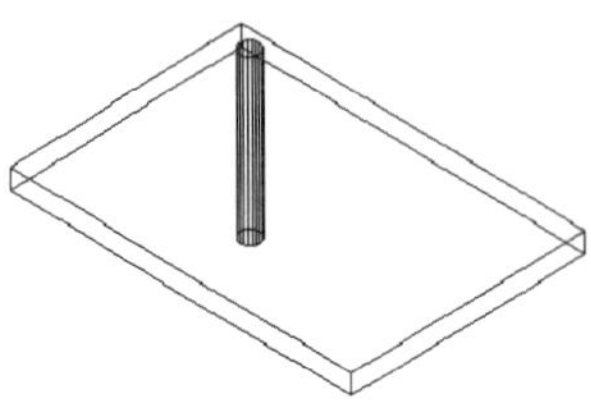

图 27-3

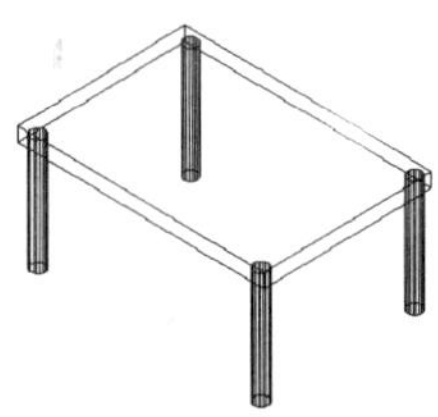

图 27-4

2. 环形阵列

三维环形阵列需指定阵列包含的角度、旋转参考轴等参数，具体操作过程如下：

```
命令：3DARRAY            //执行 3DARRAY 命令
选择对象：               //选择要环形阵列的对象
选择对象：               //按【Space】键结束对象的选择
输入阵列类型 [矩形(R)/环形(P)] <矩形>:P          //选择“环形”选项，创建环形阵列
输入阵列中的项目数目：                            //设置环形阵列生成的对象数量
指定要填充的角度 (+=逆时针, -=顺时针) <360>:     //按【Space】键保持默认不变
旋转阵列对象？ [是(Y)/否(N)] <是>:               //按【Space】键旋转阵列对象
指定阵列的中心点：       //指定环形阵列的中心点
指定旋转轴上的第二点：   //指定环形阵列旋转参考轴上的第二点
```

27.1.4 三维镜像

使用三维镜像命令可以将三维对象以指定的平面进行镜像复制，调用“三维镜像”命令的方法如下：

- 显示菜单栏，选择“修改”→“三维操作”→“三维镜像”命令。
- 在命令行中执行 3DMIRROR 命令。

执行上述命令后，具体操作步骤如下：

Step 01 打开“三维镜像.dwg”图形文件（光盘:\素材\第 27 章\三维镜像.dwg），在命令行中输入命令 3DMIRROR，具体操作过程如下：

```
命令：3DMIRROR                   //执行 3DMIRROR 命令
选择对象：找到 1 个              //选择绘图区中的所有对象
选择对象：                       //按【spale】键确认对象的选择
指定镜像平面 (三点) 的第一个点或[对象(O)/最近的(L)/Z 轴(Z)/视图(V)/XY 平面(XY)/YZ
平面(YZ)/ZX 平面(ZX)/三点(3)] <三点>: YZ
//选择镜像的平面，这里选择 YZ 平面
指定 YZ 平面上的点<0, 0, 0>:    //单击如图 27-5 所示的 A 点
是否删除源对象？[是(Y)/否(N)] <否>:    //按【Space】键完成镜像操作
```

Step 02 三维镜像的效果如图 27-6 所示。

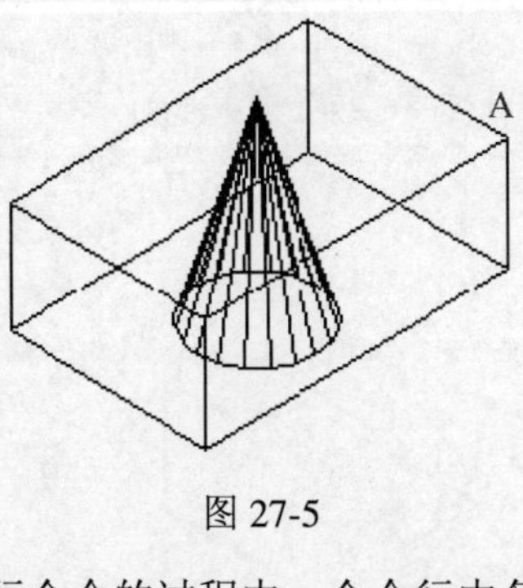

图 27-5

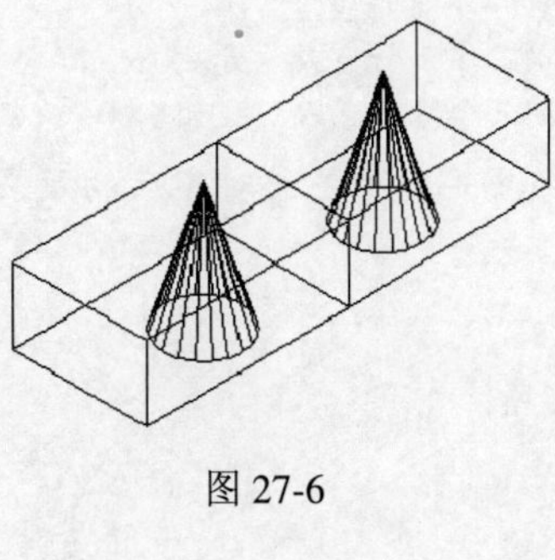

图 27-6

在执行命令的过程中，命令行中各选项的含义如下：

- 对象：选择已有的圆、弧或二维多段线等对象所在的平面作为镜像平面。
- 最近的：将最后一次使用过的镜像平面定义为当前镜像平面。

- Z 轴：镜像平面过指定点且与该点和另一点的连线垂直。
- 视图：使镜像平面平行于当前视图所观测的平面，并指定一个点确定镜像平面的位置。使用此选项镜像实体后，在当前视图下看不见镜像后的实体（因为二者重合），要打开其他视图才能看到镜像后实体。
- XY 平面：以平行于 *XY* 平面的一个平面作为镜像平面，然后指定一个点来确定镜像平面的位置。
- YZ 平面：以平行于 *YZ* 平面的一个平面作为镜像平面，然后指定一个点来确定镜像平面的位置。
- ZX 平面：以平行于 *ZX* 平面的一个平面作为镜像平面，然后指定一个点来确定镜像平面的位置。
- 三点：使用所指定的 3 个点确定的平面作为镜像平面，这是系统默认的指定镜像平面的方式。

27.1.5 三维对齐

若要将三维空间中的两个对象按指定的方式对齐，可使用 AutoCAD 的三维对齐功能，调用该命令的方法有如下几种：

- 显示菜单栏，选择“修改”→“三维操作”→“三维对齐”命令。
- 在命令行中执行 3DALIGN 命令。

对图形对象进行三维对齐的具体操作如下：

Step 01 打开“三维对齐.dwg”图形文件（光盘:\素材\第 27 章\三维对齐.dwg），在命令行输入命令 3DMIRROR，具体操作过程如下：

```
命令: 3DALIGN                          //执行 3DALIGN 命令
选择对象:找到 1 个                     //选择需要对齐的对象，这里选择楔体
选择对象:
指定源平面和方向 ...:                  //按【Space】键确认对象的选择
指定基点或 [复制(C)]:                  //指定需要对齐的基点，这里单击如图 27-7 所示的 A 点
指定第二个点或 [继续(C)] <C>:          //指定第二个基点，这里单击如图 27-7 所示的 B 点
指定第三个点或 [继续(C)] <C>:          //指定第三个基点，这里单击如图 27-7 所示的 C 点
指定目标平面和方向 ..  .               //系统提示选择被对齐对象的目标点
指定第一个目标点:                      //选择与 A 点对齐的目标点，这里单击如图 27-7 所示的 A1 点
指定第二个目标点或 [退出(X)] <X>://选择与 B 点对齐的目标点，这里单击如图 27-7 所示的 B1 点
指定第三个目标点或 [退出(X)] <X>://选择与 C 点对齐的目标点，这里单击如图 27-7 所示的 C1 点
```

Step 02 将图形对象三维对齐后的效果如图 27-8 所示。

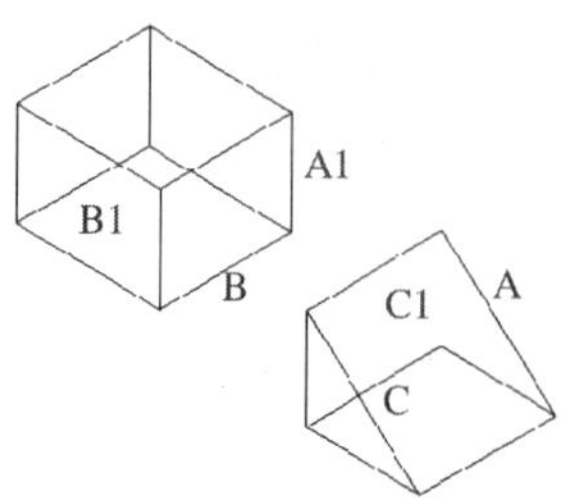

图 27-7

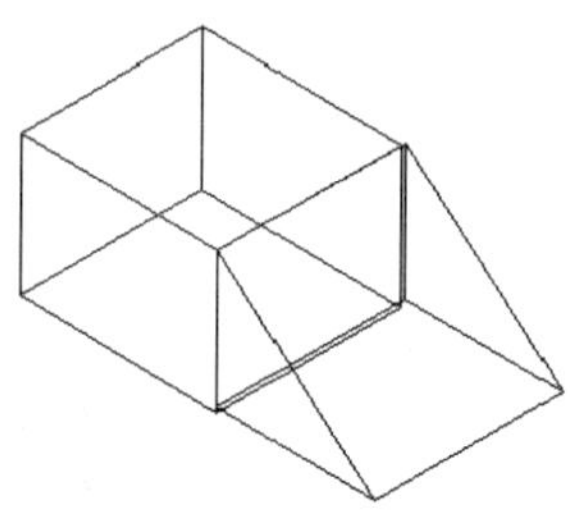

图 27-8

27.1.6　任务 43：绘制垫片

下面以绘制垫片为例，来综合练习本节所讲的知识。

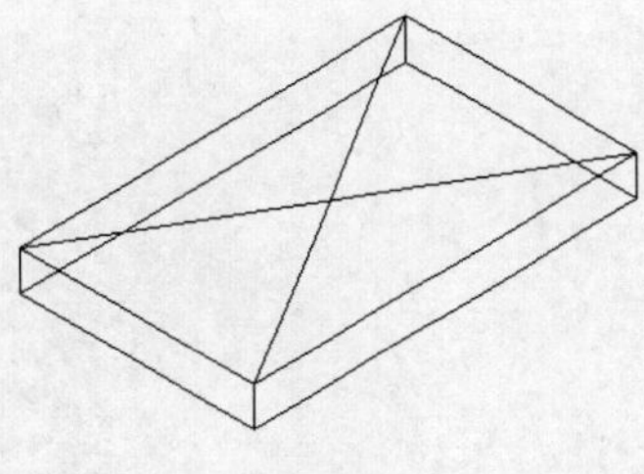

图 27-9

Step 01 打开"垫片.dwg"图形文件（光盘:\素材\第 27 章\垫片.dwg），在命令行中执行 L 命令，在长方体的表面对角绘制连接线，绘制完成后的效果如图 27-9 所示。

Step 02 在命令行中执行 MOVE 命令，具体操作过程如下：

```
命令：MOVE                  //执行 MOVE 命令
选择对象：找到 1 个          //选择右边的圆柱体
选择对象：                   //按【Space】键确认对象的选择
指定基点或 [位移(D)] <位移>： 指定第二个点或 <使用第一个点作为位移>:正在重生成模型。
//单击圆柱体上方圆的圆心
```

Step 03 移动鼠标到长方体的右上角，按照对角连接线的方向移动鼠标，并输入 5，然后按【Space】键，绘制完成后的效果如图 27-10 所示。

Step 04 在命令行输入命令 3DARRAY，具体操作过程如下：

```
命令：3DARRAY                              //执行 3DARRAY 命令
选择对象：指定对角点：找到 1 个             //选择圆柱体
选择对象：                                  //按【Space】键确认对象的选择
输入阵列类型 [矩形(R)/环形(P)] <矩形>：//按【Space】键，保持默认选择
输入行数 (---) <1>： 2  //输入要阵列的行数 2，并按【Space】键
输入列数 (|||) <1>： 2  //输入要阵列的列数 2，并按【Space】键
输入层数 (...) <1>：    //按【Space】键，保持默认选择
指定行间距 (---)： 25   //输入行间距 25，并按【Space】键
指定列间距 (|||)： 42   //输入列间距 42，并按【Space】键，绘制完成后的效果如图 27-11 所示
```

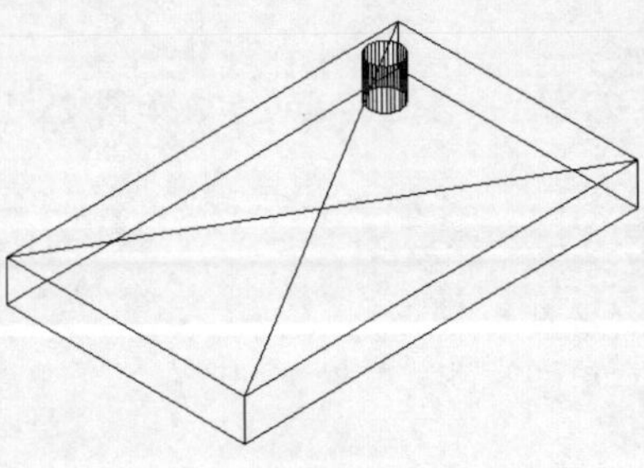

图 27-10

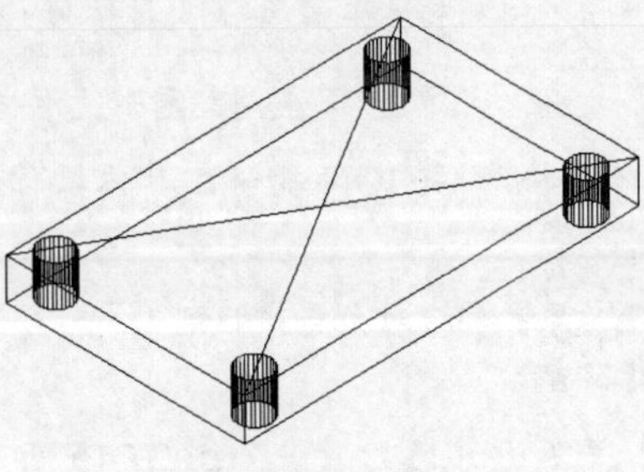

图 27-11

Step 05 删除刚绘制的两条对角连接线，在命令行中执行 3DROTATE 命令，具体操作过程如下：

```
命令：3DROTATE                    //执行 3DROTATE 命令
UCS 当前的正角方向： ANGDIR=逆时针  ANGBASE=0  //系统自动显示
选择对象：指定对角点：找到 7 个 //选择所有的图形对象
选择对象：                        //按【Space】键结束对象的选择
指定基点：                        //单击绘图区右上角的指向标，这里单击"后"方向的右上角，
如图 27-12 所示
正在恢复执行 3DROTATE 命令。    //系统自动显示，旋转后的效果如图 27-13 所示（光盘:\源文
件\第 27 章\垫片.dwg）
```

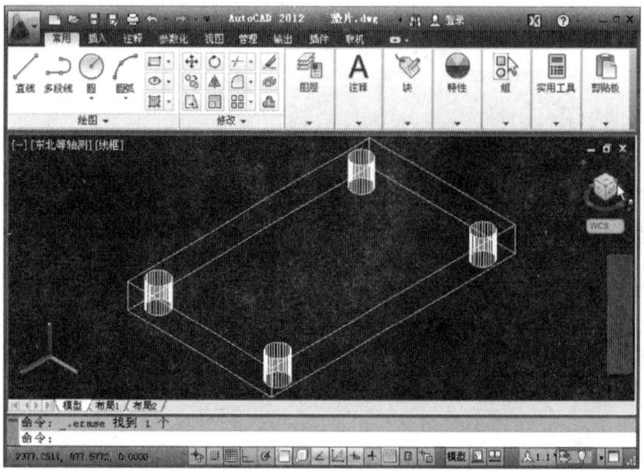

图 27-12

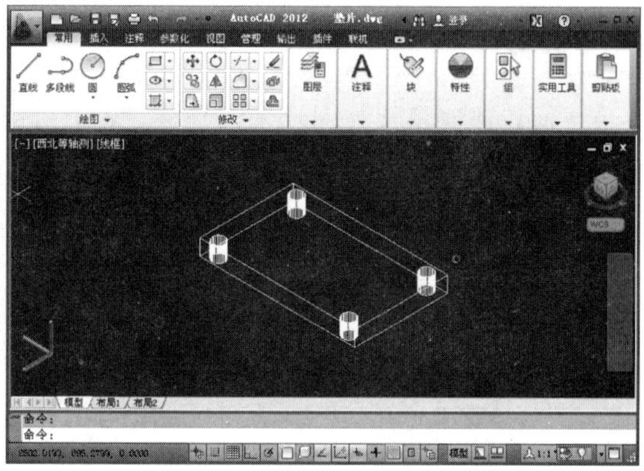

图 27-13

27.2 布尔运算

通过布尔运算可以对三维实体模型进行编辑计算，速度非常快，从而创建出复杂多变的形体。布尔运算包括并集、交集及差集运算，下面分别进行讲解。

27.2.1 并集运算

并集运算命令可以对两个及两个以上的图形对象进行计算，计算后的结果是相并部分的面域、实体合并为组合面域或复合实体。调用“并集”命令的方法如下：

- 显示菜单栏，选择“修改”→“实体编辑”→“并集”命令。
- 在命令行中执行 UNION 命令。

对图形对象进行并集运算的具体操作过程如下：

Step 01 打开“并集运算.dwg”图形文件（光盘:\素材\第 27 章\并集运算.dwg），如图 27-14 所示。在命令行中执行 UNION 命令，具体操作过程如下：

```
命令: UNION                      //执行 UNION 命令
选择对象: 指定对角点: 找到 2 个  //选择绘图区中的所有对象
选择对象:                        //按【Space】键将所选实体合并为一个对象
```

Step 02 并集运算后的效果如图 27-15 所示。

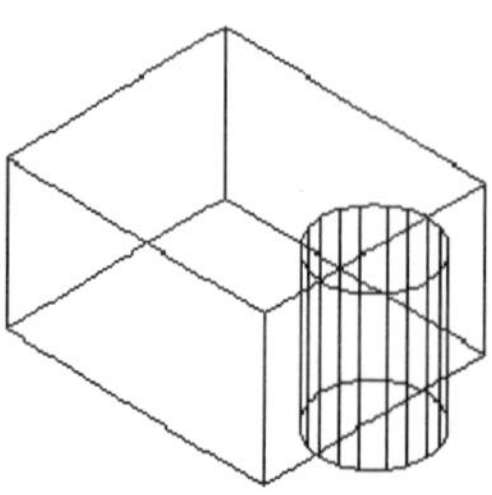

图 27-14

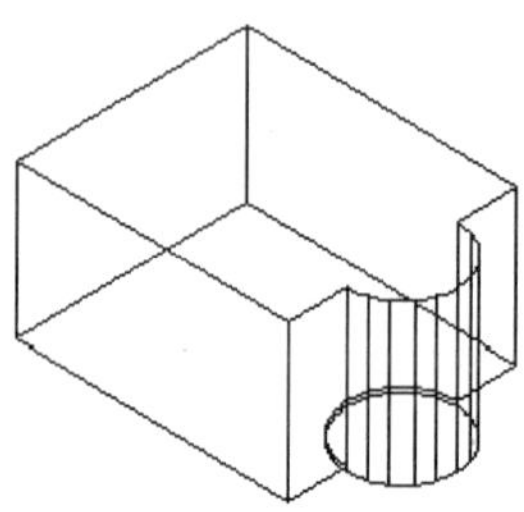

图 27-15

27.2.2　交集运算

交集运算命令可对多个面域或实体进行求交集运算，得到这些实体的公共部分，而每个面域或实体的非公共部分将被删除。调用“交集”命令的方法如下：

- 显示菜单栏，选择“修改”→“实体编辑”→“交集”命令。
- 在命令行中执行 INTERSECT 或 IN 命令。

求交集的具体操作如下：

Step 01 打开“交集运算.dwg”图形文件（光盘:\素材\第 27 章\交集运算.dwg），如图 27-16 所示。在命令行中执行 INTERSECT 命令，具体操作过程如下：

```
命令: INTERSECT                    //执行 INTERSECT 命令
选择对象: 指定对角点: 找到 2 个    //框选绘图区中的所有图形对象
选择对象:                          //按【Space】键结束对象的选择
```

Step 02 交集运算后的效果如图 27-17 所示。

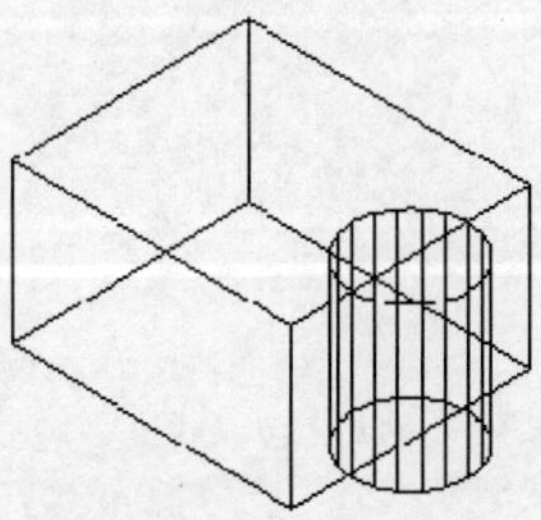

图 27-16

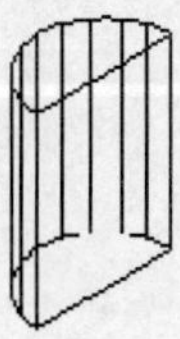

图 27-17

27.2.3　差集运算

差集运算命令可以从一个三维实体或面域中减去另一个（多个）实体或面域，从而得到一个新的实体或面域，调用“差集”命令的方法如下：

- 显示菜单栏，选择“修改”→“实体编辑”→“差集”命令。
- 在命令行中执行 SUBTRACT 命令。

求差集的具体操作如下：

Step 01 打开“差集运算.dwg”图形文件（光盘:\素材\第 27 章\差集运算.dwg），如图 27-18 所示。在命令行中执行 SUBTRACT 命令，具体操作过程如下：

```
命令: SUBTRACT                     //执行 SUBTRACT 命令
选择要从中减去的实体或面域...      //选择长方体
选择对象: 找到 1 个                //系统提示
选择对象:                          //按【Space】键结束对象的选择
选择要减去的实体或面域 ..          //选择圆柱体
选择对象: 找到 1 个                //按【Space】键结束对象的选择，系统自动进行布尔差集运算
```

Step 02 差集运算后的效果如图 27-19 所示。

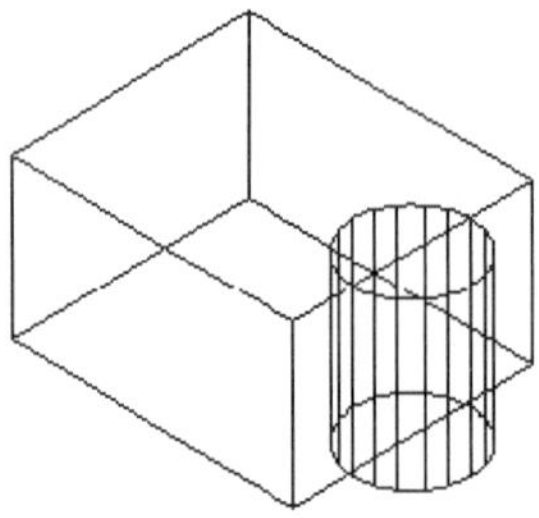

图 27-18

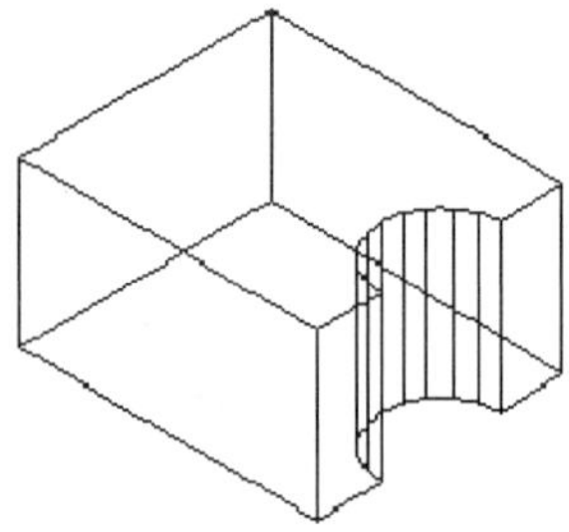

图 27-19

27.2.4 任务 44：绘制螺母

下面以绘制螺母为例，来综合练习本节所讲的知识。

Step 01 启动 AutoCAD 2012，将视图切换为西南等轴测，然后在命令行中执行 CYLINDER 命令，绘制半径为 4、高度为 9.5 的圆柱体。再使用该命令，以刚绘制的圆柱体的圆心为圆心，绘制半径为 9、高度为 9.5 的圆柱体，效果如图 27-20 所示。

Step 02 在命令行中执行 SUBTRACT 命令，具体操作过程如下：

```
命令: SUBTRACT                      //执行 SUBTRACT 命令
选择要从中减去的实体或面域...       //选择大圆柱体
选择对象: 找到 1 个                 //系统自动提示
选择对象:                           //按【Space】键结束对象的选择
选择要减去的实体或面域 ..           //选择小圆柱体
选择对象: 找到 1 个                 //按【Space】键结束对象的选择，系统自动进行布尔差集运算
```

Step 03 在命令行中执行 SUBTRACT 命令，具体操作过程如下：

```
命令: FILLET                        //执行 FILLET 命令
当前设置: 模式 = 修剪, 半径 = 0.0000     //系统自动提示
选择第一个对象或 [放弃(U)/多段线(P)/半径(R)/修剪(T)/多个(M)]: R  //输入半径命令 R
指定圆角半径 <0.0000>: 1            //输入半径值为 1
选择第一个对象或 [放弃(U)/多段线(P)/半径(R)/修剪(T)/多个(M)]:     //选择大圆柱体的上
边线
输入圆角半径 <1.0000>:              //按【Enter】键确认
选择边或 [链(C)/半径(R)]:           //按【Enter】键确认
已选定 1 个边用于圆角。             //系统自动提示，效果如图 27-21 所示
```

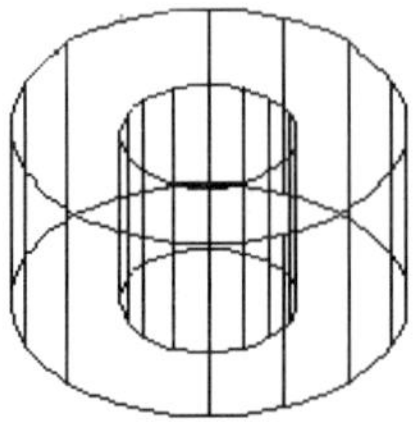

图 27-20

图 27-21

Step 04 按照相同的方法，对大圆柱体的下边线进行圆角处理，效果如图 27-22 所示。

Step 05 在命令行中执行 POLYGON 命令，以大圆柱体底面圆心为中心点，绘制边数为 6、圆半径为 10 的外切于圆的正六边形，绘制完成后的效果如图 27-23 所示。

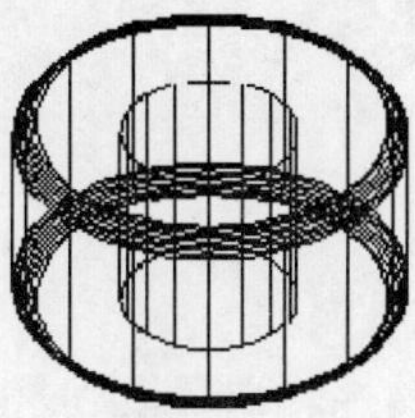

图 27-22

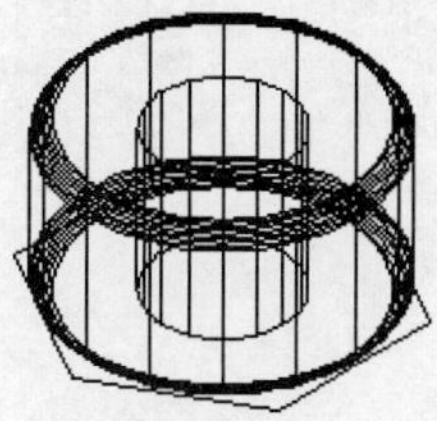

图 27-23

Step 06 在命令行中执行 EXTRUDE 命令，拉伸刚绘制的正六边形，拉伸高度为 10.5，效果如图 27-24 所示。

Step 07 在命令行中执行 INTERSECT 命令，具体操作过程如下：

```
命令: INTERSECT                        //执行 INTERSECT 命令
选择对象: 指定对角点: 找到 2 个 //框选绘图区中的所有图形对象
选择对象: //按【Space】键结束对象的选择，效果如图 27-25 所示（光盘:\源文件\第 27 章\螺母.dwg）
```

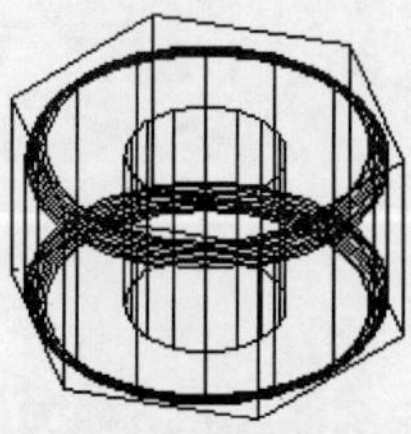

图 27-24

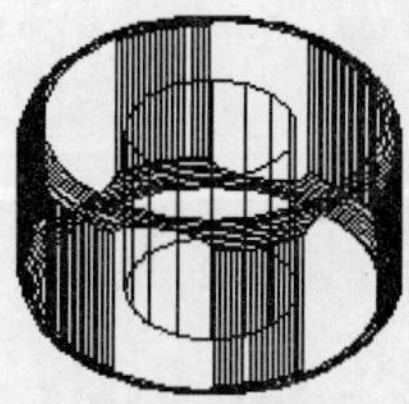

图 27-25

27.3　绘制三维网格模型

三维网格模型包括对象的边界和表面，具体包括平面曲面、三维面、三维网格、平移网格、旋转网格、直纹网格及边界网格，下面分别讲解其绘制方法。

27.3.1　绘制平面曲面

使用平面曲面命令可以创建平面曲面或将对象转换为平面对象。调用“平面曲面”命令的方法如下：

- 显示菜单栏，选择“绘图”→“建模”→“平面曲面”命令。
- 在命令行执行 PLANESURF 命令。

执行上述命令后，具体操作过程如下：

```
命令: PLANESURF  //执行 PLANESURF 命令
指定第一个角点或 [对象(O)] <对象>: //在绘图区内任意拾取一点
指定其他角点: //可以拖动鼠标到需要绘制的位置单击确定其他角点或输入具体的下一点的相对坐标，效果如图 27-26 所示
```

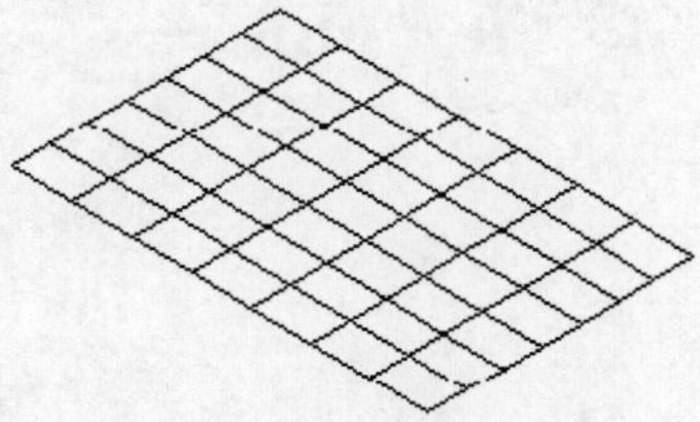

图 27-26

注 意

如果要将对象转换为平面曲面，可以在执行命令过程中时选择“对象（O）”选项，然后在绘图区中选择对象。

27.3.2 绘制三维面

三维面是三维空间的表面，不仅没有厚度，也没有质量属性。调用该命令的方法如下：

- 显示菜单栏，选择“绘图”→“建模”→“网格”→“三维面”命令。
- 在命令行中执行 3DFACE 命令。

执行上述命令后，具体操作过程如下：

```
命令：3DFACE                                  //执行 3DFACE 命令
指定第一点或 [不可见(I)]:                      //在绘图区中指定 A 点
指定第二点或 [不可见(I)]:                      //在绘图区中指定 B 点
指定第三点或 [不可见(I)] <退出>:               //在绘图区中指定 C 点
指定第四点或 [不可见(I)] <创建三侧面>:         //在绘图区中指定 D 点
指定第三点或 [不可见(I)] <退出>:               //在绘图区中指定 E 点
指定第四点或 [不可见(I)] <创建三侧面>:         //在绘图区中指定 F 点，
效果如图 27-27 所示
```

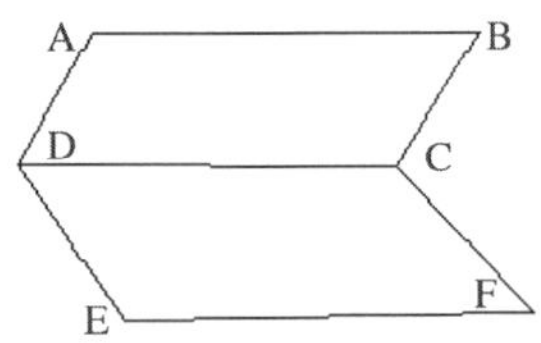

图 27-27

27.3.3 绘制平移网格

平移网格命令用于创建多边形网格，此网格表示一个由轮廓曲线和方向矢量定义的基本平移曲面。调用该命令的方法如下：

- 显示菜单栏，选择“绘图”→“建模”→“网格”→“平移网格”命令。
- 在命令行中执行 TABSURF 命令。

绘制平移网格的具体操作如下：

Step 01 打开“平移网格.dwg”图形文件（光盘:\素材\第 27 章\平移网格.dwg），如图 27-28 所示，具体操作过程如下：

```
命令：TABSURF                    //执行 TABSURF 命令
当前线框密度：SURFTAB1=6         //系统自动提示
选择用做轮廓曲线的对象:          //选择作为轮廓的曲线
选择用做方向矢量的对象:          //选择作为方向矢量直线
```

Step 02 平移网格后的效果如图 27-29 所示。

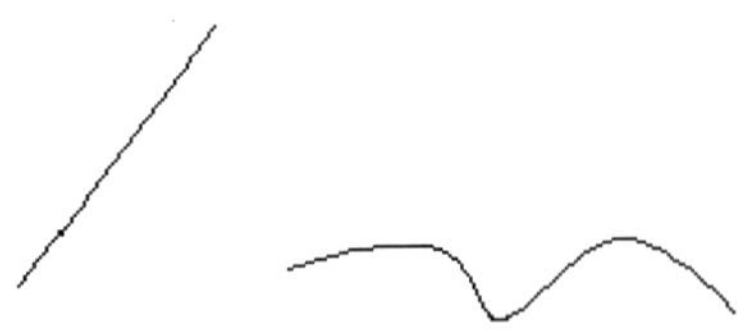
图 27-28

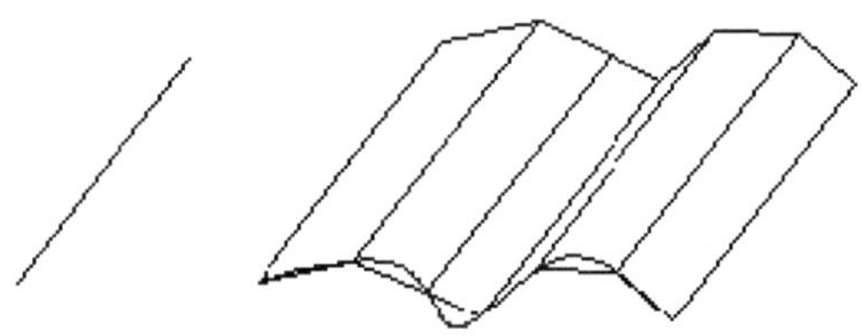
图 27-29

27.3.4　绘制旋转网格

旋转网格是将对象绕指定的轴旋转，由旋转轨迹生成一个近似于旋转曲面的多边形网格。调用“旋转网格”命令的方法如下：

- 显示菜单栏，选择“绘图”→“建模”→“网格”→“旋转网格”命令。
- 在命令行中执行 REVSURF 命令。

绘制旋转网格的具体操作过程如下：

Step 01 打开“旋转网格.dwg”图形文件（光盘:\素材\第 27 章\旋转网格.dwg），如图 27-30 所示，具体操作过程如下：

```
命令：REVSURF                                  //执行 REVSURF 命令
当前线框密度：SURFTAB1=6  SURFTAB2=6            //系统提示
选择要旋转的对象：                              //选择样条曲线
选择定义旋转轴的对象：                          //选择直线
指定起点角度 <0>：360                           //输入 360，按【Space】键
指定包含角（+=逆时针，-=顺时针）<360>：         //按【Space】键，默认包含角度值为 360°
```

Step 02 旋转网格后的效果如图 27-31 所示。

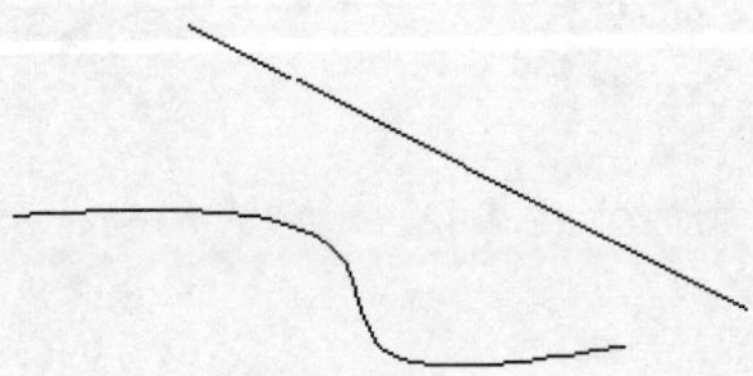

图 27-30

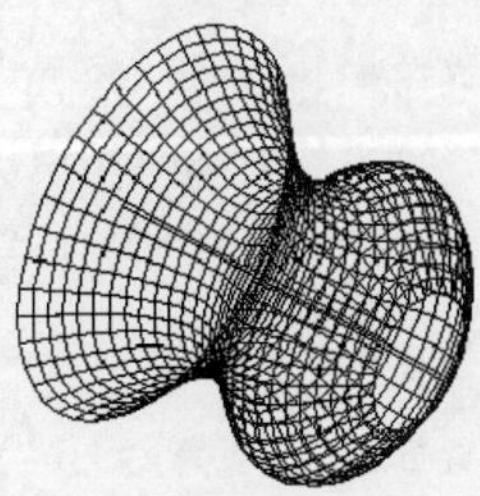

图 27-31

注　意

通过旋转网格命令旋转的对象可以是直线、圆、圆弧、椭圆、椭圆弧、闭合多段线、多边形、闭合样条曲线或圆环。

27.3.5　绘制直纹网格

直纹网格用于在两个对象之间创建一个表示直纹曲面的 2×*N* 的多边形网格。调用“直纹网格”命令的方法如下：

- 显示菜单栏，选择“绘图”→“建模”→“网格”→“直纹网格”命令。
- 在命令行中执行 REVSURF 命令。

绘制直纹网格的具体操作过程如下：

Step 01 打开“直纹网格.dwg”图形文件（光盘:\素材\第 27 章\直纹网格.dwg），如图 27-32 所示，具体操作过程如下：

```
命令: REVSURF                    //执行 REVSURF 命令
当前线框密度: SURFTAB1=6        //系统自动提示
选择第一条定义曲线:              //选择上方圆
选择第二条定义曲线:              //选择下方圆
```

Step 02 绘制直纹网格后的效果如图 27-33 所示。

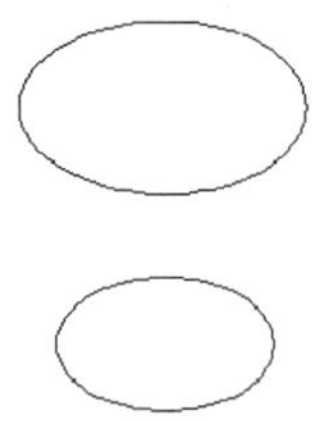

图 27-32

图 27-33

注 意

对象可以是圆、曲线、多段线、直线或点(两个对象中只能一个是点)。如果有一个边界是闭合的，那么另一个边界必须也是闭合的。

27.3.6 绘制边界网格

边界网格命令用于构造一个三维多边形网格，边界可以是圆弧、直线、多段线、样条曲线和椭圆弧，并且必须形成闭合环和公共端点。调用“边界网格”命令的方法如下：

- 显示菜单栏，选择“绘图”→“建模”→“网格”→“边界网格”命令。
- 在命令行中执行 EDGESURF 命令。

执行上述命令后，具体操作过程如下：

```
命令: EDGESURF                              //执行 EDGESURF 命令
当前线框密度: SURFTAB1=6  SURFTAB2=6        //系统自动提示
选择用做曲面边界的对象 1:                    //选择第一条线段
选择用做曲面边界的对象 2:                    //选择第二条线段，按【Space】键确认完成
```

27.4 绘制三维多段体

与二维图形中的多段线相对应的是三维图形中的多段体，它能快速完成一个实体的创建，在默认情况下，多段体始终带有一个矩形的轮廓，用户可在执行多段体命令后，根据提示信息设置多段体的高度和宽度。绘制三维多段体的方法主要有以下几种：

- 显示菜单栏，选择“绘图”→“建模”→“多段体”命令。
- 在命令行中执行 POLYSOLID 命令。

执行上述命令后，具体操作过程如下：

```
命令: POLYSOLID                                       //执行 POLYSOLID 命令
高度 =80.0000, 宽度 = 5.0000, 对正 = 居中            //系统自动显示
指定起点或 [对象(O)/高度(H)/宽度(W)/对正(J)] <对象>://在绘图区中指定起点
指定下一个点或 [圆弧(A)/放弃(U)]:                     //指定高度值并确认
指定下一个点或 [圆弧(A)/放弃(U)]:                     //设置高度后，系统的当前提示
指定下一个点或 [圆弧(A)/闭合(C)/放弃(U)]:             //选择“宽度”选项，设置多段体的宽度
指定下一个点或 [圆弧(A)/闭合(C)/放弃(U)]:             //指定宽度并确认
```

注　意

在执行 POLYSOLID 命令的过程中，当命令行显示“指定起点或 [对象（O）/高度（H）/宽度（W）/对正（J）] <对象>:”时，选择“对象”选项，可以将图形对象转变为三维多段体，其操作方法比较简单，这里不再赘述。

27.5　边学边用——绘制斜齿轮

了解了在 AutoCAD 2012 中编辑三维模型的方法后，本节将通过一个简单实例的实现过程，来加深读者对相关知识的理解和掌握。

27.5.1　实例目标

本节将详细讲解在 AutoCAD 2012 中创建三维模型的方法。

具体学习目标如下：

- 掌握在 AutoCAD 2012 中创建三维模型的方法。

27.5.2　实例实现

Step 01 打开“斜齿轮.dwg”图形文件（光盘:\素材\第 27 章\斜齿轮.dwg），在命令行中执行 CO 命令，具体操作过程如下：

```
命令: COPY                          //执行 COPY 命令
选择对象: 指定对角点: 找到 6 个     //框选绘图区中的所有图形对象
选择对象:                           //按【Space】键结束对象的选择
当前设置: 复制模式 = 多个           //系统自动提示
指定基点或 [位移(D)/模式(O)] <位移>:    //单击如图 27-34 所示的 A 点
指定第二个点或 <使用第一个点作为位移>: @0,0,15//输入坐标（@0, 0, 15），然后按【Space】键
指定第二个点或 [退出(E)/放弃(U)] <退出>: @0,0,30//输入坐标（@0, 0, 30），然后按【Space】键
指定第二个点或 [退出(E)/放弃(U)] <退出>:      //按【Space】键结束命令，复制后的效果如图 27-35
所示
```

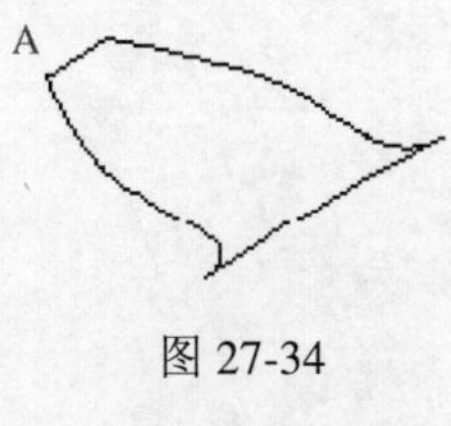

图 27-34

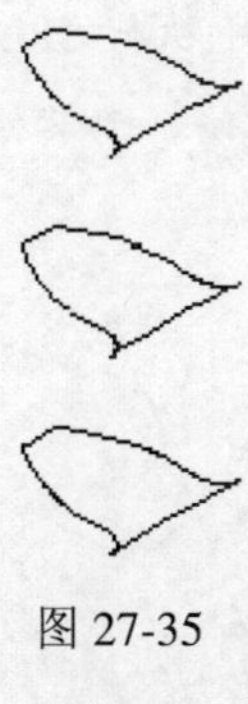

图 27-35

Step 02 在命令行中执行 3DROTATE 命令，具体操作过程如下：

```
命令: 3DROTATE                      //执行 3DROTATE 命令
```

```
UCS 当前的正角方向： ANGDIR=逆时针  ANGBASE=0  //系统自动显示
选择对象：指定对角点：找到 1 个 //选择中间的图形对象
选择对象：                      //按【Space】键结束对象的选择
指定基点：                      //单击如图 27-36 所示的坐标原点
拾取旋转轴：                    //单击彩色旋转轴中的蓝色轴圈，如图 27-37 所示
指定角的起点或键入角度：7.5     //输入旋转角度 7.5，并按【Space】键确认
正在重生成模型。                //系统自动提示，旋转后的效果如图 27-38 所示
```

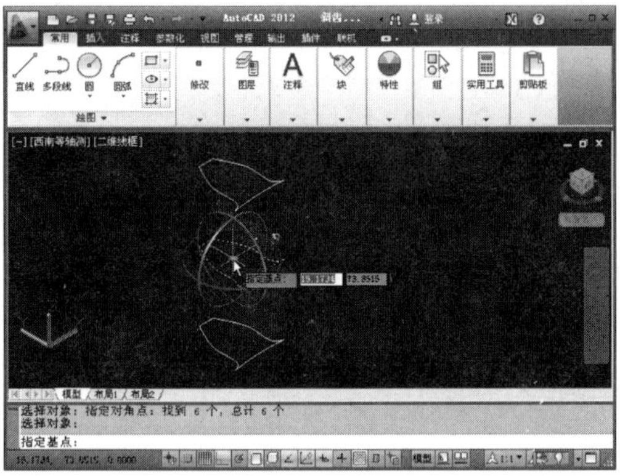

图 27-36

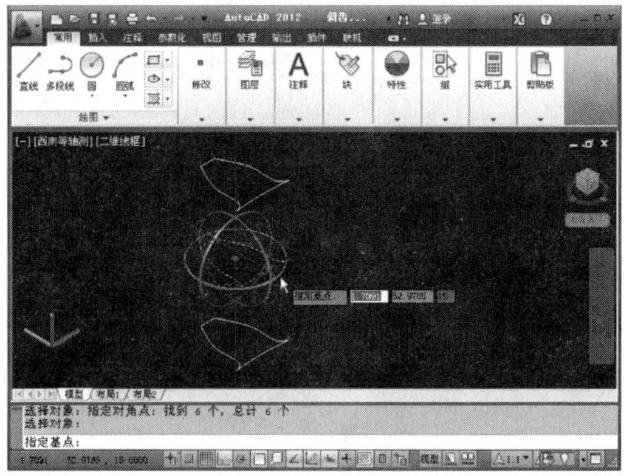

图 27-37

Step 03 按照相同的方法，在命令行中执行 3DROTATE 命令，将绘图区中的第一个图形对象以坐标原点为基点绕 Z 轴旋转 15°，三维旋转后的效果如图 27-39 所示。

图 27-38

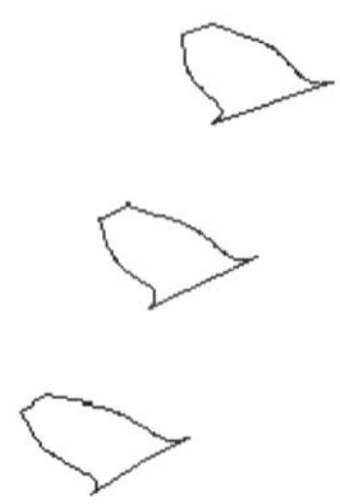

图 27-39

Step 04 在命令行中执行 SPLINE 命令，单击如图 27-40 所示的 A、B、C 3 点绘制一条样条曲线，然后按照相同的方法，为其他端点绘制样条曲线，绘制完成后的效果如图 27-41 所示。

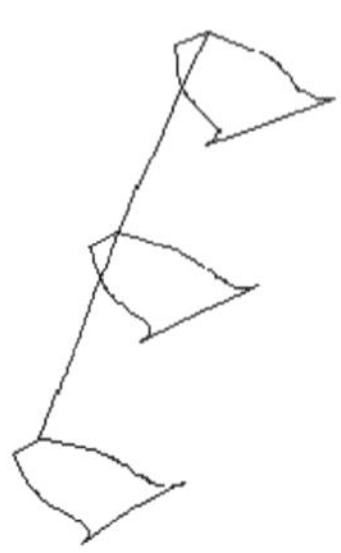

图 27-40

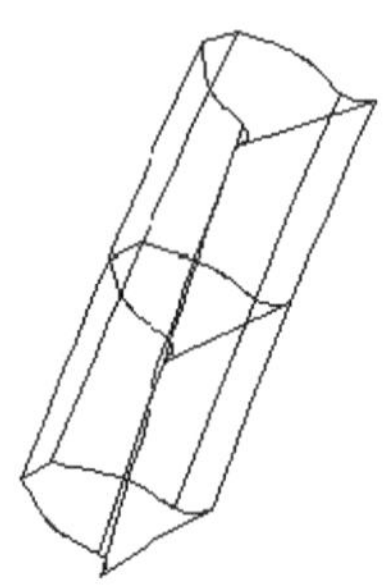

图 27-41

Step 05 在命令行中执行 L 命令，绘制如图 27-42 所示两条直线。选择绘图区中的所有图形对象，在命令行中执行 CO 命令，复制图形到旁边待用。在命令行中执行 EDGESURF 命令，具体操作过程如下：

```
命令：EDGESURF                    //执行 EDGESURF 命令
当前线框密度：SURFTAB1=6  SURFTAB2=6   //系统自动提示
选择用做曲面边界的对象 1：     //选择如图 27-42 所示的 A 线
选择用做曲面边界的对象 2：     //选择如图 27-42 所示的 B 线
选择用做曲面边界的对象 3：     //选择如图 27-42 所示的 C 线
选择用做曲面边界的对象 4：     //选择如图 27-42 所示的 D 线，绘制完成后的效果如图 27-43 所示
```

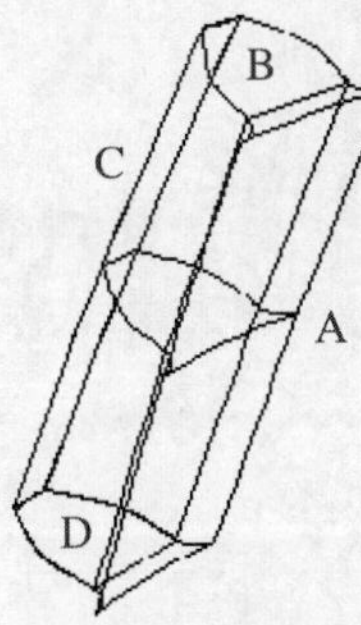

图 27-42

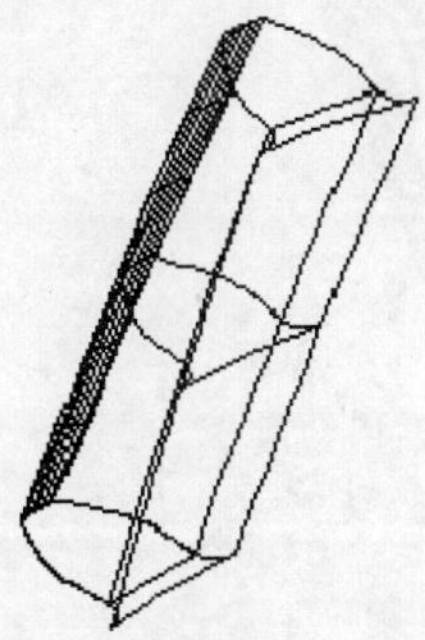

图 27-43

Step 06 将旁边刚复制的图形对象的 A、B、C、D 4 条线，复制到绘制了边界网格的图形上，如将 A 线复制到 A1 线上（后面按照相同的方法进行复制），如图 27-44 所示。

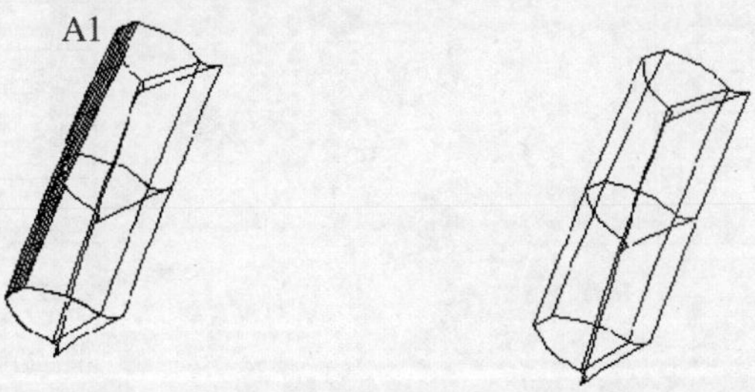

图 27-44

Step 07 边界绘制完成后的效果如图 27-45 所示，然后删除第 4 步复制的图形。在命令行中执行 ARRAYRPOLAR 命令，以（0，0）为旋转点，将绘制的所有图形对象 360° 旋转 24 个，完成后的效果如图 27-46 所示。

Step 08 将视图切换为左视图，在绘图区的空白位置绘制如图 27-47 所示的图形对象。在“常用”选项卡的“绘图”组中单击其右下角的▾按钮，再单击“区域”按钮，将刚绘制的上方图形对象转变为区域。

Step 09 显示菜单栏，选择“绘图”→“建模”→“旋转”命令。具体操作过程如下：

```
命令：RO                                       //执行 ROTATE 命令
UCS 当前的正角方向：ANGDIR=逆时针 ANGBASE=0     //系统显示当前 UCS 坐标
选择对象：指定对角点：找到 11 个                 //框选如图 27-47 所示的上方图形
```

```
选择对象:                                                 //按【Space】键结束对象的选择
指定轴起点或根据以下选项之一定义轴 [对象(O)/X/Y/Z] <对象>:    //单击如图 27-47 所示的
下方直线左边的端点
指定轴端点:                                               //单击如图 27-47 所示的下方直线左边的端点
指定旋转角度或 [起点角度(ST)] <360>:                       //按【Space】键确认，效果如图 27-48 所示
```

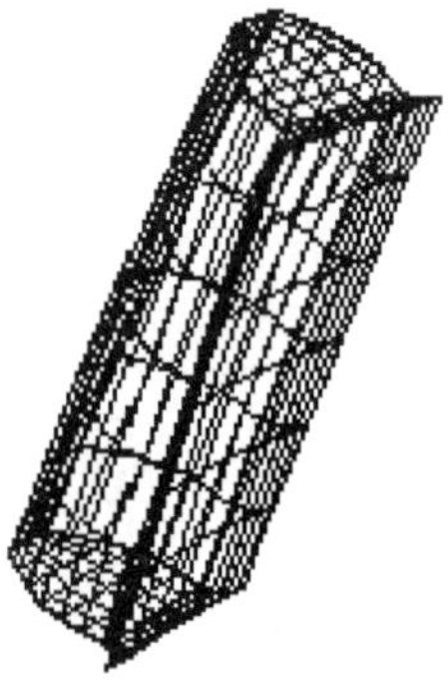

图 27-45

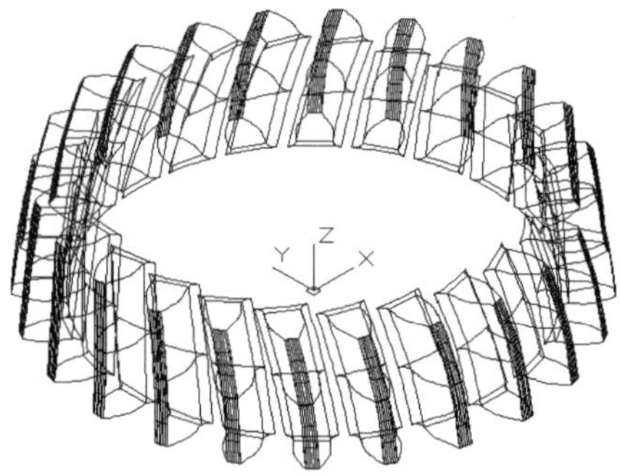

图 27-46

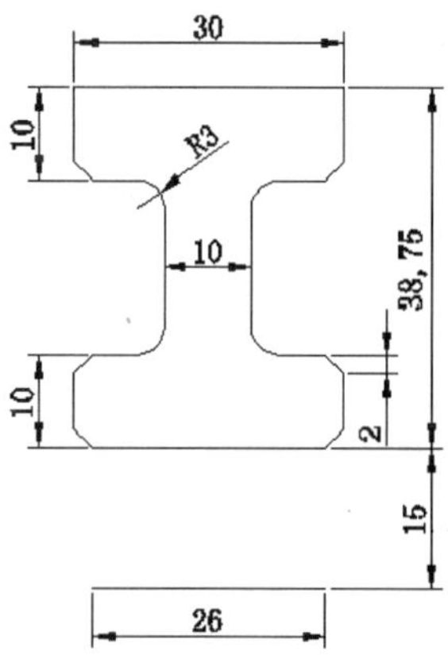

图 27-47

图 27-48

Step 10 将视图切换为东南等轴测，在命令行中执行 3DROTATE 命令，选择刚绘制的图形对象，绕 Z 轴旋转 90° ，效果如图 27-49 所示。

Step 11 在命令行中执行 3DMOVE 命令，具体操作过程如下：

```
命令: 3DMOVE                                   //执行 3DMOVE 命令
选择对象: 指定对角点: 找到 2 个                   //选择如图 27-49 所示的图形对象
选择对象:                                       //按【Space】键确认对象的选择
指定基点或 [位移(D)] <位移>:                      //单击如图 27-49 所示的圆心
指定第二个点或 <使用第一个点作为位移>:              //单击坐标原点，效果如图 27-50 所示
```

Step 12 在命令行中执行 BOX 命令，具体操作过程如下：

```
命令: BOX                                       //执行 BOX 命令
指定第一个角点或 [中心(C)]:                        //在绘图区中指定一点
指定其他角点或 [立方体(C)/长度(L)]:@8, 30          //输入坐标 (@8, 30)，并按【Space】键
```

```
指定高度或 [两点(2P)]:        //输入 19 并按【Space】键，绘制完成后的效果如图 27-51 所示
```

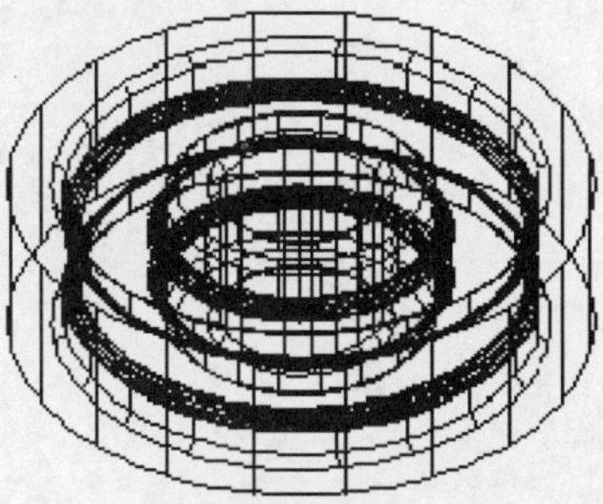

图 27-49

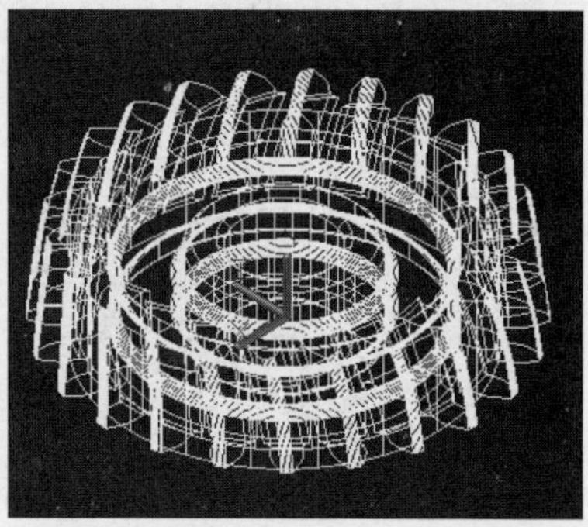

图 27-50

Step 13 在命令行中执行 3DMOVE 命令，以长方体右边底面的中点为基点，坐标原点为目标点，移动长方体。

Step 14 在命令行中执行 SUBTRACT 命令，具体操作过程如下：

```
命令: SUBTRACT                      //执行 SUBTRACT 命令
选择要从中减去的实体或面域...         //选择长方体
选择对象: 找到 1 个                  //系统提示
选择对象:                            //按【Space】键结束对象的选择
选择要减去的实体或面域 ..             //选择第二个绘制的图形对象
选择对象: 找到 1 个                  //按【Space】键结束对象的选择，系统自动进行布尔差集运算
```

Step 15 显示菜单栏，选择“视图”→“视觉样式”→“概念”命令，将视觉样式转换为“概念”模式，效果如图 27-52 所示（光盘:\源文件\第 27 章\斜齿轮.dwg）。

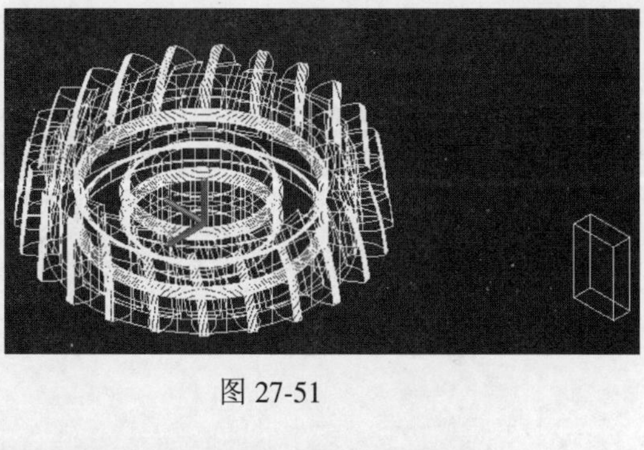

图 27-51

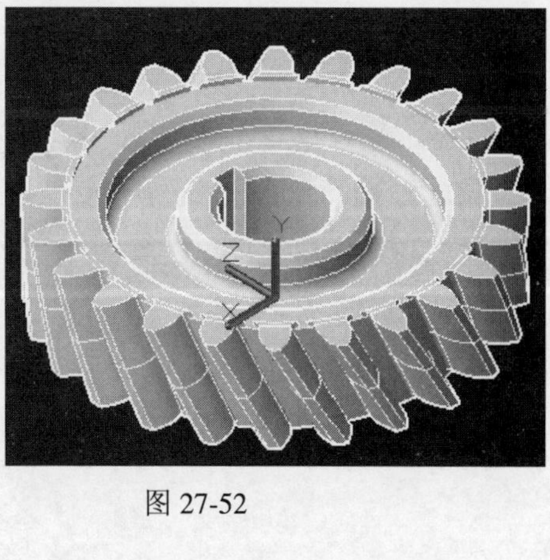

图 27-52

27.5.3　实例拓展和读者思考

在该实例中介绍了斜齿轮的绘制方法，使读者进一步巩固了 AutoCAD 2012 中三维旋转图形对象、绘制边界网格、三维移动图形对象，以及差集运算的方法。使用这些命令还可以绘制如图 27-53 所示的三通毛坯。

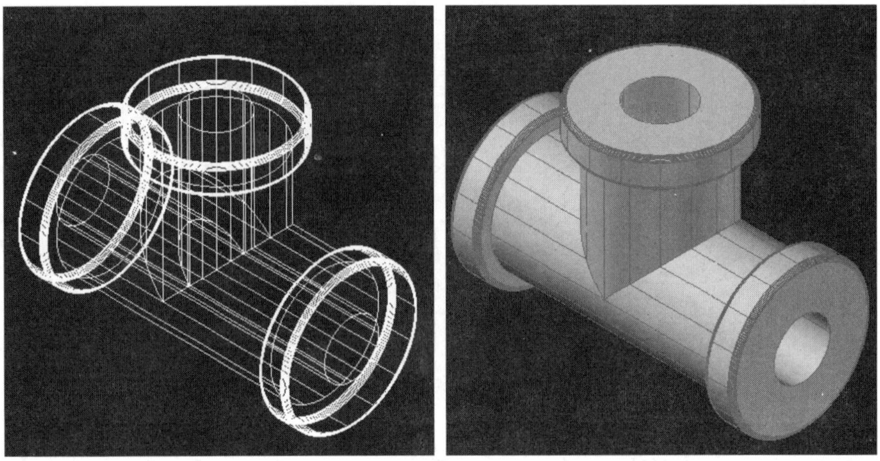

图 27-53

读者思考

通过刚才的实例练习和拓展练习，使读者进一步掌握了在 AutoCAD 2012 中编辑三维图形的方法。除此之外，读者还可以使用本章介绍的方法绘制并编辑需要的三维图形。

第 28 章 打印与输出图形

图形对象在绘制完成后可以打印输出存档保管，以便查找和管理。

28.1 打印样式

为了使打印出的图形更符合要求，在对图形对象进行打印之前，首先应先创建需要的打印样式，在设置打印样式后还可以对其进行编辑。下面分别进行讲解。

28.1.1 创建打印样式表

创建打印样式表是在“打印-模型”对话框中进行的，打开该对话框的方法如下：

- 单击快速访问区中的“打印”按钮。
- 单击“菜单浏览器”按钮，在弹出的菜单中选择“文件”→“打印”命令。
- 直接按【Ctrl+P】组合键。
- 在命令行中执行 PLOT 命令。

创建打印样式表的具体操作过程如下：

Step 01 单击快速访问区中的“打印”按钮，弹出“打印-模型”对话框，在“打印样式表”下拉列表中选择“新建”选项，如图 28-1 所示。

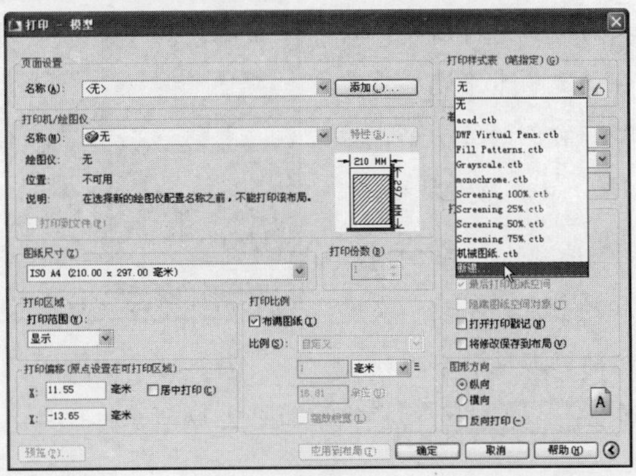

图 28-1

Step 02 弹出“添加颜色相关打印样式表-开始”对话框，选择⊙创建新打印样式表(S)单选按钮，然后单击下一步(N) >按钮，如图 28-2 所示。

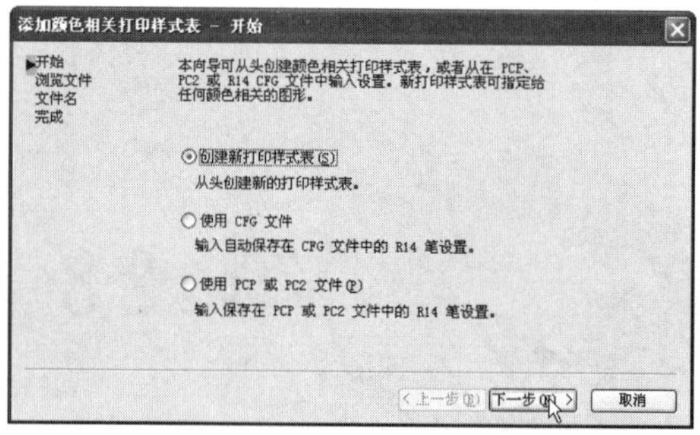

图 28-2

Step 03 弹出“添加颜色相关打印样式表-文件名”对话框，在“文件名”文本框中输入“建筑图”文本，单击下一步(N) >按钮，如图 28-3 所示。

Step 04 弹出“添加颜色相关打印样式表 - 完成”对话框，单击完成按钮，如图 28-4 所示，完成打印样式表创建。

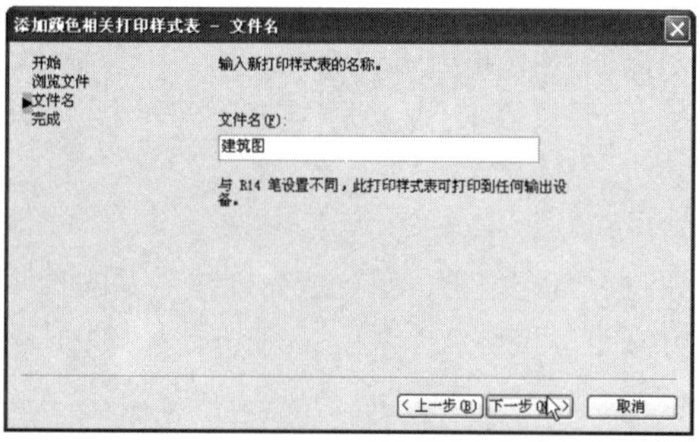

图 28-3

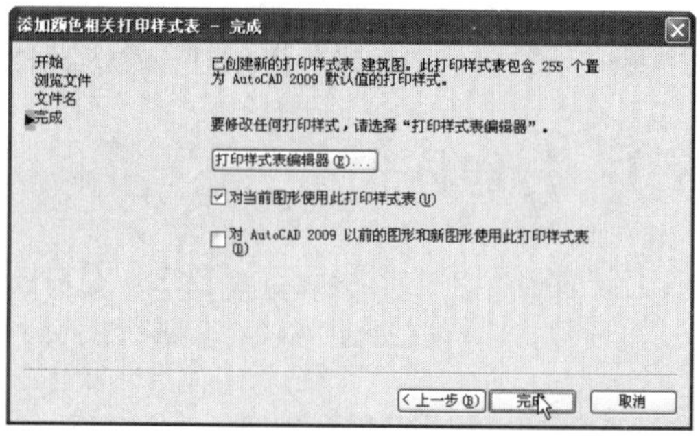

图 28-4

28.1.2 编辑打印样式表

编辑打印样式表的具体操作步骤如下：

Step 01 显示菜单栏，选择“文件”→“打印样式管理器”命令，打开系统保存打印样式表的文件夹，双击要修改的打印样式表，这里双击名为 DWF Virtual Pens.ctp 的打印样式表，如图 28-5 所示。

Step 02 弹出“打印样式表编辑器”对话框，切换至“表视图”选项卡，在该选项卡下选择需要修改的选项，这里在“线宽”右侧的第一个下拉列表中选择 0.3000 毫米选项，如图 28-6 所示。

图 28-5

Step 03 切换至“表格视图”选项卡，在“特性”选项组中可以设置对象打印的颜色、抖动、灰度等，这里在“特性”选项组的“颜色”下拉列表中选择“蓝”选项，然后单击保存并关闭按钮，如图 28-7 所示。

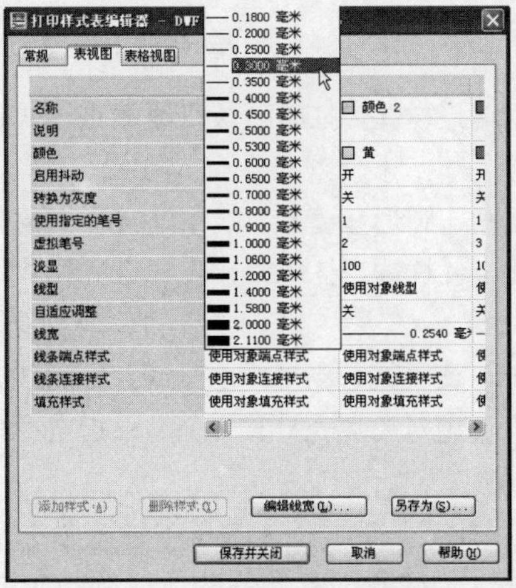

图 28-6

图 28-7

在“打印样式表编辑器”对话框的“表格视图”选项卡中，部分选项的含义如下：

- “颜色”选项：指定对象的打印颜色。打印样式颜色的默认设置为“使用对象颜色”。如果指定了打印样式颜色，在打印时该颜色将替代使用对象的颜色。
- “抖动”选项：打印机采用抖动来靠近点图案的颜色，使打印颜色看起来似乎比 AutoCAD 颜色索引（ACI）中的颜色要多。如果绘图仪不支持抖动，将忽略抖动设置。为避免由细矢量抖动所带来的线条打印错误，抖动通常是关闭的。关闭抖动还可以使较暗的颜色看起来更清晰。在关闭抖动时，AutoCAD 将颜色映射到最接近的颜色，从而导致打印时颜色范围较小，无论使用对象颜色还是指定打印样式颜色，都可以使用抖动。
- “灰度”选项：如果绘图仪支持灰度，则将对象颜色转换为灰度。如果关闭“灰度”选项，AutoCAD 将使用对象颜色的 RGB 值。
- “笔号”选项：指定打印使用该打印样式的对象时要使用的笔。可用笔的范围为 1～32。如果将打印样式颜色设置为“使用对象颜色”，或正编辑颜色相关打印样式表中的打印颜色，则不能更改指定的笔号，其设置为“自动”。
- “虚拟笔号”选项：在 1～255 之间指定一个虚拟笔号。许多非笔式绘图仪都可以使用虚拟笔模仿笔式绘图仪。对于许多设备而言，都可以在绘图仪的前面板上对笔的宽度、填充图案、端点样式、合并样式和颜色/淡显进行设置。
- “淡显”选项：指定颜色强度，该设置确定打印时 AutoCAD 在纸上使用的墨的多少。有效范围为 0～100。选择 0 将显示为白色；选择 100 将以最大的浓度显示颜色。要启用淡显，则必须“抖动”选项设为“开”。
- “线型”选项：用样例和说明显示每种线型的列表。打印样式线型的默认设置为“使用对象线型”。如果指定一种打印样式线型，则打印时该线型将替代对象的线型。
- “自适应”选项：调整线型比例以完成线型图案。如果未将“自适应”选项设置为“开”，直线将有可能在图案的中间结束。如果线型缩放比例更重要，那么应先将“自适应”选项设为“关”。
- “线宽”选项：显示线宽及其数字值的样例。可以毫米为单位指定每个线宽的数值。打印样式线宽的默认设置为“使用对象线宽”。如果指定一种打印样式线宽，打印时该线宽将替代对象的线宽。

- “端点”选项：提供线条端点样式，如柄形、方形、圆形和菱形。线条端点样式的默认设置为“使用对象端点样式”。如果指定一种直线端点样式，打印时该直线端点样式将替代对象的线端点样式。
- “连接”选项：提供线条连接样式，如斜接、倒角、圆形和菱形。线条连接样式的默认设置为“使用对象连接样式”。如果指定一种直线合并样式，打印时该直线合并样式将替代对象的线条合并样式。
- “填充”选项：提供填充样式，如实心、棋盘形、交叉线、菱形、水平线、左斜线、右斜线、方形点和垂直线。填充样式的默认设置为“使用对象填充样式”。如果指定一种填充样式，打印时该填充样式将替代对象的填充样式。
- 添加样式(A) 按钮：向命名打印样式表添加新的打印样式。打印样式的基本样式为“普通”，它使用对象的特性，不默认使用任何替代样式。创建新的打印样式后必须指定要应用的替代样式。颜色相关打印样式表包含 255 种映射到颜色的打印样式，不能向颜色相关打印样式表中添加新的打印样式，也不能向包含转换表的命名打印样式表添加打印样式。
- 删除样式(Y) 按钮：从打印样式表中删除选定样式。被指定了这种打印样式的对象将以“普通”样式打印，因为该打印样式已不再存在于打印样式表中。不能从包含转换表的命名打印样式表中删除打印样式，也不能从颜色相关打印样式表中删除打印样式。
- 编辑线宽(L)... 按钮：单击此按钮将弹出“编辑线宽”对话框。共有 28 种线宽可以应用于打印样式表中的打印样式。如果存储在打印样式表中的线宽列表不包含所需的线宽，可以对现有的线宽进行编辑。不能在打印样式表的线宽列表中添加或删除线宽。

28.2 设置打印参数

打印参数的设置关系到打印图形的最终效果，其操作也是在“打印-模型”对话框中进行的。下面具体讲解设置打印参数的方法。

28.2.1 设置打印区域

当只需打印绘图区中的某部分图形对象时，可以对打印区域进行设置，在“打印区域”选项组的“打印范围”下拉列表中包含窗口、范围、图形界和显示 4 个选项，如图 28-8 所示。

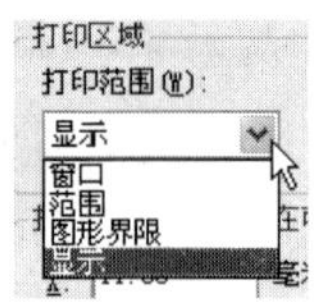

图 28-8

其中各选项的含义如下：

- “窗口”选项：用于定义要打印的区域，选择该选项后，要返回绘图区选择打印区域。
- “范围”选项：将打印图形中的所有可见对象。
- “图形界限”选项：将按照设置的图形界限，打印图形界限内的图形对象。
- “显示”选项：将打印图形中显示的所有对象。

28.2.2　设置打印比例

打印比例的设置尤为重要，若打印比例过小会使打印输出后的图形对象在图纸上的显示比例很小，导致看不清楚，若打印比例过大，会导致图纸无法装满图形对象，无法查看，“打印比例”选项组如图 28-9 所示。

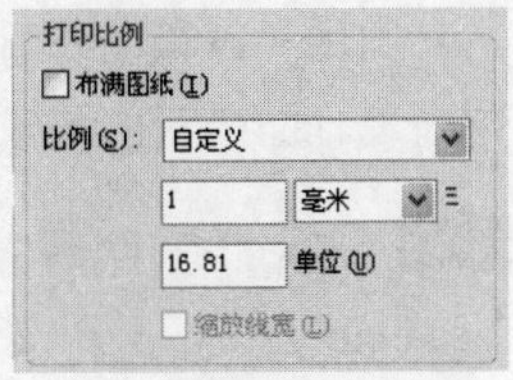

图 28-9

其中各选项的含义如下：

- ☑布满图纸(I)复选框：选择该复选框，将缩放打印图形以布满所选图纸尺寸，并在“比例”下拉列表、“毫米”和“单位”文本框中显示自定义的缩放比例因子。
- “比例”下拉列表：指定打印的比例。
- “毫米”文本框：指定与单位数等价的英寸数、毫米数或像素数。当前所选图纸尺寸决定单位是英寸、毫米还是像素。
- “单位”文本框：指定与指定的英寸数、毫米数或像素数等价的单位数。
- ☑缩放线宽(L)复选框：如果是在布局空间中打开的“打印”对话框，☐缩放线宽(L)复选框将被激活，选择该复选框后，对象的线宽也会按打印比例进行缩放，取消选择该复选框则只缩放打印图形而不缩放线宽。

28.2.3　设置图形方向

在“打印-模型”对话框的“图形方向”选项组中可以设置图形的打印方向，如图 28-10 所示。

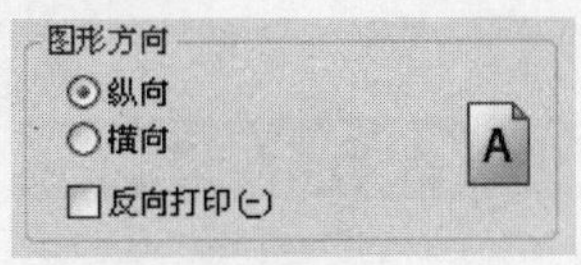

图 28-10

其中各选项的含义如下：

- ⊙纵向单选按钮：选择该单选按钮，图形以水平方向放置在图纸上。
- ⊙横向单选按钮：选择该单选按钮，图形以垂直方向放置在图纸上。
- ☑反向打印(-)复选框：选择该复选框，则系统会将图形旋转 180° 后再进行打印。

注　意

“图形方向”选项组中右侧的图标，即图形在图纸上打印的缩影，A 简单地表示了图形对象。

28.2.4　设置图纸尺寸

设置图纸尺寸即选择打印图形时的纸张大小，在如图 28-11 所示的“图纸尺寸”下拉列表中进行选择即可。

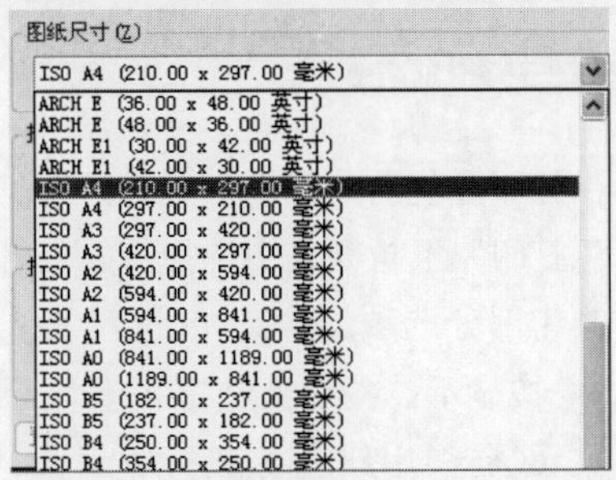

图 28-11

28.2.5 设置打印样式

打印样式就像一个打印模子一样，是系统预设好的样式，通过设置打印样式即可间接地设置图形对象打印输出时的颜色、线型或线宽等特性，具体操作如下：

Step 01 弹出“打印-模型”对话框，在“打印样式表”下拉列表中选择需要的打印样式，这里选择 acad.ctb 选项，如图 28-12 所示。

Step 02 系统自动弹出“问题”对话框，询问是否将此打印样式表指定给所有布局，单击[是(Y)]按钮，表示确定将此打印样式表指定给所有布局，如图 28-13 所示。

图 28-12

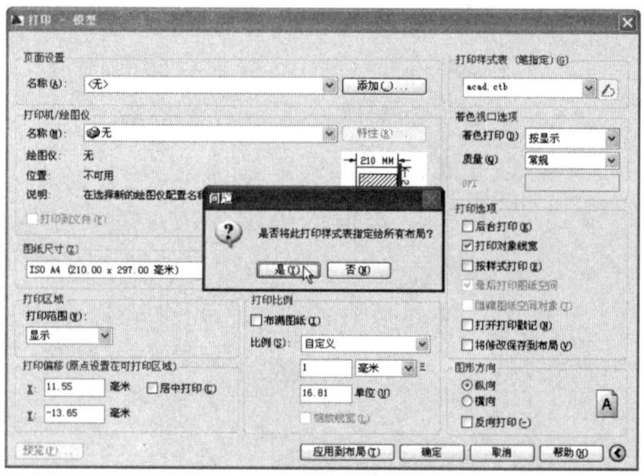

图 28-13

28.2.6 设置打印偏移

打印偏移可以控制打印输出图形对象时，图形对象位于图纸的哪个位置。“打印偏移”选项组如图 28-14 所示。

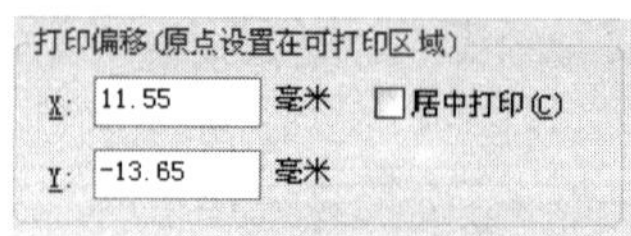

图 28-14

在该选项组中各选项的含义如下：

- X 文本框：指定打印原点在 *X* 轴方向上的偏移量。
- Y 文本框：指定打印原点在 *Y* 轴方向上的偏移量。
- ☑居中打印(C)复选框：选择该复选框后将图形打印到图纸的正中间，系统自动计算出 *X* 和 *Y* 的偏移值。

28.2.7 打印着色的三维模型

当打印着色后的三维模型时，需在“着色视口选项”选项组的“着色打印”下拉列表中选择需要的打印方式，如图 28-15 所示。

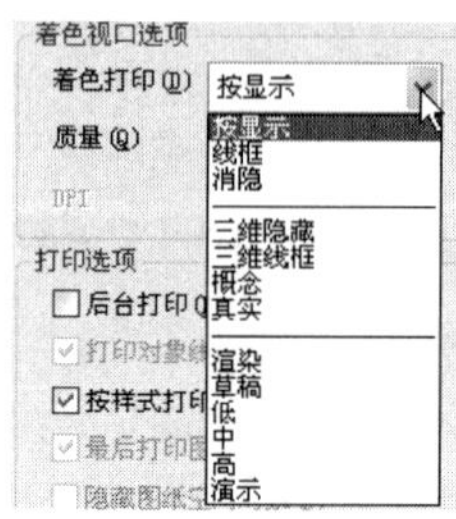

图 28-15

其中部分选项的含义如下：

- 按显示：按对象在屏幕上显示的效果进行打印。
- 线框：用线框方式打印对象，不考虑它在屏幕上的显示方式。

- 消隐：打印对象时消除隐藏线，不考虑它在屏幕上的显示方式。
- 渲染：按渲染后的效果打印对象，不考虑它在屏幕上的显示方式。

28.3　保存与调用打印设置

保存打印设置在以后打印相同图形对象时可以将其调出使用，可以节省再次进行打印设置的时间，从而提高绘图效率。

28.3.1　保存打印设置

保存打印设置的具体操作步骤如下：

Step 01 启动 Auto CAD 2012，单击快速访问区中的“打印”按钮，弹出“打印-模型”对话框，在对话框中设置打印参数。

Step 02 在“页面设置”选项组中单击 添加(.)... 按钮，如图 28-16 所示，弹出“添加页面设置”对话框，在“新页面设置名”文本框中输入要保存的打印设置名称，这里输入“机械”，然后单击 确定(O) 按钮，如图 28-17 所示。当保存图形文件时，即可将打印参数一起保存。

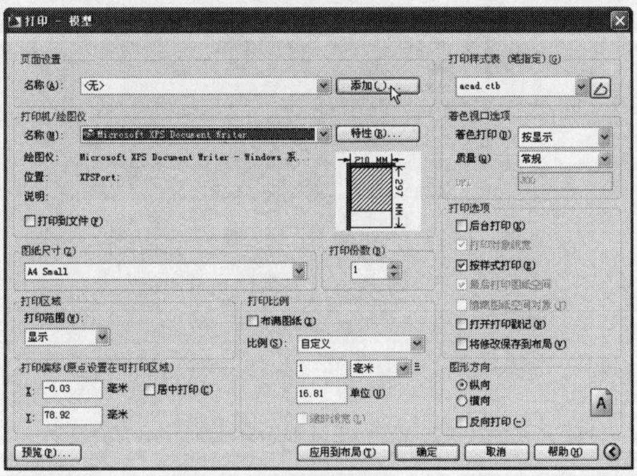

图 28-16

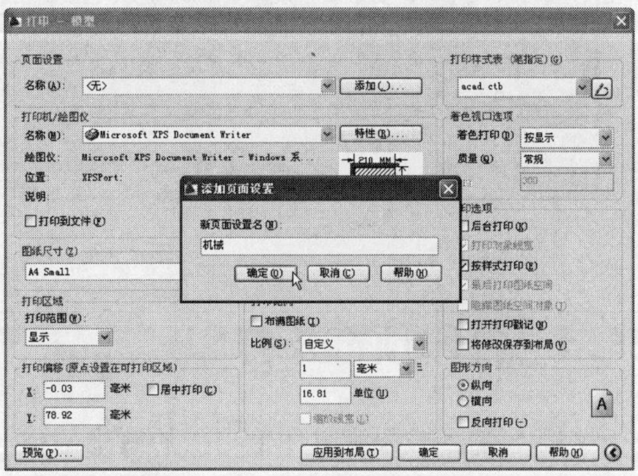

图 28-17

28.3.2　调用打印设置

将打印设置保存到计算机中后，在需要时即可调用该设置，具体操作步骤如下：

Step 01 启动 Auto CAD 2012，单击快速访问区中的“打印”按钮，弹出“打印-模型”对话框，在“页面设置”选项组的“名称”下拉列表中选择“输入”选项，如图 28-18 所示。

Step 02 弹出“从文件选择页面设置”对话框，选择保存了打印设置的图形文件，如图 28-19 所示。弹出“输入页面设置”对话框，在“页面设置”列表框中显示该图形文件中的打印设置名称，这里选择“机械”选项，单击 确定(O) 按钮，如图 28-20 所示。

图 28-18

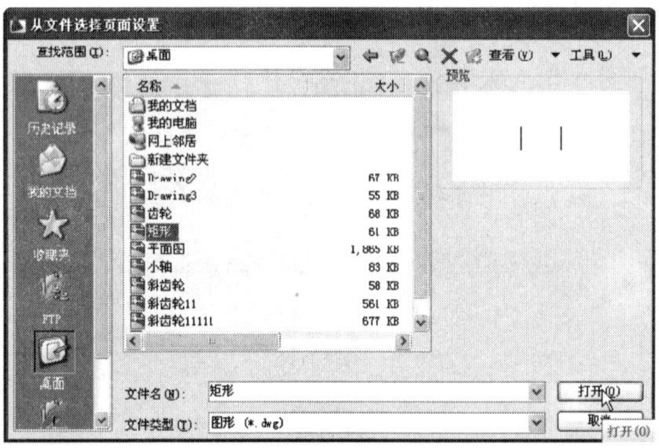

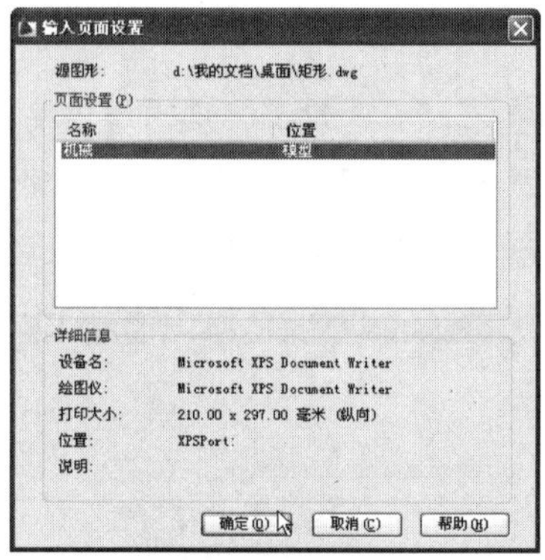

图 28-19　　图 28-20

28.4　打印预览及打印

打印预览的效果和打印输出后的效果是完全相同的，打印预览的具体操作步骤如下：

Step 01 启动 Auto CAD 2012，单击快速访问区中的“打印”按钮，弹出“打印-模型”对话框，对打印样式进行设置。

Step 02 单击[预览(P)...]按钮，进入打印预览状态，效果如图 28-21 所示。若打印预览效果符合要求，即可单击“打印”按钮打印图形对象，如图 28-22 所示。

打印预览状态下工具栏中各按钮的功能如下：

- “打印”按钮：单击该按钮可直接打印图形文件。
- “平移”按钮：该功能与视图缩放中的平移操作相同，这里不再赘述。
- “缩放”按钮：单击该按钮后，鼠标光标变成形状，按住鼠标左键向下拖动鼠标，图形文件视图窗口变小，向上拖动鼠标，图形文件视图窗口变大。
- “窗口缩放”按钮：单击该按钮鼠标光标变成形状，框选图形文件，视图中的图形文件会变大。

- “缩放为原窗口”按钮：单击该按钮窗口还原。
- “关闭”按钮⊗：单击该按钮退出打印预览窗口。

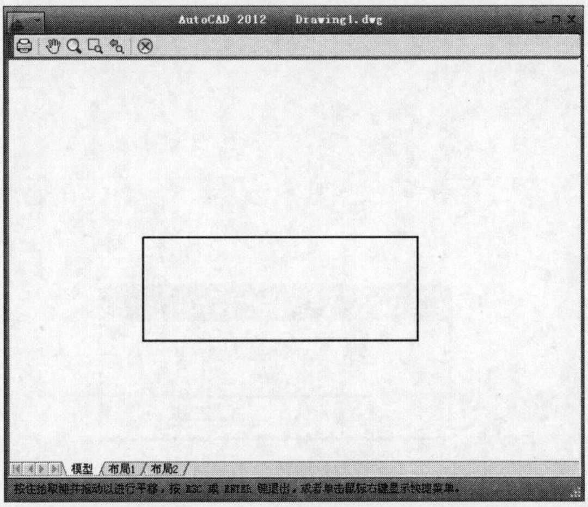

图 28-21

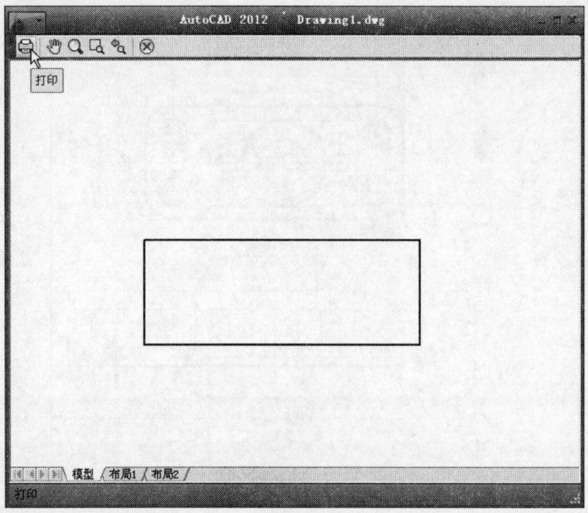

图 28-22

28.5　边学边用——打印轴承座零件图

了解了在 AutoCAD 2012 中打印图形对象的方法后，本节将通过一个简单实例的实现过程，来加深读者对相关知识的理解和掌握。

28.5.1　实例目标

本节将详细讲解 AutoCAD 2012 中打印样式和打印参数的设置、保存与调用打印设置，以及打印预览及打印的方法，引导读者进一步掌握 AutoCAD 2012 中打印图形对象的方法。

具体学习目标如下：

- 掌握在 AutoCAD 2012 中设置打印参数的方法。
- 巩固练习在 AutoCAD 2012 中保存打印设置的方法。
- 掌握在 AutoCAD 2012 中打印预览及打印图形对象的方法。

28.5.2　实例实现

Step 01 打开“轴承座零件图.dwg”图形文件（光盘:\素材\第 28 章\轴承座零件图.dwg），单击快速访问区中的“打印”按钮，弹出“打印-模型”对话框。

Step 02 在“打印机/绘图仪”选项组的“名称”下拉列表中选择所需的打印设备，在“图纸尺寸”下拉列表中选择 A4 选项。

Step 03 在“打印区域”选项组的“打印范围”下拉列表中选择“窗口”选项，返回绘图区，绘制如图 28-23 所示的矩形。

Step 04 返回“打印-模型”对话框，在“打印份数”文本框中输入 2。在“打印样式表”下拉列表中选择 acad.ctb 选项，系统自动弹出“问题”对话框，单击[是(Y)]按钮，如图 28-24 所示。

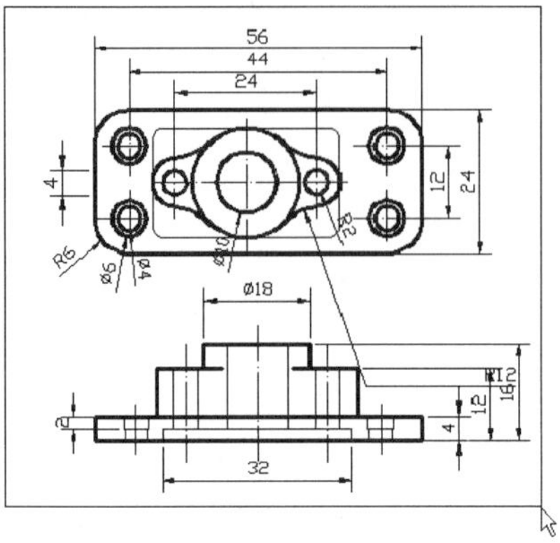
图 28-23

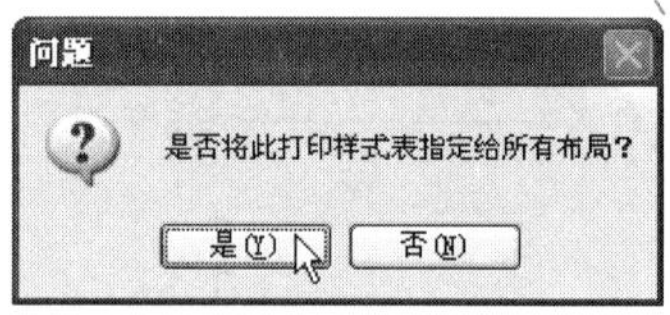

图 28-24

Step 05 在“图形方向”选项组中选择⊙横向单选按钮，单击左下角的[预览(P)...]按钮，如图 28-25 所示。单击“关闭预览窗口”按钮⊗，如图 28-26 所示。

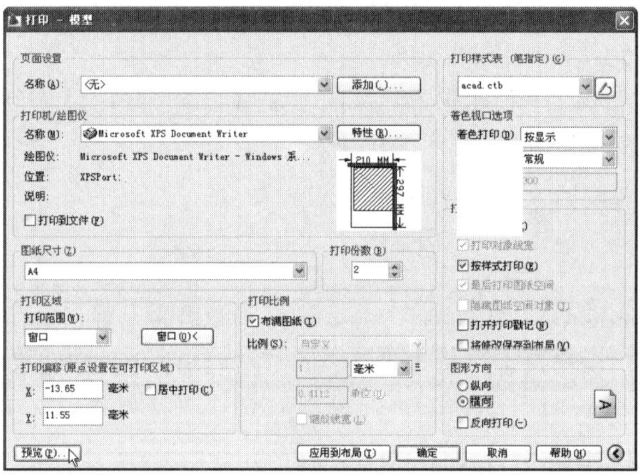
图 28-25

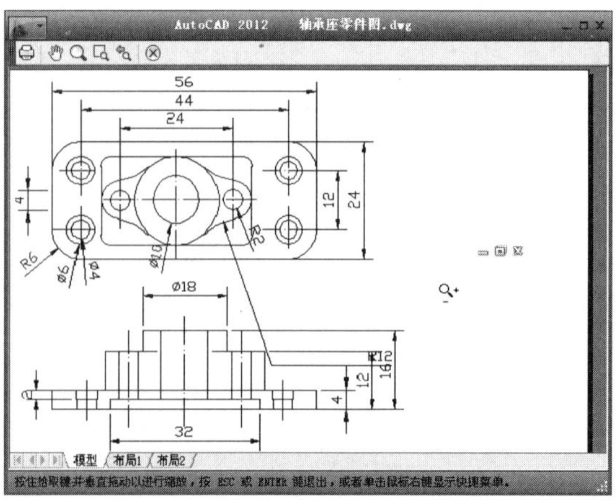
图 28-26

Step 06 返回“打印-模型”对话框，在“打印偏移”选项组中选择☑居中打印(C)复选框，如图 28-27 所示。然后单击左下角的[预览(P)...]按钮，显示设置打印参数后的打印预览效果，如图 28-28 所示。

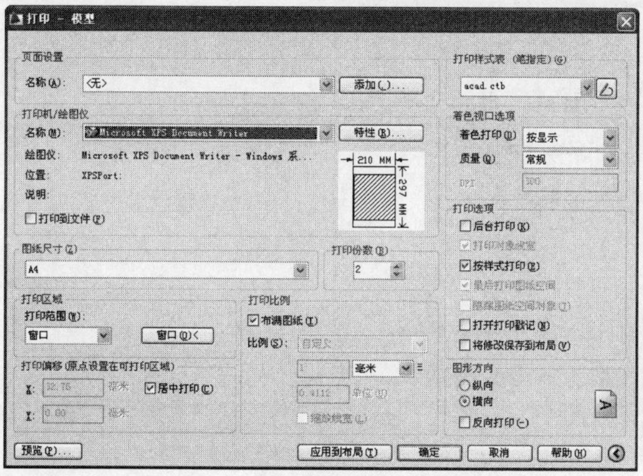

图 28-27

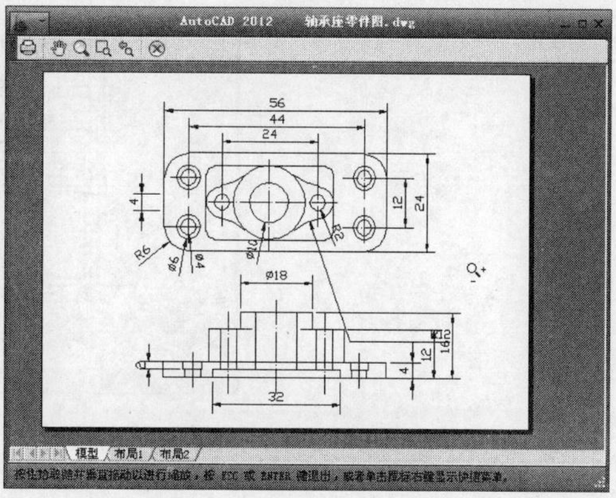

图 28-28

Step 07 单击“关闭预览窗口”按钮⊗，返回“打印-模型”对话框，在“页面设置”选项组中单击[添加(.)...]按钮。

Step 08 弹出“添加页面设置”对话框，在“新页面设置名”文本框中输入文本“机械图纸”，然后单击[确定(O)]按钮，如图 28-29 所示。返回“打印-模型”对话框，单击[确定]按钮，然后保存图形文件，打印参数即随图形文件一起保存（光盘:\源文件\第 28 章\轴承座零件图.dwg）。

图 28-29

28.5.3 实例拓展和读者思考

在该实例中介绍了设置图形文件打印参数的方法，使读者进一步巩固了在 AutoCAD 2012 中设置打印参数的具体操作步骤。按照实例中的操作步骤还可以为如图 28-30 所示的图形对象设置相关的打印参数。

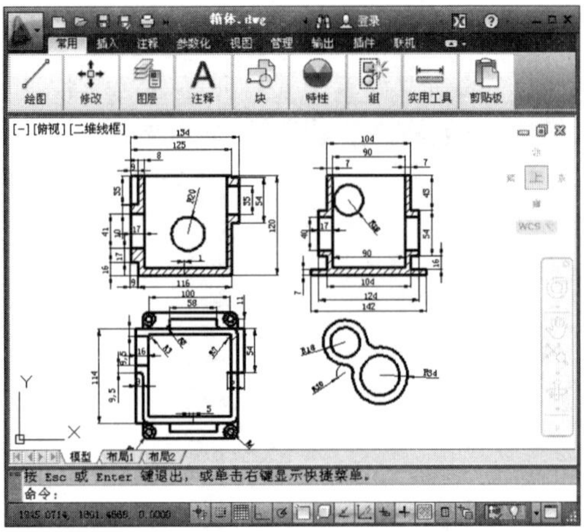

图 28-30

读者思考

通过刚才的实例练习和拓展练习，使读者进一步掌握了在 AutoCAD 2012 中对要打印图形对象的打印参数进行设置的方法。除此之外，读者还可以使用本章介绍的知识对需要打印的图形对象的打印参数进行设置并将其打印出来。

第 29 章 机械绘图综合实例

在前面的章节中介绍了关于AutoCAD 2012的基本操作方法，本章将综合讲解机械绘图方面的知识。

29.1 机械图形的绘制流程

机械图形包括机械零件图和机械装配图，这两种类型机械图形的绘制流程有所不同，下面分别进行讲解。

1. 机械零件图的绘制流程

机械零件图的绘制流程如下：

（1）了解零件的名称、材料、用途，以及各部分结构形状和加工方法。根据上述分析，确定绘制物体的主视图，再根据零件的结构特征确定其他视图。

（2）零件图是根据目测估计零件和图形的比例后进行绘制的。在绘制时要做到视图表达准确而完全，尺寸标注完全与完整，根据材料标注技术要求、图框及标题栏等内容。

（3）在绘制时可先绘制出中心线，然后根据尺寸绘制零件结构，再标注尺寸及添加文字说明，最后绘制标题栏并填写内容。完成后，可对其进行渲染，然后将其打印输出。

2. 机械装配图的绘制流程

机械装配图的绘制流程如下：

（1）了解所绘部件的工作原理、零件间的装配关系，主要零件的基本结构、部件安装情况等内容。

（2）根据对所绘制的部件的了解，合理运用各种表达方法按照装配图的视图选择步骤，确定视图表达方案。

29.2 边学边用——绘制丝杆零件图

根据前面讲解的绘制机械零件图的绘制流程，以及前面章节中讲解的绘制机械零件图形的方法，绘制如图 29-1 所示的丝杆零件图。

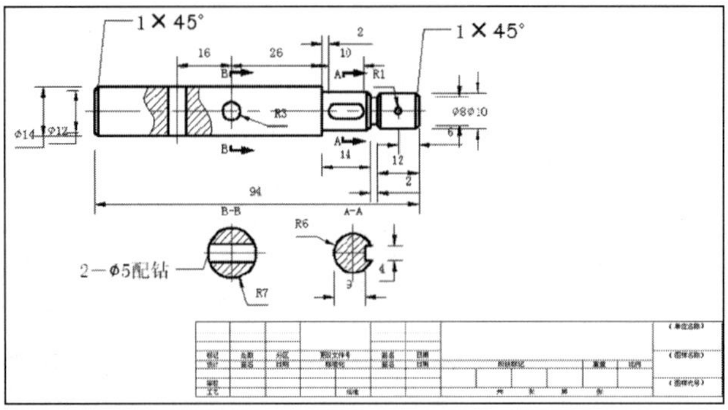

图 29-1

29.2.1 实例目标

本节将巩固练习在 AutoCAD 2012 中设置绘图环境、管理图层、绘制图形对象、标注尺寸及制作标题栏的方法，引导读者进一步掌握 AutoCAD 2012 中机械零件图的绘制方法。

具体学习目标如下：

- 掌握 AutoCAD 2012 中绘图环境的设置方法。
- 巩固练习 AutoCAD 2012 中管理图层的方法。
- 掌握 AutoCAD 2012 中绘制图形对象并标注尺寸的方法。

29.2.2 实例实现

1. 设置图层

Step 01 启动 AutoCAD 2012，在命令行中执行 LIMITS 命令，具体操作过程如下：

```
命令: LIMITS                                        //执行 LIMITS 命令
重新设置模型空间界限:                                //系统提示将要进行的操作
指定左下角点或 [开(ON)/关(OFF)] <0.0000,0.0000>:    //按【Enter】键
指定右上角点 <420.0000,297.0000>: 840, 600          //输入右上角点坐标（840, 600）并
按【Space】键
```

Step 02 单击“菜单浏览器”按钮，在弹出的菜单中选择“图形实用工具”→“单位”命令，弹出“图形单位”对话框。在“长度”选项组的“精度”下拉列表中选择 0 选项，然后单击 确定 按钮，如图 29-2 所示。

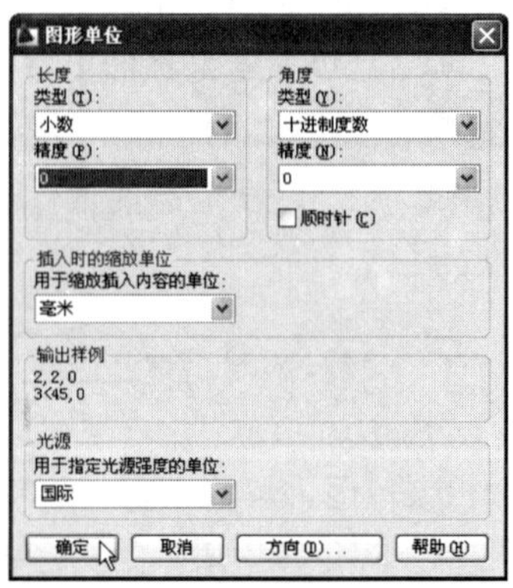

图 29-2

Step 03 在命令行中执行 LAYER 命令，弹出“图层特性管理器”选项板，单击“新建图层”按钮，新建图层，并输入名称“中心线”，然后设置其图层颜色为“红”，设置其线型为 CENTER2，如图 29-3 所示。

Step 04 按照相同的方法设置其他图层特性，并设置“中心线”图层为当前图层，设置完成后如图 29-4 所示，然后关闭“图层特性管理器”选项板。

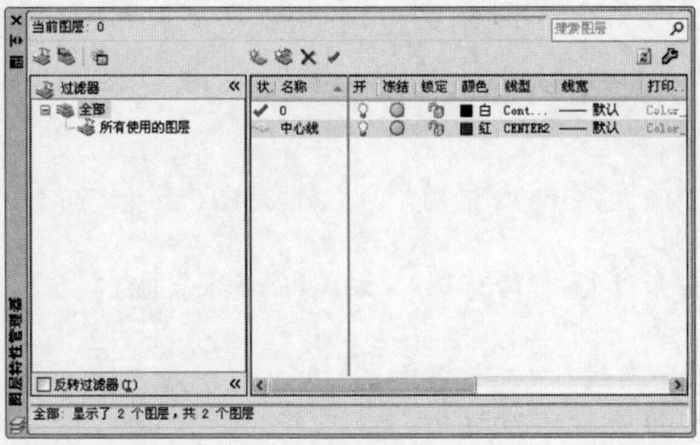

图 29-3

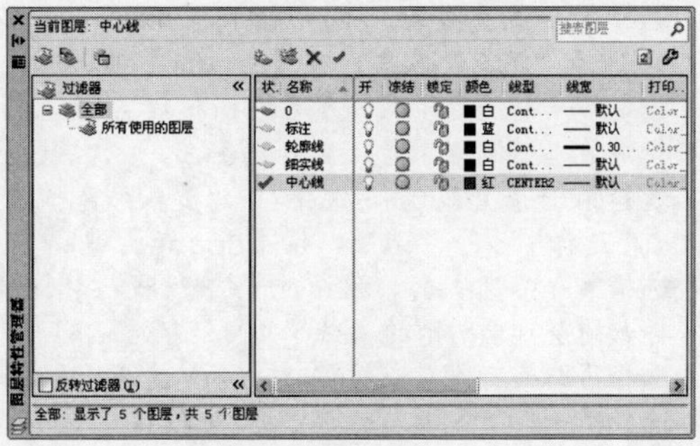

图 29-4

2．绘制图形

Step 01 在命令行中执行 L 命令，具体操作过程如下：

```
命令:L                                   //执行 LINE 命令
指定第一点: 77,127                        //输入第一点坐标（77, 127），并按【Space】键
指定下一点或 [放弃(U)]: 176,127           //输入下一点坐标（176, 127），并按【Space】键
指定下一点或 [放弃(U)]:                   //按【Space】键确认
```

Step 02 按照相同的方法，在命令行中执行 L 命令，绘制经过（104，136）点和（104，118）点的直线，绘制完成后的效果如图 29-5 所示。

Step 03 按照相同的方法，在命令行中执行 L 命令，绘制经过（120，132）点和（120，122）点的直线，绘制完成后的效果如图 29-6 所示。

Step 04 按照相同的方法，在命令行中执行 L 命令，绘制经过（168，129）点和（168，125）点的直线，绘制完成后的效果如图 29-7 所示。

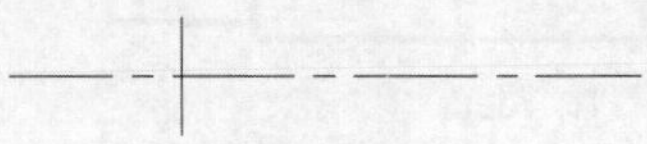

图 29-5

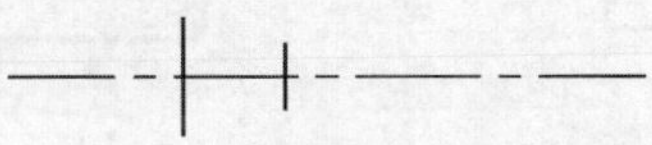

图 29-6

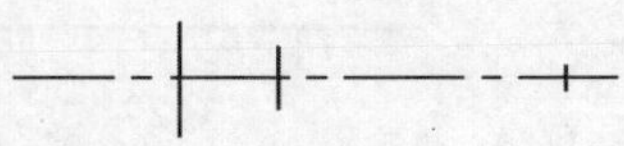

图 29-7

Step 05 将"轮廓线"图层设置为当前图层，单击状态栏中的"显示/隐藏线宽"按钮+，显示线宽，在命令行中执行 REC 命令，具体操作过程如下：

```
命令: REC                                                          //执行 REC 命令
指定第一个角点或 [倒角(C)/标高(E)/圆角(F)/厚度(T)/宽度(W)]: 80,120 //输入第一个角点坐标（80, 120），并按【Space】键
指定另一个角点或 [面积(A)/尺寸(D)/旋转(R)]:146,134 //输入另一个角点坐标(146, 134),并按【Space】键，效果如图 29-8 所示
```

Step 06 在命令行中执行 EXPLODE 命令，将刚绘制的矩形进行分解，然后在命令行中执行 L 命令，绘制经过（81，120）和（0，14）点的直线。

Step 07 在命令行中执行 CHAMFER 命令，具体操作过程如下：

```
命令: CHAMFER      //执行 CHAMFER 命令
（"修剪"模式）当前倒角距离 1 = 0.0000，距离 2 = 0.0000 //系统提示当前倒角设置
```

```
选择第一条直线或 [放弃(U)/多段线(P)/距离(D)/角度(A)/修剪(T)/方式(E)/多个(M)]: D
//选择“距离”选项，按【Space】键
指定第一个倒角距离 <0.0000>: 1//输入第一个倒角距离 1，然后按【Space】键
指定第二个倒角距离 <1.0000>:  //按【Space】键
选择第一条直线或 [放弃(U)/多段线(P)/距离(D)/角度(A)/修剪(T)/方式(E)/多个(M)]: M
///选择“多个”选项，按【Space】键
选择第一条直线或 [放弃(U)/多段线(P)/距离(D)/角度(A)/修剪(T)/方式(E)/多个(M)]:// 选择如图 29-9 所示的 A 线
选择第二条直线，或按住 Shift 键选择要应用角点的直线：  //选择如图 29-9 所示的 B 线
选择第一条直线或 [放弃(U)/多段线(P)/距离(D)/角度(A)/修剪(T)/方式(E)/多个(M)]:// 选择如图 29-9 所示的 B 线
选择第二条直线，或按住 Shift 键选择要应用角点的直线：  //选择如图 29-9 所示的 C 线
选择第一条直线或 [放弃(U)/多段线(P)/距离(D)/角度(A)/修剪(T)/方式(E)/多个(M)]:// 按【Space】键结束命令，倒角后的效果如图 29-10 所示
```

Step 08 在命令行中执行 L 命令，具体操作过程如下：

```
命令:L                                  //执行 LINE 命令
指定第一点: 146,121.5                   //输入第一点坐标（146，121.5），并按【Space】键
指定下一点或 [放弃(U)]: @14,0           //输入下一点坐标（@14，0），并按【Space】键
指定下一点或 [放弃(U)]: @0,11           //输入下一点坐标（@0，11），并按【Space】键
指定下一点或 [闭合(C)/放弃(U)]: @-14,0 //输入下一点坐标（@-14，0），并按【Space】键
指定下一点或 [闭合(C)/放弃(U)]:        //按【Space】键确认，效果如图 29-11 所示
```

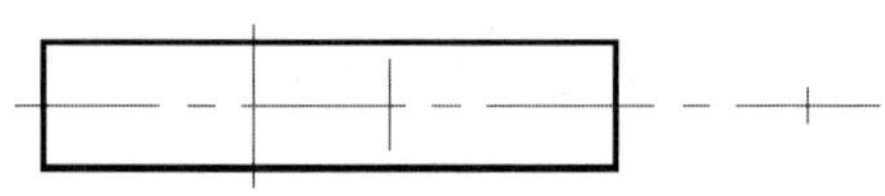

图 29-8

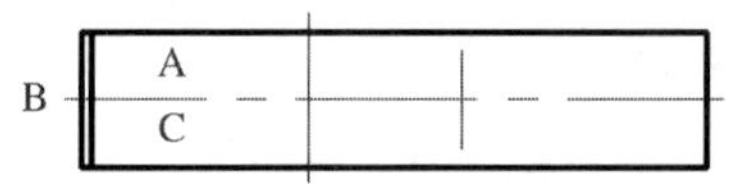

图 29-9

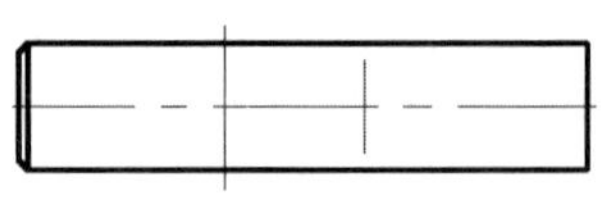

图 29-10

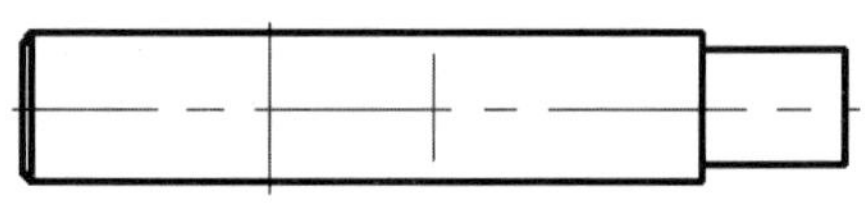

图 29-11

Step 09 在命令行中执行 O 命令，具体操作过程如下：

```
命令: O                                                   //执行 OFFSET 命令
当前设置: 删除源=否  图层=源  OFFSETGAPTYPE=0             //系统提示当前设置状态
指定偏移距离或 [通过(T)/删除(E)/图层(L)] <通过>:  1 //输入偏移距离 1，按【Space】键
选择要偏移的对象，或 [退出(E)/放弃(U)] <退出>:           //选择如图 29-12 所示的 A 线
指定要偏移的那一侧上的点，或 [退出(E)/多个(M)/放弃(U)] <退出>:  //向左移动鼠标并单击
```

Step 10 按照相同的方法，在命令行中执行 CHAMFER 命令，为刚绘制的图形倒角，具体操作过程如下：

```
命令: CHAMFER                                               //执行 CHAMFER 命令
（“修剪”模式）当前倒角距离 1 = 0.0000，距离 2 = 0.0000 //系统提示当前倒角设置
选择第一条直线或 [放弃(U)/多段线(P)/距离(D)/角度(A)/修剪(T)/方式(E)/多个(M)]: D
//选择“距离”选项，按【Space】键
指定第一个倒角距离 <0.0000>: 1  //输入第一个倒角距离 1，然后按【Space】键
指定第二个倒角距离 <1.0000>:    //按【Space】键
```

```
选择第一条直线或 [放弃(U)/多段线(P)/距离(D)/角度(A)/修剪(T)/方式(E)/多个(M)]: M
///选择“多个”选项，按【Space】键
选择第一条直线或 [放弃(U)/多段线(P)/距离(D)/角度(A)/修剪(T)/方式(E)/多个(M)]:// 选
择如图 29-13 所示的 A 线
选择第二条直线，或按住 Shift 键选择要应用角点的直线：  //选择如图 29-13 所示的 B 线
选择第一条直线或 [放弃(U)/多段线(P)/距离(D)/角度(A)/修剪(T)/方式(E)/多个(M)]:// 选
择如图 29-13 所示的 B 线
选择第二条直线，或按住 Shift 键选择要应用角点的直线：  //选择如图 29-13 所示的 C 线
选择第一条直线或 [放弃(U)/多段线(P)/距离(D)/角度(A)/修剪(T)/方式(E)/多个(M)]:// 按
【Space】键结束命令，倒角后的效果如图 29-14 所示
```

Step 11 在命令行中执行 REC 命令，绘制以（160，123.5）点和（162，131.75）点为角点的矩形。绘制完成后的效果如图 29-15 所示。

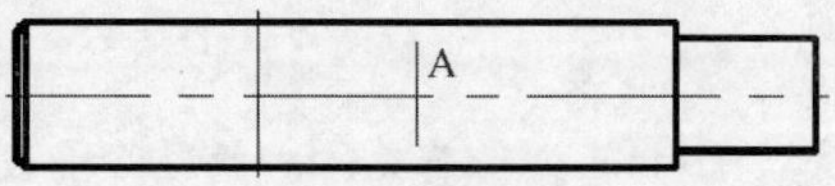

图 29-12

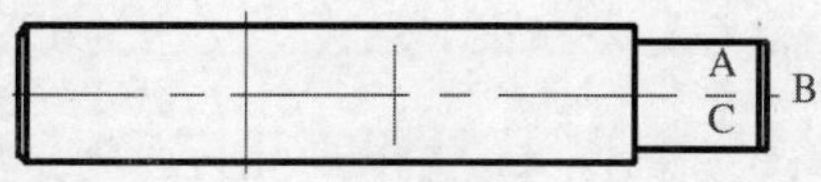

图 29-13

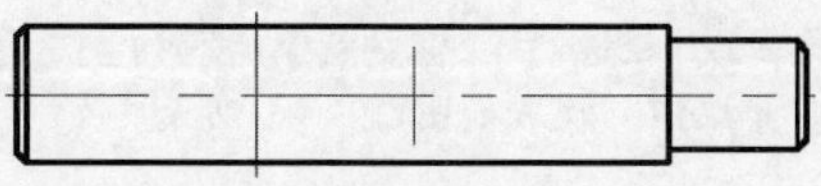

图 29-14

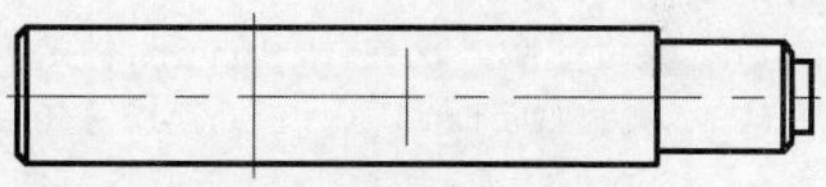

图 29-15

Step 12 在命令行中执行 L 命令，具体操作过程如下：

```
命令:L                                 //执行 LINE 命令
指定第一点:162,122                     //输入第一点的坐标（162，122），并按【Space】键
指定下一点或 [放弃(U)]:@12,0           //输入下一点的坐标（@12，0），并按【Space】键
指定下一点或 [放弃(U)]:@0,10           //输入第一点的坐标（@0，10），并按【Space】键
指定下一点或 [闭合(C)/放弃(U)]: @-12,0 //输入下一点的坐标（@-12，0），并按【Space】键
指定下一点或 [闭合(C)/放弃(U)]:C       //选择“闭合”选项，按【Space】键确认，效果如
图 29-16 所示
```

Step 13 在命令行中执行 O 命令，具体操作过程如下：

```
命令: O                                               //执行 OFFSET 命令
当前设置: 删除源=否  图层=源  OFFSETGAPTYPE=0         //系统提示当前设置状态
指定偏移距离或 [通过(T)/删除(E)/图层(L)] <通过>: 1    //输入偏移距离 1，按【Space】键
选择要偏移的对象，或 [退出(E)/放弃(U)] <退出>:        //选择如图 29-17 所示的 A 线
指定要偏移的那一侧上的点，或 [退出(E)/多个(M)/放弃(U)] <退出>: //向右移动鼠标并单击
选择要偏移的对象，或 [退出(E)/放弃(U)] <退出>:        //选择如图 29-17 所示的 B 线
指定要偏移的那一侧上的点，或 [退出(E)/多个(M)/放弃(U)] <退出>: //向左移动鼠标并单击
选择要偏移的对象，或 [退出(E)/放弃(U)] <退出>:        //按【Space】键结束命令
```

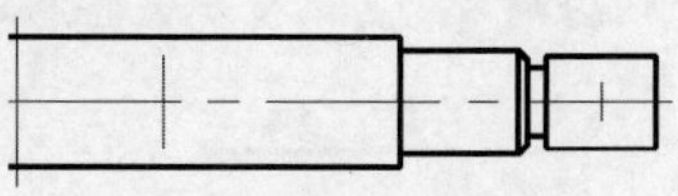

图 29-16

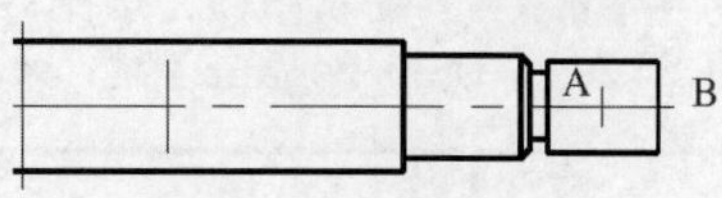

图 29-17

Step 14 按照相同的方法，在命令行中执行 CHAMFER 命令，为如图 29-18 所示的 A、B、C 和 A、B、D 直线，分别进行倒角操作，倒角后的效果如图 29-19 所示。

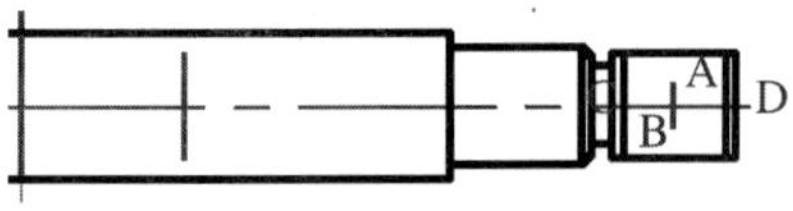

图 29-18

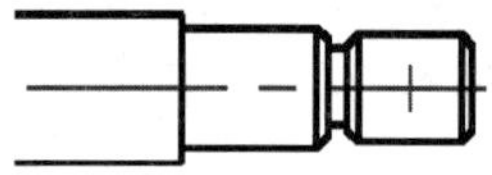

图 29-19

Step 15 在命令行中执行 O 命令，将第一条垂直中心线分别向左和向右偏移 2.5，然后将偏移得到的两条线段置于“轮廓线”图层。

Step 16 在命令行中执行 TR 命令，具体操作过程如下：

```
命令：TR                        //执行 TRIM 命令
当前设置:投影=UCS，边=无        //系统提示
选择剪切边...                   //系统提示
选择对象或 <全部选择>：         //框选绘图区中的所有对象
选择对象：                      //按【Space】键，结束对象的选择
选择要修剪的对象，或按住 Shift 键选择要延伸的对象，或[栏选(F)/窗交(C)/投影(P)/边(E)/
删除(R)/放弃(U)]：              //依次选择需要修剪的对象，这里选择如图 29-20 所示的 A、B、C
和 D 线段
选择要修剪的对象，或按住 Shift 键选择要延伸的对象，或[栏选(F)/窗交(C)/投影(P)/边(E)/
删除(R)/放弃(U)]：              //按【Space】键结束修剪操作，效果如图 29-21 所示
```

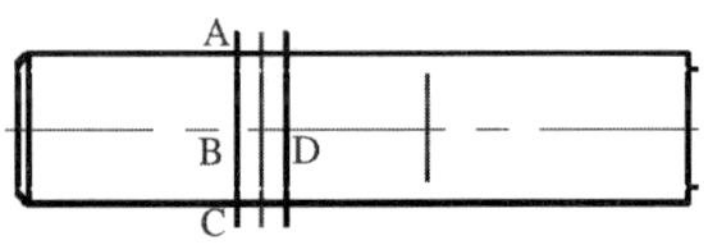

图 29-20

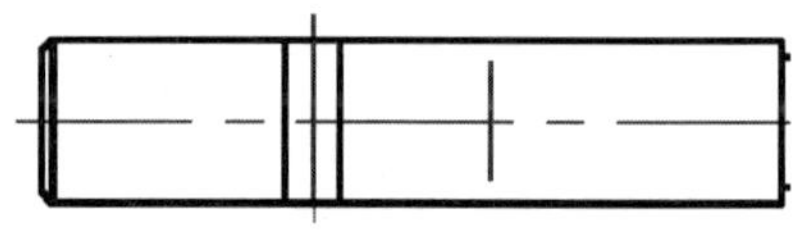

图 29-21

Step 17 在命令行中执行 C 命令，具体操作过程如下：

```
命令：CIRCLE                         //执行 CIRCLE 命令
指定圆的圆心或[三点(3P)/两点(2P)/相切、相切、半径(T)]：          //单击水平中心线与
第二条垂直中心线的交点
指定圆的半径或[直径(D)] <0>：  //输入 2.5，并按【Space】键确认，绘制完成后的效果如
图 29-22 所示
```

Step 18 在命令行中执行 REC 命令，具体操作过程如下：

```
命令：REC                            //执行 REC 命令
指定第一个角点或 [倒角(C)/标高(E)/圆角(F)/厚度(T)/宽度(W)]：F    //选择“圆角”选项，
并按【Space】键
指定矩形的圆角半径 <0>：2        //输入 2，并按【Space】键
指定第一个角点或 [倒角(C)/标高(E)/圆角(F)/厚度(T)/宽度(W)]：148,125 //输入第一个角点
的坐标（148，125），并按【Space】键
指定另一个角点或 [面积(A)/尺寸(D)/旋转(R)]：(158，129)      //输入另一个角点的坐标
（158，129），并按【Space】键，效果如图 29-23 所示
```

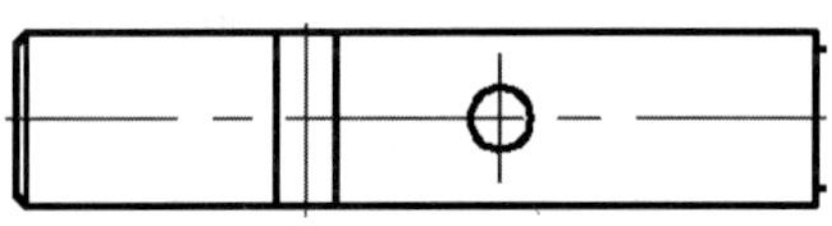

图 29-22

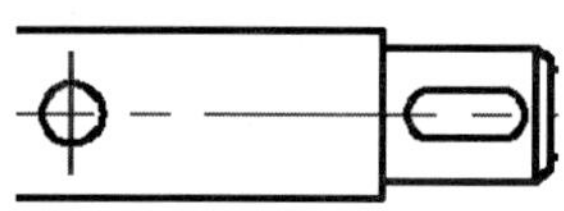

图 29-23

Step 19 按照相同的方法，在命令行中执行 C 命令，以第三条垂直中心线与水平中心线的交点为圆心，绘制半径为 1 的圆，绘制完成后的效果如图 29-24 所示。

Step 20 将“细实线”图层设置为当前图层，在命令行中执行 SPLINE 命令，绘制如图 29-25 所示的两条样条曲线。

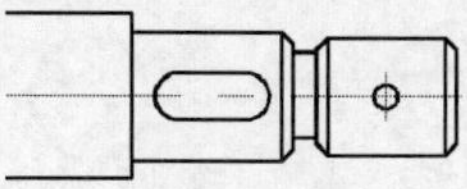
图 29-24

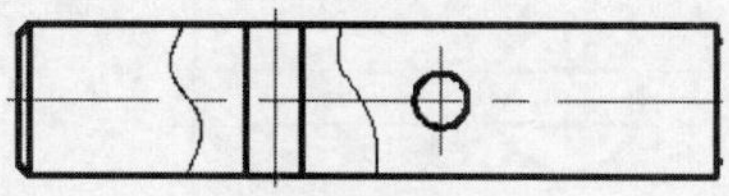
图 29-25

Step 21 在命令行中执行 BHATCH 命令并选择“设置”选项，弹出“图案填充和渐变色”对话框。在该对话框中单击“边界”选项组中的“添加：拾取点”按钮，返回绘图区，单击需要填充图案的区域，如图 29-26 所示。

Step 22 选择“设置”选项，按【Space】键返回“图案填充和渐变色”对话框。单击“图案”选项右侧的按钮，弹出“填充图案选项板”对话框，切换至 ANSI 选项卡，在中间的列表框中选择 ANSI31 选项，单击确定按钮，如图 29-27 所示。

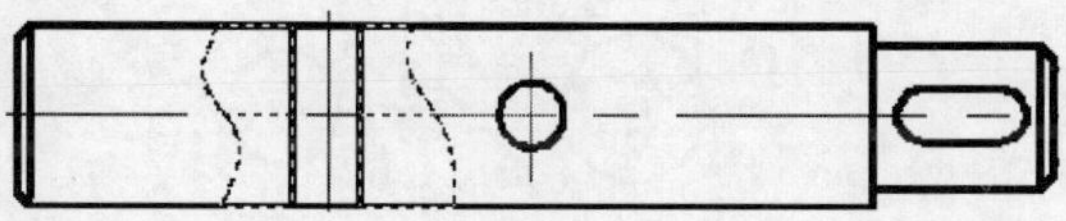
图 29-26

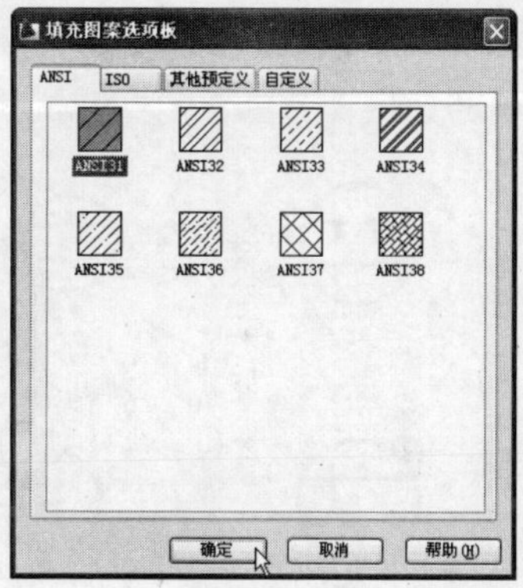

图 29-27

Step 23 返回“图案填充和渐变色”对话框，在“比例”文本框中输入 0.5，然后单击确定按钮，返回绘图区，填充后的效果如图 29-28 所示。

Step 24 在命令行中执行 O 命令，将水平中心线向下偏移 40，然后将“中心线”图层设置为当前图层，在命令行中执行 L 命令，经过（155，95）点和（155，79）点绘制垂直中心线。

Step 25 在命令行中执行 O 命令，将刚绘制的垂直中心线向左偏移 35，以刚偏移的直线和水平中心线的交点为圆心，绘制半径为 7 的圆，效果如图 29-29 所示。

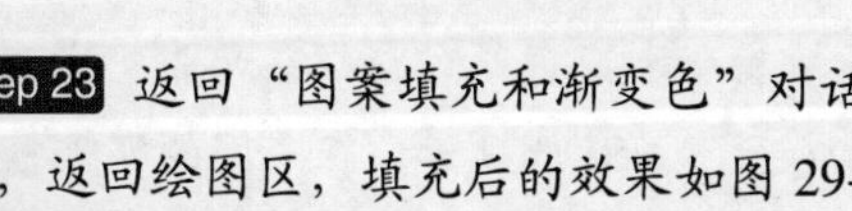
图 29-28

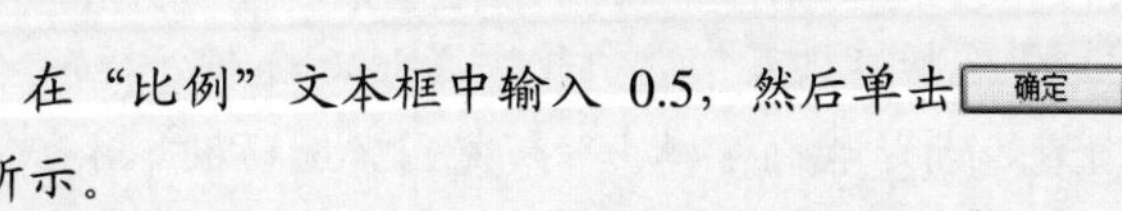
图 29-29

Step 26 在命令行中执行 O 命令，将中心线分别向上和向下偏移 2.5，然后将“轮廓线”图层设置为当前图层，在命令行中执行 L 命令，连接刚绘制的圆中偏移的线段，如图 29-30 所示。

Step 27 删除刚偏移的两条水平中心线，在命令行中执行 C 命令，以第二条垂直中心线和水平中心线的交点为圆心，绘制半径为 5.5 的圆，如图 29-31 所示。

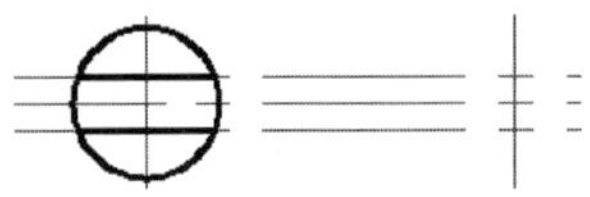
图 29-30

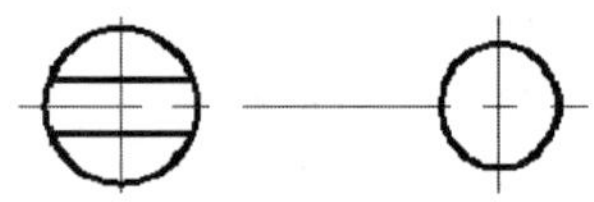
图 29-31

Step 28 在命令行中执行 O 命令，将中心线分别向上和向下偏移 2，在命令行中执行 L 命令，连接刚绘制的圆中偏移的线段，如图 29-32 所示。

Step 29 在命令行中执行 L 命令，经过（158.5，89）点和（158.5，85）点绘制直线，效果如图 29-33 所示。在命令行中执行 TR 命令，修剪刚绘制的圆，修剪后的效果如图 29-34 所示。

Step 30 将“细实线”图层设置为当前图层，在命令行中执行 BHATCH 命令并选择“设置”选项，弹出“图案填充和渐变色”对话框。

Step 31 单击该对话框的“边界”选项组中的“添加：拾取点”按钮，返回绘图区，单击需要填充图案的区域，如图 29-35 所示。

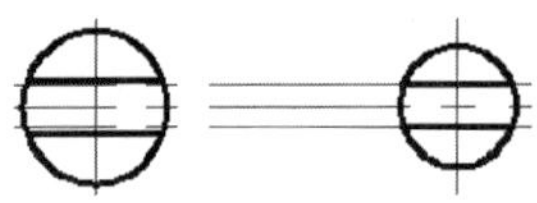
图 29-32

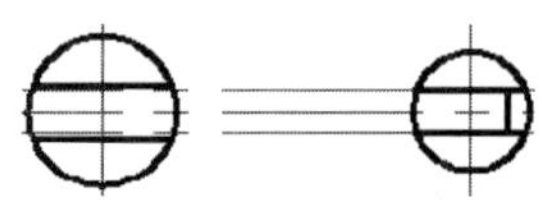
图 29-33

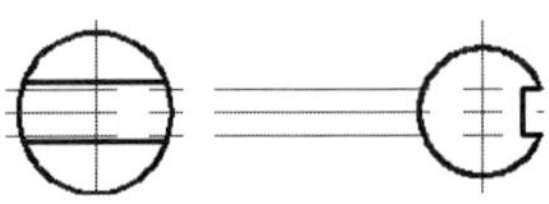
图 29-34

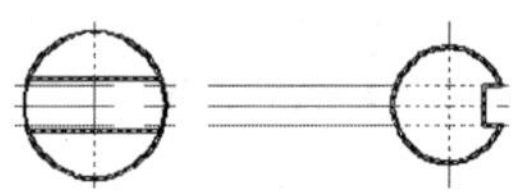
图 29-35

Step 32 选择“设置”选项并按【Space】键，返回“图案填充和渐变色”对话框。单击“图案”选项右侧的按钮，弹出“填充图案选项板”对话框，切换至 ANSI 选项卡，在中间的列表框中选择 ANSI31 选项，单击 确定 按钮。

Step 33 返回“图案填充和渐变色”对话框，在“比例”文本框中输入 0.5，然后单击 确定 按钮，返回绘图区，填充后的效果如图 29-36 所示。

Step 34 删除多余的水平中心线，在命令行中执行 TR 命令修剪偏移的线段，修剪后的效果如图 29-37 所示。

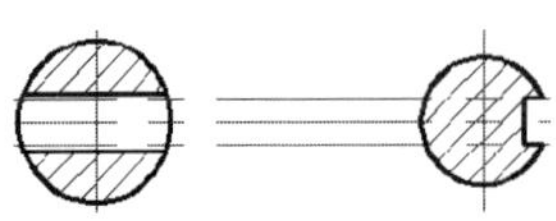
图 29-36

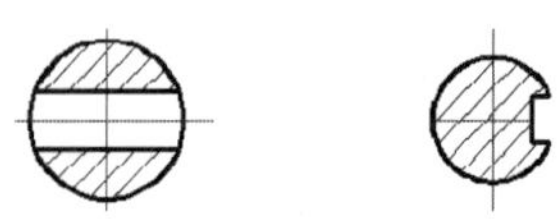
图 29-37

Step 35 在命令行中执行 T 命令，具体操作过程如下：

```
命令：T          //执行 T 命令
当前文字样式： "Standard"  当前文字高度:2.5  //系统显示当前文字样式及文字高度
指定第一角点： //单击如图 29-38 所示的 A 点
指定对角点或 [高度(H)/对正(J)/行距(L)/旋转(R)/样式(S)/宽度(W)]：  //单击如图 29-38
所示的 B 点
```

Step 36 指定多行文字的输入区域后，自动弹出“文字格式”输入框，在文本框中输入需要创建的文字。这里输入文本 B-B 后，在绘图区的空白位置单击。按照相同的方法，指定其他需要输入多行文字的位置，输入后的效果如图 29-39 所示。

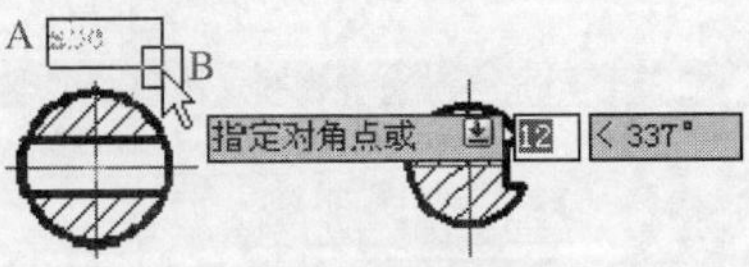

图 29-38

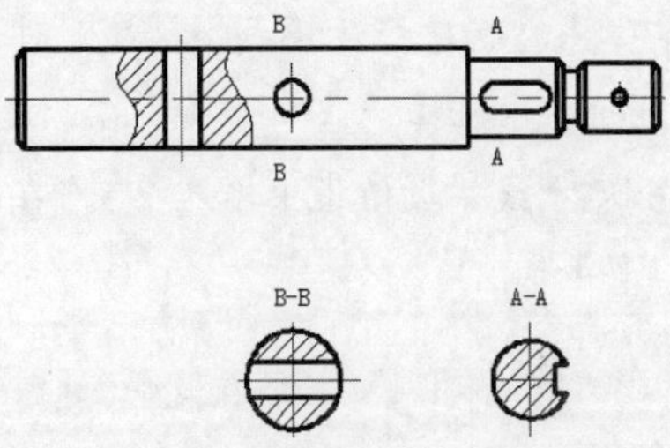

图 29-39

Step 37 在命令行中执行 PLINE 命令，在主视图的左侧绘制剖视符号，以便绘制剖视图，其命令行提示及操作如下：

```
命令：PLINE                                                    //执行 PLINE 命令
指定起点：                                                      //单击如图 29-40 所示的点
当前线宽为 0.00                                                 //系统提示当前宽度
指定下一个点或 [圆弧(A)/半宽(H)/长度(L)/放弃(U)/宽度(W)]:W       //选择“宽度”选项
指定起点宽度 <0>: 0.5                                           //指定起点宽度
指定端点宽度 <1>: 0.5                                           //指定端点宽度
指定下一个点或 [圆弧(A)/半宽(H)/长度(L)/放弃(U)/宽度(W)]：        //单击如图 29-41 所示的
A 点
指定下一点或 [圆弧(A)/闭合(C)/半宽(H)/长度(L)/放弃(U)/宽度(W)]：  //单击如图 29-41 所示的
B 点
指定下一点或 [圆弧(A)/闭合(C)/半宽(H)/长度(L)/放弃(U)/宽度(W)]:W  //选择“宽度”选项
指定起点宽度 <1>: 2                                             //指定起点宽度
指定端点宽度 <2>: 0                                             //指定端点宽度
指定下一点或 [圆弧(A)/闭合(C)/半宽(H)/长度(L)/放弃(U)/宽度(W)]：  //指定下一点，绘制出剖切
符号的箭头
指定下一点或 [圆弧(A)/闭合(C)/半宽(H)/长度(L)/放弃(U)/宽度(W)]：  //按【Space】键结束命令，
绘制后如图 29-42 所示
```

Step 38 按照相同的方法在其他地方绘制剖切符号，最终效果如图 29-43 所示。

图 29-40

图 29-41

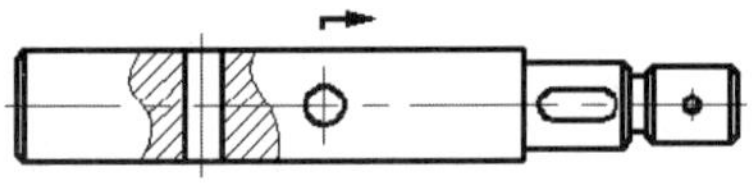

图 29-42

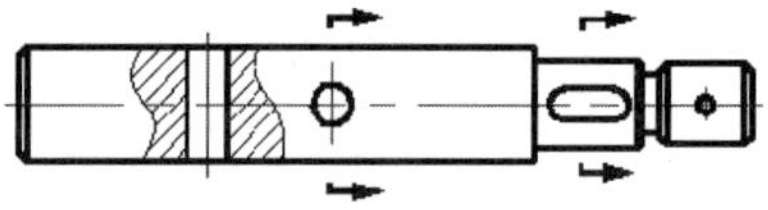

图 29-43

3. 标注图形

Step 01 显示菜单栏，选择“格式”→“标注样式”命令，弹出“标注样式管理器”对话框。单击 新建(N)... 按钮，弹出“创建新标注样式”对话框，在“新样式名”文本框中输入标注样式的名称，这里输入文本“机械”，单击 继续 按钮，如图 29-44 所示。

Step 02 弹出“新建标注样式：机械”对话框，切换至“线”选项卡，在“尺寸线”选项组的“颜色”下拉列表中选择“蓝”选项，在“尺寸界线”选项组的“颜色”下拉列表中选择“蓝”选项，在“超出尺寸线”数值框中输入 2.5，在“起点偏移量”数值框中输入 5，如图 29-45 所示。

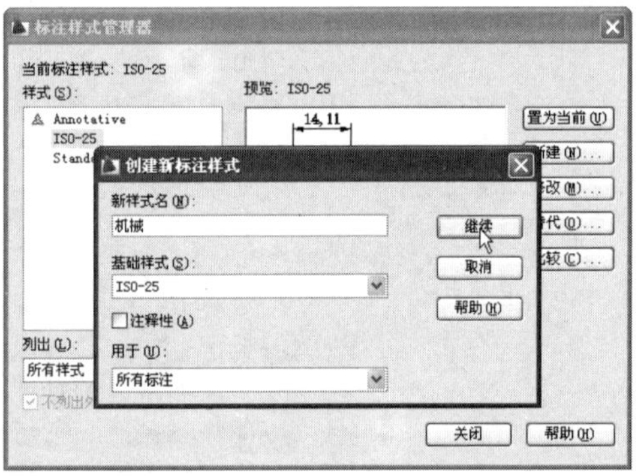

图 29-44

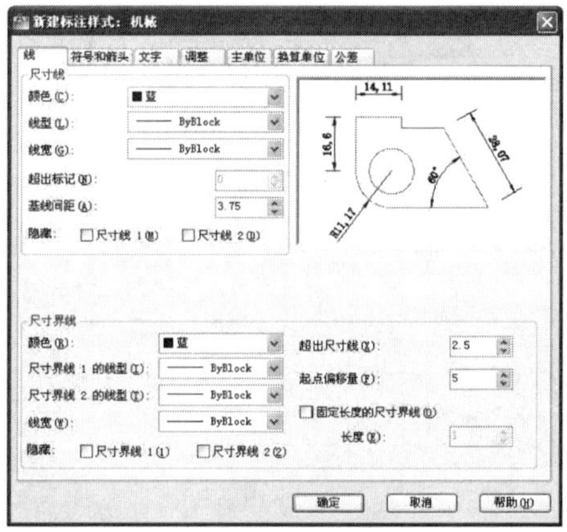

图 29-45

Step 03 切换至“符号和箭头”选项卡，在“箭头大小”数值框中输入 3，如图 29-46 所示。切换至“文字”选项卡，在“文字外观”选项组的“文字颜色”下拉列表中选择“蓝”选项，在“文字高度”数值框中输入 6，在“文字位置”选项组的“从尺寸线偏移”数值框中输入 2.5，如图 29-47 所示。

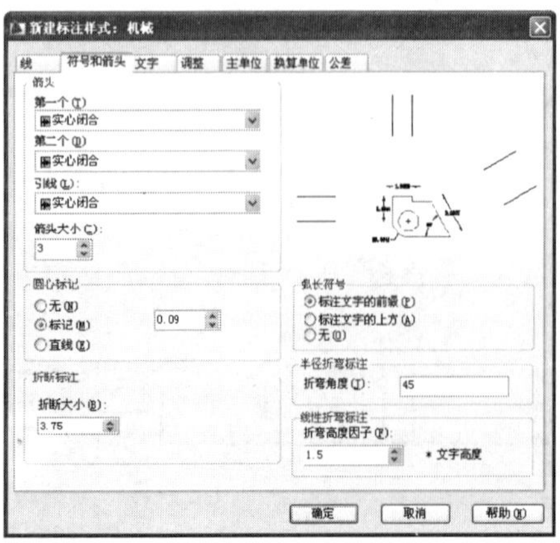

图 29-46

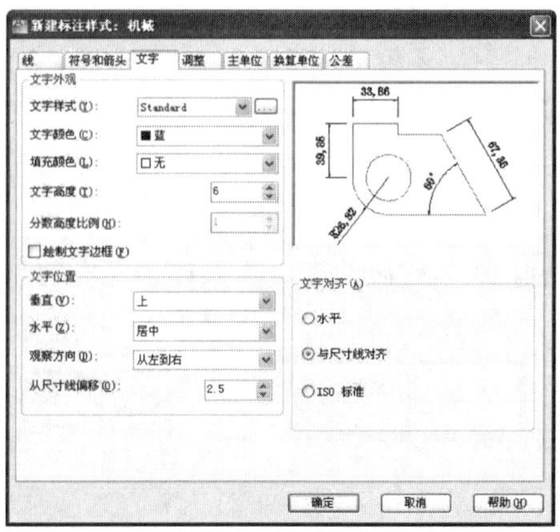

图 29-47

Step 04 切换至“主单位”选项卡，在“线性标注”选项组的“精度”下拉列表中选择 0，单击[确定]按钮，如图 29-48 所示。返回“标注样式管理器”对话框，单击[置为当前(U)]按钮，再单击[关闭]按钮，如图 29-49 所示。

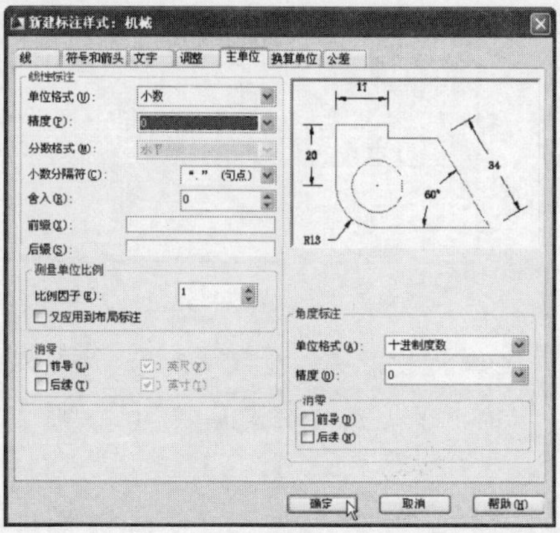

图 29-48

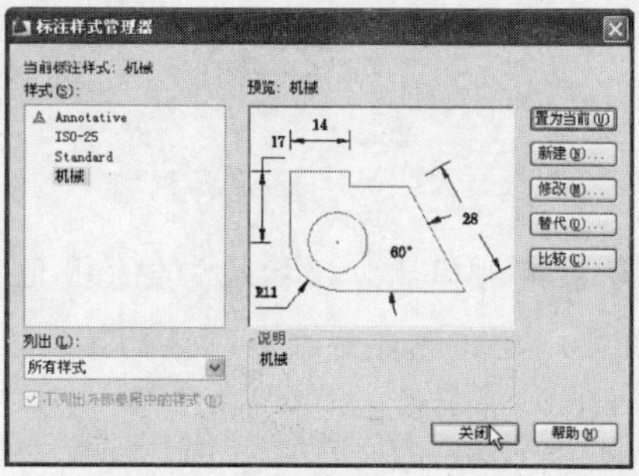

图 29-49

Step 05 将“标注”图层设置为当前图层，在命令行中执行 DIMLIN 命令，具体操作过程如下：

```
命令:DIMLIN                              //执行 DIMLIN 命令
指定第一个尺寸界线原点或 <选择对象>: //单击如图 29-50 所示的 A 点
指定第二条尺寸界线原点:                     //单击如图 29-50 所示的 B 点
指定尺寸线位置或[多行文字(M)/文字(T)/角度(A)/水平(H)/垂直(V)/旋转(R)]:    //向下移
动鼠标到适合位置并单击
标注文字 =94                              //系统提示标注尺寸，效果如图 29-51 所示
```

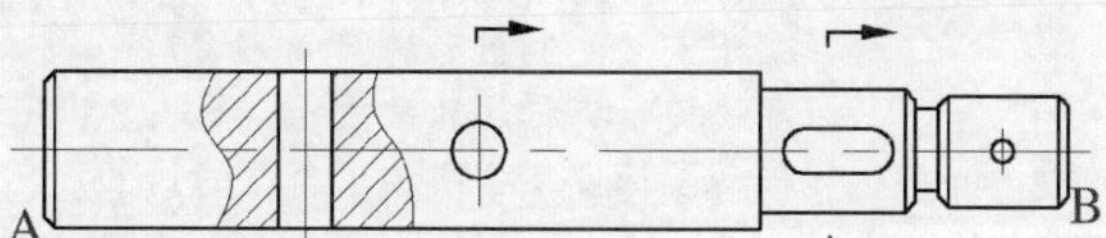

图 29-50

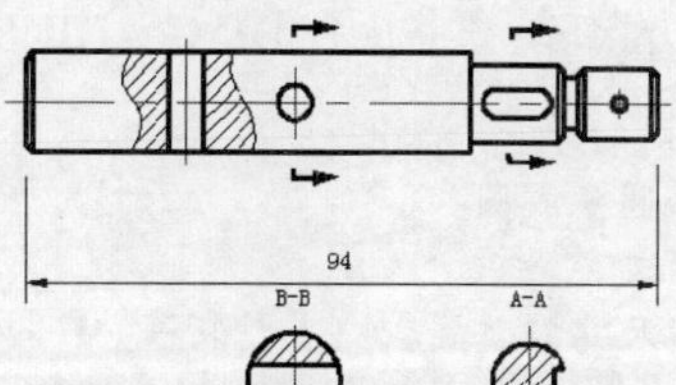

图 29-51

Step 06 按照相同的方法，为其他需要添加线性标注的对象进行标注，标注完成后的效果如图 29-52 所示。然后在命令行中执行 MLEADER 命令，具体操作过程如下：

```
命令: MLEADER            //执行 MLEADER 命令
指定引线箭头的位置或 [引线基线优先(L)/内容优先(C)/选项(O)] <选项>:      //选择如图所示
的 A 点以确定引线的箭头位置
指定引线基线的位置:      //在箭头的附近确定引线基线的位置，并打开文本输入区域输入 1
```

Step 07 在“文字编辑器”选项卡的“插入”组中单击“符号”按钮@，在弹出的下拉列表中选择“其他”选项，弹出“字符映射表”对话框。

Step 08 在“字体”下拉列表中选择 CommercialPi BT 选项，在中间列表框中选择☒字符码，单击[选择(S)]按钮，再单击[复制(C)]按钮，单击☒按钮关闭该对话框，如图 29-53 所示。

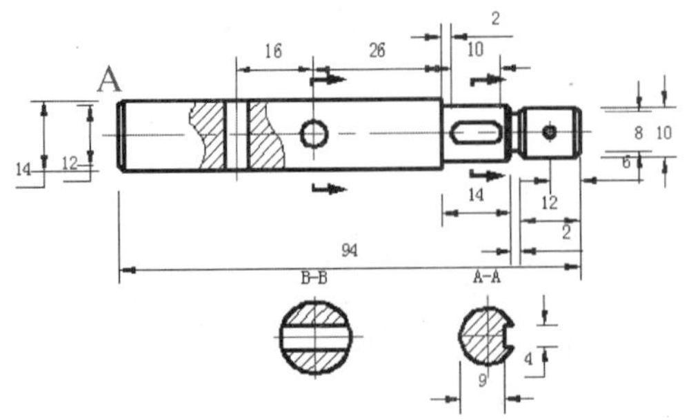

图 29-52

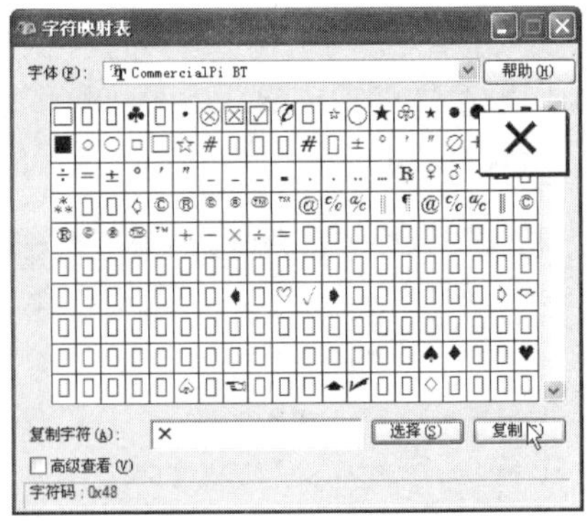

图 29-53

Step 09 按照相同的方法插入需要的其他符号，插入完成后的效果如图 29-54 所示。然后按照相同的方法，在其他需要添加引线标注的地方进行标注，标注完成后的效果如图 29-55 所示。

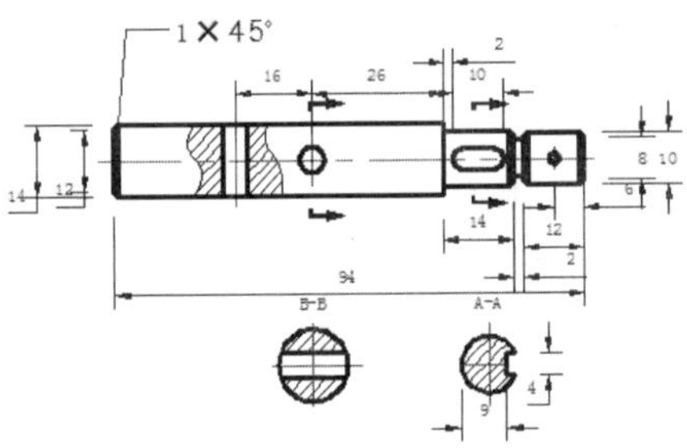

图 29-54

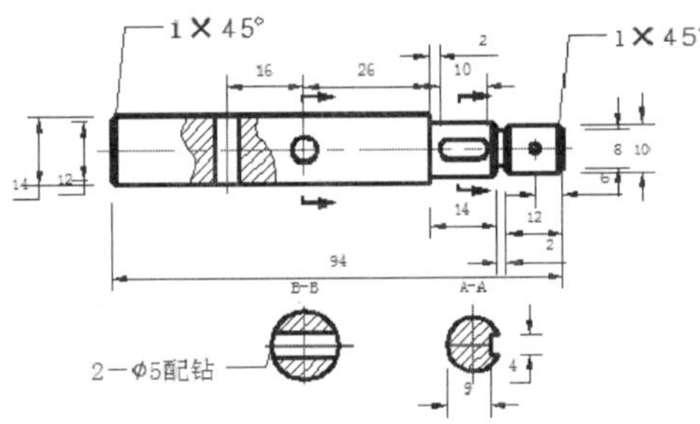

图 29-55

Step 10 在命令行中执行 DIMRADIUS 命令，具体操作过程如下：

```
命令： DIMRADIUS                                    //执行 DIMRADIUS 命令
选择圆弧或圆：                                        //选择下方左侧图形的圆
标注文字 =7                                          //系统提示将标注的尺寸
指定尺寸线位置或 [多行文字(M)/文字(T)/角度(A)]：     //移动鼠标使尺寸线位于合适的位置，这里
移动到右下角，效果如图 29-56 所示
```

Step 11 按照相同的方法标注绘图区中所有圆的半径，标注后的效果如图 29-57 所示。

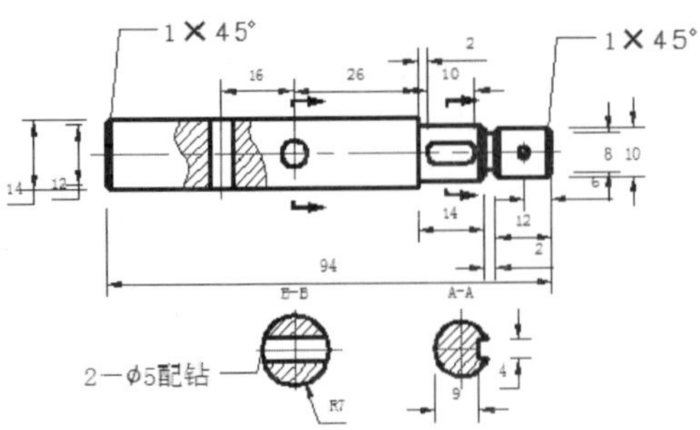

图 29-56

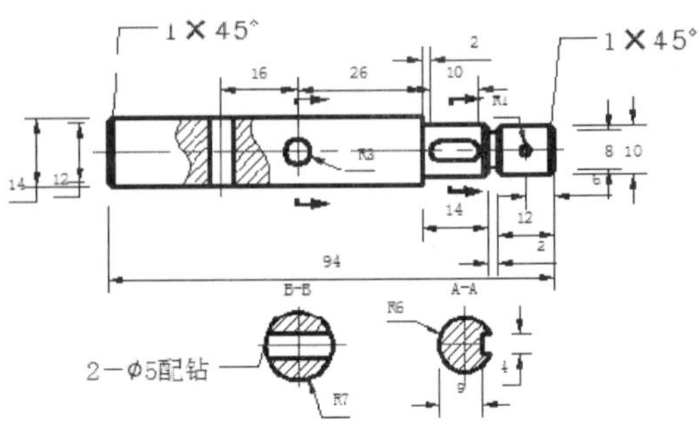

图 29-57

Step 12 双击上方左边线性标注，如图 29-58 所示，弹出“特性”选项板，在“文字”选项组的“文字替代”文本框中输入%%c14，如图 29-59 所示。

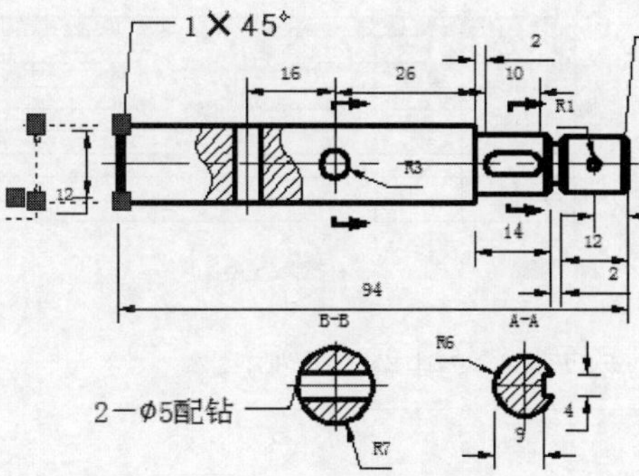

图 29-58

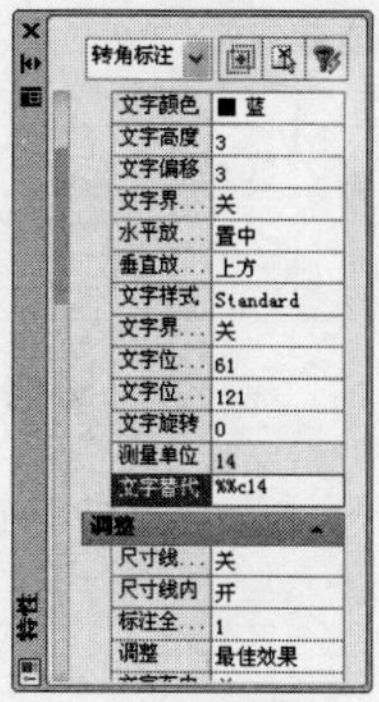

图 29-59

Step 13 按照相同的方法修改其他需要标注的线性标注，修改后的效果如图 29-60 所示。然后在“常用”选项卡的“注释”组中单击“表格”按钮，弹出“插入表格”对话框。

Step 14 在“插入方式”选项组中选择“指定插入点”单选按钮，在“列和行设置”选项组的“列数”数值框中输入 15，在“列宽”数值框中输入 35，在“数据行数”数值框中输入 6。

Step 15 在“设置单元样式”选项组的“第一行单元样式”下拉列表中选择“数据”选项，在“第二行单元样式”下拉列表中选择“数据”选项，单击“确定”按钮，如图 29-61 所示。

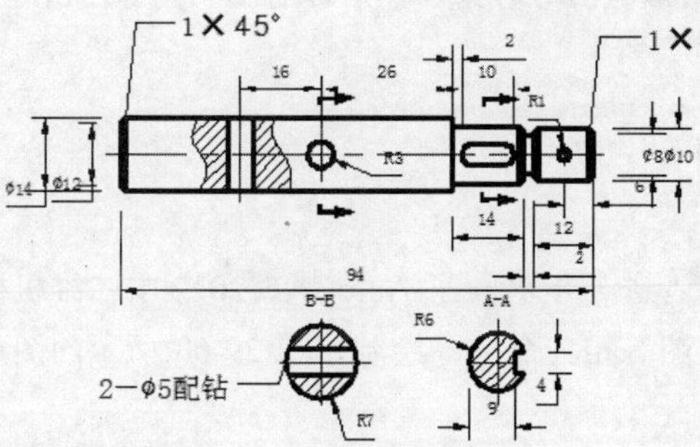

图 29-60

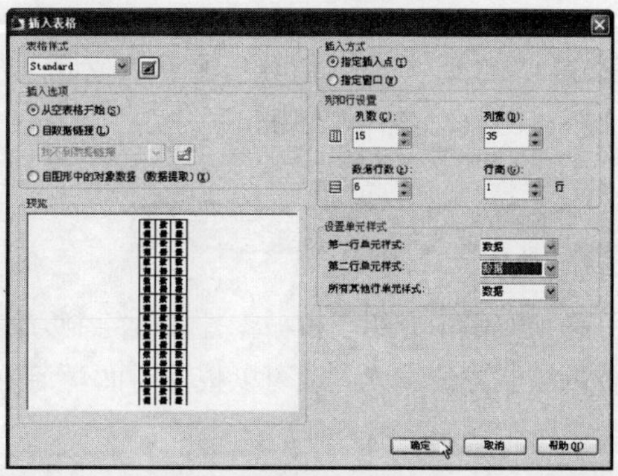

图 29-61

Step 16 返回绘图区，在图形右下方合适的位置单击，插入表格，在第 1 列第 4 个单元格中输入文本“标记”，如图 29-62 所示。然后按照相同的方法在其他单元格中输入需要的文本，输入后的效果如图 29-63 所示。

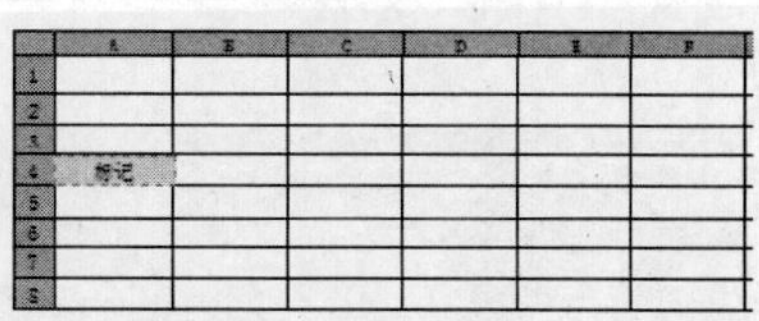

图 29-62

标记	处数	分区			签名	日期								
设计	签名	日期			签名	日期					重量	比例		
审核														
工艺				批准										

图 29-63

Step 17 选择如图 29-64 所示的单元格，右击选择的单元格，在弹出的下拉列表中选择“合并”→“全部”命令，合并选择的单元格，效果如图 29-65 所示。

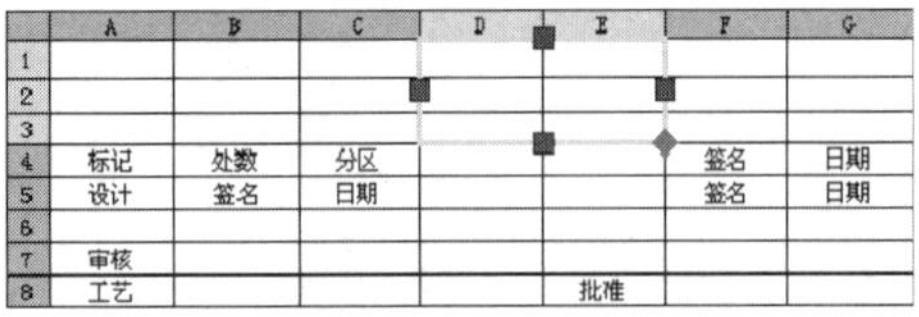

图 29-64

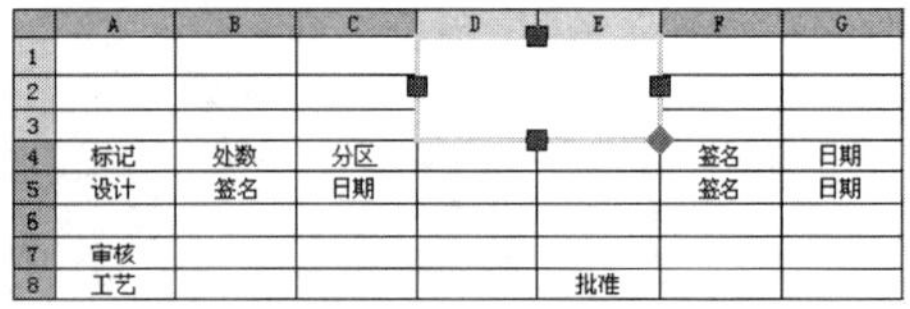

图 29-65

Step 18 按照相同的方法，合并其他单元格，合并后的效果如图 29-66 所示。

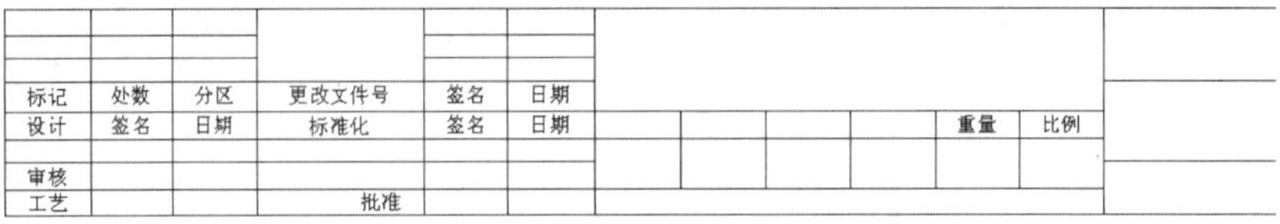

图 29-66

Step 19 在合并后的单元格中输入需要的文本，输入后的效果如图 29-67 所示。

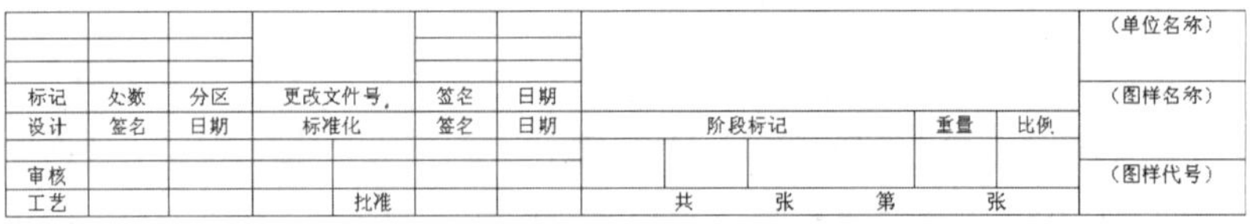

图 29-67

Step 20 在命令行中执行 REC 命令，绘制矩形框住表格和图形对象，然后保存图形对象（光盘:\源文件\第 29 章\丝杆零件图.dwg）。

29.2.3 实例拓展和读者思考

在该实例中介绍了机械零件图的绘制方法，使读者进一步巩固了 AutoCAD 2012 中二维机械零件的绘制方法。读者还可以根据前面学习的三维绘图等相关命令，绘制如图 29-68 所示的图形对象。

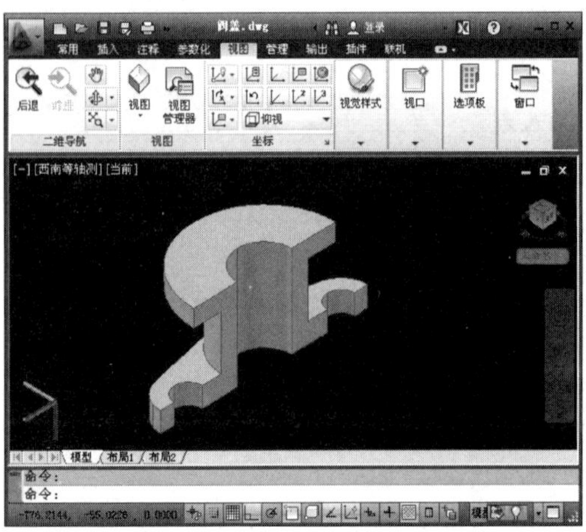

图 29-68

读者思考

通过刚才的实例练习和拓展练习，使读者进一步掌握了 AutoCAD 2012 中二维和三维机械图形的绘制方法。除此之外，读者还可以使用本书介绍的方法绘制需要的图形对象。

第 30 章 建筑绘图综合实例

在第 29 章讲解了使用 AutoCAD 2012 绘制机械图形的方法，本章将讲解使用 AutoCAD 2012 绘制建筑图形的方法。

30.1 建筑图形的绘制流程

建筑图形的绘制流程如下：

（1）了解所绘制的建筑图是平面图还是立面图，思考如何将一个建筑体完整地表现出来。

（2）根据上述分析，确定所绘制图形的大致长、宽尺寸及需要哪些公式设施，并设置图形的单位、界限和多线样式。

（3）使用绘图和修剪命令绘制出图形，然后对其进行尺寸标注、添加文字说明。完成绘制后，对绘制的图形进行检查，然后将其打印输出。

30.2 边学边用——绘制建筑平面图

根据前面讲解的绘制建筑图形的绘制流程，以及前面章节中讲解的绘制图形的方法，绘制如图 30-1 所示的某跃层建筑住宅平面图。

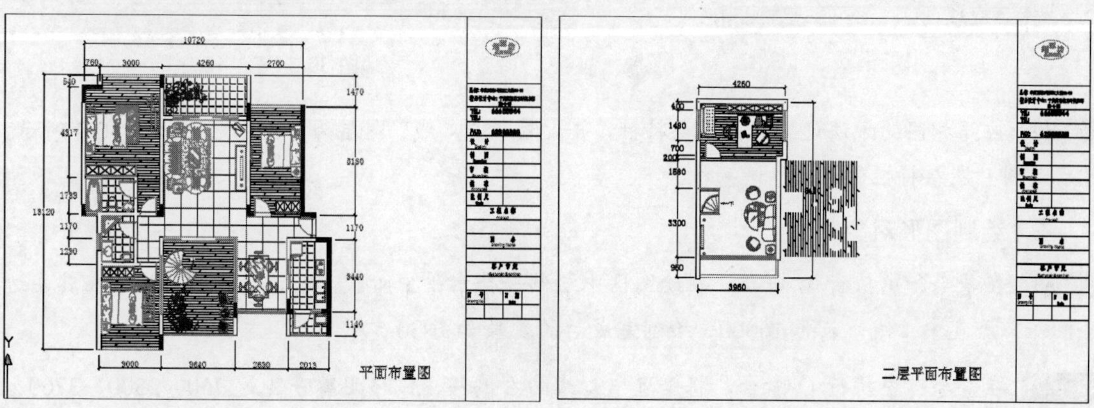

图 30-1

30.2.1 实例目标

本节将巩固练习在 AutoCAD 2012 中设置绘图环境、管理图层、绘制图形对象、插入外部图块、标注尺寸及填充图案的方法，引导读者进一步掌握在 AutoCAD 2012 中绘制建筑图形的方法。

具体学习目标如下：

- 掌握 AutoCAD 2012 中绘图环境的设置方法。
- 巩固练习 AutoCAD 2012 中管理图层的方法并绘制图形对象。
- 掌握在 AutoCAD 2012 中插入外部图块、填充图案及标注尺寸的方法。

30.2.2 实例实现

1. 设置图层

Step 01 启动 AutoCAD 2012，显示菜单栏，选择“格式”→“单位”命令，弹出“图形单位”对话框。在“长度”选项组的“精度”下拉列表中选择 0 选项，然后单击[确定]按钮，如图 30-2 所示。

Step 02 在命令行中执行 LAYER 命令，弹出“图层特性管理器”选项板，单击“新建图层”按钮，新建图层，并输入名称“中心线”，设置其图层颜色为“红”，设置其线型为 CENTER2，如图 30-3 所示。

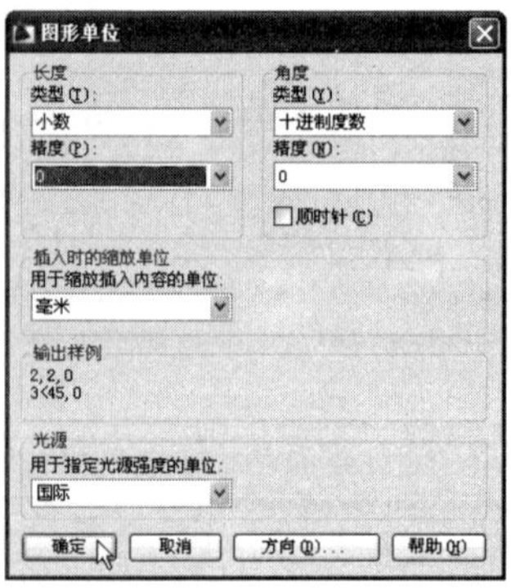

图 30-2

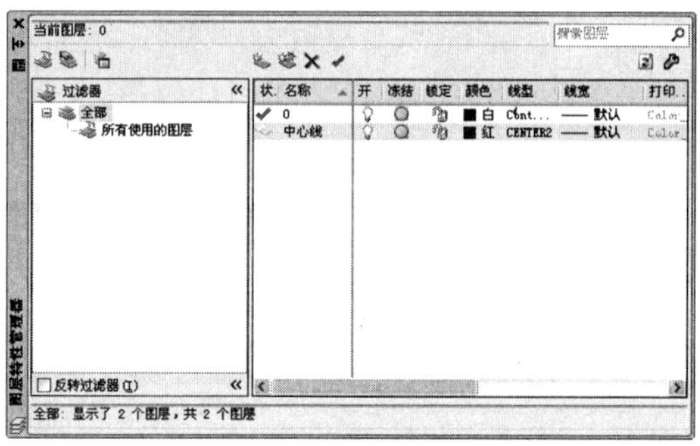

图 30-3

Step 03 按照相同的方法设置其他图层特性，并设置“中心线”图层为当前图层，如图 30-4 所示，然后关闭“图层特性管理器”选项板。

2. 绘制图形对象

Step 01 在命令行中执行 L 命令，在绘图区中绘制一条水平中心线，长为 15000。然后在其左边绘制一条垂直中心线，长为 16000，绘制完成后的效果如图 30-5 所示。

Step 02 在命令行中执行 O 命令，将垂直中心线向右偏移，偏移距离分别是 760、2500、3760、7400、8020、9020、9930、10720、11300、11550、12043，偏移后的效果如图 30-6 所示。

Step 03 在命令行中执行 O 命令，将水平中心线向下偏移，偏移距离分别是 600、2030、4850、5650、6650、7820、9050、11260、12360、12400，偏移后的效果如图 30-7 所示。

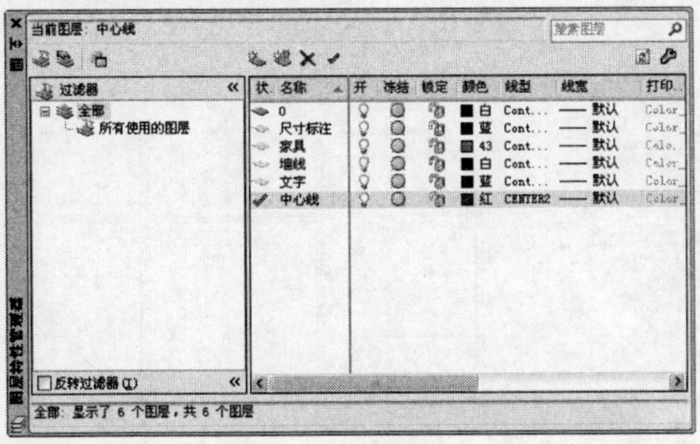

图 30-4

图 30-5

图 30-6

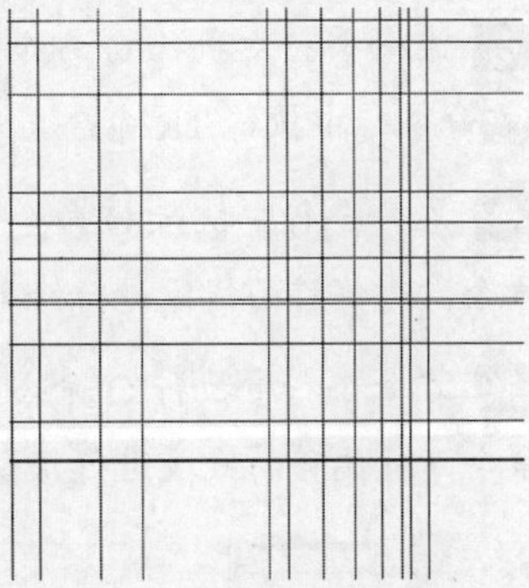

图 30-7

Step 04 在命令行中执行 O 命令，将左边垂直中心线向右偏移 100，然后将其置于“墙线”图层中，如图 30-8 所示。

Step 05 按照相同的方法，在命令行中执行 O 命令，将所有垂直中心线分别向右和向左都偏移 100，然后将偏移得到的线段置于“墙线”图层中，将水平中心线的部分线段进行偏移，分别向右和向左偏移 100，偏移后的效果如图 30-9 所示。

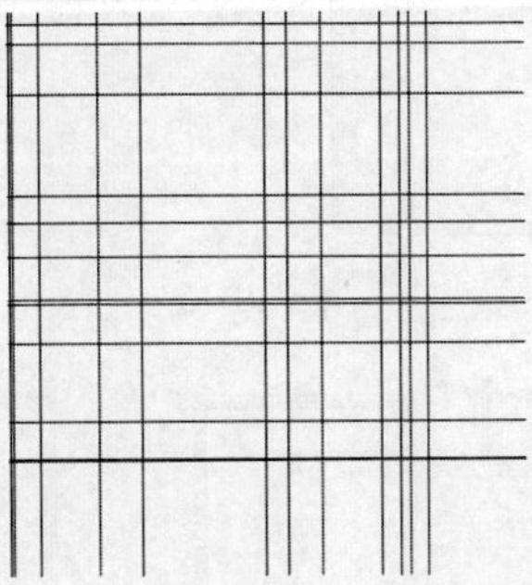

图 30-8

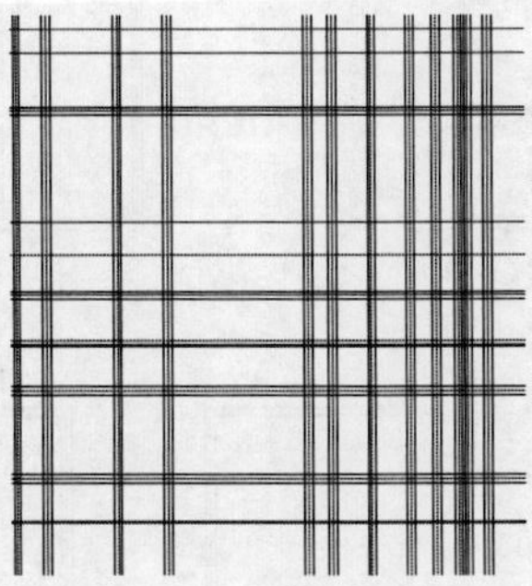

图 30-9

Step 06 在命令行中执行 O 命令，将最下方的水平中心线向下偏移 720，然后在命令行中执行 TR 命令，对偏移的线段和绘制的中心线进行修剪，修剪后的效果如图 30-10 所示。

Step 07 在命令行中执行 O 命令，将最上方的水平中心线向下偏移 60、120，然后在命令行中执行 TR 命令，对偏移的线段进行修剪，修剪后的效果如图 30-11 所示。

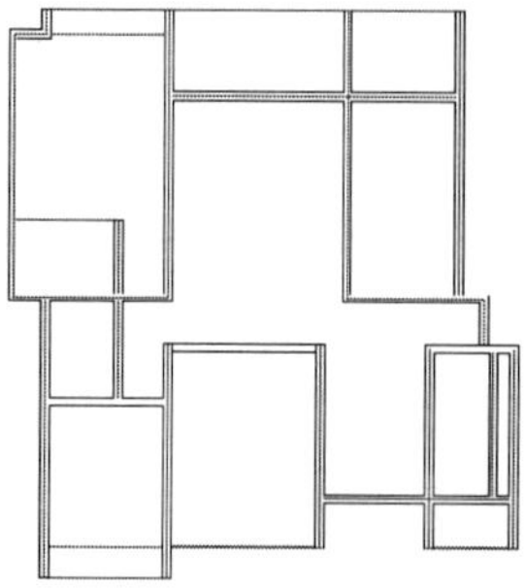

图 30-10

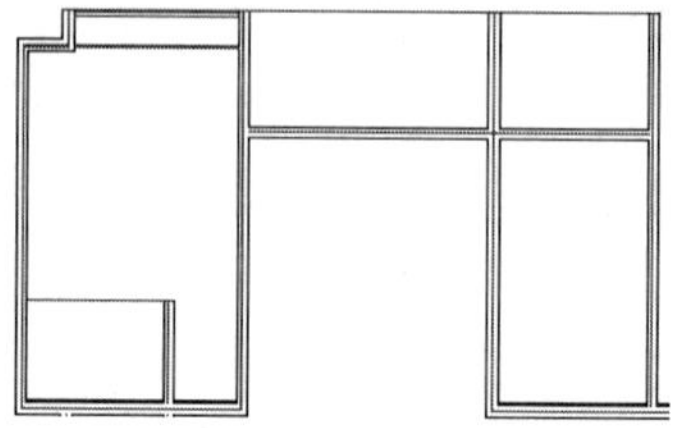

图 30-11

Step 08 在命令行中执行 O 命令，将如图 30-12 所示的 A 线向下偏移 100、1410、1470、1530，然后在命令行中执行 TR 命令，对偏移的线段进行修剪，修剪后的效果如图 30-13 所示。

Step 09 在命令行中执行 O 命令，将如图 30-14 所示的 A 线向下偏移 120，然后在命令行中执行 TR 命令，对偏移的线段进行修剪，修剪后的效果如图 30-15 所示。

Step 10 在命令行中执行 O 命令，将如图 30-16 所示的 A 线向上偏移 120，然后在命令行中执行 TR 命令，对偏移的线段进行修剪，修剪后的效果如图 30-17 所示。

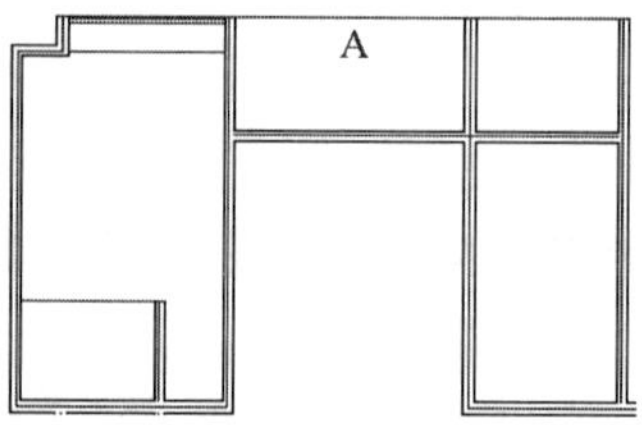

图 30-12

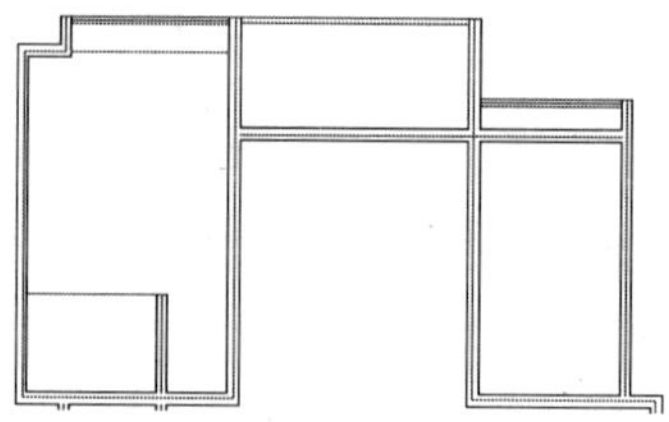

图 30-13

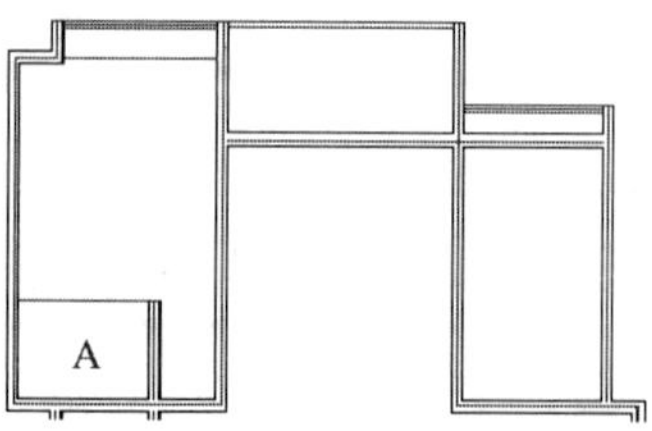

图 30-14

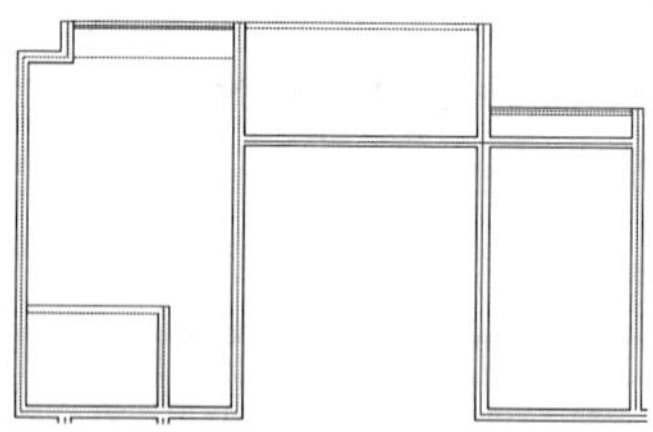

图 30-15

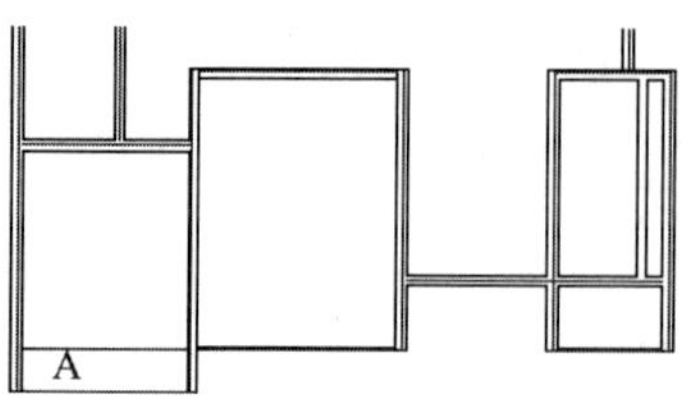

图 30-16

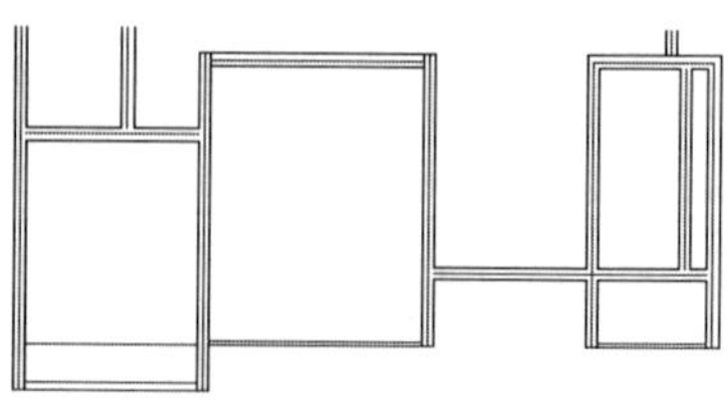

图 30-17

Step 11 对整个图形对象进行修改，并将刚偏移的线段都置于“墙线”图层，效果如图 30-18 所示。将“文字”图层设置为当前图层，在命令行中执行 AREA 命令，具体操作过程如下：

```
命令: AREA                                    //执行 AREA 命令
指定第一个角点或 [对象(O)/加(A)/减(S)]:       //单击如图 30-19 所示的 A 点
指定下一个角点或按 ENTER 键全选:              //单击如图 30-19 所示的 B 点
指定下一个角点或按 ENTER 键全选:              //单击如图 30-19 所示的 C 点
指定下一个角点或按 ENTER 键全选:              //单击如图 30-19 所示的 D 点
指定下一个角点或按 ENTER 键全选:              //按【Space】键确认
面积 = 7432800，周长 = 11780                  //系统提示查询结果并结束该命令
```

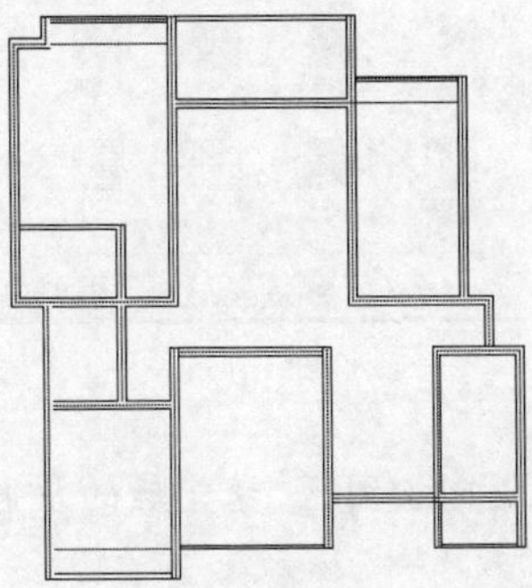

图 30-18

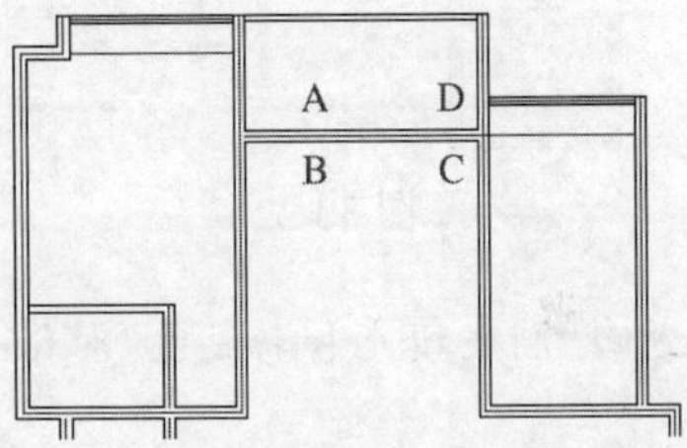

图 30-19

Step 12 在“常用”选项卡的“注释”组中单击“多行文字”按钮**A**，在刚查询面积的区域内绘制文本输入框，然后输入 A=7.4 P=11.8，将字号设置为 250，输入后的效果如图 30-20 所示。

Step 13 按照相同的方法，测量其他区域的面积和周长，并将字号设置为 250，输入后的效果如图 30-21 所示。

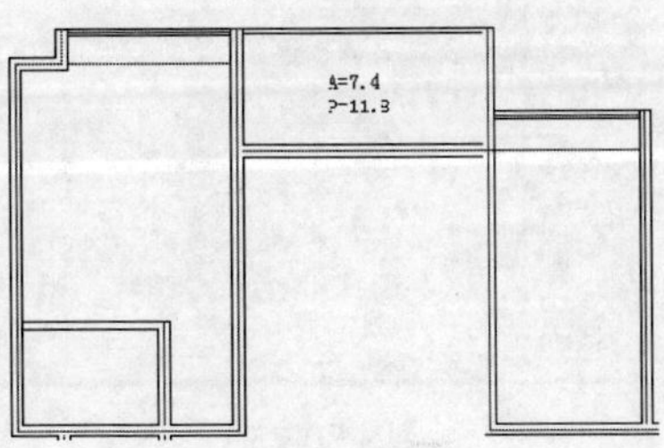

图 30-20

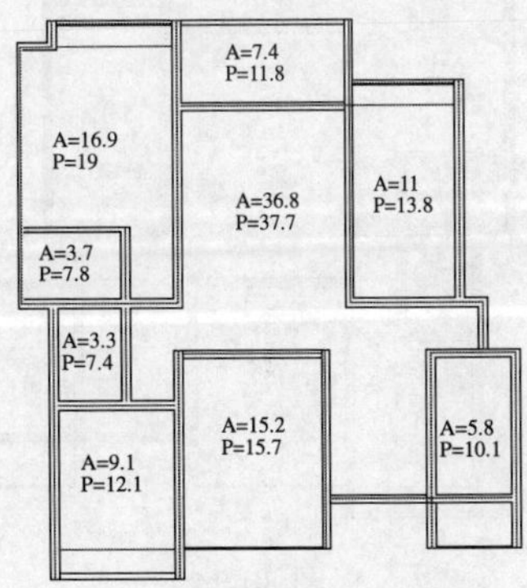

图 30-21

Step 14 将“墙线”图层设置为当前图层，在命令行中执行 L 命令，绘制如图 30-22 所示的直线，以辅助绘制承重墙。

Step 15 执行 BHATCH 命令并选择“设置”选项，弹出“图案填充和渐变色”对话框。在该对话框中单击“边界”选项组中的“添加：拾取点”按钮，返回绘图区单击需要填充图案的区域。

Step 16 选择“设置”选项并按【Space】键，返回“图案填充和渐变色”对话框。单击“图案”选项右侧的[...]按钮，弹出“填充图案选项板”对话框，切换至“其他预定义”选项卡，在中间的列表框中选择 SOLID 选项，单击[确定]按钮，如图 30-23 所示。

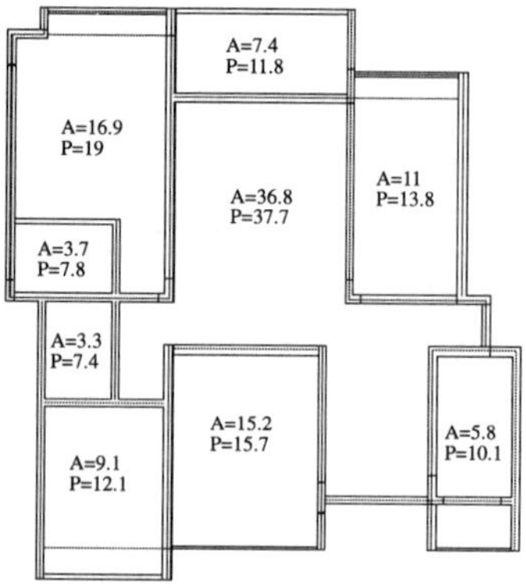

图 30-22

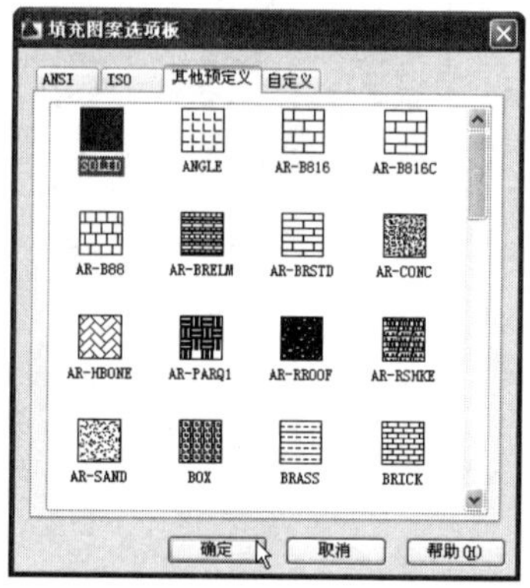

图 30-23

Step 17 返回“图案填充和渐变色”对话框，单击[确定]按钮返回绘图区，填充后的效果如图 30-24 所示。

3. 标注图形对象

Step 01 显示菜单栏，在弹出的下拉列表中选择“格式”→“标注样式”命令，弹出“标注样式管理器”对话框。单击[新建(N)...]按钮，弹出“创建新标注样式”对话框，在“新样式名”文本框中输入“建筑”，单击[继续]按钮，如图 30-25 所示。

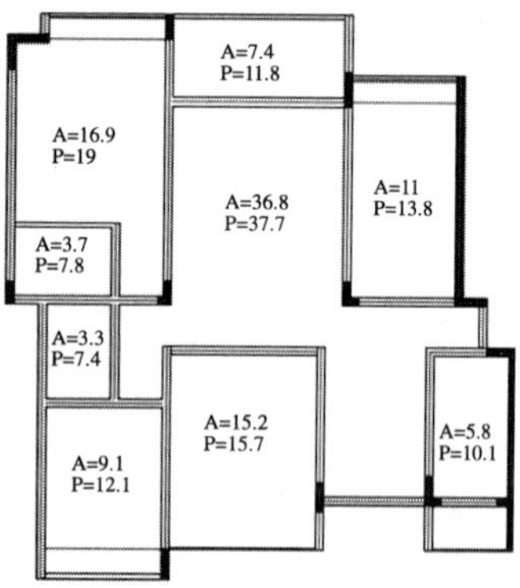

图 30-24

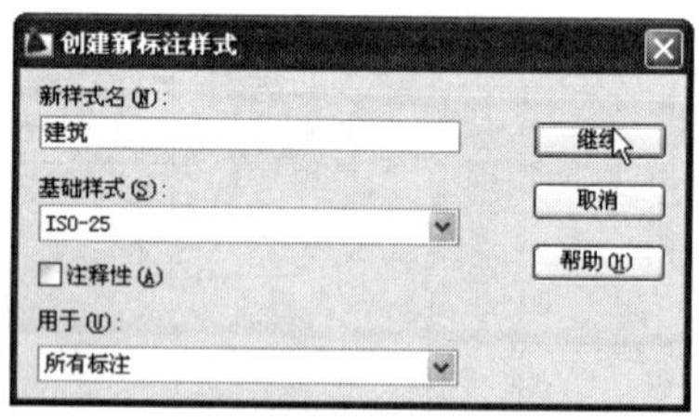

图 30-25

Step 02 弹出“新建标注样式：建筑”对话框，切换至“线”选项卡，在“尺寸线”选项组的“颜色”下拉列表中选择“蓝”选项，在“尺寸界线”选项组的“颜色”下拉列表中选择“蓝”选项，在“超出尺寸线”数值框中输入 100，在“起点偏移量”数值框中输入 300，如图 30-26 所示。

Step 03 切换至“符号和箭头”选项卡，在“箭头”选项组的“第一个”下拉列表中选择“建筑标记”选项，在“箭头大小”数值框中输入 100，如图 30-27 所示。

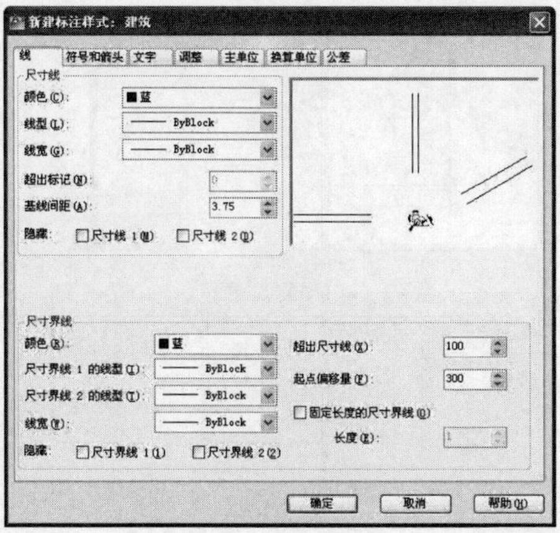

图 30-26

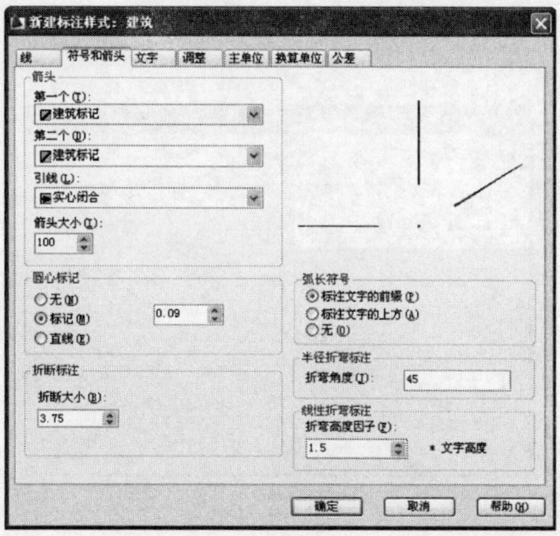

图 30-27

Step 04 切换至“文字”选项卡，在“文字外观”选项组的“文字颜色”下拉列表中选择“蓝”选项，在“文字高度”数值框中输入 300，在“文字位置”选项组的“从尺寸线偏移”数值框中输入 50，如图 30-28 所示。

Step 05 切换至“主单位”选项卡，在“线性标注”选项组的“精度”下拉列表中选择 0 选项，单击 确定 按钮，如图 30-29 所示。

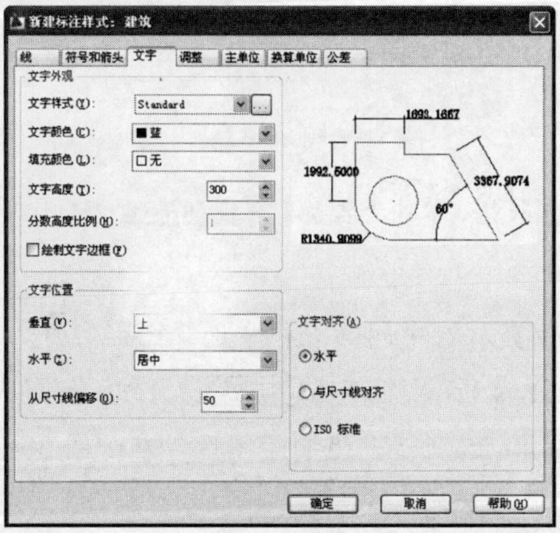

图 30-28

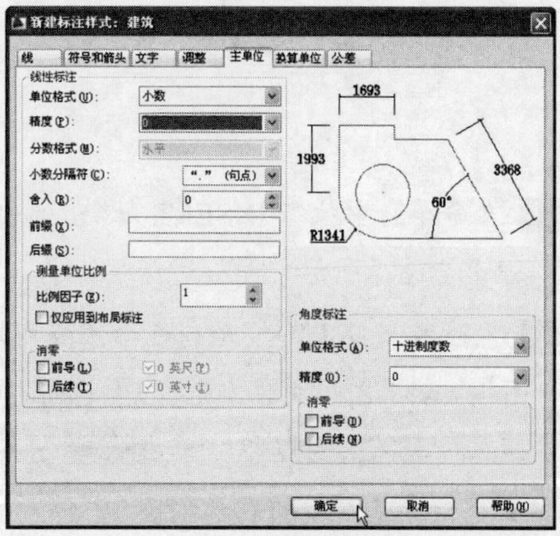

图 30-29

Step 06 返回“标注样式管理器”对话框，单击 置为当前(U) 按钮，再单击 关闭 按钮关闭对话框，如图 30-30 所示。然后将“尺寸标注”图层设置为当前图层，并在命令行中执行 DIMLIN 命令，具体操作过程如下：

```
命令：DIMLIN                                //执行 DIMLIN 命令
指定第一个尺寸界线原点或 <选择对象>：//单击如图 30-31 所示的 A 点
指定第二条尺寸界线原点：                    //单击如图 30-31 所示的 B 点
指定尺寸线位置或[多行文字(M)/文字(T)/角度(A)/水平(H)/垂直(V)/旋转(R)]：  //向下移动鼠标到适合位置并单击
标注文字 =760                              //系统提示标注尺寸，效果如图 30-32 所示
```

Step 07 按照相同的方法，完成图形对象的标注，最终效果如图 30-33 所示。

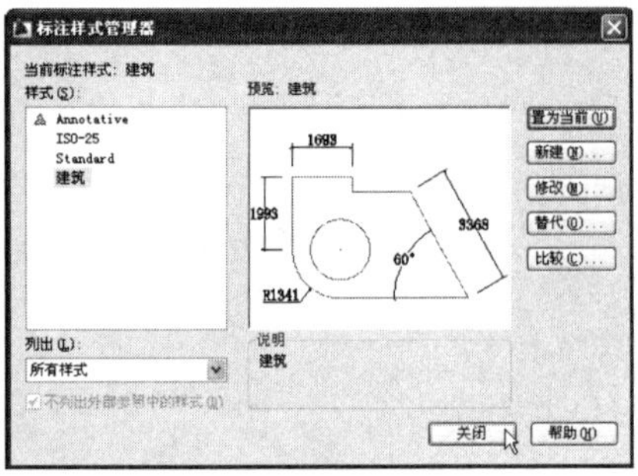

图 30-30

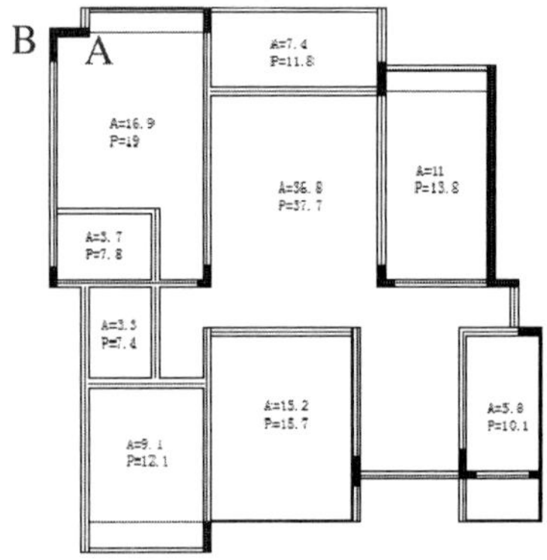

图 30-31

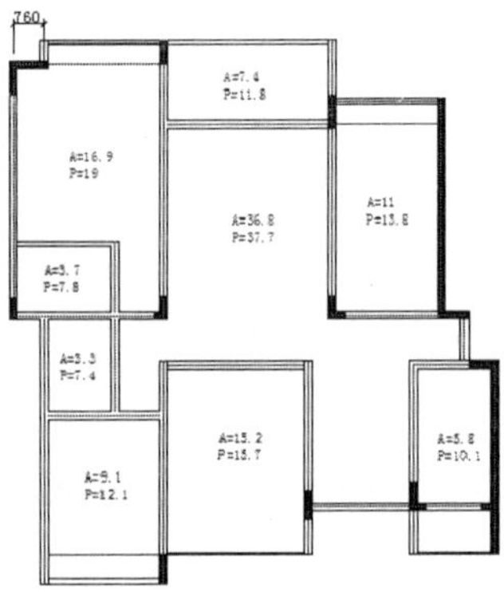

图 30-32

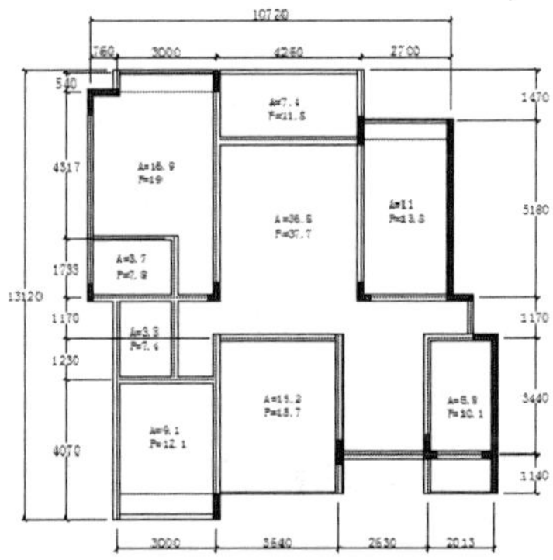

图 30-33

Step 08 在命令行中执行 INSERT 命令，弹出“插入”对话框，单击“名称”下拉列表右侧的[浏览(B)...]按钮，弹出“选择图形文件”对话框。

Step 09 在“查找范围”下拉列表中选择图块的目标位置，在中间列表框中选择图形文件，这里打开“图框.dwg”图形文件（光盘:\素材\第 30 章\图框.dwg），然后单击[打开(O)]按钮，如图 30-34 所示。返回“插入”对话框，单击[确定]按钮，如图 30-35 所示，返回绘图区，在如图 30-36 所示的位置单击，插入后的效果如图 30-37 所示。

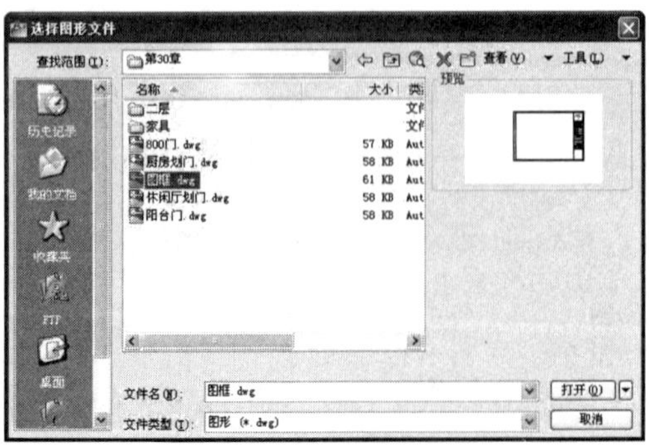

图 30-34

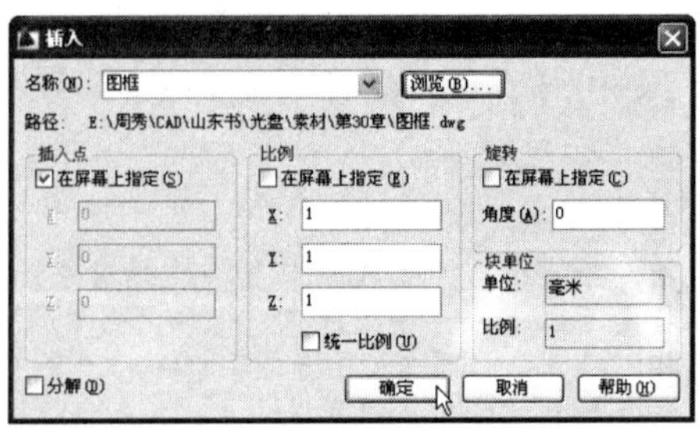

图 30-35

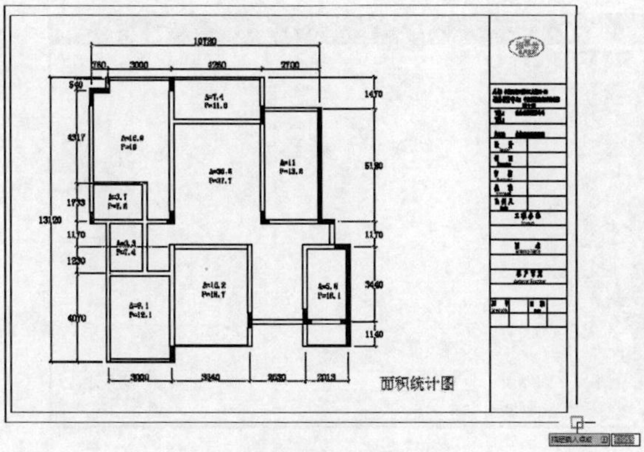

图 30-36

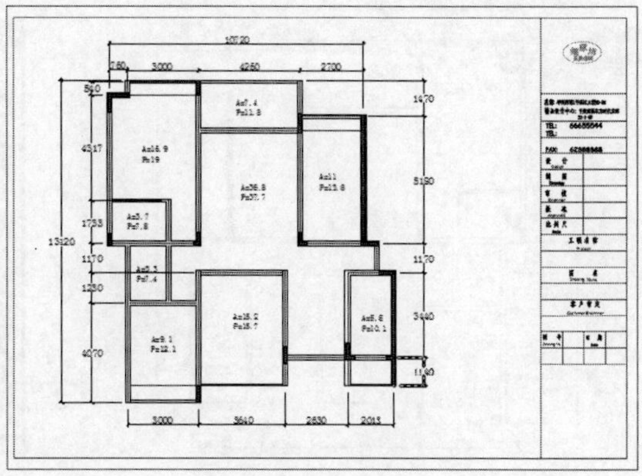

图 30-37

Step 10 在“常用”选项卡的“注释”组中单击“多行文字”按钮A，在图形对象的右下角绘制输入框，然后输入“面积统计图”，将字号设置为 500，输入后的效果如图 30-38 所示。

Step 11 在命令行中执行 CO 命令，将刚绘制的“面积统计图”复制到其右侧，然后删除图形中表示面积及周长的多行文字，并将其右下角的文字更改为“平面布置图”，效果如图 30-39 所示。

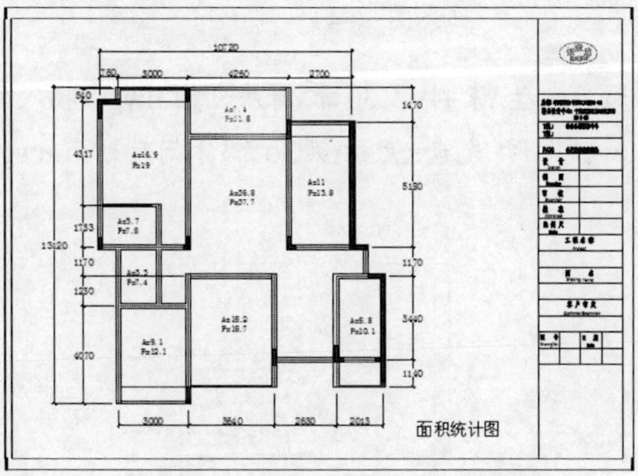

图 30-38

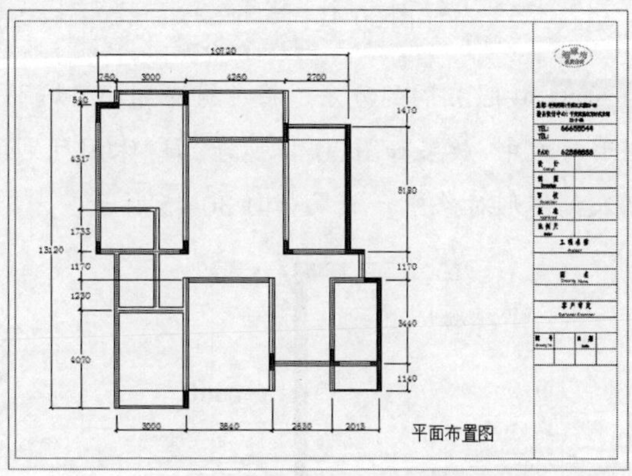

图 30-39

Step 12 调整部分尺寸线的位置，并将“家具”图层设置为当前图层，然后关闭“中心线”图层，并在命令行中执行 L 命令和 O 命令，为整个图形对象绘制窗户。由于绘制方法比较简单，这里不再赘述，窗户绘制完成后的效果如图 30-40 所示。

Step 13 按【F11】键，开启对象捕捉追踪模式，在命令行中执行 INSERT 命令，弹出“插入”对话框，单击“名称”下拉列表右侧的[浏览(B)...]按钮，弹出“选择图形文件”对话框。

Step 14 在“查找范围”下拉列表中选择图块的目标位置，在中间列表框中选择图形文件，这里打开“阳台门.dwg”图形文件（光盘:\素材\第 30 章\阳台门.dwg），然后单击[打开(O)]按钮，如图 30-41 所示。

Step 15 返回“插入”对话框，单击[确定]按钮，返回绘图区，在如图 30-42 所示的位置单击，插入后的效果如图 30-43 所示。

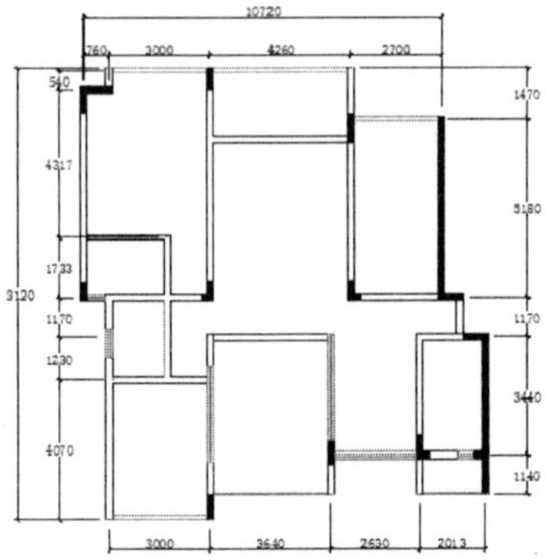

图 30-40

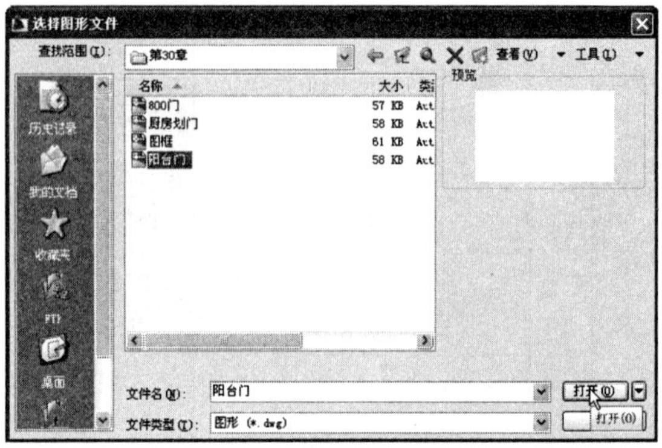

图 30-41

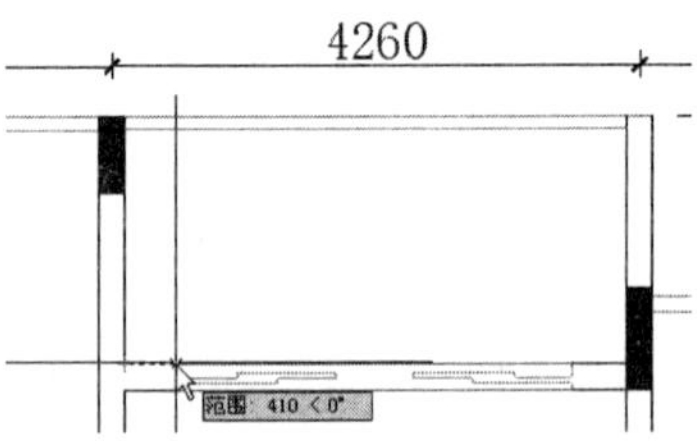

图 30-42

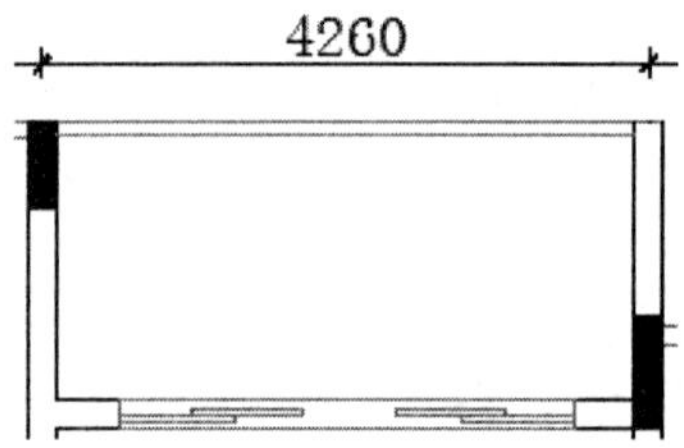

图 30-43

Step 16 按照相同的方法，将“厨房划门.dwg”图形（光盘:\素材\第 30 章\厨房划门.dwg）插入到图形对象中，效果如图 30-44 所示。将“休闲厅划门.dwg”图形（光盘:\素材\第 30 章\休闲厅划门.dwg）插入到图形对象中，效果如图 30-45 所示。

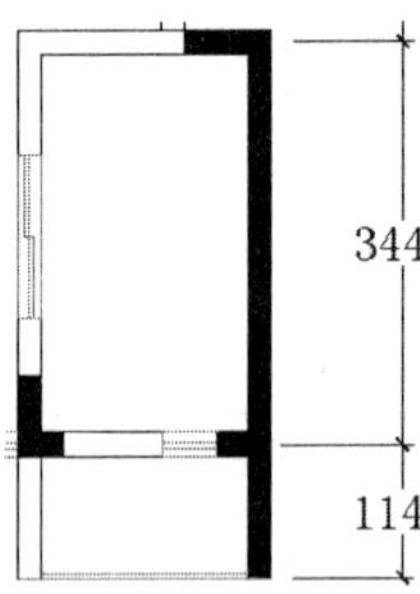

图 30-44

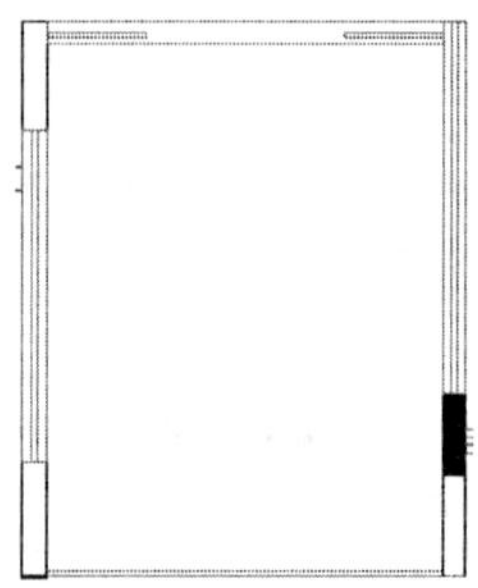

图 30-45

Step 17 在命令行中执行 L 命令，为每间屋绘制 800 门框，方便插入图块时使用，如图 30-46 所示。然后使用插入外部图块的方法将“800 门”（光盘:\素材\第 30 章\800 门.dwg）图块插入到合适的位置。注意在插入时需要旋转插入角度，插入“800 门”后的效果如图 30-47 所示。

Step 18 按照相同的方法，将“家具”文件夹的所有图块（光盘:\素材\第 30 章\家具\）插入到图形文件中的正确位置，插入后的效果如图 30-48 所示。

Step 19 将“墙线”图层设置为当前图层，在命令行中执行 L 命令，绘制宽为 600 的灶台，绘制完成后的效果如图 30-49 所示。

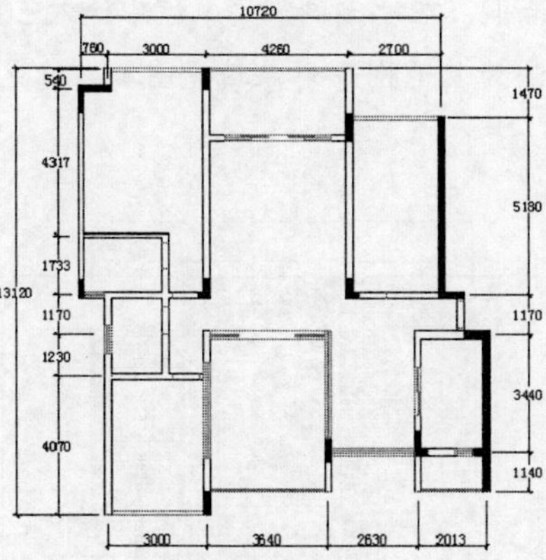

图 30-46

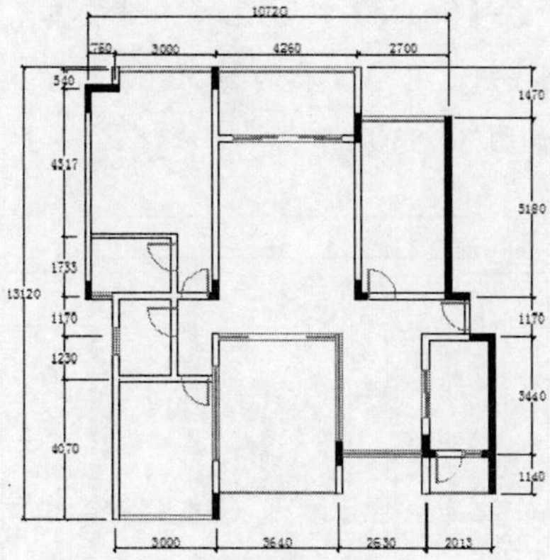

图 30-47

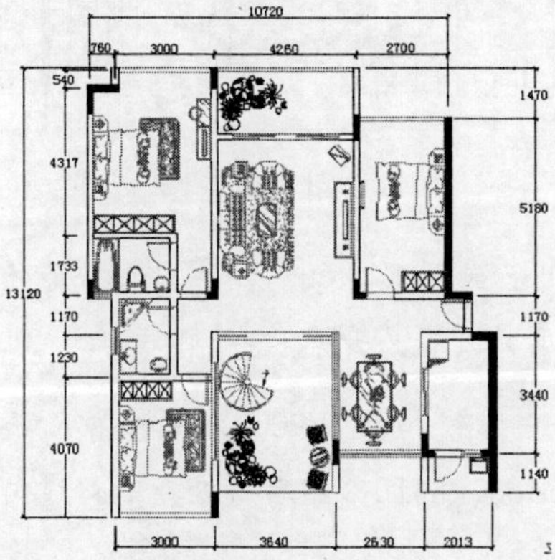

图 30-48

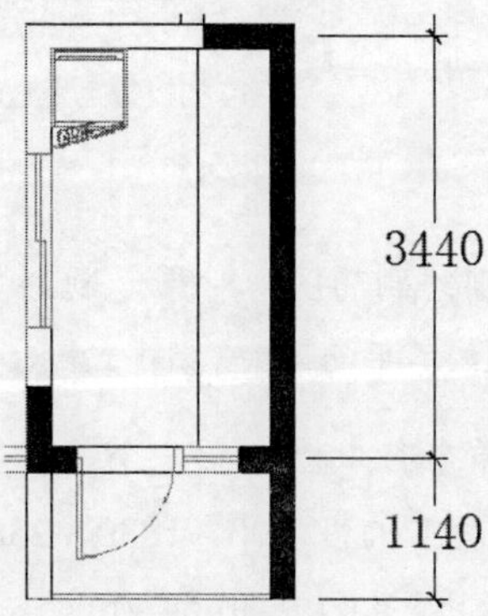

图 30-49

Step 20 插入“家具”文件夹中的（光盘:\素材\第 30 章\家具\）“灶具.dwg”和“洗菜盆.dwg”外部图块，插入后的效果如图 30-50 所示。

Step 21 将“墙线”图层设置为当前图层，在命令行中执行 BHATCH 命令，弹出“图案填充和渐变色”对话框。在该对话框中单击“边界”选项组中的“添加：拾取点”按钮，返回绘图区，单击生活阳台，如图 30-51 所示。

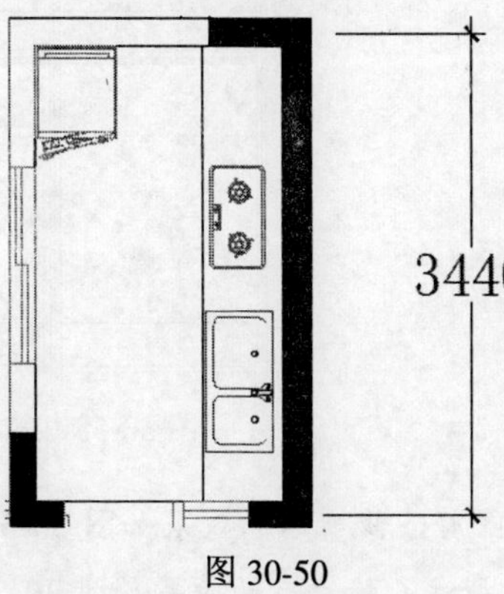

图 30-50

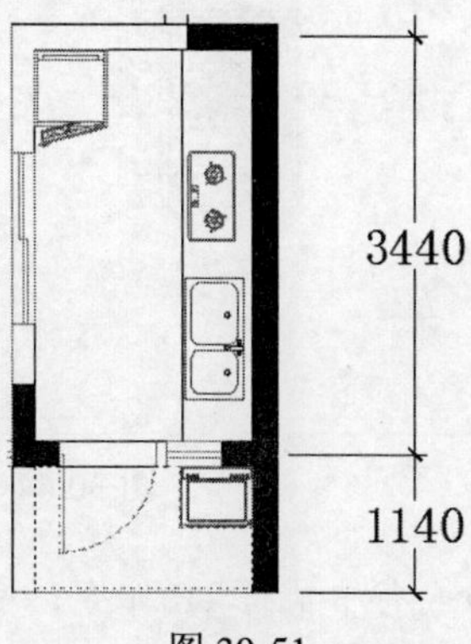

图 30-51

Step 22 按【Space】键，返回“图案填充和渐变色”对话框，在“比例”文本框中输入 50，单击 确定 按钮，填充效果如图 30-52 所示。按照相同的方法为其他图形对象填充图案，填充完毕后的效果如图 30-53 所示。

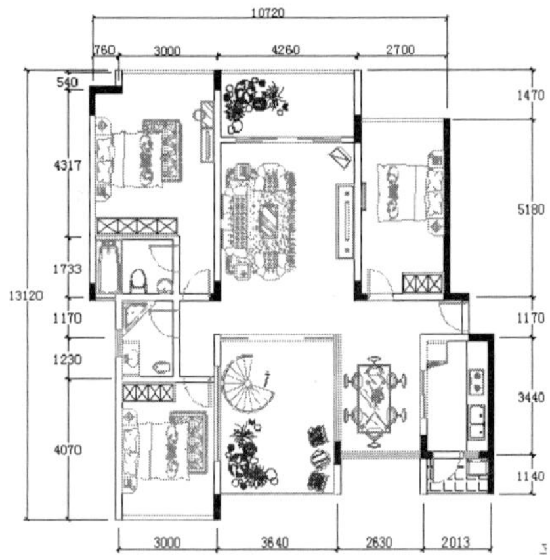

图 30-52

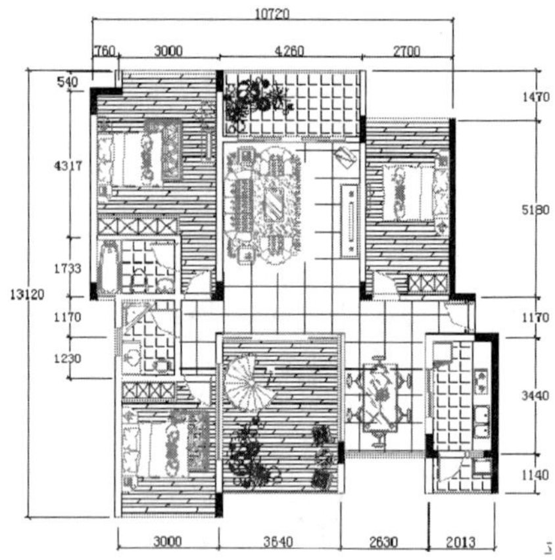

图 30-53

Step 23 将刚绘制的图形对象复制到其右侧，然后删除里面的图形对象，并将其右下角的多行文字更改为“二层平面图”，将“中心线”设置为当前图层并设置为开启状态。

Step 24 在命令行中执行 L 命令，绘制长为 5000 的水平中心线和长为 9000 的垂直中心线，并将水平中心线向下偏移 400、1880、2580、2780、4160、7460、8410，然后将垂直中心线向右偏移 3960、4260，效果如图 30-54 所示。

Step 25 将水平中心线向上偏移 100，并将其置于“墙线”图层，再向下偏移 100，将其置于“墙线”图层。然后按照相同的方法将需要偏移的图形对象都进行偏移并置于“墙线”图层，效果如图 30-55 所示。

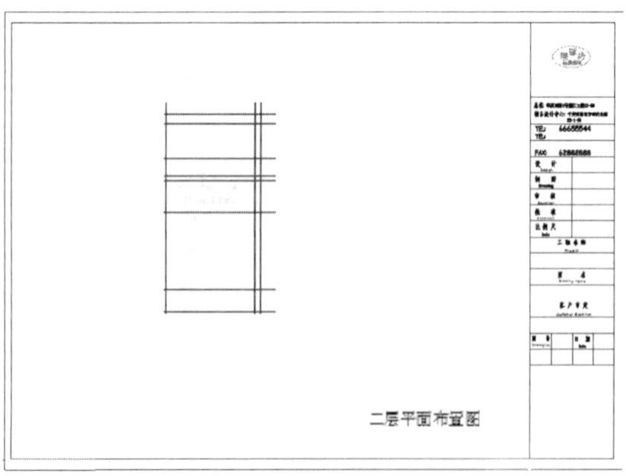

图 30-54

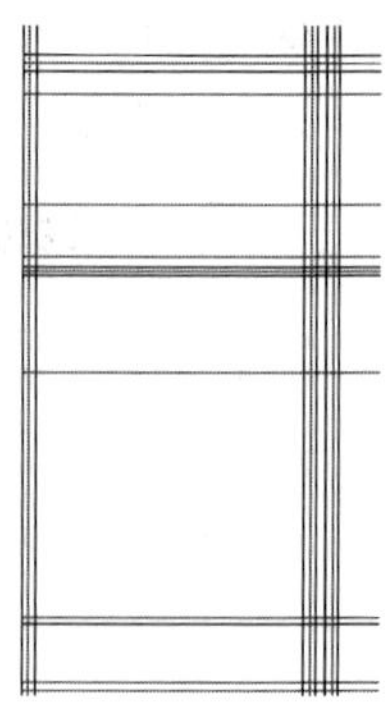

图 30-55

Step 26 在命令行中执行 TR 命令，对刚偏移的中心线进行修剪，修剪后的效果如图 30-56 所示。将“尺寸标注”图层设置为当前图层，对图形对象进行尺寸标注，标注后的效果如图 30-57 所示。

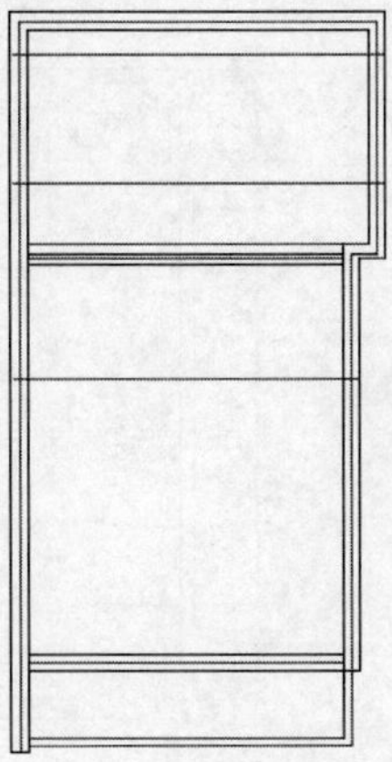

图 30-56

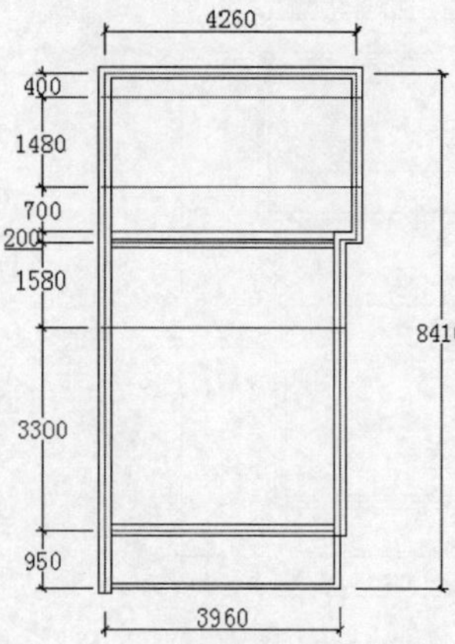

图 30-57

Step 27 将“门窗”图层置为当前图层，在命令行中执行 INSERT 命令，弹出“插入”对话框，单击“名称”下拉列表右侧的 浏览(B)... 按钮，弹出“选择图形文件”对话框。

Step 28 在“查找范围”下拉列表中选择图块的目标位置，在中间列表框中选择图形文件，这里单击“楼梯.dwg”图形文件（光盘:\素材\第 30 章\二层\楼梯.dwg），然后单击 打开(O) 按钮，如图 30-58 所示。

Step 29 返回“插入”对话框，单击 确定 按钮，返回绘图区，在如图 30-59 所示的位置单击，插入图块后的效果如图 30-60 所示。

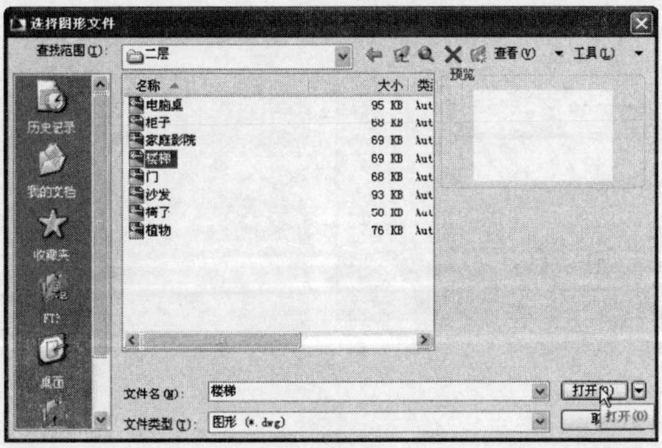

图 30-58

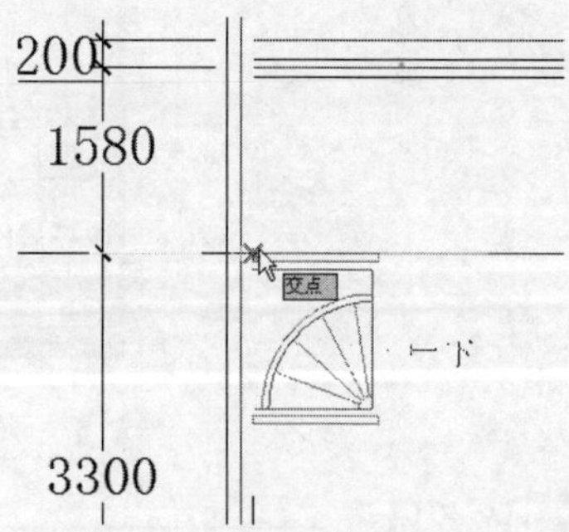

图 30-59

Step 30 在命令行中执行 L 和 O 命令绘制门框和窗户，并关闭“中心线”图层，绘制完成后的效果如图 30-61 所示。

Step 31 按照相同的方法，在命令行中执行 INSERT 命令，将“二层”文件夹（光盘:\素材\第 30 章\二层\）中的其他图块插入到图形中的相应位置，效果如图 30-62 所示。

Step 32 将“墙线”图层设置为当前图层，按照前面讲解的填充图案的方法，为刚绘制的二层平面布置图的地面铺砖，效果见 30-1 所示（光盘:\源文件\第 30 章\建筑平面图.dwg）。

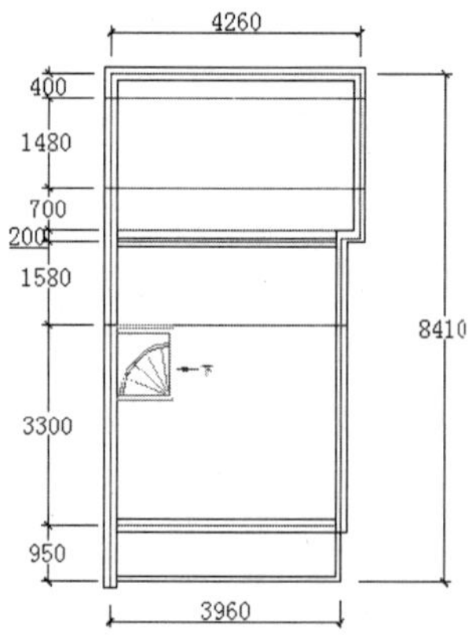

图 30-60

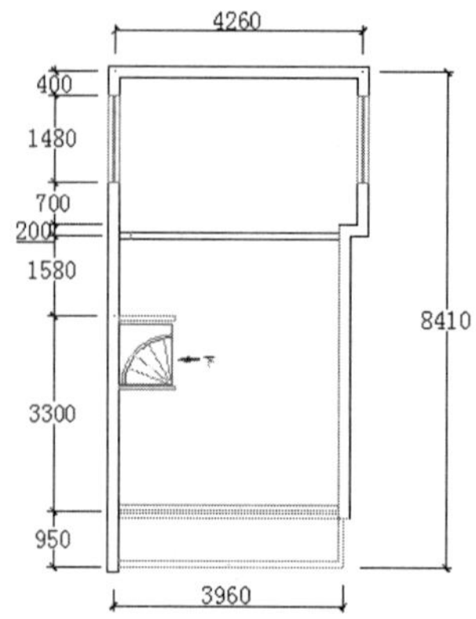

图 30-61

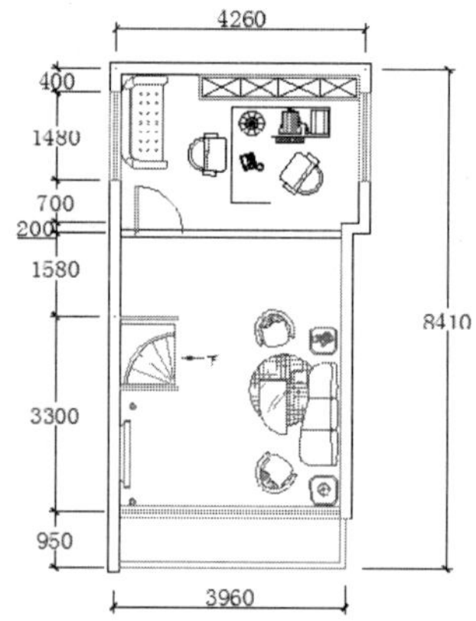

图 30-62

30.2.3 实例拓展和读者思考

在该实例中介绍了建筑平面图的绘制方法，使读者进一步巩固了在 AutoCAD 2012 中绘制各种图形的方法。读者还可以根据前面学习的相关命令，绘制如图 30-63 所示的图形对象。

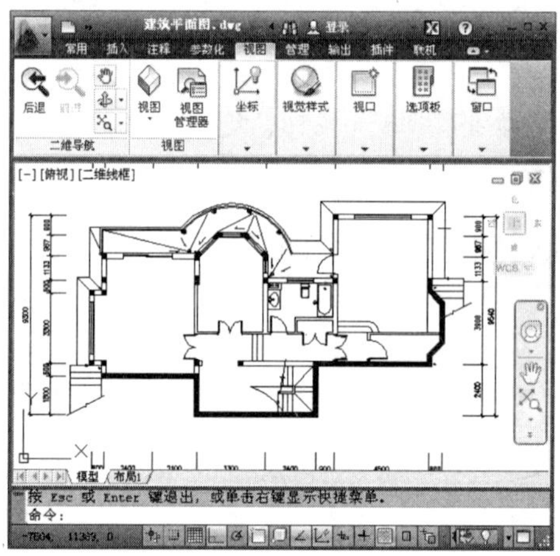

图 30-63

读者思考

通过刚才的实例练习和拓展练习，使读者进一步掌握了在 AutoCAD 2012 中绘制建筑图形对象的方法。除此之外，读者还可以根据所学知识绘制需要的图形对象。